第二届兵器工程大会论文集 上

PROCEEDINGS OF THE SECOND ORDNANCE ENGINEERING CONFERENCE

芮筱亭　主编

北京理工大学出版社
BEIJING INSTITUTE OF TECHNOLOGY PRESS

版权专有　侵权必究

图书在版编目（CIP）数据

第二届兵器工程大会论文集：英、汉 / 芮筱亭主编. —北京：北京理工大学出版社，2020.5
ISBN 978 - 7 - 5682 - 7743 - 3

Ⅰ.①第…　Ⅱ.①芮…　Ⅲ.①武器工业 - 中国 - 学术会议 - 文集 - 英、汉　Ⅳ.①TJ - 53

中国版本图书馆 CIP 数据核字（2019）第 248652 号

出版发行 / 北京理工大学出版社有限责任公司
社　　址 / 北京市海淀区中关村南大街 5 号
邮　　编 / 100081
电　　话 /（010）68914775（总编室）
　　　　　（010）82562903（教材售后服务热线）
　　　　　（010）68948351（其他图书服务热线）
网　　址 / http：//www.bitpress.com.cn
经　　销 / 全国各地新华书店
印　　刷 / 三河市华骏印务包装有限公司
开　　本 / 889 毫米 × 1194 毫米　1/16
印　　张 / 99　　　　　　　　　　　　　　　　　　　　　　责任编辑 / 梁铜华
字　　数 / 2849 千字　　　　　　　　　　　　　　　　　　　文案编辑 / 梁铜华
版　　次 / 2020 年 5 月第 1 版　2020 年 5 月第 1 次印刷　　　责任校对 / 周瑞红
定　　价 / 328.00 元（上下册）　　　　　　　　　　　　　　责任印制 / 李志强

图书出现印装质量问题，请拨打售后服务热线，本社负责调换

编委会

主　编　芮筱亭

副主编　安玉德　何　勇

编　委

吴志林　陈　雄　杨国来　陈建勋
姚文进　贾　鑫　孙　岩　殷宏斌
陈雪蕾　乔　丽　汤江河　王兆旭
崔福兰　田长华　于天朋　贾进周
伏　睿　周　晴　聂建媛　渠育杰
李丽君　田建辉　周　伟

目　　录

（上册）

第一部分　兵器系统智能化设计理论与总体技术

某舰炮自动弹库控制系统健康管理研究
　　江　涵，姚　忠，荀盼盼 ……………………………………………………………（ 3 ）
国外舰炮弹药发展现状与趋势
　　许彩霞，王建波，柏席峰，李宝锋，马士婷 …………………………………………（ 8 ）
我国枪械发展的几点思考
　　雷　敬，陈　胜，李松洋 ………………………………………………………………（ 16 ）
枪械提高远距离射击精度的技术探索
　　雷　敬，王　欢，李松洋 ………………………………………………………………（ 21 ）
国外战斗部技术发展特点分析
　　李宝锋，陈永新，王建波，柏席峰，许彩霞，马士婷 ………………………………（ 27 ）
中口径自行榴弹炮转鼓式弹仓设计
　　马　菅，薛百文，涂炯灿，赵蔚楠 ……………………………………………………（ 33 ）
FC 总线在混动分布驱动车上的应用领域
　　何欣航，李而康 …………………………………………………………………………（ 39 ）
末端反导防空武器系统研究进展
　　李玉玺，李正宇，李忠梅，侯林海 ……………………………………………………（ 44 ）
高炮末端防空抗击无人机应用研究
　　范天峰，张　春，刘　静，王　歌，崔星毅，马佳佳 ………………………………（ 53 ）
采用滑模控制的多电平 D 类功率放大器稳定性证明
　　张　缨，蔡　凌 …………………………………………………………………………（ 58 ）
数字交流随动系统能耗制动电阻的设计
　　张　缨，蔡　凌 …………………………………………………………………………（ 67 ）
人工智能在防空火控系统中的应用探索
　　王长城，李文才 …………………………………………………………………………（ 75 ）
基于灰色 DEMATEL 与模糊 VIKOR 算法的陆军报废车辆装备回收处置模式的优选
　　何　岩，赵劲松 …………………………………………………………………………（ 80 ）

国外步兵精确打击武器发展现状
　　田建辉，李　军 ………………………………………………………………………………（ 92 ）
航空炸弹大数据发展建议
　　孙成志，张小帅，徐智强，丁兆明，宋玉婷 ………………………………………………（ 96 ）
未来战争颠覆性发展下智能无人火炮系统发展趋势
　　黄　通，郭保全，潘玉田，丁　宁，栾成龙，李鑫波 ……………………………………（ 104 ）
挖掘数字化设计仿真在产品研发中的创新作用
　　马涉洋，李　宁 ………………………………………………………………………………（ 111 ）
某科研项目管理信息系统总体设计
　　杨　勇，李晓阳，成　敏 ……………………………………………………………………（ 115 ）
火炮综合电子系统自主可控发展探讨
　　韩崇伟，张志鹏，吴　旭，李　可，王天石 ………………………………………………（ 120 ）
高超声速制导火箭大包线 μ 综合控制
　　常　江，苗昊春，马清华，王　根，栗金平，何润林 ……………………………………（ 125 ）
多学科联合设计仿真平台研究
　　王胤钧，朱银生，吴　遥，滕江华，常伟军，张　博，张　彬 …………………………（ 134 ）
高功率密度柴油机可调两级涡轮增压系统优化匹配方法研究
　　韩春旭，张俊跃，胡力峰，吴新涛，徐思友，高鹏浩 ……………………………………（ 138 ）
一种轻型框架式车体设计及受力分析
　　孙　伟，李友为，张泽龙，于友志，胡艺玲 ………………………………………………（ 158 ）
一种可空运部署的超轻型多功能遥控抢险车的行动系统设计
　　高　巍，李友为，孙行龙，李　彤，韩易峰 ………………………………………………（ 168 ）
某自行火炮弹药输送装置推弹试验系统的改进
　　郭丽坤，刘　伟，段玉滨，刘　贺，韩易峰，胡艺玲 ……………………………………（ 174 ）
水陆两栖电传动运输装备
　　孙　蕊，刘贵明，孙行龙，于友志 …………………………………………………………（ 177 ）
浅析履带式隧道应急抢通车车体设计
　　李珊珊，孙　伟，王海燕，袁维维，韩　旭，于友志 ……………………………………（ 185 ）
基于特种作业车辆底盘自动灭火系统总体设计及改进设想
　　杨吉强，于　咏，王开龙，李晶鑫，于友志，胡艺玲 ……………………………………（ 188 ）
基于协同车辆建模仿真的无人作战平台滑转率控制系统研究与实车实现
　　卢进军，徐洪斌，钟凤磊，乔梦华，陈克新 ………………………………………………（ 193 ）
国外巡飞弹发展现状
　　刘立晗，胡柏峰，张　雷，张云鹏 …………………………………………………………（ 201 ）

第二部分　先进发射与弹道规划控制技术

弹托式尾翼弹膛内时期气室压力数值计算
　　刘瑞卿，杨　力 ………………………………………………………………………………（ 207 ）

固体燃料冲压发动机燃烧性能研究现状
　　马晔璇，史金光，张　宁 ……………………………………………………………………（214）
某固定鸭舵二维修正弹气动特性研究
　　李　真，李文武，阮明平，吴　晶，董玉立，曾凡桥 …………………………………（219）
一维弹道修正弹外弹道误差源分析
　　杨　莹，卜祥磊，薛　超，曹成壮，郝玉风 ……………………………………………（226）
基于 Matlab 的复合增程弹弹道仿真应用
　　梁　宇，郝玉风，苏　莹，王　铮，赵洪力 ……………………………………………（231）
基于刚柔耦合动力学的航炮系统炮口响应研究
　　李　勇，周长军，刘　军，王　凯 ………………………………………………………（236）
新型扭簧式平衡机设计
　　马　浩，高跃飞，周　军，王　钊 ………………………………………………………（246）
多场耦合作用下的自增强身管残余应力分析建模
　　高小科，刘朋科，周发明，王在森，邵小军 ……………………………………………（252）
导弹电缆罩气动减阻风洞试验研究
　　朱中根，党明利，向玉伟，于卫青，付小武 ……………………………………………（261）
某型 120 mm 迫榴炮特种弹基本药管底座留膛及可靠击发问题分析
　　闫志恒，沈光焰，李国君，王　辉 ………………………………………………………（265）
弹道测量弹技术研究
　　付德强，李增光，刘成奇，刘同宇，李蕴涵 ……………………………………………（271）
一种带锁定机构的折叠尾翼设计
　　刘成奇，肖彦海，付德强，刘同宇，李蕴涵 ……………………………………………（275）
不同时离轨倾斜发射导弹初始扰动仿真分析与改善
　　李　庚，刘馨心，薛海瑞，胡建国，麻小明，蔡希滨 …………………………………（279）
磁流变反后坐装置磁路分析
　　张　超，韩晓明，李　强，信义兵 ………………………………………………………（284）
基于 AMESim 的节制杆式反后坐装置的特性研究
　　赵慧文，韩晓明，李　强，张洪宇 ………………………………………………………（290）
某步枪击发机构有限元仿真分析
　　王为介，李　强，曲　普 …………………………………………………………………（295）
基于 LS_DYNA 的某子母弹保护盖失效分析与优化
　　杨　力，张永励，刘瑞卿，宋朝卫 ………………………………………………………（298）
无人机载空地导弹弹道设计关键技术
　　杨　凯，许　琛，徐　燕 …………………………………………………………………（304）
轴向环翼绕流结构与气动特性数值研究
　　陈国明，张佳强，刘　安，胡俊华，冯金富 ……………………………………………（314）
一种基于点目标滤波器的航弹跟踪算法
　　权红艳，雷海丽，赵米旸，许开銮，刘培桢，李璐阳，宋金鸿 ………………………（324）
基于 Simulink 的非标准外弹道仿真与分析
　　吴朝峰，杨　臻，曹文辉，郭东海 ………………………………………………………（334）

炮管外壁温度测量技术的研究
　　苗润忠，吴淑芳，陈占芳 ………………………………………………………………（341）
底排药端面自动包覆装置的设计与分析
　　程　林，齐　铭，李瑶瑶，黄求安，武国梁 …………………………………………（347）
基于弹炮刚柔耦合接触的薄壁身管动响应过程分析
　　栾成龙，郭保全，黄　通，李魁武 ……………………………………………………（356）
转管炮缓冲器与炮口制退器后坐性能匹配研究
　　周　军，高跃飞，王振嵘，马　浩 ……………………………………………………（362）
电磁阻尼应用于反后坐装置的研究
　　刘　洋，高跃飞，王　登，王　钊 ……………………………………………………（369）
长杆式尾翼稳定脱壳穿甲弹弹丸紧固环设计
　　张福德，王　冕，朱德领 ………………………………………………………………（374）
双药室低后坐能埋头弹药技术研究
　　程广伟，陈　晨，豆松松，雷　昱，刘　欢 …………………………………………（379）

第三部分　高能火炸药与特种烟火技术

老化对 HMX 基炸药爆热的影响探究
　　陈明磊，张争争，尚凤琴 ………………………………………………………………（393）
熔铸装药过程质量在线检测方法分析
　　张明明，万大奎，万力伦，成　臣 ……………………………………………………（397）
熔铸炸药与压装药柱复合装药工艺研究
　　张明明，成　臣，万大奎 ………………………………………………………………（401）
功能助剂对 RDX/DNAN 基熔铸炸药成分分析的影响研究
　　李领弟，张　璇，魏成龙，董晓燕 ……………………………………………………（405）
TATB 硝化工艺研究
　　杨学斌，魏成龙，秦　亮，张得龙，王小龙，张广源，赵静静，郝尧刚，方　涛 …（410）
复合改性单基发射药的制备与性能
　　吴永刚，田书春，詹芙蓉，丁　琨，戴　青，马　当 ………………………………（415）
光谱法无损检测某熔铸炸药中 DNAN 含量
　　杏若婷，李志华，东生金，孙立鹏，魏小春 …………………………………………（422）
军用烟幕碳纤维分散性能研究
　　梁多来，赵　伟，丁洪翔 ………………………………………………………………（427）
固体推进剂装药液态模芯设计研究
　　陈　朋，赵　乐，白冰鑫，邹鹏飞，王志君 …………………………………………（431）
红外烟幕遮蔽材料性能分析与测试
　　郭仙永，岳　强，唐恩博，杨德成 ……………………………………………………（435）
烟火药装置结构表面温度测试研究
　　孙庆亮，窦春玉，裴正学，李蕴涵 ……………………………………………………（440）

红外照明剂的配方设计
　　朱佳伟，闫颢天，姚　强，张　鹏，杨德成 …………………………………………………（445）

浅谈火炸药行业智能化供电系统
　　郭占虎，白喜玲，史玉乾，达世栋 ……………………………………………………………（449）

色谱法分析含铝混合炸药组分的研究
　　张　波，王　娜，郝玉荣，王璐婷，杏若婷，晁　慧 ………………………………………（453）

定量方法对色谱分析 CL-20 基混合炸药组分含量的影响
　　王　娜，李金鑫，李丽洁，吴一歌，张争争，尚凤琴，王　霞 ……………………………（459）

新技术、新材料在火炸药基础设施建设中的综合应用
　　白喜玲，郭占虎，史玉乾，达世栋 ……………………………………………………………（465）

硝基苯类废水处理技术研究与工程实践
　　史玉乾，白喜玲，郭占虎，蒋　磊 ……………………………………………………………（469）

高效液相色谱法分析 DNTF 纯度研究
　　王璐婷，张　波，李周亭，晁　慧，王　娜，顾梦云 ………………………………………（474）

固体火箭发动机的无损检测技术研究
　　刘　朵，王娜娜，庹儒林，李卫兵，陈江波 …………………………………………………（480）

复合固体推进剂中高能炸药 CL-20 的高效降感技术研究进展
　　苗瑞珍　伍永慧　高喜飞　冯自瑞　乔小平　杨　坚 ………………………………………（485）

低堆密 RDX 产品生产工艺研究
　　东生金 …………………………………………………………………………………………（491）

纤维素甘油醚硝酸酯工艺技术研究进展
　　赵　乐，张永涛，杨忠林，刘兴辉，贾彦君，陈　朋 ………………………………………（496）

无人机用森林灭火弹抛撒特性研究
　　朱　聪，梁增友，邓德志，王明广，梁福地，孙楠楠 ………………………………………（500）

含能材料撞击感度模拟研究进展
　　黄　璜，李　岩，朱　敏 ………………………………………………………………………（506）

近红外光谱检测技术在线测定硝化液中硝酸含量
　　董晓燕，李　伟，刘巧娥 ………………………………………………………………………（514）

硝酸酯干燥技术应用研究
　　张永涛，刘兴辉，杨忠林，赵　乐，贾彦君，陈　朋 ………………………………………（518）

重液分离法分离 HMX/RDX 混合物研究
　　周彩元，赵静静，魏小琴，钟建华，赵方超 …………………………………………………（521）

HMX 晶体品质与级配对可压性的影响规律研究
　　屈延阳，詹春红，袁洪魏，王军，徐瑞娟 ……………………………………………………（526）

自组装 3,3′-二氨基-4,4′-氧化偶氮呋咱（DAOAF）多孔聚合晶球的制备、
　　表征及其形成机理研究
　　高　寒，黄　明，蔡贾林，罗　观 ……………………………………………………………（532）

微纳米硝胺用键合型高分子分散剂研究
　　马　丽，张利波，姜夏冰 ………………………………………………………………………（539）

某固体推进剂压缩性能试验研究
　　周　峰，尹亚阁，吴　茜，肖秀友，许进升 …………………………………………………（548）
粒状发射药包装物研究
　　毛智鹏，秦静静，冯　阳，王志宇，孙　斌 …………………………………………………（554）
混合炸药程序化自动包覆造粒的设计思路
　　余咸旱，巩　军，金国良，郝尧刚，高登学，陈全文 ………………………………………（561）
HTPB/TDI 预混料浆放置时间对推进剂力学性能的影响
　　黄　林，陈海洋，张玉良，任孟杰，王　倩，张　怡，王晓芹，张卫斌 …………………（566）
FOX-7 在混合炸药中的应用研究
　　曹仕瑾，李忠友，熊伟强，赵新岩，高　扬 …………………………………………………（573）

第四部分　智能感知与引战配合技术

中小口径火炮用发射装药低温内弹道异常研究
　　欧江阳，赵其林，孙晓泉，赵剑春，贺　云 …………………………………………………（585）
对流层折射对三坐标雷达测量精度的影响分析
　　邱　天，薛广然，张马驰 ………………………………………………………………………（591）
箔条低空运动轨迹技术研究
　　罗　勇，卿　松，蒋余胜，吕　洁 ……………………………………………………………（596）
基于深度学习的遥感影像识别方法研究
　　韩京冶，陈志泊，王　博，刘　承，先　毅，杨宗瑞，张恩帅 ……………………………（602）
多加速度传感器信息融合技术的研究
　　甄海乐，秦栋泽，吴国东 ………………………………………………………………………（614）
基于地磁异常未爆弹目标定位研究
　　韩松彤，戎晓力，卞雷祥，钟名尤 ……………………………………………………………（618）
自适应光学探测与驱动过程仿真研究
　　秦　川，白委宁，陶　忠，桑　蔚，苏　瑛，刘莹奇 ………………………………………（625）
光电目标定位仿真算法研究
　　秦　川，吴玉敬，陶　忠，桑　蔚，安学智 …………………………………………………（635）
基于改进粒子群算法的火炮内弹道参数修正
　　贺　磊，姚养无，丰　婧 ………………………………………………………………………（643）
莱斯利棱镜装置最新研究进展及其应用
　　卢卫涛，邵新征，付小会，田民强 ……………………………………………………………（649）
典型发烟剂烟气扩散数值仿真
　　杨尚贤，陈慧敏，高丽娟，马　超，齐　斌，邓甲昊 ………………………………………（655）
光电稳定平台精准轻质配平技术研究
　　王章利，张　燕，左晓舟，管　伟，杨海成，王中强 ………………………………………（662）
有限时间收敛末段机动突防滑模制导律
　　王　洋，牛智奇，苟秋雄，李　昊，郭永翔 …………………………………………………（667）

用于迫弹制导化改造的飞控组件研究
　　谢菁珠，蒲海峰，杨栓虎 ………………………………………………………………（676）
一种组合稳定机载光电监视侦察系统设计
　　韩昆烨，胥青青，徐　珂，杨少康，杨晓强 …………………………………………（681）
使用不完美未测量目标的亚像素精度标定方法
　　骆　媛，刘莹奇，张　冲，舒营恩，陶　忠 …………………………………………（687）
柔性压电发电机在子弹药引信中的应用研究
　　王东亚，张美云，张　力，贺　磊，邱强强 …………………………………………（695）
侵彻多层硬目标信息获取技术的现状与发展
　　郭淑玲，张美云，肖春燕，贺　磊 ………………………………………………………（701）
基于中大口径榴弹近炸引信毫米波探测器信号处理算法研究
　　王东亚，何国清，方　勇，于　磊 ………………………………………………………（708）
基于偏心误差信息的光学系统建模方法研究
　　左晓舟，王章利，惠刚阳，姜　峰，刘伟光，管　伟 ………………………………（713）
非相干合成高功率激光系统经大气传输后性能分析
　　邓万涛，赵　刚，周桂勇，杨艺帆，彭　杰，寇　峻 ………………………………（719）
电容近炸引信在制导炮弹上的应用技术研究
　　王东亚，何国清，续岭岭，宋承天 ………………………………………………………（726）
波像差对非相干空间合束高斯光束传输质量的影响
　　李明星，肖相国，王楠茜，何玉兰 ………………………………………………………（729）
基于像素空间的高动态最佳曝光图像序列选择策略
　　陈　果，金伟其，李　力，贺　理 ………………………………………………………（733）
硬目标侵彻引信与侵爆战斗部的融合设计
　　李振华，史云晖 …………………………………………………………………………（740）
基于超级像素的适应性双通道先验图像去雾
　　姜雨彤，纪　超，赵　博，朱梦琪，杨忠琳，马志扬 ………………………………（745）
基于转像理论的望远系统研究
　　田继文，朴　燕 …………………………………………………………………………（760）
成像掩模被动式无热化红外光学系统设计
　　郭小虎，赵辰霄，周　平，朱巍巍，田继文，周　婧 ………………………………（765）

（下册）

第五部分　高能高效毁伤与防护技术

强激光对空地导弹等效靶的热毁伤分析研究
　　高振宇，姚养无 …………………………………………………………………………（775）
曲率半径对外罩开槽式双层药型罩成型影响
　　吴浩宇，周春桂，董方栋，汤雪志，王志军 …………………………………………（781）

低成本飞航式精确打击弹药发展综述
　　陈胜政 ·· (787)

芬顿试剂处理 HMX 废酸残液析出物的研究
　　赵峰林 ·· (796)

HMX/RDX 混合物重液分离法研究
　　赵峰林 ·· (799)

落锤冲击载荷作用下弹体动态响应试验研究
　　杨亚东，华绍春，熊国松，刘俞平，王　宇，袁利东 ·· (803)

异型孔锥罩聚能装药结构优化设计
　　郭焕果，卢冠成，谢剑文，余庆波，王海福 ··· (811)

射频前端高效毁伤探索研究
　　陈自东 ·· (818)

攻角对高速射弹入水动态过程影响研究
　　梁景奇，王　瑞，徐保成，祁晓斌，李瑞杰 ··· (823)

提高钽钨合金药型罩材料利用率的工艺研究
　　牛胜军，臧启鹏，李　响，韩志浩 ··· (832)

浮空式角反射体弹药发展现状及技术研究
　　杜　强，付德强，汲鹏举，徐先彬，刘成奇 ··· (837)

直升机载航空火箭弹族分析
　　姜　力，张　鹏，沈光焰 ·· (844)

一种动能杆毁伤目标的数学计算模型研究
　　牟文博，李　娜，龚　磊，杜韩东 ··· (851)

冲击波载荷下防爆罩强度的数值模拟与设计
　　王竟成，郭进勇 ··· (858)

变壁厚药型罩形成串联 EFP 数值模拟研究
　　孙加肖，杨丽君 ··· (865)

弹丸侵彻浮雷靶的数值模拟研究
　　张智超，梁增友，邓德志，苗春壮，梁福地 ··· (874)

安全型起爆装置结构设计及性能研究
　　谢　锐，袁玉红 ··· (879)

微装药腔体热隔离规律研究
　　刘　卫，薛　艳，解瑞珍，刘　兰，任小明 ··· (883)

聚能装药非稳态压垮成型的理论计算方法
　　徐梦雯，黄正祥，祖旭东，肖强强，贾　鑫，马　彬 ·· (890)

密排陶瓷球复合装甲抗侵彻性能研究
　　曹进峰，赖建中，周捷航，尹雪祥 ··· (897)

国外水陆两用超空泡枪弹发展研究
　　杨晓菌，闵　睿，王智鑫 ·· (906)

美国陆军研制中口径步枪和机枪
　　王智鑫，齐梦晓，刘　婧 ·· (909)

上网板对滤毒罐气动特性影响数值模拟研究
　　司芳芳，皇甫喜乐，叶平伟，王立莹，王泠沄，吴　琼 …………………………………（913）
刻槽参数对半预制破片飞散特性的影响规律研究
　　李兴隆，吕胜涛，陈科全，高大元，路中华，黄亨建，陈红霞，寇剑锋，陈　翔 …………（921）
内圆弧半径对小锥角聚能装药射流形成影响的数值模拟
　　韩文斌，张国伟 ……………………………………………………………………………（928）
中大口径杀爆弹炸药装药技术发展现状分析
　　郭尚生，李志锋，李玉文，李　松，刘晓军，朱晓丽 ……………………………………（933）
一种基于图像的冲击波波阵面参数测量方法研究
　　叶希洋，苏健军，姬建荣，申景田 …………………………………………………………（939）
战斗部新型复合隔热涂层材料热防护效应研究
　　宋乙丹，黄亨建，陈科全，陈红霞，寇剑锋，陈　翔 ……………………………………（945）
一种轻质吸能防弹结构的研究
　　王　琳，崔　林，杨　林，李国飞，王志强，徐鸿雁，徐　海，郭一谚，庄　杰 …………（954）
线圈感应式拦截器发射仿真计算分析
　　陈思敏，黄正祥，祖旭东，肖强强，贾　鑫，马　彬 ……………………………………（961）
钨丝增强锆基非晶复合材料弹芯威力仿真计算分析
　　王议论，任创辉，吴晓斌，刘　富 …………………………………………………………（972）
强磁加载药型罩形成射流的仿真方法研究
　　豆剑豪，贾　鑫，黄正祥，马　彬 …………………………………………………………（980）
浅析弹药包装轻量化的重要性
　　郭　颂，金海龙，路修嵘 ……………………………………………………………………（986）
某火工装置飞行试验入水熄灭原因研究
　　肖秀友，吴护林，姜　波，詹　勇，周　峰，钟建华，刘顺尧，张云翼 ………………（989）
拦截系统对高速厚壳战斗部弹药毁伤模式分析
　　周　莲，王金相，宋海平，王文涛，陈日明，张亚宁，杨　阳 …………………………（994）
基于弹性聚合物涂层的墙体抗爆能力研究
　　张燕茜，安丰江，柳　剑，张龙辉，廖莎莎，吴　成 ……………………………………（1003）
攻角对杆式动能弹毁伤多层靶影响仿真
　　张宝权，王瑞乾，林建民 …………………………………………………………………（1027）
反分离弹药初步研究
　　殷敏鸿 ………………………………………………………………………………………（1032）
爆炸载荷作用下悬臂梁支撑边界的约束等效模拟方法研究
　　毛伯永，翟红波，苏健军，丁　刚 …………………………………………………………（1037）

第六部分　毁伤评估技术

火箭武器破障效能评估研究
　　高　源，王树山，梁振刚，舒　彬 …………………………………………………………（1047）
某型试验验证装置威力性能研究
　　郭　帅，郭光全，郝卫红，葛　伟，毕军民，耿天翼，赵海平 …………………………（1053）

基于光电阵列的三发弹丸同时着靶识别方法
　　杨久琪，董　涛，陈　丁 ·· (1059)
光幕阵列测试系统动态信号特性分析
　　李　轰，倪晋平，陈　丁 ·· (1065)
某钝感杀爆炸药中钝感剂对炸药能量的影响规律
　　杏若婷，李志华，闫　波，李领弟，孙立鹏，魏小春 ······································· (1074)
空地反辐射导弹毁伤评估分析
　　董昕瑜，伍友利，刘同鑫，牛得清 ·· (1079)
高速弹丸侵彻混凝土靶板等效方法研究
　　侯俊超，梁增友，邓德志，苗春壮，梁福地 ·· (1091)
反蛙人杀伤弹水下杀伤威力评估方法分析
　　魏军辉，张　俊，冯昌林 ·· (1097)
激光武器毁伤效应的多物理建模与分析
　　孙铭远，张昊春，刘秀婷，尹德状 ·· (1102)
故障诊断的发展及趋势
　　孟　硕，康建设，池　阔，迭旭鹏 ·· (1111)
航母舰载机机载航空弹药安全性技术简析
　　张小帅，孙成志，赵宏宇，于　超，赵万强 ·· (1117)
装备可用度问题分析与评估研究
　　郭金茂，尹瀚泽，徐玉国 ·· (1123)
爆炸冲击载荷下装甲装备舱内乘员损伤研究现状
　　李　冈，祁　敏，蔡　萌，胡　滨 ·· (1130)
影响狙击弹射击精度试验因素分析
　　李　季，甄立江，岳　刚，谢云龙，杨彦良，安　山 ······································· (1142)
基于 VMD 的多尺度噪声调节随机共振的行星齿轮箱诊断方法
　　池　阔，康建设，李志勇，迭旭鹏，孟　硕，张星辉 ······································· (1146)
面向陆军装备体系的鉴定试验框架研究
　　曹宏炳，贾严冬，赵军号 ·· (1156)
高应变率下复合炸药的力学性能试验研究
　　郭洪福，周　涛，张丁山，袁宝慧 ·· (1163)
扇形体预制破片穿甲威力试验研究
　　赵丽俊，郝永平，刘锦春，黄晓杰，李晓婕 ·· (1167)

第七部分　兵器装备先进制造技术

U 型壳体零件加工变形控制方法
　　张雄飞，王银卜，杨全理 ·· (1175)
10 mm² 以上线缆铅锡焊接技术
　　卢冬影，李　钰，崔　盈，任苏萍，刘维娜 ·· (1180)
某型高精狙步枪精度系统提升工程
　　陈超博，杨晓玉，雷　敬 ·· (1186)

The influences of craft parameters on surface morphology and structure of NdFeB thin films
　　GUO Zaizai, CAO Jianwu, YAN Dongming, LIU Fafu, YANG Shuangyan, FU Yudong ……… (1190)
钢丝绳压接固定研究
　　闫颢天，张文广，朱佳伟，姜　旭…………………………………………………………（1194）
38CrSi 钢平衡肘开裂失效分析
　　滕俊鹏，周　堃，王长朋，苏　艳，朱玉琴………………………………………………（1201）
3D 打印在兵器领域的应用现状及展望
　　黄声野，明平才…………………………………………………………………………………（1206）
某型子母弹尾部密封结构的可靠性与安全性研究
　　唐　辉，李晓婕，黄晓杰，赵东志…………………………………………………………（1213）
绝热片粘贴的工艺性能研究
　　任孟杰，张玉良，王　倩，黄　林，王晓芹，周　峰……………………………………（1217）
S30408 奥氏体不锈钢膨胀节的失效原因分析及组织表征
　　张志伟，刘素芬，李兆杰，张　杨，王　凡，孙远东……………………………………（1221）
基于传动精度的滚珠丝杠副优化设计
　　王玉成，陈永伟，顾广鑫，朱　磊，王　博………………………………………………（1228）
RDX 自动化处理系统的研究应用
　　刘昌山，张玉良，黄　林，张卫斌，任孟杰，王　倩……………………………………（1236）
含 Ce – AZ80 稀土镁合金电子束焊接接头组织性能研究
　　王雅仙，马　冰，石　磊，张迎迎，王　英，杜乐一……………………………………（1239）
6061 铝合金多道次冷轧制过程的有限元分析与性能结构研究
　　骆冬智，瞿飞俊，孙智富………………………………………………………………………（1246）
空间螺旋天线的参数化数控加工程序编制
　　张宏海…………………………………………………………………………………………（1254）
新型金属材料先进表面加工技术研究
　　刘　丹，申亚琳，马　超，谭　添…………………………………………………………（1257）
某产品翼翅制造工艺优化及模具设计
　　国文宝，毕达尉，邹振东，武　美，龚　瑞………………………………………………（1263）
装药工装自动化拆卸技术及应用研究
　　白　萌，陈海洋，孙彦斌，刘　成，王晓芹，胡陈艳，刘圆圆，李新库………………（1268）
提高固体火箭发动机绝热层制片质量及效率
　　何　鹏，陈海洋，赵　元，张玉良，王　倩，韩　博，司马克…………………………（1273）
浅析冲裁排样与挡料位置的设计
　　栾政武，栾鑫慧，郭　颂……………………………………………………………………（1277）
某型炮弹弹丸口部"V"形印痕原因浅析
　　李静臣，田俊力………………………………………………………………………………（1282）
某筒形件整体旋压加工工艺研究
　　豆亚锋，范云康，王　磊，马文斌，赵　浩………………………………………………（1285）
某末制导炮弹自动驾驶仪感应线圈装定可靠性工艺研究
　　黄　英，李存利，王焕珠，吴建丽…………………………………………………………（1289）

美国国防制造技术规划及实施成果
  钱美伽 (1293)
禁（限）用工艺研究方法探讨
  袁芬，李春艳，杨伟韬 (1300)
浇铸工艺对封头结构发动机装药尾部气孔的影响
  胡陈艳，陈海洋，孙彦斌，刘圆圆，王晓芹，王 利，白 萌，曹树欣 (1304)
固体火箭发动机侧面包覆层制作工艺研究
  韩 博，张玉良，张 怡，王 倩，王晓芹，刘昌山，刘 耀，周 峰 (1309)
更高电场强度的电火花——闪电原理简析
  尹 昶，李亚妹 (1312)
分解式拉深成形组合模具设计
  罗宏松，方 斌，江 坤 (1315)
等离子喷涂相异涂层的时间间隔对 Mo/8YSZ 热障涂层残余应力的影响规律研究
  张啸寒，冯胜强，刘 光，庞 铭 (1318)
增压器密封环弹力设计对工作状态的影响
  何 洪，庄 丽，吴新涛，侯琳琳，门日秀 (1330)
30CrMnSiA 钢超高强度强韧化热处理工艺试验
  姚春臣，王海云，陈兴云，李保荣，刘赞辉，许晓波，宾 璐，汤 涛，王敏辉 (1337)
关于某产品收带夹爪的创新性改进
  李方军，李昆博，梁江北，田宇佳 (1343)
某产品定心块数控加工技术研究及应用
  李方军，朱小平，李昆博，田宇佳，梁江北 (1346)
回转体零件线性尺寸和形位公差自动检测技术研究
  李方军，朱小平，李昆博，姜焕成，郭延刚 (1351)
外军高机动地面平台先进制造技术发展综述
  李晓红，苟桂枝，徐 可，祁 萌 (1357)
高精度、高速重载齿轮的滚齿加工
  刘 伟，万丽杰，张 强，郭丽坤，段玉滨，宁 莹 (1364)
浅谈刀具磨损原因及限度
  刘 伟，郭立坤，胡艺玲，段玉滨，卢晓峰 (1373)
不规则形状变速箱体的加工
  张 强，郑云龙，刘 伟，郭丽坤，韩易峰，宁 莹 (1377)

第八部分　武器装备信息化、智能化技术

专用集成电路内在质量评价和提升可靠性的方法
  徐 丹，贾 珣，王 欣，傅 倩，贾 巍 (1385)
机载毫米波高分辨 SAR 成像雷达频率综合器设计
  余铁军，由法宝，徐文莉，张晓东，崔向阳，任亚欣 (1389)
制导炮弹稳定控制回路分析
  张雨诗，郭明珠，潘明然，李明阳，葛丰贺 (1398)

一种基于装甲嵌入式系统的通用化人机交互接口可视化设计技术
　　先　毅，史星宇，栗霖雲，贾　巍，徐　丹 ……………………………………………………… (1406)
LDRA testbed 在某型火箭炮软件静态测试中的应用
　　李　锋　靳青梅 ……………………………………………………………………………………… (1412)
浸渍活性炭制造装备智能化研究
　　张明义，吴　燕，石　陆 …………………………………………………………………………… (1417)
光电瞄具对智能化枪械射击命中影响因素分析
　　姚庆良，耿　嘉 ……………………………………………………………………………………… (1423)
基于数字存储的相参通信干扰技术研究
　　薛云鹏，李　会，李　明，张云鹏，刘立晗，杨德成 ……………………………………………… (1428)
干扰材料筛选及红外遮蔽性能实验研究
　　梁多来，赵　伟，郑继业 …………………………………………………………………………… (1435)
一种纳米空心材料红外遮蔽性能研究
　　崔　岩，姚　强，姜　旭，杨德成 ………………………………………………………………… (1441)
影响红外诱饵性能的因素研究
　　崔　岩，姚　强，闫颢天，姜　旭 ………………………………………………………………… (1445)
一种具有熔穿钢板功能的新型燃烧剂
　　张文广，闫颢天，朱佳伟，李蕴涵 ………………………………………………………………… (1449)
面源诱饵技术发展现状简析
　　付德强，杜　强，姚　强，徐先彬 ………………………………………………………………… (1453)
强电磁脉冲环境中导弹电磁耦合仿真计算
　　金建峰，张志巍，许　英，马　骏，许良芹 ……………………………………………………… (1457)
阴影照相站系统野外校准用田字网格调整模块设计
　　周钇捷，高洪举，孙忠辉，乔志旺，狄长安 ……………………………………………………… (1464)
国外 C-RAM 系统发展现状及未来趋势分析
　　刘　婧，李雅琼，卫锦萍 …………………………………………………………………………… (1469)
美国陆军构建下一代战车体系
　　贾喜花　宋　乐　王桂芝 …………………………………………………………………………… (1477)
伪随机二相码在雷达中的应用分析
　　徐　飞 ………………………………………………………………………………………………… (1481)
离散控制系统简要分析
　　尹　昶，王　宁 ……………………………………………………………………………………… (1485)
一种超大视场反摄远型电视镜头光学设计
　　常伟军，孙　婷，张　博，张宣智，于　跃 ……………………………………………………… (1488)
结合贪心算法和 VMD 的变转速齿轮箱故障特征提取
　　迭旭鹏，康建设，池　阔，孟　硕 ………………………………………………………………… (1494)
电液伺服系统的专家 PID 控制
　　柴华伟，刘凯磊，贾　智，陈国炎，李志刚 ……………………………………………………… (1508)
造粒生产线自动控制系统设计及实现
　　冯　梅，黄　忠 ……………………………………………………………………………………… (1513)

水陆两栖全地形车行动系统设计及研究
　　张建刚，李敬喆，孙　蕊，杨　欢，任志强，曹艳红 ……………………………………（1519）
高重频中红外固体和光纤激光器的研究进展
　　刘晓旭，荣克鹏，蔡　和，张　伟，韩聚洪，安国斐，郭嘉伟，王　浟 …………………（1524）
50 Hz 激光测距机热设计及仿真分析
　　彭绪金，赵　刚，刘亚萍，余　臣 ………………………………………………………（1532）
半导体泵浦碱金属激光器研究进展
　　安国斐，杨　蛟，王　磊，张　伟，韩聚洪，蔡　和，荣克鹏，王　浟 …………………（1536）

第一部分

兵器系统智能化设计理论与总体技术

某舰炮自动弹库控制系统健康管理研究

江　涵，姚　忠，荀盼盼

（西北机电工程研究所，陕西　咸阳　712099）

摘　要：自动弹库控制系统是舰炮武器系统的重要组成部分，其性能的可靠性对于舰炮武器正常运行至关重要。为了提高自动弹库控制系统的作业成功率，延长其使用寿命，同时降低维修难度和成本，引入PHM技术；针对某大口径舰炮的自动弹库控制系统整体状况，提出一种基于数据驱动的健康管理系统；建立基于改进小波神经网络的健康预测模型，对自动弹库控制系统的健康性能参数进行预测，依据预测结果判断系统所处的健康状态，通过实例验证其适用性。

关键词：自动弹库控制系统；PHM；改进小波神经网络

中图分类号：TJ306　**文献标志码**：A

Research on the health management of an automatic magazine control system to the naval gun

JIANG Han, YAO Zhong, XUN Panpan

(Northwest Institute of Mechanical & Electrical Engineering, Xianyang 712099, China)

Abstract: The automatic magazine control system is an important part of naval gun weapon system, and its reliability is very important for the working of naval gun. In order to improve the success rate of automatic control system, extend its service life and reduce the difficulty and cost of maintenance, PHM is introduced. Considering the overall condition of automatic magazine control system for a large-diameter naval gun, the new health management system is proposed based on a data-driven methods. The state prediction model based on improved wavelet neural network is established to evaluate and predict the health parameters of the automatic magazine control system, and the applicability is verified by the examples.

Keywords: automatic magazine control system; PHM; improved wavelet neural network

0　引言

弹库系统是舰炮武器系统的重要组成之一，随着其复杂度的增加，传统的基于人工的定期维护与事后维修的方式已经无法满足系统的要求。某大口径舰炮的自动弹库控制系统是十分复杂又特殊的机电结构，电子元器件多，自动化程度高，具有使用频率高、不便于保养等特点，迫切需要一种具有先进理论支持、符合自身系统健康管理发展需求的健康管理系统。故障预测与健康管理（Prognostics and Health Management，PHM）技术是随着维修理念、维修方式的改变而发展起来的一项最新技术，其有效实现了从对故障的被动反应到对故障的主动预防，已在航空、航天等领域不断发展，形成了一批优秀成果[1,2]。

本文在借鉴PHM优秀成果的基础上，针对某舰炮自动弹库控制系统建立其健康管理系统。该系统可以监测自动弹库控制系统的健康状态，及时做出评估及预测，从而提出维护决策以保障系统正常运行。

1　自动弹库控制系统健康管理系统框架

本文所研究的这种自动弹库控制系统采用的是全数字电气驱动方式，是由供配电系统、储弹伺服驱动系统、转运伺服驱动系统、扬弹伺服驱动系统及通信系统等各要素组成的一个整体。系统控制器接收来自舰炮上位机的控制指令，并根据输入指令及内部信息进行相应的计算和处理后，对储弹单元等伺服驱动系统下达控制指令，驱动各机构完成相应的动作。系统控制器还可采集各伺服驱动系统的工作状态、故障信号和弹药剩余数量等信息。自动弹库控制系统的结构如图1所示。

本文提出的自动弹库控制系统的健康管理系统是该舰炮自动弹库系统的一个子系统，能够与自动弹库系统控制器进行交互通信，控制器接收到舰炮上位机传来的指令后，将相关数据提供给健康管理系统进行处理，处理完成后将相关结果传回上位机，通过上位机显示出来供操作人员参考。

健康管理系统框架如图2所示，自动弹库系统控制器将采集到的工作测试数据进行预处理，使得测试数据可用于系统管理。数据库和知识库将自动弹库控制系统的历史数据以及对应的系统健康参数储存起来，用于智能算法模型的训练。[3]将实时的测试数据输入训练好的智能算法模型中预测出系统当前的健康参数，通过此参数进行自动弹库控制系统的健康状态判定，从而实现对系统健康状态的预测。按预测得到健康状态的不同结果进行故障维护决策，并将故障维护决策信息提供给上位机显示出来。

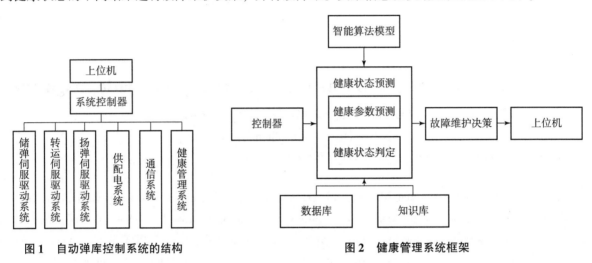

图1　自动弹库控制系统的结构　　　　图2　健康管理系统框架

2　自动弹库控制系统健康状态神经网络评估模型

系统健康状态的预测技术包括统计预测技术、人工神经网络技术和信息融合预测技术等。本文结合自动弹库控制系统结构复杂等特点，采用基于数据驱动的人工神经网络技术，通过建立神经网络模型来进行健康状态预测模块设计。模型建立的数据基础是专家根据案例库并结合自己的知识和经验提供的训练样本。

2.1　改进小波神经网络

小波分析等非线性理论与神经网络的结合能有效解决传统 BP 神经网络易陷入局部极小值、收敛速度慢的弊端。然而传统小波神经网络在修正权值$\omega(n)$时，只是按该时刻负梯度方向进行迭代，未能用到上一步的迭代结果，导致网络收敛速度慢，且容易发生振荡。因此，本文采用一种改进小波神经网络算法：

$$\Delta\omega(n) = \eta(n)(1-\lambda)D(n) + \lambda\Delta\omega(n-1)$$

式中：$D(n)$——本次计算的负梯度方向。

该算法通过引入动量因子 λ 和可变学习速率 $\eta(n)$，使前一次权值的修正方向和幅度对本次的迭代具备了参考性，增强了网络的抗振荡能力，并且加速了网络的收敛。

2.2　神经网络模型的构建

由图1所示的自动弹库控制系统的结构可知，系统的健康状态与其子系统的健康状态息息相关。只要一个子系统出现故障，整个系统就会失效，使其无法工作。本文在进行健康状态预测设计时，考虑先分别对5个子系统建立预测模型，通过子系统的健康状态来推理整个系统的健康状态。因此，自动弹库健康管理系统有5个神经网络预测模型，分别对应其5个子系统。本文以转运伺服驱动系统故障为例，建立神经网络模型。

转运伺服驱动系统的故障节点较多，难以将全部故障状态作为PHM系统输入，本文选取最能表示系统状态的故障节点来进行设计，降低系统的耦合性。由于转运伺服驱动系统主要通过4种伺服电机来进行驱动控制，且通过测试人员调试记录的历史数据可知，此系统的常见故障均来自系统内各电机的异常甚至是故障，因此各伺服电机的工作特征参数最能表现整个系统的状态。基于以上所述，本文考虑神经网络的输入层为8个神经元，分别为抓取电机电压（X1）、抓取电机电流（X2）、伸缩电机电压（X3）、伸缩电机电流（X4）、回旋电机电压（X5）、回旋电机电流（X6）、传送电机电压（X7）、传送电机电流（X8）；输出层为系统的健康性能参数，采用专家的知识和经验及测试人员提供的系统健康因子来进行表征，因此，将模型的输出定为1个神经元。

一般情况下，隐层节点数与问题的输入、输出节点相关。隐层节点过多使网络学习时间太长，效率低下；隐层节点过少，识别新样本的能力较低，容错性不强[4]。本文在反复验证与比较的基础上，选取隐层的神经元个数为4个。该系统的神经网络模型如图3所示。

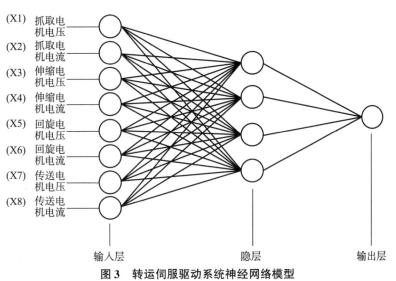

图3 转运伺服驱动系统神经网络模型

2.3 模型算法步骤

本文建立的神经网络预测模型为3层网络结构。具体的学习算法步骤如下。

步骤1：网络初始化。给小波的伸缩因子a，平移因子b，网络权值w_{ki}、w_{jk}，动量因子λ，学习速率η赋初值。

步骤2：训练样本的输入。

步骤3：数据信号的正向传播。计算隐层和输出层各神经元的输入、输出。

步骤4：误差计算。若误差E小于设定精度$\varepsilon(\varepsilon<0)$，则模型训练成功，否则转到步骤5。

步骤5：误差的反向传播。

（1）权值、阈值调整。

$$\Delta\omega_{mi}(n) = -\eta(n)(1-\lambda)\frac{\partial E(n)}{\partial \omega_{mi}(n)} + \lambda\Delta\omega_{mi}(n-1)$$

$$\Delta\omega_{ij}(n) = -\eta(n)(1-\lambda)\frac{\partial E(n)}{\partial \omega_{ij}(n)} + \lambda\Delta\omega_{ij}(n-1)$$

（2）小波系数调整。

$$\Delta a_i(n) = -\eta(n)(1-\lambda)\frac{\partial E(n)}{\partial \omega_{ij}(n)} + \lambda\Delta a_i(n-1)$$

$$\Delta b_i(n) = -\eta(n)(1-\lambda)\frac{\partial E(n)}{\partial \omega_{ij}(n)} + \lambda \Delta b_i(n-1)$$

(3) 网络学习速率调整。

$$\eta(n) = \begin{cases} k_{\text{inc}}\eta(n-1), & E(n) < E(n-1) \\ k_{\text{dec}}\eta(n-1), & E(n) > E(n-1) \\ \eta(n-1), & E(n) = E(n-1) \end{cases}$$

式中：k_{inc}，k_{dec}——学习速率调整系数。

3 系统实例

本文根据上述内容建立转运伺服驱动系统的 3 层改进小波神经网络预测模型，该模型通过建立弹库控制系统工作数据与系统健康因子之间的关系，实现对系统健康参数的预测。表 1 所示为实际测试及专家分析得到的部分训练样本。

表 1 部分训练样本

X1	X2	X3	X4	X5	X6	X7	X8	健康因子
380	2.85	380	14.6	380	4.6	380	14.5	0.1
390	2.84	388	14.98	390	4.97	390	15.8	0.4
400	6.3	410	18.7	410	6.2	399	18.5	0.8
397	4	401	15.3	397	5.6	397	16.6	0.5
390	2.9	390	15	389	5	390	15.5	0.2
399	5	403	15.7	398	5.7	401	16.6	0.6
413	6.5	411	18.3	411	6.3	399	18.8	0.9
380	2.85	398	16	402	5.5	358	14.6	0.7
409	6.8	413	19	411	6.1	399	21.6	1
379	2.85	385	14.8	384	4.86	380	15.1	0.3

将模型的输入数据采用 [−1, 1] 范围的归一化方式进行处理，输出数据因其本身在 [0, 1] 范围之内，所以不对其做归一化处理。通过对大量的样本进行训练，不断对各层之间的权值、阈值，小波系数，网络学习速率进行调整，直至达到系统的精度要求，经过训练后的神经网络即可用于参数预测。预测实例如表 2 所示。

表 2 预测实例

X1 (353, 405)	X2 (2.8, 7)	X3	X4 (14, 17)	X5	X6 (4.5, 6)	X7	X8 (14, 20)	健康因子
382	2.84	378	14.5	385	4.9	377	14.9	0.138 5
380	2.95	381	16	385	5.7	400	16.5	0.563 7
0	6.5	0	16.5	0	5.9	0	19.85	0.994 6

按系统健康因子的取值范围，可将系统状态分为健康状态 (0, 0.4]、亚健康状态 (0.4, 0.7)、故障状态 [0.7, 1] 3 种情况，从而可依据预测健康因子来判断系统所处状态[5]。各特征参数的正常范围如表 2 第一行所示，其均来自专家分析及现场实验测试。其中，X3，X5，X7 的范围与 X1 相同。由表 2 可知，当系统部分特征参数处于正常范围边缘时，当前系统为亚健康状态；当系统部分特征参数超出正常范围时，当前系统为故障状态。

对系统 30 组特征数据进行预测准确度验证，测试结果如图 4 所示。

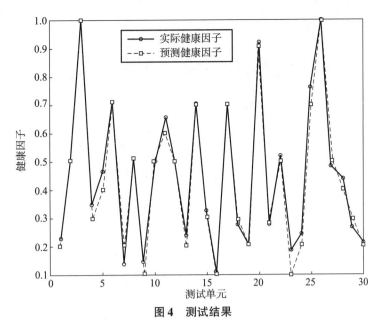

图 4 测试结果

由图 4 可知,系统实际的健康因子和系统预测得到的健康因子基本一致,准确率较高,实例表明改进小波神经网络模型适用于本健康管理系统的参数预测。

4 结论

针对某舰炮自动弹库控制系统故障特点,引入 PHM 技术,设计建立其健康管理系统。以转运伺服驱动系统为例,建立基于改进小波神经网络系统的预测模型,实现系统健康性能参数预测,根据预测结果判定系统所处的状态。本文经过大量测试数据验证了所述功能,且其具有较好的适用性。对自动弹库控制系统进行故障预测与健康管理能够很好地提高维修质量,进而保障舰炮武器的安全性和效率。

参 考 文 献

[1] 年夫顺. 关于故障预测与健康管理技术的几点认识[J]. 仪器仪表学报,2018,39(8):1-14.

[2] 景博,徐光跃,黄以锋,等. 军用飞机 PHM 技术进展分析及问题研究[J]. 电子测量与仪器学报,2017,31(2):161-169.

[3] 高玉波,张伟,李达诚,等. 基于反向传播神经网络的陶瓷损伤参数反演分析[J]. 兵工学报,2018,39(1):146-152.

[4] 易怀军,刘宁,张相炎,等. 基于优化的非等间隔灰色理论和 BP 神经网络的身管磨损量预测[J]. 兵工学报,2016,37(12):2220-2225.

[5] 卢玉传,江磊,赵洪雷. 地面无人车辆故障预测与健康管理系统研究[J]. 兵工学报,2014,35(1):68-73.

国外舰炮弹药发展现状与趋势

许彩霞,王建波,柏席峰,李宝锋,马士婷

(北方科技信息研究所,北京 100089)

摘 要:总结了国外海军舰炮弹药的发展历程,对目前典型大口径和中小口径舰炮弹药的发展现状进行了分析,并提出了未来的发展趋势。

关键词:舰炮;制导弹药;发展现状

中图分类号:TJ412 **文献标志码**:A

Development status and trend of foreign naval gun ammunition

XU Caixia, WANG Jianbo, BAI Xifeng, LI Baofeng, MA Shiting

(North Institute for Scientific and Technical Information, Beijing 100089, China)

Abstract: The development course of ammunition for navy abroad is summarized, and the current status of typical naval gun ammunition is analyzed, including large caliber, medium and small caliber projectiles, finally the future development trend is proposed.

Keywords: naval gun; guided ammunition; development status and trend

0 引言

舰炮弹药是舰炮武器系统的重要组成部分,是舰炮武器系统打击、毁伤目标,完成作战任务的最终手段。舰炮对陆火力支援、对海精确打击、对空末端反导的能力要求始终都和弹药密切相关,所以舰炮的关键在于弹药[1]。

传统弹药散布范围大、精度差、效能低;导弹作为精确制导武器,虽然能有效弥补传统弹药的不足,但是造价昂贵。制导弹药的异军突起填补了传统弹药与导弹之间的空白,尤其是大、中口径的舰炮制导炮弹具有反应速度快、携弹量大、持续作战能力强、抗干扰性好、使用灵活、打击目标多样、效费比高等优点,在海军舰艇用以打击海上目标、反导和提供对陆火力支援的情况下,舰炮制导弹药无疑是不二选择。

1 国外舰炮弹药发展历程

国外舰炮弹药的发展经历了以传统舰炮弹药为主的制导弹药萌芽期和以大口径弹药为主的制导弹药蓬勃发展期,现正在迈入信息化、网络化舰炮弹药发展期。

1.1 以传统舰炮弹药为主的制导弹药萌芽期

冷战期间,世界上两个超级大国的争霸重点主要在陆上,而且受相关技术的限制,舰炮弹药仍以传统的常规弹药为主。弹种包括杀爆弹、穿甲弹、防空弹、照明弹、干扰弹以及训练弹等,采用的炸药有A3复合炸药、A-IX-2炸药和PBXN-106炸药等,舰炮弹药的不敏感性逐渐得到重视。20世纪70年

作者简介:许彩霞(1982—),女,博士,助理研究员。E-mail: xucaixiaynf@126.com。

代是舰炮制导弹药萌芽期,典型代表为号称"海上领跑者"的"神枪手",其虽然最终未能服役,但是是人类对舰炮制导弹药的首次尝试。

1.2 以大口径弹药为主的制导弹药蓬勃发展期

20世纪90年代,在"由海上推进""从海上机动"行动中,大口径舰炮使命任务由对舰、对空兼顾对陆作战转变为主要承担对陆火力支援之后,美国海军启动了海上对陆火力支援项目,多国海军也不约而同地开展舰炮制导弹药的研制计划,大口径精确制导弹药蓬勃发展,中小口径弹药则相对缓慢。

1.3 信息化、网络化舰炮弹药发展期

随着潜在竞争对手的军事实力逐渐提升,美国在海上的军事优势被不断削弱,面临严峻的安全形势。2014年,美国推出"分布式杀伤"作战概念,使更多分散部署的水面舰船具备更强的中远程火力打击能力,并将海上反舰、防空能力分散到更多的水面舰艇上,使水面上每艘舰艇均能对敌方构成威胁。因此要求舰炮弹药具有信息化、网络化作战能力,于是美国启动低成本无人机集群技术项目等研究工作。

2 国外舰炮弹药发展现状

国外舰炮弹药的研发以大口径远程精确弹药为主,中小口径弹药偏重改进和向信息化弹药方向发展。

2.1 大口径舰炮弹药

在美国1992年推出的"由海到陆"指导思想下,对陆攻击成为舰炮的重要作战任务,由于普通弹药消耗量大、效率低、用时长,而制导炮弹具有射程远、精度高、反应速度快等特点,大口径远程制导弹药是舰炮弹药的重要发展方向。

2.1.1 自主研发新型远程制导弹药

继美国雷声公司的增程制导弹药和轨道-阿连特技术系统公司的弹道增程弹药均告失败之后,从近年来发展活跃的大口径舰炮弹药来看,155 mm 弹药的典型代表是美国的远程对陆攻击炮弹,127 mm 弹药的典型代表有英国的多军种通用制导炮弹和韩国的"滑翔制导火箭增程弹药-5",此外还有意大利的次口径"火山"以及美国的兼容于常规大口径舰炮和电磁炮的超高速炮弹。发展特点表现为普遍采用 GPS/INS 复合制导,或外加激光半主动或红外末制导方式,火箭发动机增程技术或次口径设计以及战斗部多样化。

远程对陆攻击炮弹[2](图1)是 BAE 系统公司和洛克希德·马丁公司专为美国海军 DDG1000"朱姆沃尔特"驱逐舰上先进舰炮系统联合研制的 155 mm 精确打击弹药,旨在为美国海军陆战队和陆军部队提供全天候精确火力支援。其采用 GPS/INS 制导,配用子母战斗部或杀爆战斗部及可选择炸高、触发引信,并配备火箭增程发动机,最大射程为 117 km,经先进舰炮系统发射,射速为 10 发/min。该项目攻克了导致增程制导弹药和弹道增程弹药两个项目均告失败的电子器件抗高过载关键技术。其于2016年投产,目前美国海军库存有大约90枚远程对陆攻击炮弹,用于开展"朱姆沃尔特"级驱逐舰载战斗系统和先进舰炮系统的测试。

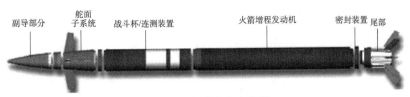

图1 远程对陆攻击炮弹

在借鉴远程对陆攻击炮弹的技术基础上，BAE 系统公司和洛克希德·马丁公司自筹资金研制了 127 mm 多军种通用制导炮弹[3]（图 2），其最大射程将近 100 km，精度在 10 m 以内。BAE 系统公司声称，利用多军种通用制导炮弹完全能够执行反海面战任务，该弹虽然不一定能够击沉舰艇，但可使其在一段时间内丧失战斗力。对于防空任务，该弹可以用于打击执行侦察或攻击任务的各种亚声速飞机、无人机、直升机等空中目标。同时，装备多军种通用制导炮弹后的舰艇对敌方快艇和近岸快艇的防御距离有可能从目前的 15 km 扩展到 50 km 以外。

韩国丰山公司在 2017 年国际海事防务展上推出为 127 mm 舰炮研制的"滑翔制导火箭增程弹药 – 5"（图 3），其采用 GPS/INS 制导，配备火箭增程发动机，射程为 100 km，圆概率误差为 10 m。其可携带杀爆战斗部或双用途改进型常规子弹药，主要用于打击地面建筑物和静止车辆目标[4]。

图 2　多军种通用制导炮弹与 Mk45 式 Mod4 型 127 mm 舰炮

图 3　滑翔制导火箭增程弹药 – 5

意大利奥托·梅莱拉公司的"火山"是一种尾翼稳定的次口径设计增程炮弹，采用箭形弹体，利用可弃式弹托获得较高的炮口速度，减小飞行阻力。预制破片不敏感装药战斗部未采用火箭发动机增程技术，整个弹体外形相对紧凑。"火山"型号自成系列可分别用于防空、反舰和对陆火力支援等多种场合。其中"火山" 127 mm 远程制导炮弹[5]（图 4）专用于对敌攻击，任务类似于增程制导弹药和弹道增程弹药。该弹采用 GPS/INS 复合制导，有效射程达 100 km，圆概率误差为 20 m。其可选择安装红外或激光半主动导引头，分别用于打击远距离的海上目标和陆上运动目标。该项目目前正在寻求降低激光制导炮弹圆概率误差的方法。

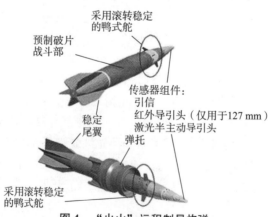

图 4　"火山"远程制导炮弹

BAE 系统公司牵头的超高速炮弹[6]（图 5）也采用次口径，不带火箭发动机，弹长约 610 mm，重 12.7 kg，采用 GPS 制导，动能和杀爆两种战斗部分别用于防空反导和打击水面、地面目标。该弹经 127 mm 舰炮发射，射程超 75 km。超高速炮弹的最大特点是模块化设计，通用性强，可兼容传统火炮和电磁炮，其是首款可由不同口径、不同机理火炮发射的制导炮弹。

图 5　超高速炮弹和分别兼容 127 mm 与 155 mm 舰炮的发射体

2.1.2　借用陆军制导弹药技术研制海军舰炮弹药

美国雷声公司为 Mk34 式 127 mm 舰炮研制的 127 mm "神剑" N-5 制导炮弹（图6），配备 GPS 和激光半主动双模导引头，用于打击海面或陆上移动目标。该制导炮弹大量采用了美国陆军 155 mm "神剑" 制导炮弹的部件，两种炮弹有 70% 的零部件通用（如前段的制导与导航组件等）。继 2017 年实弹演示验证后，"神剑" N-5 制导炮弹于 2019 年 5 月又成功完成了新一轮发射测试，演示了近、中、远程多种打击能力[7]。

图 6　"神剑" N-5 制导炮弹

此外，美国海军还考虑用雷声公司的 "神剑" 1b 155 mm 精确制导炮弹作为替代价格昂贵的远程对陆攻击炮弹的候选弹药。相比于研制周期长的超高速炮弹和尚未投产的 127 mm 多军种通用制导炮弹，"神剑" 制导炮弹不需要旋转稳定，有可能更适用于先进舰炮系统发射，或者对 "神剑" 制导炮弹的配套装置、先进舰炮系统的装卸系统、指挥控制系统以及发射药等进行改进以满足弹炮兼容性。

2.1.3　采用弹道修正技术和多用途可编程引信等提高舰炮弹药的效能

轨道-阿连特技术系统公司公布的用于 127 mm 海军舰炮炮弹的尾舵控制精确制导组件（PGK-Aft）概念[8]采用与 M1156 式 155 mm 精确制导组件相似的技术，但将鸭式舵设计改为尾舵控制。据称，配装尾舵控制精确制导组件的制导炮弹射程将达 47 km，配用火箭增程装置后射程可达 76 km；采用 GPS 制导时，制导炮弹的精度在 5 m 以内，在 GPS 拒止环境以末制导导引头制导时精度为 1 m。

意大利奥托·梅莱拉公司开展了对新型 4AP 多用途可编程引信[9]的研究。与 3AP 灵巧引信相比，4AP 多用途可编程引信除具备近炸、时间与触发模式外，还增加了定高起爆模式。此外，4AP 多用途可编程引信设置有自动缺省模式，以便未配备专用引信装定器的火炮发射配用该引信的弹药。4AP 多用途可编程引信可配用于多个口径的舰炮弹药，满足海军未来对先进低成本、多功能、多口径引信的需求。

2.2　中小口径舰炮弹药

新型水面威胁的不断涌现催生了对新型舰炮武器系统的需求，进而牵引了相应弹药的发展，此外，新技术的发展推动中小口径舰炮弹药向制导化、高速度、强穿透以及不敏感方向发展。

2.2.1 指令制导技术助力中口径弹药实现制导化

不同于其他中口径舰炮弹药的"远近通吃"综合作战能力，意大利奥托·梅莱拉公司研制的76 mm "飞镖"制导弹药[10]（图7）主要用于拦截反舰巡航导弹和掠海反舰导弹，保护高价值的大型海上装备。其是一种指令制导型弹药，采用低阻力的次口径尾翼稳定设计，全弹由鸭式舵、3AP射频近炸微波引信、预制破片战斗部和射频接收机四个主要部分组成。"飞镖"制导炮弹因其口径小、制导方式独特、作战任务迥异而在炮射制导弹药中独树一帜，是世界上首款实现批量生产的舰炮制导弹药。

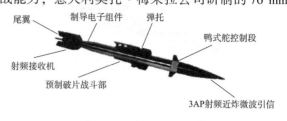

图7 "飞镖"制导弹药

2.2.2 改进型制导炮弹作为非制导炮弹的补充以应对新型威胁

英国BAE系统公司的Mk295式Mod1型制导炮弹[11]（图8）是一种能够应对小型舰艇蜂群攻击战术的舰载防御武器。Mod1型在现役Mod0型的基础上加装了4片鸭式舵和一个多模成像导引头，可采用激光半主动和自寻的两种制导体制。Mod0型和Mod1型炮弹都由Mk110式57 mm舰炮发射，射速为220发/min，最大射程达到10 km。美国海军未来不会用Mod1型制导炮弹来淘汰现有的Mod0型炮弹，而是将其作为后者的补充。

除此之外，BAE系统公司还在对Mk295式炮弹进行其他改进，为其研制多种非动能毁伤载荷，包括能够干扰飞机和部分巡航导弹的电子战干扰器、能够探雷的磁传感器，以及能够根据敌方舰船动力系统信号探知目标的声传感器。BAE系统公司未来还计划为Mk295式换用符合不敏感弹药标准的装药，以及效应可调战斗部等。

2.2.3 新技术、新原理推动新概念弹药诞生

Mk258式Mod1型超空泡弹药[12]（图9）是一种可以直接应用在Mk44式30 mm链炮的30 mm×173 mm弹药，由挪威纳莫公司和美国海军海上司令部海军系统作战中心在Mk258式Mod0型尾翼稳定脱壳穿甲弹的基础上共同研制，其外形与标准尾翼稳定脱壳穿甲弹相似，弹芯材料为钨，重150 g，长188 mm，直径为9 mm，头部最前端是一段直径为2.3 mm的圆柱体以产生超空泡效应。该弹的炮口初速为1 430 m/s，在穿过25 m距离的水介质后，速度为1 030 m/s。Mk258式Mod1型可有效对付水面及浅水区的目标，包括人员、小艇、两栖车和水雷等，目前已经装备美国海军和海军陆战队，2015年被美国海军评为当前技术最先进的弹药之一。

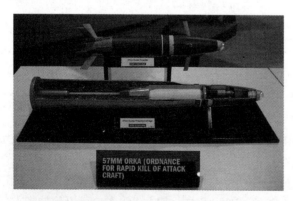

图8 Mk295式Mod1型57 mm制导炮弹

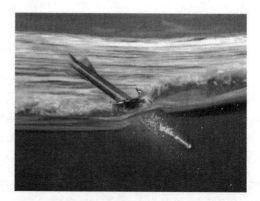

图9 Mk258式Mod1型30 mm超空泡弹药

2.2.4 增强毁伤效能的同时保持不敏感性

意大利西梅尔防务公司为76L62火炮研发的新型预制破片弹药[13]，内部装填1.55 kg钨方块和750 g

该公司自主研发的 ECF-1 不敏感炸药。ECF-1 炸药的性能达到、甚至超过了其他性能最好的炸药,且不敏感指标均超出 STANAG 4439 标准的要求。该系列炮弹配用西梅尔防务公司自主研制的引信,当采用近炸或触发模式,并启动自毁功能时可用于防空,当采用地面近炸模式时可用于对陆攻击。

20 mm×128 mm 曳光半穿甲烟火引燃效应不敏感弹药[14]是德国莱茵金属防空公司为其新型厄利空"海上游骑兵"20 遥控舰炮配套研制的,兼具横向效应增强弹和烟火引燃效应弹的能力,不敏感性能与曳光训练弹相当,价格低于燃烧榴弹,已在 2015 年年底前完成鉴定试验。

2.3 信息化、网络化弹药

为提高海上网络化打击能力,2015 年美国海军启动"低成本无人机蜂群技术"项目,用于向目标区投放无人机集群,自主完成对敌压制任务。基本单元"郊狼"采用分布式协同使用,执行巡飞、情报、火力吸引、通信干扰等任务,集侦察与打击功能于一体,如图 10 所示。目前,美国已完成在 40 s 内海上连续发射 30 架"郊狼"编组和机动飞行试验,攻克了单弹定位和自主飞行技术,还有待解决多弹的自主控制、任务分配、协同攻击等技术[15]。

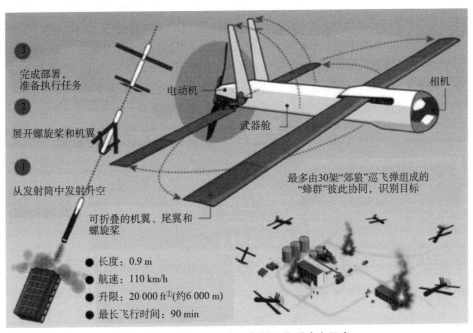

图 10 "郊狼"构造、发射及集群攻击示意

2017 年美国海军启动"组网舰载微型有源诱饵弹"[16]项目,以开展低成本旋翼微型无人飞行器组网研究,提供无人持久电子战能力。诱饵弹采用折叠式旋翼,可被装入圆柱形发射筒中,发射后展开,便于存放和快速部署。2017 年 8 月美军在"科罗拉多"号濒海战斗舰上演示了"组网舰载微型有源诱饵弹"(图 11)多联装发射、控制及回收能力,测试了遥控、自主飞行控制、位置保持,以及任意数量无人飞行器的安全协同飞行技术。

3 国外舰炮弹药发展趋势

近年来,随着美国国家安全战略的重心向大国竞争回归,美国海军提出"分布式杀伤"概念,将美海军的大集群作战转型为分布式作战,要求大量水面舰艇具备中远程打击能力,特别是强化中小型作战平台的对海对陆作战能力,这就要求舰炮制导弹药在远程精确的基础上具备小型、灵活、多功能的特点,除了继续保持不敏感之外,未来将向网络化协同、全方位防御、高速度反击、多用途作战发展。

---

① 1 ft = 0.304 8 m。

3.1 不敏感依旧是舰炮弹药的首要必备条件

舰炮弹药由于其特殊的使用条件和储存环境,决定了不敏感性是其首要必备条件。舰炮弹药的战斗部除了高威力和多样化之外,还必须考虑不敏感设计。面对未来新型不对称威胁和复杂电磁环境,舰船等作战平台的安全与生存问题是一个新的挑战,不敏感技术需紧跟安全性的更高发展要求,为武器弹药实现作战任务做好保障。不敏感性将是舰炮弹药发展永恒的主题。

3.2 大口径弹药以 127 mm 和多功能模块化通用弹药为主

国外现役大口径舰炮主要以 127 mm 为主,这决定了对 127 mm 舰炮弹药的需求量,同时研制成功的 155 mm 对陆攻击弹药虽然已经投产,但是迫于价格昂贵,也正面临被取代的尴尬境地。基于大口径舰炮的任务使命,未来大口径舰炮弹药仍会以 127 mm 的远程制导弹药为主。除此之外,不仅能适配

图 11 组网舰载微型有源诱饵弹

127 mm 舰炮,还能兼容 155 mm 口径及其他新型舰炮武器系统,既能防空反导又能对海对陆的多功能模块化通用弹药(比如超高速炮弹)也将是一个重要发展方向。

3.3 中小口径弹药向智能化发展,并具备全方位防御、高速度反击的能力

随着微机电等技术的不断发展,智能化成为中小口径弹药的必然发展趋势,而且目前的反舰导弹在末段攻击时速度高、机动能力强,以防空反导为己任的中口径舰炮弹药也必须具备高速度和强机动能力,例如美国国防高级研究计划局推出的"多方位防御快速拦截弹"要求兼具导弹的精度和炮弹的速度,能在不超 10 s 的时间内打击多种类型的关键目标。

3.4 网络化协同攻击弹药是弹药领域不可或缺的重要发展方向

未来战场环境复杂,作战目标多样,要求弹药不仅应具有高精度、高威力的打击特点,还应具备抗干扰、信息化、多用途灵活的作战能力,能自主完成作战任务。网络化协同攻击弹药可通过多弹自组网实现协同搜索、协同攻击、区域压制、集群突防等作战功能,颠覆传统弹药作战模式,大幅提升作战效能,是未来弹药领域发展的重要方向。

4 结论

作为对敌目标实施摧毁的最终载荷,弹药在舰炮武器系统中占有举足轻重的地位。随着电磁炮、激光武器等新概念武器系统的快速发展,舰炮弹药的发展需与未来作战任务、使用环境和打击目标情况相结合。国外舰炮弹药的发展思路、技术途径以及经验教训可对我国舰炮弹药的发展起到参考与借鉴作用。

参考文献

[1] 吴杰. 外军舰炮制导炮弹发展现状及对我军的启示 [J]. 国防技术基础,2010,(1):51–53.
[2] 155 mm long range land attack projectile (LRLAP) [DB]. Jane's Ammunition Handbook,2017.04.26.
[3] 5 – inch (127 mm) multi – service standard guided projectile (MS – SGP) [DB]. Jane's Ammunition Handbook,2017.10.30.

[4] MADEX 2017: South Korean naval precision guided munition entering conceptual phase [OL]. https://www.navyrecognition.com, 2017.10.24.

[5] 5-inch (127 mm) Vulcano guided rounds for 54/62/64 calibre naval guns [DB]. Jane's Ammunition Handbook, 2017.10.13.

[6] Navy lasers, railgun, and gun-launched guided projectile: background and issues for congress [R]. https://crsreports.congress.gov, 2019.05.17.

[7] US navy, raytheon test excalibur N5 munitions [OL]. http://raytheon.mediaroom.com, 2019.05.06.

[8] Orbital ATK eyes extended range 5 inch projectile for US navy [OL]. https://www.monch.com, 2018.01.11.

[9] Leonardo 3AP and 4AP multi-function fuzes [DB]. Jane's Ammunition Handbook, 2017.12.26.

[10] 76 mm DART guided round for 76/62 naval guns [DB]. Jane's Ammunition Handbook, 2017.05.22.

[11] BAE systems unveils the ORKA one shot one kill round for 57mm gun at Sea-Air-Space 2015 [OL]. http://www.navyrecognition.com, 2015.04.14.

[12] Nammo & U.S. Navy developed a 30mm supercavitating projectile [OL]. http://www.navyrecognition.com, 2018.10.14.

[13] Компания Nexter ammunition: взгляд изнутри [OL]. https://topwar.ru, 2016.11.17.
Nexter ammunition: an inside look [OL]. https://topwar.ru, 2016.11.17. (in Russian)

[14] Rheinmetall Oerlikon Searanger 20 and SAPPIE-T ammunition: 20mm naval weapon technology for the 21st century [OL]. https://www.rheinmetall-defence.com, 2015.09.14.

[15] Raytheon plans coyote ship-based swarm tests [OL]. https://www.uasvision.com, 2016.07.14.

[16] Richard Scott. NOMAD flight vehicle completes at-sea demonstration from LCS [DB]. Jane's International Defence Review, 2017.11.03.

我国枪械发展的几点思考

雷 敬，陈 胜，李松洋

(陆军装备部重庆军代局驻重庆地区第五军代室)

摘 要：结合枪械论证研发设计、质量监督中的实践，对比国外先进水平以及我军枪械的现状，从枪械研发的通用性，枪械设计应当立足于国情、军情，枪械论证应该顺应时代要求等几个方面对枪械的使用、研制和设计等提出了建议。

0 引言

轻武器作为我军国防装备体系通用的基础性武器装备，被广泛列装于陆、海、空及武警公安等武装力量，是近距离作战和反恐维稳的主要装备，具有装备量大、装备面广、作战范围广、使用环境多样等特点，在国家安全战略及国防装备体系中占有重要的基础地位，在反恐战、治安战和剿匪战等方面具有举足轻重的作用。因此，对加强轻武器论证、研制以及作战使用的研究迫在眉睫。我军有30多年没有进行过大规模的陆地战争，更应该加强对这方面的研究和思考。

1 枪械系列的研发应该具有通用性

武器装备不同于民用产品，其具有产量低、可替代品少等特点，一旦发生战争，损坏率高，需要快速进行补充，面对战场复杂的情况，快速用现有、半损坏的零部件组成新的武器进行战斗，是保护自己、消灭敌人的重要支撑。而且使用同一型号的武器装备也减少了部队学习的时间成本，在部队日常使用维护中也减少了保障种类，在不停的使用装备中部队也得到了更多的经验。为了保证战斗力，研发人员在研发枪械系统时要注重延续性，保证枪械系统的零件最大限度的互换。

1.1 我军枪族系列的现状

据公开资料显示，我军的步枪大致经过56式自动步枪及其改进型、81式自动步枪及其改进型以及95式自动步枪及其改进型这几个阶段，新型的步枪系统也在研制中。每一代的步枪系统都有所进步，特别是95式自动步枪及其改进型都强调了枪族内部的互换性，可分解零件的互换率高达80%，这当然是一个很高的指标了。但是我们也应该看到，95式自动步枪及其改进型并没有被装备到所有部队，大量部队还在使用81式自动步枪，那么其与其他枪族是另外一套系统，没有任何的互换性。从81系列到95系列到新步枪系列的发展仅仅是不到20年的时间。

1.2 国外先进经验的做法

以美军为例，M16自动步枪从1967年开始被列装于美军，直接加入了越南战争，然后被发现问题，逐步改进，得到美军普遍认可后，先后有了M16A1、M16A2、M16A3等改进系列并一直在美军服役，至今已经有50余年。

一支步枪通过不断改进发展，这种延续的做法拥有比较多的现实意义，这是国外先进水平常用的方法，当然也存在巨大的收益：一是节约了经费，每个国家的经费都有限，军费需要用在刀刃上，对于传统武器不可能投入大量费用；二是部队不必重新去适应新型枪械带来的使用方法、维护保养技巧、维修技术、射击方法等的变化。很好地传承了部队的使用习惯，提高了部队的战斗力，减少了部队拿到新装备的适应期，加快了战斗力的生成；三是减少了保障的难度，在复杂的战场环境中，如果零部件出现损坏，也更容易找到相关配件，战斗武器能够快速被修复，同时也减少了零部件保障压力。几十年技术上的传承、积淀有利于传统武器的发展。

1.3 提高通用性的几点建议

步枪是应用最为广泛的武器，可以说是战场的通用装备。首先，我们在型号研制时应当充分考虑国内形势、部队需求以及借鉴我国、别国的一些经验，型号成熟一个定型一个，定型以后如果出现问题，则及时对型号进行改进升级。在战争形势没有重大变化时在原有基础上持续改进，应当考虑一个枪族的延续性，减少因为型号变更带来的使用习惯的改变以及培训成本（时间、人员等）。比如美军 M2 机枪已经是 100 年的产品，中间经过不停地升级改进，目前仍在服役。其次，在论证、设计阶段，通过高度模块化的设计以及工艺上的严格控制让不同枪支上面的枪托组件、枪管组件、发射机组件能够自由地随机组合，立马生成战斗力。再次，在各种枪械型号使用的弹匣、弹链、刺刀连接处、瞄准镜连接处等地方应该着重考虑通用性，保证大部分枪械的通用。最后，子弹的研发不但考虑不同枪械的通用使用，而且更应当尽量保证主要枪械外弹道的一致、射表的一致，保证战场上能够直接使用。

2 枪械的设计应该充分立足于我国国情、军情

枪械的设计应当立足于国情、军情，不能脱离于国情进行装备的研制生产，特别是对于步枪这种需求量大，需要大批量、低成本制造的枪械。对于枪械原理结构在近 100 年没有重大进步的装备，在没有技术突破时，更没有必要一味地进行一些不符合大批量生产、低成本制造要求的创新、创造，我国对一部分创新创造要进行取舍。

2.1 设计应当考虑批量生产

一支先进的步枪不但要各方面指标优秀，满足部队好使用、好维修、好保障等方面的要求，而且在其设计开发时应以制造工艺为基础。步枪的设计不应当只追求原理结构上与国外先进水平接轨，还既要保证原理结构的先进，更要考虑批量生产。设计开发应该以目前的制造工艺技术水平为基础，可以进行适当提升牵引制造能力，但是不能拔高太多而给批量生产带来困难。一支天下第一，但是产量低下，部队不能拿到手的步枪也不是一支好的步枪。

比如某新步枪自动机射击，参照了 AR 系列步枪自动机结构，并且结构更为复杂：机头回转闭锁通过导轨与开闭锁曲线槽作用实现，而导轨运动时通过卡铁实现，机框设有卡铁座，卡铁装到机框上，当卡铁卡入槽中时，机头不能回转，当卡铁离开卡槽时机头开始回转。为满足该套开闭锁机构功能，整个自动机结构复杂，配合要求高，因此生产时切削部位多且尺寸小，形状、位置精度高等要求使加工难度增大。如果进行大批量的订购，目前的生产水平难以满足；如果进行量产，需要对生产能力进行全面升级，代价太高。

2.2 机理不完全清楚时慎重应用

步枪的应用涉及面广，既有海岛、山区，也有冰山、沙漠等环境，其适用性要求高，面对情况复杂，出现任何问题补救起来都相当困难。新技术的应用应当充分考虑到这些情况。工艺技术的选择应当尽量立足于国内现有的工艺技术，且应当尽量使用成熟的技术。先进工艺技术的使用应当在掌握清楚机理且有一定的理论研究后再进行。否则即使在科研小批量的精雕细琢中在应用层面没有出现问题，但一旦在紧急任务或者大批量生产的情况下出现质量问题也就往往难以解决。

如某新步枪的表面处理工艺拟使用超硬类金刚石涂层。此工艺比现行使用了几十年的磷化工艺先进，质量更好。但是其设备、原材料都需要依托于国外生产厂家进口，工艺技术都需要依托于别人，且此项技术在中国范围内的研究还比较浅，其原理机制等方面还没有被完全摸清楚，不能为了刻意追赶发达国家而强行使用先进技术。步枪的创新创造应该以摸清规律为前提。

2.3 不应该过度追求指标的先进

装备的发展应当遵守客观规律，在没有技术积淀和技术支撑的情况下，尽量不要过度提高指标要求。对于步枪战技指标的要求，当在技术成熟时，适当地提出高要求能够起到促进行业进步、引领装备发展的作用，但是一旦有个别指标难以达到，而科研时间和经费都有限，设计师就很有可能权衡利弊，牺牲其他方面的性能。

在装备领域的指标主要由专用质量特性和通用质量特性两部分组成。一般来说，专用质量特性是指战技指标一类，可以用数据量化考核；而通用质量特性则主要是指维修性、保障性等这些难以用指标量化考核的方面，这些指标也往往容易被忽视。当难以达到某些战技指标的情况下，一些通用质量特性很有可能就不被重视，这种情况在某些时间紧、任务重的科研项目中尤为突出。

又如某型步枪在研制过程中，既要求寿命达到较高要求，又要求子弹拥有较强的穿甲以及存速能力，这就不可避免地引出了热偏、热散等其他问题。这些问题都是在研制中未曾被考虑到的，但是都是由于对一些指标的极度要求带来的。

3 步枪系统的论证设计应当顺应时代需求

一支优秀步枪一定是紧贴于时代的产物，一定符合当前时代作战需求，一定是结合时代形势的，脱离于当时的时代背景或者落后于时代的步枪都不能算是一支好的步枪。如果不研究作战需求，不研究当下战争的形貌，那么制造成本低下、可靠性好的 AK－47 步枪就都应该被各个发达国家所接纳。在步枪的使用方面，美军起步早、应用多，同时也走过一些弯路，当然也有很好的名枪出产，他山之石，可以攻玉，我们研究美军的发展，可以对我国的步枪研究有所帮助。

3.1 近年来美军的相关做法

自从越南战争开始，美军 M14 步枪就多受指责，主要是因为在丛林作战中 M14 步枪比较笨重，单兵携带弹药量有限，而且大部分都是半自动方式，难以对抗越军全自动的 AK－47 步枪。根据美军"齐射"理论，交战距离都在 300 m 以内等实际情况，在 1967 年美军选择了小口径且更轻量化的 M16，美军很快放弃了不合适的 M14 步枪，时代击败了前期论证。

进入 21 世纪后，根据在阿富汗作战的经验，美军发现，一是地面部队跟游击队的作战距离已经超过 300 m；二是枪弹需要更具有威力，以应对日益强大的防弹衣以及躲在吉普车后的敌人。因此，美军研制了新一代的具有超强穿甲能力的枪、弹，逐渐替代以前穿甲能力弱的枪、弹，开始使用装配口径和威力更大的 7.62 mm 枪弹，并且为了解决一些 M16 系列（维护保养频次，应对恶劣条件）的问题，开始大规模地装配 HK 系列以应对战争需要。

第二次世界大战以来，美国的步枪经历了由 M14 到 M16 系列再到 HK416 系列这一过程，这实际上是步枪随着作战需求不断变化而变化的一个缩影。发射方式由单发发射到连发发射，到可控制的点射，再到连发发射；射速由每分钟发射几发到每分钟发射几十上百发；射程由 1 000 m 变为 400 m，口径由 7.62 mm 再到 5.56 mm 到 7.62 mm。步枪每一次大的成功改进或者换代都是以新的弹药出现为基础的，而弹药的改动都是由预想作战模式所确定的。

3.2 我军枪械面临的现实情况

我军的枪械经过几十年的发展，经历了完全仿制、部分仿制，以及自我创造几个阶段，短短几十年，已经成体系成建制，并且努力在赶超国际先进水平，也取得了一些成果。但是我们应该看到，在跨阶段赶超的同时不可避免地出现一些问题。在枪弹的论证设计方面，在美军还没有开始使用具有穿甲能力的步枪的枪弹前，我军的枪弹一直以来都具有较强穿甲能力，并且弹重系数大、弹形系数好，在存速穿甲方面都具有一定的优势，但是在实际使用中这也带来了一系列比较严重的问题，所以枪弹的研制在顺应时代的同时也应该兼顾其他方面的问题。其在有效射程以内的远距离射击上、在瞄准镜的配比上往往较低，特别是新时期，战士的视力已经不如几十年前，在面对 200 m 以上的目标时，使用机械瞄具比较吃力。对个别战技指标的过分苛求，如我军一直对研制步枪的重量要求十分严格，几十克重量的增加都是不被允许的，导致部分零件强度不足，结构复杂，所以对枪械的要求应当顺应时代发展，引入一些航空工业的材料方法，而不是仅仅是在行业内部进行自我繁殖。

3.3 我军枪、弹系统发展的设想

与时代接轨、向战争看齐是我国枪械发展的方向，研制枪械一定要根据时代需求并结合战争需要。首先，继续加强战争论证，在目前小口径的基础上，引进中口径的步枪以及狙击步枪到战斗序列以压制国外中大口径步机枪，不必刻意追求弹型号的统一而忽视实际作战需求；其次，应该研制新型中口径弹药，以技术为牵引开展塑料弹壳枪弹、无壳弹的预先研究，实现跨越式的发展；再次，应当研制出射程更远、穿透力更强、杀伤力更大的枪、弹，以应对新世纪快速增强的防护力；最后，加强枪械使用方面研究，跟国际接轨，比如增加通用导轨，增加枪械从水下冒出后能立马射击的能力，增加超过 20° 仰俯射击射表，增强涂装方面的研究，而不是仅仅使用黑色等方面。

4 亟待解决问题的思考

我国轻武器设计理论与方法依然沿用苏联 20 世纪 50 年代的经验方法，多年来一直没有进行过系统、深入的基础研究和改进，可借鉴、移植的技术比较少，步枪在设计的过程中侧重于满足性能的需要，如材料的选择、结构的优化很多时候还是基于经验，并没有基础理论作为支撑，这导致我国枪械发展的瓶颈还是比较多。

4.1 基础材料和工艺的研究

轻武器的材料多数还是应用 20 世纪 80 年代的材料标准，这些材料当时是适合枪械性能需要的，加工工艺也成熟。随着枪械战技指标的提高及国际枪械的发展，很多问题的根源还是材料性能不够好，比如使用中的断裂、拉伤问题，枪弹背甲材料与枪管内膛材料特性不匹配等问题都严重制约了枪械的发展，针对枪械系统的材料研发和应用也非常少。

近几十年，材料科学有了很大进步，但是由于军品的特殊性，加之生产单位习惯于传统材料的加工方法，因此无法解决新材料的加工问题，一些新材料如钛合金、镁合金等轻质材料无法被加工成高质量的零件。这些现有、可用的高强材料无法用传统加工方式解决，工艺方面还应该加强研究。

4.2 可靠性低下问题

我国枪械的可靠性指标相对较低，如某型折叠托步枪的综合故障率小于等于 0.3%；某型自动步枪的综合故障率小于等于 0.2%；某型狙击步枪的综合故障率小于等于 0.3%；某型冲锋枪的综合故障率小于等于 0.25%；而国外先进水平步枪的综合故障率小于等于 0.05%。这些从设计源头上都导致了可靠性低下。

再者，近年来，轻武器在使用中总是暴露出问题，主要是在使用过程中不稳定，这影响武器功能的发挥。比如某型步枪系统热散、覆铜等问题，某型步枪系统早发火问题，某型手枪弹匣常出现装配不到位的现象。因此，可靠性已经成为制约轻武器发展的重要因素。

4.3 寿命研究需求迫切

目前我国主要枪械的寿命一般为手枪 3 000 发，步枪 10 000 发，大口径机枪 3 000 发；而欧美发达国家枪械寿命则为手枪 20 000 发，步枪 20 000 发，大口径机枪 6 000 发，寿命是我国现有同类武器的两倍以上。而且，其他国家还在继续开展专项研究，进一步延长了枪管寿命，这使我国与其他国家枪械寿

命的差距进一步加大。加强寿命的研究是步枪耐用、好用的基础。

5　结论

　　轻武器的能力是对论证、设计、制造、使用和维修等因素的综合反映，只有通过不断探索，才能得到提升。我们既不能只跟在先进国家后面学，也不能固步自封，只有摒弃自身存在的问题，探索新的技术路线，才能建设一流的枪械水平。

枪械提高远距离射击精度的技术探索

雷敬，王欢，李松洋

（陆军装备部重庆军代局驻重庆地区第五军代室）

摘 要：以提高远距离射击精度为目的，探索提高远距离射击精度的技术途径。一方面从弹膛、坡膛、线膛、导程及枪管长度等参数进行枪弹匹配优化设计，提升内弹道性能；另一方面从内膛加工方式等方面开展枪管制造工艺优化研究，提高枪管内膛参数的一致性、稳定性。

关键词：枪械；远距离；射击精度；枪弹匹配；工艺优化

中图分类号：TJ22 文献标志码：A

Technical exploration of improving the precision of long range fire by firearms

LEI Jing, WANG Huan, LI Songyang

(The Fifth Military Generation Office of Chongqing Military Agency of Army Equipment Department in Chongqing)

Abstract: In order to improve the accuracy of long-range shooting, the technical ways to improve the accuracy of long-range shooting is explored. On the one hand, the matching optimization design of bullet is carried out from the parameters of bore, ramp bore, rifle, lead and barrel length to improve the interior ballistic performance; on the other hand, the optimization research of barrel manufacturing technology is carried out from the aspects of bore processing mode, so as to improve the consistency and stability of barrel parameters.

Keywords: gun; long distance; shooting accuracy; bullet matching; process optimization

0 引言

国内公安、武警和特种部队陆续装备某型狙击枪，并使用该产品多次在世界军、警狙击手杯赛上取得优异成绩。同时，使用单位提出了进一步将射击精度由600 m水平提高到800 m水平的使用需求，以更好地满足执行特殊任务需要。

1 研究方向

1.1 枪弹匹配工程研究

在前期研制的基础上，结合理论分析、仿真建模分析结果，对其中重点关注的枪管参数对精度的影响进行进一步试验研究。对枪弹匹配理论工程进行进一步应用研究，对影响精度的相关参数，如坡膛尺寸、导程、长度和外形等进行试验验证分析，确定远距离型枪管的最佳技术方案。

1.2 高精度枪管的内膛加工技术

对精锻、拔丝等加工方式进行内膛成形工艺对比研究，提高枪管内膛参数的制造精度和一致性。

作者简介：雷敬（1986—），男，工程师。E-mail:283649534n@qq.com。

2 影响因素分析

空气弹道由弹道系数 c、初速 v 和发射角 θ 三个参量完全确定,精度的好坏取决于 Δc、Δv 和 $\Delta \theta$ 的变化情况。对精度的影响因素主要有三个,一是枪弹的技术状态,如弹头质量、装填条件、发射药的形状、尺寸、拔弹力、药温及湿度等主要通过对初速变化的影响而影响射击精度;二是枪管内膛参数,通过影响枪管振动而影响发射角差,如枪管直线度、枪管厚度、枪口端面与枪膛轴线垂直度等;三是通过影响弹头的挤进及其在内弹道的运动姿态造成枪管振动差异或发射角差从而影响射击精度,如枪管的坡膛结构与参数、枪管阴阳线直径、枪管阴阳线宽度、弹线膛同轴度等。

本文主要对枪械方面进行讨论,对弹药方面不进行讨论。

3 坡膛参数对射击精度的影响研究

对前期狙击步枪研制过程中枪管的检测情况和枪、弹匹配精度试验情况的收集与分析认为弹头嵌入前运动行程、坡膛角度、弹线膛同轴度等对精度影响较大。因而此次研究就是在前期研究成果的基础上,结合理论分析、仿真建模分析结果,对其中重点关注的参数对精度的影响进一步试验研究。

3.1 弹膛坡膛参数研究方案的确定

通过分析研究,主要开展弹头嵌入前运动行程和坡膛角度对射击精度影响的试验研究。

以某高精度狙击步枪枪管为基础,按照弹膛嵌入前运动行程与坡膛角度不同设计 5 种方案,其中外形与线膛参数保持不变,试验研究的弹膛坡膛参数方案如图 1 所示。

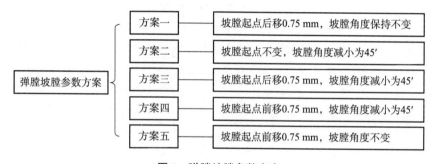

图 1 弹膛坡膛参数方案

3.2 对比试验情况

每个方案加工了 3 根枪管,装配成弹道枪进行 300 m 射击精度试验,试验情况如表 1 所示。

表 1 弹膛方案 300 m 射击精度试验情况

方案	枪管号	D_{100}(5组5发)/cm	D_{100}平均/cm	备注
方案一	1-1#	6.0	6.8	
	1-2#	7.6		
	1-3#	6.7		
方案二	2-1#	12.6	8.6	
	2-2#	6.5		
	2-3#	6.7		
方案三	3-1#	9.7	9.0	
	3-2#	9.3		
	3-3#	7.9		

续表

方案	枪管号	D_{100}（5组5发）/cm	D_{100}平均/cm	备注
方案四	4-1#	18.6	16.6	
	4-2#	13.9		
	4-3#	17.3		
方案五	5-1#	22.9	25.6	
	5-2#	23.2		
	5-3#	30.8		

从上述试验结果可知：
(1) 将嵌入前运动行程减短0.75 mm，射击精度最好。
(2) 将坡膛角度减小45′，射击精度较好，但不稳定。
(3) 无论坡膛角度改变与否，将嵌入前运动行程加长，射击精度都急剧降低。
因此可以认为：
(1) 弹头嵌入前运动行程对射击精度影响较大。
(2) 坡膛角度对射击精度稳定性有一定影响。

4 枪管导程、长度和外形对射击精度影响的研究

4.1 枪管方案设计

根据理论计算，286 mm、305 mm 两种导程均能保证弹头的飞行稳定性，也是国外同种口径采用较多的导程，故对这两种导程进行对比验证。

根据枪、弹匹配理论研究分析，枪管长度对初速有一定的影响，加长枪管的主要作用是降低枪口压，提高弹头的稳定性，降低弹头出枪口时的初始扰动，国外同口径狙击步枪采用较多的是610 mm 和650 mm，比赛级枪管则较长，一般大于700 mm，故拟对610 mm、650 mm、710 mm 三种长度枪管进行对比验证。

根据枪、弹匹配理论研究分析，不同的枪管外形结构通过对枪管弯曲刚度和一阶固有频率的影响而影响射击精度，国外采用较多的是锥形枪管，而在前期高精度狙击步枪系统研制中，也曾进行过相关的对比试验。考虑当时系统本身存在不稳定等因素的影响，故再次对锥形及开槽枪管进行验证。

根据上述对比项目，设计了8种方案枪管投入加工试制，如图2所示。

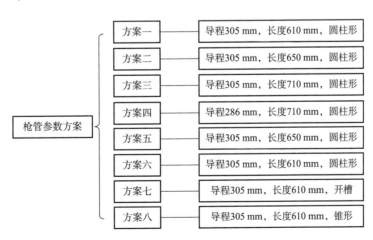

图2 枪管参数方案

4.2 对比试验情况

每个方案加工了 3 根枪管，装配成弹道枪进行 300 m 射击精度试验，试验情况如表 2 所示。

表 2 枪管方案 300 m 射击精度试验情况

方案	枪管号	D_{100}（5组5发）/cm	D_{100}平均/cm	备注
方案一	1-1#	7.5	7.6	导程 305 mm 长度 610 mm
	1-2#	7.4		
	1-3#	7.9		
方案二	2-1#	6.6	7.0	导程 305 mm 长度 650 mm
	2-2#	7.4		
	2-3#	7.0		
方案三	3-1#	6.6	6.8	导程 305 长度 710
	3-2#	6.6		
	3-3#	7.3		
方案四	4-1#	6.7	7.0	导程 286 mm 长度 710 mm
	4-2#	4.6		
	4-3#	8.7		
方案五	5-1#	6.6	7.1	导程 286 mm 长度 650 mm
	5-2#	7.3		
	5-3#	7.5		
方案六	6-1#	7.9	7.8	导程 286 mm 长度 610 mm
	6-2#	7.6		
	6-3#	7.8		
方案七	7-1#	8.4	8.7	导程 305 mm 长度 610 mm 开槽
	7-2#	9.0		
	7-3#	8.6		
方案八	8-1#	7.7	7.7	导程 305 mm 长度 610 mm 锥形
	8-2#	6.9		
	8-3#	8.6		

试验结果分析如下：

（1）长度为 650 mm 的射击精度明显比 610 mm 的好；长度为 710 mm 的射击精度比 650 mm 的稍好，但不明显。

（2）导程为 286 mm 的枪管与导程为 305 mm 的枪管射击精度差别不显著。

（3）锥形枪管与圆柱形枪管的射击精度基本相当，均好于在外圆上开槽的枪管。

5 内膛加工方式对射击精度影响的研究

（1）考虑加工的实际情况，对提高内膛表面粗糙度的两种方法（即桁磨和擦膛）对射击精度的影响进行对比研究。

（2）对枪管线膛采用传统的拔丝加工和精锻加工方式对射击精度的影响进行对比研究。

（3）优化枪管制造工艺，对精锻芯轴、锤头等精锻工装参数及制造工艺参数和检测方式进行优化，以提高精锻成形精度和状态的稳定性以及尺寸的一致性。

5.1 桁磨和擦膛对射击精度影响的对比

投入10根枪管的试制，5根采用桁磨加工，5根采用擦膛加工，以提高内膛表面的粗糙度水平。经精度对比试验表明，只要粗糙度达到要求，两种方式加工的枪管射击精度水平相近，无明显差异。

5.2 拔丝和精锻对射击精度影响的对比

投入10根枪管的试制，5根采用拔丝方式加工线膛，5根采用精锻方式加工线膛。经精度对比试验表明，精锻方式加工的枪管射击精度更好，加工效率更高，每根枪管线膛尺寸的一致性更好。

5.3 优化精锻工装、工艺参数应用研究

一方面，从提高精锻线膛成形精度，阴阳线同轴度、粗糙度等角度出发，对精锻芯轴和锤头的参数和加工工艺进行优化，采用更为精确的检测方式，芯轴和锤头的加工质量得到了较大提升。另一方面，优化枪管加工工艺流程，着重优化关键控制点；优化弹膛加工刀具，提高弹线膛同轴度及弹膛粗糙度。

通过上述措施的落实，试制了10根枪管进行射击精度试验。试验表明，采取上述措施后射击精度得到了较为明显的提高。

6 远距离射击枪管方案的确定

根据以上枪管参数及加工方式对射击精度的影响研究结果及枪弹匹配理论工程应用研究结果，同时考虑到枪管过长带来的不利因素：一是过长，线膛直线度不易保证；二是在外径相同的情况下，枪管越长，其在自身重力作用下弯曲也越大；三是枪械的质量也会大幅度上升，确定远距离型枪管参数方案：

枪管坡膛起点后移，坡膛角度不变，导程为305 mm，长度调整为650 mm，枪管外形为圆柱形、不开槽。按此方案完成10根远距离枪管的试制与弹道枪装配。

6.1 300 m 精度试验

试验使用某远距离型7.62 mm狙击弹，每支枪射击5靶，每靶5发，试验结果如表3所示。

表3 300 m射击精度试验结果

枪管号	5靶平均 D_{100}/cm
001#	4.3
002#	6.1
003#	6.1
004#	4.7
005#	6.1
006#	6.7
007#	4.9
008#	5.1
009#	5.2
010#	5.5

从试验结果看，10支枪管在300 m射距内，有1支枪管平均精度小于0.5MOA（minute of angle），4支枪管平均精度小于0.6MOA，5支枪管精度小于0.8MOA。

6.2 800 m 射击精度试验

300 m 精度试验结束后,使用其中 3 支枪管装配成某远距离狙击步枪,进行 100 m、300 m、800 m 射击精度试验。每支枪射击 3 靶,每靶 3 发,试验情况如表 4 所示。

表 4 800 m 射击精度试验结果

枪号	3 靶平均 D_{100}/cm	射距/m
421#	1.4	100
437#	1.4	100
438#	1.3	100
421#	4.3	300
437#	3.9	300
438#	4.4	300
421#	14.8	800
437#	10.4	800
438#	17.5	800

试验结果:3 支战斗枪 100 m 的射击精度平均值为 1.4 cm,300 m 的射击精度平均值为 4.2 cm,800 m 的射击精度平均值为 14.2 cm。

6.3 试验结果分析

300 m 内 3 支战斗枪的射击精度均已达到小于 0.5MOA,800 m 内 1 支战斗枪的射击精度小于 0.5MOA,另外 2 支战斗枪的射击精度均小于 1MOA。

由此可见,通过优化枪管坡膛参数、导程、长度、外形以及内膛加工方式等,实现了 800 m 射击精度达到 1MOA 的目标。

7 结论

通过对枪弹匹配技术工程研究及在狙击步枪研制中的应用,狙击步枪远距离射击精度已经能完全满足 1MOA 的要求。但由于理论水平较低,目前对各参数对射击精度影响的机理还有待进一步研究。通过枪、弹匹配技术的工程研究,已基本掌握了枪管参数分析、试验确定方法以及部分关键参数的加工、检测方法,积累了实践经验,对开展高精度狙击步枪的研制提供了技术参考和支撑。

国外战斗部技术发展特点分析

李宝锋,陈永新,王建波,柏席峰,许彩霞,马士婷

(北方科技信息研究所,北京 100089)

摘 要:开展了国外战斗部技术发展动态及特点研究,介绍了国外巨型战斗部、活性材料战斗部、反装甲战斗部、低附带毁伤战斗部及电磁脉冲战斗部的现阶段发展水平,梳理了近几年国外钻地、杀爆、反装甲等战斗部技术的主要发展动态,并对战斗部的发展特点加以归纳分析。得出了利用新材料、新工艺手段提升综合毁伤效能;加强控制能力,实现精确毁伤;针对防护升级,推进电磁脉冲等新机理研究的国外战斗部技术发展特点的结论。

关键词:战斗部;毁伤;威力;钻地

0 引言

国外在开展高效毁伤战斗部技术的研究过程中,除了努力提高战斗部的威力外,还将研究重点放在了加强战斗部威力释放的控制方面。充分利用整体设计、升级材料等技术手段,不断提高战斗部的威力与毁伤效能。通过对战斗部壳体进行科学加工,可以提高战斗部的毁伤效能;通过对战斗部起爆过程的控制,提高精确毁伤能力。

1 整体概况

以美国、俄罗斯、英国、德国及以色列为代表的军事强国推进了高效毁伤战斗部技术的发展。美国、俄国均已具备大威力巨型云爆弹的研制能力。美国研制的 11 t TNT 当量的"炸弹之母"(MOAB),装药量达到 8 t,毁伤威力半径达 150 m,并进行了实际应用;已装备的 13.6 t 重巨型钻地弹,对超强加固钢筋混凝土侵彻能力超过 8 m,且还在研发"集束装药"侵彻技术,爆破的岩石或混凝土容积达到单个聚能装药的 60~80 倍。俄罗斯研发的 44 t TNT 当量的"炸弹之父"毁伤威力半径达 300 m,已成功进行试验。

美国活性材料战斗部技术已趋于工程化研究阶段,其应用研究领域包括陆军主动防护系统用活性破片武器、EFP 用活性材料、海空军导弹战斗部用活性材料等。试验及演示验证表明,高密度活性材料可代替钢用于制造破片杀伤导弹战斗部的壳体,在经受发射过载及炸药装药起爆时的冲击加载时不发生反应,但起爆后产生的破片能在穿透目标壳体后快速发生反应,提高了对目标的毁伤效能。活性破片杀伤战斗部的杀伤半径是惰性破片杀伤战斗部的 2 倍,而潜在的毁伤威力可以达到 5 倍。

在反装甲多用途毁伤领域,美国已研发出可同时打击坦克、薄装甲车辆、下车士兵等不同目标的综合毁伤效能战斗部,且其已被应用于在研的联合空对地导弹(JAGM)中。美国采用串联式聚能装药和触发引信,可侵彻厚 1.4 m 的装甲。俄罗斯反装甲多用途战斗部领域也非常先进,串联战斗部和温压战斗部是其发展特色,前者可侵彻厚 1.2 m 以上的装甲目标,单兵使用后者可有效打击掩体目标。美俄防空反导战斗部已采用定向战斗部技术,使破片利用率提高到 80%,炸药能量利用率提高到 75% 左右,正在研制采用逻辑网络起爆技术的定向可控破片战斗部。

在低附带毁伤领域,美国积极发展低附带毁伤战斗部。使用组分为钨粉和 TNT 的高密度惰性金属炸药控制毁伤半径;使用毁伤模式可调和毁伤威力可调技术,使武器具备灵活作战能力。此外,美国还在积极研发替代子母弹的先进预制破片战斗部技术。

美国已具备利用电磁脉冲战斗部来使电子设备目标瘫痪的能力,并将高功率电磁脉冲战斗部与

AGM-86巡航导弹相集成实现列装,美国空军已装备20余枚。美国还在开展高功率电磁脉冲战斗部小型化研究,并计划开展与更小型的联合空对地防区外导弹(JASSM)的集成研究。俄罗斯有能力进行 2×10^5 V/m 的电磁脉冲攻击。

2 发展动态

近几年,美国在积极研发 2 000 lb[①]级和 5 000 lb 级的新型钻地弹以提升侵彻能力及整体攻击性能;为提高 Mk80 系列既有制式战斗部的性能,空军研究实验室研发并成功测试了改进型顿感炸药;通过研发球墨铸铁炸弹,提升空射战斗部的面毁伤能力;着手开发毁伤当量调整炸弹,增强反恐作战能力。随着高超声速武器研制工作的推进,与之配套的战斗部研发工作也已被提上日程,同时借助增材制造技术的发展,提高高超声速武器战斗部的工艺制造水平。在反坦克战斗部技术领域,美国陆军开展了替代双用途子弹药的炮射面效应弹药的研发工作。德国、英国和以色列等国家从不同分领域推进了战斗部技术的发展。

2.1 钻地战斗部得到美国、以色列的重视

当前的掩体、指控中心以及保护设备物资的防护区都对如何防御钻地弹做了充分的设计考虑。新的防护材料、更深的地下位置以及采用不同类别的防护结构无一不增加了钻地弹的侵彻难度。

2.1.1 积极研发 A2K 和 A5K 新型钻地战斗部

为确保能够摧毁越发坚固的地下防御工事,2018 年,美国空军继续推进 A2K 和 A5K 新型钻地武器的研发、测试及生产工作[1]。通过进一步优化弹体结构和钢制壳体,以及改良引信装置,重量分别为 2 000 lb 和 5 000 lb 的 A2K 和 A5K 钻地炸弹的侵彻能力及整体攻击性能都会得到大幅提高。

2018 年早些时候,美国空军在埃格林空军基地对 A2K 钻地战斗部进行了高 12 m 的跌落测试,收集数据并对新的战斗部配置进行评估。

在结构设计和起爆方式的改进方面,有相当一部分与空军更广泛的现代空投炸弹技术是一致的。空军正在发展的"效应可调弹药"项目便利用了一些新兴技术,能够在飞行中改变炸弹的"威力"。这种新技术能够集成到更大型的钻地战斗部中,新的智能结构根据摧毁特定目标需求改变了爆炸当量。如根据所要对付的目标,钻地弹可通过对起爆装置的编程,设定在不同的深度起爆,并对爆轰能量进行调整。

2.1.2 利用改进型顿感炸药提升航弹不敏感性

为提高 500 lb 级 Mk82 式和 1 000 lb 级 Mk83 式(也分别被称为 BLU-111 和 BLU-110)通用炸弹的性能,2018 年,美国空军研究实验室成功测试了航空喷气洛克达因公司研发的 MNX-770 式 Mod1 型改进型顿感炸药。该炸药拥有与 PBXN-109 相同的威力,但更不容易受到意外爆炸的影响,换装这种药后,航弹在储存和勤务处理上都会更加安全。

殉爆测试中,战斗部放在间距只有几英寸的托盘上。将诱爆战斗部置于中心,在其两侧分别放置受检战斗部和惰性战斗部。起爆后,受检战斗部未发生殉爆。

2.1.3 可替代 BLU-109 的钻地战斗部已进入采购阶段

美国空军 2016 年年底发布的 BLU-137/B 建议书草案指出,到 2021 年,BLU-137/B 的采购量将高达 1.5 万枚。BLU-137/B 重 2 000 lb,被设计用于打击指挥控制掩体和其他受保护的设施等坚固目标,具有比 BLU-109/B 和 BLU-109C/B 更出色的性能。BLU-109 采用的是厚 2.5 cm 的整体式高强度锻钢壳体,可以穿透近厚 2 m 的钢筋混凝土。

美国空军最初与美国高级锻造钢铁公司和瑞士籍钢铁厂分别签订生产合同,但复审中由于瑞士籍位

[①] 1 lb = 0.454 kg。

于芝加哥的钢铁厂是外商独资企业,不具备生产资格,美国空军取消了与其签订的价值 4.196 亿美元、共计 300 枚 BLU-137/B 钻地战斗部(潜在的生产量可达 3 500 枚)的生产合同。而老牌的钻地弹供应商埃尔伍德国家锻造公司可能会成为瑞士钢铁厂的潜在替代者[2]。

2.1.4 以色列新研 MPR 系列钻地炸弹

以色列在 2018 年首次公开 MPR 系列钻地炸弹,其提高了线性侵彻能力和侵彻深度,对高价值目标实施精确点打击的同时,可降低附带毁伤。以色列军事工业公司开发的 MPR-500 已服役于以色列空军,并在 2014 年加沙地带的"保护边界行动"中被使用。MPR-500 的最大破片杀伤范围为 60~100 m,以 80°攻顶角度打击时可以穿透超过 100 cm 的钢筋混凝土。MPR 系列钻地炸弹在构造和重量方面与美国 Mk 80 系列炸弹相同,可与多种飞机和制导套件兼容。虽然 MPR 系列钻地炸弹杀伤半径小于 Mk80 系列,但是穿透能力增强,作战灵活性提高,可靠性高于 95%,有助于减少伤害非战斗人员的风险。

2.2 杀爆战斗部研究聚焦于壳体材料及预制破片技术

近两年,抗冲击性好、壳体破碎均匀的球墨铸铁材料得到美军的重视。同时预制破片战斗部在增材制造等新工艺的推动下,性能得到大幅提升。

2.2.1 抗冲击性好、壳体破碎均匀的球墨铸铁炸弹将被使用

球墨铸铁壳体制成的炸弹相对于传统制式炸弹破裂时能够产生更大面积的毁伤破片。2014 年,美国空军在"毁伤战斗部改进"(ILW)项目中开启了下一代区域攻击武器(NGAAW)增量Ⅰ和增量Ⅱ的研发工作。增量Ⅰ和增量Ⅱ分别对应的是 500 lb 级 BLU-134/B 和 2 000 lb 级 BLU-136/B 球墨铸铁炸弹。和钢制壳体相比,球墨铸铁壳体更易破碎,且破裂更加均匀,若在壳体内部进行预制处理,则效果会更好。同时,球墨铸铁炸弹因石墨含量更高,强度增加,抗冲击性也更好,故更适合战斗机挂载投放。

BLU-134/B 与 BLU-136/B 将装填现有的炸药装药,如 BLU-134/B 采用与 BLU-111D/B 相同的炸药装药(PBXN-109 不敏感炸药)。为提高效能,两型炸弹还将采用炸高传感器引信,飞行员可以在座舱内进行装定。因与制式炸弹外形相同,所以这两型炸弹可以与"杰达姆"卫星制导组件和宝石路Ⅱ、Ⅲ系列激光制导组件集成,也能与激光制导"杰达姆"、增强型"宝石路"等双模制导组件集成,且易于装备到空军当前和未来的战斗机上,包括 F-22 和 F-35。

工业部门已经具备制造韧性铁的生产设施和工艺基础,这为生产球墨铸铁铺平了道路。美国空军希望球墨铸铁炸弹能够弥补因禁用集束炸弹而产生的能力空缺。虽然球墨铸铁炸弹还不能完全覆盖集束炸弹的毁伤范围,球墨铸铁破片也不能摧毁重装甲及特定目标[2],但较大型的 BLU-136/B 通过战斗机的补充轰炸,能够解决一部分问题。

将 BLU-134/B,BLU-136/B 与更先进的瞄准定位系统集成,可以实现不同炸点和不同高度的起爆,甚至能够更好地模仿集束炸弹的效能。其通过混合使用可达到复合效果,比如使用制式炸弹在洞顶爆炸,然后控制球墨铸铁炸弹在洞里起爆,以达到最大毁伤效果;或者先使用钻地弹,将地下人员逼到地面,再用球磨铸铁弹片杀伤。

2.2.2 杀伤力增强型战斗部或将配用于高超声速武器

2018 年,美国诺斯罗普·格鲁曼公司成功测试并改进了 50 lb 级杀伤力增强型(LEO)战斗部。新战斗部的成功研发标志着公司首次利用增材制造技术制造出了预制破片内衬战斗部[3]。

杀伤力增强型战斗部采用 PBXN-110 炸药装药和附有内部破片衬层的薄战斗部外壳,可根据目标种类对破片进行优化布设,调节毁伤威力。对破片的大小和排列进行控制,配合使用近炸引信,可对特定的目标群(包括露天人员、轻型和中型车辆、停泊的飞机、雷达天线等)造成致命打击。诺斯罗普·格鲁曼公司希望新型战斗部能够装备到未来的高超声速武器中[3]。

2.2.3 美军正在设计新型预制破片杀伤战斗部

美国轨道-阿连特公司提出一种新的预制破片战斗部结构设计方案,其既可提升破片飞行速度、优

化破片飞行轨迹，又可降低制造成本。新战斗部中包含一整块预制破片体，两面均刻有凹槽，且两面凹槽呈直线对齐。

新型战斗部起爆时，可以生成一种预定形状和预定尺寸的破片。预制破片体为一整块金属板，由正面、反面及侧面围合而成。正面和反面均刻有凹槽，两面凹槽呈镜像分布，刻画有多个小的破片元。预制破片体可以根据具体需求设定尺寸。

正面以及反面凹槽均达到一定的深度和宽度，以使相互连接的破片元在爆炸时更容易断裂成独立的破片。每一块破片元的尺寸可以根据具体需求而定，质量介于 0.12~0.9 g。破片元按照横排纵队矩阵的方式排列。

试验中制备了两整块钨合金预制破片体 A1 和 A2，A1 由 90% 的钨、7% 的镍及 3% 的铁组成，A2 由 90% 的钨、6% 的镍及 4% 的铜组成；A1 呈现高强度、低延展性的特性，A2 呈现出低强度、高延展性的特性。预制破片体刻有 12 条横槽、18 条纵槽，合计含有 216 块相互连接的破片。试验中使用了 88 g C-4 炸药，起爆后能够生成均匀的破片。

2.2.4 以色列研究多层预制破片战斗部毁伤能力

以色列埃尔比特公司在第 30 届冲击波国际论坛上公布了多层预制破片战斗部的研究成果。多层预制破片战斗部已经被用于弹药中，依靠破片的动能摧毁目标。破片的动能可以来自弹药和目标的运动，但如果这两者都没有，则破片的动能只能来自炸药。TNT 等炸药起爆后会赋予矩形钢制破片以动能。研究人员通常会试图通过增加预制破片的层数来增加破片数量，以打击处在特定范围内的目标。埃尔比特公司开展了 10 次试验来验证这种方法是否能够得到预期的结果。结果发现，从炸药起爆后产生的冲击波波阵面压力获取动能的破片特性不同于惰性材料。这些破片在被炸药冲击波压缩的过程中获得了弹性能量，当战斗部使用多层预制破片时，破片会将这些弹性能量释放在与前方或后方相邻的破片上，从而导致前方的破片速度增加，而后方的破片速度降低。速度变化的幅度具有统计特征，与弹性能量释放的时机相关。试验结果发现，当采用 2 层预制破片时，破片速度的散布范围最大；而随着预制破片层数的增加，散布范围缩小。

2.3 反装甲战斗部得到创新发展

反装甲战斗部的创新发展体现在毁伤的多功能性及面对新装甲防护能力的新机理毁伤上。

2.3.1 美国将配装具备多种毁伤能力的坦克炮弹

美国陆军 M1A2 "艾布拉姆斯" 主战坦克未来将只需携带 M829E4 先进动能弹和 XM1147 先进多用途弹两种弹药。其通过安装弹用数据链和可编程多模引信（触发、延时和空爆），XM1147 射程 2 km，具备反建筑、打击反坦克手等多模能力，将同时取代榴弹、破障弹、杀爆反坦克弹等多类弹药，实现弹药类别的大幅缩减。先进多用途弹药将改变美国陆军坦克的作战方式，炮手可以利用火控系统通过弹用数据链设定弹药的引信模型，不用更换炮膛内的弹药，就可实现对不同类别目标的针对性打击。美国陆军正在委托轨道 ATK 公司开展 XM1147 多用途弹的研究，其预计 2019 年具备初始能力。

2.3.2 英国开展射流穿甲复合效应研究

英国奎奈蒂克公司开展了在动能侵彻弹中融合聚能战斗部的研究。具体设计上，聚能装药轴心与动能侵彻弹轴心相互垂直。有限空间内的双轴垂直布置产生新的破甲性能。相比于传统的俯冲式直接攻击武器，新战斗部中的聚能装药结构能以更优的角度打击装甲人员输送车和主战坦克防护性能较薄弱的顶部。

图 1 所示为侵彻弹中垂直嵌入聚能药型罩的初始设计，该设计可确保战斗部能够携载较多的炸药装药，实现战斗部的多效应毁伤。

此项研究综合采用计算机辅助绘图和 GRIM 3D 爆炸流体动力学程序，开展了掠飞攻顶侵彻体的组合设计，设计的炸药直径约为侵彻弹内径的 80%；采用不敏感弹药起爆序列和偏心起爆；优化了装药空间，修正了偏斜射流；简化侵彻多效应战斗部的同时提高了鲁棒性；基于静态和动态数学模型计算结果，4次聚能装药起爆试验优选了合适的设备与装置；将数学模型预估结果与试验结果进行对比，验证了基本OTA概念新型建模能力。通过概念验证提出新颖设计，研发适于携带的高效费比武器。研究成果也可用于空射、低空精准打击武器，特别是装有前置装药的武器，以实现更加综合的多效应毁伤功能。

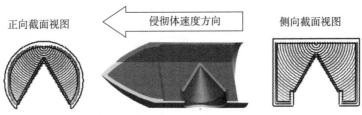

图1　聚能药型罩垂直嵌入侵彻弹的初始设计

2.3.3　德国推出电磁脉冲战斗部原理样机

德国TDW公司正在研究一种可对付坦克主动防护系统的电磁脉冲战斗部。在导弹中集成电磁脉冲战斗部，使之能够击溃装甲车的电子系统，这成为工业部门新的研究方向。TDW公司指出，主动防护系统工作的前提是网络化传感器提前探测到来袭导弹，进而再将导弹摧毁，但目前这些网络化传感器很难抵抗电子攻击和干扰。TDW公司提出一种集电磁毁伤和化学能毁伤于一体的导弹设计方案，首先利用电磁脉冲使传感器失能，再利用跟进的反坦克战斗部摧毁坦克。电磁脉冲战斗部的爆磁压缩发生器能将爆轰能转化成高能电磁脉冲，主要部件包括天线、高频源和电容等，这种战斗部可集成到不同尺寸的导弹中。TDW公司目前已经研发出系统原理样机，并开展了试验。

3　发展特点

美军正在将作战的重心转向俄罗斯等军事强国，同时也在总结阿富汗和伊拉克的作战经验。美军认为，当前的反"伊斯兰国"战争、俄罗斯入侵乌克兰的战争都是一种"混合战争"，敌方会运用混在平民中的突击队员、重型坦克等各种军事力量，这些目标需要运用不同的武器进行打击。而未来能够应对多种目标的武器将有助于在"混合战争"中开展军事行动。未来，随着技术的推动和未来战争需求的牵引，战斗部将会在以下几方面实现重点发展。

3.1　利用新材料、新工艺提升综合毁伤效能

球墨铸铁材料、新配方的钨合金材料、活性材料等得到美国等西方国家的尝试发展。瑞典为"卡尔·古斯塔夫"M4单兵火箭筒研制了84 mm可编程榴弹，战斗部内含有4 172个2.5 mm高密度钨珠。另外，美国针对MEFP药型罩开展了镍钨合金材料的适用性研究；为提高Mk80系列既有制式战斗部的性能，美国空军通过研发球墨铸铁炸弹，提升空射战斗部的面毁伤能力等等。3D打印、预制破片刻槽工艺技术都在日臻提高。

3.2　加强控制能力，实现精确毁伤

瑞典对榴弹植入编程能力，火控系统可将准确的目标距离和其他变量输入弹道计算机，配合精确的电子引信，能使弹药精确命中目标并造成预定的毁伤效果，毁伤威力是现役441D榴弹的2倍。在低附带毁伤研制领域，美国在积极发展低附带毁伤战斗部，使用组分为钨粉和TNT的高密度惰性金属炸药控制毁伤半径；使用毁伤模式可调和毁伤威力可调技术，使武器具备灵活作战能力。美国杀伤力增强战斗部采用附有内部破片衬层的薄战斗部外壳，可根据目标种类对破片进行优化布设，调节毁伤威力。这些都体现了对毁伤的精确控制能力。

3.3　针对防护升级，推进新机理研究

随着主动防护技术的发展，传统反坦克导弹在对付加装主动防护系统（APS）的主战坦克时已越发

显得力不从心。在导弹中集成电磁脉冲战斗部，使之能够击溃装甲车的电子系统正成为工业部门新的研究方向。当前，人们对高超声速飞行器的外形以及如何将其加速到5倍及5倍以上声速的方法进行了大量讨论，但对其可能携带何种战斗部的关注却较少。高超声速武器仅凭动能对分散打击相对较小地区的目标未必有用。高超声速武器若加入一个破片杀伤战斗部，则将帮助单个高超声速武器在指定的区域同时重创多种不同类型的目标，提高系统的整体灵活性。高超声速形成的动能及散布破片的结合可以算是新的尝试。

参 考 文 献

［1］ Security Blog Brand：The Buzz Tags. Air force military technology world bunker buster. Bombhttps：//nationalinterest. org/blog/buzz/air－force－wants－2000－and－5000－bunker－buster－bombs－35952，11－13，2018.

［2］ Gareth Jennings. USAF cancels "bunker－buster" contract with foreign－owned recipient. Jane's Missiles & Rockets. 06－09－2018.

［3］ Robin Hughes. Northrop Grumman tests new LEO warhead for hypersonic missiles. Jane's Missiles & Rockets. 29－10－2018.

中口径自行榴弹炮转鼓式弹仓设计

马 营,薛百文,涂炯灿,赵蔚楠

(中北大学 机电工程学院,山西 太原 030051)

摘 要:设计提供了一种向大口径火炮储存弹药并快速转移弹药的装置。该系统有用于存储弹药的弹鼓,该存储装置在仰角上不可移动,有从弹鼓接收弹药的托盘,以及将支撑托盘从与存储装置相邻的接收位置移动到与炮尾接近的装载位置。火炮安装在一个炮架并能在其射角上自由移动,储存弹丸和发射药的弹鼓安装在支架上。本转鼓式弹仓设计采用双弹鼓结构,解决了弹仓容量小的问题;弹鼓纵向平行置于炮尾两侧,节省了空间;推弹动作简单,缩短了装弹时间,提高了火炮射速。

关键词:中口径火炮;转鼓式弹仓;自动装填

中图分类号:TG156 **文献标志码**:A

Design of medium caliber self – propelled howitzer drum type magazine

MA Ying, XUE Baiwen, TU Jiongcan, ZHAO Weinan

(School of Mechatronics Engineering, North University of China, Taiyuan 030051, China)

Abstract: A device for storing and rapidly transferring ammunition to large – caliber artillery is provided. The system has cartridges for storing ammunition, and the storage device is immovable at elevation angles. A tray receives ammunition from the cartridge and moves the support tray from a receiving position adjacent to the storage device to a loading position close to the tail of the howitzer. Howitzers are mounted on a howitzer frame and can move freely on their firing angles, and cartridges that store projectiles and propellants are mounted on the support. In the design of rotary drum, the dual drum structure is adopted to solve the problem of small capacity of the projectile. The vertical parallel placement of the drum on both sides of the howitzer saves space. The action of pushing the projectile is simple, the loading time is shortened, and the artillery firing technique is improved.

Keywords: medium caliber artillery, rotary drum magazine, self – loading

0 引言

自行榴弹炮中的自动装弹系统是未来数字化火炮武器的核心,是机电一体化的综合系统,为多机械执行系统,由多个系统协同将弹仓内的弹丸送入炮膛,完成装弹工作[1]。自动装填系统的作用就是代替装填手,实现火炮装填的自动化,所以应该有以下优点:可以大幅度提高火炮射速,传统火炮的人工装填费时费力,射速只有 4~5 发/min,而装配自动装填机构的火炮理论上射速能达到 12~15 发/min,这样将会减少人员数,达到隔舱化设计的效果;同时可以降低车身高度,缩小火炮的外轮廓尺寸,减少装甲包含的体积。

自动装填系统在火炮总体设计以及总体性能中占有重要位置。尽管它只是火炮武器系统的一个分

作者简介:马营(1996—)男,硕士研究生。Email:xuelanglove246@126.com。

系统,但其影响着火炮的总体性能,与火控系统、火炮瞄准系统、炮尾、反后坐装置以及底盘等都有着密切联系,对火炮武器系统的作战模式、攻击能力、结构设计以及火炮可靠性方面都有着重要影响。

1 转鼓式弹仓装填系统原理

转鼓式弹仓的整体结构由两个转鼓弹(药)仓、机体支架、动力传动系统和推弹机构等部分组成,如图1所示。在自动装填情况下,当装置收到装弹命令,闭锁火炮装置的同时,纵向平行置于炮尾两侧的弹鼓被解锁并且被启动,选取弹丸并以等距离向出弹口转动,当弹丸位于合适的位置时,弹鼓装置锁定,同时推弹机构启动,将弹丸推入输弹机中,之后推弹装置电机翻转,将推弹片收回[2]。输弹机工作,同时另一侧装填药包转鼓开始工作,工作流程与弹丸侧相同,将药包也装填入炮膛后,火炮闭锁器解锁,火炮进入瞄准设计状态。

2 弹鼓部分的设计计算

2.1 弹鼓的主体结构

弹鼓平行置于炮尾,这样设计可尽可能地缩短弹丸再进入炮膛前的移动路径,简化弹丸移动流程中的运动方式。该过程中,弹鼓与火炮可以连为一体,装弹过程中,弹鼓、推弹机和火炮等保持相对位置不变,使火炮在任何方位角和俯仰角下均可执行装弹任务[3]。

图1所示为弹鼓整体视图,图2所示为弹鼓前视图,弹鼓外轮廓圆半径 $R = 300$ mm,内径为320 mm;图3中,由于105 mm榴弹炮弹丸最大直径为107.6 mm,所以转鼓上单个弹槽直径设计为107.6 mm,为推弹装置预留推弹槽宽20 mm,预留的前后挡弹杆孔为φ10 mm,挡弹杆槽 $R = 25$ mm;由于105 mm榴弹炮弹丸长570 mm,所以弹鼓整体长度设计为570.15 mm。

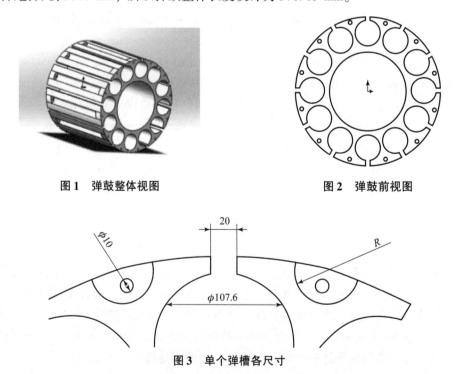

图1 弹鼓整体视图　　　　图2 弹鼓前视图

图3 单个弹槽各尺寸

2.2 弹鼓的主体计算

整体材料选择钢铁,密度为 7.9×10^3 kg/m³,计算后得到整个弹鼓质量为363.014 kg,体积为

0.046 m³，轴向的惯性主力矩为 20.305 251 585 kg/m²。

2.3 轴承的选择

选择圆柱滚子轴承（GB/T 283—2007），轴承代号为 NJ2236，其尺寸为 $d \times D \times B = 180 \text{ mm} \times 320 \text{ mm} \times 86 \text{ mm}$，基本额定载荷 $C_r = 217 \text{ kN}$。

2.4 挡弹装置的主体结构

挡弹装置的主要作用是：在弹丸离开弹鼓前，使弹丸与弹鼓保持相对位置固定不变，起到卡锁弹丸的作用。如图 4 所示，挡弹装置主要由一根挡弹杆，前、后挡弹板以及一根弹簧组成，前、后挡弹板与杆靠键连接，弹簧分别焊接在杆与弹鼓上，保持相对位置不动。

2.5 挡弹装置前挡弹板的设计

如图 5 所示，前挡弹板整体长 107.50 mm，最宽处宽 20 mm，最窄处宽 15 mm，两端为半圆，圆心距 90 mm，中间轴孔直径 $\phi 10$ mm，厚 4 mm。

图 4 挡弹装置整体

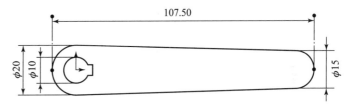

图 5 前挡弹板各尺寸

2.6 挡弹装置后挡弹板的设计

如图 6 所示，后挡弹板整体长 95 mm、宽 20 mm、厚 4 mm，中间轴孔直径 $\phi 10$ mm，解锁杆直径 $\phi 10$ mm、杆长 30 mm。

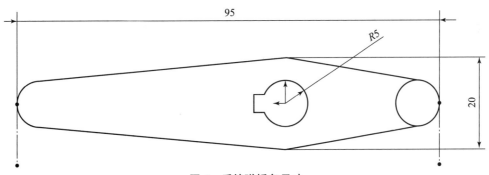

图 6 后挡弹板各尺寸

2.7 挡弹装置挡弹杆的设计

如图 7 所示，挡弹杆整体全长 580.15 mm，直径 $\phi 10$ mm；两端留有键槽，在距后挡弹片一端 100 mm 处留有凸起，供弹簧焊接。弹簧使用圆柱螺旋扭转弹簧，两端带有杆臂，分别对挡弹杆、弹鼓进行焊接固定。挡弹装置材料选用钢，整体质量为 0.50 kg。

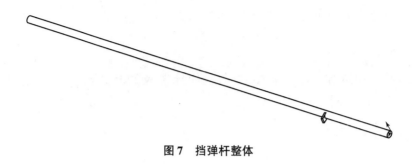

图 7 挡弹杆整体

2.8 弹鼓装置整体计算

经分析测算,考虑到要减小弹鼓体积和增加容弹量,将每个弹鼓设计成可以容纳 12 发弹丸,并有记忆装置记录每个弹槽中是否装弹[4]。在整个装弹过程中,没有装弹的弹鼓需要配合补弹装置或者手动补弹进行及时补弹,以满足火炮对发射量的要求。

每发弹丸质量 15.76 kg,则弹鼓装置满载弹丸后,整体质量约为 558 kg。

经软件分析计算,满载弹丸后,弹鼓整体的惯性主力矩 I 为 29.970 6 kg/m²。

由时序图分配得,弹鼓单次工作时间为 0.5 s,工作距离(一弹距)为 30°。分配该工作时间内弹鼓前 0.1 s 匀加速转动,后 0.1 s 匀减速转动,中间 0.3 s 匀速转动,角速度 $\omega = 60°/s = \frac{\pi}{3}$ rad/s = 10 r/min。由此可得,前 0.2 s 内角加速度 $\alpha = \frac{\omega}{t} = \frac{\frac{\pi}{3}}{0.1} = \frac{10\pi}{3}$ (rad/s²)。

3 电动机的选择与弹鼓减速机构设计

3.1 电动机的选择与弹鼓传动减速分配

弹鼓的减速是由一个一级减速器、减速器输出轴与弹鼓内齿轮的减速传动相配合完成的。

由之前的计算,选弹(一弹距)分配的时间为 0.50 s。一个弹鼓装备 12 发弹丸,一弹距为 30°,转鼓工作时的转速为:60°/s,即 10 r/min,功率 $P = 0.334$ kW,电动机所需工作效率为

$$P_d = \frac{P}{\eta}$$

选择型号为 Y160M1-8 的电动机,该电动机数据如表 1 所示。

表 1 电动机数据

电动机型号	额定功率 P/kW	同步转速/(r·min⁻¹)	满载转速/(r·min⁻¹)	堵转转矩/额定转矩	最大转矩/额定转矩
Y160M1-8	4	750	720	2	2

3.2 弹鼓传动减速器转动装置的设计计算

传动装置的总传动比为:$i_a = \frac{n_m}{n_w}$,根据 $i_a = i \cdot i'$,取 V 带传动的传动比为 i',则减速器的传动比 $i = \frac{i_a}{i'}$,功率 $P_1 = P_0 \eta_1$,转速 $n_1 = \frac{n_0}{i'}$,转矩 $T_1 = 9\ 550 \frac{P_1}{n_1}$。

3.3 齿轮传动设计计算

根据设计计算公式,按齿面接触强度设计,得

$$d_{1t} \geq 2.32 \sqrt[3]{\frac{k_t T_1}{\phi_d} \cdot \frac{u_{1\pm 1}}{u_1} \left(\frac{Z_E}{[\sigma_H]}\right)^2}$$

根据弯曲强度设计公式，按齿根弯曲强度设计，得

$$m \geq \sqrt[3]{\frac{2k_F T_1}{\phi_d z_1^2} \left(\frac{Y_{Fa} Y_{sa}}{[\sigma_F]}\right)}$$

分度圆直径 $d = zm$，中心距 $a = (d_1 + d_2)/2$，齿轮宽度 $b = \phi_d d$，重合度计算为

$$\varepsilon_\alpha = \frac{1}{2\pi}[z_1(\tan\alpha_{a1} - \tan\alpha) + z_2(\tan\alpha_{a2} - \tan\alpha)]$$

3.4 轴的设计计算

初步确定轴的最小直径，$d_{\min} = A_0 \sqrt[3]{\frac{P_1}{n_1}}$，轴的最小直径显然是与带轮的配合处的直径 $d_{\text{I}-\text{II}}$，拟定轴的基本结构如图8所示。

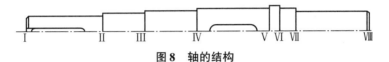

图8 轴的结构

4 推弹装置的设计

因为弹丸为分装式炮弹，弹体并不是太长，推弹行程也不长，所以能完成该直线运动的机构有很多，根据现有尺寸分析与运动形式的需求，采用链式推弹机构。如图9所示，在链条上安装推弹片，电动机工作时，带动链轮，使链条带动推弹片在导轨中做直线运动，将弹丸推入协调器内；推弹结束后，推弹片的返回依靠电动机的反转来实现。这样设计使推弹机构简单可靠，占用空间少。

推弹片各尺寸如图10所示，推弹片整体厚15 mm。经软件分析计算后，得质量 m 为 0.675 kg。

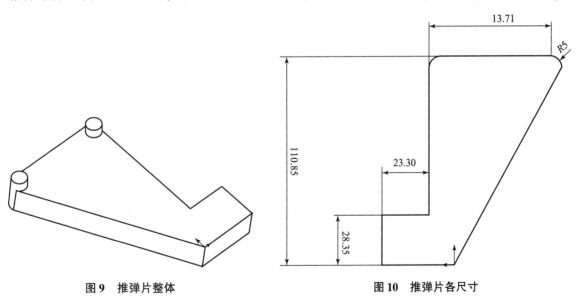

图9 推弹片整体　　　　　　图10 推弹片各尺寸

5 结论

通过设计计算，确定了转鼓式弹仓的各部件主要参数，并利用SolidWorks三维建模，整体装配图如图11所示。图12所示为整体装配图的局部图。

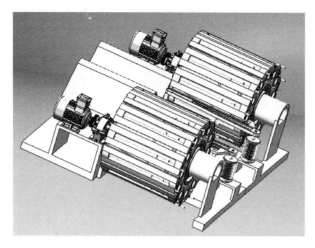 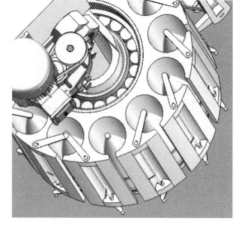

图 11 整体装配图　　　　　　图 12 整体装配图的局部图

转鼓式弹仓的设计力求用最简单的机械原理和简单的机构来达到预期的设计要求,采用双弹鼓式弹仓,使弹药两仓分离,增加了弹仓容量;弹鼓纵向放置于炮尾两侧,平行于炮膛轴线,使炮弹运行路线短,大大缩短了装弹时间,有效地提高了榴弹炮射速,并且可实现任意角度装填。装置整体结构简单,实用可靠,除了自行榴弹炮,还适用于主战坦克以及步兵战车等装甲车辆。

参 考 文 献

[1] 高跃飞. 火炮构造与原理 [M]. 北京:北京理工大学出版社,2006.
[2] 魏汉军,陈亚宁. 双转鼓式任意角装填自动装弹机设计 [J]. 机械设计,2010,1:224–225.
[3] 马德军,陈亚宁. 装甲装备常用机构与零部件的设计与分析 [M]. 北京:兵器工业出版社,2006.
[4] 张济川. 机械最优化设计及应用实例 [M]. 北京:新时代出版社,1990.

FC 总线在混动分布驱动车上的应用领域

何欣航，李而康

（中国北方车辆研究所，北京 100072）

摘　要：为传输混动分布驱动车的大量数据，互联总线需要满足传输速率高、实时性好、可靠性强等特点。因此，提出把光纤总线技术应用在混动分布驱动车上来满足高速传输数据的需要。目前光纤总线技术的代表是 FC-AE-1553，其具有不同于其他总线的基本性能。为实现与传统总线技术的兼容，根据混动分布驱动车的系统要求构建总线的主要拓扑结构。还对 FC-AE-1553 总线系统进行分析，讨论总线接口模块的工作方式以及它在混动分布驱动车上的适用性，并简要分析了 FC-AE-1553 总线系统的传输格式。借助 FC-AE-1553 总线兼容混动分布驱动车传统 CAN 总线的能力，实现了良好的技术过渡，平滑升级了混动分布驱动车的总线网络技术。

关键词：车辆电子总线；通信协议；总线接口模块

中图分类号：TG156　**文献标志码**：A

Application field of FC bus in hybrid distributed drive vehicle

HE Xinhang, LI Erkang

(Beijing North China Vehicle Research Institute, Beijing 100072, China)

Abstract: To transmit large amounts of data distributed hybrid drive vehicle, the interconnect bus need to meet the high transmission rate, real-time, reliability and other characteristics. Currently an optical fiber bus technology is FC-AE-1553. The FC-AE-1553 bus system is analyzed, the working mode of the bus interface module and its applicability on the hybrid distributed drive car are discussed. The transmission format of the FC-AE-1553 bus system is briefly analyzed. The basic performance of the FC-AE-1553 high-speed bus unlike other buses is described. With the FC-AE-1553 bus compatible hybrid distribution drive car's traditional CAN bus capability, a good technical transition is achieved, and the bus network technology of the hybrid distributed drive vehicle is smoothly upgraded.

Keywords: vehicle electronic bus; communication protocol; bus interface module

0　引言

目前在我国的航天领域中，MIL-STD-1553B 的传输速率较低，只有 1 Mb/s，但重新制定协议标准就需要更换设备，延长开发周期，造成不必要的浪费，所以，新一代航天系统采用 FC-AE-1553B 总线，可以兼容原来的设备，并且解决了数据传输速率过慢的问题。而在国内的汽车总线领域，由于 CAN 总线具有可靠性强、实时性较好等优点，主要的应用还是传统的 CAN 总线。但是由于 CAN 总线的传输速率是 1 Mb/s，远远不能满足高速率传输数据的要求，所以考虑引用高速传输的 FC 总线，将数据传输速率升级至 1 Gb/s。

国外对光纤总线技术的研究要比国内早，早在 1988 年，美国国家标准委员会为了对光纤通道技术进

作者简介：何欣航（1997—），女，硕士研究生。E-mail:2447396801@qq.com。

行研究，与一些公司合作制定了用于航空电子系统的FC高速串行传输协议，即FC-AE。目前，光纤通道技术已经被广泛用于商业、航空等领域。光纤总线技术的发展已经成为必然趋势。

1 FC总线的基本特性

光纤通道结合了通道传输与网络传输，既具有灵活性，又加快了传输速率。FC协议采用层次化的模型结构，与OSI的7层参考模型类似，具有5层模型结构。这5层模型结构包括：FC-0物理层协议、FC-1编码层协议、FC-2传输层协议、FC-4映射层协议、FC-AE-1553上层协议。

1.1 端口特性

端口用来控制数据的传输，在FC网络的每个节点都要有端口，它是通信的基本单元。端口类型有三种：N端口、F端口和L端口。N端口是实现整个网络的起点和入口，它是光纤通道协议中最简单的端口，它的功能正确与否直接决定网络是否正常工作[1]。F端口在光纤通道交换机中实现，为N端口之间提供管理和连接服务，是光纤通道网络中数据的中转者。L端口在光纤通道环网中，环状网络中的节点共享一个公用连接光纤通道环网，目的是降低光纤网络的带宽费用[2]。

1.2 拓扑结构

光纤通道的通信端口拓扑结构非常灵活，分为两个基本类型：共享带宽结构和交换结构。其中，共享带宽网络有点对点架构和仲裁环网络架构。相比传统网络传输架构，它们对带宽、传输长度进行了扩展。工作模式没有较大变化，成本较低，易于理解。但其也有一定的缺陷，如可靠性不高，一个节点或链路的失效会导致整个网络架构的失效。而交换结构采用了星型网络架构，每个节点相对独立，某个节点的失效不会影响到其他节点。所以交换结构的架构相比点对点与仲裁环架构具有明显的优势[3]。

对于早期的通信系统，系统拓扑简单，通信速率低，采用分布式架构进行数据传输。随着系统功能的扩展和数据速率的提升，系统中的接口类型越来越多，拓扑越来越复杂。系统的布线难度越来越大，体积、功耗和质量也随之增加。通过协议融合终端设备将铜缆替换为光纤，可大幅提高系统总线的传输距离、传输速率，并减轻线缆质量，降低布线难度，同时避免了EMC干扰问题。协议转换终端支持对FC-AE协议进行扩展，实现对常见接口协议的支持，如CAN总线等。

2 混动车辆总线方案设计

FC-AE-1553的网络主要由网络控制器（Network Controller，NC）、网络终端（Network Terminal，NT）和光纤通道网络组成。NC是网络中发出命令的节点，是系统中的主控单元。NT是系统中的受控单元，接受并执行命令。通信时，交换机端口首先接收由NC发出的协议帧，再通过查表寻址找到通信NT所对应的端口，通过端口转发给NT节点。主控单元与受控单元之间的信号连接首先是基于多协议桥接设备将受控单元CAN协议转换为标准FC-AE-1553协议，通过标准FC-AE-1553总线协议，组建成高带宽、高可靠、低延时的冗余通信网络。

2.1 系统组成

FC的帧类型有三种，分别是数据帧，命令帧和状态帧。数据帧用来装载有效的数据，通常是由网络控制器向网络终端发送。命令帧是由网络控制器发起的第一个序列，想要进行数据传输，都要先从网络控制器发送命令帧开始。状态帧是对网络控制器命令请求的回应，通常是网络终端传输的第一个序列。每次数据交换时，由NC或NT发送的一个序列叫作信息单元。命令帧、状态帧和数据帧这些序列构成了信息单元的不同类型。

FC作为数据通信的一种方式，其中最核心的就是数据的传输交换模式。FC总线一共有10种交换模式。总线网络中任何数据的交换都是基于这10种模式来进行传输的。

FC 总线具备兼容传统 CAN 总线网络的能力，为了实现混动分布驱动车上的系统总线技术的平滑升级，更好地将 FC 总线应用在混动分布驱动车上，我们将分析混动分布驱动车辆所需要的传输模式以及协议的融合。

我们可以构建 NT 协议桥作为总线协议的转接单元，将 CAN 协议转换成 FC – AE – 1553B 协议。为了把 CAN 总线的终端接入 FC – AE – 1553B 的网络中，需要把 CAN 中的命令帧、状态帧和数据帧按照一定的格式转换为 FC – AE – 1553B 的命令帧、状态帧和数据帧。然后按照 FC – AE – 1553B 的传输模式进行数据的传输与交换。传输模式有多种，其中，单播通信方式有三种，分别是 NT – to – NC、NC – to – NC 和 NT – to – NT。多播通信方式中，有 NC – to – NTs、NT – to – NTs 和 NT – to – NT(s)，其中 NT – to – NT(s) 可以将数据同时发送到 NC，让 NC 实现数据的监控。

2.2 总线接口模块设计

2.2.1 NC 的设计

NC 作为总线式组网的核心模块，实现全网各终端设备的总体调度，根据需要以及传输格式的要求发送命令序列，是总线上数据交换的发起者。同一时刻只能有一个 NC 处于工作状态。

NC 由工控主机和 FC – AE 仿真板卡来实现。传输格式如表 1 所示。

表 1　传输格式

传输格式	定义
0	NC – to – NC
1	NT – to – NC
2	NT – to – NT
3	MODE_NO_DATA
4	MODE_T_DATA
5	MODE_R_DATA
6	NC – to – NTs
7	NT – to – NTs
8	BR_MODE_NO
9	BR_MODE_DATA

NC 的主状态机状态转移如图 1 所示，suppress 为状态抑制位，若 NC 不需要 NT 返回状态序列，则高电平有效。

主状态机以 NT – to – NT 和 NT – to – NTs 传播格式传输时的状态转移如图 2 所示。主状态机控制发送状态机与接收状态机的工作。monitor 为 NC 监控标志位，它监控终端之间的传输命令与数据，若需要监控，则 monitor 高电平有效。

2.2.2 NT 的设计

NT 响应 NC 发出的命令序列并对其进行解释，完成整个网络的通信。它是根据接收到的命令序列的控制位来确定状态转移的。它还可以发送命令序列，如在 NT – to – NT 中，NT 可以充当 NC 对接收 NT 发送命令序列。NT – to – NT 与 NT – to – NTs 中，主状态机接收命令帧帧头后，帧头内会有一个 NT 传输标志位，也就是 NT – to – NT transfer 位，检测到此位为 0 时，主状态机按图 3 转移。

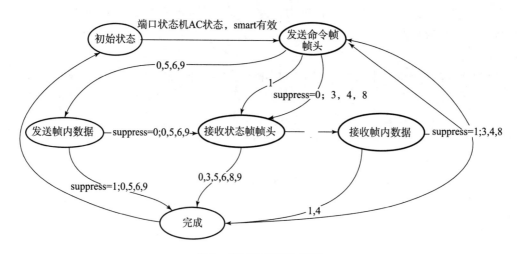

图1 主状态机状态转移

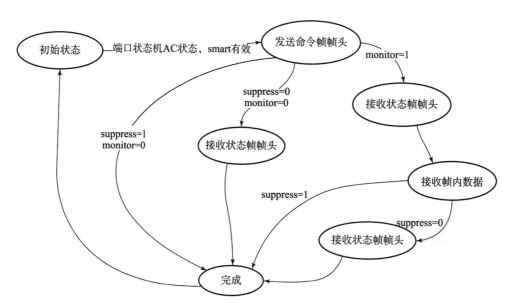

图2 传播格式为 NT–to–NT 和 NT–to–NTs 的状态转移

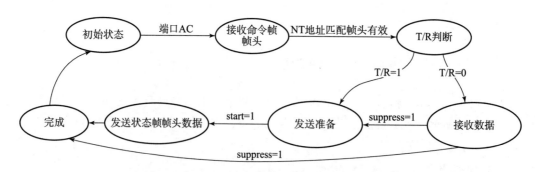

图3 NT–to–NT transfer 位为 0 时的 NT 状态转移

检测到 NT–to–NT transfer 位为 1，并且 NC 监控 NT 的传输，monitor 位为 1 时，主状态机按图 4 转移。

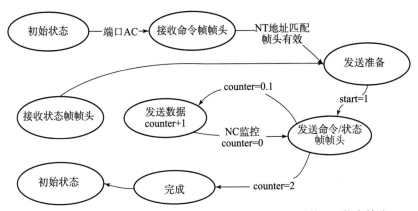

图 4 NT – to – NT transfer 位为 1 且 monitor 位为 1 时的 NT 状态转移

参 考 文 献

[1] 雷艳静，冯萍，曾小荟，等. 光纤通道中 N 端口状态机 OPNET 建模 [J]. 计算机工程与应用，2005 (22)：21 – 23，26.

[2] 杨现萍，段亚. FC – AE – 1553 总线数据处理技术研究 [J]. 现代电子技术，2011，34 (12)：29 – 32.

[3] 杜玲，廖小海. FC – AE – 1553 总线在箭载测量系统中应用研究 [J]. 遥测遥控，2015，36 (05)：33 – 43.

末端反导防空武器系统研究进展

李玉玺，李正宇，李忠梅，侯林海

(西安现代控制技术研究所，陕西 西安 710065)

摘 要：随着弹道导弹、巡航导弹技术的不断发展，现代战争中低空、超低空突防威胁不断增加，末端反导防空武器系统的作用日益凸显，其已成为各国争相研究的重要技术领域之一。在末端反导防空武器系统理论背景的基础上，分别对末端反导防空武器系统中的探测系统、火控系统以及弹炮结合武器系统进行了详细论述。重点阐述了弹炮结合武器系统作为末端防御的主要装备的结构组成、功能特点以及国内外发展现状。针对密集阵速射近防炮在末端反导防系统中的重要地位，结合密集系统的具体参数指标分析了中、美、俄在密集阵武器系统研究领域的主要技术手段和各自的优缺点。鉴于末端反导防空武器系统在未来战争中的重要地位，提出末端反导防空武器系统的发展趋势。

关键词：末端防御；反导防空；弹炮结合；密集阵

中图分类号：TP391.9　**文献标志码**：A

Research progress on the final ballistic missile defense weapon system

LI Yuxi, LI Zhengyu, LI Zhongmei, HOU Linhai

(Xi'an Modern Control Technology Research Institute, Xi'an 710065, China)

Abstract: With the continuous development of ballistic missiles and cruise missiles and the threat of low-altitude and very low-altitude penetration increase in modern warfare, the role of the terminal ballistic antimissile air defense weapon system is becoming increasingly prominent. The terminal ballistic antimissile air defense weapon system has become one of the competing areas for research by various countries. Based on the theory concept of terminal ballistic antimissile air defense weapon system, the detection system, fire control system and gun-missile combination weapon system are discussed in detail. The structure composition, function and characteristics of gun-missile combination weapon system as the main equipment of the terminal ballistic defense system, as well as the development status at home and abroad are emphatically elaborated. Aiming at the important role of dense array firing in the antimissile system, analyzes the main technologies of China, the United States and Russia in the research of the dense array of weapon systems, and their respective advantages in combination with the specific parameters of the system are analyzed. In the face of the important position of near-anti-ballistic missile defense weapon system in the future war, the development trend of the terminal ballistic antimissile air defense weapon system is proposed.

Keywords: anti-missile air defense; integrated missile; dense array; final ballistic defense model

0 引言

导弹是由战斗部、弹体和控制系统等部分组成的一种精确制导武器，由制导系统导引，依靠自身动

作者简介：李玉玺（1984—），男，博士。Email：lyx841125@126.com。

力装置推进，控制飞行航迹并将战斗部导向敌方目标[1]。导弹按飞行方式分为弹道导弹（BM）和巡航导弹。其中，弹道导弹是在火箭发动机推力作用下按预定程序飞行，巡航导弹则是用气动力支撑其质量，靠吸气式发动机推动自控飞行[2]。在导弹攻防对抗中，弹道导弹的反导技术一直是当今世界反导最为尖端和世界各军事大国竞争最为激烈的领域之一。

近年来，随着战术弹道导弹（Tactical Ballistic Missile，TBM）技术的不断创新与扩散，反导防空作战技术与作战能力越来越受到各国政府的重视，反导防空作战已成为21世纪的重要作战方式之一[3]。弹道导弹的飞行过程一般分为助推段、飞行中段和末段弹道段三个阶段。在末端弹道反导阶段，导弹速度通常达到7~8马赫，这种超高声速导弹俯冲进入大气层，留给反导防空系统拦截的时间极其短暂，如果是分导式弹道导弹，多个分弹头都被释放，目标数量大增，则拦截难度将会更大。而且新一代弹道导弹基本采用变轨技术，大大增加了末端弹道拦截的不确定性和不稳定性。同时，导弹的动力推进技术、控制技术与引导技术的不断提高对末端弹道阶段的拦截技术提出了更高的要求[4]。末端弹道反导防空武器系统作为保卫国家的最后一道防线，有着不可或缺的地位和作用。末端弹道反导防空武器系统不仅要对各种重要建筑物、作战要地进行实时保护，而且还要对作战环境中各类不具备防空性能的坦克、装甲车、火箭炮和步兵战车等压制性武器进行防空掩护。由于作战环境的复杂性、突袭兵器的各异性以及攻击方式的多样性，因此要求具备多层式完整的反导防空体系，使整个反导防空系统具有能够在全天候条件下随时对入侵的敌方战机或导弹进行反导拦截的能力。本文在详细总结近年来国内外末端反导防空武器系统的组成及发展状况的基础上，分析了密集阵系统在末端反导防空领域的重要地位，并提出末端反导防空武器系统的发展趋势。

1 末端反导防空武器系统概述

反导防空作战区域按由远至近的顺序主要划分为远程高空、中程中空和近程低空。远程高空和中程中空的反导防空任务主要针对30 km以外的巡航导弹和战斗机，由空军作战战斗机以及中远程防空导弹完成；30 km以内的反导防空任务则主要由末端弹道反导防空武器系统来完成，主要针对该域内的各类导弹及战斗机。末端弹道反导防空武器系统是整个防空作战系统的屏障[5]，其不仅具有探测跟踪来袭弹药的能力，而且还应具备发射、拦截弹药，摧毁目标的功能[6]。末端反导防空武器系统一般由探测与火控系统、弹炮结合武器系统组成。

1.1 探测与火控系统

探测系统能实现对移动目标精确持续跟踪与锁定，同时完成将目标的各类信息，如距离、高度、速度、俯仰及方位等测量数据传送到火控系统，并将提前量加载到火控系统。雷达自动跟踪、红外自动跟踪和电视自动跟踪是探测系统的主要工作方式。

火控系统主要完成目标测量与航迹预测、目标威胁度判定、目标分配、射击诸元解算、火炮随动控制、弹种选择、火力最佳时刻发射控制等功能。火控系统是整个反导防空武器系统的"眼睛"和"大脑"，是构建末端弹道防御体系的核心[7]。

1.2 弹炮结合武器系统

弹炮结合武器系统是从结构体系和控制机理上把精确制导武器和高发射率小口径舰炮武器综合为一个有机整体的新武器系统。它弥补了两种武器系统在完成同一战术使命时由于各自战术上的局限性和武器系统运载平台环境的局限性所带来的缺陷，同时能最大限度地发挥武器系统的效能[8]。弹炮结合武器系统主要由指挥车、电源车、弹药车、电气检修车、机械维修车以及自行弹炮结合武器构成。自行弹炮结合武器是弹炮结合系统的核心。其具有以下主要功能：通信与协同作战功能，作战方式灵活；多目标感知功能，快速、精确、高效打击目标；在行进间稳定作战功能，可伴随机械化部队行进间作战；稳定解算功能，可高效歼灭目标；低空、超低空抗干扰作战功能；快速反应并准确实施打击目标功能；完善的综合保障功能。

2 末端反导防空武器系统国内外发展现状

2.1 国外发展现状

世界上许多国家都根据本国的技术、经济条件和军事思想发展弹炮结合系统,其中以美国和西欧各国发展最为迅速,有些型号已被装备到部队或出口。

美国陆军曾经长期装备"小榭树"防空导弹(图1),将其作为陆军防空的主力装备,代号MIM-72,"小榭树"自20世纪60年代被装备于美国陆军,其以营为单位,每营有导弹、高炮各四个连。整个系统分为自行式(型号为M48)和牵引式(型号为M54)两种。"小榭树"主要用于快速、精确打击低空飞机与直升机,掩护主力部队进行地面作战。其由于采用光学瞄准、被动红外寻的制导方式,因此只能在能见度良好的条件下才能被发射。

美国现装备的高炮都是小口径高炮,即"伏尔肯"6管20 mm高炮(图2),一为自行式,一为牵引式。"伏尔肯"又名"火神",于1968年研制成功,直到20世纪80年代,美军共装备379辆"火神"M163式自行高炮。"伏尔肯"由火控系统、雷达探测系统和夜视瞄准镜等部分组成,其采用供弹速度快、射速高的无弹链鼓式弹仓结构。初期的"伏尔肯"只具备测距能力,不能进行目标跟踪,美军通过中东战争的经验教训,对其进行了改进,增加了头盔瞄准具和多普勒跟踪雷达。

图1 "小榭树"防空导弹

图2 "火神"自行高炮

俄罗斯于20世纪80年代末开始研发如图3所示的"通古斯卡"新型弹炮结合武器系统,其于1988年正式服役于苏联。"通古斯卡"是世界上第一种正式装备的弹炮一体化防空武器系统,搭载2门2A38M30机关炮和双4联SA-19导弹。火炮初速为960 m/s,射速为2 500发/min,有效射程为200~4 000 m,毁伤率为60%。导弹飞行速度为600~900 m/s,有效射程为2 500~8 000 m,毁伤率为65%。炮塔周围装有搜索雷达和跟踪雷达,最大搜索距离为18 km,最大跟踪距离为13 km。

俄罗斯的"铠甲"防空系统(图4)于1994年研制成功,其装备12枚射程为20 km的S-400防空导弹和2门30 mm自动火炮,可同时跟踪20个目标,可对速度小于1 000 m/s的目标进行摧毁,系统反应时间小于6 s。其杀伤范围:低界——5 m,高界——15 km,近界——200 m,远界——20 km。

以色列拉斐尔国防系统公司研发的"铁穹"末端防御系统如图5所示,主要用于拦截"喀秋莎""卡桑"等射程不大于70 km的火箭弹和大口径炮弹。"铁穹"采用"塔米尔(Tamir)"拦截弹,弹长3 m,弹径160 mm,弹重90 kg,安装有"命中即摧毁"战斗部,拦截目标时基本上采用"命中杀伤"攻击方式。传统的爆炸方式产生的碎片会对民宅和庄稼造成一定的破坏,而"命中杀伤"的攻击方式将尽可能地将目标击落在更远的地方,避免弹片残骸坠落到以色列的城市中。同时弹头上还装有近炸引信,一旦导弹没有击中目标,在与目标交错的瞬间,该触发装置就可引爆弹头将目标摧毁。

图 3 "通古斯卡"新型弹炮结合武器系统

图 4 "铠甲"防空系统

其他一些国家也对弹炮结合武器系统进行了相应的研究。"猎豹"35 mm 双管自行高炮于 1976 年研制成功,如图 6 所示,主要被装备于德国陆军,用于射击地面目标和掩护装甲部队,可在各种地形上高速行驶。"猎豹"是当今世界上战术技术性能最优越、结构最复杂、造价也最高的高射炮系统之一,其有效射程为 4 km,有效射高为 3 km,系统反应时间为 6~8 s。荷兰在"猎豹"的基础上发展了"凯撒"-1 高射炮系统,并将其装备于荷兰陆军。日本 87 式 35 mm 自行高炮于 1987 年正式定型,如图 7 所示。炮塔上装备两瑞士厄利空-比尔勒(Oerlikon-Buehrle)公司的 KDA 式 35 mm 机关炮,射速为 550 发/min,携带 300 多发榴弹、20 发穿甲弹,配用由激光测距仪、数字式计算机、光学跟踪仪和激光夜视仪等组成的新型火控系统。其具有射速高、精度高等特点。

图 5 "铁穹"末端防御系统

图 6 "猎豹"35 mm 双管自行高炮

图 7 日本 87 式 35 mm 自行高炮

虽然弹炮结合防空武器系统已经有了一定的发展,但是从 20 世纪 90 年代中期中俄军事技术合作开始,专家对要不要在自行高炮的基础上研制弹炮结合武器系统一直存在争议。一些有着较深苏联情结的专家认为,"通古斯卡"弹炮结合武器系统要比诸如"猎豹"之类的自行高炮先进,它代表了地面防空系统的发展潮流。但是,弹炮结合的关键是导弹和高炮的搭配问题。高炮的毁伤概率在某个射程范围内基本一样,超过这个范围后开始急剧下降;导弹的毁伤概率从最小射程开始是一个上升曲线,在导弹飞行状态达到最佳区域的前后呈近似水平的直线。通常,弹炮结合系统选择高炮和导弹的原则,就是要在高炮毁伤概率开始下降时,导弹的毁伤概率接近或者刚刚达到最大。从某种意义上说,弹炮结合武器系统集成导弹是为了弥补高炮性能不足而采取的补救措施。

2.2 国内发展现状

我国正式开始自主研发弹炮结合武器系统是在 20 世纪 80 年代末。在前期的理论研究方面,吕朋杰[9]对末端反导防空中拦截弹的战斗部进行了设计,采用周向均布多层小直径多爆炸弹丸爆炸形成的高速破片攻击进入弹道末端的空中目标。赵玲等[10]采用灰色关联分析与逼近理想排序多属性决策相结合的方法对末端防御系统来袭目标的威胁程度进行量化分析,依据威胁值的大小进行由高到低的对抗。谢春燕等[11]对末端反导防空导弹组网作战系统的战术信息分发系统进行了构建,并对战术信息分发系统的功能和作用进行了阐述,分析了该系统的逻辑结构。武器系统的作战效能是描述武器系统完成预定作战任务能力的参数,谢春燕等[12]分别通过ADC方法和扩展ADC效能评估模型对末端反导作战效能进行了研究,可为末端防御系统作战使用提供参考依据。杨艺等[13]针对巡航导弹进行了作战效能分析,建立了末端防空武器系统和巡航导弹的攻防对抗模型,模型仿真结果表明提高雷达低空探测性能和建立多层防空体系可以有效提高抗击巡航导弹能力。杨绍清等[14]通过建立导弹弹道的三维六自由度模型,对来袭目标的姿态进行了可视化仿真。陈希林等[15]通过仿真计算出火控雷达组网系统的典型对空侦查配系并阐述了火控系统指挥控制要点。张继传等[16]论述了末端防御面临的主要挑战和威胁,从末端防御武器的预警能力和攻击能力出发,对未来发展趋势进行了阐述。李执力等[17,18]对弹炮结合防空武器系统进行了作战仿真模型的研究。范勇等[19-21]探讨了弹炮结合武器系统火力分配模型优化以及火力衔接问题。赵建军等[22]给出了影响弹炮结合武器系统射击精度的主要误差源并对其进行分析概述。杨云生等[23]设计了随动系统精度测试的总体方案,采用DSP实现位置控制器,进行了正弦机信号精度分析。李执力等[24-28]分别用不同方法对弹炮结合防空武器系统作战效能进行了评估分析。张东亮[29]通过模糊数学中的模糊二元对比排序法建立排序模型,最终得到目标拦截排序结果,从而为指挥员对弹炮结合武器火力分配提供了重要依据。谢晓方等[30]利用统计学原理分析了弹丸从发射到命中的过程,建立模型并对其进行了仿真。张浩等[31]以最大毁歼概率为目标,探讨了弹炮结合武器系统火力分配问题。雷宇曜等[32]分析了防空导弹、火炮弹丸飞行速度与时间的关系,并对两种武器的射击时机进行了研究,得到飞行时间曲线,最终得出最佳射击时机。

我国在弹炮结合研究领域的实际成果主要有25 mm弹炮结合防空武器系统和35 mm自行高炮武器系统。25 mm弹炮结合防空武器系统是由25 mm自行高炮和红缨-6防空导弹结合而成的,如图8所示。其装备有4门25 mm口径机关炮和4枚红缨-6防空导弹,被命名为04式25 mm弹炮结合武器系统,参加了国庆60周年阅兵。由于该武器系统是我国第一代自行弹炮结合武器,因此其探测系统与控制系统比较落后。

2009年,我国自主研发的35 mm自行高炮武器系统完成定型并被命名为09式35 mm自行高炮武器系统。09式35 mm自行高炮武器系统如图9所示。这种新型高炮装有光电和雷达两套火控系统,并采用先进的无人遥控炮塔技术。09式35 mm自行高炮武器系统不仅在射击精度上有大幅度提升,还在跟踪精度、雷达搜索等一系列性能上较25 mm弹炮结合武器系统均有很大提升,与德国、瑞士等国研制的轮式单管自行高炮处于相似水平,但系统配置档次更高。与德国"猎豹"相比,系统反应时间缩短12.5%,毁歼概率提高33%。

图8 04式25 mm弹炮结合武器系统

图9 09式35 mm自行高炮武器系统

3 末端反导防空武器系统最后的屏障——小口径速射近防炮

小口径速射近防炮一般由光电观瞄系统、雷达制导系统和火炮控制系统组成,在很短的时间内完成上万发战斗部的发射[33,34],在末端区域形成有效拦截弹幕,让袭击导弹、战机以及其他战斗部无处躲避[35,36]。

3.1 国外小口径速射近防炮的发展现状

3.1.1 美国密集阵系统

"密集阵"是世界上最著名的近程反导舰炮武器系统,目前已被生产 800 多套,被装备于美国几乎所有的海军舰艇以及另外 20 多个国家。密集阵近防炮如图 10 所示。密集阵系统有 Block 0 型(即基本型)、Block 1A 型、Block 1B 等型号。Block 0 型使用 20 mm 口径弹药,有效射程为 450～1 800 m(最大射程纪录为 5 486 m),射速为 3 000～4 500 发/min,弹仓只能容纳 1 000 发炮弹。由于搜索能力的限制,Block 0 型对不同方向同时来袭的多目标任务拦截能力不突出。Block 1A 型比 Block 0 型具有更强大的搜索和跟踪能力,而且弹仓装弹数量提高到 1 500 发,能拦截现役的各种高亚声速、掠海飞行和有机动能力的反舰导弹,是现役数量最多的近防系统。Block 1B 型则实现了拦截超声速掠海反舰导弹的功能,并增加了小型水面目标与空中慢速目标的拦截方式,Block 0 型与 Block 1A 型并不具备这种功能,同时战斗部采用了全新的脱壳穿甲弹,其杀伤性能相当于 30 mm 炮弹。

3.1.2 荷兰守门员系统

守门员系统由荷兰信号公司与美国通用电气公司于 1983 年共同研制成功,目标是对抗 20 世纪 80 年代以后出现的新型反舰导弹的威胁。守门员系统是继密集阵系统之后又一种广为装备的舰载近程防御系统。守门员系统由火控计算机、搜索雷达、跟踪雷达和 GAU – 8/A 型 7 管 30 mm 火炮等组成,可对目标威胁进行自动排序、目标指示和观测跟踪,其雷达在跟踪目标的同时能够自动检测出炮弹的脱靶量,进行大闭环校射,显著提高了射击精度,守门员系统如图 11 所示。守门员系统的最高射速为 4 200 发/min,炮弹初速为 1 150 m/s,弹仓装弹量为 1 350 发。守门员系统的作战性能已多次得到成功验证,曾准确命中超声速"汪达尔人"导弹目标[37]。

图 10 密集阵近防炮

图 11 守门员系统

3.1.3 俄罗斯卡什坦系统

卡什坦系统是世界上唯一将火炮,导弹和雷达、光电火控系统集成在一个炮塔上的防空系统,该系统大多数被装备于俄罗斯海军 20 世纪 90 年代服役的新型舰艇,如 1991 年服役的库兹涅佐夫级新型航母、1994 年服役的勇敢Ⅱ级新型导弹驱逐舰等均装有卡什坦系统。卡什坦系统炮塔上安装有两门 AO – 18K 型 6 管 30 mm 火炮,两门火炮的上方各装有一个四联装 SA – N – 11 型防空导弹发射筒。作战时导弹随火炮一起旋回和俯仰,接收同一火控系统的控制信息,统一分配目标。卡什坦系统如图 12 所示。

SA – N – 11 型防空导弹的有效拦截区段为 1.5～8.0 km,毁伤概率为 80%～90%,双联装 6 管 30 mm 转管炮的发射率可达 10 000 发/min,对速度为马赫数为 2 导弹的拦截区段为 0.5～1.8 km,毁伤概率为 50%。采用弹炮一体化的设计能充分发挥防空导弹和小口径速射舰炮在不同距离上拦

图 12 卡什坦系统

截来袭导弹的优势,不仅使毁伤概率可高达95%,而且提高了武器系统的利用率和快速反应能力。

3.2 我国小口径速射近防炮的发展现状

我国从20世纪80年代开始研发类似于密集阵系统的多管小口径速射近防炮,经过多年的技术攻关,成功研制了7管30 mm舰炮,俗称730近防炮。730近防炮的射速可调高、中、低三挡,最大射速为4 200发/min,可同时跟踪打击多个海空目标,拦截2马赫以下的超声速导弹,对导弹目标最大拦截距离是3 000 m,飞机目标是3 500 m。730近防舰炮被研制成功后,迅速成为中国海军舰艇的标配,其性能已经全面压倒美俄同类产品,达到世界先进水平。然而有了如此强大的近防炮后,中国军工依然没有停止前进的脚步,在730近防炮的基础上,研制了性能更为突出的11管30 mm舰炮,俗称1130近防炮。1130近防炮如图13所示。

图13　1130近防炮

这款舰炮搭载了高精度、高功率的火炮随动系统,射速达到了惊人的11 000发/min,每秒几乎可以喷射出200发炮弹,可以有效拦截超声速的反舰导弹,在打击3马赫超声速目标时具有96%的毁伤率,性能已经超越美国海军的密集阵系统和荷兰的守门员系统,目前已经被安装在辽宁舰和052D型驱逐舰上,而且1130近防炮使用的弹药也是一种贵族弹药,为了保证炮弹的威力,弹头采用钨芯穿甲弹。1130近防炮一次同时可以锁定四十多个拦截目标。

3.3 中美俄小口径速射近防炮对比

现役海军末端弹道防御系统以美国的"密集阵"、俄罗斯的"卡什坦"以及中国的1130近防炮为典型代表。"卡什坦"最鲜明的特点在于弹炮结合功能,在这一点上"密集阵"无法与之抗衡。"密集阵"的自动化程度却是"卡什坦"无法比拟的。"密集阵"是目前世界上唯一能实行自动搜索、探测、评估、跟踪和攻击目标的近距离防御武器系统,系统的全部作战功能由高速计算机控制自动完成,不需要人工干预,它的反应时间为3.7 s,而"卡什坦"为6.5 s。在火炮威力方面两者相差无几。"卡什坦"有两门AO-18K式6管30 mm火炮,射速为10 000发/min,而"密集阵"只有1门6管20 mm机关炮,射速为4 500～6 000发/min,但这并不意味着"密集阵"的火力比"卡什坦"弱,因为美国研究人员对射击精度等方面进行了改进,而且还改进了发射药和穿甲弹丸,使20 mm弹的威力达到了30 mm弹的水平。"卡什坦"由于是弹炮一体,所以明显比"密集阵"显得笨重;"密集阵"则采用了模块化设计,除了炮位控制台与遥控台设在舱外,其他设备都以模块形式装配在炮架上,体积小,质量轻,可以方便地被安装在各型军舰上,通用性好。此外,"密集阵"具有多光谱探测和跟踪能力,能在复杂环境下全天候作战。而"卡什坦"的电视跟踪系统易受雨雾、夜暗等不良环境的影响,全天候作战能力有限。而相对于美国的"密集阵",中国1130近防炮的最高射速为11 000发/min,有效射程为3～5 km,而且1130近防炮在信息化、射击精度方面都要比"密集阵"强。综合比较,1130近防炮的整体性能要好于美国的"密集阵"及俄罗斯的"卡什坦"。

4　结论

末端反导防空能力已经成为一个国家防空水平的重要判定依据。随着光电、自动化以及人工智能等各项高新技术的不断进步发展,末端反导防空系统的火力控制技术将更加成熟,具有更加迅速的精确打击能力。弹炮结合技术、高能毁伤弹药技术将极大提高末端反导防空系统的拦截能力。末端反导防空系统将会逐步实现弹药智能化、作战平台智能化。为了满足未来战争对国土安全防护的要求,末端反导防空系统应该不断完善与创新,紧跟国际安全防御技术的脚步。结合未来海战模式的变化,末端反导防空系统应向以下几个方面重点发展:

（1）不断提高雷达和光电观瞄跟踪系统的探测能力，增加红外、夜视跟踪和激光测距功能，满足夜战条件下末端反导防空系统对来袭导弹的可观测性，完成全天候搜索、跟踪以及锁定目标的要求。

（2）改善炮弹发射药的性能，提高炮弹初速与打击精度。与此同时应采用新型材料，满足炮管超高温、超负荷发射的要求。电磁弹射技术的应用也可满足提高炮弹初速的要求，在满足弹径不变的同时提高战斗部的毁伤性能。

（3）采用多防空系统布阵方式可提高对来袭目标的拦截概率，多点布阵方式的优势在于采用目标搜索算法完成对来袭目标的精确定位，火控系统可根据具体方位实时调整炮口的俯仰与方位，精确锁定来袭目标。这不但可以减少弹药的消耗量，而且缩短了跟踪与搜索的时间消耗。

（4）利用激光的反应快、精度高、光速快、短时间内可以连续袭击多个高速运动目标的特点，将激光与速射炮结合，以激光代替炮弹来完成对目标的攻击，这样不仅可以大大提高有效拦截距离，而且可在拦截区域形成连续立体的拦截网络，有效突破了弹仓装弹量的瓶颈。

（5）作为末端反导防空系统的重要组成部分，火控系统还有很大空间等待提升，包括在各种环境下对目标的跟踪与数据提取并分析，对高速目标实现精确跟踪、多目标跟踪以及协同作战等能力。

（6）面向新型空天威胁，下一代防空反导系统技术发展将回归到武器装备本质，更加强调实战应用效果，提高系统复杂战场环境下抗干扰、抗欺骗、高毁伤等能力。相控阵雷达导引头、氮化镓器件、高性能处理器、动能拦截器、微小型拦截器等技术已发展成熟并被广泛应用。未来，太赫兹、微系统、定向能、人工智能、含能材料等前沿技术的逐步应用将极大提升防空反导系统作战效能。

（7）运用智能制造、增材制造等方式，生产效率不断提高，制造成本显著降低。下一代防空反导系统将利用先进制造技术取代传统制造手段，以简化生产工艺，减少使用部件，缩短供应链与开发周期，加快零部件生产与系统集成速度。随着先进制造技术的不断成熟，在战场上制造武器系统将变为可能。

参 考 文 献

[1] 胡志强. 从末端到中段弹道导弹反导述评 [J]. 飞航导弹, 2013 (10): 56 – 62.

[2] 陆宁, 于政庆. 未来巡航导弹发展趋势及其防御策略 [J]. 导弹与航天运载技术, 2011 (2): 34 – 37.

[3] 韩朝超, 黄树彩. 末端反导作战效能评估模型研究 [J]. 光电与控制, 2010, 17 (1): 14 – 17.

[4] 郭强, 赵瑾, 郑斌. 末端防御系统实施战场转移时机探讨 [J]. 现代防御技术, 2008, 36 (1): 17 – 21.

[5] 丁东, 刘丰军, 王海军. 联合火力打击指挥控制系统任务计划建模研究 [J]. 舰船电子工程, 2009, 29 (7): 52 – 53.

[6] 余凯平, 钱昆. 末端防御武器平台炮控性能检测方法 [J]. 火力与指挥控制, 2015, 40 (2): 141 – 144.

[7] 张方宇, 杨帆, 张筱波. 末端防御武器火控系统面临的挑战与发展建议 [J]. 兵工自动化, 2012, 32 (12): 25 – 27.

[8] 武棣民, 卢盛田, 陈秀卿. 对空防御武器系统发展趋势 – 弹炮结合武器系统 [J]. 舰船科学技术, 1995 (6): 14 – 17.

[9] 吕朋杰. 反导末端拦截系统战斗部技术研究 [D]. 沈阳: 沈阳理工大学, 2008.

[10] 赵玲, 刘正敏, 姜长生. 末端防御系统中的对抗决策方法研究 [J]. 宇航学报, 2011, 32 (3): 574 – 581.

[11] 谢春燕, 高俊峰, 李为民. 末端反导组网作战战术信息分发系统结构研究 [J]. 火力与指挥控制, 2006, 31 (11): 65 – 68.

[12] 谢春燕, 高俊峰, 朱齐阳. 末端防御弹炮结合武器系统综合效能评估模型研究 [J]. 上海航天, 2010 (4): 49 – 55.

[13] 杨艺, 刘仁, 胡林. 末端防空武器系统对巡航导弹的作战效能分析 [J]. 现代防御技术, 2008, 36 (4): 11 – 14.

[14] 杨绍清, 邹李, 黄金涛. 末端防御中对来袭导弹的可视化仿真 [J]. 舰船科学技术, 2015, 37 (11): 160 – 163.

[15] 陈希林, 季新源, 罗晓军. 末端防御作战中火控雷达组网系统应用研究 [J]. 现代防御技术, 2014, 42 (6): 8-13.
[16] 张继传, 王声才. 现代末端防御武器系统探析 [J]. 火力与指挥控制, 2008, 33: 41-43.
[17] 李执力, 王静滨, 吴三宝. 弹炮结合防空武器系统作战仿真模型研究 [J]. 飞航导弹, 2005 (10): 37-42.
[18] 曾兴平. 弹炮结合武器系统作战仿真模型 [J]. 战术导弹技术, 2005, 29 (4): 57-60.
[19] 范勇, 陈有伟, 李为民. 弹炮结合防空武器系统火力分配模型 [J]. 火力与指挥控制, 2004, 29 (3): 46-48.
[20] 樊建朋, 朱雪平, 韩文平. 弹炮结合武器系统火力分配优化问题研究 [J]. 指挥控制与仿真, 2007, 29 (4): 63-65.
[21] 王涛, 唐宴虎. 弹炮结合武器系统火力衔接问题研究 [J]. 现代防御技术, 2007, 35 (5): 92-95.
[22] 赵建军, 姚刚, 桑德一. 弹炮结合武器系统精度分析 [J]. 战术导弹技术, 2013 (2): 56-59.
[23] 杨云生, 严平, 应文健. 弹炮结合武器系统随动精度测试方法研究 [J]. 计算机与数字工程, 2014, 42 (1): 73-75.
[24] 李执力, 王险峰, 余旭东. 弹炮结合防空武器系统效能分析与评估 [J]. 飞航导弹, 2004 (6): 10-13.
[25] 石磊, 石德平. 弹炮结合武器系统效能评估方法研究 [J]. 现代防御技术, 2008, 36 (1): 10-16.
[26] 黄大荣, 李才葆. 弹炮结合武器系统综合效能评估指标体系 [J]. 火力与指挥控制, 2009, 34 (11): 15-18.
[27] 张宇, 王义涛, 王文庆. 舰载弹炮结合武器系统效能评估方法 [J]. 指挥控制与仿真, 2015 (5): 67-70.
[28] 李秉, 王凤山, 李晓军. 一种弹炮结合武器系统作战效能评估方法 [J]. 计算机技术与发展, 2009, 19 (6): 217-220.
[29] 张东亮. 弹炮结合武器系统对来袭目标拦截的模糊二元对比排序 [J]. 四川兵工学报, 29 (6): 98-100.
[30] 谢晓方, 王诚成, 张龙杰, 等. 弹炮结合武器系统末端反导毁伤评估方法研究 [J]. 现代防御技术, 2015, 43 (4): 43-49.
[31] 张浩, 巩建华, 陈选社. 基于毁歼概率的弹炮结合武器系统使用研究 [J]. 舰船电子工程, 2011, 31 (3): 38-40.
[32] 雷宇曜, 姜文志, 刘敬蜀, 等. 要地防空弹炮结合武器系统射击时机分析 [J]. 现代防御技术, 2014, 42 (3): 96-100.
[33] 张龙杰, 谢晓方. 密集阵武器拦截高超音速导弹有效性分析 [J]. 弹道学报, 2012, 24 (4): 37-41.
[34] 张龙杰, 谢晓方, 孙涛. 密集阵对高超音速导弹的多点瞄准拦阻模型 [J]. 弹道学报, 2013, 25 (4): 15-20.
[35] 糜玉林, 鲁华杰, 孙嫒, 等. 基于VR—forces的"密集阵"火炮反导模型研究 [J]. 舰船电子工程, 2012, 32 (6): 76-79.
[36] 胡江, 王龙涛, 王连柱. 国外近程反导舰炮武器系统的发展研究 [J]. 飞航导弹, 2012 (4): 33-36.
[37] 张平定, 郑寇全, 王睿. 空地协同网络化防空数据融合系统建模 [J]. 现代雷达, 2011, 33 (3): 5-7.

高炮末端防空抗击无人机应用研究

范天峰[1]，张 春[1]，刘 静[2]，王 歌[1]，崔星毅[1]，马佳佳[1]

(1. 西北机电工程研究所，陕西 咸阳 712099；
2. 北方自动控制技术研究所，山西 太原 030006)

摘 要：根据战争模式的转变，在体系防空的理念下，根据无人机空袭的特点提出了高炮末端防空抗击战术无人机、集群无人机、蜂群无人机等低成本空袭目标的无人化、智能化技术途径，并通过数据分析和对比，定量描述了本技术途径的先进性，可为未来高炮末端防空抗击无人机的技术发展提供借鉴。

关键词：高炮；末端防空；无人机；人工智能；拦截控制策略

中图分类号：TJ301 **文献标识码**：A

Application research of anti – aircraft gun against unmanned aerial vehicles

FAN Tianfeng[1], ZHANG Chun[1], LIU Jing[2], WANG Ge[1], CUI Xingyi[1], MA Jiajia[1]

(1. Northwest Institute of Mechanical and Electrical Engineering, Xianyang 712099, China;
2. North Automatic Control Technology Institute, Taiyuan 030006, China)

Abstract: According to the transformation of modern warfare mode, from the specialty of unmanned aircraft's attacking, the method that the anti – aircraft oppugns the tactical unmanned aircraft, clustering unmanned aircraft, swarming unmanned aircraft, low cost air targets and precision guidance ammunition and so on are proposed. By analyzing the data and describing quantitatedly the advantages of this approach, the result can provide reference for the development of the anti – aircraft gun.

Keywords: anti – aircraft gun; end air defense; unmanned aircraft; artificial intelligence; interception control strategy

0 引言

当今世界科学技术迅猛发展，大量的高新科技在军事上得到了转化和利用。不断为战争提供新的作战手段对作战模式、作战理念都产生了重大影响。全球范围内的新军事变革已经开始，新武器系统与旧武器系统之间的作战效力将数十倍地扩大。高炮末端防空只有顺应时代的发展，才能在未来的战场环境中处于有利位置。

未来高炮末端防空的作战目标必然会发生时代性的变革，高炮通过信息化弹药技术、新材料技术、网络化技术、大数据技术、人工智能（AI）技术等多种先进技术的综合应用将迎来自身使命的阶跃，获得未来战场的新机。

在多种末端防空高炮的作战目标中，无人机以机动性高、隐身性好、无人员伤亡的特点，自1914年因军事用途诞生以来，受到各国军队建设的青睐，被广泛地应用于战场监视侦察、目标跟踪定位、通信

作者简介：范天峰（1974—）男，研究员。E – mail:fan1995@163.com。

中继、精确制导、空中干扰、军事打击、信息对抗等多种作战任务。其在局部战争中频频亮相，屡立战功，受到各国军界人士的高度赞誉。我们可以预言，军用无人机将会重塑21世纪的作战模式。

1 高炮末端防空的主要作战任务

由于军事技术高速发展，装备的性能和空袭的方式都发生了变化。空袭多样性、环境复杂性、态势多变性都极大地增加了反空袭作战的难度。空袭装备为有效避开在中高空受到的导弹威胁，通常在低空、超低空发起攻击，因此低空、超低空防御仍是现代防空的主要研究方向，小口径高炮仍是现代战争防控体系中的重要组成部分。

各国正在大力推进的有人、无人机协同作战，无人机蜂群作战等新型作战样式，未来防空战场环境必将随之改变。美国国防部部长办公室发布的《无人机系统路线图（2005—2030）》指出，2025年后，无人机将具备集群战场态势感知和认知能力，能够完全自主和自行组织作战。近年来，美军通过项目、计划和作战概念驱动，进行了大量的相关研究、试验和演示验证。据网络媒体报道，DARPA（国防部高级研究计划局）于2016年已展示103架无人机蜂群的自主编队。我们可以预见，在体系防空的理念下，未来实现高性价比、持续防空的作战能力，抗击战术无人机、集群无人机、蜂群无人机、低成本空中目标等将成为高炮末端防空的主要作战任务。

无人机因其低成本、低速度、低空域的特性而被用于攻击地面目标和对空作战，通过集群式攻击模式和蜂群式攻击模式实施目标打击。集群式攻击是由数量众多的无人机按照预先规划的航路，对被袭方实施连续火力打击。蜂群式空袭由众多机动的、具有主观能动性的无人机单体组成，各单体遵循简单的运动规则，但是群体表现出复杂的行为模式，是典型的复杂自适应系统，具有分散自主决策、自组织、没有条令、没有指令、甚至没有固定的蜂王等特点，可被用于实施饱和攻击，也可被用于消耗敌方防空火力，这给防空系统带来巨大的技术挑战和弹药消耗压力[1]。蜂群式空袭是集群式空袭发展的高级阶段，会给防空体系带来巨大的技术和成本压力，特别是其大数量、低成本的特点使传统导弹类防空兵器失去了有效打击意义。

2 高炮末端防空的技术发展方向

近年来，在机械化发展完备的基础上，随着网络化、先进计算与大数据、火炮平台信息化、多束定向预制破片弹等技术的发展，高炮已实现信息化组网、空情态势共享、自动威胁判定、高密度火力打击、高概率命中和对薄壁目标的有效毁歼等作战能力，笔者认为，高炮系统为高效完成新的作战使命，其未来发展方向在于无人化和智能化[2]。

由于战争内在的复杂性和对手行为的不确定性，高炮系统需要引入智能化火力拦截控制系统，构建抗击多目标的优化算法和评价标准，实现抗击多批无人机目标的作战能力，灵活适应任务环境变化，灵活应对战场不确定性。另外，利用大数据挖掘技术，直接形成基于优化方案的控制算法，尽量减少指战员介入，从而使火炮平台对多批目标的拦截控制走向自动化、智能化，大大加快高炮抗击多批次无人机目标的响应速度。随着未来作战模式的转变，无人化智能高炮防空作战平台的大量应用必将成为一种重要发展趋势，在此作战模式下，操作手仅完成战前准备和相关勤务操作，武器系统通过对网络化、信息化技术的综合与集成，实现高炮作战。在智能化设备控制下，其完成目标搜索、威胁判定、自主截获、平稳跟踪、航路预测、弹种选择、火力控制、适时发射等作战流程，使高炮控制具有"人在回路之上"而非"人在回路之中"的监督控制能力。人工智能的发展包括早期的弱人工智能和具备自主学习能力的强人工智能[3,4]，将弱人工智能技术应用于高炮火力平台控制对抗集群、蜂群无人机目标时，我们需要解决目标的识别、高机动运动目标的信息处理、目标的威胁判定、火力拦截控制策略的生成与转换、高概率拦截火力发射时机控制、火力平台转火策略控制等技术问题，同时，需要解决多装联合作战目标自适应分配和连续作战中的协同火力调转控制策略问题。

3 火力拦截控制策略

在高炮末端防空抗击无人机领域,笔者提出一种基于信息化弹药高概率毁歼的多火力平台拦截控制策略,为未来基于弱人工智能的控制策略铺垫基础。

3.1 防区划分

高炮末端防空时,通常采用多平台协调防空的方式,即由多部高炮平台协调配合,共同完成作战任务,多门高炮平台在协调作战时,需要进行各平台防空区域的划分,多门高炮防区划分可分为固定防区划分和基于目标容量的动态防区划分。

固定防区划分是根据各高炮的阵地配置情况,划定其防御区域,每门高炮负责本区域内的空中安全。固定防区划分可以明确每门高炮的职责,但是不利于最大限度发挥高炮阵地的整体火力优势。

基于目标容量的动态防区划分是根据各高炮的阵地配置和安全射界的情况,对每门高炮设定主要防区,当防区内目标容量增大至无法有效拦截时,调用防护其他防区高炮进行火力增强,共同完成作战使命。

3.2 固定防区拦截控制策略

固定防区拦截控制策略初步考虑可包含基于目标距离的拦截控制策略和基于时间最短的拦截控制策略。

拦截控制策略将高炮武器系统的探测空域分为近距区、中距区和远距区,具体空域划分:近距区($R \leq 1.5 \text{ km}$);中距区($1.5 \text{ km} < R \leq 4 \text{ km}$);远距区($R > 4 \text{ km}$)。

当目标在近距区时,仅由目标的距离确定它们的拦截优先顺序,即采用基于目标距离的拦截控制策略;当目标在中距区且固定防区足够小,高炮在防区内不同目标间火力调转时间基本相当时,对目标距离排序,优先拦截距离近的目标,即采用基于目标距离的拦截控制策略;当固定防区足够大、高炮在防区内不同目标间火力调转时间差异较大时,对目标拦截控制采用基于时间最短的拦截控制策略,即根据统计防区内每个目标的距离 r、径向速度 v,计算火炮从当前位置调转至每个目标射击诸元的时间 t,依据下式计算目标飞临至火炮过航点的时间 t_1,t_1 最短者为首要拦截目标。

$$t_1 = D/v = (r - v * t)/v = [r - v * (t_1 + t_2 + t_3 + t_4)]/v$$

式中:t_1——随动调转加速启动时间;

t_2——随动以最大等速调转时间;

t_3——随动调转减速止动时间;

t_4——随动调转到位协调稳定时间。

当目标在远距区时,计算目标航路捷径和飞临至火炮过航点的时间 t_1,当航路捷径大于高炮有效防区时,放弃拦截;当航路捷径小于等于高炮有效防区时,依据目标飞临至火炮过航点的时间 t_1 进行拦截队列排序并持续观测目标;当目标进入中距区时,依据中距区拦截控制策略实施拦截控制。

3.3 动态防区拦截控制策略

动态防区划分的拦截控制策略主要是用于固定防区内敌方目标数量过多,本防区内的高炮数量无法完全歼灭敌方目标时的拦截,这时就需要从邻近防区调用高炮进行辅助射击。

当目标进入火控系统有效探测空域且在远距区时,按照进入中距区时间对目标进行简单排序。

$$N_i = D_i / v_i \ (i = 1, 2, \cdots, m)$$

式中:N_i——第 i 目标的排序编号;

D_i——第 i 目标的目标斜距离;

v_i——第 i 目标的目标速度;

m——来袭目标数量。

当目标顺序进入中距区时，实时求取各门火炮的有效反应时间。

$$t_i = t_{i0} + t_{i1} + t_{i2} + t_{i3} \quad (i=1, 2, \cdots, n)$$

式中：t_i——第 i 号火炮的有效反应时间；

t_{i0}——第 i 号火炮完成与当前目标交战的剩余时间；

t_{i1}——第 i 号火炮与新进入中距区目标交战的火力调转时间；

t_{i2}——第 i 号火炮是否正在续弹，未续弹时为 0，正在续弹时为续弹剩余时间；

t_{i3}——第 i 号火炮是否故障，无故障时为 0，有故障时为无穷大；

n——阵地高炮数量。

求取阵地所有高炮与新进入中距区目标具有最小有效反应时间的高炮编号：

$$M = f\min(t_1, t_2, \cdots, t_n)$$

式中：M——具有最小有效反应时间的高炮编号。

在确定具有最小有效反应时间的高炮后，调动该高炮与目标交战。

3.4 弱智能化与人工操作对比分析

假设人工操作手为经验丰富、训练有素的人员，则制定拦截策略仅用时 1.5 s，且为最优策略，采用人工操作和将上述拦截控制策略转换为控制算法后实现弱人工智能化操作的平均作战时间对比如表 1 所示。

表 1 操作时间对比

序号	作战流程项	人工操作平均作战时间/s	智能化操作平均作战时间/s
1	制定拦截策略	1.5	0.1
2	指定交战目标	0.5	
3	跟踪系统导引	1	1
4	跟踪系统截获	0.5	0.5
5	平稳跟踪（含火控解算和火力调转）	1.5	1.5
6	火力未来点协调	0.5	0.5
7	发射及控制	0.8	0.3
8	高炮射击	1	1
	合计用时	7.3	4.9

通过统计可知，采用弱人工智能化操作后，针对每个目标的平均用时大概节约 2.4 s，当采用人工操作方式拦截 20 批目标时，采用弱人工智能化操作可在相同时间内拦截约 30 批目标，作战能力提升约 50%，显著提升高炮系统拦截多批次无人机目标的能力，同时对操作手的素质要求明显降低，更符合装备发展趋势。

3.5 拦截概率仿真

本文的仿真以一部火控系统控制一门 Mantis 35 mm 高炮发射 AHEAD 弹（射频为 1 000 发/min，每发弹药含 152 枚破片）为例，假设目标高度为 500 m，航路捷径为 100 m，航速为 70 m/s，目标结构外形尺寸与 S-70 靶机相当，火炮对目标的射击误差为系统误差 1.5 密位、随机误差 3 密位，火炮点射长度为 1 s。高炮系统对小型战术无人机的毁歼概率与斜距离之间的关系（命中破片数分别为 $\omega=10$，$\omega=20$，$\omega=30$）如图 1 所示。

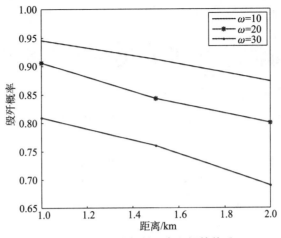

图 1　毁歼概率与斜距离之间的关系

4　结论

人工智能概念这些年在各大院校、研究机构都得到非常高的关注，相关技术也得到飞速发展和应用，但是，目前国际上人工智能技术显现出的曙光，其核心技术并不能被简单移植到防空高炮系统，我们需要从基础开始，探索防空高炮的作战使用特点，通过不断积累和创新，由浅入深，循序渐进，不断提升传统高炮系统的智能化水平，使传统高炮系统焕发出新的生命力。

参 考 文 献

[1] [美] 罗伯特·O. 沃克，肖恩·布瑞姆利，保罗·斯查瑞. 20YY：机器人时代的战争 [M]. 北京：国防工业出版社，2016.
[2] 张春，矫庆丰，郭鲜，等. 人工智能技术在高炮系统的应用研究 [J]. 火炮发射与控制学报，2018，9 (39)：95-98.
[3] 李魁武. 现代自行高炮武器系统总体设计 [M]. 北京：国防工业出版社，2012.
[4] 戴浩. 人工智能技术及其在指挥控制领域的应用 [J]. 中国指挥与控制学会通讯，2017，2 (1)：2-4.

采用滑模控制的多电平 D 类功率放大器稳定性证明

张 缨，蔡 凌

（海军研究院，北京 100161）

摘 要：介绍了一种采用滑模控制的基于级联型多电平功率放大器，采用相移 PWM 技术，其开关频率是单个单元开关频率的 $2N$ 倍，总的输出电压波纹很小，只需要一个较小的滤波器来抑制开关谐波。重点分析了多电平 D 类功率放大器的变结构模型和多电平 D 类功率放大器中滑动模态的存在域，进行了多电平 D 类功率放大器中滑动模态稳定性的证明。之后研制了一台 2 kW 滑模控制的级联型多电平 D 类功率放大器，并随某型舰炮交流伺服系统试验进行验证。试验结果表明，所研究的滑膜控制的级联型多电平 D 类功率放大器具有良好的瞬时响应和输出品质、较宽的系统带宽以及较高的效率。

关键词：D 类功率放大器；多电平控制；相移 PWM 控制；滑模控制

中图分类号：TM464　**文献标志码**：A

The stability proof of the cascade multilevel class – D power amplifier based on sliding mode control

ZHANG Ying, CAI Ling

(Naval Research Academy, Beijing 100161, China)

Abstract: The cascade multilevel class – D power amplifier based on sliding mode control is introduced. By application of the concept of multicell topology being operated in a phase – shifted PWM, the effective switching of output results in 2N times the switching frequency of each full – bridge. Due to the phase – shifted PWM control of the individual switching cells, the output voltage ripple of the total system is considerably small. Therefore, only a small output filter is required to suppress the switching frequency harmonics. The variable structure model of the multilevel class – D power amplifier is analyzed. The existence domain of sliding mode of multilevel class – D power amplifier is proposed and the stability of the cascade multilevel class – D power amplifier based on sliding mode control is proved, then a 2kW cascade multilevel class – D power amplifier based on sliding mode controller is built, the correctness of the development is verified in a naval gun servo system. The experimental results are presented, which prove the proposed amplifier shows a good transient response and output quality, a wider bandwidth and a higher efficiency.

Keywords: class – D power amplifier; multilevel; phase – shifted PWM technique; sliding mode control

0 引言

功率放大器按照信号的导通角可划分为 A、B、C、D 四类，其中 A、B、C 类属线性放大器，其效率普遍不高。随着半导体器件的发展，开关式的 D 类功率放大器在工业制造、数字机器人、数控机床、地铁、高铁、音响、声呐、雷达、火炮伺服系统等应用领域都逐渐取代了线性功率放大器，它克服了 A、

作者简介：张缨（1967—），女，高工，博士。E – mail:zyxgyxdd1208@163.com；

蔡凌（1970—），男，高工，硕士。E – mail:cailingb@sina.com。

B类线性放大器效率普遍不高的缺点，其效率一般可达到90%以上。D类功率放大器中多采用多电平控制克服两电平变换器的诸多缺点，可以保证输出波形的高质量，同时采用具有独立直流电源的级联式逆变电路，具有输出谐波低、变压器对原边进线电流的耦合谐波小、每个逻辑控制单元独立、所用的器件较少、逻辑简单、采用软开关技术、缓冲电路尺寸小、发生故障时电路仍可继续工作等诸多优点[1]。

为了改善D类功率放大器的输出跟随品质和带宽，提出了一种采用滑膜控制的多电平D类功率放大器，重点分析了多电平D类功率放大器的变结构模型和多电平D类功率放大器中滑动模态的存在域，并在某型舰炮的伺服系统试验中验证了其正确性。研究结果表明，所研究的级联型多电平D类功率放大器具有良好的快速跟踪性能和稳定性，较高的效率，系统带宽较宽。

1 级联型多电平D类功率放大器的拓扑结构

图1所示为采用N个全桥单元级联多电平D类功率放大器的拓扑结构，N个级联全桥单元的直流电压保持相等，输出滤波器为电感-电容型式，并采用相移PWM调制为各功率开关提供触发信号。

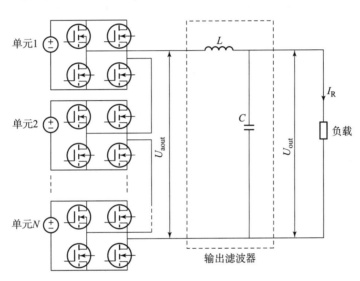

图1 级联型多电平D类功率放大器的拓扑结构

放大器采用结构完全相同的N个级联全桥单元，其直流侧电压为E_d，调制波的频率为f_0、幅值为Q_{km}，载波都采用频率为f_s和幅值为V_{tr}的三角波，但每个单元的三角载波与它相邻单元的三角载波之间有$\theta = 1/(2Nf_s)$的相移。调制度为$M = Q_{km}/V_{tr}$，每个单元的PWM信号都由这些三角载波与调制波的正反信号相比较产生。由于每个单元的控制信号相位的交替，该单元的基本频率为$2f_s$，则N个开关单元的总输出频率为$2Nf_s$，输出电压的平均值为

$$\bar{U}_{out} = E_d \times \frac{M}{f_s} \times N \times f_s = MNE_d \tag{1}$$

因此在不提高开关频率的条件下，大大减小输出谐波[2]。

2 多电平D类功率放大器滑模变结构控制技术

2.1 多电平D类功率放大器的变结构模型

多电平D类功率放大器的主回路结构如图2所示，由于N个单相全桥单元相互都是独立的，因此在分析被控对象模型时，可以将其按单相全桥电路来分析。

单相全桥电路如图2所示[3]，图中E_d表示直流电压，$Q_{a1} \sim Q_{a4}$是半导体器件，L为LC输出滤波器的滤波电感，C为LC输出滤波器的滤波电容，i_R为负载电流，U_0为负载电压。

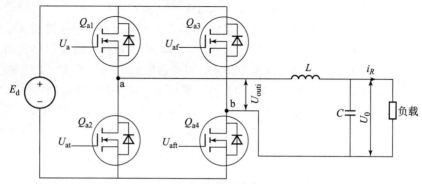

图 2 单相全桥电路

单相全桥电路工作原理：当功率器件 Q_{a1}、Q_{a4} 导通时，输出电压 $U_{outi} = +E_d$，当功率器件 Q_{a2}、Q_{a3} 导通时，输出电压 $U_{outi} = -E_d$，当功率器件 Q_{a1}、Q_{a3} 或 Q_{a2}、Q_{a4} 导通时，输出电压 $U_{outi} = 0$，三种电平交替导通，输出的交流方波电压经 LC 滤波器滤波后得到交流正弦输出电压，由于全桥逆变器的输出滤波电容电压及其导数是连续可测的，因此根据图 2 所示的多电平 D 类功率放大器的开环系统，可以求出其状态微分方程[4]：

$$\begin{cases} L\dfrac{di_L}{dt} = U_{outi} U_0 \\ i_L = i_C + i_R \\ i_C = C\dfrac{dU_0}{dt} \\ i_R = \dfrac{U_0}{R} \end{cases} \quad (2)$$

则得到其状态微分方程为

$$\begin{bmatrix} \dfrac{di_C}{dt} \\ \dfrac{dU_0}{dt} \end{bmatrix} = \begin{bmatrix} \dfrac{1}{CR} & \dfrac{1}{L} \\ \dfrac{1}{C} & 0 \end{bmatrix} \begin{bmatrix} i_C \\ U_0 \end{bmatrix} + \begin{bmatrix} \dfrac{1}{L} \\ 0 \end{bmatrix} U_{outi} \quad (3)$$

设 $u = \begin{cases} 1 \\ 0 \\ -1 \end{cases}$ 分别代表三组功率器件的导通状态。

当功率器件 Q_{a1}、Q_{a4} 导通时，$u = 1$，输出电压 $U_{outi} = +E_d$；当功率器件 Q_{a1}、Q_{a3} 或 Q_{a2}、Q_{a4} 导通时，$u = 0$，输出电压 $U_{outi} = 0$；当功率器件 Q_{a2}、Q_{a3} 导通时，$u = -1$，输出电压 $U_{outi} = +E_d$。

因此，可得

$$U_{outi} = Eu \quad (4)$$

式中

$$u = \begin{cases} 1 \\ 0 \\ -1 \end{cases}$$

则可得到全桥逆变器的变结构方程为

$$\begin{bmatrix} \dfrac{di_C}{dt} \\ \dfrac{dU_0}{dt} \end{bmatrix} = \begin{bmatrix} \dfrac{1}{CR} & \dfrac{1}{L} \\ \dfrac{1}{C} & 0 \end{bmatrix} \begin{bmatrix} i_C \\ U_0 \end{bmatrix} + \begin{bmatrix} \dfrac{E_d}{L} \\ 0 \end{bmatrix} u \quad (5)$$

假设 U_{ref} 为电压参考输入，则选取状态变量[4]：

$$\begin{cases} x_1 = U_{ref} - U_0 \\ \dot{x}_1 = \dot{U}_{ref} - \dot{U}_0 = x_2 \end{cases} \tag{6}$$

得到

$$\begin{cases} U_0 = U_{ref} - x_1 \\ \dot{x}_1 = \dot{U}_{ref} - \frac{1}{C}i_C = x_2 \end{cases} \tag{7}$$

则

$$\begin{aligned} \dot{x}_2 &= \ddot{x}_1 \\ &= \ddot{U}_{ref} - \frac{1}{C}\frac{di_C}{dt} \\ &= -\frac{1}{CL}x_1 - \frac{1}{CR}x_2 - \frac{E_d}{CL}u + \left(\ddot{U}_{ref} + \frac{1}{CR}\dot{U}_{ref} + \frac{1}{CL}U_{ref}\right) \end{aligned} \tag{8}$$

令 $a_0 = \frac{1}{CL}$, $a_1 = \frac{1}{CR}$, $b = \frac{E_d}{CL}$, 参考输入: $m = \frac{1}{CL}U_{ref} + \frac{1}{CR}\dot{U}_{ref} + \ddot{U}_{ref}$, 则式（8）变为

$$\begin{cases} \dot{x}_1 = x_2 \\ \dot{x}_2 = -a_0 x_1 - a_1 x_2 - bu + m \end{cases} \tag{9}$$

2.2 滑模切换面与等效控制

选择通过原点且斜率为负的直线作为滑模切换面[5]:

$$s = c_0 x_1 + x_2, \quad c_0 > 0 \tag{10}$$

则

$$s = c_0 U_{ref} - c_0 U_0 + \dot{U}_{ref} - \dot{U}_0 = c_0 U_{ref} + \dot{U}_{ref} - c_0 U_0 - \frac{1}{C}i_C = 0 \tag{11}$$

从式（11）可以看出滑模切换面与各参数的关系，并可知切换线上的滑模区动态为一阶动态过程，解得输出电压 $U_0(t)$ 的动态过程

$$U_0(t) = U_{ref}(t) + ke^{-c_0 t} \tag{12}$$

由式（12）可知，工作在滑模面的逆变器输出电压的动态过程由切换面的系数 c_0 和状态轨迹到达切换面时的初始状态 k 共同决定，与系统的其他参数无关，说明系统在滑模面时对外部扰动和内部参数变化的鲁棒性。

因此，令控制作用如下：

$$u = \begin{cases} +1, & s > 0 \\ 0, & s = 0 \\ -1, & s < 0 \end{cases} \tag{13}$$

对滑模切换面求导，则

$$\dot{s} = c_0 \dot{x}_1 + \dot{x}_2 = -a_0 x_1 + (c_0 - a_1) x_2 - bu + m \tag{14}$$

令 $\dot{s} = 0$, 得到等效控制

$$\begin{aligned} u_{eq} &= \frac{1}{b}[a_0 x_1 + (c_0 - a_1) x_2 + m] \\ &= \frac{CL}{E_d}\left[\frac{1}{CL}U_0 + \left(c_0 - \frac{1}{CR}\right)\frac{1}{C}i_C + c_0 \dot{U}_{ref} + \ddot{U}_{ref}\right] \end{aligned} \tag{15}$$

2.3 稳定性分析

将式（15）代入原系统方程（9）得到

$$\dot{x}_2 = a_0 x_1 a_1 x_2 b u_{eq} + m$$
$$= a_0 x_1 a_1 x_2 b \left[\frac{1}{b}(a_0 x_1 + (c_0 a_1)x_2 + m) \right] + m \quad (16)$$
$$= c_0 x_2$$

则
$$\begin{cases} \dot{x}_1 = x_2 \\ x_2 = c_0 x_2 \end{cases} \quad (17)$$

系统的控制矩阵 A 为

$$A = \begin{bmatrix} 0 & 1 \\ 0 & -c_0 \end{bmatrix} \quad (18)$$

则系统的特征根分布状态为

$$|\lambda I - A| = \begin{bmatrix} \lambda & 1 \\ 0 & \lambda + c_0 \end{bmatrix} = 0 \quad (19)$$

得到
$$\lambda(\lambda + c_0) = 0 \quad (20)$$

可知系统有两个极点：$\lambda_1 = 0$，$\lambda_2 = -c_0 < 0$，一个极点是 $\lambda_1 = 0$，这是因为滑模面中各状态变量是独立变量。另一个极点为 $\lambda_2 = -c_0 < 0$，所以系统是稳定的，且系统是一个典型Ⅰ型系统，系统静态误差为0，阶跃响应无超调。可见，系统的动态品质与滑模系数 c_0 密切相关，而与输入电压 E_d 和系统参数无关。

2.4 滑动模态的存在性证明

根据滑模存在条件[6]：

$$\lim_{s \to 0} s\dot{s} \leq 0 \quad (21)$$

得到
$$s\dot{s} = (c_0 \dot{x}_1 + \dot{x}_2)s = -a_0 x_1 s + (c_0 - a_1)x_2 s - bus + ms \quad (22)$$

实际上，控制信号 u 由两部分组成：

$$u = u_{eq} + u_n \quad (23)$$

式中：u_{eq}——等效控制；

u_n——非线性开关控制。

将式（23）、式（16）代入式（22），得到

$$\begin{aligned} s\dot{s} &= (c_0 \dot{x}_1 + \dot{x}_2)s \\ &= -a_0 x_1 s + (c_0 - a_1)x_2 s - b(u_{eq} + u_n)s + ms \\ &= -\frac{Ed}{CL}u_n s \end{aligned} \quad (24)$$

根据滑模存在条件式（21）的要求，有

$$s\dot{s} = -\frac{E_d}{CL}u_n s < 0 \quad (25)$$

根据式（13），当 $s > 0$ 时，$u = u_{eq} + u_n = 1$，如果 $u_{eq} < 1$，则 $u_n = 1 - u_{eq} > 0$，满足 $u_n s > 0$，则 $s\dot{s} = \frac{E_d}{CL}u_n s < 0$。当 $s < 0$ 时，$u = u_{eq} + u_n = -1$，如果 $u_{eq} > -1$，则 $u_n = -1 - u_{eq} < 0$，满足 $u_n s > 0$，则 $s\dot{s} = -\frac{E_d}{CL}u_n s < 0$。

可见，如果保证了 $-1 < u_{eq} < 1$，则有 $s\dot{s} < 0$，即可以满足系统的滑模存在性，同时也说明该系统的控制率的选取是可行的。

2.5 滑动模态的存在域

式（13）所确定的控制作用是一种受限控制，只能取 +1 和 -1 两个离散的输出控制，这就决定了滑模区域只能是切换线上的某一段。

由 $s = 0$，可以求得

$$x_2 = -c_0 x_1 \tag{26}$$

将式（26）代入式（24），得到

$$\begin{aligned}
\dot{s}s &= a_0 x_1 s + (c_0 a_1) x_2 s b u s + m s \\
&= (a_0 c_0^2 + a_1 c_0) x_1 s b u s + m s \\
&= \left(\frac{1}{CL}c_0^2 + \frac{c_0}{CR}\right)x_1 \frac{E_d}{CL}u + \frac{1}{CL}U_{ref} + \frac{1}{CR}\dot{U}_{ref} + \ddot{U}_{ref}\right)s
\end{aligned} \tag{27}$$

则可得出：

(1) 当 $s > 0$，$u = 1$ 时，$\left(-\frac{1}{CL} - c_0^2 + \frac{c_0}{CR}\right)x_1 - \frac{E_d}{CL} + \frac{1}{CL}U_{ref} + \frac{1}{CR}\dot{U}_{ref} + \ddot{U}_{ref} < 0$，即

$$\left(c_0^2 + \frac{1}{CL} - \frac{c_0}{CR}\right)x_1 > \frac{1}{CL}U_{ref} + \frac{1}{CR}\dot{U}_{ref} + \ddot{U}_{ref} - \frac{E_d}{CL} \tag{28}$$

(2) 当 $s > 0$，$u = -1$ 时，$\left(-\frac{1}{CL} - c_0^2 + \frac{c_0}{CR}\right)x_1 + \frac{E_d}{CL} + \frac{1}{CL}U_{ref} + \frac{1}{CR}\dot{U}_{ref} + \ddot{U}_{ref} > 0$，即

$$\left(c_0^2 + \frac{1}{CL} - \frac{c_0}{CR}\right)x_1 < \frac{1}{CL}U_{ref} + \frac{1}{CR}\dot{U}_{ref} + \ddot{U}_{ref} + \frac{E_d}{CL} \tag{29}$$

因此，可以得到下列不等式组：

$$\begin{cases} \left(c_0^2 + \frac{1}{CL} - \frac{c_0}{CR}\right)x_1 < \frac{1}{CL}U_{ref} + \frac{1}{CR}\dot{U}_{ref} + \ddot{U}_{ref} + \frac{E_d}{CL} \\ \left(c_0^2 + \frac{1}{CL} - \frac{c_0}{CR}\right)x_1 > \frac{1}{CL}U_{ref} + \frac{1}{CR}\dot{U}_{ref} + \ddot{U}_{ref} - \frac{E_d}{CL} \end{cases} \tag{30}$$

其中 U_{ref} 和 E_d 已知，而：

谐振角频率：

$$\omega_n = \frac{1}{\sqrt{LC}} \tag{31}$$

品质因数：

$$\frac{\omega_n}{Q_p} = \frac{1}{CR} \tag{32}$$

则只要选取

$$0 < c_0 < \omega_n Q_p \tag{33}$$

就能保证

$$c_0^2 + \frac{1}{CL} - \frac{c_0}{CR} = c_0^2 + \omega_n^2 - \frac{c_0 \omega_n}{Q_p} > 0 \tag{34}$$

假设：

$$\lambda = c_0^2 + \frac{1}{CL} - \frac{c_0}{CR} > 0 \tag{35}$$

则式（30）可以被合并为

$$\left(\frac{1}{CL}U_{\mathrm{ref}}+\frac{1}{CR}\dot{U}_{\mathrm{ref}}+\ddot{U}_{\mathrm{ref}}-\frac{Ed}{CL}\right)\frac{1}{\lambda}<x_1<\left(\frac{1}{CL}U_{\mathrm{ref}}+\frac{1}{CR}\dot{U}_{\mathrm{ref}}+\ddot{U}_{\mathrm{ref}}+\frac{Ed}{CL}\right)\frac{1}{\lambda} \tag{36}$$

当滑模系数 c_0 增大时，由式（12）可知，系统的动态品质变好，由式（36）可知，λ 也相应增加，而 U_{ref}、R、C、L 以及 Ed 是一定的，这就导致切换线上滑模区域的减少，如果 λ 增加到使滑模区域太小接近于0时，则滑模控制难以实现滑模动态，此时，系统轨迹将在控制输出式（13）的作用下在切换线 $s=0$ 的两侧，按式（5）所确定的两个二阶系统作衰减振荡，因此，在选择切换面参数时，必须在跟踪速度和滑模区域大小之间进行折中，保证系统在存在一定范围的滑模区域前提下具有尽量快速的过渡过程。

3 试验方案、结果及分析

3.1 试验方案

理想的滑模控制要求在切换线两侧以无限高的频率切换系统结构，使系统轨迹保持在切换面上滑动，从而实现滑模态。但是在实际工程中，通常采用滞环调制，在开关切换线的两侧引入一定宽度的滞环带，从而降低开关频率。具体的控制规律如下：

$$u=\begin{cases}+1,&s>+\Delta\\0,&|s|=\Delta\\-1,&s<-\Delta\end{cases} \tag{37}$$

其中滞环的宽度为 2Δ，影响开关频率的一个因素是 Δ，当增加 Δ 时，开关频率将减小，使开关被控制在开关器件能正常工作的范围内，同时也有利于消除滑模控制中由于切换频率过高而存在的抖动现象。这种滞环调制可以被看成一种准滑模控制；影响开关频率的另一个因素是切换面系数 c_0，在实际使用中往往使用两个系数，假设切换函数 $s=k_1e_1+k_2e_2$，$c_0=k_1/k_2$，当 c_0 取值增加时，在相同误差条件下切换函数 s 的值就增大，达到切换边界线的时间就缩短，这也将使开关频率增加，而且由于经 LC 滤波器后的正弦交流输出电压比较平滑，使系数 k_1 对开关频率的影响较小，而电容电流的变化相对较快，系数 k_2 对开关频率的影响较大。根据试验观测，逆变器的开关频率与 $k_2/(2\Delta)$ 近似成正比[7]。

采用滑模变结构控制器的 D 类功率放大器信号控制电路原理框图如图 3 所示，其中三态离散脉冲调制（DPM）滞环跟踪器结构如图 4 所示。其工作原理是根据检测计算的滑模面 s 值来决定单相逆变器的 4 个开关在下一周期中的导通状况：

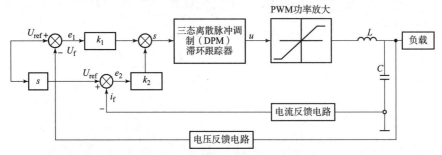

图3 采用滑模变结构控制器的 D 类功率放大器信号控制电路原理框图

+1 状态：当 $s>+\Delta$ 时，功率器件 Q_{a1}、Q_{a4} 导通，$U_{\mathrm{outi}}=+Ed$；
-1 状态：当 $s<-\Delta$ 时，功率器件 Q_{a2}、Q_{a3} 导通，$U_{\mathrm{outi}}=-Ed$；
0 状态：当 $|s|=\Delta$ 时，功率器件 Q_{a1}、Q_{a3} 或 Q_{a2}、Q_{a4} 导通，$U_{\mathrm{outi}}=0$。

3.2 试验结果及分析

试验制作了一个级联型滑膜控制的多电平 D 类功率放大器，并随某型舰炮交流伺服系统试验进行验证，其参数如表 1 所示。

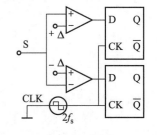

图4 三态离散脉冲调制（DPM）滞环跟踪器结构

表1　滑膜控制的级联型多电平 D 类功率放大器的参数

参数名称	参数值
输出电压 U_{out}/V	96
输出电流 I_R/A	3
额定负载 R/Ω	33
载波开关频率 f_s/Hz	25
单元数 N	4
DC 电压 Ed/V	24
调制波频率 f_0/Hz	2
输出滤波器电感 L/μH	0.6
输出滤波器电容 C/μF	0.18
输出滤波器截止频率 f_d/kHz	15

采用 Agilent54622D 示波器进行测量。图 5 所示为 D 类功率放大器在输入不同信号时的闭环输出波形和 LC 滤波后输出波形，从图中可见，采用电流电压控制的 D 类功率放大器在输入正弦波、三角波、方波等不同信号时，均能正常工作，具有良好的输出性能。

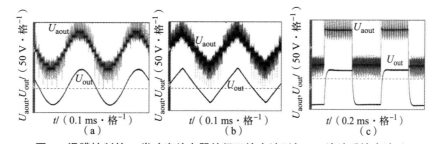

图 5　滑膜控制的 D 类功率放大器的闭环输出波形与 LC 滤波后输出波形
U_{aout}：功放的输出波形；U_{out}：LC 滤波后的输出波形
（a）调制波为 2 kHz 的正弦波时闭环响应曲线；（b）调制波为 2 kHz 的三角波时闭环响应曲线；
（c）调制波为 1 kHz 的方波时闭环响应曲线

图 6 所示为输入信号频率和幅值变化时实际测得经过 LC 滤波后的输出电压电流波形。从图中可以看出，试验的 D 类多电平功率放大器可以很好地跟踪不同的信号，并具有良好的放大特性。

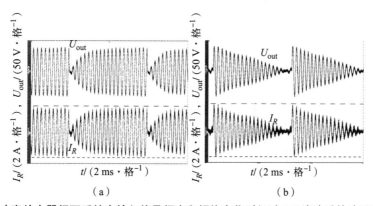

图 6　多电平 D 类功率放大器闭环系统在输入信号频率和幅值变化时经过 LC 滤波后的波形和输出电流

4　结论

采用滑膜控制可以设计出高品质的多电平 D 类功率放大器。级联型多电平 D 类功率放大器由于采用多电平控制方式，总的输出电压的脉动较小；开关型多电平 D 类功率放大器的输出电压各次谐波分布在 2N 倍开关频率的奇数次边带上，其总的输出频率提高了 2N 倍，因此在不提高单元各开关频率的条件下，大大减小了输出谐波。在某型舰炮进行的伺服系统试验结果表明，所研究的滑膜控制的级联型多电平 D 类功率放大器具有良好的瞬时响应和输出品质，较宽的系统带宽，较高的效率。同时，采用滞环控制实现的滑膜控制对于输入信号的频率提高有一定限制，进一步提高输入信号的频率跟踪效果会变差，在此方面还需进一步研究改善。

参 考 文 献

[1] ERTL H, KOLAR J W, ZACH F C. Basic considerations and topologies of switched – mode assisted linear power amplifiers [J]. IEEE Trans. Ind. Electron, 1997, 44 (2): 116 – 122.

[2] Hans Ertl, Johann W. Kolar. Analysis of a multilevel multicell switch – mode power amplifier employing the flying – battery concept [J]. IEEE Transactions on Industrial Electronics, 2002, 49 (4): 816 – 823.

[3] 张缨, 李耀华, 蔡凌, 等. 基于相移 PWM 的多电平 D 类功率放大器谐波分析 [J]. 电工技术学报, 2007, 22 (7): 103 – 108.

[4] STANLEY G R, BRADSHAW K M. Precision DC – to – AC power conversion by optimization of the output current waveform – the half – bridge revisited [C]. In: Proceeding of the 28th IEEE power Electronics Specialists conference, St. Louis, Missouri, USA, 1997, 35 (2): 993 – 999.

[5] 张缨, 李耀华, 胜晓松. 采用双环控制的多电平 D 类功率放大器 [J]. 电工技术学报, 2005, 20 (11): 80 – 83, 87.

[6] 高为炳. 变结构控制理论基础 [M]. 北京: 中国科学技术出版社, 1990.

[7] Gao W, Wang Y, Homaifa A. Discrete – time variable structure control system [J]. IEEE Trans on Ind Electr., 1995, 42 (2): 117 – 122.

数字交流随动系统能耗制动电阻的设计

张缨,蔡凌

(海军研究院,北京 100161)

摘 要:新型数字交流随动系统具有数字控制、主要模块状态监控、实时通信、故障显示以及软件制动与电气制动相结合等多种功能。当装置反馈位置到达软件制动区域后,由软件控制装置进行制动,同时装置动能转为热能,再由跨接在驱动器电源母线上的能耗电阻进行消耗,因此其能耗制动电阻是保证系统进行制动的重要器件。主要针对交流随动系统的能耗电阻进行设计分析和计算校核。试验证明,采用该方法设计的能耗制动电阻能够满足随动系统的使用要求,具有良好的实用性。

关键词:交流随动系统;正弦波脉宽调制;制动电阻;制动保护

中图分类号:TP273　**文献标志码**:A

Analyzing on the energy consumption braking resistor of AC servo system

ZHANG Ying, CAI Ling

(Naval Research Academy, Beijing 100161, China)

Abstract: Digital AC servo system is a novel servo which has many functions, such as digital control technique, condition monitoring, real – time communication, fault display, software braking is combined with electrical braking and so on. When the equipment feedback position reaches the software braking area, the equipment brake is controlled by system software. At the same time, the kinetic energy of the device is converted into heat energy which is accomplished by an energy consumption braking resistor straddling the AC servo system amplifier supply bus. So the energy consumption braking resistor is an important device to ensure the braking of the system. The paper analyzes the energy consumption braking resistor of an AC Servo System and proposes a method to calculate the resistance and power of the resistor. The results of experimental show that the energy consumption braking resistor designed by the proposed method can meet the requirement of the system and has a good practicability.

Keywords: AC servo system; sinusoidal pulse width; braking resistor; braking protecting

0 引言

数字交流随动系统是一种新型的随动系统,采用数字位置控制、交流调速系统驱动交流电机作为执行元件组成随动系统。数字随动系统位置控制器是随动系统的重要部件,它除完成系统控制功能外,还可以完成系统硬件控制、主要模块状态监控与交流调速系统进行通信以及实时显示驱动器故障信息和软件制动等诸多保护功能。传统随动系统制动方法一般采用在极限位置设置电气行程开关,当装置运行到极限位置触碰到电气行程开关时,电气行程开关动作,使随动系统进行电气制动。

作者简介:张缨(1967—),女,高工,博士。E – mail:zyxgyxdd1208@163.com;
蔡凌(1970—),男,高工,硕士。E – mail:cailingb@sina.com。

数字交流随动系统采用软件制动与电气制动相结合的方法。其由位置控制器软件监测装置是否进入软件制动区域，当装置反馈位置到达软件制动区域后，进入制动流程，控制装置进行制动，同时装置动能转换为热能，在由跨接在母线上的能耗电阻进行消耗，因此该能耗制动电阻是保证系统进行制动的重要器件，本文主要针对某型舰炮交流随动系统的能耗电阻进行设计分析，重点探讨了该型舰炮能耗电阻的选取方法。

1 交流随动系统的能耗制动原理

交流随动系统的结构组成如图1所示，其主要由数字位置控制器、交流调速系统、交流电动机（含电动机位置传感器）、减速箱和装置位置发送器等组成。

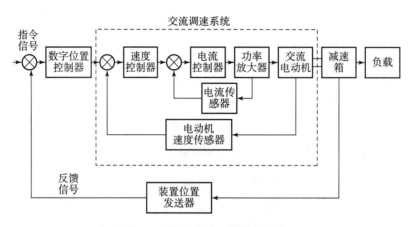

图1 交流随动系统的结构组成

其主要工作过程如下：

由数字位置控制器接收上位机发送的位置指令信号和前馈信号及位置传感器发送的位置反馈信号，比较后得出位置误差信号；通过 PID 控制算法计算，与前馈复合控制合成后给出速度控制信号，传给交流调速系统。由交流调速系统完成速度、电流控制闭环，驱动电动机带动装置向位置误差减小的方向运动，实现位置闭环控制。

交流脉宽调速系统是交流随动系统的主要部件之一，它主要包括交流驱动器及驱动器电源，完成交流同步电动机的速度、电流调节功能，以及随动系统的制动功能。其过程：在速度控制器的输入端对速度指令和速度反馈信号进行比较，输出直流电流指令信号。电流控制器将交流电动机指令值与电流反馈信号相比较后，计算产生控制信号输出给功率放大器；再由功率放大器输出电动机驱动信号，依靠电流控制回路的高速跟踪能力，推动执行电动机向位置误差减小的方向运动，直至速度误差趋近于0，从而实现速度调节的功能。交流脉宽调速系统的主电路原理如图2所示[1]。

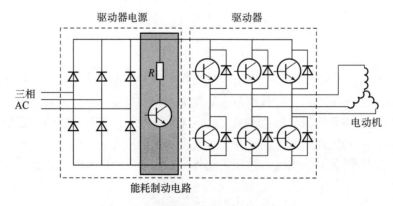

图2 交流脉宽调速系统的主电路原理

如图 2 所示，三相电压输入交流驱动器电源，由驱动器电源中的桥式整流电路将三相交流电整流为直流电压，输入交流驱动器，由驱动器中的控制电路控制 IGBT 管的导通顺序，产生 SPWM 脉宽调制的交流正弦波输出给交流同步电动机，驱动电动机转动。当系统进行制动时，保护电路切断输入三相交流电。此时由输入电整流的直流母线电压为 0，由于惯性的作用，电动机仍按原有速度、原有方向运动，产生交流电流，此电流经过并联在 IGBT 旁的反向二极管的整流作用，与并联在母线上的能耗制动电阻 R 形成放电回路，控制电路控制 IGBT 管导通，则电动机的电枢电流会突然增加，该电流在电动机电枢端产生强大的反电势，使电动机产生强烈的能耗制动。系统的惯量不同，能耗电阻 R 的选择不同，因此能耗电阻 R 的设计与随动系统的装置参数密切相关。

2 数字交流随动系统能耗电阻的设计条件

2.1 数字交流随动系统能耗电阻阻值设计

在数字交流随动系统运动过程中，存在以下几种能量。

(1) 数字交流随动系统运动中储存的动能 W_D。

随动系统在运动过程中产生的动能[2]：

$$W_D = \frac{1}{2} J_f \omega_{fmax}^2 \left(\frac{\pi}{30}\right)^2 \tag{1}$$

式中：J_f——舰炮方位转动惯量；

ω_{fmax}——方位电动机最大转速，单位 r/min。

(2) 电容器上储存的电能 W_C。

驱动器电源直流母线上并联一组较大电容，用于平稳直流电压[3]，电容器储存的电能为

$$W_C = \frac{1}{2} C \left(V_{max}^2 - V_{nom}^2 \right) \tag{2}$$

式中：C——交流调速系统驱动器电源直流母线电容；

V_{max}——驱动器电源直流母线最大电压；

V_{nom}——驱动器电源直流母线额定电压。

(3) 执行电动机绕组上消耗的电能 W_R。

在制动过程中，执行电动机绕组由于有一定阻值，也要消耗一部分能量，消耗的电能为

$$W_R = \frac{3}{2} I_Z^2 R_m T_Z \tag{3}$$

式中：R_m——方位执行电动机绕组相阻值；

I_Z——制动电流；

T_Z——制动时间。

(4) 摩擦负载消耗的机械能 W_J。

在运动过程中，由于负载摩擦消耗的机械能[4]：

$$W_J = \frac{\pi}{60} M_{fC2} T_Z N_f \tag{4}$$

式中：M_{fC2}——方位负载静阻力矩；

N_f——方位执行电动机最大转速，单位为 r/min。

(5) 在制动期间，能耗电阻上消耗的电能 W_Z[5]。

$$W_Z = 3 I_Z^2 R_{Z1} T_Z \tag{5}$$

式中：R_Z——交流调速系统能耗制动电阻阻值。

从能量计算能耗电阻阻值：

$$W = W_Z + W_C + W_R + W_J \geq W_D \tag{6}$$

即
$$W_Z \geq W_D - W_C - W_R - W_J$$
则
$$R_{Z1} \geq \frac{1}{3I_Z^2 T_Z}\left[\frac{1}{2}\left(\frac{\pi}{30}\right)^2 J_f \omega_{fmax}^2 - \frac{\pi}{60}M_{fC2}T_Z N_f - \frac{1}{2}C(V_{max}^2 - V_{nom}^2) - \frac{3}{2}I_Z^2 T_Z\right] \quad (7)$$

从功率计算能耗电阻阻值：

制动期间，能耗电阻 R_Z 上消耗的电功率 P_Z 大于系统储存的动能转换成的电功率 P_D。

$$P_Z = \frac{V_{max}^2}{R_{Z2}} \quad (8)$$

$$P_Z = V_B I_Z \sqrt{3} \quad (9)$$

V_F 为折算到 DC 母线的电动机反电动势[6]，有

$$V_F = \Gamma_F N_f - \frac{\sqrt{3}}{2}I_Z R_m \quad (10)$$

式中：Γ_F——电势常数，$\Gamma_F = 76 \text{ V}/(\text{kr·min}^{-1})$。

则
$$R_{Z2} \leq \frac{V_{max}^2}{\sqrt{3}\Gamma_F N_f - \frac{3}{2}I_Z^2 R_m} \quad (11)$$

因此能耗电阻阻值 R_Z 必须满足

$$R_{Z1} \leq R_Z \leq R_{Z2} \quad (12)$$

2.2 数字交流随动系统能耗电阻功率计算

能耗电阻的平均功率为[7]

$$P_Z = \frac{W_Z}{T_Z} = 3I_Z^2 R_Z \quad (13)$$

3 计算、校核与试验结果

3.1 能耗电阻功率计算校核

能耗电阻在制动期间能量反馈时起作用，随动系统的制动状态有下列几种：

（1）断电制动。
（2）调转运动中制动。
（3）正弦运动中的制动。
（4）射击中的堵转。
（5）系统软件故障时的能耗制动。

校核能耗电阻需满足以上制动状态，因此必须根据以上各种方式进行计算校核。

已知在某舰炮方位随动系统的执行电动机采用 M803B 型电动机，其参数如下：

方位速度：$\omega_f = 60°/s = 1.047 \text{ rad/s}$；

方位减速箱传动比：$i_f = 200$；

方位执行电动机最大转速：$N_f = 2\ 000 \text{ r/min}$；

方位转动惯量：$J_f = 4\ 815 \text{ kg·m}^2$；

方位执行电动机转子惯量：$J_D = 0.035\ 2 \text{ kg·m}^2$；

方位减速箱传动效率：$\eta = 0.85$；

方位负载反转转动惯量[8]：

$$J_{DFX} = J_D + \frac{1.1 J_f}{i_f^2} \eta \tag{14}$$

计算得

$$J_{DFX} = 0.0352 + \frac{1.1 \times 4815}{200 \times 200} \times 0.85 = 0.1478 \text{ (kg·m}^2\text{)}$$

方位负载静阻力矩：$M_{fC2} = 2.085$ N·m；
方位执行电动机绕组相阻值：$R_m = 0.2$ Ω；
方位驱动器电源直流母线电容：$C = 0.0046$ F；
方位驱动器电源直流母线最大电压：$V_{max} = 390$ V；
方位驱动器电源直流母线额定电压：$V_{nom} = 325$ V；
电势常数：$\Gamma_F = 76$ V/（kr·min^{-1}）；
要求断电制动角：$\theta_f < 12$；
装置作正弦运动的周期：$T_X = 4.7$ s；
方位最大跟踪加速度：$\beta_f = 80°/s^2$；
实测折合电动机轴上的最大射击力矩：$M_{DX} = 29.56$ N·m。
根据 M803B 电动机的外特性曲线（图3），从图中可以得出

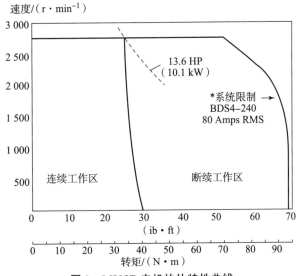

图3 M803B 电机的外特性曲线

$$M_D = \frac{\sum_{i=1}^{n} M_i}{n} \tag{15}$$

可以计算出在转速为 2 000 r/min 时，电动机的平均输出转矩为：$M_D = 92.8$ N·m。
假设 T_Z 为制动时间，则断电条件下：

$$T_Z = \frac{2\theta_f}{\omega_f} \tag{16}$$

调转情况下：

$$t_{制} = \frac{\omega_f}{\beta_Z} \tag{17}$$

正弦情况下：

$$t_{制} = \frac{T_X}{4} \tag{18}$$

β_Z 为方位制动减速度,单位为 rad/s,则断电条件下:

$$\beta_Z = \frac{\omega_f}{T_z} \tag{19}$$

调转情况下:

$$\beta_Z = \frac{M_D + M_{fC2}}{M_{DX}} \tag{20}$$

正弦情况下:

$$\beta_Z = \frac{\pi \beta_f}{180} \tag{21}$$

M_{fg} 为方位制动力矩

$$M_{fg} = J_{DFX} \beta_Z i_f + M_{fC2} \tag{22}$$

M_{DS} 为制动力矩与射击力矩之和[9]

$$M_{DS} = M_{fg} + M_{DX} \tag{23}$$

I_Z 为制动电流,在制动和调转时

$$I_Z = \frac{M_{fg}}{K_T} \tag{24}$$

在正弦时:

$$I_Z = \frac{M_{DS}}{K_T} \tag{25}$$

T_C 为持续制动时间。

则计算能耗制动电阻如表 1 所示。

表 1 在多种工况下计算能耗制动电阻

参数	断电(12°)	调转(9.8°)	正弦	正弦 射击力矩与加速度反向	正弦 射击力矩与加速度同向
T_Z/s	0.40	0.326	1.175	1.175	1.175
β_Z/(rad·s^{-1})	-2.618	-3.210	-1.396	-1.396	-1.396
M_{fg}/(N·m)	-77.39	-94.89	-41.27	-41.27	-41.27
M_{DX}/(N·m)	-75.30	-92.80	-39.19	-39.19	-39.19
M_{fg}/(N·m)				-26.28	26.28
M_{DS}/(N·m)				-65.47	-12.91
I_Z/A	-59.91	-73.83	-31.18	-52.08	-10.27
W_D/J	3 241.62	3 241.62	3 241.62	3 241.62	3 241.62
W_J/J	87.3	71.2	256.6	256.6	256.6
W_R/J	430.7	533.4	342.6	956.2	37.2
W_C/J	106.9	106.9	106.9	106.9	106.9
W/J	2 617	2 530	2 536	1 922	2 841
W_Z/J	4 307	5 334	3 426	9 562	372
R_{Z1}/Ω	0.61	0.47	0.74	0.20	7.64
T_Z/s	3	3	2.35	2.35	2.35
P_Z/W	872.2	843.3	1 079.0	817.9	1 208.9
U_B/V	111.2	108.8	116.2	112.6	119.8
R_{Z2}/Ω	13.2	10.9	24.2	15.0	71.4

从表 1 中可以得出：能耗制动阻值应满足 $0.2\ \Omega \leqslant R_Z \leqslant 10.9\ \Omega$；能耗制动功率应满足 $P_Z \geqslant 1\ 208\ W$。

为了保证系统软件故障的能耗制动时不撞坏缓冲器，R_Z 越小速度下降越快，因此 R_Z 的选取应越小越好，同时确保电动机不能因为大电流失磁，根据失磁要求 R_Z 至少应为 $2\ \Omega$。因此，选取能耗制动电阻 R_Z 的阻值为 $2.5\ \Omega$，功率选取 $1\ 500\ W$。

3.2 试验验证结果

某型舰炮随动系统采用阻值为 $2.5\ \Omega$、功率为 $1\ 500\ W$ 的能耗制动电阻，得到的试验曲线如图 4~图 6 所示。

图 4 所示为方位与高低负载以最大速度断电制动的误差曲线，从图中可以看出，方位负载制动时间为 $0.3\ s$。因此方位制动角度为 θ_{FZ}

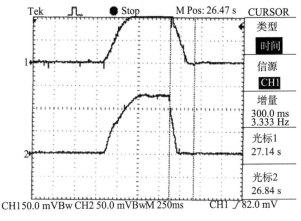

图 4　方位与高低负载以最大速度断电制动的误差曲线

$$\theta_{FZ} = \frac{1}{2} \times 60 \times 0.3 = 9° < 12°$$

高低制动角度为 θ_{GZ}

$$\theta_{GZ} = \frac{1}{2} \times 60 \times 0.13 = 3.9°$$

由此可见，方位和高低最大制动角均满足设计要求。

图 5 所示为方位负载调转 $120°$ 时的误差曲线。从图中可以看出，方位负载调转 $120°$ 的时间为 $2.8\ s$，满足方位负载调转 $120°$ 时间少于 $3\ s$ 的要求。

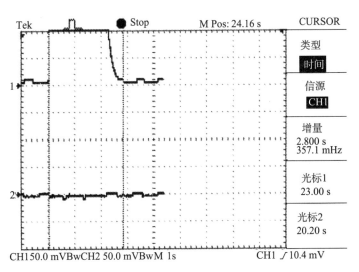

图 5　方位负载调转 120°时的误差曲线

图 6 所示为方位负载做幅值为 $60°$，周期为 $4.7\ s$ 的正弦运动时的误差曲线。从图中可以看出，做正弦运动时方位负载误差小于 $1\ mrad$，满足系统正弦误差小于 $4\ mrad$ 的要求。

模拟系统软件故障情况下的能耗制动情况，方向负载以最大瞄准速度 $60°/s$ 撞缓冲器，缓冲器和负载均未损坏，缓冲器完成极限位置制动功能，保证了设备的完好，满足设计要求。

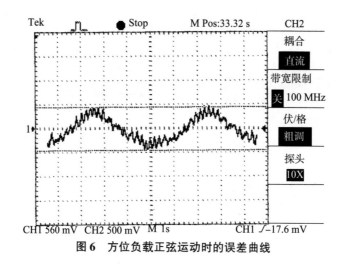

图 6 方位负载正弦运动时的误差曲线

4 结论

数字交流随动系统是一种新型的随动系统,与以往直流电动机扩大机组的随动系统不同,具有数字控制、主要模块状态监控、实时通信、故障显示以及制动多重保护等多种功能,其执行电动机的选取及附加能耗电阻的设计是系统设计中的重要环节,本文主要针对交流随动系统的能耗电阻进行设计分析,并从断电制动、调转、正弦运动、射击堵转以及失控撞缓冲器保护等方面校核计算。试验证明,采用本文设计方法设计的能耗制动电阻,可以很好地适应该随动系统的各种工况,具有良好的实用性,能够保证负载的安全。

参 考 文 献

[1] BIMAL K. B. 现代电力电子学与交流传动 [M]. 北京:机械工业出版社,2005.
[2] 金钰,胡佑德,李向春. 伺服系统设计指导 [M]. 北京:北京理工大学出版社,2000.
[3] 李永东. 交流电机数字控制系统 [M]. 北京:机械工业出版社,2003.
[4] 陶永华. 新型 PID 控制及其应用 [M]. 北京:机械工业出版社,2005.
[5] 舒长胜,孟庆德. 舰炮武器系统应用工程基础 [M]. 北京:国防工业出版社,2014.
[6] 钱平. 交直流调速控制系统 [M]. 北京:高等教育出版社,2005.
[7] 刘昕,胡景豫. 某新型舰炮瞄准随动系统安全制动保护功能浅析 [J]. 一重技术,2004,102(4):10-11.
[8] D. R. 威尔桑,等. 伺服系统设计的现代实践 [M]. 北京:国防工业出版社,2001.
[9] 董明,张缨,蔡凌,等. 交流伺服系统执行电机选型与减速箱设计 [J]. 兵工学报增刊二,2015,36(2):292-297.

人工智能在防空火控系统中的应用探索

王长城,李文才

(中国兵器装备集团自动化研究所,四川 绵阳 621000)

摘 要:现代空袭武器多样化、高速化,战术灵活,使末端防御面临着巨大挑战。在分析防空火控系统发展现状及趋势的基础上,从提升系统响应的快速性与准确性、对辅助战场环境的适应性等方面分析了防空火控智能化发展需求;随后提出了以"数据"为中心的人工智能型火控系统,并对智能化火控建模与火力决策进行了分析。

关键词:火控系统;人工智能;火控建模;火力决策

中图分类号:TP11 **文献标志码**:A

The application exploration of artificial intelligence in antiaircraft fire control system

WANG Changcheng, LI Wencai

(Automation Research Institute of China South Industries Group Corporation, Mianyang 621000, China)

Abstract: As diversity species, high speed, and flexible tactics become the main features of modern air-raid weapons, the terminal defense faces an extremely challenge. Based on analyzing the development and current application of antiaircraft fire control system, the demand for intelligence to improve the sensitivity and acclimatization is analyzed; finally the data centric fire control system based on artificial intelligence is proposed, and the technology of fire control modeling and decision is analyzed.

Keywords: fire control system; artificial intelligence; fire control modeling; fire decision

0 引言

空袭与反空袭作为高技术条件下现代战争的主要作战方式之一,贯穿战争始终,并在很大程度上决定了战争的进程和最终胜负。随着战术弹道导弹、巡航导弹、制导炸弹、无人机、直升机等武器的广泛使用,现代空袭武器多样化、高速化,战术灵活,空袭手段向末端机动突防、多批次饱和攻击趋势发展[1,2],使末端防御面临着巨大挑战,促使防空火控系统需进一步向智能化发展,只有这样方能适应未来高动态、复杂战场环境下的末端防空反导作战需求。

1 防空火控系统的发展现状分析

火控系统作为武器平台的重要组成部分,发挥着"眼睛"和"大脑"的作用,是武器平台发现、识别和精确打击目标能力的重要支撑。防空火控系统自诞生起,经历了射击装置、指挥仪系统、经典火力控制系统、综合火力控制系统发展阶段。目前被广泛采用的综合火力控制系统能够综合使用观察器材,控制多种同类或不同类型武器,具备情报处理、敌我识别、威胁判断、通道组织及火力控制的一系列功

作者简介:王长城(1985—),男,高级工程师。E-mail:kingfaye@126.com。

能。随着防御对象的不断拓展,为适应新形势下的防空反导作战,各军事大国正致力于寻求形成基于信息技术、以作战要素智能化为牵引的不对称作战优势,高度重视防空火控及其相关信息化技术的发展,通过一系列措施,推动了防空火控系统的快速发展。其具体体现在以下几方面。

1.1 通过火控系统综合改进,提升对多类型空袭目标防御能力

现代防空综合火力系统以美国"密集阵"最具有代表性,它具有先进的火力控制系统,集火力控制、指控、显示、计算机、电子战系统为一体,能实行自动搜索、探测、评估、跟踪和攻击目标,具备拦截高速小目标的能力。为满足要地防御对榴弹、火箭弹以及迫击炮弹等弹道飞行目标的拦截需求,美军在"密集阵"系统基础上,改进火控系统,通过增加360 ℃ - RAM,增加对RAM类目标的航迹预测与弹道推算功能,研制出陆基"密集阵"——"百人队长",从而具备C - RAM能力[3]。

此外,俄罗斯"铠甲S1"防空火控系统也是典型代表之一。"铠甲S1"防空火控系统装备12枚射程为20 km的地空导弹、2门30 mm口径的自动火炮,可以打击射程内全纵深空中目标,包括远距离的大型高空目标和突然出现的小型低空目标,被称为应对高精确度武器的有效防御系统。其火力控制系统可以同时发现并跟踪20个目标,既可在固定状态下,也可在行进中控制火力对其中4个目标实施打击。其能够实现对多类型目标的拦截,除巡航导弹、反雷达导弹、制导炸弹、各种有人和无人战机外,还可打击地面和水中轻装甲目标以及有生力量[4]。

1.2 弹炮防空武器从"共指控体制"向"共火控体制"发展

防空导弹、多管速射小口径高炮是当前末端防御的主要火力装备,小口径高炮初速高、反应时间短,能够弥补防空导弹近界死区大、反应时间长等不足,弹炮结合的对空防御火力是发展的必然趋势。早期的导弹、高炮防空武器采用的是一种初级的弹炮结合体制——共指控系统体制,即在统一的指控系统控制下,防空导弹分队与高炮分队混编。共火力控制系统体制即用同一火力控制系统分别计算防空导弹与高炮的射击诸元,实施射击。弹炮结合火力控制系统的应用使导弹、火炮在同一火力控制系统的控制下,能够根据来袭目标的距离,自动实现弹、炮火力的衔接,能够更大程度地发挥导弹、高炮的各自火力优势[5]。

1.3 发展网络化分布式火指控系统,适应一体化协同作战

为了有效提高火控系统对低空、超低空目标的协同探测跟踪与防御能力,基于资源分布式配置的网络化火指控体系架构得到研究人员的重视[6-8]。网络化分布式火指控系统中,火力、探测和指挥节点以点对点的形式连接,各火控单元可与友邻节点、上级指挥节点进行信息传递,经分布式信息融合获取对来袭目标的航路态势信息,扩大火控单元对目标的探测、跟踪范围,配合目标分配、转火等分布式协同火力协调机制,实现对来袭目标的多层次拦截,大幅提升对临空突现目标、末端高速突防目标的协同拦截能力。同时,网络化分布式火指控系统、传统的火控系统与指控系统在功能上深度融合,突破了传统的目标探测—指控融合—目标跟踪—火控解算—火力打击的信息处理框架,缩减了从发现目标到实施火力打击的时间,提升了响应灵敏度;并且增强了系统的抗毁性能,若上级指挥节点损毁,武器平台火控系统根据协同控制策略,按需升级为逻辑指挥节点,完成对各武器平台以及相关侦察、测地、弹药车等配套装备的指挥控制,完成协同作战任务。

1.4 智能化技术正逐步推动传统火控技术的革新

智能化技术是提升末端防御武器平台自动化作战或自主作战不可或缺的核心支撑,正在日趋完善。以美国为首的西方国家已经历两轮研究,正拟开展第三轮完善,旨在提高人工智能的鲁棒性、可靠性、灵活性和安全性,加强情景推理,以提高新环境的适应性。狭义的人工智能辅助决策已在防空火控系统中有所应用,如火力控制辅助决策、故障诊断专家系统和语音识别软件等[9]。俄罗斯"铠甲S1"火力

控制系统，其独特之处在于能够自主选择使用导弹还是高炮来摧毁目标，正如俄空军和防空军副总司令谢尔盖·拉济格拉耶夫所言："在现代战争的条件下，由于大量使用空军和高精度武器，留给防空系统操作员作出判断的时间很少。因此，新系统采用了自主模式。"

2 防空火控系统智能化发展需求

随着陆地战场武装力量构成复杂化、作战形式多样化，战争的突然性增大，战场攻防转换频繁而剧烈，对武器装备响应的快速性、准确性，以及对高动态复杂环境的适应性提出了更高的要求。综合各方面来看，为适应战场需求，防空火控系统需要进一步向智能化方向发展[10,11]，主要体现在以下两方面。

2.1 进一步缩短反应时间，提升决策效率的需求

当前防空火控系统中，目标确认、对抗措施、开火时机选择等诸多环节依赖于人的干预，而人的反应时间是一个不确定性因素。随着装备信息化、网络化技术不断发展，探测感知手段不断丰富，信息来源多样化，对综合各方面的信息做出快速反应已超出人的能力范围，尤其是在对抗末端高速突防目标时，战机转瞬即逝，这对进一步缩短火控系统反应时间提出了迫切要求。

2.2 满足复杂战场环境下作战使用需求

传统防空火控系统设计大多以模型为中心，主要从先验、机理出发，建立各个环节的控制模型，在研制过程中利用试验数据进行模型的优化调整直至装备定型。该方法的优势在于只要模型足够精确，就能达到预期的控制效果。在防空作战面临的目标类型、末端攻击手段单一的情形下，设计人员基于先验知识结合机理分析，能够建立足够精确的火力控制模型，使装备达到较为理想的作战效能。但其缺点也随着末端防御面临的攻防对抗环境日趋复杂而越来越突出：一是模型设计依赖于对先验知识的掌握程度，在对复杂战场环境在先验知识认知不足的情形下难以建立精确的模型；二是火力控制系统的性能随着装备的定型而固化，一旦面临新的目标类型、新的末端突防手段，除非是通过装备信息化升级改造，否则就无法实现对火控系统性能的不断改良。

3 基于人工智能的防空火控系统

基于人工智能的防空火控系统，其主要特征是其设计、研制、作战使用、维修保障，乃至整个装备生命周期均以"数据"为中心。人工智能是推动火控系统以"模型"为中心向以"数据"为中心转型升级的有效手段。例如机器学习技术，与传统为解决特定任务的软件程序不同，其核心是使用海量的数据来训练，解决问题的方法不是通过输入逻辑指令，而是从输入数据中学习规律，并掌握规律，然后对真实世界中的事件作出决策或预测[12,13]。将人工智能技术用于火控系统设计，一方面可基于大数据、数据挖掘、深度学习等技术对大量历史数据、火控设计研制过程中的试验数据进行深层次特征学习，指导相关环节的模型设计，解决火控系统设计过程中对先验知识掌握不足的问题，另一方面，在装备定型后，可持续从装备训练数据、作战应用过程中的战场数据中学习新的知识不断完善性能，实现性能的自主、持续改良。本文将针对火控建模、火力决策等具体问题，分析人工智能相关技术在以"数据"为中心的防空火控系统中的应用。

3.1 智能化火控建模

防空火控系统解命中是建立在目标假定运动模型基础上，对非合作目标的运动轨迹作出某些先验前的假定，除非事先知道目标将作怎样的机动飞行，否则这一误差必然存在，且其还是影响火控系统射击诸元解算精度乃至整个武器系统射击精度的主要因素[14]，并且这种影响在很大程度上主要取决于设计人员掌握的先验知识。如果在设计阶段，能够以相关装备研制过程中的试验数据为基础，依托统计分析、决策树、人工神经网络等数据挖掘手段，挖掘目标轨迹时间序列数据中蕴涵的潜在规律，发掘时间序列

中的有用信息，便可为目标运动建模提供更为客观、可靠的依据；并且依托以"数据"为中心的开放式火控体系架构，在装备定型后，火控系统仍能够通过不断获取战场数据，实现模型的迭代优化。以"模型"和以"数据"为中心的目标运动建模如图1、图2所示。

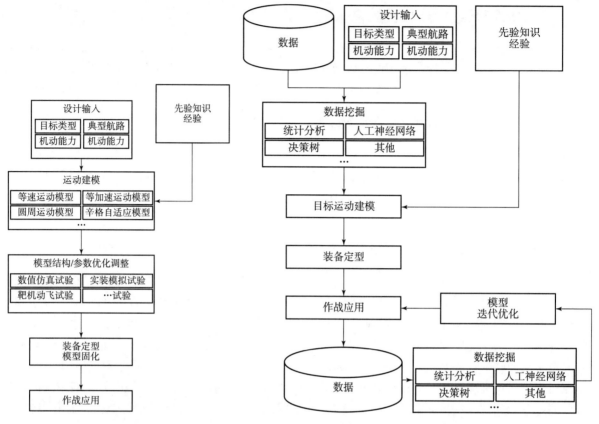

图1　以"模型"为中心的目标运动建模　　　　图2　以"数据"为中心的目标运动建模

3.2　智能化火力决策

防空火力决策往往先根据敌我态势识别出目标威胁度排序，并以此火力分配；其次根据目标特性（易损性）及武器性能（最佳威力范围）来选择武器平台内配置的相应火力，以经济、高效的方式去摧毁目标；最后根据敌我态势以最佳开火时机实施智能化打击。

传统的火力决策所考虑的因素大多较为单一或过多需要人的干预，如弹炮火力衔接决策过程中，往往仅仅让高炮的杀伤区远界和地空导弹的杀伤区近界重叠，未能综合目标运动特征、易损性、武器性能等多方面因素，并不一定能使弹炮结合系统达到良好的杀伤性能[15]，且诸如开火时机选择大多依赖于人的经验判断，制约了火控系统响应的快速性与准确性。智能化火力决策将通过人工神经网络、专家推理系统等智能化手段提高火控系统的信息处理与控制能力，实现火控系统态势感知与控制决策的自主化，同时依托肢体行为识别、语音识别、视线控制等智能人机交互技术实现人机共融，智能提供给人员所需信息，减轻人员工作负担，进一步提升武器装备响应快速性与准确性。

此外，传统的火力决策中的相关环节，如目标威胁评估、目标分配等过程大多基于作战收益、花费的武器弹药价值、预计的作战时间等指标效益考虑，结合目标航迹、武器平台火力配置、时间窗口等约束条件，求解最优的决策方案。上述决策是建立在效益指标最优解的基础上，即决策模型是固化的，一旦出现新类型目标、敌我态势不满足基于效益指标最优解的约束就难以达到理想的效果，战场适应能力不足。智能化火力决策需在效益指标最优解的基础上，建立开放式、可更新的决策机制，结合学习机制，通过系统自身的运行及对防空作战战场案例的学习，完成自动改错和自我完善，不断更新和丰富知识库中的知识[16]，与基于效益指标最优解的传统决策机制形成互补，进一步提升对战场的适应能力。智能化火力决策如图 3 所示。

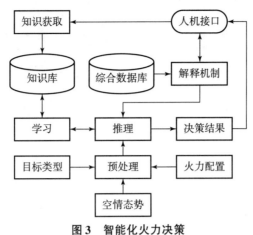

图 3　智能化火力决策

4　结论

本文基于现代末端反空袭作战面临的挑战，结合防空火控系统的发展现状与趋势，从武器系统在高动态攻防对抗下的快速响应需求、以"模型"为中心的火控系统对复杂战场环境的适应性不足等方面，分析了防空火控系统智能化发展需求，以火控建模、火力决策为例，分析了人工智能技术在以"数据"为中心的新型火控系统中的应用前景，为未来智能化防空火控系统的研制提供有价值的参考。

参 考 文 献

[1] 刘杰, 陈海燕, 高璞, 等. 英法空袭叙利亚作战特点分析及防空装备发展启示 [J]. 空天防御, 2018, 1 (4)：78-84.

[2] 马新星, 辛庆伟, 侯学隆, 等. 现代空袭体系的特点及发展趋势 [J]. 飞航导弹, 2017, 5：67-71.

[3] 张方宇, 杨帆, 张筱波, 等. 末端防御武器火控系统面临的挑战与发展建议 [J]. 兵工自动化, 2012, 31 (12)：20-27.

[4] 吴法文, 罗非心, 陈西宏, 等. 国外弹炮结合防空武器系统发展趋势 [J]. 飞航导弹, 2012, 9：62-65.

[5] 陈薇, 王军. 弹炮结合防空武器系统新趋势 [J]. 火力与指挥控制, 2016, 41 (3)：1-4.

[6] 张帆. 网络化火控系统发展概述及效能评估分析 [J]. 火力与指挥控制, 2018, 43 (2)：5-11.

[7] 樊水康, 王建国, 贾立新, 等. 现代陆装武器火控系统发展及展望 [J]. 火力与指挥控制, 2019, 44 (1)：1-5.

[8] 毛宁, 刘艳华, 马丽媛. 陆军武器火控系统的发展趋势 [J]. 火力与指挥控制, 2016, 41 (8)：6-9.

[9] 蔡华悦, 未志元. 人工智能在各军事强国的发展 [J]. 国防科技, 2017, 38 (5)：7-11.

[10] 张春, 矫庆丰, 郭鲜, 等. 人工智能技术在高炮系统的应用研究 [J]. 火炮发射与控制学报, 2018, 39 (3)：95-98.

[11] 邓方, 陈杰, 李佳洪, 等. 智能火控及其关键技术 [C]. 第三届中国指挥控制大会, 2015, 10：660-664.

[12] 鞠建波, 胡胜林, 祝超, 等. 基于深度学习的装备故障诊断方法 [J]. 电光与控制, 2018, 25 (2)：103-106.

[13] 张晓海, 操新文. 基于深度学习的军事智能决策支持系统 [J]. 指挥控制与仿真, 2018, 40 (2)：1-6.

[14] 郭治. 现代火控理论 [M]. 北京：国防工业出版社, 1996.

[15] 赵玲. 防御阵地智能火控及指挥决策系统研究 [D]. 南京：南京航空航天大学, 2011.

[16] 杨欣, 武器效能评估模型及其自学习的研究与实现 [D]. 东南：东南大学, 2015.

基于灰色 DEMATEL 与模糊 VIKOR 算法的陆军报废车辆装备回收处置模式的优选

何 岩[1]，赵劲松[2]

(1. 陆军军事交通学院研究生队，天津 300361；
2. 陆军军事交通学院投送装备保障系，天津 300361)

摘 要：结合陆军报废车辆处置工作实际，提出了三类比较适合现状的处置模式，并运用灰色 DEMATEL 理论和模糊 VIKOR 理论建立了一套新的选择最佳模式的标准体系。计算出回收处置工作中 9 个重要权重大小；对三类回收处置模式进行评估；通过对实验结果分析和灵敏度校验，得出目前最适合陆军报废车辆装备回收处置的模式应为基于生产者延伸责任的生产制造商联盟回收处置模式的结论。研究结果在适用于陆军报废车辆处置工作的同时，也适用于其他军种和我国报废车辆回收处置的相关工作，可以为决策者提供理论依据。

关键词：报废车辆；回收处置模式；优选

中图分类号：E919　**文献标志码**：A

Optimization of disposal mode of scrapped vehicle equipment in the army based on grey DEMATEL and fuzzy VIKOR method

HE Yan[1], ZHAO Jinsong[2]

(1. Fifth Team of Cadets, Army Military Transportation University, Tianjin 300361, China;
2. Projecting Equipment Support Department, Army Military Transportation University, Tianjin 300361, China)

Abstract: With the actual disposition of army end - of - life vehicle, state out three suitable disposal modes, then using grey DEMATEL and fuzzy VIKOR, a system to select which mode is the most suitable for army is built. First we find out the most important 9 factors of disposal mode and use grey DEMATEL method to calculate the weight of these factors, and then using fuzzy VIKOR to evaluate the rank of these three disposal mode, finally we find the most suitable mode is producer responsibility organization take - back. The research result of this paper are not only applicable to the disposal of scrapped vehicles in the army, but also applicable to the related work of other military services and the recycling and disposal of scrapped vehicles in China, which can provide theoretical basis for decision makers.

Keywords: scrapped vehicle; recycling and disposal mode; optimization

0 引言

目前我国专家学者对军队报废车辆装备处置工作的研究还不够深入，除制造商和第三方企业之外，

作者简介：何岩（1986—），男，硕士研究生；
　　　　　赵劲松（1979—），男，博士，研究生导师。

很少有学者提出回收处置的责任主体也可以是车辆装备生产延伸责任者的联盟组织。为了填补这一空白，本文综合运用灰色 DEMATEL 算法和模糊 VIKOR 算法，研究切实符合陆军报废车辆装备回收处置模式优选的模型算法，为决策者的科学决策提供可参考的依据。

1 回收处置模式

1.1 回收处置模式分类

报废车辆回收处置过程主要包括报废计划的申请、审批和车辆的收集、检验、处置等工作，其中决定采用哪种方式进行回收处置是最重要的环节之一[1]。从回收处置模式分析，众多学者主要推崇三种理论模式：生产商回收处理模式、生产者责任延伸组织结盟回收模式和第三方回收模式[2,3]。

1.1.1 生产商回收处理模式

将报废车辆装备处置的主体责任划分给车辆装备的生产商，依托产品的正向物流系统构建逆向物流渠道，在经过报废车辆装备的回收、检验、拆卸、维修和运输等一系列活动后，实现报废车辆装备的处理和循环再生利用[4]，流程如图 1 所示。

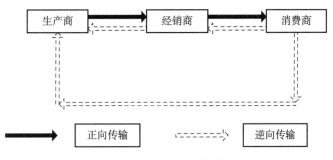

图 1 生产商回收处理模式流程

1.1.2 生产者责任延伸组织结盟回收模式

生产者责任延伸组织结盟回收模式指以生产商和经销商为责任主体，结盟构建回收处置报废车辆装备的处置中心，为其内部成员公司或者外部公司提供车辆回收处置服务。将制造商的回收责任转移至结盟的组织机构中，流程如图 2 所示。

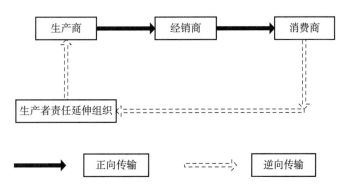

图 2 生产者责任延伸组织回收处置模式流程

1.1.3 第三方回收模式

第三方回收模式将报废处置工作的主体责任交由第三方独自回收处置，与此同时生产商可以从第三方回收可重复利用的产品零部件[5]，流程如图 3 所示。

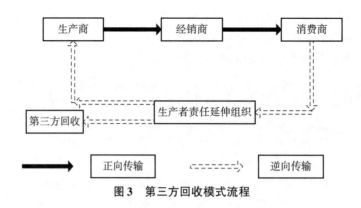

图 3 第三方回收模式流程

1.2 回收处置模式特点

生产商回收处理模式主要的四个特点是：
（1）降低了回收时间和成本，同时避免了车辆生产商间的商业机密泄露风险。
（2）熟悉流程，降低了业务处置时间和处置成本。
（3）各类企业需投入的资金成本较高，边际成本较高，不利与中小企业发展。
（4）对企业的经济实力和技术实力要求较高，较适合回收利用价值较高的产品。

生产者责任延伸组织结盟回收模式的特点是：
（1）集中处理同类产品，提高了回收材料的利用率，减少了回收中心和报废站点的数量。
（2）有利于结盟的盟友之间经验技术的交流。
（3）利用结盟的优势，有效降低回收过程中的各类市场风险。
（4）解决了小型企业需要自行建立回收机构问题。
（5）盟友间利益分配难以平衡，容易形成垄断。
（6）各企业间的技术秘密泄露，拆卸过程中的有用信息难以被反馈给产品设计者。
（7）适用于经回收处理或零部件拆卸后可以进入二级市场的产品。

第三方回收模式的特点是：
（1）降低了建立循环回收处置机构的风险。
（2）有利于企业集中精力提高其竞争力。
（3）专业的第三方车辆装备回收企业可以提高产品的循环回收效率。
（4）由于回收工作时间、地点等不确定性，较难得到客户的反馈和估算成本。
（5）有利于中小型企业进行回收处置工作。

2 灰色理论、模糊理论及计算方法

2.1 灰色 DEMATEL 理论及算法

灰色 DEMATEL，也称为决策实验室法，该方法运用图论与矩阵工具对系统各个要素进行分析，通过分析各个要素之间的直接影响关系，进而表明各要素间的逻辑关系，目前该理论被广泛应用于诸多领域[6]。

针对本文拟采用的专家打分法数据较少，各个专家影响权重不同的实际，运用灰色 DEMATEL 理论来解决此类"部分信息已知，部分信息未知"的"少数据""贫信息"不确定的问题，通过专家对影响因素的打分结果，对其进行开发与挖掘，从而对各个影响因素的权重进行科学描述与预测。

对于给定的一组灰色数字 $\otimes \chi = [\underline{\otimes} \chi_{ij}, \overline{\otimes} \chi_{ij}]$，其中 $\underline{\otimes} \chi_{ij}$ 和 $\overline{\otimes} \chi_{ij}$ 分别为灰数 $\otimes \chi$ 的下限和上限。

第一步，对灰数进行归一化处理

$$\overline{\otimes}\chi_{ij} = (\overline{\otimes}\chi_{ij} - \min\overline{\otimes}\chi_{ij})/\Delta_{\min}^{\max}$$

$$\underline{\otimes}\chi_{ij} = (\underline{\otimes}\chi_{ij} - \min\underline{\otimes}\chi_{ij})/\Delta_{\min}^{\max}$$

其中

$$\Delta_{\min}^{\max} = \max\overline{\otimes}\chi_{ij} - \min\underline{\otimes}\chi_{ij} \tag{1}$$

第二步,计算标准化总灰数值

$$Y_{ij} = \frac{\underline{\otimes}\chi_{ij}(1 - \underline{\otimes}\chi_{ij}) + (\overline{\otimes}\chi_{ij}) \times \overline{\otimes}\chi_{ij}}{1 - \underline{\otimes}\chi_{ij} + \overline{\otimes}\chi_{ij}} \tag{2}$$

第三步,计算最终灰度

$$Z_{ij} = \min\underline{\otimes}\chi_{ij} + Y_{ij}\Delta_{\min}^{\max} \tag{3}$$

(1) 对专家给出的直接影响矩阵进行积分。根据车辆装备回收处置的实际情况,邀请军地专家对影响因子进行打分,得出直接影响矩阵 **Y**,运用式(1)~式(3)计算得出矩阵 **Z**。

(2) 将矩阵 **Z** 进行标准化处理,得标准化矩阵 **X**

$$X_{ij} = \frac{Z_{ij}}{S}$$

$$S = \max\left\{ \max_{\substack{j=1 \\ 1 \leqslant i \leqslant n}}^{n} Z_{ij}, \max_{\substack{i=1 \\ 1 \leqslant j \leqslant n}}^{n} Z_{ij} \right\} \tag{4}$$

(3) 得到综合影响矩阵 **T**

$$\boldsymbol{T} = \boldsymbol{X}(1 - \boldsymbol{X})^{-1} \tag{5}$$

(4) 计算中心度 R,因果关系 C,$(D+R)$,$(D-R)$

$$R = [r_i]_{n \times 1} = \left[\sum_{j=1}^{n} t_{ij}\right]_{n \times 1} \tag{6}$$

$$C = [c_j]_{n \times 1} = \left[\sum_{i=1}^{n} t_{ij}\right]_{n \times 1} \tag{7}$$

$(D+R)$ 表示每个影响因子与其他因子之间的关系,$(R+C)$ 越大,则其与其他因子的关联越多;$(R+C)$ 越小,则其与其他因子的关联越少。$(R-C)$ 为每个影响因子的影响程度,当 $(R-C)$ 为负数时,表明该因子易被其他因子影响;当 $(R-C)$ 为正数时,表明该因子易影响其他因子。

(5) 计算每个影响因子的权重

$$w_j = \frac{[(r_j + c_j)^2 + (r_j - c_j)^2]^{1/2}}{\sum_{j=1}^{n}[(r_j + c_j)^2 + (r_j - c_j)^2]^{1/2}} \tag{8}$$

2.2 模糊 VIKOR 理论及算法

VIKOR 方法的基本思想:首先确定正理想解和负理想解,再根据各备选方案的评价值与理想方案的接近程度对方案进行择优[7]。在报废车辆回收处置的多目标决策问题计算中,考虑到陆军报废车辆装备回收处置工作的不确定性和模糊性,本研究将灰色决策方法和模糊评判法相结合来决策如何确定报废车辆装备的回收模式。

(1) 直觉模糊数。定义直觉模糊数为 $\alpha_j = (\mu_{\alpha j}, v_{\alpha j}, \pi_{\alpha j})$,其中,$\mu_\alpha$ 为隶属度,$\mu_\alpha \in [0,1]$;v_α 为非隶属度,$v_\alpha \in [0,1]$,同时,$\mu_\alpha + v_\alpha \leqslant 1$;$\pi_\alpha$ 为不确定度,$\pi_\alpha = 1 - \mu_\alpha - v_\alpha$。则直觉模糊加权值为

$$\text{IFWA}_\omega(\alpha_1, \alpha_2, \cdots, \alpha_N) = \omega_1\alpha_1 + \omega_2\alpha_2 + \cdots + \omega_n\alpha_n \tag{9}$$

$\boldsymbol{\omega} = (\omega_1, \omega_2, \cdots, \omega_n)^T$,其中 $\omega_j \in [0,1]$,$\sum_{j=1}^{n}\omega_j = 1$。

计算每位专家的权重 λ_k，假定第 k 个专家的重要性用 IFN（Intuitionistic Fuzzy Number）表示，即 $D_k = (\mu_k, v_k, \pi_k)$，则该专家的权重为 λ_k。

$$\lambda_k = \frac{\mu_k + \pi_k\left(\frac{\mu_k}{\mu_k + v_k}\right)}{\sum_{k=1}^{t}\left(\mu_k + \pi_k\left(\frac{\mu_k}{\mu_k + v_k}\right)\right)} \lambda_k, \lambda_k \geq 0, \sum_{k=1}^{t}\lambda_k = 1 \tag{10}$$

(2) 计算直觉模糊加权平均值 f_{ij}。定义 $A = \{A_1, A_2, \cdots, A_m\}$ 为矩阵的一个解集，$d = \{d_1, d_2, \cdots, d_n\}$ 为专家决策的一个解集，$E = \{E_1, E_2, \cdots, E_n\}$ 为各影响因素集，$w = \{w_1, w_2, \cdots, w_n\}$ 为权重的属性集，$\lambda = \{\lambda_1, \lambda_2, \cdots, \lambda_n\}$ 为专家决策的一组权重，假定语言变量 $f_{ij}^{(k)}$ 由专家基于各影响因素的解集给定，则这些现行变量可以转换为直观的模糊数 $f_{ij}^{(k)} = (\mu_{ij}^{(k)}, v_{ij}^{(k)}, \pi_{ij}^{(k)})$，将每个专家的权重 λ_k 代入 $f_{ij}^{(k)}$ 中，则可以计算出 f_{ij}，具体如下：

$$\begin{aligned} f_{ij} &= \text{IFWA}(f_{ij}^{(1)}, f_{ij}^{(2)}, \cdots, f_{ij}^{(t)}) \\ &= \lambda_1 f_{ij}^{(1)} \otimes \lambda_2 f_{ij}^{(2)} \otimes \cdots \otimes \lambda_t f_{ij}^{(t)} \\ &= (1 - \prod_{k=1}^{t}(1-\mu_{ij}^{(k)})^{\lambda_k}, \prod_{k=1}^{t}(v_{ij}^{(k)})^{\lambda_k}, \prod_{k=1}^{t}(1-\mu_{ij}^{(k)})^{\lambda_k} - \prod_{k=1}^{t}(v_{ij}^{(k)})^{\lambda_k}) \end{aligned} \tag{11}$$

则直觉模糊矩阵

$$\boldsymbol{F}^{(k)} = (f_{ij}^{(k)})_{m \times n} \tag{12}$$

运用式（10）和式（11）计算决策矩阵 $\boldsymbol{F}$

$$\boldsymbol{F} = (f_{ij})_{m \times n} \tag{13}$$

获得正理想解 A^+ 和负理想解 A^-

$$A^+ = \{A_1^+, A_2^+, \cdots, A_n^+\} \tag{14}$$

$$A^- = \{A_1^1, A_2^-, \cdots, A_n^-\} \tag{15}$$

在本研究中，设置 $A_j^+ = (1,0,0)$，$A_j^- = (0,1,0)$，解集 $A_i = \{A_{i1}, A_{i2}, \cdots, A_{in}\}$。

计算组效益值 S_i 和每个因素的后悔值 R_i

$$S_i = \sum_{j=1}^{n} \omega_j \left(\frac{d_{(A_j^+, A_{ij})}}{d_{(A_j^+, A_j^-)}}\right), i = (1, 2, \cdots, m) \tag{16}$$

$$R_i = \max_{j}\left\{\omega_j \left(\frac{d_{(A_j^+, A_{ij})}}{d_{(A_j^+, A_j^-)}}\right)\right\}, i = (1, 2, \cdots, m) \tag{17}$$

式中，$d_{(\alpha_1, \alpha_2)} = \frac{1}{2}(|\mu_{\alpha_1} - \mu_{\alpha_2}| + |v_{\alpha_1} - v_{\alpha_2}| + |\pi_{\alpha_1} - \pi_{\alpha_2}|)$。

计算每个替代项的折中值 Q_i：

$$Q_i = u\left(\frac{S_i - S^+}{S^- - S^+}\right) + (1-u)\left(\frac{R_i - R^+}{R^- - R^+}\right), i = (1, 2, \cdots, m) \tag{18}$$

式中，$S^+ = \min_i S_i$，$S^- = \max_i S_i$，$R^+ = \min_i R_i$，$R^- = \max_i R_i$，u 为决策系数，$u \in [0,1]$，$(1-u)$ 为个体后悔权重。如果 $u > 0.5$，则应从群体利益最大化的角度进行决策；如果 $u = 0.5$，则根据平衡折中做出决定；如果 $u < 0.5$，则应从减少个体后悔值的角度进行决策。

根据 Q 值将备选方案进行排序，Q 值越小影响因子重要性越好；反之，Q 值越大影响因子重要性越差。

设 $\Delta Q = Q(A_{(2)}) - Q(A_{(1)}) - 1/(i-1)$。

如满足条件：ⅰ. $Q(A_{(2)}) - Q(A_{(1)}) \geq 1/(i-1)$，$A_{(2)}$ 为根据 Q 值大小排序第 2 的方案；ⅱ. 决策的可接受稳定性，$A_{(1)}$ 必须为按 S 排序的最佳方案，这个折中方案在决策过程中比较稳定，可以作为大群体效用的策略（$u > 0.5$），则折中方案以 Q 值最小来衡量排序更为适合。如果未满足条件 ⅰ，方

案按 $Q(A_{(m)}) - Q(A_{(1)}) \geq 1/(i-1)$ 值的由大至小排序。如有未满足条件 ii，则用 $A_{(m)}$ 方案替换 $A_{(1)}$ 方案。

2.3 报废车辆回收处置模式评估指标的选取

报废车辆处置模式在评估的过程中，通过系统和系统所包含的各类要素进行分析比较，通常系统的评估包括目标、影响因素和影响因子等，影响因子决定着影响因素，影响因素又决定着目标。为了对报废车辆回收处置模式进行评估，本文选用经济指标、社会指标和技术指标 3 个影响因素作为一级指标及与之相应的运营成本、回报、投资成本、生态效益、政府政策、竞争力、运输计划、库存管理和回收手段等 9 个影响因子[8]作为二级指标，回收处置影响条件如图 4 所示。

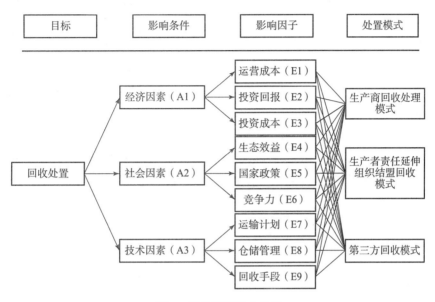

图 4　回收处置影响条件

3　模型构建及计算

3.1　权值大小的模型与计算

本研究由与报废车辆装备回收处置工作相关的经济学、环境科学、汽车企业、回收公司和军队业务机关等的 5 位专家根据评价指标的性质进行灰色语言评价。影响因素的灰色语言量表如表 1 所示。表 2 所示为 5 位专家根据经验对 9 个影响因子的两两影响程度的评价。

表 1　影响因素的灰色语言量表

灰色语言	灰数
无影响（N）	[0, 0]
非常低影响（VL）	[0, 0.25]
较低影响（L）	[0.25, 0.50]
高影响（H）	[0.50, 0.75]
非常高影响（VH）	[0.75, 1.00]

表 2 影响因子相互比较表

影响因子	E1	E2	E3	E4	E5	E6	E7	E8	E9
E1	—	VH,VH,VH,VH,H	VH,H,V,H,H,H	L,L,H,H,L	VH,H,V,H,H,VH	VH,H,H,L,H	VH,VH,VH,VH,H	H,VH,H,VH,H	VH,VH,H,H,H
E2	H,L,H,H,H	—	H,VH,H,H,H	L,L,L,L,VL	N,VL,L,L,VL	VH,VH,H,H,H	VH,VH,VH,VH,VH	L,L,H,L,L	H,VH,V,H,H,VH
E3	H,L,L,L,H	L,L,H,L,H	—	VL,L,H,L,VL	L,L,H,V,L,L	L,L,H,L,L	L,L,H,L,VL	H,L,H,H,H	H,L,H,H,L
E4	VL,L,L,L,VL	H,H,H,V,H,H	L,L,H,L,L	—	VL,N,N,VL,VL	VL,VL,VL,L,VL	VL,H,L,L,L	H,L,L,L,H	H,H,L,L,L
E5	L,H,L,L,H	L,VL,VL,L,VL	H,H,VH,H,VH	N,VL,VL,VL,VL	—	VL,L,VL,L,L	VL,VL,L,L,VL	VL,L,VL,VL,L	L,H,L,H,L
E6	H,H,L,H,L	VL,L,L,L,VL	VH,H,V,H,H,VH	VL,L,VL,L,VL	VH,H,H,H,VH	—	H,L,L,L,L	L,L,VL,VL,H	H,L,H,H,H
E7	H,H,L,H,H	VL,VL,L,VL,L	VH,H,V,H,H,VH	VL,VL,V,L,N,L	H,L,VL,VL,VL	VL,VL,V,L,VL,N	—	VL,L,N,VL,L	H,VL,H,H,L
E8	H,H,H,L,L	VH,L,L,VH,H	L,H,L,H,L	H,L,VL,L,H	VL,VL,H,VL,H	VL,H,L,H,L	VL,H,H,H,L	—	H,L,H,V,H,L
E9	VL,VL,VL,VL,L	H,VH,V,H,H,H	VH,L,H,H,VH	L,L,VL,VL,N	VH,H,V,H,VH,H	VH,VH,VH,VH,H	H,L,H,V,H,H	H,H,H,L,H	—

利用上述评价表和语义评价指标，得到直觉影响矩阵 Z，如表 3 所示。

表 3 专家评价影响因子直觉影响矩阵 Z

影响因子	E1	E2	E3	E4	E5	E6	E7	E8	E9
E1	[0,0]	[0.7,0.95]	[0.55,0.85]	[0.3,0.6]	[0.6,0.9]	[0.5,0.75]	[0.7,0.95]	[0.6,0.85]	[0.6,0.85]
E2	[0.45,0.7]	[0,0]	[0.55,0.8]	[0.2,0.45]	[0.1,0.3]	[0.6,0.85]	[0.75,1]	[0.35,0.55]	[0.65,0.9]
E3	[0.35,0.6]	[0.35,0.6]	[0,0]	[0.2,0.45]	[0.25,0.5]	[0.3,0.55]	[0.25,0.5]	[0.45,0.7]	[0.4,0.65]
E4	[0.15,0.4]	[0.55,0.8]	[0.3,0.55]	[0,0]	[0,0.15]	[0.05,0.3]	[0.25,0.5]	[0.35,0.6]	[0.35,0.6]
E5	[0.35,0.6]	[0.1,0.35]	[0.6,0.85]	[0,0.2]	[0,0]	[0.15,0.4]	[0.1,0.35]	[0.1,0.35]	[0.35,0.6]
E6	[0.4,0.65]	[0.15,0.4]	[0.65,0.9]	[0.1,0.35]	[0.6,0.85]	[0,0]	[0.3,0.55]	[0.2,0.45]	[0.45,0.7]
E7	[0.45,0.7]	[0.1,0.35]	[0.65,0.9]	[0.05,0.25]	[0.15,0.4]	[0,0.2]	[0,0]	[0.1,0.3]	[0.35,0.6]
E8	[0.4,0.65]	[0.55,0.8]	[0.35,0.6]	[0.3,0.55]	[0.3,0.55]	[0.25,0.5]	[0.35,0.6]	[0,0]	[0.45,0.7]
E9	[0.05,0.25]	[0.6,0.85]	[0.55,0.8]	[0.1,0.3]	[0.65,0.9]	[0.7,0.95]	[0.5,0.75]	[0.45,0.7]	[0,0]

运用式（1）~式(3)，计算得出影响矩阵 Z，如表 4 所示。

表4 专家评价影响因子影响矩阵 Z

影响因子	E1	E2	E3	E4	E5	E6	E7	E8	E9
E1	0	0.89	0.77	0.47	0.83	0.65	0.89	0.77	0.77
E2	0.59	0	0.71	0.29	0.15	0.77	0.95	0.41	0.83
E3	0.47	0.47	0	0.29	0.35	0.41	0.35	0.59	0.53
E4	0.23	0.71	0.41	0	0.02	0.11	0.35	0.47	0.47
E5	0.47	0.17	0.77	0.03	0	0.23	0.17	0.17	0.47
E6	0.53	0.23	0.83	0.17	0.77	0	0.41	0.29	0.59
E7	0.59	0.17	0.83	0.09	0.23	0.03	0	0.15	0.47
E8	0.53	0.71	0.47	0.41	0.41	0.35	0.47	0	0.59
E9	0.09	0.77	0.71	0.15	0.83	0.89	0.65	0.59	0

运用式（4），对影响矩阵进行标准化处理，得标准化矩阵 X，如表5所示。

表5 专家评价影响因子标准化矩阵 X

影响因子	E1	E2	E3	E4	E5	E6	E7	E8	E9
E1	0	0.147	0.127	0.078	0.137	0.108	0.147	0.127	0.127
E2	0.098	0	0.118	0.048	0.025	0.127	0.157	0.068	0.137
E3	0.078	0.078	0	0.048	0.058	0.068	0.058	0.098	0.088
E4	0.038	0.118	0.068	0	0.003	0.018	0.058	0.078	0.078
E5	0.078	0.028	0.127	0.006	0	0.038	0.028	0.028	0.078
E6	0.088	0.038	0.137	0.028	0.127	0	0.068	0.048	0.098
E7	0.098	0.028	0.137	0.015	0.038	0.006	0	0.025	0.078
E8	0.088	0.118	0.078	0.068	0.068	0.058	0.078	0	0.098
E9	0.015	0.127	0.118	0.025	0.137	0.147	0.108	0.098	0

运用式（5），计算得出综合影响矩阵 T，如表6所示。

表6 综合影响矩阵 T

影响因子	E1	E2	E3	E4	E5	E6	E7	E8	E9
E1	0.183	0.333	0.392	0.17	0.311	0.282	0.348	0.29	0.351
E2	0.236	0.164	0.332	0.125	0.184	0.266	0.318	0.208	0.314
E3	0.183	0.2	0.169	0.108	0.173	0.179	0.19	0.2	0.227
E4	0.128	0.214	0.2	0.052	0.097	0.116	0.169	0.164	0.193
E5	0.154	0.123	0.241	0.053	0.091	0.125	0.126	0.113	0.18
E6	0.199	0.169	0.305	0.091	0.244	0.121	0.201	0.163	0.243
E7	0.174	0.128	0.254	0.064	0.13	0.098	0.103	0.114	0.184
E8	0.206	0.25	0.263	0.133	0.194	0.186	0.226	0.124	0.255
E9	0.162	0.262	0.322	0.098	0.27	0.273	0.26	0.22	0.182

利用式（6）~式（8）分别计算出各个影响因子的中心性 R、因果关系 C、关联度（$D+R$）、影响程度（$D-R$）和各个影响因子的权重，具体如表7所示。

表7 影响因子最终影响关系

影响因子	中心性	因果关系	关联度	影响程度	权重
E1	2.66	1.625	4.285	1.035	0.137
E2	2.148	1.844	3.992	0.304	0.125
E3	1.63	2.479	4.109	0.848	0.131
E4	1.333	0.896	2.229	0.438	0.071
E5	1.206	1.694	2.901	0.488	0.092
E6	1.736	1.646	3.382	0.09	0.105
E7	1.25	1.94	3.189	0.69	0.102
E8	1.835	1.597	3.432	0.239	0.107
E9	2.049	2.129	4.178	0.079	0.130

3.2 方案排序的模型与计算

在使用灰色DEMATEL，获得了9个影响因子的具体权重后，本研究邀请到经济学、环境科学、汽车企业、回收公司、军队业务机关等的5位专家中的4位，对报废回收模式的方案进行评估。模糊语言量表如表8所示。由式（10）得4位专家的权重集合为，$l = (0.36, 0.31, 0.22, 0.11)$。

表8 影响因素的模糊语言量表

语言变量	直觉模糊数
非常重要（VH）	[0.90, 0.05, 0.05]
重要（H）	[0.75, 0.20, 0.05]
中等（M）	[0.50, 0.40, 0.10]
不重要（L）	[0.25, 0.6, 0.15]
非常不重要（VL）	[0.10, 0.80, 0.10]

运用式（10）得到专家直觉评价矩阵，如表9所示。

表9 直觉评价矩阵

影响因子	E1	E2	E3	E4	E5	E6	E7	E8	E9
A1	VH,VH,H,VH	VH,VH,H,H	VH,VH,H,H	H,MH,M	VH,H,H,VH	M,L,M,H	L,VL,L,M	VL,L,VL,L	H,VH,H,M
A2	H,M,M,M	H,M,M,H	M,L,L,H	H,VH,H,H	M,H,L,H	VH,VH,H,VH	L,M,L,L	VH,VH,VH,VH	H,VH,M,M
A3	M,VL,L,M	M,H,H,M	L,VL,V,L,L	H,H,M,H	L,L,M,L	VH,VH,H,H	VH,VH,H,VH	H,VH,H,H	M,L,H,L

运用式（11）~式(13)，计算可得直觉模糊数的决策矩阵，如表10所示。

表10 直觉模糊数的决策矩阵

影响因子	E1	E2	E3	E4	E5	E6	E7	E8	E9
A1	(0.88,0.07, 0.05)	(0.87,0.08, 0.05)	(0.87,0.08, 0.05)	(0.67,0.26, 0.07)	(0.88,0.10, 0.02)	(0.48,0.42, 0.10)	(0.24,0.62, 0.13)	(0.17,0.70, 0.13)	(0.80,0.14, 0.06)
A2	(0.61,0.31, 0.06)	(0.64,0.28, 0.08)	(0.43,0.45, 0.12)	(0.81,0.13, 0.06)	(0.56,0.35, 0.05)	(0.88,0.07, 0.05)	(0.34,0.53, 0.13)	(0.90,0.05, 0.05)	(0.77,0.16, 0.07)
A3	(0.35,0.54, 0.11)	(0.65,0.28, 0.07)	(0.18,0.70, 0.12)	(0.71,0.21, 0.06)	(0.31,0.55, 0.14)	(0.87,0.08, 0.05)	(0.88,0.07, 0.05)	(0.81,0.13, 0.06)	(0.49,0.41, 0.10)

运用式（14）~式（17）计算三种方案的模糊决策矩阵的组效益值 S_i 和每个因素的后悔值 R_i，如表11所示。

表11 组效益值 S_i 和每个因素的后悔值 R_i

影响因子	组效益值 S_i	后悔值 R_i
A1	0.069	0.092
A2	0.043	0.073
A3	0.037	0.092

运用式（18）计算三种方案不同决策系数下的折中值 Q，如表12所示。

表12 不同决策系数下的折中值

u	0		0.25		0.5		0.75		1	
	Q	ΔQ	Q	ΔQ	Q	ΔQ	Q	ΔQ	Q	ΔQ
A1	1		1		1		1		1	
A2	0	$\geqslant 0$	0.04	$\geqslant 0$	0.08	$\leqslant 0$	0.12	$\leqslant 0$	0.16	$\leqslant 0$
A3	0.95		0.71		0.47		0.24		0	

u 为决策系数，作为多决策准则策略的权重，$u \in [0,1]$，$(1-u)$ 为个体后悔权重，在实际运用过程中，$u > 0.5$ 时表示运用群体最大化效用的机制进行决策；$u < 0.5$ 时表示依据个体最小化遗憾的机制进行决策；$u = 0.5$ 时表示同时追求群体效用最大化和个体遗憾最小化，在科学研究和实践中学者们多是依据 $u = 0.5$ 进行数据的分析和决策。

每种方案对于不同的决策系数 u，其折中值 Q_i 和 ΔQ_i 也不同，运用式（18）计算得到在不同决策系数 u 情况下的折中值 Q_i 和 ΔQ_i，$\Delta Q = Q(A_{(2)}) - Q(A_{(1)}) - 1/(i-1)$，其中 $A_{(2)}$ 为根据 Q 值从小至大排序第2位的方案，$A_{(1)}$ 为 Q 值从小至大排序第1位的方案，i 为评价方案的个数。如满足条件：i. $Q(A_{(2)}) - Q(A_{(1)}) \geqslant 1/(i-1)$；ii. $A_{(1)}$ 是按照 S_i 或者 R_i 的由小至大排序排在最首位的方案，则在决策过程中 $A_{(1)}$ 为最优方案。

如果两个条件中有一个未满足，则需要折中方案集合。其中，当不满足条件 i 时，折中方案为所有满足 $Q(A_{(m)}) - Q(A_{(1)}) - 1/(i-1) \geqslant 0$ 的 $A_{(1)}, A_{(2)}, \cdots, A_{(m)}$；如仅未满足条件 ii，则用 $A_{(1)}$ 和 $A_{(2)}$ 同为最优折中方案。

4 实验结果的分析

4.1 影响因子分析权重

表7显示 E3、E5、E7、E9 的影响程度为负数，这表明这4个指标的影响程度低于被影响程度，因

此可以划分以上4个影响因子为被影响组；与之相对应的E1、E2、E4、E6、E8影响程度为正数，表明这5项指标可以影响其他因子，可以划分为影响组。

表7中的关联度表示各个影响因子间的关联程度，关联度越大，与其他影响因子的关系越密切；关联度越小，与其他影响因子的关系越小。影响因子的权重排序为E1 > E9 > E3 > E2 > E8 > E6 > E7 > E5 > E4，经营成本E1与其他因子的关联度最高，可知经营成本E1对整个企业的经济效率有着最直接的影响。在影响因素方面，最重要的两个指标是经营成本（E1）和投资成本（E3），在报废车辆装备的回收模式选择排序过程中起着绝对重要的作用。同时E2、E3、E9与其他影响因子间也具有较高的关联度，表明其具有较高的影响价值。E4的关联度最低，表示生态效益E4与其他的影响因子关联度较小。同时，可以发现，关联度与各个影响因子间具有很强的正相关关系。

从表7中可得到各个影响因子的权重大小，其中权重最大的三个影响因子分别为E1、E3和E9，E1、E3为经济指标内的影响因子，E9为技术指标内的影响因子。同时，E2也具有较高的影响权重，这表明在整个报废车辆装备的回收处置过程中经济指标是最重要的影响因素，其主要包括成本和效益。

此外，回收手段E9为一个非常重要的影响因素，这说明不同的回收手段所涉及的问题是多方面的，表明核心技术是企业生存发展的必要因素之一。E6、E7、E8权重适中，E4、E5权重较小，这表明目前生产者的责任和生态效益对车辆的生产商影响较小。

4.2 回收处置方案排序分析

在运用灰色理论分析过9个影响因子后，对本文所选取的3种回收处置模式进行排序。其中生产商回收处理模式（OEMT）和第三方回收模式（TPT）运用较为普遍，考虑到陆军报废车辆装备处置实际和目前车辆市场情况，我们提出生产者责任延伸组织结盟回收模式（PROT）。利用模糊理论对三种回收处置模式进行排序，组效益值S_i和每个因素的遗憾值R_i和折中值Q_i如表11和表12所示。

每种方案对于不同的决策系数u，其折中值Q_i和ΔQ_i也不同，当$u = 0$、0.25时，A2方案为最优方案；当$u = 0.5$、0.75、1时，A2、A3为最优折中方案。

综合考虑决策系数u在[0, 1]间可随机变化，则A2为最优方案，即生产者责任延伸组织结盟回收模式为报废车辆装备回收处置模式的最优方案。

4.3 灵敏度分析

通过调整专家对于影响因子的权重大小，对最优方案进行分析比较，以判断专家影响度的判断和实际结果的一致性，以验证基于灰色理论和模糊VEKOR的陆军报废车辆回收处置模式的正确性。

首先，依次将E1~E9每个影响因子的权重设置为0.6（绝对重要），其余8个影响因子权重设置为0.05，计算出9组三种不同方案的Q值；其次计算E1~E9每个影响因子权重为1/9的三种方案的Q值；最后，计算影响因子E1~E5为0，E6~E9分别为0.25情况下三种方案的Q值。具体计算结果如表13所示。

表13 灵敏度分析

序号	1	2	3	4	5	6	7	8	9	10	11
影响因子权重	E1=0.6	E2=0.6	E3=0.6	E4=0.6	E5=0.6	E6=0.6	E7=0.6	E8=0.6	E9=0.6	E1-E9=1/9	E1-E5=0
	其余影响因子权重为0.05										E6-E9=0.25
A1	0.5	0.5	0.5	1	0	1	1	1	0.324	1	1
A2	0.315	0.706	0.479	0	0.410	0.019	0.758	0	0.054	0.080	0.295
A3	0.5	0.476	0.5	0.44	1	0.017	0	0.088	1	0.475	0

由此可见，即使在随机分配的 11 组影响因子权重 u 中，A2 在序号为 1，3，4，8，9，10 等 6 种情况下均为最优方案，A1 仅在序号为 5 情况下为最优方案，A3 在序号为 2，6，7，11 等 4 种情况下为最优方案，即 A2 方案在绝大部分情况中为最优方案，与前文分析的 A2 为最优方案一致性较高，即生产者责任延伸组织结盟回收模式为报废车辆装备回收处置模式的最优方案。

5 结论

本文主要研究以下几个问题：

（1）针对我军实际，建立报废车辆装备逆向物流的回收模式选择模型和评价指标体系。

（2）考虑各影响因素的不确定性，将灰色 DEMATEL 理论和模糊 VIKOR 理论结合，利用各影响因子的权重计算优选方案的排序。

（3）本方法为主观评判法，不涉及客观数据，这意味着所有用于决策的数据都是基于专家的评价，同时也意味着其可以为决策者提供专家级的指导意见。

参 考 文 献

[1] Lambert S, Riopel D, Abdul K W. A reverse logistics decisions conceptual framework [J]. Computers & Industrial Engineering, 2011, 61: 561-581.

[2] Lin Yu., Jia H., Yang Y., et al. An improved artificial bee colony for facility location allocation problem of end-of-life vehicles recovery network [J]. Journal of Cleaner Production, 2018, 205, 134-144.

[3] Tian G. D., Zhang H. H., Feng Y. X., et al. Operation patterns analysis of automotive components remanufacturing industry development in china [J]. Journal of Cleaner Production, 2017, 164, 1363-1375.

[4] 蒋冬梅，郑之琼. 生产者责任延伸制度探讨 [J]. 内江科技，2018，39（06）：12-13，92.

[5] 鄢融. 第三方回收模式下汽车再制造逆向物流网络优化研究 [D]. 江汉大学，2017.

[6] Kannan Govindan Roohollah Khodaverdi Amin Vafadarnikjoo. A grey DEMATEL approach to develop third-party logistics provider selection criteria [J]. Industrial Management & Data Systems, 2016, 116 (4).

[7] 董文心，王英，张悦，等. 基于 DEMATEL-相关性分析和 VIKOR-灰色关联分析的供应链绩效评价模型研究 [J]. 科技管理研究，2018，38（09）：191-197.

[8] Gan J., Ma J. Analyzing influence factors and update path for end-of-life vehicle recycling rate in China [J]. Ecological Economy, 2017, 33, 92-95.

国外步兵精确打击武器发展现状

田建辉，李 军

(中国兵器科学研究院，北京 100089)

摘 要：对近年来新涌现出的国外步兵精确打击武器进行了深入分析。这类具备精确打击能力的步兵武器通常用作陆基、机载和舰载武器。目前，大型车载武器使用的新型技术逐渐被应用到步兵武器中，以提高其精度、杀伤力和灵活性，填补轻武器和单兵火箭的能力空白。

关键词：精确打击；智能化；步兵武器

0 引言

各种形式的制导武器或弹药已被使用70多年。第二次世界大战时期的制导武器装备了早期的惯性导航系统、雷达导引头或由控制人员使用无线电链路来指示攻击目标。随后发展的更先进制导系统能够以比第二次世界大战时期的制导武器更高的精度来打击目标。如今，精确制导武器大多配有内置导航系统，可从卫星、数据链和多光谱末端导引头接收导航信息，使军队几乎能够精准攻击目标。为满足当今网络化、信息化作战需求，步兵装备发展越来越趋于智能化、精确化。近年来涌现出一批具备精确打击能力的步兵武器系统。12.7 mm枪弹开始被应用小型化精确制导系统。美国雷声公司研制的"枪刺"微小型导弹可由单兵榴弹发射器发射，是目前第一种可由手持武器发射的导弹，能够赋予单兵精确打击2 000 m距离内目标的能力，显著提升步兵作战能力。此外，弹道修正、定向破片和空爆引信技术逐渐被应用于40 mm榴弹上。

1 12.7 mm制导枪弹已经实现精确打击能力

以美国为首的发达国家十分注重精确打击能力建设，单兵武器由于体积小，没有足够的空间安装复杂的制导部件，制导化难度比较大，因此一直使用瞄准装置来实现精确射击。美国率先研制的12.7 mm制导枪弹已经成功进行了实弹射击试验。

2012年1月底，桑迪亚国家实验室披露了一种采用滑膛枪械发射的镖形激光制导枪弹样弹，其结构像是由常规枪弹与尾翼稳定脱壳穿甲弹结合而成（采用塑料弹托）。新型12.7 mm制导枪弹长102 mm，利用位于弹头的激光传感器和尾部的电磁致动尾舵导引弹丸精确命中2 000 m外的目标。桑迪亚国家实验室的研制团队已经顺利完成样弹的仿真和野外试验。仿真结果表明，制导枪弹能够精确命中2 000 m距离内的运动和静止目标，1 000 m距离上的射击精度可被控制在0.2 m内，而传统12.7 mm枪弹在1 000 m距离上的射击精度约为9 m。其由于弹丸口径小，无须惯性测量器件，显著降低了制导系统的复杂程度和成本。

弹丸俯仰和偏转频率取决于弹丸的质量和尺寸大小，弹丸越大自身的频率越低，因此弹道修正速率越低，对每一次弹道修正的精度要求越高。桑迪亚国家实验室研制的制导枪弹具有30 Hz的偏转频率，弹丸在飞行过程中每秒可修正30次，足以确保精确命中目标。

2 智能化步枪实现了与智能终端融合，大幅提升远距离射击精度

为提高狙击手的有效射程，美国跟踪瞄准公司将步枪与数字火控系统结合，发展出智能化步枪，

作者简介：田建辉，男（1982—）副研究员，军事需求工程、装备体系结构设计；
　　　　　李军，男（1969—）研究员，装备体系设计，武器系统总体设计。

最新产品配用 RapidLok 火控系统的 M1400 智能化步枪。2016 年 4 月，美国跟踪瞄准公司推出了配用 0.338 in①拉普阿·马格努姆弹的新型 M1400 班组智能化步枪。该枪采用跟踪瞄准公司研制的 RapidLok 火控系统，当射手扣动扳机后，火控系统被激活，开始自动捕获和跟踪目标并计算最佳瞄准点，届时仅需 1 s 便可完成目标捕获和锁定，以及弹道解算和速度测量；对于移动目标，其还需 1.5 s 计算最佳瞄准点并完成最终射击。与跟踪瞄准公司之前推出采用 XactSystem 火控系统、射程 823 m 的 0.338 in 智能化步枪相比，M1400 智能化步枪质量更轻，仅为 6.9 kg；可攻击 1 280 m 内的静止目标和速度在 32 km/h 的移动目标，利用数字火控系统控制扳机力，可使普通射手能够使用 0.338 in 狙击步枪在 1 280 m 有效射程上精确射杀静止和移动目标，跟踪精度达 0.047'，首发命中概率达 91%。数字火控系统集成有基于激光的枪管参照系统，确保射击后能完美归零以抵消由于振动或温度、湿度和气压等环境因素的变化引起的误差。

智能化步枪的数字火控系统内置 Wi-Fi，利用智能手机或单兵眼镜可实时了解战场态势，这标志着轻武器逐渐向信息化迈进。例如，数字火控系统尽管未考虑风速条件，但可通过 iPhone 应用程序导入风速数据，也可与外部风速测量装置无线连接以获取风速数据。智能化步枪的数字火控系统还可与 ShotGlass 眼镜配合使用，瞄准具中的视频图像和数据通过 Wi-Fi 传输到眼镜上，即使士兵在障碍物后也可实施开火射击而无须暴露位置。

跟踪瞄准公司智能化步枪推出具有远距离有效射程的系列化产品，包括 XS 系列狙击步枪，TP AR 系列半自动步枪，TP 750 系列猎枪，AR 500 系列半自动智能化步枪，M600SR、M800 DMR 和 M1400 智能化步枪，其中 XS1 式 8.5 mm 狙击步枪有效射程为 1 100 m，XS2 式 7.62 mm 狙击步枪有效射程为 914 m，XS3 式 7.62 mm 狙击步枪有效射程为 777 m，AR 500 系列 5.56 mm 半自动智能步枪有效射程为 460 m，M600SR 式 5.56 mm、M800 DMR 式 7.62 mm 和配用 0.338 in 拉普阿·马格努姆弹的 M1400 智能化步枪均采用 RapidLok 火控系统，后者的有效射程为 1 280 m，未来有望被装备于美国武装部队、国土安全机构，也可供有资格的公民购买。

3 "枪刺"导弹可赋予步兵精确打击中远距离目标的能力

2015 年 10 月在美国陆军协会年会期间，美国雷声公司展出了其自筹经费研制的"枪刺"微小型导弹。该导弹可由单兵榴弹发射器发射，是目前第一种可由手持武器发射的导弹，能够赋予单兵精确打击 2 000 m 距离内目标的能力，显著提升步兵作战能力。

"枪刺"导弹是迄今以来研制的最小型导弹，除配有导引头、控制作动系统、战斗部系统、发动机、尾翼等导弹全部构成要素外，还通过气动外形设计来弥补动力不足，能够远距离精确打击固定目标和低速移动目标。"枪刺"导弹是目前世界上体型最小的导弹，长 0.43 m，弹径 40 mm，质量小于 0.9 kg。此前，美国海军空战中心武器分部研制的"销钉"导弹和泰勒斯公司研制的轻型多用途导弹是小型导弹的典型代表，前者弹长 0.64 m，弹径 57 m，重 2.4 kg；后者弹长 1.3 m，弹径 76 mm，重 13 kg。相比之下，"枪刺"导弹在小型化方面取得重要进步，更适合被单兵携带使用。"枪刺"导弹采用数字式激光半主动导引头，配用破片杀伤战斗部，采用发射特征信号较弱的无烟火箭发动机。导弹主体结构从弹头到弹尾分别由导引头、控制作动系统、战斗部系统（包括引信、安全与解除保险装置、战斗部）、发动机（包括前后串联布置的起飞发动机和微型主发动机，起飞发动机位于弹身尾部，设计有排气孔，主发动机位于起飞发动机之前）、尾翼构成。导弹的每个任务模块均贯彻了微型、可靠的设计思想，总体上实现了轻量化。"枪刺"导弹能够打击固定目标和低速移动目标，最大射程约 2 400 m，圆概率误差小于 4.6 m，攻击目标时造成的附带毁伤小。由于体型较小，"枪刺"导弹无法装载过多的推进剂以供飞行，因此需要以优异的气动外形设计来弥补动力不足。"枪刺"导弹采用鸭式气动布局，控制机构设计较为简单，弹头采用半球形设计，弹体纤细呈圆柱形，能够适应榴弹发射器的发射要求，减小飞行阻力，增

---

① 1 in = 2.54 cm。

大射程。"枪刺"导弹前后布置有两组可折叠式弹翼,前部为一组4片削尖三角翼,弹翼面积较小,平时嵌入弹身中,发射后弹出;弹尾处为4片削尖三角形卷弧翼,弹翼面积较大,可提高导弹飞行时的升力,平时与导弹密切贴合,合拢在弹体尾部的外圆柱面上。尾翼与弹体衔接处设计有弹簧,导弹出膛后依靠弹簧力展开尾翼。导弹前后弹翼均有一定的后掠角,可提高导弹的升阻比,增大射程。导弹发射后前后弹翼相继展开,为导弹飞行提供升力和控制力。"枪刺"导弹与几种导弹尺寸和重量对比如图1所示。

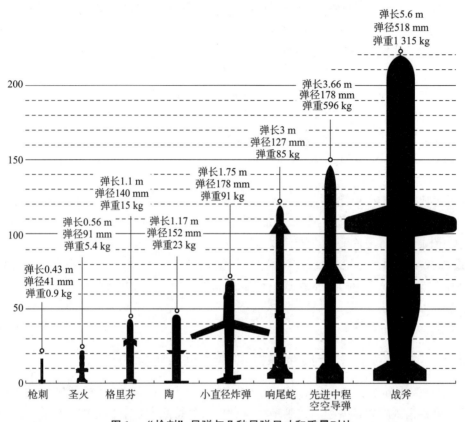

图1 "枪刺"导弹与几种导弹尺寸和重量对比

"枪刺"导弹可使用M320等现役单发榴弹发射器发射,既节省了开发新型榴弹发射器所需的费用和时间,也有利于简化后勤管理和减轻士兵负重。熟练使用现有榴弹发射器的士兵可快速掌握"枪刺"导弹的使用方式,根据需要使用同一发射器发射普通榴弹或"枪刺"导弹,以打击不同距离上的目标。

"枪刺"导弹的装备使用将对步兵作战样式产生重大影响,一方面使步兵能够精确打击远距离目标,另一方面能够有效弥补步兵在迫击炮和反坦克导弹之间的火力空白。"枪刺"导弹的使用效果相当于步兵在2 000 m距离上精确投射一枚手雷,这将给步兵作战带来新变化。现有的M320榴弹发射器配用低膛压榴弹,弹道高抛难以控制精度,最大射程仅为350 m。"枪刺"导弹质量不足1 kg,步兵可随身携带,2 400 m的射程远超突击步枪等轻武器,能够满足步兵突击对支援武器的需求。导弹采用激光半主动制导,导引头灵敏度较高,能够感应到微弱的激光信号,制导精度较高。"枪刺"导弹使用时需要两名士兵配合,负责发射导弹的士兵在将导弹装入榴弹发射器前对其进行激光编码,另一名士兵持手枪大小的激光指示器指示目标,也可以在导弹发射15 s后再指示目标。导弹在飞离士兵2.4~3.0 m后主发动机点火工作,弹道末段通过探测目标反射的激光束锁定目标。在2015年5月的试射中,两枚导弹均在飞过2 100 m距离后命中目标。雷声公司未来还计划发展利用数据链进行多弹同时编码和瞄准的能力。步兵通常利用轻武器和轻型迫击炮打击近距离目标,利用重型反坦克导弹打击远距离目标,但对于1~2 km这一距离,存在轻型迫击炮精度不够、反坦克导弹成本过高的问题。在伊拉克和阿富汗战场,美军经常使用昂贵的"标枪"导弹来打击低价值目标。"枪刺"导弹兼具迫击炮弹的杀伤力和"标枪"导弹的精度，能够有效弥补步兵在这一距离的火力空白。

4 40 mm 智能榴弹赋予士兵在障碍物后方精确打击能力

40 mm 低速榴弹继续发展。一些工业部门致力于增大榴弹的射程和提高空爆能力，如新加坡技术动力公司的 40 mm 榴弹；也有些工业部门在开发更高初速的榴弹，如北欧弹药公司的 Mk315 双用途榴弹；还有一些工业部门、军方和研究院致力于提高 40 mm 榴弹的精度和效能。

美国陆军研发与工程司令部最近完成一项名为"轻武器先进杀伤武器"的重大技术项目，该项目研究周期为 2008—2011 年，旨在演示达到 4 级技术成熟度的"弥补轻武器技术空白"的部件技术。[1]乔治亚技术研究院研制的 40 mm 精确榴弹拟通过补偿榴弹初速变化导致的误差来提高弹着精度。该项目采用了基于国防高级研究计划局步兵作战自修正弹（SCORPION）项目的弹道修正技术，现已达到 2 级技术成熟度。在 2007 年项目结束时，步兵作战自修正弹演示了步枪发射的 40 mm 弹药，利用压电致动器产生的转向力控制弹丸飞行，该转向力足以修正初速变化引起的弹道偏移。

美国巴尔特公司研制了一种 40 mm 定向破片弹，该弹能够产生更多的破片以打击隐蔽在防御工事内的目标。公司开发了两种起爆概念，两者均采用分段式战斗部，一种是随着榴弹旋转使各段与目标成一条直线，分段战斗部依次起爆；另一种是所有分段战斗部同时散开，在起爆前对准目标。起爆方向的选择可由射手在射击前进行，也可利用榴弹内的目标传感器进行。

正在开展的 40 mm 榴弹研究还包括美国陆军研发与工程中心的轻武器榴弹项目，该项目从 2012 财年开始，计划于 2014 财年完成，旨在演示为 40 mm 低速榴弹集成灵巧引信以提升外弹道性能和杀伤力，使其能够对付隐蔽目标，陆军计划用 3 年的时间使该项目的候选技术从 4 级技术成熟度达到 6 级技术成熟度。

5 结论

步兵精确打击武器的出现为单兵精确打击能力的发展提供了新的思路，也标志着小型化制导技术已日趋先进和成熟。未来，步兵精确制导武器或其他具备相似能力武器的装备和使用将会影响步兵的作战理念和作战样式，提升其精确打击能力。未来的步兵武器将使他们具备通过远程传感器、操作员或其他武器进行控制来实现飞行中变向的能力，以实现协同作战（提高攻击效率）和对机动、可再定位目标的攻击。随着武器自主能力的提升，可以在没有操作员参与的情况下在武器之间实现目标再定位。未来这些武器还可携带有子弹药、电子战系统或高能微波战斗部，可以显著提升步兵的有效打击能力。

参 考 文 献

[1] 吴勤. 国外导弹前沿技术发展及影响分析 [J]. 航天防务，2017（4）：18.

航空炸弹大数据发展建议

孙成志,张小帅,徐智强,丁兆明,宋玉婷

(哈尔滨建成集团有限公司,黑龙江 哈尔滨 150030)

摘 要:介绍了美国工业互联网、德国工业4.0、日本工业价值链以及中国制造2025的概念,并对各概念的参考架构进行梳理及简析。参考各国智能制造构架模型,从生命周期、系统层级及智能功能3个维度构建航空炸弹智能制造架构模型。对航空炸弹智能制造的基础技术——航空炸弹大数据做了定义,并对航空炸弹大数据进行了规划,提出在航空炸弹智能制造架构规范下以产品生命周期为脉络兼顾系统层级及智能功能层级对航空炸弹大数据进行规划,并对已有数据进行梳理的发展建议。

关键词:航空炸弹;大数据;智能制造;智能制造架构;大数据规划

中图分类号:590.4599 **文献标志码**:A

The development suggestions of aerial bomb big data

SUN Chengzhi, ZHANG Xiaoshuai, XU Zhiqiang, DING Zhaoming, SONG Yuting

(Harbin Jiancheng Group Co., LTD., Harbin 150030, China)

Abstract: This paper introduces the concepts of Industrial Internet in the United States, Industry 4.0 in Germany, Industry Value Chain Initiative in Japan and Made in China 2025, sorts out and analyzes the reference architecture of the concepts as well. This paper refers to the intelligent manufacturing architecture model of various countries, and constructs the architecture model of aerial bomb intelligent manufacturing from three dimensions of life cycle, system level and intelligent function. In this paper, the basic technology on intelligent manufacturing of the aerial bomb – big data of aerial bomb is defined, and big data of aerial bomb is planned under the specification of aerial bomb intelligent manufacturing architecture, taking the product life cycle as the context, giving consideration to both system level and intelligent function level. Some development suggestions of existing data are given in this paper.

Keywords: aerial bomb; big data; intelligent manufacturing; intelligent manufacturing architecture; big data planning

0 引言

目前,我国制造业正面临发达国家加速重振制造业与发展中国家以更低生产成本承接国际产业转移的双向挤压。因此,我国必须加快推进智能制造技术研发,提高其产业化水平,以应对传统低成本优势削弱所面临的挑战。对于航空炸弹领域,随着市场化进程的深入以及军民融合成果的显现,想紧随时代步伐不被新的工业革命所淘汰,智能制造已成为发展的必由之路。虽然各国对智能制造的定义不尽相同,且随着技术的进步一直在完善,但其都具备新一代信息技术、深度感知、自主决策等这些技术特征。而大数据则是新一代信息技术的基础,是深度感知的成果,也是自主决策的支撑,因此要发展航空炸弹的智能制造就必须先打牢"航空炸弹大数据"这个基础。

1 各国"智能制造"概念简析

1.1 美国工业互联网

美国基于其强大的互联网技术以及在消费产业的广泛应用经验,将大数据采集、分析、反馈以及智能化生活的全套数字化运用引入工业领域,形成智能制造的雏形。2011年,美国通用电气公司提出工业互联网概念,2012年,美国发布了工业互联网战略[1]。工业互联网是指开放、全球化的网络,将人、数据和机器等连接起来,为智能制造提供信息感知、传输、分析、反馈、控制支撑。

2015年6月,美国工业互联网联盟发布美国工业互联网参考架构IIRA。美国工业互联网参考架构主要考虑各利益相关者的关注点,以这些交织并涵盖整个系统生命周期的关注点进行合理分类,把不同的利益相关者的关注点分为四个层级:商业视角、使用视角、功能视角和实现视角,论述了系统安全、信息安全、弹性、互操作性、连接性、数据管理、高级数据分析、智能控制、动态组合九大系统特性。各视角关注点如下。

(1) 商业视角:关注利益相关者的企业愿景、价值观和目标。

(2) 使用视角:关注系统预期使用的一些问题。

(3) 功能视角:关注一个工业互联网中功能组件,包含元件之间的相互关系、结构和相互之间接口,以及环境外部相互作用。

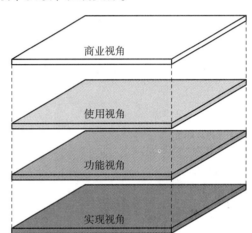

图1 美国工业互联网参考架构

(4) 实现视角:关注实现功能组件的技术问题。

基于以上理念,形成了如今工业互联网的架构视角,如图1所示。

1.2 德国工业4.0

德国不走美国互联网的道路,而是根据自身在制造业研发领域的优势,于2013年由汉诺威工业博览会提出了工业4.0概念,力图实现弯道超车。工业1.0指从18世纪开始的第一次工业革命,由机械生产代替手工劳动,实现机械化;工业2.0指20世纪初的第二次工业革命,依靠生产线进行批量生产作业,实现自动化;工业3.0指20世纪70年代后,依靠电子信息系统完成的信息化生产,实现了信息化;而工业4.0则是智能制造,通过嵌入式处理器、存储器、传感器和通信模块,把设备、产品、原材料和软件联系在一起,使产品和不同的生产设备能够互联互通并交换命令。

2015年4月,德国"工业4.0平台"发布了《工业4.0实施战略》,提出了工业4.0参考架构模型。工业4.0参考架构包含功能、生命周期与价值链和工业系统三个维度,其构建思路是从工业角度出发结合已有工业标准,将以"信息物理生产系统"为核心的智能化功能映射到产品全生命周期价值链和全层级工业系统中,突出以数据为驱动的工业智能化图景,如图2所示。

1.3 中国制造2025

2014年12月,我国首次提出中国制造2025这一概念。2015年5月,国务院正式印发《中国制造2025》,确定了"一二三四五五十"的总体结构,其中一个"五"就是要实行五大工程,包括制造业创新中心建设工程、工业强基工程、智能制造工程、绿色制造工程和高端设备创新工程[2]。智能制造工程是紧密围绕重点制造领域关键环节,开展新一代信息技术与制造装备融合的集成创新和工程应用。智能制造是基于新一代信息通信技术与先进制造技术深度融合,贯穿于设计、生产、管理和服务等制造活动

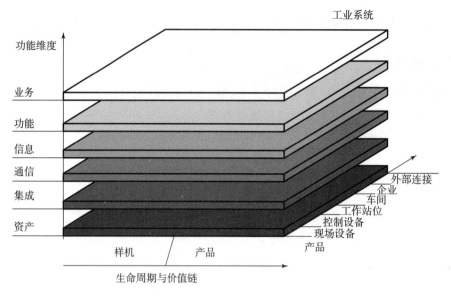

图 2　德国工业 4.0 参考架构

的各个环节,具有自感知、自学习、自决策、自执行和自适应等功能的新型生产方式[3]。智能制造是中国制造 2025 的主攻方向,是落实工业化和信息化深度融合、打造制造强国的战略测试,也是中国制造业实现转型升级的关键所在。

2015 年 12 月中国国家标准化管理委员会发布智能制造系统架构,中国智能制造系统架构从生命周期、系统层级和智能特征三个维度对智能制造所涉及的活动、装备和特征等内容进行描述,主要用于明确智能制造的标准化需求、对象和范围,指导国家智能制造标准体系建设[4]。智能制造系统架构如图 3 所示。

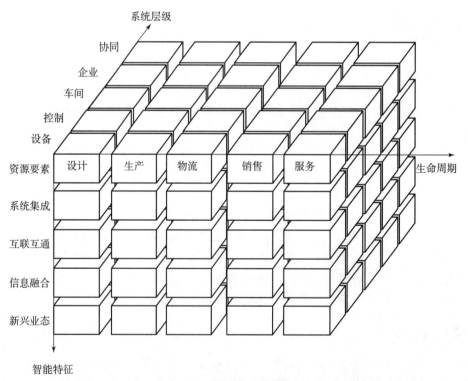

图 3　智能制造系统架构

1.4 日本工业价值链

日本制造界为了解决不同制造业企业之间互联制造的问题，提出了工业价值链策略。日本通过建立顶层的框架体系，让不同的企业通过接口，能够在一种松耦合的情况下相互连接，以大企业为主，也包括中小企业，从而形成日本工厂的生态格局。2015年，工业价值链由日本机械工程学会启动。

2016年12月，日本发布《工业价值链参考架构》，这标志着日本智能制造策略正式完成。日本工业价值链参考架构借鉴德国及我国三维系统架构，在此基础上提出了可互联智能制造单元（SMU）概念，将智能制造单元作为描述制造活动的基本组件，并从资产、活动与管理的角度对其进行详细定义，如图4所示。

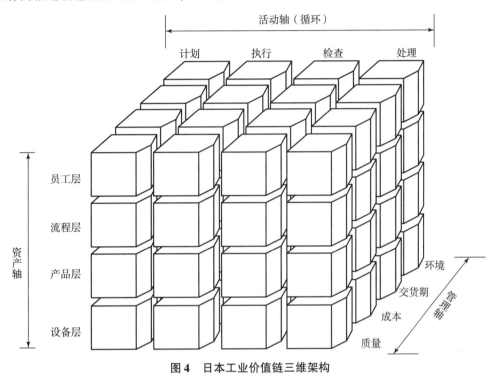

图4 日本工业价值链三维架构

综上，各国制定的智能制造架构是从不同维度或视角对制造进行拆解分析，在这个框架下规范制造的发展途径与方向，最终达到智能制造的目标。架构同时为大数据的应用提供一个一致、通用、清晰的模板。各行各业可以在架构的框架下根据行业的特点构建自己行业的智能制造架构、规划行业智能制造的发展。

2 航空炸弹智能制造架构模型构建

我们传统的对于航空炸弹"制造"的概念只是局限于航空炸弹的生产过程，而"智能制造"不再是狭义的生产，而是贯穿整个产品生命周期的活动，既包含现在的航空炸弹的研发，也包含设备到企业的集成，系统还包括智能功能的发展。

参考美国工业互联网、德国工业4.0及日本工业价值链等智能制造概念，依据中国制造2025规划，构建航空炸弹智能制造参考构架。航空炸弹智能制造由生命周期、系统层级和智能功能三个维度构成，如图5所示。

依据目前航空炸弹的研发、制造使用过程，将其生命周期划分为研发、生产和服务三大阶段。航空炸弹研发阶段主要包括综合论证、方案设计、工艺设计、样机试制、集成验证以及试验考核等内容。航弹生产阶段主要包括采购、库存、加工、交付和售后服务等阶段。航空炸弹研发阶段同样涉及采购、库存等活动，我们可将其并入生产阶段的采购进行管理。这是一套系统、成熟的流程，已运行了几十年，这里不多讨论。

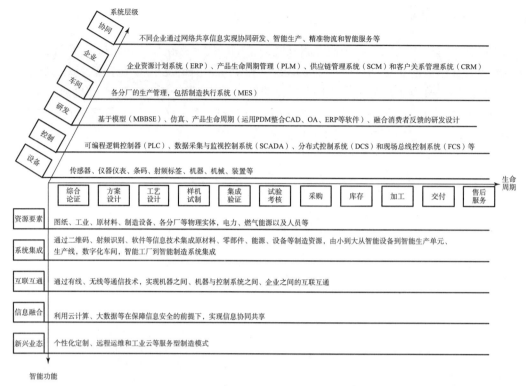

图 5 航空炸弹智能制造系统架构

系统层级由下而上共分 6 个层级：设备层、控制层、研发层、车间层、企业层和协同层，主要是要将航空炸弹企业各系统进行整合、互联，最终达到互联世界的目标。设备层主要包括感知、采集及产生各类航空炸弹制造数据的传感器、仪器仪表、条码、射频标签、机器和机械等。控制层主要是航空炸弹制造过程中的控制系统，包括数据采集及监视控制系统（SCADA）、分布式控制系统（DCS）和现场总线控制系统（FCS）等。研发层主要是考虑现今航空炸弹行业"由研发到生产"体制而设立的系统层级，主要包括基于模型、仿真、产品生命周期及融合消费者反馈的各类研发设计。车间层主要是狭义的"制造"概念下的产物，主要包括各分厂的生产管理，包括制造执行系统（MES）等。企业层实现面向企业的经营管理，包括企业资源计划系统（ERP）、产品生命周期管理（PLM）、供应链管理系统（SCM）和客户关系管理系统（CRM）等。协同层由产业链上不同企业通过网络共享信息实现协同研发、智能生产、精准物流和智能服务等。协同层是个需要深入探讨的问题，普通的生产制造企业都在强调知识产权，强调信息安全，更何况航空炸弹这样涉及国家秘密的行业，信息安全更应该被重点考虑。

智能功能包括资源要素、系统集成、互联互通、信息融合与新兴业态 5 层，主要是要将资源进行集成、互联、融合，最终达到个性化定制、远程运维等目标。资源要素主要包括图纸、工业、原材料、制造设备、各分厂等物理实体，电力、燃气等能源，也包括人员。系统集成主要指通过二维码、射频识别、软件等信息技术集成原材料、零部件、能源、设备等制造资源，由小到大从智能设备到智能生产单元、生产线，数字化车间，智能工厂到智能制造系统集成。互联互通主要通过有线、无线等通信技术，实现机器之间、机器与控制系统之间、企业之间的互联互通。信息融合主要是利用云计算、大数据等在保障信息安全的前提下，实现信息协同共享。新兴业态主要是个性化定制、远程运维和工业云等服务型制造模式。

综上，航空炸弹智能制造从航空炸弹生命周期、系统层级、智能功能三个维度进行规划。生命周期规划航空炸弹从无到有再到使用的整个过程，过程中的各个节点相互关联、相互影响。系统层级是由底层基础设备到高层企业协同的整个规划，是航空炸弹制造的物理层构建。智能功能主要从物理基础融合信息技术的发展角度进行规划，最终达到个性化生产、服务这一目标。三个维度界定航空炸弹智能制造的内涵和外延，系统地规划航空炸弹智能制造的实施过程。无论是智能功能的发展还是系统层级的加深，都是以大数据为基础，对"资源要素"里图纸、工艺、能源、人员以及"设备"中传感器、标签、仪器仪表等数据进行获取、存储、挖掘、处理、分析才能得出有益的自主决策或辅助决策的信息。因此，航空炸弹智能制造的基础就是航空炸弹大数据。

3　航空炸弹大数据规划

航空炸弹大数据规划是指在航空炸弹领域，围绕典型智能制造模式，从综合论证到各阶段方案设计、工艺设计、试制、集成验证、试验考核以及产品定型后的采购、库存、生产和交付、售后服务等整个产品生命周期各个环节所产生的各类数据及相关技术和应用的总称。这些数据包含系统层级以及智能功能的数据，同时又可支撑系统层级的互联世界以及智能功能的融合与发展。航空炸弹大数据规划横向梳理航空炸弹整个生命周期产生的数据，纵向规划各阶段获取数据手段及发展目标，如图 6 所示。航空炸弹整个生命周期的大数据可分为三个部分，包括研发大数据、生产大数据和服务大数据。研发大数据包括研发过程中需求论证、方案设计、工艺设计、试制、集成验证和试验考核等内容。生产大数据包括采购、库存、加工、交付检验及交付等内容。服务大数据主要是航空炸弹交付后，用户使用过程中产生的数据。

　　航空炸弹需求论证主要包括作战任务、目标毁伤和平台挂装等论证过程中产生的数据，牵引指标体系构建，研制进度规划，费用规划等等，所涉及的工具包括文档数据分析、效能仿真和 PDM 等。将数据整合分析可构建自论证系统或交互式论证系统，用户输入模糊命令，例如论证某型飞机反恐作战用航空炸弹则可自构建所需论证素材供参考，可大大提高论证工作效率。航空炸弹方案设计主要包括顶层规范、指标分配、气动数据、控制仿真、结构数据、模块化分系统和组合方案等，涉及的工具包括文档数据分析、气动仿真、控制仿真、机理模型和有限元模型等。工艺设计主要包括工艺文件、定额、工艺装置和图纸等，所涉及的工具包括文档数据分析、CAXA、CAD 和 PDM 等。试制主要包括材料流数据、零部件数据、设备数据等可提供到供应链大数据，还包括人员、加工和不合格品等数据，所涉及工具包括 RFID、条形码、ERP 管理、制造执行系统和 PDM 等。集成验证主要指零件组装部件或部件组装后进行验证的过程，包括集成数据、检测数据、原理验证试验和迭代设计等，这个过程涉及的工具包括文档数据分析、数学仿真、半实物仿真和 PDM 等。试验考核包括地面试验数据、飞行试验数据、归零数据以及其他问题数据等，这个过程涉及的工具或系统包括文档数据处理、遥测解析和 PDM 等。以上是对航空炸弹研发大数据的规划，最终将分散的设计过程和仿真分析统一到一个平台，进行综合权衡获得系统的最优或次优解减少迭代，实现方案、产品快模块化成型，验证、评价流程化快速完成。

　　供应过程中的数据主要包括供应商数据、物流数据、资金流、原材料采购、零部件采购和采购成本等，所涉及的工具包括 RFID、各类传感器和企业资源管理 ERP 系统等。库存过程中的数据主要包括进出库、转运、使用和积压等数据，涉及的工具包括数据仓库与分析处理（OLAP）、MES、供应链管理等。交付过程中的数据主要包括物流数据、运输影响和交付存储影响等，涉及的工具包括传感器、RFID、条形码和供应链管理等。以上是生产大数据规划，通过采集生产数据，分析数据关联关系，利用演化规律，反映生产过程中出现的问题，最终实现运营自动化、管理网络化、决策智能化，提高整个企业的生产水平。

　　航空炸弹的服务大数据主要产生在航空炸弹交付用户后的使用过程中，包括健康监测、使用数据、库存数据、维护维修和环境影响等，所涉及的工具主要包括部件状态监测，振动、温度、湿度、压力、渗液和电磁辐射等监测，交互式电子手册（IETM）、人工智能诊断、时序模型预测和神经网络预测等。服务大数据通过状态监控和预测性维护提高产品可用性、可靠性，降低维护成本，反馈改善设计和制造环境。

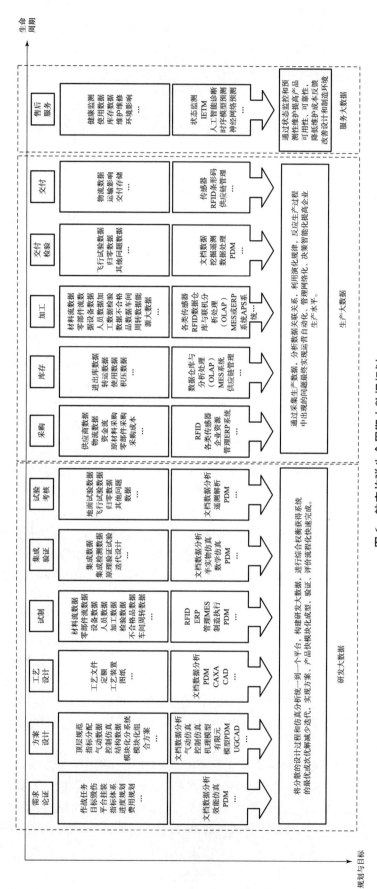

图 6 航空炸弹生命周期大数据规划

4 结论

智能制造是世界制造业的主潮流,航空炸弹领域也在紧随时代发展的步伐,我们已建成 PDM、MES 等各类系统,但距离实现自主感知数据驱动研发、生产、智能供应链、模块化产品个性定制,预测性维护等目标还有一段距离,而航空炸弹大数据是实现这一切的技术基础。由上述规划可知,航弹大数据是个极其庞大的系统,可以按整个航空炸弹生命周期数据规划进行采集积累。采集的航空炸弹大数据可以通过数据准备、规律寻找和规律表示三个过程进行挖掘分析[5]。由于从业经验及关注点的不同,上述航空炸弹生命周期数据规划可能并不完善,读者可依据自己的视角进行修改补充。

以上是对于正在产生及以后产生的数据规划的建议,对于以前的数据,我们也可以按照生命周期去整理。航空炸弹已在国内发展 60 多年,已经积累了庞大的基础数据。但我们对这些基础数据没有进行过科学、系统的规划,更不能从中分析出可辅助决策的结果,坐拥宝山而不自知。因此,对于已有数据这座"宝山",我们可以按生命周期的数据脉络搜集、整理,利用科学的方法剔除垃圾数据,存储可用数据以备未来开发应用。

参 考 文 献

[1] 郑树泉,等. 工业大数据:架构与应用 [M]. 上海:上海科学技术出版社,2017.
[2] 国务院. 国发〔2015〕28 号《国务院关于印发〈中国制造 2025〉的通知》[Z]. 2015-05-08.
[3] 工信部,财务部. 工信部联规〔2016〕349 号《智能制造发展规划(2016-2020 年)》[Z]. 2015-12.
[4] 工信部,国家标准化管理委员会. 工信部联科〔2018〕154 号《国家智能制造标准体系建设指南(2018 年版)》[Z]. 2018-10.
[5] 熊赟,等. 大数据挖掘 [M]. 上海:上海科学技术出版社,2016.

未来战争颠覆性发展下智能无人火炮系统发展趋势

黄 通[1,2]，郭保全[1,2]，潘玉田[2]，
丁 宁[1,2]，栾成龙[1,2]，李鑫波[1,2]

(1. 中北大学 机电工程学院，山西 太原 030051；
2. 中北大学 军民融合协同创新研究院，山西 太原 030051)

摘 要：火炮系统作为陆军作战体系中的核心力量，在未来战争中担负着陆军主要的火力打击任务，火炮系统智能无人化发展是现代陆军摆脱"辅助支援"局面、应对未来战争的关键。首先，以混合战争理念为基础，分析了未来战争的发展趋势，明确指出了未来战争信息智能化和火力分布化的发展特点，并以叙利亚战争为例，预测了未来战争的作战模式；其次，按照未来战争的发展特点分析了智能无人火炮系统的作战层次和作战任务，认为自主、联合作战能力是智能无人火炮系统适应未来战争需求的核心能力；最后，提出了智能无人火炮系统的关键技术。

关键词：兵器科学与技术；颠覆性；信息智能化；火力分布化；作战任务需求；关键技术

Research on key technologies of intelligent unmanned gun systems under the framework of future war development

HUANG Tong[1,2], GUO Baoquan[1,2], PAN Yutian[2],
DING Ning[1,2], LUAN Chenglong[1,2], LI Xinbo[1,2]

(1. College of Mechatronic Engineering, North University of China, Taiyuan 030051, China;
2. Research Institute of collaborative innovation of military-civilian integration,
North University of China, Taiyuan 030051, China)

Abstract: As the core force of the army combat system, the artillery system is responsible for the army's main fire attack task in future wars. The intelligent unmanned development of the artillery system is the key for the modern army to get rid of the "auxiliary support" situation and cope with future wars. First, based on the concept of hybrid war, this paper analyzes the development trend of future wars, and points out the development features of intelligence and fire distribution of future wars. Secondly, the operational level and combat mission of the intelligent unmanned artillery system are analyzed according to the development characteristics of the future war. At last, the key technology of intelligent unmanned artillery system is put forward and related research progress at home and abroad is analyzed.

Keywords: future war; information intelligence; fire distribution; mission requirements; key technology

0 引言

Clausewitz 说过[1]："战争无非是政治通过另一种手段的继续。"武器装备作为战争的主要元素，自然服从于战争任务的需求进行发展，则其也间接地服从于政治目的的需求。中国汉朝时期，为了实现消

作者简介：黄通 (1995—)，男，硕士研究生，E-mail：1185613348@qq.com；
通讯作者：郭保全 (1971—)，男，博士，副教授。E-mail：290211573@qq.com。

除北方匈奴的隐患威胁，汉武帝首先在国内发起了一系列军事装备改革，淘汰老旧的秦制兵器，训练以骑兵为主的作战模式，增制便于骑兵作战的汉弩和汉长剑；第二次世界大战时，纳粹德国为了避免陷入两线作战的困境，在强敌未干扰条件下迅速夺取胜利，重点发展形成了以坦克和装甲车辆为主的快速机械化兵团；冷战时期，美苏之间的导弹竞赛以及现阶段朝鲜、伊朗等国对于核武器的发展，均立足于获取政治博弈中的军事震慑力。然而，不可否认的是，随着科技全球化和经贸全球化这一客观趋势的不断深入，和平与发展仍旧作为当今时代的两大主题，尽管这两大主题还面临着新的强权政治、恐怖主义和民族冲突的挑战[2]，但这从根本上决定了未来战争的作战模式——核威慑下的高科技局部混合战争。

未来战争的混合性体现在未来战争的主体不仅表现为军事力量的角逐，还扩大到国家内部政治集团、非国家和跨国行为组织等利益集团，特别是网络信息等高科技技术的快速发展，从根本上颠覆了传统战争的作战模式——服务于政治目的的延续性行动被扩展到军事、外交、经济、网络、舆论和信息等多个领域，军事战不再作为战争的唯一形式，这也因此引起了武器装备的颠覆性发展——武器装备不再仅是战争的主要元素，还是直接服务于政治目的的特殊节点[3,4]。

武器装备作为服务于政治目的的特殊节点，在未来局部战争的海、陆、空、天、网络、电磁等多维作战域内配合外交、经济、舆论、信息等领域执行军事任务，势必依赖于高新科技的基础支撑。特别是智能技术的逐渐发展应用使武器装备自主化程度不断提升，极大地推动了武器装备"节点化"的发展历程。

1 未来战争的发展趋势

战争是政治的延续，脱离政治局势谈战争是不符合实际的。尽管和平与发展仍然作为当今世界的两大主题，但世界多极化的客观发展趋势、强权政治、地缘冲突、恐怖组织等威胁没有改变。世界仍围绕着热点区域进行着冷或热的博弈较量。

美国军事学者 Frank Hoffman 在其撰写的《21世纪冲突：混合战争的兴起》中首次系统地探讨了"混合战争"理论，他认为："现在战争的形态正在发生变化，即从传统的'大规模正规战'和'小规模非正规战'正逐步演变成为一种战争界限更加模糊、作战样式更趋于融合的'混合战争'。"2010年，美国在《2010 Quadrennial Defense Review》中将"混合战争"理论作为美军应对多元化安全威胁的战略指导。特别是2013年乌克兰危机爆发以来，俄罗斯的一系列国家用行动向世界实践性地展示了一场特色鲜明的混合战争，这场"战争"纳入了高技术的军事战、舆论战、外交战、经济战甚至法律战，俄罗斯充分发挥了自身具备的各种优势，在一定区域的作战空间内同时进行多样式、多领域作战行动，采取高超的战略战术并取得了良好成效。因此，美国政府在2015年的《The National Military Strategy of the United States of America》中正式将"混合战争"列为美国应重点应对的威胁样式[5]。

包含着各种高科技技术的混合战争在世界局部热点区域的开展是未来战争的具体表现形式，高精尖技术成为支撑未来战争的本质内涵。值得注意的是，当今世界正处于新一轮科技革命和产业革命的关键时期，大量新兴技术的出现必将对未来战争产生深远的影响[6]。混合战争作为一种多性质叠加的复杂体系，主要包含着三个要素——信息、决策和行动，这与世界公认的新一轮科技革命的重要技术领域是高度吻合的，这势必推动未来战争颠覆性地具备以下两个发展特点。

1.1 信息智能化

未来战争的混合性质对战场的信息和决策能力提出了更高的要求。与传统战争中大兵力集群、大射程、高射速、高精度要求相比，夺取信息优势和决策优势成为交战双方较量的核心因素，其中信息优势是决策优势的基础。

20世纪90年代，美军就构建了较为完整的情报、侦察、监视、通信、指挥、控制的C4ISR（Command, Control, Communication, Computer, Intelligence, Surveillance, Reconnaissance；C4ISR）系统，该系统如图1所示在海湾战争时期，美军从侦察发现目标到完成火力打击的周期为2 h，科索沃战争为40 min，伊拉克战争时期为5~10 min，在近期的叙利亚战争中，美军基本上能够实现"发现即摧毁"[7]。这一过程的发展不仅依赖于美军在天基、陆基和海基强大的侦察预警体系，更依赖于美军丰富的"战争数据库"和"战争云大脑"对侦察信息进行快速系统性的科学处理和决策。

随着网络信息技术发展的不断深入，战场环境对于信息优势的一方来说逐渐透明清晰起来，大数据和云计算与人工智能技术深度融合，对隐藏在大量复杂数据背后的运作规律进行深入挖掘，使信息优势的一方可以根据己方的"战争数据库"对战争进行有针对的设计筹划和决策控制。这一数据库在未来战争中不再局限于军事信息的收集，还将扩展到外交、经济、舆论等各大领域阵地，促进"战争云大脑"的决策更加智能和科学，有效地避免被动、盲动局面，掌握战场主动权，快速夺取战场胜利。美军最新研究的忠诚僚机系统就已经具备了初步的"自主性"，能够在作战域内能动地对战场环境做出反应，如图 2 所示。

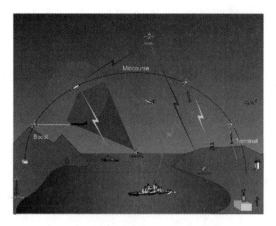 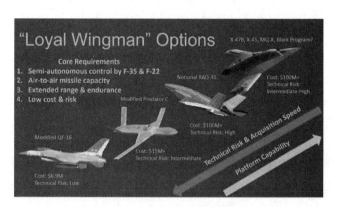

图 1　美军一体化 C4ISR 系统示意　　　　　　图 2　美军忠诚僚机系统示意

1.2　行为分布化

未来战争行为分布化是基于混合战争复杂多性质的政治特点，却又是伴随和依托着信息智能化技术发展起来的。分布化的战争行为旨在建立一个更加灵活和富有弹性的作战体系，与传统战争的"集群式"相比，未来战争的分布化更注重快速精准的"单元式"，将作战力量均匀分布到各个"单元"中，在增加体系灵活性的同时，使敌方打击目标复杂化，再利用先进的信息智能化技术将看似分散的力量进行新的合并和融合，形成分布的一体化发展。

未来战争行为分布化不仅要求建立灵活而又有弹性的作战单元，同时还要求依靠这种独立部署的编制，将传统各军兵种优势力量进行融合，能够实现在全域内联动和作战。近年来，随着美国第三次抵消战略的实施，美国海军正逐渐从传统航母战斗群的大集群作战向水面行动群的单元作战进行转变，逐步实现美国海军水面部队从"侧重力量投送"向"力量投送与海上控制并重"转型。美军相继提出的"多域战"和"分布式火力"的作战概念也是基于这种多位一体联动的设想[8]。这两种作战概念如图 3、图 4 所示。

1.3　叙利亚战争的"未来"特征

1.3.1　混合战争

叙利亚战争既是叙利亚政府的反叛乱战争，又是世界两大政治集团的地缘冲突，还属于国际社会的反恐战争，其中还夹杂着土耳其与库尔德武装之间的民族战争；战争的主体不仅包括美俄两大阵营的常规部队和特种部队，还包括一些"来历不明的武装分子"组成的游击队；战争的手法除了高科技的军事正规战和非正规游击战，还包括政治战、外交战、舆论战和信息战等诸多形式；战争元素不但包括现阶段世界先进的武器装备和作战方法，还包括一些新型武器和战法革新成果。因此这场战争不仅是现代战争的缩影，也透露着未来战争的影子。

第一部分 兵器系统智能化设计理论与总体技术

图3　美国陆军多域作战概念

图4　美国海军分布式火力概念

1.3.2　无人化战争

在叙利亚战争中，美俄双方都动用了最先进的高科技作战体系，特别是无人化武器可以应用于地面攻坚作战中。在 Lattakia 省754.5高地的争夺战中，俄军就通过无人机将侦察的实时情报传输给"Andromeda – D"自动化指挥系统，进而远程控制6部"Platform – M"履带式战斗机器人和4部"Argot"轮式战斗机器人对美进行攻击并快速夺取了胜利。此外，在 Palmyra 扫雷行动中，俄军又大量使用了"Uran – 6"多功能扫雷机器人。除了以上几种，俄军还装备有"Urp – 01G"机器人平台、"Uranus – 9"无人作战车辆、"Wolf – 2"移动机器人，以及专门用来保障战略火箭兵和侦察兵的固定机器人、地下追踪机器人、两栖机器人等。无人装备在叙利亚战争中首次成建制地参与作战是未来无人化战争的开端[9]。俄军部分无人作战装备如图5所示。

图5　俄军部分无人作战装备

（a）"Forpost" UAV；（b）"Argot"战斗机器人；（c）"Platform – M"战斗机器人；
（d）"Andromeda – D"指挥系统；（e）"Uranus – 9"多功能扫雷机器人

1.3.3　分布化战争

叙利亚战场上尽管还包含着叙利亚政府军和反政府军之间的传统军事对抗形式，但决定战争胜利的依然是以美俄为代表的新型作战手法的使用。在 Lattakia 省754.5高地的争夺战中，叙利亚政府军久战不克，最终还是俄军根据战争情况投入成建制无人作战兵团，才压倒性地夺取了胜利。其中，战斗机器人多为多用途作战系统，不但可以进行火力打击，而且还能用于搜集情报、巡逻等任务。在战斗中，空中的无人机群和前沿的战斗机器人集群不间断地向"指挥中心"回传战场态势信息，并自动完成汇聚数据，融合显示在大屏幕上，每部机器人独立地负责一个作战扇域，各作战扇域又合成为一个完整一体的战场态势，实时反映战场变化，指挥系统基于上述数据实时指挥战斗。从战争宏观上看，这场战争俄军投入了由海、陆、空、天、网络电子等作战域构成的作战体系，一次打击行动往往拉动各个作战域的联合行动,每一个作战单元又通常具备多个领域作战的能力,真正实现了分布的体系化作战。

2 未来战争与智能无人火炮系统

未来战争分布化的发展使作战域的界限逐渐模糊,不会再出现传统战争中一个军兵种称霸一个作战域的现象,集群式作战体系出现的概率也极大降低。各军兵种的作战能力不得不向着"跨域"甚至"全域"发展,作战体系也向着"区域联合体系"大方向发展。美军在《United Integrated Air Missile Defense: Idea 2020》中就力图将陆军防空反导体系扩展到"THAAD""SM-3""PAC-3"等武器上,美海军也希望将陆军的远程打击能力纳入海军作战体系中。追究其目的,就是要将火力打击从集群式分散到小单元上,然后利用信息智能技术进行区域性大融合[10]。

2.1 未来战争中的新型陆军

陆军作为维护国家主权和人民财产安全的基础性军事力量,是未来战争智能分布化作战体系的重要组成部分。目前已经形成以炮兵火力为主,包括陆军、航空兵和装甲兵等其他兵种组成的火力打击体系。

新型陆军是信息智能化联合作战体系的重要组成部分,是实现区域拒止和介入的基础力量,是未来战争部署在地面进行作战的"节点群"。按照美军的定义,全域作战有打破军兵种领域界限,实现同步跨域火力协同和全域机动,夺取物理域、认知域以及时间域的优势。陆军在全域内作战强调各种作战域的协同行动,在未来战争中,新型陆军不再是海空天等其他军种的"辅助支援力量",而能够充分利用自身的跨域感知和打击能力,协同参与乃至指挥其他作战域行动。具备全域作战的新型陆军应当具备对空、对地、对海、对网络空间等跨域打击能力,能够完成防空反导,火力突击、压制,对海攻击,反信息战等作战任务。陆军全域联合作战构想如图6所示。

图6 陆军全域联合作战构想

2.2 新型陆军中的火炮系统

炮兵火力作为新型陆军作战体系中的核心力量,担负着陆军主要的火力打击任务,因此,炮兵火力势必要承担起实现新型陆军"全域作战、区域联合"的作战任务,这就要求陆军炮兵火力具备完整对空、对地、对海甚至对网络空间的跨域打击能力。传统陆军的炮兵火力体系按照作战任务的不同分为远程火箭炮、火箭炮、加农榴弹炮、坦克炮和防空高炮等多种类型,分别执行不同层次、不同级别的作战任务。而随着未来战争火力分布化进程的不断深入,军事力量全域机动作战的战略需求日益增强,陆军作战体系作为联合作战的一部分也面临着全区域机动的考验,实现快速部署、机动作战的使命任务,这要求参与作战任务的装备简化编制而功能齐全,减轻后勤保障压力,具有一体化综合保障能力。因此,未来新型陆军中的火炮系统应当具备三个特点。

2.2.1 信息组网

未来新型陆军中火炮系统的信息组网包含两个层面:区域信息融合与共享和单元信息处理与智能决策。在未来区域联合作战体系中,陆军火炮系统不仅要在相关火炮火力打击体系内建立网络共享,还要与陆军作战体系和区域作战体系内的所有参与作战的"节点"建立具有网络共享能力的通用数据采集程序,从而能对区域内敌我态势形成作战共识,为作战人员提供灵活、高效的任务处理能力和战斗管理能力,形成全域动态情报网络架构。同时在火炮系统单元内也应当具备多传感器信息感知能力,增强战术层面的态势感知优势,进而实现单元智能控制。

2.2.2 火力协同

炮兵火力作为一种"非接触"式的火力打击方式，在传统陆军中一直承担着火力掩护和火力便随支援的"辅助"作战任务。然而随着网络信息战的逐渐发展成形，智能化战场的逐渐开展，战场环境日渐透明，目标威胁判断也越来越准确，以炮兵为主的陆军地面部队的作战方式也由传统的"装甲突击、炮兵支援"转变为"信息主导、炮兵主战"的全方位作战，其作战任务也越加繁重，其必须能够迅速控制较远距离的全域打击范围，完成全方位火力打击和区域协同的作战任务。

2.2.3 机动部署

全域机动能力是火炮系统具备全域作战能力的基础，与传统陆军地面装甲、炮兵部队相比，新型陆军中的火炮系统不仅需要具备优良的全地形越野机动能力，兼顾水陆两栖作战能力，还应当具备搭载运输装备实施远程战略机动和远程后勤运输保障的能力，可以作为独立的作战单元部署于区域所需的战场环境中，具备足够的动力储备、优良的越野能力、两栖作战能力、高原作战能力，战斗全重和外形尺寸以满足区域战场公路、铁路、船舶、航空运输，实现火炮系统在战略和战术层面的快速部署。

2.3 火炮系统的智能无人化

智能无人化是现代火炮系统伴随于当前新一轮科技革命和产业革命发展的必然趋势，是满足未来高科技局部混合战争需求，实现信息智能化和行为分布化作战的根本选择。

智能无人化是未来火炮系统实现信息组网的最终目的，是实现未来火炮系统作为区域"节点"发展的关键，只有完成了火炮系统的智能无人化，未来火炮系统才算真正实现自主式的一体化联合作战；智能无人化是未来火炮系统实现火力协同的根本保障，在未来区域协同作战中，火炮系统的打击目标随着战场环境的快速变化而改变，传统的人工操作无法从根本上达到战场要求，而智能无人化火炮系统则充分利用科技优势，从区域上规划单元的最优行动，实现单元与区域的深度融合；智能无人化还是未来火炮系统机动部署的重要环节，在一些人员无法进入或不便进入的区域内执行任务，同时在机动作战中减少后勤保障压力，智能无人化火炮系统具备了极大的优势。

因此，具备自主、联合作战能力的智能无人化火炮系统是满足未来战争的新型陆军核心力量。

3 未来智能无人火炮系统的关键技术

3.1 智能无人火炮总体技术

智能无人火炮总体技术是一项以系统工程与优化方法为基础，综合集成机械、气动、液压、电气和控制等多学科一体化的复杂工程技术（图7）。与传统火炮总体技术相比，智能无人火炮总体技术从战技指标要求上就产生了根本的区别。智能无人火炮总体技术需要注重系统的顶层设计，充分考虑到相关技术的协调性和可持续性，综合系统日常维护和升级拓展，全面分析系统组成，选择特定作战要求的结构型式，确定所需技术的设计层次和相对应的实施方案。因此，智能无人火炮总体技术是智能无人火炮技术发展的重要基础，应当涉及包括智能无人火炮总体结构、总体布置在内的诸多研究内容。

3.2 智能控制技术

智能控制技术是未来信息智能化战场的核心技术，是火炮系统实现智能无人化的关键技术。火炮系统智能控制技术主要包括区域信息交互、环境感知、认知计算和决策控制四个主要模块，这四个主要模块又分别包含着多种技术，这些技术之间的深度融合组成了整个智能无人火炮系统的信息控制构架。

3.3 多用途火力技术

多用途火力技术是智能无人火炮系统基于智能控制技术的能力拓展，是面向未来战争火力分布化发展的关键技术。未来智能无人火炮系统的多用途火力技术就是要能够迅速实现控制较远距离的直瞄、间瞄和防空打击范围,完成跨域火力覆盖和区域防卫的作战任务,就是要迅速完成火力打击能力的智能决策和自主转换,实现"节点式"自主、联合作战的目标。

4 结论

任务需求牵引作为武器装备升级换代的源头动力,成为武器装备研制论证的初始环节,同时也是衡量武器装备战技指标,保证武器装备良好作战效能的有效前提,深彻分析未来战争的发展趋势能够有效地促进武器装备的正确发展。战争形态在随着作战理念革新的发展,同时也受到高新科技的重要影响,当今世界掀起的新一轮科技革命和产业革命,特别是智能无人技术的迅速崛起,从根本上颠覆了传统战争的作战模式,使未来战争的智能程度更高、博弈性更强。这不仅为世界各国带来了新的军事挑战,也带来了前所未有的新机遇,只有把握好这一时代机遇,才能夺取未来军事领域的制高点。

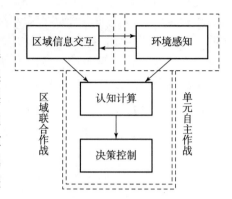

图7 智能无人火炮系统自主、联合作战框架

参 考 文 献

[1] 夏征难. 克劳塞维茨《战争论》概说 [J]. 军事历史研究, 2006 (1): 149-161.

[2] 陈劲, 黄江. 创新、和平与发展: 和平创新研究初探 [J]. 学习与探索, 2017 (12): 105-111.

[3] 陈航辉, 周柳佳, 刘杰. 美军"混合战争"理论探析 [J]. 国际研究参考, 2011 (6): 12-14.

[4] 王晓军. 解析俄军对"混合战争"理论的认知与运用 [J]. 现代军事, 2016 (8): 92-99.

[5] 段君泽. 俄式"混合战争"实践及其影响 [J]. 现代国际关系, 2017 (3): 31-36.

[6] 冯昭奎. 科技革命发生了几次——学习习近平主席关于"新一轮科技革命"的论述 [J]. 世界经济与政治, 2017 (2): 4-24.

[7] 王珏, 陈锐丰, 王功贺. 美军信息化作战理论探究 [J]. 信息化建设, 2016 (3): 16-17.

[8] 虞卫东. 美国第三次"抵消战略": 意图与影响比较研究 [J]. 国际关系研究, 2015 (3): 77-87.

[9] 张岩, 白平华, 张见. 叙利亚战场——俄罗斯国防工业的试金石 [J]. 现代军事, 2017 (5): 101-104.

[10] 樊高月. 美军"跨域协同"作战思想探析 [J]. 国防, 2015 (2): 47-51.

挖掘数字化设计仿真在产品研发中的创新作用

马涉洋，李　宁

（西北工业集团，陕西　西安　710043）

摘　要：介绍了数字化技术在产品研发中的创新作用，并从三维数字化模型设计能力和仿真设计分析方面提出了技术挖掘方法和技术探索方向，为武器弹药产品数字化创新开发提供了设计思路。
关键词：数字化技术；建模；仿真分析；高性能计算
中图分类号：TJ413　　文献标志码：A

Mining the innovative function of digital simulation design in product research and development

MA Sheyang, LI Ning

(Northwest Industries Group Co., LTD., Xi'an 710043, China)

Abstract: The innovative function of digital technology in product research and development is introduced, and the technical mining method and technical exploration direction from the aspects of three-dimensional digital model design ability and simulation design analysis is put forword, which provides design ideas for digital innovative development of weapons and ammunition products.
Keywords: digital technology; modeling; simulation analysis; high performance computing

0　引言

数字化技术是目前辅助设计类软件提供的重要功能和软件技术的最新发展方向，特别是在三维设计软件虚拟的数字环境里，可以并行或协同实现产品全数字化设计，从产品的零部件设计，部件或元件、系统装配，都可以快速完成数字化构造，可以在三维设计软件里实现产品设计零件—元件—模块——可视化立体装配虚拟演示和分析计算，完成方案设计创新。同时，通过仿真类设计软件，可以用数字化完成产品结构强度、性能及功能的模拟与仿真优化，可以提高产品设计质量和一次研发成功率，对于产品创新具有非常大的推动作用。因此，应积极结合设计类和仿真类软件最新的数字化设计发展技术，把面向图纸绘制的二维设计的"画"和面向实物加工的"加"及试验验证的"打"武器研究模式向以数字化三维模型设计与仿真为主的新模式转变，从而实现武器弹药研发技术创新。

1　三维数字化模型设计

目前，Siemens、PTC、CATIA等多数三维软件都采用了混合建模技术，具备了模型设计、参数计算、装配和仿真功能，已全面覆盖CAD、CAE初步分析、CAM加工模拟及设计数据管理等产品研发的所有环节，提供了一系列解决方案。因此，在产品设计时就应首先从三维建模开始，重视产品三维模型设计。目前，三维设计与建模是数字化智能制造的起点与基础，从现代先进智能制造技术发展趋势来看，设计制造的基础是以三维数字化模型为主，也是与智能数控加工设备能紧密连接在一起的智能制造的基

作者简介：马涉洋（1967—），男，高级工程师。E-mail: mw3106@126.com。

础,可以实现快速数控加工和智能制造。同时,三维模型构造的数字虚拟样机可以大幅提高产品研制速度与质量,通过产品数字样机各个零部件三维设计建模、系统装配、工业外形渲染、复杂三维曲面设计和三维模型公差分析等,丰富产品方案论证技术资料,充分用数据说话,解决武器弹药产品方案论证数据不足、不充分等问题。积极加强三维建模设计能力的提升,在武器弹药产品研发中多方面挖掘三维数字化设计技术,充分发挥数字化设计创新作用。

1.1 参数化建模技术

充分利用集成在软件中的参数化特征造型环境中的传统实体、曲面和线架功能,利用快速有效地进行概念设计的变量化草图工具、尺寸驱动编辑和用于一般建模和编辑的工具,定义产品零部件基础关联参数,进行产品参数化建模。也可以形成用户专有的 UDF 库,提高用户设计建模效率[1]。通过扫掠和旋转实体以及进行布尔运算,也可以部分参数化或将非参数化模型参数化,生成复杂机械零件的实体模型。以上参数化建模可以提高产品零部件几何形状构造效率,方便特征参数计算提取,能为装配干涉检查调整提供数据参考,方便方案优化改进,实现产品设计研发创新。

1.2 模块化快速设计技术

积极建立武器弹药零部件、元件等系列模块化图库,通过参数实现武器系列化零部件、元件模块化快速设计,加强标准件、借用件的接口参数收集管理,构建标准件、借用件和通用部件模块化图库,在产品设计中采用模块化快速设计,实现产品设计创新。

1.3 虚拟装配技术

在装配时,先确定采用自上而下或自下而上的装配方法,准备好零件模型,计算好部件装配位置和尺寸约束,通过软件操作,进行数字虚拟装配和干涉检查,修改装配模型中的零件,自动完成装配更新,也可在装配环境下直接修改零件设计,完成重新装配。通过坐标系定位和逻辑对齐、贴合、偏移等灵活的定位方式和约束关系,在装配中安放零件或子装配件,并可定义不同零件或组件间的参数关系快速完成装配。虚拟装配技术通过快速装配进行零件搜索、零件装机数量统计、调用目录、引用集、装配部分着色显示、标准件库调用以及重量控制等丰富功能、丰富产品设计,并可自动生成装配明细表,完善产品后续设计。另外,在设计加工中应积极采用设计中已确定的三维图样。在工艺、车间加工现场继续沿袭扩展三维图样,实现产品设计、工艺研究与加工制造过程控制一体化,使设计与工艺连接顺畅,同步并行工作,提高产品研发整体质量和效率,并积极加快基于设计三维图样的直接驱动 CAM 制造能力提升,要充分利用 Siemens NX 软件中工艺仿真技术进行加工及装配过程的模拟验证,优化改进加工和装配,开展三维可视化装配工艺设计,用软件完成电子作业指导书,从而使装配过程便于演示,方便指导工人机器加工和产品装配,用可视化直观地指导工人加工、装配,以提高加工、装配效率,保证装配质量。

2 仿真设计分析

弹药是武器系统毁伤目标的最终要素[2],现在战争对弹药性能提出了更高要求,随着计算机技术和各种数值解法的不断发展,数值仿真技术在弹药设计中的地位更加突出,仿真设计不仅可以方便地获得结构强度、气动及毁伤模拟工况的变化规律趋势,确定优选方案,还可减少不必要的试验,提高设计进度,节省研究费用,在产品研发中具有重要的创新作用。因此在产品仿真设计方面应积极采用基于已设计的产品三维模型,开展弹药结构强度仿真、气动分析和爆炸毁伤、穿甲侵彻威力模拟,并积极开展全弹道数字化建模及仿真分析技术探索。目前我们在产品中采用的计算仿真主要是依赖设计经验积累编制的计算小程序和商业软件 ANSYS 系列软件,但随着产品结构的变化其已无法满足设计需要。对于穿甲弹战斗部设计,在数字化模型设计的基础上需要进行大量设计计算和仿真分析,主要包括穿甲弹战斗部

（弹丸）总体设计，结构设计，内弹道、外弹道、终点弹道设计等内容，其中内弹道设计主要进行装药、发射强度、弹丸和炮膛内部耦合模拟分析等内容；外弹道设计主要进行脱壳强度分析、气动耦合模拟分析等内容；终点弹道设计主要进行爆炸模拟分析、侵彻模拟分析、毁伤模拟评估分析等内容。围绕以上内容进行相关专业仿真分析，仿真分析流程如图1所示。

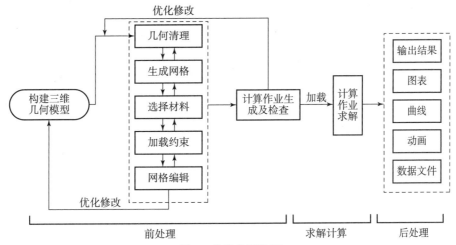

图1 仿真分析流程

对于简单和小规模的仿真分析，目前采取的在设计工程师桌面计算机上通过Siemens NX构建产品三维几何模型，通过导入ANSYS Workbench中进行前处理，并加载在本机上的AUTODYN或CFX/FLUENT中求解计算及在本机上输出结果后处理等，基本能满足需要，但随着产品结构及新条件下的复杂变化和项目研制竞争时间的缩短，现有复杂模式和软件无法满足产品设计方案对于仿真计算的建模规模、网格数量、运算时间、运算精度的高要求，急需要从多方面挖掘改进，加快仿真设计能力的提升。

2.1 分级仿真计算模式

应完善现有工程师桌面级仿真计算系统，建立独立的高性能图形工作站计算系统和高性能计算集群系统及外出计算等多种仿真计算模式，并按任务紧急程度、任务难度和计算规模等确认其分级仿真计算模式，及时将产品设计中的仿真分析任务分工，落实到与其匹配的模式上，以确保按时保质完成。特别是需要加快进行高性能计算集群系统的建设，因其可被用于装备型号总体设计仿真等方面复杂、大规模的计算和数字化仿真需要，能够全方位覆盖科研各个环节、各个部门人员仿真计算需求，满足快速计算、大量数据存储及快速数据交换等实际需要。分级仿真计算模式可实现对于系统计算资源统一管理、调度，并能提供多样的资源操作功能，可保障保仿真设计计算能力大幅提升，进而实现全弹道建模与数字化仿真，全面支撑总体结构参数优选匹配要求及总体结构方案优选要求，整体提高产品研发效率，实现武器弹药研发技术创新基础支撑作用。

2.2 模型网格技术研究

仿真分析离不开网格模型，网格模型与产品结构组成、几何形状和产品部件组成规模相关，其设计的效果直接决定了仿真算题的成败和计算结果精度，因此必须加强模型网格技术研究，在网格划分软件上、模型构造及几何清理方法上多下功夫，对于伤终点效应仿真分析，内弹道、外弹道气动仿真分析过程都需要进行大量网格划分，高质量的六面体网格可以有效提高仿真计算精度，同时，优化减少不必要的网格也可以加快计算速度，得出较好的计算结果。因此，必须开展模型网格技术研究，积极挖掘其技术潜力。

2.3 专业人员培养

应根据业务需要和个人专业能力及时调整人员组织结构，建立专业的数字化设计师和仿真分析师技术团队，并根据专业需求，培养大量数字化设计师 NX CAD 几何建模及相关数字化设计专业软件操作能力培训，培养仿真分析师网格模型设计、ANSYS 专业分析软件操作等技能培训，并提高专业人员薪酬待遇，促其能在匹配的任务上积极完成，鼓励其充分挖掘和发挥数字化设计的巨大能力。同时，应积极完善科研计算机硬件条件和配套办公自动化设备条件，促进产品设计各个环节的数字化应用支持，充分应用和挖掘数字化设计仿真创新能力，实现武器弹药研发技术创新。

3 结论

通过设计类和仿真类软件最新的数字化设计技术应用提升创新，应充分应用和挖掘数字化设计仿真创新能力，为产品方案设计、验证和遴选提供大量数据支撑，并逐步积累与产品设计仿真过程相关的数据库资料，才能使武器弹药长期以来依托的"画加打"研发模式得到根本性的转变，实现产品研发能力的大幅提升，实现产品研发协同设计和智能制造。

参 考 文 献

［1］ 钟日铭. UG NX 7.5 完全自学手册 ［M］. 北京：机械工业出版社，2011.
［2］ 甄建伟，等. 弹药毁伤效应数值仿真技术 ［M］. 北京：北京理工大学出版社，2018.

某科研项目管理信息系统总体设计

杨勇，李晓阳，成敏

（西北工业集团，陕西 西安 710043）

摘 要：以西北工业集团有限公司为背景，概述了企业项目的管理现状，分析了系统特性要求与总体设计原则；结合企业业务需求对系统中核心的科研项目立项验收业务流程、项目计划管理业务流程和项目进度控制流程进行了分析设计，绘制了业务处理过程数据流程图；从表现层、应用层和应用支撑层上设计了某科研项目管理信息系统的功能结构框架。

关键词：军工企业；科研项目管理；系统设计

中图分类号：TP391.7　**文献标志码**：A

Total design of scientific research project management information system

YANG Yong, LI Xiaoyang, CHENG Min

(Northwest Industries Group Co., LTD., Xi'an 710043, China)

Abstract: Based on the background of Northwest Industries Group Co., LTD, the current situation of enterprise project management is summarized, and the requirements of system characteristics and overall design principles are analyzed. The core system business processes are analyzed and designed combined with enterprise business needs such as project acceptance, project plans and project schedule control. Data flow diagrams of the business processes are plotted scientific research project management information system function structural framework is designed from the presentation layer, application layer and application support layer.

Keywords: military enterprise; scientific research project management; total design

1 企业项目管理的现状

近年来，随着军品科研任务量大幅增加，我公司的项目计划管理、资源调配难度加大，矛盾突出。由于缺乏信息化支撑，项目全过程的粗放管控局面没有得到显著改观，急需建设一个有效的信息化系统，以满足当前形势的需求。

2 系统设计要求与原则

为了使核心业务的管理满足当前要求，提高企业的核心竞争能力，需以数据库和网络技术为支撑，建立一个完善的、具有可以与其他子系统进行信息和过程集成能力的科研项目管理信息系统。该系统将使企业的科研项目管理在计算机集成制造系统环境中实现有效集成，确保企业内部信息及时准确地传递，使顾客的需求和市场动态及时反馈，帮助企业建立一个全面的、高效的科研活动保证体系。

2.1 系统特性要求

基于公司的科研项目与产品生产管理环境，科研项目管理信息系统在总体上应满足分布性、集成

作者简介：杨勇，男，西北工业集团有限公司；研究方向：项目管理及机械设计。

性、灵活性、安全性、易用性和及时性六个方面的要求。

（1）分布性。公司的科研环境与生产管理体系具有较强的分布性，工作中的各个相关环节都需要有系统中相应的应用模块与之功能上相对应，而这些相关环节在地理位置和职能归属上都较为分散和独立，容易造成管理信息数据的分散存储与管理。因此，相应的系统结构应该采用分布式的模式。

（2）集成性。满足分布性要求的同时，系统也要满足高集成性的要求，只有实现系统内部各功能模块之间信息的集成，系统才能作为一个有机的整体有效地运转。

（3）灵活性。公司采用了混线生产、柔性工装等多种管理与技术手段来提升企业市场动态响应能力。为与这一动态过程相适应，系统必须具有一定的灵活性。

（4）安全性。在设计开发任何一个应用模块和子系统时，公司必须进行严格的权限管理，防止越权操作和非法操作，确保信息的安全性。

（5）易用性。在系统设计过程中，公司采用可视化程度较高的图形用户界面，统一界面风格，配以必要的在线帮助，最大限度地提高系统的易用性。

（6）及时性。这就要求系统能够在合理的时间范围内完成科研项目活动信息的采集、存储与处理，并送达适合的站点与部门。

2.2 系统总体设计原则

在系统总体方案设计过程中，为满足上述要求，总体方案的架构遵照面向企业环境的总体设计原则。在系统总体方案设计过程中，着重考虑了以下三个原则。

（1）紧密结合企业应用环境。企业环境系统的运行环境与载体为保证系统开发与运行的可行性和有效性，必须注重与企业环境的紧密结合，使之与企业环境相一致，缩短系统进入有效运行状态的磨合期。

（2）适应企业经营过程重组。企业需要根据市场需求、产品特点等因素的变动不断地对企业环境进行重构与优化，系统必须具备广泛的适应性和必要的柔性，以最大限度地适应企业经营过程重组的需要。

（3）适应企业未来发展。公司目前正处于快速发展阶段，企业规模、产品结构、技术水平都将不断向前发展，任何已建立的系统都不可能永远适应和满足企业未来的具体环境。为此，必须具备必要的灵活性与可扩充性，以最大限度地适应和满足企业未来发展的需要。

3 系统需求分析

在对公司的科研项目管理业务进行充分调研后，选取其中核心的三个业务流程：科研项目立项验收业务流程、项目计划管理业务流程和项目进度控制流程。

军工科研项目的立项和验收过程具有严格的要求，如图1所示。立项前需要提出项目申报书，并对项目进行预算、需求和风险的分析评估，为项目的评审提供多方面的材料；然后启动评审流程，经相关领导审批后由评审专家给出评审意见，决定项目是否立项；完成的项目可以提起验收流程，验收通过后将形成验收报告。

项目在执行过程以计划为主导，根据项目周期制订季度计划和月计划，其业数据流程如图2所示。计划的制订过程主要分为计划纲领制订、计划任务分解、任务发布和分配四大环节，四个环节的把控使计划编制可靠、逐步细化，并具有良好的可执行性，在执行过程中生成相关计划数据文件，数据之间具有较强的时间节点约束。

科研项目进度控制流程如图3所示，与项目计划相对应，分为面向项目的季度进度跟踪和面向产品的月度计划跟踪，通过从战术层与作业层对进度实时更新，可以从宏观和微观上对项目的进展有深入的了解，有利于计划的调整和决策的制定。

第一部分 兵器系统智能化设计理论与总体技术

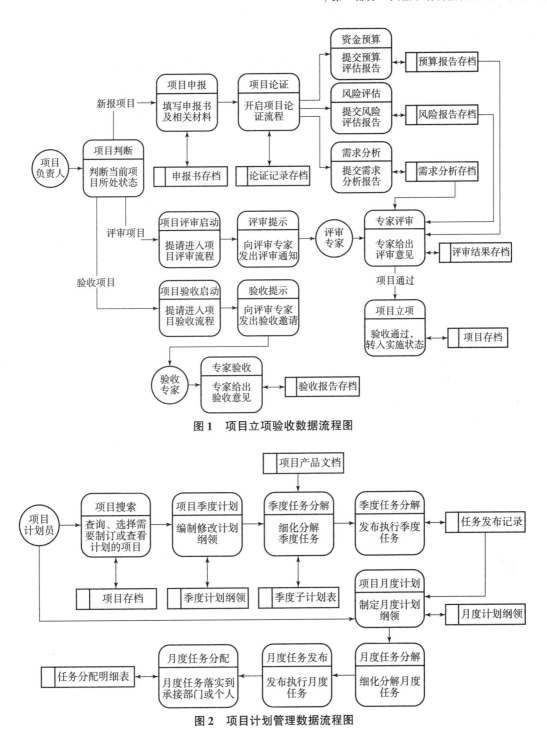

图1 项目立项验收数据流程图

图2 项目计划管理数据流程图

4 架构设计

根据信息系统建设的基本要求,结合企业业务管理过程的需求,系统的功能结构从上到下可分为三个层次——表现层、应用层和应用支撑层,而信息安全、规章制度、标准、规范体系贯穿于各个层面,如图4所示。

(1)表现层。系统通过对应用层日常业务活动过程的管理,从项目基本信息、项目成本分析、项目综合评估分析、项目计划进度统计分析和项目质量报告等宏观层面反映公司科研项目的总体情况,有助于决策者做出合理的判断,给出科学决策方案。

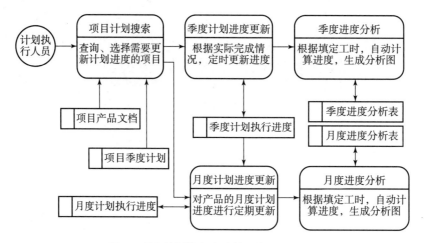

图 3 项目计划执行进度控制数据流程图

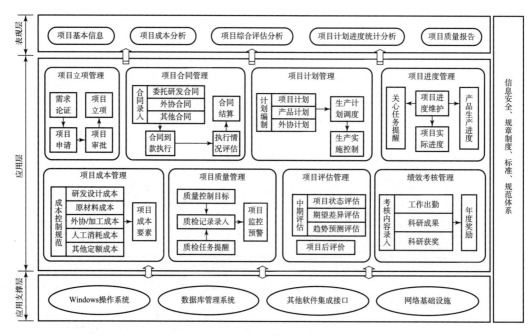

图 4 科研项目管理系统构架图

（2）应用层。作为企业运作的信息支持，应用层将科研项目的全生命周期管理过程中的业务模块集成到一起。该层包含了项目立项、合同签订、计划进度安排、成本质量控制以及项目评估考核等作业层面的业务处理模块，形成对科研项目实施过程的多维信息记录，实时处理和存储从各个业务节点收集来的数据，准确反映科研项目的当前状态。

（3）应用支撑层。为管理软件系统的正常运行提供必要的软硬件环境，包括操作系统、数据库管理平台、集成其他软件的接口以及实现信息共享的网络基础设施。

由上述三层结构构成的信息系统在规划、设计、实施的过程中均以军工企业的行业要求为准绳，重点抓住信息保密度要高、系统可靠性要好、业务处理规范性要强的特点，使系统在各个开发阶段都符合行业标准。

5 结论

本文对企业目前的项目管理现状进行分析，找出了管理工程存在的问题，并以此给出了某科研项目管理信息系统的特性要求与总体设计原则；结合企业业务需求对系统中核心的科研项目立项验收业务流程、项目计划管理业务流程和项目进度控制流程进行分析设计，绘制了业务处理过程的数据流程图；以系统整体需求为指导，从表现层、应用层和应用支撑层三个层次上设计了某科研项目管理信息系统的整体结构框架，为系统开发部署提供依据。

参 考 文 献

[1] 陈刚，孙鹏才，易华军. 项目管理在船舶科技创新中的应用研究 [J]. 船舶科学技术，2009（3）：10-12.
[2] 姜华斌. 航空科研院所项目管理结构解决方案 [J]. 航空科学技术，2006（6）：24-26.

火炮综合电子系统自主可控发展探讨

韩崇伟[1]，张志鹏[1]，吴 旭[1]，李 可[2]，王天石[1]

(1. 西北机电工程研究所，陕西 咸阳，712099；
2. 西安工业大学，陕西 西安，710021)

摘 要：分析了目前我国火炮综合电子系统自主可控现状，阐述了国内电子元器件、基础软件发展现状，以及在火炮综合电子系统中的应用情况和存在的技术难题。考虑未来电子元器件与基础软件的技术发展趋势，结合我国火炮装备的技术基础，初步提出了火炮综合电子系统自主可控发展思路。

关键词：火炮；自主可控；综合电子系统

中图分类号：TJ818

Discussion on the autonomous and controllable development of artillery integrated electronic system

HAN Chongwei[1], ZHANG Zhipeng[1], WU Xu[1], LI Ke[2], WANG Tianshi[1]

(1. Northwest Institute of Mechanical and Electrical Engineering, Xianyang 712099, China;
2. Xi'an technological University, Xi'an 710021, China)

Abstract: The current controllable status of Chinese artillery integrated electronic system is analyzed, it expounds the development status of domestic electronic components and basic software, the application and existing technical problems in the artillery integrated electronic system. Consider the future development trend of electronic components and cardinal software, Combined with the technical basis of Chinese artillery equipment, this paper initially puts forward the idea of independent and controllable development artillery integrated electronic system.

Keywords: artillery; self-controllable; integrated electronic system

0 引言

自主可控是指完全拥有自主知识产权和核心技术，具有自主设计、制造、检测、运行维护能力，其发展独立可控，不受国外限制。有的集成电路、模块、板卡或设备大量采用国外元器件进行集成式开发或封装，就不是自主可控，属于伪自主。

中兴通讯股份有限公司是全球领先的综合通信解决方案提供商、中国最大的通信设备上市公司，为全球180多个国家和地区提供创新技术与产品。2018年美国制造的"中兴事件"，拒绝向我国中兴通讯股份有限公司提供高端核心电子元器件，并处以高额罚款，严重影响了中兴的技术发展与产品生产，带来了不可估量的经济损失。"中兴事件"再次给我们敲响了警钟，核心技术是买不来的，自主可控是我国火炮发展的必由之路。

2005年，美国不顾韩国的一再请求，拒绝向韩国转让研发战机KF-X所需要的4项核心技术，促

作者简介：韩崇伟（1963—），男，西北机电工程研究所研究员，博导。

使韩国自主研发。这件事情说明,即使在像美国、韩国已经由拥有60多年《共同防御条约》支撑的战略盟友之间也买不到核心技术。

2006年,国务院发布了《国家中长期科学与技术发展规划纲要(2006—2020年)》,中央财政安排"核高基"重大专项预算328亿元,加上地方财政以及配套资金总投入超过数千亿元,开展对核心电子器件、高端通用芯片及基础软件产品的研发。国家领导人非常重视自主可控发展。在"核高基"重大专项带领下,经过多年的发展,我国在核心关键元件和基础软件自主可控方面取得了很大成就,为我国发展火炮装备实现自主可控奠定了扎实基础。

2013年爆发的"棱镜门"事件再次给世界各国国防科技工业信息安全敲响了警钟。

了解核心元件和基础软件自主可控现状,考虑未来技术发展趋势,结合我国火炮装备的技术基础,探讨火炮综合电子系统自主可控发展思路,及时采取有力措施实现自主可控显得非常重要。自主可控着眼于火炮生态链的未来发展,是一种强国强军能力的体现。只有实现关键元器件和基础软件自主可控,才能保障装备在平时不受限于人,在战时不受制于人。

1 火炮综合电子系统进口元器件与基础软件应用现状

火炮联合式综合电子系统主要由目标搜索与识别系统、目标跟踪系统、定位定向系统、火炮随动系统、火控计算机、通信系统、综合电气控制系统、自动装填控制系统、发射控制系统、底盘电子系统等主要电子设备或分系统组成。各电子设备都由独立的机箱,复杂程度不同的电源转换电路,信号、数据、图形处理控制电路,输入输出控制电路,存储电路,数据传输与交换电路,驱动放大电路等组成[1]。由于国内元器件存在价格贵、可靠性低以及设计师已经习惯使用国外元器件等原因,元器件与基础软件产品对外依存度仍然较高。

在电子产品设计中大量使用了国外的电子元器件、关键材料、基础软件、机电产品和军用动力等,其中种类和数量最多的是电子元器件。其品种繁多,个性化要求高;各类新老器件混杂使用,许多设备中仍然大量使用国外停产的元器件;元器件呈现多、杂、散的特点,对进口依赖非常严重,对国外元器件依存度较高。这导致一方面部分来路不明的器件给装备质量、可靠性及安全带来隐患;另一方面进口元器件"断档"问题给火炮装备持续生产带来了严重威胁,元器件自主可控形势非常严峻。进口的核心关键器件主要包括处理器(PowerPC处理器、ARM处理器、X86处理器、DSP处理器、单片机处理器等)、可编程逻辑器件、存储器、模数转换器、放大器、各种总线接口、驱动器、时钟复位、电源管理、光电耦合器及高端通用器件等类型。

在计算机控制类产品中大量采用的进口基础软件主要包括VxWorks操作系统、嵌入式Linux操作系统、Windows操作系统等,具有极大的安全隐患。VxWorks操作系统是美国WindRiver公司于1983年设计开发的32位嵌入式实时操作系统,在2011年又推出了64位嵌入式实时操作系统,能适应不同的处理器,如Intel的X86\IA32、XScale等,Motorola的68k、PowerPC等,IBM的MIPS系列、ARM系列、SPARC系列等CPU[2]。自问世以来,VxWorks操作系统不断完善以满足多样化的市场需求,目前VxWorks已经历5.5、6.8、6.9版本,扩展到7.0版本,全新推出的VxWorks7.0操作系统把实时操作系统的可伸缩性提升到一个全新的水平,采用了更好的模块化架构,使用户能够对系统组件和协议实施高效且有针对性地升级,无须改变系统内核,从而最大限度地减少了测试和重新认证的工作量,确保客户系统始终能够采用最先进的技术。

Linux操作系统被正式公布于1991年10月,是由芬兰赫尔辛基大学的学生Linux Torvalds开发的一款操作系统,它是基于POSIX和UNIX的多用户、多任务、支持多线程和多CPU的操作系统,它能运行主要的UNIX工具软件、应用程序和网络协议,可以支持32位和64位硬件并且允许多个用户通过网络同时访问同一个操作系统。自从1991年首次公开以来,Linux的应用就越来越广泛,用户量更是迅速增长。目前,随着需求的变更,Linux已经衍生出Linux Router Project, ETLinux, muLinux, μCLinux, Thin-Linux及RT - Linux等多种类型。这些嵌入式Linux免费、源代码公开,被广泛应用于综合电子系统领域中。

Windows XP Embedded（被简称为Windows XPE）是微软研发的嵌入式操作系统，是Windows XP操作系统的简化版本，可依据不同的需求，按照组件化方式进行组合，拥有与Windows XP操作系统的相似性以及完整的功能。

目前火炮综合电子系统中仍在大量使用Windows XP Embedded、嵌入式Linux、VxWorks等操作系统，为实现国产操作系统完全替代和全覆盖我们还有很多工作要做。

2 自主可控应用情况

近年来，我国已成功研制出一批具有代表性的国产化基础软硬件产品，为火炮实装应用实现自主可控奠定了扎实基础，但与国外发达国家相比，仍有较大差距。

2.1 国产关键元器件发展情况

我们在高性能军用CPU、GPU、DSP、FPGA、存储器、ADDA等领域通过技术攻关，已取得较大的突破，在国产化方面已形成较为完整的产业链。未来随着半导体技术和制造工艺的提升，高端元器件国产化将得到较快的发展。对于处理器、FPGA、存储器、模数转换器件、微波射频器件等核心器件，国内部分已有替代产品，但国内产品与进口产品在主频、处理性能、可靠性、集成度、性能指标以及体积等方面具有较大的差异，若替换后则会造成装备体积、性能、可靠性的下降，成本也会提高。

近年来，国产CPU处理器取得了突破性进展，不断缩短与国外的差距，已成功实现16 nm工艺的芯片量产，呈现出百花齐放、百家争鸣的良好态势，主要以龙芯、申威、飞腾、兆芯、海光、海思、国微、国芯、中天微、智芯、北芯、欧比特、中国电子科技集团第三十二所等为代表，处理器架构涵盖了SPARC、SW6、C-SKY、MIPS、Alpha、MIPS、PowerPC、ARM、X86、DSP等[3]，针对龙芯、申威、飞腾等我国成功开发了具有自主知识产权的昆仑固件BIOS和BMC，完全可以满足火炮CPU选型和使用要求，应用领域可满足嵌入式、桌面和服务器系统，有的已成功被应用于火炮综合电子系统中。

以中国电子科技集团第三十二所、中国电子盛科、北京东土军悦等为代表，我国成功开发了以太网核心交换芯片，基于国产交换芯片开发网络交换整机的成熟厂商众多。国产DSP以国防科技大学、中国电子科技集团第三十八所、中国电子科技集团第十四所等为代表，已实现量产，中国电子科技集团第三十二所研发了DSP实时操作系统，都在持续推广应用[4,5]。

2.2 关键基础软件发展情况

在基础软件操作系统方面，以锐华ReWorks、麒麟、道、中标、普华、方德、深度等操作系统为代表的基础软件操作系统可分别用于替代美国VxWorks、国外嵌入式Linux、Windows等操作系统。

锐华ReWorks操作系统是由中国电子科技集团三十二所自主研制的嵌入式实时操作系统和开发环境。ReWorks与VxWorks接口兼容，其实时响应时间小于15 μm级（100 MHz主频）、系统最小配置小于20 KB。麒麟操作系统由国防科技大学负责研发，是"863"计划重大攻关科研项目，包括实时版、安全版、服务器版三个版本，它主要是以Linux为标准，仿Windows界面的操作系统，特别适合桌面以及服务器系统应用[6]。

国产操作系统在易用性、可靠性、兼容性、安全性等方面进行了全面的系统优化，可以较好地支持国产硬件平台和大多数外部设备，已经具备在火炮上广泛推广应用的基础条件。

2.3 国产化应用验证不充分

对国产模拟类产品如开关、指示灯、熔断器、继电器、电阻、电容、中低端稳压电源、连接器、电线电缆等在火炮单机以及系统上已得到充分验证。国产基础软件如锐华操作系统、麒麟操作系统，国产处理器如龙芯、申威、飞腾等，以及FGGA、DSP等仅在个别不太复杂的单机和分系统中开始应用，在新上型号的关键分系统、单机和系统总体上的应用验证还不充分。其主要存在以下问题：一是直接应用验证与型号研制的时间节点存在冲突，应用验证的时间长于型号要求的进度；二是存在精度与可靠性问题。国产高端通用集成电路多数都不能直接与国外元器件替换，管脚定义与尺寸大小都存在差异，仅可功能替代。所以单机设计必须根据国产元器件生态体系通盘考虑、周密设计，在国产元件的基础上实现单机自主可控，从而达到系统自主可控；三是采用国产元器件进行系统综合集成的技术与经验不足，需要专项突破与积累。

3 加快火炮综合电子系统自主可控发展的几点思考

3.1 加强自主可控需求以及国产元器件和基础软件选用工作

火炮使用的元器件和基础软件是兵器装备设计的源头、产品质量的关键，直接影响火炮总体技术性能。其特点是牵涉面广，技术跨度大。自主可控需求工作涵盖的火炮种类多，元器件类别覆盖半导体集成电路、混合集成电路、分立器件、光电子器件、电真空器件、机电组件、特种元件、通用器件、微波器件等类别，元器件质量等级覆盖商用级、工业级、汽车级、军品级、宇航级等，基础软件涵盖多种操作系统、编程环境、数据库等，技术跨度大、领域广。应加强自主可控需求分析和论证，根据我国的研制能力和已有研制成果，分析可替代性，梳理元器件对外依存度指标要求，分步骤有序推进基于国产化替代的自主可控工作。梳理目前国内已有可替代的成熟产品明细，从国家政策层面强化使用，必须直接替换；对目前应用验证不充分，国内已有的可替代产品，积极开展从元器件、单机、系统级的应用验证工作；对于火炮有需求，尚没有国产替代元件的，同步开展研制与验证工作。

3.2 突出整炮级应用验证，推进国产自主可控技术的研发与推广

火炮种类较多，包括迫击炮、榴弹炮、火箭炮和高射炮等，目前全面实现元器件国产化仍有很大的技术难度。针对国内已有但因价格高、可靠性低等因素尚未开展应用验证和成熟使用的元器件产品，采用以点带面的思想，突破典型平台应用瓶颈后，再全面推广应用。选择榴弹炮、高炮为典型平台，开展整炮综合电子系统国产化自主可控系统级应用验证。榴弹炮综合电子系统和高炮综合电子系统各有特点，均构建在大量的复杂的基础元器件和基础软件之上，可全面涵盖所有火炮软件和硬件自主可控环境。

充分认识到整炮综合电子系统应用验证的复杂性和发展迫切性，加强顶层设计，应不失时机地开始开展研究工作。火炮总体研究所肩负着推动火炮发展的社会责任和历史使命，必须在实现火炮自主可控方面发挥引领和带头作用，组织兵器全行业的力量开展论证与研究，并承担起组织领导的责任，统一策划、统一部署、覆盖全面、不留死角。上级机关明确指导原则，保证这项工作的有序开展，切忌各自为政、各行其道。

在系统级应用验证时一定要掌握空心国产化和组装国产化等非自主可控产品明细，如有的电源将混合集成电路转换为国内生产，但其封装内采用的进口元器件有大量国外半导体器件。只有杜绝了空心和组装国产化，才能实现真正的自主可控。

3.3 进一步健全管理机制

强化应用验证，建立产品合格名录，严把进口采购关，杜绝不安全产品的渗透。

4 结论

相比欧美、日本等国的国防科技工业，我国在一些领域还相对落后。面对国家领海、领土及海洋权益不断被侵蚀，两岸的关系不确定，霸权主义与强权政治在军事上对我国的围堵，中外贸易摩擦不断的严峻形势，只有尽快实现我国的火炮装备自主可控，才能在实现强军梦、强国梦的伟大征程上发挥出更

大的作用。在实现火炮综合电子系统自主可控的发展过程中，理清进口元器件与基础软件的应用现状与依存度现状，掌握国内关键元器件与基础软件的发展情况和研发动态，明确发展思路，适时采取有效措施，就会收到事半功倍的结果。本文提出的当前加快火炮综合电子系统自主可控发展的几点想法，是作者的粗浅认识与思考，供参考指正。

参 考 文 献

[1] 韩崇伟，张志鹏，王天石，等. 现代火炮模块化综合电子系统 [M]. 北京：兵器工业出版社，2018.
[2] 纪静，屈涛，等. 自主可控计算机设计与实现 [J]. 计算机工程与应用，2013，49（15）36，第5期．1－6.
[3] 朱旭斌，张伟，等. 航天关键元器件自主可控需求工作思考 [J]. 航天标准化，2013（3）：26－28.
[4] 徐小琴. 测控设备自主可控发展建设探讨 [J]. 飞行器测控学报，2015，34（2）：133－139.
[5] 孟凡生，韩冰. 自主可控及其主要影响隐私分析 [J]. 国防科技工业，2016（3）：28－30.
[6] 万俊伟，赵辉，等. 自主可控信息技术发展现状与应用分析 [J]. 飞行器测控学报，2015，34（4）：318－324.

高超声速制导火箭大包线 μ 综合控制

常 江，苗昊春，马清华，王 根，粟金平，何润林

（西安现代控制技术研究所 制导控制技术部，陕西 西安 710000）

摘 要：研究了 μ 综合控制方法在高超声速制导火箭大包线控制问题中的应用。采用基于最坏情况增益灵敏度分析的不确定参数简化方法得到简化控制模型，运用 μ 综合鲁棒控制方法设计了高超声速制导火箭控制系统，进行了高超声速制导火箭不确定性和大包线全轨迹仿真。仿真结果验证了高超声速制导火箭控制系统设计的有效性。

关键词：制导控制；高超声速制导火箭；参数灵敏度分析；μ 综合控制

中图分类号：TG156 **文献标志码**：A

μ – synthesis control method for hypersonic rocket in large flight envelope

CHANG Jiang, MIAO Haochun, MA Qinghua,
WANG Gen, LI Jinping, HE Runlin

(Guidance and Control Department, Xi'an Modern Control Technology Research Institute, Xi'an 710000, China)

Abstract: This paper focuses on the application of μ – synthesis theory to the tracking problem for hypersonic rocket. The dynamic model for control is developed through LFT modeling and uncertainty parameter sensitivity analysis basing on worst – case gain method, then the controllers are designed using μ – synthesis robust control theory.

Keywords: guidance and control; hypersonic rocket; sensitivity analysis; μ – synthesis control

0 引言

高超声速制导火箭再入过程中，飞行高度和马赫数跨度范围大，其间复杂的力学环境因素以及各种无法预知的外界扰动使系统具有很强的不确定性，这给高超声速制导火箭的控制系统设计带来了新的挑战[1]。

μ 综合控制方法在解决系统不确定性摄动和抗干扰性方面有很大优势，且具有较小的保守性，能同时针对鲁棒稳定性和鲁棒性能进行设计，是高超声速制导火箭控制系统的一种极具前景的设计方法[2]。然而，在采用 μ 综合方法设计飞行器姿态控制系统过程中，需要先对模型中存在的不确定性进行分析并利用线性分式转换（LFT）进行简化模型的建立。对于高超声速制导火箭而言，模型中包含大量的不确定参数，如果在控制系统设计过程中全部加以考虑，如多模型控制方法[3]、特征结构配置方法[4]、增益加权方法[5]、LPV 方法[6]，则必然使设计过程复杂，控制器阶数过高。针对这一问题，目前在飞行器的控制系统设计过程中通常根据经验只考虑对飞行器稳定性和操纵性影响较大的不确定参数[7,8]，进而简化模型不确定性和控制系统设计，再通过反复的仿真验证来确保控制系统的鲁棒性能。但是，对于高超声速制导火箭这类包含大量不确定参数，且飞行机理尚未明确的控制对象，依赖于经验的简化方法会大大降低控制系统的设计效率，且会导致控制器参数脆弱性问题[9]。

基于上述分析，本文首先针对飞行器模型不确定参数的简化问题，提出了基于参数灵敏度分析的简

化方法，以高超声速制导火箭横侧向控制为例，采用最坏情况增益（Worst-case Gain，WCG）参数灵敏度分析方法，求得各不确定参数在频域内的灵敏度值，然后分别从各频段选出灵敏度值较大的参数，在保证不丢失大量WCG信息的情况下，建立了包含较少不确定参数的简化LFT模型。在此基础上，考虑到飞行器建模时除了参数不确定外还受未建模不确定性以及测量噪声的影响，采用基于模型跟踪的控制系统结构以及μ综合鲁棒控制设计方法，进行飞行器鲁棒控制系统设计。最后，对本文设计的μ综合控制系统性能进行了仿真验证。

1 控制模型建立

高超声速制导火箭再入过程中，俯仰通道相对独立，而滚转通道与偏航通道耦合严重，因此在解决飞行器横侧向控制问题时，需对滚转通道与偏航通道进行联合控制。假设飞行器为刚体且相对于纵轴对称，采用无动力飞行且质量与质心位置不变，忽略经纬度变化和地球自转角速度等对姿态角变化的影响，经横纵向解耦，可得到高超声速制导火箭横侧向动力学模型[10]如下：

$$\begin{bmatrix} \dot{\beta} \\ \dot{\sigma} \\ \dot{\omega}_x \\ \dot{\omega}_y \end{bmatrix} = \begin{bmatrix} \dfrac{C_z^\beta qS}{mV} & 0 & \alpha & 1 \\ 0 & 0 & 1 & -\alpha \\ \dfrac{m_x^\beta qSL}{J_x} & 0 & \dfrac{m_x^{\bar{\omega}_x} qSL^2}{VJ_x} & \dfrac{J_y - J_z}{J_x}\omega_z \\ \dfrac{m_y^\beta qSL}{J_y} & 0 & \dfrac{J_z - J_x}{J_y}\omega_z & \dfrac{m_y^{\bar{\omega}_y} qSL^2}{VJ_y} \end{bmatrix} \begin{bmatrix} \beta \\ \sigma \\ \omega_x \\ \omega_y \end{bmatrix} + \begin{bmatrix} 0 & \dfrac{C_z^{\delta_y} qS}{mV} \\ 0 & 0 \\ \dfrac{m_x^{\delta_x} qSL}{J_x} & \dfrac{m_x^{\delta_y} qSL}{J_x} \\ \dfrac{m_y^{\delta_x} qSL}{J_y} & \dfrac{m_y^{\delta_y} qSL}{J_y} \end{bmatrix} \begin{bmatrix} \delta_x \\ \delta_y \end{bmatrix} \quad (1)$$

式中：α, β, σ——飞行器的攻角、侧滑角和倾侧角；

ω_x, ω_y, ω_z——滚转角速度、偏航角速度和俯仰角速度；

δ_x, δ_y——副翼舵偏和方向舵舵偏。

高超声速制导火箭再入过程中，飞行高度和飞行马赫数跨度范围大，且由于速度剧烈变化带来严重的气动加热和气动烧蚀，引起飞行器质量和转动惯量的变化，再加上缺乏足够的飞行试验导致气动系数不够精确，使式（1）中的模型系数都有不同程度上的不确定性。因此，在控制系统设计前需对上述不确定性进行系统分析和建模，以确保控制系统具备较强的鲁棒性。然而高超声速制导火箭横侧向动力学模型中包含大量的不确定参数，为了便于μ综合控制系统设计，需对式（1）所示动力学模型不确定参数进行适当简化来得到控制模型。故本文提出采用WCG参数灵敏度分析来简化不确定参数，进而通过变换得到用于μ综合控制系统设计的LFT控制模型。

1.1 WCG参数灵敏度分析

WCG分析指在所有不确定参数的取值范围内，找出系统的最大频域响应幅值，即最坏情况增益[11]。对于多输入多输出系统，WCG代表频域响应矩阵的最大奇异值。定义不确定参数灵敏度为WCG对系统不确定参数摄动范围的灵敏度，取值为正数，即不确定参数摄动范围扩大$a\%$，引起WCG增加$b\%$，则不确定参数灵敏度表示为$S = b/a \times 100$。由定义可知，不确定参数灵敏度越大，则该参数摄动对系统的影响越大，在控制器设计过程中应重点考虑。

选取高度为36 km，速度为$10Ma$的特征点对式（1）中的模型进行分析，得某飞行器主要不确定参数及其标称值如表1所示。

由表1可知，飞行器模型共包含14个不确定参数，根据工程实际要求，其中气动力系数和力矩系数的不确定范围取为[-30%，30%]，转动惯量和质量的不确定范围取为[-10%，10%]。通过WCG灵敏度分析，可得到频域范围内各不确定参数的灵敏度，如图1所示。从图中可以看出WCG主要对3个参数比较敏感，分别是：低频段敏感参数$m_y^{\delta_y}$、中频段敏感参数m_x^β和高频段敏感参数$m_x^{\delta_x}$。

表1 不确定参数及其标称值

不确定参数	标称值	不确定参数	标称值
$m_x^{\bar{\omega}_x}$	-0.07	$m_x^{\delta_x}$	-0.026
$m_x^{\delta_y}$	-0.01	$m_y^{\bar{\omega}_y}$	-0.037
$m_y^{\delta_x}$	0.004	$m_y^{\delta_y}$	-0.006
$C_z^{\delta_y}$	-0.017	m_x^{β}	-0.06
m_y^{β}	0.002	C_z^{β}	-0.75
J_x	325	J_y	2 000
J_z	1 800	m	2 600

将其余不确定参数设定为名义值,仅保留上述三个主要敏感参数得到控制模型,对其进行 WCG 分析。比较原不确定模型与简化不确定模型的 WCG 如图2所示。由图可知,简化后的不确定模型在各频段与原不确定模型非常接近,这表明在不丢失大量 WCG 信息的情况下,可仅采用 $m_y^{\delta_y}$,m_x^{β},$m_x^{\delta_x}$ 三个不确定参数来表示原动力学模型的不确定性。

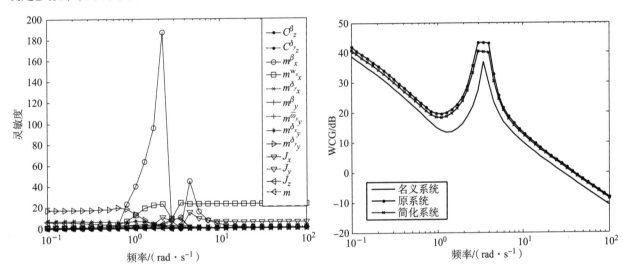

图1 不确定参数灵敏度分析　　图2 原不确定模型与简化不确定模型的 WCG 对比

1.2 不确定系统的 LFT 建模

在采用 μ 综合方法对式(1)所示的系统进行鲁棒控制系统设计之前,需将式(1)转化为 LFT[12] 形式。利用上述得到的三个不确定参数,对系统矩阵中受不确定参数影响的各项展开,忽略高阶项并整理为 $A_0 + \sum_i \delta_i A_i, B_0 + \sum_i \delta_i B_i, \cdots$,则得到参数不确定系统的标准型为

$$\begin{bmatrix} \dot{x} \\ y \end{bmatrix} = \begin{bmatrix} A_0 + \sum_{i=1}^{3} \delta_i A_i & B_0 + \sum_{i=1}^{3} \delta_i B_i \\ C_0 + \sum_{i=1}^{3} \delta_i C_i & D_0 + \sum_{i=1}^{3} \delta_i D_i \end{bmatrix} \begin{bmatrix} x \\ u \end{bmatrix} = \left(\begin{bmatrix} A_0 & B_0 \\ C_0 & D_0 \end{bmatrix} + \sum_{i=1}^{3} \delta_i \begin{bmatrix} A_i & B_i \\ C_i & D_i \end{bmatrix} \right) \begin{bmatrix} x \\ u \end{bmatrix} \quad (2)$$

式中:δ_1,δ_2,δ_3——$m_y^{\delta_y}$,m_x^{β},$m_x^{\delta_x}$ 三个不确定参数。

通过 LFT 的四则运算法则,可将式(2)中的不确定参数 δ_i 提取出来,得到包含所有不确定参数的摄动块 Δ 以及矩阵 M,表示为上 LFT 形式,有

$$F_u(M,\Delta) = M_{22} + M_{21}\Delta(I - M_{11}\Delta)^{-1}M_{12} \tag{3}$$

式中

$$M = \begin{bmatrix} M_{11} & M_{12} \\ M_{21} & M_{22} \end{bmatrix}, \quad \Delta = \mathrm{diag}(\delta_1 I_1, \delta_2 I_2, \delta_3 I_3)$$

其结构如图3所示。

2 μ 综合控制系统设计

得到控制模型后,本文采用 μ 综合方法设计高超声速制导火箭控制系统来解决飞行器再入过程姿态控制中面临的不确定性摄动和强干扰性问题。

2.1 μ 综合方法

μ 综合问题如图4所示。图中 P 为广义被控对象,包括被控对象参数不确定模型和性能权函数;K 为反馈控制器;Δ 为不确定性模块;u 为控制量;d 为外界输入;z 和 w 为不确定性模块的输出和输入;e 为误差信号输出;y 为状态反馈。

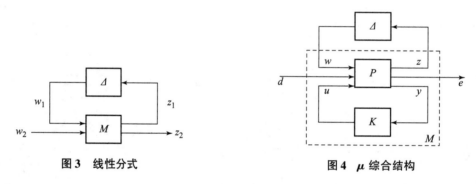

图3 线性分式 　　　　图4 μ 综合结构

闭环矩阵

$$M = \begin{bmatrix} M_{11} & M_{12} \\ M_{21} & M_{22} \end{bmatrix} = F_l(P, K) \tag{4}$$

为下线性分式,表示不考虑不确定性时的系统闭环传递函数矩阵。

结构奇异值 μ 定义如下:

$$\mu(M) = \begin{cases} 0, \forall \Delta \in \dot{\Delta}, \det(I - M\Delta) \neq 0 \\ \{\min_{\Delta \in \dot{\Delta}}(\dot{\sigma}(\Delta) \mid \det(I - M\Delta) = 0)\}^{-1} \end{cases} \tag{5}$$

结构奇异值 μ 可以解释为使闭环系统不稳定时(即 $\det(I - M\Delta) = 0$ 时)最小容许摄动的最大奇异值的倒数。对具有与 Δ 同样的结构、稳定且满足 $\|\Delta\|_\infty \leq 1$ 的所有 $\Delta(s)$,图4所示闭环系统稳定,且满足 $\|F_l(P,K)\|_\infty \leq 1$ 的充要条件是

$$\sup \mu_\Delta(M) \leq 1 \tag{6}$$

直接利用结构奇异值定义求解 μ 设计问题非常困难,一般采用 Doyle[13] 在1985年提出的 "D - K" 迭代算法。它分为 H_∞ 优化设计控制器和结构奇异值 μ 分析两部分,从而将鲁棒控制器设计问题转化为寻求稳定的控制阵 (K) 和尺度化变换矩阵 (D),以使 $\|DF_l(P,K)D^{-1}\|_\infty$ 最小化。

2.2 控制系统结构

高超声速制导火箭横侧向控制的目标是跟踪倾侧角指令,同时保持侧滑角在0°附近。控制指令的精确跟踪要求控制系统对外界干扰以及参数摄动有很好的鲁棒特性。

本文通过设计理想跟踪模型来保证飞行器的指令跟踪特性，并利用低频高增益的性能权函数抑制侧滑角的变化，进而采用 2.1 节所述 μ 综合方法保证系统的鲁棒性能。飞行器横侧向控制系统结构如图 5 所示。

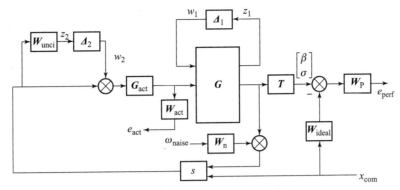

图 5　飞行器横向控制系统结构

图 5 中，(G, Δ_1) 为包含参数不确定性的控制模型；Δ_2 表示系统未建模不确定性；W_{unci} 为其不确定性界函数，即未建模不确定性权函数；W_{ideal} 为理想跟踪模型；W_{p} 为性能权函数；W_{act} 为舵机权函数；W_{n} 为噪声权函数；x_{com} 为姿态角指令；e_{perf} 为评价输出信号；G_{act} 为舵机模型。

2.3　控制器设计

在 μ 综合控制系统设计的过程中，权函数的选取是设计工作难度和工作量最大的一部分。在权函数的选取过程中，要同时考虑闭环系统的响应特性以及对不确定性和干扰的抑制能力，才能得到满足要求的控制系统。针对本文所选特征点处的动力学模型，根据相关权函数选取原则，设计权函数如下：

（1）未建模不确定性权函数：此权函数反映了标称动力学模型与实际飞行器模型的差异，采用输入端乘型不确定性表示，取为

$$W_{\text{unci}} = \text{diag}\left[\frac{2(s+1.6)}{s+104}, \frac{2(s+1.6)}{s+104}\right] \tag{7}$$

该函数表明模型不确定性随着频率的增大而增大，低频（低于 2 rad/s）时为 3%，高频（高于 60 rad/s）时达到 100%。

（2）理想跟踪模型：此模型反映了闭环系统的期望响应特性，一般用一个二阶函数表示。根据飞行器的性能要求，取其阶跃响应指标为：超调量 $\sigma \approx 4\%$，上升时间 $t_r < 1.7$ s，调节时间 $t_s < 2.4$ s，稳态误差 $e_{ss} = 0$，如下式所示。

$$W_{\text{ideal}} = \left[0 \quad \frac{4}{s^2 + 2 \times 0.72 \times 2s + 4}\right]^{\text{T}} \tag{8}$$

由于指令输入只有一个信号 σ_{com}，而输出有两个误差信号 $\Delta\beta$ 和 $\Delta\sigma$，所以设置 W_{ideal} 为 2×1 的矢量形式。

（3）性能权函数：为获得理想模型的响应特性，对于确定的输入，要求设计的控制系统输出按理想模型输出变化。为了使系统具有良好的命令跟踪能力和抗干扰能力，该函数在低频段的幅值应较大，在高频段幅值一般取在 $0.1 \sim 0.8$，其常见的形式为一阶或二阶函数。现取为如下：

$$W_{\text{P}} = \text{diag}\left[\frac{0.3s+7.6}{s+0.04}, \frac{0.8s+3.6}{s+0.045}\right] \tag{9}$$

（4）噪声权函数：此函数反映了传感器测量噪声的特性。真实的测量噪声一般为频率的函数，在低频段其幅值较小，但随着频率的增高，噪声幅值将变大。从不增加控制器的阶次考虑，噪声权函数取为常数，即 $W_{\text{n}} = \text{diag}\ [0.01,\ 0.01,\ 0.001,\ 0.001]$。

（5）舵机模型：根据设定的舵机特性，将副翼与方向舵取为二阶传递函数矩阵，输出为舵机的偏转速率与偏转角度。

$$G_{\text{act\_rud}} = G_{\text{act\_ail}} = \begin{bmatrix} \dfrac{80^2 s}{s^2 + 2 \times 80 \times 0.7s + 80^2} \\ \dfrac{80^2}{s^2 + 2 \times 80 \times 0.7s + 80^2} \end{bmatrix}$$

$$\boldsymbol{G}_{\text{act}} = \text{diag}[\,G_{\text{act\_rud}},\ G_{\text{act\_ail}}\,] \tag{10}$$

（6）舵机权函数：取为常数矩阵，用于限定舵机偏转的最大角速率和角度。

$$\boldsymbol{W}_{\text{act}} = \text{diag}\left[\dfrac{57.3}{300},\ \dfrac{57.3}{20},\ \dfrac{57.3}{300},\ \dfrac{57.3}{20}\right] \tag{11}$$

为了保证对高超声速制导火箭在大包线范围内的控制效果，将再入轨迹根据动压划分为两个不同子工作区，分别对子工作区内特征点处的子模型设计 μ 综合控制器。选取第一个特征点为（50 km，17Ma），第二个特征点为（36 km，10Ma），根据相应的性能权函数和理想跟踪模型，采用 D－K 迭代算法分别得到 26 阶、5 输入、2 输出形式的第一特征点鲁棒控制器及 30 阶、5 输入、2 输出形式的第二特征点鲁棒控制器。

3 仿真与结果分析

结合工程实际情况要求，仿真中对高超声速制导火箭可用舵偏进行如下限制：

$$-20° \leqslant \delta_x \leqslant 20°,\quad -20° \leqslant \delta_y \leqslant 20°,\quad -30° \leqslant \delta_z \leqslant 10°$$

3.1 不确定性定点仿真

为了验证控制系统的鲁棒性能，采用包含所有不确定参数在内的非线性仿真模型，分别给出标称状态和最坏扰动情况下的系统响应。其中，最坏扰动响应定义为在所有不确定性和扰动的组合中，使系统 H_∞ 范数最大时的响应。仿真中的不确定参数仅取横侧向模型系数（表1），俯仰通道模型系数则取特征点处名义值。参考输入信号 σ_{com} 为对称方波信号，仿真结果如图6、图7所示。

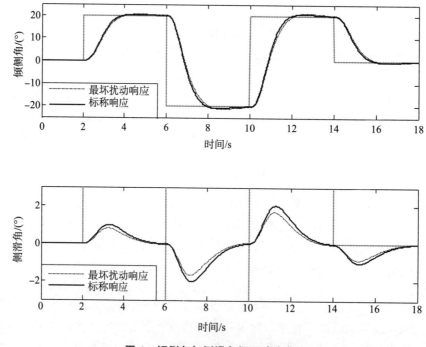

图 6 倾侧角与侧滑角闭环响应曲线

从图 6 中可以看出，无论标称状态还是最坏扰动情况，倾侧角响应均满足理想跟踪模型的时域设计指标，且最坏扰动响应与标称响应的差别很小，显示了非常好的抗不确定性。与此同时，飞行器侧滑角始终保持在±2.5°以内，且收敛速度很快。由图7可见，副翼与方向舵也都满足舵偏角和舵偏角速度的限制要求。理论分析和仿真结果表明，基于简化不确定模型设计的μ综合控制系统对包含忽略的不确定参数在内的仿真模型仍然显示出很好的鲁棒稳定性和鲁棒性能，说明了控制模型建立的有效性。

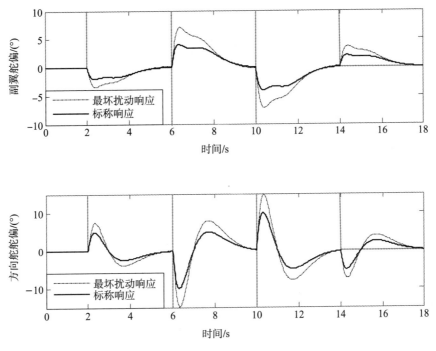

图7　副翼与方向舵舵偏闭环响应曲线

3.2　大包线全轨迹仿真

为了验证μ综合控制系统的综合性能，进行高超声速制导火箭大包线全轨迹仿真。考虑高超声速制导火箭再入过程对加热率、过载、动压的限制，得出再入过程中姿态角的约束，从而设计飞行器再入姿态角指令。在整个飞行过程中，飞行高度从60 km降到18 km，飞行速度从$22Ma$降到$5Ma$。控制系统包括俯仰通道及偏航-滚转通道两大部分，俯仰通道控制系统设计与本文第三部分偏航-滚转通道控制系统设计类似，不再予以介绍。图8所示为高超声速制导火箭姿态角与舵偏角随时间的响应曲线。

由图8可知，攻角与倾侧角的跟踪在高空基本无误差，偏差都保持在±0.2°以内，侧滑角幅值保持在±1°以内，满足高超声速制导火箭再入的姿态控制要求。同时，高超声速制导火箭舵偏角均未饱和，保留有较大的余量。由上述仿真分析可得，本文设计的μ综合控制系统可以很好地应对高超声速制导火箭在大包线内的控制问题。

4　结论

本文研究了高超声速制导火箭μ综合控制系统的设计，提出将WCG分析法应用于系统不确定参数的灵敏度分析，分别从各频段选出对系统WCG影响最大的不确定参数，建立简化的不确定系统LFT模型，进而基于μ综合方法，设计出满足系统性能要求的控制系统。不确定性定点仿真及大包线全轨迹仿真结果表明，本文设计的μ综合控制系统具有较强的鲁棒稳定性和鲁棒性能，能够很好地解决高超声速制导火箭的大包线控制问题。

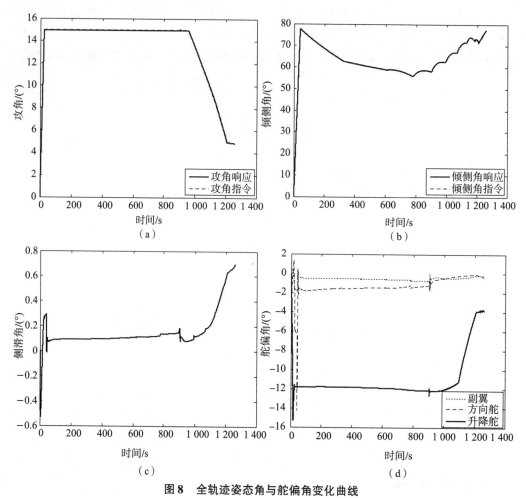

图 8　全轨迹姿态角与舵偏角变化曲线
（a）攻角曲线；（b）倾侧角曲线；（c）侧滑角曲线；（d）三通道舵偏曲线

参 考 文 献

[1] Rodriguez A. A., Dickeson J. J., Cifdaloz O., et al. Modeling and control of scramjet – powered hypersonic vehicle: challenges, trends, & tradeoffs. AIAA paper 2008 – 6793, Aug. 2008.

[2] Wei Yuan, JayKatupitiya. Centralized robust controllers using signal – based H_∞ and μ – synthesis for an unmanned helicopter. AIAA paper 2012 – 4417, Aug. 2012.

[3] Vitaly Shaferman, Tal shima. Cooperative multiple – model adaptive guidance for an aircraft defending missile. *Journal of Guidance, Control, and Dynamics*, 2010, 33 (6): 1801 – 1813.

[4] Duan G R, Tan F. A new smooth switching strategy for multi – model control and its application on a BTT missile. *1st Int Symposium on Systems and Control in Aerospace and Astronautics*. Harbin, 2006: 1392 – 1395.

[5] Chen PC, Wu S L, Chuang H S. The smooth switching control for TORA system via LMIs. *8th IEEE Int Conf on Control and Automation*. Xiamen, 2010: 1338 – 1343.

[6] Biannic J M, Pittet C, Roos C. LPV analysis of switched controllers in satellite attitude control systems. AIAA paper 2010 – 7903, Aug. 2010.

[7] Avinash Prabhakar, James Fisher, Raktim Bhattacharya. Polynomial Chaos – based analysis of probabilistic uncertainty in hypersonic flight dynamics. *Journal of Guidance, Control, and Dynamics*, 2010, 33: 222 – 234.

[8] David McCormick, Sean Wakayama, Geojoe Kuruvila, et al. Uncertainty quantification and propagation methods for hypersonic air breathing launch vehicle system analysis. AIAA paper 2010 – 8906, Aug. 2010.

[9] Shu Z, Lam J, Xiong J L. Non-fragile exponential stability assignment of discrete-time linear systems with missing data in actuators. *IEEE Transactions on Automatic Control*, 2009, 54 (3). 625-630.

[10] Lael von Eggers Rudd, John Hodgkinson, Robert Parker. Hypersonic stability derivative modeling issues. AIAA paper 2010-7929, Aug. 2010.

[11] Yew Chai Paw, Gary J. Balas. Uncertainty modeling, analysis and robust flight control design for a small UAV system. AIAA paper 2008-7434, Aug. 2008.

[12] Andres Marcos, Murray Kerr, Gabriele De Zaiacomo, et al. Application of LPV/LFT modeling and data-based validation to a re-entry vehicle. AIAA paper 2009-5634, Aug. 2009.

[13] Doyle J C. Structured uncertainty in control system design. Decision and Control, 1985 24th IEEE Conference on. IEEE, 1985, 24: 260-265.

多学科联合设计仿真平台研究

王胤钧,朱银生,吴 遥,滕江华,常伟军,张 博,张 彬

(西安应用光学研究所,陕西 西安 710065)

摘 要:针对在装备研制生产过程中,复杂产品或系统涉及的专业理论、设计方法和系统方案等内容相互交叉且综合性高,导致产品的研制过程学科覆盖面广、设计流程繁杂、工程数据量大等问题,研究开发了一套多学科联合设计仿真平台软件。通过该平台软件的应用,缩短了产品研制周期,提高了产品完成质量。

关键词:复杂产品或系统;多学科联合设计仿真;研制周期

中图分类号:TJ02 **文献标志码**:A

Research on multidisciplinary joint design simulation platform

WANG Yinjun, ZHU Yingsheng, WU Yao, TENG Jianghua,
CHANG Wei jun, ZHANG Bo, ZHANG Bin

(Xi'an Institute of Applied Optics, Xi'an 710065, China)

Abstract: In the process of equipment development and production, the professional theories, design methods and system solutions involved in complex products or systems are cross – cutting and comprehensive, resulting in a wide coverage of the product development process, large amount of engineering data, a multidisciplinary joint design simulation platform software was developed. Through the application of the platform software, the product development cycle is shortened and the quality of product completion is improved.

Keywords: complex products or systems; multidisciplinary joint design simulation; development cycle

0 引言

新形势下科研院所面临着装备科研生产任务重、技术指标要求高、学科覆盖面广、设计流程繁杂、工程数据量大等问题,装备研制过程中涉及的专业理论、学科、设计方法内容相互交叉、耦合程度高,而且复杂产品系统的研制需要结合多个学科的专业知识、综合运用专业研制工具,进行一系列多学科、跨专业耦合的复杂仿真分析工作。多学科联合设计仿真软件被应用于研发设计阶段的多学科协同设计与联合仿真领域,可实现力学、热学、光学、流体、电磁学、电子学等学科中的两个或以上专业的耦合分析,并且利用联合仿真技术可建立复杂产品的虚拟样机,从而获取设计产品的性能参数,对产品设计的改进具有重要作用。对复杂产品多学科联合设计仿真可较大程度地缩短产品研制周期、节约研发成本。

1 国内外现状

国外多学科联合设计仿真软件发展较早,已形成一系列的商业化产品。Ansys Workbench 将自有的结构、流体、电磁等仿真工具软件集成在同一平台,实现了多物理场数据传递的单向或双向耦合分析,并支持二次开发;Comsol 以有限元法为基础,通过对偏微分方程进行联合求解,实现多物理场的仿真;ISIGHT、Optiums 等多学科优化软件基于单学科数值分析,通过流程化的方式实现快速集成和耦合,并

作者简介:王胤钧(1991—),男,硕士研究生。E - mail:583798462@qq.com。

进行迭代优化；空客、NASA 等大公司都自主开发了联合设计仿真软件，解决工程化问题的效率更高。

国内在多学科联合设计仿真领域也已开展相关工作，部分应用单位和企业自主研发了国产多学科软件。但目前这些软件存在学科耦合程度不高、对 CAD 模型依赖程度高、学科专业覆盖面不足、设计指导意义较弱等问题。这些软件主要支持基于数据传递的跨求解器间接耦合分析，难以实现基于偏微分方程联立求解的直接耦合分析，应用范围有限；其仿真模板依赖于几何模型，不支持拓扑变形，对产品模型的改型设计和优化帮助不大，并且难以形成有效的知识累积；目前开发的国产化多学科联合设计仿真软件覆盖学科少，仅能解决部分专业的协同设计与耦合仿真分析，无法满足全行业装备科研生产需求；而且对于整个多学科联合设计仿真过程，设计人员对仿真软件依赖度低，CAE 工具只能实现验证的作用，无法实现全流程分析的自动化，不能做到指导和驱动设计。

现代兵器是更加复杂、性能优良的高科技装备系统，兵器科学技术也已逐渐形成空气动力学、电子学、热学等内容综合性的多学科。在兵器行业内推广多学科联合设计仿真软件平台的使用对兵器行业的发展有至关重要的作用。

2 多学科联合仿真平台设计

2.1 平台设计方案

多学科联合设计仿真系统对科研计划，需求、指标管理与验证追溯，设计仿真工作任务及流程，知识及研制数据进行管理，并对相关的设计制造软件（CAD、CAE）及系统（PDM、QMS）进行集成，最终形成模块级、分系统级、整机级乃至大系统级的设计仿真及验证能力，其总体框架如图 1 所示，包含人机交互层、协同管理层、数据管理层、应用层、接口层以及数据库层等内容。

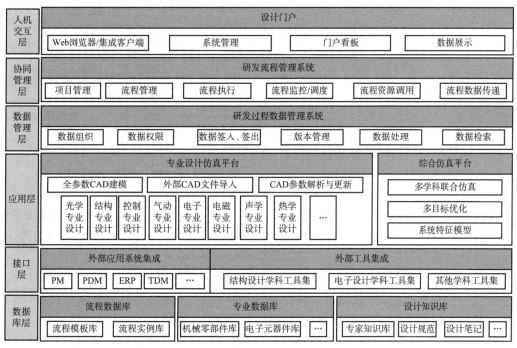

图 1 总体方案框架

（1）人机交互层：建立平台门户，为研发人员提供协同工作的统一入口；不同用户根据权限控制和访问接口访问设计仿真应用提供的应用服务，利用 API、SPI 进行客户端应用开发，实现远程利用平台提供的应用服务并进行访问模式的多样化扩展。

（2）协同管理层：解决系统资源集成的问题，针对资源的多样性，满足资源动态扩展性。协同管理包括项目、流程以及计算资源管理等，分类管理高性能计算环境及已有可扩展基础服务资源，包括仿真计算、可视化、存储服务、数据分析、用户权限、运行监控等各种多样化服务资源。

（3）数据管理层：通过数据关联管理、建模等技术实现对数据的分类、集成、存储和管理，并进一步实现数据的关联更改和历程管理，保证数据同步和协调。

（4）应用层：按照功能需求提供应用服务，按照产品分层设计体系，以设计流程方式提供系统、子系统、零部件三级优化设计应用服务，进行设计目标设定和构建产品智能主模型并开展系统级设计优化；覆盖光学、结构、控制、气动、电子、电磁、声学、热学等学科领域，并提供单学科或多学科联合仿真分析与优化服务。

（5）接口层：软件抽象出业务应用的 API、SPI，包括用户远程应用、服务程序开发接口，用于对软件应用功能，以扩展应用开发的方式进行扩展，形成多样化和平台增值访问扩展，丰富软件应用功能访问方式，接口支持统一用户认证，数据处理、用户及权限的管理功能等。

（6）数据库层：通过定制不同的驱动，屏蔽异构资源的差异，为应用层提供接口，实现不同数据库资源的接入、发布和退出。

2.2 仿真平台功能模块设计

该平台是在已有的多学科软件产品基础上进行功能扩展，包括 CAD 几何清理与参数化更新模块、多学科工具软件集成接口、前后处理模块、多学科流程化仿真、多目标智能优化以及特征模型建模等。各模块之间的关系如图 2 所示。

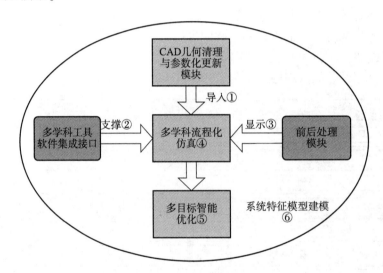

图 2　各模块之间的关系

（1）通过 CAD 几何清理与参数化更新模块开发，构建了 CAD 几何模型与 CAE 仿真分析的桥梁，基于自带的几何建模和特征建模技术，可支持不同格式的 CAD 几何模型，自动清理几何模型转换过程中的碎片和碎面，并优化模型转化为点云或面片导致计算幅度下降的问题。

（2）开发工具软件接口覆盖大多数装备行业各个专业方向的主流软件，并提供扩展开发接口，满足不同行业、不同产品类型的科研单位需求，扩大软件应用领域。工具软件接口作为仿真流程的后台技术支撑，使仿真流程可以调用相应的仿真软件进行流程化仿真。

（3）前后处理模块用于几何模型、网格模型以及后处理结果模型的轻量化显示，支持网格自动划分与网格装配，实现了仿真流程过程数据和结果数据的显示，供用户进行查看和决策。前后处理借助于先进的 VR 和 AR 显示技术，实现体验度更高、细节更清晰直观的显示效果。

（4）多学科流程化仿真技术基于几何标签技术和多维度建模技术，实现 CAD 设计过程与仿真流程创建过程并行执行，提高多学科仿真流程的重用性，支持模型拓扑变形。借助于仿真与试验协同验证技术，优化仿真流程参数设置，提高仿真结果置信度。

（5）基于系统内置的多目标智能优化算法，构建仿真结果的优化目标，实现几何模型或仿真参数的快速多目标优化，获得更优的设计方案。将模型参数化、无网格技术、高性能计算技术等与仿真大数据相结合，训练具有人工智能的机器学习引擎，并融入混合现实等最新协同技术，实现设计的智能优化与高效协同。

（6）将已有功能进行封装，建立特征模型。通过内置的 CPPD 构建规范方法，将范例的有限仿真、试验、加工数据通过响应函数方法拟合成，实现快速连续参数寻优和多方案高效评价。研发系统中产生的所有试验及仿真数据，以及各响应函数通过系统数据层由专业数据库进行管理，实现数据的流动与更新。

2.3 工程应用

目前平台基本覆盖了流体、结构、光学、热学、电磁、控制、伺服、图像、动力学等学科，对流体、结构、光学、热学、电磁、控制、伺服、图像、动力学等学科的主流仿真分析软件进行了集成。并且该平台集成了常用优化算法，实现几何模型或仿真参数的快速多目标优化，提出的标签技术和多维度建模技术使仿真摆脱了对 CAD 模型的依赖，提高了仿真模板的重用性。其基本实现了基于 Web 的轻量可视化，支持几何、网格模型和部分仿真软件后处理结果在浏览器中的可视化和操作。

经过多个产品研制项目的验证，该平台软件对产品设计优化具有很大的促进和指导作用，能有效地缩短产品研制周期，降低产品研制成本，提高产品质量。

3 结论

本文研究开发了一套多学科联合设计仿真平台软件，对联合仿真平台的架构和功能模块进行了探究设计，目前该平台软件部分功能已实现，通过在装备研制生产中的初步使用测试，可一定程度地实现缩短产品研制周期、节约研发成本的效果。该平台软件还需进一步完善其功能模块，对其应用行业和应用领域进行推广使用，从而更好地达到实时指导装备研发的作用。

参 考 文 献

[1] 唐念行. 复杂产品多学科联合仿真的多梯度建模及其求解稳健性研究 [D]. 杭州：浙江大学，2018.
[2] 李谭，李伯虎，柴旭东. 复杂产品多学科虚拟样机元建模框架 [J]. 计算机集成制造系统，2011，17 (6)：1178−1186.
[3] 高迪. 基于 HLA 的仿真系统建模技术研究及应用 [D]. 哈尔滨：哈尔滨工业大学，2007.
[4] 郄永军. 面向复杂系统工程的多学科统一建模与联合仿真技术研究与应用实践 [J]. 智能制造，2017 (5)：29−30.
[5] 安林雪，蒋孟龙，黄玉平，等. 基于 SLM 的伺服系统多学科联合仿真与设计优化平台 [J]. 宇航总体技术，2012，2 (6)：63−69.

高功率密度柴油机可调两级涡轮增压系统优化匹配方法研究

韩春旭，张俊跃，胡力峰，吴新涛，徐思友，高鹏浩

（柴油机高增压技术国防科技重点实验室，天津 300400）

摘　要：随着特种车辆对高功率密度柴油发动机（HPD）的需求进一步提高，HPD工况范围越来越宽，所需的增压压力越来越高[1]。可调两级涡轮增压系统能够满足HPD对增压系统的要求，逐步被广泛采用。相对于单级增压，可调两级增压系统较为复杂，需要选配好各部件，例如发动机排气与高压级涡轮端、高压级涡轮端与低压级涡轮端、高压级压气机端与低压级压气机端和调节冷却系统等，这是保证HPD高性能输出的基础。主要针对某型HPD的车用工况涡轮增压系统进行多参数匹配，形成一种快速和准确的可调两级增压系统选用计算方法。其具体方法是，先通过EXCLE进行公式计算确认发动机工作参数，将其作为增压系统的输入边界并推导出两级增压各部件所需达到的工况点指标参数，通过宏调用轮径和气流角等参数结合Concept NREC（CN）软件进行一维计算，选用增压器的涡轮和压气机全域MAP，将其MAP代入搭建的GT-POWER（GT）模型的增压系统中进行全工况仿真计算，通过CN软件反复调整和校核增压器参数，再代入GT模型中优化动态调节控制和进气冷却系统等，以达到满足发动机指标和各部件的最优化匹配的目的。

关键词：两级可调涡轮增压系统；优化匹配；性能仿真；一维计算方法

A research on muti-parameter optimization matching computing method of diesel R2S system

HAN Chunxu, ZHANG Junyue, HU Lifeng, WU Xintao, ZHANG Yanli, GAO Penghao

(Science and Technology on Diesel Engine Turbocharging Laboratory, Tianjin 300400, China)

Abstract: With the increase of the HPD diesel engine, the working range of diesel engine becomes wider and wider, and the supercharging pressure becomes higher and higher. The demand for two-stage turbocharging system becomes more and more extensive. Compared with single-stage supercharging, two-stage supercharging system is more complex, which requires to select and match various components exactly, which are the basis of ensuring a high-level for HPD. A fast and accurate calculation method for two-stage supercharging system is developed by multi-parameter matching for a certain type of engine. Its specific approach is to confirm these data by formula calculation engine working parameters by EXCLE firstly, which is used as the input boundary of the supercharging system, and then the required parameters of the two-stage supercharger are derived. The similar supercharger maps are selected in the database, and then take the selected map into the simulation calculation of GT-power model. If the results can't meet the requirements, use the CN soft to adjust and check the supercharger parameters repeatedly, and then plug in GT-power model optimized the dynamic adjusting control and cooling system, to meet the optimal matching of different parts of engine indicators.

作者简介：韩春旭（1988—），男，硕士研究生。E-mail: han_101@126.com。

Keywords：R2S turbocharging system, optimization matching, performance simulation, one dimension computing method

0 引言

可调两级增压系统集合了二级增压和可调增压技术的优点，是满足高强化柴油机高压比、宽工况和多模式工作需求的主要选择方案[2,3]。本文研究的可调两级增压系统由低压级涡轮增压器、级间中冷器、高压级可调涡轮增压器以及主中冷器和连接管路等组成。相比于单级增压系统，输入边界和影响参数相对复杂。快速准确地优化匹配各个部件的性能参数成为亟须解决的问题。目前缺少系统地介绍整个可调两级涡轮增压系统的各个部件间匹配优化方法，没有充分将涡轮压气机等容积式流体机械与发动机活塞机械有效结合等，而本文利用经验公式与多种软件等研究手段方式，立足工程化，形成一种快速的一维计算匹配的通用方法，准确满足指标参数需求，并验证其具有推广意义。

1 研究对象与计算流程的确认

1.1 发动机的性能参数与匹配目标

本文将针对一台高功率密度5L115柴油车用发动机进行分析，其为5缸直线排列形式，采用的是可调两级涡轮增压系统。其主要的发动机结构参数和匹配指标如表1所示。5L115发动机的功率和扭矩全工况特性曲线要求如图26和图27中的性能需求Request曲线所示。

表1 5L115发动机结构参数与匹配指标

结构参数	缸径×行程	115×110
	缸数	5
	排量	5.71 L
	进气方式	增压中冷
	压缩比	14.5:1
	最大燃油喷射压力	高压共轨（180 MPa）
匹配指标	额定功率	350 kW
	额定转速	3 800 r/min
	标定燃油消耗率	≤240 g/(kW·h)
	最高燃烧压力	200 bar
	最大扭矩	1 150 N·m
	扭矩储备系数	≥1.3
	最大扭矩转速	2 200～2 800 r/min
	排温	≤750 ℃

1.2 研究对象的确认

本研究对象为可调两级涡轮增压系统，由低压级涡轮增压器（LP）、级间中冷器（IC）、带有废气放气阀（WGV）的高压可调涡轮增压器（HP）以及与之连接的主中冷器（MC）和进排气连接管路等组成。其所处环境为标准气压101 kPa，温度为25 ℃。级间中冷器冷却源80 ℃，主中冷器冷却源为110 ℃。具体的结构组成如图1所示。

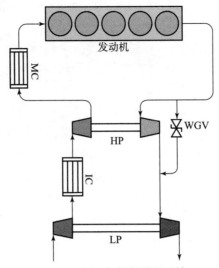

图1 可调两级涡轮增压系统

1.3 研究思路与方法[4]

确认发动机输入参数和匹配指标后，采用正向推导，首先用一维公式和 EXCLE 宏调用计算出发动机对增压参数的需求以及各部件的基本参数；其次以设计点为基础用 CN 软件进行两轮一维详细计算，得出全域的两轮 MAP 图；最后通过调用 MAP 数据代入发动机 GT 仿真模型进行计算得出结果，并与匹配指标进行对比，直至满足要求后计算结束。可调两级增压匹配计算流程如图 2 所示。

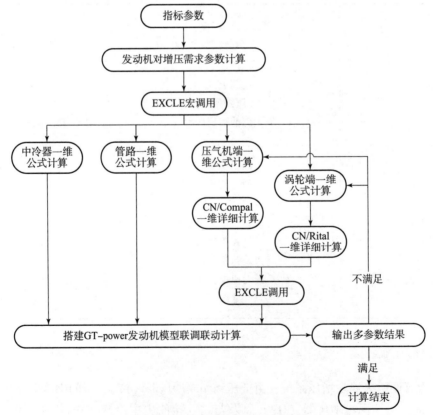

图2 可调两级增压匹配计算流程

2 正向公式推导计算

2.1 0维计算公式的推导

由于发动机对增压参数计算参数较多，下面仅列出主要参数和下一步 CN 与 GT 软件输入边界所需参数的计算公式。

2.1.1 发动机增压参数[5,6]

根据发动机指标主要列出的公式，包括所需空气流量、所需增压空气密度、所需压比和所需压气机效率和空燃比等。

所需空气流量：

$$G_c = \frac{P_e g_e \alpha \eta_s L_0}{3\,600}$$

式中：P_e——发动机功率；
g_e——发动机油耗；
α——过量空气系数，一般为 1.5~1.8；
η_s——扫气系数，一般为 1.02~1.04；
单位空燃比 $L_0 = 14.3$。

所需增压空气密度：

$$\rho_c = \frac{120 G_c}{n V_h \eta_v \eta_s} \times 10^3$$

式中：n——发动机转速；
V_h——发动机排量；
η_v——容积效率，0.98~0.99。

所需总压比：

$$\pi_c = \left(\frac{\rho_c}{\rho_a}\right)^{\frac{1}{1-\lambda/\eta_c}}$$

式中：ρ_a——进气口空气密度；
η_c——选取的压气机效率；
$\lambda = \dfrac{\kappa - 1}{\kappa}$；
κ——多变系数。

2.1.2 压气机端计算参数[7,8]

压气机绝热功：

$$H_c = 1.005 \times T_1 \times (\pi_c^{\frac{\kappa-1}{\kappa}} - 1)$$

式中：T_1——压气机进口温度；
π_c——压气机压比；
κ——多变指数。

叶轮出口圆周速度：

$$U_2 = \sqrt{\frac{H_c}{\theta} \times 10^3}$$

式中：θ——压气机压头系数，一般为 0.5~0.6。

压气机圆周速度：

$$n = \frac{60U_2}{\pi D_2} \times 10^3$$

式中：D_2——压气机出口尺寸。

叶轮进口平均直径处气流角：

$$\beta = \arctan\left(\frac{c_{1a}}{U_1}\right)$$

叶轮进口圆周速度：

$$U_1 = \frac{D_1}{D_2} \times U_2$$

式中：D_1——压气机出口尺寸；
U_1——叶轮进口圆周速度。

计入阻塞后进口轴向速度：

$$C_{1a} = \frac{C_m \times U_2}{\tau_1}$$

叶轮进口阻塞系数：

$$\tau_1 = 1 - \frac{2z\delta}{\pi(D_1 + D_0)}$$

式中：C_m——轴向分量指数，取 0.28；
z——叶片数；
δ——阻塞多变指数，取 1.2；
D_0——轮毂直径。

折合流量：

$$G_{cor} = G_c \frac{100\,000}{P_0} \times \sqrt{\frac{T_0}{298}}$$

式中：T_0——进气温度；
P_0——进气压力。

压气机出口温度：

$$T_2 = T_1 + \left(\mu + 0.15 - \frac{\mu^2}{2}\right) \times \frac{U_2^2}{1\,005} - 273$$

功率因数：

$$\mu = \frac{1}{1 + \dfrac{2\pi}{3z\left(1 - \dfrac{D_1}{D_2}\right)^2}}$$

式中：T_1——压气机进口温度。

2.1.3 涡轮端计算参数[9,10]

涡轮计算焓降：

$$H_{td} = K_H \times \frac{H_c}{\eta_c}$$

式中：$K_H = 1.08$，为脉冲系数。

涡轮前计算温度：

$$T_d = T_1 + \frac{H_{td}}{1.13} \times \eta_t$$

式中：T_1——发动机排气温度；

η_t——涡轮效率。

相似流量：

$$G_{\text{red}} = G_t \times \frac{\sqrt{T_d}}{P_t} = K_H G_c \times \frac{\sqrt{T_d}}{\pi_t P_0}$$

式中：P_0，P_t——发动机进排气压力；

G_t——排气流量。

计算膨胀比：

$$\pi_t = \left[1 / \left(1 - \frac{H_{td}}{1.13}\right)\right]^{\frac{\kappa}{\kappa-1}}$$

涡轮端0—0截面积：

$$F_{00} = \frac{\delta S \times \dfrac{V_h \times n}{60}}{\sqrt{K_H R_g T_d}}$$

式中：$S = 5$，排气支管数目；

δ——调整系数，取 11~12。

2.2 计算结果

依据2.1.1~2.1.3节经验公式推导，进行二级可调增压系统的各参数计算，由于篇幅限制下面只列出主要计算参数结果。不再列出中冷器和管路参数。

2.2.1 发动机性能计算结果

根据匹配指标参数，得出发动机对增压需求的主要参数，如压比、空气流量、空燃比和油耗值，如图3所示。结果显示，在发动机从低速到高速的过程中总压比迅速上升，在 2 000 r/min 以后攀升到 4 以上，之后缓慢上升，在 3 800 r/min 达到最高，为 4.6。空气流量随着发动机转速的提高缓慢提升，从 1 400 r/min 时的 0.13 kg/s 提升到 3 800 r/min 时的 0.64 kg/s。空燃比随着发动机转速的升高，首先稍有下降至 2 200 r/min 的 1.44，随后稳步上升到 3 800 r/min 的 1.81。油耗值首先由 249 g/(kW·h) 下降至 2 600 r/min 时的 218 g/(kW·h)，随后上升至 3 800 r/min 的 238 g/(kW·h)，如图3所示。

2.2.2 压气机端计算结果

根据发动机性能参数，梳理出压气机端高低压级的输入边界，得出折合空气流量、压气机出口空气温度、高低压级压比、高低压级转速和高低压级平均进口处气流角等 CN/Compal 软件需要的主要输入数据。

结果显示，高低压级空气折合流量随着转速升高而稳步升高，标定点分别为 0.64 kg/s 和 0.26 kg/s，如图4所示。

高压级压比随着转速的降低首先升高然后降低，3 800 r/min 时为 1.69，2 200 r/min 时达到最高 2.05，然后快速下降，主要是由于预置放气调节的干预；低压级压比首先快速降低，然后稳步降低，2 200 r/min 以后下降严重，同样由于预置放气调节的影响，不同转速下其压比变化加速度不同，如图5所示。

高压级压气机转速随着发动机转速的降低，首先缓慢升高，由于预置放气调节干预，升至最高点 2 200 r/min 时的 82 000 r/min，然后快速下降；由于发动机排气能量不足，导致之后快速下降。低压级增压器转速与压比变化趋势一致，如图6所示。

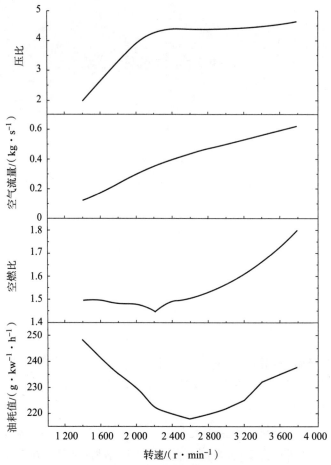

图3 发动机对增压系统需求的主要参数

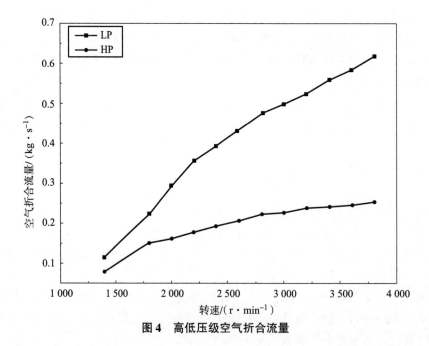

图4 高低压级空气折合流量

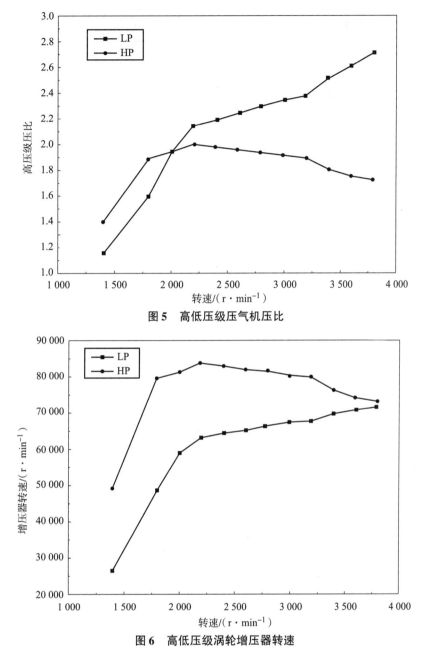

图 5　高低压级压气机压比

图 6　高低压级涡轮增压器转速

高低压级压气机出口温度的变化趋势和增压器转速基本一致，如图 7 所示。

高低压级压气机进口平均处的气流角随着发动机转速的降低稳步提升，其在扭矩段的范围为 40°~46°，如图 8 所示。在接下来的 CN、Compal 计算中主要采用最大扭矩范围段的压气机进口气流角作为设计依据。

2.2.3　涡轮端计算结果

根据发动机性能参数，梳理出涡轮端高低压级的输入边界，得出膨胀比、相似流量、0—0 截面积和涡轮进口温度等主要数据。

高压级涡轮膨胀比随着转速的降低，首先升高然后降低，2 200 r/min 达到最高 1.62，然后下降，主要是由于放气阀的干预；低压级涡轮膨胀比首先降低，然后平稳降低，2 200 r/min 以后快速下降，由于放气阀的影响使膨胀比变化加速度不同，如图 9 所示。

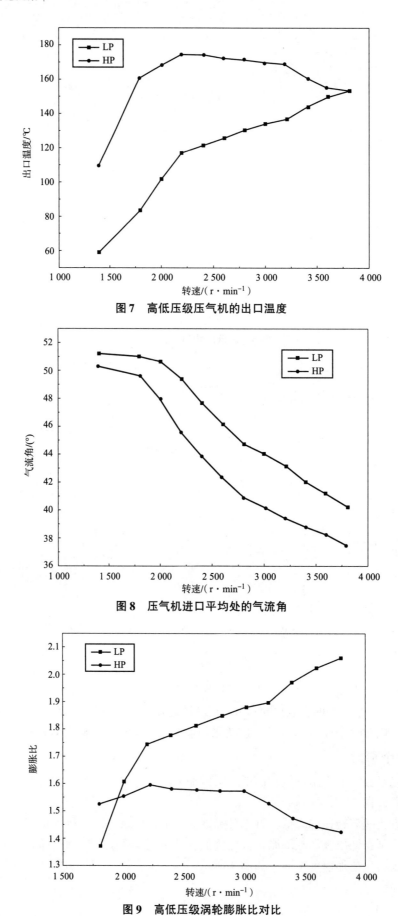

图7 高低压级压气机的出口温度

图8 压气机进口平均处的气流角

图9 高低压级涡轮膨胀比对比

高低压级涡轮相似流量随着发动机转速降低而稳步降低,高压级涡轮相似流量在扭矩段范围为22～27 kg·s^{-1},低压级涡轮相似流量在扭矩段范围为68～85 kg·s^{-1},如图10所示。

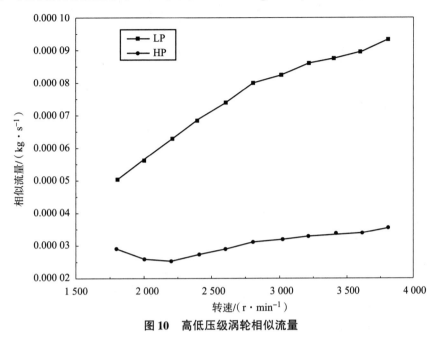

图10　高低压级涡轮相似流量

高低压级蜗壳的0—0截面积随着发动机转速降低而稳步降低,但是在低速段略有升高。高压级蜗壳的0—0截面积在扭矩段范围为33～39 cm^2,高压级蜗壳的0—0截面积在扭矩段范围为14～18.5 cm^2,如图11所示。

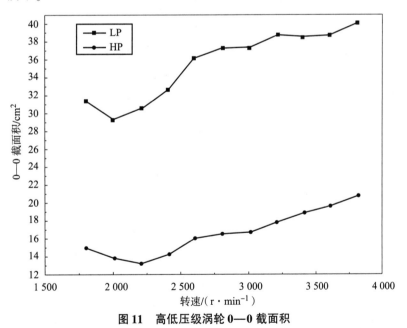

图11　高低压级涡轮0—0截面积

高压级涡轮进口温度在标定点675 ℃,随着发动机转速的降低,先降低后上升,最高温度为740 ℃;低压级涡轮进口温度在标定点时565 ℃,随着转速下降,先升高至3 000 r/min的605 ℃,然后降低至2 200 r/min的568 ℃,最后上升至672 ℃,如图12所示。

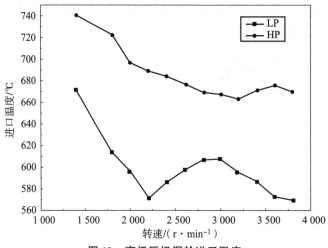

图12 高低压级涡轮进口温度

3 CN 软件两轮设计计算

通过梳理一维公式计算得出的各参数,将其作为 CN(Rital/Compal)软件的输入参数,把点计算变为域计算,得出涡轮和压气机的 MAP[11,12],为下一步代入 GT 软件计算打下基础。

3.1 高低压级压气机 MAP 图计算

通过 2.2.2 节中的计算梳理出 Compal 软件的输入参数,同样选用扭矩段各参数作为设计依据,即发动机转速 2 200 ~ 2 800 r/min 时的各参数,具体如表2 和图13 ~ 图15 所示。

表2 Compal 计算所需部分参数

名称	高压级	低压级
进气气流角/(°)	44	46
出口尺寸/mm	82	102
初始转速/(r·min)	70 000	56 000
长短叶片数	14	14
扩压宽度/mm	4	4.5

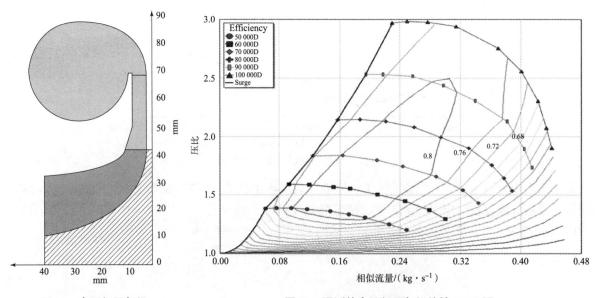

图13 高压级压气机 Compal 示意图

图14 预测的高压级压气机特性 MAP 图

高压级压气机特性 MAP 图中压气机转速范围为 50 000 ~ 100 000 r/min，最高压比接近 3，有效可用流量范围为 0.1 ~ 0.4 kg/s，最高效率突破 81%，拥有较为宽广的高效率圈且拥有足够的喘振裕度。

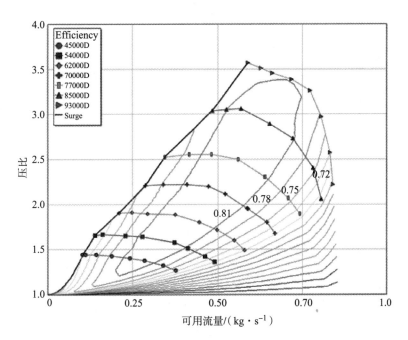

图 15　预测的低压级压气机特性 MAP 图

低压级压气机特性 MAP 图中压气机转速范围为 45 000 ~ 93 000 r/min，最高压比超过 3.5，最大可用流量为 0.20 ~ 0.75 kg/s，最高效率突破 83%，拥有较为宽广的高效率圈且拥有足够的喘振裕度。

3.2　高低压级涡轮 MAP 图计算

通过 2.1.3 节中的计算梳理出 Rital 软件的计算输入参数，选用扭矩段的相应范围作为设计范围，即发动机转速为 2 200 ~ 2 800 r/min 时的各参数，具体如表 3 和图 16 所示。

表 3　Rital 计算所需部分参数

名称	高压级	低压级
0—0 截面积/cm²	14.5，16.5，18.5	33，36，39
进口尺寸/mm	80	96
出口气流角/(°)	−53	−51
叶片数	10	10
进气温度/℃	680	580
初始转速/(r·min⁻¹)	70 000	56 000

计算得出的高低压级涡轮特性 MAP 图，包括相似流量 − 膨胀比和涡轮效率 − 膨胀比，如图 17 ~ 图 20 所示。

高压级涡轮特性中相似流量有效范围为 0.000 02 ~ 0.000 045 (kg/s)$K^{0.5}$/Pa，膨胀比范围为 1.2 ~ 3.0，最高效率突破 82%，且分布较为均匀。

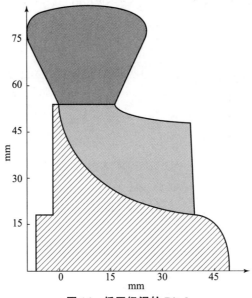

图 16 低压级涡轮 Rital

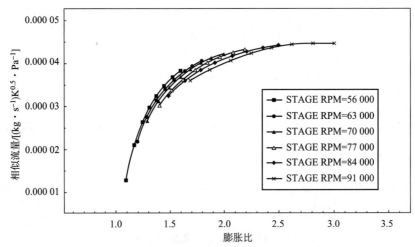

图 17 预测的高压级涡轮相似流量 – 膨胀比

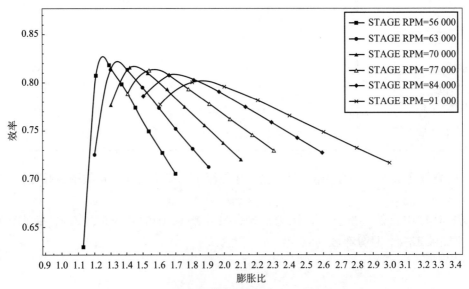

图 18 预测的高压级涡轮效率 – 膨胀比

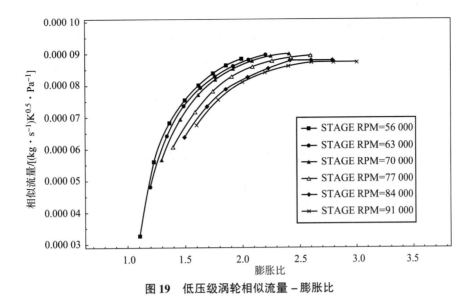

图 19 低压级涡轮相似流量 – 膨胀比

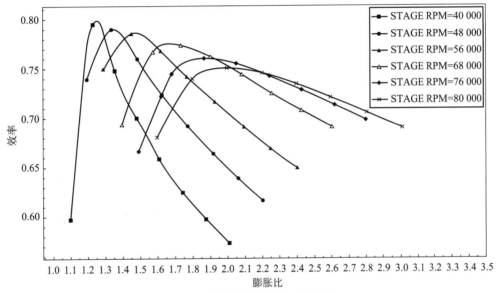

图 20 低压级涡轮效率 – 膨胀比

低压级涡轮特性中相似流量有效范围为 0.000 05 ~ 0.000 09（kg/s）$K^{0.5}$/Pa，膨胀比范围为 1.2 ~ 3.0，最高效率突破 80%，且分布较为均匀。

4 GT – power 软件计算

通过调用第 3 节中的两轮 MAP 数据，将其代入已经搭建好 5L115 的 GT – power 模型两轮数据库中，对发动机的整体性能进行详细计算，并将结果与匹配指标对比，如果在误差范围内则计算结束；如果没有达到要求，重新返回 2 和 3 进行计算，直至达到要求。

4.1 GT 模型的搭建

利用已有成熟的燃烧放热模块、进排气模块，高压共轨供油模块，按照表 1 的结构参数设置发动机本体模块，利用 CN 计算结果搭建两级可调涡轮增压系统模块，如图 21 所示。

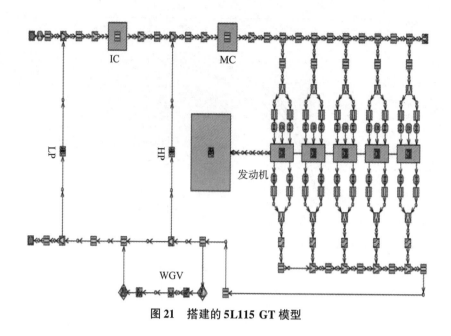

图 21 搭建的 5L115 GT 模型

4.2 GT 模型的计算结果分析

由于计算过程和结果较多，同时由于篇幅所限，此处的计算结果只列出高压级涡轮箱采用一种 0—0 截面积即固定值为 16.5 cm² 的方案，低压级涡轮箱采用设计范围内的 0—0 截面积为 33 cm²、36 cm² 和 39 cm² 三种方案作为对比。压气机端采用固定方案，目的是更好地对比低压级涡轮箱方案对整个可调两级增压系统性能的影响[13]。

4.2.1 高低压级涡轮端运行对比

如图 22 所示，三种方案的低压级涡轮端运行均较好，全工况范围内基本落在高效区域，相似流量 L39 最大，L36 适中，L33 最低；但结合发动机联合运行 L33 方案偏重低速段，L39 方案偏重高速段，L36 全工况相对适中，效率最高。

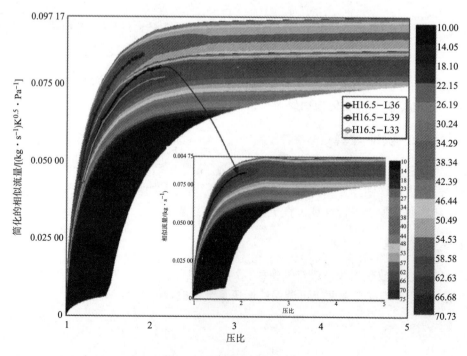

图 22 低压级涡轮端运行对比

三种方案的高压级涡轮端运行均较好，相似流量差别较小，全工况范围内基本落在高效区域，通过高压涡轮端运行情况较难判断低压涡轮端方案的优劣。

4.2.2 高低压级压气机端运行对比

如图 23 所示，受低压级涡轮箱影响，L33 和 L36 的方案在同一工况下低压级压比和流量均大于 L39 方案，低压级压气机端效率差别不明显（图 24），但由于 L36 涡轮端效率更优，其运行效果较好，尤其是在标定点的流量压比相对 L33 更好。

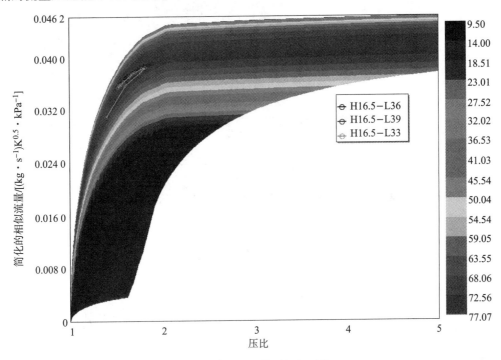

图 23　高压级涡轮端运行对比

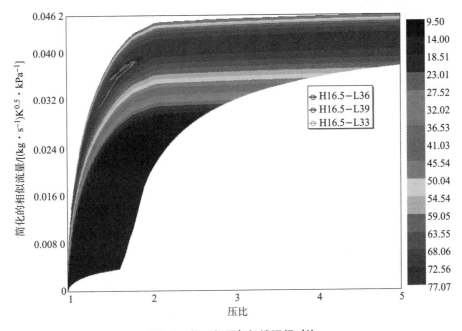

图 24　低压级压气机端运行对比

如图 25 所示，在高压级压气机端，三种方案的变化趋势明显，压比方面 L39 > L36 > L33；由于图 25 中 X 轴采用的是折合气体流量，所以流量方面 L39 > L36 > L33。

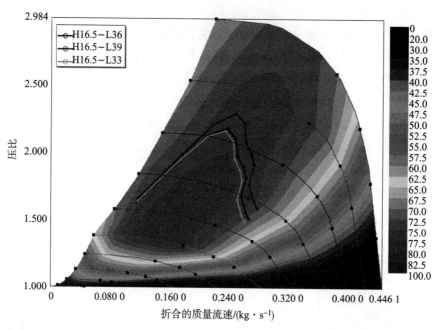

图 25　高压级压气机端运行对比

4.2.3　发动机运行情况对比

如图 26 所示，功率方面 H16.5 - L36 方案全工况满足匹配需求的指标，尤其是在低速段；其余两个方案在高速段不能满足指标需求。

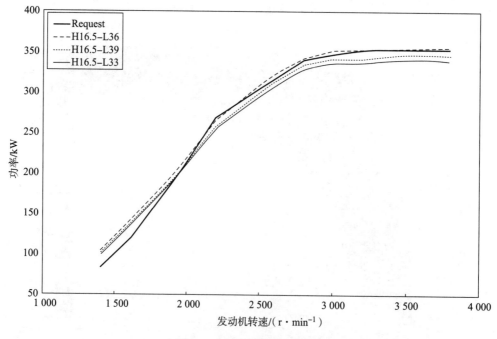

图 26　发动机功率输出对比

如图 27 所示，扭矩与功率变化趋势一致，H16.5 - L36 方案全工况满足匹配需求的指标，尤其是在低速段；其余两个方案在高速段不能满足指标。

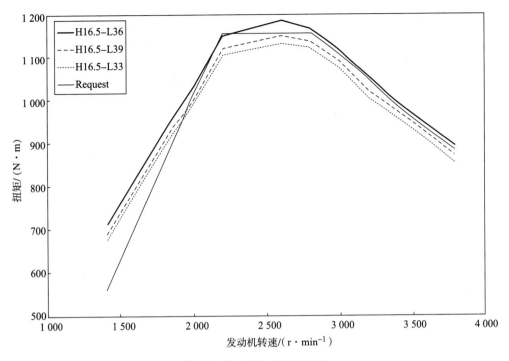

图 27　发动机扭矩输出对比

从油耗方面看，H16.5 - L33 方案在高速段尤其是标定点工况油耗超过 240 g/(kW·h)，H16.5 - L39 方案在低速段工况油耗超过 240 g/(kW·h)，H16.5 - L36 方案基本满足匹配指标不大于 240 g/(kW·h)，全工况与 0 维公式计算油耗最为接近，如图 28 所示。

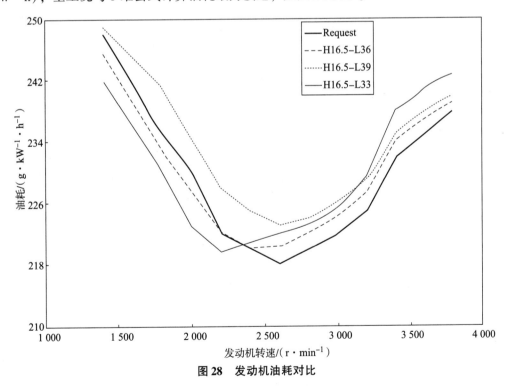

图 28　发动机油耗对比

如图 29 所示，H16.5 - L36 的方案在中高速阶段平均有效压力表现最好，H16.5 - L33 在低速阶段表现较好。

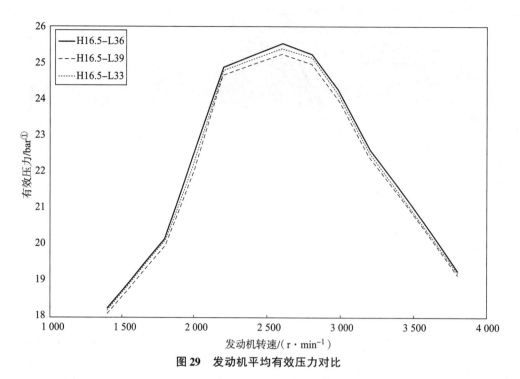

图 29 发动机平均有效压力对比

如图 30 所示，在全工况下，三种方案均没有超过 200 bar 的爆压上限，H16.5-L36 在中高速段最高接近 195 bar；H16.5-L33 在低速段相对较高；H16.5-L39 全工况较低，说明其还有进一步强化的潜力。

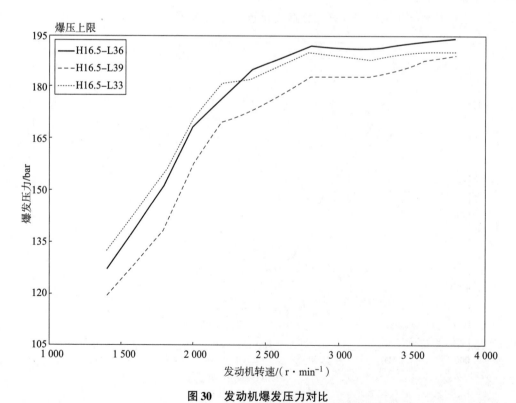

图 30 发动机爆发压力对比

综上，H16.5-L36 方案是经过多轮计算后的最优化方案，基本能够满足表 1 提出的各项指标要求。

① 1 bar = 0.1 MPa。

5 结论

（1）本设计算例中选用的可调两级增压能够满足高功率密度发动机对增压系统提出的性能指标要求，再以扭矩段（2 200~2 800 r/min）工况为设计参考，尽量照顾高速段 3 000 r/min 的工况，带来的不利后果是低速工况 1 800 r/min 以下性能输出相对较差，但在宽工况扭矩段通过调节控制阀也能达到高扭矩储备 1.3 的要求。

（2）通过计算结果可验证本文介绍的增压系统多参数优化匹配计算方法适用于部件多、参数多和影响因素多的可调两级涡轮增压系统，能够更全面地获得并分析发动机、涡轮端、压气机端、冷却器和调节控制等部件运行数据与结果，从而进行正向计算以设计出最优化的方案。

（3）本文介绍的计算公式与 CN 和 GT 软件能够较好地实现相互调用计算，实现从计算点工况到计算域工况转变，误差范围在允许范围内，能满足工程设计的要求，该方法充分利用各种研究手段与方法，能够快速准确地进行计算设计。

（4）此方法具备与三维设计软件进一步结合的潜力，为其提供基础数据，尤其是 CN 软件接口功能；同时其也有可能为建立二级可调增压数据库系统提供支撑，当然这需要更多的计算案例并与实验参数相比较。

参 考 文 献

[1] 孙丹红，张然冶，田永海. 高功率密度柴油机关键技术及其应用［J］. 铁道机车车辆，2011（31）：67-71.

[2] Borgwarner. BMW presents first ever passenger car diesel engine with regulated 2 - stage turbocharging ［J］. Turbonews. 2004（02）.

[3] 刘博. 柴油机可调二级涡轮增压系统研究［D］. 上海：上海交通大学，2013.

[4] Saulnier S. Computational study of diesel engine downsizing using two - stage turbocharging ［D］. SAE Paper No. 2004-01-0929.

[5] 朱大鑫. 涡轮增压与涡轮增压器［M］. 北京：机械工业出版社，1992.

[6] 顾宏中. 涡轮增压柴油机性能研究［M］. 上海：上海交通大学出版社，1998.

[7] 何义团，马朝臣，朱智富，等. 车用二级增压系统匹配方法与模拟计算［J］. 车用发动机，2007（3）：83-85.

[8] 李胜达，石磊，邓康耀. 两级增压柴油机增压器匹配方法与压比分配规律的研究［J］. 铁道机车车辆，2008（31）：205-209.

[9] Qiu X., Baines N. Performance prediction for high pressure - ratio radial inflow turbines. ［D］ASME Paper No. GT2007-27057.

[10] 魏名山，何永玲，马朝臣. 可调二级增压系统涡轮级热力学分析［J］. 内燃机工程，2008，29（011）：43-47.

[11] Rital/Compal User Guide. 2015V8.3.

[12] Tancrez M., Galindo J. Guardiola C., et al. Turbine adapted maps for turbocharger engine matching ［J］. Exp. Therm. Fluid Sci.，2011，35（1）：146-153.

[13] Benson R. S., Svetnicka F. V. Two - stage turbocharging of diesel engines：a matching procedure and an experimental investigation ［D］. SAE Paper No. 740740.

一种轻型框架式车体设计及受力分析

孙　伟，李友为，张泽龙，于友志，胡艺玲

(哈尔滨第一机械集团有限公司，黑龙江　哈尔滨　150056)

摘　要：主要阐述了某轻型框架式车体设计，其结构特点及其材料选用；同时对车体的静强度进行了仿真计算，计算结果表明车体结构强度满足标准要求。

关键词：框架式车体；静强度；仿真；轻量化；有限元分析

中图分类号：TJ399　**文献标志码**：A

Design and stress analysis of a light frame car body

SUN Wei, LI Youwei, ZHANG Zelong, YU Zhiyou, HU Yiling

(Harbin First Machinery Group Co., LTD., Harbin 150056, China)

Abstract: The design of a light frame car body, its structural characteristics and material selection is described. At the same time, the static strength of the car body is simulated and calculated. The calculation results show that the structural strength of the car body meets the standard requirements.

Keywords: frame car body; the static strength; simulated; light; finite element analysis

0　引言

随着我国经济的快速发展，基础设施的建设越来越多，基础设施的建设范围也越来越广泛，所面临的基础设施建设条件也越发具有挑战性。常规道路抢通用作业机械体积、质量较大，功能较单一，也越来越不能适应多样化快速立体救援的需要。

为此，针对能用运输机空运、直升机吊运等方式快速部署到灾害现场，展开遥控救援和抢通作业的要求，设计了一种超轻型多功能遥控抢险车的车体。

目前，该车体已随某型可空运部署的超轻型多功能遥控抢险车进行试验验证。

1　概述

车体轻量化技术是提升车辆机动性能，车辆减重的关键技术。借用自行舟桥产品多年来在薄壳车体技术上取得的成果和工艺经验，在可空运部署的超轻型多功能遥控抢险车车体（下面简称为多功能抢险车）设计中采用了铝合金框架式结构，对多种工况下框架式车体的应力与变形情况进行计算分析，并根据计算结果对该方案车体框架结构的刚强度情况进行评估优化。且需要注意的是，此车体作为抢险救灾的关键设备，其强度及安全性尤为重要。

2　结构

铝合金框架式车体结构如图1所示，所用板材及型材明细如表1所示。

项目基金：国家重点研发计划：多功能破障装备研究与应用（2016YFC0802704）。

作者简介：孙伟（1981—），男，高级工程师。E-mail: 66610896@qq.com。

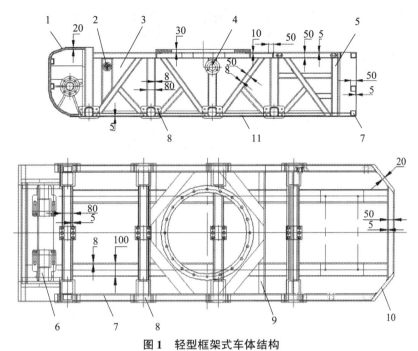

图 1 轻型框架式车体结构

1—车首甲板；2—减振器支架；3—挖掘装置安装板；4—托带轮支架；5—槽型筋；6—主动轮支架；
7—回字筋；8—平衡肘支架；9—角筋；10—车尾甲板；11—底甲板

表 1 铝合金板材及型材明细

序号	部件	材料牌号	厚度/mm
1	车首甲板	铝合金 6061	20
2	主动轮安装板	铝合金 5A06	20
3	底甲板	铝合金 5A06	5
4	车尾左、右侧甲板	铝合金 5A06	20
5	前舱隔板、盖板	铝合金 5A06	4
6	动力舱隔板、盖板	铝合金 5A06	4
7	左、右侧翼子板	铝合金 6061	4
8	作业装置安装板	铝合金 5A06	30
9	槽型筋	铝合金 5A06	8（壁厚）
10	回字筋	铝合金 5A06	8（壁厚）
11	角筋	铝合金 5A06	8（壁厚）

轻量化设计对完成能用运输机空运、直升机吊运等方式快速部署到灾害现场，展开遥控救援和抢通作业的要求有显著影响，因此在车体设计中必须以轻量化作为导向，采用合理的承载结构和新材料，在保证安全的前提下，最大限度降低车体自身质量。

车辆车体结构设计中最为关键的一个环节就是框架的设计，框架是支撑整个整体的核心部位，在框架设计上要考虑各方面的因素，选择最合理与科学的设计，故本车体的设计为：车顶部框架由回字形方钢管和圆形钢管组成长方形外廓，内侧设置横梁，用于支撑框架稳定，也用于承载挖掘作业装置的安装板；车首推土板安装板与顶部框架、底部网格筋及主动轮安装板相接，并在车内侧设置加强筋，保证推土作业时框架强度满足要求；车尾两侧为向外倾斜的支撑装置安装板，其分别与顶部框架、左右侧网格筋、底部网格筋相连，两安装板支架增加互相支撑的横向筋，保证支撑装置工作时的强度要求；挖掘作业装置安装位置设置环形加强筋，与顶部框架、左右侧网格筋连接，将所受挖掘作业装置的载荷均匀传递到整个车体框架；底部网格筋、侧面网格筋连接悬挂装置支架，呈放射性布置，可将来自行动系统的载荷均匀传递到整个车体框架。

铝合金6061、铝合金5A06材料的选择与其他材料相比在轻量化上有极大的优势，且材料中镁、硅合金特性多，具有加工性、焊接性、电镀性、抗腐蚀性良好，韧性高，加工后不易发生形变，材料致密无缺陷及易于抛光，上色膜容易，氧化效果极佳等优良特点。

车体使用的铝合金型材大部分为闭口型铝合金型材，在承载结构部位，选用铝合金型材作为骨架支撑，稳定性好。对于受力较小的结构，选用铝合金板材大面积部件，且考虑到铝合金型材的生产工艺为挤压，在结构承载相似的部位，优先选用了同种规格和同种截面形状的型材，以尽可能减少模具数量，降低生产成本。

在作业工况以及正常行驶工况下，分别计算分析多功能抢险车车体框架的刚强度。其中，作业工况又分为最大挖掘力位置、最大挖掘半径位置以及最大挖掘深度位置三种情形。

（1）最大挖掘力位置。

如图2所示，斗杆垂直于地面，斗齿尖离地面以下0.5 m，用铲斗挖掘，切向阻力垂直于地面，法向阻力向机体，此时倾覆边缘在作业臂方向。此时的倾覆力矩为$M_1 = 22\,325.2$ N·m。

（2）最大挖掘半径位置。

如图3所示，此时挖掘阻力有使整机抬起的趋势，倾覆边缘在作业的反方向。此时的倾覆力矩为$M_1 = 47\,636.7$ N·m。

图2 最大挖掘力位置

图3 最大挖掘半径位置

（3）最大挖掘深度位置。

如图4所示，挖掘深度为H时斗杆及铲斗处于垂直位置，用铲斗液压缸挖掘。此时挖掘阻力有使整机抬起的趋势，倾覆边缘在作业的反方向。此时的倾覆力矩为$M_1 = 37\,130.4$ N·m。

3 车体静强度及模态计算

3.1 说明

依据超轻型多功能遥控抢险车的实际工况，确定了车体静强度和模态分析的载荷条件和评价标准，在此之上采用ANSYS有限元分析软件进行计算。

计算载荷共计算了两种工况：挖掘工况和行驶工况。其中，挖掘工况又分为最大挖掘力位置、最大挖掘深度位置（图4）以及最大挖掘半径位置三种情形。

3.2 硬件

CPU：8core E5420 @ 2.50 GHz；RAM：8 GB DDR；HDD：750 GB SATA。

3.3 软件

软件有 Pro-E，ANSYS。

3.4 几何模型

根据框架式车体的三维模型，建立了用于进行有限元分析的车体模型。根据载荷作用位置、支撑方式、加强筋位置以及其他结构信息，分别通过实体剖分、切割平面等方式建立了用于有限元分析的三维模型，如图5所示。

图4 最大挖掘深度位置

3.5 有限元网格模型

采用二次板单元和梁单元对车体框架进行网格划分，最终得到的车体有限元网格模型如图6所示。

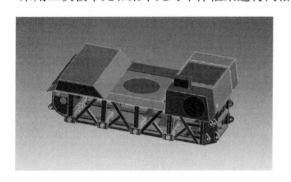

图5 框架式车体三维模型　　　　　图6 框架式车体有限元网格模型

3.6 材料常数

框架式车体采用铝合金5A06，材料力学性能如下：

(1) 弹性模量：$E = 72\,000$ MPa。
(2) 泊松比：$\sigma_s = 730$ MPa。
(3) 密度：$\rho = 2.7 \times 10^{-6}$ kg/mm³。
(4) 屈服极限：$\sigma_s = 295$ MPa。

3.7 模态分析：挖掘工况

3.7.1 条件施加

对挖掘工况下车体框架的刚强度分析主要按以下三种挖掘位置计算：最大挖掘力位置、最大挖掘深度位置以及最大挖掘半径位置。在这三种位置下，车体框架的受力仅存在倾覆力矩大小的不同，其他边界条件均相同。

挖掘工况施加的边界条件为：4对平衡杆支架位置 XYZ 方向自由度的约束。车体前部三个铰接连接推土铲：中间铰接水平分力96.7 kN，竖直分力113.4 kN；侧铰接水平分力96.7 kN，竖直分力31.1 kN。车体后部的铰接连接液压支腿：车体后部上铰接水平分力29.8 kN，竖直分力40 kN；下铰接水平分力29.8 kN，竖直分力2 kN。对全车施加1倍的全局重力；座圈甲板受力8 500 N，以及在不同挖掘位置时上装和重物对座圈的倾覆力矩，如图7所示。

图7 挖掘工况下边界条件施加

3.7.2 最大挖掘力位置结果

在最大挖掘力位置下，上装及重物对座圈的倾覆力矩为22 325.2 N·m。

1）应力结果

图8所示为多功能抢险车处在最大挖掘力位置时车体框架的等效应力结果。最大应力值出现在车体左后侧下方的加强筋处，且最大应力值为σ_{max} = 217.81 MPa。车体使用的加强筋材料采用铝合金5A06，材料屈服极限为σ_s = 295 MPa，取安全系数n = 1.3，则许用应力$[\sigma]$ = 226.92 MPa。由结果σ_{max} < $[\sigma]$可知，在最大挖掘力工况下车体的结构设计符合刚强度要求。

2）位移结果

在最大挖掘力位置时，车体框架各部位的位移如图9所示。最大位移点位于前部甲板的铰接连接处，最大位移量为1.435 3 mm。

3.7.3 最大挖掘深度位置结果

在最大挖掘深度位置下，上装及重物对座圈的倾覆力矩为37 130.4 N·m。

1）应力结果

图10所示为多功能抢险车处在最大挖掘深度位置时车体框架的等效应力结果。最大应力值同样出现在车体左后侧下方的加强筋处，最大应力值σ_{max} = 218.59 MPa。车体使用的加强筋材料采用铝合金5A06，材料的屈服极限为σ_s = 295 MPa，取安全系数n = 1.3，则许用应力$[\sigma]$ = 226.92 MPa。由结果σ_{max} < $[\sigma]$可知，在最大挖掘深度工况下车体框架的结构设计符合刚强度要求。

2）位移结果

在最大挖掘深度位置时车体框架的位移如图11所示。最大位移点位于前部甲板的铰接连接处，最大位移量为1.436 3 mm。

图8 最大挖掘力时车体框架的等效应力

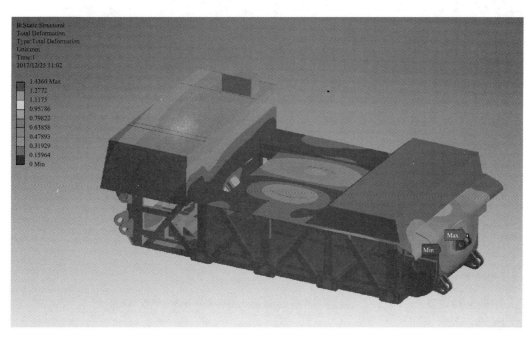

图9 最大挖掘力时车体框架的位移

图10 最大挖掘深度时车体框架的等效应力

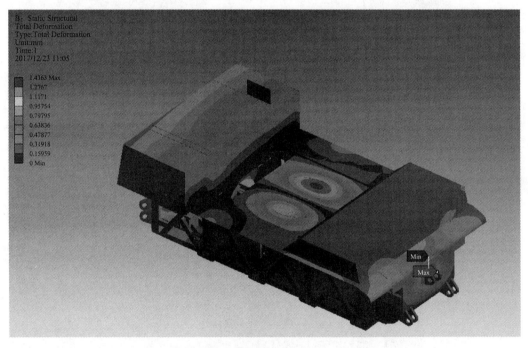

图11 最大挖掘深度时车体框架的位移

3.7.4 最大挖掘半径位置结果

在最大挖掘半径位置下,上装及重物对座圈的倾覆力矩为 4 7636.7 N·m。

1) 应力结果

图12 所示为多功能抢险车处在最大挖掘半径位置时车体框架的等效应力。最大应力值依旧出现在车体左后侧下方的加强筋处,最大应力值 σ_{max} = 219.34 MPa。车体使用的加强筋材料采用铝合金 5A06,材料的屈服极限为 σ_s = 295 MPa,取安全系数 n = 1.3,则许用应力 $[\sigma]$ = 226.92 MPa。由结果 σ_{max} < $[\sigma]$ 可知,在最大挖掘半径工况下车体框架的结构设计符合刚强度要求。

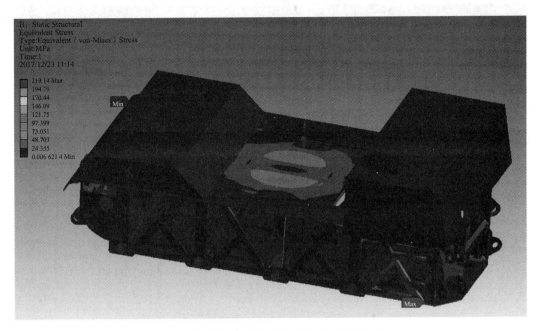

图 12　最大挖掘半径时车体框架的等效应力

2）位移结果

多功能抢险车处在最大挖掘半径位置时车体框架的位移如图 13 所示。最大位移点位于座圈甲板的边缘处，最大位移量为 1.661 4 mm。

图 13　最大挖掘半径时车体框架的位移

3.8　模态分析：行驶工况

3.8.1　条件施加

在正常行驶情况下，前面的推土铲和后面的液压支撑均抬起。此种工况下对车体框架施加的边界条件为：4 对平衡杆支架的约束；对全部车体框架施加 8 倍的重力（考虑到车辆运动所产生的附加动载荷）；前部主动轮安装位置受到的扭矩为 1 454 N·m，弯矩为 2 147 N·m。图 14 所示为施加边界条件后的车体框架。

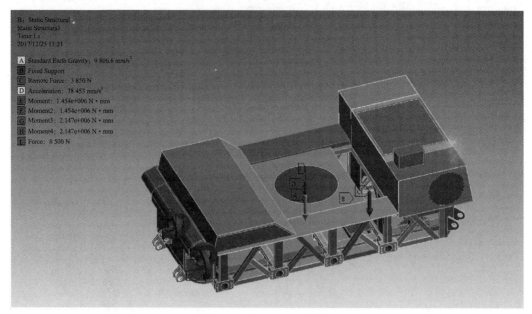

图14　行驶工况下施加边界条件的车体框架

3.8.2　应力结果

图15所示为多功能抢险车在正常行驶工况下车体框架的等效应力。最大应力值出现在右侧主动轮安装位置的边缘上,最大应力值 σ_{max} = 195.23 MPa。此处的材料采用铝合金5A06,材料的屈服极限为 σ_s = 295 MPa,取安全系数 n = 1.3,则许用应力 $[\sigma]$ = 226.92 MPa。由结果 $\sigma_{max} < [\sigma]$ 可知,在行驶工况下车体框架的结构设计符合刚强度要求。

图15　行驶工况下车体框架的等效应力

3.8.3　位移结果

多功能抢险车在正常行驶工况下车体框架的位移如图16所示。最大位移点位于车尾的甲板上,最大位移量为1.711 7 mm。

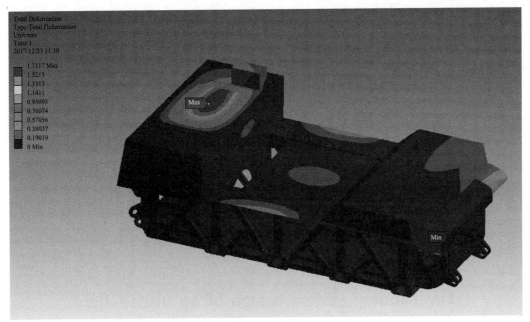

图16　行驶工况下车体框架的位移

4　结论

通过以上对多功能抢险车在作业和行驶工况下框架式车体的有限元分析，得出以下结论。

（1）铝合金框架式结构能有效提高刚度，优化力的传递路径，同时减轻车体的质量，能适应多样化快速立体救援的需要。

（2）框架式车体所受最大应力均小于材料的许用应力，并且变形量较小。由此可知，该框架式车体的结构设计较为合理，满足使用要求。

一种可空运部署的超轻型多功能遥控抢险车的行动系统设计

高巍，李友为，孙行龙，李彤，韩易峰

（哈尔滨第一机械集团有限公司，黑龙江 哈尔滨 150056）

摘 要：介绍了可空运部署的超轻型多功能遥控抢险车的行动系统方案设计。该方案采用理论计算与仿真分析相结合的设计手段，进行优化设计，使产品的先进性、可靠性、经济性得到显著提高。

关键词：遥控；超轻型；多功能；行动系统

中图分类号：TH

The running system design of an ultra-light multifunctional remote control emergency vehicle which can be deployed by air

GAO Wei, LI Youwei, SUN Xinglong, LI Tong, HAN Yifeng

(Harbin First Machinery Group Co., LTD., Harbin 150056, China)

Abstract: The running system schematic design of an ultra-light multifunctional remote control emergency vehicle which can be deployed by air is introcluced. The scheme adopts the design method of combining theoretical calculation and simulation analysis to optimize the design, which significantly improves the advanced reliability and economy of the product.

Keywords: ultra-light; multifunctional; running system

0 引言

科学技术的发展对抢救车的应用提出了更高的要求，为解决常规道路抢通用作业机械体积、质量较大，功能较单一、不能适应多样化快速立体救援的需要，研制多功能抢救车成为必然趋势。

行动系统作为多功能抢救车的重要组成系统，主要作用是：支撑车体及其上的全部质量；把发动机经传动系统输出的扭矩转变为驱动车辆的牵引力；传递和承受路面作用于履带及车轮上的各种力和力矩；缓和车辆在各种路面行驶时由地面经负重轮传到车体上的冲击；熄灭车体的振动；使车辆能以较高速度在各种路面上平稳行驶，并具有在松软、泥泞地面行驶及克服各种天然和人工障碍的能力。

本文所介绍的行动系统是按能用运输机空运、直升机吊运等方式快速部署到灾害现场，展开遥控救援和抢通作业的要求而设计的。

目前，该行动系统已随某型可空运部署的超轻型多功能遥控抢险车进行试验验证。

1 设计指导思想

（1）以产品设计模块化、部件通用化、产品系列化、零件标准化为设计原则。

基金项目：国家重点研发计划 多功能破障装备研究与应用（2016YFC0802704）。

作者简介：高巍（1981—），女，高级工程师，工学学士，E-mail:tong_15@163.com。

（2）充分应用与借鉴现有的成熟技术进行工程设计，提高成熟度和可靠性。

（3）采用理论计算与仿真分析相结合的设计手段，对设计参数进行优化，实现精细化设计。

（4）在满足技术指标的前提下，做到方案最优化，同时考虑成本应最低、效费比应最优。

2 行动系统组成与设计

2.1 行动系统组成

行动系统由主动轮、负重轮、诱导轮（落地）、托带轮、履带及其调整装置、扭杆弹簧、筒式减震器和平衡肘组成，如图1所示。主动轮前置，诱导轮后置，每侧三个负重轮，一个托带轮，一个筒式减振器。负重轮与诱导轮共同承载整车质量。托带轮位于第二、三负重轮上方，履带调整装置被设计在诱导轮平衡肘臂上。每个负重轮或诱导轮都与平衡肘连接，平衡肘另一端连接扭杆弹簧。筒式减振器连接于车首第一负重轮平衡肘上。行动系统设计参数如表1所示。

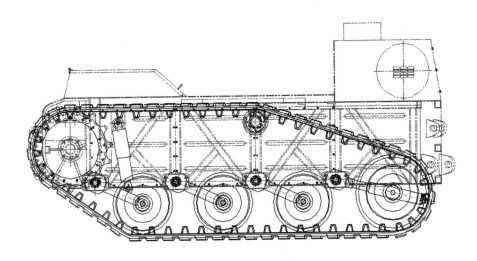

图1 行动系统布置图

表1 行动系统设计参数

名称	设计数值/mm
履带中心距	1 370
履带接地长	1 763
履带宽度	230
主动轮节圆直径	44
主动轮齿数	12
负重轮直径	420
诱导轮直径	530
平衡肘工作长度	365
扭杆弹簧直径	25

2.2 主要部件设计

2.2.1 主动轮

主动轮由牵引电机、齿圈、支撑环和制动盘等组成,如图 2 所示。齿圈、支撑环、制动盘等安装在牵引电机轮毂上。对齿圈齿面进行高频淬火,提高其耐磨性,电动机转动后,齿圈拨动履带前进。支撑环用来支持履带板体,使行驶过程中啮合更顺畅。制动盘可与制动钳摩擦,提供制动力。

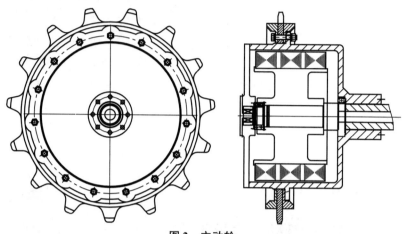

图 2 主动轮

有限元分析如下:最大应力值为 165 MPa,小于 42CrMo 钢屈服极限 930 MPa;最大位移点位于轮毂边缘,最大位移量为 1.2 mm。

2.2.2 负重轮及诱导轮

负重轮和诱导轮结构相同,均为单轮缘结构,主要由轮体、轮缘橡胶和轴承挡圈等组成,如图 3 所示。车辆行驶过程中,负重轮和诱导轮以较小的摩擦力在履带轨道面上滚动,并支撑车体的重力。轮体采用 20CrMnTi 材质,内部中空,以减轻质量。轮缘周圈硫化弹性橡胶,以减小车辆行驶振动。轴承挡圈用来安装和支承轴承。有限元分析如下:负重轮承载较为恶劣的区域分布在负重轮中心受力处,最大应力值为 167 MPa,小于 20CrMnTi 屈服极限 885 MPa;最大位移点位于负重轮下方倒角处,最大位移量为 0.2 mm。

2.2.3 托带轮

托带轮主要由铝合金轮体、轮缘橡胶、轴承和固定支座等组成,如图 4 所示。其作用是支撑上支履带,保持履带环形状,并可衰减行驶中的履带振动,提高车速。固定座一端固定于车体侧甲板,另一端通过轴承与轮体连接。轮体及固定座采用轻质铝合金材料,有效减轻质量。轮体外圈硫化橡胶,减小履带振动。

2.2.4 橡胶履带

该履带为抗穿刺型橡胶履带,是在金属芯板和钢丝环网外整体硫化橡胶而成,以橡胶作为主体,以金属芯板和钢丝环网承载受力,如图 5 所示。

2.2.5 履带调整器

履带调整器为机械丝杠连杆组合结构,通过末端的调节螺母,可调整曲臂的工作长度,从而使诱导轮前后移动,实现履带的张紧与放松,如图 6 所示。

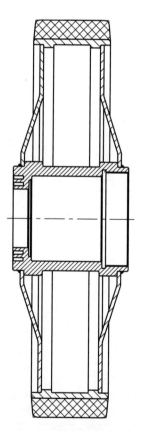

图 3 负重轮及诱导轮

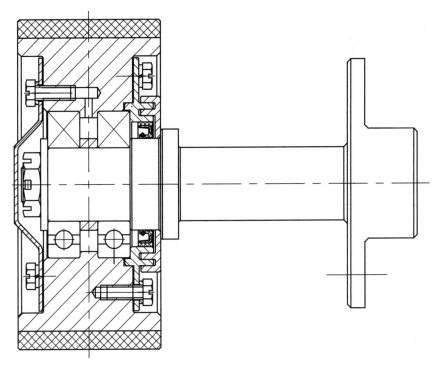

图 4 托带轮

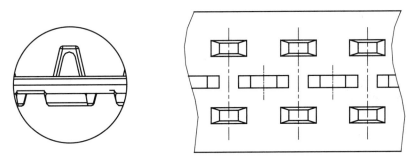

图 5 橡胶履带

2.2.6 平衡肘

平衡肘的作用是连接负重轮和扭杆弹簧,并将负重轮上下运动的作用力转化为作用于扭杆弹簧的扭矩,使扭杆扭转。如图 7 所示,它由负重轮轴、平衡肘轴和平衡肘臂三部分组成,并采用组合焊接形式将各段连接成形,制造成本低。平衡肘臂为空心结构,可减轻质量。有限元分析如下:平衡肘承载较为恶劣的区域分布在平衡肘拐角处应急集中位置,最大应力值为 429 MPa,小于 40CrNiMoA 钢屈服极限 833 MPa;最大位移点位于受力端,最大位移量为 3.8 mm。

2.2.7 扭杆弹簧

扭杆弹簧以高强合金材料作扭转介质,弹簧两端设计有花键,一端固定于车体,一端与平衡肘相连,利用圆形扭杆在扭转时的弹性变形实现车体和负重轮之间的弹性连接,如图 8 所示。弹簧采用先进的热处理工艺,强扭及滚压强化处理措施,其最大使用应力超过材料的屈服极限 980 MPa,可达到 1 200 ~ 1 300 MPa。

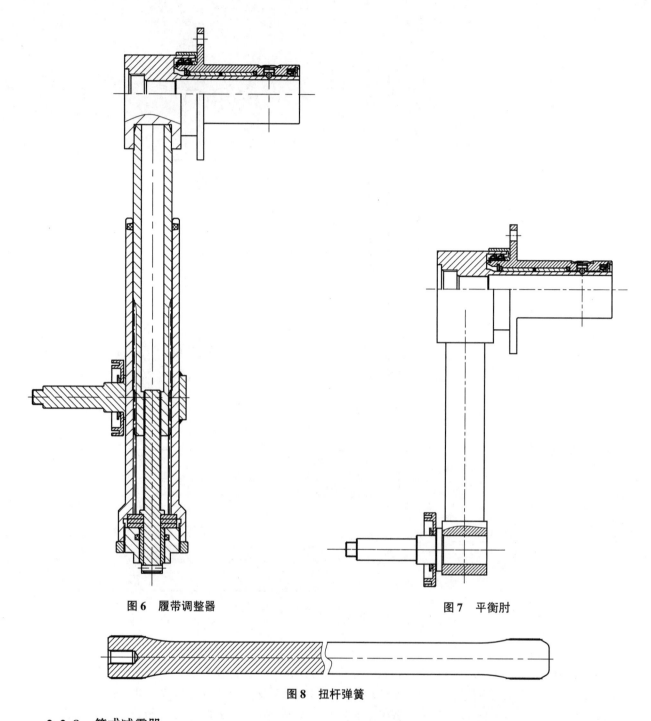

图6 履带调整器　　　图7 平衡肘

图8 扭杆弹簧

2.2.8 筒式减震器

本车减震器为筒式结构，如图9所示，每侧各一个筒式减震器，一端固定于车体侧甲板，另一端固定于第一负重轮平衡肘。减震器内部设有阻尼孔，减震器在压缩和拉伸时，内部工作液穿过阻尼孔，将动能转化为热能。其作用是作为阻尼元件，衰减车辆行驶震动能量，减小车辆的俯仰和震动。

3　结论

该行动系统被用于超轻型多功能遥控抢险车，经过充分论证评审进行细化，在充分借鉴国内外同类产品的基础上，选用军用或民用成熟技术和部件，切实提高可靠性。行动系统采用小直径负重轮与长臂平衡肘，配合橡胶履带、高强半轴式扭杆弹簧和筒式减振器，具有良好的减振和缓冲效果，可满足车辆最大行驶速度的指标要求。在设计过程中通过有限元分析，进一步降低行动系统质量，同时使用新工艺和轻质材料,使整个系统具有较轻的质量和较高的传动效率。依据分析计算,预期其能够满足战术技术指标和使用要求。

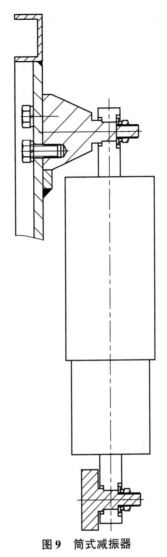

图 9　筒式减振器

参 考 文 献

[1] 王书镇. 高速履带车辆行驶系 [M]. 北京:北京工业学院出版社,1986.

某自行火炮弹药输送装置推弹试验系统的改进

郭丽坤,刘 伟,段玉滨,刘 贺,韩易峰,胡艺玲

(哈尔滨第一机械有限公司,黑龙江 哈尔滨 150056)

摘 要:主要根据实际检验验收过程中发现的问题,对于某自行火炮弹药输送装置推弹器的试验系统建议工厂进行改进,从改进装置的用途、结构组成、试验原理以及检测方法入手,系统地阐述了装置的改进过程。

关键词:推弹装置;试验系统;推力

Improvement of the projectile test system of a self-propelled gun ammunition conveying device

GUO Likun, LIU Wei, DUAN Yubin, LIU He, HAN Yifeng, HU Yiling

(Harbin First Machinery Group Co., LTD., Harbin 150056, China)

Abstract: According to the actual inspection and acceptance of the problems found in the process, it is suggested to improve the test system of the pusher of a self-propelled gun ammunition conveyer, from the improvement of the device's use, structure and organization, test principle and detection method, the improvement process of the device is described systematically.

Keywords: propulsion system; the test system; thrust

1 问题的产生

推弹装置在某新型自行火炮弹药输送装置的供输弹系统中起着极其重要的作用,通过供输弹计算机的控制,在推弹装置推头推力的作用下,将弹丸从弹丸筒内推到托盘中,此推弹装置(×××.53.1.21)在过去装配试验中,推力的测试主要是通过弹簧秤进行粗略的推力测试,用此测量方法得到的数据极不精确,尤其是在进行第一营专项产品现场验收工作中,我们发现推弹器检测装置不能保证整车在总装总调的安装试验过程中的试验精度,这给装备生产带来了不必要的困难。

为保证推弹系统的准确性,确保弹丸既要准确到位,又要防止推力过大。根据推弹器的使用性能,经理论换算,提出必须保证推力大于 50 kgf,且推头收回到位时不反弹。根据这一技术条件,需重新设计试验推力装置,对推力进行验证。

又结合第一个营 9 台产品的实际装配试验进行了推力复查,结果如表 1 所示。

基金项目:公司级重点研发计划:某自行火炮弹药输送装置推弹试验系统的改进(No. 2019 - 0268)。

作者简介:郭丽坤(1981—),女,高级工程师。E - mail:108702650@ qq. com。

表 1　推力测试记录

序号	测量推力/kgf①	结果
1	46	不到位
2	47	不到位
3	49	不到位
4	50	到位
5	55	到位
6	60	到位
7	65	到位
8	68	推力过大
9	70	推力过大

2　方案确定

2.1　装置用途

其用于检测该型自行火炮弹药输送装置推弹装置的推头推力，以便保证供输弹系统正常工作。

2.2　装置结构组成

根据推弹装置的安装结构和推力的设计要求，经研究分析确定，此试验台装置由 24 V 直流电源、台架、支架、被试件和测推力装置等组成，如图 1 所示。

2.3　推力值的试验原理

推弹装置检测系统主要是将推头推力转化成装置中的弹簧的推力，并在装置中对推力的技术要求数值进行标识，以方便检测。

推力值的准确性是保证试验结果的关键问题，经过认真分析研究，主要从弹簧的设计上保证弹簧具有足够的弹性，同时根据理论计算值在推力的测试值上反复进行实践验证。

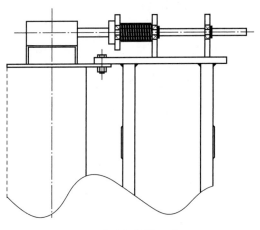

图 1　试验台装置组成

2.3.1　弹簧的设计计算

根据设计公式进行计算：

系数 $k = G \times d^4 / 8 \times D^3 \times n = 78\,500 \times 6^4 / 8 \times 35^3 \times 12 = 24.7$（N/mm）。式中，$d=6$，$D=35$，$n=12$。

当 $N=500$ 时，计算 $\Delta L = 20$ mm。

压并高 H_+ 为 284 m。

取 $t = 12$。

H_0 为 2 156 m。

总圈数 $n_1 = 14.5$。

---

①　1 kgf≈9.8 N。

有效圈数 $n=12$。
展开长度 $L=1\,594$。

2.3.2 推力刻度值形成

将推弹装置固定在中心杆一端（不带前板端），连接弹簧秤（100 kgf），水平拉弹簧秤，前板压缩弹簧，带动导套与滑块一起运动，当秤的刻度值为 50 kgf 时，记录滑块外侧面在刻线轴上的位置即 50 kgf 位置刻线。具体数值如表 2 所示。

表 2 试验记录

序号	弹簧秤值/kgf	导柱刻线距离/mm
1	50	25
2	52	26
3	50	25
4	52	26
5	48	24
6	50	25
7	50	25
8	50	25
9	50	25
10	50	25

经理论与实践试验数值确定导向套位置刻度值，并涂色标记。

在保证其为顺利推弹的最小值后，为防止推力过大、推弹器推头反弹，增加推头，收回到位时不反弹。根据这一技术要求上述试验结果满足设计要求。

推弹器输出的推力值结果要求：推弹器推头处的输出推力大于 50 kgf，且推头收回到位时不反弹。

2.4 装置的检测步骤

将推弹装置（×××.53.1.21）安装在试件支架上，接通电源重复模拟推弹 200 次后，在推弹器检测系统上做以下试验：

（1）把检测系统安装在试验系统上，检测系统与试验台的连接螺栓必须被拧紧，不得松动。

（2）推头抵住检测装置前板，装置通电，推头通过前板压缩弹簧，带动导套与滑块一起运动，运动停止后将滑块推至与 A 面贴合，断电后弹簧带动导套回位。

（3）检测滑块在刻线轴上的位置，滑块右侧边在刻线右刻、推头收回到位时不反弹，表明推弹装置（×××.53.1.21）输出推力检测合格。

3 结论

该装置已经被应用于该型弹药输送装置推弹装置推力的检测过程中。

参 考 文 献

[1] 邢敏. 机械制造手册 [M]. 沈阳：辽宁科学技术出版社，2002.
[2] 郑修本. 机械制造工艺学 [M]. 北京：机械工业出版社，1999.
[3] 杨叔子. 机械加工工艺师手册 [M]. 北京：机械工业出版社，2001.

水陆两栖电传动运输装备

孙 蕊，刘贵明，孙行龙，于友志

（哈尔滨第一机械集团有限公司，黑龙江 哈尔滨 150056）

摘 要：全地形车的运行工况较为特殊，车辆会面临满载、泥泞路况低速行驶和前车单独巡逻或空载高速行驶等多个使用工况，车辆采用混合动力方案，满足了车辆的使用要求，能有效降低能源消耗，减少污染排放。全地形车由于车辆自身特点，车内无法布置满足水上航行动力要求的喷水推进装置，所以前车采用可翻转式螺旋桨推进装置，后车采用浮箱动力总成外挂螺旋桨作为水上推进动力，既解决了水上推进装置空间布置问题，又实现了水上动力分级调控。

关键词：履带式全地形车；水陆两栖；电传动；水上推进

中图分类号：TJ812+.2　**文献标志码**：A

Emergency equipment for amphibious transport

SUN Rui, LIU Guiming, SUN Xinglong

(Harbin First Machinery Group Co., LTD., Harbin 150056, China)

Abstract: All-terrain vehicles have special operating conditions, such as full load, muddy road conditions, single patrol of the front vehicle or high speed driving without load. The vehicle adopts hybrid power scheme, witch meets the use requirements of the vehicle and effectively reduces energy consumption emission. All-terrain vehicle characteristics, decorate the car can't meet the requirements of water sail power jet, so the requirements of water sail power jet, so titling propellers propulsion device for the vehicle ahead, the car uses the pontoon powertrain external propeller as jet propulsion, which can solve the problem of jet propulsion machinery space layout and water dynamic hierarchical control is realized.

Keywords: tracked all-terrain vehicle; amphibious; electric drive; water to promote

0 引言

本文主要介绍了双节履带式水陆两栖全地形运输车的系统组成及总体布局，进行了必要的总体计算，并阐述了关键技术的解决情况。

1 系统组成及总体布局

双节履带式水陆两栖全地形运输车（以下简称全地形车）由动力及辅助系统、电传动系统、行动系统、铰接系统、水上推进系统、液压及随车起重机、车体系统、车辆综合电子系统和工具备附件等九大系统组成，如图1所示。

基金项目：公司级重点研发计划：某自行火炮弹药输送装置推弹试验系统的改进（No.2019-0268）。

作者简介：孙蕊（1981—），女，高级工程师，E-mail：108702650@qq.com。

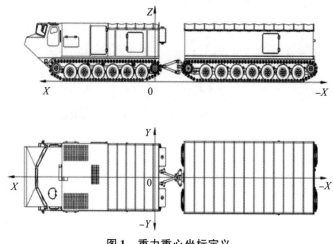

图 1　重力重心坐标定义

全地形车采用前、后双节车，4 条履带驱动的总体方案。前、后节车通过铰接装置连接，前节车驾驶舱前置，前节车内布置有 1 台发动机，发动机在车体内纵置，发动机通过膜片联轴器与分动箱相连，分动箱通过传动轴与发电机相连，前车主动轮后置，后车主动轮前置。该车辆通过可快速解脱的铰接装置实现前后车的快速解脱。解脱后前车能够装载乘员及物资实现独立行驶、转向等功能。

前节车分为四个相互独立的舱室，上部为驾驶舱，中下部为动力舱，中部左右两侧为封闭的螺旋桨舱。动力舱后部为前车载物舱，驾驶舱开有侧门及顶门，载物舱两侧开有侧门。后节车分为两个舱室，上部为后车载物舱，下部为高压蓄电池舱，载物舱两侧开有舱门，尾部可向后翻转。

2　总体匹配设计及计算

本文对全车的质量、直接牵引、制动性能、最大爬坡度、垂直墙通过性和整车浮力储备等在总体上进行了重点匹配设计。

2.1　质量计算

2.1.1　质量控制方法

整车质量控制对于装备在陆上和水上机动性能的实现，以及在严寒、水网稻田、沙漠等特殊条件下快速完成使命至关重要，为此围绕着整车质量控制主要采取以下几个措施。

（1）多方案论证比较。为使整车总体方案结构紧凑、科学合理，采取多方案论证的方式进行质量控制，特别是在整车高度和长度以及总体结构优化方面，在总体结构上首先完成质量控制。

（2）借用轻量化成熟技术和部件。采用多项领先的薄壳、轻量化成熟技术和部件进行质量控制。

（3）运用仿真技术进行轻量化结构设计。通过有限元仿真分析，对零部件结构进行减重设计，在结构优化设计上进行质量控制。

2.1.2　质量重心与弹性中心匹配设计

为确保整车在陆地行驶上良好的综合性能，在总体布局设计上，充分考虑了整车重心与弹性中心的匹配关系。

质量重心与弹性中心匹配结论：通过质量重心与弹性中心匹配设计，满载和空载时重心及悬置重心与弹性中心的匹配关系如表 1 所示。弹性中心及质量重心位置如图 2 所示。

2.2　直驶牵引计算

根据发动机外特性、各部件功率消耗、传动部分效率，直驶牵引计算结论：车辆陆地最大行驶速度为 62.9 km/h（此时动力因数为 0.041）。

表1 质量重心与弹性中心匹配计算

状态	弹性中心位置	质量重心与悬置重心位置计算值/mm		与弹性中心差/mm
前车满载时	3 062.5	悬置重心位置	2 936.2	−126.3
前车空载时	3 062.5	悬置重心位置	3 196.3	133.7
后车满载时	−5 712.3	悬置重心位置	−5 776.8	−64.5
后车空载时	−5 712.3	悬置重心位置	−5 616.7	95.6

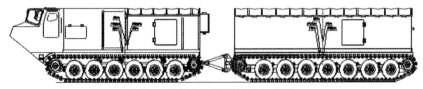

图2 弹性中心及质量重心位置

2.3 制动性能计算

制动性能计算参数按表2校核。

表2 制动性能计算

车辆全重/kg	制动车速 v/(km·h^{-1})	制动距离 s/m	主动轮半径/m	制动器数量	侧减速比	爬坡度/(°)	对地滚动阻力系数
70 000	32	20	0.266	4	7.52	20	0.11

2.4 最大爬坡度计算

2.4.1 最大爬坡度动力性能理论计算

全地形车按5 km/h速度爬坡，校核质量为70 t情况下，最大爬坡度的计算公式为

$$\alpha_{max} = \sin^{-1}[(f_0 - f\sqrt{1-f_0^2+f^2})/(1+f^2)] = 22.3°$$

式中：α——最大扭矩点最大爬坡度，单位为（°）；

f_0——运动阻力系数，取0.052。

取 f_0 为0.052时，最大爬坡度为22.3°。

计算结论：车辆最大爬坡度计算值为22.3°。

2.4.2 最大爬坡度干涉检查

根据整车重心位置，通过作图检查，在通过20°纵倾坡时，其重心垂线位于前后车之间，不会出现倾翻现象，而且上坡过程中，车体没有出现与地面接触现象。

2.5 垂直墙通过性检查

根据整车重心位置，通过作图检查，在通过1.65 m高的垂直墙（或崖壁）时，垂直墙与车体的位置关系如图4所示。

检查结论：通过作图检查，可通过1.65 m高的垂直墙（或崖壁）。

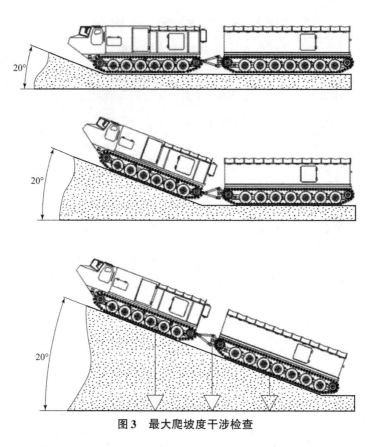

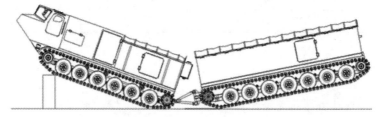

图 3 最大爬坡度干涉检查

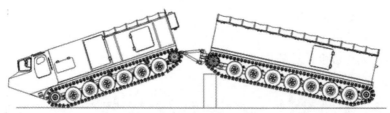

图 4 垂直墙通过性检查

2.6 最大侧倾行驶坡度稳定性检查

根据整车重心位置，通过作图检查，在通过 25°侧倾坡时，其重心垂线位于两侧履带内侧之间，而且燃油供给系统、润滑系统等均不会出现吸空现象，可安全通过 25°侧倾坡度，如图 5 所示。

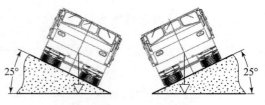

图 5 侧倾坡通过性检查

2.7 越壕宽通过性检查

整车存在满载、空载、前车空载后车满载、后车空载前车满载的极限工况,其中前车空载后车满载为重心最恶劣的工况,越壕宽通过性按照最恶劣的工况进行检查。

根据整车重心位置计算,在前后车闭锁后,前车空载后车满载工况下,前车诱导轮中心至整车重心距离8 934 mm,后车诱导轮中心至整车重心距离6 827 mm,可以通过4.5 m宽的壕沟。通过作图检查(图6),在通过4.5 m宽的壕沟时,壕沟与车辆的位置关系如下:

(1)整车重心刚好进入壕沟时,前车诱导轮中心已经越过壕沟8 934 mm,前车可以通过。
(2)后车诱导轮中心刚好进入壕沟时,整车重心已经越过壕沟2 327 mm,后车可以通过。

通过上述检查,理论上可以通过6 820 mm壕沟,因此,该车可通过大于4.5 m宽的壕沟。

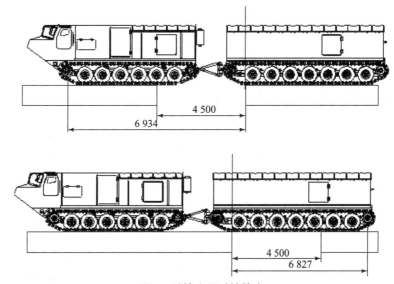

图6 越壕宽通过性检查

2.8 公路最大行程计算

根据发动机燃油消耗率、发动机功率和平均行驶速度,最大储备行程计算结论:最大储备行程计算结果为空载状态下,500 km需要燃油1 993 L,本车随车携带燃油储备1 600 L,外挂油箱携带450 L油,最大储备行程约514 km。

2.9 接地比压计算

根据总体匹配数据,前后车整车履带接地长 $L = L_1 + L_2 = 1\ 017.8$ cm,履带宽度为110 cm,经计算前车单位压力为29 kPa,后车单位压力为29 kPa[1]。

2.10 整车浮力储备估算

整车采用梯形法离散计算方法分别计算前、后车的浮力及稳定性,计算起点为车厢底板,计算步长(吃水间隔)为0.1 m 车体计算水线如图7所示。

2.10.1 空载状态

空载状态下,前车干舷高度为1.24 m,横稳性力臂为1.46 m,纵稳性力臂为51.94 m;后车干弦高

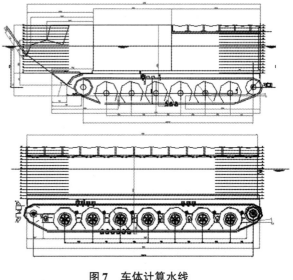

图7 车体计算水线

度为 1.45 m, 横稳性力臂为 1.99 m, 纵稳性力臂为 71.18 m。

空载状态下, 前车和后车的浮心相差 0.376 m, 此时铰接装置处于浮动状态下, 可以在水中根据两车的浮心位置自动调整车辆的姿态, 虽然前车车首会存在一定的埋首现象, 但根据仿真计算结果得知车首位置下沉量仅为 0.012 m, 此时干舷高度为 1.228 m, 远远大于满载干舷, 所以车辆空载状态下可满足浮力储备及稳性要求。

浮性稳性计算如表 3 所示。

表 3 浮性稳性计算

位置	排水体积/m³	浮心高/m	横稳性力臂/m	纵稳性力臂/m
前车	21.84	0.48	1.46	51.94
后车	14.42	0.27	1.99	71.18

2.10.2 满载状态

经初步估算, 后车在未增加浮箱状态时的浮力及稳性均不足以满足车辆使用要求, 所以车辆满载按照前车自身, 后车安装附加浮箱进行考虑。后车左右两侧各安装有一个附加浮箱, 后车浮箱体积为 7.3 m×0.8 m×1.5 m, 浮箱吃水深 1 m, 水上深度为 0.5 m。

前车满载总重为 30 t, 排水体积为 34.7 m³, 初稳性为 0.62; 后车满载总重为 40 t, 排水体积为 41.9 m³, 初稳性为 0.75; 整车满载时干舷高度为 0.735 m, 车辆可满足浮力储备及稳性要求[2]（图 8）。

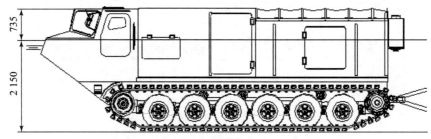

图 8 满载状态

增配浮箱后车稳性分析如表 4 所示。

表 4 稳性计算

位置	排水体积/m³	浮心高/m	横稳性力臂/m	纵稳性力臂/m
前车	34.698	0.763	0.698	16.137
后车	41.898	0.801	1.772	29.338

3 关键技术及解决途径

全地形车的关键技术主要有总体集成技术、转向及控制技术、轻量化技术、电传动技术、水上驱动技术等。

3.1 总体集成技术

铰接式全地形车需要在陆地、水上、沼泽、沙漠、雪地等不同地域环境下工作, 需要解决动力、重力、散热能力、环境适应性、成本、技术成熟度等多个因素和各项技术指标之间的矛盾, 解决总体集成技术是保证整车综合性能的关键。车辆总体技术最大的难点在于车辆陆地工况与水上工况的兼容性设计。

由于全地形车的运行工况较为特殊, 救灾现场路线不固定, 车辆会面临满载低速、泥泞路况行驶和空载、前车单独执行巡逻任务状态下陆地、水上高速等多个使用工况。所以车辆在设计时需满足最高行驶车速和最大爬坡度等动力性能的要求，需要装备大功率发动机组，但因为车辆正常工作的状态下功率处于过剩状态，造成严重浪费，所以车辆采用混合动力方案，日常工作状态下车辆行驶由发动机提供能量，特殊工况下由发动机和高压蓄电池联合提供动力，这样既满足了车辆的使用要求，又有效地降低了能源消耗，减少了污染排放。但上述总体方案为水上推进装置的布置带来了难点，要求水上航行速度不小于12 km/h，所以水上的动力源需达到670 kW以上方能满足最大航速的要求。但为保证在水下工作的螺旋桨的用电安全性，螺旋桨不能采用电机驱动方式，所以车辆总体上采用前车螺旋桨由发动提供动力、后车螺旋桨由高压蓄电池提供动力的方案，后车螺旋桨驱动系统完全封闭在附加浮箱内部，这既解决了高压用电安全问题，又满足了车辆水上机动性能的要求。

3.2 转向及控制技术

转向机构及其控制技术是实现车辆转向、高越野能力及承载的核心技术，采用被动控制与差速相结合控制车辆转向以及主动控制转向。

被动控制与差速相结合控制车辆转向以转向盘控制电机差速为主、铰接手柄控制铰接油缸为辅进行车辆转向，通过驾驶员控制进行车辆转向。

主动控制转向为特种铰接转向与差速转向相结合的控制方式，其在综合各种野外路面路况信息参数的基础上，结合履带车辆性能特点，通过理论分析与数值建模相结合，运动仿真与试验验证相结合，加以修改和完善系统参数，得出铰接转向工作机理和结构关键技术参数。

3.3 轻量化技术

3.3.1 车体轻量化技术

箱型结构的车体全部由薄板与筋梁组合而成，具有"火柴盒"式结构原理。在车辆运动过程中，承载重力可以达到自身重力的5~10倍，车体轻量化技术是车辆机动性能提升及车辆减重的关键技术。

车体轻量化技术运用三维建模与有限元仿真分析、试验验证等手段，保证轻量化车体设计合理，结构可靠。

3.3.2 行走系统轻量化技术

铰接式全地形车行走系统与传统履带式车辆行走系统差别较大，铰接式全地形车履带总宽度占整车宽度的2/3，质量占整车比例较高。为减轻行动系统质量，对履带及负重轮进行轻量化设计。履带采用特种橡胶带与钢骨架履带板结合的形式，在基本结构不变的基础上，通过有限元分析和台架试验等方法，进一步降低履带厚度及尺寸，提高履带刚强度。负重轮采用高强度空心航空橡胶轮胎，质量轻。上述部件的优化与匹配技术研究是车辆机动性能提升及车辆减重的关键技术。

3.4 电传动技术

本车采用混合动力分布式驱动电传动技术，整车包含一套柴油发电机组和一套高压蓄电池组，作为车辆的动力源。前后车共采用四个电机，分别由两个电机控制器进行控制。前后车电机采用反馈式控制，实现车辆同步行进。电传动技术通过优化控制电机输出曲线，减小电机体积和质量。为实现后车可短时行驶功能，后车配备遥控系统。电传动技术运用仿真分析与台架试验相结合的方式，保证分布式电传动的同步性，保证电传动系统的产品可靠性。

3.5 水上驱动技术

全地形车为履带式双节车辆，由于履带较宽，故水上阻力较大。为满足水上航速不小于12 km/h的指标，本车从两方面对水上性能进行提升。其一为增加水上推进装置，车辆前车选用了可收放式螺旋桨推进装置，该装置在陆地上行驶时，前车螺旋桨收入车辆舱室内部，降低车辆行驶过程中推进装置损坏的可能性；其二为降低水上阻力，增加车辆水上稳定性，研发流线型船型车体及车首防浪板，降低航行阻力和后车对推进水流的干扰。同时为满足重载车辆在风浪中的浮力、稳定性及机动性要求，研发可快速拆装的模块化附加浮箱，浮箱上配有以高压蓄电池为动力的螺旋桨装置。

4 结论

全地形车总体方案是在其他子系统或部件方案经过充分论证评审的基础上进行细化，在充分借鉴国内外同类产品的基础上，尽量选用军用及民用成熟技术和成熟部件，切实提高可靠性，同时也充分考虑了高压用电的安全因素，采取了针对性的技术解决方案。依据底盘、分系统和部件分析计算，其预期能够满足35 t铰接式全地形车的战术技术指标和使用要求。

参 考 文 献

[1] 闫清东，张连弟，赵毓芹. 坦克构造与设计 [M]. 北京：北京理工大学出版社，2007.
[2] 杨楚泉. 水陆两栖车辆原理与设计 [M]. 北京：国防工业出版社，2003.

浅析履带式隧道应急抢通车车体设计

李珊珊，孙 伟，王海燕，袁维维，韩 旭，于友志

(哈尔滨第一机械集团有限公司，黑龙江 哈尔滨 150056)

摘 要：简要分析了履带式隧道应急抢通车车体在刚强度设计、密封结构设计、外形设计等方面运用比较先进的设计理念，创新了很多先进的结构，为今后此类大型车体结构设计提供了有益的借鉴。

关键词：刚强度；T型；隔热降噪

Analyses the crawler tunnel emergency rob to car body design

LI Shanshan, SUN Wei, WANG Haiyan, YUAN Weiwei, HAN Xu, YU Zhiyou

(Harbin First Machinery Group Company Co., LTD., Harbin 150056, China)

Abstract: The application of advanced design concepts in rigidity and strength design, sealing structure design and shape design of crawler tunnel emergency vehicle body is briefly analyzed, and many advanced structures is innovated, providing useful reference for the design of such large vehicle body structure in the future.

Keywords: rigid strength; T – type; heat insulation noise

0 引言

履带式隧道应急抢通车充分借鉴军民品的成熟技术、成熟部件，切实做到军民技术深度融合；借鉴国外同类装备改装经验，将履带式装甲底盘改造为隧道抢通装备底盘，在该底盘上加装清障破障、掘进钻孔、抓举、牵引、消防救援等多型模块化作业组件，其质量小、车内容积大、车体刚强度满足工况、性能先进可靠。

1 车体刚强度设计

车体为T型框架式薄壳车体结构，采用甲板结合压型筋板结构方式，车首在受力位置增加加强筋，侧传动采用一级输出侧传动结合盘形式，结合盘周围增加放射状加强筋，与122火箭炮结构相同，车底甲板上采用U型纵筋与扭杆护罩焊接形成网状筋加强结构，扭杆支架和侧甲板、底甲板、护罩焊接与外贸155等军品车结构相似，车尾中下甲板、尾板与顶甲板搭接处增加L型筋，牵引钩采用插入尾板并增加补强板增加车尾强度，顶板表面采用"八"字筋与"回"字筋加强结构，同时，在顶甲板与底甲板间增加竖筋，在作业工况时大大提高车体刚强度。甲板与筋及隔板结合应用的受力承载结构，在装甲车、工程车等被广泛应用，均很好满足坦克炮射击冲击、工程作业等功能要求。其针对隧道抢险还可有效抵御落石及倒塌物等的冲击，保护驾驶员的安全。

2 车体刚强度仿真计算

根据隧道应急抢通设备任务特点，对几种作业工况下的车体刚强度进行了仿真分析。通过计算得出，挖掘工况时所受应力和位移最大，在座圈四周位置的最大应力值约为203.09 MPa，小于

基金项目：国家重点研发计划：隧道应急抢通设备研究与应用（2016YFC0802703）。

作者简介：李珊珊（1989—），女，工程师，E – mail：1138698810@ qq. com。

Q345 钢屈服极限 345 MPa，计算结果满足强度要求，如图 1 所示。在挖掘作业状态下，车体各部位的位移情况如图 2 所示。最大位移点位于车体座圈前后两处尖端，最大位移量为 2.769 9 mm，满足使用要求。

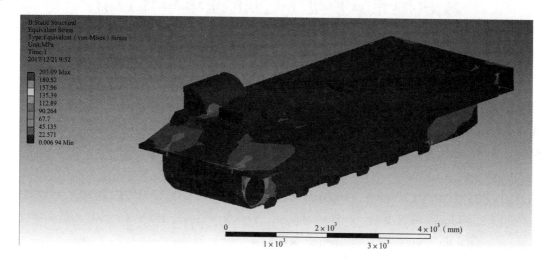

图 1　应力云图

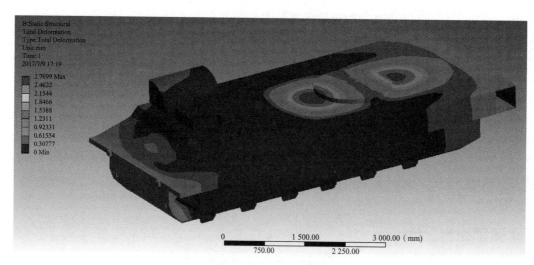

图 2　位移云图

结论：由以上有限元分析结果可知，车体所受最大应力均小于材料的许用应力，由此可知，该车体的结构设计较为合理。

3　车体结构的布置

根据系统划分，按照实现各系统功能和性能的需求，以提高可操作性、维修性和人机环为目标，对车体的空间位置进行了合理的划分和隔离，实现对各系统的合理布置。采用车体左前部为驾驶舱，右前部为动力舱，后部为作业舱的布置方案。

3.1　驾驶舱布置

驾驶舱位于左前部，为装甲钢整体防弹结构，具有一定的防护性能，可有效抵御落石及倒塌物的冲击，保护驾驶员的安全。正面和侧面装有驾驶员潜望观察镜，方便闭舱驾驶时观察。驾驶舱顶部为驾驶员出入门。

3.2 动力舱布置

发动机布置在动力舱的中后部，后部为交流发电机，通过弹性联轴器连接在飞轮上。发动机上部布置中冷器和高低温散热器，发电机上部为空气滤。动力舱前部布置驱动电机及控制器，驱动电机两侧为侧减速器，通过齿套与驱动电机输出端连接；制动器布置在侧减速器与驱动电机之间。动力舱右侧翼子板上布置电驱动风扇，外侧布置制动电阻栅；驱动风扇后侧布置加热器。发动机、发电机、散热器、中冷器、空气滤可实现一体吊装。动力舱内布置自动灭火系统，动力舱与驾驶舱隔板上安装隔声隔热装置。

3.3 作业舱布置

作业舱上部顶板上设置可安装多功能作业组件的回转座圈接口，两侧翼子板上布置燃油箱、工具箱和履带调整器油箱，并在作业舱右前部布置一个集油箱。作业舱中部布置作业组件的油箱等。车尾左侧布置电动绞盘，车尾甲板设置作业舱盖，车尾右侧布置上装的电液气工作站；吊篮与车尾维护舱门间设置维护通道［0.8 m（宽）×0.6 m（高）］，可供维修人员匍匐进入。通道地板上可设置辊轴，车内设备安装基准面略高于维护通道地板，便于设备的快速拆卸更换。

4 密封结构的实现

本车密封结构采用空心胶条可拆卸性安装方式。空心胶条的一侧为带弹簧夹片直接插到门牙条上，更换比较方便；另一侧为空心胶管，上面有气孔使胶管压缩后气体排出，由于胶管压缩量很大，这样对甲板和门板平面度要求降低，只要在一定范围内，胶管都会贴在甲板及门板之间，胶管内空气被压出后造成负压胶管，会随甲板或门板的不平面起伏贴合，贴合后外部气体就很难进入胶管空心中。由于压缩的是空气，压缩的力量比较小，因此并不存在长期压缩不回弹现象，这使密封性能与使用寿命有了很大提高。

5 隔热降噪新材料的采用

为了使驾驶舱及动力舱的隔声、隔热达到满意效果，该隔板采用了 WSGZ-103 隔热板。该隔热板由 WSPZ-103 酚醛泡沫塑料、玻璃钢、防锈铝合金板及 J-650 硅橡胶复合而成。其中 WSGC-101 隔声隔垫材料具有隔热吸声的作用；玻璃钢板起支撑作用，使整个隔热板结构的机械性能加强；防锈铝合金板起到防腐蚀及装饰的作用。当试验条件为Ⅳ挡、发动机转速为 1 500 r/min 时，驾驶室噪声小于 113 dB，可见此材料实际效果较好。

6 人机工程在设计中的运用

车体设有乘员登车的扶手和脚蹬，并有防滑措施；在隔声隔热板上有防锈铝合金，表面进行抛光处理后使驾驶舱美观整洁；为了方便车上人员维修作业，配备了必要的工具。同时，考虑牵引作业的要求，配备了牵引环和柔性牵引绳。

7 结论

车体系统方案是在其他子系统或部件方案（如电传动、侧减速器等）经过充分论证评审的基础上进行细化，在充分借鉴国内外同类产品的基础上，选用军用及民用成熟技术和部件，切实提高可靠性。依据车体仿真分析计算，其预期能够满足隧道应急抢通设备底盘系统的战术技术指标和使用要求。

基于特种作业车辆底盘自动灭火系统总体设计及改进设想

杨吉强,于 咏,王开龙,李晶鑫,于友志,胡艺玲

(哈尔滨第一机械集团有限公司,黑龙江 哈尔滨 150056)

摘 要:简述了特种作业车辆底盘自动灭火系统的组成、基本工作原理及灭火效能分析。介绍了导线式火焰探测器的工作原理、性能参数及整体布局等,并对隧道应急抢通设备(SDQT35)自动灭火装置的总体设计进行了简要分析,提出了自动灭火装置在特种作业车辆上进行总体设计的一般原则及改进设想。

关键词:自动灭火装置;特种作业车辆;总体设计;改进设想

General design and improvement of chassis automatic fire extinguishing system for special operating vehicles

YANG Jiqiang, YU Yong, WANG Kailong, LI Jingxin, YU Zhiyou, HU Yiling

(Harbin First Machinery Group Co., LTD., Harbin 150056, China)

Abstract: This paper has summarized the special operations vehicle chassis composition, basic working principle of automatic fire extinguishing system and fire extinguishing performance analysis, this paper introduces the working principle of wire type flame detector, performance parameters and the overall layout and so on, and the emergency repair equipment (SDQT35) of the tunnel the brief analysis of the overall design of the automatic fire extinguishing devices, automatic fire extinguishing system are brought forward in the special operations vehicle on the overall design of the general principle and improvement ideas.

Keywords: automatic fire extinguishing device; special operation vehicle; the overall design; improve vision

0 引言

自动灭火装置的功能是自动、半自动或手动熄灭特种车辆内发生的火灾,它是标志特种车辆生存率及特种车辆防护性能的一个重要方面。隧道应急抢通设备(SDQT35)为适应特种作业环境并考虑到操作人员安全性等因素,采用军用装备车辆底盘自动灭火系统,这样更加安全可靠。

1 自动灭火装置的组成

本系统由一个自动灭火控制盒、三个1.5 kg固定式1211灭火器、一个声音报警器、两组导线式火焰探测器及电缆、管路等组成。其系统组成框图如图1所示。

基金项目:国家重点研发计划:隧道应急抢通设备研究与应用(No. 2016YFC0802703)。

作者简介:杨吉强(1989—),男,工程师,E-mail:yangjiqiang674@163.com。

2 自动灭火装置的基本原理及灭火效能分析

2.1 自动灭火装置的技术性能及原理

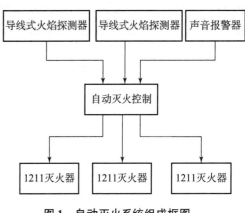

图 1 自动灭火系统组成框图

自动灭火系统有自动、半自动和手动三种工作模式。自动状态时，当导线式火焰探测器感受到火灾信号时，5 s 内将信号输送给自动灭火控制盒，自动灭火控制盒火警指示灯闪亮，同时指示声音报警器报警，按照自动程序指令 1211 灭火器进行灭火。半自动状态时，当导线式火焰探测器感受到火灾信号时，5 s 内将信号输送给自动灭火控制盒，自动灭火控制盒火警指示灯闪亮，同时指示声音报警器报警，但不再保持自动灭火功能，此时需要按动手动按钮进行灭火。

2.2 灭火机理及灭火效能分析

2.2.1 灭火机理分析

燃烧是一个复杂的连锁化学反应过程，要使燃烧发生必须同时具备三个要素，即可燃物质、足够的氧气和热源，三个要素缺一不可，灭火就是通过消除或调节其中一个或多个要素使燃烧停止。

2.2.2 灭火剂灭火效能分析

灭火剂的灭火性能主要可用抑爆峰值来表示。所谓抑爆峰值，是指向在一定容器内的可燃性气体——空气混合物中添加灭火剂，当灭火剂的量达到某一程度时，燃烧就不能进行，此时灭火剂的体积百分比就称为该灭火剂的抑爆峰值。因此，灭火剂的抑爆峰值越小，其灭火效能越高。

目前军用车辆上的灭火剂通常有两种：一种为二氟一氯溴甲烷（CF_2ClBr）灭火剂，简称 1211 灭火剂，它在常温下为无色、无刺激味的可压缩性液化气体。它的抑爆峰值为 9.3，是一种新型高效低毒灭火剂。它适用于扑灭油类、电气设备及一般有机溶剂的火灾；另一种为三氟溴甲烷（CF_3Br）灭火剂，简称 1301 灭火剂，它在常温下为无色、无刺激味的可压缩性液化气体。它的抑爆峰值为 6.1，毒性远小于 1211 灭火剂，是目前灭火效率最高、毒性最小、使用范围最广的灭火剂。它适用于扑灭油类及电气设备的火灾。

2.2.3 灭火装置效能分析

灭火装置的效能在很大程度上取决于灭火剂的灭火性能，但对于固定的自动灭火装置而言，灭火剂喷口位置、传感器的探测范围、灵敏度及电缆选型、整体布局等起重要作用，这就需要根据环境的需要从总体上进行合理优化。

3 灭火装置总体设计的一般原则

3.1 灭火装置控制开关及灭火控制盒的位置

因火灾往往是突然发生的，故要求乘员第一时间发现或第一时间手动灭火。根据人体的活动范围，需将灭火装置控制开关及灭火控制盒布置在乘员能最快操作到的位置。灭火开关通常状态下被扳到常通位置。

3.2 选用合适的灭火剂和灭火剂剂量

目前军用灭火剂有 1211 和 1301 两种，一般 1211 灭火剂用于底盘灭火，1301 灭火剂用于战斗室灭火和抑爆。隧道应急抢通设备（SDQT35）采取军用底盘自动灭火系统，通过对动力舱体积计算得出3个1.5 kg 1211灭火瓶即可满足动力舱灭火条件。

3.3 在有可燃物质的地方布置灭火剂喷头和传感器

底盘长时间工作时由于燃油泄漏最易引起火灾，需在燃油管路接头附近布置灭火剂喷口和传感器；发动机排烟管的裸露处温度可达600～700℃，需在发动机排烟管下布置灭火传感器；在有可燃物质的地方，需布置灭火剂喷口和传感器。

3.4 电缆的选型及布置

由于出现火警时，火警周围温度较高，电缆选型应为耐高温、阻燃、防油防水类型，布置时尽量不随传感器布线，周围尽量无高温及可燃物质，以免出现火警时损坏电缆而影响功能。

4 导线式火焰探测器的工作原理、性能参数及整体布局

4.1 导线式火焰探测器的工作原理

导线式火焰探测器是同轴电缆的结构形式，中心是一个极细的导电丝，导电丝上裹一种负温度系数的热敏玻璃氧化物，外敷感温材料，由不锈钢管包裹，当区域中的温度升高时，线式火焰探测器的热敏材料的电阻值就会降低，同时火灾传感器电容值也同时升高，当温度上升到响应值及火焰灼烧在传感器上产生的温度突变时，控制组件对这些参数的实时监控就可实现过热报警和火灾报警。

4.2 导线式火焰探测器的主要优点

（1）对火与过热的精确反应。
（2）结构简单、坚固，免维修。
（3）双参数感应。
（4）被剪断后根据环境状况短时间内不影响探测性能。
（5）易于安装和更换。

4.3 导线式火焰探测器的技术参数

质量：（105±20）g（1 m元件）。
构造：不锈钢（密封），外径φ2.0 mm，外径偏差不大于±0.1 mm/4 m。
性能：警报温度范围为250～450℃，误差为±25℃。
响应时间：4 s（1 100℃，宽150 mm火焰）。
恢复时间：6 s（从1 100℃时阻值到烧前的阻值）。
工作温度：-55～500℃。
常温阻抗：大于20 MΩ。
工作电压：9～40 VDC。
静态消耗电流：25 mA。
警告消耗电流：100 MA。

4.4 灭火装置的整体布局

隧道应急抢通设备（SDQT35）灭火控制盒被安装于驾驶舱左侧，方便驾驶员操作；灭火瓶考虑到发动机尺寸问题，为避免干涉被安装于动力舱后隔板处，管路由后向前布置，喷头位于动力舱易起火点；线式传感器被安装于动力舱左侧隔板及右侧甲板，位于动力舱燃油管及发动机排烟管附近，安装位

置如图 2 所示。

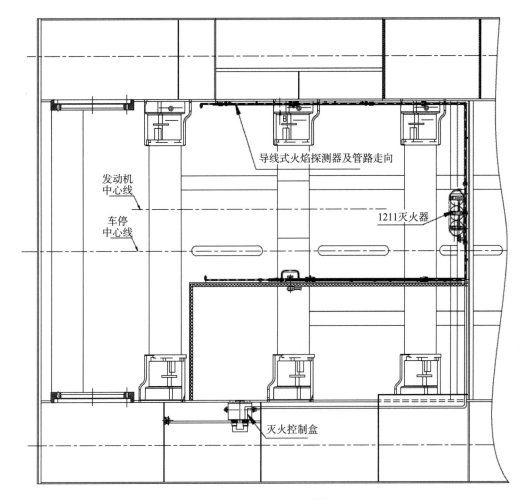

图 2　灭火装置布置位置

5　自动灭火装置的分析及改进设想

5.1　现阶段自动灭火装置的分析

隧道应急抢通设备（SDQT35）为武警民用产品，为提高安全可靠性采取军用自动灭火装置。该装置的控制部件是国内先进产品，具有故障检测、抗干扰、可靠性高等优点，传感器是导线式火焰探测器，探测范围比 LEH1 火焰感受器的探测范围大，但只有火焰灼烧到传感器时才会发出火警信号灭火，因此该传感器灵敏度低，必须安装于易发生火灾处。

因 1211 灭火剂含氯和溴，其分解后会对大气层造成破坏，故公安部和国家环保局已于 2005 年停止使用民用 1211 灭火剂。

5.2　自动灭火装置的改进设想

传感器是导线式火焰探测器，必须安装于易发生火灾处，现车只在动力舱底部安装传感器，一旦排烟管处着火将无法实现自动灭火。传感器可以采用光学探测传感器，使探测范围达到面探测，即使火灾点没有灼烧传感器，传感器也可以发出火警信号灭火，可以大大提高系统的灵敏度；灭火瓶采用压力开关增加自动检测功能，灭火瓶一旦发生慢泄漏，压力开关就自动报警，通知乘员更换灭火瓶，同时应该研制新型节能环保的灭火剂来替代 1211 灭火剂。

参 考 文 献

[1] 坦克装甲车辆电气设备原理与使用．中国人民解放军装甲兵技术学校（内部资料）．1986．
[2] 卤代烷灭火系统设计规范．GJB 50163—1992．
[3] 翟维俊，于书春．坦克装甲车辆电气设备原理与修理［M］．中国人民解放军装甲兵技术学校：电气无线电教研室（内部资料）．

基于协同车辆建模仿真的无人作战平台滑转率控制系统研究与实车实现

卢进军,徐洪斌,钟凤磊,乔梦华,陈克新

(中国北方车辆研究所,北京 100072)

摘 要:采用多体动力学仿真软件的履带式车辆子系统建立了某无人作战平台多体动力学模型,并在 MATLAB/Simulink 下建立了整车动态系统仿真模型。对平台车辆在多种地面的加速过程进行动力学仿真和对比分析,获得最佳滑转率并将其作为控制门限值。建立履带式无人作战平台 ASR 系统控制理论,设计了控制方案,通过对发动机输入扭矩控制使无人作战平台真实履带滑转率值偏向于最佳滑转率,通过仿真验证和实车试验证明控制方案正确有效。最后探讨了控制方法在无人作战平台上的实现手段。

关键词:履带式车辆;地面力学;滑转率;控制系统;动力学仿真

中图分类号:TG156 **文献标志码**:A

Study and implementation technique on unmanned combat flatform vehicle slip control system based on collaborative modeling & simulation

LU Jinjun, XU Hongbin, ZHONG Fenglei,

QIAO Menghua, CHEN Kexin

(China North Vehicle Research Institute, Beijing 100072, China)

Abstract: A multi – body dynamical model of a certain tracked vehicle is created based on the multi – body dynamic software. And the system dynamical simulation model was finished in MATLAB/Simulink. The dynamical simulations of the Unmanned Combat Flat form Vehicle on hard and soft terrain are implemented respectively, and the optimal slip – ratio as the control threshold was obtained through analysis and comparison of the simulation results. Control scheme was designed according the Unmanned Combat Flat form Vehicle system control theory of ASR. Actual slip – ratio approach to the optimal value due to manipulation of engine input torque, the control discipline is certificated to be correct and effective under simulation test. Implementation technique on the Unmanned Combat Flatform Vehicle was discussed at last.

Keywords: tracked vehicle; terramechanics; slip – ratio; control scheme; dynamic simulation; test

0 引言

无人作战平台在低附着系数路面(如泥泞路面、冰雪路面)上行驶时,由于地面对其履带施加的反作用力很小,因此在起步、加速时履带会发生滑转。为防止履带滑转,曾采用过很多办法,如加装带防滑履刺的履带以及设计新型的带式履带等。但实践证明最有效的办法是加装履带滑转控制系统,简称 ATSR(Anti – Track Slip Regulation)系统。ATSR 系统的主要功能:在履带开始滑转时,通过降低发动机

作者简介:卢进军(1980—),男,研究员,E – mail: lujinjin@ sina. com。

的输出转矩或控制制动系统的制动力等来减小传递给驱动主动轮的驱动力,防止主动轮传给履带的驱动力超出履带与路面之间的附着力而导致履带滑转,提高车辆的通过性,改善履带式车辆的方向操控性和行驶稳定性。

1 履带式车辆防滑转控制方案

1.1 最佳滑转率的获得

履带式车辆的履带,其最佳滑转率是针对某一特定车辆类型和特定地面条件而言的,所以设计控制系统的前提是必须明确车辆和地面条件,本文建立的控制模型是简化的控制模型,基于人工选择车辆类型和设置地面参数,提出的无人作战平台车辆加附着系数－加速度－滑转率模型,确定特定条件下的最佳滑转率值,并将其作为控制门限值。图1和图2是通过应用Bekker M G 和 Wong J Y 的土壤力学理论建立车辆－地面模型,考虑不同的地面参数,通过加速过程计算得到的不同路面的附着系数－加速度－滑转率曲线。

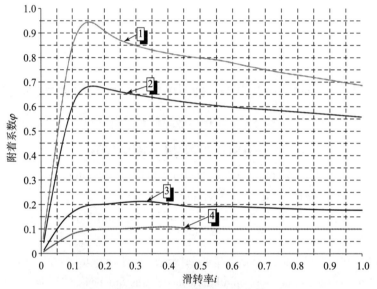

图1 不同路面纵向附着系数与滑转率的关系

1—干混凝土、柏油路面；2—湿混凝土、硬土路面；3—新鲜雪路面；4—冰路面

由图1可知,履带与地面的附着系数可以看成滑转率的函数,无论对于哪一种路面,其都有某一滑转率值对应着峰值附着系数。可以这样理解,存在一个最佳的滑转率,在该滑转率处纵向附着系数最大,如果被控平台车辆始终处于最佳滑转率处,则将保证车辆具有最佳的附着特性和驱动特性。

首先分析驱动力的本质,地面驱动力 F_H 首先随着主动轮扭矩 T_S 的增大而不断增大,地面驱动力达到附着极限后,这时驱动力为 F_{Hmax},随着土壤被破坏,驱动力有减小的趋势,与之相对应的车身纵向加速度也随着主动轮驱动扭矩 T_S 的增大而先增大到一定极限后开始有所减小。

实际控制时,可以把最佳滑转率作为控制门限,选择车体速度和履带速度差为辅助调节参数,控制过程中,控制滑转率值始终处于略小于最佳滑转率的区域,这样就可以保证控制周期内不会出现履带过分滑转的情况。

将上面的观点进行总结得到以下结论。

(1) 选取履带滑转率作为主要调节参数,经过反馈调节最终可以得到最佳滑转率。

(2) 无论是在低附着系数还是在高附着系数的路面上,可以依据车身加速度的变化情况来识别驱动工况下的履带最佳滑转率,然后建立针对某一车型多种路面的最佳滑转率数据库。

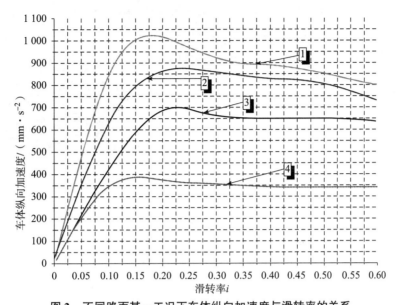

图 2　不同路面某一工况下车体纵向加速度与滑转率的关系

1—干混凝土/柏油路面；2—湿混凝土/硬土路面；3—新鲜雪路面；4—冰路面

（3）车身加速度的峰值时刻对应的滑转率就是最佳滑转率。

（4）将最佳滑转率作为滑转率控制的门限值。

1.2　控制方案的提出

汽车 ASR 系统中，最常用的控制方法是逻辑门限值控制，国外的成熟产品已经证明该方法可以有效地对滑转率进行控制。依据最佳滑转率理论，选取最佳滑转率为控制门限值，因为最佳滑转率是使车辆在某种路面上发挥最佳牵引性能的滑转率，我们的控制目标是使履带式车辆的履带滑转率始终处于等于或小于最佳滑转率的一个范围内。

以无人作战平台履带滑转率为主要调节参量，当车载计算机计算得到的滑转率值小于或等于对应路面的最佳滑转率时，车辆可以安全通过；当计算得到的滑转率值超出最佳滑转率时，则需对模型进行干预控制，这时适当减少主动轮的输入扭矩，使履带滑转率降低，直至实车滑转率小于或等于最佳滑转率值才能使车辆通过；若地面附着情况很差，主动轮的输入扭矩已经降至最低，仍不能使履带滑转率降低到最佳滑转率以下，则输入扭矩应变为负值。也就是说，当车辆面对附着情况极差的路面时，由于滑转率过高不能前行，需要车辆倒车，选择其他的路面行驶。必须指出，该方案只适用于直行阶段的滑转率控制，转向时的滑转率控制方案研究需要在后续的工作中完成。

1.3　控制框图

依据上述控制方案，建立控制流程如图 3 所示。

2　履带式车辆防滑转控制系统建模

2.1　最佳滑转率的获得

运用多体动力学软件 RecurDyn/Track - HM 建立整车虚

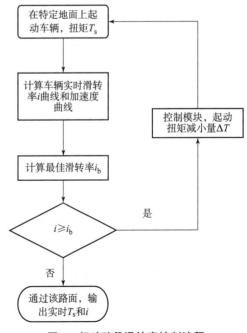

图 3　起动阶段滑转率控制流程

拟样机模型，模型包含车体系统和左右两侧履带系统，该车的几何参数以及三维实体模型均来自设计资料。如图 4 所示，整车模型共有 34 个约束，1 196 个自由度。

路面模型的建立是采用多个三角形平面单元及其法向方向来确定的，其中每个三角形单元由三个节点组成，每个履带子系统可以定义各自的路面和路面参数。

2.2 协同仿真模型的建立

运用多体动力学软件 RecurDyn/Control 接口技术将整车行动部分多体动力学模型和基于 MATLAB/Simulink 建立的

图 4 多体动力学模型

发动机扭矩控制系统模型结合起来，进行机械系统和控制系统协同仿真，仿真模型如图 5 所示。由于该履带式车辆的驱动系统采用对称式分布，因此两侧驱动系统结构形式完全相同，其中发动机即控制器子模型如图 6 所示，发动机模型基于发动机台架试验得到的外特性曲线而建立。由于本文不是研究发动机及控制器等驱动系统各部件的特性，另外和底盘和履带板的转动惯量相比，其转动惯量相对来说比较小，对整车的动态特性影响可以忽略不计，所以没有必要建立准确的发动机及控制器子模型。

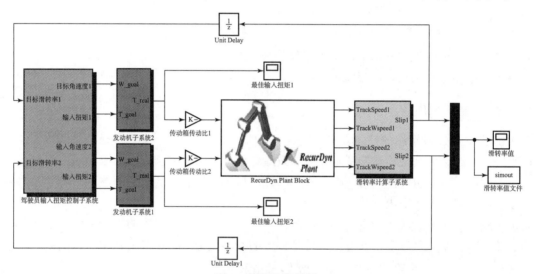

图 5 协同仿真模型

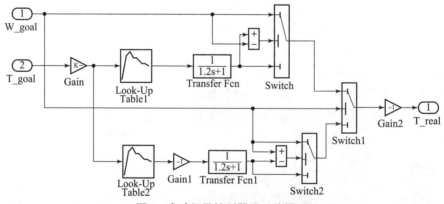

图 6 发动机及控制器子系统模型

滑转率计算子系统分别计算两侧履带的实时滑转率数值，由于模型为直行阶段滑转率控制系统，所以两侧滑转率计算方案相同，得出滑转率值之后，将其送到驾驶员意图子系统中与门限值进行比较，完成扭矩的控制。

3 仿真结果与分析

在进行运动学动力学仿真分析之前，可以从静平衡位置分析方面来验证模型的有效性，检验模型的约束条件、初始条件等，及时发现错误。将整个协同仿真模型的动力约束设置为零，让整车模型在自身重力的作用下自然落到水平地面上，图7所示为整车车体质心垂向静止位置变化曲线。由图可知，质心垂向静止位置在刚开始发生上下振动，约在1 s后不再变化，从而说明了模型是有效的。

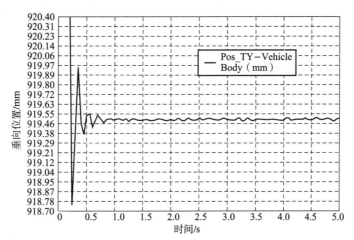

图7　车体质心垂向静止位置变化曲线

下面分别对车辆一挡和二挡起动加速对滑转率和输入扭矩进行仿真。工况1：二挡起步，地面状况为硬地面，地面摩擦系数 $f=0.47$；工况2：一挡起步，地面状况为干沙地面。

对于工况1：图8（a）～图8（b）分别为系统未施加控制和施加控制后的扭矩曲线，其中横轴为时间，纵轴为扭矩值；图8（c）～图8（d）分别为系统未施加控制和施加控制后的滑转率曲线。

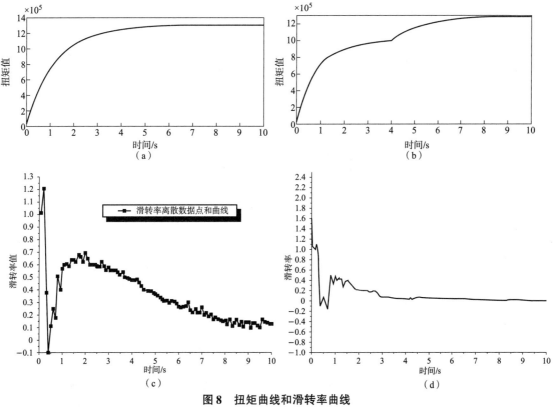

图8　扭矩曲线和滑转率曲线

（a）工况1：未施加控制时的输入扭矩曲线；（b）工况1：施加控制后的输入扭矩曲线；
（c）工况1：未执行控制的滑转率曲线；（d）工况1：施加控制后的滑转率曲线

对于工况 2：图 9（a）～图 9（b）分别为系统未施加控制和施加控制后的扭矩曲线，其中横轴为时间，纵轴为扭矩值；图 9（c）～图 9（d）分别为系统未施加控制和施加控制后的滑转率曲线。

4 仿真结论

结论：由图 8（a）、（b）可知，在施加控制系统的情况下，输入扭矩有明显的偏折减小过程，对比图 9（a）、（b）分析可知，偏折减小的量值、次数和时间随地面状况和初始输入扭矩的不同和引起车辆滑转率的大小而变化。从图 8 与图 9 的滑转率曲线对比可以看出，对比有控制系统参与的仿真系统，未施加控制的系统滑转率初始值比较大且减小的速度慢，而施加滑转率的系统，其滑转率曲线更趋于平滑，下降速度快，且最终值都趋近于最佳滑转率。

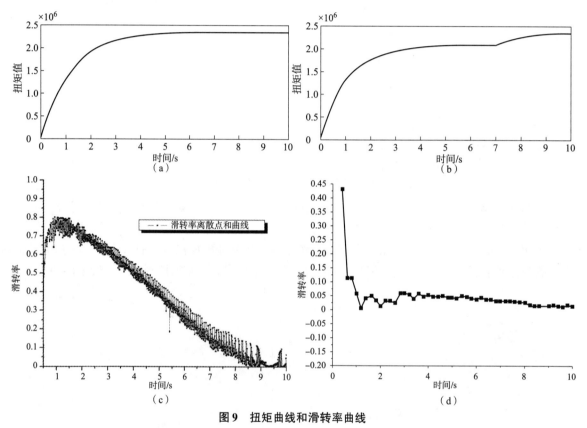

图 9 扭矩曲线和滑转率曲线

（a）工况 2：未施加控制时的输入扭矩曲线；（b）工况 2：施加控制后的输入扭矩曲线；
（c）工况 2：未施加控制的滑转率曲线；（d）工况 2：施加控制后的滑转率曲线

5 试验构思与实车实现

在作者的另一篇文章《履带车辆野外多路面滑转率测试系统研究与场地综合测试》中，作者探索并提出了一种基于履带式车辆滑转率理论的非接触式测量履带式车辆滑转率的方法，在选定的多种路面试验场地上，对某轻型履带车辆进行了场地滑转率测试，得到了履带式车辆滑转率与加速度等数据，经过实车试验与仿真验证，证明该测试方法得到的路面滑转率是真实可信的。如果将上文建立的控制系统用单片机实现并嵌入 VBOX 中央集成控制盒中，将预先测试得到的多种路面的最佳滑转率作为控制门限值输入控制系统中，构造成履带式无人作战平台滑转率识别控制系统。系统方案和控制系统数据流程如图 10、图 11 所示。

在上述控制系统中，已经实车实现的是 VBOX 滑转率测试系统，其构造如图 12 所示。单片机实现滑转率控制系统并嵌入滑转率测试系统中是未来亟待完成的工作。

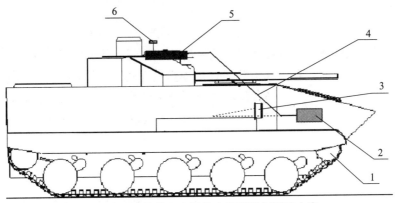

图10 无人作战平台滑转率识别控制系统方案

1—主动轮;2—W74XP24 转速传感器;3—中央控制盒;
4—发动机转速数据线;5—VBOX 数据采集盒;6—GPS 天线

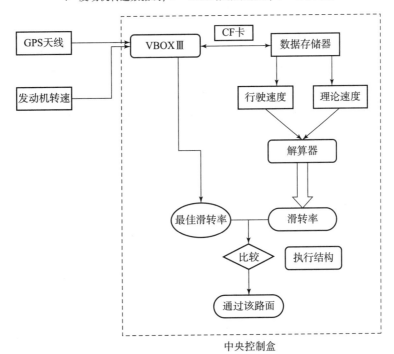

图11 无人作战平台滑转率识别控制系统数据流程

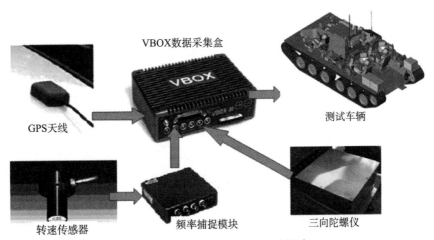

图12 VBOX 滑转率测试系统构造

6 结论

本文开发了履带式无人作战平台滑转率控制系统的简单框图,并建立了 RecurDyn – Simulink 联合仿真的控制系统模型,以两种工况联合仿真运算验证了模型的正确性,并与纯动力学仿真结果对比分析,依据滑转率测试试验的成熟结论对无人平台滑转率控制系统试验进行了构思,并提出了实车实现的一些理论构想,文章结论为无人作战平台滑转率控制产品的开发提供了一点新思路。

参 考 文 献

[1] 程军,袁金光. 汽车防滑控制系统的研究 [J]. 汽车工程,1997,19 (2):96 – 102.

[2] 汤久望,刘维平,等. 电传动车辆系统建模及加速性能仿真 [J]. 系统仿真学报,2006,18 (5):1350 – 1352.

[3] 汤久望,刘维平,刘德刚,等. 零差速电传动履带车辆整车行驶控制策略研究 [J]. 兵工学报,2006,24 (4):598 – 60.

[4] 韩宝坤,李晓雷,孙逢春. 履带车辆动力学仿真技术的发展与展望 [J]. 兵工学报,2003,24 (2):246 – 249.

[5] Function Bay. RecurDynTM/Solver theoretical manual [CP]. 4th ed.,Korea:Function Bay Inc.,2003.

[6] Wong J Y. Theory of Ground Vehicles [M]. John Wiley & Sons,1993.

国外巡飞弹发展现状

刘立晗，胡柏峰，张 雷，张云鹏

(北方华安工业集团有限公司，黑龙江 齐齐哈尔 161006)

摘 要：按照炮射侦察巡飞弹、巡飞侦察子弹药和单兵巡飞弹三类介绍了国外巡飞弹发展现状，总结了国外巡飞弹发展趋势，提出我国巡飞弹技术发展设想。

关键词：巡飞弹；发展现状

中图分类号：TJ02 **文献标志码**：A

Develop status of foreign patrol missile

LIU Lihan, HU Baifeng, ZHANG Lei, ZHANG Yunpeng

(North Huaan Industrial Group Co. LTD., Qiqihaer 161006, China)

Abstract: According to three types of artillery – launched reconnaissance cruise missiles, reconnaissance sub – munitions and individual cruise missiles, the development status of foreign cruise missiles is introduced, the development trend of foreign cruise missiles is summarized, and puts forward the technical development assumption of our country's cruise missiles is put forword.

Keywords: cruise missile; development status

0 引言

20世纪90年代，美国启动了"快看""前沿区域支援弹药"等项目，进入21世纪，美国、以色列、俄罗斯和英国在巡飞弹领域开展了大量的研究工作，应用涉及陆、海、空三军的多种武器系统，集监视、侦察、毁伤评估及攻击于一体，以及具备网络化协同作战能力。

1 炮射侦察巡飞弹

炮射侦察巡飞弹的发射平台包括大口径榴弹炮、舰炮、迫击炮和坦克炮等。美国、法国、德国和意大利等国积极开展研究工作，旨在提高炮兵部队的实时态势感知能力。自20世纪90年代中期以来，美国开展过多项炮射侦察巡飞弹项目，在155 mm火炮、127 mm舰炮、120 mm坦克炮和迫击炮开展广域侦察弹（WASP）、"快看""前沿区域支援弹药"（FASM）、静默空中侦察弹（SORA）和CAV – SL坦克炮射巡飞弹，主要用于侦察、监视及战场毁伤评估。

1.1 美国陆军"快看"巡飞弹

1999年，SAIC公司研发可从榴弹炮发射的巡飞弹，其被用于战场侦察、毁伤评估。该弹长990 mm，质量为36～41 kg。初速定为289 m/s，加速度过载小于2 000 g。当飞行高度达到1 000 m时，巡飞弹尾部的舵面、弹翼及螺旋桨叶展开，发动机点火工作，推动巡飞弹以290 km/h的速度快速飞向目标区域，其间利用GPS信号进行导航，扫描区域达39 km²，在巡飞过程中，巡飞弹可将传感器拍摄到的战场图像

作者简介：刘立晗（1970—），男，本科生，E – mail：13946271102@126.com。

传回至战术作战中心。

1.2 美国海军FASM巡飞弹

FASM巡飞弹用127 mm舰炮发射，质量为73 kg，主要由制导控制系统、传感器、有效载荷、弹翼、尾翼、动力系统和发射装药等组成。该弹长发射过载小于1 000 g，初速为136 m/s，发射后，巡飞弹尾翼随即展开，当达到预定的弹道高度后，巡飞弹抛掉尾翼组件，尾舵展开，制导控制系统开始截获GPS信号控制飞行，弹体前段弹翼展开，发动机点火工作。FASM巡飞弹的射程为185 km，进入目标区域后可以148 km/h的速度巡飞3 h，位于战区前沿的操作人员可通过数据链控制巡飞弹，FASM巡飞弹的动力装置为重油发动机。

1.3 美国CAV–SL坦克炮射巡飞弹

CAV–SL（Compact Aerial Vehicle–Shooter Linker）坦克炮射巡飞弹由美国陆军航空及导弹研究发展与工程中心（AMRDEC）研制，2001年4月开始进行飞行试验，CAV–SL巡飞弹质量为3 kg，长1 m，翼展1.5 m。该巡飞弹利用火箭发动机从120 mm坦克炮发射出去，当达到预定飞行速度后，弹翼展开并锁定，电动机启动工作，由锂电池供电，可巡飞30 min。弹载传感器为4台CMOS单色摄像机，与地面工作站之间有双向无线电通信链路，工作距离超过5 km，可传输弹载传感器拍摄到的视频及图像信息。

1.4 法、德炮射侦察巡飞弹

法国和德国联合组建的圣路易斯研究所研制的小型炮射侦察巡飞弹质量为600 g，直径为250 mm，飞过弹道最高点后将展开电驱动共轴双桨旋翼，可在操作人员的便携式控制单元控制下机动飞行20 min。炮射侦察巡飞弹的发射速度为135 m/s，所承受的加速度过载不超过2 500 g，射程为100～500 m，弹道最高点为100 m。任务结束后，炮射侦察巡飞弹可返回发射区域，在其弹载自动驾驶仪系统的控制下软着陆。弹载自动驾驶仪系统包括惯性测量装置、高度计和GPS接收机。炮射侦察巡飞弹的任务载荷包括一部高分辨力彩色摄像机和两部引导摄像机，操作人员可在控制单元屏幕上监视相关情况。

1.5 意大利炮射侦察巡飞弹

意大利奥托·梅拉拉公司研制的"太阳神"（Horus）小型坦克炮射巡飞弹采用120 mm滑膛坦克炮发射，质量为1.3 kg，弹体由碳纤维制成，动力装置为小型无刷电动机，带有拉进式螺旋桨（Tractor Propeller），由锂聚合物电池供电。其采用鸭式布局、折叠式前翼及前掠式主翼，全弹长980 mm，翼展1.65 m，巡飞速度为6～30 m/s，巡飞时间为30 min。其可装载光电有效载荷，向作战人员提供实时流式视频。

2 巡飞侦察子弹药

巡飞侦察子弹药以布撒器或炮弹为载体，可快速进入目标区域，并能节省自身动力，延长其战场区域巡飞时间，由于需要装在母弹内，外形尺寸较小，巡飞时间较短。典型产品有美国WASP、SORA和俄罗斯R–90。

2.1 美国炮射WASP巡飞弹

1996年，麻省理工学院航空与宇航系和Draper实验室联合启动了广域监视炮弹（Wide Area Surveillance Projectile，WASP）的研制工作，旨在发展可由155 mm炮弹（如M483式子母弹）运载投放的小型巡飞弹。WASP巡飞弹的工作过程是：从火炮身管发射出去之后，装有WASP巡飞弹的炮弹飞行一段时间之后将弹底抛掉，连在巡飞弹弹尾的降落伞展开将WASP巡飞弹拉出。随后，在降落伞的作用下巡飞弹开始减旋、减速。当WASP巡飞弹停止旋转且下降速度降至50 km/h后，弹翼及尾翼张开，随后电动机开始工作,以 100 km/h 的速度巡飞 30 min。弹载传感器组件包括三个光电摄像机,可将目标图像传输给地面控制站,操作人员可以通过数据链传输指令重新为其分配任务。

2.2 美国陆军 SOAR 巡飞弹

2001 年,美国 Aero Vironment 公司研制 SOAR 炮射巡飞弹,由 120 mm 迫击炮弹运载投放,用于侦察、探测、识别目标,战场毁伤评估,以及干扰敌方雷达或通信网络。SOAR 巡飞弹的前翼和后翼均采用碳纤维复合材料制造,内部装填泡沫塑料。

2.3 俄罗斯 R-90 侦察巡飞弹

1997 年,俄罗斯为 300 mm 火箭弹研制出 R-90 巡飞子弹药,R-90 巡飞子弹药质量为 45 kg,长为 1.42 m,弹径为 280 mm,翼展为 2.56 m,动力装置为脉动喷气发动机,作战使用高度为 200~600 m。携有 R-90 巡飞子弹药的 300 mm 火箭弹由多管火箭炮发射,在抵达目标区域上空后,巡飞子弹药从火箭弹中抛出,并悬挂在降落伞下稳定并完成弹翼及尾舵展开动作,随后抛掉降落伞并起动脉动喷气发动机,在弹载 GPS 导航系统的控制下沿预定轨迹巡飞 30 min。巡飞期间子弹药利用安装在头部的陀螺稳定电视摄像机对战场进行侦察,并将拍摄到的图像实时传输回 70 km 外的指挥站,供战场侦察或进行毁伤评估。

3 单兵巡飞弹

单兵巡飞弹由单兵携载使用,可显著提高士兵在城区、山地等复杂环境下的态势感知能力,而具有攻击能力的单兵巡飞弹还可以增强士兵的视距外作战能力。

3.1 以色列"陨石"单兵巡飞弹

"陨石"(Skylite)小型侦察巡飞弹是一种便携式、榴弹发射器发射的巡飞侦察系统,由以色列拉斐尔公司研制生产。每套巡飞弹系统由三枚巡飞弹和一套便携式地面控制站组成。发射后,三枚巡飞弹协同作战,对比目标信息,由于使用了人工智能技术,这三枚巡飞弹在对几个目标的同一特性进行鉴别时会自动分工,其中每一架飞机都会得到摧毁距离它最近的目标的指令。"陨石"侦察巡飞弹质量为 6.5 kg,直径为 120 mm,翼展为 1.7 m,发射后,"陨石"的机翼在一个电动发动机作用下迅速打开进入飞行状态。"陨石"的最大飞行距离为 10 km,最大飞行高度约为 305 m。无人机装有可充电电池,可在目标区域上空飞行 60 min 以上,并能提供实时目标图像。

3.2 美国"弹簧刀"单兵巡飞弹

"弹簧刀"单兵巡飞弹最早的原型是炮射无人飞行器(GLUAV),随后又结合了 2005 年开始研发的近战侦察、杀伤巡飞弹(CCLR)的技术。"弹簧刀"巡飞弹的正式研制始于 2008 年,美国宇航环境公司在其炮射无人飞行器的基础上研发"弹簧刀"巡飞弹。"弹簧刀"巡飞弹系统由巡飞弹和地面控制站组成,"弹簧刀"巡飞弹采用钝头、长方体机身设计,有前后两对弹翼,背部还有一对成一定夹角的尾翼,从发射管发射后,弹翼和尾翼均以弹出方式展开。前部弹翼向前展开,后部弹翼向后展开,其弹翼展开方式与弹簧刀打开的方式相似,"弹簧刀"单兵巡飞弹因此而得名。"弹簧刀"巡飞弹配用彩色电视摄像机和实时视频下行链路,末制导采用视频跟踪方式,毁伤载荷为定向战斗部,质量为 0.32 kg。能源为电池,动力装置是位于弹尾的电动发动机驱动的双叶片螺旋桨。"弹簧刀"巡飞弹可被自主或遥控制导,地面操作人员可为其指定航路点和目标,配用的传感器可以无线方式传回彩色视频信号,并在地面控制站上显示。

3.3 美国侦察型"战鹰"巡飞弹

美国达信防务系统公司研制的基于班级便携式"战鹰"(Battle Hawk)巡飞弹具有情报、监视与侦察能力。侦察型"战鹰"巡飞弹头部的摄像机可以是光电或红外载荷,还可以安装到巡飞弹的下腹部,采用高分辨率摄像机,并具有在末制导过程中跟踪移动目标的能力。作用距离为 5 km,最佳飞行高度为 150 m,巡飞时间为 1 h。

3.4 波兰"战友"巡飞弹

波兰 WB 电子公司研制的"战友"巡飞弹,全弹长约 0.5 m,重 1.3 kg,动力装置采用低噪声电动机,巡飞时间约为 40 min,全弹均采用复合材料制成,一种为攻击型巡飞弹,仅具有攻击能力,配装光学导引头和重 700 g 的战斗部;另一种为侦察、攻击型巡飞弹,兼具侦察能力和一定的攻击能力,可由单兵便携式发射器或无人机等空中平台发射,主要供特种部队使用。

4 国外巡飞弹发展趋势

巡飞侦察子弹药、单兵巡飞弹已成为国外巡飞弹发展的一个重点;巡飞弹具有弹道可控、空中滞留时间长的特点,已成为武器系统实现侦察、打击、评估一体化的重要组成部分,除侦察功能外,具备毁伤评估、信息传输或中继、搭载多种任务载荷也是其发展方向;发展侦察、打击一体化巡飞弹;发展智能化、网络化巡飞弹。

5 我国巡飞弹与技术发展建议

国内经过多年的研究,在新材料、新工艺、导航与控制、通信、抗过载等支撑巡飞弹发展的单项关键技术已突破和成熟,适时开展巡飞侦察弹集成技术研究或装备研制,形成装备。

巡飞弹具有弹道可控、空中滞留时间长的特点,可作为悬浮类弹药滞空平台,搭载不同的任务设备,发展成为新概念弹药。应在特种弹的研究中进一步开阔视野、敞开思路,大胆地将巡飞弹技术应用到弹药研究中,提升性能,实现特种弹药智能化水平和产品升级换代。

发展多弹自组网协同的网络化巡飞弹,弹药间利用无线链路传递和利用信息、自组网协同,根据携带任务载荷不同,执行侦察、干扰、打击等不同作战任务。未来实现高智能网络化弹药还需要攻克网间通信与传输、信息融合、任务管理控制、传感器等多项关键技术。

应用人工智能技术发展仿生弹药,进一步推动智能化发展。

参 考 文 献

[1] 郭美芳. 国外弹药技术发展新动向 [C]//2018 弹药技术发展论文集,2018.

第 二 部 分

先进发射与弹道规划控制技术

弹托式尾翼弹膛内时期气室压力数值计算

刘瑞卿，杨 力

(西安现代控制技术研究所，西安，710065)

摘 要：针对有弹托的炮弹尾翼解锁方式，根据其工作原理建立了气室充放气数学模型。基于MATLAB仿真计算得出了能使弹托分离的气室容积和进气孔横截面积的数值，随后又研究了气室容积与进气孔横截面积大小对弹托分离的影响规律。最后试验结果验证了文中理论模型与仿真模型的正确性，本文的工作可为尾翼解锁的设计提供一种新的思路。

关键词：尾翼解锁；弹托分离；气室压力；内弹道

中图分类号：TJ760.1　**文献标识码**：A

Cylinder Pressure Numerical Calculation of Sabot – Discarded Fin in Gun Bore

LIU Ruiqing, YANG Li

(Xi'an Modern Control Technology Research Institute, Xi'an 710065, China)

Abstract: Aiming at projectile tail fin with a sabot unlocking mode, the mathematical model of cylinder charging and releasing gas is established. The value of cylinder volume and the size of inlet holes cross section, which are able to make the sabot discarded, are calculated based on MATLAB. Then the influence law of cylinder volume and the size of inlet holes cross section on the separation of the sabot is studied. Finally, experiment results verified the correctness of the theoretical model and the simulation model in the paper. The work of this paper can provide a new way of thinking for sabot unlocking design.

Keywords: tail fin unlocking; sabot separation; cylinder pressure; interior ballistic

0 引言

炮弹的尾翼稳定装置一般有带弹托式、采用惯性块解锁尾翼式，以及利用气缸压力张开尾翼式等几种方式。设计尾翼稳定装置时，除了要保证强度可靠外，还需确保尾翼在炮膛内锁定不张开，以防划伤炮管和损伤尾翼；出炮口后迅速张开到位并被锁定。

弹托式尾翼稳定装置的工作原理：发射前，弹托将尾翼限位并使之处于折叠状态，弹托与尾翼座之间留有空腔形成气室，并由螺钉连接（图1）；炮弹在膛内运动时，高压燃气经过弹托上的小孔进入气室，使气室内的压强升高；当炮弹出炮口后，利用气室内外的压强差将拉断螺钉拉断，实现弹托分离；随后尾翼依靠惯性力绕翼轴旋转张开（图2）。

作者简介：刘瑞卿（1991—），男，工程师，E - mail：ruiqinglau@163.com。

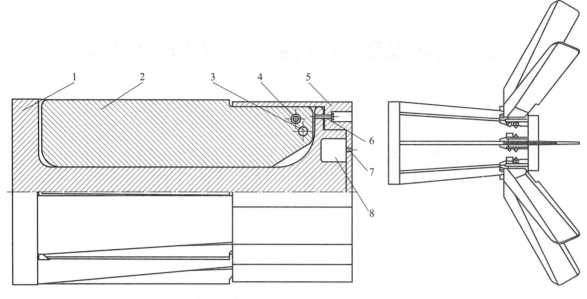

图1　膛内尾翼折叠状态

1—尾翼座；2—尾翼；3—销孔；4—翼轴；
5—弹托；6—拉断螺钉；7—进气孔；8—气室

图2　尾翼张开

带弹托式尾翼稳定装置的优点是炮弹在膛内发射时，弹托将尾翼机构包裹，从而能有效减少火药气体带来的烧蚀冲刷作用，提高结构的抗高温、高压和高过载能力。此外，其按尾翼机构是否被完全包裹又可分为全包式和半包式。美国海军155毫米制导炮弹采用全包式非金属弹托，当炮弹出炮口之后，弹托被炸裂成碎片并散向四周，尾翼随之张开（图3）。

国内学者对尾翼的解锁和张开过程做了大量研究，但对带弹托式尾翼稳定装置的研究却并不多见。焦志刚等[1]通过研究气缸张开式尾翼弹的膛内及后效期时期气缸充放气过程，建立了火药气体经过气缸气孔流动的理论模型，并结合尾翼弹的内弹道计算模型，得到了气缸压力随时间变化的数学模型。蔡灿伟等[2]研究了气缸张开式尾翼弹在膛内气缸充放气过程，建立了气缸压力模型，并与经典内弹道模型相联立，进行了模型可解性分析，得到了一种求解气缸压力随时间变化规律的数值方法。

图3　美国海军155毫米
制导炮弹出炮口瞬间

笔者在上述基础上，基于弹托式尾翼稳定装置的原理，以某大口径线膛炮为发射平台，通过对弹托气室充放气过程进行分析，建立了气室压力模型，并运用数值模拟的方法对气室压力的变化规律进行了研究。

1　气室充放气模型

分析气室内的压力变化规律实质上是研究气流经小孔的流动问题，通常做以下假设：气体为理想气体；流动过程为定常，且绝热；气室容量相对炮膛较小，气体流入流出气室对膛压的影响可忽略不计[3]。

气室与炮膛内的气体通过小孔互相流动。当气室内外压力不同时，即发生气体由高压向低压方向的流动。现设低压与高压之比为 $\bar{p}\,(0 \leqslant \bar{p} \leqslant 1)$，单位时间的流量 Q 将随 $\bar{p}$ 值的减小而增大。但当 $\bar{p}$ 减小至某临界值 $\bar{p}_{cr}$ 后，流量 Q 不再随 $\bar{p}$ 的进一步减小而变化，而是保持在某临界值 Q_{cr}。我们将前者称为非临界流动，后者称为临界流动。

根据膛压变化规律及流动性质，经小孔的气体流动可分为四个阶段[4]：第Ⅰ阶段：膛压迅速上升，膛内气体向气室内临界流动；第Ⅱ阶段：膛内气体向气室内非临界流入；第Ⅲ阶段：过最大膛压点以后，膛压开始下降，气室内气体发生非临界流出；第Ⅳ阶段：膛压下降更剧，气室内气体发生临界流出。

为得到气室内压力随时间的变化关系，首先应确定流量表达式。用 p、ρ、T 分别表示膛内火药气体的压力、密度和温度；用 p_q、ρ_q、T_q 分别表示气室内气体的压力、密度和温度。当 $p > p_q$，或 $\bar{p} = p_q/p$，气体流入气室。对于非临界流入，即 $\bar{p}_{cr} \leq \bar{p} \leq 1$，相应的流量公式为

$$Q = \varphi s_0 \gamma_0 \sqrt{p\rho} \sqrt{\bar{p}^{\frac{2}{\gamma}} - \bar{p}^{\frac{\gamma+1}{\gamma}}} \tag{1}$$

式中：φ——流量系数，其值与压力及小孔结构有关，一般取 $0.85 \sim 0.95$；

s_0——小孔截面积，单位为 m^2；

γ_0——与气体绝热指数 γ 有关的参量。

$$\gamma_0 = \sqrt{\frac{2\gamma}{\gamma - 1}} \tag{2}$$

对于膛内火药气体，有

$$\frac{p}{\rho} = RT \approx f\tau \tag{3}$$

式中：R——气体常数；

f——火药力 $N \cdot m/kg$；

τ——火药气体温度与火药爆温的相对量，一般取其平均值（约 0.8）。

将式（2）、（3）代入式（1）得

$$Q = \varphi s_0 \gamma_0 \frac{p}{\sqrt{f\tau}} \sqrt{\bar{p}^{\frac{2}{\gamma}} - \bar{p}^{\frac{\gamma+1}{\gamma}}} \tag{4}$$

对于临界流入，即当 $0 \leq \bar{p} \leq \bar{p}_{cr}$，流量公式为

$$Q_{cr} = \varphi s_0 \gamma_0 \frac{p}{\sqrt{f\tau}} \sqrt{\bar{p}_{cr}^{\frac{2}{\gamma}} - \bar{p}_{cr}^{\frac{\gamma+1}{\gamma}}} \tag{5}$$

临界压力比 $\bar{p}_{cr}$ 取决于气体绝热指数 γ，由式（6）确定

$$\bar{p}_{cr} = \left(\frac{2}{\gamma + 1}\right)^{\frac{\gamma}{\gamma+1}} \tag{6}$$

反之，当 $p_q > p$，或 $\bar{p} = p/p_q$ 时，气体从气室中流出。对于非临界流出，即 $\bar{p}_{cr} \leq \bar{p} \leq 1$，流量公式为

$$Q = -\varphi s_0 \gamma_0 \sqrt{p_q \rho_q} \sqrt{\bar{p}^{\frac{2}{\gamma}} - \bar{p}^{\frac{\gamma+1}{\gamma}}} \tag{7}$$

临界流出时，即当 $0 \leq \bar{p} \leq \bar{p}_{cr}$，相应的流量公式为

$$Q_{cr} = -\varphi s_0 \gamma_0 \sqrt{p_q \rho_q} \sqrt{\bar{p}_{cr}^{\frac{2}{\gamma}} - \bar{p}_{cr}^{\frac{\gamma+1}{\gamma}}} \tag{8}$$

式（7）、（8）中，负号表示流出。

由于气室的容积 V 是固定的，在时间段 dt 内有 Qdt 气体流入或流出，引起的密度变化是

$$\Delta \rho_q = \frac{Qdt}{V} \tag{9}$$

考虑到假设气体流动是绝热的，根据热力学第二定律，流入气体的热能应使气室气体内能增加，即

$$\Pi Q dt = dU_q \tag{10}$$

式中：Π——流入气体的热焓；

U_q——气室气体的内能。根据热力学：

$$\Pi = \frac{\gamma}{\gamma - 1} \frac{p}{\rho} \tag{11}$$

$$U_q = \frac{p_q V}{\gamma - 1} \quad (12)$$

由于气室容积为常数,故

$$dU_q = \frac{V}{\gamma - 1} dp_q \quad (13)$$

由关系式(3)、(9)、(10)、(13)得,气体流入气室时,气室内压力的变化为

$$dp_q = \frac{\gamma}{V} \frac{p}{\rho} Q dt = \gamma f \tau \Delta \rho_q \quad (14)$$

气体流出气室时,气室压力减小,此时

$$dp_q = \frac{\gamma}{V} \frac{p_q}{\rho_q} Q dt = \frac{\gamma p_q}{\rho_q} \Delta \rho_q \quad (15)$$

膛内压力由经典内弹道方程组解出,后效期的压力规律可用斯鲁哈茨基公式求得。

$$p = p_g e^{-\alpha t} \quad (16)$$

式中:p——后效期中的压力,单位为 MPa;

p_g——炮口压力,单位为 MPa;

t——以炮口为起点的延续时间,单位为 s;

α——经验指数,可按式(17)来确定

$$\alpha = 0.0263 \frac{V_g}{d} \ln\left(\frac{p_g}{0.101}\right) \quad (17)$$

式中:V_g——弹丸的炮口速度,单位为 m/s;

d——弹丸口径,单位为 m。

联立式(4)、(5)、(7)、(8)、(14)、(15)即可得到气室内压力随时间的变化关系。

2 气室压力及弹托分离计算

通过给定的某弹丸内弹道数据及气室的结构参数,采用 MATLAB 编写计算程序,即可求得气室内压力随时间的变化规律。计算模型气室容积为 0.12 L,进气孔直径为 3 mm,个数为 2,仿真得到的膛压及气室内压力随时间的变化规律如图 4 所示。

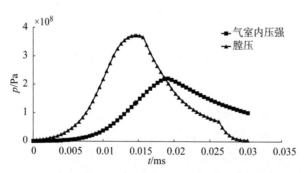

图 4 膛压和气室内压力随时间的变化规律

从图 4 中可以看出,在膛内点火发射后,膛压和气室内压力都随时间增大,分别在第 14 ms 和 18 ms 时刻达到最大值,之后压力都降低,在 27 ms 时炮弹出炮口,此后膛压迅速降低至 0。整体上表现为气室内压力曲线滞后于膛压曲线,二者的变化趋势与文献[1]、[2]中的一致,表明本文计算的正确性。

设计弹托时[5],需确保其在膛内弹托不分离,即螺钉不被拉断;炮弹出炮口后螺钉被拉断,弹托分离。仅考虑炮弹沿炮管的直线运动,规定炮弹的运动方向为正方向,对弹托进行受力分析,可得

$$p \cdot S - p_q \cdot S_q + F = ma \quad (18)$$

式中:S——膛压作用面积;

S_q——气室内压力作用面积;

F——弹托与尾翼座之间的作用力;

m——弹托的质量 3.0 kg;

a——加速度,最大值 9 000 g,这里认为 a 随时间的变化规律与膛压一致。于是得到 F 随时间的变化关系。

从图 5 可知,在膛内(27 ms 之内)F 均为负值,即与上述规定的正方向相反,故炮弹在膛内运动时,弹托与尾翼座互相挤压,螺钉不受拉力,因此在膛内弹托不会分离。炮弹出炮口后,F 变为正值,且最大值约为 4×10^5 N。拉断螺钉的最大拉力载荷为 $4 \times 52\ 200 = 208\ 800$(N)(4 个等级为 9.8 的 M10 螺钉),F 的最大值大于螺钉的最大拉力载荷,因此炮弹出炮口后,螺钉将被拉断,弹托分离。

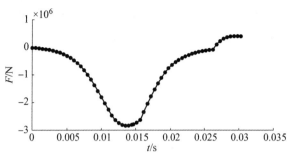

图 5 F 随时间的变化关系

3 气室参数对气室压力的影响

3.1 气室容积对气室压力变化的影响

为研究气室容积对气室压力变化的影响,保持进气孔直径 3 mm 和个数 2 不变,分别取气室容积为 0.04 L、0.12 L、0.2 L 和 0.8 L,得到气室压力和 F 变化规律曲线,如图 6 和图 7 所示。

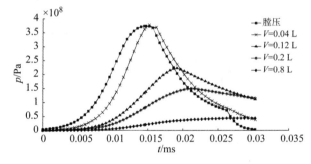

图 6 气室容积对气室压力影响的规律曲线　　　　图 7 气室容积对 F 影响的规律曲线

由图 6 可知,当气室容积 $V = 0.04$ L 时,气室压力曲线滞后于膛压曲线的效果不明显,气室内压强迅速升高,最大值为 370 MPa,之后迅速降低,出炮口后气室内压强最小值为 40 MPa;当 $V = 0.12$ L 或 $V = 0.2$ L 时,气室压力曲线明显滞后于膛压曲线,气室内压强先升高后降低,最大值分别为 226 MPa 和 135 MPa,出炮口后气室内压强最小值均约为 120 MPa;当 $V = 0.8$ L 时,气室内压强缓慢升高,但不超过 50 MPa。整体上表现为气室容积越小,充气放气越快;气室容积越大,充气放气越慢。

由图 7 可知,气室取不同的值时,在膛内(27 ms 之内)F 均为负值,因此弹托不会分离。出炮口后 F 的值与气室容积的对应关系如表 1 所示。

表 1 F 与气室容积的关系

气室容积/L	F/N	螺钉最大拉力载荷/N
0.04	1.9×10^5	
0.12	4.0×10^5	2.11×10^5
0.2	3.9×10^5	
0.8	2.1×10^5	

通过分析表1中数据可知，当V取0.12 L或0.2 L时，出炮口后F的值大于螺钉的最大拉力载荷，即螺钉被拉断，弹托能够分离；当V取0.04 L或0.8 L时，出炮口后F小于螺钉的最大拉力载荷，即螺钉不能被拉断，弹托不能分离。

3.2 进气孔横截面积对气室压力变化的影响

进气孔横截面积由进气孔的个数和单个孔的直径来决定[6]。为研究进气孔横截面积对气室压力变化的影响，保持气室容积 $V = 0.12$ L不变，这里进气孔个数取2，单个进气孔的直径分别取 0.8 mm、3 mm、3.6 mm和6 mm，得到气室压力和F变化规律曲线，如图8和图9所示。

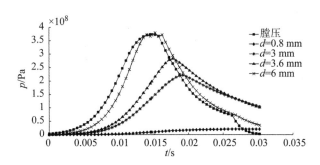

图8 进气孔直径对气室压力影响的规律曲线

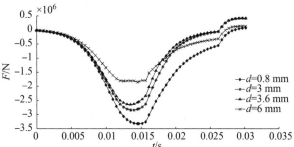

图9 进气孔直径对F影响的规律曲线

由图8可知，当进气孔直径 $d = 6$ mm时，气室压力曲线滞后于膛压曲线的效果不明显，气室内压强迅速升高，最大值约为370 MPa，之后迅速降低，出炮口后气室内压强最小值约为35 MPa；当 $d = 3$ mm或 $d = 3.6$ mm时，气室压力曲线明显滞后于膛压曲线，气室内压强先升高又降低，最大值分别为225 MPa和280 MPa，出炮口后气室内压强最小值均约为110 MPa；当 $d = 0.8$ mm时，气室内压强缓慢升高，但不超过30 MPa。整体上表现为进气孔直径越大，气室充气放气越快；直径越小，充气放气越慢。

由图9可知，进气孔直径取不同的值时，在膛内（27 ms之内）F均为负值，因此弹托不会分离；出炮口后F的值与进气孔直径的对应关系如表2所示。

表2 F与进气孔直径的关系

进气孔直径/mm	F/N	螺钉最大拉力载荷/N
0.8	1.2×10^5	2.11×10^5
3	4.0×10^5	
3.6	3.9×10^5	
6	1.3×10^5	

通过分析表2中数据可知，当d取3 mm或3.6 mm时，出炮口后F的值大于螺钉的最大拉力载荷，即螺钉被拉断，弹托能够分离；当d取0.8 mm或6 mm时，出炮口后F小于螺钉的最大拉力载荷，即螺钉不能被拉断，弹托不能分离。

综上，在确定火炮和发射药号的前提下，尾翼稳定装置的气室容积太大或太小，以及进气孔横截面积太大或太小，都可能导致出炮口后连接螺钉不能被拉断，即弹托不能分离，造成发射失败。因此合理地设计气室容积的大小、进气孔的个数和直径以及它们之间的匹配关系就显得尤为重要了。

考虑工程实际，选择气室容积为0.12 L，进气孔直径为3 mm，个数为2的尾翼稳定装置进行试验，结果表明弹托可靠分离，验证了上述理论模型的正确性。

4 结论

笔者基于弹托式尾翼解锁的原理，以某大口径线膛炮为发射平台，通过对弹托气室充放气过程进行分析，建立了气室压力模型，并运用数值模拟的方法对气室压力的变化规律进行了研究，主要得到以下结论。

（1）文中设计的气室容积和进气孔直径能使炮弹在出炮口后正常分离，尾翼能够张开。

（2）气室容积和进气孔横截面积的大小以及它们之间的匹配关系将决定弹托能否分离。

（3）本文的工作可为弹托式尾翼解锁的设计提供一种新的思路。

参 考 文 献

[1] 焦志刚，王频，邱浩. 气缸式尾翼弹发射过程气缸压力变化规律数值仿真 [J]. 沈阳理工大学学报，2016，35（2）：65-69.

[2] 蔡灿伟，张玉荣，陶辰立，等. 气缸张开式尾翼弹膛内时期气缸压力计算 [J]. 火炮发射与控制学报，2013（3）：49-53.

[3] 钱林方. 火炮弹道学 [M]. 北京：北京理工大学出版社，2009.

[4] 魏惠之，朱鹤松，汪东晖，等. 弹丸设计理论 [M]. 北京：国防工业出版社，1985.

[5] 都兴良，赵秋伶，韩兆复. 气缸尾翼弹发射时气缸内压力与尾翼运动过程计算 [J]. 兵工学报弹箭分册，1991（3）：1-13.

[6] 余旭东，葛金玉，段德高，等. 导弹现代结构设计 [M]. 北京：国防工业出版社，2007.

固体燃料冲压发动机燃烧性能研究现状

马晔璇　史金光　张　宁

（南京理工大学，江苏　南京，210094）

摘　要：固体燃料冲压发动机内部燃烧机理与燃烧特性十分复杂，是固体燃料冲压增程技术的研究重点。为更好地了解固体燃料冲压发动机复杂燃烧特性，叙述了国内外在固体燃料冲压发动机燃烧稳定性、燃面退移速率和燃烧效率方面的研究概况，重点归纳了不同来流条件、发动机结构与装药种类等对燃烧性能的影响，并提出了在燃烧室构型等方面的未来研究方向，为固体燃料冲压发动机增程技术的研究提供参考。

关键词：固体燃料冲压发动机；燃烧稳定性；燃面退移速率；燃烧效率

Research Status of Combustion Performance of Solid Fuel Ramjet Engine

MA Yexuan, SHI Jinguang, ZHANG Ning

(Nanjing University of Science and Technology, Nanjing 210094, China)

Abstract: The internal combustion mechanism and combustion characteristics of solid fuel ramjet are very complex, it's the research focus of solid fuel stamping extended range technology. In order to better understand the complex combustion characteristics of solid fuel ramjet engines, this paper describes the general research situation of combustion stability, surface retreat rate and combustion efficiency at home and abroad, summarizes the effects of different inlet flow conditions, engine structure and charge types on combustion performance emphatically, and proposes the future research direction in combustion chamber configuration and so on. It provides a reference for the research on the extended range technology of solid fuel ramjet.

Keywords: solid fuel ramjet; combustion stability; combustion rate; combustion efficiency

0　引言

增大弹药射程是兵器领域研究人员追求的永恒主题之一，其中冲压增程技术是实现弹药增程的重要手段。固体燃料冲压发动机一般由进气道、燃烧室、补燃室和尾喷管组成，采用贫氧推进剂，利用空气中的氧气作为氧化剂，其推进剂比冲可达到 5 000～8 000 Ns/kg，大大高于传统的固体火箭发动机（比冲约 2 500 Ns/kg）的技术水平，也就是说其推进剂比冲高于传统固体火箭发动机 2～3 倍，高比冲使弹丸长时间、高动力飞行，具有工作效率高、无活动部件、结构紧凑、占用空间小和燃烧稳定的特点，因此采用固体冲压发动机实现的冲压增程技术可使弹丸的飞行速度和射程获得大幅度提高。

由于固体燃料冲压发动机内部流动燃烧相互耦合，尤其发动机内部燃烧机理与燃烧特性十分复杂，为固体燃料冲压发动机的设计研究增加了一定难度，因此多个国家都致力于对固体燃料冲压发动机内部燃烧特性的研究，目前在理论、数值模拟和实验方面都取得了丰硕的成果。

本文对固体燃料冲压发动机燃烧性能的研究概况进行了总结归纳，分别从燃烧稳定性、燃面退移速

作者简介：马晔璇（1994—），女，硕士。E - mail：1093861365@qq.com。

率和燃烧效率三方面展开，并在燃烧室构型、固体装药种类等方面提出了参考研究方向。

1 燃烧稳定性

由于固体燃料冲压增程发动机内气流流速很高，容易使燃烧熄火，因此需要火焰稳定器来稳定火焰，目前应用最广泛的是在燃烧室入口处设置突扩台阶，且台阶高度与固体装药的内径比值要大于燃烧极限值。1971 年，美国联合科技中心 Forschuang、Korthing 等[1]首先提出用突扩台阶取代火焰稳定器的思想，为 SFRJ 的研究奠定了理论基础。

早期国外对燃烧稳定性的研究以燃烧稳定性试验为主。Schulte[2]在进气总温为 288 K、473 K、673 K 条件下分别进行了燃烧稳定性试验，固体装药为 PE 和 HTPB，装药内径为 120 mm 和 60 mm。试验结果表明，燃烧稳定性随进气总温的升高而上升，且装药内径较大时，需要的相对台阶高度较小，燃烧稳定性较好。在此基础上，Netzer 和 Gany[3]在 1988 年对小型固体燃料冲压发动机的火焰稳定性问题进行了试验研究，分别用三种装药（PMMA、PE、PB）在三种温度（800 K、520 K、290 K）下进行试验，结果表明，与大口径发动机类似，小型固体燃料冲压发动机的燃烧稳定性也随温度降低而下降、随燃烧室尺寸减小而明显下降。通过三种燃料的对比分析，相同试验条件下 PB 的燃烧稳定性最好。Wooldridge 和 Netzer[4]提出了一种新的发动机结构即在燃烧室侧面开窗且台阶高度可变，其结构如图 1 所示，试验中使用有窗的二维燃烧室，研究了几种燃料组合物在不同工况和入口几何形状下的点火与燃烧稳定性，结果表明点火过程需要较高的台阶，而当燃料点燃之后，降低台阶高度对燃烧稳定性没有太大影响，因此可以得到点火过程所需的台阶高度较燃烧过程所需台阶高度高，这为发动机台阶高度的设置提供了试验参考。国内陈军等[5]利用数值模拟技术对固体燃料冲压发动机突扩燃烧室、补燃室和喷管的统一内流场进行了数值模拟，初步揭示了 SFRJ 的稳定燃烧机理，发现回流区对燃烧稳定有很大影响：一方面固体装药的前端扩张段

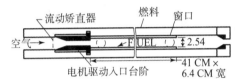

图 1 二维燃烧室开窗固体燃料冲压发动机原理

会拉长回流区，有助于点火和燃烧稳定；另一方面靠近固体燃料表面存在二次回流区，其不仅降低了推进剂表面的气流流速，而且加强了传热，对火焰稳定和持续燃烧作用显著。

综上所述，提高入口空气总温、加大装药内径和采用燃速较高的固体装药都可以提高固体燃料冲压发动机的燃烧稳定性。

2 燃面退移速率

固体燃料的燃面退移速率（燃速）是冲压发动机的重要参数之一，对固体燃料冲压发动机的性能有很大影响，因此也受到了高度重视，国内外采用试验与数值模拟相结合的方法对固体燃料冲压发动机的燃速进行了大量的研究，取得了一系列研究成果。

固体燃料燃速的测量方法主要有三种：一是利用燃烧室开窗或者透明的装药进行的光学测量法[6]，二是强制熄火法，三是超声波法[7]。试验时间的长短会影响燃速计算的准确性，由于每个人的试验条件都不可能完全相同，因此各国通过试验获得了不同平均燃速拟合公式[8]，可以发现，在不同试验参数、不同装药等条件下，所获得的燃速公式是不同的，但其都与进气总温、进气空气流量、燃烧室压强有关；Gobbo 等[9]和 Korting 等[10]都研究了压强对燃速的影响，得到了较为一致的结论：压强在低于某一临界值时，对燃速的影响很小可以忽略，压强高于某一临界值时对燃速有较大影响，他们认为该结果是受燃烧室凝相组分影响。但之后德国研究人员却得出不一样的结论，他们认为压强始终对燃速有很大的影响。

国内近些年来对固体燃料冲压发动机燃速的研究成果显著。陈雄等、谢爱元、李新田等[11-14]采用直连式实验与数值模拟结合的方法对不同固体装药的燃速特性进行了研究，装药包括 PE、PMMA、HTPB、加金属离子的固体装药等，为固体装药的选取提供了参考；谢爱元等在国内首次采用了实验终止

系统来控制实验,并采用逐点测量的方法获得了装药在不同轴向位置处的燃速;南京理工大学师生[15,16]针对结构尺寸对燃速的影响也进行了研究,研究表明结构尺寸影响燃速的主要机理是火焰面位置及湍流黏性系数的变化,其中入口直径、药柱直径对燃速影响较大,尺寸缩放相对影响较小;巩伦昆等[17]还研究了来流条件对 SFRJ 燃速及自持燃烧性能的影响,结果表明来流条件影响燃速的主要机理是壁面附近温度和湍流黏性的变化,其中湍流黏性是主要影响因素,来流质量流率和总温的增加会提高燃速,温度和质量通量的影响指数为 0.95~1.00 和 0.67;魏涛和武晓松[18]采用动网格技术对固体燃料冲压发动机燃速进行了研究并建立了燃速的预示方法,该研究成功求解了发动机复杂的非定常过程,较好地揭示了燃面不规则退移速率;陈雄、周长省等[19,20]对比了有旋和无旋情况下燃速情况,并对 SST – CC 湍流模型进行了修正,研究发现旋流对固体燃料冲压发动机有积极影响,可以提高推进剂的燃速,有助于药柱表面附着点附近装药的热解,且发动机在旋流影响下能更快建立自持燃烧(图2);游安华等[21]对高焓来流下固体燃料冲压发动机的自点火过程进行了数值模拟研究,发现自点火过程中,受空燃比的影响,燃速先增大后逐渐减小,燃烧产物主要集中在回流区内;此外,李唯暄等[22]进行了不同旋流数工况下固体燃料冲压发动机直连式实验,研究了旋流数对固体燃料冲压发动机燃烧性能的影响,结果表明旋流的引入有助于火焰稳定,高强度旋流的引入会使燃烧更加充分;针对内孔燃烧对中心锥进气式 SFRJ 射弹战斗部等限制,南京理工大学师生武晓松和谢爱元[23]提出了外侧面燃烧的 SFRJ 结构(图3

图2　SFRJ 直连式实验台

和图4),针对以聚乙烯为燃料,外侧面燃烧、内孔燃烧的 SFRJ 燃烧室流场及燃速进行了数值研究计算,结果显示与内孔燃烧相比,外侧面燃烧的 SFRJ 燃速上升较快,随来流温度和质量流量的变化,燃速及附着点变化特性与内孔燃烧不同。

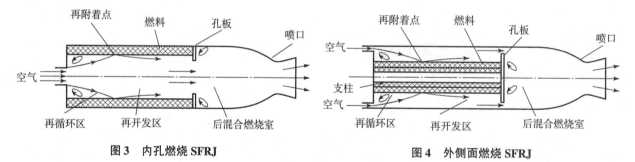

图3　内孔燃烧 SFRJ　　　　　　　　　　　图4　外侧面燃烧 SFRJ

由以上研究可以得出,固体燃料冲压发动机燃速主要受进气总温、进气质量流量、燃烧室压强、旋流和燃烧室结构等因素影响,影响机理复杂,深入研究燃速特性对固体燃料冲压发动机性能研究意义重大。

3　燃烧效率

近年来,国内外对燃烧效率的研究比较丰富,主要从理论推导、数值模拟和实验验证三方面展开,对燃烧速率的影响因素及规律等进行了研究。

1971 年以来,美国联合技术化学系统部一直在进行固体燃料冲压发动机的燃烧研究[24];Mady 等以 PMMA 为燃料,通过试验对有旁路进气的固体燃料冲压发动机燃烧效率进行了研究,发现增加进气流量可以有效提高燃烧效率,并提出燃料研究如果针对含有低比例氧化剂的物质,可能会取得更好的成果;Natan 和 Gany[25]对带补燃室的固体燃料冲压发动机的燃烧特性进行了数值模拟分析,固体装药为含硼燃料,结果表明补燃室设置旁路进气系统可以提高进气流量进而提高燃烧速率,提高燃烧室压强也可以提高燃烧效率；在此基础上，郭建[26]改进了固体装药配方，通过直连式实验得到了相同的结论；杨海涛[27]通过实验和数值仿真相结合的方式针对旋流对含炭黑固体燃料冲压发动机燃烧性能的影响进行了研究，结果表明旋流技术可以提高燃速和燃烧效率，固体燃料中加入炭黑可以提高火焰对燃烧表面的热反馈强度，增强燃烧稳定性；彭登辉等[28]采用理论分析法建立了燃烧效率预示模型，并用数值模拟方法进行对比研究，结果表明燃烧效率与进气流量、燃烧室压强、燃烧室长度成指数关系，同燃料内径以 $D=2$ 为分界点成分段指数关系，为燃烧效率的研究提供了理论参考；邹昊[29]以固体 – 硼粉冲压发动机燃烧室两相燃烧流动为研究背景，建立不同结构参数的燃烧模型，对比了三种不同燃气、粉末入口布局对燃烧性能的影响，以最大燃烧效率为目标，得到了最优燃烧室结构设置，为固体燃料冲压发动机燃烧特性研究提供了结构参考。

4 发展趋势

综合近些年来国内外固体燃料冲压发动机燃烧技术的研究概况，未来可以在以下几个方面进行研究。

（1）要实现固体燃料高性能燃烧首先要有合适的装药，不同固体燃料的燃烧特性不同，目前比较常用的是 PMMA、HTPB、PE 等，未来可以开发新型高能易燃固体燃料，选择燃烧性能更好的固体燃料。

（2）固体燃料在不同温度时分解产物不同，为了简化燃烧过程，目前大多采用单一的总包反应，大大降低了计算精度，因此可以加强对各级燃烧过程的深入研究，使其更接近真实反应，得到更精确的研究结果。

（3）数值模拟是固体燃料冲压发动机研究的有效手段，计算模型的选取对数值仿真结果有直接影响，因此开发具有高精度的燃烧流动模型具有重要意义。

（4）设计新型燃烧室构型，使其可以随时调节气体流量、燃烧室压强等参数来提高燃烧效率。

参 考 文 献

[1] FORSCHUAGS D. Experimental investigation of a solid fuel ramjet [D]. 联邦德国航空航天试验院，1978.

[2] SCHULTE G. Fuel regression and flame stabilization studies of solid – fuel ramjet [J]. Journal of Propulsion and Power，1986，2（4）：300 – 303.

[3] NETZER A，GANY A. Burning and flame ho – lding characteristics of a miniature solid fuel ramjet combustor [J]. Journal of Propulsion and Power，1991，7（3）：356 – 359.

[4] WOOLDRIDGE R C，NETZER D W. Ignition and flamma – bility characteristics of solid fuel ramjet [J]. Journal of Propulsion and Power，1991，7：845 – 847.

[5] 陈军，武晓松，丘光申. 固体燃料冲压发动机稳定燃烧机理研究 [J]. 兵工学报，2001，22（1）：82 – 86.

[6] ZVULOM R，GANY A，LEVY Y. Geo – metric effects on the combustion in solid fuel ram – jet [J]. Journal of Propulsion and Power，1989，5（1）：33 – 36.

[7] 张劲民，王志强，袁华. 超声速波燃速测试技术在固体推进剂研制中的应用 [J]. 火炸药学报，2006，29（3）：10 – 13.

[8] 彭登辉. 固体燃料冲压发动机内弹道性能研究 [D]. 长沙：国防科技大学，2013.

[9] GOBBO F J，CAVALHO A，SILVA M G. Experimental investigation of polyethylene com – bustion in a solid fuel ramjet [R]. AIAA – 96 – 2698.

[10] KORTING P A，GELD C W，VOS J B. Combustion of PMMA in a solid fuel ram – jet [R]. AIAA – 86 – 1401.

[11] 陈雄，成红刚，周长省，等. 聚乙烯在固体燃料冲压发动机中的燃速影响因素研究 [J]. 兵工学报，2014，35（11）：1783 – 1790.

[12] 陈雄，朱国强，郑健. 聚甲基丙烯酸甲酯在固体燃料冲压发动机中的燃面退移速率影响因素研究 [J]. 兵工学报，2015，36（9）：1632 – 1640.

[13] 谢爱元,武晓松,夏强. PMMA 在固体燃料冲压发动机中燃烧特性的实验研究[J]. 兵工学报,2013, 34(2):240-246.

[14] 李新田,卢鑫,李延成. HTPB 固体燃料冲压发动机流场仿真与燃速分析[J]. 航空动力学报,2016, 31(6):1504-1511.

[15] 巩伦昆,陈雄,周长省. 结构尺寸对固体燃料冲压发动机燃速影响的仿真研究[J]. 兵工学报,2016, 37(5):798-808.

[16] 谢爱元,马虎,武晓松. 固体燃料冲压发动机燃烧室内流场数字模拟[J]. 弹道学报,2018,30(3): 51-60.

[17] 巩伦昆,陈雄,周长省,等. 来流条件对 SFRJ 燃速及自持燃烧性能的影响[J]. 航空学报,2016,37 (5):1428-1439.

[18] 魏涛,武晓松. 基于动网格技术的固体燃料冲压发动机燃面瞬态退移速率研究[J]. 固体火箭技术, 2012,35(4):450-457.

[19] 李唯暄,陈雄,周长省,等. 旋流燃烧室对固体燃料冲压发动机药柱表面传热以及燃速的影响[J]. 航空动力学报,2019,34(4):937-949.

[20] MUSA O, CHEN X, ZHOU C S. Combustion characteristics and turbulence modeling of swirling reacting flow in solid fuel ramjet[J]. Acta Astronautica, 2017, 139: 1-17.

[21] 游安华,孙波,张欢,等. 高焓来流下固体燃料冲压发动机自点火过程数值模拟[J]. 兵器装备工程学报,2018,39(10):49-53.

[22] 李唯暄,吕庆山,陈雄,等. 旋流对固体燃料冲压发动机燃烧过程的影响[J]. 航空动力学报,2014, 32(5):1250-1259.

[23] 谢爱元,武晓松. 外侧面燃烧固体燃料冲压发动机燃烧室流场的数值研究[J]. 推进技术,2014,35 (7):956-965.

[24] MADY C J, HICKEY P J, NETZER D W. Combustion behavior of solid-fuel ramjets[J]. Journal of spacecraft and rockets, 1978, 15(3): 131-134.

[25] NATAN B, GANY A. Combustion chara-cteristics of a boron-fueled solid fuel ramjet with aft-bumer[J]. Journal of Propulsion and Power, 1993, 9(5): 692-701.

[26] 郭建. 固体燃料冲压发动机工作过程理论与试验研究[D]. 长沙:国防科技大学,2007:44-69.

[27] 杨海涛. 旋流对含炭黑固体燃料冲压发动机燃烧性能的影响[D]. 南京:南京理工大学,2017: 24-57.

[28] 彭登辉,王丹丹,杨涛,等. 固体燃料冲压发动机燃烧效率建模与数值分析[J]. 推进技术,2014,35 (2):251-257.

[29] 邹昊. 固体-硼粉冲压发动机结构对燃烧效率影响的研究[D]. 南昌:南昌航空大学,2017.

某固定鸭舵二维修正弹气动特性研究

李真，李文武，阮明平，吴晶，董玉立，曾凡桥

(重庆红宇精密工业有限责任公司，重庆，402760)

摘要：固定鸭舵二维修正弹是对制式弹制导化改造的一种形式，为研究某固定鸭舵二维修正弹的气动特性，采用 ANSYS FLUENT 建立计算模型并划分网格，计算了制式弹和固定鸭舵二维修正弹相关气动参数。采用工程计算和仿真数据相结合的方式得出了二者的飞行稳定性。根据计算结果对比了制式弹和固定鸭舵二维修正弹的零升阻力系数、升阻比、飞行稳定性等，分析了固定鸭舵二维修正弹俯仰控制特性。计算结果可为制式弹制导化外形设计及结构设计提供方向和参考。

关键词：二维修正弹；制式弹；零升阻力系数；升阻比；俯仰控制；飞行稳定性

中图分类号：TJ011　**文献标志码**：A

Research on the Aerodynamic Characteristics of a Two – Dimensional Correction Projectile with Fixed Canard Rudder

Li Zhen, LiWenwu, Ruan Mingping, Wu Jing, Dong Yuli, Zeng Fanqiao

(ChongqingHongyu Precision Industrial Co., LTD., Chongqing 402760, China)

Abstract: Two – dimensional correction projectile with fixed canard rudder is a form of guidance reform of standard projectile, in order to research its aerodynamic characteristics, ANSYS FLUENT is used to form a model and generate mesh, and then aerodynamic parameters of standard projectile and two – dimensional correction projectile are calculated. The flight stability of the two projectiles is obtained by combining engineering algorithm with simulation data. According to the calculation results, the zero lift drag coefficient, lift – drag ratio, and flight stability of standard projectile and two – dimensional correction projectile with fixed canard rudder are compared, the characteristics of pitching control of two – dimensional correction projectile with fixed canard rudder are analyzed. The calculation results can provide direction and reference for guided configuration design and structural design of standard projectile.

Keywords: two – dimensional correction projectile; standard projectile; zero lift drag coefficient; lift – drag ratio; pitching control; flight stability

0 引言

为提高打击精度，对传统制式弹进行制导化改造，二维修正弹是一种较为简易的制导化改造形式，并是当前研究的热门领域。二维修正弹是指对弹丸横向方向和纵向射程都进行修正。对于二维修正弹药，其关键是修正机构或装置技术的研发，目前国外主要发展的修正装置技术包括下面几种类型：脉冲修正机构、二维修正引信模块精确导引套件 (Precision Guidance Kit, PGK)、舵机修正机构等[1]。文中

作者简介：李真 (1984—)，女，高级工程师，E – mail: lizhen1698@163.com。

采用数值模拟和工程算法相结合的方式,研究了某固定鸭舵二维修正 PGK 弹丸的基本气动特性,并与制式弹的气动特性进行对比。

1 计算模型

固定鸭舵二维修正弹丸是对制式弹的制导化改造,在制式弹的头部加装 PGK 修正组件,以提高打击精度。文中研究固定鸭舵二维修正弹丸的气动特性,同时也计算了制式弹的气动特性,便于对比分析,所以计算模型分为制式弹和固定鸭舵二维修正弹丸。制式弹和固定鸭舵二维修正弹外形分别如图 1 和图 2 所示。

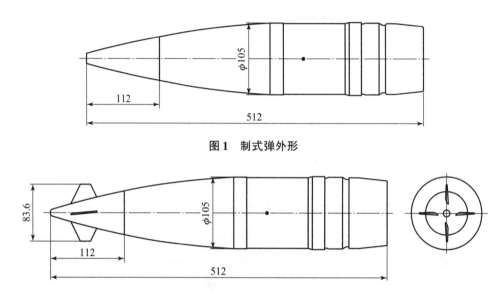

图 1 制式弹外形

图 2 固定鸭舵二维修正弹外形

固定鸭舵二维修正弹丸有 4 片固定鸭舵,一对水平舵具有相同的舵偏角 $\delta_z = -5°$,用于提供二维修正的法向控制力;一对竖直舵是差动舵,舵偏角为 $\delta_x = -5°$,用于提供 PGK 组件相对弹体旋转的动力。

制式弹和固定鸭舵二维修正弹丸的基本气动数据采用 ANSYS – FLUENT 软件进行计算。

根据外形建立空气域并划分网格,划分网格时需考虑影响计算精度的网格因素,并对这些因素做相应的处理和设置。考虑空气黏性附面层的影响,在弹体近壁面处划有数层边界层网格,弹体表面网格整体加密处理,计算域划分为非结构网格。气流绕过弹体后具有较长的尾流影响区,为了便于加密尾流区的网格,提高计算精度,需在弹体后方空气域处加一小圆柱形影响体,通过设置影响体的单元尺寸来控制尾流区的网格。制式弹和固定鸭舵二维修正弹弹体附近的计算域网格分别如图 3 和图 4 所示。

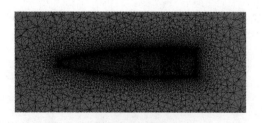

图 3 制式弹计算域网格

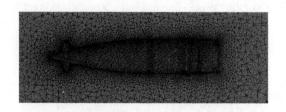

图 4 固定鸭舵二维修正弹计算域网格

2 控制方程

ANSYS FLUENT 求解器的核心是求解相应的连续性方程和纳维 – 斯托克(Navier – Stokes)方程[2]。
连续性方程:

$$\frac{\partial \rho}{\partial t} + \frac{\partial}{\partial x_i}(\rho u_i) = 0 \tag{1}$$

动量方程即雷诺平均的 Navier – Stokes 方程：

$$\frac{\partial}{\partial t}(\rho u_i) + \frac{\partial}{\partial x_j}(\rho u_i u_j) = -\frac{\partial p}{\partial x_j} + \frac{\partial u}{\partial x_j}\left(\mu \frac{\partial u_i}{\partial x_j} - \rho \overline{u_i' u_j'}\right) + S_i \tag{2}$$

为使方程组封闭需附加求解湍流输运方程，文中的计算选择 Spalart – Allmaras 湍流模型。Spalart – Allmaras 模型是一个相对简单的单方程模型，只求解一个有关涡黏性的输运方程，计算量相对较小。该湍流模型比较适合用于具有壁面限制的流动问题，对有逆压梯度的边界层问题能够给出很好的计算结果，常常用在空气动力学问题当中，如飞行器、翼型等绕流流场分析[2]。

设 Spalart – Allmaras 湍流模型求解变量为 $\tilde{v}$，表征出了近壁（黏性影响）区域以外的湍流运动黏性系数。$\tilde{v}$ 的输运方程[3]为

$$\frac{\partial}{\partial t}(\rho \tilde{v}) + \frac{\partial}{\partial x_i}(\rho \tilde{v} u_i) = G_v + \frac{1}{\sigma_{\tilde{v}}}\left[\frac{\partial}{\partial x_j}\left\{(\mu + \rho \tilde{v})\frac{\partial \tilde{v}}{\partial x_j}\right\} + C_{b2}\rho \left(\frac{\partial \tilde{v}}{\partial x_j}\right)^2\right] - Y_v + S_{\tilde{v}} \tag{3}$$

式中：G_v——湍流黏性产生项；

Y_v——由于壁面阻挡与黏性阻尼引起的湍流黏性的减少；

$\sigma_{\tilde{v}}$ 和 C_{b2}——常数；

v——分子运动黏性系数；

$S_{\tilde{v}}$——用户自定义源项。

3 计算设置

ANSYS FLUENT 求解过程中同时求解连续方程、动量方程及能量方程，然后再利用所求得的值求解湍流模型方程。计算中其他参数设置如下：

（1）设置流体材料为理想空气，空气黏度采用适合可压缩流动的 Sutherland 定律。

（2）壁面设为无滑移边界条件，进出口边界条件设为压力远场（Pressure – far – field）。

（3）连续方程、动量方程、能量方程和湍流模型方程的收敛精度设置为小于 0.000 01。

（4）空间离散化设置：采用基于节点的高斯克林压力梯度来计算控制方程的导数项，此方法比基于控制体中心的精度要高，特别适合非结构化网格[4]。

（5）流动项和湍流黏度修正项离散格式均采用二阶迎风格式，其精度比一阶迎风格式更高。

（6）计算的参考长度为弹长，参考面积为弹身最大横截面积。

4 计算结果与分析

4.1 零阻

固定鸭舵二维修正弹和制式弹的零升阻力系数 C_{x0} 对比曲线如图 5 所示。在制式弹的基础上加了 PGK 组件后，全弹的零升阻力会增加，因此二维修正弹的零阻略大于制式弹。制式弹和二维修正弹的零阻与马赫数的变化规律基本一致，在跨声速段阻力急剧增大并达到最大。

4.2 升阻比

因二维修正弹的一对控制舵舵偏角 $\delta_z = -5°$，假如一对控制舵转到水平位置，相当于俯仰舵控制。对于高旋稳定的弹丸，飞行攻角一般不会太大，文中只计算了 $\alpha = 0°$ 和 $\alpha = 3°$ 的气动数据。在攻角 $\alpha = 0°$ 时，舵面上有 $-5°$ 的当地攻角，会产生负的法向力；当攻角 $\alpha = 3°$ 时，舵面当地攻角为 $-2°$，舵面上的法向力仍为负，所以二维修正弹的升阻比小于制式弹的，对比曲线如图 6 所示。

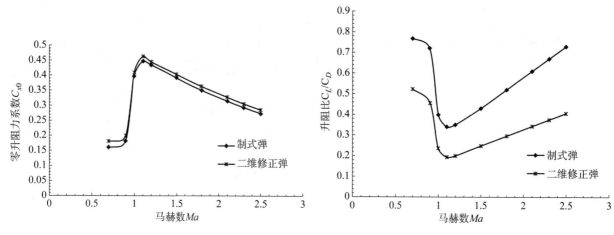

图5 零升阻力系数 C_{x0} 随 Ma 变化曲线   图6 制式弹和二维修正弹升阻比对比曲线

4.3 俯仰控制特性

假设一对控制舵转到水平位置,平衡状态下由攻角 α 和舵偏角 δ 产生的升力对于质心的俯仰力矩的代数和为零[5],即 $m_z^\alpha \alpha + m_z^\delta \delta = 0$,所以平衡比 $(\alpha/\delta)_{bal} = -m_z^\delta/m_z^\alpha$,数值如表1所示。因负舵偏产生负的气动力,压心在舵面附近,即质心之前,弹丸的受力分析如图7所示。全弹攻角产生的气动力压心也在质心之前,因此由舵偏产生一个负的俯仰力矩需要由攻角产生的正的俯仰力矩来平衡,所以负舵偏会有一个正的平衡攻角,即平衡比为负数。综合考虑零阻、升阻比和俯仰控制特性等气动特性,可知固定鸭舵二维修正弹的射程会小于制式弹的。

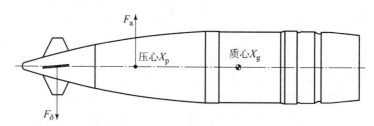

图7 二维修正弹的受力分析

表1 俯仰控制特性

Ma	0.7	1.0	1.2	1.5	2.1
$m_z^\alpha/(°)^{-1}$	0.017 0	0.018 1	0.018 5	0.019 2	0.017 1
$m_z^\delta/(°)^{-1}$	0.003 6	0.003 3	0.004 0	0.004 3	0.004 1
平衡比	-0.21	-0.18	-0.22	-0.22	-0.24
平衡攻角 $\alpha_{bal}/(°)$	-1.06	-0.91	-1.08	-1.12	-1.20

4.4 飞行稳定性[6]

制式弹和二维修正弹均是采用高旋的方式进行稳定的。对于高旋无尾弹丸的稳定性主要从三个方面来判断:弹丸出炮口直线段的急螺稳定性、弹道曲线段的追随稳定性及整个弹道中结合了急螺稳定性和追随稳定性的动态稳定性。

计算飞行稳定性所用的气动数据,如压心、升力线斜率等采用了数值模拟结果,赤道阻尼力矩系数和马格努斯力矩系数导数等是将数值模拟结果代入工程公式计算得来的。

4.4.1 急螺稳定性

急螺稳定因子计算公式为

$$S = \frac{\pi^2 g J_x^2}{1\,000 J_y \eta^2 h d^4 k_{mz}(M)} \tag{4}$$

设计弹丸结构所要求的缠度计算公式：

$$[\eta] = \frac{\pi}{2} K \sqrt{\frac{J_x}{J_y} \cdot \frac{\mu C_m g}{1\,000 \frac{h}{d} k_{mz}(M)}} \tag{5}$$

式中：J_x、J_y——弹丸极转动惯量和赤道转动惯量，单位为 $kg \cdot m^2$；

m——弹丸质量，单位为 kg；

h——弹丸质心至压心的距离，单位为 m；

d——弹丸直径，单位为 m；

η——火炮缠度；

g——重力加速度，单位为 m/s^2；

$k_{mz}(M)$——取决于弹丸长度 l 和初速 v_0 的函数值；

C_m——弹丸的相对质量，$C_m = \frac{m}{d^3}$；

K——弹丸系统完善程度，$K = 0.8 \sim 0.95$。

急螺稳定性计算结果如表 2 所示，急螺稳定因子 $S > 1$，$\eta < [\eta]$（火炮身管 η 为 $18d$），因此制式弹和固定鸭舵二维修正弹具有急螺稳定性。

表 2 急螺稳定性计算结果

参数	制式弹	二维修正弹
初速/$(m \cdot s^{-1})$	710	710
质心到压心的距离 h/m	0.134 7	0.116 3
陀螺稳定因子 S	4.9	5.67
结构设计所需缠度 $[\eta]/d$	31.9	34.3

4.4.2 追随稳定性

工程计算中，一般采用动平衡角 δ_p 作为弹丸追随稳定性的特征数，δ_p 值越小，弹丸的飞行定向性越好，即追随稳定性越好。判断弹丸具有追随稳定性，必须使弹丸在最不利条件下也就是顶点的动力平衡角小于一个允许值 $[\delta_p]$，对于炮弹其一般为 $12° \sim 15°$。弹道顶点的动力平衡角 δ_{ps} 可表示为

$$\delta_{ps} = \frac{\pi g^2}{2} \cdot \frac{\mu C_m v_0 d}{1\,000 \eta \frac{h}{d} H(\overline{Y}) v_s^3 k_{mz}(M)} \tag{6}$$

式中：μ——弹丸惯性系数；

C_m——弹丸的相对质量；

m——弹丸质量，单位为 kg；

v_0——弹丸初速，单位为 m/s；

h——弹丸质心至空气阻力中心的距离，单位为 m；

d——弹丸直径，单位为 m；

l——弹丸长度，单位为 m；

η——火炮缠度；

$H(\overline{Y})$ ——弹道顶点空气密度函数；

v_s ——弹道顶点速度；

$k_{mz}(M)$ ——取决于弹丸长度 l 和初速 v_0 的函数值。

制式弹的弹道顶点参数：顶点速度 $v_s = 270$ m/s、高度为 3 835.9 m，计算制式弹弹道顶点的飞行动力平衡角 $\delta_{ps} = 1.14°$，所以制式弹丸具有追随稳定性。

二维修正弹的弹道顶点参数：顶点速度 $v_s = 258$ m/s、高度为 3 630 m，计算得到二维修正弹弹道顶点的飞行动力平衡角 $\delta_{ps} = 1.48°$，所以二维修正弹具有追随稳定性。

4.4.3 动态稳定性

在计算弹丸的动态稳定性时，须考虑全部力矩：俯仰力矩、马格努斯力矩和赤道阻尼力矩的综合作用。计算弹丸动态稳定因子：

$$S_d^* = \frac{2\left(C_y' + \dfrac{md^2}{J_x}m_y'\right)}{C_y' - \dfrac{md^2}{J_y}m_{zz}'} \tag{7}$$

式中：J_x、J_y ——弹丸极转动惯量和赤道转动惯量，单位为 kg·m²；

m ——弹丸质量，单位为 kg；

d ——弹丸直径，单位为 m；

C_y' ——弹丸升力线斜率，单位为 1/rad；

m_y' ——弹丸马格努斯力矩系数导数 1/rad；

m_{zz}' ——弹丸赤道阻尼力矩系数。

当 $\dfrac{1}{S} < S_d^*(2 - S_d^*)$，弹丸满足动态稳定性要求。

计算制式弹丸动态稳定因子和二维修正弹动态稳定因子的参数分别如表3和表4所示。因制式弹丸的 $\dfrac{1}{S} = 0.20$，而 $S_d^*(2 - S_d^*) = 0.30 \sim 0.49$，所以 $\dfrac{1}{S} < S_d^*(2 - S_d^*)$，制式弹丸具备动态稳定性。二维修正弹的 $\dfrac{1}{S} = 0.18$，$S_d^*(2 - S_d^*) = 0.56 \sim 0.78$，所以 $\dfrac{1}{S} < S_d^*(2 - S_d^*)$，二维修正弹具备动态稳定性。

表3 制式弹动态稳定性分析参数

Ma	0.7	1	1.2	1.5	2.1
C_y'	2.020	1.901	1.901	2.094	2.417
m_y'	−0.017	−0.014	−0.013	−0.012	−0.010
m_{zz}'	−0.262	−0.258	−0.257	−0.238	−0.182
S_d^*	1.72	1.72	1.73	1.77	1.84
$S_d^*(2 - S_d^*)$	0.49	0.48	0.47	0.41	0.30

表4 二维修正弹动态稳定性分析参数

Ma	0.7	1	1.2	1.5	2.1
C_y'	2.202	2.390	2.355	2.644	2.897
m_y'	−0.043	−0.042	−0.041	−0.041	−0.029
m_{zz}'	−0.504	−0.518	−0.585	−0.553	−0.451
S_d^*	1.47	1.51	1.48	1.54	1.66
$S_d^*(2 - S_d^*)$	0.78	0.74	0.77	0.71	0.56

5 结论

文中采用 ANSYS FLUENT 研究了二维修正弹和制式弹的基本气动特性，对比分析了二者的零阻、升阻比及二维修正弹的俯仰控制特性。采用工程计算的方法得到了制式弹和固定鸭舵二维修正弹飞行稳定性，包括急螺稳定性、追随稳定性及动态稳定性。计算结果可为制式弹制导化外形设计及结构设计提供初步参考。

深入地、全面地研究二维修正弹的气动特性对制式弹药制导化发展具有重要的意义。文中仅给出了一部分气动性能，这一领域还有很多方向值得深入研究，如：修正组件的旋转对后体气动特性影响，以及全弹气动性能、飞行稳定性的变化等；不同滚转角下二维修正弹的气动特性；二维修正弹的修正组件和后体旋向及旋速不同，气动力的处理和使用也是需要研究的重点。

参 考 文 献

[1] 申强，李东光，纪秀玲，等. 引信弹道修正技术 [M]. 北京：国防工业出版社，2016.
[2] 王福军. 计算流体动力学分析 [M]. 北京：清华大学出版社，2004.
[3] ANSYS FLUENT 14.5 Theory Guide [2].
[4] 于勇，张俊明，姜连田. FLUENT 入门与进阶教程 [M]. 北京：北京理工大学出版社，2008.
[5] 钱杏芳，林瑞雄，赵亚男. 导弹飞行动力学 [M]. 北京：北京理工大学出版社，2006.
[6] 魏惠之，朱鹤松，汪东晖，等. 弹丸设计理论 [M]. 北京：国防工业出版社，1985.

一维弹道修正弹外弹道误差源分析

杨莹,卜祥磊,薛超,曹成壮,郝玉风

(辽沈工业集团有限公司,辽宁 沈阳 110045)

摘 要:为提高一维弹道修正弹射击精度和作战效能,根据一维弹道修正弹的作用模式和工作原理,分析其外弹道飞行特点,将一维弹道修正弹外弹道误差源主要分为:密集度误差源、阻力机构误差源、外弹道干扰因素误差源。以某型修正弹为模型建模,通过校正部分误差源,采用蒙特卡洛法仿真验证,结果表明:根据误差源校正修正弹参数,能够提高修正弹射击精度。

关键词:一维弹道修正弹;误差源;外弹道

中图分类号:TJ015 **文献标识码**:A

Analysis of external ballistic error source of one-dimensional ballistic correction projectile

YANG Ying, BU Xianglei, XUE Chao, CAO Chengzhuang, HAO Yufeng

(Liaoshen Industries Group Co., LTD., Shenyang 110045, China)

Abstract: In order to improve the firing accuracy and operational efficiency of one-dimensional trajectory correction projectile, the flight characteristics of one-dimensional trajectory correction projectile are analyzed according to its operational mode and working principle. The error sources of one-dimensional trajectory correction projectile are mainly divided into three parts: concentration error source, resistance mechanism error source and external trajectory interference factor error source. The model of a modified projectile is modeled and verified by Monte Carlo simulation by correcting some error sources. The results show that correcting projectile parameters according to error source can improve the firing accuracy of the corrected projectile.

Keywords: one-dimensional trajectory correction projectile; error source; external ballistics

0 引言

一维弹道修正弹是指依靠弹载全球定位系统(GPS)、北斗体系(BD)接收机或其他装置来精确确定它在空间的位置,并与命中目标的理想弹道数据进行比较,确定弹道修正参数,通过一维度空间修正以提高弹药的命中精度的技术。修正弹药在成本提高不大的情况下,可大大提高弹药的命中精度和作战效能,是一种效费比较好的弹药。

1 修正弹工作原理

修正弹发射前,装定炮位、目标点位置、发射及气象等诸元参数。发射后,热电池激活,卫星定位接收机对卫星信号进行捕获、定位。卫星定位接收机正常定位后,进行弹道辨识和落点预估,与装定落点坐标进行比较,形成偏差量,控制执行机构动作,产生修正力从而修正弹丸飞行弹道,经过多次修正后,使弹丸飞向目标点,并按装定的引信作用方式起爆战斗部。

作者简介:杨莹(1991—)女,学士,工程师,E-mail:631874178@qq.com。

工作流程如下：

（1）指挥系统下达作战任务，确定打击目标坐标和引信起爆方式。

（2）根据目标射距、横偏差"修正射表"，确定射击诸元。

（3）装定器装定信息给二维弹道修正组件，装定的信息包括炮位坐标、目标坐标、高空气象、卫星星历、射击指北角和弹丸质量等。

（4）弹丸发射。

工作时序和工作流中各时刻说明如图1和表1所示。

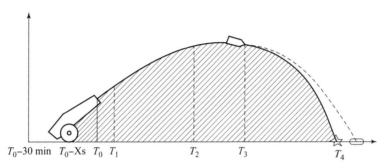

图1　修正弹工作时序

表1　修正弹系统工作流程中各时刻说明

时刻	说明
T_0	发射时刻
T_1	卫星定位接收机正常定位时刻（5~8 s）
T_2	弹道解算结束时刻，为阻力修正机构启动前2 s
T_3	修正机构启动
T_4	引信作用时刻

2　修正弹作用模式

以某口径一维弹道修正弹为平台，对影响修正弹弹道射击精度的误差源及射击精度指标和使用进行分析。

一维弹道修正弹药在作战使用时采用两种工作模式：小射角直瞄射击和大射角间瞄射击。进行小射角直瞄射击时，一维弹道修正弹药采用非修正模式；进行大射角间瞄射击时，一维弹道修正弹药采用修正模式。对于操作者而言，两种工作模式的作战使用流程基本相同。不同处在于小射角直瞄射击时目标点射程可由观瞄系统获得；对大射角间瞄设计，目标点坐标则需要通过其他方式获得[1]。

3　修正弹误差源评估

3.1　准确度误差源

通过修正弹作用模式特点，可分析出影响射击准确度的因素主要有阵地位置误差、目标位置误差、弹道准备误差、气象准备误差、技术准备误差和模型误差等，如表2所示。

表2　影响射击准确度因素

误差分组	误差源名称	取值（中间差）
阵地位置误差	阵地坐标误差	7 m
	阵地高程误差	8 m

续表

误差分组	误差源名称		取值（中间差）
目标位置误差	目标测距误差		7 m
	目标高低角误差		0.7 mile
	目标方向误差		0.7 mile
弹道准备误差	药温偏差误差		0.25 ℃
	初速偏差误差		$0.1\% v_0$ m/s
气象准备误差	弹道风误差		0.7 m/s
	气温偏差误差		0.35 ℃
	气压偏差误差		0.7 mmHg
技术准备误差	火炮赋予射向误差		0.7 mile
	传感器误差		0.5 mile
	装定诸元误差		0.7 mile
模型误差	弹道理论误差	纵向	$0.3\% X$ m
		横向	0.5 mile
	弹道解算误差	纵向	$0.04\% X$ m
		横向	0.5 mile

3.2 密集度误差源

通过分析修正弹自身结构及外弹道飞行特点，可分析出影响射击密集度的因素主要有初速概率误差、弹丸初始扰动、弹丸的不对称因素及气象误差等，如表3所示。

表3 影响射击密集度因素

误差源名称	取值（中间差）	误差源名称	取值（中间差）
初速概率误差	1.0 m/s	质量偏心	0.2 mm
初始扰动	2°	质心偏差	0.6 mm
初始偏角	0.5 mile	阻力系数误差	0.5%
射角误差	0.3 mile	弹道风误差	0.7 m/s
弹丸质量	0.022 kg	气压散布	1 hpa
弹丸转动惯量（$I_x I_y$）	0.6%	气温散布	1℃
动不平衡	1′		

3.3 修正机构误差源

在一维弹道修正弹系统性能仿真评估时，除了考虑表2和表3分析的误差源及其误差取值，还引入了一维弹道修正弹的主要误差源：卫星定位位置和速度误差、阻力器阻力系数误差等，见表4。以某型修正弹为例，卫星定位和阻力器误差取值来源于外场与实验室的测试评估。

表4 一维弹道修正弹主要误差源

误差源名称	取值（中间差）
卫星定位位置误差/m	2.7
卫星定位速度误差/(m·s^{-1})	0.2
阻力器阻力系数误差/%	1.4
重捕定位时间/s	3~8 s 均匀分布

3.4 修正弹弹道精度仿真建模

描述弹箭运动的数学模型有几种，其中3自由度模型只考虑了弹箭的质心运动，忽略了弹体绕质心的运动，即忽略了攻角的影响。4自由度模型是在3自由度模型的基础上部分地考虑了攻角的影响，也即只考虑了平均动力平衡角的影响。它们的特点是形式简单、所需参数少、计算速度快，但计算精度稍差。理论上公认的准确弹道模型是6自由度模型，它全面地描述了弹箭的质心运动和绕心运动[2]，因此本文采用6自由度模型建模，如图2所示。

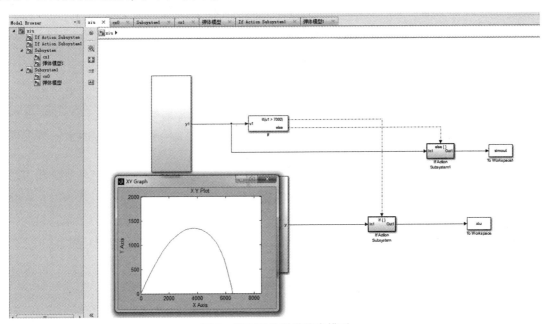

图2 修正弹外弹道仿真模型

将炮兵标准气象条件代入6自由度方程[3]：

地面（海平面）标准气象条件：

气温 $t_{on}=15℃$；密度 $\rho_{on}=1.2063$ kg/m^3；气压 $p_{on}=100$ kPa；地面虚温 $\zeta_{on}=288.9$ K；声速 $C_{on}=341.1$ m/s。

空中标准气象条件（30 km 以下）：

对流层（$y \leq y_d = 9\,300$，y_d 为对流层高度）

$$\zeta = \zeta_{on} - G_1 y = 288.9 - 0.006\,328y$$

$$G_1 = -6.328 \times 10^{-3}$$

对于密度函数 $H(y)$，有时采用下列公式：

$$H(y) = (1 - 2.190\,4 \times 10 - 5y)4.4 \quad (y < 9\,300 \text{ m})$$

综合采取表2、表3、表4误差取值，基于6D弹道模型采用蒙特－卡罗模拟仿真法计算一维弹道修正弹在不同射程下的射击精度[4]，结果如图3所示。

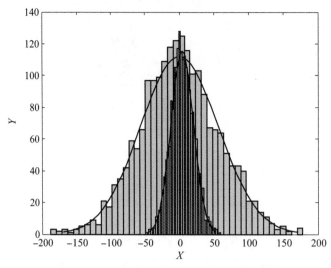

图 3 纵向弹道蒙特－卡罗分布图

仿真结果表明：通过校正文中密集度误差源、阻力机构误差源、外弹道干扰因素误差源，可以有效提高在一维弹道修正弹打击目标精度，提升作战效能，减少弹药使用。

4 结论

通过理论分析可知，影响一维弹道修正弹射击精度的误差源主要有：密集度误差源、阻力机构误差源、外弹道干扰因素误差源这几个方面。采用刚体 6 自由度建模，带入气象条件，选取文中提到的误差源可分析出，通过精确目标位置、气象条件、弹丸参数，提高修正机构响应效率等因素，可大幅度提高一维弹道修正弹的射击精度，提升作战效能。

参 考 文 献

[1] 史金光，刘猛，曹成壮，等. 弹道修正弹落点预报方法研究 [J]. 弹道学报，2014，26（2）.
[2] 魏慧之，宋鹤松，汪东晖，等. 弹丸设计理论 [M]. 北京：国防工业出版社，1985.
[3] 浦发. 外弹道学 [M]. 北京：国防工业出版社，1980.
[4] 王华，徐军，张芸香. 基于 Matlab 的弹道蒙特卡洛仿真研究 [J]. 弹箭与制导学报，2005，25（1）.

基于 Matlab 的复合增程弹弹道仿真应用

梁 宇,郝玉凤,苏 莹,王 铮,赵洪力

(辽沈工业集团有限公司,辽宁 沈阳 110045)

摘 要:为了在试验前更好地分析出复合增程弹在外弹道飞行过程中弹道各点数据,提出了一种基于 Matlab 的复合增程弹弹道仿真方法。通过针对复合增程弹在外弹道的飞行特点,采用 6 自由度刚体弹道,基于 Matlab 平台,建立弹道模型。结果表明,仿真结果与弹道雷达数据基本一致,弹道模型具有一定可行性。

关键词:复合增程;弹道;仿真

中图分类号:TJ156   **文献标识码**:A

The application of ballistic simulation using Matlab in the compounded long – range projectile

LIANG Yu, HAO Yufeng, SU Ying, WANG Zheng, ZHAO Hongli

(Liaoshen Industries Group Co., LTD., Shenyang 110045, China)

Abstract: For better analyzing the external ballistic data of compounded long – range projectile before the experiment, we have put forward a method of ballistic simulation using Matlab in the compounded long – range projectile. We have built the trajectory model according to the external ballistic characteristic of compounded long – range projectile, based on Matlab using 6 – DOF rigid body trajectory. The experimental result indicates that the result of simulation and the ballistic radar data were almost unanimous, the trajectory model has certain feasibility.

Keywords: compounded long – range; trajectory; simulation

0 引言

复合增程弹是一种结合火箭发动机增速及底排减阻技术的新型榴弹,以其构造简单、重量轻、体积小、推重比大、成本低等一系列优点而成为远程及超远程炮弹的首选增程技术。

各国已有复合增程弹药装备部队,使火炮的最大射程提高到了一个新的水平。国内的底凹、底排减阻技术已经发展了较长时间,近年在复合增程技术上的研究也趋于成熟,但在外弹道计算上欠缺简单、直观的方法。

文中采用 Matlab 对复合增程弹弹道进行分段建模、仿真计算,为分析复合增程弹弹道特点、弹道优化设计等提供重要的指导意义,能够清晰、直观地展示弹道特点及弹道特征点数据,为实际射击试验提供良好的理论依据。

作者简介:梁宇(1986—),男,工程师,学士,研究方向:弹药工程。

1 复合增程弹结构及工作原理

1.1 复合增程弹结构

复合增程弹采用分装式结构,由弹丸及发射装药组成。弹丸由引信、战斗部、火箭发动机、底排装置四部分组成,弹丸结构如图1所示。

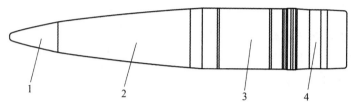

图1 复合增程弹弹丸结构
1—引信;2—战斗部;3—火箭发动机;4—底排装置

1.2 复合增程弹工作原理

击发底火后引燃发射药,产生高温高压气体,赋予弹丸转速及初速,同时引燃底排装置和火箭发动机延期点火具,引信惯性及离心保险解脱。弹丸出炮口后底排装置排出气体减小底部阻力,延期点火具在规定时间内引燃发动机装药,火箭发动机工作助推弹丸增速,火箭发动机工作结束后底排装置继续燃烧至预定时间,实现底排火箭复合增程。弹丸在撞击目标后,引信作用引爆战斗部,实现爆破及杀伤功能。其工作原理如图2所示。

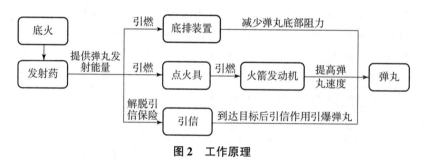

图2 工作原理

2 复合增程弹弹道动力学模型

2.1 底排工作过程

底排工作过程为内部底排药点燃后持续为弹底真空区填补气流,减小低压,利用公式计算底排燃烧产生的质量流速 $\dot{m}$。

$$\dot{m} = \frac{p_m s}{\mathrm{R}T_m} \sqrt{\frac{2k}{k-1}(x_e^{\frac{2}{k}} - x_e^{\frac{k-1}{k}})}$$

根据平衡压力概念,$\Delta m = \dot{m}$,则有

$$p_m = \left[\frac{\sqrt{\mathrm{R}T_m} s \rho \varepsilon a \times 10.197}{Se \sqrt{\frac{2k}{k-1}(x_e^{\frac{2}{k}} - x_e^{\frac{k-1}{k}})}} \right]^{\frac{1}{1-n}}$$

根据本底排药形状及其单面燃烧的燃烧规律,可近似将其单位燃烧时间内燃烧产生气体量作为常量,即底排工作过程其他条件不改变时,弹丸阻力系数不变。

2.2 固体火箭发动机工作过程

由于固体火箭推进剂工作时间极短（实际工作时间不足 1 s），又因推进剂燃烧工作过程中压力变化复杂，且研究其工作时间内力的变化对整体弹丸飞行过程影响不大，所以可将推进剂推进过程看成仅为固定时间点对弹丸施加一个瞬间推力，提高弹丸矢量速度。建模所需推力及总冲计算公式如下：

$$F = p_0 A_t \left[2\left(\frac{2}{k+1}\right)^{\frac{1}{k-1}} z(\lambda_e) - \zeta_e^2 \frac{p_a}{p_e} \right]$$

$$I = \int_0^{t_k} \dot{m} \mathrm{d}t = V_{eq} M_p$$

2.3 动力模型方程

根据上述条件，弹丸从炮膛内发射后的弹道可简化成 3 个相对独立阶段，即最初的单独底排工作弹丸飞行阶段，推进剂工作后底排后弹丸飞行阶段，底排工作结束后弹丸飞行阶段，其动力模型方程如下：

$$\frac{\mathrm{d}v_x}{\mathrm{d}t} = \frac{F_p}{m}\cos\varphi_\alpha\cos\varphi_2 - \frac{R_x}{m}\frac{v_x}{v} + \frac{R_y}{m\sin\delta}(\sin\delta_1\cos\delta_2\sin\theta + \sin\delta_2\sin\psi\cos\theta) + \frac{R_z}{m\sin\delta}(\sin\psi\cos\theta\cos\delta_2\sin\delta_1 - \sin\theta\sin\delta_2)$$

$$\frac{\mathrm{d}v_y}{\mathrm{d}t} = \frac{F_p}{m}\cos\varphi_2\sin\varphi_\alpha - \frac{R_x}{m}\frac{v_y}{v} + \frac{R_y}{m\sin\delta}(\sin\delta_1\cos\delta_2\cos\theta - \sin\delta_2\sin\psi\sin\theta) + \frac{R_z}{m\sin\delta}(\sin\psi\sin\theta\cos\delta_2\sin\delta_1 + \cos\theta\sin\delta_2) - g$$

$$\frac{\mathrm{d}v_z}{\mathrm{d}t} = \frac{F_p}{m}\sin\varphi_2 - \frac{R_x}{m}\frac{v_z}{v} + \frac{R_y}{m\sin\delta}\sin\delta_2\cos\psi + \frac{R_z}{m\sin\delta}\cos\psi\cos\delta_2\sin\delta_1$$

$$\frac{\mathrm{d}\dot{\gamma}}{\mathrm{d}t} = -\ddot{\varphi}_a\sin\varphi_2 - \dot{\varphi}_\alpha\dot{\varphi}_2\cos\varphi_2 \frac{1}{C}(M_{xp} + M_{xw}) - k_{xD}(\dot{\gamma} + \dot{\varphi}_\alpha\sin\varphi_2)v$$

$$\frac{\mathrm{d}\dot{\varphi}_\alpha}{\mathrm{d}t} = \frac{1}{A\cos\varphi_2}\left[(2A - C)\dot{\varphi}_\alpha\dot{\varphi}_2\sin\varphi_2 - C\dot{\gamma}\dot{\varphi}_2 + \frac{M_z}{\sin\delta}(\sin\delta_1\cos\alpha + \cos\delta_1\sin\delta_2\sin\alpha) + \frac{M_z}{\sin\delta}(\cos\delta_1\sin\delta_2\cos\alpha - \sin\delta_1\sin\alpha)\right] - k_{ZDv}\dot{\varphi}_\alpha\cos\varphi_2$$

$$\frac{\mathrm{d}\dot{\varphi}_2}{\mathrm{d}t} = \frac{1}{A}\left[-(A - C)\dot{\varphi}_\alpha^2\sin\varphi_2\cos\varphi_2 + C\dot{\gamma}\dot{\varphi}_\alpha\cos\varphi_2 + \frac{M_z}{\sin\delta}(\cos\delta_1\sin\delta_2\cos_\alpha - \sin\delta_1\sin\alpha) - \frac{M_z}{\sin\delta}(\sin\delta_1\cos\alpha + \cos\delta_1\sin\delta_2\sin\alpha)\right] - k_{Zd}v\varphi_2$$

$$\frac{\mathrm{d}\varphi_a}{\mathrm{d}t} = \dot{\varphi}_\alpha$$

$$\frac{\mathrm{d}\varphi_2}{\mathrm{d}t} = \dot{\varphi}_2$$

$$\frac{\mathrm{d}x}{\mathrm{d}t} = v_x$$

$$\frac{\mathrm{d}y}{\mathrm{d}t} = v_y$$

$$\frac{\mathrm{d}z}{\mathrm{d}t} = v_z$$

2.4 大气层模型

因复合增程弹弹道较高,弹道通过大气流层、亚同温层、同温层,所以应对弹道进入不同气层分段建模。虚温随高度变化($\tau - y$)方程如下:

$$\tau = \tau_{on} - G_1 y \quad (0 \leqslant y \leqslant 9\,300)$$
$$\tau = A_1 - G_1(y - 9\,300) + C_1(y - 9\,300)^2 \quad (9\,300 \leqslant y \leqslant 12\,000)$$
$$\tau = 221.5K \quad (y \geqslant 12\,000)$$

3 弹道仿真分析

弹丸及发射的初始条件选取:发射点坐标 $X_0 = (0,0,0)$,初速 $v_0 = 780$ m/s,射角 $\theta = 50°$,侧向偏角 $\psi = 0°$。气象条件采用炮兵标准气象条件。选用自适应积分步长的 4 阶 Runge – Kutta 法进行仿真计算,相对误差允许范围为 1×10^{-3},从 0 s 开始仿真,当 $y \leqslant 0$ 时仿真结束,最终得到仿真曲线如图 3 ~ 图 5 所示。

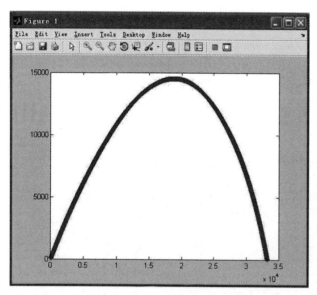

图 3 $X - Y$ 射程曲线

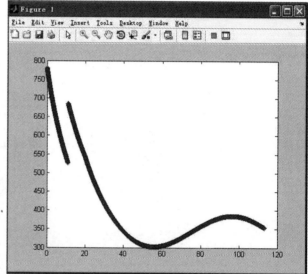

图 4 $V - t$ 速度时间曲线

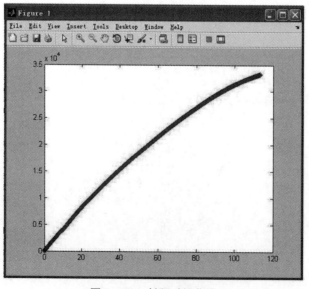

图 5 $X - t$ 射程时间曲线

从图 3~图 5 可以看出，基于 Matlab 编制的仿真弹道符合复合增程弹弹道规律及特性，由图 6 弹道特征点诸元可知，仿真飞行时间为 113.3 s，落点射程 X 为 33.269 km，最大弹道高 Y 为 14.513 km，最小速度为 305.8 m/s（V_x = 291.1 m/s，V_y = 92.5 m/s，V_z = 9.2 m/s），可以满足设计提出的战技指标要求。

4　结论

本文以 Matlab 平台为基础，建立复合增程弹弹道模型。通过给定弹丸飞行初始条件，对弹丸飞行弹道模型进行仿真分析，较好地模拟了复合增程弹弹道规律及特性，为复合增程弹方案可行性提供了依据，并据此进行了实际射击模拟试验。弹道雷达数据与仿真结果基本一致，最大射程经标准化后与仿真结果比较相差小于 0.1 km，可以满足设计中所要求的最大射程的战技指标要求，有效地验证了弹道模型的可行性与可信性，并为今后的复合增程弹的总体设计研究提供帮助。

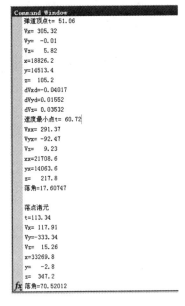

图 6　弹道特征点诸元

参 考 文 献

[1] 吴护林. 炮弹增程技术的发展 [J]. 四川兵工学报，2005，26（5）：3-6.
[2] 董师颜，张兆良. 固体火箭发动机原理 [M]. 北京：北京理工大学出版社. 1996.
[3] 郭锡福. 底部排气弹外弹道学 [M]. 北京：国防工业出版社，1995.
[4] 郭庆伟. 基于 Matlab/Simulink 的弹道修正火箭弹弹道仿真 [J]. 弹箭与制导学报，2016（6）.

基于刚柔耦合动力学的航炮系统炮口响应研究

李 勇,周长军,刘 军,王 凯

(西北机电工程研究所,陕西 咸阳 712099)

摘 要:为了研究航炮系统射击过程中的炮口动态响应规律对射击密集度的影响,基于刚柔耦合多体动力学理论,运用 UG 软件建立三维实体模型,在 Recur Dyn 多体动力学软件中,采用动态子结构模态综合法建立身管组件柔性体模型,通过 Hertz 接触理论和柔性 Bushing 力来等效约束副,建立某口径航炮系统刚柔耦合动力学模型,结合航炮系统结构特性及发射载荷进行航炮系统连续发射振动响应仿真分析,获得了航炮系统在300发/min射速情况下连发射击时炮口高低和方位振动响应位移,通过射击试验测试数据进行验证,并将航炮系统射击密集度仿真结果与试验测试结果进行对比,结果表明,高低方向密集度误差小于3.8%,方位方向密集度误差小于10.2%,验证了模型的有效性和正确性,可以满足工程设计要求,为航炮系统结构设计及优化提供了依据。

关键词:兵器科学与技术;航炮;刚柔耦合;炮口响应;动力学

中图分类号:TJ301 **文献标志码**:A

Researchon muzzle response of aircraft gun systems basedon rigid – flexible coupling dynamics

LI Yong, ZHOU Changjun, LIU Jun, WANG Kai

(Northwest Institute of Mechanical&Electrical Engineering, Xianyang 712099, China)

Abstract: In order to study the import antin fluence for firing dispersion of muzzleres ponse of aircraft gun weapon system on launching, the 3D model is built in virtual prototyping software UG. And the flexible body of gun barrel assembly is set up by the modal synthesis method of dynamic sub – structure. The Hertz contact theory and flexible Bushing forces model are made equivalent to the secon strained joints. The rigid – flexible coupling-dynamics model of aircraft gun weapon system is established based on the rigid – flexible coupling system dynamics theory in software Recur Dyn. According to the characteristic of aircraft gun structure and continuous launching load, the dynamic vibrating response of simulati on and analysis is made for the aircraft gun weapon system on launching. The muzzle vibration response displacements in vertical and horizontal direction are obtained in the 300 rate of fire on continuous launching. Through the comparison and analysis, the numerical solution sare closely matched with the experimental measurement results. There sults show that the vertical angle error of firing dispersi on is less than 3.8% and the horizontal angle error is less than 10.2%. Thus, the simulation and experimental results verify the correctness and feasibility of this model and can meet the requirements of the engineering design. Further the structure design and optimization of aircraft gun weapon system can be provided dareference foundation.

Keywords: ordnance science and technology; aircraft gun; rigid – flexible coupling; muzzle response; dynamics

---

基金项目:"十三五"兵器工业联合基金项目(6141B010239)。

作者简介:李勇(1974—),男,工学博士,研究员。E - mail: liyong42@126.com。

0 引言

航炮系统射击密集度是其武器系统重要的技术指标,影响着作战效能优劣,弹丸出炮口时的动态参数直接影响射击密集度,对于小口径自动炮来说,炮口动态角位移响应直接影响航炮系统的射击密集度。航炮系统是典型的高速撞击发射装置,结构响应复杂,射击时,其后坐特性以及结构刚度、炮塔刚度对炮口振动响应产生较大影响。基于多刚体动力学的航炮系统发射动力学难以准确仿真航炮系统的响应规律。多柔体系统动力学技术考虑了身管等构件的柔性变形对结构动态响应的影响,已经被广泛应用在火炮武器设计及其战术指标优化中[1-3]。目前,基于刚柔耦合的发射动力学研究的重点主要集中在高炮系统中考虑身管和炮弹的刚柔耦合响应、基于Kane方法建立的自行火炮行进间多刚体动力学模型和动态特性仿真、小口径航炮系统机构刚柔多体系统的炮口振动响应及射击稳定性等方面[4-7]。在大口径火炮和小口径自动炮口响应研究中,一般利用模态综合法获得模态信息,通过柔体间接触、碰撞模型的计算分析,利用有限元软件将各子构件离散成精细的网格,设置好边界约束条件,进行计算得到柔性体模态信息,使用模态综合法实现各柔性子构件与火炮多体动力学模型的耦合,进行联合仿真,获得系统结构的动态响应,得到了身管柔性、接触间隙对炮口扰动的影响规律[8-10]。

目前,针对航炮系统发射动力学的动态响应研究,只是针对航炮系统发射部分进行结构仿真,而没有考虑炮塔、结构接触面间隙以及轻质材料的特性等因素,仿真结果与实际相差较大,不能有效指导设计和结构优化。因此,需要考虑这些因素,建立其刚柔耦合动力学仿真模型,研究其炮口动态响应,具有重要的工程实用价值。

本文针对某口径航炮系统以刚柔耦合多体动力学理论为基础,将身管简化为柔性梁,基于UG三维实体造型软件和RecurDyn多体动力学分析软件建立某航炮系统刚柔耦合动力学模型,研究航炮系统射击过程中的炮口动态响应,通过航炮系统连续发射振动响应动力学仿真分析,获得航炮系统连发射击时炮口高低和方位振动响应位移,并通过射击试验测试数据进行验证,为航炮系统结构设计及优化提供的依据。

1 航炮刚柔耦合多体动力学建模基本理论

1.1 多刚体动力学理论

通过刚体的拉格朗日方程建立动力学系统微分方程式[11]:

$$\begin{cases} \dfrac{\mathrm{d}}{\mathrm{d}t}\left(\dfrac{\partial L}{\partial \dot{\xi}}\right) - \dfrac{\partial L}{\partial \xi} + \dfrac{\partial \Gamma}{\partial \dot{\xi}} + \left(\dfrac{\partial \psi}{\partial \xi}\right)^T \lambda - Q = 0 \\ \psi = 0 \end{cases} \quad (1)$$

式中:λ——对应于约束方程的拉格朗日乘子;

ξ——广义坐标;

Q——投影到ξ上的广义力;

$L = T - W$为拉格朗日项,T和W分别为动能和势能;

Γ——能量损耗函数;

ψ——约束方程。

1.2 柔性体动力学理论

为了建立多柔体系统动力学模型,考虑系统的约束的拉格朗日方程为[12]

$$\delta \boldsymbol{q}^T (\boldsymbol{M}\ddot{\boldsymbol{q}} + \boldsymbol{\Phi}_q^T \lambda - \boldsymbol{Q}^*) = 0 \quad (2)$$

式中:$\delta \boldsymbol{q} = (\delta \boldsymbol{q}_1^T, \delta \boldsymbol{q}_2^T, \cdots, \delta \boldsymbol{q}_m^T)^T$;

$\ddot{q} = (\ddot{q}_1^T, \ddot{q}_2^T, \cdots, \ddot{q}_m^T)^T$；$q$ 为广义位移；

系统的广义质量矩阵 $M = \text{diag}(M_1, M_2, \cdots, M_m)$；

广义力矩阵 $Q^* = (Q_1^{*T}, Q_2^{*T}, \cdots, Q_m^{*T})^T$；

Φ_q——约束方程对 q 的偏导数；

λ——拉格朗日乘子列阵。

在进行多体系统动力学分析计算时，柔性的弹性变形用模态展开法描述。基于模态综合法的柔性体（模态柔性体）变形描述基本原理是将柔性体视为有限元模型节点的集合，从而用模态来表示物体弹性的。模态柔性体建模基本思想是赋予系统中每个柔性体各一个模态集，利用模态展开法，将柔性体中节点的线性局部运动近似为模态振型或模态振型矢量的线性叠加。通过计算每一时刻物体的弹性位移来描述系统中柔性体的变形运动。模态综合法最典型的是固定界面模态综合法。Craig – Bampton 法是固定界面模态综合法中具有代表性、应用最多的一种方法。

Craig – Bampton 子结构模态综合法缺点：其约束模态由于是基于静态载荷法获得的，从而不能考虑影响柔性多体系统的动态响应特征的因素。所以，柔性体的动态频率响应不能被反映出来，其模态不能与频率相对应，我们难以进行结构动力学分析。而采用修正的 Craig – Bampton 方法可以有效解决该问题。

修正的 Craig – Bampton 方法是指把每个柔性体看作一个子结构，每个子结构先将界面全部固定去求解低阶模态，而后释放界面自由度获得约束模态的方法。对于每一个子结构的动力学方程，即

$$m^\lambda \ddot{\mu}^\lambda + c^\lambda \dot{\mu}^\lambda + k^\lambda \mu^\lambda = F^\lambda \tag{3}$$

式中：m^λ——子结构的质量矩阵；

c^λ——子结构的阻尼矩阵；

k^λ——子结构的刚度矩阵；

F^λ——子结构的外载荷矩阵。

得到单个子结构无阻尼运动方程为

$$[\tilde{M}]\{\ddot{p}\} + [\tilde{K}]\{p\} = \{\tilde{F}\} \tag{4}$$

$[\tilde{M}]$ 和 $[\tilde{K}]$ 为子结构的模态质量矩阵和模态刚度矩阵。

由于各子结构的分析是独立进行的，为了把坐标的变换扩充到整个结构，建立一组非耦合但不是都独立的运动方程，需要做两次坐标变换实现各子结构的连接。

建立系统在模态坐标 $[p]$ 下的非耦合整体运动方程

$$[\tilde{M}']\{\ddot{p}\} + [\tilde{K}']\{p\} = \{\tilde{F}\} \tag{5}$$

由于各子结构是通过界面连接而成的，根据界面的唯一连续条件，把各子结构的动力学方程组合成整体动力学方程。假定两个子结构在 α、β 之间有对接面，则 α、β 处的模态坐标可以分别写成

$$\{^{(\alpha)}p\} = \begin{Bmatrix} ^{(\alpha)}p_k \\ ^{(\alpha)}p_c \end{Bmatrix}, \{^{(\beta)}p\} = \begin{Bmatrix} ^{(\beta)}p_k \\ ^{(\beta)}p_c \end{Bmatrix}$$

结合面位移连接的条件为

$$^{(\alpha)}p_c = {}^{(\beta)}p_c$$

从而得到第二次坐标变换，连接各子结构装配成广义坐标 $\{q\}$ 下的系统方程，即

$$\{p\} = \begin{Bmatrix} p_k \\ p_c \end{Bmatrix} = \begin{Bmatrix} ^\alpha p_k \\ ^\alpha p_c \\ ^\beta p_k \\ ^\beta p_k \end{Bmatrix} = \begin{bmatrix} [I] & 0 & 0 \\ 0 & [I] & 0 \\ 0 & 0 & [I] \\ 0 & [I] & 0 \end{bmatrix} \begin{Bmatrix} ^\alpha p_k \\ ^\alpha p_c \\ ^\alpha p_k \end{Bmatrix} = [T]\{q\} \tag{6}$$

式中：$\{p_k\}$——对应于所有子结构主模态的模态坐标；

$\{p_c\}$ ——对应于所有子结构界面的独立模态的模态坐标。

将式（6）代入式（5）得

$$[M^*]\{\ddot{p}\} + [K^*]\{p\} = \{F^*\} \quad (7)$$

式中，

$$[M^*] = [T]^{\mathrm{T}}[\tilde{M}][T]$$

$$[K^*] = [T]^{\mathrm{T}}[\tilde{K}][T]$$

得到整体系统的特征方程，表示为

$$[[K^*] - \omega^2[M^*]]\{q\} = 0 \quad (8)$$

解方程（8）得到整个系统的特征值和特征矢量，再经过两次坐标逆变换，就可以得到整体系统在物理坐标下的动态响应[13]。

1.3 刚柔耦合多体系统动力学

刚柔耦合多体系统动力学是在多刚体系统动力学方程的基础上，引入拉格朗日乘子，建立各个刚体或柔体的动力学方程，可得出第 i 个刚体或柔体的动力学方程为

$$M_i \dot{q}_i + \Gamma_i q_i + C_{i,q_i}^T \lambda = Fe_i + Fv_i \quad (9)$$

系统的约束方程为

$$C(q,t) = 0 \quad (10)$$

式中：Fe_i——第 i 个刚体或柔性体受到的外力；

Fv_i——速度二项式。

将式（9）和式（10）两方程联立，即可得到刚柔耦合多体系统动力学方程。

2 航炮刚柔耦合多体系统动力学建模

2.1 基本假设

根据航炮系统结构的特点和发射物理过程，建立航炮的刚柔耦合动力学模型，主要假设如下：
（1）忽略弹簧的惯性。
（2）所有铰约束均为理想完整约束。
（3）柔性体变形均为小变形，将身管和弹簧简化为柔性体，其他部件为刚体。
（4）航炮反后坐缓冲装置连接了后坐部分和摇架，后坐部分相对摇架沿炮膛轴线做后坐和复进往返运动。

2.2 几何模型

航炮系统主要由炮塔、摇架、高低机、方向机、平衡机、自动炮等组成。航炮系统几何建模利用 UG 建模软件建立系统的三维模型，按照航炮系统的结构部件尺寸建立全部零部件的三维系统模型（包括身管组件、炮箱组件、弹簧 – 液压式缓冲装置组件），并在 UG 软件环境下对航炮系统进行装配。炮塔体、摇架等零部件材料为铝合金，身管和主要承力零部件为高强度炮钢材料，航炮上筋筒和炮口装置为钛合金材料，其余零件为相应的合金钢，给航炮系统结构赋予相应材料属性。

2.3 施加约束

根据航炮系统中各部件的结构连接关系和运动关系，将炮口装置、筋筒、炮尾与身管固定，作为柔性体处理，炮塔体与摇架铰接，齿轮啮合接触处理，航炮系统各构件间连接关系的拓扑结构如图 1 所示。

2.4 定义接触和力连接

对于有相互碰撞和有接触作用的部件之间施加 Surface – to – Surface Contact。Surface – to – Surface Contact 采用关键面简化复杂的实体接触,可计算外形复杂、任意的接触问题。Recur Dyn 动力学软件计算接触力是基于 Hertz 接触理论,并在此基础上做了改进,计算接触法向接触力 f_n 的公式为[14]

$$f_n = k\delta^{m_1} + c\frac{\dot{\delta}}{|\dot{\delta}|}|\dot{\delta}|^{m_2}\delta^{m_3} \quad (11)$$

式中:k——接触刚度系数;

c——阻尼系数;

δ——接触穿透深度;

$\dot{\delta}$——接触穿透深度的导数;

m_1、m_2、m_3——分别为刚度指数、阻尼指数和凹痕指数。

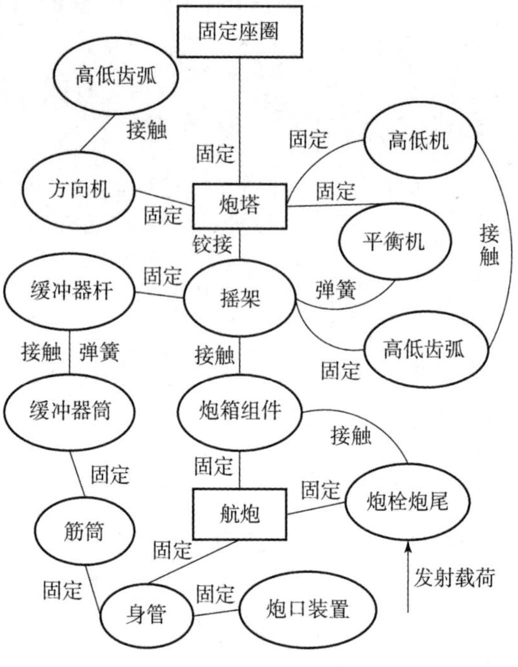

图 1 航炮系统拓扑关系

Bushing 是一种非常重要的柔性连接形式,连接两个部件,并对这两个部件施加力的作用。通常,使用 Bushing 来取代 Joint 是一种行之有效的方法。使用 Bushing 不降低系统自由度,还可以处理约束问题。Bushing 的力学模型为

$$\begin{bmatrix} F_{ax} \\ F_{ay} \\ F_{az} \\ T_{ax} \\ T_{ay} \\ T_{az} \end{bmatrix} = -\begin{bmatrix} K_{11} & 0 & 0 & 0 & 0 & 0 \\ 0 & K_{22} & 0 & 0 & 0 & 0 \\ 0 & 0 & K_{33} & 0 & 0 & 0 \\ 0 & 0 & 0 & K_{44} & 0 & 0 \\ 0 & 0 & 0 & 0 & K_{55} & 0 \\ 0 & 0 & 0 & 0 & 0 & K_{66} \end{bmatrix}\begin{bmatrix} x^{k_1} \\ y^{k_2} \\ z^{k_3} \\ \theta_{ab1}^{l_1} \\ \theta_{ab2}^{l_2} \\ \theta_{ab3}^{l_3} \end{bmatrix} - \begin{bmatrix} C_{11} & 0 & 0 & 0 & 0 & 0 \\ 0 & C_{22} & 0 & 0 & 0 & 0 \\ 0 & 0 & C_{33} & 0 & 0 & 0 \\ 0 & 0 & 0 & C_{44} & 0 & 0 \\ 0 & 0 & 0 & 0 & C_{55} & 0 \\ 0 & 0 & 0 & 0 & 0 & C_{66} \end{bmatrix}\begin{bmatrix} \dot{x}^{m_1} \\ \dot{y}^{m_2} \\ \dot{z}^{m_3} \\ \dot{\theta}_{ab1}^{n_1} \\ \dot{\theta}_{ab2}^{n_2} \\ \dot{\theta}_{ab3}^{n_3} \end{bmatrix} + \begin{bmatrix} F_1 \\ F_2 \\ F_3 \\ T_1 \\ T_2 \\ T_3 \end{bmatrix}$$

式中:$K_{ii}(i=1\sim6)$——刚度系数;

$C_{ii}(i=1\sim6)$——阻尼系数;

x、y、z、θ_{ab1}、θ_{ab2}、θ_{ab3}——两连接件相对平动位移和相对旋转位移;

$\dot{x}$、$\dot{y}$、$\dot{z}$、$\dot{\theta}_{ab1}$、$\dot{\theta}_{ab2}$、$\dot{\theta}_{ab3}$——相对平动速度和相对旋转速度;

F_1、F_2、F_3、T_1、T_2、T_3——预载荷;

k_i、l_i、m_i、n_i $(i=1,2,3)$——指数。

在实际工程运用中使用模态综合法时只计算前几阶模态贡献因子大的模态参数,而忽略其余阶模态,可以在保证计算精度的同时大大减少计算时间。考虑到火炮系统发射问题的复杂性,选取前六阶模态。图 2 所示为在 ANSYS 软件中计算身管的柔性体模态,由身管振型图和频率(表 1)可知,柔性体的前六阶弯曲模态对应两个振型图,且身管弯曲的方向相互对称,验证了身管的轴对称特性。

表 1 计算模态各阶频率

	一阶	二阶	三阶	四阶	五阶	六阶
频率/Hz	71.47	71.48	437.2	438.2	1 136.5	1 145.4

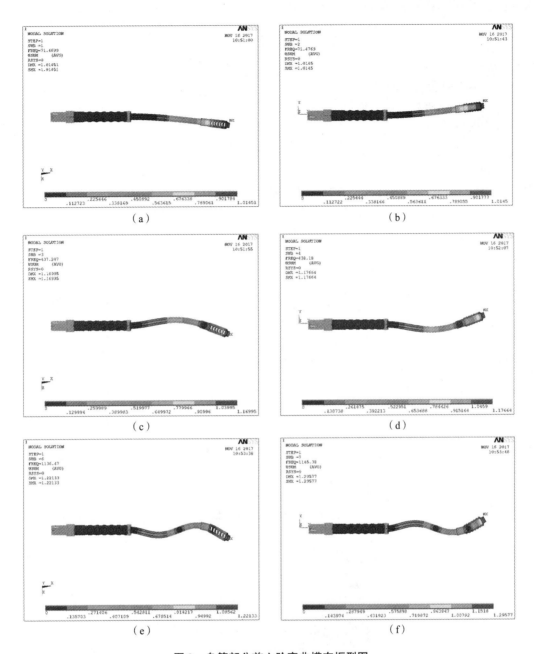

图 2　身管部分前六阶弯曲模态振型图

(a) 一阶模态；(b) 二阶模态；(c) 三阶模态；(d) 四阶模态；(e) 五阶模态；(f) 六阶模态

2.5　施加载荷

在航炮系统发射过程中载荷是由炮膛合力引起的，炮膛合力与弹药内弹道时期的膛底压力和后效期膛底压力有关。内弹道时期膛底压力计算公式为

$$p_t = \left(1 + \frac{\omega}{6\varphi_1 m + 2\omega}\right)p \tag{12}$$

式中：ω——装药量；

φ_1——阻力系数，一般 $\varphi_1 \approx 1.02$；

m——弹丸质量；

p——平均压力，由经典内弹道模型可以求解不同时刻膛内平均压力 p。

后效期膛底压力的计算公式为

$$p_t = \left(1 + \frac{\omega}{6\varphi_1 m + 2\omega}\right) p_g \mathrm{e}^{-\frac{t}{b}} \tag{13}$$

式中：p_g——炮口平均压力；
　　　t——后效期开始算起的时间；
　　　b——后效期压力衰减的时间常数。

炮膛合力计算公式为

$$F_t = S \cdot p_t \tag{14}$$

式中：S——炮膛截面面积。

航炮系统刚柔耦合动力学模型施加的发射载荷是在射速 300 发/min 情况下进行 5 连发射击时的炮膛合力，其炮膛合力曲线如图 3 所示，航炮系统刚柔耦合动力学模型中全炮约束和载荷施加如图 4 所示，炮膛合力施加于炮尾后端面中心，方向为身管轴线方向。

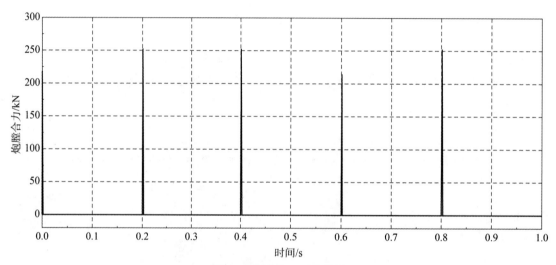

图 3　炮膛合力 – 时间曲线

图 4　全炮约束和载荷施加

2.6　航炮连续发射振动响应数学模型

航炮系统模型在发射载荷和边界约束施加后，其连续发射过程振动响应问题最终归结为多自由度系统的强迫振动方程组。振动微分方程可表示为

$$\boldsymbol{M}\ddot{\boldsymbol{x}}(t) + \boldsymbol{C}\dot{\boldsymbol{x}}(t) + \boldsymbol{K}\boldsymbol{x}(t) = f(t) \tag{15}$$

式中：$\boldsymbol{M}$——质量矩阵，是关于系统各个构件质量和转动惯量的矩阵；
　　　$\boldsymbol{K}$——刚度矩阵；
　　　$\boldsymbol{C}$——阻尼矩阵，对应的比例阻尼为 $\boldsymbol{C} = \alpha \boldsymbol{M} + \beta \boldsymbol{K}$。

$x(t)$, $\dot{x}(t)$, $\ddot{x}(t)$ ——系统振动响应的位移、速度和加速度矢量；

$f(t)$ ——炮膛合力。

基于模态分析理论，在零初始条件下，系统的动态响应可表示为

$$x(t) = \sum_{r=1}^{n} \frac{X_r X_r^T}{\eta_r p_r M_r} \int_0^t f(\tau) e^{-\xi_r p_r(t-\tau)} \sin\eta_r p_r(t-\tau) d\tau$$

式中：X_r ——第 r 阶模态向量；

M_r ——第 r 阶模态质量；

p_r ——第 r 阶模态频率；

ζ_r ——第 r 阶模态阻尼率，$p_r = \sqrt{1-\zeta_r^2}$。

3 航炮射击过程身管振动响应仿真分析

基于航炮连续发射振动响应模型通过施加5连发炮膛合力数据，获得连发射击状态下的航炮后坐位移，炮口高低向、方位向振动位移。连发射击过程炮口振动响应分析射击状态为射速300发/min，连续射击5发，仿真结果：后坐最大位移约为26 mm；仿真得到的连发射击时炮口高低响应位移曲线和炮口方位响应位移曲线如图5和图6所示。由图5和图6中曲线可以得出高低方向振动最大位移0.5 mm，方位方向振动最大位移0.9 mm，高低方向振动时间为140.7 ms，方位方向振动时间为161 ms，根据射速计算航炮循环时间为200 ms，高低和方位振动过程结束后恢复到初始状态才进行下一发射击，所以在射速300发/min进行射击时，连发过程对炮口振动没有直接影响。由于弹药内弹道时间为2.8 ms，射击过程炮口振动未到达最大位移时，弹丸已经飞出炮口，后续炮口振动位移对弹丸出炮口瞬间的姿态不会产生扰动影响，也不会影响到射击密集度，因此在弹丸出炮口瞬间，炮口振动位移是直接影响射击密集度的主要因素，由仿真计算出在弹丸出炮口瞬间的炮口高低响应位移0.257 8 mm，炮口方位响应位移 - 0.461 2 mm，根据身管结构尺寸计算出角位移，经过换算得出的密集度为高低0.303 mil，方位0.496 mil。

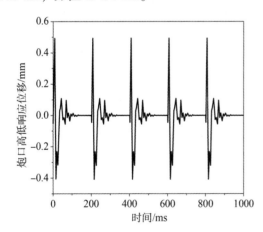

图5 5连发射击炮口高低响应位移曲线

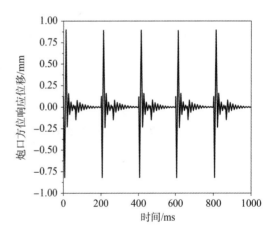

图6 5连发射击炮口方位响应位移曲线

4 试验验证

为了验证刚柔耦合动力学模型仿真结果的有效性，以某口径航炮系统为例，进行射击试验，试验中在110 m靶道中设立靶板，通过校靶使航炮系统火线瞄准靶心，在300发/min的射速情况下，进行了3组7连射和1组12连射试验，1组7连发射击和1组12连发射击弹丸着靶位置如图7和图8所示，通过对弹丸着靶点位置的测量，计算出的高低和方位密集度如表2所示，方位方向密集度最大0.6 mile，平均0.552 5 mile，高低方向密集度最大0.36 mile，平均0.315 mile。试验测试结果与仿真结果对比，高低方向误差3.8%，方位方向误差10.2%。

表2 密集度计算结果

射击形式	X方向		Y方向	
	中间偏差（E_X）/mm	密集度/mile	中间偏差（E_Y）/mm	密集度/mile
12连	65.92	0.57	33.28	0.29
7连	60.47	0.52	40.96	0.36
7连	69.27	0.60	37.93	0.33
7连	59.92	0.52	32.37	0.28
平均值	63.895	0.5525	36.135	0.315

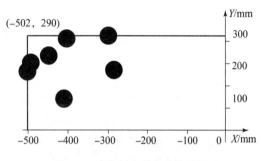

图7　7连发射击弹丸着靶位置

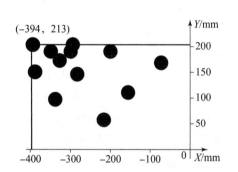

图8　12连发射击弹丸着靶位置

5　结论

本文通过建立航炮系统的刚柔耦合动力学模型，仿真分析了在连射过程中炮口动态响应，对仿真结果进行了验证，仿真结果与试验测试结果较为吻合，验证了模型的有效性和正确性，可以得出以下结论。

（1）采用动态子结构模态综合法建立身管组件柔性体模型，通过Hertz接触理论和柔性Bushing力等效约束副，建立了刚柔耦合多体系统动力学模型并进行仿真炮口响应，炮口振动高低和方向位移趋势与试验结果一致。

（2）试验结果与仿真结果进行对比表明：高低方向误差小于3.8%，方位方向误差小于10.2%，进一步验证了建立的刚柔耦合多体系统动力学模型能够满足工程设计精度需求，为航炮系统结构设计及优化提供了参考。

参 考 文 献

[1] KUI X F, RONG B, WANG G P, et al. Discrete time transfer matrix method for dynamics analysis of complex weapon systems [J]. Science China Technological Sciences, 2011, 54 (5): 1061-1071.

[2] 冯勇, 马大为, 薛畅, 等. 多管火箭炮刚柔耦合多体发射动力学仿真研究 [J]. 兵工学报, 2006, 27 (3): 545-548.

[3] 杜振宇, 王学智, 程永强. 车载导弹刚柔耦合系统发射过程仿真分析 [J]. 弹箭与制导学报, 2017, 37 (1): 9-12.

[4] 柯彪, 高跃飞, 曹红松, 等. 高炮刚柔耦合动力学仿真及二次开发研究 [J]. 火炮发射与控制学报, 2013 (3): 24-28.

[5] 刘雷. 自行火炮刚弹耦合发射动力学 [D]. 南京: 南京理工大学, 2005.

[6] 钱明伟, 王良明. 自行火炮行进间动力学模型及研究仿真 [J]. 兵工学报, 2004, 25 (5): 520-524.

[7] 罗建华, 徐达. 刚柔耦合小口径航炮系统发射过程动态特性仿真 [J]. 计算机仿真, 2015, 32 (6): 23-25.

[8] 杨国来, 陈运生. 考虑土壤特性的车载榴弹炮射击稳定性研究 [J]. 南京理工大学学报: 自然科学版, 2006, 30 (4): 495-498.

[9] 曾晋春. 车载式火炮刚柔耦合发射动力学研究 [D]. 南京: 南京理工大学, 2010.

[10] 闵建平, 陈运生, 杨国来. 身管柔性对炮口扰动的影响 [J]. 火炮发射与控制学报, 2000 (2): 28-31.

[11] 刘延柱, 潘振宽, 戈新生. 多体系统动力学 [M]. 北京: 高等教育出版社, 2018.

[12] 陆佑方. 柔性多体系统动力学 [M]. 北京: 高等教育出版社, 1996.

[13] 邓峰岩, 和兴锁, 张娟, 等. 修正的 Craig-Bampton 方法在多体系统动力学建模中的应用 [J]. 机械设计, 2004, 21 (3): 41-43.

[14] 焦晓娟, 张湉渭, 彭斌彬. RecurDyn 多体系统优化仿真技术 [M]. 北京: 清华大学出版社, 2010.

新型扭簧式平衡机设计

马 浩,高跃飞,周 军,王 钊

(中北大学 机电工程学院,山西 太原 030051)

摘 要:针对小口径武器结构设计的技术要求,提出一种与耳轴同轴的扭簧式平衡机。根据武器在俯仰过程中重力矩随射角的变化规律,利用扭转弹簧直接提供扭转力矩来减小重力矩带来的负面影响。先通过 MATLAB 软件计算出重力矩,再拟合平衡机力矩以及不平衡力矩的变化曲线,计算出最优的扭转弹簧设计参数,并使用 SolidWorks 软件和 AutoCAD 软件作图确定相应的平衡机结构方案,最后再通过 Adams 软件对其进行模拟仿真,以此来验证该方案的合理性,结果表明该方案符合小口径武器平衡机的设计要求,对于小口径武器的平衡机设计具有一定的参考价值。

关键词:平衡机;扭转弹簧;耳轴;力矩

中图分类号: TJ203 **文献标志码**: A

Design of the new torsion spring equilibrator

MA Hao, GAO Yuefei, HOU Jun, WANG Zhao

(School of Mechatronic Engineering, North University of China,
Taiyuan 030051, China)

Abstract: In view of the technical requirements of the structural design of small – caliber weapons, present a torsional equilibrator which is attached to the trunnion. According to the law of the weight moment and the torsion spring force moment changing with the Angle of fire during the weapon's pitching, using the MATLAB to draw the curve of the weight moment and then match the curve of the equilibrator force moment and the curve of the unbalance force moment to calculate the parameters which is used to design the torsion spring; after that, using the SolidWorks and the AutoCAD to determine the equilibrator structure plan. Finally, using the Adams for it's simulation analysis and verifying that the scheme meets the design requirements. As for the small – caliber weapons equilibrator, the paper has a certain technological reference value.

Keywords: equilibrator; torsion spring; trunnion; torque

0 引言

随着科技的发展,武器也越来越倾向于重量轻型化和结构简单化,遥控武器站是近年来国内外发展的一项热点内容。遥控武器站是一种安装在多种平台上相对独立的模块化、通用化的武器系统,其最大特点就是车辆乘员不必暴露在车外就可以直接操控武器精确射击[1]。图1所示为某遥控武器站。在遥控武器站上,可以配备机枪等各种武器装备。

图1 某遥控武器站

作者简介:马浩(1995—),男,硕士,E - mail:1509324591@qq.com。

遥控武器站当配备了机枪以后，由于质心位置和耳轴点的相对位置问题，在机枪的俯仰过程中，会产生动态变化的不平衡力矩，这严重地影响了武器射击的稳定性。因此设计一款结构简单、稳定，使用方便的平衡机对其来说是十分重要的。

平衡机本身就是多数枪炮武器不可缺少的一部分。随着对平衡机的研究越来越深入，其种类也越来越多。弹簧式平衡机因其结构简单，设计上相对容易，且受外界环境因素影响低等优点得到了很多人的研究。张海洋等的某炮链条式弹簧平衡机设计计算[2]，陈雷、李强的一种新型发条簧式平衡机计算与设计[3]，康郦等的新型舰炮平衡机的分析与计算[4]都是对弹簧式平衡机的研究。查阅文献不难发现，这些都具有相同的特点，即这些在原有武器结构的基础上增添了定滑轮的机构，使武器在结构设计上复杂化，除此之外，有的平衡机的设计还使用了涡轮、蜗杆的机构，也增加了平衡机结构设计的难度。为了简化武器的结构设计，使平衡机的结构更加简单，本文提供了一种新的平衡机设计思路，使用扭转弹簧将平衡机与耳轴部分结合起来，即平衡机与耳轴同轴。这种结构不仅减少了原有平衡机所需的滑轮绳索机构，还在一定程度上减少了平衡机设计的复杂难度。

1 数学模型

该平衡机设计的主要思想就是通过使用能够提供扭转力矩的扭簧将平衡机设计在耳轴处。为便于对该平衡机的设计，对某遥控武器站进行简化并建立相应数学模型。图 2 所示为该武器平衡机受力分析，除去平衡机提供的力矩以外，还有俯仰部分的重力矩。分析可知，重力矩的大小是随着武器俯仰的角度发生变化的，可通过编写 MATLAB 程序计算。

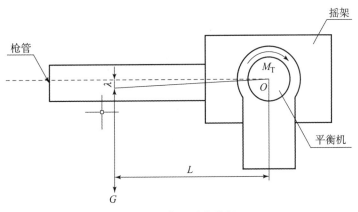

图 2 平衡机受力分析

图 2 所示为武器在射角为 0 时的受力分析。武器所受力分别为俯仰部分重力 G 和平衡机提供的力矩 M_T。质心与耳轴回转中心之间的距离为 L，初始位置（射角为 0°）时，质心与耳轴支点两点之间的直线与水平面之间的夹角为 γ（顺时针为正）。表 1 所示为该遥控武器站部分参数，表中 φ 为射角。

表 1 遥控武器站部分参数

G/N	L/mm	γ/(°)	φ/(°)
1 050	113.4	−5	−10 ~ 60

1.1 重力矩的计算

重力矩计算公式为

$$M_G = GL\cos\gamma \tag{1}$$

当武器俯仰有一定射角 θ 时，重力矩计算公式变为

$$M_G = GL\cos(\theta + \lambda) \tag{2}$$

根据式（2）可得到重力矩随射角的变化关系曲线，如图 3 所示。

由图 3 可知，重力矩随着射角的增加，并不是一直减小的，而是先增加后减小。

1.2 平衡机力矩的计算

平衡机的作用是为了减小在不同射角时重力矩带来的影响，因此设计出来的平衡机力矩曲线应尽可能在各射角位置时接近此时的重力矩，以减少不平衡力矩的绝对值大小。

由于平衡机被设计在耳轴上，因此弹簧上所具有的扭转力矩就是平衡机提供给枪身俯仰部分的平衡机力矩。分析可知，在弹簧工作的线性部分，扭转弹簧提供力矩的变化关系为

$$M_\mathrm{T} = K \times \theta \tag{3}$$

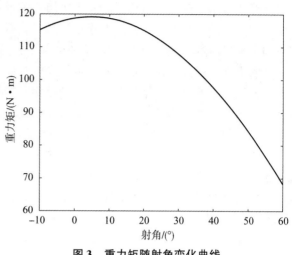

图 3　重力矩随射角变化曲线

因此选用两点平衡的原理，通过 MATLAB 程序编程来求得相应的弹簧刚度。在这里选择两点平衡法来设计平衡机，选取在射角为 0°和 57°时平衡机能够完全平衡重力矩，即在此处平衡机力矩大小上等于重力矩，方向相反。

通过程序可以计算出相应的弹簧刚度 K，计算出刚度以后再运用弹簧的工作原理通过 MATLAB 编程来计算出俯仰过程中平衡机所提供的力矩，得到平衡机力矩随射角变化曲线，如图 4 所示。

图 4 所示为平衡机力矩随射角变化的关系，随着射角的增大，平衡机力矩在不断地减少。

1.3 不平衡力矩的计算

不平衡力矩是由于重力矩和平衡机力矩在对应的角度下不能做到完全相等而存在的力矩。根据不平衡力矩的定义可以得到不平衡力矩计算公式

$$\Delta M = M_\mathrm{G} - M_\mathrm{T} \tag{4}$$

其中重力矩 M_G 和不平衡机力矩 M_T 通过在前面分别使用 MATLAB 代入公式（2）和公式（3）中计算出来。因此可以直接使用 MATLAB 编程，将它们代入公式（4）中计算便可求得在此弹簧的作用下不平衡力矩的大小，不平衡力矩随射角变化曲线如图 5 所示。

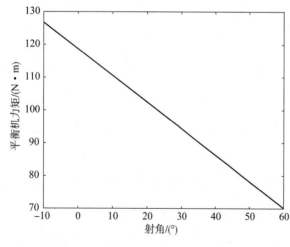

图 4　平衡机力矩随射角变化曲线

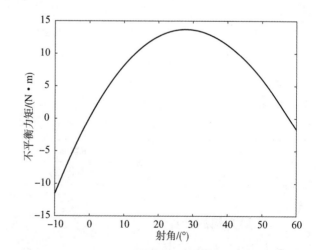

图 5　不平衡力矩随射角变化曲线

由图 5 可知，在整个过程中，不平衡力矩最大值不超过 15 N·m。该平衡机减少了俯仰过程中重力矩带来的影响，起到了其应有的作用，符合所需要的工作要求。

2 扭转弹簧的设计

通过之前的计算可以得到弹簧刚度大小为 0.809 6 N·m/(°)，根据其相应的工作条件可得，工作的转数为 71/360 圈，在工作过程中承受的最大扭矩为 126.713 N·m，承受的最小力矩为 70.038 8 N·m。

根据设计要求，通过模拟计算选出最优解，设计出最符合条件的扭转弹簧，设计的扭转弹簧参数如表 2 所示。

表 2 扭转弹簧参数

参数	数值	参数	数值
材料	60Si$_2$MnA	节距/mm	11.5
弹簧丝直径/mm	11	螺旋角/(°)	9.41
弹簧中径/mm	70	自由长度/mm	160.5
旋绕比	6.36	弹簧刚度/[N·mm·(°)$^{-1}$]	903.83
有效圈数	13	工作极限扭转角/(°)	147.87
间距/mm	0.5		

3 三维模型的建立

根据以上计算结果利用 SolidWorks 构建模型并进行装配。一边耳轴通过平键与摇架耳轴孔部分相互配合连接，使耳轴孔随着摇架的俯仰而进行转动。另一边耳轴通过深沟球轴承与上架部分进行配合。扭转弹簧套在耳轴上，两端分别放在相应的弹簧挡柱上。弹簧挡柱又分别通过螺纹结构来与耳轴和上架部分进行固连。在工作过程中：摇架进行俯仰带动耳轴进行转动，耳轴再通过与其固连的弹簧挡柱使扭转弹簧进行工作。由于上架不动，耳轴转动，扭转弹簧两端产生角度差，从而使弹簧为武器提供一个力矩来实现其平衡机的作用。扭转弹簧平衡机结构如图 6 和图 7 所示。

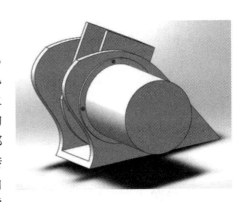

图 6 平衡机三维结构

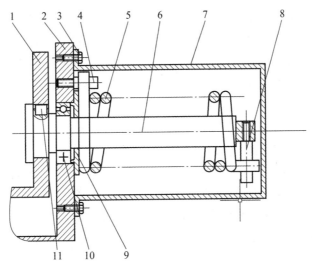

图 7 平衡机平面结构

1—摇架；2—上架；3—固定螺栓；4—上架处弹簧挡柱；5—扭转弹簧；6—耳轴；
7—机筒；8—耳轴处弹簧挡柱；9—轴承端盖；10—轴承；11—平键

4 虚拟样机仿真分析

在 SolidWorks 中建立该平衡机的三维实体模型,再以 Paraslolid(. * x_t)格式将其导入动力学分析软件 Adams 中,根据该武器系统实际结构调整俯仰部分质心位置。在摇架与耳轴之间添加固定副,耳轴与上架之间添加转动副,上架与大地之间添加固定副。

在摇架与上架之间的耳轴处添加扭转弹簧,并设定相应的刚度和预压力。在耳轴与上架之间的转动副添加驱动,赋予耳轴一个转动力矩,使其模拟武器在真实射击时的俯仰情况。设置俯仰角度为 -10° ~ 60°,在仿真中分析俯仰过程中的平衡机力矩和重力矩的变化,在后处理器中即可得到不平衡力矩的变化情况,如图 8 所示。

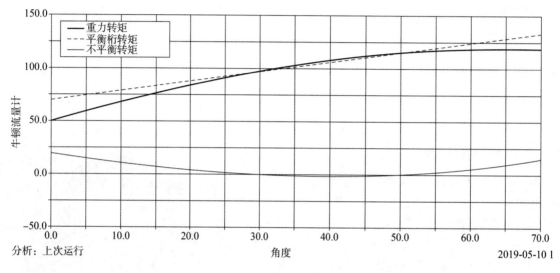

图 8 仿真分析结果

通过曲线图可以看出,平衡机力矩和重力矩变化趋势与范围与 MATLAB 程序计算结果基本一致,不平衡力矩的绝对值大小及其变化范围符合设计要求。

5 结论

通过对小口径武器俯仰部分进行受力分析,根据重力矩和平衡机力矩的变化规律建立了相应的数学模型,然后代入计算数据,使用 MATLAB 软件拟合来找出合适的扭转弹簧设计参数,再根据弹簧参数设计出相应的弹簧结构。之后使用 SolidWorks 软件建立平衡机的三维模型,最后通过 Adams 软件进行仿真模拟,对其俯仰过程中各力矩随射角改变的变化关系进行分析,结果表明该平衡机符合遥控武器站的工作要求。

从平衡机的结构设计和工作性能来看,该平衡机具有以下特点。

(1)扭转弹簧式平衡机相比其他类平衡机在结构上更加简单紧凑。

(2)扭转弹簧式平衡机免除了在一些武器上还需要添加滑轮改变力的方向之类的复杂结构,其结构设计简单,并且在一定程度上减小了武器的负载,使武器朝着简单化、轻型化的方向发展。

(3)扭转弹簧式平衡机达到了应有效果,极大地减小了重力矩所带来的负面效果,在提高武器射击精度方面发挥着重要的作用。

参 考 文 献

[1] 范云,王忠凯. 新型遥控武器站扫描 [J]. 坦克装甲车辆,2017 (23): 38-42.
[2] 张海洋,申超,沈松波,等. 某炮链条式弹簧平衡机设计计算 [J]. 火炮发射与控制学报,2009 (1): 52-54.
[3] 陈雷,李强. 一种新型发条簧式平衡机计算与设计 [J],火炮发射与控制学报,2017,38 (2): 19-53.
[4] 康郦,胡月,朱成邦. 新型舰炮平衡机的分析与计算 [J]. 中国舰船研究,2009,4 (2): 73-78.

多场耦合作用下的自增强身管残余应力分析建模

高小科,刘朋科,周发明,王在森,邵小军

(西北机电工程研究所,陕西 咸阳 712099)

摘 要:高膛压火炮发射时自增强身管会反复承受瞬态高压和高温,膛压、温度及其梯度对身管残余应力具有较大影响。为研究多场耦合下自增强身管的应力分布,综合考虑膛压与温度梯度的耦合作用,通过 ANSYS 软件对身管的机械自紧、精加工等过程进行模拟,建立考虑自增强身管初始残余应力的有限元分析模型,对身管进行静、动态连续过程仿真模拟,在得到身管在机械自紧、内外表面精加工后的残余应力分布规律基础上,建立瞬态膛压及温度场耦合作用的残余应力分析模型,通过 APDL 语言编程对结构的载荷及边界条件进行加载与约束,得到了身管关键部位的应力随空间和时间的分布及变化规律,发现身管外表面等效应力随膛压瞬时升高而急剧增大,随膛压消失而迅速回落,此后又随着身管温度的上升至最高点,最后随着温度的下降而缓慢恢复,膛内时期外表面应力上升过程呈阶跃型现象。这为研究残余应力释放规律和身管的安全性设计提供理论依据。

关键词:固体力学;自增强身管;残余应力;分析建模
中图分类号:TJ301 **文献标志码**:A

Modeling of residual analysis of autofrettaged barrel under multi – field coupling

GAO Xiaoke, LIU Pengke, ZHOU Faming, WANG Zaisen, SHAO Xiaojun

(Northwest Institute of Mechanical & Electrical Engineering, Xianyang 712099, China)

Abstract: High – pressure guns repeatedly withstand transient high pressures and high temperatures, which have a great influence on the residual stress of the barrel. In order to study the stress distribution of autofrettaged barrel under multi – field coupling during launch, the mechanical autofrettage gun barrel and finishing process of the barrel is simulated by ANSYS finite element software, in which the finite element model considering the initial residual stress of the autofrettaged barrel is established, and the dynamic and static continuous process simulation of the barrel is carried out. On the basis of obtaining the residual stress distribution, an analytical model under the coupling of transient pressure field and temperature field is established. The APDL language programming is used to calculate the time and space distribution of the stress of the key parts of the barrel. A phenomenon is found that the equivalent stress on the outer surface of the barrel increases sharply with the increase of the pressure, and then rises to the highest point with the temperature of the barrel. After the fire process, the equivalent stress slowly recovers with the decrease of the temperature. The law of external surface stress rise in the fire period is a step process. It provides a theoretical basis for studying the residual stress release law the safety design of barrel.

Keywords: solid mechanics; autofrettaged barrel; residual stress; analytical modeling

---

基金项目:兵器联合基金

作者简介:高小科(1982—),男,高级工程师,E – mail: xiaokgao@qq.com。

0 引言

新一代大口径高性能坦克炮要求身管能适应高初速、高射速、高膛压、高寿命及更高温度条件下的使用要求。自增强技术是在不改变身管材质条件下，通过某种工艺方法使身管内产生有利残余应力而提高身管承载能力的一种技术，是近几十年来为世界各国所广泛采用的一种提高身管性能及延长服役寿命的方法[1]。

自紧身管常用工艺有机械自紧、液压自紧、爆炸自紧等[2]。不同自紧方式在工程实现方式中有区别，但其基本原理一致，都是在火炮身管进行最后精加工之前，对毛坯身管内膛施加超过身管初始屈服极限的压力，使身管内径变大、内壁组织致密，沿壁厚从内到外产生不均匀塑性变形，当内压卸除后，由于身管壁厚每一层材料的相对弹性恢复量比相邻外层为小，则内层材料便阻止外层材料的弹性恢复，这种约束作用最终使身管沿壁厚产生内层受压外层受拉的周向残余应力。当火炮发射弹丸时，内壁压缩残余应力和膛压产生的工作拉应力叠加，降低了身管实际应力水平，从而提高了身管弹性极限压力与疲劳寿命[3]。

我国对自紧身管技术研究较欧美、俄罗斯等军事强国起步较晚，从20世纪70年代开始开展了自紧身管理论与技术的研究，围绕高膛压火炮身管机械自紧技术基础研究、火炮身管疲劳寿命等课题进行了深入的研究，但目前自紧身管设计仍然存在很多问题，如全寿命周期的残余应力释放规律、自紧身管安全性理论等，都亟待进一步深入研究。

自紧身管在射击过程中主要受内膛高压、高温的载荷，有研究表明自紧身管在内外壁温差形成的热应力与高膛压作用下，身管内壁产生反向屈服（压缩屈服），降低了残余应力，导致了残余应力的松弛。除了膛内压力冲击的影响，高温和温度热应力也是造成自紧身管残余应力释放的主要因素。南京理工大学胡振杰[4]等通过热弹耦合分析了大口径火炮发射时身管的应力变化规律，徐亚栋等[5]针对复合材料身管的结构特点，通过理论与建模分析，研究了复合材料身管的瞬态热结构耦合问题。中北大学李强等[6]针对速射火炮，考虑火药燃气和热应力作用，通过连发过程中自紧身管应力的模拟，分了残余应力变化规律。

研究残余应力在射击过程中的变化，首先需要对整个过程进行准确建模，综合考虑膛压与温度梯度的耦合作用。本文通过ANSYS软件对身管的机械自紧、精加工等过程进行模拟，建立考虑自增强身管初始残余应力的有限元分析模型，对身管进行静、动态连续过程仿真模拟，研究身管在机械自紧、内外表面精加工后的残余应力分布规律，以及瞬态膛压及温度场耦合作用下，身管关键部位的应力变化规律，为身管的安全性设计提供理论依据。

1 热结构耦合基本方程

火炮在发射时，身管受到火药压力载荷冲击与热冲击，根据热力学和传热学关系，可得到热传导基本方程[5]

$$\frac{\partial}{\partial x}\left(k\frac{\partial T}{\partial x}\right)+\frac{\partial}{\partial y}\left(k\frac{\partial T}{\partial y}\right)+\frac{\partial}{\partial z}\left(k\frac{\partial T}{\partial z}\right)+\rho Q-\beta T_0\frac{\partial e}{\partial t}=\rho c\frac{\partial T}{\partial t} \tag{1}$$

式中：Q——单位时间内吸收的热量；

T_0——物体初始温度；

$e=\varepsilon_x+\varepsilon_y+\varepsilon_z$——总应变；

β——热应力系数；

k——传热系数；

c——比热容；

ρ——材料密度。

由运动方程、集合方程和物理方程，建立热弹性理论位移法基本方程式

$$\begin{cases} (\lambda+G)\dfrac{\partial e}{\partial x}+G\nabla^2 u-\beta\dfrac{\partial T}{\partial x}+X=\rho\dfrac{\partial^2 u}{\partial t^2} \\ (\lambda+G)\dfrac{\partial e}{\partial y}+G\nabla^2 v-\beta\dfrac{\partial T}{\partial y}+Y=\rho\dfrac{\partial^2 v}{\partial t^2} \\ (\lambda+G)\dfrac{\partial e}{\partial z}+G\nabla^2 w-\beta\dfrac{\partial T}{\partial z}+Z=\rho\dfrac{\partial^2 w}{\partial t^2} \end{cases} \qquad (2)$$

2 残余应力分析建模

2.1 几何模型

身管模型如图 1 所示，由上到下依次为毛坯身管、碳化钨自紧冲头与成品身管。

身管精加工过程仿真用到 ANSYS 单元生死技术，因 ANSYS 只能在前处理器中创建单元，故建模时必须在前处理器中一次性将所有可能用到的单元创建好，包括在各载荷步中被杀死（或被激活）的单元。因此，成品身管模型包容于毛坯身管，并根据成品身管轮廓精确分区刻画出两者交界边线。

建立的整体几何模型如图 2 所示。

图 1　毛坯身管、自紧冲头及成品身管模型

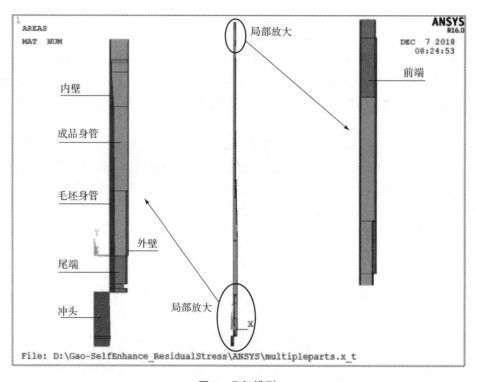

图 2　几何模型

2.2 单元划分

依据模型对结构进行单元网格划分，合理分区几何模型，全部采用规则的四边形单元，单元网格划分选取尺寸约 3 mm，整个结构划分为 36 817 个节点、40 490 个轴对称平面单元。

2.3 边界条件及载荷

因以轴对称模型进行静、动态连续过程仿真,故边界条件设置为将成品身管根部、毛坯身管顶部端线的轴向自由度约束,冲头底部端线施加自紧强迫位移,边界条件如图3所示。

由内弹道仿真获得的时间 t、膛压 p 与弹丸行程 L 关系如图4、图5所示;温度场载荷随时间与弹丸行程发生变化,由于数据过于庞大,在此略去,图6所示为身管内壁表面距尾端不同位置处的温度–时间历程曲线。

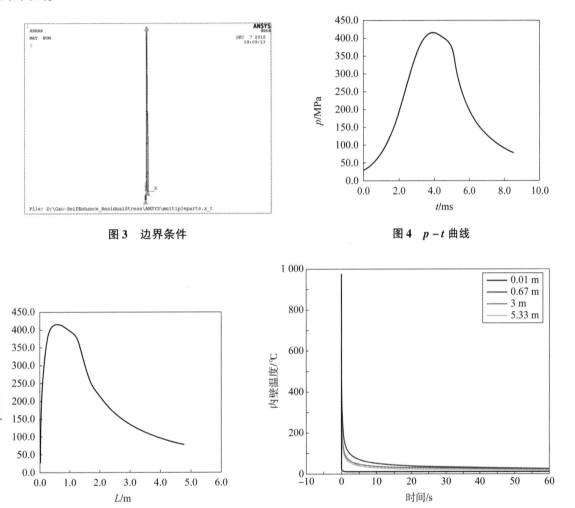

图3 边界条件

图4 p–t 曲线

图5 p–L 曲线

图6 身管内壁表面距尾端面不同位置处的温度–时间历程曲线

3 计算过程

自增强身管残余应力分析过程分三个步骤进行:机械自紧过程;毛坯身管内、外表面及端头精加工过程;射击时,膛压与温度场耦合作用过程。

自紧与精加工两个步骤为静态分析。冲头机械自紧与一般静力学仿真过程类似;精加工过程则需用到 ANSYS 单元生死技术,单元生死技术中被杀死的单元仅是将单元刚度矩阵乘以一个很小的因子,并不是真正将其从模型中删除,即被杀死单元的质量和能量不参与求解,单元的应变始终为0。因只能在前处理器中才可创建单元,故建模时必须在前处理器中一次性将所有单元创建好。第三步为瞬态分析,在前两步分析基础上,身管继续施加随时间与空间位置变化的膛压与温度场作用。整个计算过程应用 ANSYS – APDL 语言编程连续进行,其计算仿真流程如图7所示。

4 仿真结果

在机械自紧过程和毛坯身管内、外表面及端头精加工过程分析的基础上,通过命令控制转换为瞬态分析类型,继续施加随时间与位置同时变化的膛压与温度场耦合作用(环境温度为13 ℃),进行身管发射瞬态过程仿真。

坦克炮弹丸发射膛内运动过程时间极短(约8.5 ms),而身管传热与壁厚温升过程相对缓慢,为较充分反映温度因素对身管变形与应力响应的影响,将火炮发射过程仿真在发射完成后再持续1 min。

图8~图11所示为最大膛压点位置内、外壁表面径向与轴向变形的整体响应规律,由图可知:

(1)内、外表面径向变形规律完全相同,内表面变形大于外表面。

(2)在机械自紧阶段,径向变形随着冲头的到来急剧增大、随着冲头的离去弹性变形恢复而产生较大的塑性变形,内、外表面径向变形分别为0.673 mm和0.324 mm;内表面加工时径向变形略微回缩、外表面与端头加工时仅微小扩大,最终成品身管内、外表面径向变形为0.638 mm和0.311 mm,表明该部位塑性变形基本为自紧过程结果。

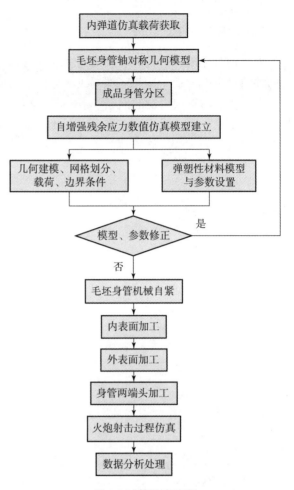

图7 计算仿真流程

(3)成品身管内、外表面轴向变形分别为0.192 mm和-0.138 mm,这表明由毛坯身管加工为成品身管该部件的横截面有错位现象;膛内时期因膛压作用身管膨胀使该部位轴向变形先缩短后伸长。

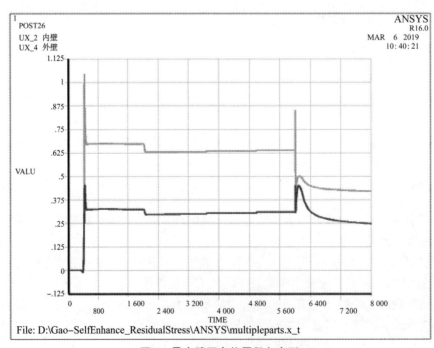

图8 最大膛压点位置径向变形

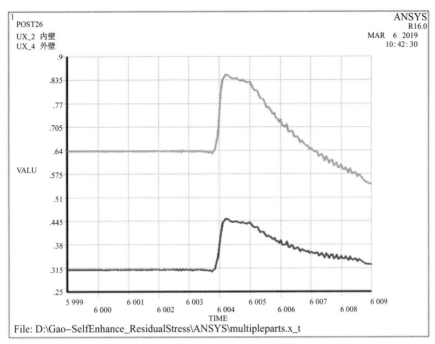

图9 膛内时期最大膛压点位置径向变形

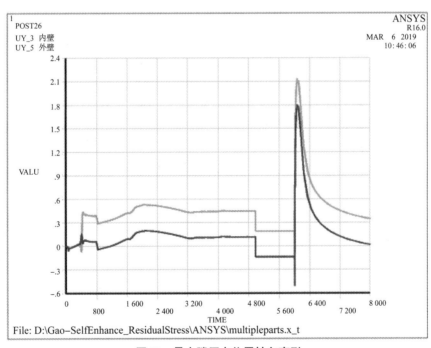

图10 最大膛压点位置轴向变形

(4)在火炮发射阶段(膛内时期如图9、图10所示),身管内、外径随膛压瞬时升高而急剧增大,随膛压的消失而迅速回落,此后又随着身管温度的上升而增大,最后随着温度的下降而缓慢恢复。膛内时期内、外径最大径向变形分别为0.212 mm和0.141 mm。

(5)在膛内时期,膛压与温度场耦合作用下,径向变形扩大、轴向变形收缩,身管内表面大于外表面。

(6)当发射后1 s,身管仍有较高温度(内壁约150 ℃),身管轴向变形尚未完全恢复,内、外壁均处于伸长状态;径向变形亦有内壁滞后于外壁现象。

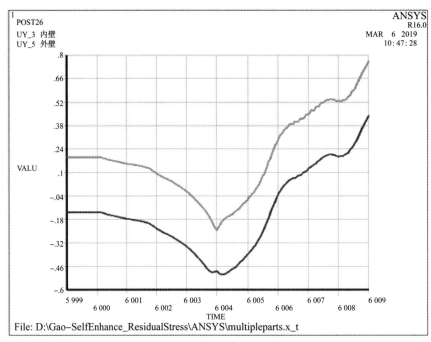

图11 膛内时期最大膛压点位置轴向变形

图12～图15所示为最大膛压点位置内、外壁表面应力变化响应规律，由图可知：

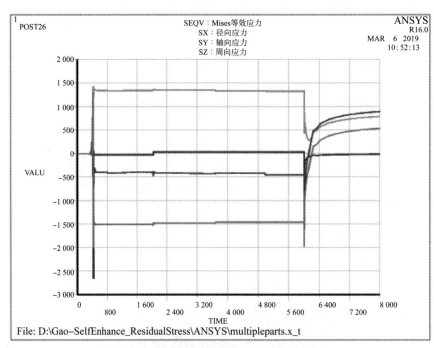

图12 最大膛压点位置内表面应力响应

（1）自紧阶段产生较大的残余应力，精加工为成品身管时应力基本保持、波动范围很小，表明该部位塑性应力（主要为周向应力）为自紧过程结果。

（2）火炮发射过程中，内表面等效应力随膛压瞬时升高而急剧降低，膛压消失尚未恢复初状，又随着身管温度的上升再次降至最低点，此后随温度下降而缓慢恢复。内表面等效应力小于初始残余应力。

（3）膛内时期，内表面周向、轴向与径向均有较大的应力波动范围。

（4）从自紧、精加工到瞬态发射过程，外表面周向与轴向应力恒为拉应力；火炮发射时，外表面周向应力波动范围大、轴向应力较小、径向应力变化很小。

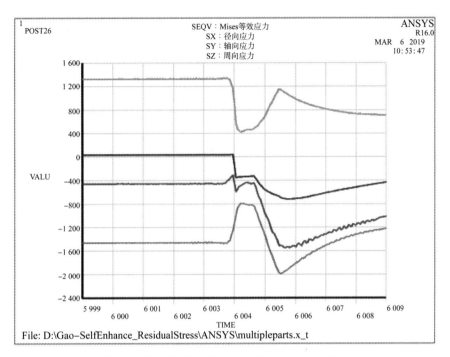

图 13 膛内时期最大膛压点位置内表面应力响应

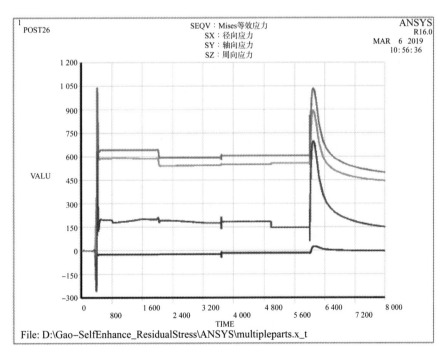

图 14 最大膛压点位置外表面应力响应

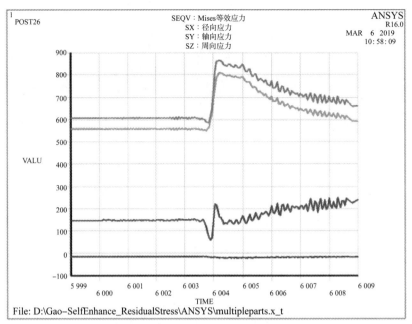

图15 膛内时期最大膛压点位置外表面应力响应

（5）火炮发射过程中，外表面等效应力随膛压瞬时升高而急剧增大，随膛压消失而迅速回落，此后又随着身管温度的上升至最高点，最后随着温度的下降而缓慢恢复。膛内时期外表面应力上升过程为阶跃型现象。

（6）发射后1 min，内、外壁等效应力分别下降379 MPa和174 MPa，表明最大膛压点位置内壁呈现出较大残余应力释放现象，外壁释放相对较小。

5 结论

以某坦克炮身管为研究对象，本文建立了精确的自增强身管残余应力分析计算模型，考虑机械自紧、身管表面精加工与火炮发射的分析过程，以ANSYS软件为分析平台，编制了自增强身管残余应力分析仿真程序，从毛坯身管机械自紧、内、外表面与端头加工，到成品身管承受随时间与空间瞬态变化的膛压与温度场耦合作用下的火炮发射，实现了自增强身管静、动态连续过程仿真。

本文重点分析了关键部位沿身管径向方向从机械自紧、精加工至火炮发射过程每一阶段的塑性变形与残余应力变化规律，同时给出了关键部位的温升变化过程，经机械自紧与精加工后身管产生的较大残余应力（以周向应力为主），可抵消较大部分火炮射击时产生的工作拉应力，达到了降低身管实际应力水平的目的。

本文中形成的计算方法与程序可为自增强身管强度设计、寿命评估与预测、火炮使用安全性提升提供理论与方法支持。

参 考 文 献

[1] 曾志银，张军岭，吴兴波. 火炮身管强度设计理论 [M]. 北京：国防工业出版社，2004：160-164.

[2] 才鸿年，张玉成，徐秉业，等. 火炮身管自紧技术 [M]. 北京：兵器工业出版社，1997：135-152.

[3] 李魁武，曾志银，宁变芳，等. 液压自紧身管残余应力随实弹射击的变化规律研究 [J]，兵工学报，2012（33）.

[4] 胡振杰. 火炮发射过程中的身管热弹耦合分析 [D]. 南京：南京理工大学，2007：43-45.

[5] 徐亚栋，钱林方，石秀东. 复合材料身管三维瞬态热结构耦合分析 [J]. 南京理工大学学报，2007，31（2）：350-353.

[6] 李强，李鹏辉，赵君官，等. 冲击载荷下自增强身管残余应力变化规律 [J]. 爆炸与冲击，2011（6）.

导弹电缆罩气动减阻风洞试验研究

朱中根,党明利,向玉伟,于卫青,付小武

(西安现代控制技术研究所,陕西 西安 710065)

摘 要:针对带电缆罩导弹开展了风洞测力试验,通过测量得到了三组导弹模型的轴向力特性,研究了两组电缆罩的轴向力特性,分析了优化后的电缆罩气动减阻效果。本次风洞试验较好地验证了电缆罩气动减阻效果,为进一步开展小型导弹电缆罩气动减阻设计提供了有益参考。

关键词:导弹;电缆罩;减阻;风洞试验

中图分类号::V211.3 **文献标识码**:A

Wind tunnle test investigation of drag reduction for missile cable cover

ZHU Zhonggen, DANG Mingli, XIANG Yuwei, YU Weiqing, FU Xiaowu

(Xi'an Advanced Control Technologies Research Institute, Xi'an 710065, China)

Abstract: The wind tunnel test for missile with cable cover is conducted in this paper. Three group missle model axial force characteristics is obtained, two group cable cover axial force characteristics is investigated, and drag reduction effect for cable cover after optimizing is analyzed. Drag reduction effect for cable cover is properly validated in wind tunnel test, which provides useful reference on further drag reduction design for missle cable cover.

Keywords: missile; cable cover; drag reduction; wind tunnel test

0 引言

随着导弹朝着小型化方向发展,导弹弹径逐渐减小,但是弹身电缆罩等尺寸不能同步减小,于是其外形尺寸相对增大,从而电缆罩对导弹阻力的贡献量相对增大。为实现导弹远射程指标,在对导弹进行减阻设计时,电缆罩的气动减阻就是其中一项重点开展的设计工作。

本文针对某型导弹开展了电缆罩气动减阻风洞测力试验研究,试验方案中有针对性地选取了量程匹配度高的小量程测力天平,对优化前、优化后的电缆罩导弹模型进行了风洞测力试验,试验马赫数为 0.5~0.8,试验攻角为 $-4°\sim4°$,研究了两组电缆罩的阻力特性,分析了优化后的电缆罩气动减阻效果。本次风洞试验较好地验证了电缆罩气动减阻效果,为进一步开展小型导弹电缆罩气动减阻设计提供了有益参考。

作者简介:朱中根(1981—),男,高级工程师。

1 试验设备和模型

1.1 风洞

试验是在西安现代控制技术研究所 CG-01 风洞完成的[1],CG-01 风洞是一座暂冲式亚、跨、超声速风洞,由实验段、扩散段等部分组成。实验段横截面为 600 mm × 600 mm。试验按照亚、跨、超音速的马赫数范围配备有 8 个喷管。

1.2 测力天平

试验的测力天平由西安现代控制技术研究所风洞试验天平组提供[2],本次试验有针对性地选取了量程匹配度高的小量程尾支撑天平 CXT1-02-D16,天平设计载荷和综合加载性能分别如表 1 所示。

表 1 天平 CXT1-02-D16 设计载荷及综合加载性能

性能	设计载荷	校准载荷	综合加载重复性(%F.S.)	综合加载误差(%F.S.)
Y/N	80	72	0.018	0.09
$M_Z/(N·m)$	5	4.35	0.036	0.07
X/N	48	42	0.050	0.19
$M_X/(N·m)$	1	1.2	0.060	0.48
Z/N	80	60	0.061	0.07
$M_Y/(N·m)$	5	4.5	0.036	0.22

1.3 试验模型

导弹试验模型构型为"×-×"型正常式气动布局,弹长为 400 mm,弹径为 40 mm,翼展 120 mm。电缆罩位于导弹正下方,分别为优化前电缆罩 A 和优化后电缆罩 B,两组电缆罩的长度均为 273 mm,宽度均为 11 mm,高度均为 4.8 mm。优化前电缆罩 A 的前缘、后缘倾斜角分别为 31°和 33°;而优化后电缆罩 B 的前缘、后缘倾斜角分别为 19.5°和 20.5°,如图 1 和图 2 所示。

图 1 两组电缆罩几何示意图　　图 2 两组电缆罩实物照片

2 试验结果与讨论

风洞试验时分别对无电缆罩 N 模型、带电缆罩 A 模型和带电缆罩 B 模型进行了测力试验,试验马赫数为 0.5 ~ 0.8,试验攻角为 -4° ~ 4°。

试验时首先针对无电缆罩 N 模型进行了 $M=0.5$ 下重复性试验,模型轴向力系数试验结果的重复性精度较高,满足国军标合格指标要求。

2.1 无电缆罩模型轴向力特性

图 3 所示为无电缆罩 N 模型轴向力系数随马赫数变化曲线,$M=0.6$、0.7 下的全弹轴向力系数低于 $M=0.5$ 下的轴向力系数,当进入跨音速 $M=0.8$,全弹轴向力系数明显增大。

图 4 所示为无电缆罩 N 模型轴向力系数随攻角变化曲线，在试验的小攻角范围内，随着攻角的增大，全弹的轴向力系数呈小幅减小趋势；正攻角时电缆罩位于迎风面，此时全弹轴向力系数更大一些。

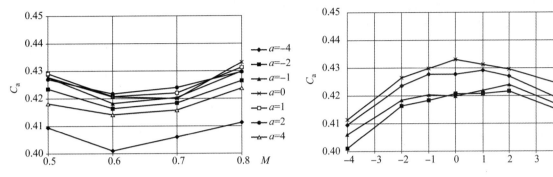

图 3 无电缆罩 N 模型轴向力系数 $C_a - M$ 曲线

图 4 无电缆罩 N 模型轴向力系数 $C_a - \alpha$ 曲线

2.2 两组电缆罩模型轴向力特性

图 5 所示为电缆罩 A 模型轴向力系数随攻角变化曲线，电缆罩 A 模型轴向力系数随攻角的变化规律、随马赫数的变化规律与无电缆罩模型大体一致。

图 6 所示为电缆罩 B 模型轴向力系数随攻角变化曲线，同样地，电缆罩 B 模型轴向力系数随攻角的变化规律、随马赫数的变化规律与无电缆罩模型和电缆罩 A 模型大体一致。

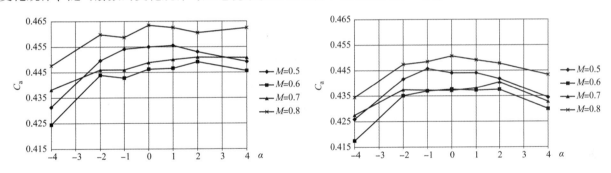

图 5 电缆罩 A 模型轴向力系数 $C_a - \alpha$ 曲线

图 6 电缆罩 B 模型轴向力系数 $C_a - \alpha$ 曲线

2.3 电缆罩减阻分析

图 7 所示为电缆罩 A 模型轴向力系数增量随攻角变化曲线（$\Delta C_a = C_{a_A} - C_{a_N}$），在亚音速区间电缆罩 A 引起的轴向力系数增量大致接近，当进入跨音速 $M = 0.8$，电缆罩 A 引起的轴向力系数增量明显增大。

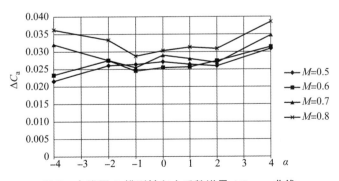

图 7 电缆罩 A 模型轴向力系数增量 $\Delta C_a - \alpha$ 曲线

图 8 所示为减阻优化后的电缆罩 B 模型轴向力系数增量随攻角变化曲线（$\Delta C_a = C_{a_B} - C_{a_N}$），同样

地，在亚音速区间电缆罩 B 引起的轴向力系数增量大致接近，当进入跨音速 $M=0.8$，电缆罩 B 引起的轴向力系数增量则仅稍有增大。

图 9 所示为减阻优化后的电缆罩 B 的减阻量值随攻角变化曲线（$\Delta C_a = C_{a_A} - C_{a_B}$），可见减阻优化后的电缆罩实现了一定量值的减阻，其中亚音速区间的减阻量值大致接近，当进入跨音速 $M=0.8$，电缆罩 B 的减阻量值则稍有增大；同时正攻角时电缆罩位于迎风面，此时电缆罩 B 的减阻量值更大一些。

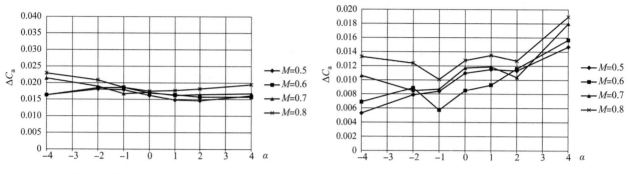

图 8　电缆罩 B 模型轴向力系数增量 $\Delta C_a - \alpha$ 曲线　　　　图 9　电缆罩 B 的减阻量值 $\Delta C_a - \alpha$ 曲线

3　结论

本文针对某型带电缆罩导弹开展了风洞测力试验，测量得到了三组导弹的轴向力特性，研究了两组电缆罩的轴向力特性，分析了优化后的电缆罩气动减阻效果。本次风洞试验较好地验证了电缆罩气动减阻效果，并积累了风洞试验工程经验，为进一步开展小型导弹电缆罩气动减阻设计提供了有益参考。

参 考 文 献

[1] 范洁川. 风洞实验手册 [M]. 北京：航空工业出版社，2002.
[2] 朱中根，蓝箭 - ×× 导弹高速常规测力风洞试验分析报告 [M]. 西安：西安现代控制技术研究所，2008.

某型120 mm迫榴炮特种弹基本药管底座留膛及可靠击发问题分析

闫志恒，沈光焰，李国君，王 辉

(北方华安工业集团有限公司，黑龙江 齐齐哈尔，161006)

摘　要：针对某型120 mm迫榴炮特种弹在试验中出现不能正常击发及弹丸射击后发射装药基本药管底座留膛问题，运用系统分析法，建立故障树，查找问题原因，追根溯源，准确定位，并提出了有效的解决措施和验证结论，最终得出借鉴性启示。

关键词：留膛；底座；可靠击发；原因；解决措施

中图分类号：TJ413. +7　**文献标志码**：A

Problem analysis on the stuck base of primary cartridge in bore and reliable firing of a 120 mm mortar – howitzer special ammunition

YAN Zhiheng, SHEN Guangyan, LI Guojun, WANG Hui

(North Hua'an Industry Group Co., LTD., Qiqihar 161006, China)

Abstract: Aiming at the problems that a 120 mm mortar – howitzer special ammunition can not be fired normally and that the base of the primary cartridge sticks in bore after firing, a failure tree is established by using the system analysis. The causes of the problem are analyzed accurately so that the experiment can be repeated. Effective solutions and verification conclusions are put forward, and reference enlightenment is drawn from the solution of the problem.

Keywords: stick in bore; base; reliable firing; cause; solution

0　引言

120 mm迫榴炮（图1）是我国自主研发的一种具有高、曲、平三种弹道的多功能新型火炮武器，装备于我军机步营属炮兵连，是机步营的骨干装备，为轻型机械化步兵营和装甲营的战斗行动提供伴随火力支援。作为120 mm迫榴炮系列武器的重要组成部分，其发射装药的结构随着弹药技术的不断发展也日趋复杂。某型120 mm迫榴炮特种弹设计定型试验中，累计出现15次弹丸发射后发射装药基本药管底座留膛及10次弹丸未正常击发现象。如果在作战使用时出现基本药管底座留膛或弹丸不能正常击发，将会影响射击效率，降低作战使用效能。为此，我们从该武器系统的使用方式及原理出发，分析问题原因，并采取有效改进措施。

作者简介：闫志恒（1986—），男，中级工程师，E-mail: 453108845@qq.com。

1 故障分析

1.1 结构及作用原理

某型 120 mm 迫榴炮特种弹采用子母弹的发射装药。发射装药基本药管为整体推入式结构（图 2），即采用基本药管的纸管胀包与弹尾药室孔过盈配合进行连接。

图 1　120 mm 轮式自行迫榴炮

图 2　基本药管与弹尾结合

发射装药基本药管结构如图 3 所示。

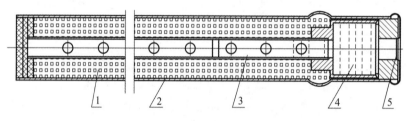

图 3　基本药管结构

1—管内发射药；2—管壳；3—中心管合件；4—点火药盒；5—底火

该型弹药的使用及作用原理：弹丸装填完毕后，将火炮身管抬高到一定角度（大于 45°），弹丸下滑至火炮击发机构配合端面。然后将火炮身管操作至使用要求射角。发射时，炮闩击针击发底火，点燃点火药盒，点火药通过中心管点燃基本药管管药，当基本药管内压力达到一定值时，火焰冲破基本药管管壳，经弹尾尾管的传火孔，点燃附加装药，同时，基本药管底座铜壁受到由内向外的压力而变形，并卡入弹尾的阻退槽，随弹丸一起发射出去。

1.2 问题现象及故障分析

由于发射装药基本药管底座留膛及弹丸不能正常击发属于系统问题，因此需要从整个武器系统上考虑各子系统的匹配是否合理，从而确定发生问题的原因。根据该武器系统的作用方式、原理，并综合发射装药基本药管底座留膛现象（图 4），建立相应的简化故障树（图 5）。

图 4　留膛的基本药管底座

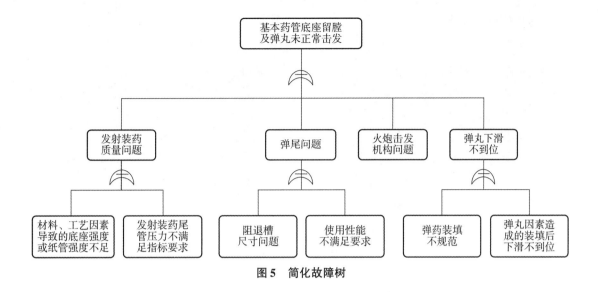

图 5 简化故障树

2 故障排查

2.1 发射装药质量问题

若发射装药质量存在问题，如原材料中有不合格品存在，加工工艺控制不满足要求、成品性能参数不符合指标规定等，则其均会严重影响产品性能或导致弹药失效。因此，从发射装药的质量角度出发，查找基本药管底座留膛原因。

2.1.1 材料及加工工艺检查

对加工该批发射装药所用原材料合格情况、零部件加工工艺控制情况等进行检查，并重点对管座强度和纸管强度影响较大的原材料质量、机械性能、加工工艺及纸管水分含量[1]等关键影响因素进行了检查。检查结果中原材料质量控制符合要求，加工工艺控制等合理，管座强度及纸管强度等均符合要求。

2.1.2 发射装药尾管压力检查

对该批发射装药试验校验情况进行检查，该批装药的尾管压力检查结果如表 1 所示。数据结果满足尾管压指标要求。

表 1 尾管压力检查结果　　　　　　　　　　　　　　MPa

尾管压温度	平均尾管压	单发最大尾管压	单发最小尾管压	单发单点最大尾管压
常温	95.91	101.80	87.75	111.80
高温	105.96	111.97	83.69	136.87

检查结果中外购器材及工艺控制检查、试验校验情况等均符合要求，可以排除该批装药质量不合格的可能。

2.2 弹尾质量问题

某型杀伤迫弹在设计定型试验中出现过因弹尾阻退槽尺寸问题导致的基本药管底座留膛[2]。同时考虑到该产品采用该系列子母弹的发射装药，弹尾结构与子母弹相同。该子母弹已完成定型生产，且装备部队多年，无此类问题发生。通过类比分析，结合子母弹弹尾对定型批特种弹弹尾结构尺寸及使用性能进行检测。

2.2.1 弹尾阻退槽检测

对该特种弹配装的设计定型批弹尾与子母弹弹尾进行了图纸及实物对比（图6、图7）。

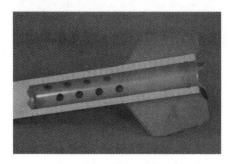
图6 特种弹弹尾半剖实物

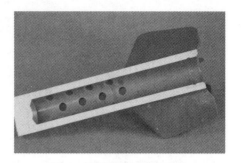
图7 子母弹弹尾半剖实物

弹尾解剖后，利用专用量具对阻退槽加工尺寸进行检验，检验结果均满足图纸要求。其中阻退槽倒圆角半径为0.4~0.5 mm，满足图纸中规定的倒圆角半径0.3~0.5 mm，与子母弹弹尾图定结构尺寸及实物检测尺寸一致。

2.2.2 弹尾性能检测

为进一步验证特种弹弹尾与子母弹弹尾在性能上的差异，进行了静态击发试验和动态射击试验。

2.2.2.1 静态击发试验

准备子母弹砂弹6发，其中3发配装定型批特种弹弹尾。将发射装药基本药管内管药取出，只留底火，进行静态击发对比，射击后的基本药管底座击痕深度测量结果如表2所示。

表2 静态击痕深度　　　　　　　　　　　　　　　　　　　　　　　　　　　　　　mm

项目	定型批特种弹弹尾击痕深度	子母弹弹尾击痕深度
1	1.58	1.54
2	1.74	1.62
3	1.64	1.78
平均	1.65	1.65

2.2.2.2 动态射击试验

准备子母弹砂弹60发，其中30发配装定型批特种弹弹尾。试验用全装药、子母弹砂弹、引信保高温48 h（设计定型试验中该射击条件下出现底座留膛及未正常击发概率最大）。使用120 mm轮式自行迫榴炮进行射击，射后进行回收。射击后的弹尾及基本药管状态基本一致。随机选取击发后的弹尾各4发进行击痕深度测量，测量结果如表3所示。

表3 动态击痕深度表　　　　　　　　　　　　　　　　　　　　　　　　　　　　　mm

项目	定型批特种弹弹尾击痕深度	子母弹弹尾击痕深度
1	1.32	1.46
2	1.58	1.56
3	1.48	1.36
4	1.26	1.32
平均	1.41	1.43

动态射击试验中60发弹丸均击发正常，未发生底座留膛现象，基本药管在两种弹尾中击痕深度一致；同时，静态击发试验中两种弹尾基本药管击痕无明显差异。这表明两种弹尾性能一致，可以排除特种弹弹尾质量问题因素。

2.3 火炮击发机构问题

若火炮击发机构存在问题,如击针伸缩长度不符合要求,所用击针击发数量超过规定值等均会对弹丸的正常射击造成影响。因此,由试验承试方及火炮生产厂家联合对试验用 120 mm 轮式自行迫榴炮和 120 mm 履带式自行迫榴炮进行了检验,并重点检验了火炮身管、击发机构、火炮使用数据及检验记录等。检验结果均正常,排除火炮问题因素。

2.4 弹丸下滑不到位

弹丸装填后,产生弹丸下滑不到位的原因有以下两点。

(1)由于捆绑装药(全装药)不规则或弹药装填不规范造成的装填后弹丸下滑受阻。

(2)弹丸同轴度差等因素造成的装填后弹丸不易下滑或下滑不到位。

若装填后弹丸下滑不到位,将会导致发射装药基本药管底端面与火炮击发机构之间存在间隙,影响炮闩击针对弹丸的正常击发;同时在发射装药作用时,基本药管管壳受到轴向反作用力和径向压力的作用,但由于基本药管底端面处于悬空状态,无硬性支撑,其受力状态被改变,将会影响产品的使用性能。为模拟装填后弹丸下滑不到位的情况,将弹尾底平面粘不同长度的定位环,如图 8 所示。

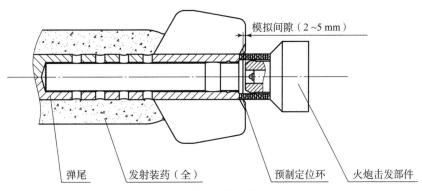

图 8 试验状态示意图

通过改变预制定位环高度,将弹尾尾部基本药管底座与击针罩前端面间隙控制在 2～5 mm,用特种弹和子母弹砂弹进行射击试验,试验结果如表 4 所示。

表 4 模拟问题复现试验结果

弹丸种类	试验条件	试验数量/发	留膛数量/发	未正常击发数量/发	留膛的基本药管底座
特种弹	全装药 高温 45°射角	5	3	1	
子母弹		15	7	3	

结果表明,基本药管底座与击针罩前端面有间隙时会出现底座留膛或未正常击发现象,且与设计定型试验出现的基本药管底座留膛现象一致,问题得到复现。

3 问题原因分析及定位

综合以上验证试验结果,如果弹丸下滑不到位,弹尾尾部基本药管与击针罩端面未可靠接触,存在间隙,则在射击时可能会出现下列两种情况。

(1) 基本药管底座无击痕或击痕很浅，弹丸发射不成功。
(2) 若弹丸能够发射，可能导致底座脱落、留膛现象。

综合以上试验现象，基本药管底座脱落问题的主要原因为弹丸下滑不到位，弹丸尾部基本药管与击针罩前端面之间存在间隙。弹丸未能正常击发的原因是弹丸尾部基本药管与火炮击针罩前端面之间间隙超出可靠击发底火的长度。

4 问题解决措施及试验验证

4.1 问题解决措施

为保证弹丸装填后能够下滑到位，采取的具体措施如下。
(1) 增加合膛内控要求；在保证弹炮安全间隙的前提下，加严合膛验收尺寸；防止在弹丸同轴度差、发射药燃烧火药残渣多等各种不利条件同时存在时，弹丸装填后下滑受阻。
(2) 完善产品工艺过程控制，严格控制弹尾对弹体定心部的径向跳动量，提高弹丸的质量一致性。
(3) 按规范要求进行弹药装填操作，并保证火炮击发机构状态正常。

4.2 措施有效性验证

为验证解决措施的有效性，按照设计定型试验中出现基本药管底座留膛、弹丸未正常击发现象时的射击条件进行试验验证。试验用弹为经上述改进措施严格控制的定型批特种弹，发射装药为设计定型批发射装药，试验结果如表 5 所示。

表 5 验证试验结果

装药号	药温	射角/(°)	试验数量/发	留膛数量/发	未正常击发数量/发
强	常温	65	30	0	0
3 号	高温	65	10	0	0
5 号	常温	45	20	0	0
全	高温	45	30	0	0
总计			90	0	0

经定型批特种弹试验验证，未出现发射装药基本药管底座留膛或弹丸未正常击发问题，这充分证明提出的解决措施有效。

5 结论

(1) 迫榴炮弹为后膛装填方式，相对于前膛装填的迫击炮弹，其弹炮间隙相对更小。从弹丸设计的角度出发，应严格控制弹丸的全弹跳动量，注重弹丸加工制造工艺。
(2) 注重发射装药的质量，尤其是对管座强度及纸管强度影响较大的原材料质量和加工工艺进行合理控制，同时提高基本药管外形尺寸的一致性。
(3) 规范弹药的装填，保证发射装药（全装药）附加药包的捆绑质量，避免因附加药包捆绑不规则造成的弹丸装填困难或装填后下滑受阻问题。
(4) 若射击后炮膛内出现火药残渣，则应及时清擦炮膛，以保证弹药的正常使用。

参 考 文 献

[1] 张新华, 赵彩莲, 薛淑波, 等. 推入式基本药管残片留膛原因查找及解决措施 [J]. 四川兵工学报, 2015 (8).
[2] 游毓聪, 赵峰. 某型杀伤迫弹基本药管底座留膛仿真分析 [J]. 青年科技论文交流会, 2013.

弹道测量弹技术研究

付德强,李增光,刘成奇,刘同宇,李蕴涵

(北方华安工业集团有限公司,黑龙江 齐齐哈尔,161006)

摘 要:弹道测量弹以其低廉的价格成为实现精确打击的研究热点,在国内,研究一种易于工程实现的低成本弹道测量弹丸对提高杀爆弹射击精度具有重要意义。

关键词:弹道测量;精确打击;方案设计

中图分类号:TJ413. +7 **文献编码** A

Technology study on trajectory measurement projectile

FU Deqiang, LI Zengguang, LIU Chengqi, LIU Tongyu, LI Yunhan

(North Hua'an Industry Group Co., LID., Qiqthar 161006, China)

Abstract: The trajectory measurement projectile becomes a magnet for precision striking study because of its low cost. It is very important to improve the technical level of range adjustment fuze in our country by providing a projectile which is easy for engineering, low cost, autonomous trajectory measurement and identification.

Keywords: trajectory measurement; precise struck; proposal design

0 引言

在现代化战争中,精确打击弹药一直发挥着重要的作用。依据有关资料的统计结果显示,过去击毁一辆坦克需要平均使用250发155 mm非制导的炮弹,而现在使用的制导炮弹数量不会超过2发,其效能提高了125~250倍。但是利用精确制导技术的导弹因为其高昂的造价令许多国家望而却步,所以许多国家选择改造常规库存的普通炮弹,使其成为一定程度上的精确打击弹药。弹道测量弹就是在20世纪80年代中期应运而生的高效能炮兵常规弹药之一。弹道测量弹以其低廉的价格成为世界各国发展的热点。

弹道测量弹是通过对飞行过程中采集的弹道数据和目标的基准弹道进行比较,对射击条件进行修正,缩小弹着点误差,提高弹丸命中精度的一种高效率、低成本的弹药。

1 弹道修正技术国内外研究状况

目前世界上研制弹道修正弹的主要国家有美国、俄罗斯、日本、英国、瑞典、法国等,其一维弹道修正技术基本趋于成熟;二维弹道修正技术的开发难度较大,各国均处于探索阶段,其中美国走在前面,其GPS/INS组合制导XM982式155 mm炮弹已于2005年开始被生产。

美国早在20世纪70年代中期就提出了低成本弹道修正弹药的概念。经过几十年的发展,弹道修正技术目前已经成为使用较多的精确打击弹药技术之一。自20世纪末以来,英、美、法等国的多家公司就开始尝试将GPS技术嵌入炮弹引信中,从而实现在弹丸飞行过程中实时对弹道进行修正。知名产品有法国地面武器工业集团研制的"桑普拉斯"(Samprass),德国迪尔弹药系统公司的"弹道修正

作者简介:付德强(1980—),男,高级工程师,E-mail:fudeqiang2@163.com。

技术"（Trajectory Correction Fuze, TCF）、美国洛克韦尔·柯林斯公司和英、法等国多家公司参与研制的"斯塔尔"（Smart Trajectory Artillery Round, STAR）、以及瑞典博福斯防御公司的"布洛姆萨"（Bromsa）等。

在国内，由于 GPS 采用的是 C/A 码，精度较低，且适用范围受到高度和速度的限制，目前弹道测量和辨识技术主要为指令式和自主式两种。指令式在射程预测后，要求把所产生的阻力器展开指令上传到炮弹上，指令传输和炮弹空分是其中需要解决的技术难点，目前还没有好的解决办法。而自主式是基于弹道最小速度点的速度值及其出现时间的辨识方法，是在弹道上任意点的弹道诸元可以通过弹道上速度最小点的速度值及其出现时间唯一确定的理论基础上形成的。由于在最小速度附近速度随时间量变化非常平缓，其误差数值很小，同时，由于测速传感器安装在位于炮弹头部的引信上，受弹道压力和攻角变化的影响很大，这样使测速产生很大的误差。因此，基于弹道最小速度点的速度值及其出现时间的弹道辨识方法虽然在理论上可以满足一维弹道修正技术要求，但在工程设计上很难实现。

2　方案设想

弹道测量弹的测量系统主要由弹丸头部的 GPS 信号接收系统、弹道信息数据处理系统、信号转发系统和地面接收系统组成。GPS 信号接收系统位于弹丸头部，弹道信息数据处理系统采用了先进数据处理技术，能够及时准确处理弹道信息。信号转发系统采用位于弹丸表面的弹载贴壁天线，地面接收系统用于处理弹道数据并提供射击修正诸元，为弹道修正提供实时准确的弹道参数，提高常规弹药的杀伤精度。

2.1　研究目标及主要研究内容

2.1.1　研究目标

在现有制式火炮平台上开展弹道测量弹技术研究，其目的是在现有杀爆弹的技术基础上，进一步提高弹丸的命中精度。

2.1.2　主要研究内容

弹道测量弹的研制所需的研究内容：弹药总体设计、弹载贴壁天线固定技术、电器设备抗高过载技术、数据信息可靠传输技术、抗干扰技术。

2.1.3　解决关键技术

研制弹道测量弹所需解决的关键技术有以下几点。
（1）在高速旋转的条件下弹载贴壁天线的固定技术。
（2）电器设备抗高过载技术。
（3）数据信息远距离可靠传输技术。
（4）抗干扰技术。

2.2　技术方案

弹道测量弹总体设计采用制式榴弹炮杀伤爆破弹弹形，通用制式杀爆弹发射装药，弹丸质量、质心位置、转动惯量等结构特征数与制式杀爆弹相同或相近，内、外弹道性能与制式杀爆弹弹道相同或相近。

2.2.1　系统组成

弹道测量弹系统由弹道测量弹和便携式地面接收站组成。

弹道测量弹弹丸主要由 GPS 接收机、上弹体、发射机模块（含发射天线）、电源模块、配重体、下弹体等组成，如图 1 所示。

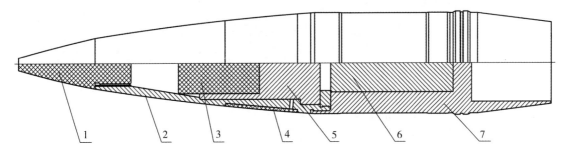

图1　弹道测量弹弹丸的结构组成

1—GPS 接收机；2—上弹体；3—发射机模块；4—天线；5—电源模块；6—配重体；7—下弹体

便携式地面接收站主要由接收天线、接收机、信息处理机、电源、三脚架等组成。

2.2.2　作用过程

在弹道测量弹发射时，在惯性力作用下，惯性开关解除保险，弹载电源开始工作。弹载电源为各功能模块的电子元器件供电，各功能模块开始工作。位于弹丸头部的 GPS 接收机收集弹丸外弹道飞行轨迹上的 GPS 坐标，发射机将 GPS 接收机采集的 GPS 坐标以电磁波形式通过天线向外发射，地面接收站接收发射机天线发射的电磁波，并将其还原成弹丸外弹道飞行轨迹上的 GPS 坐标，从而获得弹丸的外弹道轨迹。根据弹道测量弹收集的数据，修正制式杀爆弹的射击参数，提高杀爆弹弹丸的射击精度。

2.3　实现途径

2.3.1　弹形与弹体结构

弹道测量弹的弹丸特征数与制式杀爆弹弹丸特征数一致或者相近、气动外形完全一致、内外弹道性能一致。

弹道测量弹采用模块化设计，其功能模块有 GPS 接收机模块、弹载电源模块、发射机模块（含天线）、地面接收站模块。

2.3.2　弹道性能设计

内弹道设计采用与杀爆弹相同的弹重和药室容积，使弹道测量弹同杀爆弹具有相同的初速和膛压。

2.3.3　GPS 接收机设计

为保证弹道测量弹的气动外形不变，便于 GPS 接收机工作，GPS 接收机置于弹丸头部，采用制式配用引信外形结构形式。接收频率为北斗卫星系统频率。为使弹丸全弹道有效，GPS 接收机留出外加电源接口，在发射前外加电源完成搜星工作，保证弹丸出炮口即可发射弹丸坐标信息。

2.3.4　弹载电源模块设计

电源采用热电池方案，采用新型的热电池自激活一体化设计，热电池体系采用锂硼二硫化钴体系，该体系具有比能量大、输出电流平稳、负反馈少、环境适应性强等特点。

2.3.5　发射机模块（含天线）设计

发射机模块主要由锁相环电路单元、信号调制单元、功放激励级单元、功放放大级单元等组成，发射天线采用谐振式微带贴片全向天线方案。

2.3.6　地面接收站模块设计

便携式地面接收站主要由接收天线、信息处理机、电源、三脚架等组成。

接收天线由微带阵子、微波合成网络、信号处理单元等组成，主要实现对无线信号接收的功能，采用平板微带天线方案；信息处理机由军用便携式计算机及相关处理软件组成，主要对接收机输出的数据信号进行综合分析和相应处理。

2.4 关键技术

2.4.1 弹载贴壁天线安装固定技术

弹载贴壁天线负责弹丸与接收系统之间信息的传输，在弹丸高转速的条件下，在不影响电性能的前提下保证其正常工作是弹道测量弹的关键技术。

为适应火炮发射环境，采取的解决途径主要有采用合理天线结构和封装工艺，保证在弹丸高转速的条件下天线正常工作。

2.4.2 电器设备抗高过载技术

弹道测量弹承受的火炮最大发射过载超过 15 000g，弹内的发射机、电源等设备结构较脆弱，难以承受弹丸发射时的高过载。

为提高电器设备抗高过载能力，适应火炮发射环境，采取的解决途径主要有：合理选用元器件，元器件选用高集成度贴片器件，重要的关键件选用军品级贴片器件；进行合理布局，对元器件在布局上进行合理设计，消除每个元器件在振动过程中相互之间出现的耦合；进行小型化设计，以减轻重量，减少弹丸发射时电器设备自身所承受的载荷；进行灌封加固，将各元器件之间以及元器件与机械零件之间有机结合在一起，构成一个完整的部件，有效防止各部件之间产生相对位移，防止弹丸发射时元器件出现脱落和松动；增加缓冲装置，利用缓冲材料的弹性和阻尼特性来储存和耗散冲击能量，减小传递到元器件上的冲击峰值，从而减小由于冲击对元器件带来的有害影响。

2.4.3 数据信息远距离可靠传输技术

信息传输距离应与配用火炮射程相匹配，系统按照通信距离不小于火炮最大射程的指标进行设计。

在发射频率固定前提下，影响传输距离的主要因素：发射机功率、发射天线增益、电磁波传输损耗、接收天线增益和接收机灵敏度等。通过合理匹配发射机功率、发射天线和接收天线增益、接收机灵敏度等，保证通信距离满足要求。

2.4.4 抗干扰技术

弹道测量弹系统综合利用多种途径提高抗干扰能力：通过加强电磁兼容、电磁屏蔽和环境适应性设计以提高系统自身电磁防护能力；通过增加天线阵子数量和微带网络提高发射天线增益和发射机功率；通过降低接收天线副瓣和压低主瓣波束宽度，使干扰信号在进入天线之后就大幅度衰减，降低干噪比；通过软件设计提高接收机解调门限以提高信噪比。

3 结论

随着信息化弹药日新月异的发展，电子器件抗炮射高过载的能力大大提高，就目前而言，研制一种价格低廉、实用性强的弹道测量弹并非难事，在国内，研究一种工程易于实现的低成本自主式弹道测量弹丸对提高杀爆弹射击精度具有重要意义。

一种带锁定机构的折叠尾翼设计

刘成奇,肖彦海,付德强,刘同宇,李蕴涵

(北方华安工业集团有限公司,黑龙江 齐齐哈尔,161006)

摘 要:在制导迫弹设计中,由于弹长和舵片等因素影响,传统的固定式尾翼很难提供足够的稳定力矩,折叠尾翼则可以通过提高尾翼面积进而满足稳定力矩要求。设计一种带锁定机构的折叠尾翼方案,在膛内处于约束收拢状态,出炮口后展翼并锁定,并进行了炮射试验验证,满足设计要求。

关键词:折叠尾翼;锁定机构;设计

中图分类号:TJ413. +6 文献编码 A

Folded tail fins with locking mechanism

LIU Chengqi, XIAO Yanhai, FU Deqiang, LIU Tongyu, LI Yunhan

(North Hua'an Industry Group Co., LTD., Qiqihar 161006, China)

Abstract: Due to the limitation of length and nubs, the traditional fixed fins can not provide enough stabilizing torque for the mortar rounds, while with larger surface, the folded tail fins can satisfy the torque requirement. A design of folded tail fins with locking mechanism is illustrated in this paper, the fins are in a limited state while in the bore, which will expand and lock after leaving the muzzle. Artillery landing test has been done to the fins, whose conclusion indicates the fins can satisfy the design requirements.

Keywords: folded tail fins; locking mechanism; design

0 引言

在目前制导迫弹中,采用鸭舵气动布局的弹药多采用折叠尾翼方案,如美国的 XM395 制导迫击炮弹、"短剑" 120 mm 精确制导迫弹、阿联酋 120 mm 末修迫弹等[1]。通过提高尾翼面积进而提高稳定力矩,其折叠尾翼在设计上一般采用棉线捆绑翼片,靠过载收拢,气动展开的技术方案。在实际应用中由于膛压建立过程复杂,容易产生划膛现象。本文设计一种带锁定机构的折叠尾翼方案,在膛内处于约束收拢状态,出炮口后展翼并锁定。

1 设计方案

1.1 方案组成

折叠尾翼由尾杆、翼座、转轴、扭簧、翼片、气缸、延期作动器及锁定机构等组成(图1)[2]。气缸安装于尾杆与翼座之间,利用延期作动器驱动气缸运动,实现翼片解锁[3]。

1.2 装配过程

(1)安装翼片:将扭簧装入翼片所对应的扭簧槽内,将翼片装入翼座的安装槽内,穿入转轴并旋紧。

作者简介:刘成奇(1983—),男,高级工程师,E-mail: liuchengqi213@163.com。

(2) 安装锁销机构：将锁销帽、锁销压簧及锁销螺钉依次装入锁销机构内。
(3) 安装气缸：将密封胶圈嵌入尾杆凹槽内，再将气缸安装在尾杆上。
(4) 安装尾翼座：把气缸沿尾杆向里推进，将尾翼座与尾杆连接旋紧。
(5) 固定气缸：将销钉孔对正，向后推气缸至固定翼根部，铆销。
(6) 安装延期型作动器。

1.3 作用过程

该机构通过发射装药产生的高温高压气体点燃折叠尾翼中的延期作动器。当弹丸飞出炮口后，延期火工品作用剪切销钉，将尾杆部的气缸向前推动，折叠尾翼失去约束后，翼片在扭簧力矩与气动力矩作用下迅速展开到105°时压簧及锁销共同工作，展开锁定。

2 尾翼展开过程的分析

由于各片尾翼关于弹体轴对称，因此以单片上侧翼为研究对象分析展开过程，受力示意如图2所示。图2中 α 表示翼片张开角度；ω 表示弹体的转动角速度；R 表示尾翼旋转轴到弹体纵轴线的距离；X_c 和 Y_c 表示尾翼压心到其转轴的距离。

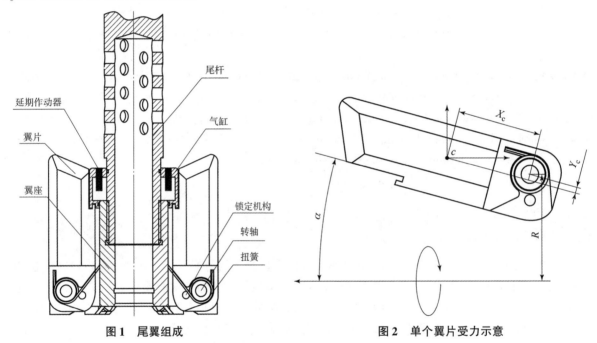

图1 尾翼组成　　　　　　图2 单个翼片受力示意

弹体出炮口后解除尾翼约束，扭转弹簧对尾翼转轴的扭矩为

$$M_n = k \times (\varphi_0 - \alpha) \tag{1}$$

尾翼所受气动力对尾翼转轴的扭矩为

$$M_q = \rho v^2/2 \times C_x \times S_y \cdot \sin\alpha \times L_c \tag{2}$$

尾翼转动的瞬时角加速度为

$$\varepsilon = (M_n + M_q)/I_y \tag{3}$$

尾翼瞬时展开角度为

$$\alpha = \sum (\omega_0 \times \Delta t + 0.5\varepsilon \times \Delta t^2) \tag{4}$$

式中：φ_0——扭簧的初始扭转角；
　　　α——展开角度；
　　　ρ——空气密度；
　　　v——飞行速度；

C_x——阻力系数；
S_y——特征面积；
L_c——阻力对转轴的力臂；
I_y——翼片绕轴转动惯量；
Δt——时间间隔。

3 应用举例

3.1 折叠尾翼样机参数

全弹质量：17 kg。
尾翼外形尺寸：$\phi 118 \text{ mm} \times 250 \text{ mm}$。
尾翼质量：1.1 kg。
试验样弹如图3所示。

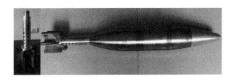

图3 试验样弹

3.2 翼片展开过程计算

试验样弹的初始参数如表1所示。

表1 初始参数

参数	数值	参数	数值
$\alpha/(°)$	0 ~ 105	$v/(\text{m} \cdot \text{s}^{-1})$	300
m/kg	0.032	$g/(\text{kg} \cdot \text{m} \cdot \text{s}^{-2})$	9.8
$I_y/(\text{kg} \cdot \text{m}^2)$	0.000 025	X_c/m	0.003
R/m	0.047 5	Y_c/m	0.038
S_y/m^2	0.001 2	C_x	0.1
$\rho/(\text{kg} \cdot \text{m}^{-3})$	1.225	$\varphi_0/(°)$	60
$k/(\text{N} \cdot \text{m} \cdot (°)^{-1})$	0.001		

计算翼片展开过程角度与角速度随时间变化曲线，如图4、图5所示。

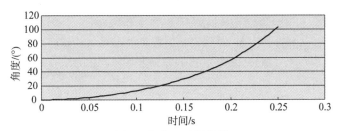

图4 角度–时间曲线

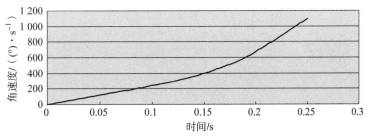

图5 角速度–时间曲线

3.3 炮射飞行试验

在 86 式 120 迫击炮平台进行炮射飞行试验，射角 45°，用高速录像记录炮口尾翼动作。弹丸出炮口后 150 ms 开始展翼，450 ms 展开到位并锁定（图 6）。

图 6　尾翼展开过程

(a) 150 ms；(b) 300 ms；(c) 450 ms；(d) 600 ms

4　结论

本文设计了一种带有锁定机构的折叠尾翼设计方案，对翼片装配过程与工作过程进行介绍，对翼片运动进行分析，通过实物样机验证，该机构可以实现折叠翼片的锁定及释放，其展翼过程与分析基本一致。

参 考 文 献

[1] 魏惠之, 朱鹤松, 等. 弹丸射击理论 [M]. 南京：南京理工大学, 1991.
[2] 沈仲飞, 刘亚飞. 弹丸空气动力学 [M]. 北京：国防工业出版社, 1984.
[3] 成大先. 机械设计手册单行本 [M]. 北京：化学工业出版社, 2008.

不同时离轨倾斜发射导弹初始扰动仿真分析与改善

李 庚,刘馨心,薛海瑞,胡建国,麻小明,蔡希滨

(西安现代控制技术研究所 陕西 西安 710065)

摘 要:导弹的初始扰动是发射系统设计时的一个关键性指标,减小初始扰动对于保证导弹制导控制系统可靠工作具有重要意义。对不同时离轨倾斜发射导弹进行受力分析,建立发射系统的有限元分析模型,进行发射动力学仿真分析,得到了导弹离轨时的姿态和初始扰动。为了减小导弹的初始扰动,对发射导轨进行优化设计,基于上述方法,对优化后的发射系统进行发射动力学仿真分析,通过对比发射系统优化前的仿真分析结果,证明该优化方法能够减小导弹的初始扰动。

关键词:不同时离轨;倾斜发射;初始扰动;发射动力学;优化

中图分类号:TJ768.2   **文献标志码**:A

Simulation and reduction of initial disturbance of the oblique – launch missile leaving guide Rail Non – simultaneously

LI Geng, LIU Xinxin, XUE Hairui, HU Jianguo, MA Xiaoming, CAI Xibin

(Xi'an Modern Control Technology Research Institute, Xi'an 710065, China)

Abstract: The missile's initial disturbance is a key indicator in the design of the launch system. Reducing the initial disturbance is of great significance for ensuring the reliable operation of the missile guidance and control system. In this paper, the force analysis of the oblique – launch missile leaving guide rail non – simultaneously is studied. Then the finite element model of the launch system is established and analyzed for obtaining the attitude and initial disturbance of the missile when it is off – track. For reducing the initial disturbance of the missile, the guide rail is optimized. Then the optimized launch system is analyzed using the launch dynamics method. By comparing with previous analysis results, it is verified that the optimization method can reduce the initial disturbance of the missile.

Keywords: leaving guide rail non – simultaneously; oblique launch; initial disturbance; launch dynamics; optimization

0 引言

不同时离轨倾斜发射方式发射导弹时,在发动机的作用下,导弹上滑块在发射导轨上滑行一段距离后依次离开导轨,此时,导弹获得一定的离轨速度和初始姿态,以利于后续飞行和控制[1-3]。不同时离轨倾斜发射方式是战术导弹最常用、最可靠的一种发射方式,该发射方式具有能量消耗小、操纵性和稳定性高、利于攻击活动目标等优点,但也存在导弹离轨瞬间发射扰动较大等缺点[4-6]。不同时离轨倾斜发射方式主要用于地空导弹、舰空导弹、巡航导弹等的发射[7,8]。

作者简介:李庚(1989—),男,高级工程师,博士,E – mail: ligengxidian@126.com。

不同时离轨倾斜发射系统主要包括发射导轨以及与导轨相配合的滑块（一般最少有两组滑块），导轨与滑块之间存在间隙，保证导弹在发射过程中能顺利地离开导轨，不会产生卡滞。发射过程中，在发动机推力的作用下，前后滑块依次离开发射导轨，当前滑块离轨、后滑块仍在轨运动时，在重力的作用下，导弹以后滑块为支点，呈现"低头"现象，使导弹在离轨过程中产生一定的姿态变化和发射扰动，对后续导弹制导控制系统的可靠工作造成不利影响[9]。

本文以某战术导弹的发射过程为研究对象，该战术导弹具有前后两组滑块，采用不同时离轨倾斜发射方式进行发射。针对发射系统建立简化的发射动力学有限元分析模型，运用显示动力学方法对该模型进行动力学仿真分析，通过分析结果得到导弹在发射过程中的姿态和发射扰动情况；然后对发射导轨进行优化设计，并运用上述方法对优化后的发射系统进行动力学仿真分析，通过对比发射系统优化前后导弹的发射扰动，为减小导弹发射扰动提供一种简单、可行的方法。

1 发射动力学仿真分析

1.1 建模与边界条件

如图1所示，某导弹采用不同时离轨倾斜发射方式进行发射，在导弹上部前后各设置了一个滑块。发射装置中发射导轨简化模型如图2所示，导弹与发射导轨组成一个简化的发射系统。

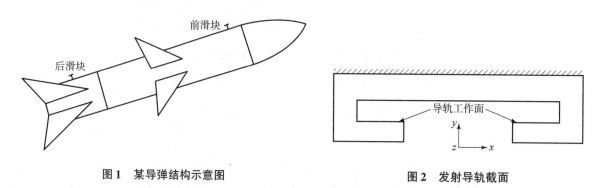

图1 某导弹结构示意图　　　　图2 发射导轨截面

在发射过程中，导弹前后滑块在发动机推力的作用下在导轨工作面上向前滑行。以导轨横向方向为x轴，高度方向为y轴，沿着导轨长度方向（导弹前进方向）为z轴，设导弹初始位置为原点，建立空间直角坐标系xyz，然后建立该简易发射系统发射动力学仿真分析模型。

导弹在发射过程中，由于发动机存在推力偏心、偏斜，导弹也存在一定的加工制造误差，滑块与发射导轨之间不可避免地会发生接触碰撞，该碰撞具有时间短、方向不确定、频率高等特点。在滑块与发射导轨可能接触的表面之间建立接触对，用来模拟滑块与发射导轨之间的碰撞。各接触对的求解方法设置为罚函数接触算法，在发射动力学仿真分析过程中，软件会自动判断设置接触对的两个面是否发生接触碰撞，根据边界条件自动给定罚函数刚度用于仿真计算。各接触面之间的滑动摩擦系数均定为0.15。

1.2 动力学仿真计算

对于上述涉及接触的非线性动力学问题，可以选择显式算法对其进行求解。相对于隐式求解方法，显式求解算法是对时间进行差分，虽然耗时较多，但一般不存在迭代和收敛问题，且显式算法具有较好的稳定性[10]。

给定发射系统的设计参数：导弹质量为1 000 kg，长度为4 000 mm，发射导轨的长度为4 000 mm，导弹前后滑块之间的距离为1 500 mm，导弹滑块与发射导轨之间间隙均为0.5 mm，导弹射角为45°，发动机推力曲线由实测得到。

1.3 仿真结果及分析

根据上述建模方法和发射系统边界、载荷条件，即可通过显示动力学求解方法得到导弹在导轨内运动的位移、速度、角度以及角速度变化情况，如图3~图6所示。

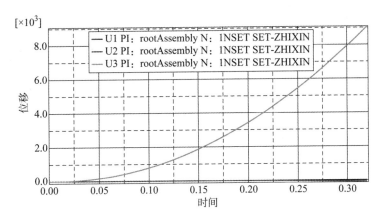

图3　导弹位移变化曲线

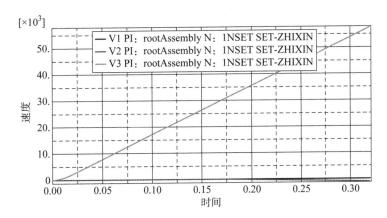

图4　导弹速度变化曲线

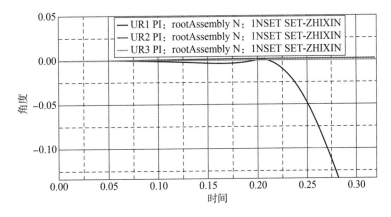

图5　导弹各角度变化曲线

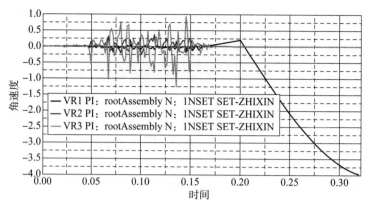

图 6　导弹各角速度变化曲线

根据导弹的位移变化曲线可以得到：前滑块离轨时间为 155 ms，后滑块离轨时间为 200 ms。根据导弹的速度变化曲线可以得到：后滑块离轨时导弹的速度为 35.6 m/s。根据导弹的角度变化曲线可以得到：前滑块离轨时导弹的俯仰角为 0.001 rad，偏航角为 -3.3×10^{-3} rad，横滚角为 2.7×10^{-5} rad，后滑块离轨时导弹的俯仰角为 1.57×10^{-3} rad，偏航角为 -9.5×10^{-5} rad，横滚角为 5.9×10^{-7} rad。根据导弹的角速度变化曲线可以得到：前滑块离轨时导弹的俯仰角速度为 0.042 rad/s，偏航角速度为 0.026 rad/s，横滚角速度为 0.059 rad/s，后滑块离轨时导弹的俯仰角速度为 0.2 rad/s，偏航角速度为 -6.3×10^{-3} rad/s，横滚角速度为 -3.6×10^{-4} rad/s。

根据上述分析结果可知，当导弹前滑块离轨后，导弹出现"低头"现象，即导弹在重力的作用下，绕后滑块做向下俯仰运动，此时，导弹出现俯仰方向的角速度，同时俯仰方向的角度持续增大，直至后滑块离轨。

2　优化设计

通过上述发射动力学仿真分析结果可以得到，对非同时离轨倾斜发射方式的导弹来说，当导弹前滑块离轨后，在重力的作用下，导弹必然会产生"低头"现象，使导弹在俯仰方向的扰动增大，不利于后续制导控制系统对导弹的控制。

针对这一问题，本文提出了一种减小了导弹俯仰扰动的方法：首先将导弹前后滑块滑行的导轨进行分开，即前后滑块沿着不同的导轨工作面进行滑行；然后在前滑块滑行的导轨前部设置一个上翘的弧度，使前滑块在前导轨上运动时，俯仰角度值变为正值，使导弹在前滑块离轨时的姿态由"低头"变为"抬头"，进而克服导弹重力的影响，优化导弹的初始飞行姿态，改善导弹的"低头"现象，为制导控制系统提供有利条件。

优化后的发射导轨截面如图 7 所示。其中，导弹后滑块外形尺寸保持不变，仍沿外导轨工作面滑行；前滑块外形尺寸按图 7 内导轨形状进行优化，截面如图 8 所示，其运动轨迹为沿内导轨工作面进行滑行。

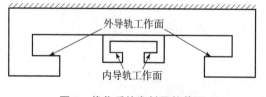

图 7　优化后的发射导轨截面

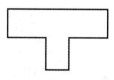

图 8　前滑块截面

3　对比

针对优化后的发射导轨和导弹滑块建立发射系统简化模型，其中发射导轨内导轨前端比后端高 5 mm，其他参数不变，然后通过显示动力学方法对优化后的发射系统进行求解，得到导弹后滑块离轨时的姿态和初始扰动，并将其与优化前的仿真分析结果进行对比，导弹姿态参数对比如表1所示。

表1 导弹姿态参数对比 rad/s

参数	滚转角速度	偏航角速度	俯仰角速度
优化前	-3.6×10^{-4}	-6.3×10^{-3}	0.2
优化后	2.4×10^{-4}	-5.6×10^{-3}	0.116

根据表1的对比结果可以看到，相对于优化前的发射系统，优化后的发射系统导弹离轨姿态更好，俯仰方向扰动大大减小，有利于提高指导控制系统的工作可靠性。

4 结论

本文建立了不同时离轨倾斜发射导弹发射系统的有限元分析模型，对简化的发射动力学模型进行了仿真分析，得到了导弹离轨时的姿态和初始扰动。然后对发射导轨进行优化改进，并对优化后的发射系统进行了发射动力学仿真分析，对比了发射系统优化前后的仿真分析结果，对比结果表明，在内导轨前端设置一个上翘的弧度，可以改善导弹离轨时的"低头"现象，优化导弹的发射姿态，减小导弹的初始扰动。

参 考 文 献

[1] 陈进宝，张晓今，张管飞. 地空导弹发射动力学建模与仿真 [J]. 弹箭与制导学报，2010 (1)：65-67.

[2] 郑夏，刘琥，王南，等. 不同时离轨倾斜发射导弹出箱安全性研究 [J]. 导弹与航天运载技术，2016 (4)：75-77.

[3] 赵军民，胡国怀，王琨，等. 箱式倾斜发射导弹发射扰动研究 [J]. 弹箭与制导学报，2010，30 (5)：76-78.

[4] 高星斗，毕世华，陈阵. 车载导弹多体发射动力学仿真研究 [J]. 弹箭与制导学报，2010，30 (6)：60-62.

[5] 刘馨心，褚福磊，徐宏斌. 考虑接触的某弹发射动力学建模与分析 [J]. 弹箭与制导学报，2013，33 (5)：55-62.

[6] 陶贵明，曾兴志，王俊红. 导弹发射动力学分析 [J]. 电脑与信息技术，2012，20 (1)：29-32.

[7] 芮筱亭. 多体系统发射动力学进展与应用 [J]. 振动、测试与诊断，2017，37 (2)：213-220.

[8] 程运江，何强，马大为，等. 箱式发射导弹发射出箱安全性分析 [J]. 机械制造与自动化，2016，45 (4)：209-213.

[9] 李克婧，谭浩，王瑞凤. 导弹发射瞬时运动安全性分析 [J]. 战术导弹技术，2014，28 (2)：28-33.

[10] 李庚，徐宏斌，刘馨心，等. 某高速动能弹丸发射动力学建模与仿真分析 [J]. 弹箭与制导学报，2018，38 (2)：93-96.

磁流变反后坐装置磁路分析

张　超[1]，韩晓明[1]，李　强[1]，信义兵[2]

(1. 中北大学　机电工程学院　山西　太原　030051；
2. 武汉高德红外股份有限责任公司导弹研究院　湖北　武汉　430070)

摘　要：磁路设计是磁流变反后坐装置设计的关键技术之一，为研究磁芯、工作间隙、外缸筒处的磁路饱和状态。通过对磁流变反后坐装置的磁路设计，建立了磁流变反后坐装置磁路结构模型、约束方程和边界条件，应用 ANSYS 软件进行了磁场仿真分析，得到了单级线圈结构和双级线圈结构的磁场分布云图和磁感应强度矢量图。研究结果表明双级线圈磁路结构在磁芯、工作间隙和外缸筒处的磁场饱和状态以及磁场分布情况均比单级线圈更加合理，可以适应磁流变反后坐装置后坐阻力平稳可控的要求。

关键词：反后坐装置；磁流变；磁路优化设计；仿真分析
中图分类号：TJ303　文献标志码：D

Magnetic circuit analysis of magnetorheological recoil device

ZHANG Chao[1]　HAN Xiaoming[1]　LI qiang[1]　XIN Yibing[2]

(1. College of Mechatronic Engineering, North University of China,
Taiyuan 030051, China
2. Missile Research Institute, Wuhan Gaode Infrared Co., LTD.,
Wuhan 430070, China)

Abstract: Magnetic circuit design is one of the key technologies in the design of magnetorheological recoil device. Based on the magnetic circuit design of the magnetorheological recoil device, the magnetic circuit structure model, constraint equation and boundary condition are established. The magnetic field distribution cloud diagram and magnetic induction vector diagram of single – stage coil structure and two – stage coil structure are obtained. The results show that the magnetic saturation state and magnetic field distribution of the two – stage coil magnetic circuit structure in the magnetic core, working gap and external cylinder are more reasonable than that of the single – stage coil, which can adapt to the requirement of stable and controllable recoil resistance of the magnetorheological recoil device.

Keywords: recoil mechanism; magnetorheological; magnetic circuit optimization design; simulation analysis

0　引言

磁流变液作为一种新型的智能材料，具有实时可控、响应时间短等先进的技术优势，因此利用先进的智能材料开发现代火炮需要的反后坐装置对减小火炮发射时的振动、改善火炮平稳射击控制、提高射击精度，对装备轻量化设计、提高武器的机动性等具有重要的现实意义。磁流变反后坐装置的工作介质是磁流变液，其特性就是其屈服强度随着外加磁场强度的增加而增加[1,2]，反后坐装置的后坐阻力也

作者简介：张超 (1993—)，男，硕士研究生，E – mail: 1253322076@ qq. com。

因此随着外加磁场强度的变化而变化。因此磁路设计在整体工作中显得非常重要。目前，对于磁流变反后坐装置的磁路优化设计，国内外的学者运用有限元软件进行磁路仿真分析优化设计。文献［3］对磁流变阻尼器进行结构设计优化，分析了磁极长度、磁芯截面和外缸筒厚度对磁路结构的影响。文献［4］经过大量的仿真分析，指出了工作间隙宽度、缸筒壁厚和线圈槽的深度对磁感应强度的影响。尽管他们对磁路结构进行了优化设计，但是大多都是后期的大量仿真得到的结果，并且只是指出了部分的结构参数对此磁场的影响。文献［5］采用多目标遗传算法，以阻尼力可调倍数为目标，进行磁路优化设计；文献［6］采用 APDL 语言，以磁路结构的最小体积为目标，对磁路结构进行优化设计；文献［7］采用以工作间隙处的磁场强度最大为优化目标，以导磁盘到导磁套筒和缸筒中的最大磁感应强度为约束条件进行磁场优化。上述文献中的磁场优化方法确实得到了符合磁流变阻尼器结构的参数，但是这些磁路仿真大都是在磁路简单设计后进行的，在进行磁路设计时很少将磁芯与磁路的其他部分同时达到磁饱和作为此磁路结构的一个标准。本文提出了在磁路设计时就将磁芯与磁流变工作间隙处以及各部分磁路同时达到磁饱和作为一个优化设计条件，并用 ANSYS 电磁板块进行磁场仿真分析。

1 磁流变反后坐装置磁场分析

（1）磁力线要与阻尼间隙相互垂直，即磁流变液的流动方向与磁场方向垂直，以便充分利用磁流变效应来改变阻尼器的阻尼力。

（2）在磁路中各段都存在着漏磁，漏磁与磁路的几何形状有关，通常有三种形式的漏磁，磁体表面漏磁、轭铁间漏磁、工作间隙断面漏磁。因此在进行磁路设计时要合理地缩短工作间隙、减小结合面、改善结合情况等都会有助于减少漏磁。

（3）在磁路设计时要特别地注意避免磁芯饱和现象。

2 磁流变反后坐装置磁路设计

磁场分析设计是磁流变反后坐装置结构设计的主要内容，是关乎反后坐装置整体缓冲效果的重要因素，因此在针对剪切阀式反后坐装置磁路设计时必须要均衡考虑。图 1 所示为剪切阀模式下的磁流变反后坐装置活塞结构模型。

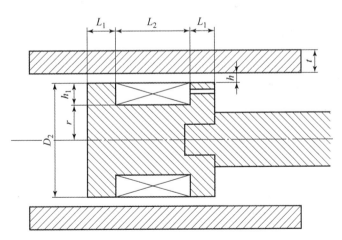

图 1 剪切阀模式 F 的磁流变反后坐装置后塞结构模型

依据磁路欧姆定律，可以得到剪切阀模式下磁流变反后坐装置磁路计算公式，由于空气磁导率 μ_0 远小于 μ_1，因此阻尼通道的总磁阻远远大于磁路总磁阻。因此可以在计算时忽略磁路总磁阻并利用下式简化计算

$$\varphi = BS_0$$

式中：φ——阻尼通道处的饱和磁通量；
　　　B——磁流变液的饱和磁感应强度；
　　　S_0——阻尼通道处平均截面面积。
于是可以得到磁路简化计算公式

$$N = \frac{2Bh}{\mu_0 I}$$

式中：N——线圈匝数；
　　　B——磁流变液饱和磁感应强度；
　　　h——阻尼通道间隙的宽度；
　　　μ_0——空气磁导率；
　　　I——电磁线圈中通过的电流。

在上述磁路简化计算公式中保证了阻尼间隙处的磁流变液在最大电流的状态下达到饱和状态，此计算公式对于选定的磁流变液以及施加的最大电流而言，B、I 和 μ_0 均为常数，电磁线圈 N 仅由阻尼通道的宽度 h 确定，与阻尼器的具体的几何尺寸无关。

将磁芯与阻尼通道处同时达到磁饱和作为设计准则，可得以下公式

$$\varphi_1 = \varphi_2,\ \varphi_1 = \pi r^2 B_1,\ \varphi_2 = 2\pi(r+h_1)L_1 B$$

式中：φ_1——磁芯处饱和磁通；
　　　φ_2——阻尼通道处饱和磁通；
　　　B_1——磁芯材料的饱和磁感应强度；
　　　r——磁芯半径；
　　　h_1——线圈槽挖深；
　　　L_1——活塞翼缘宽度。

进一步简化可以得到 L_1 与 r 的关系式

$$L_1 = \frac{r^2 B_1}{2(r+h_1)B}$$

上式可以保证磁芯与阻尼通道处磁流变液同时达到磁饱和，有效地避免了磁芯饱和以及材料浪费的现象。

3 磁场有限元仿真分析

3.1 磁场约束方程

时变电磁场都服从麦克斯韦方程[8]

$$\begin{cases} \oint_l H \cdot \mathrm{d}l = \int_\Gamma \left(J_s + J + \frac{\partial D}{\partial t}\right) \mathrm{d}\Gamma \\ \oint_l E \cdot \mathrm{d}l = -\int_\Gamma \frac{\partial B}{\partial t} \cdot \mathrm{d}\Gamma \\ \oint_S B \cdot \mathrm{d}S = 0 \\ \oint_S D \cdot \mathrm{d}S = \int_V \rho \mathrm{d}V \end{cases}$$

式中：l——曲面的周界；
　　　S——区域 V 的闭曲面；
　　　H——磁场强度；
　　　J_s——外源的电流密度；

J——导电媒中电流密度；

D——电位移；

E——电场强度；

B——磁感应强度；

t——时间。但以上麦克斯韦方程组不是一个完备方程组，还需要补充媒质方程关系，对于线性媒质有

$$\begin{cases} D = \varepsilon E \\ B = \varepsilon H \\ J = \gamma E \end{cases}$$

联立以上方程组，即可得到一个完备方程组，可以对电磁场进行解析计算，也就是有限元法计算电磁场的理论依据。

3.2 电磁场边界条件处理

为了确定电磁场的分布状况，除了需要有场量的约束方程外，还应具备场量在不同媒质交界面两侧所满足的边界条件[8]

$$n_{ij} \cdot (B_j - B_i) = 0$$

式中：i、j——分别代表边界两侧媒质；

n——边界的法向。

上式表明磁感应强度在界面法向具有连续性。忽略漏磁效应，在磁体外部不存在磁场，也就是说，在磁体边界外的媒质中，边界外的法向的磁感应强度为0，也即在导磁体内部靠近边界的磁感应强度方向必然平行于界面。

3.3 磁场有限元仿真结果

根据磁流变反后坐装置的结构模型，利用ANSYS软件进行磁场仿真，由于本结构模型是一个轴对称结构，因此可以使用二维的二分之一轴对称平面电磁场进行计算。分析中各结构材料如下：活塞——电工纯铁、外缸筒——45钢，空气磁导率为1，磁流变磁导率为8。利用已有的结构参数进行磁场仿真，平行磁通处理边界条件，并加载激励条件。单级线圈磁场分析结果如图2和图3所示。

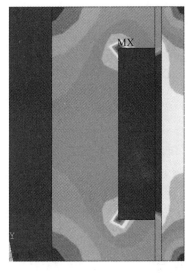

图2 单级线圈磁感应强度云图

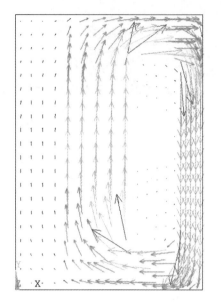

图 3 单级线圈磁感应强度矢量图

从图 2 和图 3 单级线圈的磁感应强度云图以及磁感应强度矢量图分析可以看出,在电流为 1 A 时工作间隙处的磁感应强度达到了 0.6 T,同时磁芯的磁感应强度达到了 1.5 T。其虽然满足磁流变反后坐装置的磁场工作要求,但是工作间隙长度较短、外缸筒处的磁感应强度较大,对外缸筒的材料要求比较高,材料可选择范围比较小。

双级线圈磁场分析结果如图 4 和图 5 所示。

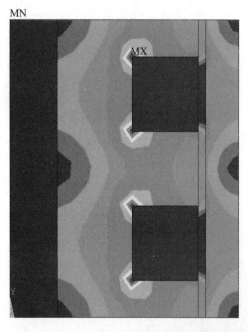

图 4 双级线圈时的磁感应强度云图

从图 4 和图 5 双级线圈磁感应强度云图和磁感应强度矢量图可以看出,对于磁流变反后坐装置采用双级线圈,当电流为 1 A 时工作间隙处的磁感应强度为 0.6 T,磁芯和外缸筒的磁感应强度分别为 1.6 T 和 1.0 T。磁场分布更加均匀,外缸筒磁感强度更小,更加有利于材料选择,有利于结构设计。

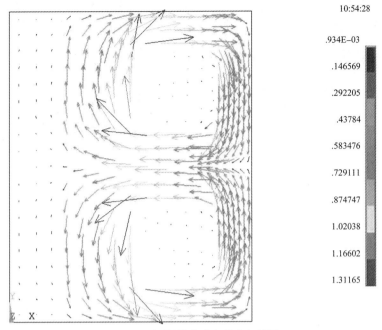

图 5　双级线圈磁感应强度矢量图

4　结论

对单级线圈和双级线圈磁场云图以及磁感应强度场矢量图分析对比可以看出，双级线圈磁场分布更加均匀，在工作间隙处的磁场达到磁流变液工作要求时，磁芯以及外缸筒处的磁强度更小，可以更好地避免磁芯和外缸筒先于磁流变液发生磁饱和，这也更加有利于结构设计和材料选择。由于采用双级线圈结构使磁流变液的工作间隙更长，因此其更加有利于后坐阻力的产生和平稳控制。

参 考 文 献

[1] 贾永枢，周孔亢. 车用磁流变液流变特性分析及实验 [J]. 机械工程学报，2009，45（6）.
[2] SZELAG W. Finite element analysis of the magnetorheological fluid brake transients [J]. COMPEL—the International Journal for Computation and Mathematics in Electrical and Electronic Engineering, 2004, 23 (3): 758–766.
[3] 翟伟廉，樊友川. 磁流变液阻尼器的磁路有限元分析与优化设计方法 [J]. 华中科技大学学报：城市版，2006，23（3）.
[4] 邓晓毅，石明全，范树迁. 磁流变减振器磁路结构的优化 [J]. 计算机仿真，2010，27（9）.
[5] 关新春，郭鹏飞，欧进萍. 磁流变阻尼器的多目标优化设计与分析 [J]. 工程力学报，2009，26（9）.
[6] 李以农，潘杰峰，郑玲. 磁流变阻尼器的有限元参数设计 [J]. 重庆大学学报，2010，33（5）.
[7] 邹继斌，刘宝迁，崔淑梅，等. 磁路与磁场 [M]. 哈尔滨：哈尔滨工业大学出版社，1998.
[8] 雷银照. 时谐电磁场解析方法 [M]. 北京：科学出版社，2000.

基于 AMESim 的节制杆式反后坐装置的特性研究

赵慧文[1]，韩晓明[1]，李　强[1]，张洪宇[2]

(1. 中北大学　机电工程学院，山西　太原　030051；
2. 武汉高德红外股份有限责任公司　导弹研究院，湖北　武汉　430070)

摘　要：为研究节制杆式反后坐装置的后坐阻力运动规律，应用 AMESim 仿真软件，结合节制杆式反后坐装置的结构建立了 AMESim 分析模型，基于某火炮参数分析了后坐阻力、后坐速度等后坐规律特性。仿真结果表明，节制杆式反后坐装置 AMESim 模型可以精确分析反后坐装置的运动阻力规律，为反后坐装置的结构设计提供了理论参考。

关键词：节制杆式反后坐装置；AMESim 软件；后坐规律；研究

Research on characteristics of control rod anti – rear device based on aMESim

ZHAO Huiwen[1], HAN Xiaoming[1], LI Qiang[1], ZHANG Hongyu[2]

(1. School of Mechanical Electrical Engineering, North University of China,
Taiyuan 030051, China;
2. Missile Research Institute, Wuhan Goode Infrared Co., LTD., Wuhan 430070, China)

Abstract: In order to study the law of recoil resistance of the throttled anti – rear device, the AMESim simulation software is used to establish the AMESim analysis model based on the structure of the controlled rod type recoil device. The recoil law of recoil resistance and recoil speed is analyzed based on the parameters of a certain gun characteristic. The simulation results show that the AMESim model of the controlled rod type recoil device can accurately analyze the motion resistance law of the anti – rear device and provide a theoretical reference for the structural design of the anti – squat device.

Keywords: controlled rod type anti – rear device; AMESim software; recoil law; research

0　引言

　　火炮反后坐装置的功能是在火炮射击时提供弹性力和制动力控制后坐部分的后坐运动，并使之复位。它把作用时间很短的炮膛合力所引起的全炮后坐运动转化为一个相对时间较长的由制退机和复进机等提供的阻力制动的炮身后坐运动，并最终停止在一定的后坐长度上；它把本来作用于炮身的幅值变化剧烈而作用时间很短的炮膛合力变成了作用时间较长、幅值变化不大且最大值较小的力，有效地保障了火炮的射速和精度[1]。

　　目前大多数火炮采用节制杆式制退机的结构形式，这种制退机的优点是结构可靠、容易满足设计者对后坐复进过程中力和运动规律的要求。火炮后坐部分沿摇架导轨向后运动时，节制杆式反后坐装置中的制退杆以同样的速度运动，制退杆上的活塞挤压活塞后方的液体。受到活塞排挤的液体压力升高，从由活塞和筒壁上变深度沟槽组成的流液孔高速喷射入活塞后方，到达制退筒底部后形成杂乱无章的漩

作者简介：赵慧文 (1993—)，男，硕士研究生，E – mail：2594885632@qq.com。

涡。同时，由于制退杆不断地从制退机中抽出，在活塞前方有真空产生，因此火炮后坐部分能够获得比较平稳的后坐阻力。以此现象为研究内容，利用 AMESim 多学科系统建模与仿真软件对火炮后坐阻力规律及其后坐运动诸元进行分析[2]，可以真实而高效地反馈节制杆式反后坐装置的作用效能。

1 节制杆式反后坐装置的结构分析

1.1 主要结构尺寸的确定

对于大多数火炮，制退机均是液压式制动器。在这种制动器中，利用液体流过流液孔时的阻尼所产生压力差来形成液压阻力，该液压阻力与液体流动的速度和流液孔的面积有关。因此，当火炮后坐时，为了满足特定的后坐阻力规律，制退机中的流液孔的面积应随后坐行程变化，并且是后坐速度的函数。

节制杆式制退机的几个主要尺寸包括制退机工作长度 L、制退筒内径 D_T、制退杆外径 d_T、制退杆内腔直径 d_1、节制环直径 d_p 及节制杆外形尺寸等，节制杆式制退机结构原理如图 1 所示。

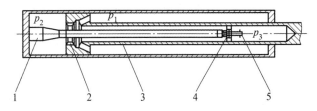

图 1　节制杆式制退机结构原理
1—节制杆；2—节制环；3—制退杆；4—调速筒；5—活瓣

1.1.1 制退机工作长度

制退机工作长度为

$$L = l_{\lambda\max} + l_b + 2e$$

式中：$l_{\lambda\max}$——最大后坐长度；

l_b——制退活塞长度，一般取 $l_b = (0.5 \sim 0.7)D_T$，当 D_T 未知时，可取 $l_b = (0.5 \sim 0.7)d$，d 为火炮口径；e 为考虑装配误差及极限射击条件而保留的余量，一般 e 不小于 20 mm。

1.1.2 活塞工作面积

活塞工作面积 A_0 可近似表示为

$$A_0 \approx \frac{F_{\phi h\max}}{p_{1\max}}$$

式中：$F_{\phi h\max}$——后坐时最大的液压阻力。

1.1.3 制退筒内径及制退杆外径

确定 A_0 后，利用公式

$$A_0 = \frac{\pi}{4}(D_T^2 - d_T^2)$$

可同时确定 D_T 和 d_T。为此引进一个经验系数：

$$\gamma = \frac{D_T}{d_T}$$

根据现有火炮的统计数据，γ 值为 1.7~2.3。
γ 值选定后，有

$$d_T = 2\sqrt{\frac{A_0}{\pi(\gamma^2 - 1)}}$$

$$D_T = 2\gamma\sqrt{\frac{A_0}{\pi(\gamma^2 - 1)}}$$

1.1.4 制退杆内腔直径

制退杆内腔直径 d_1 根据制退杆拉伸强度确定。当制退机为杆后坐时，有

$$d_1 = \sqrt{d_T^2 - \frac{4}{\pi}\frac{(F_{\phi h}+F_I)_{\max}+F_Z}{[\sigma]}}$$

式中：F_I——制退杆的惯性力；

F_Z——制退杆密封装置的摩擦力；

$[\sigma]$——制退杆材料的许用拉伸应力。

1.1.5 节制环直径

为了确保 A_1、d_1 与节制环 d_p 之间的间隙足够大，一般取

$$d_p = d_1 - (4 \sim 6)\ \text{mm}$$

1.2 节制杆式反后坐装置具体尺寸的确定

节制杆式反后坐装置具体尺寸如表 1 所示。

表 1 节制杆式反后坐装置具体尺寸　　　　　　mm

制退筒内径	130	制退杆内径	60
制退杆外径	70	节制环直径	48

火炮后坐部分质量为 1 060 kg。

2 火炮后坐部分的受力分析

取火炮后坐部分为研究对象，射击时后坐部分的受力分析如图 2 所示。

其中，后坐部分所受的主动力有如下几种。

F_{pt}——炮膛合力，作用在炮膛轴线上；

$m_h g$——后坐部分重力，作用在后坐部分质心上；

F_{N1}——摇架导轨提供的法向反力；

$F_{\phi h}$——制退机力；

F_f——复进机力；

F——反后坐装置密封装置的摩擦力；

F_{T1}、F_{T2}——摇架导轨的摩擦力。

其中摇架导轨的摩擦力可被写为

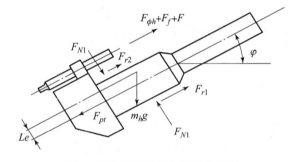

图 2 射击时后坐部分的受力分析

$$F_T = F_{T1} + F_{T2}$$

后坐阻力公式为

$$F_R = F_{\phi h} + F_f + F + F_T - m_h g\sin\varphi$$

式中：φ——火炮高低射角。

3 节制杆式反后坐装置仿真建模

AMESim 采用标准的 ISO 图标和简单直观的多端口框图，涵盖了液压、液压管路、液压元件设计、液压阻力、机械、气动热流体、冷却、控制、动力传动等领域，能使这些领域在统一的开发平台上实现系统工程的建模与仿真，从而成为多学科、多领域系统分析的标准环境[3]。

按照节制杆式制退机结构工作原理，每个部分在 AMESim 模型中一一对应进行等效变换[4]。

(1) 制退机中制退杆和制退活塞是一个整体，计算质量时将其质量等效为一个质量块。

(2) 制退机是杆后坐式制退机，可以等效类似于增速缸结构，由制退杆工作腔和节制杆工作腔组成。

(3) 制退杆工作腔主流液体从制退活塞上进出，将制退杆工作腔等效为两个液压缸和一个可变流液孔。

（4）复进工作腔的液体由节制杆端部的单向阀进出，将节制杆工作腔等效为可移动的液压缸和缸体缝隙结构，液体从缸体缝隙流出。

（5）将流液孔等效为可变节流阀。

节制杆式反后坐装置 AMESim 部分仿真模型如图3所示。

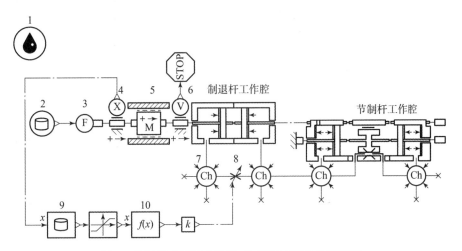

图3　节制杆式反后坐装置 AMESIM 部分仿真模型

1—液压属性标志；2—炮膛合力；3—力发生器；4—位移传感器；5—制退杆部分质量；6—速度传感器；
7—液体容腔；8—可变流液孔；9—节制杆直径－位移曲线；10—活塞流液孔面积函数

4　仿真结果

通过仿真运行图3所示的节制杆式反后坐装置模型，可以得出该型火炮在后坐过程中后坐位移、后坐速度与后坐阻力的变化规律。

火炮后坐位移随时间变化的曲线如图4所示，由图4可知火炮后坐的最大位移量为1.12 m，符合该火炮最大位移规律。

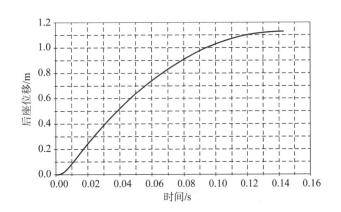

图4　后坐位移随时间变化的曲线

火炮后坐速度随时间变化曲线如图5所示，由图5可知，火炮在0.012 s达到后坐速度的峰值16.3 m/s，出现后坐速度峰值的时间点与峰值速度符合该火炮的后坐运动规律。

火炮后坐阻力随后坐位移变化的曲线如图6所示，由图6可知，火炮在后坐位移为0.18 m时，出现最大后坐阻力，且最大后坐阻力为170 kN，且后坐阻力随后坐位移变化的曲线符合标准的后坐阻力对应后坐位移的变化规律。

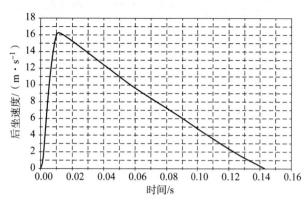

图5 后坐速度随时间变化的曲线

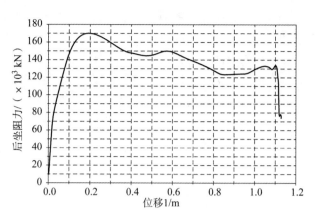

图6 后坐阻力随后坐位移变化的曲线

5 结论

该火炮后坐的最大位移量为1.12 m，符合该火炮最大后坐位移规律；且火炮在0.012 s达到后坐速度的峰值16.3 m/s，出现后坐速度峰值的时间点与峰值速度符合该火炮的后坐运动规律；火炮在后坐位移为0.18 m时，出现最大后坐阻力，且最大后坐阻力为170 kN，且后坐阻力随后坐位移变化的曲线符合标准的后坐变化规律。利用AMESim多学科系统仿真软件对节制杆式反后坐装置进行建模和仿真。仿真得到了合理的后坐诸元变化规律，该软件为高效地研究火炮反后坐装置提供了可靠的技术保障。

参 考 文 献

[1] 高跃飞. 火炮反后坐装置设计 [M]. 北京：国防工业出版社，2010.
[2] 周连山，庄显义. 液压系统的计算机仿真 [M]. 北京：国防工业出版社，1986.
[3] 李永堂，雷步芳，高雨茁. 液压系统建模与仿真 [M]. 北京：冶金工业出版社，2003.
[4] 谭宗柒，汪云峰，陈永清，等. 基于AMESim的液压缓冲器主要结构参数的仿真分析 [J]. 起重运输机械，2008（5）：79-82.

某步枪击发机构有限元仿真分析

王为介,李 强,曲 普

(中北大学 机电工程学院,山西 太原 030051)

摘 要:在自动武器中,击发机构是使弹丸能发射出去的关键机构,击发能量决定着点火药是否能燃烧、弹丸是否能发射。枪械在射击过程中经常存在击发能量不足,弹丸发射失败,或是激发能量过大,弹底的地火被击穿,致使发射能量不足甚至是炸膛,因此利用有限元软件分析击发机构的运动以及能量对武器设计来说是非常有意义的。

关键词:击发机构;有限元仿真;击发能量

中图分类号:TJ 文献标志码:D

Finite element simulation analysis of a rifle firing mechanism

WANG WeiJie, LI Qiang, QU Pu

(North University of China, College of Mechanical and Electrical Engineering, Taiyuan 030051, China)

Abstract: In automatic weapons, the firing mechanism is the key mechanism to enable the projectile to be launched. The firing energy determines whether the ignition powder can be burned and whether the projectile can be launched. In the process of firing, firearms often have insufficient firing energy, the failure of projectile firing, or the excessive firing energy, and the ground fire at the bottom of the projectile is broken down, resulting in insufficient firing energy or even the explosion chamber. It is very meaningful for weapon design to use finite element software to analyze the movement and energy of the firing mechanism.

Keywords: firing mechanism; finite element simulation; firing energy

0 引言

在身管武器中,击针撞击枪弹底火致使点火药燃烧,弹丸飞出膛口[1]。设计击发机构所需要的枪弹击发能量通常是靠落锤实验得到的,通常落锤实验有很大的局限性,其既浪费人力物力,结果通常又不精确,本文通过对某枪击针撞击底火进行有限元仿真分析得到击发能量,可以对以后的自动武器的击发机构设计提供理论参考[2]。

1 击发能量与击针参数的关系

在自动武器的击发机构设计中通常以击发能量作为参考,但击针的质量以及击针的击发速度也影响击发能量[3]。表1所示为53式7.62 mm步枪击针质量、击针速度、击发能量对应关系。

作者简介:王为介(1994—),男,硕士研究生,E-mail:976835597@qq.com。

表 1　55 式 7.62 mm 步枪击针质量、击针速度、击发能量对应关系

击针质量/g	12	25	50	100	150	200	250
击针速度/(m·s^{-1})	8.86	6.28	4.56	3.28	2.73	2.62	2.38
击发能量/J	0.47	0.49	0.519	0.539	0.559	0.686	0.715

由表 1 可以看出，在自动武器的击发机构设计中，影响因素不仅仅是击发能量，即使是同一口径的自动武器，但击针的质量与速度不同，击发能量也就不同，所以在自动武器击发机构设计中击发能量不能够简单地参考其他武器来选用。

2　有限元模型建立与仿真

2.1　击针与底火模型建立

在三维建模软件中，对击针和底火进行建模并导入有限元软件进行仿真，击针的参数为弹性模量 201 GPa、泊松比 0.3、屈服应力 1.3 GPa、密度 7 900 kg/m^3；底火的参数为弹性模量 110 GPa、泊松比 0.42、屈服应力 0.4 GPa、密度 8 530 kg/m^3，图 1 所示为击针与底火的三维模型。

对所建模型进行网格划分，在网格大小设置中设置底火为 0.5 mm，击针为 1 mm，因主要是对底火分析，故底火采用六面体网格，击针为四面体网格即可。击针与底火的网格模型如图 2 所示。

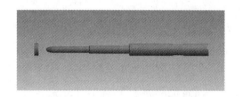

图 1　击针与底火的三维模型

图 2　击针与底火的网格模型

2.2　设置边界条件，施加载荷并求解

设置击针对称边界上的约束，施加对称面上的平动和转动约束，对于底火的外面圆柱面和前端圆环面，认为其是不动的，故施加固定约束。对于击针施加一 x 方向上的初始速度，使击针撞击底火，设置分析求解时长和时间步的控制，设置求解结果然后进行求解。运动过程如图 3 所示。

3　仿真结果分析

3.1　仿真结果与实际结果比较

此枪弹为 7.62 mm 枪弹，为使枪弹能够正常发射，需使底火中心的形变量达到 0.8 mm。经调试，最终设置击针速度为 800 m/s 时底火深度能达到要求的形变量。击针的质量为 11.5 g，根据动能公式 $E = \dfrac{mv^2}{2}$ 即可计算出击发能量为 0.368 J。而此枪实际的击发能量为 0.32 J，仿真结果相比于实际情况击发能量多出 0.04 J 左右，符合表 1 的规律（图 3）。

3.2　仿真结果与实际结果产生误差的原因

造成误差的原因有很多，其中主要因素有以下两方面。
（1）击针在实际中受加工工艺影响，并不一定准确，而且质量经过多次射击后会有一些磨损。
（2）底火在实际的撞击过程中还受点火药的反作用力，故与仿真结果有一些误差。

图3 击针撞击底火

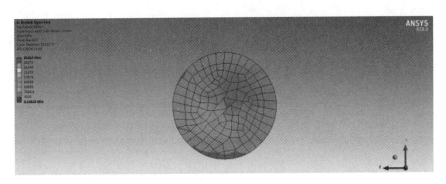

图4 弹底等效应力云图

4 结论

本文以某枪为例,对击发机构中的击针撞击弹底底火过程进行了有限元仿真,分析得到了枪弹正常击发时击针所具有的能量。经分析,所得结果与实际情况较符合,故仿真分析较准确,为该枪的击发机构设计提供了参考。

参 考 文 献

[1] 陈伟,陈秋红,胡有璋,等. 某击发机构动力学仿真研究 [J]. 机械制造与自动化,2015,3(3):92-94.
[2] 王红梅,杨卫,刘俊. 击发机构内碰撞能量损失的有限元分析 [J]. 计算机仿真,2013,2(2):51-54.
[3] 景银萍,杨臻. 有限元仿真在枪械击发中的应用 [J]. 机械工程与自动化,2007,3(3):48-49.

基于 LS_DYNA 的某子母弹保护盖失效分析与优化

杨 力,张永励,刘瑞卿,宋朝卫

(西安现代控制技术研究所,陕西 西安 710065)

摘 要:针对某子母弹强度试验中出现的保护盖剪切失效现象,采用 LS_DYNA 有限元软件进行了数值仿真分析。分析结果表明:保护盖强度设计余量不足,在最大轴向发射过载作用下,保护盖最大剪切应力接近材料性能极限,导致局部剪切断裂。本文对保护盖受剪区域的局部结构进行了优化设计,优化后的结构安全系数明显增大,保护盖不发生明显的塑性变形。

关键词:子母弹;保护盖;发射过载;剪切应力

中图分类号:TJ760.1 **文献标识码**:A

Failure analysis and optimization of a submunition protection cover based on LS_DYNA

YANG Li, ZHANG Yongli, LIU Ruiqing, SONG Chaowei

(Xi'an Modern Control Technology Research Institute, Xi'an 710065, China)

Abstract: Aiming at shear failure analysis of protective cover in strength test of a submunition, numerical simulation analysis is carried out by LS_DYNA. The results show that the strength design margin of protective cover is insufficient. The maximum shear stress of protective cover is close to the material performance limit and local shear fracture occurred under the maximum axial launching overload. By optimizing the local structure of the protective cover, the calculation shows that the safety factor of the optimized structure increased obviously and the plastic deformation of the protective cover is disappeared.

Keywords: shrapnel; protective cover; launching overload; shear stress

0 引言

某型子母弹由母弹、子弹和引信组成。抛射装置安装在母弹头部内,由抛射药管、装药管壳和拱形推板组成。子弹抛射时,引信点燃抛射管壳内的抛射药,产生高压气体。高压气体穿过装药管壳过气孔作用在拱形推板上,并通过保护盖推动子弹抛射运动[1]。其保护盖结构示意如图1所示。

保护盖为周边圆环加中部薄壳穹顶结构,装配在子弹口部。保护盖外侧通过密封圈与母弹弹体内弧形部接触。作用在支撑体合件、拱形推板上的发射过载和保护盖自身的惯性力通过保护盖周边圆环传递至子弹外壳体上[2]。周边圆环上燕尾槽底与下部圆锥段后平面之间为剪切受力区,保护盖剪切断裂区域示意如图2所示。

弹体结构强度试验发现,有一发试验弹上定心部有严重的阳线印痕、上定心部与弧形部相接处膨胀变形,拆解检查发现保护盖纵向剪切破坏。分析认为,纵向剪切破坏使拱形推板嵌入子弹弹体前端、子弹弹体前端膨胀变形,引起母弹弹体径向膨胀变形。

作者简介:杨力(1979—),男,高级工程师。

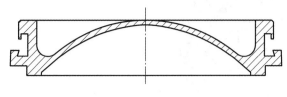

图 1　保护盖结构示意

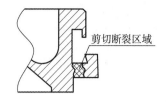

图 2　保护盖剪切断裂区域示意

子母弹发射时,弹体处于高膛压、高转速的力学环境。用传统的布林克或弹塑性计算方法无法建立精确的力学模型。故本文采用 LS_DYNA 高度非线性动力学分析软件对该子母弹发射过程进行数值模拟,得到保护盖在整个发射过程中的受力状态和结构变形。

1　弹体失效数值分析

对破损的保护盖残骸进行洛氏硬度和材料力学性能复查发现,保护盖所使用的材料表面硬度、强度和断裂伸长未见明显异常,符合设计要求。因此,按照强度弹试验发射工况条件,建立整个结构的有限元模型,采用 LS_DYNA 有限元软件进行保护盖发射动力学失效仿真分析。

1.1　有限元模型

由于弹体结构件均为轴对称结构,故模型简化为二维模型,如图 3 所示。模型的质量、材料性能和部件间连接特性均符合实际弹体特征。

图 3　保护盖有限元模型

1.2　计算结果

最大膛压时保护盖的综合应力和剪切应力云图如图 4 和图 5 所示。保护盖剪切断裂区域最大剪切应力变化曲线,如图 6 所示。图 7 所示为保护盖与子弹接触端面两点间轴向位移曲线。

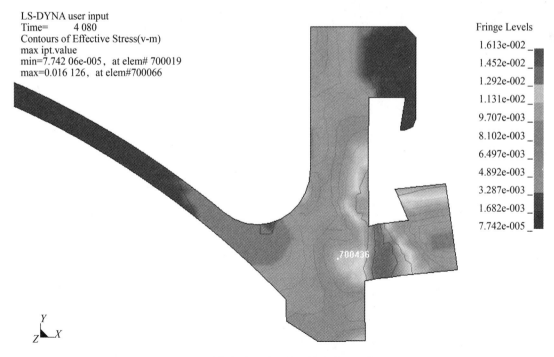

图 4　最大膛压时保护盖综合应力云图

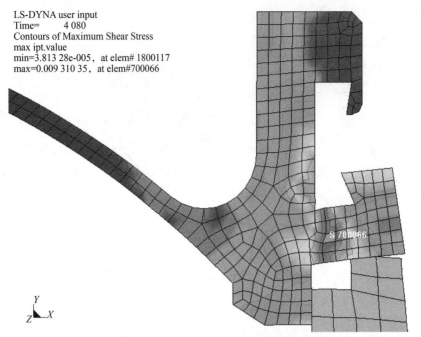

图 5 最大膛压时保护盖剪切应力云图

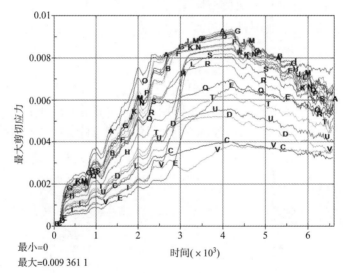

图 6 保护盖剪切断裂区域最大剪切应力变化曲线

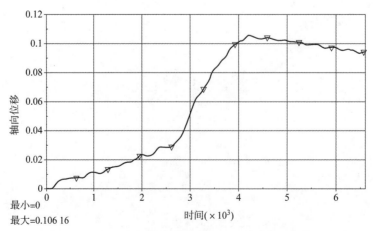

图 7 保护盖与子弹接触端面两点间轴向位移曲线

从图 3~图 6 可以看出，保护盖最大综合应力为 1 613 MPa，最大剪切应力为 936 MPa，出现在燕尾槽下端区域。从图 7 可以看出，保护盖与子弹接触端面两点间轴向位移为 1.06 mm，保护盖有翻翘变形趋势。在动载情况下，材料的许用剪切应力 $[\tau]$ 为 948 MPa，安全余量系数 1.01，强度余量偏低。

1.3 保护盖失效分析

在轴向过载加速度的作用下，保护盖前端的载荷（装药管壳、拱形推板和保护盖自身局部质量）产生的惯性力作用在保护盖密封圈下燕尾沟槽底部环形面上，子弹弹体口部与保护盖下锥形部后端平面相接触，形成的支承反力与前端施加的惯性力对下燕尾沟槽底部环形区域形成剪切作用（图 2 所示为剪切断裂区域），当剪切作用力超过材料的许用剪切应力时，受力区域材料发生塑性变形，当剪切作用持续进行时，受力区域材料发生断裂破坏，保护盖破损。

2 保护盖结构优化

2.1 保护盖结构优化方案

根据保护盖受力情况和局部尺寸限制，在不改变子弹总长、母弹内腔局部尺寸、保护盖主体尺寸和密封圈形状的情况下，将保护盖上密封圈的安装槽整体前移 3 mm，增大剪切破坏断面的尺寸，以期减小局部剪切应力。同时，为了降低局部应力集中、减小变形，将密封圈的安装燕尾槽根部倒半径为 1 mm 的圆角。保护盖原结构和改进后的结构对比示意如图 8 所示。

2.2 有限元模型

由于保护盖局部改进后的弹体结构件仍为轴对称结构，故弹体结构采用二维模型，图 9 所示为改进结构后的保护盖有限元模型。

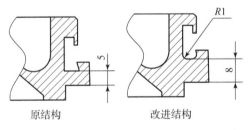

图 8　保护盖原结构和改进后的结构对比示意

图 9　改进结构后的保护盖有限元模型

2.3 计算结果

改进后最大膛压时保护盖的综合应力云图如图 10 所示，保护盖剪切断裂区域最大剪切应力变化曲线如图 11 所示。图 12 所示为改进后保护盖与子弹接触端面两点间轴向位移曲线。

从图 10 和图 11 中看出，保护盖受剪区域的最大综合应力小于 1 200 MPa，最大剪切应力为 597 MPa。在动载情况下，材料的剪切许用应力 948 MPa，安全余量系数 1.58，结构安全系数明显增大。从图 12 看出，保护盖与子弹接触端面轴向位移为 0.206 mm，比原结构降低了 80%，弹性变形曲线与膛压成正比，随着膛压降低，保护盖弹性恢复，保护盖一直处于弹性形变范围内。

3 结论

本文针对某子母弹强度试验中出现保护盖剪切失效现象，采用 LS_DYNA 有限元软件进行了数值分析。分析结构表明，保护盖强度设计余量不足，在最大轴向过载作用下，保护盖最大剪切应力接近材料性能极限，导致局部剪切断裂。本文改进了保护盖受剪区域的局部结构，计算表明，优化后的结构安全系数明显提高，保护盖不发生明显的塑性变形。后续各类试验表明改进后的保护盖满足性能要求。

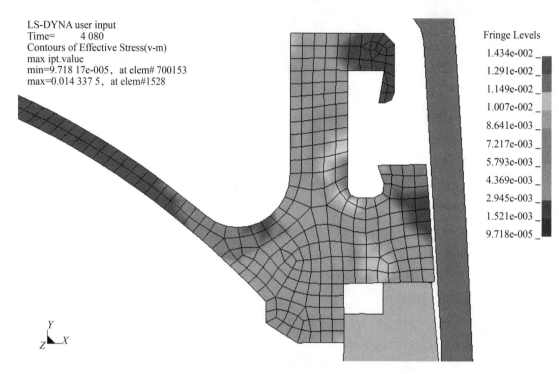

图 10 改进后最大膛压时保护盖的综合应力云图

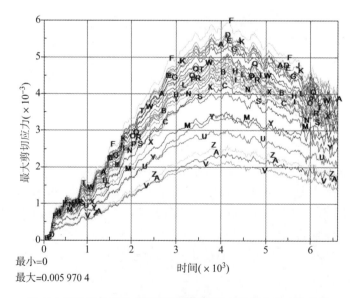

图 11 改进后的保护盖剪切断裂区域最大剪切应力变化曲线

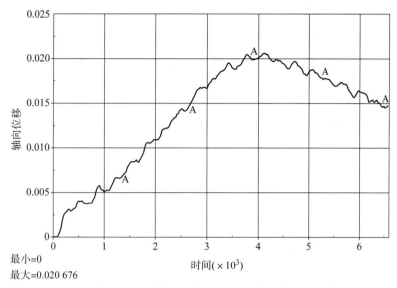

图12 改进后保护盖与子弹接触端面两点间轴向位移曲线

参 考 文 献

[1] 末敏弹译文集 [M]. 何喜营,译. 西安:西安现代控制技术研究所,1995:66 – 99.
[2] 赵海欧. LS – DYNA 动力学分析指南 [M]. 北京:兵器工业出版社,2003.

无人机载空地导弹弹道设计关键技术

杨 凯,许 琛,徐 燕

(西安现代控制技术研究所,陕西 西安 710065)

摘 要:首先介绍了国内无人机载空地导弹制导控制系统发展历程,总结了现役和在研无人机载空地导弹弹道设计方案。其次介绍了传统单模制导无人机载空地导弹弹道设计方案和多模复合制导无人机载空地导弹新型弹道规划方案。最后通过数学仿真计算表明不同弹道方案在射程范围、发射场高、离轴能力等方面具有的特性。

关键词:无人机载空地导弹;单模制导;多模复合制导;弹道设计

中图分类号:TG765 **文献标志码**:A

Key technology of trajectory design for UAV Borne air – to – ground missile

YANG Kai, XU Chen, XU Yan

(Institute of Modern Control technology, Xi'an 710065, China)

Abstract: This paper firstly introduces the development of domestic UAV borne air – to – ground missile guidance control systems and summarizes the current and ongoing research on the trajectory design of airborne missiles for unmanned aerial vehicles. Secondly, it introduces the traditional single – mode guided unmanned aerial vehicle air – to – ground missile trajectory design schemes and the new trajectory planning schemes for multi – mode compound guidance unmanned aerial vehicle borne air – to – ground missile. Finally, through mathematical simulation, it shows the characteristics of different trajectory schemes in terms of range, relative launch altitude and off – boresight capability.

Keywords: UAV borne air – to – ground missile; single – mode guidance; multi – mode compound guidance; trajectory design

0 引言

纵观美军近几场现代化条件下的局部战争,无人机在战场的投入量越来越大,担负的任务也从战场侦察和监视扩展到海域巡逻、反潜战、对舰(地)攻击、电子干扰、通信截听、目标精确定位、中继通信等领域,甚至扩展到战区空中导弹防御、心理战和网络中心战领域。无人机已经成为作战不可或缺的重要武器平台,在信息化条件的现代战争中发挥着举足轻重的作用,可以预见其必将成为未来信息化战争——"无人化战争"的生力军。美国的无人机发展处于世界领先水平,其无人机技术先进、种类多:一是长航时的无人机,包括"全球鹰""捕食者""暗星"等;二是短、近程无人机,包括RQ—7A"影子"和"影子"600、"指针"FQM—151A 无人侦察机、"先驱者"无人机、"金眼"100、"龙眼"无人侦察机等;三是微型无人机,主要包括"微星"无人机、"黑寡妇"无人机、"微船"无人机、"美钞"无人机等;四是无人作战飞机,主要包括MQ—1"捕食者"无人侦察攻击机等[1]。

作者简介:杨凯(1979—),男,硕士研究生,E – mail:2397106543@qq.com。

空地导弹具有机动性好、精度高、附带损伤小等优势，受到了各国的广泛重视，成为无人机载武器的重要组成部分。目前国外正在纷纷研制采用毫米波-激光半主动、毫米波-红外成像，以及毫米波-激光半主动-红外成像等多模复合制导体制的无人机载空地导弹[2]。国内已具备无人机载空地导弹对地攻击能力，其发展历程：直升机载空地导弹原型上机（攻击包络有限）→制导部件升级（攻击包络扩展）→单一制导模式全新设计（攻击包络提升）→多模复合制导模式全新设计（全向攻击）。国内无人机载空地导弹的发展与无人机发展水平紧密相关，为适应无人机作战任务需要，无人机载空地导弹向着远射程、自主化的方向发展，采用双模或多模制导方式，在面对复杂环境背景下的各种目标时均能满足作战要求。因此，本文主要研究无人机载空地导弹弹道设计规律，同时提出一种适应复合制导、全向攻击的新型无人机载空地导弹弹道规划技术。

1 单模制导无人机载空地导弹弹道设计

国内目前应用最广的激光单模制导无人机载空地导弹系列采用直升机载空地导弹原型上机（攻击包络有限）→制导部件升级（攻击包络扩展）→单一制导模式全新设计（攻击包络大幅提升）的研制思路，该系列导弹是在直升机载平台空地导弹基础上升级、改进，可配挂在空军无人机上，同时适配海军直升机、舰载无人机及陆军直升机等作战平台[3]。

该系列导弹采用沿瞄准线定高平飞的弹道规划方案，一般采用两种弹道规律，具体弹道规律如图1、图2所示。

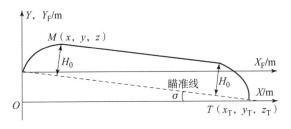

图1 单模制导无人机载空地导弹弹道规律1　　图2 单模制导无人机载空地导弹弹道规律2

2 单模制导无人机载空地导弹弹道仿真结果

图3~图6所示为某型激光单模制导无人机载空地导弹能力提升后的弹道仿真结果，弹道规律为相对初始瞄准线爬升到预定高度后定高飞行，转入比例导引后俯冲的弹道形式。该导弹的最大发射场高可达9 000 m、射程可达15 km、离轴发射能力可达25°，相比国内第一型无人机载空地导弹的发射包络均有大幅度提升。

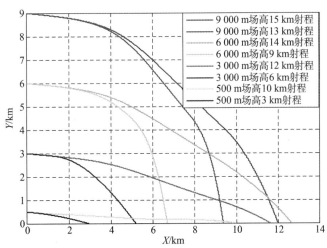

图3 0°离轴条件下不同场高射程-射高曲线

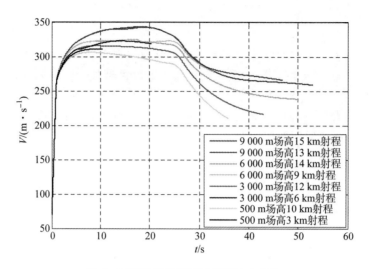

图 4　0°离轴条件下不同场高速度曲线

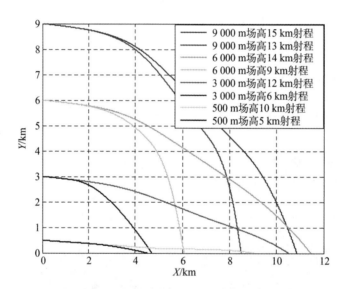

图 5　25°离轴条件下不同场高射程-射高曲线

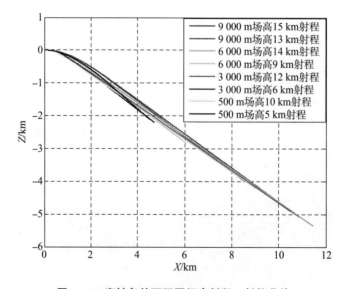

图 6　25°离轴条件下不同场高射程-射偏曲线

3 多模复合制导无人机载空地导弹弹道设计

射程增加是无人机载空地导弹发展的方向之一。20 世纪 70 年代开始研制的海尔法系列导弹射程均为 9 km，而 2008 年启动的三模 JAGM 项目中导弹的射程达到 28 km。更加小型的无人机载空地导弹射程也在不断增加，如 2012 年 MBDA 提出的短剑导弹射程约 30 km，也远大于之前的长钉、LMM 等型号。随着无人机载空地导弹射程增加，当前常用的半主动激光制导作用距离有限，且需要第三方目标指示，难以满足未来实际作战中导弹的打击需求。这就促使制导体制由单模导引向多模导引发展，从而多模复合制导方式成为必然选择，其优势在于多模复合制导体制可充分发挥各频段或各制导体制的优势，互相弥补不足，极大地提高武器系统的抗干扰能力和作战效能，目前国外正在纷纷研制采用毫米波－激光半主动、毫米波－红外成像，以及毫米波－激光半主动－红外成像等多模复合制导体制的空地导弹。最典型的多模复合制导空地导弹是英国研制的"双模硫磺石"（DMB）导弹，采用毫米波－激光半主动双模制导体制，美国研制的联合空地导弹（JAGM）采用毫米波－激光半主动－红外成像三模制导体制[4]。

因此，国内提出了多模复合制导模式全新设计（全向攻击）的无人机载空地导弹系列化发展思路，以适应无人机作战任务需要，无人机载空地导弹向着远射程、自主化的方向发展。

3.1 多模复合制导无人机载空地导弹初制导段俯仰姿态方案信号智能规划设计

空地导弹在大空域条件下发射时，初始段俯仰姿态方案信号需要从初始射角到期望的交接角度变化，在不同发射高度、不同牵连速度、不同射程目标条件下，期望的姿态方案信号变化规律差别较大，传统的姿态方案数表不能满足要求[5]。为解决上述问题，本文提出一种简单、独特、有效且易于工程应用的俯仰姿态方案信号智能规划设计方法。

根据发射时刻的弹目相对关系、载机飞行速度、射角等初始条件，设计俯仰姿态方案信号的起始点、结束点、变化规律及切换时序，完成信号的智能规划。充分利用发射诸元信息及姿态方案信号初值信息自动生成俯仰姿态方案信号，能适应载机在大空域飞行、大攻击包络范围发射条件下，姿态方案控制过程及控制回路切换过程中，导弹俯仰姿态角的平稳变化。俯仰姿态方案信号智能规划示意如图 7 所示，典型发射条件下俯仰姿态方案智能规划信号设计结果如图 8 所示。

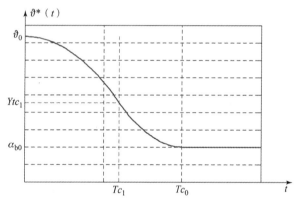

图 7　俯仰姿态方案信号智能规划示意

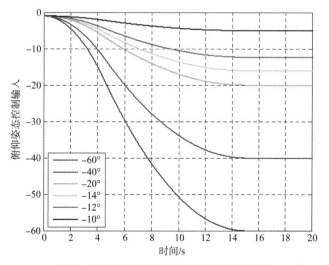

图 8　俯仰姿态方案智能规划信号设计结果

3.2 多模复合制导无人机载空地导弹弹道中制导段最优弹道规划设计

在高空发射条件下提出无人机载空面导弹大场高范围攻击目标的中制导最优弹道规划设计方案，该方案首先在线解算出导弹高度控制启控位置，其次设置虚拟目标位置，进而通过解析算法规划出中制导最优弹道方案[6]。该方案适应于复合制导型无人机载空面导弹中制导段飞行，既有利于中末制导交接，提高毫米波导引头搜索截获目标概率，同时最大限度地提高该类型导弹的攻击边界。

高度启控时序设计：在姿态控制段，以交接时刻导弹姿态及弹道波动最小为约束条件，实时求解高度启控的最优时刻。

虚拟目标设置：根据不同的末制导方式设置虚拟目标位置。例如，可根据毫米波导引头擦地角要求小、作用距离近、瞬时视场小等特点[7]设置虚拟目标位置，实现接近目标一定距离内转为沿水平面平飞弹道模式，为毫米波导引头搜索截获目标创造有利条件。

多模复合制导无人机载空地导弹在典型发射条件下中制导段最优弹道规划示意、最优高度启控时刻弹体姿态如图9、图10所示。

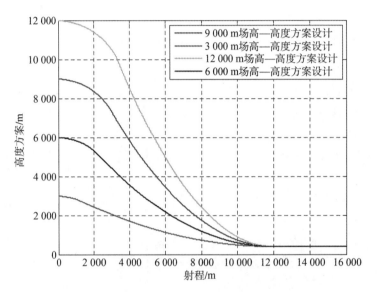

图9　中制导段最优弹道规划示意

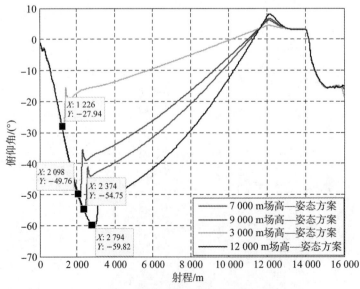

图10　中制导段最优高度启控时刻弹体姿态

3.3 多模复合制导无人机载空地导弹全向攻击方案设计

全向攻击分为转弯控制段、滑翔追踪控制段和比例导引段三段。其中,转弯控制段 OB 主要用于导弹快速转弯,为后续追踪攻击目标调整好弹体姿态、方位;滑翔追踪控制段 BC 主要用于追踪目标,控制导弹进入导引头捕获域,为末制导段提供良好状态;比例导引段 CT,采用比例导引控制,精确命中目标[8]。全向攻击方案设计示意如图 11 所示,典型发射条件下全向攻击方案设计结果如图 12 ~ 图 14 所示。

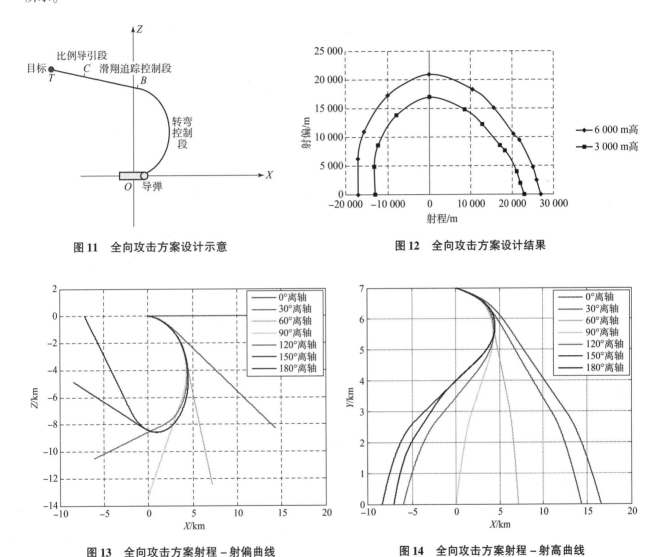

图 11　全向攻击方案设计示意

图 12　全向攻击方案设计结果

图 13　全向攻击方案射程 – 射偏曲线

图 14　全向攻击方案射程 – 射高曲线

4　多模复合制导无人机载空地导弹弹道仿真结果

图 15 ~ 图 22 所示为某型多模复合制导无人机载空地导弹全新设计(全向攻击)后的弹道仿真结果,弹道规律为中制导最优弹道规划方案,中制导末段转入平飞弹道模式,进入比例导引后俯冲攻击目标。该导弹的最大发射场高可达 12 000 m、射程可达 20 km、离轴发射能力可达 180°,相比国内目前在研及装备的无人机载空地导弹的发射包络有大幅度提高。

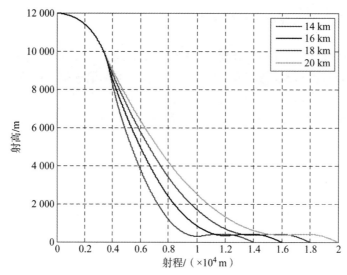

图 15　12 000 m 场高弹道方案设计结果

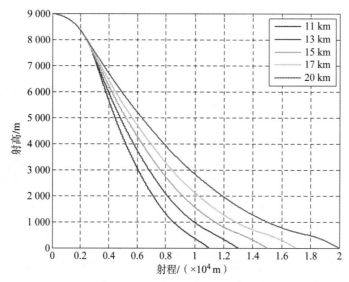

图 16　9 000 m 场高弹道方案设计结果

5　结论

随着无人作战飞机的出现，无人机将一改过去在战场上主要执行空中侦察、战场监视和战斗毁伤评估等作战支援任务、充当辅助角色的状况，升级成为能执行压制敌防空系统、对地攻击，甚至可以执行对空作战任务的主要作战装备之一。美军的新版《无人机发展路线图》中共提出了 9 个有关无人飞行器系统的明确目标，其中第一个就是进一步研制"联合无人空战系统"，在高威胁环境下执行压制敌防空（SEAD）力量、武装攻击和电子攻击等任务，并把其列为路线图中的最重要的目标。美军将在无人攻击机、无人战斗机、无人轰炸机、无人空中预警机、多功能无人机等方面加大研制力度，由此我们可以预见无人机将成为未来空中交战的主要力量。本文梳理了国内无人机载空地导弹制导控制系统经历了直升机载空地导弹原型上机（攻击包络有限）→制导部件升级（攻击包络扩展）→单一制导模式全新设计（攻击包络提升）→多模复合制导模式全新设计（全向攻击）的发展历程，总结了现役和在研无人机载空地导弹弹道设计方案，介绍了传统单模制导无人机载空地导弹弹道设计方案和多模复合制导无人机载空地导弹新型弹道规划方案，并对不同弹道方案在射程范围、发射场高、离轴能力等方面进行了数学仿真计算。

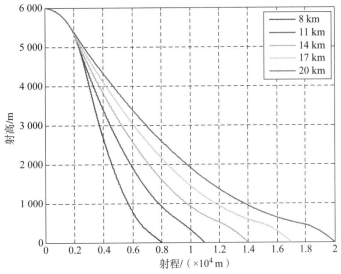

图 17　6 000 m 场高弹道方案设计结果

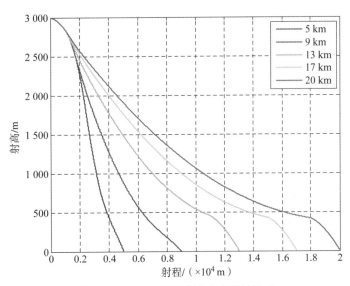

图 18　3 000 m 场高弹道方案设计结果

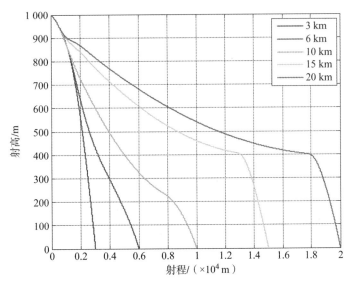

图 19　1 000 m 场高弹道方案设计结果

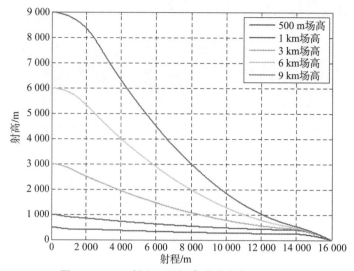

图 20　16 km 射程不同场高弹道方案设计结果

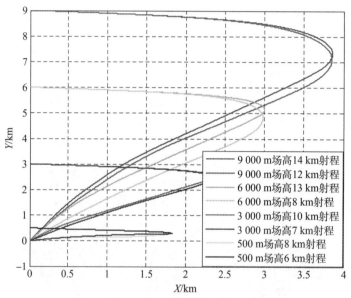

图 21　90°离轴条件下不同场高射程 – 射高曲线

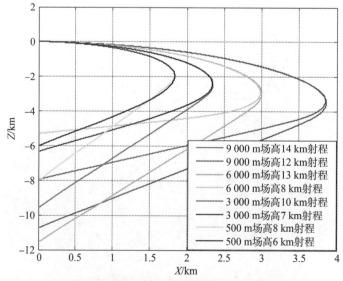

图 22　90°离轴条件下不同场高射程 – 射偏曲线

参 考 文 献

[1] 张翼麟，蒋琪，文苏丽，等. 国外无人机载空地导弹发展现状及性能分析 [J]. 战术导弹技术，2013 (5)：16-19.

[2] 索统一，郑志强. 直升机载空地导弹关键技术研究 [J]. 兵工学报，2010，31 (2)：157-162.

[3] 王军，谷良贤，王博，等. 毫米波制导导弹系统误差及捕获概率研究 [J]. 航空计算技术，2012，42 (5)：25-27.

[4] 王东亮，刘巍. 机载反坦克导弹导引体制的发展 [C]. 中国航空学会第十七届全国直升机年会，2001：535-539.

[5] 孟秀云. 导弹制导与控制系统原理 [M]. 北京：北京理工大学出版，2003.

[6] 张意，马清华，陈韵，等. 基于自抗扰控制技术的导弹控制系统设计 [J]. 弹箭与制导学报，2012，32 (1)：37-40.

[7] 马菲，马清华，杨凯. 毫米波导引头预定回路改进单神经元控制 [J]. 弹箭制导学报，2015，35 (1)：41-44.

[8] 高原，贺志勇，赵晋香，等. 20CrV 钢机用锯条齿部表面强化组织的研究 [J]. 材料科学与工艺，1995，3 (3)：62-66.

轴向环翼绕流结构与气动特性数值研究

陈国明[1], 张佳强[2], 刘 安[1], 胡俊华[1], 冯金富[1]

(1. 空军工程大学 航空工程学院, 陕西 西安 710038;
2. 空军工程大学 空管领航学院, 陕西 西安 710051)

摘 要：为了分析轴向环翼特殊的闭合升力原理，选取NASA SC（2）-1006超临界翼型作为环翼纵向剖面，采用SST $k-\omega$ 湍流模型对不同翼间距的上下层双翼结构绕流流场进行了数值模拟，分析了流场的压力、速度等气动参数分布和大攻条件下流场的分离特性，获得了相对间距 D/L 变化对气动特性影响的数值结论。结果表明，0.8 Ma 速度条件下，下层翼上表面激波受到上层翼的阻挡作用后对上、下翼升阻力系数产生了较大负面影响。随着相对距离增大，翼腔内激波强度减小，这种不利影响被削弱。同时，随着攻角的增大，翼间干扰影响作用减小。研究结论可以为轴向环翼布局飞行器设计提供有益的参考。

关键词：兵器科学与技术；环翼；气动特性；数值计算

中图分类号：TG76　**文献标志码**：A

Research on flow mechanism and aerodynamic characteristic of ring wing configuration

CHEN Guoming[1], ZHANG Jiaqiang[2], LIU An[1], HU Junhua[1], FENG Jin-fu[1]

(1. Aeronautics Engineering College, Air Force Engineering University,
Xi'an 710038, China;
2. Air Traffic Control and Navigation College, Air Force Engineering University,
Xi'an 710051, China)

Abstract: To analyze the close lift principle of axial ring wing, NASA SC（2）-1006 supercritical airfoil is selected as the longitudinal profile, and SST $k-\omega$ turbulence model is used to obtain the flow around the wing with different distance between up and down layer wing, the pressure and velocity distribution of the flow field is presented by numerical simulation, flow detaching characteristic at high angle of attack is illustrated, and the numerical conclusion about the influence of the change of the relative distance D/L to aerodynamic performance of double airfoil structure is arrived. The simulation results indicate that, at the speed of 0.8 Ma, the reflection of shock wave on the upper surface of down layer wing has a great negative influence on both lift and drag coefficient. With the increase of the relative distance, the shock wave intensity between the double layer wing structures is weakened and the negative effect is relieved. Furthermore, the growth of the angle of attack can release the negative influence. Those results could provide helpful reference to the axial ring wing aircraft design.

Keywords: ordnance science and technology; ring wing; aerodynamic characteristic; numerical calculation

基金项目：国家自然科学基金面上项目（No. 51779263）
作者简介：陈国明（1994—），男，博士研究生，E-mail：18192081790@163.com。

0 引言

环翼作为非平面机翼的一种形式,其特殊的闭合升力构型可以带来优越的气动特性,如不易颤振、高升阻比等。通过优化结构参数,同等升力条件下,环翼比平面机翼翼展小、抗扭抗弯能力强[1]。国外对环翼在运输机、无人机、导弹、鱼雷等平台上的应用研究由来已久,尤其在武器装备领域,如美国休斯公司 IR&D 项目研究了可伸展环翼(Extendable Ring Wing)布局方案,用于导弹、鱼雷以及水下无人航行器以提高射程、有效载荷和末端机动性,并在 AEDC 1.22 米跨声速风洞中进行了试验研究[2-4]。

环翼布局有径向和轴向两种形式。径向布局的翼型弦线与飞行器轴线垂直,主要适用于无人机等新概念飞行器[5,6]。轴向布局的翼型弦线与飞行器轴线平行,适用于存在空间限制要求的武器,存储时,环翼包裹着弹体,可以大大降低所占空间;发射后,环翼升力面能够增加武器射程[7]。

气流流经环翼时,流动会受到环翼自身空腔体的干扰,流场发生剧烈变化,流体与上下翼结构之间的相互作用比单翼结构复杂得多,研究其作用机理对环翼布局参数的设计优化有重要意义。

1 研究模型

文献[7]中设计的一种轴向环翼布局和翼面剖面如图1所示。

本文以 NASA SC(2)-1006 超临界翼型[8-10]作为环翼的弦向纵剖面,对轴向环翼布局上下翼双层结构的流场结构与气动特性展开研究,分析上、下层翼气动参数随无量纲参数 D/L(其中,D 为两翼之间的间距,L 为弦长)的变化规律,轴向环翼布局纵向剖面如图2所示。

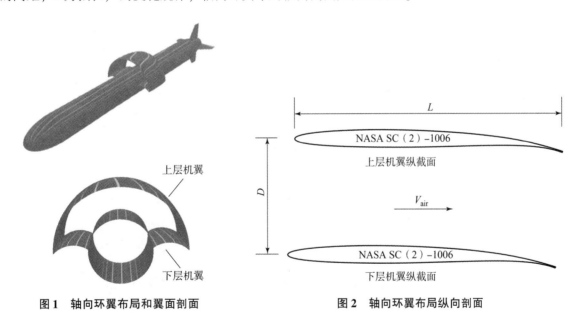

图1 轴向环翼布局和翼面剖面　　　　图2 轴向环翼布局纵向剖面

2 湍流模式

数值模拟采用 SST $k-\omega$ 湍流模型,该模型由 Menter 发展,已在广泛的流动领域中被证明具有较高的精度和可信度[11,12],其核心思想是在近壁面区域运用 $k-\omega$ 模型,在自由剪切层运用 $k-\varepsilon$ 模型[将 ε 方程中的变量 ε 替换为 ω,并增加交叉扩散项(Cross-diffusion Term)],使用混合函数 F_1,$(1-F_1)$ 将两种模型结合在一起,实现近壁面的 $k-\omega$ 模型到远离壁面 $k-\varepsilon$ 模型过渡,其形式为[13]

$$\frac{D}{Dt}(\rho k) = \tau_{ij}\frac{\partial u_i}{\partial x_j} - \beta^* \rho\omega k + \frac{\partial}{\partial x_j}\left[(\mu + \sigma_k \mu_t)\frac{\partial k}{\partial x_j}\right] \quad (1)$$

$$\frac{D}{Dt}(\rho\omega) = \frac{\gamma}{v_t}\tau_{ij}\frac{\partial u_i}{\partial x_j} - \beta\rho\omega^2 + \frac{\partial}{\partial x_j}\left[(\mu + \sigma_\omega\mu_t)\frac{\partial \omega}{\partial x_j}\right] + 2\rho(1-F_1)\sigma_{\omega 2}\frac{1}{\omega}\frac{\partial k}{\partial x_j}\frac{\partial \omega}{\partial x_j} \quad (2)$$

式中：$D/Dt = \partial/\partial t + u_i \partial/\partial x_i$；

$$\tau_{ij} = -\rho\overline{u'_i u'_j} = \mu_t\left(\frac{\partial u_i}{\partial x_j} + \frac{\partial u_j}{\partial x_i} - \frac{2}{3}\cdot\frac{\partial u_k}{\partial x_k}\delta_{ij}\right) - \frac{2}{3}\rho\kappa\delta_{ij}。$$

混合函数 F_1 为

$$F_1 = \tanh(\arg_1^4) \quad (3)$$

$$\arg_1 = \min\left[\max\left[\frac{\sqrt{k}}{0.09\omega y}, \frac{500v}{y^2\omega}\right], \frac{4\rho\sigma_{\omega 2}k}{CD_{k\omega}y^2}\right] \quad (4)$$

$$CD_{k\omega} = \max\left[2\rho\sigma_{\omega 2}\frac{1}{\omega}\cdot\frac{\partial k}{\partial x_j}\cdot\frac{\partial \omega}{\partial x_j}, 10^{-20}\right] \quad (5)$$

式中：$\sqrt{k}/(0.09\omega)$——湍流长度尺度；

y——网格节点到固壁的距离。

为适应近壁区剧烈的压力梯度变化，SST 模型引入混合函数 F_2 对湍流黏性系数进行了修正：

$$v_t = \frac{a_1 k}{\max(a_1\omega, \Omega F_2)} \quad (6)$$

$$F_2 = \tanh(\arg_2^2) \quad (7)$$

$$\arg_2 = \max\left[2\frac{\sqrt{k}}{0.09\omega y}, \frac{500v}{y^2\omega}\right] \quad (8)$$

式中：剪切应变率 $\Omega = |\partial u/\partial y|$。

SST $k-\omega$ 模型中的参数集 ϕ（包括 σ_{k1}, $\sigma_{\omega 1}$, β, β^*, γ）值是两组参数值的"混合"，即

$$\phi = F_1\phi_1 + (1-F_1)\phi_2 \quad (9)$$

其中，内层参数 ϕ_1 对应于 Wilcox 的 $k-\omega$ 模型：

$a_1 = 0.31$, $\sigma_{k1} = 0.85$, $\sigma_{\omega 1} = 0.5$, $\beta_1 = 0.075$, $\beta^* = 0.09$, $\kappa = 0.41$, $\gamma_1 = \beta_1/\beta^* - \sigma_{\omega 1}\kappa^2/\sqrt{\beta^*}$

外层参数 ϕ_2 对应于标准 $k-\varepsilon$ 模型：

$a_1 = 0.31$, $\sigma_{k2} = 1.0$, $\sigma_{\omega 2} = 0.856$, $\beta_2 = 0.0828$, $\beta^* = 0.09$, $\kappa = 0.41$, $\gamma^2 = \beta_2/\beta^* - \sigma_{\omega 2}\kappa^2/\sqrt{\beta^*}$

3 气动特性分析

针对轴向环翼布局上下翼双层结构的特点，将计算域网格剖分为局部双 O 型结构网格，并对激波可能发生的区域网格进行了局部加密，如图 3 所示。为控制 $y+ < 1$，第一层网格厚度为弦长的 3×10^{-6} 倍。

对布局上下翼之间相对距离 $D/L = 0.1$、0.4、0.7、1.0 和单翼结构等五种构型的气动特性进行了数值模拟，攻角分别为 0°、3°、6°、9°。计算采用标准大气环境，来流速度为 0.8 Ma，基于弦长的雷诺数为 1.86×10^7，使用二阶迎风差分格式对 $N-S$ 方程进行离散。图 4（a）~图 4(j) 所示为压力、速度等值线云图。

图 3　局部双 O 型计算网格 ($D/L = 0.7$)

数值模拟结果表明，与单独翼型的流场结构相比，双层翼结构流场的变化更为剧烈，主要在两层翼之间的翼腔区域，下层翼上表面产生的激波被压缩在狭小的区域，该激波的强度随着相对距离 D/L 的增大而减小，激波产生的位置向后移动。双层翼不同翼间距下的结构表面压力系数分布如图 5（b）~图 5(i) 所示，其中，图 5（b）、图 5（d）、图 5（f）、图 5（h）为上层翼表面压力分布，图 5（c）、图 5（e）、图 5（g）、图 5（i）所示为下层翼表面压力分布，而图 5（a）所示为单独翼型的表面压力分布。

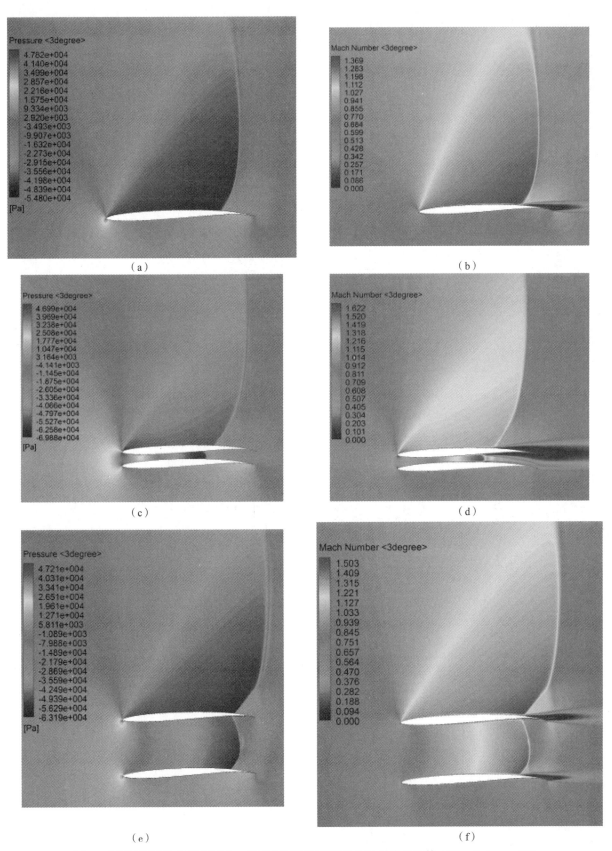

图4 上下双层翼结构流场压力、速度分布随相对距离 D/L 的变化趋势（$Ma=0.8$，$\alpha=3°$）

(a)(b) 单翼结构；(c)(d) 上下翼之间相对距离 $D/L=0.1$；(e)(f) 上下翼之间相对距离 $D/L=0.4$

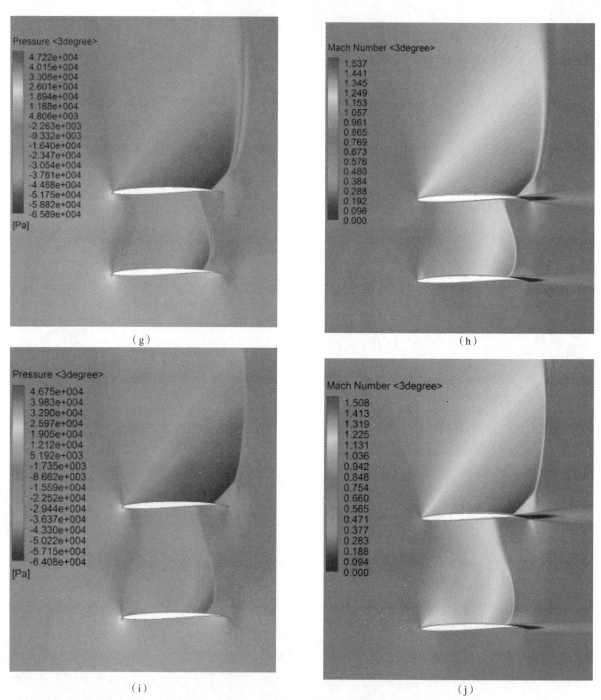

图4 上下双层翼结构流场压力、速度分布随相对距离 D/L 的变化趋势（$Ma=0.8$，$\alpha=3°$）（续）

（g）（h）上下翼之间相对距离 $D/L=0.7$；（i）（j）上下翼之间相对距离 $D/L=1.0$

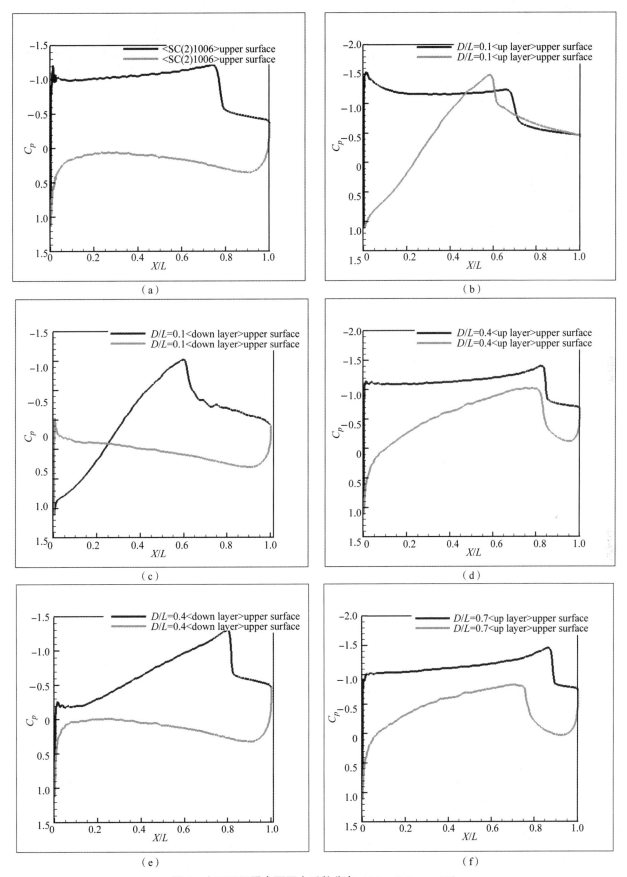

图 5　上下双层翼表面压力系数分布（$Ma=0.8$，$\alpha=3°$）

(a) Airfoil SC（2）-1006 壁面压力；(b) $D/L=0.1$ 上翼面压力；(c) $D/L=0.1$ 下翼面压力；
(d) $D/L=0.4$ 上翼面压力；(e) $D/L=0.4$ 下翼面压力；(f) $D/L=0.7$ 上翼面压力

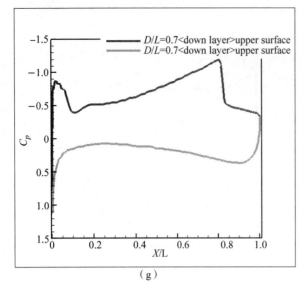

(g)

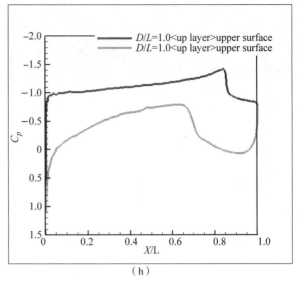

(h)

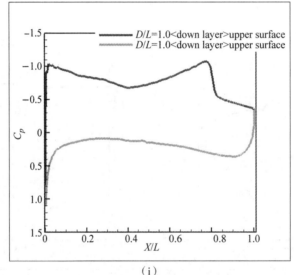

(i)

图5 上下双层翼表面压力分布（$Ma=0.8$，$\alpha=3°$）（续）

(g) $D/L=0.7$ 下翼面压力；(h) $D/L=1.0$ 上翼面压力；(i) $D/L=1.0$ 下翼面压力

图5显示，双层翼结构上下翼彼此之间存在较强的气动干扰，表面压力受到较大损失，当 $D/L=0.1$ 时，上层翼后部和下层翼前部出现了局部的升力反向，如图5（b）、图5（c）所示。对比上下层翼表面压力分布可见，上层翼下表面与下层翼上表面压力分布具有较大的相似性，因而上层翼产生的升力较单独翼要小得多，同时，上层翼上下表面前后两道激波的存在则增大了气动阻力。

针对大攻角条件下流场尾迹的非定常特性，采用非定常求解器模拟大攻角流场分布[14]。结果表明，30°攻角时，单独翼型和 $D/L=0.1$ 双翼结构上层翼的背风面呈现稳定的驻涡状态，如图6所示。

除了流场特性外，飞行器设计直接关心的是结构的气动特性。为此，图7（a）～图（h）所示为不同攻角下上下层翼气动力系数随相对距离 D/L 的变化趋势，包括上、下层翼气动力和双翼结构总的气动力与单独翼型气动力的对比。

从升力特性看，上下层翼气动升力系数随翼间相对距离 D/L 从0.1增大到1.0的过程逐渐增大，且上层翼的升力收益远小于下层翼。零攻角条件下，$D/L=0.1$ 时，上下层翼的升力仅为单独翼型的一半，下层翼的升力略小于上层翼，随着两翼间距的增大，下层翼的升力不断提高，在 $D/L=1.0$ 时达到单独翼型升力的80%，而上层翼升力保持在50%的单独翼型升力水平。攻角为9°时，随着 D/L 由0.1增大到1.0，下层翼升力从50%增大到近100%单独翼型升力，上层翼从30%增大到70%单独翼型升力水平。

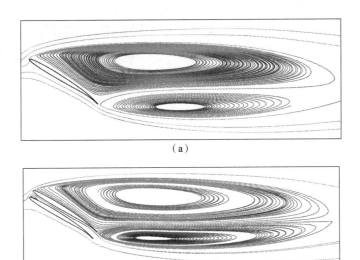

(a)

(b)

图 6　30°大攻角驻涡现象
(a) 单机翼构型；(b) 双机翼构型（$D/L=0.1$）

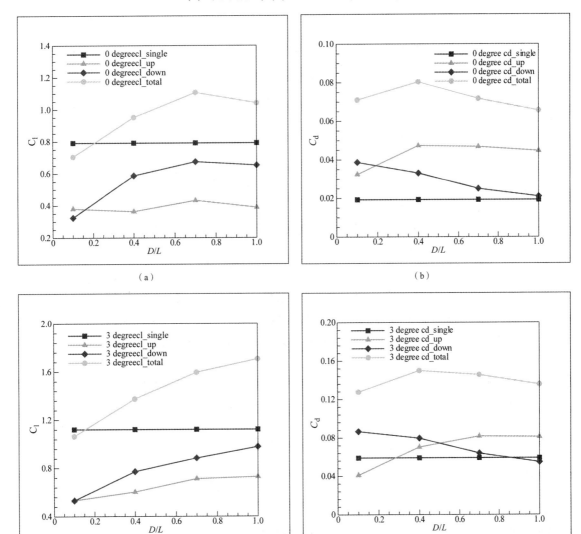

(a)

(b)

(c)

(d)

图 7　不同攻角下上下层翼气动力系数随 D/L 的变化趋势（$Ma=0.8$）
(a) $\alpha=0°$升力系数；(b) $\alpha=0°$阻力系数；(c) $\alpha=3°$升力系数；(d) $\alpha=3°$阻力系数

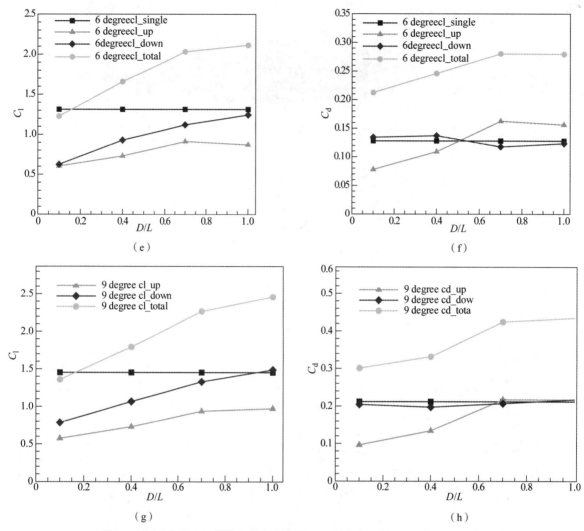

图7 不同攻角下上下层翼气动力系数随 D/L 的变化趋势（$Ma=0.8$）（续）

(e) $\alpha=6°$升力系数；(f) $\alpha=6°$阻力系数；
(g) $\alpha=9°$升力系数；(h) $\alpha=9°$阻力系数

从阻力特性看，零攻角时，两翼的靠近使上、下层翼阻力增加了仅一倍（$D/L=0.1$），增大 D/L，下层翼阻力减小，当 $D/L=1.0$ 时，其数值达到单独翼型的水平，但上层翼阻力随着 D/L 的增大呈现增大的趋势，$D/L>0.4$ 后其数值趋于平稳。随着攻角增大，下层翼阻力不断接近同等攻角下单独翼型的阻力值，攻角大于等于 6°后，两者趋于一致，如图7（f）、图7（h）所示；上层翼阻力随着 D/L 增大而增大的趋势随着攻角的增大没有发生改变，但攻角增大后，小翼间距（$D/L=0.1$）时的阻力值却比同等攻角下单独翼型的阻力小。

整体上看，虽然上、下层翼的单独气动效率均小于单独翼型，但由其构成的双翼系统总体气动升力在相对间距 $D/L>0.4$ 时还是有较大优势，且这种优势随着两翼间距的增大更加明显。

4 结论

本文以 NASA SC（2）-1006 超临界翼型为基本对象，研究了轴向环翼布局上下层翼绕流的相互干扰特性，对不同翼间距的上下层双翼系统流场进行了数值模拟，获得了相对间距变化对上、下层翼气动特性影响的数值结论。结果表明，下层翼上表面激波受到上层翼的反射作用后对上、下翼升阻力系数产生了较大负面影响，随着两翼间距的增大，翼腔内激波强度减小，这种不利影响被削弱。由此可见，在亚、跨声速范围内进行轴向环翼布局设计时，应尽可能增大环翼的半径，以减少翼间不利的气动干扰。

参 考 文 献

[1] 战培国. 新型环翼飞行器布局及应用研究 [J]. 靶场试验与管理, 2007, (4): 38-42.
[2] AUGUST H, CARAPEZZA E. Ring wing for an underwater missile [R]. AIAA-93-3651-CP, 1993.
[3] 侯帅, 邢娅. 水下发射导弹的环翼 [J]. 飞航导弹, 2004 (3): 19-21.
[4] AUGUST H, OSBORN R, PINNEY M. Ring wing missile for compressed carriage on an aircraft [R]. AIAA-93-3656-CP, 1993.
[5] 石清, 赵东元, 刘高计. 基于环翼气动特性及流动机理数值分析 [A] // 中国第一届近代空气动力学与气动热力学会议论文集. 绵阳, 2006: 455-459.
[6] 张有余. 环翼前缘分离涡控制技术研究 [R]. 西安: 中国兵器工业第二〇三研究所, 1999.
[7] KRUGGEL B, MCLAUGHLIN E. Aerodynamic characteris-tics of a conformal ring wing and wrap around fin system [R]. AIAA-98-2795, 1998.
[8] HARRIS C D. NASA supercritical airfoils [R]. Lang-ley Research Center, 1993.
[9] 魏志, 陶洋, 王红彪. 超临界翼型跨声速激波振荡数值模拟 [J]. 航空动力学报, 2011, 26 (7): 1615-1620.
[10] SCHIKTANZ D, SCHOLZ D. Survey of experimental data of selected supercritical airfoils [R]. Hamburg University of Applied Sciences, 2011.
[11] 吴晓军, 马明生, 邓有奇, 等. 两种湍流模型在跨声速绕流计算的应用研究 [J]. 空气动力学学报, 2008, 26 (1): 85-90.
[12] 周宇, 钱炜祺, 邓有奇, 等. $k-\omega$ SST 两方程湍流模型中参数影响的初步分析 [J]. 空气动力学学报, 2010, 28 (2): 213-217.
[13] MENTER F R. Zonal two equation $K-\Omega$ turbulence models for aerodynamic flows [R]. AIAA 93-2906, 1993.
[14] 张磊, 杨科, 徐建中, 等. 钝尾缘翼型非定常气动特性及机理 [J]. 工程热物理学报, 2011, 32 (3): 387-390.

一种基于点目标滤波器的航弹跟踪算法

权红艳,雷海丽,赵米旸,许开銮,
刘培桢,李璐阳,宋金鸿

(西安应用光学研究所,陕西 西安 710065)

摘 要:在投掷时间和投掷地点均不确定的情况下为实现对航弹的自动检测、跟踪,提出了一种基于点目标滤波器的航弹跟踪算法。首先,通过点目标滤波器在载机下方提取点目标;然后,根据载机与点目标的相对运动轨迹等特性,判断载机是否投掷航弹;最后,切换跟踪目标,实现对航弹的持续跟踪。实验结果表明,该算法在复杂背景干扰下能够大幅度降低虚警,准确地检测出航弹目标,实现从载机到航弹的自动切换跟踪,同时满足系统的实时性要求。

关键词:航弹跟踪;点目标滤波器;运动轨迹;切换目标

A missile tracking algorithm based on point target filter

QUAN Hongyan, LEI Haili, ZHAO Miyang, XU Kailuan,
LIU Peizhen, LI Luyang, SONG Jinhong

(Xi'an Institute of Applied Optics, Xi'an 710065, China)

Abstract: For the case of uncertain time and location of a missile dropping, in order to realize automatic detecting and tracking the missile, a missile tracking algorithm is proposed based on a point target filter. Firstly, a point target under a carrier is extracted with the point target filter; then, whether the carrier has dropped a missile or not is determined according to the characteristics of relative motion trajectory for the carrier and the point target. Finally, the tracking target is switched to realize continuous missile tracking. Experimental results show that the proposed algorithm can accurately detect the missile target, reduce false alarm by a large margin under complicated background. Then realize the tracking switch from carrier to missile automatically. At the same time the algorithm satisfy real–time demand of system.

Keywords: missile tracking; point target filter; motion trajectory; switch target

0 引言

现代战争是以电子技术为基础的现代化新概念战争,随着现代战争形式的日益复杂化,基于图像处理的运动目标跟踪技术逐渐被应用于军事领域[1-3]。为紧贴未来作战,空军实战化训练的深度日益推进,旨在提高空中进攻、突防突击的实弹作战能力。在红外视频图像中,为提供某航弹实弹作战毁伤效果的视频与数据,实现从跟踪载机到跟踪航弹的自动转换是本文研究的重点。

近十年来,目标跟踪算法的研究从传统的对比度、互相关、光流、粒子滤波等,逐渐转向基于学习的跟踪算法[4]。和传统跟踪算法相比,基于学习的跟踪算法在复杂场景下表现出了更好的跟踪性能[5,6],但其缺乏对特定场景变化的适应能力。当航弹成像为无形状、尺寸和纹理等明显特征的弱小目标时,可利用的信息量很少,视频图像中若再含有复杂云层背景、飞鸟、诱饵弹等干扰时,则基于学习的跟踪算

作者介绍:权红艳(1979—),女,工程硕士,E – mail: 446605131@qq.com。

法无法稳定、准确的自动定位弹目标[7]。

本文在背景预测算法的基础上,提出了一种基于点目标滤波器的航弹跟踪算法,同时,为预防干扰造成从跟踪载机到跟踪航弹自动切换的虚警,再通过运动目标的轨迹信息进一步确认,判断载机是否投掷航弹。

1 航弹成像特征分析

载机在飞行过程中投掷航弹的红外成像如图 1 所示,将弹机分离时刻作为图像帧数统计的起始帧,图中用圆圈标识出了航弹所在位置。

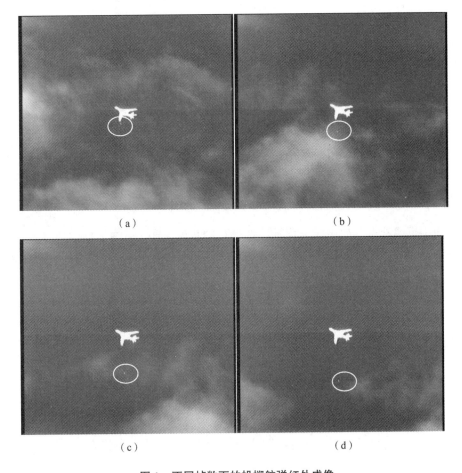

图 1 不同帧数下的投掷航弹红外成像

(a) 投弹第 1 帧;(b) 投弹第 21 帧;(c) 投弹第 41 帧;(d) 投弹第 51 帧

从序列图像图 1 (a) ~ 图 1 (d) 可看出,当载机投掷航弹时,弹目标在红外传感器中的成像特性,以及载机与航弹在二维图像中的相对运动位置关系。具体总结如下:

(1) 航弹成像是白极性点目标。
(2) 航弹在载机下方。
(3) 航弹是连续出现的运动目标。
(4) 航弹与载机在俯仰方向上的距离是逐步递增的。
(5) 航弹与载机在方位方向上的运动趋势是一致的。

2 航弹跟踪算法概述

对比分析载机与航弹在红外图像中的成像情况,载机的成像尺寸、对比度、形状等特征都优于航弹，更易于实现自动检测与跟踪[8,9]。所以，在航弹投掷时间和投掷地点均不确定的情况下，要实现对航弹的自动检测与跟踪，可借助载机的成像优势，先稳定跟踪载机，再结合载机与航弹在二维图像中的相对运动位置关系实时判断载机是否投掷航弹，当确认载机已投掷航弹时，从跟踪载机切换为跟踪航弹，完成对航弹的持续跟踪。航弹跟踪算法流程如图2所示，实现步骤如下：

（1）在载机下方通过点目标滤波器提取点目标，若没有点目标，则返回。

（2）判断每个点目标的运动轨迹是否连续，若不连续，则剔除当前点目标轨迹。

（3）为避免云层、飞鸟、诱饵弹等干扰造成从跟踪载机到跟踪航弹自动切换的虚警，可利用载机与航弹在二维图像中的相对运动位置关系进一步确认：航弹与载机在俯仰方向上的距离逐步递增，在方位方向上的运动趋势一致。若不满足运动轨迹要求，则剔除当前点目标轨迹。

（4）确认目标，认为载机已投掷航弹，从跟踪载机切换为跟踪航弹。

3 点目标滤波器的基本思想及算法实现

图像中的任何一个像素点，如果属于背景，那么它的灰度值与其邻域比较是缓慢变化的，即它的灰度值与邻域的相关性较强；如果属于目标上的一点或属于背景边缘，那么它的灰度值与其邻域比较具有灰度奇异性，即它的灰度值与邻域的相关性较差[10]。同时，背景边缘或大目标边缘不满足在各个邻域方向上都具有灰度奇异性的特性，而点目标在图像局部会形成一个或几个异常点，利用这样的特性来分离目标与背景是点目标滤波器的出发点[11,12]。

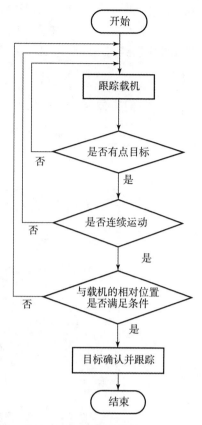

图2 航弹跟踪算法流程

点目标滤波器的基本思想：以当前像素点所在位置为中心区域，按八邻域方向将中心区域的周围划分为八个区域；再判断八个区域与中心区域灰度值的相关性，若相关性都较差，则认为当前中心区域是点目标；同时，该算法还可通过中心区域与八邻域的相关性来确定点目标的黑白极性[13,14]。

$$Y_1(i,j) = \sum_{m=0}^{N-1}\sum_{n=0}^{N-1} W(m,n) X(i-m-k, j-n-k) \tag{1}$$

$$Y_2(i,j) = \sum_{m=0}^{N-1}\sum_{n=0}^{N-1} W(m,n) X(i-m-k, j-n+N/2) \tag{2}$$

$$Y_3(i,j) = \sum_{m=0}^{N-1}\sum_{n=0}^{N-1} W(m,n) X(i-m-k, j+n+k) \tag{3}$$

$$Y_4(i,j) = \sum_{m=0}^{N-1}\sum_{n=0}^{N-1} W(m,n) X(i-m+N/2, j-n-k) \tag{4}$$

$$Y_5(i,j) = \sum_{m=0}^{N-1}\sum_{n=0}^{N-1} W(m,n) X(i-m+N/2, j+n+k) \tag{5}$$

$$Y_6(i,j) = \sum_{m=0}^{N-1}\sum_{n=0}^{N-1} W(m,n) X(i+m+k, j-n-k) \tag{6}$$

$$Y_7(i,j) = \sum_{m=0}^{N-1}\sum_{n=0}^{N-1} W(m,n) X(i+m+k, j-n+N/2) \tag{7}$$

$$Y_8(i,j) = \sum_{m=0}^{N-1}\sum_{n=0}^{N-1} W(m,n) X(i+m+k, j+n+k) \tag{8}$$

$$C(i,j) = \sum_{m=0}^{N-1}\sum_{n=0}^{N-1} W(m,n)X(i-m+N/2, j-n+N/2) \tag{9}$$

$$E(i,j) = C(i,j) - Y(i,j) \tag{10}$$

式中：W——权值矩阵模板；

$X(i,j)$——输入图像；

$C(i,j)$——中心区域灰度加权值；

Y_1、Y_2、Y_3、Y_4、Y_5、Y_6、Y_7、Y_8——分别为$C(i,j)$八个邻域的灰度加权值；

E——八邻域灰度加权值与中心区域灰度加权值的差，图3所示为点目标滤波器权值矩阵在图像块中的遍历过程。

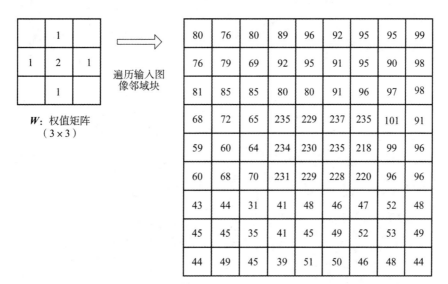

图3 目标滤波器权值矩阵在图像块中的遍历过程

E 的大小可作为是否存在点目标的判定依据，E 的正负可作为目标极性的判定依据。当被检测目标的极性为白时，8 个 E 值中大多数为正值；当被检测目标的极性为黑时，8 个 E 值中大多数为负值。图像块经滤波后结果值如表1所示，表中 E 值均为正值，可判断被检测目标的极性为白极性。权值矩阵 W 的取值可根据目标像素大小及灰度值范围进行确定，本文取值如图4所示。图4是采用本文算法在载机下方对图1的处理结果。

表1 八方向相关性差值表

方向值	1	2	3	4	5	6	7	8
Y	464	549	565	383	709	263	278	307
E	926	841	825	1 007	681	1 127	1 112	1 083

同时，为了验证点目标滤波器在复杂云层背景下的处理效果，本文仿真测试了电视视频图像，并比较了点目标滤波器和基于背景预测算法的处理结果，如图5~图7所示。

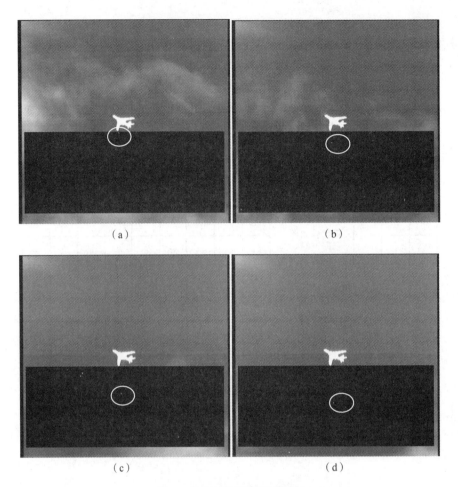

图 4 点目标滤波器处理结果

(a) 投弹第 1 帧；(b) 投弹第 21 帧；
(c) 投弹第 41 帧；(d) 投弹第 51 帧

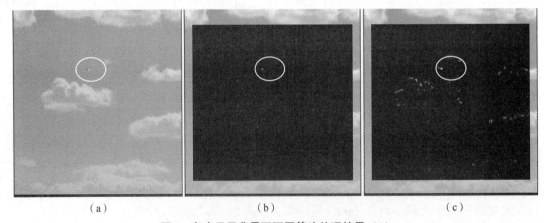

图 5 复杂云层背景下不同算法处理结果（1）

(a) 原始图像（1）；(b) 点目标滤波处理结果；(c) 背景预测处理结果

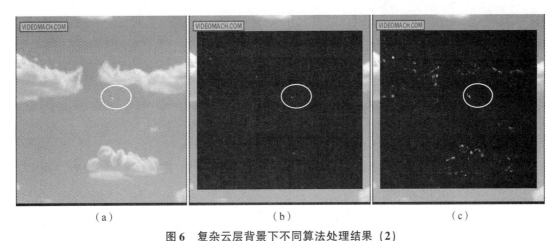

图 6 复杂云层背景下不同算法处理结果（2）
(a) 原始图像（2）；(b) 点目标滤波处理结果；(c) 背景预测处理结果

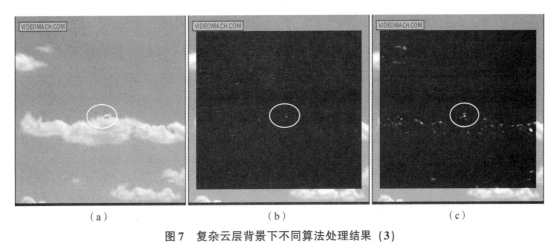

图 7 复杂云层背景下不同算法处理结果（3）
(a) 原始图像（3）；(b) 点目标滤波处理结果；(c) 背景预测处理结果

其中，图 5～图 7（a）所示为原始图像，图 5～图 7（b）所示为点目标滤波器的处理结果，图 5～图 7（c）所示为背景预测算法的处理结果。对比图 5～图 7（b）、图 5～图 7（c），两种算法均可同时提取不同极性的点目标，但点目标滤波器可抗大片的、连续的云层背景干扰，对云层边缘不敏感，其处理结果噪声大幅度减少，更利于后续的目标提取。然而，对于和点目标成像特征相似的、孤立的点状云层背景，点目标滤波器也会造成虚警，如图 7 所示。所以，为降低虚警，实现从跟踪载机到跟踪航弹的稳定自动切换，还需通过运动目标的轨迹信息进一步判断、确认。

4 航弹运动轨迹确认

提取出点目标后，为预防干扰，可通过运动目标的轨迹信息进一步判断、确认目标的真实性。轨迹滤波是根据目标运动的连续性和轨迹的一致性原则，在连续图像中检测真实目标。对于噪声点来说，由于其出现的随机性，其不可能在图像平面上形成连续的运动轨迹[15-17]；对于各种干扰来说，其运动轨迹不满足载机与航弹的相对位置关系。所以，为实现对航弹的稳定检测，运用轨迹滤波是必要的，运动轨迹判断流程图如图 8 所示。

其中，L 为轨迹存在的时间门限，一般取 10；A 为轨迹置信度门限，一般取 8。当点目标的运动轨迹满足连续性，且点目标与载机的相对位置关系也满足条件时，航弹的运动轨迹确认完毕，输出当前点目标。此时认为载机已投弹，从跟踪载机切换为跟踪航弹。

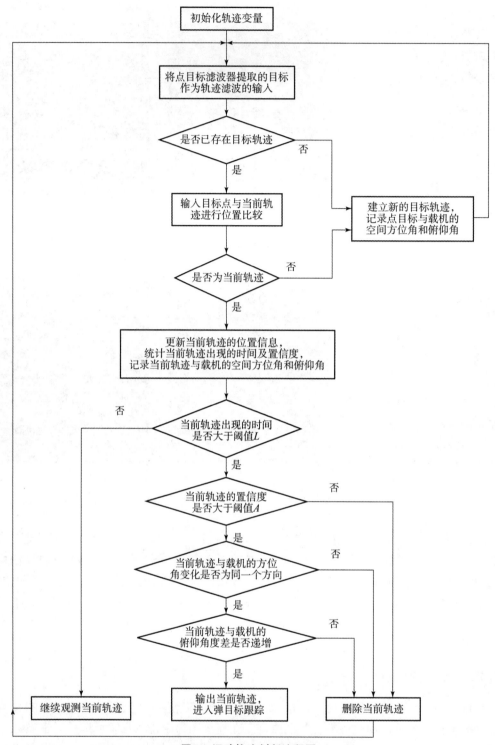

图 8 运动轨迹判断流程图

表 2 所示为目标运动轨迹的置信度判断例子，表中列出的数据为第 t 帧到第 $t+10$ 帧轨迹目标的方位角和俯仰角，通过对比第 $t+n$ 帧的各个轨迹上目标的方位、俯仰值的置信度与运动趋势，最终输出符合航弹特征的轨迹。图像中载机的方位角和俯仰角见最后一列。

第 t 帧点滤波后得到目标数为 $f_t=1$，位置为 T_1（15.78，14.10），建立一条轨迹，轨迹位置为 TR_1，其存在帧数为 1。对第 $t+1$ 帧图像进行点滤波，得到目标数为 $f_{t+1}=3$，位置分别为 T_1（15.67，14.09），轨迹位置 T_2（15.59，14.15），轨迹位置 T_3（15.30，14.06）；与当前轨迹进行比较，采用最近原则，判断为同一轨迹的阈值为 $T=$ 每帧运动角度 ±0.2。将目标 T_1 划入原轨迹 TR_1，更新轨迹 TR_1 信息，TR_1

当前轨迹帧数统计为2；目标 T_2 和 T_3 经判断不属于当前轨迹，建立新的轨迹 TR_2 和 TR_3。

表2　运动轨迹置信度判断表

轨迹数 帧计数	轨迹 TR_1 位置	f_1	轨迹 TR_2 位置	f_2	轨迹 TR_3 位置	f_3	载机位置
第 t 帧	(15.78, 14.10)	1		0		0	(15.70, 14.27)
第 $t+1$ 帧	(15.67, 14.09)	2	(15.59, 14.15)	1	(15.30, 14.06)	1	(15.59, 14.26)
第 $t+2$ 帧	(15.56, 14.11)	3	(15.46, 14.14)	2	(15.31, 14.07)	2	(15.47, 14.27)
第 $t+3$ 帧	(15.43, 14.13)	4	(15.33, 14.14)	3	N	3	(15.35, 14.29)
第 $t+4$ 帧	(15.27, 14.11)	5	(15.18, 14.12)	4	(15.30, 14.08)	4	(15.20, 14.27)
第 $t+5$ 帧	(15.16, 14.12)	6	(15.06, 14.11)	5	N	5	(15.08, 14.28)
第 $t+6$ 帧	(15.07, 14.13)	7	(14.96, 14.09)	6	N	6	(14.99, 14.29)
第 $t+7$ 帧	(14.96, 14.16)	8	N	7	N	7	(14.87, 14.32)
第 $t+8$ 帧	(14.80, 14.17)	9	(14.68, 14.07)	8	N	8	(14.72, 14.33)
第 $t+9$ 帧	(14.65, 14.16)	10	(14.51, 14.06)	9	N	9	(14.56, 14.32)
第 $t+10$ 帧			(14.37, 14.04)	10	N	10	(14.42, 14.34)
轨迹置信度	10		9		3		

在第 $t+2$ 帧至第 $t+10$ 帧，对图像进行点滤波，得到的目标位置如表2所示。经过对每一帧的目标位置的判断，生成最终的目标轨迹，再利用轨迹置信度对其进行进一步判断。

（1）轨迹 TR_1 在第 $t+9$ 帧满足轨迹存在的时间门限 $L=10$，统计其轨迹置信度为10，满足轨迹置信度门限 $A=8$，输出 TR_1，进一步判断 TR_1 与载机方位变化在同一方向，再判断 TR_1 与载机的俯仰角度差不满足逐渐增大的要求，删除轨迹 TR_1。

（2）轨迹 TR_2 在第 $t+10$ 帧满足轨迹存在的时间门限 $L=10$，统计其轨迹置信度为9，满足轨迹置信度门限 $A=8$，进一步判断 TR_2 与载机方位变化在同一方向，再判断 TR_2 与载机的俯仰角度差也能够满足逐渐增大的要求，最终将轨迹 TR_2 作为航弹目标。

（3）轨迹 TR_3 在第 $t+10$ 帧不满足轨迹置信度门限 $A=8$，直接删除轨迹 TR_3。

5　实验结果

为了检验本文提出算法的有效性，对该算法进行外场试验验证。本文算法的运行环境是基于 DSP+FPGA 的嵌入式系统，DSP 芯片选用的是 TI 公司的 TMS320C6416，主频为 850 MHz，模拟红外视频输入，分辨率为 720×288，帧频为 20 Hz，图9所示为视频跟踪板的工作时序图，在一个场同步时钟周期内，本文算法可完成解算并输出结果，能满足系统实时性要求。

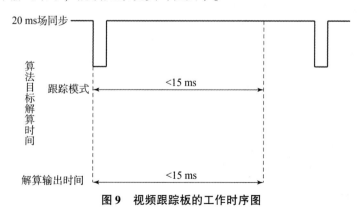

图9　视频跟踪板的工作时序图

图 10 所示为本文算法的跟踪结果，图 10（a）所示为从点目标滤波器到运动轨迹确认载机投弹的过程，图 10（b）所示为从跟踪载机到跟踪航弹的切换过程。由试验结果可以看出，本文提出的基于点目标滤波器的航弹跟踪算法实现了对航弹的自动检测与跟踪，为该型炸弹实弹作战的毁伤效果与评估任务提供了有效的检测跟踪算法。

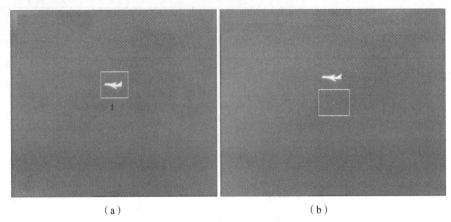

(a)　　　　　　　　　　　(b)

图 10　本文算法的跟踪结果

6　结论

综上所述，本文算法采用了点目标滤波器在载机下方提取成像特征类似于航弹的点目标，并利用运动目标轨迹的连续性、载机与航弹的相对运动位置关系等进行综合判断，剔除虚警，确认航弹。经过反复试验验证，本文提出的基于点目标滤波器的航弹跟踪算法能够准确地检测、跟踪航弹，并具有良好的跟踪效果，实现了从跟踪载机到跟踪航弹的自动切换。

参 考 文 献

［1］王树章. 基于红外图像的导弹实时跟踪算法研究［J］. 计算机仿真，2012，29（3）：158－161.

［2］KRYJAK T，KOMORKIEWICZ M，GORGON M. Real－time moving object detection for video surveillance system in FPGA［C］. USA：IEEE，2012：209－216.

［3］董晶，傅丹，杨夏. 无人机视频运动目标实时检测及跟踪［J］. 应用光学，2013，34（2）：255－259.

［4］沈秋，严小乐，刘霖枫，等. 基于自适应特征选择的多尺度相关滤波算法［J］. 光学学报，2017，37（5）：1－9.

［5］BABENKO B，YANG M H，BELONGIE S. Robust object tracking with online multiple instance learning［J］. IEEE Transactions on Pattern Analysis and Machine Intelligence，2011，33（8）：1619－1632.

［6］DANELL J M，HAGERG，KHAN F S，et al. Accurate scale estimation for robust visual tracking［J］. British Machine Vision Conference，2014.

［7］DANELL J M，HAGERG，KHAN F S，FELSBERG M. Adaptive color attributes for real－time visual tracking［C］. 27th IEEE Conference on Computer Vision and Pattern Recognition（CVPR），2014：23－28.

［8］邵鹏，杨晨，张晋敏. 基于FPGA的自适应阈值运动目标检测［J］. 应用光学，2017，38（6）：903－909.

［9］GONZALEZ R C，WOODS R E. Digital image processing［M］. Upper Saddle River，NJ：Prentice－Hall，2006.

［10］权红艳，陈卫东，林国村. 基于背景预测的对空弱小目标检测［J］. 应用光学，2012，33（刊）：140－146.

［11］HENRIGUES J F，CASEIRO R，MARTINS P，et al. High speed tracking with kernelized correlation filters［J］. IEEE Transactions on Pattern Analysis and Machine Intelligence，2015，37（3）：583－596.

［12］汪启跃，王忠宇. 基于单目视觉的航天器位资测量［J］. 应用光学，2017，38（2）：250－255.

[13] 张永军. 基于序列图像的视觉检测理论与方法 [M]. 武汉：武汉大学出版社, 2008.

[14] 陈皓月, 钱钧, 姜文涛, 等. 一种基于粒子群优化的高斯混合灰度图像增强算法 [J]. 应用光学, 2017, 38 (4): 592-598.

[15] SONKA M, HLAVAC V, BOYLE R. 图像处理、分析与机器视觉 [M]. 北京：清华大学出版社, 2011.

[16] 许彬, 郑链, 王永学, 等. 红外序列图像小目标检测与跟踪技术综述 [J]. 红外与激光工程, 2004, 33 (5): 482-487.

[17] 白相志, 周付根, 解永春. 新型 Top-hat 变换及其在红外小目标检测中的应用 [J]. 数据采集与处理, 2009, 24 (5): 643-649.

基于 Simulink 的非标准外弹道仿真与分析

吴朝峰[1]，杨 臻[1]，曹文辉[2]，郭东海[3]

(1. 中北大学机电工程学院，山西 太原 030051；
2. 庆安集团有限公司，陕西 西安 710077；
3. 重庆建设工业（集团）有限责任公司，重庆 400054)

摘 要：外弹道仿真是研究火炮外弹道的重要手段，讨论各因素对外弹道显得十分重要。在考虑地球曲率、重力加速度、风速、地球科氏加速度等因素变化的质点外弹道模型基础上，应用 Matlab/Simulink 仿真工具，采用模块化思想将外弹道模型分装为风速基础模块、曲率及重力加速度模块和科氏加速度模块来建立对应的仿真模型，并通过某两型火炮对其进行仿真验证。最后将仿真结果与理想质点外弹道相比较，得到各因素对外弹道射击精度的影响，为火炮在地球曲率、风速、地球科氏加速度等因素下弹道研究提供参考依据。

关键词：外弹道；地球曲率；风速；科氏加速度；射击精度
中图分类号：TJ201 **文献标识码**：A

Simulation and analysis of non – Standard external ballistics based on Simulink

WU Chaofeng[1], YANG Zhen[1], CAO Wenhui[2], GUO Donghai[3]

(1. College of Mechanical and Electrical Engineering,
North University of China, Taiyuan 030051, China;
2. Qing'an Group Co., LTD., Xi'an 710077, China;
3. Chongqing Construction Industry (Group) Co., LTD.,
Chongqing 400054, China)

Abstract: External ballistic simulation is an important means to study the external ballistics of artillery. It is very important to discuss the external trajectory of various factors. Based on the particle external ballistic model considering the changes of earth curvature, gravity acceleration, wind speed, Earth's Coriolis acceleration and other factors, the Matlab/Simulink simulation tool is applied to assemble the external ballistic model into wind speed basic module, curvature and gravity. The acceleration module and the Coriolis acceleration module are used to establish the corresponding simulation model, and the simulation is verified by a certain two types of artillery. Finally, the simulation results are compared with the ideal mass trajectory to obtain the influence of various factors on the external ballistic firing accuracy, which provides a reference for the trajectory research of the artillery under the factors of earth curvature, wind speed and Earth's Coriolis acceleration.

Keywords: external ballistics; earth curvature; wind speed; Coriolis acceleration; firing accuracy

0 引言

外弹道仿真是研究火炮外弹道的重要手段,其在火炮设计、射表编制、模型验证、作战仿真、装备仿真中都有广泛而重要的应用[1]。外弹道仿真通常是以微分方程组形式描述的弹丸运动数学模型为基础,应用数值计算方法对微分方程组进行反复迭代获得数值解,解算出弹丸在空中飞行时不同位置的弹道诸元。常用的弹道模型包括质点弹道方程组和刚体弹道方程组,其中质点弹道方程组因其模型简单,在诸多弹道仿真中得到应用。

文献[2]基于 Simulink 的质点外弹道进行了仿真;文献[3]基于 Simulink 中 3DOF 运动方程模块的外弹道建立了仿真模型;文献[4]进行了刚体外弹道的仿真;文献[5]考虑不同风速对外弹道的影响;文献[6]研究地球曲率以及风速对外弹道的影响,建立了非标准条件下旋转弹丸的质点弹道模型,并讨论了风速对外弹道的影响。在质点外弹道的基础上,本文考虑风速、地球曲率、重力加速度以及科氏惯性力的变化,建立外弹道模型并进行仿真计算,较上述文章更加全面具体。

1 外弹道数学模型

考虑恒定风速、科氏惯性力、地球曲率及重力加速度变化的质点外弹道方程组如下:

$$\begin{cases} \dfrac{dv_x}{dt} = -CH(y)G(v_r)(v_x - w_x) - \cdots - \\ \qquad \dfrac{v_x v_y}{R(1+y/R)} - 2\Omega(v_z \sin\Lambda + v_y \cos\Lambda \sin\alpha) \\ \dfrac{dv_y}{dt} = -CH(y)G(v_r)v_y - \dfrac{g_0}{(1+y/R)^2} + \cdots + \\ \qquad \dfrac{v_x^2}{R(1+y/R)} + 2\Omega\cos\Lambda(v_x \sin\alpha + v_z \cos\alpha) \\ \dfrac{dv_z}{dt} = -CH(y)G(v_r)(v_z - w_z) - \cdots - \\ \qquad 2\Omega(v_y \cos\Lambda\cos\alpha - v_x \sin\Lambda) \\ \dfrac{dx}{dt} = v_x(1+y/R)^{-1} \\ \dfrac{dy}{dt} = v_y \\ \dfrac{dz}{dt} = v_z \\ v_r = \sqrt{(v_x - w_x)^2 + v_y^2 + (v_z - w_z)^2} \end{cases}$$

式中变量定义可参考文献[7],在此不赘述。

2 外弹道仿真模型

由于考虑多种变量对质点外弹道的影响,涉及的公式、变量过多,如果直接搭建 Simulink 模型将非常的杂乱无序,让人难以看懂,所以本文将外弹道模型封装为 3 个主模块,然后进行对各模块的运算与积分,充分地发挥模块化的思想,方便模型的查漏与修改,同时让外弹道模型看起来简洁明了。

2.1 风速基础模块

风速基础模块将 $-CH(y)G(v_r)(v_x-w_x)$、$-CH(y)G(v_r)v_y$、$-CH(y)G(v_r)(v_z-w_z)$ 封装为一个模块如图1所示，图中 C 与弹道系数对应，$H(y)$ 与公式中的空气密度函数的标准定律对应，$G(v_r)$ 与阻力系数相对应，v_x、v_y、v_z 分别对应弹丸飞行中的三个速度。

2.2 曲率及重力加速度模块

考虑到 $-\dfrac{v_x v_y}{R(1+y/R)}$、$-\dfrac{g_0}{(1+y/R)^2}+\dfrac{v_x^2}{R(1+y/R)}$、$v_x(1+y/R)^{-1}$ 几段公式具有高度重合的变量，所以用曲率及重力加速度模块将之封装来简化模型。曲率及重力加速度模块如图2所示，图中 g_0 为重力加速度的地面值，在本文中取为9.80；R 为地球半径，取为 6.371×10^6。

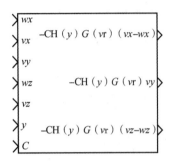

图1 风速基础模块

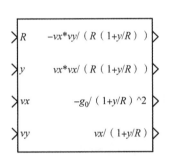

图2 曲率及重力加速度模块

2.3 科氏惯性力模块

科氏惯性力模块将 $-2\Omega(v_z\sin\Lambda+v_y\cos\Lambda\sin\alpha)$、$2\Omega\cos\Lambda(v_x\sin\alpha+v_z\cos\alpha)$、$-2\Omega(v_y\cos\Lambda\cos\alpha-v_x\sin\Lambda)$ 封装为一个模块，如图3所示，其中 O 为 Ω、A 为 Λ、a 为 α。

2.4 总的 Simulink 外弹道模型

总体仿真模型包括了积分初始条件的搭建、x 和 y 坐标点的计算以及仿真计算的结束条件（$y<0$），总体仿真模型如图4所示。由质点外弹道学理论可知，在初始射角、弹丸初速以及弹道系数这三个参数确定后，其质点外弹道飞行轨迹是唯一的，因此在计算时只需向模型输入这三个初始参数即可得到某一弹丸的外弹道飞行曲线。仿真之前要对相应的仿真参数进行设置，仿真时间设置为 INF；计算步长为变步长，最大步长为 0.01 s；积分算法为 ode45（Dormand-Prince）；解算相对误差为 10^{-3}；其他设置默认即可。

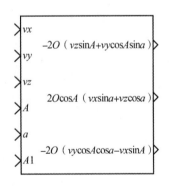

图3 科氏惯性力模块

计算时以某 122 mm 炮弹和 130 mm 炮弹为例，它们的弹道系数、初速、射角以及射程为：122 mm 炮弹的弹道系数为 0.82，初速 515 m/s，15°标定射程为 6 937.8 m；130 mm 炮弹的弹道系数为 0.56，初速为 930 m/s，45°标定射程为 24 129.0 m。

仿真结果：如图5所示，122 mm 炮弹（记为炮弹一）射程为 6 946.11 m；如图6所示，130 mm 炮弹（记为炮弹二）射程为 24 172.62 m。与射表相比较，炮弹一的仿真误差为 0.12%，炮弹二的仿真射程误差为 0.18%，仿真结果与标定值的相对误差小于千分之三的相对误差允许范围，所以外弹道模型合理。

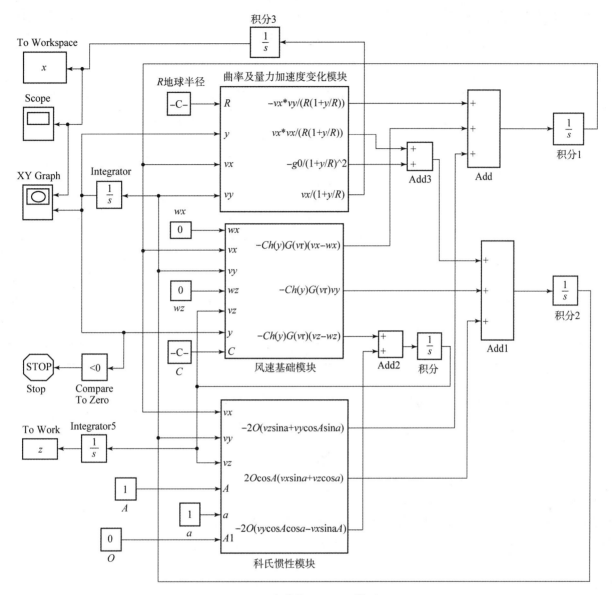

图 4 外弹道 Simulink 模型

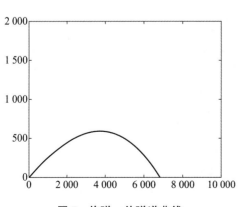

图 5 炮弹一外弹道曲线

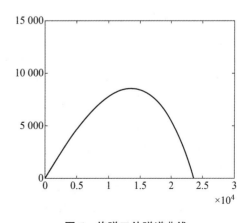

图 6 炮弹二外弹道曲线

3 仿真结果与分析

3.1 仿真初值

设置地球半径 R 为无穷大（INF），w_x、w_z、$\Omega=0$，此时得到的将是普通质点外弹道的仿真模型，分别对它在射角为 5°、10°、15°、20°、25°、30°、35°、40°、45°时的射程进行求解并将其作为初值，如表 1 所示。

表 1 射程初值

射角/°	炮弹一/m	炮弹二/m
5	3 331.38	9 007.9
10	5 353.39	13 109.54
15	6 946.11	15 856.50
20	8 295.80	18 047.29
25	9 424.59	19 877.25
30	10 299.03	21 415.98
35	10 839.60	22 654.40
40	11 177.48	23 590.07
45	11 247.72	24 172.62

3.2 地球曲率与重力加速度对外弹道影响

设置地球半径 R 为 (6.31×10^6) m，w_x、w_z、$\Omega=0$，此时得到的将是考虑地球曲率和重力加速度变化的质点外弹道，并分别对其在射角为 5°、10°、15°、20°、25°、30°、35°、40°、45°时进行仿真计算，并将其所得结果与表 1 中所得初值作差得到 x 方向射程差，并将其导入 Matlab 中作图，从图 7 中可以看出曲率及重力加速度对炮弹一的 x 方向射程差的影响为先增大后减小，对炮弹二的影响为一直减小。

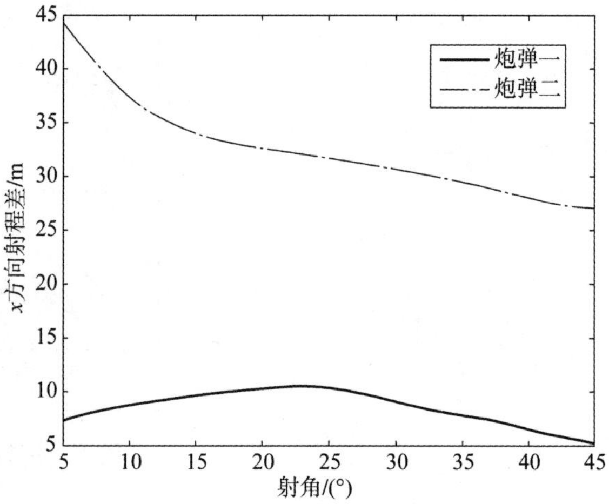

图 7 考虑曲率及重力加速度

3.3 科氏加速度对外弹道的影响

由于与地球科氏加速度有关的量有 Λ 和 α，本文分开讨论这两个变量对射程的影响，为此设置地球半径 R 为无穷大（INF），w_x、$w_z=0$，$\Omega=45°$，α 从 5°变化到 90°，每隔 5°仿真一次，此时得到的将是考虑 α 变化的科氏惯性力的质点外弹道，并对其在射角为 15°、30°时进行仿真计算，将得到的结果与表 1 中的射程相减得到射程差（z 方向的射程在理想弹道中默认为零），并导入 Matlab 作图得到图。从图 8 中可以看出，从角度 α 从 0°变化到 90°的过程中，x 方向射程差的增大先比较迅速，然后逐渐平缓，最后趋于零，从图 9 中可以看出 z 方向的射程差变化不大，但射程越大，z 方向的射程差初值越大。

为讨论纬度 Λ 对射程的影响，设置地球半径 R 为无穷大（INF），w_x、$w_z=0$，$\alpha=45°$，Λ 从 5°变化到 90°，每隔 5°仿真一次，此时得到的将是考虑 Λ 变化的科氏惯性力的质点外弹道，并对其在射角为 15°、30°时进行仿真计算，将得到的结果与表 1 中的射程相减得到射程差（z 方向的射程在理想弹道中默认为零），并导入 Matlab 作图得到图。从图 10 中可以看出，从纬度 Λ 从 0°变化到 90°的过程中，x 方向的射程差逐渐减小，到北极圈时，纬度对 x 方向射程的影响几乎为零；从图 11 中可以看出，z 方向的射程差则先增大比较快，然后比较缓慢，最后趋于零。

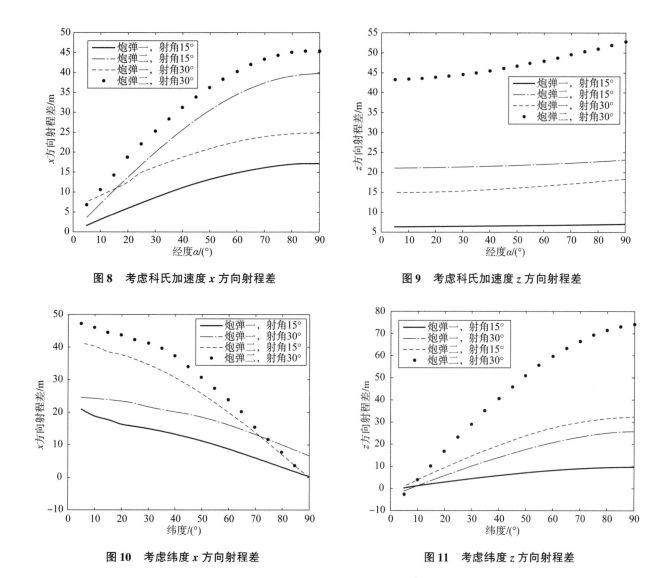

图 8　考虑科氏加速度 x 方向射程差

图 9　考虑科氏加速度 z 方向射程差

图 10　考虑纬度 x 方向射程差

图 11　考虑纬度 z 方向射程差

3.4　风速的影响

关于风速，在引言中已有多篇论文对其进行了讨论，本文讨论恒定单向风对射程的影响。为此设置地球半径 R 为无穷大，$\Omega=0$，w_x 和 w_z 分别取 1 m/s、2 m/s、3 m/s、4 m/s、5 m/s、6 m/s、7 m/s、8 m/s、9 m/s、10 m/s 的恒风，此时得到的是考虑恒定风速的质点外弹道，并对其在射角为 15°、30°时进行仿真计算，得出结果：风速对射程的影响为风速越大，射程差越大，而且其增大得最为明显。如图 12、图 13 所示。

4　结论

（1）应用本方法建立的外弹道模型具有以下优点：可以简单快捷地建立模型，减少了编程的工作量；模块化设计思想便于用户修改系统的任何部分；环境因素可以得到细致的体现；计算精度高；调试方便；结果输出具有可视化优势。

（2）地球曲率对射程差的影响为射程越大，射程差越大；射角越大，射程差越小。在 α 从 0°变化到 90°的过程中，x 方向射程差的增大先比较迅速，然后逐渐平缓，最后趋于零；而 z 方向的射程差变化不大，但射程越大，z 方向的射程差初值越大。在纬度 Λ 从 0°变化到 90°的过程中，x 方向的射程差逐渐减小到零，z 方向的射程差的增大速率由大到小，最后趋于零。风速对射程的影响为射程越大，射程差越大，而且较其他量其增大最为明显。

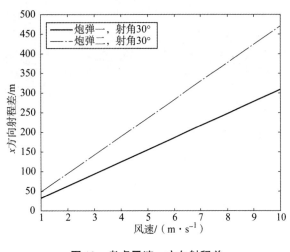

图 12 考虑风速 x 方向射程差

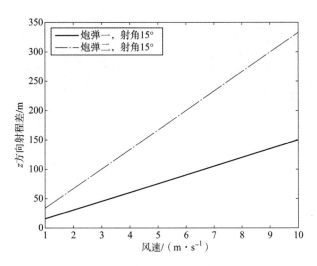

图 13 考虑风速 z 方向射程差

参 考 文 献

[1] SALVENDY G,董建明,傅利民. 人机交互:以用户为中心的设计与评估 [M] 北京:清华大学出版社,2003.

[2] 辛长范. 基于 Simulink 的质点外弹道模型仿真 [J]. 火力与指挥制,2004(6):39-40,44.

[3] 辛长范. 基于 Simulink 中 3DOF 运动方程模块的外弹道仿真模型 [J]. 弹箭与制导学报,2005(S1):179-180.

[4] 段文龙,彭杰钢. 基于 Matlab/Simulink 的弹丸外弹道 6 自由度运动仿真 [J]. 重庆工学院学报:自然科版,2009,23(4):146-149.

[5] 冯德朝,张方方,胡春晓. 自然风对旋转弹丸外弹道性能影响的仿真研究 [J]. 指挥控制与仿真,2012,34(1):96-98.

[6] 伍建辉,董亮. 基于 Matlab 迫击炮外弹道仿真 [J]. 火控雷达技术,2014,43(2):39-42.

[7] 钱林芳. 火炮弹道学 [M]. 北京:北京理工大学出版社,2009.

炮管外壁温度测量技术的研究

苗润忠[1]，吴淑芳[2]，陈占芳[3]

(1. 电子信息工程教学院，长春理工大学，吉林 长春 130022；
2. 机电工程学院，长春理工大学，吉林 长春 130022；
3. 计算机科学技术学院，长春理工大学，吉林 长春 130022)

摘 要：本文给出了火炮身管外壁实时测温系统，其特点是可以在炮试现场对火炮外壁多处进行连续测温，并能满足测试数据的处理要求。本文给出了测温系统的结构设计、温度信号的调理与传递以及基于LabVIEW的信号数据处理过程等。针对火炮身管及测试时的物理状态，对温度传感器的固定夹具及包覆方式进行改良，目的是减少测温点的热量损失并保证测量的精确度，并在实验室对测温系统进行了验证试验。

关键词：温度测量；火炮外壁；数据处理；温度传感器；信号调理；LabVIEW

中图分类号：TP39　**文献标志码**：A

Research on temperature measurement technolgy for outer wall of artillery

MIAO Runzhong[1], WU Shufang[2], CHEN Zhanfang[3]

(1. School of Electronic Information Engineering, Changchun University of Science and Technology, Changchun 130022, China;
2. School of Mechanical and Electrical Engineering, Changchun University of Science and Technology, Changchun 130022, China;
3. School of Computer Science and Technology, Changchun University of Science and Technology, Changchun 130022, China)

Abstract: This paper presents a real-time temperature measurement system for the outer wall of artillery barrel, which is characterized by continuous temperature measurement on the outer wall of artillery in the field of artillery test and can meet the processing requirements of test data. The structure design of the temperature measurement system, the conditioning and transmission of the temperature signal, and the signal data processing process based on LabVIEW are given. According to the physical state of artillery barrel and testing, the fixed clamps and cladding method of the temperature sensors are improved in order to reduce the heat loss of temperature at measuring points and ensure the accuracy of measurement. The validation test of the temperature measurement system is carried out in the laboratory.

Keywords: temperature measurement; artillery outer wall; data processing prediction model; temperature sensor; signal conditioning; LabVIEW

作者简介：苗润忠（1965—），男，研究员，E-mail: 2297420475@qq.com。

0 引言

测定各种火炮在射击过程中外壁的温度及温度变化对全面了解火炮的性能,特别是对炮管的设计及材质的选择具有重要的指导意义。所测的温度数据能够为评价火炮炮管的精准度和寿命提供基础参考。

射击时,炮口被烟尘遮蔽,使用红外等非接触方法不能测得准确温度,故需要使用直接接触测量法。传统的火炮测温系统测量数据分散且与计算机系统无实时信息关联[1-3]。本系统的温度测量及通信系统不仅能快速、实时地测量温度,还可以同时进行多点测试,如在炮口、炮管中部、炮管尾部及驻退机构外表等部位的测量。本系统可进行程序自控下的温度实时测量及温度 – 时间曲线绘制。本系统可进行数据处理、存取、输出、断偶指示、超温报警设定、打印实验表格及形成试验报告。

在本测量系统中温度传感器的选择和其在火炮外壁的固定方法很关键,具接触面积应尽量大一些,还要抵御火炮射击时的剧烈震动。夹具的设计至关重要,接触太紧容易使热电偶在火炮外壁热膨时破裂,太松容易使热电偶接触不到外壁,本文为此还进行了夹具优化设计。

1 测温系统设计

1.1 温度测量系统构成

硬件部分由装设温度传感器的夹具、补偿导线、信号调理箱及计算机系统硬件等组成。测量系统主要构成如图 1 所示。

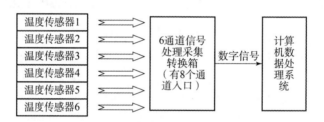

图 1 测量系统主要构成

温度信号的传递流程:系统通过传感器获得被测炮管的温度模拟信号,经一段补偿导线传递到信号调理箱,温度信号将被放大,混合滤波和 A/D 模数转换后,在采集指令导引下经数据线传入计算机系统进行数据处理,并可将处理好的数据或图像进行实时显示或打印。

信号调理箱(模块)主要是连接测试前端和计算机后端数据处理的中间节点。它的主要功能是将检测到的温度信号转换成电平信号,该信号经放大后转入给 A/D 卡进行模拟 – 数字转换,转换为数字信号后传入计算机[4]。温度信号调理和转换模块的工作流程如图 2 所示。

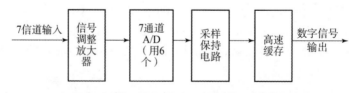

图 2 温度信号调理和转换模块的工作流程

由图 2 可知,温度信号的放大调理、A/D 转换、触发采样排序、高速缓存和与上位机的通信等工作均在一个装置内完成,也称温度信号采集模块,该装置电路图如图 3 所示,信号调理箱的电路接线图如图 4 所示。

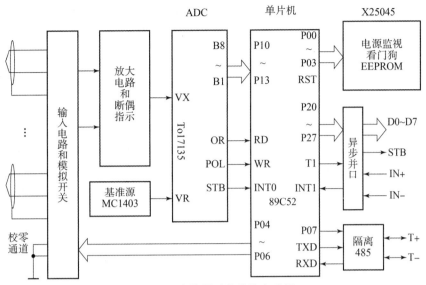

图3 温度信号采集模块电路图

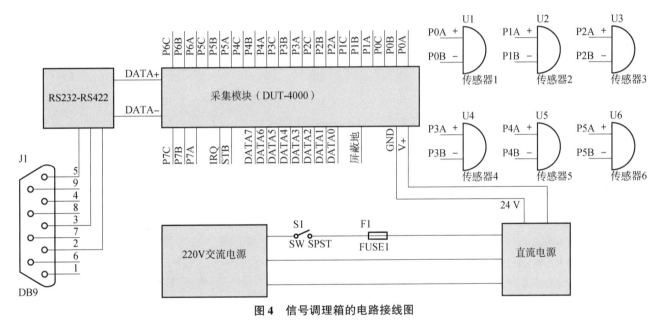

图4 信号调理箱的电路接线图

1.2 温度传感器的夹具设计

夹具设计的原则是既要起固定作用,又要保证测量精度[5]。同时,夹具在测温时要便于安装、拆卸、调整及保持夹紧状态。现有火炮外壁温度测量的传感器 – 热电偶的尾端被旋紧螺栓通过机械旋紧方式固定在炮壁外侧,由于火炮射击时受剧烈震动的影响,热电偶头部易开裂,测量失效。基于这一点,对本系统所用测量传感器的夹具进行改进设计,热电偶的尾端采取弹簧顶紧的办法,让热电偶的前端头部与火炮外壁形成弹性接触,从而避免因剧烈震动带来的传感器头部开裂或接触不良。并且夹具设计采用耐高温的聚四氟乙烯环套来辅助传感器端头的固定和包覆,这样既减少了传感器端头的热量散失,又实现了传感器与炮壁的弹性接触,保证了测温的连续性和准确度。夹具上传感器的固定如图5所示。整个夹具总体装置如图6所示。

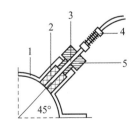

图5 夹具上传感器的固定

1—支座;2—聚四氟乙烯环套;
3—传感器;4—弹性压紧装置;
5—旋紧螺栓

2 系统软件设计

2.1 软件总体框图

软件模块主要包括初始设置(通道选择、检测地点、采集时间设置等)、数据采集、数据分析、数据显示、数据存储、打印输出、离线后处理和其他辅助功能模块等,如图7所示。

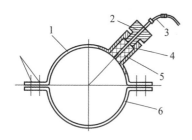

图6 夹具总体装置

1—夹具2;2—旋紧螺栓;3—传感器;4—支座;
5—聚四氟乙烯环套;6—夹具1

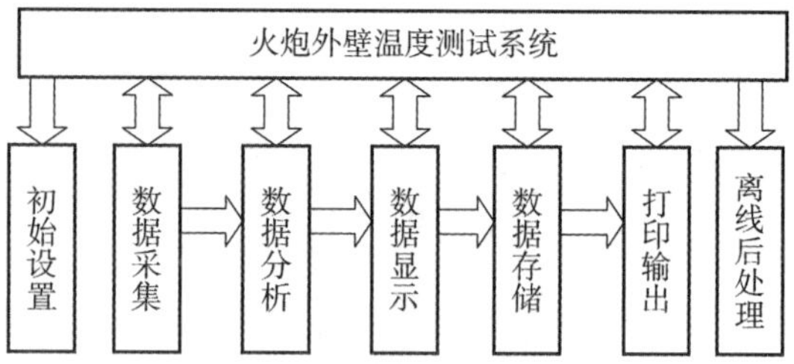

图7 软件功能模块

整个火炮外壁连续温度测试软件主要实现以下功能。
(1) 显示所测点的温度。
(2) 实时绘制温度随时间的变化曲线。
(3) 温度超出范围自动报警。
(4) 温度传感器非线性误差自动修正。
(5) 温度数据和数据分析图的打印输出。

本系统的数据库主要包含三个表:第一个表主要用于记录所测位置在不同时刻的温度值。系统从串口获得数据之后,进行处理存储,一方面用于温度的曲线图显示,另一方面,将这些数据存储到这个表中,便于数据的分析及打印;第二个表主要用于保存实验项目名称和被测火炮位置的名称,火炮测点位置名称在程序中以下拉列表的形式给出,针对这个表的操作是在开始测温之前进行的;第三个表用于记录火炮测温位置的名称、测量的温度值以及测量相对应的测温时间。这个表包含了测量过程中的全部信息,所以针对这张表可以进行生成报表以及打印报表等操作。

本系统利用虚拟仪器的原理进行构建,通过LabVIEW软件[6-8]以及数据库及水晶报表等软件的结合,使测量数据可视化、数据分析实时化、图形显示面板化,系统控制LabVIEW界面如图8所示。

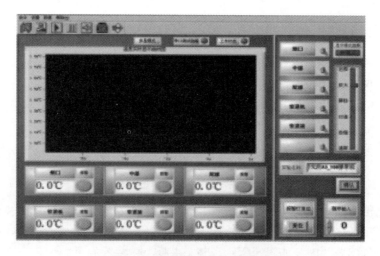

图8 系统控制LabVIEW界面

2.2 数据的显示

数据分析和显示主要用于对某测试点绘制温度－时间曲线（图9），也能够打印可选择时间节点的不同测试部位的温度变化曲线。

3 试验结果与分析

考虑到现场条件复杂，各种因素都会影响测量结果，缺乏可比性，为了考核系统的可行性，本系统在吉林省计量院进行了检验和标定，采用高温油浴加热的方法进行测温检定试验。他们依次做了100℃、200℃、250℃及300℃的检定试验，目的是确定每个测温点的系统平均示值偏差，便于软件的校正。

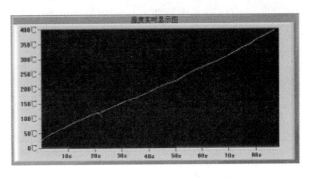

图9 单通道实时温度－时间曲线

将系统测温结果与日本ND500表面温度计（可作为标准温度计使用）作比较，表1所示为测试结果。

表1 测量数据与标准温度对比

测序	标准 $T/℃$	测温仪输出温度示值 $T/℃$					
		1路	2路	3路	4路	5路	6路
1	100	101.4	101.3	101.3	101.3	101.4	101.4
2	200	204.0	203.4	204.0	203.3	203.4	204.0
3	250	254.2	253.8	253.8	253.3	253.8	254.0
4	300	304.5	304.0	304.1	303.9	304.0	304.1

在测试时利用电炉将油槽由室温加热逐渐升温，并采用搅拌器搅拌，将系统传感器与ND500表面温度计的温度传感器置于同一位置，同步读取温度值。温度测量的结果显示，系统示值误差精度为100℃：1.4%；200℃：1.9%；250℃：1.6%；300℃：1.3%。其满足需要的精度（1.5%）的要求。若进行软件的校正，则其完全满足需方的要求。

由温度检定试验可知，6只热电偶测定结果的均匀一致性反映了系统的示值规律。依据这些数值，对不同温度范围采用不同的校正方法，具体如表2所示。

表2 温度校正方法

温度范围	方法	补偿公式
0～100℃	斜率法	补偿：$X - 0.014X$
100～200℃	斜率法	补偿：$X - 0.019X$
200～300℃	固定值	补偿：$X - 4.0$
300℃以上	固定值	补偿：$X - 4.0$

注：表中 X 为软件没有校正时测定值。

软件校正后的测量结果显示，偏差值完全符合误差要求，软件校正后测量数据与标准温度对比如表3所示。

4 结论

本文研制了多点连续火炮外壁测温系统，系统具有所测温度信号的调理和转关功能，并实现了实时连续测量。其除对测试数据进行显示之外，还可对这些测试数据进行温度统计分析和离线温度查询。在传感器夹具设计中采用弹簧顶压和耐高温的聚四氟乙烯环套来辅助热电偶端头的固定和包覆，实现了传感器与火炮外壁的弹性接触，保证了测试的连续性。实验结果表明，该火炮的外壁温度测试系统完全满足火炮射击试验时的检测要求。

表3 软件校正后测量数据与标准温度对比

测序	标准 $T/℃$	测温仪输出温度示值（软件校正后）/℃					
		1路	2路	3路	4路	5路	6路
1	100	100.1	100.2	100.1	100.2	100.1	100.1
2	200	200.2	200.1	200.2	200.2	200.2	200.1
3	250	250.1	250.2	250.1	250.2	250.2	250.2
4	300	300.1	300.2	300.2	300.1	300.2	300.2

参 考 文 献

[1] 陈焕生. 温度测试技术及仪表 [M]. 北京：水利水电出版社，1987.

[2] 王魁汉. 温度测量技术 [M]. 沈阳：东北工学院出版社，1991.

[3] 张建波. 浅谈温度测量的发展现状 [J]. 计量与测试技术. 2001 (2)：14 – 15.

[4] 李栋梁，马洪连，李文成. 基于 SMS 的远程数据采集系统的设计与实现 [J]. 仪器仪表学报，2006 (6)：130 – 131。

[5] 杨黎明，白明兴，孙光华，等. 机床夹具设计手册 [M]. 北京：国防工业出版社，1991.

[6] 马迎建，曹洁，宋彭. 基于 LabVIEW 的 3458A 数据采集系统设计 [J]. 电子测量技术. 32 (1)：131 – 133.

[7] 邓炎，王磊. LabVIEW 7.1 测试技术与仪器应用 [M]. 北京：机械工业出版社，2005.

[8] 刘君华，贾惠芹. 虚拟仪器图形化编程语言 LabVIEW 教程 [M]. 西安：西安电子科技大学出版社，2001.

底排药端面自动包覆装置的设计与分析

程　林，齐　铭，李瑶瑶，黄求安，武国梁

(中国兵器装备集团自动化研究所　智能制造事业部，四川　绵阳　621000)

摘　要：传统的药型端面包覆采用多人现场人工包覆，采用人工包覆方式的生产人员劳动强度大，人为因素的不确定性也会造成包覆质量参差不齐。包覆生产间存在大量易燃药型且生产间为粉尘环境，如果发生爆炸，过多的生产人员会因逃脱不及时造成重大生产事故。为了解决这个问题，研究人员在浸涂和辊涂涂胶方式的基础上提出了2种实现自动化包覆方案，通过比较选择辊涂包覆方案，设计相应的包覆装置。其相比于传统人工包覆，降低了包覆强度，增加了包覆效率，提高了包覆质量，自动包覆可靠性更高，安全性更强。

关键词：药型端面；自动包覆；辊涂涂胶

中图分类号：E24　**文献标志码**：

Design and analysis of the automatic coating device for the end surface of bottom propellant

CHENG Lin, QI Ming, LI Yaoyao, HUANG Qiuan, WU Guoliang

(Center of Ammunition Charging, Automation Research Institute of China South Industries Group Corporation, Mianyang 621000, China)

Abstract: The traditional propellant end surface covering adopts the field manual covering with many people, the manual covering method has a high labor intensity of the production personnel, and the uncertainty of human factors will also cause uneven quality of the covering. There are a large number of flammable types in the covering production room, and the production room is in a dust environment. If there is an explosion, too many production personnel will cause a major production accident due to their failure to escape in time. In order to solve this problem, two automatic coating schemes are put forward based on dipping and roll coating methods. By comparing and choosing roll coating schemes, the corresponding coating device is designed. Compared with the traditional manual coating, the coating strength is reduced, the coating efficiency is increased, the coating quality is improved, the reliability of automatic coating is higher, and the security is stronger.

Keywords: the end surface of propellant; automatic coating; roller painting

0　引言

药型端面的包覆可以提高药型的燃烧渐增性[1]，研究指出，在全包覆、侧面包覆和端面包覆中，端面包覆对燃烧渐增性贡献最大[2]。火药包覆工艺是指通过流道设计，在火药的表面包覆另一种材料即包覆层[3]，火药包覆工艺可以改善火药的弹道性能、降低火药温度系数、提升弹道初速度[4,5]。火药端面包覆是将药型端面清洁干燥后涂胶黏剂，同时将包覆片端面涂相同胶黏剂，然后将包覆片和药型进行贴合。贴合后的药型保压一段时间，胶黏剂固化后即完成药型端面的包覆。目前药型的端面包覆完全由人

作者简介：程林（1992—），男，硕士研究生。

工在生产车间中完成,这对于现代化的军事装备建设来说无疑是发展中的障碍。因此,迫切需要一套火药端面自动包覆装置来提高药型端面包覆生产线自动化水平和生产效率。

1 药型端面自动包覆可行性分析

完成药型端面和包覆片的贴合即药型的端面包覆,与原胶液相比,改良后的胶液干燥时间缩短、胶液黏度较大,不易发生流挂现象,为实现药型端面自动包覆进一步提供有利的条件。为了实现自动化包覆作业,本文首先通过分析人工包覆的工艺流程,制定出自动包覆的可行工艺流程,以便设计适用的自动化装置。此外,设备对较高的药型包覆生产间安全环境要求也是制约自动化包覆的一个原因,因此设备安全性也是实现自动包覆的重要因素。

1.1 现行包覆工艺

目前药型端面包覆为传统的人工包覆。人工包覆生产效率可以满足要求,但是劳动强度大、操作人员较多且药型多属易燃易爆含能材料,包覆生产间存在炸药粉末,这种环境会对现场无防护措施的操作人员身体健康产生危害。并且人工操作过程中如果出现点燃源,发生药型引燃或者粉尘危险,生产人员逃生不及,就会造成人员伤亡的重大安全事故[6]。另外,人工包覆时生产人员操作熟练程度、生产时的情绪等都会影响包覆质量,传统的人工包覆存在很多弊端。药柱端面包覆的工艺流程如图1所示,主要包括药柱端面清洁、包覆片涂胶、药柱端面贴合和干燥四个主要步骤。

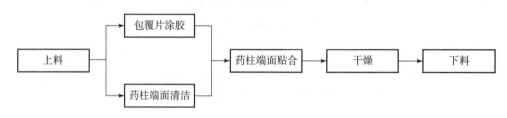

图1 人工包覆工艺流程

人工包覆采用的是人动物不动的原则,生产人员劳动强度较大。另外,在操作人员使用毛刷刷胶时,不仅刷胶厚度靠人工衡量,新员工不易控制,而且在刷胶过程中毛刷也经常出现掉毛现象,毛刷的毛粘贴到药型端面,严重影响了包覆质量。药型端面在刷胶后如果药柱倾斜时间较长会产生胶液流挂现象,导致端面胶液不均匀,因此需要涂胶后尽快进行贴合,防止端面胶液不均匀。

1.2 自动包覆要求

通过对现有生产工艺的了解[7,8],总结出实际生产对自动包覆的要求如下:
(1) 药型包覆过程实为阻燃片黏结过程,自动包覆时应该遵循黏结技术的黏结工艺顺序,即胶接件的表面处理、涂胶和胶接件贴合。
(2) 药型端面清洗后必须涂抹胶液且药型包覆要求胶液厚度为 2~3 mm。
(3) 包覆中胶接件的涂胶时间不得超过 10 s,平均每个药柱包覆过程不得超过 30 s,抓取过程中,不划伤产品表面。
(4) 胶接件涂胶均匀,包覆后质量可靠,脱黏和气泡现象不出现或者少量出现。
(5) 涂胶过程中胶液不浪费,尽量减少胶液的挥发。
(6) 包覆过程保证足够的安全性,尤其是避免静电和电火花的出现,关键部件必须满足防爆要求。
(7) 仪器布局合理,保证在人手作业半径范围内操作,仪器维护方便、快捷、易操作。

1.3 自动包覆工艺

由现有生产过程可知药型端面包覆需要经过药柱端面清洁、涂胶、包覆片贴合和干燥四个主要步骤，结合自动包覆要求制定适合自动包覆的工艺流程，如图 2 所示。为了保证安全性和制造成本，自动工艺流程中的阻燃片的预热和上下料作业仍需要人工辅助完成，自动包覆主要实现胶接件涂胶和贴合。

图 2　自动包覆工艺流程

药型包覆即包覆片的黏结过程。黏结工艺中胶接件的涂胶是黏结中的主要步骤，药型自动包覆中胶接件涂胶应当选择适合的涂胶方式。生产中常用涂胶方式有刷胶、刮涂、辊涂、浸涂、喷涂、漏胶和注胶，刮涂一般是人工使用刮刀进行作业，不适合自动化涂胶，常见自动化涂胶中辊涂、浸涂、喷涂、漏胶和注胶应用较多，药型端面包覆中涂胶对象为面，漏胶和注胶方式的涂胶轨迹多为点和线，浸涂方式多用于体涂胶，但有时也可以应用于面涂胶。适合面涂胶的涂胶方式主要是刷胶、喷涂和辊涂，药型包覆对胶液的厚度有一定要求，刷胶方式不容易控制胶液厚度，而综合考虑药型胶黏剂干燥时间、胶黏剂黏度、后期维护和投入成本，选择浸涂和辊涂两种方式比较适合药型包覆中胶接件的涂胶。

2　自动包覆方案设计

药型包覆的胶接件是药柱和包覆片，采用浸涂和辊涂两种涂胶方式分别设计底排药柱自动包覆方案，比较两种涂胶方式的药柱包覆效果。

2.1　浸涂自动包覆方案

采用浸涂方式单胶接件涂胶时，将药柱作为包覆的主体，将药柱作为涂胶对象。为了保证黏结后不易脱黏和不发生流挂现象，必须保证药柱端面清洁、水平和黏胶均匀。因此我们提出了浸涂自动包覆方案（方案 1），如图 3 所示。

浸涂自动包覆的具体步骤为以下几步。

（1）药柱端面清洁后，将药柱搬运到药柱定位装置上，该装置为带圆形沟槽的长方形滑盘，可在滑轨上自由滑动进行人工上料，沟槽对药柱起到定位作用。

（2）在药柱抓取装置和移动平台装置的共同作用下，将药柱抓起，使药柱运行至胶盒正上方，之后下降进行浸胶，浸涂胶液时，使药柱端面不宜下降到使液面过大，控制机械抓手保证药柱浸涂胶液的厚度在 2 mm 左右，浸胶完成后，再上升到原来的位置。

（3）包覆片定位装置开始工作，包覆片为正方形，镶嵌在带有正方形卡槽的滑盘中，在气缸的作用下运行至胶盒的正上方，药柱端面下降到与包覆片贴合，气动控制药柱摆动旋转并保压一段时间，保证黏胶均匀和黏实，防止气泡的产生，之后药柱抓取装置和包覆片定位装置返回到初始位置。

（4）重复上面步骤 3 次，完成一批底排药柱自动包覆过程，进行人工下料。

2.2　辊涂自动包覆方案

采用辊涂方式单胶接件涂胶时，同样将药柱作为涂胶对象，为了节约成本，上下料还是采用滑盘人工辅助的形式，辊胶装置是由齿条齿轮传递动力带动辊轮转动，具体方案（方案 2）如图 4 所示。

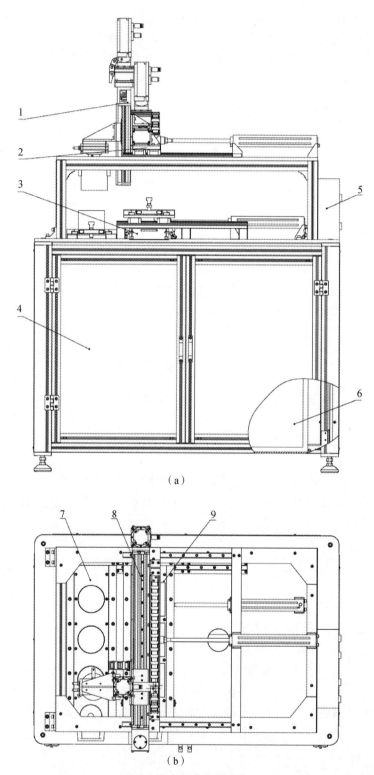

图 3 浸涂自动包覆方案

(a) 浸涂自动包覆方案主视图；(b) 浸涂自动包覆方案俯视图

1—药柱抓取装置；2—滑轨；3—浸胶装置；4—机架；5—防爆屏；6—防爆柜；
7—药柱定位装置；8—移动平台装置；9—包覆片定位装置

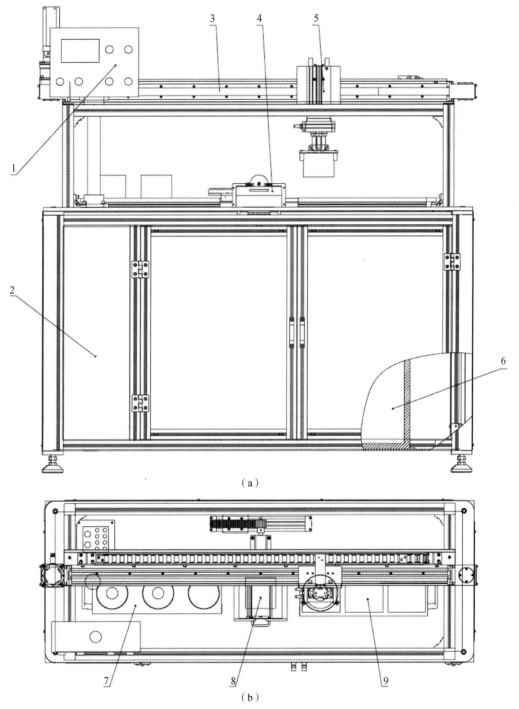

图4 辊涂自动包覆方案

(a) 辊涂自动包覆方案主视图；(b) 辊涂自动包覆方案俯视图

1—防爆屏；2—机架；3—平移装置；4—胶盒；5—抓取装置；6—防爆柜；
7—药柱定位装置；8—辊胶装置；9—包覆片定位装置

方案 2 采用辊涂方式涂胶，药柱在 3 个工位之间依次移动，具体流程如下：

(1) 在药柱上料之前进行涂胶前预处理端面清洗，将预处理之后的药柱进行端面风干。

(2) 将风干之后的药柱进行人工上料，在平移装置的协同工作下，抓取装置将药柱抓起至辊轮正上方，药柱端面和滚轮相切。

(3) 辊胶装置开始工作，安装台面下的气缸将胶盒顶起，辊轮在齿条齿轮的带动下转动开始涂胶，辊胶装置带有刮板，保证涂胶均匀和辊轮清洁。

(4) 涂胶完成后，抓取装置将药柱抓取至和包覆片贴合，旋转保压一段时间，进行下一个药柱的包覆。

(5) 重复上述过程 3 次，完成一批底排药柱自动包覆过程，进行人工下料。

2.3 自动包覆方案的选择

两种方案理论上都能实现对药型端面包覆片的粘贴，也都不同程度减少了操作人员的数量和劳动力强度，通过对比我们选择更加适合的方案，两种方案对比结果如表 1 所示。

表 1 方案对比表

方案	方案 1	方案 2
设计方式	模块化	模块化
基本功能	满足	满足
涂胶厚度	较难控制	容易控制
制造成本	较高	较低
控制难度	较难	简单
传动方式	使用气缸，电机驱动	使用气缸，电机驱动
时间限制	包覆时间较长	包覆时间较短
包覆效果	一般	较好

由表 1 可知，两种方案都采用了模块化设计，降低维护成本，为后续的优化提供了基础。为了节约成本，两种方案的自动化程度相同，都需要人工辅助上料，都具有防爆功能。方案 1 中虽然结构紧凑，但是药柱的包覆为三维运动，运行轨迹较长，控制精度要求较高，容易发生错误，因此方案 1 的可靠性不如方案 2，而且方案 2 药柱的包覆为二维运动，运行轨迹简单，时间较短，自动包覆效率较高，从涂胶的方式来看，辊涂涂胶的效果要比浸涂涂胶的效果要好。综上原因，选择方案 2。

3 电气控制系统设计

电气控制系统采用 PLC 来进行整个系统的运动和逻辑控制[9]，系统的设计上采用集中控制的方式，以便于调试、使用和维护方便。并且控制系统带有总线接口和模块扩展功能，以满足今后系统联网和功能扩展的需要。整个控制系统分为三层体系结构，如图 5 所示。

第一层为应用层。由触摸屏、操作按钮、指示灯等组成。应用层主要负责人机交互，包括工作模式选择、故障报警及故障部位提示等功能。

第二层为控制层。考虑到本系统高速可靠的特点，为满足以后扩展需要，控制系统采用 PLC 控制器和扩展 I/O 模块的结构方式。系统采用德国西门子公司生产的 CPU 1214C 作为控制器，控制器与扩展 I/O 模块为各个组成部分的信号采集与输出控制提供端口，并根据设备需求进行功能模块扩展补充。采用 PLC 控制器和扩展 I/O 模块的方式实现整个生产线生产过程控制，并且将状态反馈回人机交互界面。

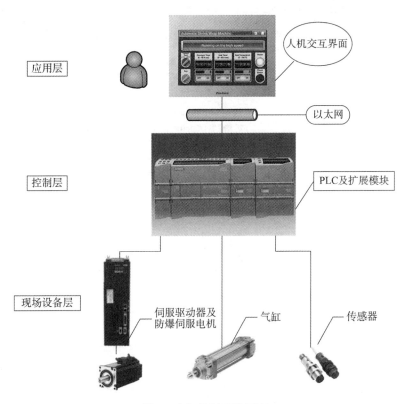

图 5　电气控制系统示意

第三层为现场设备层。其包括各种执行机构（电机、气缸电磁阀等）、现场信号采集传感器（接近开关、磁感应开关等）等。

部分控制程序源代码如图 6 所示。

电气系统的设计严格按照相关的防爆规范执行，非防爆的电气元件均被安装于防爆柜中，传感器、触摸屏、伺服电机等电气元件均为防爆产品，符合防爆设计规范[10]。该设备的主要功能有以下几方面。

（1）实现底排药柱、包覆层和胶水的快速更换及定位。

（2）实现底排药柱黏结包覆层的自动化。

（3）除注明人工操作的动作外，其余动作均采用全自动模式。

（4）现场控制终端配备有启动、停止按钮，急停按钮和手、自动按钮。

（5）设备具有机械、电气、软件三重保护功能。

4　结论

本文探索了涂胶方式的不同对包覆效果的影响，自动包覆装置的使用能够解决传统药型包覆过程中人员参与过多、人员安全性低的问题。其在实际使用中可以提高整个生产过程的安全性和整体自动化程度，而且保证包覆质量。自动化的药型端面包覆工艺为生产车间的生产和管理注入新技术，使劳动条件得以改善，减少事故发生率和人员伤亡，自动包覆设备在生产过程中的应用具有很好的现实意义，而且装置的设计正是非标设备模块化设计方法的一种应用，为后续设计更加自动智能化的设备打下了坚实的基础，具有一定的参考价值。

```
24  IF #nRunMode>0 THEN
25      IF #bStartFlag THEN
26          CASE #nStep OF
27              1://模式选择
28                  CASE #nRunMode OF
29                      1://1模式自动运行三个药柱
30                          #nStep := 2;
31                  END_CASE;
32              2://升降气缸伸出,胶盒气缸伸出
33                  "DB_HMI".nGoodsTurn := #nTrunRound;
34                  "DB_HMI".nRunState := 2;
35                  "DB_Active".valve_M_Box := TRUE;
36                  "DB_Active".valve_M_Lift := TRUE;
37                  IF #valLift.OutStatus = 1 THEN
38                      "DB_HMI".NewTurn := FALSE;
39                      #nStep := 3;
40                  END_IF;
41              3://机械手伸出
42                  "DB_HMI".nRunState := 3;
43                  "DB_Active".valve_M_Hand := TRUE;
44                  IF #valHand.OutStatus = 1 THEN
```

(a)

```
246  #valHand(Run := "DB_Active".valve_M_Hand,
247          I_Send := TRUE,
248          I_Back := TRUE,
249          SendTime := t#2s,
250          BackTime := t#2s,
251          Q => "Valve_M_Hand",
252          OutStatus=>"DB_HMI".ValHandState);
253  "MC_MoveJog_DB"(Axis := "伺服电机",
254          JogForward := "DB_Active".MC_M_JogForward,
255          JogBackward := "DB_Active".MC_M_JogBackWard,
256          Velocity := "DB_Active".MC_M_JogVelocity);
257  "MC_Power_DB"(Axis:="伺服电机",
258          Enable:="DB_Active".MC_M_Enable,
259          Status=>"DB_Active".MC_M_EnableStatus);
260  "MC_Home_DB"(Axis:="伺服电机",
261          Execute:="DB_Active".MC_M_GoHome,
262          Done=>"DB_Active".MC_M_HomeState,Mode:=7);
263  "MC_MoveRelative_DB"(Axis:="伺服电机",
264          Execute:="DB_Active".MC_M_Move,
265          Distance:="DB_Active".MC_M_Distance,
266          Velocity:="DB_Active".MC_M_AutoVelocity,
```

(b)

图6 部分控制程序源代码
(a)部分气缸控制程序；(b)部分伺服电机控制程序

参 考 文 献

[1] 杨春海,何卫东,堵平. 端面不堵孔包覆对多孔发射药燃烧和弹道性能的影响[J]. 火炸药学报,2012,2(35):78-81.

[2] 罗运军,刘玉海,何卫东,等. 不同包覆方式包覆火药的燃烧性能[J]. 弹道学报,1995,7(2):22-26.

[3] 王泽山,何卫东,徐复铭. 火药装药设计原理与技术[M]. 北京:北京理工大学出版社,2006:219-221.

[4] FLANAGAN J E, LO G A, FRANKEL M B, et al. Gun propellant grains with inhibitor coating: US, 3948697 [P]. 1976.

[5] BRONNIMANN E, et al. Improvement of ballistic performance with surface-coated double-base propellant. The 8th International Symposium on Ballistics, 1985.

[6] 李德钊. 烟火药粉尘的危害与防治 [J]. 安全, 2015 (4): 20-23.
[7] 罗运军. 低温感包覆火药装药技术的理论与实验研究 [D]. 南京: 南京理工大学, 1994.
[8] 张冬. 多工位药型端面包覆装置的设计与分析 [D]. 太原: 中北大学, 2016.
[9] 叶晓晖. PLC在电气自动化中的应用现状及发展前景概述 [J]. 中国新技术新产品, 2009 (15): 144-145.
[10] 唐海洋, 张剑. 爆炸性环境用防爆电气设备选型及电气线路的设计 [J]. 电气防爆, 2007 (1): 36-40.

基于弹炮刚柔耦合接触的薄壁身管动响应过程分析

栾成龙[1,2]，郭保全[1,2]，黄 通[1,2]，李魁武[2,3]

(1. 中北大学 机电工程学院，山西 太原 030051；
2. 中北大学 军民融合协同创新研究院，山西 太原 030051；
3. 西北机电工程研究所，陕西 咸阳 712099)

摘 要：为了探究薄壁身管的力学结构性能，基于身管受力状况，建立身管分析的理论数学模型，利用Adams动力学仿真软件建立弹炮刚柔耦合接触的身管动力学仿真模型并进行数值分析，得到了发射过程中膛线导转侧力矩的变化规律，以及导转侧力对身管刚度和强度的作用特性，分析了身管动响应过程。研究结果表明：在发射过程中，薄壁身管受导转侧力的影响较大，弹丸运动过程中不平衡力对身管强度的影响较大，应通过弹丸结构设计进一步消减弹丸与身管碰撞对身管强度的影响。

关键词：薄壁身管；导转侧力；刚柔耦合

中图分类号：TJ303　**文献标识码**：A

Dynamic strength analysis of thin tube based on projectile – barrel rigid – flexible coupling

LUAN Chenglong[1,2], GUO Baoquan[1,2], HUANG Tong[1,2], LI Kuiwu[2,3]

(1. College of Mechatronic Engineering, North University of China, Taiyuan 030051, China;
2. Research Institute of Collaborative Innovation of Military – civilian Integration,
North University of China, Taiyuan 030051, China;
3. Northwest Institute of Mechanical & Electrical Engineering,
Xianyang 712099, China)

Abstract: In order to study the mechanical properties of the thin – walled tube, the theoretical mathematical model of the dynamic strength of the body tube is established based on the stress state of the body tube, and the body tube dynamic simulation model of the rigid – flexible coupling contact of the elastic gun is established by the Adams dynamics simulation software, and the numerical analysis is carried out. The change law of the torque of the rifling side during the launch and the effect of the force on the stiffness and strength of the body tube are obtained, and the response process of the body tube is analyzed. The results show that in the process of launching, the influence of the force on the lateral force of the thin – wall tube is large, and the influence of the unbalanced force on the strength of the body tube during the movement of the projectile is large. Step by step to reduce the impact of the collision between the bullet and the barrel on the strength of the barrel.

Keywords: thin tube; steering force; rigid and flexible coupling

---

作者简介：栾成龙 (1994—)，男，硕士研究生，E – mail: 653605031@qq.com。

0 引言

身管是火炮的重要组成部分,在发射时承受高压火药燃气的作用,导引弹丸运动[1]。身管结构通常分为滑膛和线膛,其中,线膛身管内有膛线,既可发射旋转稳定弹,也可发射空气动力稳定弹,并且射击精度较高,因此线膛身管在武器设计中被广泛应用。

火炮的轻量化是提高作战部队战略和战役机动性的主要途径。其体现在身管上主要是改变结构或材料,线膛炮身管壁厚减小,可以减轻火炮总体重量,但是降低了身管刚度、强度和身管的承载能力[2]。高温高压的火药燃气在炮管内呈脉冲式高速流动和弹头挤进膛线时与膛面的剧烈摩擦使身管温度瞬间升高,严重影响身管材料的力学性能和身管的结构强度,从而影响火炮的使用性能。如果不能准确地计算临界缺陷尺寸,并且考虑采用合理的身管壁厚,则身管在使用过程中就可能会发生脆断[3]现象甚至炸膛现象。如何在延长身管寿命、减轻身管质量的前提下设计优化身管结构是现阶段线膛身管主要的研究内容之一[4]。

为了探究薄壁身管的力学结构性能,本文通过分析身管受力,建立身管动强度分析的理论模型,并且在 Adams 中对弹炮刚柔耦合模型进行仿真分析,获得了发射过程中导转侧力的变化规律,以及对身管刚度和强度的作用特性分析了身管结构参数对身管强度的影响。这对于身管结构的动强度分析以及优化设计具有一定的借鉴意义[5]。

1 基本原理

线膛炮身管结构内表面的膛线可以使弹丸在出炮口时具有一定的旋转速度,来保证弹丸在空中飞行的稳定性。火炮发射时,火药燃气推动弹丸沿炮膛轴线运动的同时,弹带切入膛线产生了相互作用的正压力,该正压力即膛线导转侧力。

膛线导转侧力大小和变化规律对弹丸的运动状态和火炮射击密集度有重要影响。在发射条件不变的情况下改变身管膛线结构可以影响膛线导转侧力的大小与变化规律,进而优化火炮性能[6]。

分析弹丸在身管内运动时弹带与膛线导转侧间的相互作用力 F_n,摩擦力为 fF_n。如图 1 所示,对膛线导转侧来说,正压力 F_n 沿膛线的法线方向,并指向导转侧,摩擦力 fF_n 与弹带运动方向相同;对弹丸来说方向刚好与上述相反[7]。

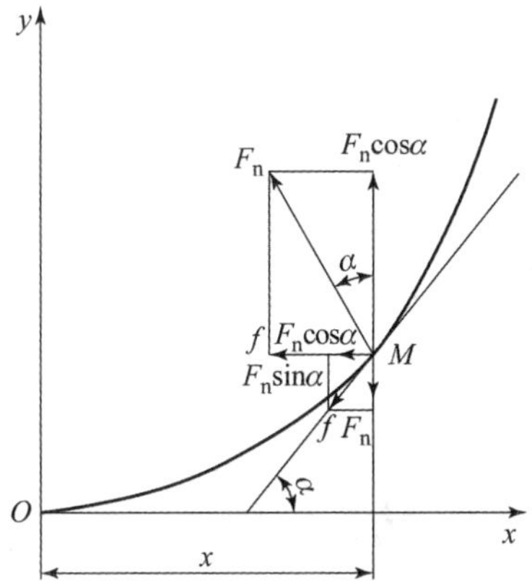

图 1 作用在膛线导转侧的力

2 数学模型

本文首先通过分析身管发射过程中的受力过程建立弹丸膛内运动过程的动力学方程,然后通过 Adams 进行仿真分析[8]。

在弹丸发射过程中,对于线膛炮,取弹丸为自由体,可写出弹丸旋转运动的方程式:

$$A\frac{d\omega}{dt} = nrF_n(\cos\alpha - f\sin\alpha) \quad (1)$$

式中:$A = m\rho^2$——弹丸的极转惯量;

m——弹丸质量;

ρ——弹丸的惯性半径;

ω——弹丸角速度;

n——膛线条数;

r——口径的 1/2;

α——缠角;

f——摩擦系数,在计算中通常取其为 0.10。

弹丸的切线速度为 $r\omega$，轴向速度为 v，两者间的关系为 $\frac{r\omega}{v}=\tan\alpha$，即

$$\frac{d\omega}{dt}=\frac{1}{r}\left(\frac{dv}{dt}\tan\alpha+v^2\frac{d(\tan\alpha)}{dx}\right) \quad (2)$$

将式（2）和 $A=m\rho^2$ 代入弹丸旋转方程，整理得

$$F_n=\frac{1}{n}\left(\frac{\rho}{r}\right)^2\frac{m\frac{dv}{dt}\tan\alpha+mv^2\frac{d(\tan\alpha)}{dx}}{\cos\alpha-f\sin\alpha} \quad (3)$$

为了确定 $m\frac{dv}{dt}$ 的值，写出弹丸直线运动方程式

$$m\frac{dv}{dt}=p_dS-nF_n(\sin\alpha+f\cos\alpha)\approx p_dS \quad (4)$$

式中：p_d——弹底压力；
S——横断面面积；
a,b——阳线、阴线的宽度；
d_1——阴线直径；
d——口径。

整理得导转侧的正压力为

$$F_n=\frac{1}{n}\left(\frac{\rho}{r}\right)^2\frac{p_dS\tan\alpha+mv^2\frac{d(\tan\alpha)}{dx}}{\cos\alpha-f\sin\alpha} \quad (5)$$

由于 $\alpha\leqslant 6°\sim 8°$，因此 $\cos\alpha-f\sin\alpha\approx 1$，故有

$$F_n=\frac{1}{n}\left(\frac{\rho}{r}\right)^2\left(p_dS\tan\alpha+\frac{d(\tan\alpha)}{dx}\right) \quad (6)$$

对于等齐膛线：

$$F_n=\frac{1}{n}\left(\frac{\rho}{r}\right)^2 p_dS\tan\alpha \quad (7)$$

根据某典型火炮弹道数据理论计算的结果，弹丸运动过程导转侧力随运动时间的变化规律如图2所示。

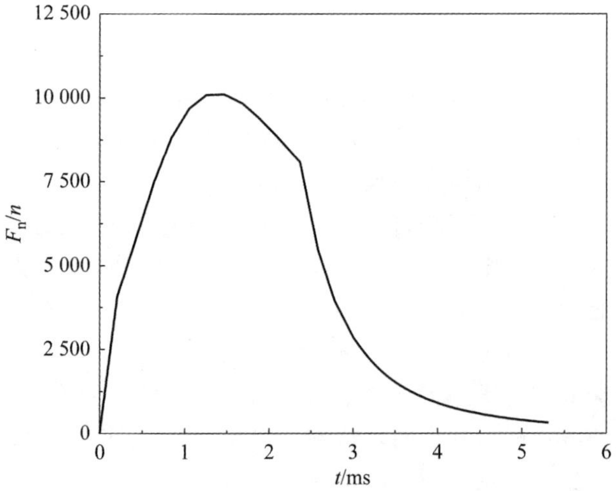

图 2 导转侧正压力理论计算曲线

3 仿真分析

3.1 仿真模型

本文首先通过 UG 建立了三维模型，根据内弹道与弹丸结构设计了线膛身管，然后将三维模型导入 Adams 动力学仿真软件，身管结构柔性化，弹丸是刚体，本文定义了弹丸弹带与身管膛线的接触，建立弹炮刚柔耦合接触的身管动力学仿真模型（图3），施加弹底压力进行动力学分析[9]。仿真模型忽略了弹丸弹带挤进过程。

3.2 基于 Admas 的接触碰撞算法

在 Adams 中有两类接触力：一类是基于 Impact 函数的接触力，另一类是基于 Restitution 函数的接触力。Impact 用刚度系数和阻尼系数来计算碰撞力，而 Restitution 用恢复系数来计算接触力。本文应用 Impact 函数定义弹丸弹带与身管膛线的接触力。

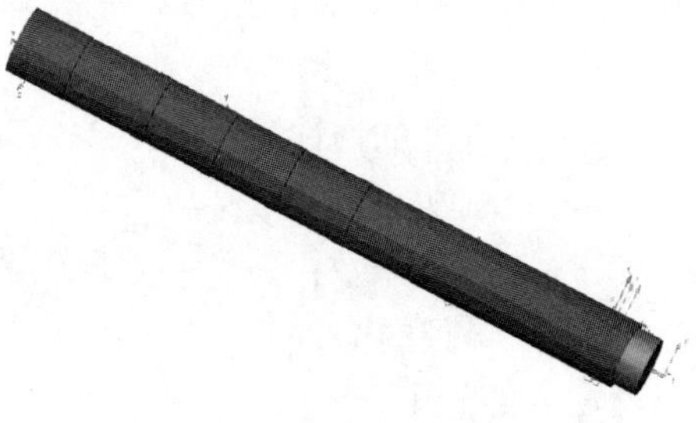

图 3 刚柔耦合模型

在 Adams 中碰撞力的定义为

$$\text{Impact} = \begin{cases} K(x_1 - x)n - x\text{STEP}(x, x_1 - d, c_{\max}, x_1, 0) & (x < x_1) \\ 0 & (x \geq x_1) \end{cases}$$

式中：K——刚度系数；

n——接触指数；

x——接触距离；

x_1——接触函数的距离变量；

$c_{\max}$——阻尼函数；

d——阻尼率达到最大所要经过的距离。

当接触距离 x 小于接触函数的距离变量 x_1 时，产生接触力；当接触距离 x 大于接触函数的距离变量 x_1 时，接触力为零。

接触刚度的表达式为

$$K = \frac{3}{4} R^{\frac{1}{2}} E$$

$$1/R = 1/R_1 + 1/R_2$$

$$1/E = (1 - u_1)/E_1 + (1 - u_2)/E_2$$

式中：R——综合曲率半径；

u_1，u_2——分别为两个材料的泊松比；

E——综合弹性模量；

E_1，E_2——分别是两个材料的杨氏模量；

R_1，R_2——分别是两个材料接触点的当量半径。

身管材料为炮钢，弹丸弹带为铜材料。对于金属材料，非线性指数值一般为 1.3~1.5，本文中取值为 1.5。阻尼系数取值为 30 N·s/mm。最大阻尼时的击穿深度取值为 0.1 mm。静摩擦因数取为 0.3，动摩擦因数取为 0.1。

3.3 导转侧力

建立好仿真模型之后进行仿真研究，由内弹道计算数据确定仿真时间，通过后处理模块处理数据选取了弹丸弹带与身管膛线接触点，获得了发射过程中等齐膛线导转侧力 F_n 的变化规律。

图 4 中仿真结果与理论计算结果的大小趋势基本吻合，根据公式（7）可知导转侧正压力 F_n 的大小与弹丸的结构、弹底压力、膛线缠角和条数等有关，与弹底压力成正比，可以得到仿真模型基本可靠。

等齐膛线导转侧力的变化规律与膛压的变化规律相同，当膛压达到最大值时，F_n 也达到最大值。在曲线开始阶段，仿真曲线的导转侧力大于理论计算曲线，这是因为实际情况弹丸弹带是挤入身管膛线，而仿真过程中弹带挤入膛线的过程简化为弹丸弹带已经预先刻好槽与身管膛线配合开始运动。

另外，由于弹丸在身管中受不平衡力的影响，弹丸速度越快振动效应越强烈，仿真曲线随时间越久 F_n 波动越大，这对膛线和弹带的强度不利。膛线条数 n 增加时，F_n 减小，但是膛线条数不宜

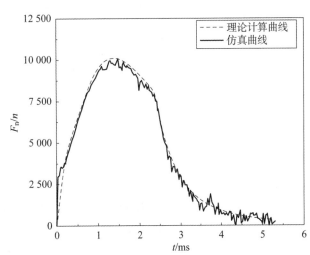

图 4　导转侧力仿真与计算比较

过多，否则膛线宽度就会变窄，这对阳线的强度不利。

3.4 应力应变分析

Adams 仿真完成后由后处理模块进行数据处理，调入 msc.Adams/durability 模块，再将仿真动画调入，选择应力，显示仿真模型的动态应力变化及大小，图5所示为发射过程中最大应力节点的应力云图。弹丸在图中由右向左运动。

Last_Run Time=0.004 4 Frame=175

图 5 应力云图

Mises 应力的峰值为 850 Mpa，接近炮钢的屈服极限，在经历多发射击后可能产生较大的塑性变形。身管发射过程中的应力变化主要是由身管膛线与弹丸弹带之间的相互作用力引起的，换言之薄壁线膛身管导转侧力基本决定了薄壁身管的动态应力。

通过 Adams 插件确定最大应力节点的动应力历程如图6所示。

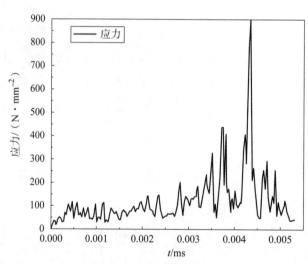

图 6 最大应力节点处的动应力历程

由图6及仿真数据可得，弹丸在身管内运动时，是在火药燃气产生的膛压作用下，随膛线旋转发射，弹丸与身管相互作用力 F_n 处应力变化显著，身管强度受 F_n 的影响较大。由式（7）表示，导转侧力与身管膛线数量、缠角和弹丸尺寸有关，为了满足身管的强度与使用要求，应该综合考虑身管、弹丸结构与导转侧力的关系。

在仿真模型中选取身管内部从发射开始端到出炮口端的等距离8个点作为标记点，仿真完成后经过数据处理得到的等效应变曲线如图7所示。

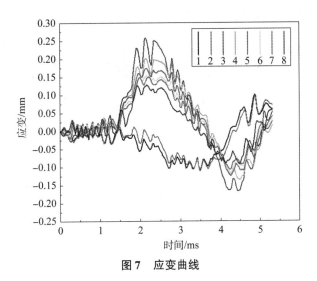

图 7 应变曲线

由图 7 可知,1~8 点的曲线的最大应变量由小变大再变小,与膛压变化规律一样。每条身管应变曲线的变化规律相似,但是在结束位置产生了不大于 0.05 mm 的塑性形变,分析原因是仿真模型中弹丸模型不准确导致发射过程中弹丸与膛壁之间的不平衡因素影响较大,包括弹丸质量的不均衡性、旋转轴与弹轴的不均衡性、火药合力的偏斜、身管的弯曲与振动,造成内弹道过程中身管与弹丸的碰撞产生了微小的塑性形变,尤其是本文探究的是薄壁身管,仿真结果产生的应变对身管强度影响较大,这在设计过程中是需要重点考虑的因素之一。

4 结论

本文通过建立刚柔耦合仿真模型对身管弹丸发射过程进行仿真分析,得到了导转侧力的作用特性和变化规律,以及发射过程中身管的应力、应变分布与弹丸身管结构参数对身管强度的影响。

(1)在发射过程中,薄壁身管受导转侧力的影响较大,校核强度可以通过选取多个节点的最大应力值及动应力历程检验薄壁身管是否符合设计要求。

(2)弹丸运动过程中不平衡力对身管强度的影响较大,应通过弹丸结构设计进一步消减弹丸与身管碰撞对身管强度的影响。

参 考 文 献

[1] 刘达. 轻量化牵引火炮全炮动态应力分析 [D]. 南京:南京理工大学,2008.
[2] 张勇,潘玉田. 薄壁身管强度分析 [J]. 机械管理开发,2011 (2):74-75.
[3] 王毓麟,王仪康. 论对薄壁火炮用钢管的安全韧性要求 [J]. 金属材料与热加工工艺,1979 (4):1-12.
[4] 王毓麟. 近二十年来薄壁炮钢之进展 [J]. 金属材料与热加工工艺,1980 (2):4.
[5] 孔建国. 复合材料在身管火炮中的使用研究 [C] //重庆仪器材料研究所,中国仪器仪表学会仪表材料分会,国家仪表功能材料工程技术研究中心. 第六届中国功能材料及其应用学术会议论文集 (9). 重庆仪器材料研究所、中国仪器仪表学会仪表材料分会、国家仪表功能材料工程技术研究中心:中国仪器仪表学会仪表材料分会,2007:3.
[6] 李鹏辉. 火炮身管结构强度与损伤分析 [D]. 太原:中北大学,2010.
[7] 刘佳,赵娜. 基于 ADAMS 的无后坐炮射击动态稳定性仿真研究 [J]. 机械工程与自动化,2011 (5):38-40.
[8] 钱林方. 薄壁身管纤维增强复合材料缠绕角的优化设计 [J]. 火炮发射与控制学,1995,03.
[9] 张相炎,郑建国,袁人枢. 火炮设计理论 [M]. 北京:北京理工大学出版社,2014.

转管炮缓冲器与炮口制退器后坐性能匹配研究

周　军，高跃飞，王振嵘，马　浩

（中北大学　机电工程学院，山西　太原　030051）

摘　要：针对转管武器的缓冲器与炮口制退器后坐力匹配效果不佳的问题，以某 23 mm 转管炮为研究对象，分析了该炮的炮口制退器和缓冲器的结构原理，首先建立了带有炮口制退器的转管炮缓冲运动模型，然后利用 MATALB 研究了不同炮口制退器效率和不同缓冲器参数对后坐位移和后坐阻力的影响，最后利用内点罚函数法对影响参数进行优化，得到了在位移允许范围内的最小后坐阻力的缓冲器参数和炮口制退器效率。结果表明：炮口制退器效率对后坐特性影响明显；优化设计后参数相比于原参数降低了后坐阻力，后坐阻力变化平稳，缓冲器和炮口制退器匹配效果较好，同时该研究结果为转管武器的炮口制退器及缓冲器优化设计提供了参考依据。

关键词：转管炮；缓冲器；炮口制退器；后坐力匹配；优化设计

中图分类号：TJ303　　**文献标识码**：A

Research on Matching Performance of Gatling Gun Buffer and Muzzle Brake

ZHOU Jun, GAO Yuefei, WANG Zhenrong, MA Hao

(College of Mechatronic Engineering, North University of China, Taiyuan 030051, China)

Abstract: Aiming at the problem that the matching effect between the buffer of the Gatling weapon and the backrest of the muzzle brake is not good, a 23 mm Gatling gun is taken as the research object, the structural principle of the muzzle brake and the buffer is analyzed. The recoiling motion model of the muzzle brake is established. The effects of different muzzle brake efficiency and different buffer parameters on the recoil displacement and recoil resistance are studied by using MATALB. Finally, the influence parameters are optimized by the internal penalty function method, got the minimum in the range of allowable displacement recoil buffer parameters of resistance and the muzzle brake efficiency. The results show that the parameters of the post-optimization design reduce the recoil resistance compared with the original parameters, the resistance changing steadily, and the matching effect is better. At the same time, the research results provide a reference for the muzzle brake and buffer optimization design of the Gatling weapon.

Keywords: Gatling gun; buffer; muzzle brake; recoil matching; optimization design

0　引言

转管炮射速较高，相比于非转管炮的后坐冲量更大，架体的受力和变形也会相应增大，这将直接影响武器的射击精度和射击稳定性[1]。因此如何减小后坐力，提高武器射击稳定性成为提高转管武器性能

作者简介：周军（1996—），男，硕士研究生，E-mail: 764542607@qq.com。

的重要研究方向[2]，而减小后坐力的核心工作是设计性能优良的缓冲器和炮口制退器。

为了得到性能较好的转管武器缓冲器，有很多学者已做过大量的研究。赵少华等[3]设计了一种气体缓冲器，通过结构参数优化设计获得了结构参数最优解，后坐阻力变化较平稳，但后坐位移变化幅度较大。郝秀萍等[4]设计了一种碟簧液压式缓冲器，使在后坐位移较小的情况下满足后坐阻力要求。李回滨等[5]在分析现有的转管武器缓冲器的基础上，设计了一种新型弹簧－金属橡胶缓冲器，将金属橡胶用于转管炮缓冲器上，结果表明后坐阻力变得平稳，能够有效地减小后坐位移。在缓冲器与炮口制退器匹配方面，肖俊波等[6]研究了小口径自动炮膛口制退器与缓冲器匹配对后坐力的影响，结果表明缓冲器和制退器的性能匹配十分重要，如果参数匹配不当，则高效率的制退器的后坐力会大于低效率的制退器的后坐力。这为连发武器的炮口制退器和缓冲器的匹配提供了参考基础。

安装高效的炮口制退器是减小后坐力的有效手段，但对于射速较高的转管炮来说，缓冲器能够较好地匹配是十分重要的。针对炮口制退器和缓冲器如何匹配的问题，本文在考虑缓冲器和炮口制退器共同作用的情况下，建立了转管武器射击时的后坐运动模型，分析了炮口制退器效率和缓冲器参数对后坐特性的影响。最后，为获得较优的后坐匹配效果，以制退器效率和缓冲器参数为设计变量，进行了优化计算，得到了满足后坐位移情况下的最低后坐阻力。

1 炮口制退器与缓冲器

1.1 炮口制退器结构

根据转管炮炮口部分结构特点，设计的炮口制退器如图1所示，通过螺栓将炮口制退器安装在前紧箍和后紧箍之间。

火炮射击时，在弹丸脱离炮口之后炮口制退器才发挥减小后坐冲量的作用。在转管炮后坐运动计算中，炮口制退器的作用体现在后效期炮膛合力的计算上，带炮口制退器的后效期炮膛合力表达式为

图1 转管炮炮口制退器
1—身管；2—卡盘；3—螺栓；4—前紧箍；
5—炮口制退器；6—后紧箍

$$F_{pt} = \chi F_g e^{-\frac{t}{b}} \quad (1)$$

式中：b——后效期时间常数；

F_g——弹丸脱离炮口时炮膛合力；

χ——炮口制退器冲量特征量，计算式为

$$\chi = \frac{(m+\beta\omega)\sqrt{1-\eta_T} - (m+0.5\omega)}{(\beta-0.5)\omega} \quad (2)$$

式中：m——弹丸质量；

β——火药气体作用系数；

ω——装药量；

η_T——炮口制退器效率。

1.2 缓冲器结构

该转管炮的缓冲器为弹簧－液压缓冲器，结构如图2所示。

弹簧－液压缓冲器中矩形弹簧提供弹性力，液压阻尼器提供液压阻尼力。由于弹簧的弹簧力与后坐位移呈线性关系，液压阻尼器所提供的液压阻尼力正比于液体流动速度的平方，两者的共同作用可使火炮在后坐过程中获得较理想的后坐阻力变化规律，因而具有较高的缓冲性能。

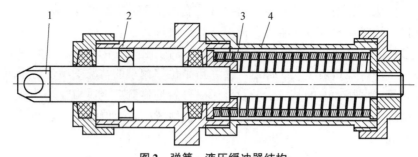

图2 弹簧-液压缓冲器结构

1—缓冲器杆；2—流液孔；3—液压筒；4—矩形弹簧

2 转管炮后坐运动模型

对于转管武器，通常自动机整体参与后坐复进运动，以后坐部分为对象，其受力关系简化模型如图3所示。图中，后坐部分受到的力包括：炮膛合力 F_{pt}，方向沿轴线向下；后坐部分的重力 $m_h g$，方向为沿后坐部分的质心竖直向下；摇架对后坐部分的作用力为约束反力 F_n 和导轨与后坐部分的摩擦阻力 F_T；缓冲器的作用力有弹簧力 F_s 和液压阻力 $F_{φh}$。

为便于分析，将后坐部分视为一个整体，结合下述假设，可将后坐运动简化成一个单自由度的运动系统。基本假设如下：

（1）后坐部分的质心在缓冲器中心轴的延长线上。

（2）除弹簧和阻尼器中液体外，后坐部分和炮架全部是刚体。

（3）发射时，所有的力作用在射面内。

（4）忽略弹丸对膛线导转侧的旋转力矩。

（5）炮膛合力作用在炮膛轴线上。

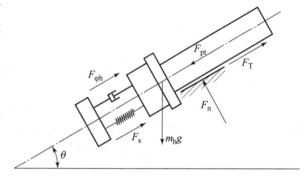

图3 后坐复进运动受力模型

在转管武器发射过程中，存在着后坐、复进、前冲和返回四个阶段，通过分析这四个过程的受力情况，得出弹簧液压缓冲器后坐运动方程

$$m_h \frac{d^2 x}{dt^2} = F_{pt} - F_R \tag{3}$$

式中：F_R——后坐阻力，为

$$F_R = \begin{cases} F_0 + Kx + F_{φh} + (F_T + F_v) - m_h g\sinθ & (x>0, v>0) \\ F_0 + Kx - F_{φh} - (F_T + F_v) - m_h g\sinθ & (x>0, v<0) \\ -F_0 + Kx - F_{φh} - (F_T + F_v) - m_h g\sinθ & (x<0, v<0) \\ -F_0 + Kx + F_{φh} + (F_T + F_v) - m_h g\sinθ & (x<0, v>0) \end{cases} \tag{4}$$

式中：F_{pt}——炮膛合力，由内弹道方程及流场计算得到；

F_0——缓冲簧预压力；

K——缓冲簧刚度；

$F_{φh}$——液压阻力；

F_T——后坐部分与摇架导轨之间的摩擦力；

F_v——液压阻尼器部分密封装置的摩擦力；

x——后坐位移；

v——后坐速度。

其中液压阻力计算式为[7]

$$F_{\varphi h} = \begin{cases} R_h v^2 & (v \geq 0) \\ R_f v^2 & (v < 0) \end{cases} \tag{5}$$

式中：R_h，R_f——分别为后坐和复进运动的液压阻力系数。

3 参数影响分析及优化计算

3.1 参数影响分析

根据式（3）及后坐阻力表达式可知炮口制退器的效率影响炮膛合力；缓冲器参数影响后坐阻力中的弹簧力和液压阻力；后坐部分与摇架导轨的摩擦力和密封装置的摩擦由后坐部分质量和摩擦系数决定，且均可看作常值。由此可知，影响后坐力的参数有炮口制退器效率、缓冲簧预压力、缓冲簧刚度、后坐液压阻力系数和复进液压阻力系数。以某 23 mm 转管炮为计算对象，分析上述参数对后坐位移和后坐阻力的影响，计算原始参数如表 1 所示。

表 1 原始参数

参数名称	单位	数值
炮口制退器效率 η_T	%	25
缓冲簧预压力 F_0	kN	15
缓冲簧刚度 K	N/mm	500
后坐液压阻力系数 R_h	kg·m	3 000
复进液压阻力系数 R_f	kg·m	10 000

根据表 1 中的参数计算该转管炮连续射击 40 发的后坐阻力和后坐位移，得到相应曲线如图 4 所示。

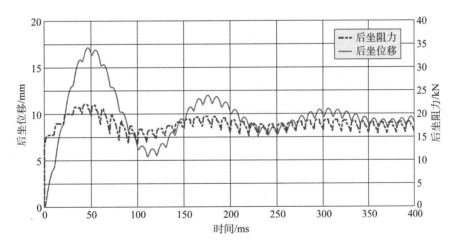

图 4 后坐阻力与后坐位移曲线

由图 4 可以看出，在原始参数下后坐位移的变化幅度较大，且不能在短时间内稳定下来。由于射频较高，后坐位移出现了叠加的现象，导致后坐阻力的峰值出现在第 5 发的时刻。

下面分别计算不同参数对该转管炮后坐特性的影响。

1）炮口制退器效率的影响

选取不同效率的炮口制退器进行仿真，分析其对后坐特性的影响，计算结果如图 5 所示。

2）缓冲簧预压力的影响

选取不同的弹簧预压力进行仿真，分析其对后坐特性的影响，计算结果如图 6 所示。

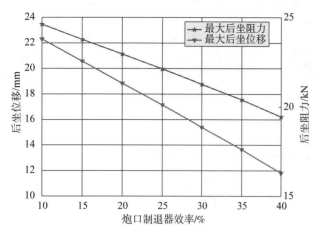
图 5　炮口制退器效率影响结果

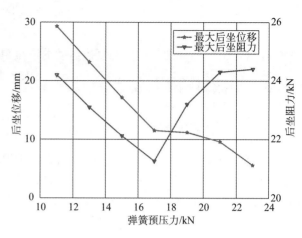
图 6　弹簧预压力影响结果

3）缓冲簧刚度的影响

选取不同的弹簧刚度进行仿真，分析其对后坐特性的影响，计算结果如图 7 所示。

4）后坐液压阻力系数的影响

选取不同的后坐液压阻力系数进行仿真，分析其对后坐特性的影响，计算结果如图 8 所示。

5）复进液压阻力系数的影响

选取不同的复进液压阻力系数进行仿真，分析其对后坐特性的影响，计算结果如图 9 所示。

由上述的分析结果可以得出：炮口制退器的效率影响较大，随着效率的增加，最大后坐位移和最大后坐阻力在不断地减小；弹簧预压力增大，最大后坐位移减小，但最大后坐阻力是先减小后增加的，存在最优值；缓冲簧刚度增加，转管炮最大后坐位移在减小，但最大后坐阻力一直在增大；后坐液压阻力系数增加，后坐位移和后坐阻力都在减小；复进液压阻力系数对最大后坐阻力和最大后坐位移的影响不大，这是由于射频较高时，后坐部分复进时间短、速度较慢，该系数的变化对复进时的液压阻力影响也较小。

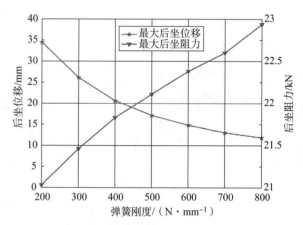
图 7　弹簧刚度影响结果

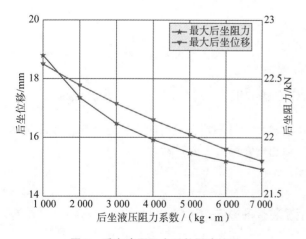
图 8　后坐液压阻力系数影响结果

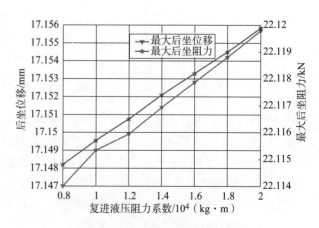
图 9　复进液压阻力系数影响结果

3.2 优化计算

分析上述参数的影响结果可知,后坐力的大小并非与 5 个影响参数成简单的线性关系。不同参数值的耦合关系决定了转管炮的减后坐效果。在进行缓冲器设计时要充分考虑各参数的取值,为了得到较为理想的后坐特性,在满足后坐位移要求的情况下,以上述参数为优化变量进行优化计算。

3.2.1 优化模型

从缓冲运动微分方程中可得知,炮口制退器效率、缓冲簧预压力、缓冲簧刚度、后坐液压阻力系数和复进液压阻力系数是影响火炮后坐特性的关键因素。故选择这 5 个参数作为设计变量。所以设计变量表示为

$$X = [\eta_T, F_0, K, R_h, R_f] \tag{6}$$

为保证获得较小的后坐阻力,将最大后坐阻力最小化作为优化的目标函数,即

$$\min F(X) = \max F_R \tag{7}$$

3.2.2 优化结果

根据上述目标函数、设计变量及其结构设计时需要考虑的约束条件,其中 $\eta_T \in (0\%, 25\%)$,采用内点罚函数优化方法进行计算,优化结果如表 2 所示。

表 2 优化前后对比

参数名称	单位	优化前	优化后
炮口制退器效率 η_T	%	25	25
缓冲簧预压力 F_0	kN	15	15.2
缓冲簧刚度 K	N/mm	500	456.8
后坐液压阻力系数 R_h	kg·m	3 000	7 570.3
复进液压阻力系数 R_f	kg·m	10 000	30 000

根据表 2 中优化后参数进行转管炮的后坐特性计算,得到后坐阻力和后坐位移曲线如图 10 所示。

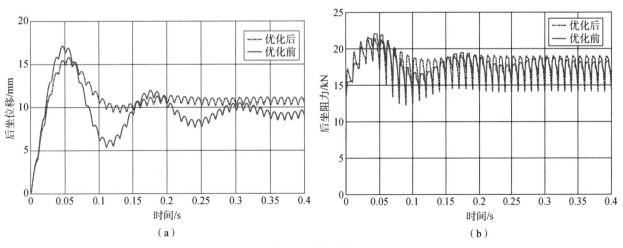

图 10 优化结果

(a) 后坐位移曲线;(b) 后坐阻力曲线

由图 10 可以看出,优化后后坐位移曲线相比于优化前变化更加平稳,后坐阻力曲线在不同峰的最大值变化幅度减小。和原参数下的结果进行比较,如表 3 所示,采用优化后缓冲器转管炮的后坐位移为 15.62 mm,比原始参数的 17.15 mm 降低了 8.9%;后坐阻力为 21.55 kN,比原始参数的 22.12 kN 降低了 2.6%。

4 结论

通过使用数值计算软件编写程序对带炮口制退器的转管炮的缓冲性能进行仿真研究，分析了炮口制退器效率和缓冲器参数对转管炮后坐特性的影响，并使用内点罚函数法对设计参量进行优化计算。所得结论如下：

表3 优化效果

参数名称	单位	优化前	优化后
最大后坐位移 x_{max}	mm	17.15	15.62
最大后坐阻力 F_{Rmax}	kN	22.12	21.55

（1）炮口制退器效率对后坐位移和后坐阻力影响明显，说明了在安装高效率炮口制退器后，可适当地调整缓冲器参数，在后坐位移不变的情况下再次减小后坐阻力。随着缓冲簧预压力增加，最大后坐阻力是先减小后增加的，存在最优解。复进液压阻力系数对后坐位移和后坐阻力影响较小。

（2）通过对影响后坐力的5个参数优化分析，得到的优化参数比原始参数的后坐位移降低8.9%，后坐阻力降低2.6%。优化后炮口制退器效率为所设置效率值上限，缓冲器参数在该效率值基础上进行优化。

参 考 文 献

[1] 杜敏,薄玉成,蒋泽一.某转管武器双向环形弹簧缓冲器的设计［J］.机械工程与自动化,2014（1）:94-95.
[2] 韩铁.转管炮高效缓冲装置优化研究［D］.辽宁:沈阳理工大学,2015.
[3] 赵少华,薄玉成,韩世俊.某种转管武器的缓冲器设计［J］.机械管理开发,2010,25（4）:28-29.
[4] 郝秀平,薄玉成,杨臻.某转管机枪缓冲器设计与仿真［J］.华北工学院学报,2003,24（3）:230-232.
[5] 李回滨,袁志华,韩铁,等.转管炮弹簧-金属橡胶缓冲器后坐特性研究［J］.火炮发射与控制学报,2017,38（2）:6-10.
[6] 肖俊波,杨国来,李洪强,等.膛口制退器与缓冲器匹配对后坐力的影响［J］.弹道学报,2017,29（4）:86-92.
[7] 戴劲松,王茂森,苏晓鹏,等.现代火炮自动机设计理论［M］.北京:国防工业出版社,2018:236-237.

电磁阻尼应用于反后坐装置的研究

刘洋，高跃飞，王登，王钊

(中北大学 机电工程学院，山西 太原 030000)

摘要：论述了火炮反后坐装置的工作原理，提出了将电磁学理论同反后坐装置的设计相结合以实现快速高效制动的目的。分析了不同激励源电磁阻尼器的工作原理及优缺点，提出了电磁阻尼反后坐装置设计过程中需解决的技术问题及解决方法，论证了装置的可行性，认为电磁阻尼反后坐装置具有一定的研究价值和应用前景。

关键词：反后座装置；电磁阻尼器；可行性研究

中图分类号：TJ306 + .1　**文献识别码**：A

Research on electromagnetic damping effect on recoil device

LIU Yang, GAO Yuefei, WANG Deng, WANG Zhao

(School of Mechanical and Electrical Engineering, North University of China, Taiyuan 030000, China)

Abstract: This paper discusses the working principle of gun recoil device, and puts forward the purpose of combining electromagnetic theory with the design of recoil device to achieve fast and efficient braking. This paper analyzes the working principle, advantages and disadvantages of electromagnetic dampers with different excitation sources, puts forward the technical problems and solutions to be solved in the design process of electromagnetic damped recoil device, demonstrates the feasibility of the device and concludes that the electromagnetic damped recoil device who has certain research significance and application prospect.

Keywords: recoil mechanism; electromagnetic damper; feasibility research

0 引言

火炮发射时，膛内火药燃气压力引起的轴向合力，即炮膛合力使炮身及其固连部分产生与弹丸运动方向相反的后坐运动。早期火炮的炮身通过耳轴与炮架刚性连接。发射时，全部后坐力通过炮身直接作用于炮架上，使炮架承受的载荷很大，火炮质量大、灵活性差、使用寿命有限。19世纪末期，火炮采用了反后坐装置，将炮身通过反后坐装置与炮架弹性连接，发射时，火药气体作用于炮身的炮膛合力 F_{pt} 通过反后坐装置的缓冲后，转化为变化平缓且数值较小的力再传递给炮架，这就使炮架受力由原来的 F_{pt} 变为反后坐装置提供的后坐阻力 F_R[1]，如图1所示。实践证明[2,3]，反后坐装置的应用使炮架实际受力仅为炮膛合力最大值 P_{ptm} 的几十分之一。通过设计反后坐装置，合理利用并消耗后坐能量，使炮架在发射过程中受到的冲击力大幅减小，有利于减轻炮架的质量；同时后坐能量的降低有利于提高身管膛内运动期间的稳定性，提高射击精度；除此之外，复进机在后坐过程中可吸收和储存复进能量，用于将后坐部分按照设计要求复进到初始待发位置，为连续发射创造条件。

作者简介：刘洋 (1993—)，女，硕士研究生，E - mail: haolintinger@qq.com。

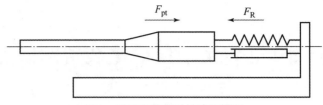

图1 反后坐装置弹性炮架模型

电磁阻尼反后坐装置充分将电磁学理论与火炮后坐原理相结合,由电磁感应定律可知,当磁棒进入感应线圈时会激发出感应磁场,又根据楞次定律可知,该感应磁场总是阻碍着磁棒的相对运动,即对磁棒施加了一个制动力。电磁阻尼反后坐装置就是基于上述原理设计而成的,装置磁场源即初级与火炮身管固连,发射时初级随身管后坐,初级磁场与次级产生相对运动,次级内出现感应涡流进而产生感应磁场,该磁场与磁场源相互作用产生了阻尼力。相比于传统黏滞阻尼器,电磁阻尼器工作原理简单,产生阻尼力时初级和次级没有直接接触,噪声小、控制维护方便、可靠性高,可实现主动控制,在抑制振动、高速制动和传动系统等领域有着十分广泛的应用。

1 电磁阻尼反后坐装置研究现状

电磁阻尼器根据初级激励源的不同,可以分为电励磁电磁阻尼器、永磁式电磁阻尼器、混合励磁电磁阻尼器三种类型[4]。

电励磁电磁阻尼器的结构原理如图2所示。工作时,励磁绕组通电产生磁场源,初级铁芯沿图2所示方向向右运动(导体板相对于初级铁芯向左运动),导体板中产生感应涡流形成感应磁场,感应磁场阻碍两者的相对运动进而产生了向右的制动力。电励磁磁场初级与次级平行,被常应用于磁浮列车、城轨交通、升降装置的制动领域中。由于电流大小与阻尼力大小成正比,在实际应用中,可通过改变绕组电路阻值大小改变电流值进而控制不同应用情况下的阻尼力大小,实现主动控制。但相应带来的问题是,在低速环境下,阻尼力较小增加了制动时间。

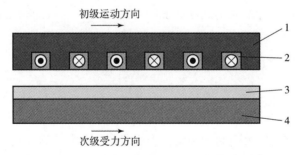

图2 电励磁电磁阻尼器的结构原理
1—初级铁芯;2—绕组线圈;3—导体;4—背铁

永磁式电磁阻尼器采用永磁体作为激励源,结构较为简单,成本低廉,不存在断电时制动失效的危险性。其工作原理与电励磁电磁阻尼器原理相仿,初级铁芯沿图3所示方向运动,次级相对初级有了向左方向的相对运动,产生了感应涡流磁场,为阻碍次级向左运动,在激励源磁场的作用下,次级受到了向右方向的制动力。从能量的角度理解,制动过程中初级动能通过永磁体与导体板的电磁作用转化为次级电能,电能在导体板中转化为热能,再通过传导、对流和辐射传递给周围环境。永磁式电磁阻尼器不易受到环境因素影响,磁场稳定,设计参数一旦确定,制动性能就相应确定,适用范围较局限。

混合励磁电磁阻尼器将上述两种阻尼器的优点合并于一身,绕组线圈和永磁体两部分共同构成磁场源,相对于上述两种阻尼器而言,混合励磁电磁阻尼器具有气隙磁场强度可调节、效率高的优点。图4所示为浙江大学的严国斌提出的应用于高速列车的混合励磁直线阻尼器结构[5],两种激励源共同作用为气隙提供可变化的磁场,显然,永磁体形状及尺寸已经确定,永磁磁场大小不变,绕组线圈通过改变励

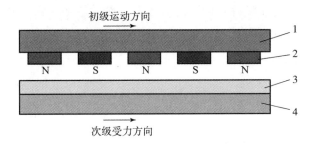

图 3　永磁式电磁阻尼器结构原理
1—初级铁芯；2—永磁体；3—导体；4—背铁

磁电流提供变化磁场。作者通过有限元模型研究了不同电磁参数尺寸对制动力、吸引力的影响过程，以减少漏磁通为目的优化了系统结构，并用有限元法验证了优化结果的可行性，为实际电磁阻尼器的结构设计提供了理论依据。

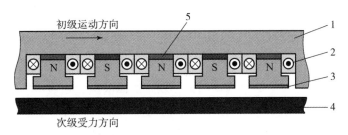

图 4　混合励磁电磁阻尼器结构原理
1—初级磁轭；2—绕组线圈；3—制动片；4—导体；5—永磁体

哈尔滨工业大学的寇宝泉教授所在实验室[6]提出了一种并联磁路混合励磁直线电磁阻尼器。首先，其根据等效磁路法和电磁场理论推导出了解析模型，并用有限元法验证了其准确性；之后，分析了主要参数对制动力特性的影响，为设计电磁阻尼器提供了依据；最后，研制了样机，进行了实验研究。实验结果验证了该方案的可行性和准确性。

2　主要研究目标及需解决的技术问题

2.1　研究目标

为突破电磁阻尼后坐阻力稳定控制技术，进行电磁阻尼反后坐装置模拟试验与参数系统辨识技术研究，设计适用于×××火炮的电磁阻尼反后坐装置。

2.2　需解决的技术问题

2.2.1　去磁效应问题

常用于磁阻尼器永磁体的材料为钕铁硼永磁材料，它的高剩磁密度、高矫顽力、高磁能积和线性退磁曲线的优异性能特别适合用作永磁电机的磁钢材料。但是如果设备设计或使用不当，永磁设备在冲击电流产生的电枢反应磁场作用下，或者过高（钕铁硼永磁）、过低（铁氧体永磁）温度时，则可能造成永磁体的不可逆退磁，使设备性能降低甚至无法使用[7]。电涡流产生的磁场与主磁场方向相反，当相对运动速度较低时，感应磁场强度较小，相对于永磁体产生的磁场可忽略不计；但当相对运动速度较高时，感应磁场强度增加，感应磁场会抵消掉一部分永磁体产生的磁场，使随着相对运动速度的增加，磁阻尼器提供的阻尼力反而不断减小，这就是去磁效应的作用机理。

如图 5 所示，发射时，运动杆随火炮后坐部分向后运动，计算可得圆筒型直线电磁阻尼器（图 6）后坐阻力曲线。由图 5 可以看出：在低速阶段，后坐阻力与时间呈线性关系；随着速度的不断增大，非线性关系明显加剧，阻力在达到峰值后开始下降。随着去磁效应弱—强—弱的变化，后坐阻力出现增大—减小—增大的"马鞍"周期性变化。

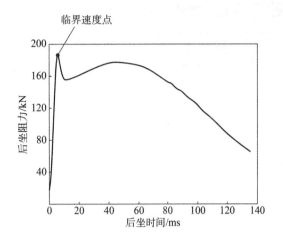

图5 圆筒型直线电磁阻尼器后坐阻力曲线

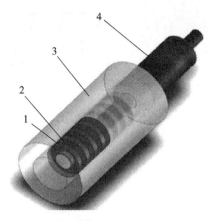

图6 永磁式圆筒型直线电磁阻尼器
1—铁块；2—永磁体；3—导体管；4—动子

永磁同步发电机在正常工作时，电枢磁场的轴线和永磁体的轴线不重合，通常永久磁钢磁场的轴线位置超前电枢磁场的轴线位置，电枢磁场对永磁体产生吸合或者排斥作用相对较弱。但是若采用的电磁阻尼器结构中的初级磁钢产生磁场的轴线位置和次级套筒的轴线位置重合，并且极性相同、方向相反，套筒中的涡流磁场则会对初级磁钢产生严重的去磁效应。在装置结构设计时应充分考虑该效应带来的不利影响，优化结构设计。

2.2.2 温升问题

由能量守恒定律可知，磁阻尼器在工作时产生的制动力、在运动过程中产生的制动功均以感应涡流的形式通过热能耗散到周围环境，这就会造成磁阻尼器的温升[8]。将磁阻尼器应用于火炮后坐装置中时，若只完成一次制退—复进过程，所产生的热能相对较少，但若应用于连续发射的环境中，周期性的温升会产生积累效应。再加上武器使用环境不定，若应用于空气不流通或阳光直射的环境中，灼热效应会加剧磁阻尼器内部的温升积累。因此，在磁阻尼器的设计过程中，需在材料和散热方面做出深入研究以确保结构的安全性。

3 应用前景

电磁阻尼器是一种利用电磁感应原理为基础的制动装置。由于其具有多项优点，在军事及民用领域都有着较好的应用前景，国际上许多国家已先后投入电磁阻尼器的应用研究中。

目前，电磁阻尼器主要是用于制动、提供阻尼来抑制振动以及车辆悬架系统[9]。许多国家都在对它进行深入的研究，尤其是起步较早的德国和日本，已经从理论分析阶段走向了试验应用阶段。德国的铁路中心进行了涡流制动装置的试验并成功地将结果应用于ICE高速列车上，日本的新干线高速列车上也安装了涡流制动器。加拿大滑铁卢大学的Elbuken等将电磁阻尼器应用到磁悬浮系统，以抑制悬浮物的振动[10,11]。我国也试制了涡流制动的实验台，现已通过了验收，这标志着我国的涡流制动研究已接近世界先进水平。

电磁阻尼器在民用领域的研究也给军事领域的研究带来了理论与实践支持。在军事领域中，武器发射时带来的巨大冲击载荷与电磁阻尼器紧急制动的特点相得益彰，制动调节响应快、阻尼力大，加之电磁阻尼器质量相对较轻、操作方便，因此其适用于恶劣作战环境。所以，将电磁阻尼器应用于火炮反后坐装置的设计中是可行且有实际意义的。

4 结论

电磁阻尼器作为一种提供制动力的电磁制动装置,具有噪声小、维护方便、系统寿命长、控制方便、可靠性高,以及对环境不会造成污染等传统阻尼器无法比拟的优点。现有的阻尼器结构类型多种多样,常见的缓冲方式有弹簧、橡胶、液压、气压等。弹簧缓冲器能量消耗率低,在弹簧复原释放弹性势能的过程中可产生强烈的反作用力,使用场合有限;橡胶缓冲器相对于弹簧缓冲器而言缓冲容量高20%~35%,但橡胶易老化,适用温度约为-30~55 ℃;液压缓冲器缓冲容量大,但结构复杂,缓冲器液体在工作时是高温高压状态的高速射流,与固态颗粒混杂,缓冲器内部可能发生包括冲蚀磨损在内的其他几种冲击磨损现象,降低缓冲器的使用寿命,且在动态加载过程中,多余力的存在会严重影响系统的精度和稳定性;气压缓冲器多采用氮气为缓冲介质,氮气是惰性气体,化学性质稳定且资源丰富,但是高压气体的密封要求高,且维修保养复杂。

将电磁阻尼器与火炮的反后坐装置设计相结合,充分避免了上述提到的弊端。本文论述了电磁阻尼器的基本原理及技术应用,提出了设计过程中应充分考虑的技术问题,印证了电磁阻尼反后坐装置的可行性,为装置的设计提供了理论与技术基础。

参 考 文 献

[1] 高跃飞. 火炮构造与原理 [M]. 北京:北京理工大学出版社,2015.

[2] 高树滋,陈运生,张月林,等. 火炮反后坐装置设计 [M]. 北京:国防工业出版社,1995.

[3] 马福球,陈运生,朵英贤. 火炮与自动武器 [M]. 北京:北京理工大学出版社,2003.

[4] 寇宝泉,金银锡,张赫,等. 电磁阻尼器的发展现状及应用前景 [J]. 中国电机工程学报,2015,32(15):3132-3143.

[5] 严国斌. 高速列车混合励磁涡流轨道制动系统的研究 [D]. 浙江:浙江大学,2010:19-49.

[6] 寇宝泉,金银锡,张赫,等. 混合励磁直线电磁阻尼器的特性分析 [J]. 中国电机工程学报,2013,33(24):143-151.

[7] 何山,王维庆,吴小艳,等. 永磁同步发电机电枢反应去磁效应的分析 [J]. 防爆电机,2005,2:8-10,17.

[8] 张圣楠. 永磁涡流制动的电磁分析与设计 [J]. 内蒙古科技与经济,2005,13:118-120.

[9] 杨俊. 混合励磁直线电磁阻尼器控制系统的研究 [D]. 黑龙江:哈尔滨工业大学,2013.

[10] ELBUKEN C, SHAMELI E, KHAMESEE M. Modeling and analysis of eddy-current damping for high-precision magnetic levitation of a small magnet [J]. IEEE Transactions on Magnetics,2007,43(1):26-327.

[11] ELBUKEN C, KHAMESEE M, YAVUZ M. Eddy current damping for magnetic levitation: downscaling from macro to micro-levitation [J]. Journal of Physics D: Applied Physics,2006,39(18):3932-3938.

长杆式尾翼稳定脱壳穿甲弹弹丸紧固环设计

张福德，王 冕，朱德领

(西北工业集团有限公司，陕西 西安 710043)

摘 要：阐述了长杆式尾翼稳定脱壳穿甲弹弹丸紧固环的作用、要求和设计原则，建立了紧固环的设计方法，并以三瓣式弹托为例进行了紧固环的受力分析与计算。

关键词：尾翼稳定脱壳穿甲弹；紧固环；设计

中图分类号：TJ413.+2 **文献标志码**：A

Design of the ring of long rod APFSDS projectile

ZHANG Fude, WANG Mian, ZHU Deling

(Northwest Industries Group Co., LTD., Xi'an 710043, China)

Abstract: Expounds the function, requirement and design principle of the ring of long rod armor piercing fin stability discarding sabot (APFSDS) projectile, establishes a design method of the ring, and taking a sabot with three segments for example, analyses and calculates the stress on the ring.

Keywords: armor piercing fin stability discarding sabot; ring; design

0 引言

长杆式尾翼稳定脱壳穿甲弹是对付现代装甲目标的主要弹种，正常条件下，弹丸出炮口时，弹托、紧固环、密封件、弹带（导带或闭气环，下同）等与飞行弹体分离，使飞行弹体以最小的气动阻力飞向目标，并依靠自身动能对目标进行有效毁伤。实践中，有时出现弹托未按设计要求脱壳而使弹丸整体飞向目标的情况，有时出现紧固环没按设计要求断裂而遗留在飞行弹体上的现象，有时还在弹丸装配过程中就出现紧固环断裂的问题……这些都说明了合理设计紧固环的重要性。在杆式穿甲弹设计理论[1]中，紧固环的作用及设计理论并未被提及，因此，有必要提出紧固环的设计理论以供参考。

1 紧固环的作用及要求和设计原则

1.1 紧固环的作用及要求

紧固环的作用：一是紧固多瓣弹托以保证弹托径向尺寸及形位公差符合图纸设计要求，二是与弹带一起共同保证弹托与飞行弹体、密封件等组成完整的穿甲弹弹丸。因为穿甲弹为一次性使用产品，所以，对紧固环主要是在勤务处理、发射运动和脱壳分离这三个过程中提出要求。勤务处理时，随弹药装卸、运输和储存，紧固环要保持完整，不应出现断裂和脱落现象，确保多瓣弹托紧密结合；发射运动时，随弹丸在膛内加速运动，紧固环产生轴向过载（当用线膛炮发射时还同时产生径向离心力），在与弹托紧固环槽锥面过盈配合的情况下，前紧固环不应断裂，后紧固环不应脱落；脱壳分离时，前、后紧固环在多瓣弹托外翻力作用下，从对应各瓣弹托界面的断裂槽位置瞬时断裂，不应出现延时或不对称断

作者简介：张福德（1964—），男，工程硕士，研究员级高工。

裂，更不允许不断裂。

1.2 紧固环的设计原则

紧固环的设计应遵循以下原则。
（1）结合弹托脱壳结构进行设计。
（2）与弹托紧固环槽同步进行设计。
（3）按照减装药初速条件进行设计。
（4）有配套的装配要求和定位措施。

2 紧固环的设计

2.1 假设条件

为便于研究，特作如下假设。
（1）按文献［2］将脱壳过程分为四个阶段。
（2）后紧固环在第二阶段发生断裂。
（3）前紧固环在第三阶段发生断裂。
（4）多瓣弹托沿周向均匀分布，对称分离。
（5）紧固环、弹带等断裂方式为瞬时断裂。
（6）火药气体后效脱壳作用对前紧固环的影响忽略不计。
（7）弹托为刚体。

2.2 后紧固环的设计

由文献［2］可知，在脱壳过程的第二阶段，即从弹托后底面出炮口到火药气体后效作用结束为后效脱壳阶段。在这一阶段，弹托的一个瓣所受到的脱壳力在其纵对称面径向主要有火药气体对其产生的外翻力 F_1 和因旋转（线膛炮发射时）产生的离心力 F_2；所受到的约束力在其纵对称面径向主要有弹带和后紧固环的抱紧力 f_b、f_1，参见图1。

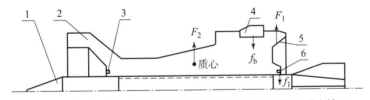

图1 脱壳过程第二阶段每瓣弹托沿其纵对称面的径向受力情况

1—飞行弹体；2—弹托；3—前紧固环；4—弹带；5—D 锥面；6—后紧固环

由此可以得出弹托的一个瓣要挣脱后紧固环和弹带的约束而实现脱壳作用所受到力的关系式为

$$F_1 + F_2 > f_b + f_1 \tag{1}$$

式中，

$$F_1 = S_{RD} p_d ^{[2]} \tag{2}$$

$$F_2 = \frac{m_T}{n} R_G \Omega_g^{2\,[2]} \tag{3}$$

对滑动弹带：

$$f_b = 2\sigma_{bb} S_b \cos(90° - 180°/n) \tag{4}$$

对非滑动弹带：

$$f_b = 2\sigma_{bb} S_b \cos(90° - 180°/n) - f_{b0} \tag{5}$$

$$f_1 = 2\sigma_{br1}S_{br1}\cos(90° - 180°/n) - f_{r1} \quad (6)$$

式中：S_{RD}——弹托一个瓣 D 锥面沿其纵对称面的径向投影面积；

p_d——距炮口 X 处的弹底压强；

m_T——弹托质量；

n——弹托的瓣数；

R_G——弹托一个瓣的质心半径；

Ω_g——弹丸炮口转速；

σ_{bb}——弹带材料抗拉强度；

S_b——弹带断裂面积；

f_{b0}——弹托因受弹带紧箍而对弹带产生的径向反力；

σ_{br1}——后紧固环材料抗拉强度；

S_{br1}——后紧固环断裂面积；

f_{r1}——弹托因与后紧固环过盈配合而对后紧固环产生的径向反力，详见第 3 节"紧固环的受力分析与计算"。

2.3 前紧固环的设计

由文献[2]可知，在脱壳过程的第三阶段，即从后效作用结束到弹托前部正激波消失为空气动力作用脱壳阶段。在这一阶段刚刚开始时，高速空气流在弹托前部形成正激波，弹托前腔内形成气流的高压区，在这一高压的作用下，弹托各瓣发生脱壳运动；在弹托前定心部外缘，气流经过正激波后变成了亚音速气流，其压强为临界压强。这一阶段每瓣弹托沿其对称面的径向受力情况如图 2 所示。

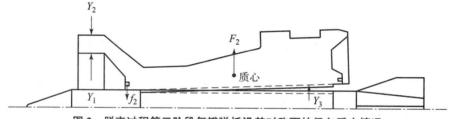

图 2 脱壳过程第三阶段每瓣弹托沿其对称面的径向受力情况

图 2 中，Y_1 为弹托一个瓣内腔所受的气动力在其纵对称面内的径向分量，Y_2 为弹托一个瓣前定心部在其纵对称面内沿径向的压力，Y_3 为弹托一个瓣受内压 ξp_{KP} 作用而产生的在其纵对称面内的径向脱壳力。

$$Y_1 = S_{R1}p + S'_{R1}p_{KP} \quad [2] \quad (7)$$

式中：S_{R1}——弹托一个瓣的内腔在其纵对称面内径向投影面积；

S'_{R1}——其接缝面积的投影面积；

p——弹托前腔气动压强；

p_{KP}——正激波后的气流的临界压强。

$$Y_2 = S_{R2}p_{KP} \quad [2] \quad (8)$$

式中：S_{R2}——弹托一个瓣前定心部在其纵对称面内沿径向的投影面积。

$$Y_3 = S_{R\Sigma}\xi p_{KP} \quad [2] \quad (9)$$

式中：$S_{R\Sigma}$——弹托一个瓣受内压 ξp_{KP} 作用的面的投影面积；

ξ——0.4~0.6 的经验符合系数，用以考虑弹托各瓣内侧的压力。

由此可以得出弹托的一个瓣要挣脱前紧固环的约束而实现脱壳作用所受到的力的关系式为

$$Y_1 + Y_3 + F_2 > Y_2 + f_2 \quad (10)$$

式中：f_2——前紧固环的抱紧力，且

$$f_2 = 2\sigma_{br2}S_{br2}\cos(90° - 180°/n) - f_{r2} \quad (11)$$

式中：σ_{br2}——前紧固环材料抗拉强度；
S_{br2}——前紧固环断裂面积；
f_{r2}——弹托因与前紧固环过盈配合而对前紧固环产生的径向反力。

3　紧固环的受力分析与计算

紧固环与弹托一般为锥面紧配合，现以紧固环内径的平均直径处横断面尺寸为计算尺寸，计算紧固环与弹托配合之后接触面上所产生的相互压紧的装配压力 p，然后再求出对应一瓣弹托对紧固环的支撑反力 R 在其纵对称面内的径向分量 f_{r1} 或 f_{r2}。现以三瓣式（$n=3$）弹托为例进行紧固环的作用计算，图3所示为一种简化的紧固环结构。

由文献[3]知，装配压力 p 为

$$p = \frac{E\delta(c^2-b^2)(b^2-a^2)}{2b^3(c^2-a^2)}^{[3]} \tag{12}$$

式中：E——材料弹性模量；
δ——按半径计算的过盈量；
a——与紧固环相配合的弹托内半径；
b——弹托与紧固环的配合半径；
c——紧固环外半径，如图4所示。

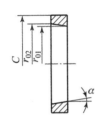

图3　简化的紧固环结构

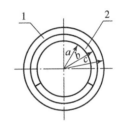

图4　紧固环与弹托的配合关系
1—紧固环；2—弹托

现以对应一瓣弹托的一段紧固环为研究对象[4]，分析装配压力 p 所产生的对紧固环的支撑反力 R，如图5所示，dR 为

$$dR = \frac{1}{2}p(r_{01}+r_{02})d\psi(r_{02}-r_{01})\frac{1}{\sin\alpha} = \frac{p}{2\sin\alpha}(r_{02}^2-r_{01}^2)d\psi \tag{13}$$

其在纵对称面内的合力 R 为

$$R = \int_{\frac{\pi}{6}}^{\frac{5}{6}\pi} \frac{p}{2\sin\alpha}(r_{02}^2-r_{01}^2)\sin\psi d\psi = \frac{\sqrt{3}}{2\sin\alpha}p(r_{02}^2-r_{01}^2) \tag{14}$$

现以后紧固环设计为例，其产生断裂的条件是断裂槽处断裂面所受的拉力 Q_1 应为

$$Q_1 > \sigma_{br1}S_{br1} > Q \tag{15}$$

显然，该段紧固环断裂时，在其纵对称面内径向所能提供的最大抱紧力 $f_{1\max}$ 为

$$f_{1\max} = 2\sigma_{br1}S_{br1}\cos 30° = \sqrt{3}\sigma_{br1}S_{br1} \tag{16}$$

可以证明，紧固环在发射时所产生的惯性力对其断裂影响甚小[5]，故不予考虑。现以勤务处理状态时的紧固环受力情况作为弹丸脱壳的计算条件，如图6所示。

由图6可得关系式：

$$dR\sin\alpha = dF\cos\alpha \tag{17}$$

$$dY = dR\cos\alpha + dF\sin\alpha \tag{18}$$

式中，dY 为紧固环所受到的弹托支撑反力 dR 和摩擦阻力 dF 在 Y 方向（径向）上的投影，推导得出：

$$dY = dR/\cos\alpha$$

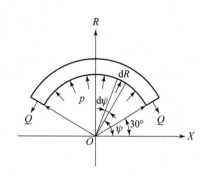 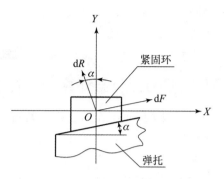

图 5　装配压力对紧固环产生的支撑反力　　　图 6　勤务处理状态紧固环的受力分析

意即

$$f_{r1} = R/\cos\alpha \tag{19}$$

将式（14）代入式（19），得

$$f_{r1} = \sqrt{3}p(r_{02}^2 - r_{01}^2)/(\sin 2\alpha) \tag{20}$$

4　结论

采用上述理论计算数学模型对不同口径、不同类型尾翼稳定脱壳穿甲弹紧固环进行计算，结果与验证情况相吻合，说明该理论模型对于紧固环的设计具有切实可行的指导作用。

参 考 文 献

[1] 赵国志，王晓鸣，潘正伟，等. 杆式穿甲弹设计理论 [M]. 北京：兵器工业出版社，1997.
[2] 惠东. 长杆式尾翼稳定脱壳穿甲弹脱壳分析与计算 [J]. 兵工学报：弹箭分册，1984（3）：81 - 90.
[3] 浙江大学，南京工学院，西安交通大学，等. 材料力学. 下册 [M]. 北京：人民教育出版社，1979.
[4] 臧国才，赵润祥，张可忠. 脱壳穿甲弹弹托前腔特征点的压力估算 [J]. 弹道学报，1993（3）：58 - 62.
[5] 沈仲书，刘亚飞. 弹丸空气动力学 [M]. 北京：国防工业出版社，1984.

双药室低后坐能埋头弹药技术研究

程广伟，陈　晨，豆松松，雷　昱，刘　欢

（西北机电工程研究所，陕西　咸阳　712099）

摘　要：为了大幅降低埋头弹火炮发射时的后坐力，设计了一种双药室低后坐能埋头弹药以及埋头弹验证火炮。根据火炮内弹道理论与火箭发动机内弹道理论，建立了一种基于双药室低后坐能埋头弹药的内弹道模型；通过某40 mm埋头弹药仿真计算得到了埋头弹火炮后坐运动的受力规律，其后坐总冲量可减少99.32%；针对埋头弹火炮后坐能，采用有限差分法对其影响参数进行灵敏度分析，揭示了双药室低后坐能埋头弹药各参数对埋头弹火炮后坐性能的影响规律，对实现埋头弹火炮微后坐力发射提供一定理论参考。

关键词：兵器科学与技术；埋头弹；低后坐力；双药室埋头弹药；灵敏度分析

中图分类号：TJ012.1　**文献标志码**：A

Study on a low recoil energy double chamber CTA technology

CHENG Guangwei, CHEN Chen, DOU Songsong, LEI Yu, LIU Huan

(Northwest Institute of Mechanical & Electrical Engineering, Xianyang 712099, China)

Abstract: In order to reduce the recoil force of the CTA (case telescoped ammunition) gun, a low recoil energy double chamber CTA and the verification gun are designed. Based on the internal ballistic theory of the artillery and the rocket engine, an internal ballistic model of the CTA is established. Through the simulation calculation, the force law of the recoil movement is obtained, and it is determined that the total recoil impulse of launching 40 mm caliber CTA can be reduced by 99.32%. Aiming at the recoil energy of the CTA gun, the sensitivity analysis of the influence parameters is carried out by the finite difference method, and the influence of the parameters of the low recoil energy double chamber CTA gun on the recoil performance is revealed. It provides a theoretical reference for realizing the micro recoil launch of the CTA gun.

Keywords: ordnance science and technology; CTA; low recoil force; double chamber CTA; sensitivity analysis

0　引言

火炮高初速、高射速与低后坐阻力发射弹药高精度毁伤目标一直以来都是火炮技术研究的重点。现有火炮有效减小后坐阻力的主要技术有液压反后坐装置、缓冲装置、浮动机、电、磁流变反后坐装置、炮口制退器以及炮弹和火炮结构相结合的无后坐力炮与膨胀波火炮等。其中，无后坐力炮和膨胀波火炮大幅减小后坐阻力最为显著，但其火炮初速与射速很难得到提高，不能满足未来火炮武器装备发展的需求。

张小嘎等[1]采用经典内弹道理论建立膨胀波火炮内弹道模型，研究了药室容积、装药量、弹丸质量

作者简介：陈晨（1993—）男，硕士，研究员科技带头人，E-mail：1255282881@qq.com。

等装填参数对膨胀波火炮有效功率等弹道设计评价标准的影响。郭张霞等[2]研究了膨胀波火炮惯性炮闩的质量、启动压力和最大行程长对后喷装置喷口打开时间的影响。吴胜权等[3]通过经典内弹道理论建立基于混合装药的某口径轻型无后坐炮内弹道模型,开展内弹道性能试验,对不同类型的火药装量进行了基于内点惩罚函数法的优化设计,确定了在给定最大膛压、最小初速下的各种火药装药量的最佳比值,为无后坐火炮内弹道及装药结构设计提供了参考。王加刚等[4]基于两次点火与火药程序燃烧控制技术建立了35 mm 埋头弹火炮内弹道理论模型,分析了主装药装药量、弹丸质量、药室容积、火药力等参数变化对埋头弹火炮内弹道性能的影响。王骁等[5]建立考虑点火过程的内弹道数学模型,分析了不同质量的点火药量与主装药量对推力器内弹道特性的影响,并开展试验验证仿真计算结果的正确性。陈晨等[6]创新设计了一种侧方电点火的双药室低后坐能弹药结构,基于火炮内弹道理论与火箭发动内弹道理论,建立了低后坐能双药室弹药的内弹道模型,通过仿真计算表明火炮发射此种弹药不仅能够大幅减少弹药对火炮身管的后坐冲量,而且能保证火炮的炮口初速满足指标要求。

本文在综合分析以上文献的基础上,设计了一种双药室低后坐能埋头弹药,改良了某埋头弹火炮结构,结合埋头弹火炮内弹道理论与火箭发动内弹道理论[7],建立了双药室低后坐能埋头弹药的内弹道模型,采用有限差分法分析了弹丸质量、后药室装药质量与喷管喉径等参数对改良的埋头弹火炮后坐能的影响程度,揭示了双药室低后坐能埋头弹药各参数对埋头弹火炮后坐性能的影响规律,对实现埋头弹火炮微后坐力发射提供一定理论参考。

1 双药室埋头弹药结构及火炮工作过程

双药室低后坐能埋头弹药结构的示意如图1所示。其主要由弹丸、前药室及后药室组成,其中,前药室包含前闭气环、导向筒、金属药筒、前发射药、前电发火管、前点火柱,后药室包含点火环、后点火柱、后电发火管、金属弹底座、后发射药、挡药板、后闭气环以及拉瓦尔喷管。

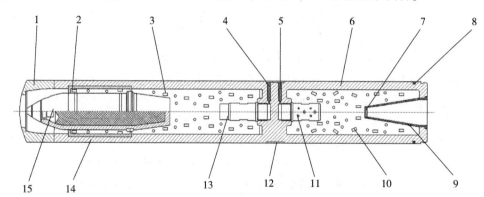

图 1 双药室低后坐能埋头弹药结构示意

1—前闭气环;2—导向筒;3—前发射药;4—前点火柱;5—后点火柱;6—金属弹底座;7—挡药板;8—后闭气环;
9—拉瓦尔喷管;10—后发射药;11—后电发火管;12—点火环;13—前电发火管;14—金属药筒;15—弹丸

改良的埋头弹火炮结构与工作示意如图2与图3所示。改良的埋头弹火炮主要由身管、摇架、摆膛式炮膛(含击发机构)、摆膛旋转电机、带中心孔的炮尾以及炮架等组成。其中,身管、带中心孔的炮尾分别与摇架采用断隔螺固定连接;摆膛式炮膛与摇架通过旋转轴连接;摆膛旋转电机轴通过减速器与旋转轴连接;摇架与炮架通过耳轴轴瓦刚性连接,以实现火炮的俯仰运动。

火炮工作过程:埋头弹药通过外供弹机由摇架耳轴孔输入摆膛式炮膛[图3(a)],摆膛式炮膛在旋转电机的作用下逆时针旋转90°,并被击发限位装置锁紧[图3(b)];通过侧方电点火器同时点着弹药前后药室内的发射药,前药室内发射药生成的燃气推动弹丸在身管内运动,同时对金属弹底座形成向后推力;后药室内达到挡药板打开压力后,燃气经后药室拉瓦尔喷管后喷对金属弹底座产生反推力。由于后推力和反推力相互抵消,摆膛式炮膛受力较小,一旦弹丸出炮口,便可解锁摆膛式炮膛,在旋转电机的作用下顺时针旋转90°返回输弹位置[图3(a)],并被输弹限位装置锁紧,进行下一发输弹和射击。

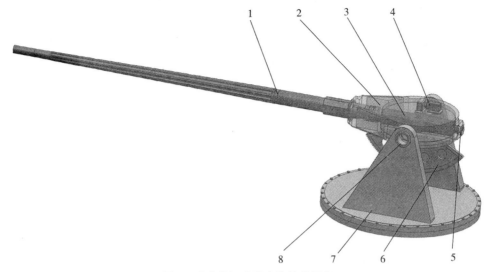

图 2 改良的埋头弹火炮结构示意

1—身管；2—摇架；3—摆膛式炮膛；4—摆膛旋转电机；5—带中心孔的炮尾；6—高低齿弧；7—炮架；8—耳轴轴瓦

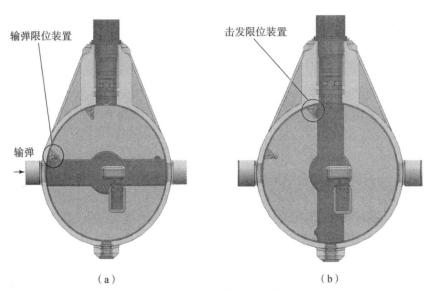

图 3 改良的埋头弹火炮工作示意
（a）输弹状态；（b）击发状态

2 双药室埋头弹药内弹道模型

2.1 基本假设

（1）燃气服从理想气体状态方程。
（2）发射药燃气规律遵循诺贝尔—阿贝尔状态方程。
（3）药粒在平均压力下燃烧膨胀，遵循几何燃烧和速度定律。
（4）火药在燃烧室内完全燃烧，且燃烧过程中燃烧温度保持不变。
（5）单位质量发射药燃烧释放的能量以及所产生燃气的温度都被视为定值，且忽略燃气组成部分变化。

2.2 前药室内弹道控制方程

前药室采用常规埋头弹装药结构，其零维内弹道模型如下：

$$\begin{cases} \psi_q = \chi_q Z_q (1 + \lambda_q Z_q) \\ \dfrac{dZ_q}{dt} = \begin{cases} \dfrac{u_{1q}}{e_{1q}} p^n & Z < 1 \\ 0 & Z \geqslant 1 \end{cases} \\ Ap_d - F_x = \varphi m_q \dfrac{du}{dt} \\ \dfrac{dx}{dt} = u \\ Ap(x + x_\psi) = \psi_q \omega_q RT \\ p\left(\dfrac{1}{\rho} - \alpha\right) = RT \\ \omega_q \psi_q f - \left(\dfrac{1}{2} \varphi m_q u^2 + \int_0^x F_x dx\right)\theta = Ap(x + x_\psi) \end{cases} \quad (1)$$

式中：下标 q——前药室相关参数；

ψ_q——火药燃去百分数；

Z_q——火药已燃相对厚度；

$\chi, \chi_s, \lambda, \lambda_s, \mu$——药形系数；

u_{1q}——火药燃速系数；

e_{1q}——火药弧厚的一半；

n——燃速指数；

x——弹丸行程；

u——弹丸的速度；

m_q——弹丸的质量；

A——炮膛的截面积；

p——膛内平均压力；

φ——次要功计算系数；

x_ψ——药室自由容积缩径长；

f——火药力；

α——火药气体余容；

ω_q——装药量；

k——绝热系数，$\theta = k - 1$。

式中，F_x 为动态冲击阻力，可表示为

$$F_x = \begin{cases} 0 & (x < x_0) \\ c_1(x - x_0) & (x_0 \leqslant x < x_1) \\ c_2(x_2 - x) & (x_1 \leqslant x < x_2) \\ c_3 & (x \geqslant x_2) \end{cases} \quad (2)$$

式中：c_1、c_2、c_3——系数；

x_0、x_1、x_2——分别为弹带嵌入点、最大挤进阻力点、弹带变形结束点。

由后效期压力由斯鲁哈茨基公式[8]得

$$p' = p_g e^{-\beta t'} \quad (3)$$

式中：p'——后效期压力；

p_g——炮口压力；

t'——以炮口为起点的延续时间；

β——经验指数，$\beta = 0.0263 \dfrac{V_g}{d} \ln\left(\dfrac{p_g}{0.101}\right)$。

发射过程中，弹药前药室底压力[9]为

$$p_t = \dfrac{\left(1 + \dfrac{1}{2}\dfrac{\omega}{\varphi m}\right)}{\left(1 + \dfrac{1}{3}\dfrac{\omega}{\varphi m}\right)} \cdot p \tag{4}$$

式中：p_t——膛底压力。

作用在弹药前药室底的后推力为

$$F_q = p_t S \tag{5}$$

式中：F_q——前药室推力。

2.3 后药室内弹道控制方程

后药室是采用粒状发射药的火箭发动机结构，其内弹道控制方程推导如下：

$$\begin{cases} \psi = \begin{cases} \chi Z(1 + \lambda Z + \mu Z^2) & (Z < 1) \\ \chi_s \dfrac{Z}{Z_k}\left(1 + \lambda_s \dfrac{Z}{Z_k}\right) & (1 \leqslant Z < Z_k) \\ 1 & (Z \geqslant Z_k) \end{cases} \\ \dfrac{dZ}{dt} = \begin{cases} \dfrac{u_2}{e_2} p^n & (Z < Z_k) \\ 0 & (Z \geqslant Z_k) \end{cases} \\ V_\psi \dfrac{dp}{dt} = q\omega \dfrac{d\psi}{dt}\gamma f - \dfrac{\varphi \Gamma p A \gamma R T_0}{\sqrt{RT_0}} - p\dfrac{dV_\psi}{dt} \\ V_\psi = V_0 - \dfrac{\omega}{\rho_p}(1 - \psi) \end{cases} \tag{6}$$

式中：q——热损失修正系数；

φ——流量修正系数；

p——后药室压力；

V_ψ——药室自由容积；

γ——比热比；

R——燃气气体常数；

A——喷管喉部面积；

$\Gamma = \left(\dfrac{2}{\gamma+1}\right)^{\frac{\gamma+1}{2(\gamma-1)}} \cdot \sqrt{\gamma}$。

后药室发射药点燃后，高温高压燃气经喷管高速流出产生推力，计算公式为

$$F = F_i + F_o = \dot{m} V_e + (p_e - p_a) A \tag{7}$$

式中：F_i——燃气施加给后药室内壁面的压强产生的力；

F_o——环境大气压强作用于后药室而产生的力；

$\dot{m} V_e$——动推力；

$(p_e - p_a) A$——静推力。

发射药燃烧结束后，后药室压力计算如下：

$$p'' = p_f e^{-\mu t} \tag{8}$$

式中：p''——后效期压力；

p_f——燃烧结束时刻压力,取经验指数 $\mu = \dfrac{\varphi \Gamma^2 A}{V_\psi}$。

为便于计算,引入推力系数 C_F,后药室推力可表示为

$$F_h = C_F(p + p'')A \tag{9}$$

式中:F_h——后药室推力。

2.4 埋头弹火炮受力分析

以图 2 埋头弹火炮为研究对象,发射过程中,其身管轴向受力情况如图 4 所示。其中,F_q 为前药室推力,F_h 为后药室推力,F_z 为摇架耳轴所受身管轴向合力(火炮后坐力)。

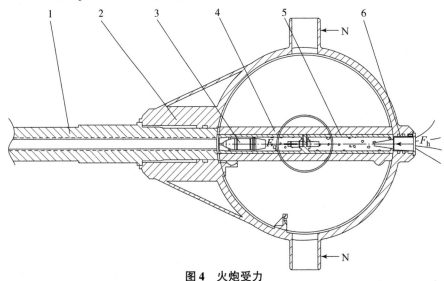

图 4　火炮受力

1—身管;2—摇架;3—弹丸;4—摆膛式炮膛;5—金属弹底座;6—带中心孔的炮尾

联立 2.2 节和 2.3 节的内弹道控制方程组,摇架耳轴所受身管轴向合力:

$$F_z = F_q - F_h \tag{10}$$

式中:F_z——摇架耳轴所受身管轴向合力。

3　计算仿真与分析

3.1　双药室埋头弹弹药参数

为了定量研究该埋头弹火炮发射时后坐能减少情况,基于某 40 mm 埋头弹火炮进行仿真计算,详细参数如表 1 与表 2 所示。

表 1　火炮结构参数

口径/mm	炮膛横截面/m²	弹丸行程长/m	弹丸重量/kg	前/后药室容积/dm³
40	0.001 256	2.2	1.14	1.2

表 2　火炮装药参数

装药诸元	前药室	后药室	装药诸元	前药室	后药室
火药形状	单基管药	单基管药	燃速系数/(m·s⁻¹·Pa⁻ⁿ)	2.175×10⁻⁸	4.959×10⁻⁸
火药质量/kg	0.35	0.58	燃速指数	0.85	0.82
火药力/(J·g⁻¹)	980	980	喉径/mm	—	18
余容/(cm³·g⁻¹)	1.0	1.0			

3.2 计算结果与分析

根据埋头弹火炮构造诸元和装填参数，进行编程计算，其内弹道压力-时间曲线如图 5 所示，前、后药室推力曲线如图 6 所示，摇架耳轴所受身管轴向合力（后坐力）曲线如图 7 所示。

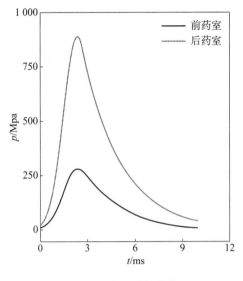

图 5　压力-时间曲线

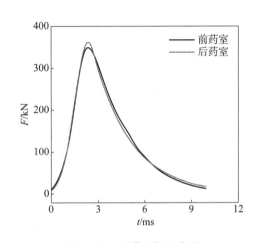

图 6　前、后药室推力曲线

由图 5 可以看出，埋头弹两个药室几乎是在同一时刻达到最大压力值。前药室在 2.38 ms 时刻达到最大膛压 283.22 MPa，膛底压力为 349.81 kN。后药室在 2.36 ms 时刻达到最大压力值 891.06 MPa，最大推力值达到 362.61 kN。

由图 6 可以看出，前后药室推力规律基本一致，作用力方向相反。

由图 7 可以看出，摇架耳轴所受身管轴向合力（后坐力）曲线呈波动变化趋势，0.37 ms 时刻合力达到第一次正向最大值 5.02 kN，之后运动变向，2.34 ms 时刻身管向前运动合力达到最大值 12.86 kN，4.95 ms 时刻合力再次达到正向最大值 11.95 kN，说明摇架耳轴前后交替受力，最大值为 12.86 kN。另外，相比原 40 mm 埋头弹弹药火炮发射过

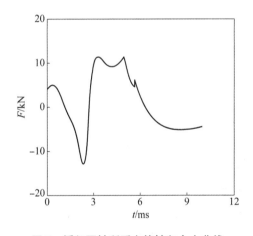

图 7　摇架耳轴所受身管轴向合力曲线

程中所产生的总后坐冲量 1 108.74 N·s（前药室后坐总冲量）减小为 7.51 N·s，后坐总冲量约减少 99.32%。

3.3　结构参数对火炮后坐的影响研究

从公式（1）、式（6）~式（8）可知，后药室的燃气压力和推力主要与弹丸质量、喷管喉径及装药质量等参数有关。为了研究各个设计变量的影响程度，采用有限差分法中的向前差分法计算表征弹丸质量及喷管喉径、装药质量对设计变量的差商，以差商的大小表示灵敏度大小。

3.3.1　弹丸质量的影响

弹丸质量 m 的取值如表 3 所示，当前方案 m 取值为 1.14 kg；表 3 给出了各 m 取值下的火炮后坐性能以及相应灵敏度分析结果，其中 dF_Z 表示火炮最大后坐力的差商，dI 表示火炮总冲量的差商。图 8 所示为参数 m 对火炮后坐性能的影响关系曲线，图中 F_{Z0} 表示当前方案对应火炮最大后坐力，其余量含义相似。

表3 m 取值及火炮后坐性能对比

序号	m/kg	F_z/kN	$\mathrm{d}F_z$	I/N·s	$\mathrm{d}I$
1	1.1	8.78		−21.7	
2	1.12	9.78	0.36	−7.01	7.84
3	1.14	11.02	0.44	7.51	7.72
4	1.16	14.5	1.28	21.87	7.64
5	1.18	19.15	1.68	36.07	7.56
差商绝对值平均			0.94		7.69

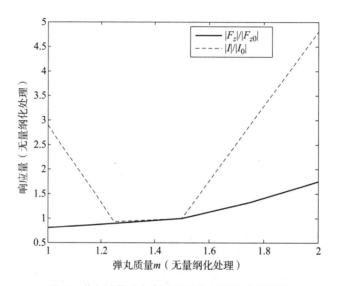

图8 弹丸质量对火炮后坐性能的影响关系曲线

由表3和图8可知,随着弹丸质量的增大,摇架耳轴所受身管轴向合力(后坐力)的绝对值呈现逐渐增大的变化趋势;火炮受到的总冲量的绝对值呈现出先减小后增大的变化趋势,并在 $m=1.12$ kg 时达到极小值。由此可见,弹丸质量 m 与火炮后坐力等响应量的关系并不是单调函数的关系。根据差商计算结果可得,参数 m 对火炮后坐力的影响较为显著,且对火炮总冲量的影响要比对最大后坐力的影响大得多。

3.3.2 喷管喉径的影响

喷管喉径尺寸是双药室埋头弹药的设计关键,其直接影响后药室发射药燃烧形成的推力大小与时长,对火炮后坐性能的影响不容忽视。喷管喉径 D 的取值如表4所示,当前方案 D 取值为18 mm;表4给出不同 D 取值时火炮后坐性能以及相应的灵敏度分析结果。参数 D 对火炮后坐性能的影响关系曲线如图9所示。

表4 D 取值及火炮后坐性能对比

序号	D/mm	F_z/kN	$\mathrm{d}F_z$	I/(N·s)	$\mathrm{d}I$
1	14	93.06		364.33	
2	16	46.58	−16.84	172.19	−102.32
3	18	11.02	−12.94	7.51	−85.56
4	20	2.22	−3.2	−114.06	−64.76
5	22	0.11	−0.76	−178.51	−34.32
差商绝对值平均			8.44		71.74

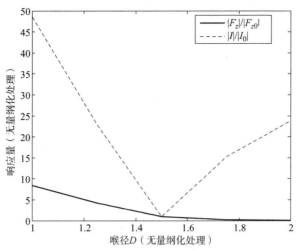

图 9 喉径对火炮后坐性能的影响关系曲线

根据表 4 与图 9 可得，随着喷管喉径逐渐扩大，火炮后坐力的绝对值呈现逐渐减小的变化趋势，并在 D 为 22 mm 左右时出现零值；总冲量的绝对值呈现出先减小后增大的变化趋势，并在 $D=18$ mm 时达到极小值。根据差商计算结果可知，参数 D 对火炮后坐的影响较为显著，且对最大后坐力的影响要比对火炮总冲量的影响小得多。

3.3.3 后药室装药质量的影响

在发射药燃速与形状确定的前提下，后药室的装药质量决定了燃烧时长，直接影响后药室形成的前推力性能。装药质量 ω 的取值如表 5 所示，当前方案 ω 取值为 0.58 kg；表 5 给出不同 ω 取值下的火炮后坐性能以及相应的灵敏度分析结果。参数 ω 对火炮后坐性能的影响关系曲线如图 10 所示。

表 5 ω 取值及火炮后坐性能对比

序号	ω/kg	F_Z/kN	dF_Z	I/(N·s)	dI
1	0.54	81.04		94.11	
2	0.56	46.94	−12.36	49.32	−23.84
3	0.58	11.02	−13.04	7.51	−22.28
4	0.60	14.08	1.12	−29.26	−19.6
5	0.62	19.72	2.04	−58.97	−15.8
差商绝对值平均			7.14		20.38

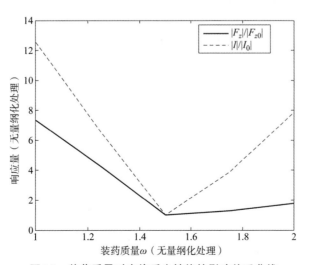

图 10 装药质量对火炮后坐性能的影响关系曲线

由表5与图10可以看出：随着后药室装药质量的逐渐增加，火炮后坐力与总冲量的绝对值均呈现先减小后增大的变化趋势，并同时在 ω 为 0.58 kg 时达到极小值。由差商计算结果可得，参数 ω 对火炮后坐的影响较为明显，对火炮总冲量的影响比对最大后坐力的影响大得多。

3.3.4 结果分析

为了便于进一步分析各结构参数对双药室埋头弹火炮后坐性能影响程度的差别，对最大后坐力与总冲量的变化率进行计算，并将变化率结果及上述各差商绝对值的平均值罗列于表6中，其中 $\Delta F_Z/\%$ 表示最大后坐力的变化率，$\overline{dF_z}$ 表示最大后坐力的 F_z 的差商绝对值的平均值，其余符号含义相似。最大后坐力的变化率 ΔF_Z 计算公式为

$$\Delta F_Z = \frac{F_{Z\max} - F_{Z\min}}{|F_{Z0}|} \times 100\% \tag{11}$$

根据表6的火炮后坐响应量的变化率可以得出如下两个结论。
（1）对火炮最大后坐力影响最大的是喷管喉径 D，然后依次是后药室装药质量 ω 和弹丸质量 m。
（2）对火炮总冲量影响最大的是喷管喉径 D，然后依次是后药室装药质量 ω 和弹丸质量 m。

表6　结构参数对火炮后坐性能的影响

序号	参数	$\Delta F_Z/\%$	$\overline{dF_z}$	$\Delta I/\%$	$\overline{dI}$
1	m	94.1	0.94	769.24	7.69
2	D	843.47	8.44	7 228.23	71.74
3	ω	635.4	7.14	2 038.35	20.38

4 结论

基于设计的双药室低后坐能埋头弹药结构，本文建立了相应的内弹道模型，通过计算当前方案参数值：弹丸质量 1.14 kg，喷管喉径 18 mm、后药室装药质量 0.58 kg，得到发射原埋头弹弹丸的后坐总冲量可减少 99.32%，从理论上初步验证了火炮发射双药室低后坐能埋头弹药大幅减小火炮后坐力的可行性。在此基础上，通过有限差分法研究了弹丸质量、喷管喉径以及后药室装药质量对火炮后坐性能的影响程度，明确了喷管喉径 D 和后药室装药质量 ω 是影响埋头弹火炮的后坐力性能的主要因素，其影响大小顺序为喷管喉径 > 后药室装药质量。

本文研究为实现埋头弹火炮微后坐位移和微后坐力发射提供一定理论参考。

参 考 文 献

[1] 张小嘎,狄长春,赵金辉,等. 装填条件对膨胀波火炮弹道设计评价标准的影响 [J]. 火力与指挥控制, 2012, 37 (12): 92-98.

[2] 郭张霞,范光明,刘国志,等. 膨胀波火炮喷口打开时间影响因素研究 [J]. 中北大学学报: 自然科学版, 2019, 40 (2): 107-111.

[3] 吴胜权,张陈曦,何永. 基于混合装药的无后坐炮内弹道研究及优化 [J]. 兵器装备工程学报, 2018, 39 (6): 67-70.

[4] 王加刚,余永刚,郭飞,等. 多参数变化对埋头弹火炮内弹道性能的影响 [J]. 弹道学报, 2015, 27 (2): 69-73.

[5] 王晓,王浩,阮文俊,等. 脉冲推力器内弹道特性研究与改进 [J]. 固体火箭技术, 2017, 40 (6): 686-690.

[6] 陈晨,程广伟,豆松松,等. 双药室低后坐能弹药技术研究 [J]. 火炮发射与控制学报,2019,40 (1):68-71.
[7] 周长省,韩珺礼,陈雄,等. 野战火箭发动机设计 [M]. 北京:国防工业出版社,2015.
[8] 钱林方. 火炮弹道学 [M]. 北京:北京理工大学出版社,2009:115-164.
[9] 张小兵. 枪炮内弹道学 [M]. 北京:北京理工大学出版社,2014.

第 三 部 分

高能火炸药与特种烟火技术

老化对 HMX 基炸药爆热的影响探究

陈明磊，张争争，尚凤琴

(甘肃银光化学工业集团有限公司，甘肃　白银　730900)

摘　要：为了研究老化对 HMX 基炸药的性能影响，在 71 ℃下对组成为 A（HMX/Binder 96/4）和 B（HMX/GAP 95.5/4.5）两个 HMX 基配方的混合炸药老化 55 d，然后测试炸药的体积、质量、密度和爆热的变化情况。试验结果表明：药柱体积随着老化时间的增长呈现先变大后缩小的趋势；质量随着老化时间的增长呈现逐渐减小的趋势，但变化率都在 0.1% 内；爆热随着老化时间的增长几乎没有变化。

关键词：HMX 基炸药；老化试验；爆热

中图分类号：TG156　**文献标志码**：A

Study on the effect of aging on the explosion heat of HMX – based explosives

CHEN Minglei, ZHANG Zhengzheng, SHANG Fengqin

(Gansu Yinguang Chemical Industry Group Co., LTD., Baiyin 730900, China)

Abstract: In order to study the effect of aging on the performance of HMX – based explosives, the mixture explosives consisting of A (HMX/Binder 96/4) and B (HMX/GAP 95.5/4.5) are aged for 55 days at 71 ℃. The mass, volume, density and detonation heat of the explosives are measured. The results show that the volume of grain increases first and then decreases with aging time, and the mass decreases gradually with aging time, but the change rate is within 0.1%. The detonation heat hardly changes with aging time.

Keywords: HMX – based explosive; aging test; detonation heat

0　引言

含能材料的储存寿命是关系到常规弹药的安全储存与使用的重要问题，也是对常规弹药进行评价的一个非常关键与重要的技术指标。对于常规弹药储存寿命的研究主要是通过老化试验进行。国外对于含能材料的老化试验研究主要集中在老化对内部细观损伤、力学性能、高分子黏结炸药组分、相容性、化学稳定性等性能方面的影响[1-3]。同时国内各个院校、研究所等在炸药老化及寿命的评估方面也进行了许多有意义的研究[4]。

HMX 具有良好的力学性能和安全性，一般与黏结剂混合成形后使用，其热物理性能由各组分和工艺过程所决定。由于各组分热物理性能的差异，以及组分之间的相互作用界面影响，HMX 基混合炸药的物理性质便更为复杂。为表征老化试验对 HMX 基炸药的长储安全及毁伤性能的影响，本文对 HMX 基炸药在 71℃下老化后的体积、质量、密度和爆热等进行了研究。

作者简介：陈明磊（1986—），男，工程师，E - mail：chenml0611@163.com。

1 试验方法和试验方案

1.1 材料与仪器

材料：A（HMX/Binder/96/4）和 B（HMX/GAP/95.5/4.5）两个 HMX 基配方的混合炸药。

仪器：压力试验机（济南恒瑞金试验机有限公司），老化烘箱，标准压药模具（内径 $\Phi 20$ mm），电子天平，螺旋测微器，药勺、手套及纱布等。

1.2 样品制备

将两个 HMX 基配方的混合炸药造型粉压制成外形尺寸为 $\Phi 25$ mm × 25 mm 的药柱。

两种不同的炸药均只改变压力试验机的压力（6~13 T），保压 30 min，使药柱的内应力趋于平衡，提高药柱的密度均匀性。每个吨位下各压制 $\Phi 25$ mm × 25 mm 药柱 5 发并编号。用螺旋测微器测量每批药柱的初始平均轴向尺寸和直径，用电子天平称量质量以后计算其密度，并取平均值。静置 24 h 后再进行测量、计算其密度。

1.3 药柱的老化

参照 GJB 736.8—90《炸药试验方法》71 ℃试验法，将老化试验用药柱放在控温精度为 ±1 ℃、设定温度为 71 ℃的试验箱内进行加速老化试验，老化 55 d，并测定两种药柱的体积、质量和密度的变化。

1.4 爆热测试方法

按照 GJB 772A—1997 的方法 701.1 绝热法测试爆热。实验室温度控制在 15~30 ℃，在 -0.094 MPa 的真空度下，将质量为 25 g、直径为 25 mm 的试验样品在容积为 5.8 L 的爆热弹内引爆，以 20 L 的蒸馏水作为测温介质，控制温度变化在 ±1 ℃范围内，用精确度为 1‰的精密测温仪实时跟踪测量水温，根据爆热弹系统的热容值及温升值求出单位质量的实验样品的定容爆热值，连续 3 发试验数据误差不超过 3%，计算两种 HMX 基混合炸药的爆热平均值。

2 结果与讨论

2.1 药柱老化前后体积和质量的变化

HMX 基混合炸药在进行在老化试验时，监测其体积和质量随老化时间的变化率，数据如表 1 所示。

表 1 两种炸药药柱老化前后的体积、质量变化率

老化时间/d	体积变化率/%		质量变化率/%	
	A 药柱	B 药柱	A 药柱	B 药柱
10	0.107	0.075	0.023	0.012
20	0.086	0.054	0.034	0.028
30	0.082	0.032	0.049	0.040
45	0.054	0.030	0.052	0.042
55	0.041	0.021	0.062	0.049

由表 1 中数据可知，在 71 ℃老化时，两种药柱体积变化的趋势为先逐渐膨胀，再逐渐缩小；对于药柱的质量，则是一直处于减小的趋势。药柱体积先膨胀后缩小，主要是因为在药柱压制过程中承受很大的压力，在无约束的高温环境下，内应力开始缓慢释放；同时高分子材料在高温作用下，其本身存在受

热体积膨胀的特性，两方面的综合作用使药柱体积逐渐膨胀。作为黏结剂的复合高分子材料存在少量易挥发的低分子量成分，在受到高温作用时容易挥发，因此，药柱质量随着老化时间的推移而逐渐减少。随着挥发性成分由固体变成气体溢出药柱，药柱内部逐渐产生一些微小的气泡，在外界压力的作用下，药柱内气泡体积缩小，最终导致药柱体积变小。

表 2 所示为两种药柱的轴向尺寸随着老化天数的增加发生的变化及相应的膨胀率。

表 2　老化后两种药柱的膨胀率

试样	膨胀率/%	
	Δ_{10}	Δ_{25}
A 药柱	0.13	0.18
B 药柱	0.19	0.21

从表 2 中可以看出，随着老化天数的增加，药柱的尺寸渐趋稳定，两种药柱的增大主要出现在前 10 天中，达到总膨胀率的 70%~90%，当循环达到 25 天以后，药柱的尺寸基本不发生变化。

2.2　老化对药柱密度变化的影响

表 3 所示为两种混合炸药在老化处理 55 d 后密度的变化情况。

表 3　老化对两种药柱密度的影响

试样	老化前密度/(g·cm^{-3})	老化后密度/(g·cm^{-3})	密度差/(g·cm^{-3})	密度减小率/%
A 药柱	1.785	1.774	0.011	0.62
B 药柱	1.819	1.811	0.008	0.44

由表 3 可以看出，两种炸药在经过老化处理以后，药柱的密度均减小，且减小的程度不同，这可能是由于两种炸药中不同添加剂的性质所引起的。

2.3　爆热

两种 HMX 基混合炸药药柱在 71 ℃下老化后以及老化前的爆热试验数据如表 4 所示，炸药在 71 ℃下老化 55 d 后的爆热与老化前爆热的变化率分别为 -0.52% 和 0.67%，都在 1% 之内，在爆热测试的系统误差之内。试验结果说明 HMX 基混合炸药在 71 ℃下老化 55 d 后其爆热几乎没有受到影响。原因可能是药柱在压制过程中排出了绝大部分的空气，其内部的空隙只有很小一部分。

表 4　两种炸药药柱老化前后的爆热　　　　　　　　　　kJ/mol

老化时间 样品名称	0 天	55 天
A 药柱	7 856	7 815
B 药柱	7 159	7 207

3　结论

综上所述，通过对 A（HMX/Binder/96/4）和 B（HMX/GAP/95.5/4.5）两个 HMX 基配方的混合炸药的老化试验进行探究，得出以下结论。

(1) 药柱在 71 ℃老化时，体积逐渐膨胀后开始逐渐缩小；质量随着老化时间的推移逐渐减小。在老化 55 d 的时间里，体积和质量的变化率都小于 0.1%。

（2）两种药柱老化前后的爆热变化率小于 1%，说明在 71℃下老化 55 d，炸药爆热未发生明显改变。

（3）两种炸药在经过老化处理以后，由于不同的添加剂性质的影响，药柱的密度均减小，且减小的程度不同。

参 考 文 献

[1] CHEESE P. Studies on the effect of aging on a range of UK polymer – bonded explosives [C] // DI IM Energetic Materials Symposium. San Francisco：National Defense Industrial Association, 2004.

[2] CALEY L E, Hoffman. Dynamic mechanical and molecular weight measurements on polymer bonded explosives from thermally accelerated aging tests. Ⅲ. Kraton block copolymer binder and plasticizers [R]. UCRL – 5120 (V01, 3), 1981.

[3] HERMAN M. Particle processing and characterization part Ⅳ：PBX formulation and characterization [C] //37th International Annual Conference of ICT. Karlsruhe：Fraunhofer Institute Chemische Technologie, 2006.

[4] DING L, ZHENG CM, LIANG Y, et al. Aging properties of casted RDX – based PBX [J]. Chinese Journal of Energetic Material, 2015, 23 (2)：156 – 162.

熔铸装药过程质量在线检测方法分析

张明明,万大奎,万力伦,成 臣

(重庆红宇精密工业有限责任公司,重庆 402760)

摘 要:为实现对战斗部装药过程质量的在线实时检测,结合熔铸装药特点,分别对超声波及红外热成像测温方法的测温原理及测温方法进行了分析,并结合典型熔铸装药过程传热分析,探讨了超声波及红外热成像测温技术在熔铸装药过程外部温度场实时检测应用的可行性。分析结果表明,红外热成像测温技术可以用于熔铸装药过程中温度场实时测量,但需开展相应的试验研究,获得关联模型计算所需工艺参数。

关键词:红外热成像;温度场;熔铸装药

Analysis on methods of online quality inspection during cast charging

ZHANG Mingming, WAN Dakui, WAN Lilun, CHENG Chen

(Chongqing Hongyu Precision Industry Co., LTD., Chongqing 402760, China)

Abstract: In order to realize the online the quality inspection of cast charging explosives, combined with casting charge characteristics, analysis on methods of ultrasonic waves and Infrared Temperature field exactly, the temperature field in cast charge is calculated by the inside and out temperature field correlate model; infrared thermography's element and conduction heat of cast charge process are analyzed also. Analysis results show: as long as the surface emissivity of the warhead is tested, the real temperature of the surface can be calculated by infrared temperature measurement equation, and the real temperature is got. Therefore, infrared thermography can be used to measure the real temperature in the process of cast charge process, but the experimental research is carried out necessarily.

Keywords: infrared thermography; temperature field; infrared thermal imaging cast charge

0 引言

导弹战斗部作战目标及战场环境的不断变化要求战斗部具有高的能量密度及使用安全性,要求主装药具有较高的固含量且精密装药。熔铸装药过程存在物相、热量及体积变化导致装药工艺参数影响因素复杂,装药过程质量控制难度大。同时,随着我国制造业向着数字化、智能化方向发展,战斗部装药也向着数字化、智能化方向迈进,而战斗部装药的数字化、智能化需对熔铸装药质量在线检测,由于熔铸装药质量主要与温度场变化有关,通过检测装药过程中的外部温度场及内外温度场关联模型即可实现对装药过程质量的实时预判,极大地提高产品装药量。

目前,装药过程中缩孔、疏松、裂纹等装药疵病的质量检验主要采用事后固化成型后解剖或CT检测方式,发现质量问题只能将产品报废或降级使用。由于缺乏在线质量检测手段,无法在线检测装药过程中的质量问题,在战斗部批产时,过程参数异常将直接导致批次性质量问题的发生。国外鲜有相关报

作者简介:张明明(1982—)女,硕士研究生,Email:zhmm.zool@163.com。

道,经分析可采用超声波、红外热成像测温等方式进行实时质量检测,但因超声波检测法只能检测出弹药内部是否存在缺陷,不能确定缺陷的类别,定量精度比较低。红外热成像技术具有测温面积大、效率高等特点,在军事目标红外测温、海面温度红外测温等领域已被成熟应用。

因此,本文主要根据红外热成像测温原理、特点结合战斗部熔铸装药过程质量检测需求进行分析,探讨红外热成像测温技术在战斗部熔铸装药过程温度场实时检测中的应用前景。

1 测温原理和测温方法

1.1 超声波测温原理

超声波是一种机械波,机械振动与波动是超声波探伤的物理基础。超声波测温原理是基于声波在气体介质中的传播速度是该气体组分和绝对温度的函数,其关系式为 $c = \sqrt{\frac{\gamma R}{m} T}$,由于声波的发射与接收装置之间的距离是已知的,通过测量声波在两者之间的传播距离,可以确定声波在传播路径上的平均速度 c。根据公式便可以求出声波传播路径上的平均温度。由上述原理介绍可知,声波主要用于测量介质的温度。

1.2 红外热成像测温原理

红外热成像测温技术是一种直观、准确、灵敏度高、快速、安全的测定物体表面温度场分布的非接触测量技术[1]。该技术已在发电机、电力线路和断路器等电气设备的红外检测[2],石化设备的故障诊断[3],火灾探测[4],传热研究以及红外特征与隐身评估[5]等领域得到广泛的应用。

1985 年,美国普林斯顿大学的 UIRICKSON 在普朗克公式和维恩位移定律的基础上得出最佳测量波段与测温的表达式,并分析了测温方法、发射率、大气传输等对温度的影响。1999 年杨立根据红外热成像测温理论,通过分析红外热成像测温的基本原理,得到了计算被测物体表面真实温度的通用计算公式,给出了估计测量温差的计算公式,讨论了影响红外测温的因素[6]。

红外热成像测温是靠接收被测物体表面发射辐射来确定其温度。实际测温时,热成像仪接收到的为有效辐射、环境反射辐射和大气辐射三部分。假设红外热成像仪接收的辐射为某一黑体发射的辐射。

由普朗克辐射定律知

$$I_R(T) = \int_{\Delta\lambda} R_\lambda L_{b\lambda}(T) d\lambda = \int_{\Delta\lambda} R_\lambda \frac{C1}{\pi} \lambda^{-5} \left[\exp\left(\frac{C2}{\lambda T}\right) - 1 \right]^{-1} d\lambda \tag{1}$$

式中: $C1 = 3.7418 \times 10^{-4}$ ($W \cdot cm^2$), $C2 = 1.4388$ ($cm \cdot K$)——第一、第二辐射常数。

对红外探测器,当不考虑 R_λ 随波长的变化时,在近环境温度条件下,对式(1)在 2~5 μm 和 8~13 μm 积分,可分别得到 $I(T)$ 随温度的变化关系,它们近似满足如下关系:

$$I_R(T) = I(T) = \int_{\Delta\lambda} L_{b\lambda} d\lambda \approx CT^n \tag{2}$$

式中,在 2~5 μm, $n_1 = 9.2554$;在 8~13 μm, $n_2 = 3.9889$。

又有

$$T_r^n = \tau_a [\varepsilon T_0^n + (1-\alpha) T_u^n] + \varepsilon_a T_a^n \tag{3}$$

故被测表面真实温度的计算公式为

$$T_0 = \left\{ \frac{1}{\varepsilon} \left[\frac{1}{\tau_a} T_r^n - (1-\alpha) T_u^n - \frac{\varepsilon_a}{\tau_a} T_a^n \right] \right\}^{\frac{1}{n}} \tag{4}$$

式(1)~式(4)中, $I_R(T)$ 为红外辐射热像仪的刻度函数,通常通过标定得到; τ_a 为大气透射率; R_λ 为探测器的光谱响应; T_0 为被测物体的表面温度; T_u 为环境温度; ε 为表面辐射率; α 为表面对环境辐射的吸收率; $L_{b\lambda}$ 为辐射亮度。

由式(4)可知,只要已知物体表面的发射率、环境温度等值,即可根据热成像仪指示的辐射温度,计算被测物体表面的真实温度。

1.3 红外热成像测温方法

红外热成像测温方法主要有直接测量法、相对测量法及双波段测温法。对于灰体可采用直接测量法。而当被测物体为非灰体，即 $\varepsilon<1$ 时，随着 ε 的取值不同，计算出被测两点的温度差。如果已知某一参考温度，即可用相对测量法计算目标温度。在温度的直接测量中，由于物体的温度和发射率两个量未知，必须首先测出发射率才能计算目标温度，对于非灰体，要建立不同波段间发射率的关系，才能同时解出目标温度和发射率。发射率的测量方法主要有双参考体方法、双温度方法和双背景方法，用三种方法测量给定材料的发射率，其中误差小于 2%。

2 战斗部熔铸装药过程温度场分析

2.1 熔铸装药过程传热模型分析

熔铸装药过程简介：将熔混完成的具有一定温度的液态混合炸药药液注入弹体，并在弹体口部安装保温漏斗，并在一定时间内持续给漏斗加热，使漏斗内炸药在一定时间内处于液体状态，确保漏斗内的药液不断给下部因药液温度降低而形成的体积收缩进行补充，从而达到减少缩孔的目的。典型熔铸装药过程剖面如图 1 所示。

熔铸装药过程传热分析如图 2 所示。

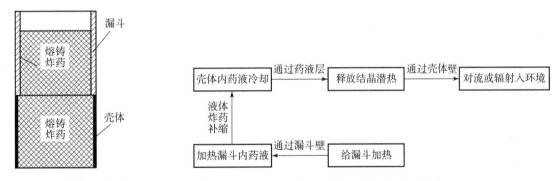

图 1　典型熔铸装药过程剖面　　　　图 2　熔铸装药过程传热分析

由上述过程分析可以看出，熔铸装药过程可以使用常规稳态导热微分方程建立内外部温度场关联模型，作者也进行了相关热力学分析[7]。因此，只要能够测量装药过程的战斗部壳体表面温度场，即可根据内外部温度场模型计算内部温度场。

2.2 应用可行性分析

由超声波测温原理介绍可知，超声波难以检测战斗部熔铸装药过程的壳体壁温度，故难以被用于熔铸装药过程的温度场检测。由红外热成像测温原理分析可知，若要通过红外热成像仪检测战斗部壳体表面温度必须测量壳体表面的发射率、环境温度及环境中气流的影响。影响物体表面发射率大小的因素主要有材料、表面状态、表面温度等，由于战斗部壳体在装药时其表面一般为油漆面，故可以根据所涂油漆的种类查找对应的表面发射率，但因发射率影响因素较多，还需采用改变环境辐射对其进行校正。国内的军事目标红外热成像温度测量技术较为成熟，且可以采用一定的手段确保战斗部装药环境一致及壳体表面的材料一致，从而使表面发射率相同，利于相关计算。因此，使用红外热成像技术进行战斗部熔铸装药过程壳体表面温度场检测是可行的。

3 结论

本文通过对超声波测温原理、红外热成像测温原理及熔铸装药过程温度场进行分析，探讨了红外热成像仪在测量战斗部熔铸装药过程壳体壁温度场的应用可行性，红外测温原理显示若通过测量红外热辐射值计算出壳体表面的真实温度，只需测量出壳体表面的发射率及环境温度即可，因战斗部装药过程在相对封闭的环境中进行，故可作相应假设，从而通过查阅资料并进行一定的修正即可得到壳体壁的温度场，再根据战斗部装药过程内外部温度场关联模型即可得出内部温度场，结合装填炸药的物理特性即可对内部装填质量进行表征。

参 考 文 献

[1] 杨立，杨桢，等. 红外热成像测温原理与技术 [M]. 北京：科学出版社, 2015, 47.

[2] 陈衡, 侯善敏. 电力设备故障红外诊断 [M]. 北京：中国电力出版社, 1999.

[3] 李晓刚, 付冬梅. 红外热像检测与诊断技术 [M]. 北京：中国电力出版社, 2006.

[4] PLANAS – CUHI E, CHATRIS J M, et al, Determination of flame emissivity in hydrocarbon pool fires using infrared thermography [J]. Fire technology, 2003, 39: 261 – 273.

[5] LEONG H C. Imaging and reflectance spectroscopy for the evaluation of effective camouflage in the SWIR [D]. Monterey: Naval Postgraduate School, 2007.

[6] 杨立. 红外热成像仪测温计算与误差分析 [J]. 红外技术, 1999, 21 (4): 20 – 24.

[7] 张明明, 万大奎, 等. 中小口径、大长径比战斗部装药缩缝研究 [J]. 2014年火炸药技术学术研讨会论文集（下册）: 872 – 876.

熔铸炸药与压装药柱复合装药工艺研究

张明明，成　臣，万大奎

（重庆红宇精密工业有限责任公司，重庆　402760）

摘　要：为解决熔铸炸药与压装药柱复合装药疵病多、质量控制难度大的问题，开展了熔铸炸药与压装药柱复合装药工艺研究。分别采用普通块装法工艺、压装药柱不预热工艺、压装药柱预热工艺三种工艺方法进行熔铸炸药与压装药柱复合装药工艺试验，试验结果表明：采用压装药柱预热工艺装填产品密度最高，接近理论密度，CT检测熔铸炸药与压装药柱间无间隙，装药内部无"搭桥"疵病。同时，压装药柱为半球形时装填产品质量更好。

关键词：熔铸炸药；压装药柱；复合装药；工艺

Study on the process of compound casting explosive and pressed charge column

ZHANG Mingming, CHENG Chen, WAN Dakui

(Chongqing Hongyu Precision Industry Co., LTD., Chongqing　402760, China)

Abstract: In order to settle out many defects and quality control, studying on the process of compound casting explosive and pressed charge column with the way of common block loading method, preloading without preheating and preloading with preheating. The results show that the charge density by the process of preloading with preheating is maximum and near the theoretical maximum density, and internal charge is no interstitial. As well, the charge quality is better when the shape of press - explosive grain is hemispherical.

Keywords: melt - cast explosive; press - explosive grain; complex casting; process

0　概述

随着我国主战武器向着高效毁伤、高着速、大侵深、大当量等方向发展，要求战斗部主装药具有高能量密度和高安定性。熔铸炸药因其装填不受药室形状影响而广泛作为战斗部主装药，其成型技术与传统的金属浇铸相似，但又因熔铸炸药能量密度偏低，炸药自身能量特性局限性的存在，难以满足新型战斗部对高抗过载等需求，而热固性炸药药柱因其良好的不敏感特性及较高的能量密度，更适宜用于新型战斗部主装药，但压装法受药室形状局限性较大，无法用于复杂结构药室战斗部装药，因此，压装药柱与熔铸炸药的复合装药工艺应运而生。但因在固化过程熔铸炸药存在相变、热变及体积变化，压装药柱的体积变化与熔铸炸药体积收缩量不同且压装药柱之间易形成封闭间隙，其在装填后易形成气孔、缩孔、裂纹等缺陷。研究结果表明[1,2]，缺陷增多会使炸药的感度升高，严重影响战斗部使用过程中的安全性，同时炸药的缺陷还会大幅度降低炸药的爆轰性能，影响武器的毁伤效果。

对于消除熔铸装药缩孔，李敬明等[3]研究了缩孔、疏松形成机理，提出采用冒口漏斗可消除缩孔；国内亦有采用热探针护理工艺消除熔铸装药缩孔及疏松，但对复合装药工艺仍研究不足。

因此，为明确熔铸炸药与压装药柱复合装药质量影响因素，特开展本工艺研究。

作者简介：张明明（1982—），女，硕士研究生，E - mail：Zhmm.2001@163.com。

1 工艺研究

1.1 原材料规格及试验件尺寸

压装含铝药柱（含高分子黏结剂，尺寸为 $\phi 17\ mm \times 17\ mm$，密度为 $1.95\ g/cm^3$），苯甲醚基熔铸炸药（固含量为70%，密度为 $1.82\ g/cm^3$）。压装药柱装填量为试验件总装填量的40%。试验件装填内腔尺寸为 $\phi 300\ mm \times 400\ mm$。

1.2 工艺过程

1.2.1 普通块状法工艺

将熔铸炸药加入壳体，压装药柱加入熔铸炸药内部并不断搅拌压装药柱，药液黏稠后继续加入压装药柱，直至将压装药柱装填完成，自然冷却至室温。

1.2.2 压装药柱不预热工艺

将熔铸炸药加入壳体后加入压装药柱并搅拌，至药液黏稠后继续加入药液，再次加入压装药柱搅拌并捣实，直至将压装药柱全部装填，继续加入药液至冒口漏斗内，保温2 h后，停止保温，自然冷却至室温。

1.2.3 压装药柱预热工艺

将压装药柱放在 $70 \sim 80\ ℃$ 烘箱中预热1 h。将熔铸炸药加入壳体后加入已预热完成的压装药柱，搅拌并捣实，至药液黏稠后继续加入药液，再次加入预热压装药柱，搅拌并捣实，直至将压装药柱完全加入，继续加入药液至冒口漏斗内，保温2 h后，停止保温，自然冷却至室温。

1.3 结果与分析

按照1.2节的三种工艺过程，使用装填内腔尺寸为 $\phi 300\ mm \times 400\ mm$ 的试验件分别进行熔铸炸药与压装药柱复合装药工艺试验，三种装填工艺所装填产品的密度检测结果如表1所示。

表1 装填产品的密度检测结果

序号	工艺过程	压装药柱装填量/kg	理论装填密度/(g·cm⁻³)	装药密度/(g·cm⁻³)	密度比值/%
1	普通块状法工艺	22.4	1.868	1.817	97.27
2	压装药柱不预热工艺	22.4	1.868	1.838	98.39
3	压装药柱预热工艺	22.4	1.868	1.864	99.79

由表1数据可知，装填密度最低的为普通块状法，装填产品装填密度为 $1.817\ g/cm^3$，为理论密度的97.27%；装填密度最高的为压装药柱预热工艺，装填产品装填密度为 $1.864\ g/cm^3$，为理论密度的99.79%。

为了解实际产品装填内部情况，分别对所装填产品进行了CT（分辨率0.25 mm）检测，三种工艺过程装填产品CT检测结果如图1~图3所示。

由图1、图2及图3可知，采用普通块状法装填产品的密度最低，CT检测显示压装药柱与熔铸炸药间存在较多间隙，且装药缩孔明显；压装药柱不预热工艺装填的产品因冒口漏斗的存在装药内部缩孔明显减少，但因压装药柱装填量仅占主装药总量的30%且药柱未预热，CT检测显示压装药柱与熔铸炸药间的结合界面较明显，装药密度降低；压装药柱预热工艺装填产品CT检测显示，压装药柱与熔铸炸药间结合较好，同时因为冒口漏斗的作用，主装药内部的缩孔消失[4]，因为装填时的药柱捣实操作避免了药柱"搭桥"，装药密度与理论计算相当。为进一步分析产生上述现象的原因，分别从压装药柱及熔铸炸药相关特性进行分析。

图1 普通块状法装填产品 CT 检测结果

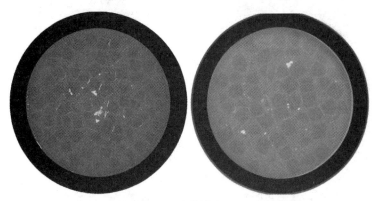

图2 压装药柱不预热装填产品 CT 检测结果

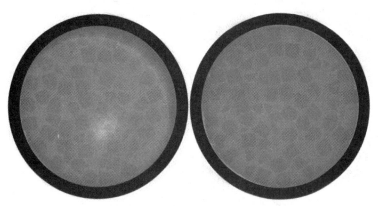

图3 压装药柱预热装填产品 CT 检测结果

1.3.1 压装药柱分析

本工艺研究所用压装炸药黏结剂为氟橡胶，药柱为长径比1:1的圆柱形药柱，因压装药柱在加热后不熔化，因此其与熔铸炸药间为物理黏结，在装填至壳体内过程中、在自然落入壳体过程中药柱与药柱之间易产生图4所示的"搭桥"空间，该空间因药柱的阻挡难以填充熔铸炸药，导致装药完成后在"搭桥"部位形成缩孔或缝隙，即图1、图2所示的现象。采用半球形药柱降低"搭桥"现象，且药柱在熔铸炸药中的分布更均匀，如图5所示。这主要是由于"搭桥"边界减少，更易于分散药柱。

1.3.2 熔铸炸药分析

本工艺研究所用熔铸炸药为 DNAN 基混合炸药，熔点为 85 ℃左右，工艺试验过程中室温为 20 ℃左右，将室温状态下的压装药柱装填至 85 ℃的熔铸炸药中，在药柱在落入药液的瞬间药柱表面的药液凝固，同时随着时间的延长，药柱的温度逐渐升高，因为氟橡胶的特性，药柱体积变大，而在冷却过程中，因压装药柱的导热系数较熔铸炸药的导热系数高，导致冷却不同步，从而使压装药柱体积的收缩速度低于熔铸炸药，故在压装药柱与熔铸炸药间出现了图1、图2所示的药柱周边间隙。而在使用了冒口漏斗及压装炸药预热后，上述体积收缩不同步现象消失，所以装填后药柱与熔铸炸药结合紧密，装填产品密度与理论计算密度相当，说明采取措施有效。

图4 压装药柱"搭桥"空间　　　　图5 半球形药柱装填CT

2 结论

（1）压装药柱与熔铸炸药复合装填采用压装药柱预热，药柱装填时捣实并使用冒口漏斗保温的工艺措施，装填密度接近理论密度，CT检测（分辨率0.25 mm）无疵病。

（2）压装药柱为圆柱形时，在装填时易形成"搭桥"现象，采用捣实工艺可消除"搭桥"。

（3）压装药柱使用半球形药柱更易于消除压装药柱与熔铸装药间的间隙。

参 考 文 献

[1] 花成，黄明，黄辉，等. RDX/HMX炸药晶体内部缺陷表征与冲击波感度研究 [J]. 含能材料，2010，18（2）：152 – 157.

[2] 黄亨建，董海山，舒远杰，等. HMX中晶体缺陷的获得及其热感度和热安定性的影响 [J]. 含能材料，2003，11（3）：123 – 126.

[3] 李敬明，田勇，张伟斌，等. 炸药熔铸过程缩孔和疏松的形成与预测 [J]. 火炸药学报，2011，34（2）.

[4] 温世武，姚兰英. 装药学 [M]. 北京：兵器工业出版社，2008.

功能助剂对 RDX/DNAN 基熔铸炸药成分分析的影响研究

李领弟，张　璇，魏成龙，董晓燕

（甘肃银光化学工业集团有限公司，甘肃　白银　730900）

摘　要：本文通过色谱柱、检测波长、流动相、流速研究，建立了 RDX/DNAN 基熔铸炸药成分分析的高效液相色谱分析方法，并通过对比试验研究了功能助剂对熔铸炸药成分的影响。最终得到了功能助剂对熔铸炸药中 RDX 和 DNAN 的峰高无影响，为熔铸炸药成分的色谱分析提供了可靠的数据支撑。

关键词：熔铸炸药；液相色谱；功能助剂

中图分类号：TG156　**文献标志码**：A

Effect of functional additives on component analysis of RDX/DNAN based melt – cast explosives

LI Lingdi, ZHANG Xuan, WEI Chenglong, DONG Xiaoyan

(Gansu Yinguang Chemical Industry Group Co., LTD., Baiyin 730900, China)

Abstract: A high performance liquid chromatographic method for the analysis of composition of RDX/DNAN based melt – cast explosives is established through the study of chromatographic column, detection wavelength, mobile phase and flow rate. In order to study the effect of functional additives on composition of melt – cast explosives, comparative experiments is carried out. The results show that functional additives have no effect on the peak height of RDX and DNAN components in melt – cast explosives. It provides reliable data support for composition analysis of melt – cast explosives.

Keywords: melt – cast explosive; liquid chromatography; functional additives

0　引言

熔铸炸药是当前世界各国在军事上应用最为广泛的一类混合炸药，占军用混合炸药 80% 以上。20 世纪 70 年代以后，很多国家把提高武器系统在战场上的生存能力和弹药储存、运输及勤务处理的安全作为研制炸药的重要任务，开始研究和发展不敏感炸药以替代安全性能较差的 TNT 基熔铸炸药[1]。从 21 世纪初开始，国内北京理工大学开始进行研究，成功研发了以 2,4 - 二硝基苯甲醚（DNAN）为基的系列产品，其在新一代超音速反舰艇战斗部、水中兵器战斗部和抗冲击过载战斗部得到应用，取得了良好的效果，为了进一步改善炸熔铸药性能，在 RDX/DNAN 基熔铸炸药基础上加入功能助剂 3 - 硝基 - 1,2,4 - 三唑 - 5 - 酮（NTO）或者 1,1 - 二氨基 - 2,2 - 二硝基乙烯（FOX - 7）。目前，熔铸炸药的研究主要集中在物理性能、相容性、以及 DNAN 基熔铸炸药配方的性能研究，如爆炸性能、烤燃实验等，但对功能助剂的研究相对较少[2,3]。功能助剂[4]为热塑性高分子力学助剂、增塑剂和钝感剂复合体系，运用

作者简介：李领弟（1989—），女，硕士研究生，E - mail：291785699@qq.com。

表面化学基础理论，通过改善整个体系的表面张力、接触角、黏附功等，改善DNAN基熔铸炸药工艺性、提高装药密度、降低炸药感度、减少药柱裂纹。本文将醋酸丁酸纤维素（CAB）、三-（β氯代乙基）磷酸酯（CEF）、甲基壬基乙醛（MNA）、热塑性聚氨酯弹性体（TPU粉）作为研究对象，通过液相色谱研究功能助剂对RDX/DNAN基熔铸炸药色谱纯度的影响。

1 研究内容

1.1 测定原理

高效液相色谱法（High Performance Liquid Chromatography，HPLC）是以液体为流动相，采用高压输液系统，将具有不同极性的单一溶剂或不同比例的混合溶剂、缓冲液等流动相泵入装有固定相的色谱柱，在柱内各成分被分离后，放入检测器进行检测，从而实现对试样纯度的分析。

1.2 实验仪器及试剂

（1）南京科捷高效液相色谱仪。
（2）色谱柱：HYPERSIL BDS C18 10 μm 4.6×200 mm。
（3）电子天平：分度值0.0001 g。
（4）微量注射器：10 μL。
（5）容量瓶：100 mL。
（6）所用试剂要求：乙腈（色谱纯），超纯水，丙酮（色谱纯）。

1.3 实验程序

1.3.1 样品的准备

（1）以RDX/DNAN基熔铸炸药为例，其DNAN:RDX组分含量比例为34:62，在100 mL容量瓶中按投料量配置0.2 g样品，平行配置三个样品（a1、a2、a3），用丙酮溶解，并稀释至刻度线。
（2）以RDX/DNAN基熔铸炸药为例，其组分为DNAN:RDX:功能助剂=34:62:4，在100 mL容量瓶中按投料量配置0.2 g样品，平行配置三个样品（b1、b2、b3），用丙酮溶解，并稀释至刻度线。

1.3.2 试验程序

启动液相色谱仪，设置好色谱条件，待仪器稳定后，将配置好的样品溶液依次注入色谱柱内，每种溶液连续进样3次，用峰面积和峰高来进行结果对比。

2 结果与讨论

2.1 色谱条件的选择

2.1.1 液相色谱柱的选择

RDX/DNAN基熔铸炸药属于中等极性，所以采用反相液相色谱法（流动相的极性大于固定相的极性）进行测定，通常选用常规色谱柱，填料以硅胶为基础，表面键合着极性较弱的C18或C8作为官能团。本次试验选用HYPERSIL BDS C18 10 μm 4.6×200 mm的色谱柱。

2.1.2 检测波长的选择

RDX/DNAN基熔铸炸药中主要组分为DNAN和RDX，DNAN在200~350 nm有吸收峰，RDX在200~290 nm有吸收峰；它们分别在230 nm和240 nm下吸收最佳，因此将样品a在230 nm和240 nm下分别进样，结果如表1所示。

表1 不同检测波长下试验结果

名称	RDX 峰高	DNAN 峰高
波长 240 nm	1 029.08	324.96
	1 009.20	318.30
	1 008.90	319.73
波长 230 nm	1 160.75	368.14
	1 149.67	364.21
	1 140.84	361.16

由表1可见，波长230 nm下，DNAN和RDX能被同时检出，并且吸收最强，因此，本实验将230 nm作为检测波长。

2.1.3 流动相的选择

在选择溶剂时，溶剂的极性是选择的重要依据。常用溶剂的极性顺序：水（最大）＞甲酰胺＞乙腈＞甲醇＞乙醇＞丙酮＞四氢呋喃＞二氯甲烷＞氯仿。

在反相色谱法中二元流动相的选择中最常用的是乙腈与水，甲醇与水；三元流动相常用的是甲醇、乙腈、水，我们选择二元流动相，所以流动相配比为乙腈:水 = 1:1，如图1所示。

2.1.4 色谱条件的建立

称取0.2 g样品于100 mL容量瓶中，用丙酮溶解并定容，柱温：30℃，柱型：HYPERSIL BDS C18 10 μm 4.6×200 mm，检测波长：230 nm，流动相：乙腈:水 = 1:1，进样量5 μL，流速：2.0 mL/min，如图1所示。

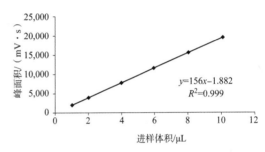

图1 进样量与峰面积的线性关系

2.2 线性关系

方法的线性关系是衡量响应值与浓度的校正曲线近似为一条直线的程度。大多数分析方法，尤其是对于分析主成分时，其线性相关系数大于0.999即可。进样量与峰面积的线性关系如图1所示。

2.3 功能助剂的影响实验

在建立的色谱条件下，将样品a1、a2、a3，样品b1、b2、b3分别进样三次，得到实验数据如表2所示。

表2 功能助剂对 RDX/DNAN 峰的影响

名称	RDX 峰高	DNAN 峰高
a1	1 160.75	368.14
	1 149.67	364.21
	1 140.84	361.16
a2	1 155.77	366.24
	1 149.48	364.67
	1 137.44	359.40
a3	1 146.06	359.40
	1 164.21	364.72
	1 164.30	364.81

续表

名称	RDX 峰高	DNAN 峰高
b1	1 155.75	365.95
	1 143.19	360.77
	1 132.58	358.60
b2	1 151.62	365.43
	1 132.47	359.93
	1 119.68	355.86
b3	1 144.89	359.18
	1 147.56	360.31
	1 136.53	356.10

由表2可见，功能助剂CAB、CEF、MNA、TPU粉对RDX和DNAN的峰高、峰面积无影响。为确保功能助剂在丙酮体系中完全溶解，将样品b静置48小时，然后在相同的色谱条件下进行测定，得到色谱结果如表3所示。

表3 静置48小时后功能助剂对RDX/DNAN峰的影响

名称	RDX 峰高	DNAN 峰高
b1	1 253.23	410.09
	1 241.64	406.59
	1 247.79	408.91
b2	1 241.22	406.45
	1 233.27	405.31
	1 238.20	405.85
b3	1 240.56	401.90
	1 247.72	403.75
	1 235.20	400.50

由表2、表3可见，静置后功能助剂对RDX/DNAN的峰高、峰面积影响忽略不计，因此，功能助剂对RDX/DNAN基熔铸炸药液相纯度测定无影响。

3 结论

RDX/DNAN基熔铸炸药液相色谱条件：称取0.2 g样品于100 ml容量瓶中，用丙酮溶解并定容；柱温：30℃；柱型：HYPERSIL BDS C18 10 μm 4.6×200 mm；检测波长为230 nm；流动相为乙腈:水=1:1；进样量：5 μL；流速：2.0 mL/min。功能助剂CAB、CEF、MNA、TPU粉对熔铸炸药中RDX和DNAN的峰高、峰面积无影响，这为熔铸炸药色谱分析提供了可靠的数据支撑。

参 考 文 献

[1] 董海山. 钝感弹药的由来及重要意义 [J]. 含能材料, 2006, 14 (5): 321-322.
[2] TRZCINSKI W A, CUDZILO S, DYJAK S, et al. A comparison of the sensitivity and performance characteristics of melt - pour explosives with TNT and DNAN binder [J]. Central European journal of energetic materials,

2014, 11 (3): 443 – 455.

[3] 何得昌, 徐军培, 柴浩, 等. 功能助剂对 TNT 成型性能的影响 [J]. 火炸药学报, 2000 (3): 41 – 42.

[4] 蒙君煚, 姜振明, 张向荣, 等. 功能助剂对 2, 4 – 二硝基苯甲醚基熔铸炸药性能的影响 [J]. 兵工学报, 2016, 37 (3): 424 – 430.

[5] 张光全, 董海山. 2, 4 – 二硝基苯甲醚为基熔铸炸药的研究进展 [J]. 含能材料, 2010, 18 (5): 604 – 609.

TATB硝化工艺研究

杨学斌,魏成龙,秦 亮,张得龙,王小龙,
张广源,赵静静,郝尧刚,方 涛

(甘肃银光化学工业集团有限公司,甘肃 白银 730900)

摘 要:三氨基三硝基苯(TATB)是一种性能优异的,对撞击、震动、火焰钝感的炸药。氯离子含量对TATB的热安定性等存在重要影响,严重时对其使用产生影响。国内外专家提出了以无氯原料间苯三酚合成TATB的新路线,具体为间苯三酚通过硝化、烷基化和胺化反应得到TATB。研究了4种硝化路线对TATB得率的影响,同时对比了各路线的可行性和优缺点。

关键词:间苯三酚;浓硫酸;浓硝酸;三羟基三硝基苯(TNPG);工艺优化

Study on nitration process of TATB

YANG Xuebin, WEI Chenglong, QIN Liang, ZHANG Delong,
WANG Xiaolong, ZHANG Guangyuan,
ZHAO Jinjin, HAO Yaogang, FANG Tao

(Gansu Yinguang Chemical Industris Group Co., LTD., Baiyin 730900, China)

Abstract: 2, 4, 6 - triamino - 1, 3, 5 - trinitrobenzene (TATB) is a powerful explosive, but it is extremely insensitive to shock, vibration, fire, or impact. The content of CL - 1 is very important to the thermal stability of TATB and the usability. The new synthesis process without CL - 1 is the hot point and is studied by the experts recent years. The synthesis process is 1, 3, 5 - trihy - droxy benzene experiences nitration, alkylation and ammoniation process. In this paper, the yield of TATB of four different nitration processes is studied. The advantage and deficiency is summarized at last.

Keywords: phloroglucinol; 1, 3, 5 - trihydroxy - 2, 4, 6 - trinitrobenzene (TNPG); Concentratal Sulfuric Nitric acid; technologic optimization

0 引言

传统的TATB生产法是从1,3,5-三氯苯(或1,3,5-三溴苯)出发,经高温(150℃)硝化为1,3,5-三氯2,4,6-三硝基苯(TCTNB),然后在甲苯中用氨胺化为TATB[1,2]。传统法的缺点一方面是1,3,5-三氯苯不易得到、价格高、硝化温度太高、有潜在的危险性和环境问题,另一方面是氯杂质含量高[3],TATB的含氯量是一项很重要的技术指标,直接影响产品的热安定性等性能,对药柱成型、药柱强度、金属弹体等有不良作用。尤其是当无机杂质NHCl占总杂质含量的80%以上时,TATB变黑、变粗糙,降低了总得率,而且会改变TATB的晶体表面形貌。因此,降低或去除TATB成品中氯的含量对提高TATB质量具有重要意义。传统法的问题:原料TCB价格昂贵,供应不稳定,不易购买,导致成品成本高,限制了产品的推广应用;环境污染问题。传统的硝化反应工艺的缺点是副产物较多,消耗大量浓硫酸,设备腐蚀和环境污染严重。

作者简介:杨学斌(1982—),男,工程师,工程硕士。

为了解决 TATB 中的氯杂质问题，国内外专家提出了以无氯原料替代 TCB 合成 TATB 的新路线[4]。主要包括：间苯三酚经硝化成三硝基间苯三酚，然后经过烷基化、氨化合成 TATB；TNT 经氧化、脱羧、还原、硝化，最终氨化合成 TATB；苯甲酸为原料经硝化、Schmidt 反应、硝化和胺化四步反应合成 TATB；间三甲苯经硝化、氧化、氨化，然后重排得 TATB；间三甲氧基苯经磺化、硝化、氨化合成 TATB。这些方法总体上还存在原料供应问题、成本问题、废物污染问题、规模化问题、质量问题等。这些方法工艺复杂，反应温度和压力较高，不易实现工业化，而且存在安全性和环境问题，因此探索新的环境友好的无氯合成方法显得十分必要。

目前常见的硝化工艺都存在产生大量热，并且在制备过程中产生大量硝烟，对环境不友好，得到的产品容易被氧化。因此有必要研究 TATB 硝化工艺，以获得高产率、安全环保的工艺条件。

1 试验部分

1.1 原料

间苯三酚（工业级）、硝酸铵（工业级）、浓硫酸98%（工业级）、浓硝酸98%（工业级）。

1.2 工艺设备

50 L 玻璃反应釜、恒温循环油浴、双金属温度计、Waters 超高效液相色谱仪。

2 实验结果与讨论

2.1 硝化路线

间苯三酚硝化反应合成 TNPG 路线如图1所示。

2.2 硝化体系的选择

根据间苯三酚硝化路线，本文选用4种不同的硝化路线，分别研究了不同硝化路线对产物得率的影响，硝化装置、试验结果如图2、表1所示。

路线1：将间苯三酚加入底液（浓硫酸），滴加98%浓硝酸。
路线2：将间苯三酚加入底液（浓硫酸），滴加硝硫混酸。
路线3：配置硝硫混酸，加入固体间苯三酚。
路线4：将硝铵加入底液浓硫酸，加入固体间苯三酚[5]。

图1 间苯三酚的硝化路线　　　　图2 硝化装置

在硝化试验中，固定硝化温度、转速和硝化时间，固定间苯三酚和硫酸（质量比1:22）的用量，通过表1数据，可以看出路线1和路线3的得率只有20.7%和47.5%，是路线2得率的23%和52%，是路线4得率的25%和58%。路线1和路线3的产物氧化比较严重、品质较差，如图3、图4所示；路线2和路线4，硝化得率高，产物颜色为淡黄色，如图5、图6所示。通过表1数据和硝化产物照片对比，在放大试验中选用路线2和路线4。

表1 不同硝化体系对 TNPG 产率的影响

序号	硝化体系	得率/%
1	路线1	20.7
2	路线2	90.6
3	路线3	47.5
4	路线4	91.8

图3 路线1硝化产物

图4 路线3硝化产物

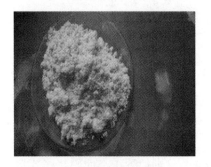

图5 路线2硝化产物

图6 路线4硝化产物

2.3 硝化反应工艺优化研究

通过上述硝化路线的研究，路线2和路线4硝化工艺的得率和硝化产物颜色比较接近，下面就这两种硝化工艺做进一步研究。

2.3.1 底物比对反应的影响

固定硝化温度、搅拌速度和硝化时间，固定间苯三酚的量，研究底液（浓硫酸）对两种硝化工艺的影响，试验现象和结果如图7、图8和表2所示。

图7 路线2产物

图8 路线4产物

表2 不同底物比对硝化反应得率的影响

路线	间苯三酚（kg）底液（L）	得率/%	路线	间苯三酚（kg）底液（L）	得率/%
路线2	1∶7	64.3	路线4	1∶7	53.5
	1∶10	84.6		1∶10	73.9
	1∶12	91.1		1∶12	79.4
	1∶15	91.5		1∶15	84.7
	1∶18	92.2		1∶18	91.1
	1∶20	91.8		1∶20	92.5
	1∶22	90.5		1∶22	92.0

由表2可知，两种硝化路线在相同的硝化工艺，选用相同比例的底物时，随着底物量的增加，硝化产物的得率也随之增加，当路线2底物的比例超过1∶12时，底物比例的增加对产物的得率的影响就比较小了；当路线4底物的比例超过1∶18时，底物比例的增加对产物的得率的影响就比较小了。通过两种硝化路线的比较，得率和产物品质基本相同时，路线4要比路线2所用的底物（浓硫酸）的用量多40%左右，当底物比例小于1∶7时，两种路线的得率都比较低，硝化过程体系物料的黏度比较大，对搅拌强度的要求比较高，且放料比较困难，如图9所示。

图9 底物比在1∶7时放料

2.3.2 工艺条件对反应的影响

工艺条件的研究中，固化间苯三酚的用量，两种路线分别采用最佳比例的底液：路线2为1∶12，路线4为1∶20，研究硝化温度和保温时间对产品得率的影响，如表3、表4所示。

表3 硝化温度对产物得率的影响

路线	温度/℃	反应时间/min	得率/%	路线	温度/℃	反应时间/min	得率/%
路线2	-10	60	89.5	路线4	-10	60	89.5
	-5	60	91.5		-5	60	88.6
	0	60	90.3		0	60	89.8
	5	60	87.5		5	60	91.5
	10	60	85.4		10	60	90.8
	15	60	80.5		15	60	89.5

表4 保温时间对产物得率的影响

路线	温度/℃	反应时间/min	得率/%	路线	温度/℃	反应时间/min	得率/%
路线2	0	30	86.5	路线4	0	30	85.7
	0	60	91.7		0	60	89.5
	0	90	91.5		0	90	90.6
	0	120	91.7		0	120	92.5
	0	150	92.0		0	150	91.8
	0	180	90.9		0	180	92.0

通过表 3 的研究数据，可以看出当保温时间为 60 min，路线 2 在温度为 -10~0 ℃时的硝化得率在 90% 左右，当温度 0~10 ℃时随着温度的升高得率下降，且硝化产物的颜色发红。为了试验可操作性和安全性，选择硝化温度为 -5~0 ℃。路线 4 的硝化温度在 -10~15 ℃时产物的得率都在 90% 左右，且硝化物颜色没有变化，为了试验可操作性和安全性，选择硝化温度为 0~10 ℃。

通过表 4 数据分析，路线 2 的保温时间在 60~90 min 时，反应完全，路线 4 的保温时间要长于路线 2 的保温时间，保温 90~120 min 完全反应。

3　结论

（1）本文采用的 4 种硝化路线，路线 1 和路线 3 反应过程氧化比较严重，产物发红，得率比较低，整个反应过程放热比较剧烈，存在不安全因素，不采用这两种硝化路线。

（2）路线 2 底液用量要比路线 4 的底液少 40% 左右，这减少原材料用量降低成本，同时也减轻了环保和污水处理压力。

（3）通过分析路线 2 和路线 4 的反应时间和反应温度，路线 2 的反应温度较低，保温时间短，说明路线 2 的反应比较剧烈，放热比较大，过程控制比较苛刻；路线 4 的反应温度较高和保温时间较长，反应过程比较平稳，安全性较高。

（4）采用的 4 种硝化路线有两种反应是通过加固体间苯三酚来反应的，试验过程中发现如果底液加入量少时，对搅拌强度的要求很高，如果不能及时分散均匀，则试验存在加料时打火花或着火的危险。

参 考 文 献

[1] SCHMIDT R D, MITCHELL A R, PAGORIA P F, et al. Process developments tudies of a new production method for TATB [C] // Proceedings – Insensitive Munitions and Energetic Materials Technology Symposium, San Diego: C A, 1998.

[2] 魏运洋. DATB、TATB 和其中间体的新合成法 [J]. 兵工学报，1992 (2)：79 - 81.

[3] 周新利. 无氯 TATB 的合成进展 [J]. 火炸药学报，2006, 29 (1)：26 - 28.

[4] 马晓明, 李斌栋, 吕春绪, 等. 无氯 TATB 的合成及其热分解动力学 [J]. 火炸药学报，2009, 32 (6)：24 - 27.

[5] 张丽媛, 黄靖伦. TATB 中间体合成及性能研究 [C]. 含能材料与钝感弹药技术学术研讨会，2012.

复合改性单基发射药的制备与性能

吴永刚，田书春，詹芙蓉，丁 琨，戴 青，马 当

（西安北方惠安化学工业有限公司，陕西 西安 710300）

摘 要：采用溶剂法制造工艺，在单基发射药基础配方中加入高能量填料 RDX 和叠氮聚醚增塑剂，制备出了复合改性单基发射药，测试了不同样品的爆热、化学安定性、火药力、低温力学性能，并结合某 125 mm 穿甲弹进行了内弹道性能试验，测试结果表明，复合改性单基发射药的爆热较单基发射药提高了 4.3%~7.3%，火药力较单基发射药提高了 7.5%~10.7%，复合改性单基发射药的 120 ℃甲基紫化学安定性优于单基发射药，低温落锤冲击性能与单基发射药相当，低温药床抗撞击性能优于制式混合酯发射药，内弹道试验结果表明，复合改性单基发射药在同等高温最大膛压下，常温初速提高了 2.6%，并在高温区间具有低温感特性。

关键词：复合改性单基发射药；RDX；叠氮聚醚；爆热与火药力；化学安定性；低温力学性能；内弹道性能

Studied on preparation and properties of composite modified single – base gun propellant

WU Yonggang, TIAN Shuchun, ZHAN Furong,
DING Kun, DIA Qing, MA Dang

(Xi'an North Huian Chemical Co., Ltd., Xi'an 710300, China)

Abstract: Composite modified single – base gun propellant was prepared by adding RDX and azide polyether plasticizer into the basic formula of single – base gun propellant by solvent process. The explosion heat, chemical stability, force constant and low temperature mechanical properties of different sample are tested. The interior ballistic performance of a 125 mm projectile is tested. Results show that the performance of composite modified single – base gun propellant is promoting. The explosion heat of the propellant is 4.3% – 7.3% higher than that of the single – base gun propellant, and the propellant force constant is 7.5% – 10.7% higher than that of the single – base gun propellant. The chemical stability of the composite modified single – base gun propellant at 120 ℃ is better than that of the single – base gun propellant. The impact performance of the low – temperature drop hammer is similar to that of the single – base propellant, and the impact resistance of the low – temperature propellant bed is better than that of the mixed – ester gun propellant. At the same high temperature and maximum chamber pressure, the initial velocity of the propellant increases by 2.6% at room temperature, and it has the characteristics of low temperature sensitivity in the high temperature range.

Keywords: composite modified single – base gun propellant; RDX; azido polyether; explosion heat and force constant; chemical stability; mechanical properties at low temperature; interior ballistic performance

---

作者简介：吴永刚（1975—），男，正高级工程师，E - mail：boyadraw@ sohu.com。

0 引言

发射药是身管武器的发射动力能源,被大量应用于陆、海、空军各类身管武器系统,在战争中始终发挥着不可替代的作用[1-3]。单基发射药是以硝化棉为主要能量成分的发射药,历史悠久,性能稳定,工艺成熟,制造安全,工业基础十分雄厚[4]。因其性价比高,综合性能优良,目前很多品种的枪炮弹药,特别是火炮弹药武器系统仍大量使用单基发射药[5]。但单基发射药以单一的硝化棉为主要能量成分,其能量相对偏低,对火炮高初速、远射程及大威力的实现产生了制约,已越来越难适应火炮发展的新需求。

瑞士硝基化学公司对单基发射药的改性进行了系统、深入和持续的研究[6,7],通过对单基发射药基药浸渍硝化甘油(NG),再用高分子材料表面涂覆处理,形成NG浓度从药粒表面向内层逐步递减,而药粒表面又有阻燃涂层的改性单基发射药——EI发射药,将EI发射药应用在中小口径武器上。2006年成功开发了不含NG的ECL(挤出复合低敏感)发射药[8,9],其主要组分为硝化纤维素,同时还添加有一种含能组分和一种以上的惰性组分,通过调整含能组分和惰性组分的质量比,ECL发射药的火药力可提高至1 080 kJ/kg。ECL发射药已被用于10多种不同类型的现代中口径火炮,并在120 mm迫击炮上进行了使用。

国内王琼林等通过将单基发射药在水介质中吸收NG和进一步在水介质中聚酯钝感两步法制得了高性能改性单基发射药(HEDS),研究了改性单基发射药的燃烧性能、内弹道性能[10-14]。

本研究通过在传统单基发射药配方中引入适量的高能填料RDX和叠氮聚醚齐聚物增塑剂,采用单基发射药溶剂法工艺制备了一种复合改性单基发射药,并测试了爆热、化学安定性、火药力、低温力学性能和内弹道性能,以期为复合改性单基发射药的进一步研究提供参考。

1 实验

1.1 实验材料

NC(含氮量13.10%)(四川北方硝化棉有限公司);RDX(甘肃银光化学工业有限公司);叠氮聚醚齐聚物($M_n = 4\ 000$,含氮量41.5%)(黎明化工研究设计院有限责任公司);酒精、乙醚等溶剂均为各专业厂家生产。

1.2 复合改性单基发射药的制备

采用传统的单基发射药溶剂法工艺制备空白单基药,其主要包括含水NC的酒精驱水、胶化、压伸、切药、驱溶等工序。

复合改性单基发射药的制备:采用与单基发射药基本相同的溶剂法挤压工艺,预先对NC酒精驱水,用溶剂预先溶解叠氮聚醚齐聚物及安定剂备用,RDX与NC在胶化机内预混、加入叠氮聚醚齐聚物与安定剂的溶液后继续塑化150 min后出料、压伸成型、切药、驱溶得到复合改性单基发射药样品,分别编号为1#、2#、3#,0#为制式高氮量单基发射药,样品配方组分如表1所示。

表1 样品配方组分表

样品	叠氮聚醚/%	其他/%	讨论
0#	0	100	
1#	20	80	
2#	23	77	
3#	29	71	

1.3 性能测试

采用 GJB 770B——2005《火药试验方法》测试了样品的爆热、化学安定性（维也里安定性和 120 ℃甲基紫安定性）、火药力；采用 GJB 2179—1994《炮用发射药与内弹道试验方法》测试了 0# 与 1# 样品在某 125H 火炮上的内弹道性能。

分别采用落锤冲击实验[15]和药床撞击实验测试了发射药样品的低温力学性能。

落锤冲击实验力学性能评价方法：采用发射药撞击前后外观图像及药粒破碎数量与总药粒数量的百分数即破碎率（记为 PSL）来共同评价发射药的落锤撞击强度。

$$PSL = N_p / N_0 \times 100\%$$

式中：PSL——破碎率；

N_p——为一组发射药粒撞击后出现裂纹或破碎的个数；

N_0——撞击试验的一组发射药粒的总数量。

落锤冲击实验条件：温度为 -40 ℃（样品试验前在低温箱 -40 ℃下保温不少于 8 h），落锤锤重为 5 kg，按一定落锤高度每组平行试验 5 粒样品，每个样品共实验 5 组，破碎率 PSL 取 5 组实验的平均值。每粒样品均经过处理以保证基本相同的高度和端面平整度。

药床撞击实验装置原理为将发射药样品装入一段开口的储药室内，由爆发器中的硝化棉点燃后产生的气体推动储药室连同发射药样品在导管内做高速运动，储药室中的发射药床达到一定的速度后撞击装置尾部的钢质挡药板。药床撞击实验装置原理如图 1 所示。

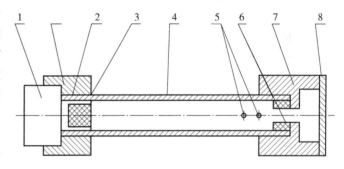

图 1　药床撞击实验装置原理

1—爆发器；2—储药室；3—发射药；4—导管；5—测速器；
6—缓冲垫；7—储药罩；8—挡板

药床撞击实验的评价方法：以发射药药床高速撞击刚体后的破碎程度和形态来评价发射药抗冲击的能力。

药床撞击实验条件：温度为 -40 ℃（样品试验前在低温箱 -40 ℃下保温不少于 12 h），样品重量为 65 g，破碎撞击速度为 80~90 m/s，每个撞击速度试验 1 组，每组试验 3 发。

2　结果与讨论

2.1　复合改性单基发射药的爆热及化学安定性

不同样品的爆热及化学安定性测试结果如表 2 所示。

表 2　不同样品的爆热及化学安定性

样品	爆热/(kJ·kg^{-1})	甲基紫/min	106.5 ℃维也里（共同）/h
0#	3 880	180	7：00－7：00
1#	4 048	202	7：00－7：00
2#	4 105	205	7：00－7：00
3#	4 162	210	7：00－7：00

从爆热性能测试结果可见，在单基发射药中添加高能填料 RDX 和叠氮聚醚齐聚物增塑剂后，复合改性单基发射药样品的爆热随着 RDX 和叠氮聚醚齐聚物含量的增加而增加，爆热由 3 880 kJ/kg 提高至

4 162 kJ/kg，RDX 和叠氮聚醚齐聚物含量提高 29%，爆热提高了 282 kJ/kg；复合改性单基发射药样品较制式单基发射药爆热提高了 4.3% ~7.3%。

由表 2 的 106.5 ℃维也里（普通法）测试结果可见，1#、2#、3# 样品的试验结果均为 7 h，说明含 RDX 和叠氮聚醚的复合改性单基发射药的维也里试验结果能够达到与制式单基发射药（0#）相同的结果，均能够满足 106.5 ℃维也里试验化学安定性的要求。这进一步说明 RDX 和叠氮聚醚的加入在 106.5 ℃下并未促进硝化棉的热分解。

由 120 ℃甲基紫（至不变色时间）测试结果可见，1#、2#、3# 复合改性单基发射药样品的 120 ℃甲基紫（至不变色时间）时间均高于制式单基发射药（0#），说明含 RDX 和叠氮聚醚的复合改性单基发射药 120 ℃甲基紫（至不变色时间）化学安定性均优于制式单基发射药。分析认为，RDX 和叠氮聚醚的热稳定优于 NC，随着 RDX 和叠氮聚醚含量的增加，NC 的含量减小，从而使复合改性单基发射药在 120 ℃甲基紫变化时间增加。

2.2 火药力和余容

通过密闭爆发器实验，计算出不同 RDX 和叠氮聚醚含量的复合改性单基发射药的火药力和余容，结果如表 3 所示。

表 3 不同样品的火药力和余容

样品	前常数/(kJ·kg^{-1})	体积/(cm^3·g^{-1})
0#	1 010	1.01
1#	1 086	0.99
2#	1 105	0.99
3#	1 118	1.01

由表 3 可以看出，在单基发射药中添加 RDX 和叠氮聚醚的复合改性单基发射药样品（1#、2#、3#）火药力明显高于制式单基发射药，复合改性单基发射药样品火药力较单基发射药（0#）提高了 7.5% ~ 10.7%；添加了 RDX 和叠氮聚醚的复合改性单基发射药样品的余容与制式单基发射药相比变化不大；RDX 和叠氮聚醚的含量由 20% 增加至 29%，复合改性单基发射药的火药力由 1 086 kJ/kg 增加至 1 118 kJ/kg，RDX 和叠氮聚醚的含量增加 9%，复合改性单基发射药的火药力增加了 32 kJ/kg。

2.3 低温力学性能

2.3.1 低温落锤冲击实验

分别对 RDX 和叠氮聚醚含量不同的 0# 样品（单基发射药）和 1#、3# 复合改性单基发射药样品进行了低温落锤冲击实验，样品试验前在低温箱 -40 ℃下保温不少于 8 h，落锤锤重 5 kg，均按 70 cm 落锤高度每组平行试验 5 粒样品，每个样品共实验 5 组。低温落锤冲击后样品破碎情况如图 2、图 3、图 4 所示，样品破碎率如表 4 所示。

图 2 0# 样品（单基发射药）冲击后破碎情况

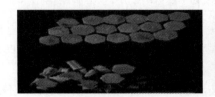

图 3 1# 样品冲击后破碎情况

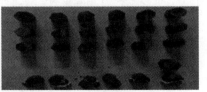

图 4 3# 样品冲击后破碎情况

表 4 不同样品低温落锤冲击破碎率

种类	0#	1#	3#
能量冲击/J	34.3	34.3	34.3
PSL/%	28	28	28

由图2~图4和表4低温落锤冲击实验结果来看，在5 kg落锤，70 cm落高冲击下（冲击能34.3 J），0#、1#、3#样品低温落锤冲击破碎率均相等，说明复合改性单基发射药可以达到与单基发射药接近的低温抗冲击力学性能。

2.3.2 低温药床撞击实验

1#和3#复合改性单基发射药样品低温药床高速撞击后碎裂情况如图5、图6所示，图7所示为ZT-12A发射药（混合酯发射药）参比样品低温高速撞击后的碎裂情况，低温药床撞击试验结果如表5所示。

图 5 1#样品药床撞击后碎裂情况　　图 6 3#样品药床撞击后碎裂情况　　图 7 ZT-12A药床撞击后碎裂情况

从图5~图7、表5发射药样品低温药床撞击试验结果看，1#和3#复合改性单基发射药样品低温下高速药床抗撞击能力明显优于制式ZT-12A发射药，说明复合改性单基发射药具有明显优于ZT-12A发射药低温药床抗撞击能力；1#样品的低温药床抗撞击性能略优于3#样品，说明随着RDX和叠氮聚醚含量的增加，低温下抗药床撞击性能略有下降；结合低温落锤抗冲击结果1#和3#样品基本接近的实验结果来看，低温药床撞击性能实验是比低温落锤冲击实验更加严格的力学性能考核试验。

表 5 低温药床撞击试验结果

样品	碰撞速度/(m·s^{-1})	相对完整性/%	破裂/%	摧毁/%
1#	79.43	86.1	8.3	5.6
3#	80.45	63.0	29.6	7.4
ZT-12A	81.90	31.2	45.1	23.7

2.4 内弹道性能

结合某125 mm穿甲弹发射装药，采用复合改性单基发射药（1#样品）与制式高氮量单基发射药（0#样品）及相同的弹丸、制式装药元件和装药结构，进行了内弹道性能对比验证试验。常温、高温、低温内弹道试验结果如表6所示。

表6 内弹道性能试验结果

样品	质量/g	T/℃	有效发射	V_0/(m·s^{-1})	E_{V0}/(m·s^{-1})	pm/MPa	Δpm/%
0#	9 100	+20	5	1 690.1	2.54	480.5	—
		+50	5	1 742.1	—	529.6	10.2
		−40	5	1 645.2	—	441.3	−8.2
1#	8 850	+20	5	1 700.4	1.82	455.8	—
		+50	5	1 731.5	—	477.5	4.8
		−40	5	1 655.0	—	412.3	−9.5

由表6内弹道试验结果可看出，采用复合改性单基发射药（1#样品）在常温20 ℃下，装药量8 850 g，常温初速可达1 700.4 m/s，与采用制式单基发射药（0#样品）的装药相比：装药量下降了2.75%，常温初速提高了0.61%；在不改变药型尺寸的情况下，采用内弹道修正将复合改性单基发射药的药量修正至9 100 g时，常温初速可达1 730.2 m/s，此时常温膛压为499.6 MPa，高温膛压为523.4 MPa，在高温最大膛压低于制式单基药6.2 MPa的情况下，常温初速较制式单基发射药提高了40.1 m/s；若将高温膛压修正至与单基发射药相同的情况下，复合改性单基发射药常温初速可再增加3.8 m/s，即常温初速为1 734.0 m/s，较单基发射药常温初速可提高2.6%。

采用复合改性单基发射药的装药高温膛压增量和高温初速增量明显小于单基发射药装药，复合改性单基发射药的高温膛压温度系数较单基发射药装药相对降低了52.9%，说明在高膛压下，采用复合改性单基发射药较单基发射药可大幅度地降低高温膛压温度系数，即复合改性单基发射药在高温区间具有低温感的特征；采用复合改性单基发射药的装药低温膛压下降量和低温初速下降量与单基发射药装药基本相近。

3 结论

（1）采用溶剂法制造工艺，在单基发射药基础配方中加入RDX和叠氮聚醚，制备出了复合改性单基发射药，复合改性单基发射药的爆热较单基发射药提高了4.3%~7.3%，火药力较单基发射药提高了7.5%~10.7%，复合改性单基发射药的120 ℃甲基紫化学安定性优于单基发射药。

（2）复合改性单基发射药的低温落锤冲击性能与单基发射药相当，复合改性单基发射药的低温药床撞击性能明显优于制式ZT-12A混合酯发射药，且其低温药床抗撞击性能随着RDX和叠氮聚醚含量的增加而下降。

（3）结合某125 mm穿甲弹内弹道性能对比试验结果说明，在同等高温最大膛压下，复合改性单基发射药的常温初速较单基发射药提高了2.6%，复合改性单基发射药的高温膛压增加量较单基发射药下降了52.9%，说明复合改性单基发射药在高温区间具有低温感的特征。

参 考 文 献

[1] 王泽山. 发射药技术的展望 [J]. 华北工学院学报：社科版，2001（S1）：36-40.

[2] 王泽山. 含能材料概论 [M]. 哈尔滨：哈尔滨工业大学出版社，2006.

[3] 王琼林. 国外枪炮发射药技术发展概况 [J]. 火炸药学报，1998（4）：54-58.

[4] 中国北方工业总公司. 火炸药理论与实践 [M]. 北京：中国北方工业总公司，2001.

[5] 中国兵器工业第204研究所. 火炸药手册 [M]. 北京：兵器工业出版社，1985.

[6] VOGELSANGER B, RYF K. Ei-technology-the key for high performance propulsion design [C] //29th International Annual Conference of ICT. Karlsrube：ICT，1998.

[7] VOGELSANGER B, SCHADELI U, ANTENEN D. Ei-a New nitro-glycerin free and sensitiveness reduced pro-

pellant for medium caliber and mortar applications［C］∥33th International Annual Conference of ICT. Karlsrube：ICT，2002.

［8］彭翠枝，范夕萍，任晓雪，等. 国外火炸药技术发展新动向分析［J］. 火炸药学报，2013（3）：1-5.

［9］VOGELSANGER B. ECL – A new propellant technology has reached maturity［C］∥42th International Annual Conference of ICT. Karlsrube：ICT，2011.

［10］王琼林，刘少武，于慧芳，等. 高性能改性单基发射药的制备与性能［J］. 火炸药学报，2007，30（6）：68-71.

［11］梁勇，王琼林，于慧芳，等. 增能钝感单基药的燃烧特性［J］. 含能材料，2007，15（6）：597-599.

［12］刘波，王琼林，刘少武，等. 提高改性单基发射药燃烧性能的研究［J］. 火炸药学报，2010，33（4）：82-85.

［13］刘波，王琼林，刘少武，等. 改性单基药表面功能组分浓度分布对燃烧性能的影响研究［J］. 兵工学报，2011，32（5）：564-568.

［14］姚月娟，刘少武，王峰，等. NG含量对改性单基发射药燃烧渐增性的影响［J］. 含能材料，2013，21（3）：343-346.

［15］周敬，杨丽侠，陈晓明，等. 发射药落锤撞击试验及评价方法研究［J］. 爆破器材，2014，43（2）：15-19.

光谱法无损检测某熔铸炸药中 DNAN 含量

杏若婷，李志华，东生金，孙立鹏，魏小春

(甘肃银光化学工业集团有限公司，甘肃　白银　730900)

摘　要：目的是为某含 DNAN 基熔铸炸药找到快速分析其中 DNAN 含量的方法，以代替现有的化学分析方法。采用近红外定量分析技术进行方法模型的建立。对模型的评估表明，该方法具有较好的准确性与精确性。近红外光谱定量分析法可以用于该炸药中 DNAN 含量分析，与化学方法相比，近红外光谱定量分析快速、无损、环保。

关键词：炸药；DNAN；定量；近红外；无损检测；快速分析

中图分类号：TG156　**文献标志码**：A

Non-destructive determination of DNAN content in a cast explosive by spectroscopy method

XING Ruoting, Li Zhihua, DONG Shengjin, SUN Lipeng, WEI Xiaochun

(Gansu Yinguang Chemical Industry Group Co., LTD., Baiyin, 730900, China)

Abstract: The purpose of this study is to establish a model for a DNAN based melt cast explosive to determine the content of DNAN to replace the available chemical method. The model is established by near infrared quantitative analysis technique. The evaluation for this model showed that this model is accurate and precise. Near infrared quantitative analysis technique could be used to determine the content of DNAN in composite explosive, and it is fast, non-destructive and environmental protection by comparing with chemical method.

Keywords: explosive; DNAN; quantitative; near infrared; fast analysis

0　引言

熔铸炸药是目前战斗部最重要的装药方式之一，自20世纪80年代初，低易损炸药被提出并逐渐成为炸药发展趋势之一，短短几十年世界各国纷纷研制出性能优良的低易损性炸药配方。2,4-二硝基苯甲醚(DNAN)就是其中的一种[1]，符合武器开发和使用的高能量特性、高毁伤效果、高安全性和长期储存性能等爆轰性能，其摩擦感度和撞击感度低，有较宽的能量调节范围，有良好的应用前景，同时也成为研究者关注的焦点。所以 DNAN 的含量检测尤为重要。

近红外光谱定量分析技术因其快速、无损，在农业、石油化工等行业获得了广泛应用[2]。近红外光谱定量分析技术将样品光谱与样品组分含量利用数学方法进行关联，建立数学模型，之后采集样品光谱，通过模型就可直接获得样品组分的含量[3]。近红外光谱定量分析方法相对于溶剂洗脱法而言，不使用任何溶剂，周期短，环保。

本研究的目的是针对某 DNAN 基熔铸炸药中 DNAN 含量的测定，建立快速分析模型，通过直接采集样品的谱图，即可获得该熔铸炸药中 DNAN 的含量，以实现快速、无损检测。

作者简介：杏若婷(1975—)，女，高级工程师，E-mail: xinruoting@126.com。

1 实验

1.1 密度主要仪器和样品

仪器有 Bruker 近红外分析仪 Vertex70（德国 Bruker 公司），近红外分析软件 OPUS6.5；样品来源分别通过从某混合炸药生产线上收集与自行制备获得。采用常规方法测量所有样品中 DNAN 的组分含量值，获得样品浓度参考值。

1.2 光谱采集

直接采集所有批次样品的光谱，分辨率为 8 cm^{-1}，扫描次数为 32 次。

每个样品重复采集光谱 3 次，每采集完一个样品，将其对应的 3 张光谱置于同一个坐标系下，观察 3 张光谱有没有差别非常大的情况，如果其中一个光谱与其余两个光谱差别非常大，说明该光谱为异常光谱，应将其剔除。

1.3 校正模型的建立

采用近红外光谱与 PLS 相结合建立多元校正模型。采用交叉检验的方法建立校正模型。利用近红外分析软件 OPUS6.5 将样品随机地、均匀地按 2∶1 比例分为模型校正集和外部检验集，分别用于校正模型的建立和模型的外部检验。选取建模波段，选取的方法如下：

（1）采集包括 DNAN 及其他各纯组分的近红外谱图。
（2）选取 DNAN 吸收较强、其他组分吸收较弱的波段建立模型。
（3）选取所有 DNAN 有吸收的波段进行建模。

利用建模集的 63 个样品，运用选取的波段与各种预处理方法组合通过偏最小二乘法（PLS）建立各种 PLS 模型[4,5]，采用交叉检验均方根误差（RMSECV）、RMSECV/维数曲线的理想程度确定最优模型。RMSECV 越小，模型越好。理想的 RMSECV/维数曲线是随着维数的增加，RMSECV 先是逐渐减小，当达到最小值后，随着维数又逐渐增加或持平。

RMSECV 的公式为

$$\mathrm{RMSECV} = \sqrt{\frac{\sum_{i=1}^{n}(x_i y_i)^2}{n}}$$

式中：x_i——模型交叉检验时的预测值；
y_i——化学法测得的参考值；
n——被测样品的数目。

最优 PLS 模型的参数为：波段选取为 9 195.1 ~ 7 802.8 cm^{-1}，7 660 ~ 6 842.4 cm^{-1}，6 159.7 ~ 5 403.7 cm^{-1}；预处理方式为一阶导数和多元散射校正。

2 结果与讨论

2.1 准确性

采用的模型对 96 个预测集样品进行预测，首先采用预测标准差（SEP）、平均绝对偏差、子模型一致性评判方法的准确性。采用残留预测偏差（RPD）表征模型对于样品中 DNAN 不同浓度的分辨能力。

SEP 的公式为

$$\mathrm{SEP} = \sqrt{\frac{\sum_{i=1}^{n}(x_i - y_i - \mathrm{Bias})^2}{n-1}}$$

式中：x_i——模型预测值；
　　　y_i——化学法测得的参考值；
　　　n——被测样品的数目。

式中，Bias 值的公式为

$$\text{Bias} = \frac{\sum_{i=1}^{n}(x_i - y_i)}{n} = -0.08$$

从而，

$$\text{SEP} = 0.50$$

平均绝对偏差公式为

$$\text{绝对偏差} = \frac{\sum_{i=1}^{n}|x_i - y_i|}{n} = 0.41$$

SEP 的计算结果为 0.50，平均绝对偏差为 0.41，说明模型具有较好的准确度。

子模型一致性是指用于对用于建模的样品集进行改变时，模型预测能力变化不大，这是近红外模型能够准确测量的一个预判参数。

采用交叉预测，每次冻结一定数量样品，将其作为被预测样品，其余样品用来建模，使用交叉检验均方根误差评判模型预测能力，当样品的冻结数量发生变化时，用来建模的样品及样品数量必然也发生变化，其结果如表 1 所示。

表 1　交叉预测不同样品冻结时交叉预测结果

交叉预测序号	样品冻结数	RMSECV
1	2	0.369
2	4	0.349
3	6	0.351
4	8	0.365

由此可见，随着建模样品集的改变，模型的预测能力变化不大，因而，该方法的子模型一致性较好。

RPD 的公式为

$$\text{RPD} = \frac{\text{SD}_1}{\text{SEP}}$$

式中：$\text{SD}_1 = \sqrt{\dfrac{\sum_{i=1}^{n}(y_i - \bar{y})^2}{n-1}} = 2.10$；

　　　y_i——化学法测得的样品浓度值；
　　　$\bar{y}$——浓度值的平均值；
　　　n——样品数量。

从而，

$$\text{RPD} = \frac{\text{SD}_1}{\text{SEP}} = \frac{2.10}{0.50} = 4.2$$

残留预测偏差为 4.2，大于 2.5，说明模型对样品浓度为 50.24% ~ 60.0% 的样品具有较好的浓度分辨能力。

为了进一步判断方法是否存在较大的系统误差，采用 t 检验进行判断。

从模型对预测集的结果中选取 21 组结果：

$$\bar{d} = \frac{\sum d}{n},\quad S_d = \sqrt{\frac{\sum d^2 - \dfrac{(\sum d)^2}{n}}{n-1}}$$

(1) 建立检验假设，确定检验水准。

H0：两方法差异不显著，$P > \alpha$。

H1：两方法差异显著，$P < \alpha$。

双侧：$\alpha = 0.05$。

(2) 计算统计量。

$$t = \frac{\bar{d}}{S_d/\sqrt{n}} = -0.9888$$

式中：n——样品总数。

(3) 确定 P 值，做出统计推断。

查相关表可知，$t = 2.086$，$P > 0.5$，显然，$P > \alpha$。按 $\alpha = 0.05$ 水准，接受 H0，差异无统计学意义，两方法无明显差异。从而，本文的方法与化学法相比，无显著性系统偏差。

2.2 精确性

通过对同一样品进行 10 次重复的测量并计算其标准偏差，比较本文方法与化学法在重复性上的区别（表2）。

表2 某样品中 DNAN 含量平行 10 次的测定结果

项目		化学法	模型预测	项目		化学法	模型预测
测定次数	1	55.68	55.31	测定次数	7	55.48	55.28
	2	55.63	55.35		8	55.47	55.36
	3	55.43	55.44		9	55.52	55.47
	4	55.55	55.46		10	55.57	55.29
	5	55.65	55.37	标准偏差		0.0819	0.0686
	6	55.54	55.34				

由表2的标准偏差可以看出，本文方法的重复性、精确性与化学法相当。通过评估，模型具有较好的准确性与精确性。

为了验证 DNAN 含量最优模型预测能力的准确性和可靠性，从96个预测集样品抽出30个样品对其进行外部检验，其结果如图1所示。

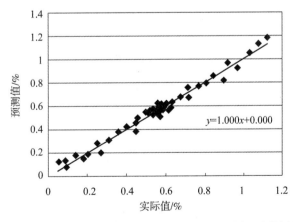

图1 DNAN 最优 PLS 模型检验集中 DNAN 实际值与预测值的趋势

图1所示为实际值和预测值之间的线性关系，其拟合方程为 $y = 1.000x + 0.000$，决定系数为100，RMSEP 为 0.01，RPD 为 9.1。结果表明该最优 PLS 模型具有良好的预测能力。

3 结论

（1）建立了能够定量分析某熔铸炸药中 DNAN 含量的近红外模型，直接采集样品光谱，可以立即获得其中 DNAN 含量。

（2）采用预测标准差、平均绝对偏差、子模型一致性评判了模型的准确性；采用残留预测偏差表征了模型对于样品中 DNAN 不同浓度的分辨能力；采用 t 检验进一步判断了模型是否存在较大的系统误差；通过对同一样品进行重复测量并计算标准偏差，比较了模型预测与化学分析法在重复性上的区别，绘制了最优 PLS 模型检验集中 DNAN 实际值与预测值的趋势图。结果表明，模型具有较好的准确性与精确性。

（3）近红外光谱定量分析法可以用于该熔铸炸药中 DNAN 含量分析。与化学方法相比，近红外光谱定量分析法快速、无损、环保。

参 考 文 献

[1] 董海山，周芬芬. 高能炸药及相关物性能 [M]. 北京：科学出版社，1989.
[2] 严衍禄，赵龙莲，韩东海，等. 近红外光谱分析基础与应用 [M]. 北京：中国轻工业出版社，2005.
[3] KRMER K, EBEL S. Application of NIR reflectance spectroscopy for the identification of pharmaceutical excipients [J]. Analytica chimica acta, 2000, 420 (2)：155 – 161.
[4] 苏鹏飞，张皋，温晓燕，等. 近红外漫反射光谱法快速测定混合炸药组分含量 [J]. 火炸药学报，2008，33 (5)：62 – 65.
[5] 苏鹏飞，陈智群，周文静，等. 近红外漫反射光谱法快速测定混合炸药中 HMX 的含量 [J]. 火炸药学报，2010，33 (3)：44 – 46.

军用烟幕碳纤维分散性能研究

梁多来,赵 伟,丁洪翔

(北方华安工业集团有限公司 科研二所,黑龙江 齐齐哈尔 161006)

摘 要:本文基于对军用碳纤维高温处理后分散性能与湿法混制碳纤维的工艺进行了分析研究。

关键词:碳纤维;分散

中图分类号:TJ04 **文献标志码**:A

Dispersion Performance Research of Military Smoke Carbon Fiber

LIANG Duolai, ZHAO Wei, DING Hongxiang

(North Hua'an Industry Group Co., LTD., Qiqihar, 161006, China)

Abstract: This article analyzes and researches the dispersion performance of military smoke carbon fiber after heat treatment and wet mixing process of carbon fiber.

Keywords: carbon fiber; dispersion

0 引言

随着精确制导武器的大量应用,以毫米波雷达制导为主的制导武器凭借制导精度高、抗干扰能力强等优势,成为制导武器重要的分支。为有效干扰毫米波制导,发展无源抗毫米波技术十分重要。目前已发展出以箔条、膨胀石墨等为代表的一批抗毫米波干扰材料,其中,以碳纤维材料为代表,相比其他毫米波材料,其具有装填量大、干扰效果好等优点,是近年来无源烟幕干扰的研究重点。

在应用碳纤维时,由于在装填和混制过程中碳纤维容易结团,不易分散,在很大程度上影响了其抗毫米波性能。为提高其碳纤维的适用性,通过热处理和改善工艺对碳纤维材料的分散性能做进一步改进。

1 热处理对碳纤维分散性的影响

将短切碳纤维分别经过400 ℃和800 ℃高温处理一定时间,未处理碳纤维与400 ℃、800 ℃焙烧碳纤维状态对比如图1、图2、图3所示。

从图1~图3可知,经过800 ℃高温处理的碳纤维,其物理分散性更佳,更有利于下一步混制及应用。

图1 未处理碳纤维状态

作者简介:梁多来(1987—),男,学士,E-mail:11303690@qq.com。

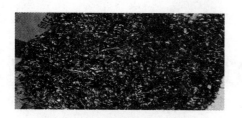
图 2　400 ℃焙烧碳纤维状态

图 3　800 ℃焙烧碳纤维状态

2　混制工艺对碳纤维分散性的影响

为进一步改善碳纤维在实际应用中的分散性，使碳纤维可以较易分散于铜粉、石墨粉中，实现目标的途径有两条：一是碳纤维分散后经过滤或晾干仍呈单丝状态，可以通过工厂常规机械混药方式混合及进行后继压制；二是碳纤维湿法分散后将铜粉、石墨分散于溶液中，干燥后压制或湿压。

首先，将短切碳纤维分别加入水中，利用搅拌器进行搅拌，十六烷基三甲基溴化铵作为表面活性剂，气相二氧化硅作为分散剂，试验结果如表 1 所示。

表 1　碳纤维湿法分散试验结果

序号	溶剂	除胶温度/℃	搅拌状态	溶液中分散状态	干燥后状态
1	水	400	机械搅拌	差	—
2	水	800	玻璃棒搅拌	较好	差
3	水 + 表面活性剂、分散剂	800	玻璃棒搅拌	较好	差

以 400 ℃处理碳纤维进行水溶液中分散试验，以自制高速搅拌器搅拌，碳纤维分散效果无明显改善。取焙烧 800 ℃碳纤维放入水溶液中，在表面张力作用下部分碳纤维分散于水溶液中，用玻璃棒搅拌，取得较好的分散状态，如图 4 所示。

此试验表明，经高温除胶的碳纤维可以较好地分散于水溶液中。

碳纤维在水溶液体系中分散再经干燥后状态如图 5 所示。

图 4　水溶液中碳纤维分散状态

图 5　湿法分散碳纤维干燥后状态

在溶液中分散状态较好的碳纤维干燥后有明显的团聚现象，对比图 5 与图 3 无明显差异。这表明，单纯碳纤维湿法分散再干燥后的碳纤维不呈分散状态，与铜粉、石墨混合不会改善其分散状态。

为进一步改进混制工艺，后续选用了酒精、四氯乙烯、丙酮、三氯甲烷、二氯乙烷、液体石蜡溶液分别进行了湿法混制，其分散情况如图 6～图 11 所示。

图 6　碳纤维分散于酒精中状态

图 7　碳纤维分散于四氯乙烯中状态

图8 碳纤维分散于丙酮中状态

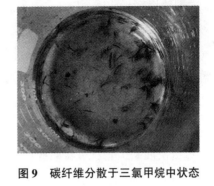
图9 碳纤维分散于三氯甲烷中状态

图10 碳纤维分散于二氯乙烷中状态

图11 碳纤维分散于液体石蜡中状态

碳纤维分散于液体中的状态主要受液体密度、黏度、表面张力影响,试验结果表明,上述较常见溶剂中,碳纤维在酒精、二氯乙烷、液体石蜡中分散效果较好。

3 烟箱试验与分析

为进一步验证高温处理及混制工艺对碳纤维分散性能的影响,设计了3组烟箱试验,如表2所示。

表2 试验方案

序号	碳纤维	混制方式
1	未处理	干混
2	800 ℃焙烧	干混
3	800 ℃焙烧	湿混(石蜡)

以不同状态碳纤维混制冷烟后,以体积16.5 m³、光程2.1 m烟箱试验:红外透过率及8 mm波衰减测试结果如表3所示。

表3 红外透过率及8 mm波衰减测试结果

序号	药量/g	透过率/%		平均衰减值/dB
		3~5 μm	8~14 μm	
1	33	<5	<5	6.4
2		<5	<7	-7.8
3		<5	<5	-16.7

不同混制状态冷烟喷撒后碳纤维状态如图12~图14所示。

图 12　喷撒后碳纤维状态　　　图 13　干混喷撒后碳纤维状态　　　图 14　喷撒后碳纤维状态

烟箱试验结果表明，经过 800 ℃高温处理后的碳纤维在其分散性得到改善的同时，并没有减弱其干扰性能，且通过湿法混制工艺，可将碳纤维与其他干扰剂有效分散混合，复合干扰剂性能更佳。

4　结论

本文通过试验与理论分析相结合，对高温和混制工艺对碳纤维分散性能的影响进行了分析，所得结论如下：

（1）相比未处理的短切碳纤维和经过 400 ℃处理的短切碳纤维，经过 800 ℃处理后的分散性更好。

（2）湿法分散碳纤维更有利于碳纤维的分散的混制。且碳纤维在酒精、二氯乙烷、液体石蜡中分散效果更佳。

固体推进剂装药液态模芯设计研究

陈 朋，赵 乐，白冰鑫，邹鹏飞，王志君

(西安北方惠安化学工业有限公司，陕西 西安 710302)

摘 要：针对固体发动机推进剂成型方法的局限性进行研究，利用液体的流动性创造性地提出液态模芯的设计理念，实现特殊装药结构的正常脱模，突破性地解决以金属为材料的固体模芯在使用过程中因不能形变带来的弊端；同时提出组件通用化的设计理念，为特殊固体发动机设计的实现提供了可能。

关键词：液态模芯；固体推进剂装药；脱模；模具

中图分类号：TJ55 **文献标志码**：A

Design of liquid core for solid propellant charge

CHEN Peng, ZHAO Le, BAI Binxing, ZOU Pengfei, WANG ZHijun

(Xi'an North Hui'an Chemical Industries Co., LTD., Xi'an 710302, Shaanxi, China)

Abstract: Study the limitations of solid engine propellant molding methods, using liquid fluidity to creatively propose the design concept of liquid core, thereby completing the normal demolding process of the special charge structure, breakthrough to solve the drawbacks of the solid core made of metal materials due to the inability to deform during use; at the same time, the design concept of component generalization is proposed, possibility to achieve special solid engine design.

Keywords: liquid core; solid propellant charge; demolding; mold

0 引言

随着多种燃料在火箭发动机推进领域的不断发展，固体推进剂逐渐突显出结构简单、密度大、储存时间长、节约空间、生产及维护成本低等诸多优点，固体燃料推进装置已在越来越多的发动机设计方案中处于优选地位。

但固体发动机工作的推力曲线基本依靠装药结构的设计得以实现，复杂结构的推进剂装药研制与批量生产逐渐成为限制发动机设计的瓶颈技术。满足制备复杂药型的装药技术成为发动机推力设计理论与工程应用实践结合的重要桥梁。本文提出用可调节压力式液态模芯代替现有固体模芯，解决在固体推进剂装药过程中复杂药型难以实现的问题。

1 固体推进剂装药现行成型方法

1.1 简单药型的成型方法

现有固体发动机简单药型普遍采用圆孔或星形通孔设计[1]（图1）。

简单药型的固体装药一般成型方法是将固体模芯放入燃烧室内部固定，浇入混合好的推进剂流体，保持一定温度固化成型。推进剂固化成型后，用顶、拔、卸等方法将模芯卸下来。这种模芯成型装药的

作者简介：陈朋（1991—），男，学士本科生，E-mail：875908416@qq.com。

方法被普遍应用于火箭弹发动机及燃气发生器生产过程中，虽然简单易行，但是存在很大的安全隐患。操作人员在拔模过程中不可避免使固体金属模芯与固化后的推进剂发生相对移动，其产生摩擦，带来静电放电现象，从而引发安全事故[2]。拔模过程模芯未竖直上升、模芯窜动会与推进剂型面磕碰，严重时可能破坏药型结构，带来一系列质量问题。

1.2 复杂药型的成型方法

当固体模芯某处的横截面积大于两端横截面积（$S_x > S_x + \Delta t$，$S_x > S_x - \Delta t$，$\Delta t \to 0$），即装药横截面积不规则变化时（图2），推进剂固化成型后会造成无法正常脱模的现象[3]。

 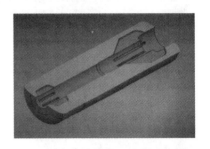

图1 简单药型结构　　　　　图2 复杂药型结构

当前国外已实现多种复杂药型的生产，但未公开报道核心技术。国内尚无较好的技术条件实现各类复杂药型的模芯设计，从而在发动机设计上受到很大制约。目前部分装药生产可采取组合模芯的方法：如图3所示，将模芯整体分解成小部件，浇药前在燃烧室内组装成型，脱去模芯时先拆解模芯，分部件取出。但这种方法不仅降低了工作效率，也令组合模芯的价格成倍增长，同时，推进剂会流入部件间的缝隙内，在固化后进行模芯的拆解脱模时，会产生摩擦、撞击，从而引发安全事故。

图3 组合模芯部件组成

当装药内型面设计较为苛刻、装药尺寸较大，且内部需进行应力释放设计时，模芯无法从发动机中被取出，如图4、图5所示。

图4 长为4 m、内部开槽的发动机装药结构　　　图5 固体模芯中间尺寸过大无法完成脱模

当发动机较长时，一般的钢本体模芯或铝制模芯等金属模芯受加工影响，同轴度下降严重，增加模芯制造成本，增加药型偏置的隐患，不利于发动机设计的实现[4]。

针对目前固体发动机装药存在的一系列问题及隐患，本文提出用一种新型的液态模芯代替现有固体模芯的方法，从而解决各类药型模芯设计问题，为未来我国固体发动机复杂药型设计的实现提供方法。

2 液态模芯的设计原理

液态模芯是用液体充满有型模具替代传统的固体模芯。液体在自然状态下分子间力较小，能够在加压时充满设定空间，形成固定形状，泄压时无固定形态，可以自由流动，解决固体模芯无法满足特殊药型成型的短板和有关安全问题。

2.1 液态模芯的组成

液态模芯主要由芯皮、芯液、稳压装置和链接装置组成。

2.1.1 芯皮

液态模芯选用强度较大的非弹性材料（可选择性加入纤维材料或金属丝提升强度与塑性），能够在一定温度下（40~90 ℃）不与固体推进剂中的化学组分发生反应。利用模压或3D打印方法将材料按固体模芯的外形尺寸进行加工，根据材料强度计算厚度，保证在一定压强下不会产生较大塑性变形。制成的芯皮是液态模芯用于保证推进剂装药内型面的表面材料。

2.1.2 芯液

选用流动性好、渗透性差的液体材料作为芯液[5]，芯液在使用时充满芯皮，共同构成模芯主体结构，保证芯皮不会在推进剂固化时受产生的应力而发生变形。

2.1.3 稳压装置

稳压装置用于加注或抽取芯液，维持芯皮内芯液的压力。一方面稳压装置能够保证芯皮在推进剂固化反应时不因热应力增加而被挤压形变；另一方面在装药应力集中的点会发生微小形变，在对药重与燃面造成忽略不计的影响下，稳压装置更好地释放了装药应力集中点的应力，而不影响整体设计，为固体推进剂成型后的可靠性带来了极大帮助。

2.1.4 链接装置

链接装置用来链接芯皮两端。一端用于固定模芯，保证模芯不会在操作及固化过程发生晃动；另一端链接稳压装置，为芯皮内部提供设计好的压力。装置两端连接好后直接保证了装药型面的同轴度，不会因模芯过长而出现装药产生药型偏移情况。

2.2 使用方法

2.2.1 模芯装配过程

(1) 燃烧室竖直固定后即可吊装芯皮至燃烧室上方，下放吊车至指定位置。
(2) 在燃烧室下端口取出芯皮头部并用链接装置固定，注意密封，上端口连接稳压装置并固定。
(3) 利用稳压装置加注芯液，保持液态模芯内部压力，完成模芯装配。

2.2.2 浇铸与固化过程

利用稳压装置维持芯皮内部压强，保证模芯不会受应力产生形变。

2.2.3 脱模过程

(1) 利用稳压装置抽取芯液，抽取完毕后关闭并拆卸稳压装置。
(2) 吊装好芯皮，拆卸上、下端口固定用链接装置，吊出芯皮并妥善保存，完成脱模。

3 液态模芯的优势与发展前景

(1) 液态模芯的设计可被应用于各种装药结构，克服了推进剂流入组合模芯部件缝隙的隐患。
(2) 芯皮的吊装过程重量极小，不受吊具能力限制，有利于高吨位装药原位固化。
(3) 通过先链接端口、后成型模芯的方法，保证了模芯的同轴度，杜绝了药面偏移、周向肉厚不均的情况。
(4) 与推进剂界面接触的芯皮在装卸过程中均处于松弛状态，不会发生磕碰现象，极大地提升了过程的安全性[6]。
(5) 芯液、稳压装置可被反复用于多种型号装药，降低了生产成本。
(6) 芯皮体积远小于固体模芯体积，不会受重力影响发生形变，更适用于工厂实际条件。

4 应用难点

（1）高强度非软体的芯皮材料选取较为困难，目前国内并无专项研究。
（2）推进剂固化过程的应力变化复杂，国内外无量化分析材料提供参考。

5 结论

本文利用液体流动性创造性地提出液态模芯的概念，并设计其使用方法。液态模芯克服了传统固体模芯形状固定的条件限制，解决了特殊发动机装药结构设计的实现问题。液态模芯的使用可以提升固体推进剂装药质量，降低生产成本，更加适用于未来复杂装药的研制。

参 考 文 献

[1] 雷勇军，袁端才，何煌. 固体发动机星形药柱的形状优化分析 [J]. 国防科技大学学报，2008（4）：6-10.
[2] 雷宁，薛春珍，闫大庆. 国外固体推进剂装药工艺安全性技术 [J]. 飞航导弹，2017（3）：90-94.
[3] 王健儒，张光喜. 分段式固体发动机技术发展与应用进展 [J]. 固体火箭技术，2016，39（4）：451-455.
[4] 刘华，李旭昌. 轴向过载下固体推进剂装药内外径比和长径比对结构完整性影响的规律研究 [J]. 弹箭与制导学报，2010，30（2）：171-173，267.
[5] 曹继平，姜振，任黎，等. 俄罗斯固体推进剂装药注射包覆工艺研究进展 [J]. 飞航导弹，2016（4）：78-84.
[6] 王艳学. 欧洲固体推进剂装药工艺和安全控制技术介绍 [A] //重庆市人民政府，中国工程物理研究院. 全国危险物质与安全应急技术研讨会论文集（下）. 重庆市人民政府、中国工程物理研究院：《含能材料》编辑部，2011：6.

红外烟幕遮蔽材料性能分析与测试

郭仙永，岳　强，唐恩博，杨德成

(齐齐哈尔建华机械有限公司，黑龙江　齐齐哈尔　161006)

摘　要：以烟幕颗粒衰减电磁波能量为理论依据，对国内外文献中红外烟幕遮蔽材料进行导电性测试、磁性测试、红外透过率测试，并对测试结果进行性能分析。

关键词：烟幕颗粒；导电性；磁性；红外透过率

中图分类号：TJ04　**文献标志码**：A

Performance analysis and test of IR smoke screening materials

GUO Xianyong, YUE Qiang, TANG Enbo, YANG Decheng

(Qiqihar Jianhua Mechanism Co., LTD., Qiqihar 161006, China)

Abstract: Based on the theory of smoke particles attenuated electromagnetic wave energy, this paper tests the electrical conductivity, magnetic conductivity and infrared transmittance of IR screening materials mentioned in the domestic and foreign literatures, and analyzes the performance according to the test results.

Keywords: smoke particles; the electrical conductivity; magnetic conductivity; infrared transmittance

0　引言

红外电磁波的衰减取决于红外烟幕粒子尺寸、形状、性能。粒子半径小于入射波长时，发生分子散射；粒子半径与入射波长相近时，发生米氏散射。当表层含有自由电子的良导体颗粒因红外辐射激发引起电子剧烈运动，表现出在 $3\sim5$ μm 和 $8\sim14$ μm 波段的活跃性能。此外根据半波理论，红外波长为 $1\sim14$ μm，遮蔽材料粒径应小于 28 μm。因此，本文选用纳米或微米级粒径、具有良好电磁特性的材料，如铁氧物、铜粉、石墨粉和炭黑等，并进行性能分析和测试。

1　理论依据

红外遮蔽烟幕为一种气溶胶颗粒。红外电磁波在烟幕颗粒中传输时，会产生电磁衰减及能量消耗作用，进而遮蔽干扰红外成像制导装置。电磁波能量方程见式（1）、式（2）。

$$E_x = E_{m0} e^{-\alpha z} \cos(\omega t - \beta z) \tag{1}$$

$$\alpha \approx \beta \approx \sqrt{\frac{\omega\mu\sigma}{2}} = \sqrt{\pi f \mu \sigma} \tag{2}$$

式中：E_{m0}——初始电场矢量的振幅；

σ——电导率；

μ——磁导率。

在导电介质中传播的电磁波因能量损耗而使能量 E 的振幅随 z 的增大而按 $e^{-\alpha z}$ 的指数规律衰减，且

作者简介：郭仙永（1986—），男，工程师，E-mail: 786406478@qq.com。

随着介质电导率 σ、磁导率 μ 的增大和频率 f 的升高而快速衰减。烟幕粒子的电导率 σ、磁导率 μ 和电阻增加，利于提高烟幕粒子吸收衰减能力。本文依据上述原理，进行遮蔽材料性能分析与测试，进而筛选新型红外烟幕遮蔽材料。

2 遮蔽材料导电性与磁性测试

2.1 遮蔽材料选择

本文参考国内外文献，筛选并采购相关红外烟幕遮蔽材料，并进行导电性、磁性等试验。试验用红外遮蔽材料[1-7]如表1所示。

表1 试验用红外遮蔽材料

材料名称		采购厂家	材料粒度
钕铁硼		浙江朝日科磁业有限公司	150 μm
氮化钛		上海水田科技有限公司	1 μm
石墨类	超细石墨	青岛市天和石墨有限公司	1～2 μm
	400 nm 石墨	东莞捷胜石墨厂	400 nm
	30 nm 石墨		30 nm
导电炭黑类	8 000 目导电炭黑	上海海诺炭业有限公司	1.6 μm
	5 000 目导电炭黑		2.6 μm
	3 000 目导电炭黑		4.2 μm
	2 000 目导电炭黑		6.5 μm
铜粉类	D50 红光铜金粉	苏州月宫铜金粉厂	5 μm
	红光铜金粉 1 200 目		10 μm
	红外铜金粉 1 000 目		13 μm
铁氧化物	三氧化二铁	天津天力化学试剂有限公司	45 μm
	四氧化三铁	天津友信化工材料有限公司	微米级材料

2.2 遮蔽材料导电性试验

试验使用 DY2106 电子万能表、内径为 ϕ10 mm 的小型压药磨具。参考粉尘行业标准 YS/T 587.6—2006《炭阳极用煅后石油焦检测方法 第6部分：粉末电阻率的测定》，将14种粉末状材料通过小型手动压药机，在压药压力 20 MPa 下，均匀压制成 ϕ10 mm、厚度 1 mm 的药片。设计简易粉末电阻值测试装置，药片压制成后，直接测量小型压药磨具 A、B 两端电阻值，用于材料导电性定性比较分析。测试装置如图1所示。

2.3 遮蔽材料磁性试验

（1）使用实验室取药勺，量取一勺待测材料（约1 g），置于试验台。
（2）按图2所示方法布置试验设备。
（3）将磁铁分别放在 5 cm、4 cm、3 cm、2 cm 处，对材料进行磁性测试。
（4）检查透明胶带上材料粘贴量，判定测试材料是否有磁性，并比较材料磁性强弱。

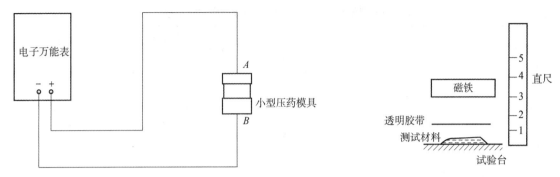

图 1 粉末电阻测试装置示意　　　　图 2 材料磁性测试方法示意

2.4 试验结果

压制药片前,空模具的电阻值为 0.38 Ω,导电性、磁性测试结果如表 2 所示。

表 2 遮蔽材料导电性、磁性测试结果

试验材料		电阻值/Ω	磁性
钕铁硼		0.40	有磁性
氮化钛		0.80	无磁性
石墨类	超细石墨	0.41	无磁性
	400 nm 石墨	0.40	无磁性
	30 nm 石墨	0.39	无磁性
导电炭黑类	8 000 目导电炭黑	2.65	无磁性
	5 000 目导电炭黑	2.57	无磁性
	3 000 目导电炭黑	1.12	无磁性
	2 000 目导电炭黑	1.20	无磁性
铜粉类	D50 红光铜金粉	0.60	无磁性
	红光铜金粉 1 200 目	0.63	无磁性
	红外铜金粉 1 000 目	0.57	无磁性
铁氧化物	三氧化二铁	0.59	有磁性
	四氧化三铁	0.60	有磁性

3 遮蔽材料悬浮性能与红外透过率测试

3.1 试验步骤

试验方法依据 GJB 5384—2005《烟火药性能试验方法》。
当红外热像仪安装并调试完毕后,设置黑体与环境温差为 30 ℃。
(1) 称取 25 g 试验材料。
(2) 将其装入喷射装置内,连接气泵。检查连接处是否漏气、仪器是否准备完毕。
(3) 打开气泵,在烟箱内喷射遮蔽材料,启动烟箱内搅拌风扇,记录红外热像仪测试数据。
通过软件,计算遮蔽材料在烟箱内沉降 30 s、60 s、180 s、300 s 等时段的红外透过率。

3.2 试验结果

遮蔽材料在烟箱内的红外透过率试验结果如表 3 所示。

表3 遮蔽材料在烟箱内的红外透过率试验结果

试验材料	红外热像仪（8~12 μm）透过率/%			
	烟箱内沉降30 s	烟箱内沉降60 s	烟箱内沉降180 s	烟箱内沉降300 s
空喷（无材料）	99.0	100.0	100.0	100.0
钕铁硼	83.5	83.5	87.4	89.4
四氧化三铁	61.8	66.8	75.9	77.9
30 nm 石墨	34.2	44.3	53.1	63.3
400 nm 石墨	15.4	21.6	26.8	27.5
超细石墨	10.8	12.3	20.9	27.2
3 000目导电炭黑	22.0	23.6	33.2	39.0
5 000目导电炭黑	19.2	22.9	34.3	36.8
8 000目导电炭黑	20.3	20.6	34.4	35.2
红光铜金粉1 000目	9.6	10.5	15.0	17.4
红光铜金粉1 200目	7.1	8.1	12.5	15.4
D50红光铜金粉	6.0	5.0	7.8	9.3
红光铜金胶印粉	4.0	5.5	6.7	7.9

4 结论

导电性方面：

钕铁硼≈石墨类材料＞铁氧化物类＞铜粉类＞氮化钛＞导电炭黑类材料。

磁性方面：

（1）三氧化二铁、四氧化三铁、钕铁硼有明显磁性，其中钕铁硼磁性最强。

（2）其他材料在磁铁作用下未体现明显磁性。

材料悬浮性方面：

D50红光铜金粉、红光铜金胶印粉在烟箱内沉降300 s空中悬浮性最好。

红外透过率方面：

（1）铁磁类材料红外衰减能力差，在烟箱内沉降300 s内红外透过率均＞60%。

（2）石墨类材料中，超细石墨红外衰减能力强，在烟箱内沉降300 s内红外透过率＜30%。

（3）导电炭黑类材料中，8 000目导电炭黑、5 000目导电炭黑红外衰减能力强，两种材料在烟箱内沉降300 s内红外透过率均＜36%。

（4）铜粉类材料中，D50红光铜金粉、红光铜金胶印粉红外衰减能力强，两种材料在烟箱内沉降300 s内红外透过率均＜10%。

参 考 文 献

[1] 张冬梅,赵丹红. 国外军用烟幕隐身剂的现状和发展 [J]. 红外技术, 2008, 30（7）.

[2] DANIEL J W, LAURA B, et al. Smart coating system [P]. US7244500, 2007-07-17.

[3] DAVID M F, BINA P B, et al. Camouflage or otherwise multi colored pattern tire and method of manufacture [P]. US7156936, 2007-01-02.

[4] 张明瑜,姚吉升,陈志飞. 宽频谱隐身材料作用机理探讨[J]. 矿冶工程,2003(1):4-50.
[5] 于斌,齐鲁. 多功能隐身材料的研究与应用现状[J]. 红外技术,2003(3):3-66.
[6] 崔方,沈卫东. 针对可见光、红外、激光的光电复合隐身涂料实现方法研究[J]. 电光与控制,2007,14(2).
[7] SCHLEIJPEN H M A,NEELE F P. Ship exhaust gas plume cooling[J]. Proceedings of SPIE,2004,5431(66):66-76.

烟火药装置结构表面温度测试研究

孙庆亮，窦春玉，裴正学，李蕴涵

(齐齐哈尔建华机械有限公司　黑龙江　齐齐哈尔　161006)

摘　要：温度测试是烟火药性能测试中的重要项目之一，无论是烟火药燃烧时的火焰温度，还是燃烧后的熔渣温度，都是考核烟火药制品的重要性能指标。由于近年来，随着烟火药剂的发展与进步，烟火药制品逐渐与其他武器系统配套使用。在燃烧过程中，对其结构表面的辐射温度是否会影响与其配套使用的武器系统内的其他装置，以及表面温度的分布情况的问题，本文以烟火药装置燃烧过程中结构表面温度为研究对象，设计开发相应的测试系统，编写试验方法，从而实现对表面温度分布的测试工作。

关键词：烟火药；表面温度

中图分类号：TJ06　**文献标志码**：A

Study on the surface temperature measurement of pyrotechnic device

SUN Qingliang, DOU Chunyu, PEI Zhengxue, LI Yunhan

(Qiqihar jianhua machinery Co. LTD. Qiqihar 161006, China)

Abstract: Temperature test is one of the important items in the performance test of pyrotechnic powder, whether it is the flame temperature of pyrotechnic powder or the melting slag temperature after combustion, it is an important performance index to assess the performance of pyrotechnic powder products. In recent years, with the development and progress of pyrotechnic agents, when pyrotechnic powder products are used in combination with other weapon systems, in the process of combustion, whether the radiation temperature on the surface of the structure affects the other devices in the weapon system used with it and the distribution of the surface temperature. In order to solve this problem, this paper takes the surface temperature of the structure in the combustion process of the pyrotechnic powder device as the research object, designs and develops the corresponding test system, and compiles the test method, so as to realize the test work of the surface temperature distribution.

Keywords: pyrotechnic powder; surface temperature

0　引言

常见的烟火药温度测试分为两类：接触式测温与非接触式测温。表面温度的测试可以用接触式测温法，即利用测温传感器与被测结构表面相接触，直接测量其表面温度；也可以用非接触式测温法，即利用红外热像仪或红外辐射测温器等获取被测结构表面的红外辐射，根据物体的辐射系数计算出其表面温度。两种方法各有利弊，接触式测温精度与准确度较高，因为是直接接触测温表面，测量误差较小，抗干扰能力强，但需要将测温传感器与接触表面紧密贴合，否则影响测试结果；非接触式测温不需要接触结构表面，可以在一定距离下测量温度，但受辐射系数与环境的影响，精度和准确度低于接触式测温。所以，我们将接触式测温作为研究对象，选取适当的测温传感器，建立表面温度的测试方法。

作者简介：孙庆亮 (1984—)，男，工程师，E-mail: sql0609@163.com。

1 系统组成

1.1 测温传感器的选择

接触式测温常用的测温传感器为电偶式传感器和电阻式传感器,烟火药剂燃烧产生的温度较高,而电阻式传感器无法测量较高温度,所以选用热电偶作为传感器[1]。热电偶的种类较多,分度号、尺寸外形以及测量温度范围也有所不同,如表1所示。

表1 常用的热电偶技术特性

名称	分度号	温度范围/℃	特性
镍铬-镍硅热电偶	K	0~1 300	线性好,误差小,稳定性好,抗氧化能力强,用途广泛,价格低廉
镍铬硅-镍硅镁热电偶	N	0~1 300	线性好,抗氧化能力强,但400 ℃以下误差大,材质硬
铁-铜镍热电偶	J	0~800	耐腐蚀,但抗氧化能力差
镍铬-铜镍热电偶	E	0~800	灵敏度高,热导率低
铜-铜镍热电偶	T	-200~350	准确度高,易氧化
钨铼热电偶	W-25Re	0~2 100	抗氧化能力强,稳定性好,但偶丝极细,抗冲击差
铂铑10-铂热电偶	S	0~1 600	常被作为标准偶使用,精度高,价格昂贵

针对测量烟火药装置结构表面温度这一问题,要求热电偶有较强的抗氧化能力、较小的误差、测温范围不低于1 000 ℃、偶丝材质不能过硬、价格低廉。从表1不难发现,镍铬-镍硅热电偶(K)的特性满足使用要求。

1.2 其他设备

热电偶采集到的温度是以直流微小电压形式传递的,这个电压被称为热电势。热电势与温度有着对应的函数关系,需要用其他设备进行数据的采集和处理,包括以下设备。

(1)热电偶补偿导线:与热电偶分度号相同,补偿与热电偶连接处温度变化所产生的误差。
(2)接线端子板:连接热电偶与热电偶补偿导线。
(3)数据采集设备:可采集热电偶输出的热电势并将其转换为温度信号,采样速率为10 S/s,通道数为8,支持高级语言编程。
(4)高温胶带:可承受1 000 ℃以上的高温,用于将热电偶牢固地粘贴在烟火药装置结构表面。

仪器布置示意如图1所示。

2 原理

测温原理是利用两种不同材料的导体组成热电偶的两个电极,将两个电极的一端焊接在一起形成一个测量端,测量时放置于被测温场 T 中,另一端作为参考段,置于恒定温场 T_0 中,当两端存在温度梯度时,回路中就会有电流通过,此时两端就存在热电动势 E,即热电效应。已知热电动势与温度的函数关系,就可以得到被测温度[2]。热电偶测温原理如图2所示。

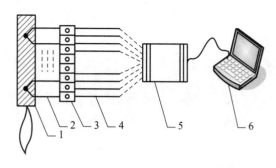
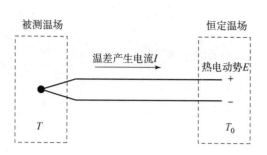

图1　仪器布置示意

1—受试品；2—热电偶；3—接线端子；4—热电偶补偿导线；
5—数据采集设备；6—计算机（内置温度测试软件）

图2　热电偶测温原理

3　试验程序

3.1　试验准备

（1）利用高温胶带将热电偶粘贴在烟火药装置结构表面的预定位置，并记录热电偶的序号和对应的粘贴位置，如图3所示。

（2）热电偶按序号顺序与接线端子板的一端相连接，另一端连接热电偶补偿导线。

（3）按顺序将热电偶补偿导线与数据采集设备相连接，热电偶的正负极与数据采集设备相对应，避免正负极接反。

（4）数据采集设备通电开机，调运温度测试程序，输入通道数量、文件名称，待测。

3.2　试验步骤

（1）将受试品装入卡具，固定牢靠，开启温度测试程序，点燃受试品。

（2）受试品燃烧状态如图4所示，结构表面产生高温，温度测试程序自动运行，采集测试数据，直至受试品熄灭，停止采集并存储数据。

图3　受试品上预定位置的测温点

注：热电偶放置顺序按照图上测温点位置，
从受试品喷口处，由下至上，
等间隔布置热电偶。

图4　受试品燃烧状态

3.3 结果分析

随着受试品的燃烧，位置1（喷口处）最先升温，温度逐渐由下至上传递，至熄灭后，3点的温度会在短时间维持在一定的范围内，然后缓慢下降[3]。受试品燃烧时间为202 s，熄灭后，为分析温度变化趋势，没有立即停止数据采集，继续采集至315.2 s，逐渐降温，停止采集。将3点温度随时间的变化过程绘制成曲线，如图5所示。

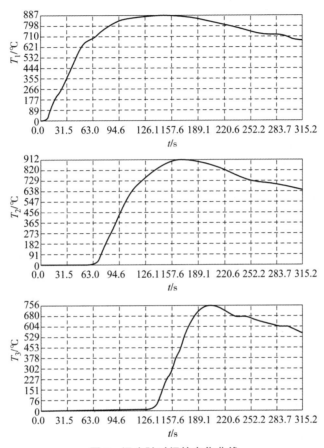

图5　温度随时间的变化曲线

曲线序号对应受试品结构表面的测温点，受试品燃烧后，随着时间变化，测温点1的温度最先升高，燃烧60 s后，测温点2的温度上升，燃烧126 s后，测温点3的温度才开始上升。测温点1的最高温度为887 ℃，测温点2的最高温度为912 ℃，测温点3的最高温度为756 ℃，最高温度912 ℃出现在测温点2（中部），而不是测温点1（喷口处），将3点的温度合并在一起，如图6所示。

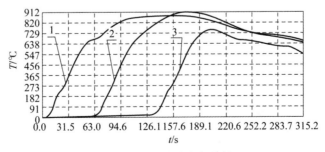

图6　三点温度的变化趋势
1，2，3—3点分别的温度曲线

从图6可以看出，虽然3条曲线的起始时间不同，但温度上升的速率相同，温度变化的基本趋势相近，没有出现温度冲击现象，说明燃烧过程中受试品内烟火药剂反应均匀稳定，不同时刻的温度变化如表 2 所示。

表 2　不同时刻的温度变化　　　　　　　　　　　　　　　　　　　　℃

项目	最高温度/℃	第 167.55	第 169.15	第 201.65
测温点 1	887	887	886	836
测温点 2	912	910	912	873
测温点 3	756	461	491	756

结合图 6 与表 2 的数据，测温点 1、2 几乎是在相同时刻达到最高温度，测温点 3 达到最高温度时，受试品燃烧完毕。

3.4　仪器的校准

仪器的校准标准参照 JJF 1637—2017《廉金属热电偶校准规范》，将整套仪器按照规定的检定周期送至上级计量检定部门进行仪器的校准，并由上级计量部门出具有效的校准证书或报告。

4　总结

本文利用热电偶测温原理，结合 USB 多通道数据采集技术，通过试验验证了系统对烟火药装置结构表面温度测试的可行性，解决了以往无法多点实时测量结构表面温度的技术问题，进而提高了烟火药性能的测试能力，为今后表面温度测试奠定理论基础。

参 考 文 献

[1] JJF 1637—2017 廉金属热电偶校准规范 [S].
[2] QJ 2051—91 热辐射环境下结构表面瞬态温度测量规范 [S].
[3] 焦清介, 霸书红. 烟火辐射学 [M]. 北京: 国防工业出版社, 2009.

红外照明剂的配方设计

朱佳伟,闫颢天,姚 强,张 鹏,杨德成

(齐齐哈尔建华机械有限公司,黑龙江 齐齐哈尔,161000)

摘 要:对红外照明剂中的成分组成进行分析和研究,通过优化可燃剂、氧化剂组合与配比,增加了红外辐射强度,降低了可见光发光强度,确定了效果较好的红外照明剂配方。

关键词:红外照明剂;氧化剂;可燃剂

Formula design of infrared illuminator

ZHU Jiawei, YAN Haotian, YAO Qiang, ZHANG Peng, YANG Decheng

(Qiqihar Jianhua Machinery Co., LTD, Qiqihar 161000, China)

Abstract: The IR illuminating composition is analyzed and discussed in this paper to optimize the proportion of combustibles and oxidizers so that the IR radiation intensity can be increased and luminous intensity of visible light can be decreased to get a better IR illuminating composition formulation.

Keywords: IR illuminating composition; oxidizer; combustible

0 引言

红外照明剂是一种在近红外区(0.7~1.3 μm)辐射强度极高而在可见光区发光强度极低的烟火药剂,主要由氧化剂、可燃剂、黏合剂和附加物等混合而成。它用于制造红外照明弹和红外照明器材,使红外夜视仪和微光夜视仪视距提高,扩大视野。红外照明剂燃烧可以为目标提供近红外光源,增大目标红外照度,一般在不改变红外夜视仪和微光夜视仪结构的前提下,能有效提高视距[1]。

1 红外照明剂的组分选择与分析

红外照明剂研究需突破的技术关键是在提高近红外辐射强度的同时,降低可见光输出。红外照明剂的组成为氧化剂、可燃剂、黏合剂及附加物。

1.1 氧化剂的选择

氧化剂的作用是提供燃烧时所需要的氧。氧化剂应选择含氧量丰富、可见光输出较小、在0.7~1.3 μm近红外区能产生较强红外辐射的物质[2]。

红外照明剂燃烧时产生的原子和分子的特征辐射是由于燃烧时的高温作用,激发气体或蒸汽中的原子和分子里的电子能级改变。红外照明剂近红外特征辐射物质包括K+(波长0.766 μm)、Cs+(波长0.852 μm)、Rb+(0.795 μm)等。K+、Cs+、Rb+在近红外区辐射较强,能展宽近红外输出光谱[2]。考虑到红外照明性能的要求,红外照明剂同时采用KNO_3、$CsNO_3$和$RbNO_3$作为氧化剂。

作者简介:朱佳伟(1987—),女,工程师,硕士,E-mail:262906851@qq.com。

1.2 可燃剂的选择

可燃剂的作用是红外照明剂燃烧时产生红外照明效应的燃料。通过选用燃烧热值高、燃烧稳定、产物热容低的 Mg 粉作为可燃剂来配制红外照明剂,可提高近红外特征辐射离子的辐射效率和辐射能力,从而有效提高红外照明剂的近红外辐射强度[3]。

红外照明剂可见光的输出与药剂中 Mg 粉的含量密切相关,Mg 粉的含量越高,红外照明剂可见光发光强度就越大,但降低药剂中 Mg 粉的含量会导致近红外特征辐射离子激发能量的不足。为了抑制红外照明剂的可见光输出,可通过在红外照明剂中适量添加非金属含能可燃剂,如 Si 粉、六次甲基四胺等,同时适当降低药剂中 Mg 粉的含量,由此损失的燃烧热能通过非金属含能可燃剂来弥补[4]。

1.3 黏合剂的选择

黏合剂的作用是使红外照明剂具有足够的机械强度。选用含能的硝基棉胶液可取得较好的效果。

1.4 附加物的选择

以 KNO_3、$CsNO_3$、$RbNO_3$、Mg 粉、Si 粉、六次甲基四胺等为主要组分的红外照明剂机械感度较高,不利于安全生产。为降低药剂的机械感度,需要在红外照明剂中加入少量的附加物。

综上所述,本次试验我们选用 KNO_3、$CsNO_3$、$RbNO_3$ 作为红外辐射药剂的氧化剂。$RbNO_3$ 的成本很高,因此试验以使用 KNO_3 和 $CsNO_3$ 为主。Mg 粉作为可燃剂,Si 粉、六次甲基四胺作为非金属含能可燃剂。硝基棉胶液作为黏合剂。

2 试验部分

2.1 样品制备

我们设计了 3 个配方(表1),按照我们的混药工艺流程(图1)及压药工艺流程(图2),压制了 6 发 $\Phi50$ mm × 93 mm 红外照明药柱,进行包覆处理。

表 1 红外照明炬成分及配方 %

配比成分	1#	2#	3#
可燃剂	32	32	32
硝酸钾	36	36	18
硝酸铯	13	23	41
硝酸铷	10	—	—
其他成分	9	9	9

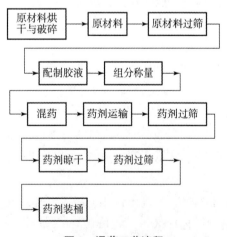

图 1 混药工艺流程

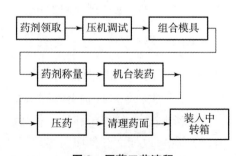

图 2 压药工艺流程

2.2 理化性能检测

我们在烟火药性能分析实验室分别进行了红外照明剂感度和相容性试验,试验数据如表 2 所示。

表2 红外照明剂感度、相容性数据

测试项目	测试方法	测试结果
冲击感度	Q/ZF424-83	发火率：4%
摩擦感度	Q/ZF265-98	发火率：1.67%
发火点	Q/ZF423-83	400 ℃
火焰感度	Q/ZF425-83	上限：80 mm 下限：220 mm
相容性（差热分析）		放热峰向高温漂移、相容

2.3 静态测试

我们在烟火药性能测试实验室进行了红外照明炬静态性能测试。实验结果如表3所示，红外辐射强度测试曲线如图3、图4和图5所示。

表3 红外照明炬静态性能测试结果

配方号	$J/(W \cdot Sr^{-1})$	I/10 kcd	t/s
1#	1 021	2.4	41.2
2#	981	1.9	48.5
3#	1 265	1.4	45.7

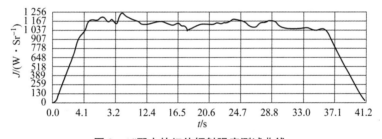

图3 1#配方的红外辐射强度测试曲线

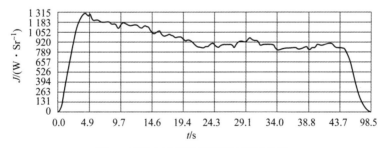

图4 2#配方的红外辐射强度测试曲线

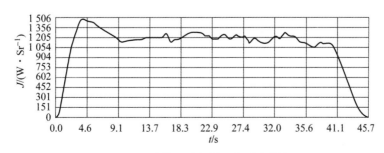

图5 3#配方的红外辐射强度测试曲线

3　结果分析

就理论而言,钾和铷在可见光区与红外区都有辐射,而铯在可见光区辐射很弱,在近红外区有较强辐射,但铷价格昂贵。因此,钾和铯的配合使用对于增强红外辐射、降低可见光辐射是有益的。

从 1#配方和 2#配方对比来看,硝酸铷在红外照明剂中的作用不明显。从 2#配方和 3#配方对比来看,增加硝酸铯的配比不仅可以降低可见光发光强度,还可以增强红外辐射强度（0.7~1.3 μm 波段）。硝酸铯在红外照明剂中有重要作用。从 1#配方和 3#配方对比来看,增加硝酸钾的配比,会明显增加可见光发光强度。

4　结论

(1) 硝酸铷在红外照明剂中作用不明显。

(2) 增加硝酸铯的配比不仅可以降低可见光发光强度,还可以增强红外辐射强度（0.7~1.3 μm 波段）。

参 考 文 献

[1] 潘功配,杨硕. 烟火学 [M]. 北京:北京理工大学出版社,1997.
[2] NANCY L. Survey of near infrared emitters, ADA390726 [M]. Washington D. c., USA: Research Laboratory, 1997.
[3] 杨硕,许又文,冯长根. 烟火药中 Mg 粉的辐射效应研究 [J]. 北京理工大学学报,1998,18 (2):251-256.
[4] 中华人民共和国国家军用标准:GJB 5471.3—2005 [S].

浅谈火炸药行业智能化供电系统

郭占虎,白喜玲,史玉乾,达世栋

(甘肃银光化学工业集团有限公司,甘肃 白银 730900)

摘要:火炸药生产线采用智能化供电系统,可以有效地获取电气运行状态数据、各种智能装置的信息及信号状态。智能化供电系统中将几乎不再存在未被监视的单元,在设备状态量的采集上没有盲区。减少操作人员、巡检人员,并且设备检修从常规变配电站设备的"每年定期检修"变成"根据设备运行状态检修",这将大大提高供电系统的可靠性,减少安全事故,节省运行管理成本。

关键词:火炸药;供电系统;智能化

Brief discussion on intelligent power supply system of explosive industry

GUO Zhanhu, BAI Xiling, SHI Yuqian, DA Shidong

(Gansu Yinguang Chemical Industry Group Co. LTD., Baiyin 730900, China)

Abstract: The dynamite production line adopts intelligent power supply system, which can effectively obtain the data of electrical operation state, information and signal state of various intelligent devices. There will be almost no unmonitored units in the intelligent power supply system, and there will be no blind area in the acquisition of equipment state quantity. It will greatly improve the reliability of the power supply system, reduce safety accidents and save operation and management costs.

Keywords: the explosive; power supply system; intelligent

0 引言

2016年,习近平总书记针对火炸药行业发展做出最高批示:"指示应重视火炸药装备建设,促其提高水平,健康发展。"随着军队建设信息化发展和武器装备向精导性转变,火炸药制造必须向先进制造模式转变,火炸药制造生产线的供电系统也必须向着智能化、信息化方向发展。

1 火炸药生产线供电的现状

生产线供自动化供电系统经过十多年的发展已经达到一定的水平,微机化从保护到监控已在变电所二次系统中得到应用[1]。但其距离智能化、数字化还有一定的差距。中高压断路器基本实现远程遥控、遥测、遥信,但低压断路器只有总进线的框架断路器能够实现远程遥控、遥测、遥信,其他的低压配出断路器通过二次智能仪表进行远控遥测和遥信,不能达到远程遥控操作的功能。

现有的电气设备未进行温度在线检测,对电气设备的运行和操作未达到在线视频监视。电气运行人员每天进行巡检。火炸药工房由于安全距离的要求,工房之间距离都比较大,与火炸药生产线供电的变配电所距离比较远,而且变配电所比较多。现场操作和巡检浪费大量的人力,而且电气设备达不到安全可靠的供电。随着设备技术的发展,供电系统向智能化、数字化、网络化升级改造是不断发展的趋势。

作者简介:郭占虎(1979—),男,高级工程师,E-mail:18919435448@163.cn。

2 火炸药生产线供电系统智能改造及应用

智能化供电系统是由智能化一次设备和网络化二次设备组成,能够实现供电系统内智能电气设备间信息共享和相互操作的现代化供电系统[2],在此基础上实现供电系统运行操作自动化、供电系统信息共享化、供电系统分区统一管理、实现智能化供电调度和控制的基础单元。

2.1 电气一次设备智能化

对已运行的电气一次设备升级改造,中压供电系统设备加装在线测温、在线监视,升级微机综保装置;低压设备加装电动操作机构,加装在线测温、在线监视、升级配电系统智能仪表。对后期新建的设备采用智能电气设备。智能设备系统结构更加紧凑,电气量监测系统具有体积小、重量轻等特点,集成在智能开关设备系统中,实现一体化,现场供电设备与控制中心之间实现了无缝通信,从而简化系统维护、配置和工程实施[3]。

一次设备实现智能化,在智能化供电系统中,可以有效地获取电气运行状态数据、各种智能装置的信息及信号状态。智能化供电系统中将几乎不再存在未被监视的功能单元,在设备状态特征量的采集上没有盲区。设备检修策略可以从常规变电站设备的"定期检修"变成"状态检修",这将大大提高系统的可用性,减少安全事故,减少检修维护工作量,提升设备安全可靠水平,节省运行管理成本。

2.2 过程层网络配置系统

过程层主要包括智能传感器、智能I/O通信单元、智能化一次设备等,实现各种参量的就地采集及对一次设备的监控。网络系统是智能化供电系统的命脉,它的信息传输的快速性决定了系统的可用性。以太网技术已经进入工业自动化过程控制领域。

2.2.1 系统方案

微机综保系统分为二层:站控级和间隔级。站控级和间隔级之间采用通信接口连接。微机综保系统的站控级包括通信管理机和交换机、当地后台监控系统。微机综保系统的6 kV间隔级设备采用保护和测控(I/O)一体化设备。间隔级单元设备为各自独立CPU,相互独立、互不影响。微机综保系统中的间隔级层设备的间隔级保护和测控(I/O)一体化单元设备被分散安装在开关柜上。各站站控级的通信管理机/交换机采用集中组屏方式(网络柜)被安装在控制室;当地后台监控系统集中布置在控制室。站控通信管理机/交换机和后台监控系统实现数据、信息采集处理,信息交换和监视,并完成控制命令的执行,实现变电所的无人值守。

总控制室的数据通过远动装置与上级调度通信接口及GPS接通时,各站内微机综保采用RS485/以太网通信。

2.2.2 系统功能

变电站设微机综保后台系统的主要功能如下。

控制功能:按操作逻辑完成对全站所有电气专业控制对象的远方控制。

采集功能:开关量、模拟量、电度量、温度量。开关量:无源接点,包括状态信号(双位置接点、单位置接点)和报警信号(单位置接点)。模拟量:交流电压、电流量、频率,有功,无功等。精度为0.5级以上。

整定值设置功能:支持至少两套保护定值,保护定值可以远方或就地整组切换,以满足变电站不同运行方式的需要。

告警功能:按要求分级发出相应的声光告警信号,当模拟量越限、断路器事故分闸、继电保护装置动作、设备运行异常等状况下应实现告警。

记录功能:控制操作记录、事件顺序记录、微机保护动作信息、保护装置工作状态记录。事故记录:从事故前10分钟开始对继电保护装置、自动装置、断路器等的动作按先后顺序做自动追记,提供事故分析依据，分辨率≤2 ms，故障录波数据能掉电保存。装置应记录必要的信息（如故障波形数据），并通过接口自动上传至后台系统；且信息不应丢失，并可重复输出。

运行监视功能：值班人员通过操作监控系统对全站各设备的运行状态进行实时监控。

画面显示和打印功能：显示各种图形和表格，并可采用召唤和定时打印。

自动功能：具有完善的操作逻辑，通过键盘、I/O 单元对断路器进行控制操作。同时，具有在控制室进行远方控制及遥信、遥测功能。

通信功能：与继电保护装置或通信管理机以及微机消谐、小电流选线装置、直流屏、多功能表等的通信满足电气运行管理和电网调度管理的需要。

远动功能：满足远动专业数据通信要求，与集控站、调度中心进行信息交换，远动信息的码制、规约必须与调度自动化系统协调一致，远传口的数量也应满足调度管理部门的要求。

2.2.3 数据采集和处理

监控系统能实现数据采集和处理功能，其范围包括模拟量、开关量、脉冲量等。站控层监控系统采集到数据以后，立即进行数据处理。

1）模拟量数据采集处理

模拟量的采集包括电流、电压、有功功率、无功功率、频率等。采用交流采集方式，并能实现以下功能。

（1）定时采集：按扫描周期定时采集数据并进行相应转换、滤波、精度校验及数据库更新等。

（2）越限报警：按设置的限值对模拟量进行死区判别和越限报警，其报警信息应包括报警条文、参数值及报警时间等。各模拟量描述电力系统运行的实时量化值，各线路及主变的有功、无功、电流、电压值、周波值，以确定各值所处的状态（正常、越限、人工数据、坏数据等）。

2）状态量采集及处理

开关量的采集包括断路器、隔离开关以及接地刀闸的位置信号、继电保护和安全自动装置动作及报警信号、运行监视信号等。开关量采集方式为无源接点输入。数字式继电保护和安全自动装置的报警及动作信号采用硬接线的输入方式，并能实现以下功能。

（1）定时采集：按扫描周期定时采集数据并进行光电隔离、状态检查及数据库更新等。

（2）设备异常报警：当状态发生变化时，应进行设备异常报警，其报警信息应包括报警发生时间、恢复时间、报警条文、事件性质及报警参数。

（3）事故顺序记录（SOE）：对断路器位置信号、继电保护动作信号等需要快速反应的开关量采用中断方式，并按其变位发生时间的先后顺序进行事故顺序记录。

2.2.4 系统结构

集控系统由站控层（计算机监控系统）和间隔层（I/O 测控设备）组成。系统功能以分布式设计为原则，系统任一设备、部件的损坏或退出都不影响整个系统的正常运行。

站控层计算机监控系统由操作人员工作站设备、工程师工作站、计算机网络设备、打印机设备、GPS 卫星时钟接收装置组成。其中控制中心站的通信管理装置配置远动通信单元（留有标准的 OPC 接口）用于向上级调度转发。所有变电站、开关站系统设备的监控以综合自动化设备为主，并保留最简单的常规控制功能，防止因二次设备的偶发故障而影响一次系统的正常运行。

保持各子系统功能的相对独立，降低系统的复杂程度，以提高整个系统的可用性和可靠性。各系统以后台系统的通信管理机/交换机屏作为通信交换节点，以此为中心构成现场总线和以太网总线两个通信总线网络，保护测控装置、直流屏、小电流接地选线装置、电能表等现场设备分组接入现场总线网，并通过通信管理机/交换机接入以太网接至监控主机。

3 结论

智能化供电系统正在逐步发展成熟，火炸药行业智能供电系统比较落后，需要在设计、施工及生产运行中不断完善，智能供电已经是火炸药行业的迫切需求。供电系统达到智能化，就能实现无人值班、智能巡检，提高供电系统的可靠性，减少安全事故，节省运行管理成本。

参 考 文 献

[1] 高翔，张沛超. 数字化变电站的主要特征和关键技术［J］. 电网技术，2006，30（23）.
[2] 国家电网公司. 国家电网智能化规划总报告［Z］. 北京国家电网公司，2009.
[3] 陈树勇，宋书芳，李兰欣，等. 智能电网技术综述［J］. 电网技术，2009（8）.

色谱法分析含铝混合炸药组分的研究

张 波,王 娜,郝玉荣,王璐婷,杏若婷,晁 慧

(甘肃银光化学工业集团有限公司,甘肃 白银 730900)

摘 要:建立了 GC 和 HPLC 联用进行含铝混合炸药组分含量的分析方法。该方法能有效跟踪工艺研究的产品质量控制,为实现混合炸药的快速分析探索了一种途径。

关键词:含铝炸药;高效液相色谱;气相色谱

中图分类号:O657.7 **文献标志码**:A

Study on the composition analysis of aluminum – containing mixed explosives by chromatography

ZHANG Bo, WANG Na, HAO Yurong, WANG Luting,
XING Ruoting, CHAO Hui

(Gansu Yinguang Chemical Industry Group Co., LTD., Baiyin 730900, China)

Abstract: In this paper, an analytical method for the content of aluminum – containing mixed explosive components by using the combination of GC and HIPLC has been established. This method can effectively trace the product quality control of process research, and explore a way to realize the rapid analysis of mixed explosives.

Keywords: aluminum – containing; high performance liquid chromatography; gas chromatography

0 引言

目前国内外对混合炸药的组分含量分析主要采用的是化学分析法,但化学分析法基本上是采用常量分析,分析步骤多,操作过程繁杂,分析周期长,溶剂及原材料消耗量大,单次分析成本高,工作效率低,难以快速提供产品分析结果。在科学技术日新月异的今天,特别是随着工业化的发展,更加需要快速、准确地提供分析数据来指导生产,这就需要我们建立快速分析方法来满足生产需求,因此,需要利用分析仪器分析过程快速、试样用量少等优势,用仪器法来分析混合炸药。

1 试验部分

1.1 仪器与试剂

高效液相色谱仪,大连依利特 UV230$^+$;气相色谱仪,美国瓦里安 450GC;电子天平,梅特勒,分度值 0.000 1 g;微量注射器,50 μL;容量瓶,50 mL;乙腈,优级纯;乙醇,色谱纯。

1.2 试验原理

色谱法是利用不同物质在不同相态的选择性分配,以流动相对固定相中的混合物进行洗脱,混合物中不同的物质会以不同的速度沿固定相移动,最终达到分离的效果[1]。

作者简介:张波(1977—),女,本科生,E - mail:2847057737@qq.com。

根据含铝炸药[2]组成各成分的特点，该分析方法设计为高效液相色谱法和气相色谱法两部分。成分中的主体药 RDX 与 TNT 的含量采用高效液相色谱法分析，增塑剂采用气相色谱法分析。

1.3 试验程序

1.3.1 样品制备

（1）主体药制备：称取 0.3 g 样品，置于 50 mL 容量瓶中，用丙酮溶解或稀释至刻度。
（2）增塑剂制备：称取 2.0 g 样品，置于 50 mL 容量瓶中，用内标液溶解并稀释至刻度。

1.3.2 试验程序

开启高效液相色谱仪，进入色谱数据处理工作站，输入色谱条件和数据采集分析参数。待色谱仪基线稳定后，将试样溶液与标准溶液分别注入色谱仪进样器，经色谱柱分离，各组分先后进入检测器，检测器检测到信号，由色谱数据处理工作站经数据采集分析对各组分的峰进行处理，分别计算出各组分的含量。

2 结果与讨论

2.1 试验条件的选择

2.1.1 液相色谱模式的选择

建立 HPLC 分析方法需要根据特定样品选择最佳分离条件，包括选择液相色谱柱、选择合适的流动相、选择满意的溶剂、选择最佳紫外吸收检测波长等。反相色谱（RPC）是分离大多数常规样品的首选分离模式，反相色谱色谱柱柱效高、稳定、重现性好。因此我们选择了反相色谱法。

2.1.2 检测波长的选择

液相色谱分析最重要的技术条件是确定合适的检测波长。根据大量的试验我们选择了对各组分溶解度都很大的丙酮作溶剂溶解试样。将在丙酮中不溶的含能金属过滤除去，不让其进入色谱柱，并对 RDX 和 TNT 进行了紫外波长扫描，为了目标物的最好检出，最终确定检测波长，实现了 RDX 和 TNT 的同时检出。

2.1.3 检测条件的选择

选择了 C18 液相色谱柱和分析纯乙腈、甲醇混合流动相，使主体药 RDX、TNT 得到有效分离，并在紫外检测器检测到满意的色谱峰，实现了主体药 RDX、TNT 含量的定量检出。由于添加剂的组分含量太少，在同条件下，在紫外检测器上检出的信号过小，使增塑剂测量误差增大，为了得到满意的增塑剂测量结果，设计了气相色谱法检测增塑剂含量。

（1）液相色谱柱：HYPERS1L C18 5 μm，ϕ4.6 mm×150 mm。
（2）紫外检测器。
（3）检测波长：240 nm。
（4）流动相：乙腈、甲醇。

2.1.4 定量方法的确定

HPLC 的实力之一是其卓越的定量分析技术。它不仅能够用于样品中的主要成分的定量，还能测定痕量浓度（10^{-9} 级或更低）的杂质。采用合理的、有效的分析方法分析主要成分时，应具备高的准确度和良好的精密度，对每一种被测物质均能在较宽的样品浓度检测范围内有良好的线性响应。

HPLC 中峰高和峰面积是常用的定量技术，峰面积在 HPLC 中应用较多，但并非总是该方法最好。对于一个性能良好、近似对称的峰来讲，峰高测定精度等同于峰面积，但准确度更佳。不同的操作条件影响响应值的测定，而这些影响对于峰高和峰面积测定存在差异。结合熔黑梯铝的分析试验过程来看，试验过程中改变的试验条件包括流动、固定相，流速，柱效，试验温度，峰型等，选择峰高定量是合理的定量方法。

2.1.5　定量方法的校正

定量的四种主要校正技术：峰面积归一化法、内标法、外标法及标准加入法。在本试验中，我们采用外标法，其原理：选择样品中的一个组分作为外标物，配成浓度与样品量相当的外标物溶液，进行色谱分析，求出峰面积（或峰高）对应的外标物的质量（或体积），然后在相同的条件下对样品进行色谱分析，由样品中待测物的峰面积和待测组分对外标物的相对质量，求出待测组分的质量及待测组分的含量。

2.1.6　气相色谱分析

增塑剂邻苯二甲酸二丁酯含量采用气相色谱内标法进行分析。

（1）柱温：170 ℃恒温操作。

（2）汽化室温度：210 ℃。

（3）检测室温度：210 ℃。

（4）分流比：1:28。

（5）弹性毛细管柱：OV－225，柱长 10 m 以上，亦可采用 ϕ2 mm×0.5 m 不锈钢柱，填充含 5% OV－225 的白色硅烷化载体。

气相色谱分析法的定量分析[3]主要有内标法、外标法、归一化法，在本试验中，我们采用内标法，其测定方法：把一定量的纯物质作为内标物，加入已知质量的样品中。然后进行色谱分析，测内标物和样品中被测组分的峰面积的面积比与质量比。

将进行 RDX、TNT 的含量测定的同一试样用二氯乙烷溶解，将溶液注入气相色谱仪，经气相色谱柱分离后，由氢火焰离子化检测器检出内标物和样品中被测组分的组分峰，用内标法定量算出增塑剂含量。

2.1.7　添加剂含量

熔黑梯铝炸药成分中的含能金属与含能添加剂在两种色谱条件下均没有响应信号，被用差减法求出，实现了熔黑梯铝炸药成分的准确测定。

2.2　试验方法与评价

按炸药组成配制一组标准样品进行准确度和精密度验证试验。取一份试样经丙酮溶解后，定量注入高效液相色谱仪，在色谱流动相的推动下，经高效液相色谱柱分离后，各组分依次进入检测器，检测出各组分峰，用外标法定量计算出 RDX 与 TNT 的含量。典型液相色谱图如图 1 所示。

2.2.1　准确度试验

按设计的液相色谱测定方法测定标准样中的 RDX、TNT 含量，考察投入量的回收率。结果如表 1、表 2 所示。

从表 1 可以看出，RDX 的平均回收率为 99.44%，最大回收率为 103.6%，最小回收率为 95.7%，表明方法测定准确、可靠，符合要求。

从表 2 中可以看出，TNT 的平均回收率为 98.94%，最大回收率为 102.4%，最小回收率为 96.8%，表明方法测定准确、可靠，符合要求。

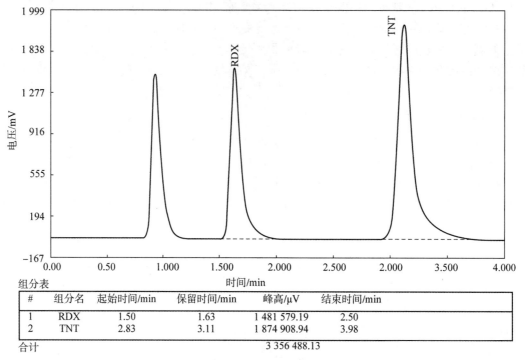

图 1 液相色谱图

表 1 RDX 含量准确度试验　　　　　　　　　　　　　　　%

序号	理论含量	实测含量	回收率
1	38.1	37.8	99.2
2	37.0	35.8	96.7
3	42.0	41.8	99.6
4	39.03	39.41	101.0
5	38.1	36.4	95.7
6	37.0	36.7	99.1
7	39.1	40.2	102.8
8	42.0	40.2	95.8
9	38.9	37.5	96.5
10	37.0	37.6	101.6
11	42.0	40.9	97.5
12	38.1	36.3	95.3
13	37.0	38.3	103.6
14	39.1	41.3	105.7
15	42.0	41.0	97.7
16	38.9	39.5	101.4
17	39.03	38.06	97.5
18	37.0	37.0	100.0
19	39.1	40.5	103.6
20	42.0	41.4	98.5

表 2　TNT 含量准确度试验　　　　　　　　　　　　　　　　　　　　　　　　　　　　　%

序号	理论含量	实测含量	回收率
1	40.8	42.1	103.2
2	41.8	39.8	95.3
3	42.2	40.3	95.6
4	39.8	40.6	102.1
5	38.7	38.7	100.0
6	40.8	42.1	103.3
7	42.2	41.2	97.6
8	39.8	38.8	97.4
9	38.7	37.1	95.8
10	41.8	42.7	102.1
11	42.2	41.7	98.7
12	39.8	40.1	100.8
13	38.7	37.7	97.4
14	42.2	42.6	100.9
15	39.8	39.7	99.8
16	38.7	37.6	97.1
17	40.8	40.2	98.6
18	42.2	41.2	97.7
19	39.8	38.8	97.5
20	38.7	37.9	97.9

2.2.2　精密度试验

为了验证该成分分析方法的重现性和稳定性，进行了方法的精密度试验。试验采用工艺试验小试稳定批，按测定准确度相同方法进行试验，测定结果如表 3 所示。

表 3　精密度试验结果　　　　　　　　　　　　　　　　　　　　　　　　　　　　　　%

序号	RDX 含量	TNT 含量	DBP 含量
1	39.8	41.1	3.5
2	39.7	41.4	3.6
3	39.3	41.4	3.5
4	39.7	41.3	3.6
5	38.9	41.5	3.5
6	38.8	41.8	3.6
7	38.5	41.7	3.6
8	38.7	41.9	3.6
9	39.2	41.9	3.6
10	38.8	42.0	3.6
11	38.9	41.1	3.5

续表

序号	RDX 含量	TNT 含量	DBP 含量
12	39.4	41.4	3.6
13	39.2	40.8	3.6
14	38.7	41.4	3.6
15	39.9	41.2	3.5
16	38.4	40.4	3.6
17	38.6	40.7	3.5
18	38.9	40.3	3.5
19	39.0	40.6	3.6
20	39.0	41.4	3.6
均值	39.1	41.1	3.5
δ	0.431	0.484	0.048

从表 3 中可以看出，RDX 的平均值为 39.1%，δ 为 0.431%；TNT 的平均值为 41.1%，δ 为 0.484%；DBP 的平均值为 3.5%，δ 为 0.048%，表明该方法重现性好，能满足测定要求。

2.2.3 增塑剂检测

再取另一份试样溶于含内标物的二氯乙烷，将溶液注入气相色谱仪，经气相色谱柱分离后，由氢火焰离子化检测器检出各组分峰，以邻苯二甲酸二乙酯（DEP）为内标物，用内标法定量算出邻苯二甲酸二丁酯（DBP）含量。

3 结论

上述试验结果表明：RDX 平均回收率为 99.5%，TNT 平均回收率为 98.9%，邻苯二甲酸二丁酯平均回收率为 99.5%。RDX 分析结果的变异系数为 1.1%，TNT 分析结果的变异系数为 1.2%，邻苯二甲酸二丁酯分析结果的变异系数为 1.4%，均小于色谱定量允许的变异系数范围，表明方法准确、可靠、重现性好，分析周期短，满足工艺研究要求，适用于含铝混合炸药产品理化性能检验和能量水平评估，能有效跟踪工艺研究的产品质量控制，并能有效地减少原材料消耗，提高工作效率，节约分析成本，为实现混合炸药的快速分析探索了一种途径。

参 考 文 献

[1] 于世林. 高效液相色谱技术与应用 [M]. 北京：科学出版社，2009.
[2] TEIPEL U. 含能材料 [M]. 欧育香，译. 北京：国防工业出版社，2008.
[3] 于世林. 气相色谱技术与应用 [M]. 北京：科学出版社，2010.

定量方法对色谱分析CL-20基混合炸药组分含量的影响

王娜[1]，李金鑫[1]，李丽洁[2]，吴一歌[1]，
张争争[1]，尚凤琴[1]，王霞[1]

(1. 甘肃银光化学工业集团有限公司，甘肃 白银 730900；
2. 北京理工大学 材料学院，北京 100081)

摘 要：反相高效液相色谱分析CL-20基混合炸药的CL-20和TNT组分含量，选择了最佳检测波长，分别用外标法和内标法进行组分定量。外标法分析CL-20和TNT组分含量的RSD分别为1.263%和0.845%；内标法分析CL-20和TNT组分含量的RSD分别为0.082%和0.35%。

关键词：反相高效液相色谱；CL-20；TNT；外标法；内标法

中图分类号：O657.7　**文献标志码**：A

Influence of quantitative method on the content of CL-20 base mixed explosive by chromatography

WANG Na[1], LI Jinxin[1], LI Lijie[2], WU Yige[1], ZHANG Zhengzheng[1],
SHANG Fengqin[1], WANG Xia[1]

(1. Gansu Yinguang Chemical Industry Group Co., LTD, Baiyin 730900, China;
2. School of Materials, Beijing Institute of Technology, Beijing 100081, China)

Abstract: Reversed phase high performance liquid chromatography (Rp-HPLC) is used to analyze the content of CL-20 and TNT components in CL-20 base mixed explosives. The optimal detection wavelength is selected, and the component quantification is carried out by external standard method and internal standard method respectively. RSD of the content of CL-20 and TNT by external standard method are 1.263% and 0.05%, respectively. RSD of the content of CL-20 and TNT by internal standard method are 0.6% and 0.03%, respectively.

Keywords: rp-HPLC; CL-20; TNT; external standard method; internal standard method

0 引言

六硝基六氮杂异伍兹烷（CL-20）作为现有能量最高的单质炸药之一，在火炸药领域有广阔的应用[1]。由于CL-20的能量密度较高、化学与热安定性较好，能够与大多数黏结剂和增塑剂相容，所以含CL-20的混合炸药研究受到了国内外学者的广泛关注[2]。近几年，国内推出了多种含CL-20的增塑黏结炸药，其能显著提高武器的燃烧速率、比冲和爆炸能量[3]。本文分析的CL-20基混合炸药是以CL-20为主体炸药、TNT为辅助炸药的高爆速混合炸药，以满足异型和大型战斗部装填第三代高能炸药的需求。

作者简介：王娜（1986—），女，硕士研究生，E-mail: wna19860114@163.com。

用反相高效液相色谱分析 CL-20 基混合炸药中 CL-20 含量和 TNT 含量，因色谱柱、流动相、进样量、定量方式的影响，导致色谱分析结果偏差较大。本文在色谱柱、流动相、进样量条件固定的情况下，选择能够全部检出的最佳波长，然后讨论外标法和内标法对 CL-20 基混合炸药中 CL-20 含量和 TNT 含量的影响。

1 实验部分

1.1 仪器与试剂

（1）仪器：高效液相色谱仪，配置二元梯度泵、恒温柱温箱、脱气机、二极管阵列检测器、手动进样器及工作站。

（2）色谱柱：HYPERSIL C18，内径为 4.6 mm、长为 250 mm、填料粒径为 10 μm。

（3）天平：分度值为 0.01 mg。

（4）超声波清洗器。

（5）试剂：乙腈（色谱纯），水（实验室二级水）。

（6）HMX 参比样：HMX 纯度标准物质（西安火炸药一级计量站）。

（7）CL-20 和 TNT 参比样：选用工艺原材料为纯度标准物质。

1.2 样品制备

1.2.1 标准样品的制备

（1）外标法参比样的制备：分别准确称取 0.080 1 g CL-20 和 0.005 0 g TNT 于 50 mL 容量瓶中，用流动相超声溶解，冷却至室温后，定容，待用。

（2）内标法参比样的制备：分别准确称取 0.080 1 g CL-20、0.050 2 g HMX 和 0.005 0 g TNT 于 50 mL 容量瓶中，用流动相超声溶解，冷却至室温后，定容，待用。

1.2.2 样品的制备

准确称取 0.1 g CL-20 基混合炸药于 50 mL 容量瓶中，用流动相超声溶解，冷却至室温后，定容，待用。

1.3 实验过程

开启高效液相色谱仪，进入色谱数据处理工作站，输入检测波长，设置流速为 2.0 mL/min，以乙腈、水为流动相，待色谱仪基线稳定后，将标准溶液与试样溶液分别注入色谱仪进样器，经色谱柱分离，各组分先后进入检测器，检测器检测到信号，由色谱数据处理工作站经数据采集分析对各组分的峰进行处理，分别计算出各组分的含量。

2 结果与讨论

2.1 检测波长的选择

用二极管阵列检测器在波长 200～400 nm 对质量浓度为 2.0 mg/mL 的外标法参比样品溶液进行扫描，结果如图 1 所示。由图 1 可见，在 230 nm 处，小含量组分的吸收强度最大。因此选择 230 nm 作为检测波长。

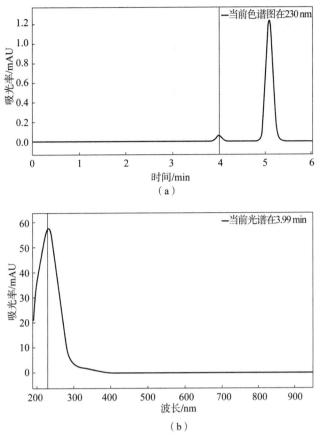

图 1 标准样品溶液中 TNT 的紫外扫描图

2.2 外标法对混合炸药组分的检测

2.2.1 重复性试验

按照上述试验方法,对外标法参比样品溶液进行测定,色谱图如图 2 所示。

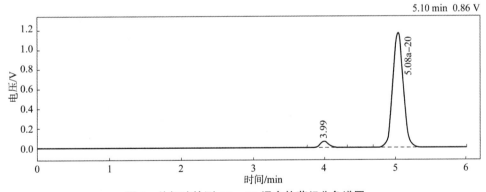

图 2 外标法检测 CL-20 混合炸药组分色谱图

按照上述试验方法,对样品溶液进行测定,重复 6 次,结果如表 1 所示。

表 1 重复性试验 1

序号	称样量/g	CL-20 含量/%	TNT 含量/%
1	0.100 2	82.73	5.14
2	0.100 2	80.99	5.04

续表

序号	称样量/g	CL-20 含量/%	TNT 含量/%
3	0.100 2	81.36	5.16
4	0.100 2	80.82	5.08
5	0.100 2	80.75	5.09
6	0.100 2	79.77	5.10
平均值	0.100 2	81.07	5.10
RSD		1.263	0.845

由表1可知，检测结果的重复性较好，CL-20含量的相对标准偏差为1.263%，TNT含量的相对标准偏差为0.845%，这主要因为外标法对色谱操作条件要求严格，特别是进样量要准确一致[4]。这表明用该方法测定CL-20混合炸药组分含量受人为因素影响较大。

2.2.2 回收率试验

按照上述试验方法，参照外标法参比样品溶液配置方法配置试验样品，测定6次，结果如表2所示。

表2 回收率试验结果1

序号	TNT			CL-20		
	投入量/mg	检出量/mg	回收率/%	投入量/g	检出量/g	回收率/%
1	5.04	5.10	101.2	0.080 2	0.078 2	97.5
2	5.04	5.03	99.8	0.080 2	0.081 8	102.0
3	5.04	4.90	97.8	0.080 2	0.077 5	96.6
4	5.04	5.07	100.6	0.080 2	0.079 9	99.6
5	5.04	5.01	99.4	0.080 2	0.080 4	100.2
6	5.04	4.97	98.6	0.080 2	0.082 6	103.0

由表2可知，CL-20含量的回收率为96.6%~103.0%，TNT含量的回收率为97.8%~101.2%，回收率虽然为95%~105%，但是波动较大。

2.3 内标法对混合炸药组分的检测

2.3.1 重复性试验

按照上述试验方法，对内标法参比样品溶液进行测定，色谱图如图3所示。

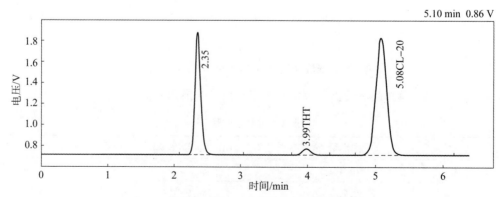

图3 内标法检测CL-20混合炸药组分色谱图

按照上述试验方法，对样品溶液进行测定，重复6次，结果如表3所示。

表3 重复性试验2

项目		称样量/g	CL-20含量/%	TNT含量/%
序号	1	0.100 2	80.13	5.01
	2	0.100 2	79.99	5.04
	3	0.100 2	80.06	5.02
	4	0.100 2	80.12	5.04
	5	0.100 2	80.05	5.06
	6	0.100 2	79.97	5.03
平均值			80.05	5.03
RSD			0.082	0.35

由表3可知，检测结果的重复性好，CL-20含量的相对标准偏差为0.082%，TNT含量的相对标准偏差为0.35%，这主要因为进样和色谱操作条件的变化对分析结果影响不大。这表明用该方法测定CL-20混合炸药组分含量的影响因素较少。

2.3.2 回收率试验

按照上述试验方法，参照外标法参比样品溶液配置方法配置试验样品，测定6次，结果如表4所示。

表4 回收率试验结果2

序号	TNT			CL-20		
	投入量/mg	检出量/mg	回收率/%	投入量/g	检出量/g	回收率/%
1	5.04	5.06	100.4	0.080 2	0.081 2	101.2
2	5.04	5.03	99.8	0.080 2	0.080 8	100.7
3	5.04	4.99	99.0	0.080 2	0.079 5	99.1
4	5.04	5.02	99.6	0.080 2	0.079 9	99.6
5	5.04	5.04	100.0	0.080 2	0.080 4	100.2
6	5.04	5.06	100.4	0.080 2	0.080 0	99.8

由表4可知，CL-20含量的回收率为99.1%~101.2%，TNT含量的回收率为99.6%~100.4%，回收率波动较小。

3 结论

试验建立了用反相高效液相色谱法分析CL-20基混合炸药中CL-20含量和TNT含量的方法，通过对比，确定内标法分析两种组分含量的相对标准偏差较小，回收率满足要求且波动小。该方法结果准确性可靠，可为CL-20基混合炸药产品的研制和生产过程质量监控提供参考。

参 考 文 献

[1] NAIR U R, SIVABALAN R, GORE G, et al. Hexanitrohexaazaisowurtzitane (CL-20) and CL-20-based formulations (review) [J]. Combustion, Explosion and Shock Waves, 2005, 41 (2): 121-132.

[2] CHUKANOV N, KORSOUNSKII B, NEDELKO V, et al. Kinetics of Dehydration and Phase Transition in Hexanitrohexaazaisow urtzitane: Effect of Particle Sizes: proceedings of, 2006 [C]. Berghausen: Fraunhofer – Institut fur Chemische Technologie, 1999.

[3] 欧育湘,孟征,刘进全. 高能量密度化合物 CL – 20 应用研究进展 [J]. 化工进展, 2007, 26 (12): 1690 – 1694.

[4] 于世林. 高效液相色谱技术与应用 [M]. 北京: 科学出版社, 2009.

新技术、新材料在火炸药基础设施建设中的综合应用

白喜玲，郭占虎，史玉乾，达世栋

(甘肃银光化学工业集团有限公司，甘肃 白银 730900)

摘 要：甲苯是军用炸药原料，具有挥发性、易燃性、有毒有害及致癌等特性，805厂在实施完成的综合技术改造项目甲苯库区的更新改造中，应用在石化和建材行业有使用业绩的浮顶罐、屏蔽泵、双密封导轨阀、凉凉胶隔热漆和伺服液位计，并取得了很好的应用效果。针对甲苯具有挥发性、易燃性、有毒有害及致癌等特性，从物料的储存、输送等环节全面考虑，选择密封性好、能最大限度降低物料挥发和泄漏的设备设施，以及能够起到节能降耗作用的材料，对传统物料储罐区进行更新改造，在保证具有正常储运功能的同时，降低了储运和输送成本，减少了环境污染，降低了污染物治理量和治理成本，改善了职工的操作环境。其可在火炸药行业基础设施改造项目中推广使用。

关键词：节能减排；新材料；应用；推广

New technology and new material in explosive and propellant infrastructure

BAI Xiling, GUO Zhanhu, SHI Yuqian, DA Shidong

(Gansu Yinguang Chemical Industry Group Co., LTD., Baiyin 730900, China)

Abstract: Toluene is the raw material of military explosive, which has the characteristics of volatility, flammability, toxicity, harmfulness and carcinogenesis. In the renewal and transformation of toluene reservoir area completed by 805 plant, the application of floating roof tank, shielding pump, double – sealed guide valve, cool insulating paint and servo level gauge in petrochemical and building materials industry has achieved good results. In view of the volatility, flammability, toxicity, harmfulness and carcinogenesis of toluene, the equipment and facilities with good sealing ability, minimizing volatilization and leakage of materials, as well as the materials with energy saving and consumption reducing effects are selected from the aspects of storage and transportation of materials. The traditional material storage tank area is renovated and reformed to ensure normal storage and transportation functions, and at the same time, it is reduced. The cost of storage, transportation and transportation has been reduced, the environmental pollution has been reduced, the amount of pollutant treatment and the cost of treatment have been reduced, and the operating environment of workers has been improved. It can be popularized and used in the infrastructure renovation project of explosive industry.

Keywords: energy saving and emission reduction; new materials; application; promotion

0 引言

根据国家的发展战略，建设智能化工厂、绿色工厂成为大势所趋。近年来，军工企业在智能化改

作者简介：白喜玲(1968—)，女，高级工程师，E – mail：ygxmb2006@163.com。

造、节能减排等方面做了很多工作,尤其是在申报"十三五"规划项目时,更是突出了建造智能化和绿色生产线、建设绿色工厂的思路。但大多火炸药企业因建厂多年,在配套的基础设施上,相比国内外的其他行业的先进企业还是有很大差距,因此,要建设现代化、智能化和人机隔离的高端生产线,相应的配套设施也要跟上。

目前有许多新技术、新设备和新材料已被广泛应用于医药、化工、石化和建材等行业。由于火炸药行业的特殊性,在火炸药安全规范没有明确规定的前提下,这些新技术、新设备和新材料大多没有在火炸药行业应用。要想在这一领域得到突破,首先应做好充分的调研,了解这些新技术在其他行业的使用业绩,逐步在火炸药生产线配套设施和辅助设施上推广应用。

甲苯是军用炸药原料,具有挥发性、易燃性、有毒、有害及致癌等特性,火炸药行业老旧生产线甲苯储存大多采用普通立式储槽,浮球计量,为防止夏季高温时甲苯挥发,储槽上设置夏季喷淋降温系统,在夏季室外温度达到27 ℃时即开启雨淋降温,降温后的水进入废水处理装置处理,造成能源浪费和产生废水处理费用。甲苯输送的进出口阀门采用普通球阀,甲苯输送泵采用离心泵,存在甲苯挥发和泄漏风险,甲苯的无组织排放造成环境污染,也严重危害职工身心健康。805厂在甲苯储存和输送的新建与更新改造项目中,针对挥发性、有毒有害介质的特点,应用在石化和建材行业有使用业绩的浮顶罐、屏蔽泵、双密封导轨阀、凉凉胶隔热漆和伺服液位计,有针对性地起到了减少挥发、杜绝泄漏和节能降耗的作用。

1 新设备、新材料的技术原理及应用

1.1 浮顶储罐工作原理

浮顶储罐的浮顶是一个漂浮在储液表面上的浮动顶盖,随着储液的输入输出而上下浮动,浮顶与罐壁之间有一个环形空间,这个环形空间有一个密封装置,使罐内液体在顶盖上下浮动时与大气隔绝,从而大大减少了储液在储存过程中的蒸发损失[1]。采用浮顶罐储存油品时,可比固定顶罐减少油品损失80%左右。浮顶罐、内浮顶罐如图1和图2所示。

图1 浮顶罐

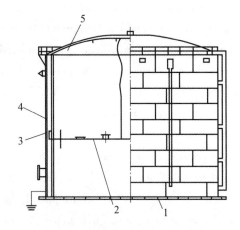

图2 内浮顶罐

1—罐底;2—内浮盘;3—密封装置;4—罐壁;5—固定罐顶

浮顶罐以密封性好、防止物料挥发的特点,在化工领域,尤其是石油化工行业被广泛使用。其在储槽类设备的新建和更新改造中,尤其是易挥发介质的储槽的设计中可以被使用。

1.2 屏蔽泵的特点及使用范围

屏蔽泵是把泵和电机连在一起,电机的转子和泵的叶轮固定在同一根轴上,利用屏蔽套将电机的转子和定子隔开,转子在被输送的介质中运转,其动力通过定子磁场传给转子。其特点:电机和泵为一体

化结构，全部采用静密封，使泵完全无泄漏；全封闭、无泄漏结构可输送有毒有害液体物质。

屏蔽泵适用于化工、医药、航天军工、核电站等行业，适用于所有有毒有害和腐蚀性介质输送泵的新建与更新改造。

1.3 凉凉胶隔热漆的作用

凉凉胶隔热漆是以改性丙烯酸为主要成膜物质，配以特种高分子材料和隔热材料而成的防腐隔热产品，具有很好的耐腐蚀性，凉凉胶隔热漆通过对日光辐照能量的反射和辐射，屏蔽绝大部分热量以达到隔热降温效果，隔热效果可达 10～15 ℃，是一种理想的隔热降温涂料，可替代夏季雨淋降温以实现节水目的。凉凉胶隔热漆的施工一般分三步进行：第一步在设备外表面涂刷防腐漆，第二步涂刷隔热层，第三步涂刷面层。采用凉凉胶隔热漆不但能节约水资源，也能减少甲苯在高温季节因挥发而造成原料的浪费及对环境的污染。

凉凉胶隔热漆是一种新型隔热涂料，在建筑行业和化工领域逐步被推广使用，可被应用于节能改造项目。凉凉胶隔热漆可以涂装在金属罐、槽设备外层，能起到隔热降温作用，在需降温的储罐、设备、管线及建筑建材上均可使用。

1.4 双密封导轨阀的作用

双密封导轨阀的阀芯通过上、下耳轴固定于阀体内，中间为流道口，两侧为斜楔面，在该楔面上铣有燕尾导轨同左右两片阀瓣相连。阀瓣的表面为圆柱面，可达到 B 级硬密封精度，在该圆柱面上铣有一圈棱形槽，采用模压硫化的方法在其中永久嵌有主密封圈，当阀门关闭时可形成软密封。当阀门由关闭到开启时，按逆时针转动手轮，阀芯先向上做直线移动，到一定位置后做 90°旋转，形成软、硬两种密封，确保了阀门的零泄漏。这与普通的球阀和闸阀靠压差来实现密封有所不同。其具有防火功能及密封性功能、在线维修功能、双关断及泄放功能、中腔泄压功能、检验内漏功能和管道减压功能[2]。

双密封导轨阀以其密封性好、防止泄漏等特点，被广泛应用于有毒有害和腐蚀性介质的新建和更新改造项目中。

1.5 伺服液位计的作用

伺服液位计是基于浮力平衡的原理，由微伺服电动机驱动体积较小的浮子，能精确地测出液位等参数。其精度可达 ±0.7 mm。

伺服液位计测量精度高、稳定性好，可以实现油水界面的测量。其主要被应用于石化行业大型油品储罐的计量。

2 新技术、新材料在火炸药基础设施建设项目中的应用情况

805 厂在实施完成的综合技术改造项目甲苯库区的更新改造中，应用在石化和建材行业有使用业绩的浮顶罐、屏蔽泵、双密封导轨阀、凉凉胶隔热漆和伺服液位计，并取得了很好的应用效果。针对甲苯具有挥发性、易燃性、有毒有害及致癌等特性，从物料的储存、输送等环节全面考虑，选择密封性好、能最大限度降低物料挥发和泄漏的设备设施，以及能够起到节能降耗作用的材料，对传统物料储罐区进行更新改造，在保证达到正常储运功能的同时，降低了储运和输送成本，减少了环境污染，降低了污染物治理量和治理成本，改善了职工的操作环境。

甲苯储槽由普通立式储槽改为浮顶罐设计，通过浮顶与罐壁之间的环形空间中的密封装置，使罐内液体在顶盖上下浮动时与大气隔绝，从而大大减少了甲苯在储存过程中的蒸发损失，增加了设备的密封性，减少了甲苯挥发，改善了甲苯库区的环境。

甲苯输送泵由普通离心泵改为防爆型屏蔽泵，电机和泵为一体化结构，全部采用静密封，使泵完全无泄漏。用苯输送泵输送具有有毒有害特性的甲苯，可大大降低设备的泄漏率，避免环境污染。

在甲苯储槽外表面采用石化企业常用的隔热方式进行处理,在槽体外壁刷涂新型隔热材料凉凉胶隔热漆,可替代夏季雨淋降温以实现节水的目的。由于原甲苯库的甲苯储槽设有喷淋降温系统,在夏季室外温度达到27 ℃时即开启雨淋降温,对生消水浪费较大,而降温后的水进入生产下水管网,也增加了废水处理量和处理成本。为节约成本,将建材行业应用的新材料凉凉胶隔热漆涂覆在甲苯储槽外壁,凉凉胶隔热漆具有隔热作用,取代了原甲苯储槽的夏季雨淋降温设施,节省了喷淋降温用水,节约了生消水消耗,减少了废水处理量,降低了废水处理成本。

甲苯储槽进出口阀门用双密封导轨阀,提高了阀门的密封性,减少了甲苯泄漏量。

应用伺服液位计提高了计量精度,能精确测量油水界面,在水位高时及时排放,杜绝了冬季冻管的风险。

3 新技术、新材料在火炸药基础设施建设项目中的应用效果

805厂原甲苯库普通甲苯储槽在夏天温度高时,储罐中的甲苯随着温度升高,汽化增加,甲苯从储罐中挥发,造成环境污染,输送阀门和输送泵采用普通球阀和离心泵,在设备运行和检修过程中,会发生泄漏,根据企业多年运行经验,甲苯库区产生的无组织挥发量约1.7吨。甲苯原料作为有毒有害和致癌物质,泄漏和无组织挥发对环境造成严重污染,危害职工的身心健康。近几年,国家及地方各级部门对环保工作越来越重视,环境保护问题成为关注的重点。因此必须从根本上解决甲苯的污染问题。

新建甲苯库项目甲苯储槽采用浮顶罐设计,减少了甲苯的挥发。甲苯输送泵选用防爆屏蔽泵,甲苯储槽进出口阀门选用双密封导轨阀,增强了设备的密封性,降低了设备泄漏率,实现了甲苯输送过程中的少泄漏甚至零泄漏,杜绝了甲苯的无组织挥发和泄漏,从根本上解决甲苯的污染问题,改善了甲苯库区的环境,保证了职工的身心健康。甲苯储槽计量应用伺服液位计,提高了计量精度,并能精确测量油水界面,在水位高时及时排放,杜绝了冬季冻管的风险。甲苯储槽外壁涂覆凉凉胶隔热漆,具有隔热作用,隔热效果可达10~15 ℃,取代了夏季雨淋降温设施,每年节约生消水量2万吨,少处理硝基类废水2万吨,按照公司的企业定额核算,每年节约生消水和废水处理费用共计179.64万元。

目前,805厂综合技术改造项目已建设完成,大大提升了军品生产线的配套设施水平,所使用的新技术、新材料可在火炸药行业基础设施改造项目中被推广使用。

参 考 文 献

[1] 徐润君. 浮顶罐和内浮顶罐 [EB/OL]. 百度文库, 2011-02-11.
[2] 石油化工设备和管道涂料防腐蚀技术规范: SH 3022—1999 [S].

硝基苯类废水处理技术研究与工程实践

史玉乾，白喜玲，郭占虎，蒋 磊

（甘肃银光化学工业集团有限公司，甘肃 白银 730900）

摘 要：硝基苯类化合物的合成过程中产生的多组分工业废水的处理工艺、技术途径及方法比较多。重点阐述基于硝基苯类化合物合成废水工艺技术研究和工程化应用方向，探讨电化学预处理、生化处理及后端臭氧深度处理综合应用情况与处理系统技术有效性评价，系统探索硝基苯类废水处理工程化技术应用方向。

关键词：硝基苯；废水；工程化技术

Research and engineering practice of nitrobenzene wastewater treatment technology

SHI Yuqian, BAI Xiling, GUO Zhanhu, JIANG Lei

(Gansu Yinguang Chemical Industry Group Co., LTD., Baiyin 730900, China)

Abstract: There are many technological approaches and methods for the treatment of multi – component industrial wastewater produced in the synthesis of nitrobenzene compounds. This paper focuses on the technological research and engineering application of synthetic wastewater based on nitrobenzene compounds, and discusses the comprehensive application of electrochemical pretreatment, biochemical treatment and back – end ozone advanced treatment and the evaluation of the effectiveness of the treatment system technology. Explore the application direction of engineering technology of nitrobenzene wastewater treatment.

Keywords: nitrobenzene; wastewater; engineering technology

0 引言

硝基化合物是化学工业中各种胺类化合物的基础原料，其本身也可作为单质炸药、混合炸药及医药产品的基础原料，其由于具有很好的化学稳定性，因此在废水中和自然界可以长久地留存，而且硝基化合物对人类的毒性较大，是严重污染环境和危害人体健康的有害物质，其BOD5与CODCr比值较低，一般在0~0.1，生物可降解性差，废水治理较为困难。单一应用生物技术解决硝基苯污染问题仍存在许多实际困难，如何提高硝基苯废水的可生化性是解决这一问题的关键[1]。本文结合多年硝基苯类化合物各种工艺技术的处理经验进行技术研究和探索，重点论述采用电芬顿高效预处理、生化法与臭氧氧化脱色方法相结合的联合工艺，通过预处理降低废水的毒性，改变硝基苯类化合物的分子结构，提高废水的可生化性，然后采用生化法去除废水中硝基苯类化合物和COD，最后采用臭氧氧化进行脱色，实现硝基苯类废水处理的过程优化与达标排放。

1 硝基苯类废水的预处理方法

目前，国内外对硝基化合物的工程化预处理方法有铁碳微电解、活性炭吸附等方法，但由于铁碳微

作者简介：史玉乾（1974—），男，高级工程师，E – mail: shiyuqian88@sohu.com。

电解基材易板结、活性炭吸附成本高等问题，总体预处理效果不理想，导致生化工艺的装置不能正常运行，特别是硝基苯废水色度偏高，很难进行彻底治理[2]。

1.1 活性炭吸附

活性炭吸附法虽然处理效果好，但存在价格高、二次污染等问题，而且对水中的水溶性物质的去除效果一般，对硝基苯类废水中COD的去除明显，不能对后段的生化处理工序起保护作用，出水效果受进水浓度、空塔流速等工艺条件制约，而且运行成本较高，产生的危险废物处理难度大，已逐步被淘汰[3]。

1.2 铁碳微电解

铁碳微电解是利用H_2O_2与催化剂Fe^{2+}构成的氧化体系，通常称为Fenton试剂[4]。Fenton试剂法是一种均相催化氧化法。在含有Fe^{2+}的酸性溶液中投加H_2O_2时，在Fe^{2+}催化剂作用下，H_2O_2能产生两种活泼的氢氧自由基，从而引发和传播自由基链反应，加快有机物和还原性物质的氧化。铁碳微电解虽具有较好的处理效果，但该工艺使用的基材易板结、工艺运行维护困难、工程化案例不理想。

1.3 电化学预处理

电化学还原是一种较好的对含硝基苯类废水进行预处理的方法，其运行成本比较低，操作简单。经电化学还原处理后，废水的有机物有一定程度的去除，色度大大降低，颜色近乎浅茶色，硝基苯化合物的去除率达到64.1%，同时苯胺类化合物浓度有较大提高，研究认为，电化学还原处理含硝基苯废水的反应机理：硝基苯模拟废水经过电化学还原的预处理后，可生化性大大提高，其出水已经达到可被生化处理的水平。所以，如果联合使用电化学还原处理和生化法，便可以以较低的运行成本获得较高的环境效益。

2 硝基苯类废水的处理工艺工程实践

综合上文论述和工程运行经验，对现有硝基苯类废水处理的工艺技术进行工艺技术优化，并针对主要排放指标，进行了COD、硝化物、色度工程化试验研究[5]。

工艺方法：采用电化学预处理、生化处理和臭氧深度处理方法相结合的联合方法进行。试验工艺流程如图1所示。

图1 试验工艺流程

2.1 电化学试验

电解槽运行参数：电压20~50 V；电流20~40 A。

HRT：1.0 h。

水量：1.5 m^3/h。

按照试验参数进行工艺试验，对试验数据进行处理后的分析数据如表1所示。

表1 电化学试验数据分析统计表

分析项目	分析数据	
	原水	电化学出水指标
硝化物/(mg·L^{-1})	150~250	5~20
$CODCr$/(mg·L^{-1})	2 700~3 000	1 000~1 500
酸度/%	0.6~0.8	pH：4.0
色度/稀释倍数	200~300	100~150

以上数据显示，电化学出水的硝化物指标满足生化工序的进水条件，而且比活性炭吸附要稳定，

COD 指标降低 50% ~60%,大量的酸在电解过程中消耗,pH 值大幅提升,色度得到明显改善。用瓦氏呼吸仪加以确定生化呼吸线,当生化呼吸线在内源呼吸线以下时,说明废水难以生化降解;而当其生化呼吸线在内源呼吸线以上时,说明废水可以被生化降解。预处理前生化呼吸曲线如图 2 所示。

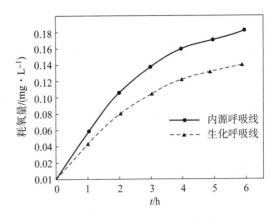

图 2 预处理前生化呼吸曲线

2.2 生化试验

生化系统采用厌氧内循环 ICBTM 和好氧内循环 ICBTM 工艺相结合的联合试验工艺,水温在 25 ~28 ℃,在厌氧 ICBTM 阶段要求绝对厌氧条件,好氧阶段 DO 控制在 2 ~5 mg/L 时,水量控制在 1.5 m³/h,采取了补加营养盐和硝化生物酶连续试验方法,逐步提高进水浓度。糖蜜可以在厌氧阶段增强微生物的活性,作为一种碳源存在,迫使微生物分解含硝基类化合物以作为氮源进行生长,达到降低硝基类化合物的目的。对糖蜜的加入量,我们也做了一系列的梯度试验以研究糖蜜的加入量对 DNT 等硝基化合物的降解率的关系,数据表明在糖蜜的量达到一定浓度后,继续增加对硝基化合物的降解作用影响很小,中试稳定以后投加量为 0.5 g/L,内循环 ICBTM 反应器的进出口数据变化如表 2、表 3、表 4 所示。

表 2 ICBTM 反应器进出口 COD 的变化
(ICB1 – ICB3:厌氧阶段;ICB4 – ICB6:好氧阶段)   mg/L

序号	进水	ICB1	ICB2	ICB3	ICB4	ICB5	ICB6
1	1 323	369	350	352	110	108	130
2	1 323	371	349	311	115	132	128
3	1 323	430	404	350	108	113	120
4	1 462	452	427	382	132	110	108
5	1 323	484	476	445	113	120	120
6	1 360	476	424	486	110	108	108
7	1 360	459	425	459	130	130	108
8	1 462	461	494	450	128	128	132
9	1 323	472	455	405	120	120	113
10	1 462	491	471	483	108	108	110

表 3 ICBTM 反应器进出口硝化物的变化
(ICB1 – ICB3:厌氧阶段;ICB4 – ICB6:好氧阶段)   mg/L

序号	进水	ICB1	ICB2	ICB3	ICB4	ICB5	ICB6
1	15	8	7.2	7.3	3.3	3.7	6
2	15.6	8.5	8.6	7.4	3.5	4.1	4.5
3	13	7.3	7.3	7.3	3.8	4.5	4.7
4	13.2	7.4	7.4	7.2	5	4.3	6
5	17	7.3	7.3	8.6	5	5.2	6
6	13.6	7.2	7.2	7.4	3.5	6.1	4.5
7	13.6	8.6	8.6	7.3	3.7	4.5	6
8	19	7.3	7.3	7.2	4.8	3.8	4.5

续表

序号	进水	ICB1	ICB2	ICB3	ICB4	ICB5	ICB6
9	19.5	8.5	7.4	8.6	5	5	4.7
10	18	6.5	7.3	7.4	4.5	4.5	6

表4 ICBTM反应器进出口色度的变化
（ICB1 – ICB3：厌氧阶段；ICB4 – ICB6：好氧阶段） mg/L

序号	进水	ICB1	ICB2	ICB3	ICB4	ICB5	ICB6
1	140	109	100	100	80	82	79
2	141	107	98	98	83	81	88
3	138	100	101	101	78	75	77
4	137	98	96	96	66	76	71
5	135	101	94	100	80	82	79
6	140	96	103	98	83	81	88
7	129	94	143	101	78	75	77
8	131	103	110	96	78	75	74
9	141	143	94	100	66	76	74
10	126	110	103	98	80	82	79

2.3 臭氧深度试验

大量的研究表明，臭氧处理已被成功用于染色废水的除色，臭氧氧化染料的难易因种类而不同，活性染料能被最大限度地降解，臭氧只能中等程度地氧化含有硫化、偶氮和碱性染料的废水，而分散染料对臭氧是不敏感的。臭氧的用量和处理时间取决于需要除去的颜色和残余COD。

试验过程：好氧出水经活性炭过滤器过滤，去除悬浮有机杂质后进行臭氧深度氧化，臭氧深度氧化时间为2.5 h，臭氧浓度为20~38 mg/L，实际试验稳定在25 mg/L，臭氧发生器最大浓度可达到38 mg/L，试验水量为1.5 m³/h，臭氧曝气采用微孔曝气盘，氧化塔内部装填内外双波纹MBBR填料，增大气液接触面积，规格为$\phi 25$ mm $\times 10$ mm，传氧效率为8.5 g/(Nm³·m)。臭氧深度反应器出水指标变化如表5所示。

表5 臭氧深度反应器出水指标变化 mg/L

序号	COD		色度		硝化物	
	进水	出水	进水	出水	进水	出水
1	116	66	80.3	44	4.3	1.3
2	125	70	84	45	4	1.2
3	113.7	68	76.7	44	4.3	1.1
4	116.7	69	71	46	5.1	2.2
5	117.7	69	80.3	42	5.4	1.9
6	108.7	65	84	44	4.7	1.5
7	122.7	72	76.6	42	4.7	0.8
8	129.3	75	75.7	44	4.4	0.5
9	117.7	68	72	42	4.9	0.6
10	108.7	66	80.3	41	5	2.0

3 结论

电化学还原是一种较好的对含硝基苯类废水进行预处理的方法，COD和其他污染因子大幅下降，运行成本比较低，前置的电化学预处理工艺方法是生化系统稳定运行的屏障和保障，水可生化性提高；生化系统的运行稳定性较使用活性炭预处理方法有较大提高，出水指标已接近排放指标；后段工序使用臭氧处理，出水已达到了排放指标，通过提高臭氧浓度，延长臭氧化时间可使出水质量进一步提升；综合目前研究及部分工程化技术的应用情况，利用电化学、生化工艺和臭氧联合处理的工艺，可以使硝基苯类的废水处理结果得到改善和提高，另外电化学前置后的预处理工艺消耗了废水中的酸，降低了液碱的加入，废水系统的盐度得到了控制，可以以较低的运行成本获得较高的环境效益。

参 考 文 献

[1] 潘梦林，黄培合. 一种一硝基甲苯酚钠废水浓缩处理工艺介绍 [C]. 火炸药技术学术研讨会论文集，2016.
[2] 李海燕，黄延，等. 含硝基苯类化合物废水处理技术研究 [J]. 工业水处理，2006，26（7）.
[3] 杜昶. 含硝基苯、苯胺工艺废水的处理方法 [J]. 浙江化工，2007，38（7）.
[4] 丁军委，江秀华. 微电解一催化氧化一吸附法处理二硝基苯废水 [J]. 工业安全与环保，2006，32（6）.
[5] 余宗学. 含硝基苯类化工废水预处理的研究 [J]. 周口师范学院学报，2003，20（2）.

高效液相色谱法分析DNTF纯度研究

王璐婷,张 波,李周亭,晁 慧,王 娜,顾梦云

(甘肃银光化学工业集团有限公司,甘肃 白银 730900)

摘 要:通过反相高效液相色谱法建立了DNTF的纯度分析方法,采用Hypersil C18色谱柱(250 mm×460 mm,10 μm),在流动相为乙腈:水=70:30,流速为1.5 mL/min,波长为220 nm的条件下进行检测并通过准确度、精密度的验证试验对该分析方法进行评价,用以指导工艺研究过程中产品质量控制和进行产品质量监督。

关键词:DNTF;纯度;准确度;精密度

中图分类号:O657.7 **文献标志码**:A

Analysis of purity of DNTF by HPLC

WANG Luting, ZHANG Bo, LI Zhouting, CHAO Hui, WANG Na, Gu Mengyun

(Gansu Yinguang Chemical Industry Group Co., LTD., Baiyin 730900, China)

Abstract: The purity analysis method of DNTF is established by HPLC, using a Hypersil C18 column (250 mm×460 mm, 10 μm), the mobile phase is ACN:H_2O = 70:30, flow rate is 1.5 mL/min, wavelength is 220 nm, and the analytical method is evaluated by the accuracy and precision verification test to guide the product quality control and product quality supervision during the process research.

Keywords: DNTF; purity; accuracy; precision

0 引言

DNTF作为新一代高能量密度材料,是研制高能火炸药的关键原材料之一,具有优良的性能[1]。目前DNTF在高能混合炸药、高能推进剂和高能发射药中的应用可行性研究已经展开,并取得一定的技术成果。DNTF作为液相载体取代TNT后,实现了熔铸型高能材料自TNT以来的重大突破,它将使混合炸药的能量提升到一个新水平,对改进武器性能,提高战斗部破甲能力、穿甲能力、毁伤能力和武器小型化等方面都具有重大意义[2]。

本研究是为配合DNTF工艺研究的产品含量检测而进行的分析试验方法研究。通过研究制定出DNTF的准确可靠的分析试验方法,用以指导工艺研究过程中产品质量控制和进行产品质量监督。

1 试验方法

1.1 仪器与试剂

试验使用的设备为高效液相色谱仪,大连伊利特UV230$^+$;色谱柱填料材料为C18,尺寸为460 mm×250 mm,10 μm;电子天平,分度值为0.000 1 g;微量注射器,25 μL;容量瓶,10 mL;乙腈(色谱纯)。

作者简介:王璐婷(1987—),女,本科生,E-mail:489677391@qq.com。

1.2 试验方法

试样经乙腈溶解,注入 C18 反相柱,各组分分离后,由紫外检测器测定各组分峰面积,以 DNTF 的峰面积与各组分峰总面积之比,计算 DNTF 的质量分数。

2 结果与讨论

2.1 液相色谱条件的选择

2.1.1 液相色谱模式的选择

进行高效液相色谱分析通常可选用正相色谱法和反相色谱法两种模式[3]。反相色谱法（RPC）模式适用于极性相关化合物,多采用极性流动相,是分离大多数含能材料的首选分离模式,根据 DNTF 的特性,经初步试验,使用反相色谱法可获得令人满意的较好的分离效果。RPC 色谱柱柱效高、基线稳定、重现性好。所以 DNTF 的纯度分析选择了反相色谱法。

2.1.2 液相色谱波长的选择

反相色谱通常采用极性较小的色谱固定相和极性流动相,根据初步试验我们选择 C18 柱,参照选择的试样溶剂初步确定以水、乙腈为流动相。

液相色谱分析在解决了分离模式后,最重要的技术条件是确定合适的检测波长。对 DNTF 的乙腈溶液进行紫外波长扫描。扫描结果是 DNTF 在 272 nm、240 nm 处有两个大的吸收峰,240 nm 的吸收强度最大;而作为溶解试样的溶剂,乙腈在波长 200 nm 附近没有明显吸收,不会干扰测定。因此,我们选取了 200 nm、220 nm、240 nm 三个波长下进行液相色谱试验来确定合适的检测波长。试验结果如图 1 ~ 图 3 所示。

从图 1 ~ 图 3 中可以看出,在检测波长 220 nm 处可以实现 DNTF 和杂质的同时检出,而且各峰间的分离度和峰型都较好。

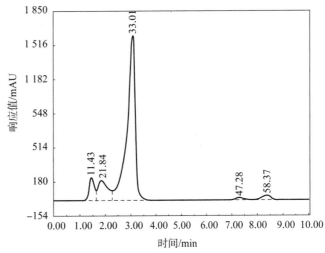

图 1 波长 200 nm 的色谱图

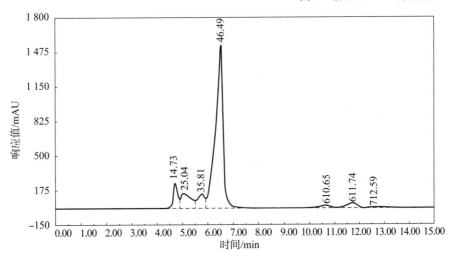

图 2 波长 220 nm 的色谱图

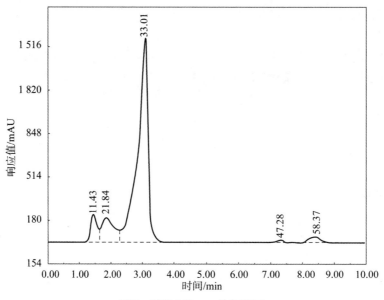

图 3 波长 240 nm 的色谱图

2.1.3 流动相的选择

反相高效液相色谱分析方法是利用亲水流动相、亲油固定相进行组分分离的一种液相色谱试验方法，称为反相洗脱法[4]。一般用水作底剂辅以一定量的可与水互溶的有机极性调节剂（通常为甲醇、乙腈或四氢呋喃）组成流动相。

流动相的选择须满足以下条件：第一，选用的流动相与固定相不互溶，并能保持色谱柱的稳定性；第二，选用的流动相不能在选择的检测波长下有紫外吸收；第三，选用的流动相对样品有足够的溶解能力；第四，选用的流动相具有较低的黏度和较低的沸点；第五，避免使用具有显著毒性的溶剂。由于DNTF 在乙腈中有较大的溶解度，因此，拟采用水、乙腈为流动相进行液相色谱分析。选用乙腈作溶解溶剂处理样品制成被测样品液。进行了水、乙腈比例选择试验，试验结果如图 4、图 5 所示。

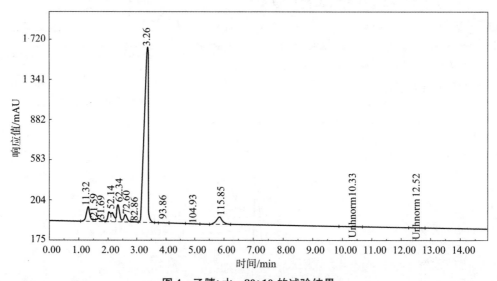

图 4 乙腈:水 = 80:10 的试验结果

从图 4、图 5 可以看出流动相选用乙腈:水 = 70:30 时峰分离效果比较好，因此采用流动相乙腈:水 = 70:30。

2.1.4 流速的选择

为改善分离效果进行了流动相流速选择试验，试验结果如图 6 ~ 图 8 所示。

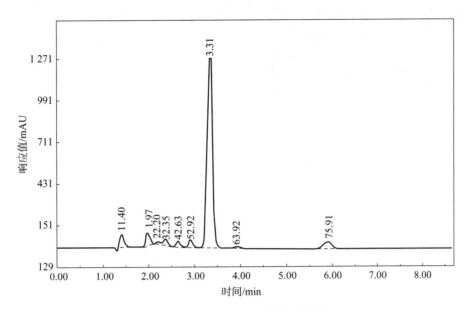

图 5　乙腈:水 =70:30 的试验结果

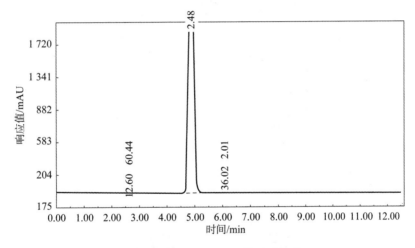

图 6　流速 1.0 mL/min 的试验结果

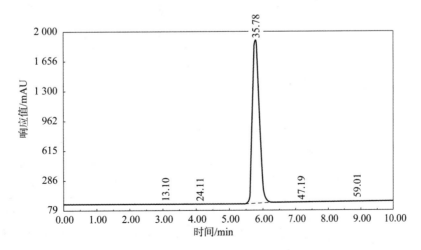

图 7　流速 1.5 mL/min 的试验结果

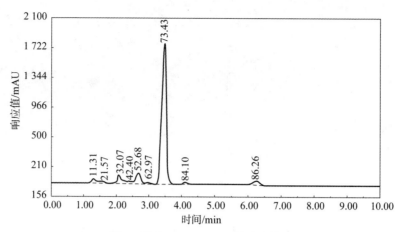

图 8　流速 2.0 mL/min 的试验结果

从图 6 ~ 图 8 可以看出，流速在 1.5 mL/min 时，样品的检测效果最好。

2.2　准确度与精密度试验

按照上述试验条件，进行样品溶液测定，重复 15 次，结果如表 1、表 2 所示。

表 1　准确度试验　　　　　　　　　　　　　　　　　　　　　%

序号	DNTF		
	理论含量	测定含量	回收率
1	98.5	99.1	100.6
2	98.5	98.8	100.3
3	98.5	98.8	100.3
4	98.5	98.4	99.9
5	98.5	98.9	100.4
6	98.5	98.2	99.7
7	98.5	98.6	100.1
8	98.5	98.3	99.8
9	98.5	98.1	99.6
10	98.5	98.1	99.6
11	98.5	98.4	99.9
12	98.5	98.2	99.7
13	98.5	98.1	99.6
14	98.5	98.5	100.0
15	98.5	98.7	100.2

表 2　精密度试验

项目		峰面积/mV	面积百分比含量/%
序号	1	36 096.15	98.675 1
	2	35 925.06	98.828 9
	3	34 210.48	98.968 6
	4	36 068.92	98.446 3
	5	39 443.19	98.885 9

续表

项目		峰面积/mV	面积百分比含量/%
序号	6	39 186.54	98.877 5
	7	34 200.30	98.559 3
	8	34 995.33	98.655 7
	9	35 005.46	98.853 7
	10	34 708.01	98.628 4
	11	35 073.48	98.621 6
	12	39 769.24	98.308 1
	13	38 193.85	98.805 1
	14	33 165.45	98.634 4
	15	34 743.10	98.497 3
均值			98.683 1
δ			0.183 3

实验数据表明，用该方法测定 DNTF 纯度，平均回收率为 99.98%，符合常规分析的标准要求，表明该方法准确可靠。

从表 2 中可以看出，DNTF 的面积百分含量平均值为 98.683 1%，标准偏差 δ 为 0.183 3%，表明该方法重现性好，能满足测定要求。

3 结论

在大量试验的基础上，最终确定 DNTF 的液相色谱分析条件：流动相组成为乙腈∶水 = 70∶30，流速 1.5 mL/min，检测波长 220 nm，进样量 10 μL。制定的 DNTF 的纯度分析试验方法准确、可靠、重现性好。将形成的 DNTF 纯度分析试验方法用于 DNTF 产品理化性能检验，能有效跟踪工艺研究的产品质量控制，可以及时配合工艺研究，满足产品研究需要。

参 考 文 献

[1] 胡焕性, 覃光明, 张志忠. 3,4 - 二硝基呋咱氧化呋咱炸药 [P]. CN: 02101092.7, 2002.
[2] 王亲会. DNTF 基熔铸炸药的性能研究 [J]. 火炸药学报, 2003, 26 (3): 57 - 59.
[3] 于世林. 高效液相色谱方法及应用 [M]. 2 版. 北京: 化学工业出版社, 2005.
[4] [美] 森德尔, 柯克兰, 格莱吉克. 实用高效液相色谱法的建立 [M]. 2 版. 张玉奎, 王杰, 张维冰, 等, 译. 北京: 华文出版社, 1989.

固体火箭发动机的无损检测技术研究

刘 朵,王娜娜,庹儒林,李卫兵,陈江波

(西安北方惠安化学工业有限公司,陕西 西安 710302)

摘 要:固体火箭发动机的内部缺陷会严重影响发动机的安全可靠运行,有效分析出缺陷的准确信息可保证发动机的稳定性和可靠性,这对无损检测技术提出了更高的要求。综述了基于固体火箭发动机装药结构缺陷检验的几种无损检测技术的研究进展,分析了不同方法在研究应用中的局限性,为固体火箭发动机无损检测的应用研究提供了参考。

关键词:固体火箭发动机;装药缺陷;无损检测

中图分类号:TG115.28 **文献标志码**:A

Research on nondestructive testing technique for solid rocket motor

LIU Duo, WANG Nana, TUO Ruolin, LI Weibing, CHEN Jiangbo

(Xi'an North Hui, an Chemical Industries Co., LTD., Xi'an 710302, China)

Abstract: The internal defects of solid rocket motor will seriously affect the safe and reliable operation of the motor, effectively analyze the accurate information of the defects, ensure the stability and reliability of the motor, and put forward higher requirements for the nondestructive testing technology. The research progress of several nondestructive testing techniques based on solid rocket motor charge structure defect inspection is reviewed. The limitations of different methods in research and application are analyzed, which provides a reference for the application research of solid rocket motor nondestructive testing.

Keywords: solid rocket motor; charge flaws; nondestructive testing

0 引言

随着国防及航空航天技术的快速发展,固体火箭发动机的研发设计体系更加完善,综合性能越来越高,但是其安全可靠性始终是人们高度重视的方面。固体火箭发动机属于一次性使用的不可修复的复杂系统,是使用推进剂燃烧产生推力的装置,因此对发动机装药结构的完整性有着十分严格的要求。发动机的推进剂药柱从生产制造到作战使用过程中受各种载荷及环境条件的综合作用,使其产生气孔、裂纹、疏松等缺陷和各界面脱粘等问题,导致其安全性能降低,甚至会引发严重事故[1,2]。为确保固体火箭发动机的完整性和使用性,需要在不损坏产品的条件下对固体推进剂进行有效的缺陷检测,这对质量控制、设计与工艺改进、安全运行等方面具有重要意义。

无损检测是一门综合性科学技术,近年来无损检测技术及设备迅猛发展,信号处理技术日益更新,为固体火箭发动机的无损检测提供了新技术和新方法。目前,国内外固体火箭发动机的无损检测已有目测、超声波检测、X射线检测、CT扫描检测、微波检测、红外热像法、激光全息照相等分析手段。然而,由于发动机结构复杂、生产任务重、工人安全保障等现实问题,我国工厂对发动机装药的无损检测

作者简介:刘朵(1991—),女,硕士研究生,E-mail: 1762530594@qq.com。

一直沿用超声波探伤仪和X射线探伤仪等设备。因此，建立高效、准确、智能化、自动化等优势的无损检测方法仍是当前固体推进技术领域的重要课题。

本文主要对固体火箭发动机装药结构缺陷的几种无损检测技术进行综述，并对各种方法在应用研究中存在的问题和未来发展做出分析，为固体火箭发动机无损检测领域的研究提供借鉴。

1 超声波检测

1.1 穿透法和脉冲反射法

超声波无损检测技术因其具有技术成熟、安全可靠、费用低和易于现场操作等优势，成为固体火箭发动机在生产、使用阶段最常用的黏接界面缺陷检测方法。其中，穿透法和脉冲反射法是超声波检测技术中最基本的两种方法。穿透法是将超声波发射和接收探头置于固体火箭发动机中心轴线的两侧，并保证探头和药柱之间用低黏度的油或水作耦合剂使能量传播[3]。这种方法主要用于固体火箭发动机推进剂的无损检测，金属的高声阻抗与绝热层、包覆层、推进剂等材料的低声阻抗间抗差很大，使超声波信号不能有效地透过壳体，即使透过，也可能因强烈衰减无法判断[4]。脉冲反射法最早用于固体火箭发动机的无损检测，该方法利用超声脉冲在黏接界面上的反射来进行缺陷检测，对固体发动机壳体与绝热层之间的脱粘情况的检测十分有效，但只限于定性分析。超声波探伤为接触式检测，对不同缺陷需要不同的探头，在探头与被测工件之间还需要使用耦合剂，而这些固体或液体耦合剂有可能造成试件表面污染与损伤，其应用具有一定的局限性。

黏接界面脱粘缺陷包括完全空气脱粘缺陷和机械贴合缺陷[5]。传统超声波探伤能够有效检测出完全空气脱粘缺陷，而对机械贴合类缺陷的检测却有待提高。毕洲洋等[6]利用超声波在材料中传播时产生非线性响应，即高频谐波，从而搭建了非线性超声检测系统，计算了超声相对非线性系数，建立了声学非线性系数与界面贴合型缺陷之间的关系，实现了对固体火箭发动机壳体和绝热层黏接界面模拟的贴合型缺陷的定性和简单定量评价，为分析检测贴合型缺陷的应用研究提供了参考。

1.2 电磁超声检测

电磁超声无损检测技术是一种依靠电磁耦合的方式直接在试件内部产生超声波的非接触无损检测新技术[7]。穆洪彬等[8]采用具有非接触及不需耦合特点的电磁超声技术，研究了金属、非金属黏接结构界面脱粘情况，并将该方法应用于自行研制的全自动探伤系统且取得了良好效果。该技术克服了传统超声检测方法的局限性，在检测时不需要耦合剂，不需要对金属材料的表面进行预先处理，能够灵活激发多模态波，能够满足复杂检测环境要求，具有高检测精度、高效率和低检测成本等优势，同激光超声等多种超声换能器技术成为近年来无损检测领域的热门研究方向。

2 X射线检测

2.1 X射线照相法

X射线照相检测是根据胶片上的感光度及其范围判别发动机内部缺陷的存在以及缺陷的位置和尺寸。目前，高能X射线照相是检测固体发动机多界面黏接质量问题和药柱内部缺陷的有效方法之一，该方法的检测灵敏度高、重复性好、易于操作，是射线检测法中应用广泛的一种常规方法。但是高能X射线能量高、危害大，通常需要建设固定式专用工房，同时X射线照相法检测时需要通过旋转发动机进行不同角度成像，以获得同一断层上的信息[9]，存在图像重叠问题，且对弱黏接等问题难以分辨，因此不能准确地对缺陷进行定位，容易造成误判。

2.2 工业CT法

基于射线检测的工业计算机断层成像（Computed Tomography，CT）技术对固体火箭发动机的绝热层和药柱中的气孔、夹杂、裂纹及脱粘等常见缺陷具有很高的检测灵敏度。CT检测采用图像重建技术，以发动机内部装药检测断层各点的射线衰减系数，建立相应的断层图像，以此准确判定缺陷的位置、形状和尺寸，实现对所测部位的直观辨识，尤其是对固体火箭发动机多界面的质量检测。此外根据被扫描物体断层面内材料密度的二维空间分布，也可以测量材料内部的密度分布情况，如材料均匀性、微孔隙含量等信息[10]。由于工业CT系统在检测过程中测试时间长，成本高，对发动机燃烧室进行探伤的截面数量是有限的，且由于CT系统本身的噪声和伪影的存在，底隙尺寸小且与断层面平行，无法直接准确从断层图像观测到轴向尺寸数据[11]。国外航空航天广泛研究的康普顿背散射成像技术是一种可确定缺陷位置、大小和深度，并可进行快速计算机重建的非破坏性X射线检测系统，对复合材料壳体及近表面黏接面的检测具有较大的优势，特别是在检测大、厚以及不可拆卸的工件等方面具有传统X射线技术所不具有的优势[12]。国内因康普顿散射系统研发成本较高，应用对象不够广泛，对其研究较少。随着固体火箭发动机的大型化，对储存和环境试验后的固体火箭发动机在试车前进行的无损探伤，提出了需要有带实时显像系统的高能电子直线加速器和工业CT检测系统[13,14]的要求。由于大型工件运输不便且大多都是在作战阵地进行发射的，机动式无损检测系统的发展将是实现固体火箭发动机的靠前检测的重要手段。

3 激光全息无损检测

基于光干涉原理的激光全息无损检测技术主要用于固体推进剂药柱的缺陷及包覆套脱落的检测，该技术是一种检测数据量大、直观且非接触型检测技术。当对被检测构件施加一定载荷后（加力载荷或热载荷），构件表面会产生不同程度的位移，位移变化与构件内部的缺陷及其应力分布有关，通过对位移场分布情况的分析获得缺陷位置和大小的信息[10]。激光全息无损检测是一种干涉计量术，其干涉计量精度与激光波长数量级相同，该技术检测精度高，可以检测到微米数量级的变形。

2013年，该技术可准确检测出包覆层厚度小于4 mm和尺寸大于8 mm的黏接质量问题[15]。对于小于某一临界值的包覆层脱粘缺陷，其干涉条纹畸变不明显，缺陷较难判断。此外，激光全息无损检测技术利用两束光相干干涉，需要操作环境具备很高的隔震性。由于激光接收装置为全息干版，还需在暗室环境下曝光。因此，该方法虽然对被检对象没有特殊要求，但由于其对检测环境提出的较高要求，因此在实际应用中也受到一定限制。

4 红外无损检测

红外无损检测技术是一种新兴的无损检测技术，主要分为主动式红外无损检测和被动式红外无损检测两类。红外热波成像无损检测技术是一种主动式红外无损检测方法，该技术利用外部热源对被测物体施加特定热激励，通过红外热像仪获取被测物体表面热波信号的温度信息，经过后续信号处理、图像处理等手段对其表面或内部缺陷进行辨识[16]。红外热像法因其检测速度快、非接触、在线检测、安全等特点，已经被广泛应用于航空航天材料和结构的无损检测中，且在固体发动机界面脱粘检测也有应用[17,18]。在超声波、电涡流、微波、光激励等常见的热激励方式中，基于光脉冲激励的红外脉冲热波成像检测技术由于其检测效率高、速度快、不会损伤试件、便于操作等特点，成为目前发展较为成熟的技术。

动态热层析检测技术是脉冲热波成像检测技术的一种，与目前脉冲热波成像检测方法对药柱包覆层的检测仅能获得二维平面图像不同，该方法通过研究脉冲热波信号在被测物体内部传导过程确定物体亚表面缺陷的深度及横向尺度，并利用三维绘制算法实现药柱包覆层亚表面缺陷的三维重构[19]。与常规脉冲热波成像检测技术相比，该技术不仅获得缺陷结构横向尺度信息，还提供了缺陷的深度信息，使检测效果更直观、准确。研究表明脉冲热波成像检测技术及动态热层析检测技术适用于药柱包覆层，脉冲相位法更适用于药柱包覆层缺陷的检测，可以高质量地重建缺陷的三维形貌[20]。近年来，随着红外无损检测技术的发展和日趋成熟，该技术在固体火箭发动机无损检测中的应用研究获得广泛关注，可发展为未来固体火箭发动机的常规检测技术，因此我们对固体发动机多界面脱粘检测的研究还需深入。

5 结论

固体发动机装药无损检测技术除常用脉冲反射超声波法、X 射线照相法等检测方法外，现代技术发展建立了激光全息技术、红外热像法等新技术，均得到了研究应用。我国对固体火箭发动机装药的无损检测主要沿用超声波探伤仪和 X 射线探伤仪等设备。其中，固体发动机第一界面通常采用超声波检测法，第二、三界面及内部缺陷主要采用射线检测法。随着超大型航天固体发动机和新型固体战术导弹的研制，单一、传统的检测方法已经无法满足现代生产对于发动机高质量的严格要求，需要有效获得相关产品更准确、更全面的缺陷信息。为此，提出以下建议仅供借鉴和参考。

（1）根据不同型号产品的特点，结合每种无损检测方法的针对性和优势，通过多种方法的联合应用，达到对产品缺陷的正确判别。

（2）发动机在无损检测过程中普遍存在检测时间长、成本高等问题，在确定了某型发动机主要结构的无损探伤方法且保证检测质量的前提下，可以通过有限元方法计算缺陷的应力集中部位，以确定某型固体火箭发动机的探伤关键位置与探伤时机，从而提高探伤效率，使探伤过程具有针对性和理论性。

（3）当今社会，安全成为各大行业关注的焦点问题，由于发动机自身的危险性，促使工作者对自动化、智能化、小型化的无损检测过程的要求越来越高。传统企业应摒弃陈旧观念，加大对检测工作的重视与研究，一方面从检测方法研究入手，结合各个领域的技术前沿建立新技术新方法；另一方面从人体、环境防护考虑，不断加强外部防护能力，提高工作者的安全性。

参 考 文 献

[1] 袁嵩,赵汝岩,张怀远. 固体火箭发动机缺陷及其无损检测技术研究 [J]. 价值工程, 2015, 34（9）: 47-48.

[2] 吴昊,董可海,张旭东,等. 固体火箭发动机无损探伤方法 [J]. 四川兵工学报, 2014, 35（11）: 99-101.

[3] 侯林法,杨仲雄,陈继周,等. 复合固体推进剂 [M]. 北京: 中国宇航出版社, 2009.

[4] 姬文苏,丁玉奎,许玉秋. 超声检测固体火箭发动机界面黏接技术研究进展 [J]. 飞航导弹, 2015（8）: 87-91.

[5] YAN D, DRINKWATER B W, NEILD S A. Measurement of the ultrasonic nonlinearity of kissing bonds in adhesive joint [J]. NDT & E international, 2009, 42（7）: 459-466.

[6] 毕洲洋,陈建辉,王广龙,等. 黏接界面贴合型缺陷非线性超声检测 [J]. 解放军理工大学学报, 2015, 16（1）: 62-67.

[7] 狄宽政. SRM 壳体结构电磁超声非接触无损检测技术应用研究 [D]. 西安: 西安电子科技大学, 2018.

[8] 穆洪彬,沈宇平,王冬,等. 基于电磁超声的火箭发动机一界面探伤研究 [C] //2018 远东无损检测新技术论坛, 2018: 14-17.

[9] 王志强,刘宾,潘晋孝,等. 药柱内孔分布的 X 射线在线检测方法研究 [J]. 兵工学报, 2015, 36（2）: 327-331.

[10] 陈怡,喻湘凤. 固体火箭发动机部件的损伤探测 [J]. 无损检测, 2014, 36（3）: 65-69, 74.

[11] 吕宁,徐更光. 基于工业计算机断层成像的装药底隙无损检测方法研究 [J]. 兵工学报, 2015, 36（1）: 157-162.

[12] 林德峰,陈仲华,刘曼曼,等. 康普顿背散射技术在固体火箭发动机检测中的应用 [J]. 无损检测, 2017, 39（12）: 51-53.

[13] TOSTI E. Advanced NDT diagnostics applied to the control of space motors the experience in AVIO space division [C] //18th World Conference on Nondestructive Testing. Durban, South Africa, 2012: 16-20.

[14] 徐丹丹,闫大庆. 国外固体火箭发动机整机试验技术现状 [J]. 飞航导弹, 2017（11）: 85-91, 95.

[15] 王东生,马兆光,王维明. 激光全息法检测固体药柱包覆层缺陷 [J]. 红外与激光工程, 2013, 42 (2): 376-380.

[16] VAVILOV V P, BURLEIGH D D. Review of pulsed thermal NDT: physical principles, theory and data processing [J]. NDT & E international, 2015, 73: 28-52.

[17] 郭兴旺,陈栋. 固体火箭发动机绝热层脱粘的脉冲热像检测分析 [J]. 固体火箭技术, 2017, 40 (2): 169-175.

[18] 李晓丽,金万平,张存林,等. 红外热波无损检测技术应用与进展 [J]. 无损检测, 2015, 37 (6): 19-23.

[19] 冀嘉琦. 药柱包覆层缺陷的动态热层析成像检测试验研究 [D]. 哈尔滨:哈尔滨工业大学, 2017.

[20] PENG W, WANG F, LIU J Y, et al. Pulse phase dynamic thermal tomography investigation on the defects of the solid-propellant missile engine cladding layer [J]. International journal of thermophysics, 2018, 39 (4): 48.

复合固体推进剂中高能炸药 CL-20 的高效降感技术研究进展

苗瑞珍　伍永慧　高喜飞　冯自瑞　乔小平　杨　坚

(西安北方惠安化学工业有限公司，陕西　西安　710302)

摘　要：对当前复合固体推进剂中高能炸药 CL-20 的高效降感技术进行了综述，归纳了制备炸药共晶、提升炸药晶体品质、钝感包覆炸药晶体及制备超细炸药四种方法的研究进展及未来发展方向，以期为相关科研人员提供理论参考。

关键词：CL-20；降感技术；共晶；晶体品质；包覆；超细炸药

中图分类号：TJ　**文献标识码**：A

Advances in efficient desensitization of sensitive explosives CL-20 in composite solid propellants

MIAO Ruizhen, WU Yonghui, GAO Xifei, FENG Zirui,

Qiao Xiaoping, YANG Jian

(Xi'an North Hui, an Chemical Industry Co., LTD., Xi'an 710302, China)

Abstract: The latest advances and development trend in the efficient desensitization of sensitive explosives CL-20 in composite solid propellants are reviewed, including the preparing cocrystal, improving crystal quality, insensitive coating and preparation of ultra-fine explosives. The theoretical references are provided for scientific researchers in this field.

Keywords: CL-20; desensitization; cocrystal; crystal quality; coating; ultra-fine explosives

0　引言

复合固体推进剂是一种以高分子黏合剂为基体，添加氧化剂、增塑剂和燃烧剂等填料制成的一种推进剂，主要为宇航、运载火箭和导弹武器等推进系统提供能源。随着战略武器系统的不断发展以及当代国际战场环境的急速变化，对固体推进剂的性能要求越来越高，要求其有足够能量的同时必须具备很好的安全性和可靠性，因此高能、钝感成为复合固体推进剂追求的主要目标。

氧化剂作为复合固体推进剂中所占比例最大的组分，是其能量的主要来源，一般均为含能材料，以高能敏感炸药为主，如黑索金（RDX）、奥克托今（HMX）和太安以及新合成的六硝基六氮杂异伍兹烷（CL-20）等硝铵类炸药，能量均较高，特别是当今世界综合性能最好的单质炸药之———CL-20，不仅具有高能量密度，还具备优异的爆速、爆压，但其机械感度、摩擦感度和撞击感度均较高[1,2]，极大地制约了它在推进剂中的应用。众所周知，炸药的能量与感度是一对矛盾的共存体，因此如何在不影响其高毁伤能力的情况下提高其使用安全性已成为当前的研究热点。

本文总结了高能炸药 CL-20 的四种高效降感技术（主要包括制备炸药共晶、提升炸药晶体品质、

作者简介：苗瑞珍（1990—），女，硕士，助理工程师，E-mail：649177272@qq.com。

钝感包覆炸药晶体以及制备超细炸药）的研究进展及未来发展前景，以期为科研人员开展含有CL-20的高能固体推进剂的钝化提供参考。

1 高能炸药CL-20的降感技术研究进展

1.1 制备CL-20的共晶

共晶是由两种或两种以上的分子或基团在分子间作用力（氢键、范德华力、π-π堆积作用等）下，以固定的化学计量比结构单元按次序重复排列结合而形成具有特殊结构和兼具两种组分性能的分子晶体[3]。部分学者将这一思路应用到含能材料方面，1978年美国专利[4]中首次公开将HMX和AP溶解在二甲基亚砜中，通过减压缓慢挥发溶剂法制得了HMX/AP共晶炸药，此共晶炸药不溶于水，不仅有效改善了AP的吸湿性，同时保留了HMX优异的能量特性，这使其成为一种特有的固体推进剂配方。

借鉴这一思路，近年来在分子层面上将高能炸药CL-20分子和低感度炸药分子结合到同一晶格中形成共晶的研究越来越多，如CL-20/三硝基甲苯（TNT）[5]、CL-20/二硝基苯（DNB）[6]、CL-20/HMX[7]和CL-20/苯并三氧化呋咱（BTF）[8]等多种新型的共晶炸药，均兼具高能和另一组分钝感廉价的优势，具有优异的使用价值，为降低CL-20的感度提供了有效的途径。

杨宗伟等[9]研究制备了摩尔比为1:1的CL-20/TNT共晶炸药，研究发现，通过共晶改性制得的共晶炸药，其熔点比TNT提高了50 ℃，与CL-20相比其撞击感度下降了87%，爆速仍然能达到8 600 m/s，有效改善了原料组分CL-20敏感和TNT低能量的性能。此外，他们制备的CL-20/BTF共晶炸药有效降低了CL-20的感度，安全性能得以显著提高。为了降低CL-20的机械感度，李斌等[10]以DMSO为溶剂，以水，水、离子液体，水、乙酸，水、乙酸、离子液体分别为非溶剂，采用溶剂-非溶剂法重结晶，制备得到CL-20/TATB共晶，通过分析可得其特性落高为26.5~36.5 cm，与CL-20纯组分相比，共晶的撞击感度大幅度下降，这对CL-20的使用安全性具有重要意义。

2014年王玉平采用溶剂挥发法，将CL-20和DNB按摩尔比1:6溶于无水乙醇制得CL-20/DNB共晶。其爆炸性能及感度测试结果如表1所示，共晶的爆速为8 434 m/s，爆压为34.07 GPa，较CL-20（爆速为9 386 m/s，爆压为45.09 GPa）稍微下降，但比DNB（爆速为5 840 m/s，爆压为14.18 GPa）提高很多，共晶炸药的特性落高H_{50}为55 cm，摩擦感度以爆炸概率表示为48%，较CL-20以及前驱体的机械混合物大幅改善。付一政等[11]用分子动力学模拟分别研究了CL-20、DNB及CL-20/DNB共晶体系，对比了各体系作为感度相对大小的理论判据——最大引发键长，理论计算结果如表1所示，相比CL-20，共晶会使CL-20的引发键N—NO₂的最大键长减小，感度大幅降低，能量性能下降较小。理论与实验均表明CL-20/DNB共晶兼具了CL-20的高能与DNB钝感廉价的优势，大大拓宽了其适用范围。宋小兰等[12]以丙酮为溶剂，通过蒸发结晶法制得CL-20/DNT共晶炸药，结果表明，CL-20/DNT共晶在保持爆速和爆压高能量水平的前提下，其机械感度大大低于原料CL-20，与CL-20/DNT物理混合物相比，共晶炸药的5 s爆发点温度增加了3.9 ℃，撞击感度降低88.9%，摩擦感度降低40%，其共晶炸药热稳定性明显增强。

表1 CL-20、DNB及CL-20/DNB共晶爆炸性能及感度测试结果对比

化合物	密度 /(g·cm⁻³)	爆速 /(m·s⁻¹)	爆压 /Gpa	撞击感度 H_{50}/cm	摩擦感度 /%	引发键长 L_{ave}/Å
CL-20	2.04	9 386	45.09	13	100	1.543
DNB	1.58	5 840	14.18	123	0	—
CL-20/DNB共晶	1.88	8 434	34.07	55	48	1.517

上述结果均表明，形成CL-20共晶从根本上改变其炸药分子的内部组成和结晶结构，可以显著降

低其感度,提高使用安全性,是一种获得以 CL-20 为基的高能钝感材料的重要方法,在其他含能材料钝感改性方面有重要的理论指导及借鉴意义。

1.2 改善 CL-20 的晶体品质

炸药分子均为晶体颗粒状,其晶体品质与性能密切相关。其中晶体品质包括内部品质(如炸药晶体内部的缺陷和裂纹)和外部品质(如炸药晶体的外部形貌)。

1.2.1 改善 CL-20 的内部品质

一般炸药晶体的内部品质包括晶体内部的裂纹、孔洞、杂质、位错等。国内外学者对此进行了大量研究,结果表明炸药晶体内部存在缺陷、杂质及孔洞时,感度更高[13]。Dienes 等[14]研究发现,炸药晶体在受到外界机械刺激时,晶体内部的裂纹孔洞缺陷是导致热点产生的重要因素,热点一旦产生就会将能量传递给周围分子,引发激烈的化学反应。因此,通过改善炸药晶体品质,减少甚至消除晶体的内部缺陷、杂质、裂纹等,是降低炸药感度的一种重要途径。

通常国内外学者一般都采用重结晶法,通过控制结晶过程中的各项条件参数,得到最佳结晶条件,进而制备出晶体结构比较致密、内部缺陷少的炸药晶体颗粒,从而使其感度大幅降低。Antoine 等[15]通过重结晶方法制得不同晶体内部品质的 RDX、HMX 和 CL-20,经检测表明晶体内部缺陷少、密度大的炸药晶体的冲击波感度要比晶体内部缺陷多、密度小的炸药晶体的冲击波感度明显低。李洪珍等[16]通过重结晶法对普通工业级 CL-20 的晶体品质进行改善,使 CL-20 晶体内部空隙率大大降低、缺陷减少,结果显示,晶体品质改善后其撞击感度降低了 176.9%。

1.2.2 改善 CL-20 的形貌

研究表明炸药晶体的外部品质即炸药晶体形貌,也是影响其感度的一个重要因素。王彩玲等[17]分别采用筛分、手工研磨和高速剪切方法对 CL-20 进行预处理,制备出了不同形貌和粒度的 CL-20 晶体,激光粒度及感度测试结果表明,用筛分法制备的 CL-20 样品颗粒形貌差异较大,呈无规则多面体状,晶体表面粗糙,存在较多尖角,其撞击感度最大,主要由于其表面能高、内摩擦力大,当受到外界冲击作用时,极易形成活性中心;而用手工研磨法制备的 CL-20 炸药形貌较为规则,呈短棒状,棱角明显减少,感度相应降低;用高速剪切法制备的 CL-20 样品颗粒形貌基本一致,呈球状,表面较为圆滑,从而大大减少了活性中心,撞击感度最低,具体结果如表 2 所示。Elbeih 等[18]通过添加助剂,采用重结晶法制备了表面光滑、形状规整的 CL-20,结果发现其撞击感度较形状不规则的 CL-20 要低很多,甚至比 HMX 和 RDX 的撞击感度还低。

表 2 用 3 种不同方法制备的粒度接近的 CL-20 样品撞击与摩擦感度测试结果

项目	筛分法	手工研磨法	高速剪切法
$d_{50}/\mu m$	54	60	46
H_{50}/cm	27.3	36.3	45.7
摩擦感度/%	96	88	84

上述研究均表明,表面不光滑的 CL-20 炸药晶体颗粒在受到外界冲击波作用时,在尖角处容易出现应力集中现象,且内摩擦力大,容易形成热点;而球形或类球形的 CL-20 炸药颗粒,由于晶体表面几乎无棱角,且内摩擦力较小,因此不易于形成热点,撞击感度明显很低。

综上所述,通过选择合适的重结晶方法,调控不同的条件参数,来改善炸药 CL-20 的晶体品质,可以明显降低其感度,从而提高其使用安全性以及武器作战的稳定性。

1.3 CL-20 的钝感包覆

在 CL-20 表面包覆一层钝感材料是降低其感度的又一重要方法。此外,研究表明,对其表面进行包覆可以降低感度的同时，也可以提高其整体力学性能，改善工艺性能。通常根据需要选择合适的包覆剂，如表面活性剂、惰性钝感剂（石蜡，硬脂酸类）以及高分子聚合物（橡胶类，聚氨酯）等。常用的包覆技术有相分离法、机械研磨法、超临界法、喷雾干燥法、乳液聚合包覆法和分子自组装法等。

廖肃然等[19]和李俊龙等[20]采用高分子材料对 CL-20 进行表面包覆，测试结果表明，与原料相比，包覆后的 CL-20 撞击感度分别降低了 52.3% 和 60.9%，热稳定性也显著改善。王保国等[21]用配位键合剂对 CL-20 进行包覆，经感度测试发现包覆后的 CL-20 特性落高 H_{50} 提高了 13.8 cm，撞击感度降幅达到了 84.1%。陈鲁英等[22]用高聚物黏结剂 Estane 和石墨 G 组成的 Estane-G 复合钝感剂包覆 CL-20 炸药后，可明显降低 CL-20 的机械感度。以高分子聚合物作为包覆材料虽然具有明显降感效果，但会给炸药能量带来较大损失。如 Tappan 等[23]采用硝化棉（NC）对 CL-20 进行包覆，结果发现，尽管包覆后 CL-20 的撞击感度降低了，但是包覆后的 CL-20 热分解性能在很大程度上受到 NC 的影响。为了减少因包覆而造成的能量损失，钝感炸药如 NQ、TATB、NTO、GAP 等成为研究者们的首选[24]。边红莉[25]采用喷雾结晶工艺，将 NQ 与六水硝酸镍的Ⅳ-甲基吡咯烷酮溶液雾化喷入 CL-20 悬浮液中，对 CL-20 进行包覆，结果表明：制备的 CL-20/NQ 包覆颗粒特性落高 H_{50} 较原料 CL-20 提升了 32.65 cm。徐荣等[26]将 TATB 包覆在 CL-20 表面对其进行钝化，其感度大幅下降。

1.4 制备超细 CL-20

近年来关于炸药颗粒粒径与其感度的关系研究较多，结果均表明，炸药的机械感度（撞击感度、摩擦感度）和冲击波感度随着颗粒粒径的减小而降低，主要是由于超细颗粒表面原子多有助于热量传递，更容易减小其在外界机械作用下的热量积累。因此制备超细 CL-20 是降低其感度的又一有效方法。常用到的制备超细 CL-20 炸药的方法分为化学法和物理法。化学法可分为超临界流体法、喷雾干燥法、溶胶凝胶以及重结晶法等，物理法通常主要是指机械研磨。

尚菲菲[27]利用超临界法制备了粒度为 3~5 μm 分散性良好的超细 CL-20，其撞击感度由 20.75 cm 上升为 39.19 cm，热稳定性显著提高。解瑞珍等[28]使用喷射细化方法制备了粒度约为 193.5 nm 的超细 CL-20，其撞击感度大幅提高，使用安全性能得到了优化。

任晓婷等[29]采用溶剂-非溶剂重结晶法并结合超声波辅助技术通过控制加料方式、晶体生长控制剂种类等因素制备了粒度为 2~26 μm 的超细 CL-20，其摩擦感度和撞击感度分别为 84% 和 55.1 J，明显优于原材料 CL-20。Bayat 等[30]采用溶剂-非溶剂的结晶方法成功制备了微米级 CL-20，分析表明细化后 CL-20 的撞击感度、热稳定性均有了显著提高。Sivabalar[31]采用机械研磨法，以乙醇、蒸馏水为载体，通过对研磨机内部的温度、研磨时间、研磨转速等条件进行控制，制备了不同粒度的 CL-20，结果显示，粒度越细，CL-20 的感度越低、性能越稳定。机械研磨法通过控制研磨过程中关键工艺参数（如研磨时间、转速、球料比、磨球直径等）来制备不同粒度大小超细颗粒。该方法具有低成本、高产率、产品纯度高、连续性好、操作简单等特点，因此被广泛应用于超细 CL-20 制备过程中。

2 结论

复合固体推进剂感度的大小是决定其是否能够被安全使用的重要评判指标，氧化剂作为其重要组成部分，是其感度大小的重要影响因素。高能、钝感是复合固体推进剂发展的主要方向，因此高能钝感氧化剂的开发和研制将对整个推进系统产生深远的影响。而 CL-20 作为目前世界上最具应用潜能的高能炸药之一，其较高的感度大大限制了其应用。文中总结了目前 CL-20 降感的四种主要手段的研究进展。这些新技术、新手段的处理不仅可以降低 CL-20 的感度，大大改善其使用安全性，同时可以将其借鉴到含能材料领域内其他众多的由于某一方面性能缺陷而被遗弃的高能炸药的钝化中，使其重新回到人们的视野中，大大增加了该领域内可用炸药的数量。

但当前 CL-20 的降感技术才刚起步，还需要进一步摸索突破，同时一些降感机理的研究不够深入，有待进一步研究从分子层面来解释其微观机理。此外，目前大多 CL-20 的降感技术仅仅局限于试验阶段，不能批量生产，远不能满足国防实际应用需求，因此如何实现连续化、工业化的制备也是今后研究的重点。

参考文献

[1] GEETHA M, NAIR U R, SARWADE D B, et al. Studies on CL－20: the most powerful high energy material [J]. Journal of Thermal Analysis & Calorimetry, 2003, 73 (3): 913－922.

[2] SIMPSON R L, URTIEW P A, ORNELLAS D L, et al. CL－20 performance exceeds that of HMX and its sensitivity is moderate [M]. Propellants, Explosives, Pyrotechnics, 2004: 249－255.

[3] BOND A D. What is a co－crystal? [J]. Crystengcomm, 2007, 9 (9): 833－834.

[4] LEVINTHAL M L. Propellant made with cocrystals of cyclotetramethylenetetranitramine and ammonium perchlorate: US, US4086110 [P]. 1978.

[5] BOLTON O, MATZGER A J. Improved Stability and Smart－Material Functionality Realized in an Energetic Cocrystal [J]. Angewandte Chemie International Edition, 2011, 50 (38): 8 960－8 963.

[6] WANG Y, YANG Z, LI H, et al. A novel cocrystal explosive of HNIW with good comprehensive properties [J]. Propellants Explosives Pyrotechnics, 2014, 39 (4): 590－596.

[7] BOLTON O, SIMKE L R, PAGORIA P F, et al. High power explosive with good sensitivity: a 2:1 cocrystal of CL－20: HMX [J]. Crystal Growth & Design, 2012, 12 (9): 4311－4314.

[8] YANG ZW, LI HZ, ZHOU XQ, et al. Characterization and properties of a novel energetic－energetic cocrystal explosive composed of HNIW and BTF [J]. Crystal Growth & Design, 2012, 12 (11): 5155－5158.

[9] 杨宗伟, 张艳丽, 李洪珍, 等. CL－20/TNT 共晶炸药制备、结构与性能 [J]. 含能材料, 2012, 20 (6): 674－679.

[10] 李斌, 齐秀芳, 吴伟明, 等. 溶剂－非溶剂法 CL－20/TATB 共同结晶降低 CL－20 感度的实验研究 [J]. 化学试剂, 2016, 38 (2): 117－120.

[11] FU Y Z, KANG Z P, GUO Z J, et al. Effect of cocrystallizing and mixing on sensitivity and thermal decomposition mechanisms of CL－20/DNB via MD Simulation [J]. Chinese Journal of Energetic Materials, 2017, 25 (2): 94－99.

[12] 宋小兰, 王毅, 宋朝阳, 等. CL－20/DNT 共晶含能材料的制备及其性能研究 [J]. 火炸药学报, 2016, 39 (1): 24.

[13] XU R, LI H Z, KANG B, et al. Effects of HMX crystal characteristics on shock sensitivities: crystalline inter voids, particle size, morphology [J]. Chinese Journal of Energetic Materials, 2011.

[14] Dienes J K, Zuo Q H, Kershner J D. Impact initiation of explosives and propellants via statistical crack mechanics [J]. Journal of the Mechanics & Physics of Solids, 2006, 54 (6): 1237－1275.

[15] ANTOINE E D M, HEIJDEN V D, Bouma R H B. Crystallization and characterization of RDX, HMX, and CL－20 [J]. Crystal Growth & Design, 2004, 4 (5).

[16] 李洪珍, 徐容, 黄明, 等. 降感 CL－20 的制备及性能研究 [J]. 含能材料, 2009, 17 (1): 125－125.

[17] 王彩玲, 赵省向, 戴致鑫, 等. CL－20 晶体粒度和形貌对其机械感度及火焰感度的影响 [J]. 爆破器材, 2014 (5): 1－5.

[18] ELBEIH A, HUSAROVA A, ZEMAN S. Path to ε－HNIW with reduced impact sensitivity [J]. Central European Journal of Energetic Materials, 2011, 8 (3): 173－182.

[19] LIAO S R, LUO Y J, Sun J, et al. Preparation of WPU－g－SAN and its coating on HNIW [J]. Chinese Journal of Energetic Materials, 2012, 20 (2): 155－160.

[20] 李俊龙, 王晶禹, 安崇伟, 等. EPDM 对 CL－20 的包覆及表征 [J]. 火炸药学报, 2012, 35 (1): 23－26.

[21] 王保国, 张景林, 彭英健. 配位键合剂－603 对亚微米 CL－20 撞击感度的影响 [J]. 火炸药学报,

2008, 31 (4): 39-42.

[22] 陈鲁英, 赵省向, 杨培进, 等. CL-20炸药的包覆钝感研究 [J]. 含能材料, 2006, 14 (3): 171-173.

[23] TAPPAN B C, BRILL T B. Thermal decomposition of energetic materials 86. cryogel synthesis of nanocrystalline CL-20 coated with cured nitrocellulose [J]. Propellants Explosives Pyrotechnics, 2003, 28 (5): 223-230.

[24] RONG X U, YE T, LIU C. Study on the desensitization of CL-20 with TATB [J]. Energetic Materials, 2003, 11 (4): 219-221.

[25] 边红莉. CL-20基核—壳结构颗粒的制备及其性能表征 [D]. 太原: 中北大学, 2017.

[26] 徐容, 田野, 刘春. TATB对CL-20降感研究 [J]. 含能材料, 2003, 11 (4).

[27] 尚菲菲. 临界SEDS法制备超细CL-20的研究 [D]. 太原: 中北大学, 2013.

[28] 解瑞珍, 卢斌, 王晶禹, 等. 超细HNIW机械感度的研究 [J]. 火工品, 2006 (5): 24.

[29] 任晓婷, 孙忠祥, 曹一林. 细粒度ε-CL-20的制备及钝化 [J]. 火炸药学报, 2011 (4): 21-25.

[30] BAYAT Y, ZEYNALI V. Preparation and characterization of nano-CL-20 explosive [J]. Journal of Energetic Materials, 2011, 29 (4): 281-291.

[31] SIVABALAN R, GORE G M, NAIR U R, et al. Study on ultrasound assisted precipitation of CL-20 and its effect on morphology and sensitivity. [J]. Journal of Hazardous Materials, 2007, 139 (2): 199-203.

低堆密 RDX 产品生产工艺研究

东生金

(甘肃银光化学工业集团有限公司,甘肃 白银 730900)

摘 要:将以结晶理论为指导,通过试验、摸索,总结出了指标为低堆积密度的黑索金产品的生产工艺,通过改变结晶工艺的方法,即改变结晶机内硝解液、稀释水落点的方法,生产出低堆积密度($0.70 \sim 0.85 \text{ g/cm}^3$)的 RDX 产品。

关键词:结晶工艺;硝解液;稀释水;堆积密度;粒度

Study on the production process of low density RDX products

DONG ShengJin

(Gansu Yinguang Chemical Industry Group Co., LTD., Baiyin 730900, China)

Abstract: This article is guided by crystallization theory, the production process of low bulk density RDX products is summarized through experiments, groping and summarizing, by changing the crystallization process, i. e. changing the nitrate solution and diluting water in the crystallizer. RDX products process with low bulk density of 0.70~0.85 g/cm³ are produced by drop point method.

Keywords: crystallization process; nitrate solution; dilution water; bulk density; particle size

0 引言

随着国防科技的日新月异,用户对 RDX 产品的堆积密度指标要求越来越广,目前 RDX 生产线只能生产 $0.85 \sim 0.95 \text{ g/cm}^3$ 范围内的产品,为改善产品粒度、提高产品质量、满足用户需求,需对 RDX 产品的堆积密度规格进行开发,按时完成低堆积密度产品(ρ 为 $0.70 \sim 0.85 \text{ g/cm}^3$)的合同生产任务,本文在直接法生产两类 RDX 产品试验工艺方法的基础上,通过改变结晶工艺,即改变结晶机内硝解液、稀释水落点和调整结晶温度、浓度、转速,从而生产出低堆积密度($0.70 \sim 0.85 \text{ g/cm}^3$)的 RDX 产品[1]。

1 RDX 的结晶原理

RDX 结晶过程是将硝解液迅速稀释到过饱和状态的结晶过程,该过程是一个相变过程,其分为三个阶段:使溶液处于过饱和状态;RDX 晶核的形成;RDX 晶体(核)的生长。

RDX 晶核形成速率为 $v_1 = K_1 \Delta C_n$,RDX 晶体生长速率为 $v_2 = K_2 \Delta C_g$,式中:K_1、K_2 分别表示 RDX 的成核与生长速率常数;n、g 分别表示 RDX 的晶核生成级数($n=3$)与晶体生长级数($g=1$);ΔC 为过饱和度。晶核形成速率与晶体生长速率是过饱和度 ΔC 的函数,过饱和度增加,二者均增大,且晶核形成速率增加得更快。过饱和度的大小与达到过饱和状态的时间密切相关,达到过饱和状态的时间越短,过饱和度越大。

RDX 晶体生长与 RDX 晶核形成在结晶过程中相互竞争,当 $v_1 > v_2$ 时,溶液中形成大量的晶核,单

作者简介:东生金(1978—),男,高级工程师,E-mail:65078752@qq.com。

位体积内使晶粒直径较小，有利于得到细小颗粒 RDX；当 $v_1 < v_2$ 时，所得的晶核数量较少，而晶体生长较快，则晶体得以长大。另外，晶体各晶面上过饱和度的差异小及晶面附近的扩散厚度小，晶核的生长较快。

2 RDX 的结晶原理

2.1 直接硝解法工艺概述

直接硝解法（直接法）采用大倍量 98% 或 98% 以上浓度的硝酸硝解六次甲基四胺，硝解液用水稀释，RDX 从溶液中以晶体的形式析出，而硝化液中的硝解副产物水解、氧化，成为安定的废酸。RDX 悬浮液经过滤、洗涤、煮洗、干燥、筛选包装几个流程。废酸经沉淀后送废酸处理车间进行浓缩，以循环利用。直接法工艺流程如图 1 所示。

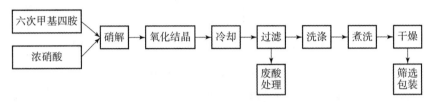

图 1 直接法工艺流程

2.2 试验结果

2.2.1 调整结晶搅拌转速

调整结晶搅拌转速后的产品堆积密度如表 1 所示。

表 1 调整结晶搅拌转速后的产品堆积密度

生产批数	结晶搅拌转速/(r·min^{-1})	堆积密度/(g·cm^{-3})（GJB 法）
1	160	0.90
2	165	0.89
3	170	0.87
4	175	0.87
5	180	0.84

调整搅拌转速可以改变晶体颗粒大小，搅拌转速越高越有利于细小晶体的形成，产品堆积密度降低。

2.2.2 调整结晶液温度

调整结晶液温度后的产品堆积密度如表 2 所示。

表 2 调整结晶液温度后的产品堆积密度

生产批数	结晶液温度/℃	堆积密度/(g·cm^{-3})（GJB 法）
1	65~67	0.89
2	68~70	0.85
3	70~72	0.85
4	73~74	0.84
5	大于 75	温度不易控制

提高结晶液温度,产品堆积密度降低趋势明显,温度达到 73 ℃时,机内温度上升过快,控制困难。

2.2.3 调整结晶液浓度

调整结晶液浓度后的产品堆积密度见表 3 所示。

表 3　调整结晶液浓度后的产品堆积密度

生产批数	结晶液浓度/%	堆积密度/(g·cm^{-3})（GJB 法）
1	48～50	0.88
2	50～53.5	0.85
3	53.5～55	0.84

提高结晶液浓度,产品堆积密度有所降低,废酸中溶解的 RDX 增加,给废酸处理增加不安定因素。

2.2.4 调整结晶机内硝化液和酸水的落点

改变结晶机内硝化液和酸水的落点,结晶机硝解液导流管长 580 mm,硝化液出口为豁口,稀释水导流管管长 430 mm,并且出口处带弯头[5]。安装时将酸水导流管弯头对准硝化液导流管上的豁口,使硝化液与酸水在硝化液导流管出口充分接触,得到细小的结晶体。硝化液导流管和酸水导流管结构如图 2 所示,产品结果如表 4 所示。

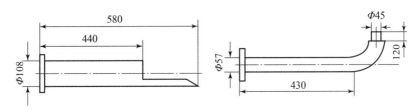

图 2　硝化液导流管和酸水导流管结构

表 4　调整结晶机内硝化液和酸水的落料点后的产品堆积密度

生产批数	导流管长度/mm		结晶液浓度/%	结晶液温度/℃	结晶搅拌转速/(r·min^{-1})	堆积密度/(g·cm^{-3})（GJB 法）
	稀释水	硝解液				
1	430	580	50～53.5	68～72	180	0.75
2	430	580	50～53.5	68～72	180	0.74
3	430	580	50～53.5	68～72	180	0.76
4	430	580	50～53.5	68～72	180	0.78
5	430	580	50～53.5	68～72	180	0.77
6	430	580	50～53.5	68～72	180	0.80
7	430	580	50～53.5	68～72	180	0.80
8	430	580	50～53.5	68～72	180	0.78
9	430	580	50～53.5	68～72	180	0.80
10	430	580	50～53.5	68～72	180	0.79

调整结晶机内硝化液和酸水的落点后的 RDX 产品堆积密度一般范围在 $0.74 \sim 0.80$ g/cm³，符合低堆积密度 $0.70 \sim 0.85$ g/cm³ 的要求。

3 RDX 的结晶原理

3.1 硝解液、稀释水的落点对产品堆密的影响

结晶反应釜使用不同长度的硝解液导流管、稀释水导流管，可以调整硝解液、稀释水落点，以往生产时硝化液和酸水分别注入结晶液内，酸水落入外圈蛇管和中圈蛇管中间，或者是落入搅拌轴中心，硝解液落点与稀释水落点的距离过大，硝解液和稀释水不能瞬间迅速混合，结晶液的过饱和度 ΔC 减小，则 RDX 晶核形成速度小于 RDX 晶体生长速度，稀释结晶出的颗粒较大；硝解液和稀释水先混合后进入结晶液内，缩短硝解液落点与稀释水落液点的距离，硝解液和稀释水瞬间迅速混合，结晶液的过饱和度 ΔC 增大，则 RDX 晶核形成速度大于 RDX 晶体生长速度，稀释结晶出的颗粒较小，生产出低堆密的产品[5]。

3.2 结晶液浓度对产品堆密的影响

溶液过饱和度 ΔC 增大，则晶核形成速率增大，有利于制备小颗粒；相反，则溶液过饱和度 ΔC 减小，晶核形成速率减少，晶体生长速率增大，有利于制备大颗粒。随着过饱和度的增加，要维持整个晶面具有相同的 ΔC 恒定值是困难的；同时，增加 ΔC 时，杂质也易进入晶体，导致晶体的均匀性被破坏，使相对晶体生长速率改变，影响外形，造成晶间藏酸，甚至晶内包酸的情况。严格控制机内的废酸浓度才有利于晶体的均匀成长。

3.3 结晶温度对产品堆密的影响

由结晶理论可知，温度影响着晶体的习性和质量。晶体生长过程包括表面反应和扩散反应。一般在较低温度下，结晶过程主要由表面反应控制，当温度升高时，生长速度加快，扩散就成为控制结晶过程的主要步骤。此时由于结晶质点排斥外来杂质的能力增强，因而长出的晶体质量较高。温度是控制结晶机氧化反应很重要的一个条件。

氧化结晶机的温度控制比较平稳，温度变化不大（$67 \sim 70$ ℃），所以在正常生产过程中结晶温度对产品粒度的影响不明显。

3.4 搅拌转速对产品堆密的影响

结晶机内物料的循环状态对溶液过饱和度的均匀性有着直接的影响，湍流比较接近理想状态，使机内物料的过饱和度迅速接近均匀，有利于晶体的正常生长。影响物料循环状态的因素很多，如搅拌转速、搅拌翅的形状、蛇管的排列等。

结晶机内的悬浮液在湍流状态下循环有利于硝化液和酸水的混合均匀，目前可以通过调节搅拌轴的转速来改变晶体的颗粒度，结晶机的转速可以在 $160 \sim 180$ r/min 的范围内调节，转速调高有利于生产细小产品；相反，转速调低时生产出的 RDX 颗粒比较粗，所以在生产低堆积密度产品时将结晶机转速调整到 180 r/min[6]。

4 结论

氧化结晶机内通过改变硝解液和稀释水落液点的位置——稀释水在硝解液出口处混合后流入机内，同时改变氧化结晶机转速、温度、浓度的方法，生产出堆积密度为 $0.70 \sim 0.85$ g/cm³ 的 RDX 产品。

参 考 文 献

[1] 孙荣康,任特生,高怀琳,等. 猛炸药的化学与工艺学（上）[M]. 北京：国防工业出版社,1981.
[2] 舒银光,等. RDX [M]. 火炸药丛书,1974：10 – 14.
[3] 叶铁林. 化工结晶过程原理及应用 [M]. 北京：北京工业大学出版社,2006.
[4] 机械工业部仪器仪表工业局. 晶体生长技术 [M]. 北京：机械工业出版社,1982.
[5] 丁绪准,周理等. 液体搅拌 [M]. 北京：化学工业出版社,1983.

纤维素甘油醚硝酸酯工艺技术研究进展

赵 乐,张永涛,杨忠林,刘兴辉,贾彦君,陈 朋

(西安北方惠安化学工业有限公司,陕西 西安 710000)

摘 要:综述了纤维素甘油醚硝酸酯(NGEC)研究现状,详述了相比传统硝化棉(NC),NGEC自身具备的性能上的优势。并介绍了目前国内外针对NGEC硝化生产技术的研究及取得的主要进展,展望了NGEC工艺生产的改进方向及高分子材料研究的发展趋势。

关键词:应用化学;纤维素甘油醚硝酸酯;纤维素基含能黏合剂;改性硝化棉

中图分类号:TQ352.6 **文献标志码**:A

Research progress in process technology of nitrate glycerol ether cellulose

ZHAO Le, ZHANG Yongtao, YANG Zhonglin, LIU Xinghui, JIA Yanjun, CHEN Peng

(Xi'an North Hui'an Chemical Industries Co., LTD., Xi'an 710000, China)

Abstract: The research status of nitrate glycerol ether cellulose is reviewed, and the better performance of NGEC than NC is introduced in detail. The paper also introduces the research and achievements of NGEC nitrification production technology at home and abroad, and forecasts the improvement direction of NGEC process production and the development trend of polymer materials research.

Keywords: applied chemistry; nitrate glycerol ether cellulose; cellulose – based binder; modified nitrocellulose

0 引言

纤维素甘油醚硝酸酯(NGEC)是目前研究学者为扩大纤维素的使用领域而进行功能性改性得到的产物。通过对纤维素进行相应醚化得到纤维素醚,再进一步通过硝化反应得到可用于双基固体推进剂黏合剂的含能热塑性纤维素醚硝酸酯,现已应用于多种武器型号的研制中。相比NC而言,NGEC作为新兴的黏合剂可以解决固体含量高、力学性能差、黏合剂刚性过强等问题。因此研究学者对于纤维素甘油醚硝酸酯性能及工程应用等方面均进行了一系列的研究分析。

1 NC目前主要存在的问题

19世纪30年代初法国科学家首次从自然界中制备出硝化纤维素(NC),但是由于NC的含氮量较低以及性能不稳定,因此并未得到广泛应用,直到19世纪60年代初NC才被大规模应用于火炸药工业,并且在双基固体推进剂中作为至关重要的黏合剂使用。

基于武器发射工程的需求,对传统的硝化棉(NC)添加高能添加剂(如RDX、HMX等),来实现更高的推进剂能量。但硝化纤维素分子结构中存在硝酸酯、羟基等强极性基团(图1),使NC分子内部

作者简介:赵乐(1991—),女,硕士研究生,E-mail: 617641889@qq.com。

存在较大作用力,很难旋转,造成分子刚性过强,柔顺性差,玻璃化温度较高[1],进而出现推进剂在低温会变脆、高温会变软的问题,对药的力学性能产生极为不利的影响[2],同时固体成分很难散布均衡,给加工工艺带来较大风险,不利于工业存储和运输。为了增加 NC 塑性常采用小分子增塑剂,但是由于两者存在相容性问题,加入过量增塑剂后会出现"汗析""晶析"等现象,甚至会降低推进剂强度,增加表面燃速等[3],因此对传统硝化棉刚性链进行柔顺改性研究是主要发展方向。

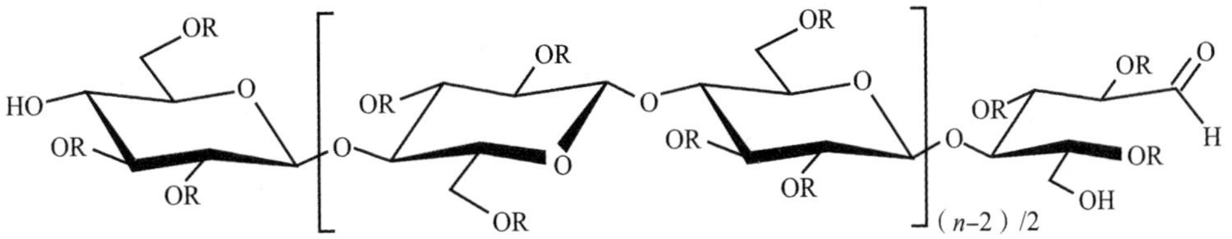

图1 硝化纤维素分子结构式

2 NGEC 的特点和优势

20 世纪中期英国科学家通过化学反应法第一次对 NC 进行接枝改性研究,之后北京理工大学的谭惠民教授采用聚醚软链接枝到 NC 分子中未参与反应的羟基上[4,5],形成高韧性的高分子材料,实现了改性硝化棉在推进剂中的首次应用,但其由于制作成本高、实际生产难度大而没能得到推广。

同时期俄罗斯科学家为了改善纤维素大分子的柔顺性,提高了分子链上羟基数目,制备出具有分子内增塑支链的多羟基纤维素醚[6,7],进一步硝化后,原始的纤维素分子中羟基数目基本不变,两者合成了具备良好热塑性和高能量的新型纤维素基含能黏合剂。在 20 世纪 60 年代俄罗斯科学家 Lon 等建议使用纤维素烷基醚的硝化物作为黏合剂。并且在 2000 年,新型的纤维素基含能黏合剂工艺线已经在俄罗斯投入生产应用,并且很多俄国远程战术火箭、导弹及部分战略武器均采用改性双基推进剂,推进剂外径在 $\phi 300$ mm 以上,有的可以达到 $\phi 700$ mm,甚至有产出高达 $\phi 1\,000$ mm 大直径推进剂药柱。

北理工邵自强多次对各类不同纤维素醚硝酸酯进行研究,发现纤维素甘油醚的葡萄糖环上接枝了多碳的小支链,对刚性的纤维素起到"内增塑"的作用,提高纤维素自身大分子链柔顺性,从而提升火药自身低温力学性能[8],进而直接从纤维素醚制备出新型热塑性纤维素基含能黏合剂 NGEC(图 2),它是 GEC 的硝酸酯。

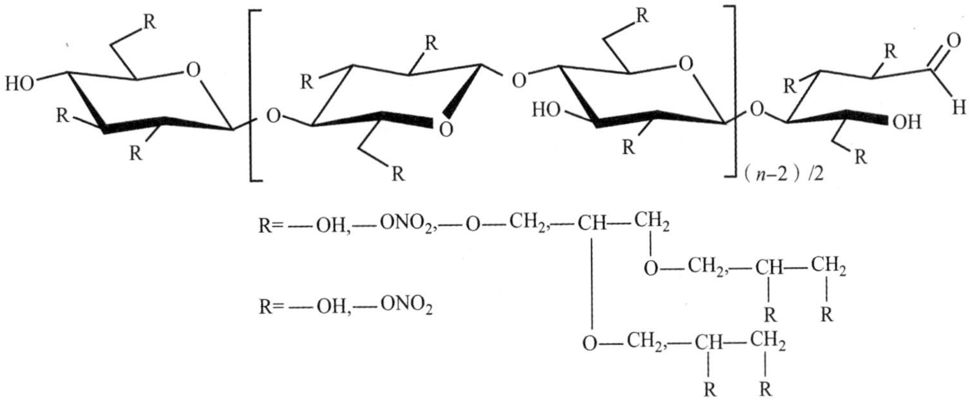

图2 纤维素甘油醚硝酸酯分子结构图

张有德等[9]合成不同醚化度、硝化度的纤维素甘油醚硝酸酯,通过扫描电镜观察 NGEC 黏合剂基新型改进双基推进剂的端面,并测试其力学性能、比容、溶解度和爆热等特性,深入研究 NGEC 和 NC 对推进剂力学性能与动态性能的影响,分析及对比得出:NGEC 作为固体推进剂,它本身具备较高的延伸率、较低的玻璃化转变温度 T_g;作为改性硝化棉,它可以明显改善双基推进剂的脱湿现象,提高材料的整体力学性能,使推进剂具有更加良好的低温适应性。

3 NGEC 的制备工艺

3.1 反应机理

NGEC 为纤维素醚化后的完全硝化物，合成主要分为碱化—醚化—硝化三大步骤，再经过纯化、安定处理等过程。在合成过程中的主要化学反应机理如图 3 所示。

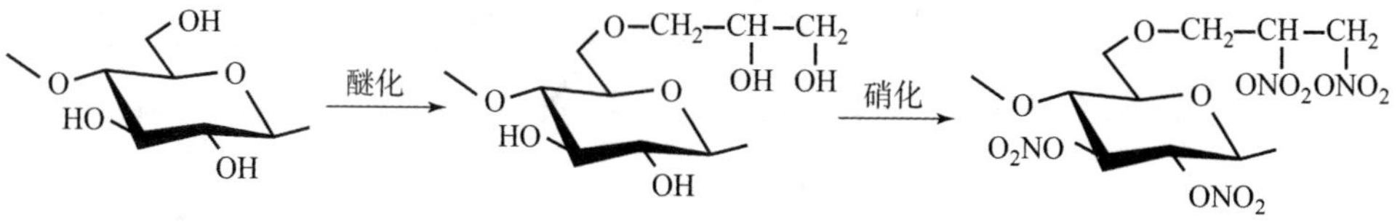

图 3 NGEC 合成反应机理

3.2 工艺流程

精制棉在醚化完成后，需要进行离心去除溶剂并进行多次洗涤，然后烘干粉碎后用于硝化。硝化过程完成后再次进行离心脱酸，后经洗涤过滤，制备出成品纤维素甘油醚硝酸酯。在实际工业生产过程中的工艺流程如图 4 所示。

图 4 NGEC 工艺生产流程

3.3 制备条件对 NGEC 结果影响

不同聚合度的精制棉对产物的黏度性能指标会产生较大影响。黏度指标是推进剂制造成型工艺中的主要考核指标之一。并且随着精制棉聚合度不断增大，NGEC 黏度变大，因此根据实际军用工艺要求，选取最为合理聚合度的精制棉极为关键。

碱化过程使纤维素膨胀，增大分子间距，弱化链间氢键，提高溶剂的吸附能力。碱化的程度直接影响后续醚化反应的均匀性。醚化过程中，不同用量的醚化剂会对纤维素甘油醚的取代度产生不同的影响，通过不同产品的需求选择不同的取代度。

过程中最主要的是纤维素的硝化技术，该技术已经经历了 100 多年的研究。主要的硝化方法：硝酸蒸汽酯化法，硝酸酯化法，硝酸 – 磷混酸酯化法，硝酸 – 醋酸酯化法，硝酸 – 硝酸镁酯化法，N_2O_5 硝化法，惰性介质与混酸酯化法以及硝酸 – 硫酸混酸酯化法[10,11]。为了实现更高的硝化度，提高纤维素甘油醚硝酸酯的自身能量，目前实现工业化生产的只有硝硫混酸硝化技术。

4 对 NGEC 未来发展展望

4.1 新型溶剂体系下的合成工艺及技术

实现 NGEC 工业生产的主要技术是硝硫混酸酯化法，研究者采用不同比例的混酸对纤维素甘油醚 GEC 进行了硝化，试验发现：GEC 分子间距较大，含有大量羟基，具备很强的亲水性。在硝硫混酸体系中 GEC 容易与水分子结合，使硝化效果远不如 NC 好，只能制备出较低氮量的 NGEC 产品；并且硝硫混酸法会生成一定的硫酸酯，影响产物纯度，造成实际工艺中安定处理过程相对较烦琐，耗时耗力，进而影响产品安定性。

张有德等[12]通过大量的研究分析，发现在硝酸和惰性有机溶剂的硝化体系中，减弱酸含量也能够制备出较高含氮量的 NGEC，其相比 NC 具有安定过程更加简单、纯度更高等优势。该技术如果将来投入生产，将大大提高生产效率。

但与此同时，NGEC 的洗涤过程中仍存在固体颗粒团聚现象，造成硝化效率下降等实际工艺问题。

此外有机溶剂自身具有很强毒性，造成硝化废液不易于处理。因此，该方法在实际生产应用前，仍需要进一步分析解决工艺上产生的问题，进而实现大批量生产，这也是研究学者目前的一大研究热点。

4.2 纤维素的新型分析、合成技术

传统的合成工艺以及性能测试表征相对费时费力，并且存在较大的安全风险，因此从理论分子设计，基于分子力场、模拟分子体系算法的分子模拟技术已经被广泛应用于高分子研究，通过该技术来优选试验方案，快速搭建分子结构，定性感知大分子构象与结构变化趋势，定量估算出新合成聚合物的性能[13]，从而大大缩短了研究进程，加快新型含能材料的研究脚步。

参 考 文 献

[1] 夏勇. CNFs、NGEC 在发射药中的应用研究 [D]. 南京：南京理工大学，2018.

[2] 张云华. 改性硝化纤维素基固体推进剂及其凝胶/复合凝胶研究 [D]. 北京：北京理工大学，2015.

[3] 丁海琴，菅晓霞，肖乐勤，等. 聚叠氮缩水甘油醚改性 NC 的制备与性能 [J]. 火炸药学报，2013，36（3）：78－82.

[4] 徐武，王煊军，刘祥萱，等. 含能黏合剂研究的新进展 [J]. 火箭推进，2007，32（2）：44－47.

[5] 王飞俊，杨斐霏，王江宁，等. NGEC 基改性双基推进剂的制备及性能 [J]. 火炸药学报，2006（6）：51－53.

[6] 丁海琴. 用于弹药的聚合物合成、改性与性能研究 [D]. 南京：南京理工大学，2013.

[7] 李煜. 纤维改性可燃药筒的制备与性能研究 [D]. 南京：南京理工大学，2010.

[8] CHELOUCHE S, TRACHE D, TARCHOUN A F, et al. Organic eutectic mixture as efficient stabilizer for nitrocellulose: Kinetic modeling and stability assessment [J]. Thermochimica Acta, 2019, 673.

[9] 袁荃，邵自强，张有德. 纤维素甘油醚硝酸酯在双基推进剂中的应用 [J]. 固体火箭技术，2012，35（1）：83－87，103.

[10] 邵自强. 硝化纤维素生产工艺与设备 [M]. 北京：北京理工大学出版社，2002.

[11] 邵自强. 纤维素醚 [M]. 北京：化学工业出版社，2007.

[12] 张有德，邵自强，周晋红，等. 纤维素甘油醚硝酸酯粘合剂及其推进剂的力学性能 [J]. 推进技术，2010，31（3）：345－350.

[13] QI X F, LI H Y, ZHAO Y, et al. Comparison of the structural and physical properties of nitrocellulose plasticized by N－butyl－N－（2－nitroxy－ethyl）nitramine and nitroglycerin: computational simulation and experimental studies [J]. Journal of Hazardous Materials, 2018.

无人机用森林灭火弹抛撒特性研究

朱 聪,梁增友,邓德志,王明广,梁福地,孙楠楠

(中北大学 机电工程学院,山西 太原 030051)

摘 要:森林火灾带来不可挽回的经济损失和人员伤亡,做好防灾、消灾工作成为重中之重,此时无人机用森林灭火弹作为一种有效灭火工具应运而生。现基于新型120 mm口径的无人机用森林灭火弹,探究其在爆炸抛撒过程中弹丸壳体碎裂对灭火剂抛撒的影响并理论推算出有效的灭火面积。运用True-Grid软件建立战斗部有限元模型、LS-DYNA软件进行求解计算,在不同比药量的条件下,对弹丸的爆炸抛撒过程进行仿真模拟。结果表明:在比药量为3.21%时,弹丸壳体碎裂均匀,灭火效果较好,理论计算后得出无人机用森林灭火弹有效灭火面积为9 m^2。并将灭火弹静爆试验结果与仿真结果进行对比,发现静爆试验数据与仿真推算数据相差7%左右,误差在合理范围内,从而证明了灭火剂爆炸抛撒数值模拟的准确性,也为无人机用森林灭火弹的工程应用提供了技术支持。

关键词:无人机用森林灭火弹;静爆试验;爆炸抛撒;数值模拟

中图分类号:TJ413 **文献标识码**:A

Research on scatters of forest fire extinguishing projectile for unmanned aerial vehicle

ZHU Cong, LIANG Zengyou, DENG Dezhi, WANG Mingguang, LIANG Fudi, SUN Nannan

(College of Mechanical and Electrical Engineering, North University of China, Taiyuan 030051, China)

Abstract: Forest fires have brought irreparable economic losses and casualties, how to deal with disaster prevention and disaster relief has become the most important. At this time, drone forest fire extinguishing projectile as an effective fire-fighting tool came into being. Now, based on the new 120 mm caliber drone forest fire extinguishing projectile, to explore the influence of the fragmentation of the projectile shell on the fire extinguishing agent during the explosion of the forest fire extinguishing projectile and the theoretically effective fire retardant area. Using the TrueGrid software to establish the finite element model of the warhead and the nonlinear explicit dynamics software LS-DYNA to calculate the numerical solution which is used to simulate the explosion process of the projectile under different specific dose conditions and the fragmentation of the shell is analyzed. The results show that the shot shell is evenly split when the specific dose was 3.21 percent, and the fire extinguishing effect of the fire extinguishing projectile is better, and calculated the effective fire retardant area is 9 square meters. The results of the static explosion test of the fire extinguisher are compared with the simulation results. It is found that the difference of the static explosion test data and the simulated calculation data are about 7 percent, and the error is within a reasonable range, which proves the accuracy of the numerical simulation of the fire extinguishing agent explosion and scatters, also provide technical support for the engineering application of drone forest fire extinguishing projectile.

Keywords: drone forest fire extinguishing projectile; static explosion test; explosion and scatters; numerical simulation

---

作者简介:朱聪,男,硕士研究生,E-mail:1393707280@qq.com。

0 引言

森林火灾会严重破坏森林结构和森林环境，造成严重的经济损失和人员伤亡，甚至导致生态系统失去平衡。当前我国的灭火装备相对还比较落后，高效灭火并搭载无人机使用的灭火弹是很有前景的一种灭火装备。无人机用森林灭火弹基于无人机特性研制，可以充分利用无人机平台的特点，使森林灭火弹的使用不受场地限制，进而提高灭火安全性。无人机用灭火弹弹丸在装药的爆轰作用下，将超细干粉灭火剂抛撒到火场。而灭火剂的灭火效能高低取决于灭火剂的抛撒半径、形状和浓度。其中最重要的当属灭火剂的抛撒半径，而有效灭火半径则是检验灭火弹灭火性能高低的重要标准。由于灭火剂的爆炸抛撒过程非常复杂，且爆炸抛撒数据信息的采集需要大量的人力物力，因此成本较高。此外偶然误差的存在也会对试验的准确度产生影响。本文先使用有限元动力分析软件对无人机用森林灭火弹战斗部爆炸以及灭火剂的抛撒过程进行了数值模拟，预先获取了一系列相近数据，最后与灭火弹静爆试验结果进行对比，得到理想的灭火剂有效灭火面积，为今后进一步提高森林灭火弹灭火面积的研究打下基础。

1 无人机用森林灭火弹模型和战斗部模型建立

1.1 无人机用森林灭火弹模型

新型120 mm口径的无人机用森林灭火弹采用平衡发射原理，利用六旋翼民用无人机发射，其结构主要为发射装置、弹丸和平衡装置，作用机理为战斗部装填灭火剂，平衡发射后弹丸飞行到火场，抛撒药引燃，进而使灭火剂在抛撒药作用下随弹丸壳体的碎裂而弥散灭火。本文主要的研究内容为弹丸的爆炸抛撒特性，所以将研究重点放在弹丸总体结构方面。其结构参考尾翼式野战火箭弹的总体结构外形，口径为120 mm，长度为377 mm，壳体选用ABS工程塑料，厚度为3 mm，弹丸的气动外形如图1所示。

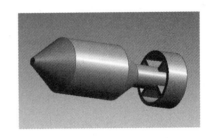

图1 无人机用森林灭火弹弹丸气动外形

1.2 战斗部材料模型

炸药选取TNT炸药，采用高能炸药模型和JWL物态方程描述爆炸产物随时间的变化规律，JWL物态方程的表达式为

$$p = A\left(1 - \frac{\omega}{R_1 V}\right)e^{-R_1 V} + B\left(1 - \frac{\omega}{R_2 V}\right)e^{-R_2 V} + \frac{\omega}{V}E \quad (1)$$

式中：p——压力；

V——相对比容；

E——单位体积的内能；

A、B、R_1、R_2、ω——材料参数。

TNT炸药[1]的JWL状态方程参数[2]如表1所示。

表1 TNT炸药的JWL状态方程参数

$A/(10^{11}\ \text{Pa})$	$B/(10^{11}\ \text{Pa})$	R_1	R_2	ω
3.738	0.037 47	4.15	0.90	0.35
$\rho/(\text{kg}\cdot\text{m}^{-3})$	$D/(\text{m}\cdot\text{s}^{-1})$	$p_{CJ}/(10^{11}\ \text{Pa})$	$E_0/(10^{11}\ \text{Pa})$	
1 630	6 930	0.210	0.060	

1.3 战斗部有限元模型

1.3.1 基础条件及假设

无人机用森林灭火弹战斗部主要包括超细干粉灭火剂、装药和壳体。装药爆炸后,冲击波通过灭火剂传播使弹丸壳体碎裂,接着灭火剂向周围抛撒。为了便于仿真分析,需要对爆炸条件进行假设[3]。

(1) 爆轰在理想状态下瞬时完成,不考虑周围环境的影响。
(2) 忽略空气阻力的影响。
(3) 设计战斗部模型为圆柱体,为了提高计算效率,只建立1/4模型进行模拟。
(4) 灭火剂材质选用密度相当的土壤材料替代。

1.3.2 仿真模型建立

首先设定几何模型参数,在 TrueGrid 前处理中,将战斗部分为开仓药、干粉灭火剂及弹丸壳体3个 part (部件) 分别建模,其中 part1 (开仓药) 及 part2 (干粉灭火剂) 建为 SPH 粒子模型,part3 (弹丸壳体) 建为实体模型,采用 SOLID 164 实体单元。

在运用 LS – DYNA[4] 软件进行显示动力学分析中,材料本构模型的选取也非常重要。本次仿真模拟过程中,弹丸壳体选用 PLASTIC_KINEMATIC 模型 (非线性塑性模型),其材质参数如表2所示,开仓药选用 HIGH_EXPLOSIVE_BURN 高能炸药模型、干粉灭火剂选用等密度的 SOIL_AND_FOAM 土壤模型。

表2 弹丸壳体的材质参数

材料名称	密度 /(g·cm^{-3})	热膨胀系数 (22 ℃)	弹性模量 /Pa	泊松比	抗拉屈服强度 /Pa	抗拉极限强度 /Pa
ABS 塑料	1.27	7.8×10^{-5}	2.5×10^9	0.38	1.05×10^8	1.4×10^8

然后建立弹丸战斗部的网格模型,弹丸战斗部的网格建立及划分在前处理软件 TrueGrid 中进行,其中装药与干粉灭火剂采取粒子化建模、SPH 算法,弹丸壳体采用映射网格方式划分、Lagrange 与单点积分算法。本次研究无人机用森林灭火弹弹丸战斗部在不同比药量[5]的情况下,弹丸的爆炸抛撒特性,具体参数如表3所示、模型如图2所示 (因不同比药量的模型具有相似性,此处仅展示一种模型)。

表3 不同比药量时的模型参数

装药半径/cm	干粉重量/g	相对 TNT 比药量/%	装药半径/cm	干粉重量/g	相对 TNT 比药量/%
0.5	1 908.25	0.97	0.8	1 885.17	2.52
0.6	1 901.74	1.41	0.9	1 875.11	3.21
0.7	1 894.05	1.92	1.0	1 863.86	3.98

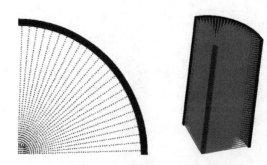

图2 比药量2%时的弹丸战斗部1/4有限元模型

2 计算结果及分析

2.1 壳体碎裂情况对爆炸抛撒影响的结果分析

(1) 仿真分析时,选择 0.6 ms 这一时间点来截取不同装药半径下的弹丸壳体碎裂情况。相应的弹丸壳体碎裂情况如图 3 所示。通过对比分析可知,装药半径为 0.9 cm 时弹丸壳体碎裂产生的碎片大小较均匀、飞散效果较好,而其他尺寸装药时弹丸壳体碎裂产生的破片大小不一且有明显的粘黏现象,尤其在 0.8 cm 装药半径时条状碎片较明显,对周围环境的影响较大。

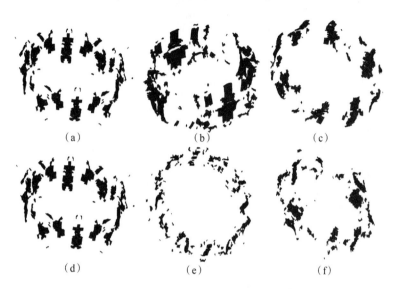

图 3　0.5~1.0 cm 装药半径时弹丸壳体的碎裂情况

(a) 装药半径为 0.5 cm; (b) 装药半径为 0.6 cm; (c) 装药半径为 0.7 cm; (d) 装药半径为 0.8 cm; (e) 装药半径为 0.9 cm; (f) 装药半径为 1.0 cm

(2) 上述各项具体的仿真结果数据如表 4 所示,根据仿真结果数据,可以推算出随着比药量的增加,弹丸壳体的碎裂时间等量减少、气体膨胀半径等比增加,相对应的灭火剂的抛撒半径也会相应地变大,但是灭火剂的浓度也会等量减少,灭火效果不佳。此时考虑到弹丸壳体的碎裂情况,分析表 4 可知,当装药半径为 0.9 cm、比药量为 3.21% 时,壳体碎裂效果较好,灭火剂的飞散比较均匀,且对周围环境的影响较小。

表 4　数值模拟时仿真结果数据

装药半径/cm	比药量/%	壳体碎裂时间/μs	加速结束时干粉颗粒速度/(m·s^{-1})	碎裂时壳体飞散速度/(m·s^{-1})	爆生气体半径/cm
0.5	0.97	109	100	120	15.5
0.6	1.41	99	120	170	18.6
0.7	1.92	89	150	180	21.7
0.8	2.52	79	200	190	24.8
0.9	3.21	69	210	200	27.9
1.0	3.98	59	240	250	31.0

(3) 根据上述仿真模拟得到的灭火剂爆炸抛撒云图如图 4 所示,其中黑色部分为弹丸壳体,红色部分为 TNT 炸药,蓝色部分为干粉灭火剂。然而在实际爆炸抛撒中灭火剂的颗粒运动会受到环境因素、壳

体碎裂等影响,本文仅研究装药比为3.21%、装药半径为0.9 cm时壳体碎裂较好的情况下的灭火剂爆炸抛撒半径及有效灭火面积。根据仿真结果及经验公式[6]的计算可得仿真模拟下的灭火剂抛撒半径为3.324 m,灭火面积为34.7 m^2,此时的灭火剂浓度为0.97 g/cm^3,在有效灭火浓度范围内。考虑到环境的影响,灭火剂的有效灭火半径只能达到理论值的30%左右,本文在计算单发森林灭火弹的灭火性能时取理论值的26%[7],最终计算得出该森林灭火弹的有效灭火面积为9 m^2。

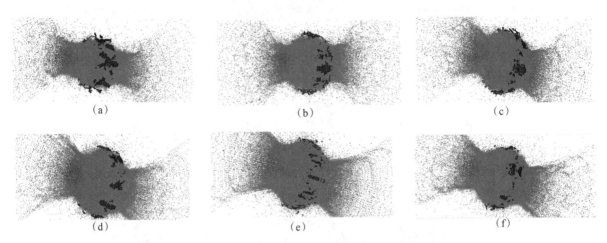

图4　0.5~1.0 cm装药半径时的灭火剂爆炸抛撒云图

(a) 装药半径为0.5 cm;(b) 装药半径为0.6 cm;(c) 装药半径为0.7 cm;(d) 装药半径为0.8 cm;
(e) 装药半径为0.9 cm;(f) 装药半径为1.0 cm

2.2　灭火弹静爆试验结果分析

本文前部分通过建立有限元模型,仿真分析得出在比药量为3.21%、装药半径为0.9 cm时,灭火弹的灭火性能较好。现在依据仿真结果进行试验,在比药量为3.21%、装药半径为0.9 cm的情况下,对无人机用森林灭火弹进行爆炸抛撒试验,观察干粉灭火剂的运动状态,获取其抛撒半径。本次试验采取静爆试验的方式,试验场地布置如图5所示,其中的横竖两条交叉反光片为模拟火场。试验时将灭火弹弹丸放置在模拟火场中心位置,起爆后干粉灭火剂开始向四周飞散,如图6所示。干粉灭火剂抛撒完全后的效果如图7所示。试验结束后测量得到灭火剂的抛撒半径为3.09 m,与理论仿真值对比相差7%,处于误差允许的范围内,从而证明了仿真模拟的可行性及理论推算的准确性。

图5　抛撒试验场地布置

图6 干粉灭火剂爆炸抛撒

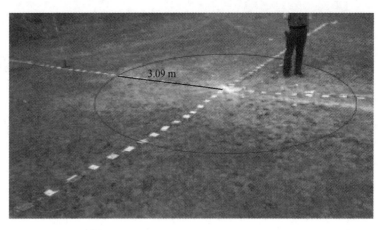

图7 爆炸抛撒完全后的效果

3 结论

本文探究了无人机用森林灭火弹的有效灭火面积，通过 TrueGrid 软件，建立了无人机用森林灭火弹战斗部有限元模型，利用非线性显式动力学软件 LS-DYNA 对模型进行了数值求解计算，对无人机用森林灭火弹弹丸战斗部的壳体碎裂情况进行了仿真模拟，获取了不同的比药量下弹丸壳体碎片飞散情况的云图和灭火剂的爆炸抛撒云图，并与实际静爆试验的结果进行对比。

结果表明：

（1）灭火弹静爆试验数据与仿真计算数据相差7%左右，误差在合理范围内，从而表明所建立的有限元仿真模型的准确性，进而表明灭火剂爆炸分散数值模拟过程的准确性。

（2）当比药量为3.21%时，弹丸壳体的碎裂情况较好，壳体碎片分散较均匀，弹体爆轰后模型结构近似为圆柱形，利于灭火剂轴向、径向地均匀分散，从而灭火剂爆炸抛撒效果较好。

参 考 文 献

[1] 周保顺，张立恒，王少龙，等. TNT 炸药爆炸冲击波的数值模拟与实验研究 [J]. 弹箭与制导学报，2010，30（3）：88-90.

[2] 张宝平，张庆明，黄风雷. 爆轰物理学 [M]. 北京：兵器工业出版社，2001.

[3] 刘耀鹏，王克印，黄勇，等. 灭火弹爆炸抛撒效应数值模拟与分析 [J]. 陕西理工学院学报：自然科学版，2013，29（1）：36-41.

[4] 唐长刚. LS-DYNA 有限元分析及仿真 [M]. 北京：电子工业出版社，2014.

[5] 赵瑞成，王克印，魏茂洲，等. 固体灭火剂在中心抛撒炸药作用下的试验研究 [J]. 科学技术与工程，2008（2）：428-431.

[6] 桂潜波，王克印，赵瑞成. 固体灭火剂爆炸抛撒半径分析 [J]. 军械工程学院学报，2008，20（2）：29-32.

[7] 杨丽，曲家惠，袁志华，等. 超细粉灭火剂爆炸抛撒仿真与灭火效能研究 [J]. 计算机仿真，2014，31（2）：454-460.

含能材料撞击感度模拟研究进展

黄璜[1]，李岩[2]，朱敏[1]

(1. 海军工程大学 核科学技术学院，湖北 武汉 430033；
2. 火箭军工程大学 核工程学院，陕西 西安 710000)

摘　要：区分量子化学（Quantum Chemistry）方法、分子动力学（Molecular Dynamic）方法以及QSPR方法，对含能材料的撞击感度研究进行了详细综述，介绍了各判据的发展历程，分析了各种方法的特点和适用范围，对含能材料撞击感度下一步研究方向进行了展望。

关键词：撞击感度；量子化学；分子动力学；QSPR

中图分类号：TJ55　**文献标志码**：A

Overview on the simulation of the impact sensitivity for energetic materials

HUANG Huang[1], LI Yan[2], ZHU Ming[1]

(1. College of Nuclear Science and Technology, Naval University of Engineering,
Wuhan 430033, China;
2. College of Nuclear Engineering, Rocket Force University of Engineering,
Xi'an 710000, China)

Abstract: Distinguishing the quantum chemistry method, the molecular dynamics method and the QSPR method, this paper reviews the impact sensitivity for energetic materials in detail. It also introduces every indices' development history. Characteristics and range of application for every methods are analysed. We also prospect the future research direction of impact sensitivity for energetic materials.

Keywords: impact sensitivity; quantum chemistry; molecular dynamic; QSPR

0　引言

含能材料领域一个关键的问题就是感度，或者说受到外界意外刺激而产生爆炸的难易程度，它与含能材料使用的安全性息息相关。人们的目标是实现炸药在拥有较低感度的同时拥有较好的爆轰性能，但通常来讲，感度与爆轰性能是呈正相关的。感度由很多因素决定：分子、晶体以及物理方面。具体来讲，晶体的大小、形状和纯度，晶体缺陷，周围的环境等因素都能够影响含能材料的感度。这就意味着感度的测量需要尽可能使用同样品质的样品、执行相同的程序来完成，然而这是很难实现的。因此，不同实验室测量出的同一种炸药的感度具有较大差别，完全相同的实验条件几乎是不可复制的。

对于撞击感度来讲，最常使用的试验方法就是落锤试验，通过测量能使炸药有50%可能性发生爆炸的锤子下落高度来表征炸药的撞击感度。落锤试验在实际使用中存在3个方面的不足：一是如同大多数试验，其可靠性难以保障，所得数据受诸多方面影响，存在较大偏差；二是由于炸药的特殊性，试验多数伴随着危险性，还会耗费大量人力、物力和财力；三是对于未被合成或者合成量极少的含能材料，该

作者简介：黄璜（1988—），女，硕士研究生，E-mail: 1059256872@qq.com。

方法是难以完成测定的。为克服传统方法的不足，近年来，研究者通过计算机模拟的方式对含能材料的撞击感度进行研究，随着计算机运算能力的显著提升以及相关理论的不断完善，模拟研究得到了较为充分的发展。

1 量子力学方法

20世纪初，量子力学的出现给了人们全新的视角去认识世界，特别是近年来密度泛函理论（Density Functional Theory）的提出，使研究者们从微观尺度上对物质结构与性质的内在关联有了更加精准的认识。大量针对含能材料撞击感度的研究也使用了量子化学相关的方法[1-4]。

1.1 静电势

任何系统的电子和原子核都会在周围产生静电势，静电势直接反映了该空间中的电荷分布。1985年，Owens使用自洽场的方法，计算得到多硝基芳香化合物撞击感度与最长C—NO_2键中点静电势有很强的相关性[5]。后续，Murray又针对多种硝基芳香化合物的撞击感度与静电势的该相关性进行了验证[6]。他们还在文献中定义了表面电位的平均偏差[7]，该参数与撞击感度拥有更密切的相关性，这些研究表明，影响感度的一个关键因素可能是电荷去中心化的稳定效应被抵消的程度。Politzer课题组针对11种硝基烷验证了键离解能与静电势之间的关系[8]，随后又在文献中进一步研究了表面静电势，撞击感度以及C—NO_2、N—NO_2键离解能之间的关系[9]。

国内也有关于静电势与撞击感度关系相关的研究报道。程新路等[10-12]研究了各类含硝基炸药的C—NO_2键的中点静电势与撞击感度之间的关系，得出C—NO_2键的中点静电势与撞击感度存在正相关关系的结论。任福德课题组则使用DFT方法[13]，分别研究了引发键离解能、环应变能以及分子表面静电势与材料撞击感度的关系，结果表明：作为分子的全局特征量，表面静电势是相对更好的判据。

1.2 键离解能

键离解能指的是化学键断裂所需要的最低能量。Melius认为对于含能材料来讲，R—NO_2往往就是最脆弱的键，最脆弱的化学键断裂一般就是化学反应的起始点，但是当时并没有将该结论与感度相关联[14]。Rice提出使用键离解能作为撞击感度判据[15]，如表1所示，因为该方法基于NO_2的解离，所以只适用于R—NO_2为最弱键的情况。文献[16,17]则提出使用最弱键离解能与分子总能量之比作为判据，得出了更为清晰的线性相关性。Zeng等[18]使用混合DFT（B3LYP，B3P86，B3PW91，PBE1PBE）分别配合6-311G**基组和CBS-Q基组计算键离解能，计算结果表明CBS-Q基组表现出更好的性能。

表1 计算出的硝基芳香化合物分子的键离解能与$H_{50\%}$

名称	BDE/(kcl·mol^{-1})	$H_{50\%}$/cm	名称	BDE/(kcl·mol^{-1})	$H_{50\%}$/cm
TNT	58.9	160	TNA	66.5	177
TATB	69.4	490	TETNB	50.3	27
DATB	69.2	320	TBN	57.0	140
HNB	50.1	12	TNAP	62.8	138
PNA	47.1	15	Picric acid	60.1	87
TETNA	48.1	41	TNB	64.0	100

1.3 带隙

带隙（ΔE_g）指的是最高占据轨道（HOMO）与最低占据轨道（LUMO）的能量之差的绝对值。肖鹤鸣等提出使用"最易跃迁原理"（PET）与炸药撞击感度相关联[19]，即用电子从最高占据轨道跃迁至最低占据轨道的难易程度表征炸药撞击感度,越容易跃迁,撞击感度便越大。

2002年,肖鹤鸣团队使用第一性原理DFT计算,分别得出HMX和TATB晶体能带结构与性能的关系[20,21]。在此基础上,他们使用DFT对HMX的四种晶型的带隙与感度之间的相关性进行了研究,对不同压力下$\varepsilon-CL-20$晶体的带隙与感度之间的相关性进行了研究[22],得出了与实验相符的结果。此后,他们又将从头算分子动力学方法(CP-MD)应用于感度理论研究,基于热分解机理对叠氮化银晶体以及$\varepsilon-CL-20$晶体不同温度下感度相关行为进行了研究[23,24],并归纳出关于感度理论判别的"第一性原理带隙判据"。虽然不同的计算方法得到的带隙有一定差异,但是这种定性的趋势是没有变的[25]。

1.4 硝基电荷

硝基炸药仍然是当今应用最为广泛的炸药。研究表明,R—NO_2键的断裂通常是导致含有硝基炸药爆炸的根源[26]。

张朝阳等[27]提出硝基炸药的硝基所带负电荷与其撞击感度之间存在一定相关性。如图1所示,他们以DFT为基础,计算了硝基上的Mulliken电荷,并与炸药撞击感度进行比对,结果表明,硝基上的Mulliken电荷越多,R—NO_2键就越容易断裂,该分子的感度也就越高,该方法称为NGCM(Nitro group charge method)。但是该方法存在3点不足:一是只对含有R—NO_2键且R—NO_2键为最弱键的化合物有效;二是该方法在计算时仅考虑了分子结构,而忽略了诸如晶体、表面、界面等其他结构;三是该方法对于所使用的算法比较敏感,不同的算法容易导致结果差异较大。

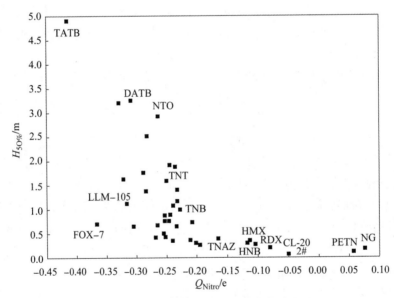

图1 硝基炸药的$H_{50\%}$与硝基电荷对比

1.5 晶体堆积模式

早些年,对于炸药撞击感度的研究主要集中于分子内部。近年来,为了从更多尺度认识影响炸药撞击感度的机理,一些学者从晶体层面开展了相关研究[28]。

炸药晶体的稳定性很大程度上取决于晶体中分子的堆积方式,分子结构又是决定分子堆积方式的关键因素。Ma等[29,30]对一些感度较低的炸药进行研究,结果表明其分子存在的共轭结构导致晶体堆积时产生较为稳定的π-π堆积结构,这种结构能够将外界机械刺激产生的机械能一定程度上转化为晶体层之间的作用能,从而避免可能导致炸药爆炸的热点形成,对炸药的爆炸起到一定的缓冲作用。因此,具有这种结构的炸药具有较低的撞击感度。

晶体堆积方式与炸药感度相关性的研究为炸药分子设计提供了新的可能性,使研究者们可以从更多维度展开研究,并合成出性能更好的新型含能材料[31-33]。

2 分子动力学方法

2.1 引发键最大键长

赵丽等发现,随着温度的升高,引发键的平均键长相对于实验值变化不大,但是引发键的最大键长显著地增大,并推断极少数具有最大键长的分子随着温度的升高被"激活",这些分子易引发分解和起爆,从而导致感度的增加[34]。

另外,肖继军等对 AP/HMX 两个组分的混合物分别在不同配比和不同温度下进行 MD 模拟[35,36],并提出使用引发键最大键长作为撞击感度的判据,发现各种配比下的引发键最大键长与温度、撞击感度有很好的线性关系。后续,他们在多种体系中对该线性关系进行了验证[37]。

2.2 双原子作用能

炸药中 N 与 N 之间的双原子作用能 E_{N-N} 定义为

$$E_{N-N} = (E_T - E_T')/n$$

式中:E_T——总能量;
E_T'——固定 N 原子后总能量;
n——N—NO_2 引发键数量。

可见,E_{N-N} 为引发键强度的度量,E_{N-N} 越小,引发键越弱,在外界刺激下就越容易发生断裂,相应的感度也就越高。

2.3 内聚能密度

内聚能密度(CED)指的是单位体积凝聚相变为气态所需要的能量。它是用来描述分子间作用力大小的物理量,反映集团间的相互作用。

在分子模拟中,内聚能密度为范德华力和静电力,为非键力。肖鹤鸣等发现对于同一体系,温度越高,CED 越小,从而感度就越高,在此状况下,它能够较好地关联感度的相对大小[38]。另外,Sun 等使用 MD 模拟方法[39],研究了 $\varepsilon-CL-20/HMX$ 共晶的撞击感度,结果表明单位体积凝聚相变为气相所需的能量可以作为共晶撞击感度的判据。

但肖鹤鸣团队在研究中发现当 PBX 的黏结剂浓度增大时,CED 却逐步减小,这与感度随黏结剂增大而降低的事实不符[40]。因此,他们认为单独使用 CED 关联炸药感度具有较大的局限性,其配合能够反映引发键断裂难易程度的双原子作用能使用,才具有较好的普适性。

3 定量结构-性质关系法

定量结构-性质关系(Quantitative Structure-Property Relationship,QSPR)方法是一种用来描述和探索分子结构与性质之间关系的有效手段。经过多年的发展,QSPR 方法包含了很多计算方法。起初,该方法主要被应用于生物技术领域[41],现在已经被拓展成为生物制药技术或者物理化学性质预测的筛选工具。QSPR 模型的基本原理:相似的化合物表现出相似的性质,而改变化学结构会引起相对应性质的变化。实际上,模型存在于分子结构的目标属性和所选描述符之间的数学关系中。这种方法的优势在于它仅需要化学结构参数,而不依赖于实验性质。一旦建立了模型,它就可以用来预测一些还未被合成或者未被发现的材料性质,大大减少研究周期。

在近些年,学者们使用 QSPR 方法对炸药的撞击感度进行了研究[42-44]。Kalmet 和 Adolph 就使用线性方程基于氧平衡表征了含能材料的感度[45],而后其他研究者使用不同的分子结构参数对含能材料的感度表征进行了研究[46,47],构建了多种模型。

随着各类非线性算法的快速发展,特别是人工神经网络在各个领域的广泛应用,人工神经网络成为多变量模型建立的有力工具。Nefati 等[48]首次使用人工神经网络对含能材料的撞击感度进行预测。他们以 204 种感度已知的 $C_aH_bN_cO_d$ 炸药分子作为数据库，选取 39 个参数分别对这 204 种炸药分子结构进行表征，通过计算，构建了撞击感度的预测模型。结果表明，人工神经网络方法较传统线性方法有更高的准确性，同时还具有更广的适用性。文献 [49] 在 Nefati 研究的基础上对炸药分子样本进行了优化和改进，获得了更加接近实测值的预测结果。Zhao 和 Cheng[50]使用 DFT 计算了 33 种硝基分子的结构参数，而后分别使用不同的参数对神经网络进行训练，结果表明将原子化能 ΔE 作为描述符时所得结果最佳。Xu 等[51]分别使用 MLR 方法和人工神经网络建立了线性模型和非线性模型，并对它们进行对比，结果表明人工神经网络建立的非线性模型的估计误差更低。还有一些学者使用多重线性回归方法进行了相关研究[52-54]。

另外，Wang 等[55]基于不同的方法（多重线性回归法、偏最小二乘法和 BP 神经网络）建立了一系列预测硝基化合物感度的模型，通过区分硝基芳烃、硝基胺和硝基脂肪，他们获得了相对于考虑所有硝基化合物更好的结果。同时，他们证明拓扑状态指数通过 BP 神经网络的方法可以很好地描述硝基化合物撞击感度。根据他们的结论，BP 神经网络相对于其他两种方法有更好的相关性，表现出更好的预测能力。Fayet 等[56]在 Wang 研究的基础上，建立了 4 种全新的模型，这 4 种全新的模型表现出更好的相关性以及更强的鲁棒性。

4　结论

对于含能材料领域，实验研究带来的大消耗、高危险是不可避免的，计算机模拟研究能够使我们更加方便地、深入地研究材料感度。可以预期，未来一段时间含能材料计算机模拟研究方法应用将会取得新的突破。

（1）各个判据之间的关系研究更加深入。学者们已经研究出了很多能够反映炸药感度的判据，但是对于各个判据之间本质关系研究还相对薄弱，将不同判据联合起来从更多维度探究炸药感度的手段需要不断丰富。

（2）复合材料的感度判别手段更加充实。目前，单分子层面上的理论体系已经较为完善，但是实际使用中炸药多是以混合物或者复合物的状态存在，对于这类更复杂的炸药感度模拟判别需要加强研究。

（3）深度学习方法逐步被引入。QSPR 方法判断炸药感度的有效性已经得到了证实，但研究仍停留在较为传统的神经网络方法，当前神经网络方法的新阵地——深度学习需要被引入炸药感度判别与预测中。

参 考 文 献

[1] LI H R, SHU Y J, et al. Easy methods to study the smart energetic TNT/CL-20 co-crystal [J]. Journal of Molecular Modeling, 2013, 19 (11): 4 909-4 917.

[2] MURRAY J S, POLITZER P, et al. Effects of strongly electron-attracting components on molecular surface electrostatic potentials: application to predicting impact sensitivities of energetic molecules [J]. Molecular Physics, 1998, 93 (2): 187-194.

[3] MuRRAY J S, POLITZER P, et al. Some molecular/crystalline factors that affect the sensitivities of energetic materials: molecular surface electrostatic potentials, lattice free space and maximum heat of detonation per unit volume [J]. Journal of Molecular Modeling, 2015, 21 (2).

[4] STEPHEN A D, PAWAR R B, et al. Exploring the bond topological properties and the charge depletion-impact sensitivity relationship of high energetic TNT molecule via theoretical charge density analysis [J]. Journal of Molecular Structure (Theochem), 2010, 959 (1-3): 55-61.

[5] OWENS F J. Computational analysis of some properties associated with the nitro groups in polynitroaromatic mole-

cules [J]. Chemical Physics Letters, 1985, 116 (5): 434 – 438.

[6] MURRAY J S, et al. A relationship between impact sensitivity and the electrostatic potentials at the midpoints of C – NO_2 bonds in nitroaromatics [J]. Chemical physics letters, 1990, 168 (2): 135 – 139.

[7] MURRAY J S, et al. Relationships between impact sensitivities and molecular surface electrostatic potentials of nitroaromatic and nitroheterocyclic molecules [J]. Molecular Physics, 1995, 85 (1): 1 – 8.

[8] POLITZER P, MURRAY J S. Relationships between dissociation energies and electrostatic potentials of C—NO_2 bonds: applications to impact sensitivities [J]. Journal of Molecular Structure, 1996, 376: 419 – 424.

[9] MURRAY J S, CONCHA M C, POLITZER P. Links between surface electrostatic potentials of energetic molecules, impact sensitivities and C—NO_2/N—NO_2 bond dissociation energies [J]. Molecular Physics, 2009, 107 (1): 89 – 97.

[10] 王开明. 含硝基炸药撞击感度与其分子内静电势关系的研究 [D]. 成都: 四川大学, 2001.

[11] 程新路, 王开明. 五种典型硝基苯胺类炸药的静电势与撞击感度的关系研究 [J]. 原子与分子物理学报, 2002, 19 (1): 94 – 100.

[12] 王开明, 张红, 程新路. 硝基甲苯类炸药 C – NO_2 键中点的静电势 [J]. 原子与分子物理学报, 2003, 20 (2): 266 – 270.

[13] REN F D, et al. A theoretical prediction of the relationships between the impact sensitivity and electrostatic potential in strained cyclic explosive and application to H – bonded complex of nitrocyclohydrocarbon [J]. Journal of Molecular Modeling, 2016, 22 (4).

[14] MELIUS C F. Thermochemical modeling: I. application to decomposition of energetic materials [J]. Chemistry and Physics of Energetic Materials, 1990, 309: 21 – 49.

[15] RICE B M, et al. Density functional calculations of bond dissociation energies for NO_2 scission in some nitroaromatic molecules [J]. Journal of Molecular Structure (Theochem), 2002, 583 (1): 69 – 72.

[16] SONG X S, et al. Relationship between the Bond Dissociation Energies and Impact Sensitivities of Some Nitro – Explosive [J]. Propellants Explosives Pyrotechnics, 2006, 31 (4): 306 – 310.

[17] ZHAO J, et al. Investigation of correlation between impact sensitivities and bond dissociation energies in some triazole energetic compounds [J]. Structural Chemistry, 2010, 21 (6): 1235 – 1240.

[18] ZENG H, ZHAO J, et al. Bond dissociation energies and electronic structures in a series of peroxy radicals: a theoretical study [J]. Journal of the Chinese Chemical Society, 2014, 61 (5): 556 – 562.

[19] ZHU W H, XIAO H M, et al. First – principles band gap criterion for impact sensitivity of energetic crystals: a review [J]. Structural Chemistry, 2010, 21 (3): 657 – 665.

[20] 姬广富, 肖鹤鸣, 董海山. β – HMX 晶体结构及其性质的高水平计算研究 [J]. 化学学报, 2002, 60 (2): 194 – 199.

[21] 姬广富, 肖鹤鸣, 董海山. TATB 固体与表面吸附水的相互作用研究 [J]. 化学学报, 2002, 60 (7): 1209 – 1214.

[22] XU X J, ZHU W H, XIAO H M. DFT studies on the four polymorphs of crystalline CL – 20 and the influences of hydrostatic pressure on ε – CL – 20 crystal [J]. Journal of Physical Chemistry B, 2007, 111 (8): 2090 – 2097.

[23] ZHU W H, XIAO H M. Ab initio molecular dynamics study of temperature effects on the structure and stability of energetic solid silver azide [J]. Journal of Physical Chemistry C, 2011, 115 (42): 20782 – 20787.

[24] 肖继军, 朱卫华, 朱伟. 高能晶体量子化学 [M]. 北京: 科学出版社, 2012.

[25] CHEN Z X, XIAO H M. Quantum chemistry derived criteria for impact sensitivity [J]. Propellants Explosives Pyrotechnics, 2014, 39 (4): 487 – 495.

[26] 曹霞, 向斌, 张朝阳. 炸药分子和晶体结构与其感度的关系 [J]. 含能材料, 2012, 20 (5): 643 – 649.

[27] ZHANG C Y, et al. Review of the establishment of nitro group charge method and its applications [J]. Journal of Hazardous Materials, 2009, 161 (1): 21 – 28.

[28] ZEMAN S, et al. Sensitivity and performance of energetic materials [J]. Propellants Explosives Pyrotechnics, 2016, 41 (3): 426 – 451.

[29] MA Y, et al. Crystal packing of impact – sensitive high – energy explosives [J]. Crystal Growth and Design, 2014, 14 (11): 6101 – 6114.

[30] MA Y, et al. Crystal packing of low – sensitivity and high – energy explosives [J]. Crystal Growth and Design, 2014, 14 (9): 4703 – 4713.

[31] ZHANG J H, ZHANG Q H. Energetic Salts with pi – Stacking and hydrogen – bonding interactions lead the way to future energetic materials [J]. Journal of the American Chemical Society, 2015, 137 (4): 1697 – 1704.

[32] ZHANG J H, et al. Enforced layer – by – layer stacking of energetic salts towards high – performance insensitive energetic materials [J]. Journal of the American Chemical Society, 2015, 137 (33): 10532 – 10535.

[33] LANDENBERGER K B. Energetic – energetic cocrystals of diacetone diperoxide (DADP): dramatic and divergent sensitivity modifications via cocrystallization [J]. Journal of the American Chemical Society, 2015, 137 (15): 5074 – 5079.

[34] 赵丽, 肖继军, 陈军, 等. RDX基PBX的模型、结构、能量及其与感度关系的分子动力学研究 [J]. 中国科学: 化学, 2013, 43 (5): 576 – 584.

[35] 朱伟, 肖继军, 等. 高能混合物的感度理论判别——不同配比和不同温度AP/HMX的MD研究 [J]. 化学学报, 2008, 66 (23): 2592 – 2596.

[36] ZHU W, WANG X J, XIAO J J. Molecular dynamic simulation of AP/HMX composite with a modified force field [J]. Journal of Hazardous Materials, 2009, 167: 810 – 816.

[37] XIAO J J, WANG W R, CHEN J. Study on the relations of sensitivity with energy properties for HMX and HMX – based PBXs by molecular dynamic simulation [J]. Journal of Condensed Matter, 2012, 407: 3504 – 3509.

[38] 刘强, 肖继军, 陈军, 等. 不同温度下ε – CL – 20晶体感度和力学性能的分子动力学模拟计算 [J]. 火炸药学报, 2014, 37 (2): 7 – 12.

[39] SUN T, XIAO J J, et al. Comparative study on structure, energetic and mechanical properties of a ε – CL – 20/HMX cocrystal and its composite with molecular dynamics simulation [J]. Journal of Materials Chemistry A, 2014, 34 (2): 13898 – 13904.

[40] 肖鹤鸣, 朱卫华, 肖继军, 等. 含能材料感度判别理论研究——从分子、晶体到复合材料 [J]. 含能材料, 2012, 20 (5): 514 – 527.

[41] KATRITZKY A R, KUANAR M, SLAVOV S. Quantitative correlation of physical and chemical properties with chemical structure: utility for prediction [J]. Chemical Reviews, 2010, 110 (10): 5714 – 5789.

[42] MORRILL, BYRD. Development of quantitative structure – property relationships for predictive modeling and design of energetic materials [J]. Journal of Molecular Graphics and Modelling, 2008, 27: 349 – 355.

[43] PRANA V, FAYET G. Development of validated QSPR models for impact sensitivity of nitroaliphatic compounds [J]. Journal of Hazardous Materials, 2012, 235 – 236: 169 – 177.

[44] GAO S. A QSPR model for prediction of the impact sensitivities of some nitro compounds [J]. Advanced Materials Research, 2013, 641 – 642: 109 – 112.

[45] KAMLET M J, ADOLPH H G. The relationship of impact sensitivity with structure of organic high explosives. II. Polynitroaromatic explosives [J]. Propellants Explosives Pyrotechnics, 1979, 4 (2): 30 – 34.

[46] RICE B M, HARE J J. A quantum mechanical investigation of the relation between impact sensitivity and the charge distribution in energetic molecules [J]. Journal of Physical Chemistry A, 2002, 106: 1770 – 1783.

[47] ZHANG C Y, et al. Investigation of correlation between impact sensitivities and nitro group charges in nitro compounds [J]. Journal of Physical Chemistry B, 2005, 109, 8978 – 8982.

[48] NEFATI H, et al. Prediction of the impact sensitivity by neural networks [J]. Journal of Chemical Information & Computer Sciences, 1996, 36 (4): 804 – 810.

[49] CHO S G, et al. Optimization of neural networks architecture for impact sensitivity of energetic molecules [J]. Bulletin of The Korean Chemical Society, 2005, 26 (3): 399-408.

[50] ZHAO J, CHENG X L. Neural networks study on the correlation between impact sensitivity and molecular structures for nitramine explosives [J]. Structural Chemistry, 2006, 17 (5), 501-507.

[51] XU J, ZHU L G, FANG D. QSPR studies of impact sensitivity of nitro energetic compounds using three-dimensional descriptors [J]. Journal of Molecular Graphics and Modelling, 2012, 36: 10-19.

[52] GERMAN T, TATYANA S. Comparative characteristics of some experimental and computational methods for estimating impact sensitivity parameters of explosives [J]. Propellants Explosives Pyrotechnics, 1993, 18 (6): 309-316.

[53] BADDERS N R, ALDEEB A A, ROGERS W T, et al. Predicting the impact sensitivities of polynitro compounds using quantum chemical descriptors [J]. Journal of Energetic Materials, 2006, 24 (1): 17-33.

[54] LI J, et al. A multivariate relationship for the impact sensitivities of energetic Nitrocompounds based on bond dissociation energy [J]. Journal of Hazardous Materials, 2010, 174: 728-733.

[55] WANG R, JIANG J, PAN Y, et al. Prediction of impact sensitivity of nitro energetic compounds by neural network based on electrotopological-state indices [J]. Journal of Hazardous Materials, 2009, 166: 155-186.

[56] FAYET G, et al. Development of simple QSPR models for the impact sensitivity of nitramines [J]. Journal of Loss Prevention in the Process Industries, 2014, 30: 1-8.

近红外光谱检测技术在线测定硝化液中硝酸含量

董晓燕，李 伟，刘巧娥

(甘肃银光化学工业集团有限公司，甘肃 白银 730900)

摘 要：采用近红外漫反射光谱技术在线实时检测硝化液中硝酸含量，提出最佳校正模型。采用偏最小二乘法（PLS）数学计算方法在建模过程中选择基线校正方法预处理谱图，优选波长范围为 6 218.046 0 ~ 7 259.530 0 cm^{-1}，分析校正模型定量预测能力。

关键词：近红外光谱；在线检测技术；偏最小二乘法；硝化液

Online determination of nitric acid in nitrite solution by near infrared spectroscopy

DONG Xiaoyang, LI Wei, LIU Qiaoe

(Gansu Yinguang Chemical Industry Group Co., LTD., Baiyin 730900, China)

Abstract: The near infrared diffuse reflectance spectroscopy (NIDRS) is used to detect nitric acid content in nitrate online and real – time, and the optimum correction model is proposed. The baseline calibration method is selected to preprocess the spectrogram in the process of modeling by using partial least squares (PLS) mathematical calculation method. The optimum wavelength ranged from 6 218.046 0 cm^{-1} to 7 259.530 0 cm^{-1}, and the quantitative prediction ability of the calibration model is analyzed. Near Infrared Spectroscopy online Detection Technology Partial Least Squares Method for Nitrifying Liquor.

Keywords: near infrared spectroscopy; spectroscopy online detection technology; partial least squares method; nitrifying liquor

0 引言

近红外光谱在线检测技术已在石油、制药、农业与食品等多个领域得到广泛应用，在过程检测和在线控制方面发挥着不可替代的作用[1]。在含能材料生产过程中，硝化液中除硝酸以外硝化副产物繁杂，其腐蚀性强、毒性大、取样安全性差，而检测硝酸含量对于监控硝化工艺至关重要，将硝酸含量控制在一定范围内是保证硝化工序安全和产品质量的重要环节。

目前检测硝酸含量操作步骤多，首先进行样品前处理（砂芯漏斗过滤硝化液，得到澄淡黄色透明液体）、测比重、量温度，再采用酸碱滴定法检测硝酸含量。化学分析方法分析时间长、操作烦琐，分析数据时效性差，难以满足工艺及时调控。本研究运用近红外光谱漫反射检测技术，建立硝酸含量快速检测方法，对控制硝化过程、提高危险行业自动化及保护操作工安全有重要意义[2]。

作者简介：董晓燕（1976—）女，高级技师，E - mail：2335143148@ qq. com。

1 试验部分

1.1 仪器与样品

仪器：在线近红外光谱仪（加拿大 ABB 公司型号 TALYS），铟镓砷（InGaAs）检测器，FTSW100 定量分析软件。

样品：以硝化过程中硝化液为样品，定时取样，采集图谱，同时使用化学分析方法检测硝酸含量，结果与图谱对应。

1.2 近红外光谱分析硝酸技术原理

分子振动的非谐振性使分子振动从基态向高能级跃迁时，含氢基团 X—H（X = C、N、O）振动的倍频和合频吸收产生近红外光谱[3]。在近红外区域，吸收强度弱，灵敏度相对较低，吸收带较宽且重叠严重，因此采用传统谱图分析和计算是不可能的。依靠间接测量技术，将样品的近红外光谱图与化学值一一对应，结合化学计量学方法，建立校正模型，通过分析模型和试样的谱图信息进行分析，从而得到试样的检测结果。收集不同硝酸含量的试样并采集近红外光谱图，利用分析软件建立并优化模型，使用性能优良的校正模型测定样品中硝酸含量[4,5]。

1.3 近红外光谱采集条件

测量方式采用漫反射，光谱扫描范围为 $0 \sim 15\,000$ cm^{-1}，分辨率为 16 cm^{-1}，扫描次数 64 次，采集空气作为背景。

2 结果与讨论

2.1 分析硝化液近红外漫反射光谱波段

硝化液反应釜中成分比较复杂，有反应原料、中间产物及目标产物等。图 1 所示为反应过程中样品的漫反射光谱，可以看出各基团的明显吸收。

样品所需光谱信息是筛选光谱波段的过程，光谱信息影响模型的准确性。由图 1 可以看出，$0 \sim 5\,100$ cm^{-1} 区间样品噪声干扰很大，$5\,100 \sim 7\,500$ cm^{-1} 区间信息量丰富，能够反映样品性质和组成的变化，试验在其区间内选择光谱波段。

硝化液成分复杂，其光谱的信息主要由 C—H、N—H、O—H 的倍频和合频信息组成，很难用传统分析方法直接判断硝酸含量，需要依靠化学计量学方法进行硝酸含量定量。

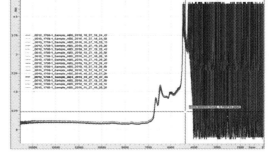

图 1 硝化液近红外漫反射光谱

2.2 建立与优化校正模型

将 56 个样品光谱图与分析所得化学值一一对应，采用 43 个样品建立校正模型，将其作为校正集，13 个样品作为预测集，用交叉验证法选择和优化校正模型，考察其预测结果与常规检测值的一致性。评价定量分析结果的误差采用校正集样本的标准偏差（SEC）、预测集样本的标准偏差（SEP），对实际值与预测值做线性相关分析，并用相关系数和预测标准差来表示预测效果。

采用化学计量学方法建立校正模型时，分析模型预测结果受到多方面影响。利用 FTSW100 定量分析软件将多种数学算法、预处理方法及波长范围三方面结合，用交叉验证法选择和优化校正模型，最终给出数学算法为偏最小二乘法（PLS）、预处理为基线校正、波长范围为 6 218.046 0 ~ 7 259.5 300 cm^{-1} 的校正模型重要参数，如图 2、图 3、表 1 所示。

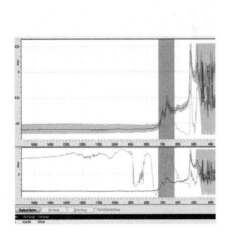

图 2　原始谱图、波段及预处理后谱图

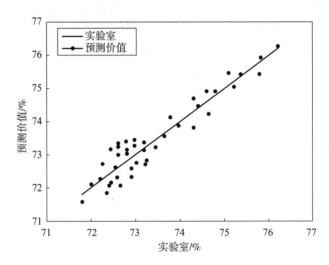

图 3　验证集样品近红外模型预测值与实验测定值的比较

表 1　化学值与近红外预测值的相关性

成分	SEC	SEP	R^2
HNO$_3$	0.216	0.320	0.898 8

由本次试验图表可以看出：本次建模样品浓度集中，样品虽多但是浓度接近，如果可以继续补充样品进模型，将会得到更加完善的模型。

本次建立模型特色数据较少，要不断添加新的具有代表性的样品谱图及对应的数据，对模型不断地进行维护，从而得到一个稳定的、适应性强的模型；工艺变化较大时，应及时收集样品数据，应定期与标准分析方法测得结果进行对比。

2.3　校正模型可靠性检验

通过预测未知样品考察校正模型的准确性，表 2 所示为一组校正模型预测与酸碱滴定硝化液中硝酸含量结果比对，用 t 检验判断这两种方法是否存在显著性差异，t 为

$$t = \frac{|d_0 - \bar{d}|}{\sqrt{s_d^2/n}} = \frac{|0 - 0.27|}{\sqrt{0.178\,916/10}} = 1.51$$

式中：d_0——成对数据差值的期望值，$d_0 = 0$；

$\bar{d}$——成对测定值的平均值；

s_d——成对测定值之差的平均值，$s_d = \sqrt{\frac{1}{n-1}\left[\sum_{i=1}^{n}(d_i - \bar{d})^2\right]}$，给定显著性水平 $\alpha = 0.05$，查表得临界值 $t_{10,0.05} = 2.23$，可以看出 t 小于临界值（$t < t_{10,0.05}$），表明两个测试方法的结果之间没有显著性差异。

表 2　校正模型预测与酸碱滴定硝酸含量结果比对

序号	酸碱滴定值/%	近红外光谱预测值/%	偏差
1	74.5	73.7	0.8
2	73.9	73.7	0.2

续表

序号	酸碱滴定值/%	近红外光谱预测值/%	偏差
3	73.0	73.6	-0.6
4	74.1	73.6	0.5
5	73.6	73.9	-0.3
6	74.7	74.3	0.4
7	74.7	73.8	0.9
8	73.5	73.6	-0.1
9	74.8	73.7	1.1
10	73.5	73.7	-0.2

2.4 在线应用

在线近红外检测系统用于生产过程。分析软件实时检测硝酸含量，将检测的异常数据反馈至自控平台，及时调整工艺参数，消除安全隐患，提高生产工艺运行的平稳性和安全性，在线检测系统取得了较好的使用效果，如图4所示。

3 结论

在线近红外光谱检测技术实时在线分析硝化反应釜中硝酸含量，分析精度高、响应速度快，较好地满足了生产工艺在线监控的迫切需

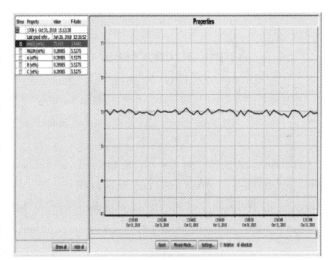

图4 硝酸含量实时检测趋势

要，为高危生产提供了一种安全技术保障，弥补常规分析硝酸含量结果滞后的缺点。

参 考 文 献

[1] 徐广通，袁洪福，陆婉珍. 现代近红外光谱技术及应用进展 [J]. 光谱学与光谱分析，2000，20 (2)：134-142.
[2] 董守龙，任芊，黄友之。近红外光谱分析技术的发展和应用 [J]. 化工生产与技术，2004，11 (6)：44-46.
[3] 严衍禄，赵龙莲，韩东海. 近红外光谱分析基础与应用 [M]. 北京：中国轻工业出版社，2005.
[4] 王远辉，等. 在线检测白砂糖近红外光谱的预处理方法研究 [J]. 食品科技，2009，283-286.
[5] 解国玲，任芊，董守龙，等. 近红外光谱技术在含能材料成分分析中的建模研究 [J]. 火炸药学报，2003，26 (4)：78-80.

硝酸酯干燥技术应用研究

张永涛，刘兴辉，杨忠林，赵　乐，贾彦君，陈　朋

（西安北方惠安化学工业有限公司，陕西　西安　710302）

摘　要：综述了目前NEPE推进剂用硝酸酯类含能材料干燥的常用方法，并对各种方法的原理、所需装置、影响因素等做了介绍，通过对三种干燥方式的简单对比，展望了未来硝酸酯类含能材料干燥技术发展的趋势。

关键词：含能材料；硝酸酯；硝酸酯黏合剂；干燥技术

Application research on drying technology of nitrate

ZHANG Yongtao, LIU Xinghui, YANG ZHonglin, ZHAO Le,
JIA Yanjun, CHEN Peng

(Xi'an North Hui'an Chemical Industries Co., LTD., Xi'an 710302, China)

Abstract: A review of the drying methods of nitrate esters used in NEPE propellants, and introduces the principle, device and influencing factors of each method. Simple comparison of three drying techniques, prospects for the drying technology of nitrate ester materials in the future.

Keywords: energetic material; nitrate ester; nitrate ester adhesive; drying technology

0　引言

硝酸酯含能材料是硝化甘油（NG）、硝化二乙二醇（DEGN）、硝化丁三醇（BTTN）等多元醇硝化物的总称。将硝酸酯加入火药配方中，可以大大提高火药的能量、改善火药的力学性能（尤其是低温力学性能），它还是"目前性能最好的推进剂NEPE"必备的增塑剂[1]。因此，硝酸酯是火药生产研究中广泛应用、必不可少的一种含能材料。现有硝酸酯合成方法中后处理工序均采用碱性水、水洗的方式，洗涤完成后硝酸酯产品中含有水分，经静置后水分大约为0.5%。而水分会对NEPE推进剂的燃烧及力学性能带来较大影响，因此希望硝酸酯中的水分含量尽可能的低，而作为一种感度较低的含能材料，硝酸酯的干燥难度较大，本文列举了目前几种常用的硝酸酯干燥技术[2]。

1　真空干燥技术

1.1　干燥原理

真空干燥是指将物料置于负压的条件下，通过适当的加热使物料中所含的溶剂处于负压状态下的沸点，进而除去溶剂，或是将固液混合物在低温固化后直接置于负压下使溶剂升华而干燥的过程，真空干燥最常被用于除去物料中的水分。

作者简介：张永涛（1988—），男，学士，E-mail：15050581466@163.com。

1.2 干燥装置

干燥工艺流程如图 1 所示。洗涤合格的硝酸酯产品经过简单静置除水后经流料管进入分散器，流料管上装有夹管阀可以用来调节硝酸酯流量，使流入分散器的硝酸酯能够均匀分散。硝酸酯进入分散器后分散成薄层，在抽真空的作用下水分离开硝酸酯物料层。经分散器分散后的硝酸酯流入换热器中对硝酸酯物料进行加热，采用多套装置串联可进一步降低硝酸酯产品的水分含量。

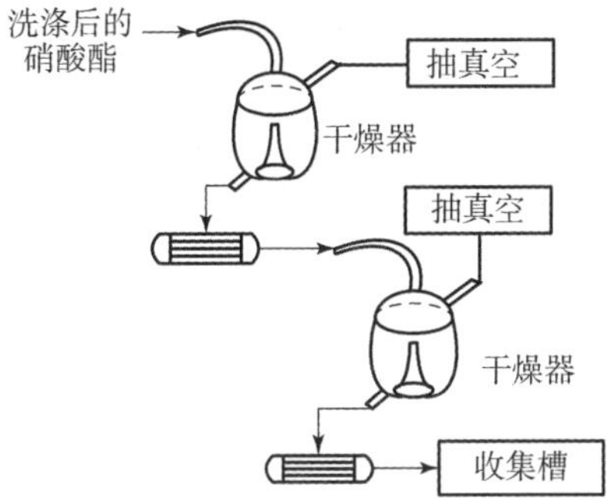

图 1 真空干燥工艺流程

1.3 影响干燥的因素

采用真空干燥方式干燥硝酸酯产品主要受分散状态、干燥时间、真空度等因素影响[3]。其中在干燥器固定的情况下，物料的分散状态主要由物料的下料速度影响。在下料速度固定的情况下，物料中的水分随干燥时间的加长而减少，但采用此方法干燥，硝酸酯物料中水分降至 0.05% 左右时，继续加长干燥时间，水分含量基本不发生变化。

2 氮气干燥技术

2.1 干燥原理

气体随着露点温度的降低，含水量会逐渐下降，利用干燥的气体通过硝酸酯薄层可以带走硝酸酯物料中的水分。氮气作为稀有气体是常用的干燥气源，利用制氮设备可制得露点为 -40 ℃ 以下的氮气，能够满足干燥需要[4]。

2.2 干燥装置

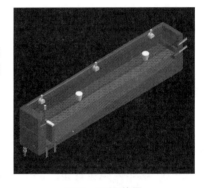

图 2 干燥装置

干燥装置如图 2 所示。硝酸酯通过自重由干燥器上部缓慢流经分散器，通过分散器分散后均匀流入布料板，并在布料板上形成薄层。制氮设备制得的露点在 -40 ℃ 以下的氮气从下部进入干燥器，并自下而上穿过硝酸酯薄层，带走硝酸酯物料中的水分。

2.3 影响干燥的因素

影响氮气干燥效果的主要因素有氮气的露点温度、硝酸酯物料薄层的厚度等。气体露点温度与水分含量之间的关系如表 1 所示，从表 1 可以看出随露点温度降低气体中的含水量也逐渐降低，但因为露点过低需要更多的能耗，因此我们干燥硝酸酯物料时一般选取露点温度为 -60～40 ℃。图 3 所示为在一定露点下，干燥后水分含量与硝酸酯物料薄层厚度的关系。通过氮气干燥法干燥的硝酸酯物料，水含量可降至 0.05% 左右，继续降低水含量将耗费大量能源，同时效率也较差。

表 1 露点温度与水分含量对照表

露点温度/℃	水含量/(g·m^{-3})	露点温度/℃	水含量/(g·m^{-3})	露点温度/℃	水含量/(g·m^{-3})
-40	0.175 7	-45	0.105 5	-50	0.061 71
-41	0.159 0	-46	0.095 01	-51.1	0.054
-42	0.143 8	-47	0.085 44	-53.9	0.040
-43	0.129 8	-48	0.076 75	-56.7	0.029
-44	0.117 2	-49	0.068 86	-59.4	0.021

3 溶剂干燥法

溶剂干燥法是近期新兴的一种干燥方式,其利用硝酸酯物料能溶于有机溶剂而水不溶的特点,将硝酸酯溶于惰性有机溶剂中,然后通过蒸发的方式将硝酸酯物料中的水分除去。采用此方法干燥时,利用有机溶剂溶解硝酸酯物料的同时也加入聚醚等,最终通过蒸发制得含硝酸酯的黏合剂。具体的工艺流程如图4所示。

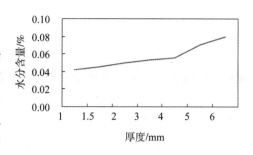

图3 水分含量与薄层厚度关系

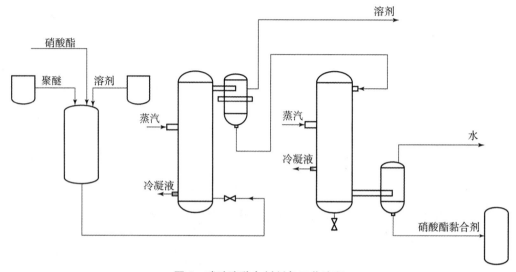

图4 硝酸酯黏合剂制备工艺流程

采用此方法干燥可以实现硝酸酯干燥与黏合剂制备的一体化,同时工艺连续化程度高,干燥效果也优于真空干燥和氮气干燥,通过调整蒸发设备可以缩短制备周期。但此工艺所需设备较多、设备较复杂,对安全、环保等方面也提出了更高的要求。

4 结论

以上三种干燥方式都能够实现硝酸酯含能材料的干燥,其中真空干燥、氮气干燥的效率较低,想要把水分降低至0.05%以下,需要进行多次干燥或者多套装置串联工作。但真空干燥和氮气干燥所用设备简单,硝酸酯在线量较小。溶剂干燥能够将水分控制得更低,同时干燥效率大幅度提高,易于与硝酸酯生产工序产能匹配,形成连续化的生产方式,但所需设备较多,硝酸酯在线存量较大。未来硝酸酯类含能材料的干燥应结合以上干燥方式的优点,向自动化、连续化、低在制方向发展。

参 考 文 献

[1] 潘永康,王喜忠,刘相东. 现代干燥技术 [M]. 北京:化学工业出版社,1998.

[2] 薛令阳,王书茂,高振江,等. 真空干燥过程中物料质量在线测试设备设计与试验 [J] 农业机械学报,2018,49 (9):326 – 337.

[3] 巩鹏飞. 超声真空干燥及应用研究 [D]. 北京:中国科学院(中国科学院工程研究所),2017.

[4] 孟卿君,郭凌华,陈彦欣,等. 干燥方法对酸水解纤维素形貌及结构的影响 [J]. 陕西科技大学学报,2018,36 (6):25 – 29.

重液分离法分离 HMX/RDX 混合物研究

周彩元[1]，赵静静[2]，魏小琴[1]，钟建华[1]，赵方超[1]

（1. 西南技术工程研究所，重庆 400039；
2. 甘肃银光化学工业集团有限公司，甘肃 银光 730900）

摘 要：为分离回收 HMX 合成过程中产生的废药，选取氯化锌作为分离介质，采用重液分离法分离 HMX/RDX 混合物。经试验对比研究，介质密度范围为 1.816～1.840 g·cm^{-3} 时分离效果较好。与静置分离相比，离心分离分离效果更优，获得 HMX 产品纯度和回收率更高。初级分离后，对 HMX 粗品采用丙酮与乙酸乙酯混合溶液提纯，HMX 纯度可达 99.6%，产品回收率在 90% 以上。

关键词：重液分离法；奥克托今；废药；离心分离；提纯
中图分类号：TJ5　**文献标志码**：A

Study on separation of HMX and RDX by heavy liquid separation method

ZHOU Caiyuan[1], ZHAO Jingjing[2], WEI Xiaoqin[1], ZHONG Jianhua[1], ZHAO Fangchao[1]

(1. Southwest Technology and Engineering Research Institute, Chongqing 400039, China;
2. Gansu Yinguang Chemistry Industry Group Co., LTD., Baiyin 730900, China)

Abstract: In order to recovery HMX from the mixture of HMX and RDX, which is produced during the process of HMX synthesization, ZnCl$_2$ is selected as the separation medium, and heavy liquid separation method is adopted to separate the mixture. Better separation performance is achieved when the density range of the medium is between 1.816 g·cm^{-3} and 1.840 g·cm^{-3}. Compared with static separation, centrifugal separation has better separation performance with higher purity and recovery rate of HMX. After the separation, the HMX particles are further purified by the mixture liquid of acetone and acetic ether. Thus, the purity of HMX can reach 99.6% and HMX recovery rate is over 90%.

Keywords: heavy liquid separation method; HMX; waste explosive; centrifugal separation; purification

0　引言

奥克托今（HMX）作为猛炸药在导弹战斗部和固体火箭推进剂中被应用广泛[1-3]。利用醋酐法生产奥克托今过程中会产生大量废药，这些废药的主要成分为 HMX 和 RDX（黑索金）的混合物。将这些废药通过分离提纯后回收利用，可以很好地提高产品生产率，降低环境污染。一般可采用二甲亚砜溶剂法、络合物法、重液分离法等对废药混合物进行分离[4-11]。二甲亚砜溶剂法分离产品纯度存在逐批降低问题。络合物法最常采用 HMX 与二甲基甲酰胺（DMF）络合实现分离，但 DMF 成本高、毒性大。重液分离法利用被分离产品密度不同，采用分离介质（重液）将混合物分离成上、中、下三层，中间的分离介质可多次重复利用，操作简单，环境污染小，工业生产应用前景良好。重液分离法分离混合物的过程可采用静置分离或离心分离两种方式。选择适宜的分离介质可实现 HMX 和 RDX 混合物的良好分离，然

作者简介：周彩元（1984—），女，高级工程师，E-mail：75522459@qq.com。

后对 HMX 初级分离产品再次精制提纯，所得产品纯度可满足工业应用需求。

1 实验部分

1.1 试剂与仪器

样品：HMX 生产废药，甘肃银光化学工业集团有限公司，10 g/次。

介质：$ZnCl_2$ 水溶液，自制，100 mL/次；稀硝酸，自制，浓度 15% ~ 25%；乙腈、丙酮、乙酸乙酯，分析纯，苏州博洋化学公司。

仪器：800 型离心沉淀器，规格 0 ~ 4 000 r/min，上海双捷实验设备有限公司；高效液相色谱仪，LC－2010AHT，日本岛津。

1.2 实验过程

1.2.1 分离提纯操作

分离：量取一定量的样品和氯化锌溶液，置于烧杯中充分搅拌混合均匀后，移入 800 型离心沉淀器，将转速设置为 2 000 r/min 进行离心分离，待混合液中部变为透明，上下层有产品析出，停止离心，将上下层产品分别收集过滤。然后将产品先用水—稀硝酸—水依次洗涤，重复两遍，抽滤烘干。如果一次分离效果较差，可进行二次分离。若采用静置分离，则省略离心沉淀器分离过程，其他相同。

提纯：将所得 HMX 粗品转入加热回流装置，加入 8 ~ 10 倍丙酮与乙酸乙酯混合溶剂（丙酮与乙酸乙酯体积比为 6/4），55 ℃ 下加热回流 1 h 后，缓慢降温至 45 ℃，待 HMX 全部结晶，真空抽滤，水洗后烘干。

1.2.2 纯度检测

采用反相液相色谱法对分离提纯后获得的 HMX 进行检测分析，选取 C18 色谱柱（250 mm × 4.6 mm，5 μm），流动相为乙腈和水（体积比为 6/4），流速为 1.0 mL/min，进样量为 5 μL，箱温为 30 ℃，检测波长为 265 nm。

2 分析与讨论

2.1 分离介质的选择

固体颗粒在分离介质中的分离效率一般与固体颗粒密度、固体颗粒直径、分离介质密度和分离介质黏度有关。当在废药中 HMX 和 RDX 的密度与直径均不能改变时，分离介质的选择就尤为重要。用于分离混合物的分离介质需具有较宽的密度范围和较低的黏度。

氯化锌（$ZnCl_2$）为白色粉末，密度为 2.92 $g·cm^{-3}$，熔点为 283 ℃，易溶于水、酒精、乙醚及甘油，不与 HMX 和 RDX 发生化学反应，腐蚀性和毒性较低，黏度较低，易于洗涤，来源广泛，价格便宜，易回收，经过综合考虑，本试验采用 $ZnCl_2$ 水溶液作为分离介质进行试验。

在指定温度下，以每 100 g $ZnCl_2$ 饱和水溶液中溶质含量为标准，获得 $ZnCl_2$ 溶解度如表 1 所示，$ZnCl_2$ 浓度与溶液密度关系如表 2 所示。

表 1 $ZnCl_2$ 在水中的溶解度

t/℃	$ZnCl_2$/%	t/℃	$ZnCl_2$/%
0	67.5	40	81.9
10	73.1	60	83
20	78.6	80	84.4
30	80.9	100	86

表2 $ZnCl_2$浓度与溶液密度的关系

$ZnCl_2$/%	密度/(g·cm^{-3})	$ZnCl_2$/%	密度/(g·cm^{-3})
1	1.009	58	1.706
3	1.026	59	1.725
5	1.043	60	1.745
7	1.061	61	1.765
9	1.079	62	1.785
10	1.089	63	1.804
15	1.136	64	1.824
20	1.187	65	1.845
25	1.241	66	1.865
30	1.296	67	1.886
35	1.355	68	1.907
40	1.419	70	1.950
45	1.492	72	1.998
50	1.569	73	2.023
55	1.656		

2.2 介质密度对分离效果的影响

HMX 和 RDX 在分离介质中的悬浮状态随分离介质的密度不同具有一定的差异性。在不同密度 $ZnCl_2$ 溶液中，HMX 和 RDX 悬浮状态如表3和表4所示。

表3 HMX 在不同密度介质中悬浮状态

介质密度/(g·cm^{-3})	HMX 的状态
1.932	全部浮起
1.903	大部分浮起
1.900	基本上处于悬浮状态
1.890	大部分沉淀，少量悬浮
1.885	全部沉淀

表4 RDX 在不同密度介质中悬浮状态

介质密度/(g·cm^{-3})	RDX 的状态
1.816	全部浮起
1.800	无沉淀，大部分浮起，微量悬浮
1.790	大部分沉淀，少量悬浮
1.785	全部沉淀

分析表3和表4，当 $ZnCl_2$ 溶液的密度范围为 1.816～1.885 g·cm^{-3} 时，可实现分离介质中 RDX 完全上浮，HMX 全部下沉。在该密度范围内开展 HMX 与 RDX 混合物分离，初级分离后介质密度对分离效果的影响如表5所示。

表5 介质密度对分离效果的影响

密度/(g·cm^{-3})	分离后 HMX 部分		分离后 RDX 部分
	HMX 纯度/%	HMX 回收率/%	HMX 纯度/%
1.816	93.3	94.0	5.70
1.834	94.4	92.2	7.10
1.850	94.7	88.0	10.80
1.868	94.8	86.4	11.40
1.885	95.3	80.7	15.60

分析表5，HMX 部分随分离介质密度增加，HMX 纯度增高，但回收率明显下降，同时 RDX 部分 HMX 含量增加。分析原因，主要是随分离介质密度增加，分离过程中，RDX 上升速度增快，HMX 被上升的 RDX 挟带上升导致。为确保分离后 HMX 的回收率在 90% 以上，介质密度范围为 1.816 ~ 1.840 g·cm^{-3}时效果较好。

2.3 分离方式对分离效果的影响

混合溶液中 HMX 和 RDX 粒度较小，一般在 0.12 mm 以下，微细的颗粒在重力场中很容易受介质内部运动所扰动，沉降速度很小，分离很慢，又不够精确。采用离心力场中向心加速度代替重力加速度，向心加速度较重力加速度高几十倍到几百倍，样品分离速度可明显提升。对比离心分离和静置分离效果，离心分离效果总体优于静置分离效果，不同 HMX 含量废药分离后效果对比情况如图1 和图2 所示。

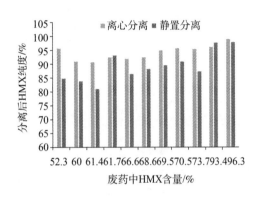

图1 不同分离方法回收 HMX 纯度对比

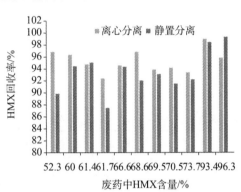

图2 不同分离方法回收 HMX 回收率对比

比较两种分离方式，从不同废药中回收 HMX，经离心分离后所得产品纯度较高，受 HMX 含量变化影响较小。与离心分离相比，静置分离效果一般，尤其是废药中 HMX 含量较低时，分离后所得产品纯度只有 85% 左右。回收率方面，离心分离的回收率仍然较高，在 HMX 低含量区域更加明显。

2.4 精制提纯对分离效果的影响

根据试验结果，离心分离后 HMX 平均纯度为 94.5%，静置分离后 HMX 平均纯度为 89%，所得 HMX 仍然为粗品，不能满足成品 HMX 标准要求。分析原因，由于 HMX 和 RDX 颗粒较小，表面积较大，在离心分离或静置分离过程中微小的颗粒会发生相互吸附和裹挟，难以实现彻底的分离，因此，离心分离或静置分离只能实现 HMX 和 RDX 的初步分离，需进一步进行精制提纯。

将 HMX 粗品提纯的关键是选择合适的有机溶剂。在溶剂中 HMX 和 RDX 需要具有一定的溶解度差距，且使 HMX 溶解度对温度变化敏感。HMX 与 RDX 均溶于丙酮，不溶于乙酸乙酯，RDX 丙酮溶解度更高。实验通过调节丙酮与乙酸乙酯的比例，实现在溶剂缓慢降温过程中 RDX 充分溶解，而 HMX 随降温冷却结晶。经提纯后 HMX 纯度可达 99.6%，产品回收率达 90% 以上。

3 结论

(1) 重液分离法可实现 HMX 合成产生废药的快速分离，分离后 HMX 回收率和产品纯度均可达到 90% 以上。

(2) 合理选取分离介质及密度范围是重液分离法成功实现 HMX 与 RDX 混合物分离的关键，经分析研究，采用氯化锌作为分离价值，介质密度范围为 1.816 ~ 1.840 g·cm^{-3}时效果较好。

(3) 对比离心分离和静置分离，离心分离效果总体优于静置分离效果，离心分离产品纯度不受废药中 HMX 含量影响，所得产品纯度和回收率均在 90% 以上。

(4) 利用 HMX 和 RDX 在丙酮与乙酸乙酯混合溶剂中溶解度的不同将粗品 HMX 进一步提纯，提高了 HMX 的产品纯度,达到成品指标要求。

参 考 文 献

[1] 王文俊,张占权. HMX 制造方法现状与展望 [J]. 固体火箭技术,1998,21(4):36-40.
[2] AGRAWAL J P, HODGSON R D. Organic chemistry of explosives [M]. England:John Wiley and Sons Ltd,2007:241-249.
[3] 孙业斌,许桂珍. 从炸药装药装备现状看21世纪发展趋势 [J]. 火炸药学报,2001(1):69-72.
[4] 田宏远,张皋,王民昌,等. HMX 和 DMF 的络合行为 [J]. 含能材料,2009,17(5):541-543.
[5] 于娜娜,王笃政. HMX 的合成工艺研究进展 [J]. 化学中间体,2011(3):22-26.
[6] 贾红选,荆昌伦,刘波,等. RDX 和 HMX 混合物中 HMX 的分离研究 [J]. 爆破器材,2012,41(3):19-22.
[7] 尹娟娟,袁凤英,宋伟,等. 光助 Fenton 试剂处理 HMX 炸药废水研究 [J]. 火工品,2008(2):26-29.
[8] 赵信岐,刘娟. 六硝基六氮杂异伍兹烷的分子络合物 [J]. 北京理工大学学报,1996,16(5):494-497.
[9] ABEL J E, MARINKAS P L. Bulusus complex formation in RDX/HMX/TNT and some related compounds:ABiliography [J]. JBallist,1981,5(3):1195-1216.
[10] 堵祖岳,宗树森,马剑. 奥克托今和某些溶剂络合物的结晶学 [J]. 火炸药,1982(3):7-11.
[11] LYNCH J C, BRANNON J M, DEFION J J. Dissolution rates of three high explosive compounds:TNT, RDX and HMX [J]. Chemosphere,2002,47:725-734.

HMX晶体品质与级配对可压性的影响规律研究

屈延阳, 詹春红, 袁洪魏, 王 军, 徐瑞娟

(中国工程物理研究院化工材料研究所, 四川 绵阳 621900)

摘 要: 基于刚度和能量分别建立了刚度比值法和能量乘积法的可压性评价新方法, 在对10种 HMX 晶体的可压性比较中, 推断出晶体级配对于晶体可压性会产生影响, 采用多组分级配时, 颗粒尺寸相差越大越好(粒径比大于 4～5), 两种组分时最佳粗细比为 7∶3, 3 种组分时 7∶1∶2 为最佳配比, 组分大于 3 时意义不大。另外, 压制前后各造型粉中晶体均有一定程度的破碎, 因此, 可压性与晶体品质无直接关系。

关键词: 可压性; HMX 晶体; 压缩刚度; 能量求和

中图分类号: TG156 **文献标志码**: A

Research on the effect of quality and stage pairing compressibility of HMX crystal

QU Yanyang, ZHAN Chunhong, YUAN Hongwei, WANG Jun, XU Ruijuan

(Institute of Chemical Materials, China Academy of Engineering Physics Mianyang 621900, China)

Abstract: Based on stiffness and energy, a new method of compressibility evaluation by stiffness ratio method and energy product method is established. In the comparison of the compressibility of 10 HMX crystals, it is concluded that the crystal gradation will have an impact on the compressibility of the crystals. Multi – component and larger particle size difference is the best (particle size ratio is >4～5). The optimal ratio of 7∶3 in two groups and 7∶1∶2 in three groups is the best ratio, it doesn't matter if the composition is greater than 3. In addition, the crystals are broken to some extent before and after pressing, so the compressibility has no direct relationship with the crystal quality.

Keywords: compressibility; HMX crystals; compression stiffness; energy product

0 引言

粉末的可压性研究在粉末冶金、陶瓷等工业生产中较为广泛。在药学领域, 片剂等固体制剂的新产品开发、中试放大及生产中会出现许多粉末可压性、片剂成型性等问题, 由于高聚物黏结炸药粉体里面包含炸药晶体颗粒, 外层有热固性或热塑性的高聚物黏结体系, 受压时的应变程度和过程演化与金属、矿物质粉和药用粉末相比存在差异[1]。因此对高聚物黏结炸药粉体的可压性研究有其自身的特点。本文主要考察密度、强度等指标, 满足输入越小, 可压性越好, 以往方法中仅考虑密度且仅考虑加载段、起始密度。

基金项目: 四川省军民融合科技创新重点研发项目 (No. 19ZDYF1248)。

作者简介: 屈延阳 (1984—), 男, 博士研究生, E-mail: quyy131226@caep.cn。

颗粒在压制过程中,要经历初步压缩、颗粒重排、初始结构形成、弹性形变、塑性形变、颗粒破碎、结合键形成、进一步压密及去除压力后的弹性回复等一系列变化,其间颗粒的结构被破坏并发生重组,形成新的结合键和压缩体,因此颗粒原有的强度性质与成型后的机械性质相关性不强,有关这方面的文献报道也较少[2-4]。若颗粒在压缩过程中不发生碎裂,只发生形态变化,则片剂的机械强度有可能与颗粒强度及颗粒间结合键强度相关。有报道说,颗粒内孔隙率的提高可增强片剂强度,因为颗粒碎裂的可能性增加及密实结合的能力加强。因此,样品在压制的整个过程中可压性评价必须同时考虑加载段和卸载段,因为在卸载阶段往往经历残余变形、应力变化,以及强度降低等变化。

如图1所示,通过分析可知,从刚度(斜率)上来说,加载刚度越小,回复刚度越大,可压性越好;从能量上来说,压机输出总能量越少,回复弹能量越少,可压性越好。综上可认为在压缩阶段,输入越小,可压性越好;卸载段弹性回复越少,可压性越好,即在相同的最终密度条件下,输入越少,弹性回复越少,可压性越好。

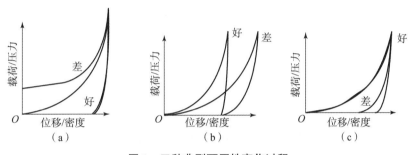

图1　三种典型可压性变化过程

(a) 加载段差异;(b) 中间状态差异;(c) 卸载段差异

以往表征可压性的方法,如卡尔系数/豪森比法,其特点是初始(松装)密度难以确定,只跟始末态有关,不能反映中间过程;压缩刚度法,只用于评价晶体品质(单晶表面、内部缺陷),并且未考虑卸载阶段的演化过程[5];分段描述法,如公式(1)~式(3)所示,加载过程中[式(1)],A 和 B 分别反映颗粒重排和机械硬化对致密化过程中密度的相对贡献。卸载过程中[式(2)],密度变化量越小,预示着造型粉的可压性越好,亦即下述分段函数方程中 C_1 和 C_4 越接近于0则可压性越好。回复过程[式(3)](退模后自然时效两个月)中,密度变化量越小,预示着压制件内的残余应力越小(残余变形越小),可压性越好。此方法过于复杂,难以应用于工程实际。

$$\rho = \rho_0 + A(1 - e^{-ap}) + B(1 - e^{-ap}) \tag{1}$$

$$C_3 - C_4 \cdot C_p^5 ; \; C_1 p + C_2 \tag{2}$$

$$\lg p = m \lg \ln \frac{(\rho_m - \rho_0)}{(\rho_m - \rho)\rho_0} + \lg M \tag{3}$$

还有如近期研究的可压性评价新方法——刚度比值法,其原理是在加载段刚度越小越好,卸载段刚度越大越好,因此定义可压性为加卸载段刚度的比值,无量纲数,值越大,可压性越好;能量求和法,该方法认为,压制过程即能量的加卸载过程,加载能量输入越小越好,回复能量越小越好,可压性被定义为弹性回复能量与压制输入总能量和的倒数。

如图2所示,K 为压力的增量,p 为压制应力,ε 为压缩率,K_u/K_l 为无量纲数,值越大,可压性越好。a 为权重因子,取决于对加载段与卸载段的关注程度,本研究中取为1。如图3所示,S_0 为压机输入总能量,S_1 为试样所吸收的有效能量,S_2 为试样回弹能量。

$C/(S_0 + bS_2)$ 为无量纲数,值越大,可压性越好。其中,b 为权重因子,取决于对加载段与卸载段的关注程度,本研究中取为1。C 可被定义为任意对比材料在相同密度条件下的 $S_0 + b \times S_2$。

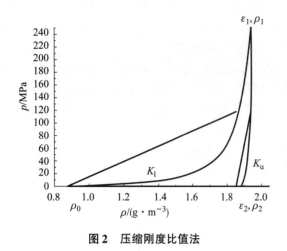

图2 压缩刚度比值法

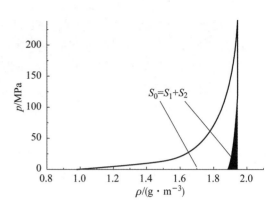

图3 能量求合法原理

1 试验方法和试验方案

1.1 试验方法

准备了10种HMX晶体颗粒来进行压缩刚度试验研究，对每种HMX，选取约2 g样品松装在高强度钢制圆筒内。圆筒内径15 mm，壁厚10 mm。外部载荷由Instron 5582材料试验机准静态施加，加载速度为0.05 mm/min。

压缩试验在Instron5582试验机上进行，试验横梁速度为0.05 mm·min^{-1}。用扫描电镜（SEM）、光学显微镜或者原子力显微镜（AFM）来观察晶体表面形貌或内部缺陷，用X射线衍射（XRD）或核四极矩共振（NQR）来探测晶格微尺度的缺陷。

1.2 试验方案

为了选定各个工艺参数的取值范围，进行了10种HMX晶体的可压性试验。分别用压缩刚度和可压性系数评价HMX晶体品质，结果如表1所示。

表1 HMX晶体的可压性评价方法对比

HMX编号	平均粒径/μm	压缩刚度/MPa	可压性系数
2016h	28.2	55.18	0.628
2018-350	35.0	51.52	0.631
2013-20	36.82	46.71	0.657
2013-13	45.88	37.95	0.590
2008-46^a	41.22	63.93	0.698
2008-46^b	81.18	42.52	0.533
2008-46^c	59.97	41.57	0.490
2008-46^d	20.5	52.14	0.625
D-HMX-Ⅰ	18.6	36.48	0.577
D-HMX-Ⅱ	80.2	38.37	0.622

如图4~图7所示，光学显微镜图片下不同HMX晶体在压制前后表现出不同的微观形态，可以看到D-HMX-Ⅰ和2016h在压制后破碎、微缺陷均增多。2013-13在压制后透光性差，微缺陷增多。

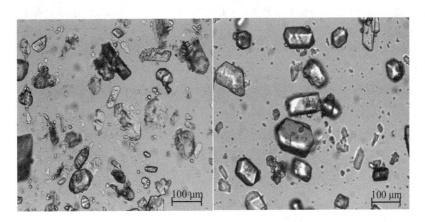

图 4　2013 – 20 号 HMX 晶体压制前后对比

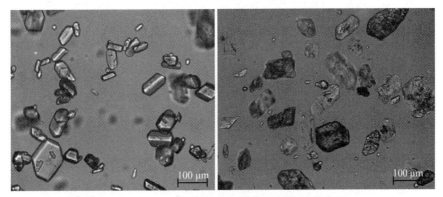

图 5　2013 – 13 号 HMX 晶体压制前后对比

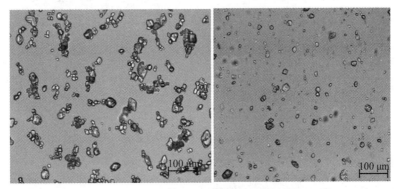

图 6　D – HMX – Ⅰ 晶体压制前后对比

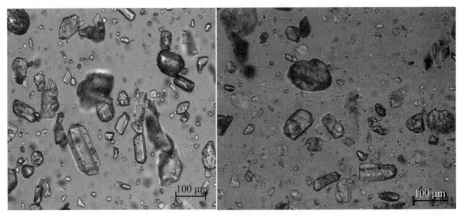

图 7　2016h 号 HMX 晶体压制前后对比

D-HMX-Ⅰ，20 μm（625目）；D-HMX-Ⅱ，140 μm（约110目）；a（混合粗品），b：粒径小于200目；c：粒径为200~320目；d：粒径大于320目。

如表1所示，应用压缩刚度法评价晶体品质结果表明，（2008-46）晶体压缩刚度为63.93 MPa，可压性最好，晶体品质也最好。2013-13晶体的压缩刚度只有37.95 MPa与细颗粒HMX（D-HMX-Ⅰ）的压缩刚度36.48 MPa相当，可压性表现最差。另外，我们用能量求和法评价可压性发现，在10种HMX晶体中，（2008-46）晶体可压性最好，可压性系数达到0.698；2013-20次之，为0.657；而2008-46的200~320目颗粒可压性最差仅为0.490。

根据颗粒最密填充理论分析，从比能量法评估角度出发，可压性好，则需要回弹少、加载少，若初始便密实（松装密度越大），则压制能量越少，越好压。因此，我们可以推断晶体级配对于晶体可压性会产生影响，采用多组分且颗粒尺寸相差越大越好（粒径比大于4~5），两种组分时最佳粗细比7:3，3种组分时7:1:2为最佳配比，组分大于3时意义不大。

我们选取D-HMX-Ⅱ和D-HMX-Ⅰ进行级配，实验条件：压制速率为1 mm/min，质量为0.5 g，载荷为80 MPa，图8所示为D-HMX-Ⅰ不同比例下的压制曲线，图9所示为D-HMX-Ⅰ不同比例对可压性的影响，由此我们可知级配对于晶体可压性有重要影响，实验数据表明：D-HMX-Ⅰ占比33.3%时（Ⅰ:Ⅱ=1:2），可压性最好，说明Ⅰ、Ⅱ最佳级配为1:3~1:1。根据Gaudin-Schutzmann粒度分布方程D-HMX-Ⅰ最佳含量为37.8%~52.3%，而根据密实经验理论D-HMX-Ⅰ最佳含量约为30%，因此理论经验结果与实验得到的33.3%非常吻合，如图10所示。有望从理论上建立晶体最佳级配确定方法。

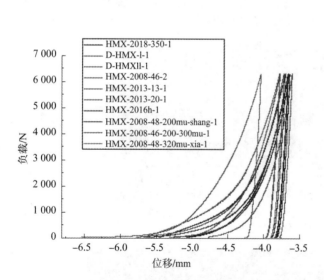

图8 晶体HMX载荷-深度曲线

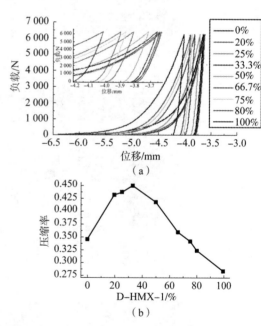

图9 D-HMX-Ⅰ不同比例级配的压制曲线

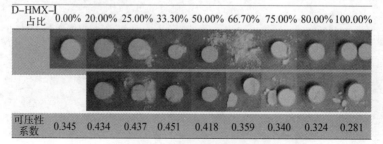

图10 D-HMX-Ⅰ不同比例级配的可压性系数

2 结论

可压性评价需同时考虑加载段和卸载段；输入越少，回复越少，可压性越好；基于刚度和能量分别建立了刚度比值法和能量乘积法的可压性评价新方法；能量乘积法方便用于工程实际。通过测试，HMX晶体中2018-20和2016h的可压性较好，D-HMX-Ⅰ可压性较差；2016h和D-HMX-Ⅰ抗拉强度较好；D-HMX-Ⅰ弹性模量最大，2016h次之。压制前后各造型粉中晶体均有一定程度的破碎，因此，可压性与晶体品质无直接关系。

参 考 文 献

[1] 王洪光，张汝华. 可压性淀粉的压缩特性和成型机理的研究 [J]. 沈阳药学院学报，1990，7 (4)：240-246.

[2] 汤滢，吴奎先，高登攀，等. HTPB基PBX的造粒及可压性研究 [C]. 2012年含能材料与钝感弹药技术学术研讨会论文集：306-310.

[3] 李明，谭武军，唐维. 压缩刚度法评价不同RDX和降感RDX [R]. 中国国防科学技术报告，2017，GF-A0114514G.

[4] 李明，温茂平，黄明，等. 压缩刚度法评价含能晶体颗粒的凝聚程度 [J]. 含能材料，2007，15 (3)：244-247.

[5] 高原，贺志勇，赵晋香，等. 20CrV钢机用锯条齿部表面强化组织的研究 [J]. 材料科学与工艺，1995，3 (3)：62-66.

自组装 3,3'-二氨基-4,4'-氧化偶氮呋咱（DAOAF）多孔聚合晶球的制备、表征及其形成机理研究

高 寒，黄 明，蔡贾林，罗 观

（中国工程物理研究院 化工材料研究所，四川 绵阳 621900）

摘 要：利用 Material Studio 模拟 DAOAF 晶习，通过溶剂挥发法重结晶 DAOAF，研究溶剂极性对 DAOAF 晶体形貌的影响。采用钨灯丝扫描电子显微镜（SEM）、X 射线衍射仪（XRD）、差示扫描热量法（DSC）对其进行表征和热分析。结果表明：二甲基亚砜作为溶剂挥发重结晶出多孔聚合晶球 DAOAF 粒径分布在 1 mm 左右，表面较光滑且结晶度高。其中溶剂极性和挥发速率是形成多孔聚合晶球最重要的两个关键因素，并且提出了多孔聚合晶球形 DAOAF 的自组装机制。

关键词：含能材料；理论模拟；多孔聚合晶球；形成机理

中图分类号：TG156　**文献标志码**：A

Preparation, characterization and formation mechanism of Self-assembled 3,3'-Diamino-4,4'-Azofurazan Oxide (DAOAF) porous polymerized crystal spheres

GAO Han, HUANG Ming, CAI Jialin, LUO Guan

(China Academy of Engineering Physics Institute of Chemical Materials, Mianyang 621900, China)

Abstract: Material Studio is used to simulate the crystal habits of DAOAF. The effect of solvent polarity on the morphology of DAOAF crystals is studied by solvent evaporation recrystallization. Tungsten filament scanning electron microscopy (SEM), X-ray diffraction (XRD), differential scanning calorimetry (DSC) are used to characterize and thermal analysis. The results show that the porous polycrystalline sphere DAOAF is obtained by volatilization recrystallization with dimethyl sulfoxide as solvent. The particle size distribution is about 1 mm, the surface is smooth and the crystallinity is high. Solvent polarity and volatilization rate are the two most important factors for the formation of porous polycrystalline spheres. The self-assembly mechanism of porous polycrystalline spheres DAOAF is proposed.

Keywords: energetic materials; theoretical simulation; porous polymerized crystal spheres; formation mechanism

0 引言

含能材料的晶体形态不仅对化学性能及高爆轰性能有着明显的影响，而且与机械感度也有着直接的

基金项目：中国工程物理研究院创新发展基金培育项目（No. PY2019031）。

作者简介：高寒（1991—），男，博士，助理研究员，E-mail: gaohannjust@163.com。

联系[1,2]。研究表明，球形炸药能提高固体推进器中的装药密度，对药柱的力学性能有显著的改善[3,4]。此外，球形颗粒相较于针状或者立方体颗粒在很大程度上降低了炸药的机械性能[5,6]，并且球形颗粒易于定量装药，确保了小型火工品的装药精度[7]。3,3′-二氨基-4,4′-氧化偶氮呋咱（DAOAF）是一种标准生成焓高、晶体密度高、临界直径小的综合爆炸性良好的钝感高能炸药[8-10]。分子中存在大量的氢原子和氧原子，分子之间易形成氢键作用，并且 DAOAF 难溶于大部分溶剂，导致形成的晶体不规则。因此，对 DAOAF 进行形貌控制来提高多方面的性能研究具有重要的意义。

为了得到理想的晶体形貌，晶体形貌在重结晶实验过程中会受到各种因素的影响，需要大量的实验进行分析。晶体形貌计算机模拟能在忽略许多外界因素的条件下预测晶体在不同溶剂、晶体修饰剂中相互作用，模拟晶体形貌，为实验者提供一定的理论依据。目前使用最广泛的软件是 Material Studio，该软件可以预测晶体相貌、晶面参数等数据，陈磊[11]利用 MS 预测 TATB 的主要晶面来选择晶体修饰剂。段晓惠等[12]利用 MS 预测了 HMX 不同晶型的晶体形貌，确定 HMX 的重要晶面。

蒸发法是最常用的改善晶体形貌的方法之一。蒸发法结晶是将炸药溶于良溶剂中，置于空气中缓慢蒸发除去部分溶剂，使溶剂产生过饱和度，从而析出得到不同形貌的炸药颗粒。田龙[13]通过蒸发法研究出不同溶剂对 HMX 晶体密度的影响，其中影响结晶产物形貌最主要的因素是蒸发速率。当蒸发速率过快时，在结晶的过程中容易产生缺陷，导致最终结晶形貌及性能受到影响。当结晶速率较低时，容易形成缺陷较少、形貌规则、透光性均匀的结晶产物。封雪松等[14]研究不同溶剂对 RDX 晶体形貌的影响，研究表明，用二甲基亚砜（DMSO）重结晶出的 RDX 呈球形，密度高且感度降低。程敏敏[15]基于液-液界面相在恒温箱静置两天制备出蒲公英状 HMX，其自组装机理受控于溶液的扩散速率和在界面浓度梯度环境下的晶体生长速率。

本实验基于 Material Studio 模拟 DAOAF 晶体形貌，通过蒸发法重结晶 DAOAF，研究溶剂极性对 DAOAF 晶体形貌的影响，以及对重结晶后的 DAOAF 采用 SEM、XRD 及 DSC 分析表征，并且提出了多孔聚合晶球 DAOAF 在二甲基亚砜溶液中的生长机制，对制备多孔聚合晶球 DAOAF 提供了新思路。

1 试验方法和试验方案

1.1 试验方法

1.1.1 原材料

DAOAF 原料，自制；二甲基亚砜、甲醇、乙酸乙酯、丙酮，分析纯，成都市科龙化工试剂厂。

1.1.2 试验设备

钨灯丝扫描电子显微镜（SEM），德国蔡司公司 EVO 18；X-射线粉末衍射仪（XRD），荷兰帕纳科公司 X'Pert PRO；同步热分析仪，美国 TA 仪器公司 SDT Q600。

1.2 试验方案

取一定量的原料 DAOAF 溶于二甲基亚砜、丙酮、乙醇及乙酸乙酯中，超声搅拌直至其完全溶解成 DAOAF 溶液；置于常温下经过一段时间结晶析出 DAOAF 颗粒；最后经过过滤、洗涤、干燥得到 DAOAF 晶体。

2 结果与讨论

2.1 晶习模拟及可控面的确定

图 1（a）所示为在 Morphology 模块中，采用 BFTH 计算（忽略了能量的因素）模拟预测的 DAOAF 生长趋势及晶形。图中的箭头代表 DAOAF 晶体各个面的生长趋势，箭头的长度越长，代表晶面生长速度越快。用 BFTH 方法模拟 DAOAF 的各个方向的箭头分布基本均匀，代表了各个生长面基本相差不大，

得到类似立方体的晶体形貌，也与溶剂-非溶剂法得到的 DAOAF 形貌［图1（b）］相近。模拟得到的 DAOAF 在真空环境中生长的主要晶面如表1所示，主要生长晶面为（011）和（100），其中（011）晶面所占比例最大，占总面积的46.53%，（100）占总面积的33.36%，其余的晶面占总面积比例为20.1%。由此可知，（011）和（100）在晶面生长中发挥着重要作用。

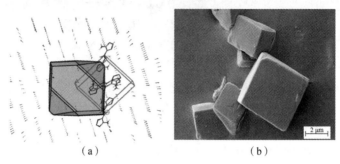

图1　BFTH 法 DAOAF 生长趋势和重结晶 DAOAF 形貌

（a）BFTH 法 DAOAF 生长趋势；（b）重结晶 DAOAF 形貌

表1　模拟得到的 DAOAF 在真空环境中生长的主要晶面

晶面	多样性	d_{hkl}/Å	距离	总面积/%
（011）	4	6.536 1	15.299 6	46.53
（100）	2	9.318 6	10.731 1	33.36
（110）	4	6.697 5	14.930 9	18.93
（11-1）	4	5.394 9	18.536 0	0.94
（020）	2	4.816 3	20.762 8	0.23

在 DAOAF 的所有生长晶面中，晶面的分子排列如图2所示，图中虚线代表分子间相互作用力。（100）、（011）及（110）晶面的共同特征是晶面上有大量的氧原子和氢原子，很容易与溶剂分子形成分子间作用力。其他晶面上也有氧原子和氢原子，但氧原子和氢原子的减少使溶剂分子与晶面之间的分子间作用力的强度逐渐减少。Berkovitchyellin Z[16] 讨论了溶剂效应，根据溶剂的极性不同，各个晶面间的作用力大小不一，极性晶面会对极性较强的溶剂产生主要作用，相反非极性晶面会对极性较弱的溶剂产生主要作用。选择不同的溶剂进行蒸发结晶，不同的表面能导致相对生长速率不同，最终产生不同的晶形。在极性溶剂中，（011）可与溶剂分子产生强分子间作用力，使该晶面生长速率变低，该面在形态学上

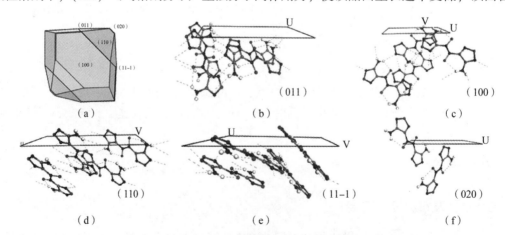

图2　DAOAF 的预测形态和不同 DAOAF 生长平面的分子排列

（a）DAOAF 的预测形态；（b）（011）晶面的分子排列；（c）（100）晶面的分子排列；

（d）（110）晶面的分子排列；（e）（11-1）晶面的分子排列；（f）（020）晶面的分子排列

称为重要晶面。同理可得，(100) 和 (110) 晶面的生长速率也会受到不同程度的制约，从而在最终形态上增加显露面。相反地，(020) 和 (11-1) 晶面会因为生长速率过快导致显露面变小或者消失。在弱极性溶剂中，(020) 和 (11-1) 会成为主要生长晶面，溶剂会与 (020) 和 (11-1) 产生分子间作用力，抑制该晶面生长，导致 (100)、(011) 及 (110) 快速生长，最后变小或消失。总之，我们可根据目标晶形选择不同极性的溶剂重结晶。

2.2 溶剂极性对晶体形貌的影响

基于 MS 预测 DAOAF 各重要生长晶面与溶剂极性的相互作用关系，可以将溶剂分为两类强极性溶剂（甲醇、二甲基亚砜）和弱极性溶液（乙酸乙酯、丙酮）。当乙酸乙酯 [图 3 (b)] 和丙酮 [图 3 (a)] 作为溶剂时，由于乙酸乙酯和丙酮极性较小（小于 5），会与 (11-1) 和 (020) 晶面产生分子间作用力，该面生长速率得到抑制，从而导致 (100)、(011) 及 (110) 晶面快速生长，最后使这些晶面变小或消失。最终主要显露面只有 (11-1) 和 (020)，并且在弱极性溶液中，在形成晶粒结合过程中有短暂的时间来调整整体晶粒取向，最后晶面会成为长条片状聚合体。当甲醇 [图 3 (c)] 作为溶剂时，甲醇极性为 6.6，理论上 (100)、(011)、(110) 会成为主要晶面，但甲醇挥发速率极快，导致重结晶出来的形貌缺陷较多。当二甲基亚砜 [图 3 (d)] 作为溶剂时，二甲基亚砜的极性为 7.2，经过成核、生长及组装，并且蒸发速率慢。最终晶体呈多孔聚合晶球，晶体形貌缺陷较少，表面较平整。

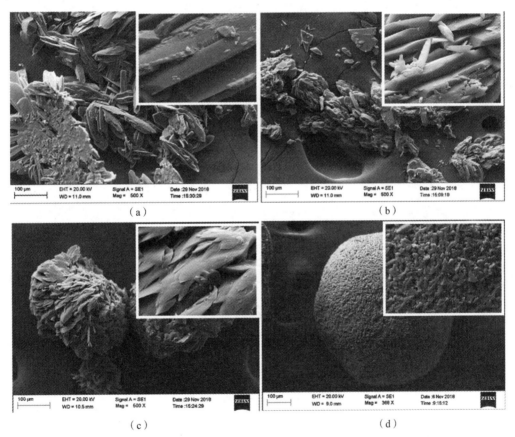

图 3 使用不同溶剂的 DAOAF 结构的扫描电镜（插图：表面细节的放大扫描电镜）
(a) 丙酮；(b) 乙酸乙酯；(c) 甲醇；(d) 二甲基亚砜

2.3 多孔聚合晶球组装机理

为了理解多孔聚合晶球 DAOAF 组装机理，利用 SEM 对多孔聚合晶球 DAOAF 不同生长阶段（图 4）进行观察研究。基于不同阶段的形貌及晶体切面分析，用于多孔聚合晶球可能的一个机理如图 5 所示。

二甲基亚砜缓慢蒸发，使溶液过饱和从而引起初级成核和 DAOAF 晶体生长。为了减少颗粒的表面能，小颗粒会彼此聚成大颗粒。小颗粒聚集组装成为大颗粒是一个自发过程[17]，并且大颗粒表面上大量的高能量点有助于晶核的形成和成长。在之后的结晶过程，一些晶粒从聚集的颗粒中生长出来。随后，溶液中的晶核又会通过定向驱动力聚集在长出来的晶体表面。随着结晶时间变长，DAOAF 颗粒继续生长，最终组装成球形 DAOAF。

图 4　多孔聚合晶球不同生长阶段图

图 5　多孔聚合晶球形成机理

2.4　多孔聚合晶球表征

通过 XRD 衍射图谱可知，如图 6 所示，原料 DAOAF 衍射图谱半峰宽比较宽，结晶度较差，晶形较差，而重结晶后得到的多孔聚合晶球颗粒的半峰宽都很窄，结晶度较高。从多孔聚合晶球 DAOAF 的 XRD 图中观察到（030）晶面的衍射峰强度增强，而其他衍射峰强度明显减弱。这说明自组装的 DAOAF 晶体取向发生了改变，使 DAOAF 显露出不同的晶面。

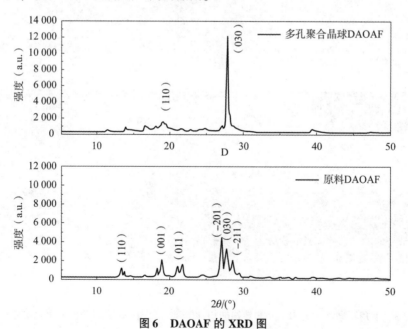

图 6　DAOAF 的 XRD 图

用 DSC 测试原料 DAOAF 和多孔聚合晶球 DAOAF 的热分解行为，DSC 曲线结果如图 7 所示。

由升温速率在 5 ℃/min、10 ℃/min、20 ℃/min 下的 3 个放热峰，通过 Kissinger[18] 公式（1）可分别计算出它们的热分解表观活化能和指前因子。

$$\ln\frac{\beta_1}{T_{p1}^2} = \ln\left(\frac{AR}{E_a}\right) - \frac{E_a}{RT_{pi}} \tag{1}$$

式中：β_i——升温速率，℃/min；
T_{pi}——分解峰温，K；
A——指前因子，s^{-1}；
R——气体常数，8.314 $kJ·mol^{-1}$；
E——表观活化能，$kJ·mol^{-1}$。

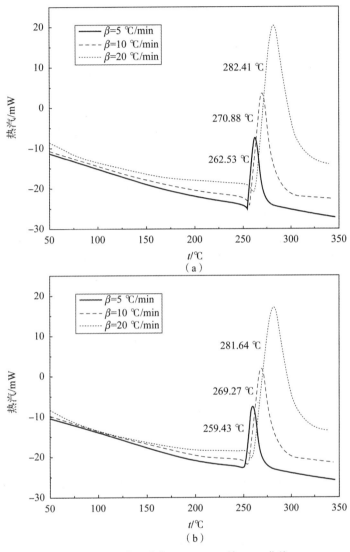

图7 不同升温速率下 DAOAF 的 DSC 曲线
(a) 多孔聚合晶球 DAOAF；(b) 原料 DAOAF

从图7可知，当升温速率增加，DAOAF 的热分解峰温均出现延后。通过原料 DAOAF 图7 (b) 与多孔聚合晶球 DAOAF 图7 (a) 进行比较，在同一个升温速率下，多孔聚合晶球 DAOAF 的初始分解温度提高3℃，该现象可解释为"局部化学反应"。大颗粒表面比小颗粒存在更多的晶格缺陷，该缺陷作为反应中心使凝聚相产物积累，此积累导致了额外的应力，最终晶体破裂。该过程不断重复，使一部分 DAOAF 分解，形成更多细小颗粒。此外，相对大颗粒来说，小颗粒在熔融前分解量较少。相应地，小颗粒 DAOAF 积累的凝聚相产物较少，所以分解温度也就比较高。从表2可知，多孔聚合晶球 DAOAF 热分解的表观化学能 E 为 162.28 $kJ·mol^{-1}$，比原料高 17.7 $kJ·mol^{-1}$，表明在热刺激下，多孔聚合晶球 DAOAF 比原料更难分解。

表2 多孔聚合晶球DAOAF与原料DAOAF的表观化学能   kJ·mol^{-1}

样品	E
晶球DAOAF	162.28
原料DAOAF	144.58

3 结论

本文采用简单的溶剂挥发重结晶法,成功地制备了自组装结构多孔聚合晶球DAOAF。MS模拟表明,(011)、(100)和(110)面占DAOAF面积的绝大部分。XRD表征结果表明,DAOAF的晶体类型在结晶过程中保持不变。扫描电镜图像直接显示了聚合晶球的形貌。DSC表征了制备的DAOAF的热分解性能。最后,通过时间依赖实验对多孔聚合晶球DAOAF的自组装机理进行了解释和讨论。本文的研究结果对DAOAF及其同系物的晶体结构控制具有重要意义,有助于理解其他钝感炸药的自组装过程。

参 考 文 献

[1] VAULLERIN M, ESPAGNACQ A, MORIN‐ALLORY L. Prediction of explosives impact sensitivity [J]. Propellants Explosives Pyrotechnics, 2010, 23 (5): 237‐239.

[2] OXLEY J, SMITH J, BUCO R, et al. A study of reduced‐sensitivity RDX [J]. Journal of Energetic Materials, 2007, 25 (3): 141‐160.

[3] 王保民,张景林,邱运兰. GAS超临界重结晶过程中的晶形控制问题 [J]. 火工品, 2001 (2): 11‐13.

[4] 叶毓鹏,曹欣茂,叶玲,等. 炸药结晶工艺学及其应用 [M]. 北京: 兵器工业出版社, 1995.

[5] SIVABALAN R, GORE G M, NAIR U R, et al. Study on ultrasound assisted precipitation of CL‐20 and its effect on morphology and sensitivity [J]. Journal of Hazardous Materials, 2007, 139 (2): 199‐203.

[6] KIM Y H, LEE K, KOO K K, et al. Comparison study of mixing effect on batch cooling crystallization of 3‐nitro‐1, 2, 4‐triazol‐5‐one (NTO) using mechanical stirrer and ultrasound irradiation [J]. Crystal Research & Technology, 2002, 37 (9): 928‐944.

[7] 张建国,张同来,杨利. 起爆药的结晶控制技术与单晶培养 [J]. 火工品, 2001 (1): 50‐54.

[8] 何乃珍. 炸药标准物质候选物DAAF和DAOAF的研制与定值 [D]. 绵阳: 西南科技大学, 2017.

[9] TALAWAR M B, SIVABALAN R, SENTHILKUMAR N, et al. Synthesis, characterization and thermal studies on furazan‐ and tetrazine‐based high energy materials [J]. Journal of Hazardous Materials, 2004, 113 (1‐3): 11‐25.

[10] GUO Y Q, BHATTACHARYA A, BERNSTEIN E R. Excited electronic state decomposition of furazan based energetic materials: 3, 3'‐diamino‐4, 4'‐azoxyfurazan and its model systems, diaminofurazan and furazan [J]. Journal of Chemical Physics, 2008, 128 (3): 1791.

[11] 陈磊. TATB的重结晶工艺研究 [D]. 南京: 南京理工大学, 2015.

[12] 段晓惠,卫春雪,裴重华,等. HMX晶体形貌预测 [J]. 含能材料, 2009, 17 (6): 655‐659.

[13] 田龙. 不同溶剂重结晶对HMX晶体密度影响的研究 [D]. 太原: 中北大学, 2013.

[14] 封雪松,赵省向,李小平. 重结晶降低RDX感度研究 [J]. 火炸药学报, 2007, 30 (3): 45‐47.

[15] 程敏敏. 液‐液界面结晶构筑HMX微/纳多级结构 [D]. 绵阳: 西南科技大学, 2017.

[16] Z BERKOVITCH‐YELLIN, J. AM. CHEM, et al. Crystal Morphology Engineering by "Tailor‐Made" Inhibitors: A New Probe to Fine Interolecular Interactions [D]. American Chemical Society, 1985, 107: 3111‐3122.

微纳米硝胺用键合型高分子分散剂研究

马　丽，张利波，姜夏冰

(沈阳理工大学　装备工程学院，辽宁　沈阳　110159)

摘　要：固体推进剂和浇注炸药使用大量的超细硝胺，由于超细硝胺自身存在颗粒团聚问题，在混合体系中黏度较大且不容易分散。基于高分子键合剂的设计思想，首先按照溶解度参数相近设计原则，以丙烯腈、丙烯酸酯、丙烯酸、丙烯酰胺为单体合成了14种高聚物键合剂，实验发现丙烯腈–丙烯酸羟乙酯(1:0.3)完全黏附到超细RDX表面，两者之间具有相互作用力。在此基础上，原位聚合使高聚物包覆到超细RDX表面，再与酰氯化氧化石墨进行偶联，制备得到了RDX@BA@Graphene复合粒子。通过红外分析了高分子键合剂的结构(特征官能团)；通过凝胶渗透色谱测试了丙烯腈–丙烯酸羟乙酯的分子量(27 955)及分布、羟值；热分析结果表明高分子的分解温度是347.8 ℃，RDX/高分子热分解提前1 ℃；通过光学显微镜和扫描电镜观察到复合粒子的形貌呈球形；扫描电镜图显示RDX@BA@Graphene复合粒子表面为黏性高分子材料，能谱测试表明C元素提高90.38%，N元素降低15.35%，O元素降低14.21%；X射线光电子能谱和透射电镜测试显示了该复合粒子的核壳结构。研究结果表明，RDX@BA@Graphene复合粒子具有良好的热相容性和分散性。

关键词：高分子键合剂；超细RDX；核壳结构；石墨烯偶联
中图分类号：TJ55，O631　**文献标志码**：A

Study on bonded polymer dispersants of micro – and nano – nitramine

MA Li, ZHANG Libo, JIANG Xiabing

(School of Equipment Engineering, Shenyang Ligong University, Shenyang 110159, China)

Abstract: Solid propellants and cast explosives use a large amount of ultrafine nitramine. Due to the particle agglomeration problem of the ultrafine nitramine itself, the viscosity in the mixed system is large and it is not easy to disperse. Based on the design idea of polymer bonding agent, 14 kinds of polymer bonding agents are synthesized by using acrylonitrile, acrylate, acrylic acid and acrylamide as monomers. The acrylonitrile – hydroxyethyl acrylate (1:0.3) is found experimentally completely adheres to the surface of the superfine RDX, and there is an interaction force between the two, but the particle dispersion problem cannot be effectively solved. In this paper, RDX@BA@Graphene composite particles are prepared by in – situ polymerization of the polymer onto the surface of superfine RDX and coupling with the acid chloride oxide graphite. The structure (characteristic functional group) of the polymer bonding agent is analyzed by infrared; the molecular weight and distribution of acrylonitrile – hydroxyethyl acrylate (27 955) and hydroxyl value are tested by GPC; the thermal decomposition results show that the decomposition temperature of the polymer is 347.8 ℃. The thermal decomposition of RDX/polymer is advanced 1 ℃; the morphology of the composite particles is spherical by optical microscopy and scanning electron microscopy; and the SEM and EDS show that the mass fraction of C on the surface of RDX@BA@Graphene com-

---

基金项目：国家自然科学基金(No. 21403284)，中国博士后面上基金(No. 2017M621352)。
作者简介：马丽(1983—)，女，博士，讲师，E – mail：marybit@ 126. com。

posite particles increased by 90.38%, the mass fraction of N decreased by 15.35% and the mass fraction of O decreas by 14.21%. TEM and XPS show that the composite particles have a core – shell structure. In combination with various tests, RDX@BA@Graphene has a core – shell structure with good thermal stability and dispersion.

Keywords：Polymer bonding agent; superfine RDX; core – shell structure; graphene coupling

0 引言

超细硝胺广泛存在于固体推进剂，但是小尺寸效应、表面效应等使得超细化的炸药易于团聚结块，与黏结剂之间无作用力。为了克服硝胺类推进剂的黏附问题，人们开展了两种研究思路。第一种是在推进剂制备之前新增一道工序，对硝胺颗粒进行预包覆处理，这类包覆层覆盖在硝胺颗粒表面形成坚韧的聚合物外壳，以增强黏结剂基质与硝胺颗粒表面的黏着性[1,2]。另一种是使用如氮丙啶类、烷醇胺类、多胺衍生物类、有机硅烷类、海因类以及中性聚合物键合剂等各类键合剂，部分基团为亲氧化剂基团，可以与氧化剂紧密相连，在其表面形成高模量层，另外的基团或支段基团易于通过某些化学反应与黏结剂基质连为一体，间接增强硝胺类氧化剂与黏结剂基质之间的黏着性，从而提高推进剂的力学性能[3]。Kim[4]首先提出了在含有硝胺和极性硝酸酯的含能推进剂中使用中性聚合物键合剂，采用半经验的方法，通过调整溶解度参数和相对分子质量合成了中性的丙烯腈共聚物。研究表明在HMX/PEG/NG复合材料中加入少量的新型中性聚合物黏结剂（NPBA），可以产生较强的增强效果。Kim[5]将HMX固体颗粒分散在含有极性增塑剂的黏结剂基体中，用NPBA作为黏结剂取代AFX-231中的硝化棉时，初始模量和药柱强度增加。Landsem等[6]以偶氮二异丁腈为链引发剂，巯基乙醇为链转移，丙烯腈、丙烯酸羟乙酯和丙烯酸甲酯为单体合成一种标准的NPBA，实验发现NPBA的使用显著地提高了异氰酸酯固化的HMX-GAP-BuNENA复合推进剂的抗拉强度和弹性模量。中性键合剂虽然能提高药柱的力学性能，但是从报道数据来看，无法有效改变硝胺颗粒之间的分散性。文献[7-9]分别通过三聚氰胺与甲醛在炸药晶体表面的原位聚合包覆硝胺颗粒，中性聚合物键合剂包覆TATB，聚乙烯吡咯烷酮（PVP）和聚乙二醇（PEG）包覆RDX，发现高分子能黏附到硝胺晶体表面，仍无法改善微纳米硝胺的分散性。Qi[10]将碳材料引入高能材料中，增加了含能材料的导热和导电性能，Lin[11]将石墨烯引入含能材料，提高PBX的热导率。基于文献报道，高分子键合剂与硝胺晶体之间有相互作用力，但是无法解决硝胺颗粒之间的团聚，以石墨烯为代表的碳材料与微纳米硝胺颗粒之间无作用力，机械掺杂无法混合均匀，因此，本文结合键合剂和石墨烯材料的优点，通过键合剂原位聚合包覆微米RDX，然后与酰氯化石墨进行偶联，再还原氧化石墨，制备以微米RDX为内核、高分子键合剂为中间层、石墨烯为外壳的复合粒子，以提高微米RDX的分散性。

1 试验方法和试验方案

1.1 试验方法

1.1.1 试验设备

JA5003N电子天平，上海精密科学仪器有限公司；ZNCL-G磁力搅拌加热锅，郑州宇祥仪器设备有限公司；DHG-9030A高温恒温试验箱，无锡博奥实验设备有限公司；SHB-111循环水式多用真空泵，郑州长城科工贸有限公司；L500离心机，湘仪实验室仪器开发有限公司；IRAffinity-1S傅里叶红外光谱仪，日本岛津公司；SU8220场发射扫描电镜，FEI Tecnai G2 F20场发射透射电子显微镜，日立公司；1 260 infinity凝胶色谱仪（GPC），安捷伦；DSC-TG，德国耐驰。

1.1.2 原材料和试剂

RDX，甘肃银光化学工业集团有限公司；丙烯腈（AN），国药集团化学试剂有限公司；偶氮二异丁腈,上海凛恩科技发展有限公司;β-巯基乙醇,上海凛恩科技发展有限公司;丙酮,山西同杰化学试剂有限公司;甲醇,天津市光复科技发展有限公司;丙烯酸羟乙酯(HEA),阿拉丁工业公司;丙烯酸羟丙酯(HPA),梯希爱(上海)化成工业发展有限公司;丙烯酸4-羟基丁酯(HBA),梯希爱(上海)化成工业发展有限公司;丙烯酸(AA),天津市化学试剂研究所;丙烯酰胺(AM),天津市光复精细化工研究所;氧化石墨粉(GO)和石墨烯(graphene),南京先丰纳米材料科技有限公司;邻苯二甲酸酐,天津市光复科技发展有限公司;氯化亚砜,上海凛恩科技发展有限公司。

1.2 试验方案

高分子的合成根据文献[6]的工艺,以丙烯腈、丙烯酸羟乙酯、丙烯酸羟丙酯、丙烯酸4-羟基丁酯和丙烯酸为单体,设计与RDX的溶解度参数为33.2 $(J/cm^3)^{1/2[12]}$相似的聚合物BA。

原位包覆RDX,在筛选出键合剂之后,分别按照0.1%、0.2%、0.5%和1%的比例进行原位合成,包覆RDX。

键合剂包覆RDX之后与酰氯化氧化石墨进行偶联,酰氯化石墨与键合剂/RDX的质量比分别是0.01%、0.02%、0.05%、0.1%和0.2%。

由于石墨烯密度极低,使用石墨烯-甲醇溶液与RDX混合。

制备RDX@高聚物@石墨烯复合材料的高分子键合型分散剂作用机理如图1所示。

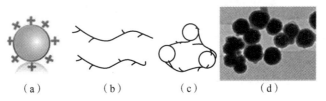

图1 高分子键合型分散剂作用机理
(a)微纳米硝胺颗粒;(b)高分子键合剂;(c)分子键合;(d)核壳结构复合粒子分散

2 结果与讨论

2.1 键合剂的种类对微米RDX分散效果影响

根据各聚合物的自身性质,计算出聚丙烯腈的溶解度参数为17.921 $(J/cm^3)^{1/2}$,聚丙烯酸羟乙酯的溶解度参数为17.921 $(J/cm^3)^{1/2}$,聚丙烯酸的溶解度参数为17.921 $(J/cm^3)^{1/2}$,聚丙烯酸羟丙酯的溶解度参数为17.921 $(J/cm^3)^{1/2}$,聚丙烯酸4-羟基丁酯的溶解度参数为17.921 $(J/cm^3)^{1/2}$,聚丙烯酰胺的溶解度参数为17.921 $(J/cm^3)^{1/2}$。将共聚物中各链段溶解度参数按比例相加,BA的溶解度参数如表1所示,键合剂红外图如图2所示。

表1 键合剂的羟基含量、羧基含量及溶解度参数

BA编号	投料及摩尔比	羧基含量/(mmol·g^{-1})	羟基含量/(mmol·g^{-1})	溶解度参数值/(J·cm^{-3})$^{1/2}$
1#	AN:HEA=1:0.2	0	1.8	18.296
2#	AN:AA:HEA=1:0.2:0.3	2.4	1.8	18.795
3#	AN:AA:HEA=1:0.4:0.3	3.2	1.0	19.067
4#	AN:AA:HEA=1:0.2:0.1	2.4	0.8	18.584
5#	AN:AA:HEA=1:0.1:0.2	1.8	1.8	18.512

续表

BA 编号	投料及摩尔比	羧基含量 /(mmol·g^{-1})	羟基含量 /(mmol·g^{-1})	溶解度参数值 /(J·cm^{-3})$^{1/2}$
6#	AN:HEA = 1:0.3	0	2.2	18.440
7#	AN:HPA = 1:0.3	0	2.8	18.205
8#	AN:HBA = 1:0.3	0	1.6	18.212
9#	AN:HEA = 1:0.1	0	1.2	18.125
10#	AN:AA:HEA = 1:0.1:0.3	1.8	2.2	18.630
11#	AN:AA:HEA = 1:0.3:0.3	2.8	1.4	18.940
12#	AN:AA:HEA = 1:0.2:0.2	2.4	1.2	18.697
13#	AN:HEA = 1:0.4	0	2.4	18.564
14#	AN:AM = 1:0.3	0	0	20.006

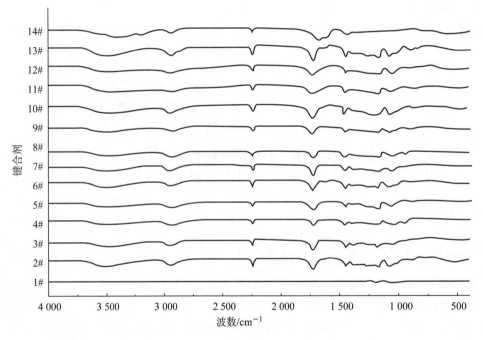

图 2 键合剂红外图

从图 2 可以看出聚合反应的效果，3 525 cm^{-1} 为 BA 中 —O—H（醇羟基）键的伸缩振动峰，2 944.38 cm^{-1} 为 BA 中 C—H（烷烃类）键的伸缩振动峰，2 244 cm^{-1} 为 BA 中 —C≡N（腈基）键的伸缩振动峰，1 733 cm^{-1} 为 BA 中 C=O（酯基）键的伸缩振动峰，1 456.28 cm^{-1} 为 BA 中 C—H 键的弯曲振动峰，1 078.2 cm^{-1} 为 BA 中 C—O（伯醇）键的伸缩振动峰。1 172.7 cm^{-1} 处的峰可能为 C—O—C 键的特征峰，而分析可知 BA 中不含醚键。

以 N，N–二甲基甲酰胺为溶剂，采用凝胶渗透色谱法测定分子量及分子量分布，6#BA 测试结果如图 3 所示。

6#BA 的数均分子量为 22 047，重均分性为 30 022，均分子量为 27 955。

2.2 键合剂和石墨烯含量对 RDX 分散效果影响

采用 0.1%、0.2%、0.5% 和 1% 的 6#BA 原位聚合包覆超细 RDX 的样品的扫描电镜如图 4 所示。

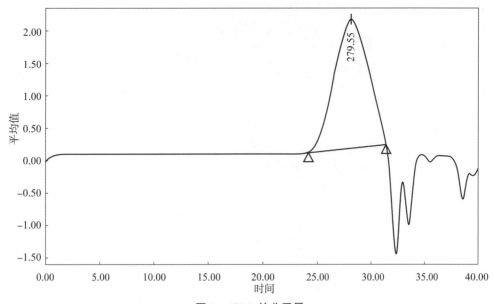

图3　6#BA 的分子量

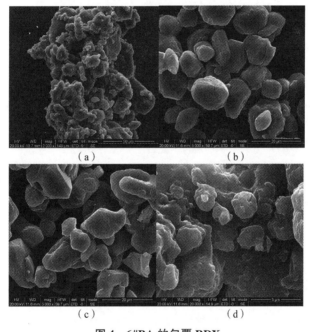

图4　6#BA 的包覆 RDX

(a) 0.1%；(b) 0.2%；(c) 0.5%；(d) 1%

从图4中可以清晰观察 RDX 的表面包覆状况，添加0.1%的键合剂，无法改善颗粒团聚的程度，添加量为0.2%时，颗粒表面改善后，仍聚集在一起，添加量达到0.5%以后，键合剂裹在晶体表面，颗粒团聚进一步加剧，当含量达到1%时，颗粒再次黏结到一起。因此，键合剂6#的添加量为0.2%~0.5%。

为提高 RDX 的分散性，向 RDX/键合剂中添加石墨烯，两者在超声作用下机械混合，其扫描电镜如图5所示。

由图5可知，石墨烯呈片层结构，向0.2%键合剂6#包覆的 RDX 中添加0.01%石墨烯，在超声作用下分散，去除溶剂后，分散效果不明显，同理添加0.02%和0.05%的石墨烯，RDX 颗粒分散效果未改善；添加0.1%的石墨烯，部分颗粒表面包裹了一层石墨烯，仍有大多数颗粒未被包裹；添加0.2%石墨烯，完全覆盖到颗粒表面。但是石墨烯与键合剂和 RDX 晶体之间无相互作用力，机械混合不可能达到均匀分散的目的，无法从根本上解决 RDX 颗粒团聚问题。

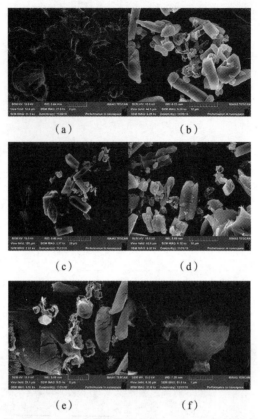

图5 添加不同含量石墨烯与RDX/BA6#机械混合
（a）石墨烯；（b）添加0.01%；（c）添加0.02%；（d）添加0.05%；（e）添加0.1%；（f）添加0.2%

2.3 键合型分散剂对RDX分散效果影响

本文结合RDX键合剂和石墨烯二维材料的优点，先通过键合剂原位包覆RDX，再与酰氯化的氧化石墨偶联，再用醇还原氧化石墨[13]，获得"三明治"结构的复合粒子，以实现分子间键合、颗粒间分散的目的。

酰氯化石墨与键合剂6#包覆后RDX的红外光谱（FTIR）如图6所示。

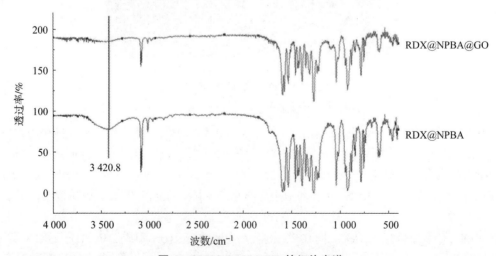

图6 RDX@BA6#@GO的红外光谱

测试结果表明RDX@BA6#@Graphene复合粒子与RDX@BA相比，3 420.8 cm^{-1}处的羟基明显减少，推断是由于6#BA分子链中的羟基和氧化石墨上的酰氯基团反应，故而羟基的特征峰发生变化，几乎不存在。

复合粒子的 SEM 如图 7 所示，图片显示，颗粒间分散性良好，选取单个颗粒表面的能谱 EDS – Mapping 如图 8 所示。

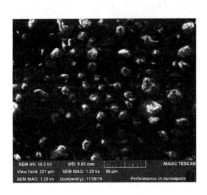 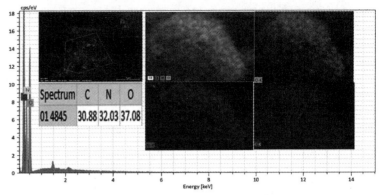

图 7　RDX@BA6#@Graphene 复合粒子的 SEM　　图 8　RDX@BA6#@Graphene 复合粒子的 EDS – Mapping

已知 RDX（$C_3H_6N_6O_6$）分子中 C、O、N 质量比分数：C 元素 16.22%、O 元素 43.22%、N 元素 37.84%。复合粒子表面包裹了石墨层，其表面元素含量为 C 元素 30.88%、O 元素 37.04%、N 元素 32.03%。粒子表面 C 含量提高 90.38%，O 含量下降 14.30%，N 含量下降 15.35%。

复合粒子的透射电镜（TEM）如图 9 所示，从测试结果来看，键合剂 6#包覆 RDX 形成核壳结构，键合剂 6#包覆 RDX 之后，再与酰氯化石墨偶联，构成复合粒子，石墨烯片层结构清晰可见，包裹在键合剂表面，形成了以 RDX 为核，键合剂为夹层，石墨烯为外壳的核壳结构，即 RDX@BA6#@Graphene。

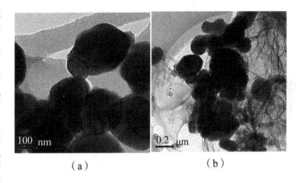

图 9　复合粒子的 TEM

(a) RDX@BA6#；(b) RDX@BA6#@Graphene

复合粒子的 X 射线光电子能谱（XPS）如图 10 所示。C 元素的出峰位置 284.6 eV 对应 C—C 和 C—H 键，285.5~285.9 eV 峰位置对应 C—O 和 C—N 键，287.7~288.2 eV 峰位置对应 N—C—N 和 C=O 键。N 元素的出峰位置 400.9~401.0 eV 对应 C—N 键，406.7~407.4 eV 对应 NO_2；O 元素的 531.5 eV 峰位置对应 C=O 键，532.8~533.4 eV 峰位置对应 NO_2 和 C—O 键[14]。图 10 测试结果表明，复合粒子表面的 C 元素主要是以石墨烯结构中的 C—C 结构存在，并不是 RDX 的 C—N 结构，表明复合粒子表层是石墨烯。

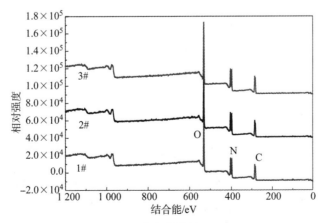

图 10　复合粒子的 XPS

1#—RDX；2#—RDX@BA6#；3#—RDX@BA6#@Graphene

复合粒子的热分析（DSC）如图11所示，RDX 在 205.6 ℃时开始出现失重，是因为 RDX 达到熔点。DSC 曲线中 205.6 ℃出现吸热峰，242.1 ℃出现明显的放热峰。表示 242.1 ℃时发生爆炸放出大量热。复合粒子的 DSC 曲线中 204.7 ℃为吸热峰，较原始的超细化 RDX 样品（205.6 ℃）发生了提前。熔融吸热峰提前接近 1 ℃，石墨烯的引入增加了粒子的热导率。

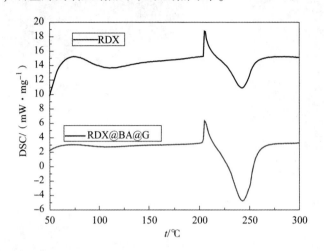

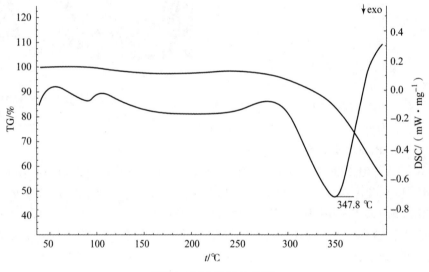

图 11 复合粒子的 DSC

3 结论

本文合成出与 RDX 溶解度参数相近的键合剂，在使用 0.5% 键合剂［丙烯腈 – 丙烯酸羟乙酯（1:0.3）］包覆 RDX 之后，再与 0.1% 的酰氯化氧化石墨偶联，再用醇还原氧化石墨，制备了核壳结构复合粒子。

（1）制备的 6#BA 表征结果：分子量测试 $M_p = 2\,7955$；羟基含量为 2.2 mmol/g，溶解度参数为 18.440 $(J/cm^3)^{1/2}$；使用 0.2% ~ 0.5% 的键合剂即可均匀分散到 RDX 晶体表面，超出该区间则达不到预分散效果。

（2）预分散的 RDX/BA6# 与石墨烯混合后不能达到分散的效果，添加石墨烯的含量不超过 0.1%。酰氯化氧化石墨与键合剂 6# 偶联后形成高分子键合型分散剂，添加 0.5% 该分散剂能显著改善微米 RDX 的分散性。

（3）RDX@ BA6#@ Graphene 是一种分散性良好的复合粒子，该复合粒子热分解比 RDX 提前约 1 ℃，分散效果明显提高。

参考文献

［1］ALLEN H C. Bonding agent for nitramines in rocket propellants：U S 4389263 ［P］. 1983.

［2］OBERTH A E. Coatings for solid propellants：US 5600088 ［P］. 1997.

［3］KIM C S, NOBLE P N, YOUN C H, et al. The mechanism of filler reinforcement from addition of neutral polymeric bonding agents to energetic polar propellants ［J］. Propellants Explosive Pyrotechnics. 1992（17）：51－58.

［4］KIM C S. Development of neutral polymeric bonding agent for propellants with polar composites filled with organic nitramine crystals ［J］. Propellants, Explosives, Pyrotechnics, 1992, 17：38－42.

［5］KIM H S. Improvement of mechanical properties of plastic bonded explosive using neutral polymeric bonding agent ［J］. Propellants, Explosives, Pyrotechnics, 1999, 24（2）：96－98.

［6］LANDSEM E, JENSEN T L, HANSEN F K, et al. Neutral polymeric bonding agents（NPBA）and their use in smokeless composite rocket propellants based on HMXGAP－BuNENA ［J］. Propellants, Explosives, Pyrotechnics, 2012（37）：591.

［7］YANG Z J, DING L, WU P, et al. Fabrication of RDX, HMX and CL－20 based microcapsules via in situ polymerization of melamine－formaldehyde resins with reduced sensitivity ［J］. Chemical Engineering Journal, 2015, 268：60－66.

［8］LIN C M, LIU J H, HE G S, et al. Non－linear viscoelastic properties of TATB－based polymer bonded explosives modified by a neutral polymeric bonding agent ［J］. RSC Advances, 2015, 5（45）：35 811－35 820.

［9］PESINA F, SCHNELL F, SPITZER D. Tunable continuous production of RDX from microns to nanoscale using polymeric additives ［J］. Chemical engineering journal, 2016, 291：12－19.

［10］YAN Q L, GOZIN M, ZHAO F Q, et al. Highly energetic compositions based on functionalized carbon nanomaterials ［J］ Nanoscale, 2016, 8：4 799－4 851.

［11］LIN C M, HE G S, LIU J H, et al. Construction and thermal properties of nanostructured polymer bonded explosives with graphene ［J］ RSC Adv., 2015, 5：98514－98521.

［12］雷贝. 中性聚合物键合剂设计与合成 ［D］. 长沙：湖南大学, 2007：16－19.

［13］DREYER D R, MURALI S, ZHU Y W, et al. Reduction of graphite oxide using alcohols ［J］ J. Mater. Chem., 2011, 21：3443－3447.

［14］GONG F Y, ZHANG J H, DING L, et al. Mussel－inspired coating of energetic cryst－als：a compact core－shell structure with highly enhanced thermal stability ［J］. Chemical Engineering Journal, 2017, 30：140－150.

某固体推进剂压缩性能试验研究

周 峰[1]，尹亚阁[1]，吴 茜[1]，肖秀友[1]，许进升[2]

(1. 中国兵器工业第五九研究，重庆 400039；
2. 南京理工大学 机械工程学院，江苏 南京 210094)

摘 要：为了研究某推进剂的压缩力学性能，分别利用万能材料试验机和分离式霍普金森压杆装置获得了推进剂在三种温度时（15 ℃、50 ℃、-40 ℃）不同压缩速率时的应力-应变曲线。分析表明：推进剂具有明显的率相关性，低应变率和高应变率下，推进剂的屈服应力、屈服应变、最大应力和最大应变均随着应变率的变化而相应变化，具有黏弹性材料的相关性质。推进剂在低温状态时的力学强度远高于常温和高温时的力学强度。在相同压缩速率下，温度由低到高变化时，推进剂经历了从硬而脆、硬而韧到软而韧的变化。

关键词：固体火箭发动机；固体火箭推进剂；分离式霍普金森压杆；高应变率

中图分类号：V512　**文献标志码**：A

Experimental research on mechanical properties of solid rocket propellant under uniaxial compression condition

ZHOU Feng[1], YIN Yage[1], WU Qian[1], XIAO Xiuyou[1], XU Jinsheng[2]

(1. No. 59 Institute of China Ordnance Industy, Chongqing 400039, China;
2. School of Mechanical Engineering, Nanjing University of Science and Technology, Nanjing 210094, China)

Abstract: To research the compressive behavior of propellant, stress – strain curves of propellant under various temperatures (15 ℃、50 ℃、-40 ℃) and strain rates are obtained through tests using the universal material test machine and split hopkinson bar. Results show that that the mechanical property of propellant is obviously correlated with strain rate. Yield stress, yield strain, limit stress and corresponding strain vary with strain rate. The propellant has the properties of viscoelastic materials. The mechanical strength of propellant under the low temperature is much higher than the mechanical strength under the normal temperature and high temperature. As the temperature changes from low to high under the same compression rate, the propellant changes from hard and brittle to hard and tough, then change to soft and tough.

Keywords: solid rocket motor; solid rocket propellant; SHPB; high strain rate

0 引言

固体火箭发动机推进剂的性能关系到火箭增程炮弹、火箭弹等武器装备射程、精度及可靠性。火箭发动机在发射过载、点火压力等冲击载荷作用时，推进剂药柱内部会产生应力和应变，如果超过其力学

作者简介：周峰（1982—），男，高工，主要从事弹药增程技术研究和项目管理工作，E - mail: zhoufeng94@163.com。

性能的允许范围，会造成药柱破裂、脱粘和变形，轻则引起发动机总冲降低，使弹药无法达到预定射程，重则引起发动机工作性能的严重恶化，导致整个发动机炸毁[1]。

本试验研究的推进剂是以硝化甘油作硝化棉的溶剂而制成的，是一种均质推进剂，具有力学性能优良、工艺技术成熟、价格相对较低等特点，通过自由装填的装药方式，被广泛应用于多种型号增程弹和野战火箭。在炮射弹药固体火箭发动机的设计过程中，推进剂药柱的抗冲击过载设计至关重要，而在发射过载的作用下，推进剂药柱受到的载荷以压缩为主。本文拟开展推进剂药柱在不同温度和不同加载速率的载荷条件下的压缩性能试验，分析其应力应变规律，为后续开展推进剂的本构模型研究奠定基础。

1 低应变率下推进剂压缩力学性能试验研究

1.1 试验样品的准备

参照 GJB 770B—2005《火炸药试验方法》的相关要求，采用机加方法将推进剂药柱轴向取样加工成圆柱状试样，具体尺寸：直径 16 mm ± 0.1 mm，高度 15 mm ± 0.1 mm。试样加工过程不应引起物理化学性质的变化。加工好的试样两端应平整，表面无气泡、杂质和机械损伤。为了去除加工的残余应力，试验前将加工好的试样放在温度为 20 ℃ ± 2 ℃，湿度为 45% ~ 55% 的恒温恒湿箱内放置 24 h。

1.2 试验方案

利用万能材料试验机（带保温功能）完成推进剂的压缩性能试验，如图 1 所示。通过控制保温箱的温度和试验机加载速率可以得到推进剂在不同温度条件下不同压缩速率的试验结果。双基推进剂试样如图 2 所示。

图 1 万能材料试验机

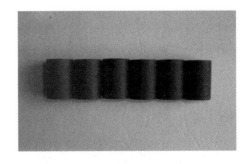

图 2 双基推进剂试样

具体方案：分别在常温 15 ℃、高温 50 ℃、低温 -40 ℃ 三种温度条件下，测试推进剂在 0.1 mm/min、1 mm/min、10 mm/min、100 mm/min 四种压缩速率下的力学性能。试验前，将推进剂试样放在保温箱中至少保温 3 h，确保试样达到试验要求的温度。每种加载条件下，应至少做 5 次试验，然后取其平均值。

1.3 试验结果及分析

试验获得了常温 15 ℃、高温 50 ℃、低温 -40 ℃ 时，推进剂在 0.1 mm/min、1 mm/min、10 mm/min、100 mm/min 四种压缩速率下的应力-应变曲线。推进剂在 10 mm/min 压缩速率下，三种不同温度时的应力-应变曲线如图 3 ~ 图 5 所示。图 6 ~ 图 8 所示为在低温、常温和高温状态下，四种压缩速率下的压缩应力应变曲线。

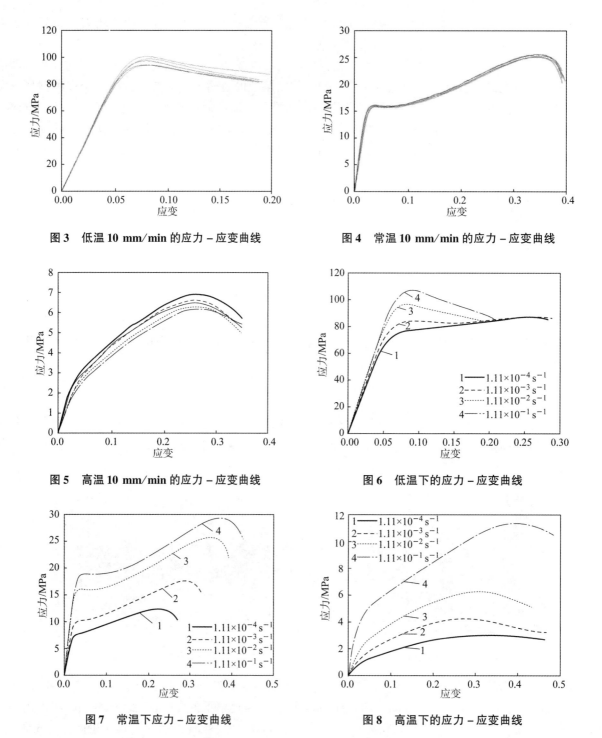

图3 低温10 mm/min的应力-应变曲线　　图4 常温10 mm/min的应力-应变曲线

图5 高温10 mm/min的应力-应变曲线　　图6 低温下的应力-应变曲线

图7 常温下应力-应变曲线　　图8 高温下的应力-应变曲线

由图3～图5可以看出，在相同载荷条件下，5组应力-应变曲线基本重合，一致性较好，高温状态下曲线差异稍大，这可能是试验误差引起的。

在压缩速率为10 mm/min时，三种温度状态的应力-应变曲线如图9所示。因10 mm/min的压缩速率较缓慢，推进剂材料本身塑性变形产生的热量来不及与外界进行热交换，所以压缩过程中推进剂试样的温度可以被认为是基本不变的。从图9可以看出，随着温度的逐步提高，推进剂初始弹性模量减小，屈服应力也随之相应地降低，从图中曲线可以看出，低温状态下，试样屈服后，应力下降较为明显，而在高温状态时，试样的应变软化现象则不太明显。推进剂在低温状态时的力学强度远高于常温和高温时的力学强度，这是因为在低温状态下，推进剂已逐渐转变为玻璃态，黏弹性变得越来越不明显。总的来看，在相同压缩速率下，温度由低到高变化时，推进剂经历了从硬而脆、硬而韧到软而韧的变化。温度是影响高分子材料性能的重要因素,随着温度由低到高的变化,分子链的运动部位和排列方式不断发生变化,使其松弛特性发生变化,进而使其黏性也发生变化[2]。

由图 6～图 8 可以看出,三种温度状态下不同压缩速率的应力-应变曲线都具有相似的性质:在温度一定的条件下,随着应变率的提高,推进剂的强度、弹性模量均有所增加,韧性则有所降低,推进剂具有明显的率相关性。从图 7 可以看出,在四种不同的压缩速率下,应力-应变曲线经历了 4 个阶段,由线性上升、屈服、应变软化、应变硬化直到达到材料应力极限而发生破坏现象。在线性上升阶段,曲线靠得较拢,说明随着压缩速率的提高,初始弹性模量略微有所增加,但变化不大。

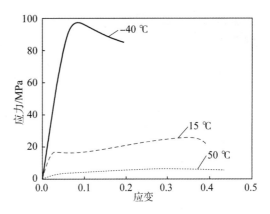

图 9　不同温度下的应力-应变曲线
(压缩速率 10 mm/min)

2　高应变率下推进剂压缩力学性能试验研究

2.1　试验准备

下面我们将利用分离式霍普金森压杆装置(Split Hopkinson Pressure Bar, SHPB)来开展推进剂在高应变率条件下的力学性能试验研究工作。

在应变率为 $10^2 \sim 10^4 \, s^{-1}$ 的高应变率范围内,分离式霍普金森压杆试验装置可以较好地测量材料的应力-应变行为,是一种普遍认可和广泛采用的测试技术,其结构如图 10 所示[3]。

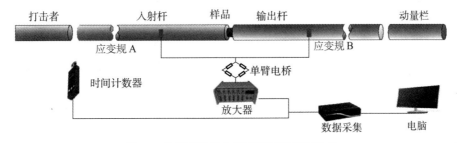

图 10　分离式霍普金森压杆试验装置结构

推进剂试样为 φ8 mm×5 mm 的圆柱形试样。试验前,将试样分别置于高、低温箱中保温 4 h,以去除试样本身的残余应力。正式试验前,确保试样的温度和杆的两端达到一致,避免温度差异带来的误差,还需要对夹试样的两端进行预加热处理[4]。

2.2　试验结果及分析

改变空气压缩机压力的大小,从而改变子弹的撞击速度,获得不同幅值的加载波。根据反射波曲线处理后获得双基推进剂试样中的应变率和时间之间的关系。

根据试验结果,处理后分别得到了常温、低温和高温下不同应变率下的真实应力-应变曲线,如图 11～图 13 所示。

由图 11～图 13 所表示的在高应变率下三种温度时的应力-应变曲线分析可知,推进剂材料具有较为明显的率相关性。随着应变的增大,应力呈现四个阶段:由线性上升段到屈服阶段,再出现应力强化,最后达到应力卸载阶段。同时当达到一定的应变后,应力出现了一个平台式效应,即推进剂试样在达到屈服点后,应力不随应变的增大而逐渐增大,而是基本维持恒定。经过三种温度状态下的对比发现,常温和低温状态下,屈服应力平台较长,而高温下应变强化阶段较长,平台相对较短。与低应变率下的应力-应变曲线相比,高应变率曲线的应力平台要长一些。从曲线上对比还发现,高应变率曲线线性上升段斜率也要偏大一些，这说明推进剂材料的初始弹性模量在高应变率下远大于低应变率状态下的初始弹性模量。

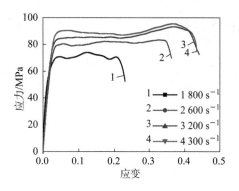

图 11　常温下不同应变率下应力 – 应变曲线

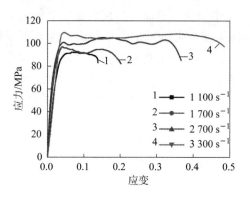

图 12　低温下不同应变率下应力 – 应变曲线

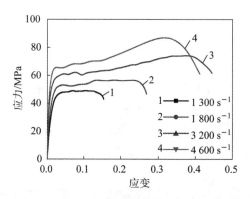

图 13　高温下不同应变率应力 – 应变曲线

以常温状态为例，推进剂在低应变率下屈服应力大约为 13～29 MPa（图 7），高应变率下屈服应力则上升到约 95 MPa（图 11），可以看出，随着应变率的提高，推进剂的屈服应力也得到了明显提高。

3　结论

通过以上试验和数据分析，可以得出以下结论。

（1）在压缩载荷作用下，推进剂的应力 – 应变关系主要包括线性上升、屈服、应变软化、应变硬化直至达到材料应力极限而发生破坏这四个阶段。

（2）推进剂具有明显的率相关性，低应变率和高应变率下，推进剂的屈服应力、屈服应变、最大应力和最大应变均随着应变率的变化而相应变化，具有黏弹性材料的相关性质。

（3）温度是影响高分子材料性能的重要因素，随着温度由低到高变化，分子链的排列方式和运动部位也都相应地改变，这是内在因素的变化，这也使其松弛特性随之改变，最终表现出来的是推进剂材料的黏性发生了改变。

（4）推进剂在低温状态时的力学强度远高于常温和高温时的力学强度，在低温状态下，推进剂已逐渐转变为玻璃态，黏弹性变得越来越不明显。在相同压缩速率下，温度由低到高变化时，推进剂经历了从硬而脆、硬而韧到软而韧的变化。

参 考 文 献

[1] 李葆萱，王克秀. 固体推进剂性能 [M]. 西安：西北工业大学出版社，1990.

[2] 胡少青,鞠玉涛,孟红磊,等.双基推进剂压缩力学性能的应变率相关性研究[J].弹道学报,2011,23(4):75-79.
[3] 索涛,邓琼,苗应刚,等.基于Hopkinson压杆实验技术的含能材料动态力学性能测试方法研究进展[J].火炸药学报,2010,33(2):5-9.
[4] 孙朝翔,鞠玉涛,郑亚,等.双基推进剂的高应变率力学特性及其含损伤ZWT本构[J].爆炸与冲击,2013,33(5):508-512.

粒状发射药包装物研究

毛智鹏，秦静静，冯　阳，王志宇，孙　斌

(辽宁庆阳特种化工有限公司，辽宁　辽阳　111001)

摘　要：国内发射药包装物采用木箱内套金属箱的包装方式，该包装箱内箱（金属箱）采用工序多；外箱（木套箱）采用木质铆接结构，结构复杂、自重大；成套箱体制造工艺间断、流程长，人工操作劳动强度大，生产效率低、成本高。开展将材料科学的新成果和自动化的新技术引入粉状炸药、粒状发射药的包装物及包装技术研究，解决目前包装物及其制备技术和火炸药产品包装过程存在的诸多问题，实现火炸药包装技术升级换代，具有十分重要的意义。通过包装材料的筛选、包装物结构设计等关键技术研究，研制出粉状炸药及粒状发射药自动包装工程样机，以满足自动化需求。

关键词：工程塑料，粒状发射药，自动化包装，覆膜铁皮

中图分类号：TB482　**文献标志码**：C

Study on the package of granular propellant

MAN Zhipeng, QIN Jingjing, FENG Yang, WANG Zhiyu, SUN Bin

(Qingyang Chemical Industry Corpation, Liaoyang 111001, China)

Abstract: Domestic propellant packages are packaged with metal boxes inside wooden boxes (metal boxes). The outer box (wooden sleeve box) adopts wooden riveting structure with complex structure and seriousness; The complete box manufacturing process is discontinuous, the process is long, and the manual operation is labor-intensive, long process, labor intensity of manual operation, low production efficiency, high cost. Developing new achievements and automation of village material science The new technology of chemical engineering is introduced into the packaging and packaging technology of powder explosive and granular propellant to solve the problem of packaging and its preparation at present. There are many problems in the packaging process of technology and explosive products. It is very important to upgrade the packaging technology of explosive products. Powdery explosives and granular emission are developed through key technologies such as screening of packaging materials and structural design of packaging materials. Pharmaceutical automatic packaging engineering prototype to meet the needs of automation.

Keywords: engineering plastics, granular propellant, automatic packaging, coated iron sheet

0　引言

国内发射药包装物采用木箱内套金属箱的包装方式，成套箱体制造工艺间断、流程长，人工操作劳动强度大，生产效率低、成本高。其装箱结构难以实现包装过程中多层包装物翻折、金属箱封口、挂扣等操作自动化；多层包装物封装过程中，内、外包装物之间易产生夹层药、箱间药，存在安全隐患；无法进行内嵌堆叠摆放，单位重量的木箱占用空间大，造成回收运输成本偏高，故而从自动化和运输成本角度上来讲，有必要对其结构、尺寸、外观形式进行研究，便于自动包装操作，同时又能减小安全风

作者简介：毛智鹏（1981—），男，高级职称，学士学位，E-mail: 25003431@qq.com。

险、降低成本。通过对包装材料的筛选、包装物结构设计等关键技术研究，研制出粉状炸药及粒状发射药自动包装工程样机，以满足自动化需求。

1 技术方案

拟采用内包装和外包装箱组合的方式。设计的过程中也考虑了自动化生产、物流运输的堆垛问题，并且有以下两个优点。

（1）外箱能够很好地保护内箱，使内箱不受损坏。

（2）外箱有足够的机械强度防止撞击所产生的伤害，内箱有很好地密封性，此设计能够很好的适应复杂的环境。

2 内包装设计

2.1 材料选择

拟采用覆膜铁皮作为内包装的材料如图1（a）所示。镀锌板经过表面预处理后，在覆合机上与薄膜进行热压覆合而成，如图1（c）所示。拟采用涂料铁皮作为内包装的材料如图1（b）所示，将镀锌板经过表面预处理后在覆合机上与薄膜进行热压覆合而成，如图1（d）所示。

图1 覆膜铁和涂料铁耐腐蚀力试验后形貌

（a）覆膜铁；（b）涂料铁；（c）覆膜铁罐；（d）涂料铁罐

如图2～图4所示，通过覆膜铁和涂料铁耐蚀力试验得出以下结论。

（1）彩印铁测试结果表明，覆膜铁抗酸性、抗硫性、耐蒸煮性及抗冲击性与涂料铁相当，而耐蚀力及抗划伤性能远优于涂料铁。

（2）空罐测试结果表明，覆膜铁罐与涂料铁罐抗酸性与内涂膜完整性测试都合格，但覆膜铁罐抗硫性、耐蚀力优于涂料铁罐。

（3）空罐电化学阻抗测试表明，覆膜铁电化学阻抗远大于涂料铁罐，覆膜铁罐耐蚀力优于涂料铁罐。

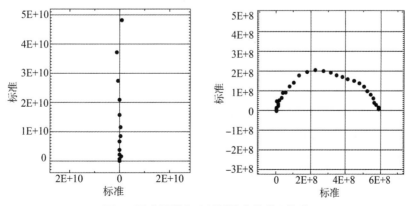

图2 覆膜铁罐和涂料铁罐电化学阻抗谱

| （a） | （b） | （a） | （b） |

图3　37 ℃实罐保温3月开罐　　　　　图4　55 ℃实罐保温3月开罐
（a）覆膜铁罐；（b）涂料铁罐　　　　　（a）覆膜铁罐；（b）涂料铁罐

（4）实罐保温试验结果表明，覆膜铁罐在室温37 ℃和55 ℃，具有良好的耐蚀性能，均显示出优于涂料铁罐的耐蚀性能。

通过我们的调查和论证，拟选以镀锌铁皮为基材，外层以抗静电PET（聚对苯二甲酸乙二醇酯）为覆膜材料，内层以环氧树脂漆作为内包装材料。

2.2　产品设计方案

（1）内包装重量及尺寸：6.35 kg，外形尺寸：L425 × W425 * H470。
（2）密封性：气压70 mm水银柱，保压3 min。
（3）口部锥角设计，倒料无残存。
（4）包装材料防腐蚀，以保证罐体使用寿命。

2.3　生产工艺介绍

（1）箱盖与口环使用冲压铆合的方式进行密封，如图5所示。

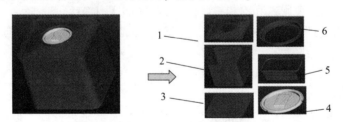

图5　箱盖与口环使用冲压铆合的方式
1—箱盖；2—箱体；3—箱底；4—箱盖；5—提环；6—口环

箱体密封生产工艺：使用缝焊机进行缝焊密封；缝焊处补刷油漆（军绿色酚醛半壳磁漆，ABG51022-87）+烘烤。

（2）箱体与箱底、箱盖密封生产工艺：使用专用咬合机成型，咬合层为4~6层，此成型工艺已被广泛使用于化工、食品等行业的罐体制作。

（3）箱盖与箱体密封：给箱盖套上橡胶圈，通过挤压的方式，使箱盖与箱体密封。

（4）倒料无残存设计：把箱盖设计成锥形，将材料倒出罐体时，材料自动顺向罐口排出，箱盖锥形图形设计如图6所示。

3　塑料外包装设计

塑料外框的作用主要是将灌装后的药桶固定在箱内，起到保护作用。采用HIPS高性能改性聚苯乙烯。HIPS具有非常好的韧性和抗冲击特性，被大量使用于包装行业。

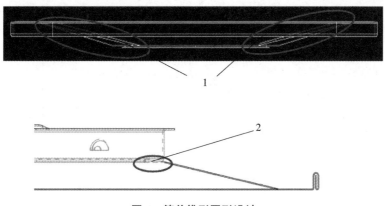

图 6 箱盖锥形图形设计
1—锥形出料口设计图形；2—铆合位置

3.1 材料选择

经过调研,拟采用工程塑料作为外箱的备选材料。工程塑料是当前市场上非常通用的一种材料。工程塑料在很多方面都有很好的性能,但耐老化性比较差,长期使用易出现龟裂、发硬、发黏、变脆、变色、失去强度等现象,如果选择使用工程塑料,必须在耐老化性上进行改进。经过筛查,基本确定了将高强度改性聚苯乙烯 HIPS 和高强度聚乙烯 HDPE 作为预选方案。通过高强度改性聚苯乙烯与高强度改性聚乙烯对比(表1)可知,经过改性后的 HIPS 具有非常好的永久的抗静电特性,表面电阻可以达到 1 011 Ω。经过老化实验 2 500 h 后,机械性能有所降低但依然有很好的机械性能。另外和金属相比,其导热系数非常低。经过调研发现高强度聚苯乙烯也被广泛应用于特种包装、军用弹箱、深井安全帽、电子元器件包装等领域。因此拟采用 HIPS 作为最终方案。

表 1 塑料物性对比

产品描述						
颜色	军绿 RGB 2, 94, 33					
检测标准	GB/ISO					
样品处理	23 ℃、24 h、50% H					
老化检测条件	碳弧灯老化 2 500 h (模拟实际使用 20 年);黑板:63 ± 3 ℃;喷水周期:12 min/60 min;辐照强度:255 W/m² ± 10%					
产品类别		HIPS		HDPE		
典型性能	测试方法	老化前	老化后	老化前	老化后	单位
密度	ISO 1183	1.10	1.10	0.96	0.96	g/cm²
力学性能						
拉伸强度	ISO 527-1, -2	16	10.5	17	10.5	MPa
弯曲强度	ISO 178	25	19	22	17	MPa
弯曲模量	ISO 178	1 150	950	1 200	900	MPa
冲击强度						
悬臂梁缺口冲击强度	ISO 180	30	24	15	10.5	kJ/m²
绿度等级	ISO 105	—	4	—	4	Rating

续表

产品类别			HIPS		HDPE	
老化前后性能衰减水平						
拉伸强度	ISO 527-1, -2	—	66	—	62	%
弯曲强度	ISO 178	—	76	—	78	%
弯曲模量	ISO 178	—	83	—	75	%
悬臂梁缺口冲击强度	ISO 180	—	80	—	70	%
电性能						
表面电阻率	GB/T 1410—2006	1 011	1 011	1 011	1 011	Ω
体积电阻率	ASTMD257-201	1 011	1 011	1 011	1 011	Ω
导热系数	ASTMD5470-12	0.09	0.09	0.09	0.09	W/(m·K)
环保	—	PASS	PASS	PASS	PASS	—

3.2 加工工艺

根据 HIPS 塑料的特性，拟选择注塑成型的工艺进行箱体和箱盖的加工。

3.3 筐体设计

整个筐体长、宽为 510 mm；高为 510 mm。中间放置铁箱，底部和铁箱尺寸相吻合，保证铁箱能够有效地固定。

外形为方形防撞设计，并设计对称把手，长 200 mm，宽 25 mm。圆角设计。

箱体对称两侧有 290 mm×130 mm 的空白区域可以填写相关产品信息和生产信息。可以通过喷墨工艺将相关信息喷涂到塑料箱的表面（图 7）。

图 7　塑料箱的表面

底部设计为四点支撑，离地面 15 mm。

3.4 上盖设计

上盖和下盖配合起到保护铁箱的作用，并有一定的强度。上表面加强筋间有平面设计（图 8），方便在自动化生产的过程中使用真空吸盘抓取。

图 8　上表面加强筋间的平面设计

3.5　箱体和箱盖的锁紧设计

设计卡扣的锁紧方式，上盖为组装卡勾，对应的箱体有 4 个内扣。卡勾宽度为 40 mm，材质为铸铝件，具有足够的强度（图 9）。

图 9　箱体和箱盖的锁紧设计

3.6　防拆设计

之前使用铅封的方法来确定包装物有无被打开。但是这种方法无法实现自动化，因此选择使用贴标签的方式来替代铅封，如图 10 所示。使用自动打印机将相关生产信息打印到标签上，标签有防水设计，一旦有破坏就可以认定包装物被打开过。这样既满足了实际要求，又可以实现自动化生产。

图 10　防拆设计

3.7　堆垛设计

基于塑料箱的外形尺寸，使用 1 100 mm × 1 100 mm 的标准塑料托盘来进行堆垛、存放和运输。效果如图 11 所示，每托盘可承载 8 箱，分两层。

图 11　堆垛设计

为了保证上下箱有一个很好的堆垛效果，针对箱底和上盖顶部做了凹凸设计，使上下箱能够有一个很好的结合，也避免了运输过程中由于滑动所产生的危险。

4　采用金属与塑料相结合的优势

4.1　保证装卸的安全

采用金属包装桶和塑料保护桶的形式，一旦外面的塑料桶损坏，还有一层金属桶作保护，药粒不会马上洒落，带来安全隐患，这可有效保证装卸过程中的安全。

4.2　改善了包装物的耐候性

在实际仓储和使用过程中，包装物可能要经历 -40 ℃（黑龙江省）或 50 ℃（海南省）的温差考验，理论上，塑料可以满足耐候性的要求，但是这存在一定的不确定性。相比之下，金属桶有一定耐候优势，可以经受 -40 ℃（黑龙江省）或 50 ℃（海南省）的温差考验，不易加速老化。双层包装起到隔温隔热的作用。

4.3　有效保证产品质量

由于塑料不易变形，包装物的密封性得到保证，进而保证产品质量。

4.4　节约成本

如果外面的塑料桶损坏，里面的金属桶还可以重复使用。

5　结论

粒状反射药包装物采用内包装和外包装箱组合的方式。内包装以镀锌铁皮为基材，外层以抗静电 PET 为覆膜材料，内层以环氧树脂漆作为内包装材料；外包装箱采用高强度改性聚苯乙烯 HIPS 作为外箱材料。选择注塑成型的工艺进行箱体和箱盖的加工，对箱体结构进行设计，设计的过程中也考虑了自动化生产、物流运输的堆垛问题。通过开展包装物材料选择与物料适应性研究、包装物结构设计及性能评价方法研究等，突破包装物材料和包装物结构设计，分别研制出粉状炸药及粒状发射药的包装物工程样机，建立包装物评价方法及产品技术标准，满足粒状发射药生产线自动化需要。

混合炸药程序化自动包覆造粒的设计思路

余咸旱，巩　军，金国良，郝尧刚，高登学，陈全文

(甘肃银光化学工业集团有限公司，甘肃　白银　730900)

摘　要：压装混合炸药的制造要实现自动化，其中包覆造粒过程的自动化作业是关键。基于传统人工造粒作业的条件，分析论述了影响造粒质量的主要因素，在试验验证和优化工艺的基础上，采用先进适配的仪器仪表和控制系统并引入在线工艺过程成像系统二维 Vision Probe，可以实现混合炸药的程序化自动包覆造粒作业。

关键词：物理化学；混合炸药；包覆造粒；水悬浮法；自动化作业

中图分类号：TJ55　**文献标志码**：A

Design ideas of programmed automatic coating granulation of mixed explosives

YU Xianhan, GONG Jun, JIN Guoliang, HAO Yaogang, GAO Dengxue, CHEN Quanwen

(Gansu Yinguang Chemical Industries Group Co., LTD., Baiyin 730900, China)

Abstract: To realize automation in the manufacture of pressed mixed explosives, the automation of coating granulation process is the key. Based on the conditions of traditional artificial granulation, this paper analyzes and discussed the main factors affecting granulation quality. Based on the experimental verification and optimization process, the advanced adaptive instrumentation and control system is adopted and the online process imaging system 2D Vision Probe is introduced, enables programmable automatic coating granulation of mixed explosives.

Keywords: physical chemistry; mixed explosive; coated granulation; water suspension method; automated operation

0　引言

用于军事目的的混合炸药主要用于各种武器战斗部的装药，因使用场合与用途的不同而对炸药性能的要求各不相同。混合炸药按装药方式分为浇铸型炸药和压装型炸药两大类[1]。而压装型炸药制品是由造型粉制成的，一般是以粉状高能单组分炸药为主体，加入黏结剂、增塑剂及钝感剂等组成。这类炸药虽然因品种不同而制造工艺各有差异，但其共同点都是要经过包覆造粒工艺过程制成造型粉[2]。传统工艺的造粒过程，从加料、计量、开停搅拌、升降温度、驱溶剂控制到造粒质量观测等步骤完全靠人工现场操控，这对于作业人员的劳动强度、职业卫生、安全危害，以及产品质量一致性等方面都是不利的。采用先进的仪器仪表与自动控制技术，结合必要的在线监测手段，可以改变传统的人工现场造粒作业方式，将其转变为程序化自动包覆造粒混合炸药产品，以达到"减员、增效、提质、保安全"的目的。

作者简介：余咸旱 (1961—)，男，本科，研究员级高级工程师。E-mail: yxh79321@163.com。

1 包覆造粒方法、原理及过程

1.1 造粒黏结机理

黏结机理一般有三种理论，即吸附理论、双电层理论和扩散理论，造型粉造粒黏结主要是吸附和扩散两种理论[3]。

1.1.1 吸附理论

两种物质相互黏结必须是黏结剂与被黏结物达到紧密接触，然后形成足够强度的结合，也就是说首先要求两物质能相互浸润，然后结合成能量最低的稳定状态。在黏结过程中，黏结剂必须呈黏流态，黏结剂与被黏物之间必须有一定的亲和力。

1.1.2 扩散理论

高聚物材料用黏结剂黏结，或是高聚物之间黏结时，由于大分子或链段在交界层的相互扩散运动，最后形成了结实的黏结体。扩散作用的实质是黏结剂与高聚物材料表面的相互溶解或溶胀，从而使相界面消失，达到黏结作用。为了提高扩散作用的效果，黏结剂在使用时制成溶液或呈熔融状态。

1.2 包覆造粒方法与基本过程

包覆造粒的方法有很多，从安全、简便、兼容性考虑当属水悬浮溶液造粒法应用最普遍。

将计量好的黏结剂和溶剂加入容器中进行溶解，溶解完全后备用。按比例要求将定量的单质炸药和水加入造粒釜中，开动搅拌使其均匀混合，升温至一定温度；滴加黏结剂溶液进行造粒（滴加法），粒子成型后升温驱赶溶剂，驱净后降温出料；或一次性加入黏结剂溶液，升温挥发溶剂进行造粒（熔融法），然后降温出料。再经过滤、洗涤、干燥制得产品。

水悬浮溶液法造粒工艺流程如图1所示。

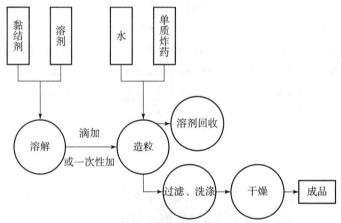

图1 水悬浮溶液法造粒工艺流程

2 包覆造粒过程产品质量的影响因素

2.1 温度控制

包覆造粒混合炸药的造粒温度主要涉及黏结液的加入温度、造粒成型后的恒温温度、升温驱溶剂温度和出料温度，造粒温度以及各控制温度之间的升温速度决定着包覆造粒产品的质量和收率，其温度控制过程中，黏结液加入温度决定炸药颗粒度的形成、大小、颗粒的密实程度和溶剂残留在颗粒中的多少，是温度控制重点和难点。

2.2 搅拌控制

造粒过程的搅拌关系着主体炸药的分散、黏结造粒时包覆造粒中的产品在水中悬浮分布、颗粒成型后炸药颗粒在水中的悬浮状况、驱溶剂阶段炸药颗粒在水中的悬浮状况。主体炸药的分散目的在于将炸药等颗粒尽可能分散，防止炸药颗粒结团或黏结，影响造粒黏结的密实程度；驱溶剂阶段搅拌速度的控制和颗粒成型后搅拌速度的控制，控制的是包覆造粒颗粒未变硬时，颗粒间的粘连和残存在颗粒中的溶剂析出的速度和方向，确保造粒过程中产品颗粒在溶剂挥发时不变形、不产生气孔缩孔等现象。而黏结造粒时搅拌速度的大小决定着炸药颗粒之间碰撞的频率、炸药颗粒与加入的黏结液的接触频率、接触力度、接触角度、炸药颗粒在水中的分散状况，从而最终决定造粒产品的堆积密度、颗粒度的分布等质量指标。

2.3 黏结液加入控制

黏结液加入的方式、加入的速度决定着其进入水悬浮体系中与主体炸药表面的接触角度、黏结液小液滴与主体炸药的碰撞频率，以及黏结液在加入前期和后期的各阶段在水浆液中的浓度等，是影响产品质量和产品收率的主要因素之一。

2.4 驱溶剂控制

驱溶剂步骤实际上就是将造粒釜中水溶液和粒子基本成型后的炸药颗粒中的溶剂通过减压蒸馏的方式进行分离，属于造粒过程中产品成型的收尾阶段。驱溶剂控制的核心就在于保证本阶段溶剂在造粒釜的停留时间、停留量、溶剂从炸药颗粒表面的逸出速度、溶剂从悬浮液表面的逸出速度与减压蒸馏装置中真空度相适应，确保炸药颗粒在成型和密实的过程中不产生细粉，颗粒表面不出现细孔、缩孔和表面粗糙等疵病，影响产品质量和收率。

3 实现程序化控制包覆造粒的关键因素及技术途径

3.1 包覆造粒工艺参数试验验证与优化

对水悬浮溶液法造粒过程进行试验验证并优化工艺，内容包括造粒温度、搅拌强度、黏结液加入速度、驱溶剂真空度等因素对包覆造粒质量的影响，确定造粒过程的最佳工艺参数。

（1）搅拌强度的控制：通过开展搅拌叶结构、搅拌速度对包覆造粒产品质量的影响试验，确定最佳的搅拌强度。

（2）温度的控制：通过开展在不同温度条件下造粒产品的成长速度和质量（球形度、密实度等）的变化情况试验，确定最佳的温度控制参数。

（3）黏结液加入速度的控制：通过开展黏结液的加入速度控制对颗粒度分布与质量的影响试验，确定最佳的黏结液加入速度控制参数。

（4）驱溶真空度的控制：通过开展驱溶剂真空度大小变化对颗粒度分布与质量的影响试验，确定最佳的驱溶剂真空度控制参数。

3.2 选用适配的仪器仪表和控制系统

程序化控制包覆造粒工艺是压装混合炸药制造的核心，在温度控制技术、搅拌强度控制技术、驱溶剂控制技术、黏结液的加入控制技术等相关工艺条件与常规经验手段，结合试验验证与优化工艺参数的基础上，选用先进精确的仪器仪表、自动化机械、安全处理技术和控制系统，实现造粒过程由以前的经验操作转变为造粒过程机械自动化、工艺条件数字化、造粒过程可视化的先进包覆造粒控制技术。

（1）物料的传输、加料与计量：对物料进行传输、转移有多种方式方法，然而含能材料由于其自身的物料安全特性,适宜的方式方法却有限[4]。液态物料可选择位差式体积法送料、真空抽料、压缩气体送料或化工用泵送料。粉状或颗粒固体物料可选择双螺杆失重式喂料、气动振动加料、特斯拉泵加料或周转料筒在机械传动下水平移动与垂直提升的输送。物料的质量通常采用流量计和称重模块即可实现精确计量。

(2) 搅拌强度的检测与调控:在搅拌叶结构已定的情况下搅拌强度取决于搅拌转速,搅拌由防爆调频电机驱动。因此,选用转速测定仪并关联电机变频调节器,即可实现所需的搅拌转速(强度)。

(3) 造粒水悬浮溶液温度的检测与调控:造粒釜夹套由热水冷水机组提供热媒冷媒,以保障向造粒釜内水悬浮溶液的传热。采用温度检测仪器并关联热水冷水机组调节阀,实现造粒釜内物料温度的检控。

(4) 压力(真空度)的检测与调控:在包覆造粒过程的驱溶剂阶段,造粒釜的真空度决定着驱溶剂的速度。造粒釜通过连接溶剂回收装置再与真空系统连接,以便在需要的驱溶剂速度下冷凝回收溶剂。采用压力(真空度)检测仪并关联真空系统调节阀,可实现造粒釜体系所需的压力(真空度)。

(5) 造粒颗粒的成长轨迹与终点监控:前面4点工艺条件的检测与调控都是为制造包覆造粒最终产品创造好的条件的,以前传统的造粒过程是靠人工现场取样,用肉眼观察和用手捏试造粒颗粒的状态与判断终点,现在要实现自动化必须配备相应的在线监测装置。采用工艺过程成像系统二维 Vision Probe 可以监控造粒颗粒的成长轨迹与终点(在3.3中介绍)。

(6) 自动控制系统:采用计算机集散控制系统,控制系统主要对包覆造粒的工艺过程中温度、压力(真空度)、流量、电机(搅拌)转速、物料传输与定量加料、颗粒度分布与形貌等进行在线检测和自动控制,并进行超限报警和停车联锁控制,根据工艺参数和操作步骤等要素结合控制系统编程组态成所用计算机软件系统,实现操作过程的程序化控制,实现自动化作业和隔离操作,实现数字化精确控制,使生产过程处于受控状态。

3.3 引入针对性的工艺过程成像系统在线监测

工艺过程成像系统二维 Vision Probe 能够实现对颗粒的形貌和尺寸大小做实时的准确测定[5],进而加深对过程的了解和实现过程的优化控制及放大。

工艺过程成像系统相当于一台在线显微镜,可以快速、清晰地捕捉到反应过程中颗粒的图像。在捕获图像后,利用专业软件对图像进行分割,使颗粒与背景分离,通过统计像素点的数量从而得到颗粒的粒径、面积、周长、长径比、圆度等一系列的参数。可实时在线查看颗粒的形貌,同时可以在线测量出颗粒的粒径大小和分布。

实施混合炸药程序化自动包覆造粒的装置如图2所示。

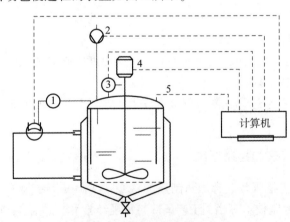

图2 水悬浮法包覆造粒装置

1—温度测量与控制;2—结合液流量测量与控制;3—压力(真空度)测控;
4—搅拌强度测量与控制;5—二维视觉探头

4 结语

(1) 根据水悬浮溶液法包覆造粒的特点,分析了造粒过程中影响产品质量的主要因素是温度控制、搅拌控制、黏结液加入控制及驱溶剂控制,提出了通过试验验证并优化工艺参数,在此基础上采用先进适配的仪器仪表、自动化装置和控制系统,实现包覆造粒过程的程序化自动化作业。

(2) 在水悬浮溶液法包覆造粒体系中引入工艺过程成像系统二维 Vision Probe,代替了传统造粒作业依靠人工现场取样,目测和手感判别造粒颗粒质量状态,可实时在线查看颗粒的形貌,同时可以在线测量出颗粒的粒径大小和分布。其为实现人机隔离的自动化作业奠定基础。

参 考 文 献

[1] 余咸旱,张克武,余推波,等. 以先进制造技术构建混合炸药柔性生产线 [A]. 2012年火炸药新技术学术研讨会论文,2012:25-28.

[2] 孙国祥. 高分子混合炸药 [M]. 北京:国防工业出版社,1985.

[3] 混合炸药编写组. 猛炸药的化学与工艺学:下册 [M]. 北京:国防工业出版社,1983.

[4] 余咸旱,罗志龙,郝尧刚,等. 浅谈含能材料自动化传输、转移的方法与装备 [A]. 2018年火炸药技术学术研讨会论文集,2018:287-291.

[5] 李兰菊,李秀喜,徐三. 阿司匹林结晶过程的在线分析 [J]. 化工学报,2018,69 (3):1046-1052.

HTPB/TDI 预混料浆放置时间对推进剂力学性能的影响

黄 林，陈海洋，张玉良，任孟杰，王 倩，
张 怡，王晓芹，张卫斌

(西安北方惠安化学工业有限公司，陕西 西安 710302)

摘 要：主要研究了黏合剂为端羟基聚丁二烯（HTPB）、固化剂为甲苯二异氰酸酯（TDI）、键合剂为三-1-（2-甲基氮丙啶）氧化膦（MAPO）的复合固体推进剂预混后，料浆放置时间对推进剂力学性能的影响。结果表明，HTPB/TDI预混料浆放置12 h的推进剂最大抗拉强度大于放置0.5 h的推进剂最大抗拉强度，预混料浆放置12 h的推进剂最大延伸率小于放置0.5 h的推进剂最大延伸率。

关键词：HTPB/TDI；预混料浆放置时间；最大抗拉强度；最大延伸率

中图分类号：TQ421 **文献标志码**：A

Effect of HTPB/TDI premix slurry placement time on the mechanical properties of propellant

HUANG Lin, CHEN Haiyang, ZHANG Yuliang, REN Mengjie, WANG Qian,
ZHANG Yi, WANG Xiaoqin, ZHANG Weibin

(Xi'an North Hui'an Chemical Industry Co., LTD., Xi'an 710302, China)

Abstract: In this study, effect of premix slurry placement time on the mechanical properties of propellant (HTPB as binding agent, TDI as curing agent, MAPO as bonding agent) is researched. The result shows that compared with HTPB/TDI premix slurry placement time 0.5 h, maximum tensile strength of HTPB/TDI premix slurry placement time 12 h was increased, maximum elongation of HTPB/TDI premix slurry placement time 12 h is decreased.

Keywords: HTPB/TDI; premix slurry placement time; maximum tensile strength; maximum elongation

0 引言

复合固体推进剂是以固体填料（氧化剂、金属燃料等）为分散相，以高分子黏合剂为连续相组成的一种复合材料。其工艺过程复杂，主要由称量、混合、浇铸、固化等工序组成。推进剂装药性能除了与配方组成、各组分自身的物理化学性质有关外，还与生产过程中各工序工艺参数、工艺过程相关。因此，研究工艺过程对推进剂性能的影响对于提高效率、保证产品质量有着重要的意义。

预混工序是复合固体推进剂制造的主要工序之一，主要是将黏合剂、键合剂、增塑剂、催化剂、防老剂、铝粉等按照工艺要求顺序加入混合锅内，按照一定的转速、时间在预混机中进行搅拌混合。其主要目的是用黏合剂和增塑剂把铝粉包裹起来，使它在混合时不直接与氧化剂摩擦，保证混合安全，同时使物料组分分散均匀，保证预混料浆和后期混合推进剂的均匀性。由于实际生产安排，预混完的料浆不

作者简介：黄林（1989—），本科，工程师，E-mail: 1051575343@qq.com。

能立即转给混合工序，现有情况分为两种：提前一天预混，即预混料浆放置12 h后下转；当天预混，即放置0.5 h后下转。针对上述情况，本文主要研究了固化体系为HTPB/TDI、键合剂为三 – 1 – （2 – 甲基氮丙啶）氧化膦（MAPO）、T313的固体推进剂预混料浆放置时间对其力学性能的影响，为优化工艺过程和质量控制提供依据。

1 试验方法和试验方案

1.1 试验配方及主要原材料

试验采用配方为丁羟四组元的推进剂，HTPB/TDI固化体系，键合剂为MAPO，固体含量为87.5%。其中端羟基聚丁二烯（HTPB）为黏合剂，是一种将推进剂的其他成分黏结成性能均匀的整体，并赋予理想力学性能的高分子预聚物，在固体推进剂中形成连续性的基体。其一般是由端部具有固化反应活性官能团的预聚物和它们的固化交联剂及增塑剂组成，结构式如下：

$$HO-[CH_2-CH=CH-CH_2]_n \sim \sim \left[CH_2-CH \atop CH=CH_2\right]_m OH$$

试验所用HTPB由黎明化工研究设计院有限责任公司提供，羟值为0.65~0.70 mmol/g。

MAPO为键合剂，亦称偶联剂，是一种固体推进剂中有效改善力学性能的功能添加剂，其作用主要是增强高分子黏合剂基体与固体填料（主要是氧化剂）之间的相互作用，使填料及黏合剂基体在形变过程中共同承担载荷而不过早产生界面分离，结构式如下：

$$O=P-[N-CH-CH_3]_3 \atop CH_2$$

试验所用MAPO由广饶宏达新型化工材料有限责任公司提供。

甲苯二异氰酸酯（TDI）为固化剂，是热固性黏合剂（包括弹性的在内）的组成部分。随着黏合剂类型的不同，所用的固化剂种类也不一样。作用是其的活性官能团与主剂预聚物的活性官能团发生化学反应，形成网状结构，结构式如下：

后面以简式 OCN – R – NCO 标识，该固化剂由甘肃银光聚银化工有限公司提供。

1.2 试验方法

（1）试验过程：按试验所用配方，先将黏合剂、键合剂、增塑剂、防老剂加入混合锅内，开启预混机，以30~90 r/min转速运转11 min后，保持低转速将铝粉加入混合锅内，再运转23 min后停机，清理，将搅拌浆及混合锅壁上的物料清理至混合锅内，保证药浆的均匀性，并检查预混料浆内有无结块、药团，落下搅拌浆及混合锅盖，预混料浆待用。

（2）试验主要设备：航天四十二所生产的VKM – 1600预混机、VKM – 1600L混合机、1600L混合锅；推进剂抗拉强度、延伸率测试：测试方法为GJB 770B—2005，测试设备采用深圳市瑞格尔仪器有限公司制造的型号为RGM – 2030的微机控制五头电子式万能试验机。

1.3 试验方案

为了研究该HTPB/TDI推进剂预混料浆放置时间对推进剂力学性能的影响，共进行了30次试验，试验分为 A、B 两组。通过控制变量法，从"人、机、料、法、环"五个方面，保证试验过程中操作人员、预混设备、原材料状态、推进剂配方、工艺参数、工艺过程一致，按照工艺要求进行预混操作。待预混结束后，分别将 A 组（放置 0.5 h）、B 组（放置 12 h）预混料浆转入混合工序。A 组包含 $a_1 \sim a_{30}$ 共 30 批次，B 组包含 $b_1 \sim b_{30}$ 共 30 批次，试验中的 a_i 与 b_i 一一对应，为同一天生产。对各批次产品在常温、高温、低温三个条件下进行力学性能测试。

2 数据处理

2.1 数据统计

试验产品经预混放置后转混合工序进行混合，后依次下转至浇铸、固化、脱模整型等工序。最终将其送检测部门按照 GJB 770B—2005 中规定的 413.1 方法进行检测，得出最大抗拉强度 σ_m、最大延伸率 ε_m、断点延伸率 ε_b。而试验选用型号推进剂性能的验收指标为最大抗拉强度 σ_m、最大延伸率 ε_m，所以重点分析预混料浆放置时间对最大抗拉强度 σ_m、最大延伸率 ε_m 的影响。

各试验批次力学性能数据统计如表 1 所示。

表 1 A、B 两组试验产品推进剂力学性能检测统计表

试验批次	预混料浆放置时间/h	测试条件 20 ℃		测试条件 50 ℃		测试条件 −40 ℃	
		σ_m/MPa	ε_m/%	σ_m/MPa	ε_m/%	σ_m/MPa	ε_m/%
a_1	0.5	0.905	47.6	0.775	48.8	2.58	50.1
b_1	12	1.1	43.4	0.864	43.3	2.81	46.5
a_2	0.5	0.91	46.4	0.774	48.2	2.73	49.5
b_2	12	1.15	42.4	0.949	41.5	3.11	41.9
a_3	0.5	0.917	44.4	0.758	49.2	2.58	48.9
b_3	12	1.16	42.1	0.97	42.9	3.01	44.3
a_4	0.5	0.92	46.5	0.781	43.9	2.57	46.7
b_4	12	1.15	43.2	0.939	41.7	2.99	44.8
a_5	0.5	0.9	47	0.819	47.8	2.56	47.3
b_5	12	1.16	42.1	0.984	41.1	2.87	43.3
a_6	0.5	0.898	49.4	0.757	46.3	2.65	51.5
b_6	12	1.14	44.2	0.902	43.1	2.95	40.8
a_7	0.5	0.912	45.2	0.775	47.5	2.53	51.9
b_7	12	1.13	42.1	0.933	41	2.87	48.1
a_8	0.5	0.879	50.9	0.761	48.3	2.31	54.8
b_8	12	1.13	46.9	0.919	45.1	2.53	51.3
a_9	0.5	0.898	50.1	0.757	46.3	2.41	53.2
b_9	12	1.13	47.3	0.916	42.7	2.72	50.1
a_{10}	0.5	0.892	52.3	0.753	49.3	2.58	51.1
b_{10}	12	1.1	45.2	0.921	43.2	2.83	48.3
a_{11}	0.5	0.89	48.7	0.768	44.3	2.51	47.1
b_{11}	12	1.15	39.6	0.964	38	2.98	42.9
a_{12}	0.5	0.889	43.2	0.724	45.4	2.46	46.4
b_{12}	12	1.16	37.1	0.979	35.6	2.81	37.3
a_{13}	0.5	0.882	43.3	0.749	46.6	2.3	46.4
b_{13}	12	1.14	36.7	0.962	39.1	2.75	43.5

续表

试验批次	预混料浆放置时间/h	测试条件20 ℃		测试条件50 ℃		测试条件 −40 ℃	
		σ_m/MPa	ε_m/%	σ_m/MPa	ε_m/%	σ_m/MPa	ε_m/%
a_{14}	0.5	0.876	42.7	0.756	45.3	2.4	46.7
b_{14}	12	1.13	37.2	0.931	34.8	2.8	42.3
a_{15}	0.5	0.855	43.2	0.81	45.9	2.21	45.2
b_{15}	12	1.17	36.5	0.974	40.8	2.45	34.9
a_{16}	0.5	0.89	43.3	0.736	46.4	2.29	43
b_{16}	12	1.15	39.1	0.836	40.8	2.57	40.7
a_{17}	0.5	0.91	43	0.791	46.2	2.37	44.6
b_{17}	12	1.12	39.2	0.886	38.6	2.59	41.8
a_{18}	0.5	0.863	43.4	0.725	49.1	2.41	43
b_{18}	12	1.1	40.1	0.857	38.2	2.66	37.7
a_{19}	0.5	0.884	45.1	0.789	44.7	2.42	49.2
b_{19}	12	1.11	39.6	0.966	37.7	2.77	44.8
a_{20}	0.5	0.899	48.7	0.759	46.1	2.31	44.2
b_{20}	12	1.14	39.9	0.934	38.7	2.53	42.3
a_{21}	0.5	0.872	47.1	0.711	45.6	2.36	40.5
b_{21}	12	1.11	40.1	0.876	40.5	2.73	38.6
a_{22}	0.5	0.878	47.3	0.731	45.9	2.68	41.3
b_{22}	12	1.18	37.6	0.91	36.7	2.91	39.6
a_{23}	0.5	0.941	43.5	0.68	43.6	2.61	48.9
b_{23}	12	1.13	40.4	0.881	40.5	2.8	44.1
a_{24}	0.5	0.897	48.4	0.733	48.1	2.55	44.2
b_{24}	12	1.11	41.9	0.877	40	2.84	37.6
a_{25}	0.5	0.888	46.7	0.75	43.9	2.57	44
b_{25}	12	1.13	42	0.949	40.6	2.97	41.8
a_{26}	0.5	0.88	47.3	0.734	47.2	2.66	42.1
b_{26}	12	1.12	41.4	0.892	40.5	2.98	37.3
a_{27}	0.5	0.907	48.6	0.758	45.3	2.58	40.2
b_{27}	12	1.16	44.1	0.925	41.4	2.99	36.6
a_{28}	0.5	0.903	49.5	0.724	45.6	2.4	44.5
b_{28}	12	1.11	45.1	0.903	41.2	2.81	41.3
a_{29}	0.5	0.908	47.1	0.758	44.1	2.6	44.9
b_{29}	12	1.15	41.4	0.986	40	3.3	42.7
a_{30}	0.5	0.941	48.4	0.811	42.7	2.34	40.8
b_{30}	12	1.18	41.7	0.969	39	2.81	37.6

2.2 数据分析

为更直观地进行数据分析，分别制作试验产品推进剂在高、低、常温条件下最大抗拉强度 σ_m、最大延伸率 ε_m 变化情况折线图。

2.2.1　常温最大抗拉强度及最大延伸率

A、B两组在试验条件20 ℃下的最大抗拉强度和最大延伸率如图1和图2所示。

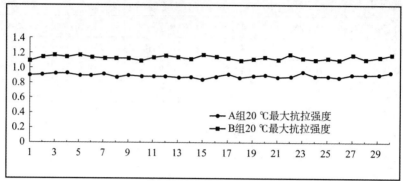

图1　A、B两组在试验条件20 ℃下最大抗拉强度

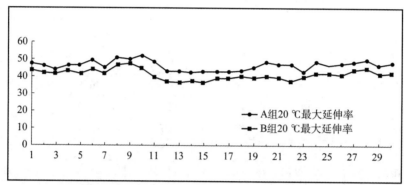

图2　A、B两组在试验条件20 ℃下最大延伸率

2.2.2　高温最大抗拉强度及最大延伸率

A、B两组在试验条件50 ℃下的最大抗拉强度和最大延伸率如图3和图4所示。

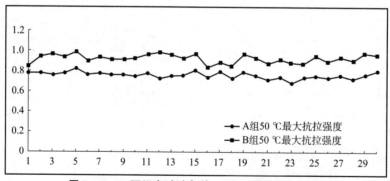

图3　A、B两组在试验条件50 ℃下最大抗拉强度

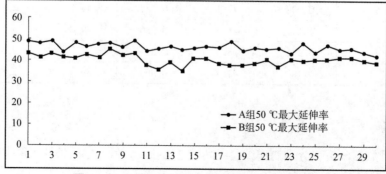

图4　A、B两组在试验条件50 ℃下最大延伸率

2.2.3 低温最大抗拉强度及最大延伸率

A、B两组在试验条件 -40 ℃下的最大抗拉强度和最大延伸率如图5和图6所示。

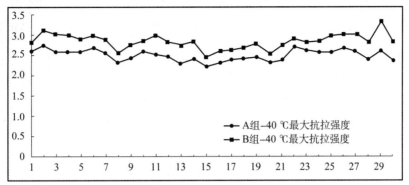

图5 A、B两组在试验条件 -40 ℃下最大抗拉强度

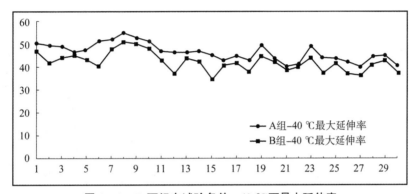

图6 A、B两组在试验条件 -40 ℃下最大延伸率

通过对试验测试结果统计分析，由图1～图6均可以得出结论，A组的最大抗拉强度均低于B组的最大抗拉强度，A组最大延伸率均高于B组最大延伸率。即预混料浆放置时间0.5 h的最大抗拉强度低于放置12 h的最大抗拉强度，放置0.5 h的最大延伸率高于放置12 h的最大延伸率。

3 原理分析

HTPB推进剂的固化反应是通过其分析链上的活泼羟基来完成的。从化学原理来说，羟基可以与很多官能团反应，如异氰酸酯基、环氧基、氮丙啶基和羧基。在固化体系为HTPB/TDI的推进剂系中，固化反应过程实际上是HTPB中的活泼氢化合物的亲核中心攻击异氰酸酯（—NCO）中正电性强碳原子的加成过程[1]。HTPB中的多元羟基与异氰酸酯聚合生成聚氨酯聚合物，其反应式如下：

$$RNCO+ROH \longrightarrow R\text{-}N\text{-}C \begin{matrix} O \\ OR \end{matrix}$$

MAPO的分子结构中含有两种不同的活性基团：一种基团通常与氧化剂等无机材料发生化学或物理的作用；另一种基团可与有机官能团如羟基等发生化学反应，这样使固体颗粒与黏合剂桥接起来，氮丙啶及其衍生物中的P═O基团具有较强的极性，它优先被高氯酸铵（AP）表面吸附，形成一层MAPO的薄膜，在AP的催化作用下，氮丙啶基团发生开环均聚，形成高模量的抗撕裂层。AP表面高模量的均聚物层是通过化学键与黏合剂母体相连的[2]。MAPO或其衍生物在AP表面形成的均聚物中含有活泼氢，活泼氢与异氰酸酯基团反应，进入HTPB、TDI反应形成的网络结构，使AP氧化剂颗粒通过键合剂、固化剂与丁羟黏合剂连为一体。

推进剂预混结束后，本文对预混料浆放置时间对推进剂力学性能的影响从以下两个角度进行分析[3]。

(1) 在推进剂预混结束后，预混料浆放置的过程中，混合锅的循环水系统虽已停止，但还保留着一定的温度，在此温度下，放置的时间越长，各组分的官能团活性越大，后期混合过程中的固化反应越剧烈，形成的网络结构性能越强。故在后期加入高氯酸铵、固化剂（TDI）之后，HTPB 中的各类伯羟基、仲羟基与 TDI 中的异氰酸基反应更充分，MAPO 中极性 P=O 基团更容易向高氯酸铵极性表面迁移，在高氯酸铵的催化作用下，MAPO 中的氮丙啶均聚合作用，在高氯酸铵颗粒表面形成氮丙啶聚酯的抗撕裂膜，增强了高氯酸铵颗粒与黏合剂之间的黏结。

(2) 预混料浆放置时间越长，HTPB 中的乙烯基、伯羟基与 MAPO 的氮丙啶之间的反应越强烈、充分，MAPO 的偶联效果越完全，导致推进剂力学性能中抗拉强度越高，以下是 HTPB 与 MAPO 的反应式[4]：

$$O=P-CH_2-N-CH_2 + HO-CH_2CH \longrightarrow O=P-CH_2-NH-CH-CH_2-O-CH_2CH$$

4 结论

(1) 推进剂的最大抗拉强度随着预混料浆放置时间加长而提高，即预混料浆放置 12 h 的推进剂最大抗拉强度高于放置 0.5 h 的推进剂最大抗拉强度。

(2) 推进剂的最大延伸率随着预混料浆放置时间加长而降低，即预混料浆放置 12 h 的推进剂最大延伸率低于放置 0.5 h 的推进剂最大延伸率。

参 考 文 献

[1] 陈韩根，王香梅，张晓丽，等．HTPB—异氰酸酯体系固化影响因素的研究进展 [J]．太原：中北大学，2013．
[2] 刘学．复合固体推进剂用键合剂的种类及其作用机理 [J]．襄樊：湖北红星化学研究所，2000．
[3] 谭惠民．固体推进剂化学与技术 [M]．北京：北京理工大学出版社，2014．
[4] 张瑞庆．固体火箭推进剂 [M]．北京：兵器工业出版社，1986．

FOX-7在混合炸药中的应用研究

曹仕瑾　李忠友　熊伟强　赵新岩　高　扬

(湖北航天化学技术研究所，湖北　襄阳　441003)

摘　要：从描述FOX-7的热稳定性出发，获得了关于FOX-7晶型转变温度、晶型变化和热分解的基本规律，然后对FOX-7与现有钝感炸药的性能进行对比分析，最后对FOX-7在浇注、压装、熔铸炸药中的研究情况进行了综述，结果表明：与RDX基配方相比，在爆轰性能方面，FOX-7基配方的爆速、聚能装药侵彻能力与之相当，密度、爆压高于RDX配方，但是爆热、格尼能均降低；在安全性能方面，FOX-7基配方冲击波感度显著降低，烤燃响应温和，机械感度降低。FOX-7基混合炸药可以作为主装药、传爆药等，是钝感PBX配方的理想候选物。

关键词：FOX-7；钝感炸药；热稳定性；混合炸药；爆轰性能；低易损性能

中图分类号：TJ55　**文献标志码**：A

FOX-7 for composite explosives

CAO Shijin, LI Zhongyou, XIONG Weiqiang, ZHAO Xinyan, GAO Yang

(Institute of Hubei Aerospace Chemistry Technology, Xiangyang 441003, China)

Abstract: Based on describing the thermal stability of FOX-7, the basic laws on phase transition and thermal decomposition of FOX-7 are summarized, then the properties of FOX-7 and several insensitive explosives are analyzed, at last, the applications of FOX-7 in pouring, pressed and melt cast explosives are summarized. The results show that the performance of FOX-7 compositions are comparable to RDX in detonation velocity and shaped charge penetration, the FOX-7 compositions have higher density and detonation pressure than the RDX compositions, but having lower detonation heat and gurney energy. The FOX-7 compositions have low sensitivity to mechanical insult and shock, they show much lower response to cook-off tests. FOX-7 compositions can be used as main charge, booster charge. They are good candidates of insensitive polymer bonded explosives.

Keywords: FOX-7; insensitive explosive; thermal stability; composite explosives; detonation performance; low vulnerability

0　引言

FOX-7（1,1-二氨基-2,2-二硝基乙烯，DADE）是一种综合性能优良的高能钝感炸药，它具有与RDX相近的爆轰性能，但是感度很低，是钝感弹药的主要候选品种和组分之一。FOX-7最先于1998年由瑞典FOI（国防研究所）合成[1]，后来因其性能优良受到重视，世界各国纷纷开展了其合成及使用性能研究[2,3]。

本文从描述FOX-7的热稳定性出发，对FOX-7与现有钝感炸药的性能进行了对比分析，指出FOX-7基炸药配方是钝感含能材料的一个重要发展方向，最后对FOX-7在混合炸药中的应用研究情况进行了综述，为从事混合炸药配方研制的学者提供技术支撑。

作者简介：曹仕瑾（1983—），女，硕士，高级工程师，E-mail: qiucqj123@163.com。

1 FOX-7的基本性能

1.1 热性能及其稳定性

FOX-7是一种稳定的化合物，具有较弱的偶极矩。它是一种弱碱，在一般有机溶剂和水中溶解度很低，但是能够溶解于DMSO、NMP和DMF等溶剂中，通过重结晶获得品质较好的晶体，FOX-7分子内和分子间存在氢键，可以提高其稳定性和耐热性[4]。Latypov等发现FOX-7有α、β、γ、δ四种晶型，常温常压下以α晶型存在，四种晶型可以在一定的条件下相互转变。

在持续加热下，FOX-7首先发生固—固晶型转变，有若干个小的吸热峰，然后发生剧烈的热分解放热反应。

1.1.1 晶型转变

Kempa等[5]通过X射线衍射和热分析（DSC、TG、TMA）研究了FOX-7的相变行为，通过X射线观察到FOX-7有三相：α、β和γ相，鉴别出了α、β相，γ相仍然未知，DSC显示FOX-7有两个吸热峰，对应FOX-7晶体的两次相变，在升温过程中，第一个吸热峰约在113 ℃，为α→β的相转变，第二个吸热峰约在173 ℃，为β→γ的相转变。在冷却过程中，第一个吸热峰伴随放热峰，暗示α、β相变完全可逆。第二个放热峰暗示γ、α相变并不完全，γ→α（+γ）的相变发生在50~75 ℃，随后的相变过程也暗示了在第一次相变过程中伴随了溶剂或水的释放。研究发现α-FOX-7和β-FOX-7晶胞类似，相变过程中原子和晶格参数变化很小，加热过程中，α-FOX-7的热膨胀系数是$195 \times 10^{-6}/℃$，比β-FOX-7（$155 \times 10^{-6}/℃$）更大，相变对应体积增加1.9%，这两相的膨胀都是各向异性的，其中β-FOX-7各向异性更强。

Burnhama等[6]也通过循环DSC研究了FOX-7的相转变，描述了δ相转变，结果表明γ→δ的相变发生在第一次加热过程，然后在冷却过程中转变为α相，在第二次加热过程中，δ相转变为γ相，而δ→γ的相逆转还需要被进一步证实。

周诚等[7]证实了FOX-7在不同溶剂中重结晶后其晶型和相变过程相同，即常温下FOX-7的晶型为α晶型，在120 ℃完成α→β相变；升温到185 ℃时，完成β→γ相变；当温度由185 ℃降低至110 ℃时，FOX-7又转变为β相；降至30 ℃时，又转变为α相。对不同形貌（棒状、片状、菱形、梳形、棱柱、块状）的FOX-7晶体进行相关性能分析，结果表明，晶体形貌的不同没有改变晶体结构，晶体均为α型，但是其对晶体密度、感度及热稳定性有一定影响。当FOX-7晶体形貌相同（均为块状）、粒径不同时，随着晶体粒径增大，晶体热稳定性有相应的提高。周群等[8]研究了不同形貌FOX-7对机械感度的影响，结果表明近似球体外形的FOX-7样品摩擦感度更低。

黄靖伦等[9]采用变温X射线粉末衍射技术研究了5种常用单质炸药对FOX-7晶型转变的影响，升温过程中，在105~125 ℃，5种混合炸药中FOX-7都发生了α→β相转变；当继续升温时，混合炸药FOX-7/RDX、FOX-7/CL-20、FOX-7/TATB中FOX-7的晶型从β相转变为γ相；而在混合炸药FOX-7/HMX、FOX-7/LLM-105中FOX-7未发生β→γ相变。降温过程中，RDX/FOX-7和CL-20/FOX-7混合炸药中FOX-7没有发生γ→β晶型转变，而是直接发生γ→α晶型转变；而FOX-7在其他3种混合炸药中的降温过程晶型转变与升温过程晶型转变是可逆的，即在降温过程发生γ→β或β→α的晶型转变。

以上学者研究获得了关于FOX-7晶型转变温度和晶型变化的基本规律，同时加入其他单质炸药，在100 ℃下对FOX-7的晶型转变和晶型不会产生任何影响，这为FOX-7在炸药中的进一步应用提供了技术支撑。

1.1.2 热分解

Östmark等[10]测量了FOX-7的两个热分解放热峰，其分别位于238 ℃和281 ℃，并且计算了

FOX-7的活化能为56 kcal/mol，与RDX（40 kcal/mol）和HMX（35 kcal/mol）相比，FOX-7具有更好的热稳定性。

Ticmanis等[11]通过DTA/TGA研究了FOX-7的热分解动力学，在5 K/min升温速率下，FOX-7在210 ℃发生热分解，然后爆炸；在1 K/min升温速率下，FOX-7呈两步分解放热，第一步分解放热量更大但是质量损失更小，约38%，而第二步质量损失约45%。第一步分解的活化能为250 kJ/mol，第二步为290 kJ/mol。高的活化能暗示了FOX-7是极其稳定的高能炸药，通过试验推导FOX-7于122 ℃下储存10年质量损失约3%。通过NMR、XRD、IR和HPLC研究了FOX-7第一步分解（质量损失38%）的产物，结果表明：FOX-7第一步分解产物与起始FOX-7曲线相同，说明初始FOX-7中可能存在无形态部分。通过NMR、HPLC，没有发现FOX-7及其分解产物的区别；在175 ℃下，FOX-7及其分解产物的X射线衍射曲线没有区别，因此在该温度下，他们呈现相同的固相。

Burnhama等通过DSC、TG、ARC（加速量热）、HFC（热流量热）等手段研究了FOX-7的热性能，DSC两步热分解的总能量随加热速率增加而降低，用Kissinger方法计算获得的第一步热分解活化能为238.3 kJ/mol，第二步热分解活化能为322.4 kJ/mol。HFC试验表明，压力会影响FOX-7的热分解历程。ARC试验表明，增加样品量会加速FOX-7的自加热过程。同步TG-DTA-FTIR-MS试验表明，两步热分解产生了H_2O、CO_2、HCN、N_2O、NO_2和HOCN等产物，第二步分解产生了HNO_2和HCOOH，第二步分解在空气中比氮气中产生更多的CO_2和HOCN产物。

王鹏等[12]通过DSC-TG研究了不同升温速率下FOX-7、FOX-7/HMX与FOX-7/RDX混合体系的热分解特性。FOX-7的热分解有两个阶段，放热分解峰温分别为232.8 ℃、293.9 ℃；FOX-7/HMX混合物的热分解为三个阶段，FOX-7的初期分解产物使部分HMX提前分解，同时也促进了FOX-7的第二阶段热分解温度提前了约30 ℃。FOX/RDX混合物中两者同时发生热分解，且仅有一个放热峰，RDX加速促进了FOX-7在220.08 ℃开始分解完全；FOX-7与HMX、RDX的相容性均良好。

通过以上研究表明，FOX-7热分解呈两步反应，分解活化能均较高，具有较好的热稳定性，与RDX、HMX炸药相容，可以取代或部分取代RDX、HMX等炸药，进一步提高混合炸药的安全性。

1.2 安全性能对比

FOX-7作为一种新型钝感含能材料，与钝感炸药NTO、TATB，及常用单质炸药RDX、HMX的安全性能对比[13]如表1所示。

表1 单质炸药安全性能对比

性能		RDX	HMX	NTO	FOX-7	TATB
撞击感度	文献[2]/cm	38	—	—	126	170
	US Impact Sensitivity/H_{50}/cm	32	28	92	—	>177
摩擦感度	文献[4]/kg	12	—	—	>36	>36
	SNPE Data/N	133	175	>353	—	>353
静电感度	US Data (10 mil)/J	0.55	—	3.40	—	—
	电火花感度（50%发火能）/mJ	355.1	99.4	—	2 642	—
热感度	点火温度（SNPE数据）/℃	220	270	280	—	350
	DSC放热峰/℃	219	275	—	245	374
冲击波感度	NOL SSGL/mm	9.33	—	—	6.22	—
	SNPE数据（No of Discs）	310	305	260	—	190

由表1可见，几种炸药的撞击感度由低到高排序：TATB < FOX-7、NTO < RDX（HMX）；摩擦感度由低到高排序：TATB ≈ NTO ≈ FOX-7 < RDX（HMX）；静电（火花）感度NTO或FOX-7均远远低于

RDX（HMX）；热感度由低到高排序：TATB < NTO < HMX < FOX－7 < RDX；冲击波感度由低到高排序：TATB < NTO < RDX（HMX），FOX < RDX。综合来说，FOX－7安全性能与NTO相当，均远高于常用单质炸药RDX或HMX。

1.3 爆轰性能对比

FOX－7与4种单质炸药的爆轰性能对比[14]如表2所示。

表2 单质炸药爆轰性能对比[2][4][13][14]

性能	RDX	HMX	NTO	FOX－7	TATB
密度/(g·cm^{-3})	1.816	1.91	1.93	1.885	1.937
氧平衡（CO_2）/%	－21.6	－21.6	－24.6	－21.6	－55.7
爆速（理论）/(m·s^{-1})	8 800	9 100	8 564	8 870	8 108
	8 850	9 100	8 510	—	8 000
爆压（理论）/GPa	34.7	39	31.1	36.6	31.2
	34.8	—	34.9	—	31.3
爆热（理论）/(kJ·kg^{-1})	6 292	6 268	4 067	5 116	4 637
能量密度（$\rho * Q$）	11 426	11 972	7 849	9 644	8 982
爆发点（5 s）/℃	230	327	—	278	365
临界直径/mm	小于2	—	接近25.4（96.8%TMD）	—	—

表2可见，密度由小到大排序：RDX < FOX－7 < HMX < NTO < TATB，爆速由小到大排序：TATB < NTO < RDX ≈ FOX－7 < HMX，爆压由小到大排序：TATB ≈ NTO < RDX < FOX－7 < HMX，爆热由小到大排序：NTO < TATB < FOX－7 < RDX ≈ HMX；能量密度由小到大排序：NTO < TATB < FOX－7 < RDX < HMX。综合来说，3种钝感炸药中FOX－7爆轰性能最好，与RDX相当。

综上所述，FOX－7具有较高的热稳定性，安全性能、爆轰性能较好，在火炸药领域具有良好的应用前景。在混合炸药中，FOX－7有二种潜在用途：一是替代RDX用于不敏感弹药，二是替代NTO（NTO已进入实际应用，但总对其酸性和水解安定性存在疑虑[15]）。FOX－7在浇注、压装、熔铸炸药中均有应用研究。

2 FOX－7在混合炸药中的应用研究

2.1 FOX－7在浇注炸药中的应用

2001年，瑞典FOI的Eldsäter等[16-18]将FOX－7用于含能黏合剂基PBX炸药中，试图取代B炸药。首先，通过热化学计算表明含FOX－7的含能黏合剂PBX可以在较低的固体含量下与B炸药能量相当；然后，制备了固体含量70%的FOX－7/PolyGlyN含能PBX炸药LIS－2，小规模安全测试表明配方对摩擦不敏感，65 ℃热稳定性良好，大规模爆轰测试和小尺寸慢速烤燃试验表明，FOX－7基PBX在φ25 mm钢管中没有发生爆燃转爆轰，在3.3 ℃/h慢速加热下，配方在220 ℃发生点火、燃烧，与B炸药相比，FOX－7基PBX炸药反应温和，是理想的钝感炸药候选物；最后，继续采用了含能黏合剂PolyGlyN和GAP组合，主炸药为FOX－7另加入少量HMX，研制出了固体含量80%的FOF－5炸药配方（FOX－7/HMX＝63.5/16.5），其爆速与B炸药相当，在40 mm炮弹中按照MIL－STD－2105B开展了钝感试验，结果表明FOF－5在慢速烤燃、快速烤燃、子弹撞击试验中反应更温和，没有发生比爆燃更剧烈的响应，而B炸药响应结果均为"爆轰"。FOX－7基浇注炸药配方展示了良好的低易损性能。

2009 年，欧洲 SNPE 公司的 Collet 等[19]致力于开发新型高能量、低感度的浇注 PBX 炸药，在低冲击感度 PBXN-109 配方中，开展了 FOX-7 在浇注 PBX 中的应用研究，结果表明：与 PBXN-109（I-RDX 基）相比，FOX-7 完全取代 RDX，配方安全性能感度数据相当或更低；爆轰性能相当或略低，爆速降低了约 3%；通过 LSGT 大隔板试验表征了冲击波感度，其引爆压力提高了 27%，冲击波感度降低非常显著。这初步表明，在不敏感弹药 EIDS 的发展方面，FOX-7 在浇注 PBX 中有很大的应用前景。

2012 年，德国 Gerber 等[20]通过流化床技术用 FOX-7 来包覆硝胺颗粒以降低冲击波感度。制备了 HMX/FOX-7（90/10），HMX/FOX-12（90/10）复合颗粒，在 PBXN-109 浇注模拟炸药配方中，通过 21 mm PMMA GAP 试验考察了加入 10% 的复合颗粒对炸药冲击波感度的影响，研究表明 HMX/FOX-7、HMX/FOX-12 配方的冲击波感度相比 HMX 配方有所降低，FOX-7 和 FOX-12 是一种降低冲击波感度的合适的包覆材料。

2018 年，谢虓等[21]研究了 FOX-7/HMX 基浇注 PBX 的安全性能，在 HMX 基高固含量配方的基础上引入部分 FOX-7，研究了引入 FOX-7 后炸药配方的基础热安全性能、机械感度、静电火花感度以及在外部火烧、缓慢升温、枪击试验中的响应特性。结果表明：引入 FOX-7 可极大优化炸药配方的静电火花感度。此外，尽管 FOX-7 有较低的转晶温度，但并不会显著影响配方在外部火烧以及缓慢升温试验中的响应时间和响应温度，而 FOX-7 炸药较低的机械感度和冲击波感度将使其成为钝感 PBX 配方的理想候选物之一。

2.2 FOX-7 在压装炸药中的应用

2001 年，澳大利亚 DSTO 的 Ian J. Lochert 等也开展了 FOX-7 的合成和表征研究，通过浆状工艺用 5% 的 EVA 包覆 FOX-7 制备造型粉，然后用 20 kN 压力将药粉压制成 ϕ12.7 mm × 12 mm 的药柱，平均密度达 1.645 g/cm^3（92% 理论密度），爆速测试结果表明，FOX-7 基配方与 RDX 基配方相当。文献 [5] 对 FOX-7/EVA、RDX/EVA 造型粉进行了 SSCB 小尺寸烤燃试验研究，结果表明 FOX-7 配方的慢速和快速烤燃反应温度更高、反应更温和。通过 SSGT 试验考察了两配方的冲击波感度，测试表明 FOX-7 配方有更低的冲击波感度。

2004 年，德国 Kretschmer 等[22]研究了含 FOX-7 的塑料黏结炸药性能，与 RDX 基配方进行对比，配方组成：95% FOX-7 或 RDX/4.5% 黏合剂/0.5% 石墨。在室温下，用 2.0 kbar 的压力将造型粉压制成 ϕ21 mm 药柱。同时比较了 3 种黏合剂：石蜡、聚乙烯-丙烯橡胶（EPM）、聚丙烯酸酯弹性体（HyTemp）对配方性能的影响，结果表明 FOX-7 基配方力学性能与 RDX 基相当，EPM 和 HyTemp 基炸药的弹性行为比石蜡好；所有配方的爆速为 8 200～8 450 m/s，FOX-7 与 RDX 装药配方性能相当。FOX-7 的摩擦、撞击感度与 RDX 相当或更好。在 GAP 试验中，FOX-7 基配方引爆压力远高于 RDX 配方，明显比 RDX 钝感。

2007 年，波兰 Orzechowski 等[23,24]自行合成 FOX-7 并对其重结晶处理，然后考察了其在 PBX 炸药（95% FOX 和 RDX/5% PTFE）中的应用，完成了压装 FOX-7 基炸药的隔板试验、撞击感度试验和爆速的测定。结果表明：FOX-7 添加到 PBX 中没有引起爆速的降低，在没有损失能量的情况下降低了对机械刺激的敏感度。冲击波感度试验表明：随 PBX 中 FOX-7 含量增加，会引起装药爆轰距离降低，FOX-7 的加入增强了 PBX 对冲击波的抵抗力。加入 20% FOX-7 后，摩擦感度明显降低；加入 40% FOX-7 后，PBX 炸药对摩擦很钝感；FOX-7 加到 60% 后，对应 PBX 的撞击感度才降低。添加 FOX-7 炸药，爆速损失很小；FOX-7 的添加量越高，冲击波感度越低。FOX-7 基 PBX 对摩擦比撞击更钝感。

2010 年，澳大利亚 DSTO 的 Merran 等[25]研究了 FOX-7 基钝感传爆药的安全性能。取代 Tetryl 的钝感传爆药主要是 RDX 基（添加部分 PETN、TATB 等），TATB 由于能量较低，必须与 RDX 或 HMX 配合使用以满足要求。PBXN-7（RDX/TATB/Viton=35/60/5）是 TATB 基配方的典型例子，该配方已经被鉴定用于传爆系统。仿 PBXN-7，研制了 FOX-7/EVA5% 配方，考察了配方的安全性能，结果表明：配方烤燃响应较温和（比 RDX 基配方），冲击波感度较低，介于 PBXN-7 和 Tetryl 之间。

2010年，波兰Trzciński等[26]研究了FOX-7基钝感炸药的感度和爆轰性能，制备了DADNE$_{Vit}$配方（94%FOX-7/6% Viton A），为了提高爆轰能量又加入HMX，研制了（DADNE/HMX）$_{Vit}$配方（70% FOX-7/30%HMX/Viton A），选择RDXph（94%RDX/6% Viton A）作为基础对比配方。结果表明：与RDXph配方相比，DADNE$_{Vit}$配方爆速与之相当但是爆压略微提高，而（DADNE/HMX）$_{Vit}$配方爆速、爆压均较高。通过25 mm圆筒试验测试了爆轰产物的膨胀能力，结果表明（DADNE/HMX）$_{Vit}$配方的格尼能与RDXph配方相当，而DADNE$_{Vit}$配方降低了约9%。通过圆筒试验评估了炸药的爆轰能量，结果表明DADNE$_{Vit}$配方低于RDXph配方。在5.6 dm^{3}爆热弹中测试20 g炸药的爆热，结果表明DADNE$_{Vit}$配方测试值比估算的爆轰能量低5%~7%。通过GAP试验测试了冲击波感度，结果表明DADNE配方冲击波感度与TNT相当，配方的热性能与纯FOX-7相当，纯DADNE和钝化DADNE的活化能分别为245 kJ/mol和261 kJ/mol，主要是Viton A的引入引起第一阶段反应速率的降低。HMX没有影响DADNE的分解历程，因此与DADNE完全相容。研究指出，FOX-7是高能量、低感度炸药配方的重要组分，可以采用压装成型方式。

2010年，波兰Powała等[27]研究了含FOX-7、RDX或HMX的PBX炸药性能，制备了95%炸药含量（FOX-7/RDX或FOX-7/HMX）配方，加入5%降感剂PTFE，测试结果表明：加入FOX-7取代RDX，炸药的密度逐渐提高，爆速相当；加入FOX-7取代HMX，炸药的密度略微降低，爆速降低最高达4%。他们考察了PBX的做功能力（装药量40 g，药柱直径20 mm），在距装药中心1 m、2 m处分别放置了压力传感器，测试了超压和正相冲量。结果表明，随PBX中FOX-7含量增加，PBX超压、冲量都降低。但是冲量降低很小，小于爆轰波超压的降低。他们考察了含FOX-7的PBX在油井穿孔用聚能装药中的应用，考察装药对钢板的侵彻能力，测量了侵彻深度和直径，结果证明聚能装药爆轰并穿透钢板，FOX-7配方侵彻116 mm，FOX-7/RDX配方侵彻117 mm，FOX-7/HMX配方侵彻127 mm，FOX-7配方侵彻结果类似于典型的RDX基装药。FOX-7增加了炸药的安全性能，并没有损失能量，因此FOX-7能取代RDX被用于聚能装药炸药配方中。

2011年，英国UK-E研究组织下的Cullis等[28]也一直在研究FOX-7基炸药配方在候选战斗部中的应用，FOX-7基配方QRX080组成为95% FOX-7/5%黏合剂，比较了QRX080与PBXN-110、LX-14、EDC1S在SSJ聚能装药中的性能，结果表明QRX080配方性能优于PBXN-110，但是比EDC1S配方性能差。圆筒试验预示了QRX080配方的爆轰产物膨胀性能，用QRX080配方进行了3组圆筒试验，测试爆速分别为8.23 km/s、8.22 km/s和8.39 km/s，圆筒试验计算的格尼速度为2 644 m·s^{-1}，格尼能为3 496.5 J·g^{-1}，将预示结果与PBXN-110进行了比较。预示的PBXN-110产生的最大碎片速度为1.018 km/s，FOX-7配方为1.021~1.053 km/s。结果表明QRX080格尼能比PBXN-110略高，Split-X预示了FOX-7配方具有更高的碎片速度。

2015年，欧洲Next Munition公司的Coulouarn等[29]对炸药配方中用FOX-7取代RDX进行了可行性评价。选择配方：49%NTO/33%RDX（或FOX-7）/14%Al/4%Wax，通过包覆后压制配方的隔板试验发现，FOX-7取代RDX降低了炸药的冲击波感度。但是测试的机械感度出现了相反的结果，FOX-7取代RDX后，炸药的摩擦、撞击感度提高，经过其他配方重复性测试，依然如此。

2018年，田轩等[30]进行了FOX-7对RDX基压装炸药不敏感性的影响规律研究，配方组成为96%（FOX-7+RDX）/4%黏结剂。利用小型烤燃弹试验、机械感度和冲击波感度试验研究了FOX-7对RDX基压装炸药的响应剧烈程度、机械感度和临界起爆压力，研究发现：当配方中FOX-7的加入量低于72%时，炸药的不敏感性能接近，慢烤试验表现为爆轰反应，机械感度分别为36.3 cm和36%，临界起爆压力接近6.6 GPa；当配方中FOX-7加入量达到72%时，炸药的不敏感性开始发生显著改变，慢烤响应剧烈程度由爆轰降至爆燃，机械感度降至44.7 cm和24%，临界起爆压力升至7.27 GPa；当FOX-7加入量达到96%时，炸药的慢烤响应剧烈程度由爆燃降至燃烧，机械感度降至大于125.8 cm和8%，临界起爆压力升至8.24 GPa。

2018年，Hussein等[31]以BCHMX和FOX-7为填料、聚二甲基硅氧烷（PDMS）为黏结剂制备了一种高聚物黏结炸药，并对其进行了表征，测定了撞击感度、摩擦感度和爆速。选择了 4 种单质炸药 RDX、β-HMX、BCHMX 和 ε-CL-20 及其 PBX（使用同样的黏结剂体系）进行对比。结果表明：BCHMX/FOX-7-Sil 在所研究的样品中具有最低的撞击感度和摩擦感度。

2.3 FOX-7 在熔铸炸药中的应用

近年来，FOX-7 也成为钝感熔铸炸药中研究热点。

2013 年，印度 Mishra 等[32]为研制一种 IM 低易损炸药，评估了用 FOX-7 取代 RDX 用于 TNT 基熔铸炸药配方中，两配方为 70% TNT/30% FOX-7 或 RDX，60% TNT/25% FOX-7 或 RDX/15% Al，测试了机械感度、冲击波感度、爆速、爆轰参数和热分解行为，结果表明：FOX-7 基配方的冲击波感度、撞击感度优于对应的 RDX 基配方，爆速与 RDX 基配方接近，但是爆炸效应持续较短的时间。初步研究表明，用 FOX-7 取代 RDX 用于 TNT 熔铸炸药配方，在轻微牺牲性能的情况下具有潜在的低易损性。

2016 年，波兰 Belaada 等[33]为提高 IM 熔铸炸药 XF13333（TNT/NTO/Wax/Al = 31/48/7.5/13.5）的爆轰能量，采用 FOX-7 替代 RDX，研制出了 CompFOXN 配方，其组成为 24% NTO、22% FOX-7、32% TNT、14% Al 和 8% Wax，进行了感度试验和爆轰性能测试，结果显示在低感度炸药方面，FOX-7 完全可以取代 RDX，FOX-7 基配方在钝感装药中有良好的应用前景。

2017 年，Belaada 等[34]在实验室制备了含 TNT/FOX-7/Al/Wax 的熔铸炸药配方，其命名为 CompFOX，组成为 45% FOX-7/33% TNT/14% Al/8% Wax。他们测试了配方的黏度及机械感度、冲击波感度等。结果表明：配方具有良好的流变性能，在 85~90 ℃能浇铸；配方的撞击感度、冲击波感度、射流、快速烤燃感度均低于注装 TNT，其中快速烤燃试验结果为燃烧，射流为爆燃，而浇注 TNT 均为爆轰；配方的热稳定性试验、热分析和点火温度试验表明配方稳定性良好；爆速高于 TNT，其他参数（爆压、爆热、格尼速度）与 TNT 相当或略低。结果表明 FOX-7 有潜力成为低感度熔铸炸药配方的新组分。

2017 年，印度 Mishra 等[35]研究了 NTO/FOX-7/DNAN 基熔铸炸药配方，比较研究了两类配方，分别为 60% NTO、FOX-7、HMX 或 RDX 和 40% DNAN 或 TNT，30% NTO、FOX-7、TATB 或 RDX 和 70% DNAN 或 TNT，测试了感度和爆速。研究表明 DNAN 和 DNAN 配比 TNT 基更钝感；NTO/TNT 和 NTO/DNAN 比单独 TNT、DNAN 更冲击不敏感；NTO 基配方比 FOX-7 基配方更不敏感。FOX-7 与 TNT 相容，在 TNT 基熔铸配方中是 RDX 的良好替代物。

以上 FOX-7 在混合炸药中的应用研究表明，与 RDX 基配方相比，在爆轰性能方面，其爆速、聚能装药侵彻能力与之相当，密度、爆压高于 RDX 配方，但是爆热、格尼能均降低；在安全性能方面，FOX-7 基配方冲击波感度显著降低，烤燃响应温和，机械感度降低。熔铸炸药初步研究表明，NTO 基配方更为不敏感。综合来说，FOX-7 仍是不敏感炸药中 RDX 的良好替代物。

3 结论

通过对 FOX-7 相关文献的分析，有以下结论。

（1）关于 FOX-7 晶型转变温度和晶型变化的基本规律：加入其他单质炸药，在 100 ℃以下对 FOX-7 的晶型转变和晶型不会产生任何影响。

（2）FOX-7 热分解呈两步反应，分解活化能均较高，具有较好的热稳定性，与 RDX、HMX 炸药相容，可以取代或部分取代 RDX、HMX 等炸药，进一步提高混合炸药的安全性。

（3）FOX-7 在浇注、压装、熔铸炸药中均有应用研究，与 RDX 相比，爆轰性能相当，同时显著降低了冲击波感度，大大改善了配方的低易损性，并且随 FOX-7 含量增加，配方的机械感度尤其是摩擦感度降低显著。FOX-7 基混合炸药可以作为主装药、传爆药等，是钝感 PBX 配方的理想候选物之一。

参 考 文 献

[1] LATYPOV N V, BERGMAN J, LANGLET A, et al. Synthesis and reaction of 1,1-diamino-2,2-dinitroethylene [J]. Tetrahedron, 1998, 54: 11525-11536.

[2] LOCHERT I J. Recent advances in the DSTO evaluation of FOX-7 [C] //NDIA Insensitive Munitions & Energetic Materials Technology Symposium, Orlando FL, 2003.

[3] 周诚, 周彦水, 黄新萍, 等. 1,1-二氨基-2,2-二硝基乙烯的合成和性能 [J]. 火炸药学报, 2005, 28 (2): 65-67.

[4] LOCHERT I J. FOX-7-A new insensitive Explosive [J]. DSTO Aeronau-tiaal and Marttimo Reasoarch Laboratory.

[5] KEMPA P B, HERRMANN F J, MOLINA M, et al. Phase transitions of FOX-7 studied by X-ray diffraction and thermal analysis [C] //35th International Annual Conference of ICT, Karlsruhe, Germany, 2004.

[6] BURNHAMA A K, WEESE R K, WANG Ruiping, et al. Thermal properties of FOX-7 [C] //36th International Annual Conference of ICT & 32nd International Pyrotechnics Seminar, Karlsruhe, Germany, 2005.

[7] 周诚, 黄靖伦, 王伯周, 等. 溶剂对 FOX-7 晶体相变和热性能的影响 [J]. 火炸药学报, 2016, 39 (4): 19-22.

[8] 周群, 陈智群, 郑朝民, 等. FOX-7 晶体形貌对感度的影响 [J]. 火炸药学报, 2014, 37 (5): 67-69.

[9] 黄靖伦, 周诚, 张丽媛, 等. 五种常用单质炸药对 FOX-7 晶型转变的影响 [J]. 含能材料, 2016, 24 (10): 960-964.

[10] ÖSTMARK H, LANGLET A, BERGMAN H, et al. FOX-7—A new explosive with low sensitivity and high performance [A]. The 11th International Detonation Symposium, Colorado, USA, 1998.

[11] TICMANIS U, KAISER M, PANTEL G. Kinetics and chemistry of thermal decomposition of FOX-7 [C] //35th International Annual Conference of ICT, Karlsruhe, Germany, 2004.

[12] 王鹏, 熊伟强, 李忠友, 等. FOX-7 与 RDX 和 HMX 的热分解相互作用 [C] //2016 年 (第七届) 含能材料与钝感弹药技术研讨会论文集, 2016.

[13] MATYUSHIN YU N, AFANAS'EV G T, LEBEDEV V P. TATB and FOX-7: thermochemistry, performance, detonability, sensitivity [C] //34th International Annual Conference of ICT, Karlsruhe, Germany, 2003.

[14] 付小龙, 樊学忠, 李吉祯, 等. FOX-7 研究新进展 [J]. 科学技术与工程, 2014, 14 (14): 112-119.

[15] 徐露萍. 国外 FOX-7 研究进展 [C] //2006 年国防科技会议, 2006.

[16] ELDSäTER C, EDVINSSON H, JOHANSSON M, et al. Formulation of PBX based on 1,1-diamino-2,2-dinitroethylene [C] //the 33th International Annual Conference of ICT, Karlsruhe, Germany, 2002.

[17] ELDSäTER C, PETTERSSON Å, WANHATALO M. Formulation and testing of a comp B replacement based on FOX-7 [C] //Insensitive Munitions and Energetic Materials Symposium, San Francisco, 2004.

[18] KARLSSON S, ÖSTMARK H, ELDSäTER C, et al. Detonation and sensitivity properties of FOX-7 and formulations containing FOX-7 [C] //International Detonation Symposium, 2002.

[19] COLLET C, ROUX B Le, MAHE B, et al. FOX-7 based insensitive cast PBX [C] //Insensitive Munitions and Energetic Materials Technology Symposium, San Francisco, 2009.

[20] GERBER P, HEINTZ T, KRAUSE H. Decreasing shock sensitivity by containing nitramine particles with FOX-7 or FOX-12 [C] //Insensitive Munitions and Energetic Materials Technology Symposium, 2012.

[21] 谢虓, 刘涛, 祝青. FOX-7/HMX 基热固性 PBX 配方安全性能研究 [C] //2018 年 (第八届) 含能材料与钝感弹药技术研讨会论文集.

[22] KRETSCHMER A, GERBER P, HAPP A. Characterization of plastic bonded explosive charges containing FOX-

7 [C] //35th International Annual Conference of ICT, Karlsruhe, Germany 2004.
[23] ORZECHOWSKI A, POWALA D, MARANDA A. 1, 1 – Diamino – 2, 2 – dinitroethene as a component of plastic bonded explosives [C] //New Trends in Research of Energetic Materials, Czech Republic, 2007.
[24] POWALA D, ORZECHOWSKI A, PAPLIńSKI A. Some properties of PBX contain FOX – 7 [C] //New Trends in Research of Energetic Materials, Czech Republic, 2009.
[25] Merran A D, Phil J D. FOX – 7 for Insensitive Boosters [R]. DSTO – Aeronautical and Marttime Reassarch Laboratory.
[26] TRZCIńSKI W A, CUDZILO S, CHYłEK Z, et al. Investigation of detonation characteristics and sensitivity of dadne – based phlegmatized explosives [C] //41st Conference of ICT on Energetic Materials, Karlsruhe, Germany, 29th June – 1st July, 2010.
[27] POWAłA D, ORZECHOWSKI A, MARANDA A. The usable parameters of PBX containing FOX – 7 [C] //New Trends in Research of Energetic Materials, Czech Republic, 2010.
[28] CULLIS I G, TOWNSLEY R. The potential of FOX – 7 in im munition design [J], ISB, 2011.
[29] COULOUARN C, AUMASSON R, LAMY – BRACQ P. New energetic materials – explosive composition based on FOX – 7 [C] // 46st Conference of ICT on Energetic Materials, Karlsruhe, Germany, 29th June – 1st July, 2015.
[30] 田轩, 黄亚峰. FOX –7 对 RDX 基压装炸药不敏感性的影响规律研究 [C] //2018 年火炸药技术学术研讨会, 2018.
[31] HUSSEIN K, ELBEIH A, JUNGOVA M. Explosive properties of a high explosive composition based on BCHMX and FOX – 7 [J]. Propellants Explosives Pyrotechnics, 2018, 43 (5): 472 – 478.
[32] MISHRA V S, VADALI S R, GARG R K. Studies on FOX – 7 based melt cast high explosive formulations [J]. Central European Journal of Energetic Materials, 2013, 10 (4), 569 – 580.
[33] BELAADA A, TRZCINSKI W A, CHYLEK Z. A melt – cast composition containing NTO and FOX – 7 [C] // Proceeding of the 19th Seminar on New Trends in Research of Energetic Materials, Pardubice, April 20 – 22, 2016: 68 – 80.
[34] BELAADA A, TRZCIN′ SKI W A, CHYłEK Z. A low – sensitivity composition based on FOX – 7 [J]. Propellants Explosives, Pyrotechnics, 2017, 42: 1 – 8.
[35] MISHRA V S, VADALI S R, BHAGAT A L. Studies on NTO – , FOX – 7 – and DNAN – based melt cast formulations [J]. Cent. Eur. J. Energ. Mater., 2017, 14 (2): 403 – 417.

第四部分

智能感知与引战配合技术

中小口径火炮用发射装药低温内弹道异常研究

欧江阳，赵其林，孙晓泉，赵剑春，贺　云

（泸州北方化学工业有限公司，四川　泸州，646605）

摘　要：我国中小口径火炮用多个型号发射装药在研制过程中，低温环境条件下射击先后出现了膛压、初速异常跳动的现象。过高的火炮膛压会影响武器系统的正常工作，甚至会造成火炮膛炸等危险后果。就系列中小口径火炮低温内弹道射击过程发生的膛压异常跳动现象进行研究，结果表明：发射药及装药结构是低温内弹道过程射击的内弹道反常决定因素。

关键词：发射安全性；低温膛压；初速异常；研究

0　引言

20世纪前我国中小口径火炮基本使用单基发射药或钝感单基发射药产品。近十几年来，我国中小口径火炮用发射装药随着武器系统性能要求的提高先后应用了系列钝感球扁发射药及装药、高分子钝感发射药及装药、复合高分子钝感发射药及装药等新技术。在产品研制期间，这些新型发射药及装药在低温环境条件下内弹道射击过程中经常出现膛压初速异常跳动不稳定状态。过高的膛压会导致武器系统不能正常工作，甚至会造成火炮膛炸等严重危险的后果。因此，分析产生低温膛压、初速异常原因，采取有效的技术措施，合理进行装药设计是内弹道工作者的主要任务之一。

1　低温内弹道异常机理分析及验证

中小口径火炮系统在进行低温内弹道试验时，在低温内弹道射击过程中，由于低温下发射药燃速减慢，一般膛压初速均小于常温条件下内弹道数值。当发生低温内弹道试验膛压、初速异常现象时，其特点主要表现为射击时测得的低温膛压、初速数值偏高且跳动大，弹道炮不能正常开闩、药筒退壳困难等，某30 mm弹药在低温内弹道射击试验就发生了弹道炮身管炸断实例。内弹道射击过程的过高膛压必然是发射药在膛内发生了不规则的燃烧，这类现象的共同本质是发射药药粒在低温内弹道射击过程中发生破碎，导致发射药破碎的主要因素有以下几个方面。

（1）发射药在低温状态下的冷脆性较常温力学性能下降。

（2）发射药药型和致密性的缺陷导致抵抗挤压和撞击的力学性能下降。

（3）药室自由容积提供了药床运动空间，膛内发射药药粒之间相互挤压并撞击弹丸底部。

（4）底火与发射药点传火不匹配，发射装药局部点燃，大部分药粒未点燃前已产生破碎。

（5）药室存在初始振荡压力波。

由图1的分析框架可以看出，造成低温状态下膛压和初速反常的本质原因：低温状态下发射药发生破碎，大量不规则碎药导致装药燃烧面瞬间剧增而发生爆燃，膛内存在的振荡压力波加剧了药粒破碎及爆燃趋势，导致膛压、初速异常问题发生。以下围绕发射药低温破碎燃烧主要线索，分析产生低温内弹道过程的膛压、初速反常的主要因素。

1.1　发射药

发射药是影响装药内弹道性能的最关键因素，发射药配方、药形与工艺成型质量决定了其燃烧性能、力学性能及相关感度性能。一般来说，火炮射击过程中发生低温膛压初速异常，低温条件使发射药发生"冷脆"，致使发射药粒的抗撞击、抗挤压而产生破碎的力学性能大幅度下降，因此主要考虑是否

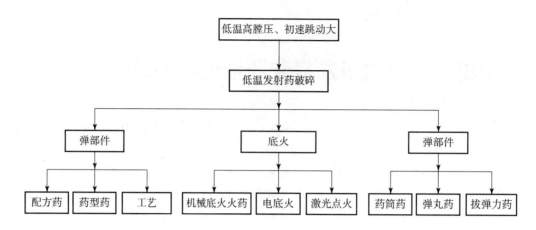

图 1 低温内弹道反常原因分析框架

是发射药在膛内燃烧过程中出现了破碎,装药燃烧面积骤然增加,膛内燃气生产速率急剧增大,从而导致膛压异常问题的产生,发射药行业内涉及内弹道过程低温膛压异常一般均与此相关。

案例1:单基发射药是力学性能最优的发射药品种,某 30 mm 航炮使用初样鉴定批发射药发生低温高射角(75°)膛压异常,当时估算膛压高到约 800 MPa(系统限制膛压不大于 360 MPa),药筒在弹道炮退壳非常困难。经过各种试验条件验证,发现只有在低温、高射角、底凹弹、特定批次发射药(项目初样鉴定批)四个条件共聚下才会发生膛压异常;用常温、平射、平底弹、普通批次发射药置换上述条件之一则弹道数据正常。

案例2:伴随现代中小口径火炮弹药追求高初速的要求,具有高装填性能的钝感球扁发射药先后应用于多个中小口径火炮武器产品,而钝感球扁药在多项产品研制过程中亦出现了内弹道低温膛压、初速反常较多实例,具体案例试验数据如表1所示。

表 1 球扁发射药内弹道反常试验数据

样品	装药量/g	温度/℃	$\overline{V_0}$/(m·s^{-1})	$\overline{p_m}$/MPa	p_{mm}/MPa
球扁发射药方案1	121	20	1 152.3	319.2	327.1
		50	1 171.3	353.2	366.6
		-45	1 166.4	372.8	389.5
球扁发射药方案2	129	20	1 206.6	308.6	322.5
		50	1 214.4	318.9	321.4
		-45	1 222.3	339.5	363.0

通过表1可以看出,两种球扁发射药方案在试验过程中均出现了低温内弹道性能反常的现象,分析认为与钝感球扁发射装药特点密切相关。首先,球扁发射药固有的"球扁"药型,低温条件下发射药处于冷脆状态,相对于其他药型,球扁药更容易在药床运动的药粒相互挤压和药粒撞击弹丸底部过程中发生碎裂;其次,球扁发射药在工艺生产过程中有将球形药粒压扁的过程,致使药粒产生一定程度的机械微裂纹缺陷,加大了低温内弹道过程由于发射药碎裂而产生不规则燃烧的概率;再者,钝感球扁药装药的特点是装填性能突出,相对密实装药与底部点火的结构使装药的点传火一致性受到影响。解决球扁发射药低温内弹道性能反常问题的主要措施是严格控制药粒的弧厚与直径尺寸及比例,控制好"压扁"工艺条件,加强点传火匹配性研究。

案例3:近年来军方对弹药产品的使用可靠性和环境适应性提出了更高的要求,为提高发射装药环境适应性，国内逐步研究发展了高分子钝感发射药装药技术，高分子钝感剂在发射药表层不会发生迁移，因此高分子钝感发射药比传统以樟脑或DBP等小分子钝感发射药有更好的储存和使用稳定性。影响高分子钝感发射药低温内弹道性能是否反常主要有两点：一是高分子钝感剂通常使用聚酯类阻燃材料（EDMA、NA等）钝感后在发射药表面形成一层致密的钝感层，在低温状态下相对难以被点燃。有资料证明，已燃的发射药粒有"燃烧表面气垫层"保护不易发生破碎，因而未被点燃发射药在低温下更容易发生挤压破碎和撞击破碎；二是高分子钝感发射药制备工艺为了使高分子钝感剂由发射药表层向发射药内部渗透，通常在发射药塑化工序加入可溶性的钾盐，通过水浸或气浸的方式将钾盐浸出，使发射药产生微孔结构，该过程势必会降低发射药力学性能，增加发射药破碎的概率。因此，对应解决该类发射装药低温内弹道性能反常的主要解决措施是改善发射药被点燃性能和控制好钝感发射药成型微孔质量。某25 mm弹用发射药在研制过程中也出现了低温内弹道反常现象，其低温内弹道性能试验结果如表2所示，膛内燃烧$p-T$曲线如图2所示。

表2 低温内弹道试验结果

发射药品号	试验温度/℃	弹种	$\overline{V}_0$/(m·s^{-1})	E_{V0}/(m·s^{-1})	$\overline{p}_m$/MPa	p_{mm}/MPa
某单基发射药（高分子钝感）	-40	曳光穿甲弹	1 359.5	12.0	345.5	365.7
			1 402.5	—	413.7	413.7
			1 365.3	17.21	345.0	369.5
			1 399.1	6.13	372.16	402.5
			1 423.0	—	416.86	416.86

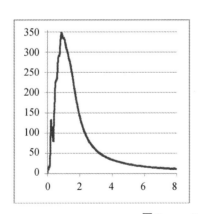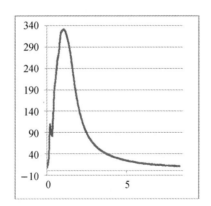

图2 $p-T$曲线测试情况

通过表2低温内弹道试验数据和图2膛内燃烧$p-T$曲线可以看出，采用高分子钝感的单基发射药在低温（-40 ℃）条件下出现了低温膛压数值高、膛压与初速跳动大的现象。

为改善高分子钝感单基发射药的低温内弹道性能，主要采取以下两种措施。

（1）通过对发射药表面进行"敏化"处理，即在钝感剂表面涂覆适量钾盐物质，增加高分子钝感发射药的被点燃性。

（2）对点传火结构进行改进，缩小发火孔孔径，延长底火发火时间，增加正面及侧面开孔点火管，减缓底火发火气流对发射药的冲击力,提高点传火的一致性。

改进后低温状态下验证试验数据及膛内 $p-T$ 曲线测试情况如表3、图3所示。

表3 验证试验

发射药品号	试验温度/℃	弹种	$\overline{V}_0$/(m·s^{-1})	p/MPa	E_{V0}/(m·s^{-1})	$\overline{p}_m$/MPa	p_{mm}/MPa
单基发射药（敏化处理）	-40	曳光穿甲弹	1 280.9	278.9	5.21	284.5	286.3
			1 284.1	285.3			
			1 269.8	284.2			
			1 270.8	286.3			
			1 268.3	285.3			
			1 268.6	285.3			
			1 284.8	286.3			

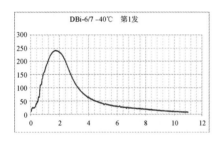
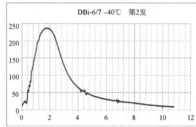
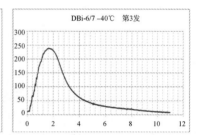
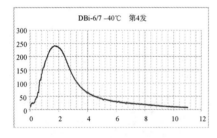
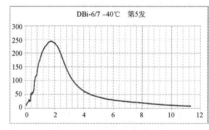
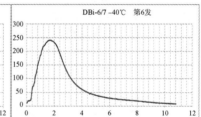
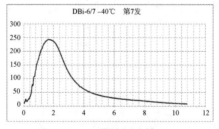

图3 $p-T$ 曲线测试情况

由表3和图3可以看出,经表面"敏化"处理的高分子钝感发射药,结合装药结构改进措施,低温内弹道性能验证试验膛压、初速稳定、膛内 $p-T$ 曲线光滑、无异常拐点、发射药低温燃烧性能稳定。这表明上述两种改善措施能够解决低温内弹道膛压、初速异常问题。

1.2 底火与点传火匹配

发射装药中发射药与底火之间的匹配性是影响低温内弹道性能的关键因素之一。为满足不同中小口径武器系统的性能需求,国内外先后研制了不同种类的底火与发射药。表征底火发火效果的主要要素有点火压力、点火气流作用时间和点火气流输出方式。有研究表明,底火对发射药的点燃作用非常重要:

(1) 弱点火几乎总是导致高膛压和 $p-T$ 曲线异常，点火猛度过强会导致不规则压强分布。

(2) 底火发火气流会导致发射药药床的压缩，带来药床运动及药室振荡压力波产生。

常规底火分别有机械击发底火和电底火。有低温下测试数据表明，电底火较机械底火在作用时间短约10倍、点火压力高1倍。点火压力及点火时间如表4所示。

表4 电底火与机械底火点火压力及点火时间表

项 目	常温（15 ℃）		低温（-40 ℃）	
	p_m/MPa	T/ms	p_m/MPa	T/ms
新底火	22.0 ~ 25.5	0.3 ~ 0.5	22.0 ~ 25.5	0.3 ~ 0.6
制式底火	14.0 ~ 15.5	5.0 ~ 8.0	13.0 ~ 14.5	6.0 ~ 8.5

由表4可以看出，电底火在点火初期给予发射药的气流冲击较机械底火更猛，点燃时间更短，电底火与普通机械底火相比较，推测产生了两个方面影响：

(1) 气流冲击猛度加剧了药粒相互挤压和撞击弹丸底部情况，使药粒破碎更严重。

(2) 作用时间短使更多部分发射药未被点燃，未点燃的发射药粒较已点燃的发射药粒在药床运动过程中更容易破碎，造成低温状态下膛压与初速反常。因此在发射装药设计过程中必须控制好底火与发射药的点传火匹配关系。

现代中小口径速射武器系统多采用电击发方式，为了更好地建立点传火条件，对于药筒底部底火点传火方式的改进可以调整发火孔以增加点火时间和侧面开孔点火管达到分流底火发火气流冲击力的目的。某25 mm弹用高分子钝感发射药在研制过程中低温内弹道反常问题的解决说明上述措施是有效的。

国内曾经在使用DBP钝感双基球扁药的小口径枪械尝试采用激光点火方式进行内弹道试验，低温下内弹道数据均出现膛压初速异常现象。推测可能与激光点火作用时间太短，没有可靠点燃DBP钝感双基球扁发射药有关，建议可以借鉴某25 mm弹解决低温反常的措施加以验证并解决。

1.3 弹部件与拔弹力

影响膛压初速的弹部件通常指弹丸、药筒和底火。

弹丸对低温内弹道异常影响的因素主要是底部形状。当中小口径弹丸底部为底凹形状时，增加了药床自由运动空间和药粒撞击弹丸底部行程，加大了低温状态下发射药药粒因挤压、撞击产生的破碎可能性。

药筒对低温内弹道异常的因素主要是容积形状，通常认为长径比大即更细长的药筒更容易发生膛压、初速异常，这是由发射装药的底部点火特性决定的。同时，长径比大的药筒会给点传火带来一定的困难，造成点传火不畅导致药筒内的发射药部分被点燃，增加了发射药破碎的概率，造成低温内弹道反常。

中小口径火炮武器一般使用定装式弹药，弹丸与药筒通常以一定形状结构的紧口槽在一定的压力下结合，用标准的测试设备将弹丸从药筒中沿炮弹轴向方向拔出所需的力，称为定装式炮弹的拔弹力。拔弹力大小对点传火过程影响巨大，拔弹力较低时，当射击点火开始后，发射药还未建立起稳态燃烧时，在较低的压力下，弹丸克服拔弹力脱离药筒向前运动，经过一段自由行程后挤进膛线。对于弹丸后部的发射装药来说，一是要经历药室压力的瞬间下降和急升，压力下降是由药室自由容积瞬间增大的因素造成的，压力的急升是弹丸挤进膛线阻力瞬间增大的结果，压力的波动必然形成起始压力波，加剧发射装药的燃烧不稳定性；二是该时段存在药床因弹后空间的瞬间增大而造成药粒向前快速运动，在压力波梯度存在时，药粒以一定的速度相互挤压和撞击弹丸底部，形成局部的颗粒密度增加，因药粒相互挤压和撞击造成了药粒的破碎，产生药床燃烧面骤然增大而引起火药气体生成速率迅速加大，这样也加大了弹丸后部空间的压力波振荡强度，从而造成了高膛压及膛压初速跳动情况的产生。而弹丸装配的拔弹力在适当的大小范围时,弹丸在克服拔弹力约束脱离药筒时,发射装药在适当的起始压力下已经建立起稳态燃烧,弹丸在适当的克服拔弹力的压强下瞬间脱离药筒通过自由行程段挤进膛线,在这种情况下,减小了压力波的形成和强度,另外,处于稳态燃烧的发射药粒由于其表层燃烧气幕的存在也具有不容易发生因挤压和撞击而产生的破碎现象。因而整个射击过程发射装药燃烧正常,不发生低温膛压初速异常。

2　结论

本文对系列中小口径火炮低温内弹道射击过程发生的膛压、初速异常现象进行了研究,得到如下结论。

(1) 造成低温状态下膛压和初速反常的本质原因是低温状态下发射药发生破碎。

(2) 通过对某 30 mm 航炮试验过程中发生膛压、初速异常的解决表明,发射药质量是影响低温内弹道射击过程安全的关键因素之一。

(3) 某 25 mm 弹用高分子钝感发射药的研究工作表明,发射药及装药结构对低温状态下膛压、初速异常的影响至关重要,本解决措施可为相关研究提供参考和借鉴。

(4) 弹部件与拔弹力同样对低温状态下内弹道性能产生一定的影响。

综上所述,发射药及装药结构是低温内弹道过程射击的内弹道反常决定因素,合理进行装药设计是内弹道工作者的主要任务之一。

参 考 文 献

[1] 王泽山,徐复铭,张豪侠. 火药装药设计原理 [M]. 北京:兵器工业出版社,1995.
[2] 路德维希·施蒂弗尔. 火炮发射技术 [M]. 北京:兵器工业出版社,1998.
[3] 欧江阳,贺孝军,江菊华,等. 某 30 mm 穿甲曳光弹低温、高射角膛压异常研究 [D]. 四川兵工学会论文集,2005.
[4] 赵其林. 初始弹道阶段膛压反常现象分析 [J]. 火炮发射与控制学报,2003,88 (2).

对流层折射对三坐标雷达测量精度的影响分析

邱 天[1]，薛广然[1]，张马驰[2]

(1. 西安电子工程研究所，陕西 西安 710100；
2. 中国北方工业有限公司，北京 100100)

摘 要：随着雷达技术的不断发展，对雷达测量精度的要求也越来越高。由于雷达电磁波在传输过程中受大气介质不均匀的影响，存在传播折射的现象，尤其是针对低仰角、中远程目标探测时存在明显的测量误差。本文通过对折射因素的研究，建立了电磁波折射传播模型，并借助仿真对不同距离及仰角的折射误差进行了分析统计，为提高雷达测量性能提供了理论依据。

关键词：对流层折射；三坐标雷达；测量精度
中图分类号：TN951　**文献标志码**：A

Analysis of the effect of tropospheric refraction on the measurement accuracy of 3D radar

QIU Tian[1], XUE Guangran[1], ZHANG Machi[2]

(1. Xi'an Institute of Electronic Engineering, Xi'an 710100, Shaanxi, China;
2. China Northern Industry Corporation, Beijing 100100, China)

Abstract: With the development of radar technology, the requirement of radar measurement accuracy is higher and higher. Due to the ununiform atmospheric medium, refraction phenomenon exists during electromagnetic wave transmiting, which causes the measure error especially for the low elevation and medium – long – range targets. Through the study of refraction factors, the article establishes the refraction propagation model of electromagnetic wave, analyzes the refraction error on different range and elevation by simulation, provides a theoretical basis for improving the performance of radar measurement.

Keywords: tropospheric reflection; 3D radar; measurement accuracy

0 引言

包围地球表面而含有气体分子、电子、离子的整个空间被我们称为大气层，按照离地高度、物理及电气特性大体可分为以下四层。

(1) 对流层：从地面到12 km左右高空。
(2) 平流层：从对流层顶到60 km左右高空。
(3) 电离层：从60 km左右到2 000 km左右高空。
(4) 磁层：从2 000 km到几万或几十万公里高空。

随着高度的变化，大气层的组成物质与介电参数也在发生着改变，电磁波在大气层中的传播与在真空中的传播也存在明显的差异。最靠近地面的对流层是多种大气与水汽的混合体，层内随着温度、湿度等环境因素的变化，其介电特性是不均匀的，这就使得雷达电磁波在穿越对流层时存在折射效应，折射

作者简介：邱天(1979—)男，硕士，研究员，E - mail：20427556@qq.com。

效应的存在,使得雷达目标测量时距离、角度、高度等值都带有误差。为了有效保证雷达的目标测量精度,必须进行大气折射误差修正的工作。

1 对流层折射模型

对流层为非色散介质,其折射指数主要取决于大气的气温、气压以及湿度,与频率无关;对于所有频率,对流层折射指数可以表示为[1]

$$N = (n-1) \times 10^6 = \frac{77.6}{T}\left(P + \frac{4810p}{T}\right) \tag{1}$$

式中:T——温度,K;

P——压强,MPa;

p——水汽成分的部分压力;

n——折射指数;

N——折射率。

在对数-线性数学模型中常采用指数表述形式[2]:

$$N(h) = N_0 \exp\left(-\frac{h}{h_0}\right) = 313\left(-\frac{h}{6950}\right) \tag{2}$$

在海平面,N_0 一般为 300~350,通常取 313;h 是海平面高度,单位为 m;h_0 是标定大气高度,单位为 m。

雷达波由于对流层的折射指数改变,将使得原本沿直线的传播路径(真空条件下)变得向下弯曲,因而也就造成了目标真实仰角相对初始仰角的不一致,同时由于介质不均匀还存在附加时延,造成一个比真实距离偏大的距离读数。为了对上述误差进行影响分析及修正,下面首先对折射模型展开讨论研究。

图 1 所示为雷达电磁波在对流层中的传播模型,其中 O 为地心,A 为雷达站心,雷达所处位置距地面高度为 h_0。根据第二节分析可知,当雷达电磁波沿仰角 θ_0 向空间辐射进行目标探测时,电磁波并非沿直线 $\overline{AT'}$ 传播,而是沿一条以 θ_0 角离开地表面的弯曲射线(弧线 $\overset{\frown}{AT}$)到达目标的,其中 T 为目标所处真实位置。T' 为目标的视在位置。根据图 1,我们可以得到以下几个距离表示。

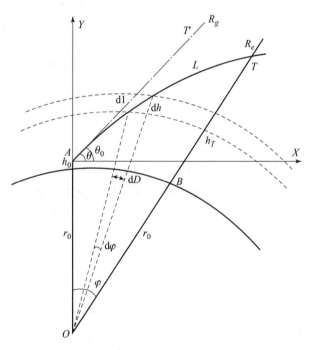

图 1 雷达大气层传播折射模型

(1) $\overrightarrow{AT}$——雷达目标直线距离。对流层模型下目标与雷达实际距离,记为 R_e。

(2) $\overset{\frown}{AT}$——雷达电波传播距离。对流层下雷达电波实际的传播距离,记为 L。

(3) $\overrightarrow{AT'}$——雷达目标视在距离。真空条件下延迟时间 t 的视在距离,记为 R_g。

1.1 雷达电波传播路径计算

根据射线描迹法[3]计算 $\overset{\frown}{AT}$ 的距离 L。由图 1 中的几何关系可以看出

$$L = \int_{R_e} \frac{1}{\sin\theta} dl = \int_{h_0}^{h_T} \frac{1}{\sin\theta} dh \tag{3}$$

其中，h 为所处的海拔高度。再根据 snell 定理[4] $nr\cos\theta = n_0 r_0 \cos\theta_0 = \text{const}$ 可以得到

$$\sin\theta = \sqrt{1 - \left(\frac{n_0 r_0 \cos\theta_0}{nr}\right)^2} \tag{4}$$

其中，$r = r_0 + h$，n 为 r 处的折射指数，θ_0 为初始仰角；于是得到

$$L = \int_{h_0}^{h_T} \frac{nr}{\sqrt{(nr)^2 - A_0^2}} dh \tag{5}$$

式中，$A_0 = n_0 r_0 \cos\theta_0$。由此我们便可得到雷达电磁波折射传播轨迹与海拔高度关系图（图 2）。

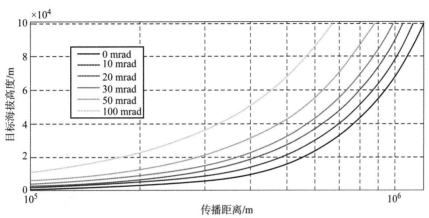

图 2　折射传播轨迹与海拔高度关系图

由图 2 可见，随着初始仰角的减小，折射效应的影响逐渐增大。

1.2　目标传输时延计算

由于在折射指数为 n 的介质中传播，电磁波的传播速度为 c/n，那么通过一小段距离 dl 的时间即为 $dt = \dfrac{dl}{c/n}$，其中 n 为 dl 处的折射指数（同前）。由此得到 $\widehat{AT}$ 的传播时间 $t = \int_{R_g} \dfrac{n}{c} dl = \dfrac{1}{c} \int_{h_0}^{h_T} \dfrac{n}{\sin\theta} dh$，根据 SNELL 定理可以得到

$$t = \frac{1}{c} \int_{h_0}^{h_T} \frac{n^2 r}{\sqrt{(nr)^2 - A_0^2}} dh \tag{6}$$

传播时间和目标海拔高度关系图如图 3 所示。

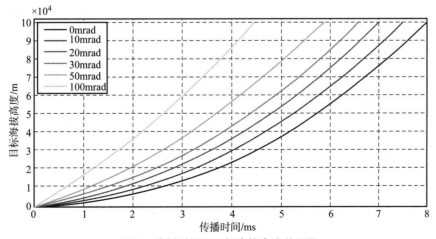

图 3　传播时间和目标海拔高度关系图

在图 1 中 T 为目标实际位置，利用式（5）可以计算得到射线 $\widehat{AT}$ 的距离 L，可再根据电磁波在大气层中的传递速度计算得到传递时间 t[5]。

1.3 目标地心张角计算

根据图 1 可以得到如下关系式：$\mathrm{d}\varphi = \dfrac{\mathrm{d}h}{r \cdot \tan\theta}$，同样根据 snell 定理可以得到

$$\varphi = \int_{h_0}^{h_T} \frac{\cos\theta}{r \cdot \sin\theta}\mathrm{d}h = \int_{h_0}^{h_T} \frac{A_0/r}{\sqrt{(nr)^2 - A_0^2}}\mathrm{d}h \tag{7}$$

1.4 目标仰角的计算

在图 1 中的三角形 OAT 中，计算目标的真实仰角（X 轴与 $\overrightarrow{AT}$ 的夹角）：

$$\theta_t = a\tan\left(\cot\varphi - \frac{r_0 + h_0}{r_0 + h_t}\csc\varphi\right) \tag{8}$$

2 对流层折射误差分析与修正流程

2.1 折射误差分析

借助上述分析得到折射模型公式，对不同仰角、距离（t）下由折射效应导致的误差进行仿真计算（图 4）。[6]

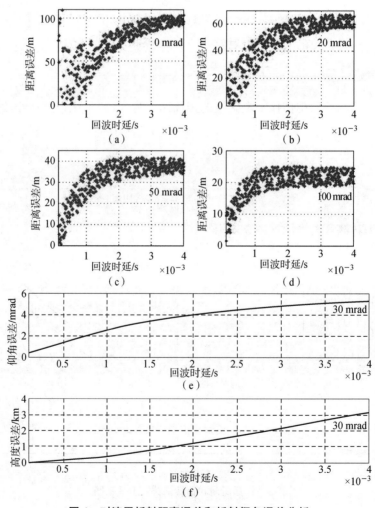

图 4 对流层折射距离误差和折射仰角误差分析

(a) 0 mrad 下距离误差分析；(b) 20 mrad 下距离误差分析；(c) 50 mrad 下距离误差分析；
(d) 100 mrad 下距离误差分析；(e) 30 mrad 下仰角误差分析；(f) 30 mrad 下高度误差分析

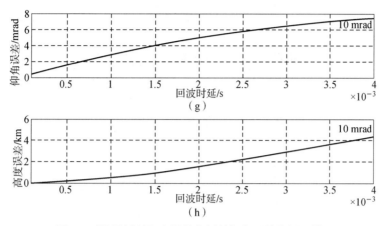

图 4　对流层折射距离误差和折射仰角误差分析（续）

（g）10 mrad 下仰角误差分析；（h）10 mrad 下高度误差分析

由图 4 可见，尽管距离误差通常在几十米的量级，但是由于存在仰角误差，在对远距离目标计算高度时，会引入较大的测高偏差。对威力为 400 km 的雷达而言，在初始仰角为 30 mrad 时，距离误差基本在 60 m 范围左右，而高度误差在 100 km 处约为 180 m，在 200 km 处为 625 m，在 400 km 为 1 850 m，并且随着仰角的减小，误差会变得更大，因此，中远程 3D 雷达若要保证足够的测量精度，必须进行折射误差修正。

2.2　折射修正算法流程

由于雷达探测通常得到的是目标回波时延信息，因此根据回波时延以及初始观测仰角信息，利用射线描迹法可以得到目标所处位置的高度信息 h_T，再通过式（7）、式（8）分别计算目标地心张角以及真实仰角。

由此得到的对流层折射修正流程如图 5 所示。

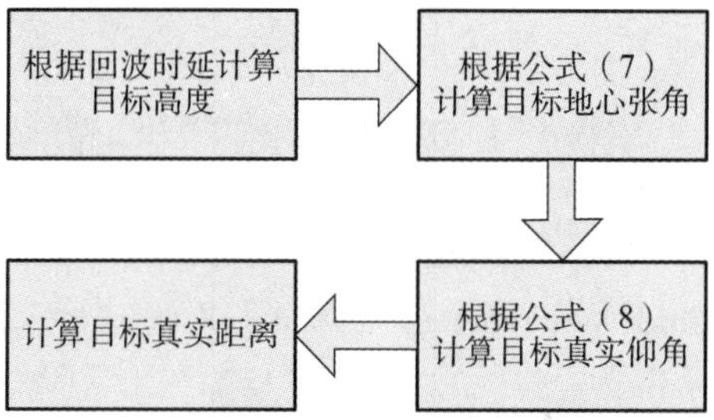

图 5　对流层折射修正算法流程

3　结论

本文从对流层折射效应对雷达测量的影响展开分析，借助对折射模型的详尽分析及数学推导，可以在已知对流层折射特性的情况下，通过查表计算的方法快速得到目标真实的位置信息，并对修正前后的误差进行了分析比对，说明了对流层折射修正的必要性。对流层折射修正，为保证中远程雷达测量精度以及多雷达数据融合创造了有利条件。

参 考 文 献

[1] 江长荫. 雷达电波传播折射与衰减手册：GJB/Z 87-97 [S]. 北京：国防科工委军标出版发行部，1997.
[2] BARTON D K. 雷达系统分析与建模 [S]. 北京：电子工业出版社，2012.
[3] 王海华. 大气波导环境中电波传播特性及其应用研究 [D]. 西安：西安电子科技大学，2006.
[4] 陈祥明. 大气折射率剖面模型与电波折射误差修正方法研究 [D]. 青岛：中国海洋大学，2008.
[5] MAHAFZA B R, et al. 雷达系统设计 MATLAB 仿真 [S]. 北京：电子工业出版社，2017.
[6] 甘利萍. 全国对流层大气折射率剖面建模研究 [D]. 新乡：河南师范大学，2018.

箔条低空运动轨迹技术研究

罗勇，卿松，蒋余胜，吕洁

(重庆红宇精密工业有限责任公司，重庆 402760)

摘要：为研究低空条件下箔条的运动特性，利用低雷诺数流理论进行了箔条受力分析，建立了低空环境下箔条云运动模型，并进行了数值仿真，结果表明：该模型能够反映箔条在低空环境下的运动规律，为箔条干扰反舰导弹的研究提供了一定的理论参考。

关键词：箔条；低空；运动；干扰

中图分类号：TN95 **文献标识码**：A

Research on low altitude motion trajectory technology of chaff

LUO Yong, QING Song, JIANG Yusheng, LV Jie

(Chongqing Hongyu Precision Industrial Co., Ltd., Chongqing 402760, China)

Abstract: In order to study the motion characteristics of chaff at low altitude, the force analysis of chaff is carried out by using the theory of low Reynolds number flow. The chaff cloud motion model in low altitude environment is established and simulated. The results show that the model can reflect the chaff motion regularity in low altitude environment, and it can provide some theoretical reference for the research of chaff jamming anti-ship missile.

Keywords: chaff; low altitude; motion; jam

0 引言

在现代海战中，海面作战舰艇面临的最大威胁之一是各类激光、红外和雷达等精确制导、威力巨大的反舰导弹。目前，对抗这类导弹威胁的手段有电子对抗和无源干扰，而无源干扰中的箔条干扰是对抗红外、雷达制导导弹的一种重要而有效的电子对抗手段。遍历西方大国武器装备，箔条是无源干扰中使用最广泛的一种器材，具有成本低、效果好、使用简便等特点，且在现代战场上经过实战检验，发挥了重要作用[1]。

蔡万勇等[2]从力学角度出发，分析了大气环境对悬空箔条受力的影响，建立了大气环境下箔条运动模型，对箔条运动取向进行了定量描述。杨学斌等[3]以戴纳随机过程对箔条大气运动速度进行解释，建立了箔条云团的扩散模型及数值仿真模型，得到了箔条云团扩散过程中的数值特征。李四光等[4]在太空环境下根据箔条受力情况，利用蒙特卡洛方法建立了运动模型，归纳了箔条云团的运动扩散特性。上述文献对箔条的扩散特性、螺旋特性及空间取向的讨论一般都是在高空大气环境下对箔条扩散影响的因素进行展开，而反舰导弹末端攻击一般都贴近海平面飞行，现有的箔条运动轨迹分析不足制约了对反舰导弹的电子对抗研究。

本文以海平面上空为分析环境，从力学角度出发，利用低雷诺数流理论，考虑稠密空气对箔条的受

作者简介：罗勇 (1984—)，男，硕士，工程师，E-mail: luoyongde0965@126.com。

力影响，建立了低空大气环境下箔条运动模型，通过数值仿真得出相关实用性结论，为箔条低空电子对抗研究提供参考。

1 箔条受力分析

1.1 箔条空中姿态

箔条弹在空中作用后，大量的箔条丝瞬时形成高体密度的箔条云团，每根箔条的取向等概率均匀分布，具有与弹体相同的初速度，其后进入由大气及自身重力共同作用的随机平稳运动过程，表现为初速形成的平移及重力引起的转动组合。箔条云团在任一 t 时刻的空中姿态情况如图1所示。

其中，$OXYZ$ 是地面参考坐标系，箔条几何中心为 $P(x_0,y_0,z_0)$，$O'X'Y'Z'$ 是 $OXYZ$ 的平移坐标系，点 A、B 为箔条端点，(θ,φ) 为箔条的空中姿态。

1.2 受力分析

根据流体力学理论，雷诺数 R_e 定义为

$$R_e = \frac{\rho U L}{\mu} \tag{1}$$

式中，L 为流动的特征尺度；U 为流动的速度；ρ 为流体的密度；μ 为流体的黏性系数。对于箔条在低空大气环境中的低速流动，其雷诺数一般小于1。

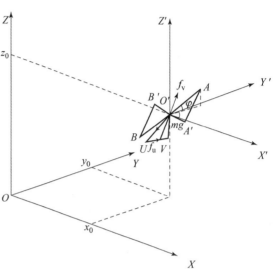

图1 箔条姿态示意图

一般箔条为细长圆柱形，箔条沿轴向的来流速度为 U，垂直轴向的来流速度为 V，根据低雷诺数流理论，箔条受到的大气阻力及所受大气阻力在垂直和水平方向的分量分别为[5]

$$F = 2\pi\mu l \left[\frac{U}{\ln\left(\frac{l}{r_c}\right) - \frac{1}{2}} + \frac{V}{\ln\left(\frac{l}{r_c}\right) + \frac{1}{2}} \right] \tag{2}$$

$$F_\perp = \frac{4\pi\mu l}{\ln\left(\frac{l}{r_c}\right) + \frac{1}{2}} V \tag{3}$$

$$F_{//} = \frac{2\pi\mu l}{\ln\left(\frac{l}{r_c}\right) - \frac{1}{2}} U \tag{4}$$

式中：l——箔条的长度，mm；

r_c——箔条的半径，μm。

当箔条的速度一定时，其受到的横向流动阻力大于轴向流动受到的阻力，$F_{//} \approx 2F_\perp$。

根据箔条空中姿态分析，假设箔条被布撒后处于稳定状态，其下降速度为 v，平移速度为 u，方向角为 φ，与轴向夹角为 θ，受到的合力为零，满足下式[6]：

$$F_\perp \cdot \sin\theta = F_{//} \cdot \cos\theta \tag{5}$$

$$F_\perp \cdot \sin\theta + F_{//} \cdot \cos\theta = \frac{2}{3}\pi l r_c \Delta\rho g \tag{6}$$

$$F_\perp = \frac{4\pi\mu l}{\ln\left(\frac{l}{r_c}\right) + \frac{1}{2}} (-\mu \cdot \cos\theta + v \cdot \sin\theta) \tag{7}$$

$$F_{//} = \frac{2\pi\mu l}{\ln\left(\dfrac{l}{r_c}\right) - \dfrac{1}{2}} (\mu \cdot \sin\theta + v \cdot \cos\theta) \tag{8}$$

对 v 和 u 求解，可得

$$v = \frac{g\Delta\rho r_c^2}{6\mu}\left\{\left[\ln\left(\frac{l}{r_c}\right) - \frac{3}{2}\right]\cos^2\theta + \ln\left(\frac{l}{r_c}\right) + \frac{1}{2}\right\} \tag{9}$$

$$u = \frac{g\Delta\rho r_c^2}{6\mu}\left[\ln\left(\frac{l}{r_c}\right) - \frac{3}{2}\right]\sin\theta\cos\theta \tag{10}$$

当 $\theta = 90°$时，箔条为水平取向，下降最慢，下降的速度为

$$v_{\min} = \frac{g\Delta\rho r_c^2}{6\mu}\left[\ln\left(\frac{l}{r_c}\right) + \frac{1}{2}\right] \tag{11}$$

$$u_{\min} = 0$$

当 $\theta = 0°/180°$时，箔条为垂直取向，下降最快，下降速度为

$$v_{\max} = \frac{g\Delta\rho r_c^2}{6\mu}\left[2\ln\left(\frac{l}{r_c}\right) - 1\right] \tag{12}$$

$$u_{\min} = 0$$

当 $\theta = 45°/135°$时，箔条水平取向速度达到最大，平移速度为

$$u_{\max} = \frac{g\Delta\rho r_c^2}{12\mu}\left[\ln\left(\frac{l}{r_c}\right) - \frac{3}{2}\right] \tag{13}$$

根据上述计算，当箔条的长度 l 一定时，箔条扩散的快慢与箔条半径 r_c 的大小密切相关，在一定范围内，箔条越细，其扩散速度越慢。

2 箔条扩散模型

由于箔条在生产及投放过程中引起箔条弯曲等非理想因素的存在，箔条姿态的方位角 φ 变化，将引起箔条水平移动速度方向的改变。设箔条方位角 φ 变化的角速度为 Ω，箔条在水平面内将以半径 R、角速度 Ω 做圆周运动，如图 2 所示。

图 2 中，半径 R 与角速度 Ω 满足：

$$R = \frac{u}{\Omega} \tag{14}$$

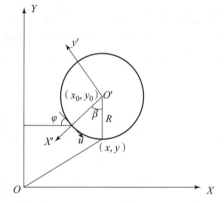

图 2 箔条平面运动姿态示意图

设箔条布放时处于无风环境，箔条初始时刻坐标为 $[x_0 \ y_0 \ z_0]^T$，以箔条圆周运动的中心 O' 为原点，以坐标原点和初始时刻箔条位置的连线为 x 轴，建立局部坐标系 $x'O'y'$，则 t 时刻箔条在 $x'O'y'$ 的位置为

$$\begin{bmatrix} x' \\ y' \end{bmatrix} = R\begin{bmatrix} \cos\beta(t) \\ -\sin\beta(t) \end{bmatrix} \tag{15}$$

其中，$\beta(t) = \Omega t$，箔条在坐标系 xOy 内的坐标为

$$\begin{bmatrix} x(t) \\ y(t) \end{bmatrix} = R\begin{bmatrix} \cos\left(\varphi - \dfrac{\pi}{2}\right) & -\sin\left(\varphi - \dfrac{\pi}{2}\right) \\ \sin\left(\varphi - \dfrac{\pi}{2}\right) & \cos\left(\varphi - \dfrac{\pi}{2}\right) \end{bmatrix}\begin{bmatrix} x' \\ y' \end{bmatrix} + R\begin{bmatrix} \cos\left(\varphi + \dfrac{\pi}{2}\right) \\ \sin\left(\varphi + \dfrac{\pi}{2}\right) \end{bmatrix} + \begin{bmatrix} x_0 \\ y_0 \end{bmatrix}$$

$$= \begin{bmatrix} \sin\varphi & \cos\varphi \\ -\cos\varphi & \sin\varphi \end{bmatrix}\begin{bmatrix} x' \\ y' \end{bmatrix} + R\begin{bmatrix} -\sin\varphi \\ \cos\varphi \end{bmatrix} + \begin{bmatrix} x_0 \\ y_0 \end{bmatrix} \tag{16}$$

式（15）代入式（16）求解可得

$$\begin{bmatrix} x(t) \\ y(t) \end{bmatrix} = -2R\sin\frac{\beta(t)}{2}\begin{bmatrix} \cos\left(\varphi - \frac{\beta(t)}{2}\right) \\ \sin\left(\varphi - \frac{\beta(t)}{2}\right) \end{bmatrix} + \begin{bmatrix} x_0 \\ y_0 \end{bmatrix} \tag{17}$$

根据式（9）可以得出，箔条的下降速度 v 与轴夹角 θ 和大气黏度系数 μ 有关，而大气黏度系数 μ 随高度变化而变化，μ 是 z 的函数，即

$$\frac{\mathrm{d}z}{\mathrm{d}t} = -v(\theta, z) \tag{18}$$

根据美国的标准大气[7]数据，当海拔高度不大于 11 km 时，大气黏度系数可近似表示为

$$\mu(z) = az + b \tag{19}$$

其中，$a = -3.33 \times 10^{-10}\,\mathrm{kg \cdot m^{-2} \cdot s^{-1}}$，$b = 1.78 \times 10^{-5}\,\mathrm{kg \cdot m^{-1} \cdot s^{-1}}$。图 3 所示为 1 km 低空大气黏度系数。

对式（9）求导，可得

$$z'(t) = -\frac{g\Delta\rho r_c^2\left\{\left[\ln\left(\frac{l}{r_c}\right) - \frac{3}{2}\right]\cos^2\theta + \left[\ln\left(\frac{l}{r_c}\right) + \frac{1}{2}\right]\right\}}{6(az + b)} \tag{20}$$

对式（20）求解，箔条高度随时间的变化关系为

$$z(t) = \frac{-b + \sqrt{b^2 + 2apt + 2ac}}{a} \tag{21}$$

其中，$p = -\frac{g\Delta\rho r_c^2}{6}\left\{\left[\ln\left(\frac{l}{r_c}\right) - \frac{3}{2}\right]\cos^2\theta + \left[\ln\left(\frac{l}{r_c}\right) + \frac{1}{2}\right]\right\}$，$c = bz_0 + \frac{a}{2}z_0^2$。

3 箔条扩散模型仿真

3.1 方案

如图 4 所示，假设箔条弹发射后到达 (x_0, y_0, z_0) 后起爆，箔条向四周投放，箔条丝的轴夹角 θ 在空中分布满足球面分布或正态分布。

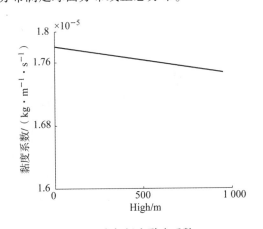

图 3　大气低空黏度系数

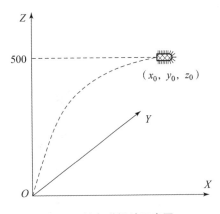

图 4　箔条弹投放示意图

球面均匀分布时箔条空间取向概率密度满足：

$$f(\theta) = \frac{\sin\theta}{2} \quad \theta \in [0, \pi] \tag{22}$$

正态分布时箔条空间取向概率密度满足：

$$f(\theta) = \begin{cases} \dfrac{1}{\sqrt{2\pi}\sigma_\theta}\mathrm{e}^{-\frac{(\theta - \frac{\pi}{2})^2}{2\sigma_\theta^2}} & \theta \in [0, \pi] \\ 0 \end{cases} \tag{23}$$

其中,$\zeta = \int_0^\pi \frac{1}{\sqrt{2\pi}\sigma_\theta} e^{-\frac{(\theta-\frac{\pi}{2})^2}{2\sigma_\theta^2}} d\theta$。

令箔条弹起爆位置为（0，0，500），箔条弹装有 1 000 万根密度 ρ 为 2.7×10^3 kg/m³、长度 l 为 3 cm、半径 r_c 为 12.5 μm 的箔条丝。投放箔条弹时大气密度满足经验式（24）要求。

$$\rho = P_0 \times (1 - 0.022\ 57z)^{5.256} \times \frac{29}{8\ 314T} \tag{24}$$

3.2 扩散仿真

假设箔条投放时不考虑弹速和风速，且箔条在投放后在水平面内不转动，则箔条在不同轴夹角 θ 下扩散的高度与时间的变化曲线如图 5 所示。

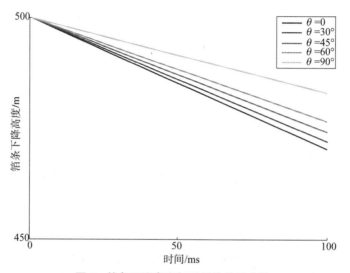

图 5　箔条下降高度与时间的关系曲线

从图 3 和图 5 可以看出，随着箔条丝的下降，空气黏度系数增大，箔条的下降速度逐渐减慢。图 6 给出了箔条弹爆炸 100 s 后的箔条云团球面均匀分布仿真图和正态分布仿真图。

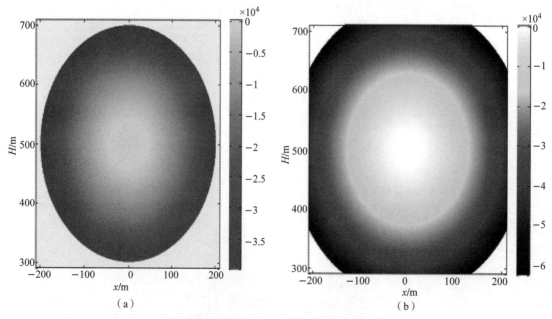

(a)　　　　　　　　　　　　　　(b)

图 6　箔条弹密度分布仿真（100 s）

（a）均匀分布；（b）正态分布

从图 6 可以看出，理想情况下箔条主要分布在一个近似球的表面。箔条弹爆炸时箔条丝解除约束向四周飞散，使得箔条云中心位置的箔条丝很少，形成一个空心球。同时，箔条的不同轴夹角使得箔条云团的密度逐渐趋于均匀，且随着时间增加表面积增大。

4 结论

综上所述，文章对箔条云在低空的运动扩散特性进行了研究。基于低雷诺数流理论导出了低空箔条受力的近似表达式，进而推导出箔条的水平扩散模型和垂直扩散模型，并进行仿真，研究结果显示了箔条在低空的运动扩散特性。

文章在研究过程中进行了理想假设，与实际结果存在一定偏差，在参考本研究结果进行工程设计时需要综合考虑各相关因素。

参 考 文 献

[1] VAKIN S A, SHUSTOV L N. 电子战基本原理［M］. 吴寒平，译. 北京：电子工业出版社，2004.
[2] 蔡万勇，李侠，万山虎，等. 大气环境下箔条运动轨迹及箔条幕扩散模型［J］. 系统工程与电子技术，2009，31（3）：565－569.
[3] 杨学斌，吕善伟. 箔条云团的布朗运动扩散模型［J］. 北京航空航天大学学报，2000（6）：650－652.
[4] 李四光. 太空箔条运动及散射模型的研究［D］. 西安：西安电子科技大学，2015.
[5] BRUNK J, MIHORA D, JAFFE P. Chaff aerodynamics［A］. Alpha Research Inc., report AFAL－TR－75－81 for air force avionics laboratory，1975.
[6] MARCUS S W. Dynamics and radar cross section density if chaff clouds［J］. IEEE trans in AES，2004，40（1）：93－102.
[7] 美国国家海洋和大气局，国家航空局和美国空军部. 标准大气（美国，1976）［M］. 任现淼，钱志民，译. 北京：科学出版社，1982.

基于深度学习的遥感影像识别方法研究

韩京冶[1]，陈志泊[2]，王　博[1]，刘　承[1]，
先　毅[1]，杨宗瑞[1]，张恩帅[1]

(1. 中国兵器工业计算机应用技术研究所　车电综合电子系统研发部，北京　100089；
2. 北京林业大学　信息学院，北京　100083)

摘　要：传统遥感影像识别方法存在特征选择复杂、识别精度较低和处理时间较长等缺点。针对此问题，本研究设计了一种基于深度学习的遥感影像识别系统，提出了基于模型压缩和多尺度特征融合的全卷积神经网络识别方法，将 MobileNet 构建为全卷积神经网络，采用多尺度特征融合方法实现5种 MFCN 模型，采用 Adam 随机优化算法端到端训练，自动提取并分类影像特征。为验证此方法的有效性，将其与 ENVI 软件（基于像素分类）、eCognition 软件（面向对象分类）和基于大型网络 VGGNet-16 的全卷积神经网络进行对比。实验表明，MFCN-2s 识别方法在大幅度压缩模型大小、提高识别速度的基础上，可取得和基于大型网络的 FCN-8s 相近的识别精度。实验结果明显优于面向对象的分类方法和基于像素的分类方法。因此本方法具有可行性和有效性，且有较高识别精度和速度，对遥感监测的发展具有较大的意义。

关键词：深度学习；遥感；全卷积神经网络；模型压缩；多尺度特征融合

中图分类号：TP391.4　**文献标志码**：A

Research on remote sensing image recognition method based on deep learning

HAN Jingye[1], CHEN Zhibo[2], WANG Bo[1], LIU Cheng[1], XIAN Yi[1],
YANG Zongrui[1], ZHANG Enshuai[1]

(1. Dept. of Vehicle Electronics, Beijing Institute of Computer and
Electronics Application, Beijing 100089, China;
2. School of Information Science and Technology, Beijing Forestry University,
Beijing 100083, China)

Abstract: Traditional remote sensing image recognition methods have the disadvantages of complex feature selection, low recognition accuracy and long processing time. To solve this problem, a remote sensing image recognition system based on deep learning is designed, and a full convolutional neural network identification method based on model compression and multi-scale feature fusion is proposed. The MobileNet is constructed into a full convolutional neural network. Five MFCN models are implemented by multi-scale feature fusion method. The modes were trained end-to-end by the Adam stochastic optimization algorithm. The features were extracted and learned from the photographs automatically. To verify the effectiveness of this method, the following experimental comparisons were made, including ENVI software, eCognition software, and full convolutional neural network based on large network VGGNet-16. Experiments show that the MFCN-2s recognition method greatly reduces

---

作者简介：韩京冶（1992—），男，硕士，助理工程师，E-mail: 1055616501@qq.com。
王博（1981—），男，硕士，研究员级高级工程师，从事方向：嵌入式软件，E-mail: 13810025295@163.com。

the size of the model and improves the recognition speed, and achieves the recognition accuracy similar to the FCN-8s based on large networks. The experimental results are obviously superior to the object-oriented classification method and the pixel-based classification method. Therefore, the method is feasible and effective, and has high recognition accuracy and speed. It has great significance for the development of remote sensing monitoring.

Keywords: deep learning; remote sensing; fully convolutional neural network; model compression; multi-scale feature fusion

0 引言

随着近几年遥感技术的快速发展,其已经广泛应用到资源调查、救灾和军事等多个领域[1]。目前遥感监测主要通过卫星和无人机两种手段。卫星获取的图像分辨率较低、周期较长,易受云层影响。而无人机能够获取高分辨率的影像,获取周期短,受自然环境干扰较小,可以有效弥补卫星遥感的缺点,因此本文采用无人机影像进行识别方法研究。

目前大多数无人机遥感影像的识别方法,依旧沿用传统识别方法——面向对象的分类方法和基于像素的分类方法,需要大量的专家先验知识,通过手工筛选特征进行分类,识别精度有限,识别速度较慢[2~5]。随着深度学习技术的迅速发展,深度卷积神经网络能够自动提取和学习图像特征,与传统方法相比在图像分类、目标检测和图像语义分割等领域识别率有了显著提高,在工业界和学术界取得了巨大成果[6~9]。

实际的应用场景中具有实时处理和识别的需求,传统的CPU采用低延时的设计,单次逻辑处理能力强,对大量数据处理能力较差。因此,目前基于深度学习的识别任务大多采用具有强大计算能力的GPU进行训练和识别,但GPU占用空间较大、能耗较高,不能满足无人机实际的飞行需求。AI芯片的快速崛起,为嵌入式设备的深度学习应用提供了基础,英伟达、谷歌、亚马逊等科技公司将AI布局转向了AI芯片设计和研发。2018年5月中科寒武纪公司推出最新的国产AI芯片"1M",其8位运算效能比高达每瓦5万亿次运算,其稀疏化处理器架构能有效地支持深度学习模型加速,达到和GPU相近的处理能力,能耗比优于CPU和GPU,可应用于图像识别、语音识别和自然语言处理等领域[10]。因此本文结合深度学习技术,提出了基于深度学习的遥感影像识别方法。

1 数据获取和处理

1.1 无人机遥感影像获取和拼接

采用固定翼无人机搭载索尼 ILCE-5100 相机,详细参数见表1和表2,按照提前规划好的航线对我国南方某地区进行航拍作业,得到了473张无人机航片,空间分辨率为6.23 cm。

表1 固定翼无人机主要参数

参数	数值
翼展/mm	1 880
机身长/mm	960
最大飞行高度/m	6 000
任务载荷/g	600~1 200
巡航速度/(km·h^{-1})	50~80
续航时间/h	1.5~3

表2 索尼 ILCE-5100 相机主要参数

参数	数值/型号
长×宽×高/(mm×mm×mm)	109.6×62.8×35.7
质量/g	283
传感器	Exmor APS HD CMOS
最高分辨率/(像素×像素)	6 000×4 000
镜头型号	E PZ 16-50 mm f/3.5-5.6

无人机影像预处理和拼接过程如下，首先对无人机航片进行筛选，剔除质量较差的航片，检查地理位置信息（POS）数据文件，确保POS数据中的相片号与航片一一对应；然后将航片导入Pix4Dmapper无人机拼接软件，利用空中三角测量法进行控制点加密；最后结合地面控制点数据实现航片的正射校正和拼接处理。

1.2 数据集划分与标注

如图1所示，本文选取了正射影像中的5块典型区域，其中训练集为"训练1"和"训练2"两块区域影像，均为5 000像素×10 000像素，测试集为"测试1""测试2"和"测试3"三块区域，均为5 000像素×5 000像素，各区域均无任何交集。考虑到服务器性能和神经网络结构等因素，将影像分割成若干个500像素×500像素的图像，得到训练集400张，测试集300张。通过对无人机影像进行人工目视解译，确定区域内的土地类型（地类），主要包括建设用地、水体、农田、设施农用地和林草地5种类型。

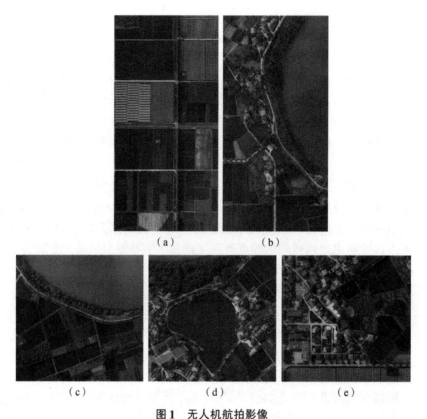

图1　无人机航拍影像

(a)"训练1"影像；(b)"训练2"影像；(c)"测试1"影像；
(d)"测试2"影像；(e)"测试3"影像

数据标注是数据集建立的重要环节，标注的质量直接影响网络训练的效果，也是最耗时和烦琐的工作。传统的手工标注图像方法效率低下，耗费大量的人力和时间。因此本文实现了一种基于超像素图像分割算法的半自动化标注方法，运用零参数的简单线性迭代聚类算法[11]进行图像超像素分割，只需人工设定超像素块个数，然后根据图像的纹理特性自适应地进行分割操作。采用以人工目视解译为主、地面调查为辅的方式确定每个超像素块的实际类别，进而确定出整个影像的类别分布。

通过试误法确定出影像所需的超像素块数，实验结果表明：当超像素块数设为10 000时，对各类划分更精细、效果更好。如图2所示，本算法对目标图像进行超像素分割，生成10 000块紧凑、均匀尺寸的超像素块，大幅提升了标注质量和标注速度。然后根据超像素块对应的实际类别进行颜色填充，每一类对应一种颜色，最后生成原影像的标注图像。经过专家目视解译确认，影像标注质量较好，满足遥感监测需求。

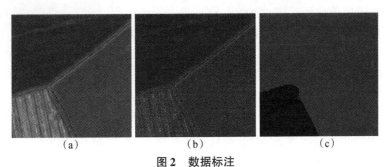

图 2 数据标注
(a) 原图；(b) 超像素块；(c) 标注图像

2 遥感影像识别系统设计

2.1 遥感影像识别系统结构的提出

考虑到传统遥感影像识别方法存在特征选择复杂、识别精度较低和处理时间较长等不足，在系统结构设计上进行两点优化：第一，识别精度方面，本文采用全卷积神经网络（FCN）对遥感影像进行像素级别分类[12]，全卷积神经网络能够自动提取和学习特征，可以有效保留图像中空间信息，具有较高的识别精度。因此利用全卷积神经网络能够满足高精度的遥感影像识别需求，可以有效地预测出地类的空间分布。第二，识别速度方面，采用基于模型压缩和多尺度特征融合的全卷积神经网络替代传统识别方法，对神经网络结构进行优化，压缩模型大小、提高模型运行速度；同时在应用场景端，搭建寒武纪芯片的识别平台，采用硬件神经元虚拟化、深度学习指令集和稀疏化处理等方法有效地进行深度学习模型的加速。

具体系统结构如图 3 所示：①将获取的无人机遥感影像进行预处理和拼接；②进行数据集标注和建立；③在本地 GPU 服务器上实现深度学习模型训练与验证；④将模型移植到机载寒武纪芯片的识别平台；⑤实现遥感影像的实时识别。

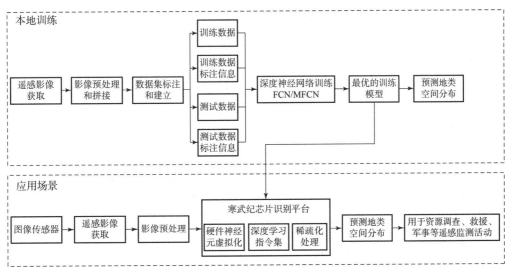

图 3 基于深度学习的遥感影像识别系统结构

2.2 基于模型压缩和多尺度特征融合全卷积神经网络

2.2.1 模型压缩与加速

深度神经网络有大量的神经元和网络层，运行过程需要消耗大量计算资源，模型存储空间较大、运行速度较慢，难以有效地在各个硬件平台下执行识别任务。

为了使模型存储空间更小、运行速度更快，满足实时遥感监测的需求，本文采用设计更加细致、高效的 MobileNet[13] 替换大型、复杂的网络结构。MobileNet 主要采用深度可分离卷积替代标准卷积结构，达到减少计算量的目的。如图 4 所示，将标准卷积分成一个深度卷积和一个逐点卷积（1 像素×1 像素的卷积）。深度卷积将滤波器应用于每个图像通道中，逐点卷积将每个通道的卷积输出进行组合计算。当维度为 m 的 $d×d$ 的输入图像通过 n 个 $k×k$ 的滤波器，标准卷积的计算代价为 $k×k×m×n×d×d$。深度可分离卷积的计算代价为 $k×k×m×d×d+m×n×d×d$，二者进行比较，深度可分离卷积的计算代价是标准卷积的 $1/n+1/k^2$ 倍，因此 MobileNet 将参数量压缩到 VGGNet-16[14] 的 1/30，大大减少了计算量。因此，利用 MobileNet 替代大型网络，可以有效降低计算量并减小模型存储空间，提高模型识别速度，进而满足实时识别的需求。

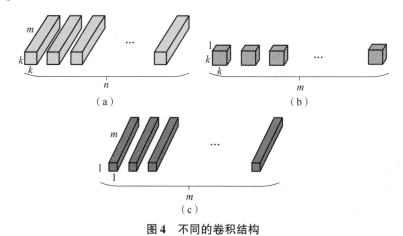

图 4　不同的卷积结构
(a) 标准卷积；(b) 深度卷积；(c) 逐点卷积

2.2.2　基于 MobileNet 的全卷积神经网络

本文以 MobileNet 为基础构建全卷积神经网络，记作 MFCN。首先搭建 MobileNet 卷积神经网络，如图 5 所示，网络输入为 500 像素×500 像素的 RGB 图像，有 1 个标准卷积层、13 个深度可分离卷积、1 个全连接层和 1 个 softmax 损失层。下采样方式没有采用池化层，而是通过将深度可分离卷积步长参数设置为 2，达到下采样的目的。其中标准卷积层有 32 个滤波器，深度可分离卷积层 1 有 64 个滤波器，深度可分离卷积层 2、3 均有 128 个滤波器，深度可分离卷积层 4、5 均有 256 个滤波器，深度可分离卷积层 6~11 均有 512 个滤波器，深度可分离卷积层 12、13 均有 1 024 个滤波器。

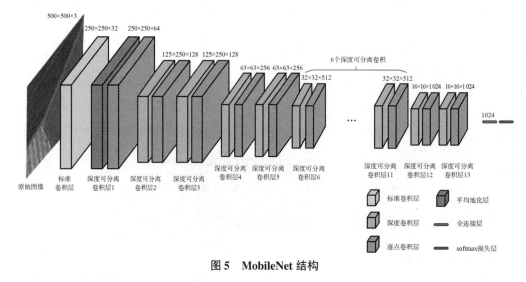

图 5　MobileNet 结构

然后将搭建好的 MobileNet 卷积神经网络改进为全卷积神经网络（图6），将图5的全连接层改为滤波器大小为1像素×1像素的卷积层，并去掉 Softmax 损失层。最后利用操作简单且运行速度快的双线性插值算法[15]实现上采样，将特征图恢复到输入图像的大小，进而使图像中每个像素都有一个对应的类别预测。

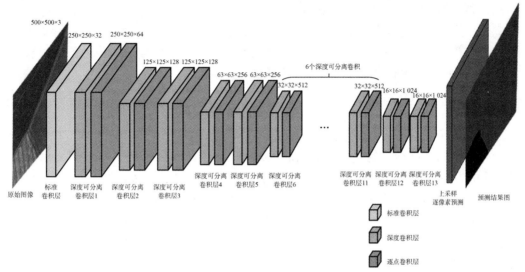

图6　基于 MoblieNet 的全卷积神经网络结构

2.2.3　多尺度特征融合方法

卷积神经网络中高层提取到的特征比较抽象，如果直接将最后一层全卷积后的结果进行上采样，会丢失很多细节特征，得到的结果比较粗糙，因此本文利用多尺度特征融合方法进行改进，通过融合网络中不同尺度的特征图进而获得更多细节特征，优化识别结果。具体方法是在上采样时融合较浅层的特征信息，使神经网络能够更好地学习影像中的细节特征，进而达到优化识别结果的目的。

如图6所示，图像每经过步长为2的卷积操作，特征图尺度缩小2倍，因此能够得到不同尺度的特征图，最后一层卷积后得到的特征图为原图的1/32。如图7所示，将深度可分离卷积层13卷积后得到

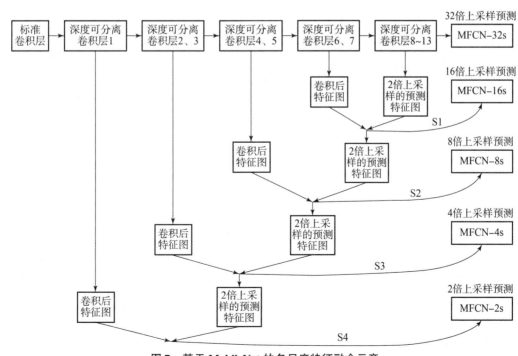

图7　基于 MobileNet 的多尺度特征融合示意

特征图直接进行 32 倍上采样得到 MFCN-32s 模型,即没有进行多尺度特征融合的全卷积神经网络模型。然后采用融合多尺度的浅层特征图的方法,获取更多的细节特征,将深度可分离卷积层 13 卷积后特征图进行 2 倍上采样得到的特征图与深度可分离卷积层 7 卷积后特征图进行融合,融合后的特征图 S1 进行 16 倍上采样得到 MFCN-16s 模型。特征图 S1 进行 2 倍上采样与深度可分离卷积层 5 卷积后特征图进行融合,融合后的特征图 S2 进行 8 倍上采样得到 MFCN-8s 模型。特征图 S2 进行 2 倍上采样与深度可分离卷积层 3 卷积后特征图进行融合,融合后的特征图 S3 进行 4 倍上采样得到 MFCN-4s 模型。特征图 S3 进行 2 倍上采样与深度可分离卷积层 1 卷积后特征图进行融合,融合后的特征图 S4 进行 2 倍上采样得到 MFCN-2s 模型。最后通过实验确定最优的 MFCN 模型。

2.3 模型训练

本地训练端,采用 Ubuntu16.04 环境下的 TensorFlow 深度学习平台,采用 NVIDIA Titan Xp GPU 加速模型训练,使用在 ImageNet 数据集上的 MobileNet 预训练模型作为初始权重进行微调。并采用逐步训练的方式,即利用 MobileNet 预训练模型训练生成 MFCN-32s,再将生成的 MFCN-32s 作为预训练模型参与 MFCN-16s 网络的训练,以此类推生成 MFCN-8s、MFCN-4s 和 MFCN-2s 模型。

选用了 Adam 随机优化算法,根据损失函数对每个参数梯度的一阶矩估计和二阶矩估计动态调整学习速率,提高模型收敛速度。其中学习率为 1×10^{-4},超参数一阶矩估计的指数衰减率为 0.9,二阶矩估计的指数衰减率为 0.999,模糊因子为 1×10^{-8}。公式定义为

$$g_t = \nabla_\theta f_t(\theta) \tag{1}$$

$$m_t = \beta_1 \times m_{t-1} + (1-\beta_1) \times g_t \tag{2}$$

$$n_t = \beta_2 \times n_{t-1} + (1-\beta_2) \times g_t^2 \tag{3}$$

$$\hat{m}_t = \frac{m_t}{1-\beta_1^t} \tag{4}$$

$$\hat{n}_t = \frac{n_t}{1-\beta_2^t} \tag{5}$$

$$\Delta\theta_t = -\frac{\hat{m}_t}{\sqrt{\hat{n}_t}+\varepsilon}\times\eta \tag{6}$$

式中: t——时间步;

$f_t(\theta)$——对参数 θ 的偏导数向量;

β_1、β_2——指数衰减率;

m_t、n_t——分别为对梯度的一阶矩估计和二阶矩估计;

$\hat{m}_t$、$\hat{n}_t$——分别为对 m_t 和 n_t 的校正;

ε——模糊因子;

η——学习率。

选用交叉熵作为损失函数,用于衡量神经网络的预测值与实际值差异,公式定义为

$$C = -\frac{1}{n}\sum_x[y\ln a + (1-y)\ln(1-a)] \tag{7}$$

$$a = \sigma(\sum_i w_i x_i + b) \tag{8}$$

式中: n——训练数据个数;

y——期望的输出;

a——神经元实际输出;

σ——激活函数;

w_i——权重向量;

x_i——输入向量;

b——偏置向量。

3 识别结果与分析

3.1 识别精度评价

为验证识别方法的有效性,采用整体准确率和混淆矩阵进行评价,并进行 3 种对照实验。第一种,利用 ENVI 软件进行基于像素的分类方法的对照实验,在测试区域影像上选取感兴趣区,使用 ENVI 软件中分类器自带的 SVM 方法进行分类。第二种,利用 eCognition 软件进行面向对象的分类方法的对照实验,进行影像分割并通过试误法确定出多尺度分割算法的分割尺度为 150、形状权重为 0.6、紧致度权重为 0.5。影像中建设用地、农田、林草地和水体等在光谱、几何和纹理等特征方面与其他地物有明显区别,因此对分割后的影像进行光谱、形状和纹理的特征提取,其中光谱特征为各波段均值、标准差、亮度和绿波段比率等信息,形状特征为长宽比特征,采用 SVM 方法进行分类。第三种,基于大型网络 VGGNet-16 的全卷积神经网络最优模型——FCN-8s[12] 的训练和识别。最后对本文提出 5 种 MFCN 变种模型进行实验验证,统计各方法的整体准确率和混淆矩阵。

图 8 所示为测试集识别结果对比,通过对比可知,MFCN-2s 和 FCN-8s 较好,基于像素的分类方法效果最差,出现碎片化和"椒盐"现象,面向对象的分类方法虽然明显改善"椒盐"现象,但对农田与林草地的分类仍存在大量错分情况。

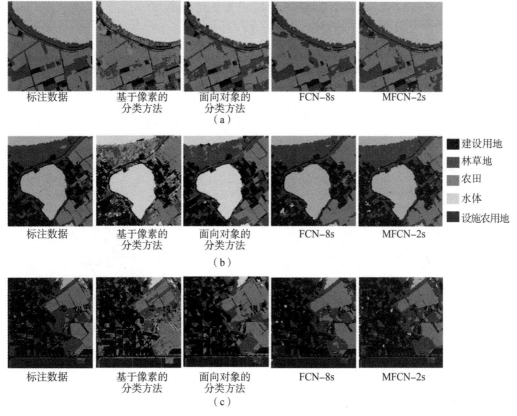

图 8 测试集识别结果对比
(a) 测试区域 1;(b) 测试区域 2;(c) 测试区域 3

如表 3 所示,对于测试区域 1、2、3,基于像素的分类方法的整体准确率为 83.12%、79.94%、77.72%,面向对象的分类方法的整体准确率为 87.12%、86.50%、81.58%,基于深度学习算法的 MFCN 模型和 FCN-8s 模型的识别精度高于面向对象的分类方法和基于像素的分类方法。MFCN-2s 能够取得和基于大型网络的 FCN-8s 模型相近的识别精度。在 5 个 MFCN 变种模型中,MFCN-2s 整体准确率最高,为90.39%、92.00%、86.88%,其中MFCN-32s的整体准确率最低,从表3中可以观察到随着融合细节特征的增加,整体准确率逐渐提升。

表3　各方法的整体准确率　　　　　　　　　　　　　　　　　　　　　　　　　　　　%

分类方法	测试区域1	测试区域2	测试区域3
MFCN-32s	88.95	89.36	82.06
MFCN-16s	89.68	90.81	83.02
MFCN-8s	89.13	91.76	85.51
MFCN-4s	89.46	91.76	85.77
MFCN-2s	90.39	92.00	86.88
FCN-8s	92.09	93.59	88.39
面向对象的分类方法	87.12	86.50	81.58
基于像素的分类方法	83.12	79.94	77.72

表4、表5、表6所示分别为3块测试区域的识别结果的混淆矩阵,基于像素的分类方法对农田和林草地识别效果较差,出现大量错分现象。面向对象的分类方法通过增加许多纹理、光谱、形状等特征,识别精度有明显提升。MFCN-2s和FCN-8s对各种地类具有较高的识别精度,明显优于其余两种方法,错分现象得到显著改善。

表4　对于测试区域1实验结果的混淆矩阵　　　　　　　　　　　　　　　　　　　　　%

实验方法	实际类别	预测类别				
		建设用地	林草地	农田	水体	设施农用地
基于像素的分类方法	建设用地	86.85	5.83	7.32	0.00	0.00
	林草地	5.12	60.33	34.11	0.44	0.00
	农田	3.29	14.55	82.06	0.10	0.00
	水体	0.01	2.06	0.06	97.87	0.00
	设施农用地	0.00	0.00	0.00	0.00	0.00
面向对象的分类方法	建设用地	77.53	16.40	6.00	0.07	0.00
	林草地	3.32	80.51	15.58	0.59	0.00
	农田	0.62	17.90	81.48	0.00	0.00
	水体	0.53	0.39	0.26	98.82	0.00
	设施农用地	0.00	0.00	0.00	0.00	0.00
FCN-8s	建设用地	66.57	10.40	22.74	0.29	0.00
	林草地	1.96	82.68	13.74	1.62	0.00
	农田	0.52	5.59	93.89	0.00	0.00
	水体	0.02	0.12	0.01	99.85	0.00
	设施农用地	0.00	0.00	0.00	0.00	0.00
MFCN-2s	建设用地	69.77	20.50	8.06	1.66	0.01
	林草地	2.20	89.31	7.70	0.79	0.00
	农田	0.93	13.24	85.83	0.00	0.00
	水体	0.05	0.19	0.00	99.76	0.00
	设施农用地	0.00	0.00	0.00	0.00	0.00

表5 对于测试区域2实验结果的混淆矩阵 %

实验方法	实际类别	预测类别				
		建设用地	林草地	农田	水体	设施农用地
基于像素的分类方法	建设用地	89.11	6.21	1.37	3.31	0.00
	林草地	2.96	59.33	28.92	8.79	0.00
	农田	1.90	24.07	72.24	1.79	0.00
	水体	2.04	1.24	0.19	96.53	0.00
	设施农用地	0.00	0.00	0.00	0.00	0.00
面向对象的分类方法	建设用地	86.47	9.77	3.45	0.31	0.00
	林草地	6.79	83.05	9.84	0.32	0.00
	农田	3.31	21.45	75.24	0.00	0.00
	水体	1.20	0.84	0.22	97.74	0.00
	设施农用地	0.00	0.00	0.00	0.00	0.00
FCN-8s	建设用地	90.28	4.96	2.69	2.07	0.00
	林草地	3.45	92.86	3.26	0.43	0.00
	农田	2.51	4.81	92.68	0.00	0.00
	水体	0.84	0.54	0.04	98.58	0.00
	设施农用地	0.00	0.00	0.00	0.00	0.00
MFCN-2s	建设用地	89.35	7.92	1.46	1.24	0.03
	林草地	3.25	94.32	2.30	0.13	0.00
	农田	2.40	12.35	85.25	0.00	0.00
	水体	1.46	1.46	0.03	97.05	0.00
	设施农用地	0.00	0.00	0.00	0.00	0.00

表6 对于测试区域3实验结果的混淆矩阵 %

实验方法	实际类别	预测类别				
		建设用地	林草地	农田	水体	设施农用地
基于像素的分类方法	建设用地	88.11	2.34	2.49	2.35	4.71
	林草地	5.12	59.15	30.49	1.56	3.68
	农田	2.27	27.97	68.34	1.20	0.22
	水体	7.23	1.44	6.80	79.47	5.06
	设施农用地	2.41	0.38	1.94	2.27	93.00
面向对象的分类方法	建设用地	88.67	5.06	5.46	0.00	0.81
	林草地	7.29	66.38	25.50	0.07	0.76
	农田	3.44	11.44	85.11	0.00	0.01
	水体	18.68	14.31	8.15	58.86	0.00
	设施农用地	3.93	7.89	4.75	0.00	83.43

续表

实验方法	实际类别	预测类别				
		建设用地	林草地	农田	水体	设施农用地
FCN-8s	建设用地	89.81	5.93	1.93	0.97	1.36
	林草地	7.01	84.86	6.84	0.21	1.08
	农田	3.39	9.91	86.69	0.01	0.00
	水体	19.67	8.27	1.08	70.98	0.00
	设施农用地	1.77	1.29	0.00	0.00	96.94
MFCN-2s	建设用地	87.59	9.41	1.22	1.38	0.40
	林草地	6.62	88.67	4.09	0.15	0.47
	农田	2.25	19.15	78.60	0.00	0.00
	水体	10.24	11.44	0.12	78.20	0.00
	设施农用地	3.04	0.44	0.12	0.03	96.37

3.2 识别速度评价

将 MFCN-2s 和 3 种对照方法分别进行 100 次实验，统计图 1 中 3 块测试区域影像的识别运行时间。相比于 ENVI 和 eCognition 遥感软件，本文采用 GPU 加速技术对模型进行训练与识别。为了验证 GPU 加速的性能，同时统计了本文方法利用 CPU 运算的时间，由表 7 可知，利用 GPU 加速的 MFCN-2s 模型平均运行时间比对应利用 CPU 运算的方式缩短了 6/7 以上，因此利用 GPU 加速能够有效地提升模型的识别速度。采用 GPU 和 CPU 运算的 MFCN-2s 模型和 FCN-8s 模型的平均运行时间均明显小于面向对象的分类方法与基于像素的分类方法的运行时间。同时利用 GPU 加速的 MFCN-2s 模型运行时间比利用 GPU 加速的 FCN-8s 模型运行时间缩短了 3/4 以上。

表7 各方法的平均运行时间　　　　　　　　　　　　　　　　　　　　　　　　　　s

实验方法	平均运行时间
MFCN-2s（GPU）	3.35
MFCN-2s（CPU）	24.55
FCN-8s（GPU）	14.18
FCN-8s（CPU）	658.98
面向对象的分类方法（CPU）	1 548.56
基于像素的分类方法（CPU）	147 520.12

如表 8 所示，生成的 FCN-8s 模型大小为 499.50 MB，MFCN-2s 模型大小为 40.71 MB，MFCN-2s 的模型大小比 FCN-8s 模型缩小了 11/12 倍以上。因此本文提出的基于模型压缩的遥感影像识别方法中利用深度可分离卷积代替传统卷积，能够有效地压缩模型大小，提高遥感影像的识别速度。

表8 模型大小比较　　　　　　　　　　　　　　　　　　　　　　　　　　　　MB

实验方法	模型大小
FCN-8s	499.50
MFCN-2s	40.71

4 结论

本文提出的基于模型压缩和多尺度特征融合的全卷积神经网络识别方法,明显优于传统的遥感识别方法,并且能够取得和基于大型网络的全卷积神经网络模型相近的识别精度,可以大幅度压缩模型的大小,提高识别速度。设计了一种基于深度学习的遥感影像识别系统结构,在本地训练端,采用深度学习算法替代传统遥感识别方法取得了较好的效果,为实时识别提供基础。下一步工作重点,将搭建与GPU计算能力相当、具有稀疏化处理器架构、能耗比更低的寒武纪芯片识别平台,完成模型的移植,在应用场景端进行遥感影像的实时识别,最终形成一个完整的遥感影像识别系统,从而能更好地开展资源调查、救援和军事等活动。

参 考 文 献

[1] 李德仁,李明. 无人机遥感系统的研究进展与应用前景 [J]. 武汉大学学报(信息科学版),2014, 39 (5): 505-513.

[2] 韩文霆,郭聪聪,张立元,等. 基于无人机遥感的灌区土地利用与覆被分类方法 [J]. 农业机械学报, 2016, 47 (11): 270-277.

[3] 韩文霆,张立元,张海鑫,等. 基于无人机遥感与面向对象法的田间渠系分布信息提取 [J]. 农业机械学报, 2017 (3): 205-214.

[4] 何少林,徐京华,张帅毅. 面向对象的多尺度无人机影像土地利用信息提取 [J]. 国土资源遥感,2013, 25 (2): 107-112.

[5] 张增,王兵,伍小洁,等. 无人机森林火灾监测中火情检测方法研究 [J]. 遥感信息,2015 (1): 107-110.

[6] HINTON G E, SALAKHUTDINOV R. Reducing the dimensionality of data with neural networks [J]. Science, 2006, 313 (5 786): 504-507.

[7] SUN Y, WANG X, TANG X. Deep learning face representation from predicting 10, 000 classes [C] //Proceedings of the IEEE Conference on Computer Vision and Pattern Recognition. Piscataway, NJ: IEEE Press, 2014: 1891-1898.

[8] SZEGEDY C, LIU W, JIA Y, et al. Going deeper with convolutions [C]. Computer Vision and Pattern Recognition, 2015: 1-9.

[9] 孙钰,韩京冶,陈志泊,等. 基于深度学习的大棚及地膜农田无人机航拍监测方法 [J]. 农业机械学报, 2018, 49 (2): 133-140.

[10] LIU S, DU Z, TAO J, et al. Cambricon: an instruction set architecture for neural networks [C]. ACM SIGARCH Computer Architecture News. IEEE Press, 2016, 44 (3): 393-405.

[11] ACHANTA R, SHAJI A, SMITH K, et al. SLIC superpixels compared to state-of-the-art superpixel methods [J]. IEEE transactions on pattern analysis & machine intelligence, 2012, 34 (11): 2274-2282.

[12] LONG J, SHELHAMER E, DARRELL T. Fully convolutional networks for semantic segmentation [C]. Computer Vision and Pattern Recognition, 2015: 3431-3440.

[13] HOWARD A G, ZHU M, CHEN B, et al. Mobilenets: efficient convolutional neural networks for mobile vision applications [J]. ArXiv preprint arXiv: 1704. 04861, 2017.

[14] SIMONYAN K, ZISSERMAN A. Very deep convolutional networks for large-scale image recognition [C]. International Conference on Learning Representations (ICLR), 2015.

[15] 李永艳,付志兵. 一种改进的双线性插值图像放大算法 [J]. 无线电工程,2010, 40 (3): 27-29.

多加速度传感器信息融合技术的研究

甄海乐,秦栋泽,吴国东

(中北大学 机电工程学院,山西 太原 030051)

摘 要:本文研究了传感器跟踪一个动态目标的系统,每个传感器具有不同的测量值和噪声特性,选择算法从而更精确地融合多传感器的测量值。利用卡尔曼滤波目标识别算法仿真验证,经过数据处理,最后得到量测融合算法的速度与精度比联邦滤波算法的更高,指出了信息融合的研究方向,并为其实际应用这一技术打下坚实的理论基础。

关键词:融合;传感器;目标识别;数据处理

中图分类号:TJ410 **文献标志码**:A

Information fusion technology of multi acceleration sensor abstract

ZHEN Haile, QIN Dongze, WU Guodong

(North University of China, School of Mechanical and Electrical Engineering, Shanxi Taiyuan 030051, China)

Abstract: This paper studies the system of sensors tracking a dynamic target. Each sensor has different measured values and noise characteristics. The algorithm is selected to fuse the measured values of multiple sensors more accurately. The Kalman filtering algorithm is used to simulate and verify the target recognition algorithm. After data processing, the speed and precision of the measurement fusion algorithm are higher than that of the federated filtering algorithm. The research direction of information fusion is pointed out and a solid theoretical foundation is laid for its practical application of this technology.

Keywords: fusion; sensor; target recognition; data processing

0 引言

随着系统的复杂性日益提高,依靠单个传感器对物理量进行监测显然限制颇多。因此在故障诊断系统中使用多传感器技术进行多种特征量的监测(如振动、温度、压力、流量等),并对这些传感器的信息进行融合,以提高故障定位的准确性和可靠性[1]。此外,人工的观测也是故障诊断的重要信息源,但是这一信息来源往往由于不便量化或不够精确而被人们所忽略。信息融合技术的出现为解决这些问题提供了有力的工具。为故障诊断的发展和应用开辟了广阔的前景。通过信息融合将多个传感器检测的信息与人工观测事实进行科学、合理的综合处理,可以提高状态监测和故障诊断智能化程度[2]。

当前,信息融合技术在军事中的应用研究已经从低层的目标检测、识别和跟踪转向了态势评估与威胁估计等高层应用。20世纪90年代以来,传感器技术和计算机技术的迅速发展大大推动了信息融合技术的研究,信息融合技术的应用领域也从军事迅速扩展到了民用。经过20多年的发展,信息融合技术已在许多民用领域取得成效。这些领域主要包括机器人和智能仪器系统、智能制造系统、战场任务与无人驾驶飞机、航天应用、目标检测与跟踪、图像分析与理解、惯性导航、模式识别等[3]。

基金项目:国家自然科学基金(No. 11572291)。

作者简介:甄海乐(1994—),男,硕士研究生,E-mail: 472634070@qq.com。

1 数据关联算法原理

1.1 基于目标属性特征的多假设关联算法

目标关联是数据融合过程中的重要步骤,解决的是观测模糊或目标机动等原因造成的多目标关联关系的模糊性。一些经典的多目标关联算法,如最近邻算法(NN)、概率数据关联算法(PDA)、联合概率数据关联算法(JPDA)、多假设跟踪算法(MHT)等,其共同特点是利用目标的位置信息,通过为目标的运动过程建立适当的模型,计算目标的速度和加速度等运动参量,进而以这些运动参量作为基本的关联量,计算观测到航迹的匹配度,接下来依据不同的判决机制结合计算得到的匹配度和一定的先验知识得到目标关联的结果。对某一观测过程来说,采用运动模型对航迹进行滤波和预测,要求得到的观测相对于目标运动状态的变化具有较高的频率,即要求得到的观测具有允许建立目标运动模型的较高的时间分辨率。基于目标属性特征关联算法的实现关键是选取合适的目标属性特征作为基本的关联参量,建立以目标属性特征表示的观测到目标的匹配关系,并衡量其匹配程度的大小。关联算法的判决机制则可以参考借鉴经典的多目标关联算法[4]。

1.2 二维关联匹配

关联算法中关联波门的选取通常是依据目标运动模型对航迹的预测及当前的预测误差方差而定。为了不漏掉目标的真实观测,算法将采用以目标运动极限为基础的关联波门,从而可能包括了更多的虚警和来自其他目标的观测。首先,位置关联是不可或缺的,此波门的设置依据目标的运动能力极限而定,其次,考察一些使真实目标和虚警最易区分的属性特征,依据一定的加权方式得到一个合成量,根据经验选取特定值作为关联波门,在位置关联的基础上,经过两个属性关联波门的匹配删除后,待匹配观测数量将有可能大大减少,从而减小了算法的计算量,提高了信息处理的速度,同时由于参与匹配的观测减少,也降低了关联错误的风险[5]。

1.3 航迹分群

航迹分群的目的是将直接或间接共享观测的多个航迹列在一起组成一个群,使得分属不同群的航迹满足一致性,这样可以在保证不影响关联结果的基础上使算法的计算量大大减少,提高算法的实时性,降低算法对于存储硬件的要求[6]。

1.4 生成假设

假设的生成过程分别在不同的航迹群内完成。生成假设的目的是考虑冲突航迹的相互影响,获得一致的关联结果。生成假设的处理步骤如下:
(1)从一个群的航迹列表中任意选取一条航迹。
(2)从剩下的航迹列表中找出所有与被选出航迹一致的航迹。
(3)把挑选出来的航迹组成一个航迹列表,重复进行步骤(2)和(3),直至剩余的航迹都与新列表中的航迹相冲突。
(4)从初始航迹列表中去掉第一个被选出的航迹,重复步骤(1)、(2)和(3),直至得到所有的假设。

2 试验方案

2.1 卡尔曼滤波法

采用多个独立的传感器跟踪一个动态目标的系统中,每个传感器具有不同的测量值和噪声特性,需要选择算法去融合多传感器的测量值,以便得到更好的系统状态向量。目前普遍采用的是卡尔曼滤波技术，一般是基于状态向量融合或者采用量测信息融合。状态向量融合就是采用一系列的卡尔曼滤波器获得各自的状态估计，然后再对各自的状态进行融合得到系统的状态。量测向量融合首先对测量值采用某种方法进行融合，然后再进行卡尔曼滤波得出系统的状态向量[7]。

2.2 状态向量融合算法

设某动态目标的状态方程和 N 个传感器的观测方程为

$$X(k+1) = \phi(k+1,k)X(k) + \varepsilon(k+1,k)W(k) \quad (1)$$

$$Z_i(k) = H_i(k)X(k) + V_i(k) \quad (2)$$

式中，系统状态向量为 $X \in R_n$，各观测向量为 $Z_i \in R_r$，$W(k)$ 和 $V_i(k)$ 为白噪声，且方差阵为 $Q(k)$ 和 $R_i(k)$。状态向量融合算法首先每个子系统采用卡尔曼滤波，然后把结果进行融合，在状态向量融合算法中，人们普遍采用的是联邦滤波算法。联邦滤波算法是一种并行两级结构的分散化滤波算法，这种算法最大的优越性在速度和容错性方面。每一独立的系统采用子滤波器 LF 来处理，然后用一个主滤波器 MF 把各个子系统的信息进行融合。本算法目前比较成熟[6]。

2.3 量测信息融合算法

状态向量估计算法能够并行执行且是最优方差估计，但是算法中的信息交互比较耗费时间，并且当应用在实际非线性的导航或者目标跟踪系统中时，必须进行线性化处理才能进行卡尔曼滤波，线性化过程中所造成的模型误差使卡尔曼滤波效率大大降低。该算法是通过扩大观测向量的维数对传感器的测量信息进行融合[7]。

$$Z(k) = [Z_1(k) \ Z_2(k) \ \cdots \ Z_N(k)]\tau \quad (3)$$

$$H(k) = [H_1(k) \ H_2(k) \ \cdots \ H_N(k)]\tau \quad (4)$$

$$R(k) = \text{diag}[R_1(k) \ R_2(k) \ \cdots \ R_N(k)] \quad (5)$$

式中，$Z(k)$、$H(k)$、$R(k)$ 分别为融合后的观测量、观测矩阵和观测噪声方差阵。采用这种算法，由于维数的扩充，同样给计算带来很大不便。但是，该算法和集中式卡尔曼滤波相比，计算量却大大降低[8]。

2.4 仿真结果

在仿真中，采用了联邦滤波和量测融合算法相对比，计算了 200 步，结果见图 1。图 1 中横坐标为所计算的点数，图 1（a）为量测融合 L-D 算法（算法 I）结果的状态分量 X_2；图 1（b）为联邦滤波算法（算法 II）结果状态分量 X_2；图 1（c）中，波动比较小的为算法 I 结果与 $E(X_2)$ 的差值曲线，波动较大的为算法 II 结果与 $E(X_2)$ 的差值曲线。

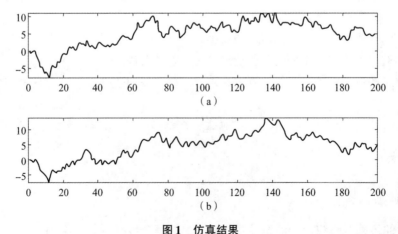

图1 仿真结果

(a) 量测融合算法；(b) 联邦滤波结果

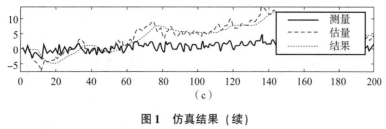

图1 仿真结果（续）

(c) 差值曲线

从图1（a）、(b) 中可以看出，算法Ⅰ和算法Ⅱ计算出的结果基本一致，但从图1（c）中可以看出，算法Ⅰ的误差曲线比算法Ⅱ更加收敛，算法Ⅰ的误差曲线被包含在算法Ⅰ的误差曲线中，它的标准差更加接近零值。在所计算的200步中，算法Ⅰ的误差的标准差为6.112，而算法Ⅱ的却为11.66；算法Ⅰ误差的波动范围为24.53，而算法Ⅱ的为46.88；在70步以后算法Ⅰ的误差曲线基本为0，而算法Ⅱ的却偏离较远。故算法Ⅰ的速度和精度比算法Ⅱ的更优一些[9]。

3 结论

目标状态信息融合主要应用于多传感器目标跟踪领域，通常能建立起一个严格的数学最佳解模型来描述多传感器融合跟踪过程[10]。决策层融合输出是一个联合决策结果，在理论上这个联合决策应比任何单传感器决策都更精确或更明确。通过验证，量测融合算法比联邦滤波法更快、更精确地融合多传感器的测量值，以便得到更好的系统状态向量[11]。因此有关信息融合的大量研究成果都是在决策层上取得的，并且构成了信息融合研究的一个热点[12]。

参 考 文 献

[1] 刘同明，夏祖勋，解洪成. 数据融合技术及其应用 [M]. 北京：国防科技出版社，1998.
[2] 刘海英，张池平. 基于多传感器信息融合技术 [J]. 佳木斯大学学报，2004，22 (1)：28-33.
[3] 潘泉，于昕，程咏梅，等. 信息融合理论的基本方法与进展 [J]. 自动化学报，2003，29 (4)：599-615.
[4] 范新南，苏丽媛，郭建甲. 多传感器信息融合综述 [J]. 河海大学常州分校学报，2005，19 (1)：1-5.
[5] 朱允民. 多传感器分布式统计判决 [M]. 北京：科学出版社，2000.
[6] 黄鸥，陈森发. 基于智能技术的多源信息融合理论与应用研究 [D]. 南京：东南大学，2015.
[7] 李洪志. 信息融合技术 [M]. 北京：国防工业出版社，1996.
[8] 马国清，赵亮，李鹏. 基于Dempster-Shafer证据推理的多传感器信息融合技术及应用 [J]. 现代电子技术，2003 (19)：41-44.
[9] 邓自立，高媛. 快速信息融合Kalman滤波器 [J]. 控制与决策，2005，20 (1)：27-31.
[10] 王仲民，岳宏，刘继岩. 移动机器人多传感器信息融合技术述评 [J]. 传感器技术，2005，24 (4)：5-7.
[11] 赵道利，马薇，梁武科，等. 水电机组振动故障的信息融合诊断与仿真研究 [J]. 中国电机工程学报，2005，25 (20)：137-142.
[12] 冯爱伟，高英杰，韩有顺. 基于信息融合技术的电机故障诊断 [J]. 传感器与微系统，2006，25 (1)：19.

基于地磁异常未爆弹目标定位研究

韩松彤，戎晓力，卞雷祥，钟名尤

(南京理工大学 机械工程学院，江苏 南京 210094)

摘 要：分析金属球在地磁场磁化作用下的模型，并与磁偶极子模型对比，发现在金属球材料为线性均匀各向同性磁性材料情况下，二者可以等效。未爆弹在一般情况下可以等效金属球模型，但是其不规则几何特征无法表征。采用欧拉反演方法对未爆弹定位，反演结果依赖于构造指数的选取，水平面内定位效果较好，但深度定位效果相比于水平面定位不甚理想。

关键词：未爆弹；地磁异常；磁偶极子；磁化；欧拉反演

中图分类号：TJ414.+9 **文献标志码**：A

Target location of unexploded ordnance based on geomagnetic anomaly

HAN Songtong, RONG Xiaoli, BIAN Leixiang, ZHONG Mingyou

(School of Mechanical Engineering, Nanjing University of Science and Technology, Nanjing 210094, China)

Abstract: The model of metal sphere under geomagnetic field magnetization is analyzed and compared with the magnetic dipole model. It is found that the two models can be equivalent when the metal sphere material is linear homogeneous isotropic magnetic material. Unexploded bomb can be equivalent to metal ball model in general, but its irregular geometric characteristics can not be characterized. Euler inversion method is used to locate unexploded ordnance. The inversion results depend on the selection of tectonic index. The in-plane positioning effect is better, but the depth positioning effect is not ideal compared with the horizontal positioning.

Keywords: unexploded ordnance; geomagnetic anomaly; magnetic dipole; magnetization; Euler inversion

0 引言

未爆弹(Unexploded Ordnance, UXO)主要是指战争期间遗留下来的故障弹和布设雷场遗留下来的地雷[1]。根据国际禁止地雷运动(ICBL)统计，目前世界上有80多个国家和地区不同程度地受到地雷与UXO的危害，1999年到2005年全世界有超过42 500人因地雷和UXO受到伤害[2]。仅2015年全球因误踩而启动诱杀装置伤亡的人数达6 461人。据报道，20世纪70年代至90年代，中越边境云南段埋设了130万余枚地雷、48万余枚各类爆炸物，形成面积约289平方公里的161个混乱雷场，目前中越边境云南段的雷区面积约76.3平方公里，未爆炸的手榴弹、炮弹等爆炸物品15.7万余枚，这些UXO严重影响当地村民的正常生活。

对整个边境区域、混乱雷场采用传统人工辨别的探测方法，对作业人群要求较高，并且对埋深较深的UXO束手无策。我国对于UXO的探测起步较晚，与西方成熟的技术相比还存在较大差距[3]，本文主要采用磁法探测辨别地下是否有UXO，以及初步判定其埋深，为后续排爆工作提供相应帮助，同样希望

作者简介：韩松彤(1992—)，男，博士研究生，E-mail: hansongtong@njust.edu.cn。

对国内相关工作者有所帮助。

1 地磁场在我国分布情况

地球周围存在的磁场称为地磁场。地磁场是一个矢量场，其主体是一个稳定磁场[4]。地面上任意点地磁场总强度矢量 T（磁感应总强度矢量）通常可以采用直角坐标系来描述[5]。设以观察点为其坐标原点，X、Y、Z 三个轴的正向分别指向地理北、东和垂直下方，如图1所示。

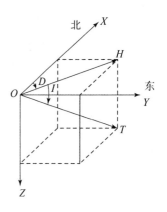

图1 地磁要素

其中，H 为该点地磁场总强度矢量 T 的水平分量；T 和水平面之间的夹角称为 T 的倾斜角（I），当 T 下倾时 I 为正；通过该点 H 方向的铅直平面为磁子午面，其与地理子午面的夹角 D 称为磁偏角，磁北自地理北向东偏 D 为正。

我国国土面积大，地磁分布主要有以下特征。

（1）磁偏角的零偏线由蒙古穿过我国中部偏西的甘肃省和西藏自治区延伸到尼泊尔、印度。零偏线以东偏角为负，其变化由0°至–11°；零偏线以西为正，变化范围由0°至5°。

（2）磁倾角由南向北，值由–10°增至70°。

（3）地磁场水平强度（H）从南至北，H 值由 40 000 nT 降至 21 000 nT。

（4）垂直强度自南至北由 –10 000 nT 增加到 56 000 nT。

（5）总场强度由南到北，变化值为 41 000 nT 至 60 000 nT。

本文后续验证试验地点为我国东部某地，地磁偏角 D 为负，地磁倾角 I 为正。

2 地磁场对金属球磁化分析

由现代磁学可知，所有磁现象都是由运动电荷所产生的。事实上，如果在原子级别的尺度上分析磁性材料，可以在其中发现微小的电流（围绕原子核旋转的电子和电子的自旋）[6]。对宏观效果来说，这些环形电流是如此之小以至于可以把它们当作磁偶极子对待。通常，这些环形电流由于原子的随机取向会相互抵消。但是，当施加外磁场后这些偶极子会出现有序排列，介质从而呈现磁性，同时这也称为磁化[7]。

有些物质有与外磁场 B 平行的磁化方向（顺磁体），而有些有与 B 方向相反的磁化方向（抗磁体）。此外，还有少数物质（铁磁体）即使在外磁场撤销之后仍然保持磁性，对这些物质来说，其磁化不仅仅由当时的外场确定，更与其整个磁化"历史"有关，这种现象称为剩余磁化强度，即剩磁[8]。

在这里所描述的剩磁不是通常意义上的剩磁，通常意义上描述的剩磁是指对于铁磁体磁化达到饱和之后去掉磁化场之后所剩下的磁场强度；而对于 UXO 来说，剩余磁化强度的大小与 UXO 的尺寸、所在地球的位置、磁导率以及 UXO 是否空心有关。UXO 在地下长期掩埋，剩余磁化强度会随着时间增加而逐渐消退。同时 UXO 所受到的机械压力以及受热程度会影响其磁畴结构。一般来说，UXO 的磁化场可由公式（1）表示。

$$\boldsymbol{B} = \boldsymbol{B}_r + \mu \boldsymbol{H}_{eff} \tag{1}$$

式中：$\boldsymbol{B}_r$——剩余磁化强度；

μ——磁导率；

$\boldsymbol{H}_{eff}$——铁磁材料内部的有效磁场。

2.1 金属球模型假设

金属球在地磁场磁化过程中，由于其具有良好的对称性，表现出优秀的参考模型。由于磁化角度不同，对形状复杂的探测目标来说，需要考虑在不同方位上的磁化，这对于建模来说大大增加了困难。但是对于实心球体来说，由于其具有特殊的几何关系，不同角度的磁化场总是穿过其对称轴。考虑 UXO 探测的尺度问题，可以近似地看作地磁场为均匀磁化场（要注意日变对地磁的影响）；可以将金属球看成各向同性线性磁性材料，磁化率为χ_m。

2.2 金属球磁化场推导

由麦克斯方程组可知：

$$\nabla \cdot \boldsymbol{B} = 0 \tag{2}$$

$$\nabla \times \boldsymbol{H} = \boldsymbol{J}_f + \frac{\partial \boldsymbol{D}}{\partial t} \tag{3}$$

考虑到金属球在地磁场磁化过程中，介质无传导电流，即传导电流密度$\boldsymbol{J}_f = 0$；由于是准静磁过程，不考虑时间对磁化过程的影响，可得电位移时间导数为零，即$\frac{\partial \boldsymbol{D}}{\partial t} = 0$。

由公式（3）可以推导出：

$$\nabla \times \boldsymbol{H} = 0 \tag{4}$$

由公式（2）、式（4）可以分析得到我们所考虑的金属球在地磁场磁化状态下，磁感应强度$\boldsymbol{B}$是一个无源场；磁场强度$\boldsymbol{H}$是一个无旋场（旋度为零）。由场论的基本知识可知，磁场强度$\boldsymbol{H}$可以用标量函数的梯度表示（磁标势W），即

$$\boldsymbol{H} = -\nabla W \tag{5}$$

其中W为标量磁势，由磁化公式可得，磁感应强度$\boldsymbol{B}$与磁场强度$\boldsymbol{H}$和磁化强度$\boldsymbol{M}$关系。

$$\boldsymbol{H} = \frac{\boldsymbol{B}}{\mu_0} - \boldsymbol{M} \tag{6}$$

由公式（6）可得

$$\boldsymbol{B} = \mu_0(\boldsymbol{H} + \boldsymbol{M}) \tag{7}$$

代入式（2）得

$$\nabla \cdot \boldsymbol{B} = \nabla \cdot \mu_0(\boldsymbol{H} + \boldsymbol{M}) = 0 \tag{8}$$

整理得

$$\nabla \cdot \boldsymbol{H} = -\nabla \cdot \boldsymbol{M} \tag{9}$$

将公式（5）代入得

$$\Delta W = \nabla \cdot \boldsymbol{M} \tag{10}$$

在整个空间区域中（只考虑存在一个金属球）上述情况满足拉普拉斯方程，只有在球体表面磁化强度$\boldsymbol{M}$的散度不为零，考虑球坐标系下的拉普拉斯方程为

$$\frac{1}{r^2}\frac{\partial}{\partial r}\left(r^2\frac{\partial W}{\partial r}\right) + \frac{1}{r^2 \sin\theta}\frac{\partial}{\partial \theta}\left(\sin\theta\frac{\partial W}{\partial \theta}\right) + \frac{1}{r^2 \sin^2\theta}\frac{\partial^2 W}{\partial \varphi^2} = 0 \tag{11}$$

考虑金属球具有中心对称性，所以W不依赖方位角φ。公式（11）可化简为

$$\frac{1}{r^2}\frac{\partial}{\partial r}\left(r^2\frac{\partial W}{\partial r}\right) + \frac{1}{r^2 \sin\theta}\frac{\partial}{\partial \theta}\left(\sin\theta\frac{\partial W}{\partial \theta}\right) = 0 \tag{12}$$

求解可得球坐标系下拉普拉斯方程的通解为

$$W(r,\theta) = \sum_{l=0}^{\infty}\left(A_l r^l + \frac{B_l}{r^{l+1}}\right)P_l(\cos\theta) + C \tag{13}$$

式中，$P_l(\cos\theta)$为变量$\cos\theta$的勒让德（Legendre）多项式；A_l、B_l和C为常数。

由于球内中心原点的磁势不会是无穷大，所以$\frac{B_l}{r^{l+1}}$项为0，球内的磁势可表示为

$$W_{\text{in}}(r,\theta) = \sum_{l=0}^{\infty} A_l r^l P_l(\cos\theta) \tag{14}$$

地磁场为均匀磁化场$\boldsymbol{B}_0$，对于$r \to \infty$，

$$\boldsymbol{B}(r,\theta) = \boldsymbol{B}_0 = B_0\hat{z}, \boldsymbol{H} = \frac{\boldsymbol{B}}{\mu_0} \xrightarrow{} \frac{B_0}{\mu_0}\hat{z}$$

由公式（14）可以推导出公式（15）并且 $W_{out}(r,\theta)$ 为 0，

$$W_{out}(r,\theta) = -\frac{1}{\mu_0}B_0 Z = -\frac{1}{\mu_0}B_0 r\cos\theta \tag{15}$$

整理金属球的内外磁势为

$$\begin{cases} W_{in}(r,\theta) = \sum_{l=0}^{\infty} A_l r^l P_l(\cos\theta) & (r < R) \\ W_{out}(r,\theta) = -\frac{1}{\mu_0}B_0 r\cos\theta + \sum_{l=0}^{\infty} \frac{B_l}{r^{l+1}} P_l(\cos\theta) & (r > R) \end{cases} \tag{16}$$

边界条件：

由金属球内外磁势连续性，以及公式（14）可以推导出边界条件如下：

$$\begin{cases} W_{in}(R,\theta) = W_{out}(R,\theta) & (r < R) \\ -\mu_0 \frac{\partial W_{out}(r,\theta)}{\partial r}\bigg|_R + \mu \frac{\partial W_{in}(r,\theta)}{\partial r}\bigg|_R = 0 & (r > R) \end{cases} \tag{17}$$

求解可得

$$\begin{cases} \boldsymbol{H}_{in}(r,\theta) = \dfrac{1}{\mu_0\left(1+\dfrac{\chi_m}{3}\right)} B_0 & (r < R) \\ \boldsymbol{H}_{out}(r,\theta) = \dfrac{\chi_m}{\mu_0(3+\chi_m)} \dfrac{R^3}{r^3}[3(\boldsymbol{B}_0\cdot\hat{r})\hat{r} - \boldsymbol{B}_0] + \dfrac{\boldsymbol{B}_0}{\mu_0} & (r > R) \end{cases} \tag{18}$$

$$\begin{cases} \boldsymbol{B}_{in}(r,\theta) = \dfrac{1+\chi_m}{1+\dfrac{\chi_m}{3}} \boldsymbol{B}_0 & (r < R) \\ \boldsymbol{B}_{out}(r,\theta) = \dfrac{\chi_m}{3+\chi_m} \dfrac{R^3}{r^3}[3(\boldsymbol{B}_0\cdot\hat{r})\hat{r} - \boldsymbol{B}_0] + \boldsymbol{B}_0 & (r > R) \end{cases} \tag{19}$$

2.3 金属球磁化场分析

由公式（19）分析可知，金属球内部的磁场分布为匀强磁场，而且磁场方向与地磁场方向一致。对于一个磁偶极子磁场分布可以写为不依赖坐标的形式[7]。

$$\boldsymbol{B}_{dipolar}(r) = \frac{\mu_0}{4\pi}\frac{1}{r^3}[3(\boldsymbol{m}\cdot\hat{r})\hat{r} - \boldsymbol{m}] \tag{20}$$

式中：$\boldsymbol{m}$——磁矩，量纲为 [L^{2}I]；

$\boldsymbol{M}$——磁化强度，量纲为 [L^{-1}I]；

r——磁偶极子中心到观测点的距离；

$\hat{r}$——磁偶极子中心到观测点的单位向量。

考虑到球体退磁公式，在地磁场 $\boldsymbol{H}_0$ 磁化作用下，退磁系数为 N 的磁性体受磁化后，按照退磁公式计算 $\boldsymbol{M} = \dfrac{1}{1+N\chi_m}(\chi_m \boldsymbol{H}_0 + \boldsymbol{M}_r)$[9]，其中，$\boldsymbol{M}_r$ 为剩余磁化强度（本文假设不存在剩磁），球体沿半径方向的退磁系数 $N = 1/3$[10]。整理公式（20），得

$$\boldsymbol{B}_{dipolar}(r) = \frac{\chi_m}{3+\chi_m}\frac{R^3}{r^3}[3(\boldsymbol{B}_0\cdot\hat{r})\hat{r} - \boldsymbol{B}_0] + \boldsymbol{B}_0 \tag{21}$$

式中：R——金属球的半径；

χ_m——磁化率；

B_0——地磁场磁感应强度。

通过分析可知，金属球磁化场[式（19）]与磁偶极子场[式（21）]有着相同的公式，进一步可以证明，金属球磁化场等效于磁偶极子场。

对于 UXO 目标探测，可以将其等效于磁偶极子模型探测，而金属球磁化场等同于磁偶极子场，进而可以将 UXO 目标探测等效于对金属球的探测。

根据磁偶极子磁场分布式（21）可以计算金属球在地磁场磁化下的磁场分布，如图 2 所示。

其中，*表示磁异常最大值；o 表示金属球所在平面位置。

图 2 金属球磁化磁异常分布图

3 总场磁异常试验

在南京某地建立一个 20 m×20 m 的试验区域，布置南北向测线，点线距 1 m。在区域中心位置布设 2 m×2 m 的矩形深坑，方便 UXO 的掩埋。试验传感器采用质子磁力仪对实验区域逐点测量，测量每个点的总磁场。先对整个探测区域测量背景磁场（环境磁场）T_0，然后将模拟 UXO 掩埋至指定区域，对整个探测区域重新探测变化后磁场 T。磁异常 $\Delta T = |T| - |T_0|$。在整个测量阶段需要排除日变对磁场的影响。

3.1 试验模型

试验模型采用工业氦气瓶模拟 UXO，如图 3 所示。

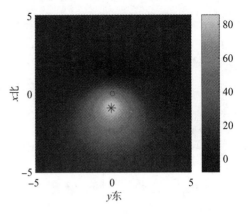

图 3 工业氦气瓶

3.2 数据分析

将氦气瓶垂直放置矩形深坑中心位置，埋深 2.62 m（氦气瓶形心距离地面距离）。根据地磁场的球谐解析式计算可得，实验位置点的磁偏角 $D = -5.734°$，磁倾角 $I = 48.849°$。将测得数据处理后，绘制磁异常等值线图，如图 4 所示。

氦气瓶最大磁异常为 +128.379 nT，最小磁异常为 +3.447 nT；整个磁异常区域为 10 m×10 m，说明如果需要测量 UXO 的完整磁特征，至少需要 10 m×10 m 的区域；观察到探测目标的实际位置在磁异常最大值北侧，这与探测所在位置有关（一般来说，北半球符合上述规律，南半球相反），这与金属球计算磁异常结果相符合；理论计算应该出现磁异常负值区域（可参考图 2），但是实际测量没有，分析应该是地面磁场有一定的不稳定性而造成磁异常负值区域没有出现。

3.3 数据反演

通过欧拉（Euler）反演方法（又称欧拉反褶积法）估算磁性目标物的深度，同时根据磁场源的位置信息约束欧拉反褶积计算的深度解。该方法是一种能自动估算场源位置的位场反演方法，它以欧拉齐次方程为基础，运用位场异常、其空间导数以及各种地质体具有的特定的"构造指数"来确定异常场源的位置，欧拉方程式如下[11]：

$$(x - x_0)\frac{\partial T}{\partial x} + (y - y_0)\frac{\partial T}{\partial y} + (z - z_0)\frac{\partial T}{\partial z} = N(B - T) \tag{22}$$

式中：(x, y, z)——观察点坐标；

(x_0, y_0, z_0)——探测目标位置坐标；

N——构造指数；

B——区域场的磁感应强度或背景场；

T——位场异常。

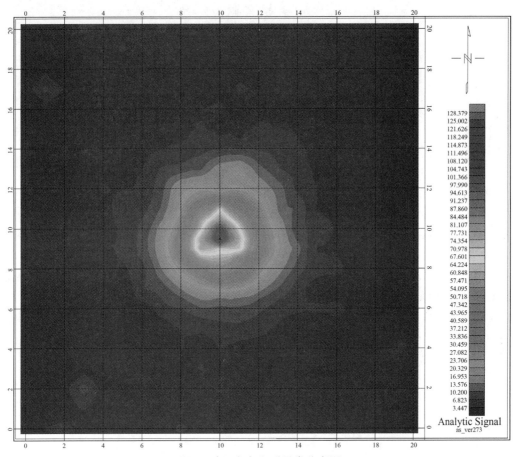

图 4　直立氦气瓶磁异常分布图

理论研究表明，对于一些形状规则的异常源，N 为一恒定常数。例如，对于单磁极线源 $N=1$；对于偶磁极线限源 $N=2$；对于偶极子源 $N=3$。本次试验选取 $N=2.8$，通过欧拉反演公式（22）计算，如表 1 所示。

表 1　反演结果与误差

项目	欧拉反演/m	实际位置/m	误差/cm
x	9.84	10	16
y	10.21	10	21
z	1.95	2.62	67

4　总结与讨论

本文首先介绍了地磁的基本情况，讨论了 UXO 在地磁场磁化下可以简化的模型，用总场磁异常的方法对模拟 UXO 进行了测量，根据欧拉反演方法计算其位置坐标，现总结如下：

（1）磁化率的选取对模型的磁异常分布影响较大。

（2）对于复杂的探测目标，将其简化为一个金属球是一个较为简便的方法，但是这样的简化会减少目标磁化场中的其他集合属性对磁化的贡献。

（3）应用欧拉反演方法对目标的位置进行估计，依赖于构造指数 N 的选取。

（4）欧拉反演方法对平面坐标（x, y）定位相对于深度 z 定位较为可靠。

参 考 文 献

[1] 张婉,刘英会,张玄杰,等. 磁法在未爆弹探测与定位中的应用 [C] // 中国地球物理学会第二十八届年会,中国北京,F,2012.

[2] 曲赞,李永涛. 探测未爆炸弹的地球物理技术综述 [J]. 地质科技情报,2006 (3):101 - 104.

[3] 孟庆奎,高维,王晨阳. 美国 UXO 地球物理探测技术最新进展 [C] // proceedings of the 国家安全地球物理丛书(十三)——军民融合与地球物理,F,2017:322 - 327.

[4] 张晓明. 地磁导航理论与实践 [M]. 北京:国防工业出版社,2016.

[5] 杨晓东. 地磁导航原理 [M]. 北京:国防工业出版社,2009.

[6] 戴道生,钱昆明. 铁磁学 [M]. 北京:科学出版社,2017.

[7] GRIFFITHS D J. Introduction to electrodynamics [M]. Beijing:China Machine Press,2014.

[8] BILLINGS S D. Discrimination and classification of buried unexploded ordnance using magnetometry [J]. Ieee transactions on geoscience and remote sensing,2004,42 (6):1241 - 1251.

[9] ALTSHULER T W. Shape and orientation effects on magnetic signature prediction for unexploded ordnance [J]. in Proc UXO Forum,1996,282 - 291.

[10] 欧洋,冯杰,赵勇,等. 同时考虑退磁和剩磁的有限体积法正演模拟 [J]. 地球物理学报,2018,61 (11):4635 - 4646.

[11] 管志宁. 地磁场与磁力勘探 [M]. 北京:地质出版社,2005.

自适应光学探测与驱动过程仿真研究

秦　川，白委宁，陶　忠，桑　蔚，苏　瑛，刘莹奇

(西安应用光学研究所，陕西　西安　710065)

摘　要：Shack-Hartmann (S-H) 波前探测器和变形镜 (DM) 是自适应光学中关键核心器件，为了在实际项目中应用该器件，本文从仿真角度分析了其工作原理。首先通过大气湍流模型给出待补偿畸变波前；接着对该畸变波前在 S-H 微透镜焦平面成像过程进行仿真，利用波前重构矩阵重建该畸变波前；然后通过依次对 DM 各驱动电极施加单位电压，仿真其面形变化，得出面形响应矩阵；而后结合重建畸变波前和面形响应矩阵计算各电极驱动电压；最后对施加电压后的 DM 面形进行仿真，进而分析畸变补偿结果。所得结论为：仿真计算完整验证了自适应光学中波前探测和变形镜驱动两个过程，经过一轮补偿，原始畸变波前的 PV 值降低约 3/4，RMS 值降低约 5/6。本文分析与结果对后续实验和 S-H 波前探测器、变形镜的设计改进提供理论支撑和指导。

关键词：Shack-Hartmann 波前传感器；变形镜；自适应光学；仿真分析

中图分类号：TP751.1　**文献标志码**：A

The detection and drivering simulation of adaptive optics

QIN Chuan, BAI Weining, TAO Zhong, SANG Wei, SU Ying, LIU Yingqi

(Xi'an Institute of Applied Optics, Xi'an 710065, China)

Abstract: Shack-Hartmann (S-H) wavefront detector and deformable mirror are two key devices in adaptive optics. For suitable applying such devices in our project, we analyzed their working principles by simulation. Firstly, a deformed wavefront is given based on atmosphere turbulence model; secondly, the imaging process on microlens' focal plane is simulated, then, the deformed wavefront is reconstructed by wavefront reconstruction matrix; thirdly, separately applying uint voltage on every PZT and simulating its deformation, a surface response matrix is gotten; fourthly, combining such response matrix with reconstructed wavefront, we get all needed voltages for drivering PZTs; lastly, drivering voltages are applied on all PZTs, and a deformed surface is simulated. The conclusions are: the wavefront detection and deformable mirror drivering are verified by simulation; and, by one step compensation, the peak-valley value is reduced about 4 times, the root-mean-square value is reduced about 6 times. The analysis and results of this paper are of theoretical significance for experiments and for S-H detector/deformable mirror design.

Keywords: Shack-Hartmann wavefront detector; deformable mirror; adaptive optics; simulation

0　引言

自适应光学系统 (AOS) 是一种能够准实时地补偿目标与探测器之间由于大气湍流等因素造成的波前畸变的系统，它通过波前传感器探测成像畸变，通过变形镜等校正波前畸变，从而使光学系统达到衍射极限的分辨力。自适应光学对畸变波前的主动校准，使其在天文观测[1-3]、高能激光波前整形[4-6]、

作者简介：秦川 (1981—)，男，博士，研究员，E-mail: riverchin@sina.com。

激光通信[7]、人眼视网膜高分辨率成像[8]等方面都得到长足发展和应用。

相位共轭自适应光学系统有波前传感器、波前控制器以及波前校正器三个基本组成部分[9,10]。其中波前传感器主要分直接测量型（Michelson/Mach – Zehnde 干涉仪、光栅剪切干涉仪）、波前斜率或曲率测量型 [Shack – Hartmann（S – H）型、波前曲率传感器]、强度分布反演相位型（GS 相位重构技术）三类。其中 S – H 型波前传感器的光能利用率高、结构简单，因此在 AOS 中应用最广。波前校正器主要有变形镜（DM）和快速反射镜（FSM）[11]，分别用于校正高阶/小行程波前畸变与较大行程波前倾斜。按照驱动单元不同，又分为压电陶瓷（PZT）型、电致伸缩型、磁致伸缩型、静电驱动薄膜型、双压电型、音圈电机型、MEMS 型、空间光调制器（SLM）型等，而应用最广的还是 PZT 型。波前控制器主要实现将波前传感器获得的波前畸变转化为对波前校正器的控制信号，也是本文将要仿真的一部分。

张雨东[9]和张丽娟[10]较系统地探讨了自适应光学的三个组成部分及其应用，但缺乏 S – H 传感器成像、DM 在电压驱动下的面形变化的纯仿真分析。孟磊[12]主要利用校正残差进行实时迭代，对控制部分进行了仿真，仿真过程也是局部的。曹芬等[13]利用有限元方法对单驱动器变形镜对低阶像差的补偿能力进行了研究，没有结合波前传感器及考虑多驱动器影响下的变形，因此也不够全面。郭广研等[14]采用 Zemax 软件对 S – H 传感器的成像进行了模拟。周晓斌等[15]分析了 S – H 传感器的工作原理和标定方法。本文分析了 S – H 波前传感器、DM 波前校正器的工作原理，对大气湍流引起波前畸变、S – H 传感器微透镜焦平面成像、波前重构矩阵及其重构算法、DM 在单电极单位电压驱动下的面形变化、波前响应矩阵及控制电压生成、施加全部驱动电压后 DM 变形等方面进行了纯仿真研究，所用分析方法与结果对后续实验和 S – H 波前探测器、变形镜的设计改进提供理论支撑和指导。

1 Zernike 多项式

波前像差可以用 Zernike 多项式描述，其表述为[9]

$$Z_n^m(\rho,\theta) = \begin{cases} \sqrt{2(n+1)}R_n^m(\rho)\sin(m\theta), & m<0 \\ \sqrt{2(n+1)}R_n^m(\rho)\cos(m\theta), & m>0 \\ \sqrt{n+1}R_n^m(\rho), & m=0 \end{cases} \quad (1)$$

$$R_n^m(\rho) = \begin{cases} \sum_{s=0}^{(n-m)/2} \dfrac{(-1)^s(n-s)!}{s!\left(\dfrac{n+m}{2}-s\right)!\left(\dfrac{n-m}{2}-s\right)!}\rho^{n-2s}, & \text{当 } n-m \text{ 为偶数时} \\ 0, & \text{当 } n-m \text{ 为奇数时} \end{cases} \quad (2)$$

其中，n 为 Zernike 多项式的阶数，m 为角频率，n 和 m 满足 $n \geq |m| \geq 0$。当 ($n=0, m=0$) 时，即第一项 Zernike 多项式恒为 1，代表平面波，对像差无实质影响，可忽略，后文中主要考虑 7 阶以内（第 2～36 项）Zernike 多项式的合成与分解。

2 大气湍流模型

Noll[16] 和 Roddier[17] 的研究结果表明：按照 Kolmogorov 大气湍流模型，任意畸变波前可以分解为 Zernike 多项式的形式，即

$$\Phi(x,y) = \sum_{i=2}^{36} a_i Z_i(x,y) \quad (3)$$

其中 Z_i 为单索引 Zernike 项，与式（1）中双索引 Zernike 项的对应关系为

$$i = \frac{n(n+1)}{2} + \frac{n-m}{2} + 1 \quad (4)$$

a_i 为 Zernike 系数，其协方差矩阵 C 中的元素 $c_{i,j}$ 为

$$c_{i,j} = \frac{K\delta_{mm'}\Gamma[(n+n'-5/3)/2]}{\Gamma[(n+n'+17/3)/2]\Gamma[(n'-n+17/3)/2]\Gamma[(n+n'+23/3)/2]}\left(\frac{D}{r_0}\right)^{5/3} \quad (5)$$

其中，D 为光学系统孔径，r_0 为大气相干长度，(n,m) 和 (n',m') 分别为第 i 和 j 项 Zernike 多项式的双索引号，K 的表达式为

$$K = 2.2698(-1)^{(n+n'-2m)/2}\sqrt{(n+1)(n'+1)} \quad (6)$$

对 Hermite 矩阵 C 进行奇异值分解，即：

$$C = USU^T \quad (7)$$

其中，S 为对角阵，其对角线元素组成的列向量记为 s。

按照 Roddier 构造的 Karhunen–Loeve 函数理论[17]，畸变波前亦可以写为统计独立的第 i 项 KL_i 函数与系数 b_i 的加权和的形式，即

$$\Phi(x,y) = \sum_{i=2}^{36} b_i KL_i(x,y) \quad (8)$$

其中系数列向量 b 可以看作零均值且方差为 s 的 Gaussian 随机变量，由 b 到 Zernike 系数列向量 a 的转换矩阵即为式（7）中的 U，即

$$a = Ub \quad (9)$$

采用单索引参数为 2~36 项的 Zernike 多项式模拟因大气湍流引起的畸变波前，采样分辨率为 451×451 像素，其相位分布如图 1 所示，其 PV 值为 171.230 2 rad，RMS 值为 42.547 2 rad。

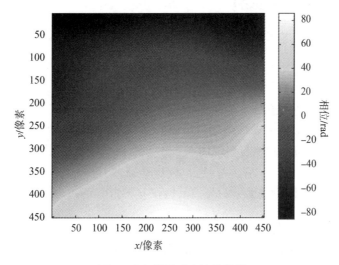

图 1　大气湍流畸变波前模拟

3　光学模型

图 2 所示为自适应光学测量–校正模型。原始畸变波前（D–WF）通过分光镜 1（BS$_1$）和匹配望远系统（L$_2$ 与 L$_3$，用于实现 CCD 有效靶面与变形镜 DM 的尺寸匹配）入射 DM，由 DM 反射的光波再次通过 L$_3$ 与 L$_2$ 被 BS$_1$ 反射后入射分光镜 2（BS$_2$），而后，光波一分为二，其透射分量入射由微透镜阵列（MLs）和 CCD$_1$ 组成的 Shack–Hartmann 传感器成像，进而感知波前相位分布，其反射分量通过透镜（L$_1$）成像到 CCD$_2$ 焦平面。S–H 传感器捕获的图像经 PC 进行分析，重建畸变波前（包含原始畸变波前与 L$_2$ 与 L$_3$ 带来的附加畸变，后文不加区分，简记为畸变波前），进而计算数字输出量，经 DA 转换为模拟电压信号后接高压放大器（HV–Amp）驱动压电陶瓷阵列（PZTs），以补偿畸变波前，最终经多次闭环迭代后入射 S–H 传感器的波前被展平，CCD$_2$ 经 L$_1$ 对无穷远成清晰像。

4 Shack–hartmann 波前传感器模型

4.1 波前传感器结构

如图3所示，Shack–Hartmann 波前传感器由微透镜阵列（MLs）和 CCD 探测器组成。本文仿真中采用的微透镜为 9×9 阵列，单个微透镜尺寸为 0.3 mm×0.3 mm，焦距为 7 mm，CCD 有效像素数（S–H 正投影区域）为 450×450，即单个微透镜占据 50×50 像素区域，单个像素尺寸为 6 mm × 6 mm。

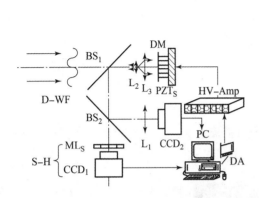

图 2　自适应光学测量–校正模型

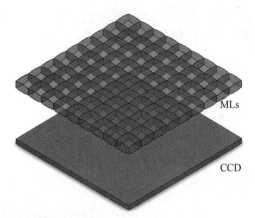

图 3　Shack–Hartmann 传感器结构

4.2 焦平面成像仿真算法

理想平面波通过微透镜阵列后在每个微透镜的焦平面中心形成亮斑；若波面发生畸变，在局部区域可等效看作倾斜波，若该子区域内的波面偏离斜平面，则光斑会变得弥散。

假设入射 S–H 传感器前的畸变波前相位用 F 表示，则其归一化复振幅分布为

$$E_L(x,y) = \exp[j\Phi(x,y)] \tag{10}$$

依据 Fourier 光学原理，在微透镜焦平面上的光波复振幅分布为[18]

$$E_F(x_f,y_f) = \frac{1}{j\lambda f}\exp\left[j\frac{k}{2f}(x_f^2+y_f^2)\right]\iint E_L(x,y)P_L(x,y)\exp\left[-j\frac{2\pi}{\lambda f}(x\cdot x_f + y\cdot y_f)\right]dxdy \tag{11}$$

其中，λ 是波长，f 是焦距，k 是波数，P_L 是微透镜孔径函数。可以看出，除开常数项系数，式（11）可以看作 $E_L\cdot P_L$ 的 Fourier 变换，则微透镜焦平面光强分布为

$$I_L(x,y) = E_F(x_f,y_f)\cdot E_F^*(x_f,y_f) \tag{12}$$

其中，* 表示共轭。

理论上，S–H 传感器能记录（不产生混叠）下的子域波前畸变范围为

$$\left[-\frac{2\pi}{\lambda}\frac{0.5\Delta_{\text{pixel}}(N_{\text{sub}}+1)/f}{\sqrt{1+[0.5\Delta_{\text{pixel}}(N_{\text{sub}}+1)/f]^2}}L_{\text{sub}}, \frac{2\pi}{\lambda}\frac{0.5\Delta_{\text{pixel}}(N_{\text{sub}}-1)/f}{\sqrt{1+[0.5\Delta_{\text{pixel}}(N_{\text{sub}}-1)/f]^2}}L_{\text{sub}}\right] \tag{13}$$

其中，Δ_{pixel} 表示 CCD_1 像素尺寸，N_{sub} 表示子区域（假设为正方形）x 或 y 方向像素数，L_{sub} 表示子区域边长。

图4所示为畸变波前在 Shack–Hartmann 传感器焦平面的图像，其中用网格划分 CCD 有效像素为 9×9 个子区域，十字符号标示出每个子区域的几何中心。可以看到，各子区域畸变波前所成光斑偏离了几何中心。为便于观察，将第3行第4列的子区域放大显示于右边。

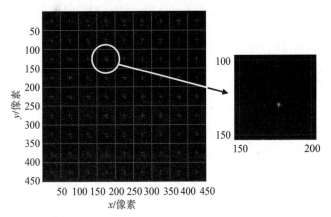

图 4　畸变波前在 Shack – Hartmann 传感器焦平面的图像

4.3　畸变波前重构算法

采用模式法波前重构[9,10]，即将畸变波前分解为 Zernike 多项式的组合，如式（3）所示。Shack – Hartmann 传感器测量得到的是每个子孔径内的平均波长斜率数据。在子孔径内，式（3）分别对 x 和 y 求偏导，并做孔径平均，得到

$$G_x(j) = \sum_{i=2}^{36} a_i \frac{\iint_{s_j} \frac{\partial Z_i(x,y)}{\partial x} dxdy}{s_j} = \sum_{i=2}^{36} a_i Z_{xi}(j) \tag{14}$$

$$G_y(j) = \sum_{i=2}^{36} a_i \frac{\iint_{s_j} \frac{\partial Z_i(x,y)}{\partial y} dxdy}{s_j} = \sum_{i=2}^{36} a_i Z_{yi}(j) \tag{15}$$

M 个子孔径，选取 N 项 Zernike 多项式（除去 $i=1$），以矩阵形式排列式（14）和式（15），则：

$$\begin{pmatrix} G_x(1) \\ G_y(1) \\ G_x(2) \\ G_y(2) \\ \vdots \\ G_x(M) \\ G_y(M) \end{pmatrix} = \begin{pmatrix} Z_{x2}(1) & Z_{x3}(1) & \cdots & Z_{xN}(1) \\ Z_{y2}(1) & Z_{y3}(1) & \cdots & Z_{yN}(1) \\ Z_{x2}(2) & Z_{x3}(2) & \cdots & Z_{xN}(2) \\ Z_{y2}(2) & Z_{y3}(2) & \cdots & Z_{yN}(2) \\ \vdots & \vdots & & \vdots \\ Z_{x2}(M) & Z_{x3}(M) & \cdots & Z_{xN}(M) \\ Z_{y2}(M) & Z_{y3}(M) & \cdots & Z_{yN}(M) \end{pmatrix} \begin{pmatrix} a_2 \\ a_3 \\ a_4 \\ a_5 \\ \vdots \\ a_{N-1} \\ a_N \end{pmatrix} \tag{16}$$

简记为

$$\mathbf{G} = \mathbf{Z} \cdot \mathbf{A} \tag{17}$$

式中：$\mathbf{Z}$——波前重构矩阵。

另外，通过高阶距计算光斑的质心，可提升靠近光斑质心的像素的权重，质心计算的精度更高，其公式为[19]

$$\bar{x}_j = \frac{\sum_{p=1}^{P} \sum_{q=1}^{Q} x_{pq} I_{pq}^{\alpha}}{\sum_{p=1}^{P} \sum_{q=1}^{Q} I_{pq}^{\alpha}} \tag{18}$$

$$\bar{y}_j = \frac{\sum_{p=1}^{P} \sum_{q=1}^{Q} y_{pq} I_{pq}^{\alpha}}{\sum_{p=1}^{P} \sum_{q=1}^{Q} I_{pq}^{\alpha}} \tag{19}$$

其中 p 和 q 分别为子区域图像灰度大于阈值 Thd 后 x 和 y 方向上的索引号。则第 j 个子区域，平均波前斜率为

$$G_x(j) = \frac{2\pi \Delta x_j}{\lambda f} L_{\text{sub}} \tag{20}$$

$$G_y(j) = \frac{2\pi \Delta y_j}{\lambda f} L_{\text{sub}} \tag{21}$$

其中 Δx_j 和 Δy_j 分别表示第 j 个子区域质心与几何中心 x 和 y 方向的距离差。

结合式（16）、式（20）、式（21），由式（17）可得 Zernike 多项式的系数，即

$$A = Z^+ \cdot G \tag{22}$$

其中 + 表示广义逆。将 Zernike 多项式的系数代入式（3），则得到重建后的畸变波前。

图 5 所示图像为图 4 所示图像处理后重建的波前，图 6 所示为重建用 Zernike 多项式的系数，图 7 所示为重建波前与原始波前的误差，其 PV 值为 14.272 rad，RMS 值为 1.806 8 rad。可以看出，由于子域数较少，对原始畸变波前的采样数偏低，重建波前与原始波前虽然从分布上看近似相同，但数值上有些许差异。

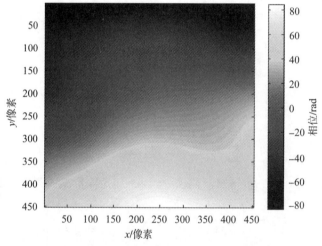

图 5 重建波前

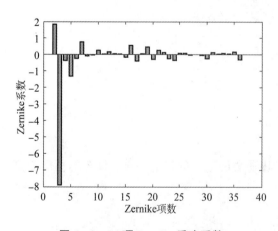

图 6 2~36 项 Zernike 重建系数

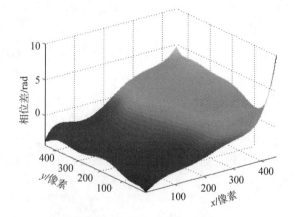

图 7 原始畸变波前与重建波前的相位差

5 变形镜模型

5.1 变形镜结构

图 8 所示为变形镜的结构，它由厚度为 1 mm、直径为 35 mm 镀银反射膜的玻璃基片和 21 根尺寸为

2 mm×3 mm×13.5 mm 的 PZT 组成。PZT 上端面与反射镜背面粘接,下端面与基底(未绘制在图中)粘接,由于基底刚度很大,PZT 的下端面可以被看作固定约束条件。单根 PZT 在 100 V 驱动电压下,其标称自由行程为 11 mm。

5.2 PZT 驱动面形仿真

给 21 根 PZT 编号,如图 8 所示,然后依次给每根 PZT 施加 1 V 的驱动电压,采用有限元方法,得到 21 幅变形镜的面形变化图像,排列绘于图 9(a)所示图像中,其中位于中心的 PZT 所引起的面形变化,单列复绘于图 9(b)所示图像中。

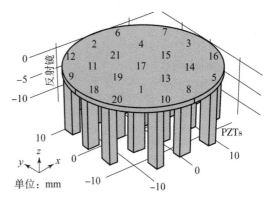

图 8 变形镜的结构

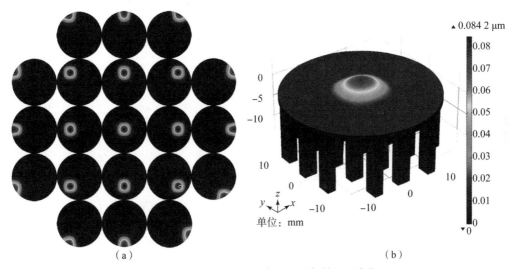

(a)　　　　　　　　　　　(b)

图 9　分别施加 1 V 驱动电压所引起的面形变化
(a) 21 幅变形镜的面形变化图像;(b) 中心 PZT 所引起的面形变化

5.3 变形镜控制算法

PZT 型变形镜的两条重要规律,第一条规律是在单个电极作用下,变形镜的变形与电压成正比;第二条规律是各个电极单独作用时的变形量的线性叠加等于变形镜总的变形量。其中,第一条规律可用公式表示,[9]即单片 PZT 在极化方向的变形量为

$$\Delta l = d_{33} V \tag{23}$$

式中:d_{33}——PZT 的纵向压电系数;
V——施加的外电压。

需要说明的是,式(23)只在无外界应力,忽略迟滞效应时成立,规律①是近似说法。第二条规律用公式表示为

$$\phi(x,y) = \sum_{i=1}^{21} V_i \phi_i(x,y) \tag{24}$$

式中:ϕ_i——1 V 单位电压施加在第 i 个电极上引起的变形量。

同样,ϕ_i 可以用 Zernike 多项式进行分解,即

$$\phi_i(x,y) = \sum_{j=2}^{36} h_{ij} Z_j(x,y) \tag{25}$$

式中:h_{ij}——第 i 个驱动电极对应第 j 项 Zernike 多项式的系数。

另外,f_i 可以由图 9 所示变形量,用式(26)计算出来:

$$\phi_i(x,y) = \frac{2\pi}{\lambda}\Delta l_i(x,y) \tag{26}$$

式中：$\Delta l_i(x,y)$——第 i 个驱动电极在 (x,y) 位置的面形变形量。

将 (x,y) 坐标离散并单索引化，索引号为 t（取值 $1 \sim T$，T 为采样数），则式（25）可进一步写为

$$\phi_{it} = \sum_{j=2}^{36} h_{ij} Z_{jt} \tag{27}$$

对于第 i 个驱动电极，写成矩阵形式：

$$\begin{pmatrix} \phi_{i1} \\ \phi_{i2} \\ \vdots \\ \phi_{it} \\ \vdots \\ \phi_{iT} \end{pmatrix} = \begin{pmatrix} Z_{2,1} & Z_{3,1} & \cdots & Z_{36,1} \\ Z_{2,2} & Z_{3,2} & \cdots & Z_{36,2} \\ \vdots & \vdots & & \vdots \\ Z_{2,t} & Z_{3,t} & \cdots & Z_{36,t} \\ \vdots & \vdots & & \vdots \\ Z_{2,T} & Z_{3,T} & \cdots & Z_{36,T} \end{pmatrix} \begin{pmatrix} h_{i2} \\ h_{i3} \\ \vdots \\ h_{i36} \end{pmatrix} \tag{28}$$

简记为

$$\boldsymbol{\varphi}_i = \boldsymbol{Z} \cdot \boldsymbol{h}_i \tag{29}$$

解得

$$\boldsymbol{h}_i = \boldsymbol{Z}^+ \cdot \boldsymbol{\varphi}_i \tag{30}$$

则，变形镜面形响应矩阵 $\boldsymbol{H}$ 为

$$\boldsymbol{H} = [\boldsymbol{h}_1 \quad \boldsymbol{h}_2 \quad \cdots \quad \boldsymbol{h}_{21}] \tag{31}$$

将式（25）代入式（24），得

$$\Phi(x,y) = \sum_{i=1}^{21} V_i \left[\sum_{j=2}^{36} h_{ij} Z_j(x,y) \right] = \sum_{j=2}^{36} \left(\sum_{i=1}^{21} V_i h_{ij} \right) Z_j(x,y) \tag{32}$$

令

$$a'_j = \sum_{i=1}^{21} V_i h_{ij} \tag{33}$$

写成矩阵形式，并简记为

$$\boldsymbol{A}' = \boldsymbol{H} \cdot \boldsymbol{V} \tag{34}$$

考虑到图 2 所示的光学模型，即光波入射、出射 DM，同时要实现与入射畸变波前共轭（互补），因此，这里 $\boldsymbol{A}'$ 为式（22）中 $\boldsymbol{A}$ 的负一半，则解得驱动电压为

$$\boldsymbol{V} = -\frac{1}{2}\boldsymbol{H}^+ \cdot \boldsymbol{A} \tag{35}$$

考虑到 PZT 不能加载负电压，式（34）计算得到的结果不能直接使用，还需要如式（36）所示进行一定修正，即

$$\boldsymbol{V} = -\frac{1}{2}\boldsymbol{H}^+ \cdot \boldsymbol{A} - \min\left(-\frac{1}{2}\boldsymbol{H}^+ \cdot \boldsymbol{A}\right) \tag{36}$$

其中减去式（35）结果的最小值作为直流偏置。当然，实际工程中还需要考虑 PZT 的最大耐受电压，若式（36）最大值超过最大耐受电压，则理论上不能完全补偿畸变波前，反之，可补偿最大畸变 $\Delta\Phi_{\max}$ 为

$$\Delta\Phi_{\max} = 4\pi d_{33} V_{\max} \tag{37}$$

式中：$V_{\max}$——PZT 最大可耐受电压。

结合式（13）与式（37），在 $V_{\max}$ 限定情况下，可以通过设计 S–H 传感器的微透镜焦距和微透镜边长等参数实现传感器与驱动器的参数匹配。

针对图 5 所示图像需要补偿的波前，驱动电压如图 10 所示，图 11 所示为 DM 的面形变化，图 12 所示为考虑光线双程后补偿的波前相位（截取与 CCD 有效靶面匹配部分，并将最小值调整为 0 相位作为基

准),图 13(a)所示为畸变波前被补偿后剩余的残差,图 13(b)所示为重建波前被补偿后剩余的残差。可以看出,图 12 所示图像与图 1 所示图像基本互补,其补偿畸变波前的 PV 值为 39.403 2 rad,RMS 值为 7.232 3 rad,补偿重建波前的 PV 值为 40.164 3 rad,RMS 值为 6.752 4 rad,由于 PZT 数量较少,补偿自由度较低,补偿波前与原始或重建波前虽然分布上看近似互补,但残差还是较明显。

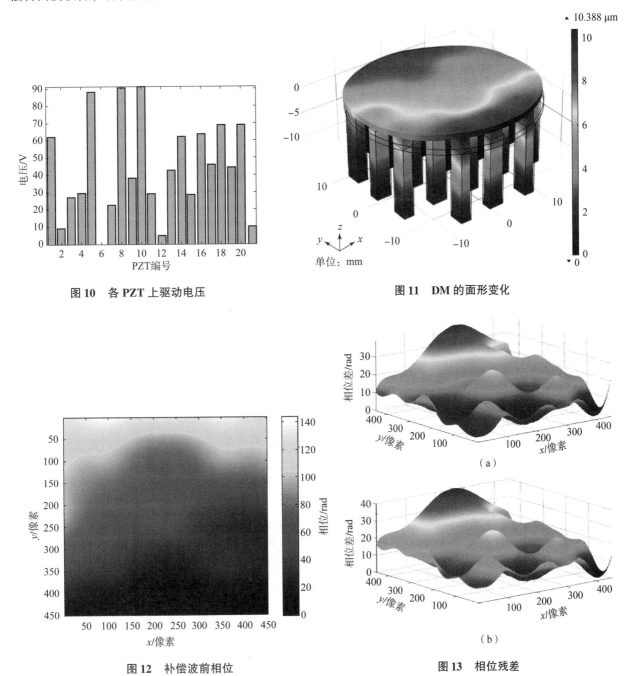

图 10 各 PZT 上驱动电压

图 11 DM 的面形变化

图 12 补偿波前相位

图 13 相位残差
(a) 补偿畸变波前;(b) 补偿重建波前

6 结论

本文首先分析了自适应光学中 Shack – Hartmann 波前传感器工作原理并进行了微透镜焦平面成像仿真,接着通过计算波前重构矩阵重建畸变波前,其次通过对各 PZT 在单位电压驱动下面形的仿真得到响应矩阵,然后利用重建畸变波前和面形响应矩阵计算各 PZT 上的驱动电压,最后对变形镜各驱动电极施加上述电压后的面形进行仿真,得到补偿波前相位。仿真计算完整验证了自适应光学中波前探测和变形镜驱动两个过程，经过一轮补偿，原始畸变波前的 PV 值降低约 3/4，RMS 值降低约 5/6。仿真方法及结果对后续实验和 S-H 波前探测器、变形镜的设计改进提供理论支撑和指导。

参 考 文 献

[1] ROBERTS Jr L C, NEYMAN C R. Characterization of the AEOS adaptive optics System [J]. Publications of the Astronomical Society of the Pacific, 2002, 114 (801): 1260-1266.

[2] 姜文汉. 自适应光学技术 [J]. 自然杂志, 2006, 28 (1): 7-13.

[3] 饶长辉, 姜文汉, 张雨东, 等. 云南天文台 1.2 m 望远镜 61 单元自适应光学系统 [J]. 量子电子学报, 2006, 23 (3): 295-302.

[4] HIGGS C. Overview of the ABL-firepond active-tracking and compensation facility [C]. Proc. SPIE, 1998, 3381: 14-18.

[5] 姜文汉, 杨泽平, 官春林, 等. 自适应光学技术在惯性约束聚变领域应用的新进展 [J]. 中国激光, 2009, 36 (7): 1625-1634.

[6] 王效才. 强激光武器系统光学总体考虑 [J]. 应用光学, 1996, 17 (6): 8-13.

[7] 杨慧珍, 李新阳, 姜文汉. 自适应光学技术在大气光通信系统中的应用进展 [J]. 激光与光电子学进展, 2007, 44 (10): 61-68.

[8] 凌宁, 张雨东, 饶学军, 等. 用于活体人眼视网膜观察的自适应光学成像系统 [J]. 光学学报, 2004, 24 (9): 1153-1158.

[9] 张雨东, 饶长辉, 李新阳. 自适应光学及激光操控 [M]. 北京: 国防工业出版社, 2016.

[10] 张丽娟, 李东明, 杨进华, 等. 基于自适应光学的大气湍流退化图像复原技术研究 [M]. 北京: 清华大学出版社, 2017.

[11] 徐飞飞, 纪明, 赵创社. 快速偏转反射镜研究现状及关键技术 [J]. 应用光学, 2010, 31 (5): 847-850.

[12] 孟磊, 李新阳, 姜文汉. 自适应光学系统中实时自适应控制的仿真研究 [J]. 光电工程, 2001, 28 (6): 1-6.

[13] 曹芬, 王建华, 张世强, 等. 单驱动器变形镜对低阶像差补偿能力的研究 [J]. 应用光学, 2015, 36 (2): 310-313.

[14] 郭广妍, 樊仲维, 余锦, 等. 基于 Shack-Hartmann 理论的波前探测技术研究 [J]. 应用光学, 2014, 35 (5): 823-829.

[15] 周晓斌, 栾亚东, 史雷蕾, 等. 基于已知球面波前的 Hartmann-Shack 传感器结构参量标定 [J]. 应用光学, 2015, 36 (6): 909-912.

[16] Noll. Zernike polynomials and atmospheric turbulence [J]. JOSA, 1976, 66 (3): 207-211.

[17] RODDIER N. Atmospheric wavefront simulation using Zernike polynomials [J]. Optical engineering, 1990, 29 (10): 1174-1180.

[18] 吕乃光. 傅里叶光学 [M]. 北京: 机械工业出版社, 2012.

[19] XIA Aili, MA Caiwen. An improved centroid detection method based on higher moment for Shack-Hartmann-wavefront sensor [C]. Proc. SPIE, 2010, 7850: 78501Q.

光电目标定位仿真算法研究

秦 川,吴玉敬,陶 忠,桑 蔚,安学智

(西安应用光学研究所,陕西 西安 710065)

摘 要:目标定位是光电转塔的典型功能和任务之一,对其定位精度的考量是转塔战技指标之一。针对该问题,本文从仿真角度进行了分析:首先简要介绍了目标定位中用到的坐标系及其相互转换关系;然后给出光电转塔视轴反演、有源目标定位、无源目标定位的算法流程;接着通过仿真实验加以验证,其间考虑了定位过程中可能的随机误差来源,并分析了均值滤波对定位结果的影响;最后通过 Monte - Carlo 分析,计算了定位精度。所得结论为:①有源定位比无源定位的精度高;②采用均值滤波后,定位精度有较大提升;③约 18 km 距离典型无源定位精度在 80% 置信度条件下约为 39.4 m;④统计直方图反映出 80% 置信度 CEP 半径及最大误差距离随载机位置、姿态、转塔视轴等(体现在目标载机距离上)而异。本文的仿真方法及结果对于目标定位研究具有一定理论指导意义。

关键词:光电转塔;视轴反演;有源定位;无源定位;蒙特卡洛方法

中图分类号:TN206 **文献标志码**:A

Research on simulation algorithms of photoelectric target location

QIN Chuan, WU Yujing, TAO Zhong, SANG Wei, AN Xuezhi

(Xi'an Institute of Applied Optics, Xi'an 710065, China)

Abstract: Target positioning is one of the typical functions and tasks of the photoelectric turret, and its positioning accuracy is also one of the operational and technical indicators of the turret. Aiming at this problem, this paper analyzes it from simulation. Firstly, the coordinate systems used in target location and their mutual transformation relations are given an outline; Secondly, the algorithms flow of the photoelectric turret LOS inversion, active target location and passive target location are given; Thirdly, considering the possible sources of random errors in positioning, the algorithms are simulated and verified, and then, the location results with or without mean - filtering are evaluated; Lastly, the radius of CEP is calculated by Monte - Carlo method. The conclusions are: ①active location is better than passive location; ②after mean - filtering, the location accuracy is improved; ③the radius of CEP at 80% possibility and ~18km distance is about 39.4 m; ④ the statistical histogram analysis results show that the radius of CEP at 80% probability of location accuracy and the maxium location error distance vary with aircraft position, attitude and turret LOS, etc. (reflected in the target - carrier distance). The analysis and results of this paper are of theoretical significance for target location.

Keywords: photoelectric turret; LOS inversion; active target location; passive target location; Monte - Carlo method

---

作者简介:秦川(1981—),男,博士,研究员,E - mail: riverchin@ sina. com。

0 引言

机载光电目标定位任务主要由载机、光电转塔和GPS/惯导（INS）三大系统组成。其中GPS/INS提供载机的经纬高信息和姿态信息（包括真航向、俯仰、横滚），光电转塔完成对目标的搜索、捕获、定位和跟踪等功能，其瞄准目标后可提供瞄准线（LOS）的方位、俯仰角等信息（涵盖光电转塔方位、俯仰角和目标横向、纵向像素偏差角），结合传感器本身参数（包括视频显示的方位、俯仰视场角和视频显示的横向、纵向分辨率）即可实现对海平面目标的无源定位任务；若结合安装于光电转塔内的激光测距机测量信息，则可实现三维空间目标的有源定位任务。

但是在定位实践中，无论是GPS/INS还是转塔视轴稳定度、视频像素偏差读取、激光测量距离等都存在一定误差，这些误差近似呈Gaussian分布，因此每次定位结果都会或多或少偏离目标真实位置，这在定位实践中是需要尽可能降低的，并且定位精度作为光电转塔核心关键战技指标之一也需要预先估计出来。

王静等[1]对车载光电侦查系统的目标定位模型及误差源进行了分析并通过外场试验加以验证；CHENG BT[2]分析了多光谱图像的定位与配准，特别是对地理定位误差源进行了探讨；史辉[3]对定位精度的评价指标进行研究，指出均方根误差、平均误差及置信概率区间方法的计算原则及使用条件；王晶[4]分析了测量平台中的坐标转换误差，给出载机姿态精度、位置精度提升对定位结果的影响大小；马忠孝[5]分析了光电侦查系统的定位精度影响因素，提出对INS的误差控制建议；解静[6]分析了机载光电观瞄系统的目标定位原理，对算法进行了初步研究；郝睿鑫[7]基于激光测距，对有源目标定位技术进行了研究。

本文基于载机平台光电转塔目标定位需求，简要介绍了有源、无源目标定位的算法，对于定位精度的预估，本文提出转塔视轴反演，结合定位算法及Monte-Carlo（蒙特卡洛）分析方法，从仿真角度得出一定测量精度条件下的海面目标无源定位精度，即圆概率误差（CEP）半径约为39.4 m（基于80%置信度及约18 km距离）；此外还做了不同载机位置、姿态、转塔视轴下对目标定位的80%置信度CEP半径、最大误差距离等的统计直方图分析。本文的仿真方法及结果对于目标定位研究具有一定的理论指导意义。

1 基本原理

1.1 基本概念

目标定位涉及的基本概念、坐标系包括：

（1）地球椭球，其半长轴 a 取值 6 378 137 m，短半轴 b 取值 6 356 752 m；第一偏心率 e_1 和第二偏心率 e_2 用于描述椭球形状偏离球形的差异。

（2）载机机体直角坐标系（$O_A - X_A Y_A Z_A$）、东北天直角坐标系（$O_G - X_G Y_G Z_G$）、地心直角坐标系（$O_D - X_D Y_D Z_D$）、相对直角坐标系（$O_R - X_R Y_R Z_R$）、空间大地坐标系（WGS-84，LBH）。

（3）载机姿态（q e g）、光电转塔方位角（T_x）和俯仰角（T_y）、目标横向像素偏差角（s_x）和纵向像素偏差角（s_y）、目标的稳瞄瞄准线俯仰角（a）和方位角（b）、视频显示的方位和俯仰视场角（V_x、V_y）、视频显示的横向和纵向分辨率（R_x、R_y）。

1.2 坐标系转换

上述五个坐标系及光电转塔瞄准线之间的转换关系如图1所示，具体公式可以参考前人的研究[6~14]。

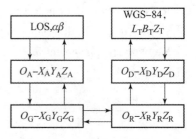

图1 坐标转换关系

2 仿真分析

2.1 算法流程

对于目标定位，即已知载机经纬高（LBH）、载机姿态（$q\,\varepsilon\,g$）、光电转塔方位角（T_x）和俯仰角（T_y）、目标横向像素偏差角（s_x）和纵向像素偏差角（s_y）、视频显示的方位和俯仰视场角（V_x 和 V_y）、视频显示的横向和纵向分辨率（R_x 和 R_y），求解目标的空间大地坐标（$L_T B_T H_T$）。若目标与载机的距离 R 已知，则是有源定位；若否，则是无源定位。对于有源定位，目标不必限定位于地球表面；而对于无源定位，若只通过载机和光电转塔一组测量数据进行解算，必须限定目标位于地球表面，进而补充地球椭球模型解出距离 R。

与定位过程相反的过程，即是光电转塔视轴反演过程，即已知载机 LBH、$q\,\varepsilon\,g$，光电转塔 s_x、s_y、V_x、V_y、R_x、R_y，目标 $L_T B_T H_T$ 等信息，求解光电转塔的 T_x、T_y。

上述算法流程如图2所示，其中（a）过程对应光电转塔视轴反演，（b）过程对应有源目标定位，（c）过程对应无源目标定位。

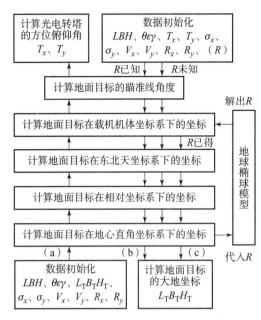

图2 目标定位与反演算法流程
(a) 反演；(b) 有源定位；(c) 无源定位

2.2 光电转塔视轴反演

假设目标在（东经108°53′53″，北纬34°12′45″，高度426.6 m），传感器视场为 0.45°×0.25°，分辨率为1 920×1 080，载机飞行速度为400 km/h，运动轨迹如图3所示，即载机在6 000 m高度先向北平飞，然后逆时针做3/4圆周盘旋，接着开始向东爬升高度至7 000 m后平飞，姿态依照飞行航迹相应调整。

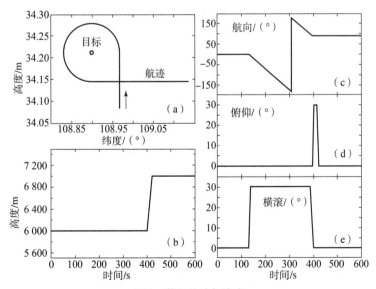

图3 载机航迹与姿态
(a) 经纬度；(b) 高度；(c) 航向；(d) 俯仰；(e) 横滚

采用图2中反演算法，在10 min时间内，目标距离载机的距离 R 如图4（a）所示，而光电转塔的方位角和俯仰角分别如图4（b）和（c）所示。

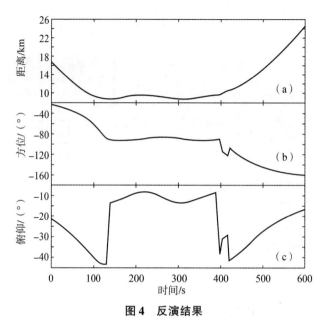

图 4 反演结果
(a) 目标与载机距离；(b) 转塔方位角；(c) 转塔俯仰角

2.3 误差源分析

依据第 2.1 节的分析，误差主要来自 GPS 测量载机经纬高的误差、INS 测量载机姿态的误差、光电转塔视轴稳定精度带来的误差、目标横向与纵向像素偏差角的视频判别误差、测距机测量误差等。上述误差，从统计意义上讲是满足 Gaussian 分布的随机误差，其大小如表 1 所示。此外，还存在 GPS、INS 和光电转塔的安装误差，在载机结构刚性假设下，这三者是固有误差，可通过地面校轴加以减小，本文暂不列入分析。对于传感器视场角和分辨率，也可通过地面检验进行测量，本文暂将其列为固定值。

表 1 误差源及其大小

项目		指标（1 s）
GPS	位置测量精度/m	5
INS	航向测量精度/(°)	0.07
	俯仰测量精度/(°)	0.02
	横滚测量精度/(°)	0.02
转塔	视轴稳定精度/mrad	30
视频	横向像素偏差/像素	1
	纵向像素偏差/像素	1
测距机	测距精度/m	5

2.4 有源目标定位

当目标与载机距离用测距机测量得到时，采用图 2 中有源目标定位算法，计算得到的目标经度、纬度和高度分别如图 5（a）、（b）和（c）所示。其中蓝色曲线是 10 min 内单点有源定位直接结果，绿色曲线是上述直接结果在 1 s 内做均值滤波得到的，红色直线代表目标真实位置。从结果中可以看到：①经度、纬度和高度直接定位结果的最大－最小误差分别为 0.001 304°、0.001 630°、64.119 4 m；②做 1 s 滤波后，经度、纬度和高度定位结果的最大－最小误差分别为 0.000 093°、0.000 118°、5.083 5 m；③目标定位的经纬高依概率收敛到其真实位置。

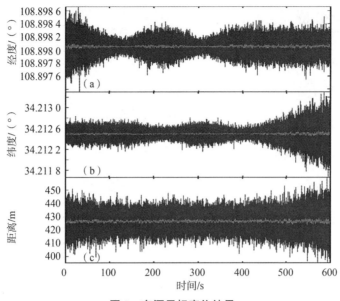

图 5 有源目标定位结果

(a) 经度;(b) 纬度;(c) 高度

2.5 无源目标定位

由于单点无源目标定位理论所限,其要求目标位于海平面上,即假设目标的高度为 0,接着,类似第 2.2 节反演过程计算光电转塔的视轴,然后对加入噪声的观测量采用图 2 中无源目标定位算法,计算得到目标经度、纬度,分别如图 6(a)、(b) 所示,目标定位位置与真实位置之间的距离如图 6(c) 所示。其中蓝色曲线是 10 min 内单点无源定位直接结果,绿色曲线是上述直接结果在 1 s 内做均值滤波得到的,图 6(a)、(b) 中红色直线代表目标真实位置。从结果中可以看到:①经度、纬度直接定位结果的最大 – 最小误差分别为 0.002 466°、0.001 966°;②做 1 s 滤波后,经度、纬度定位结果的最大 – 最小误差分别为 0.000 170°、0.000 139°;③目标定位位置与真实位置之间的距离 1 s 均值滤波前后分别为 129.969 7 m 和 44.495 5 m;④目标无源定位结果比有源定位结果差。

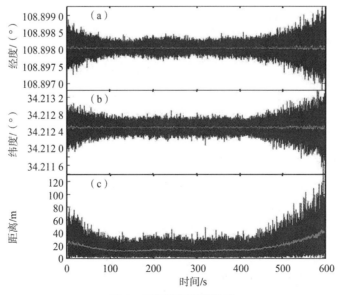

图 6 无源目标定位结果

(a) 经度;(b) 纬度;(c) 目标定位位置与真实位置间距离

3 目标定位精度分析

3.1 Monte – Carlo 方法

Monte – Carlo 方法亦称为随机模拟（random simulation）方法，有时也称作随机抽样（random sampling）技术或统计试验（statistical testing）方法。该方法是先建立一个概率模型或随机过程，然后通过对模型或过程的抽样试验来计算统计特征，最后给出所求解的近似值[15]。概率论中的大数定律和中心极限定理是蒙特卡洛方法的理论基础。

3.2 圆概率误差仿真

目标定位的圆概率误差定义为以目标真实位置为圆心画一圆圈，若定位点位于圆圈内的概率为 P，圆圈的半径为 r，则称定位结果在 P 置信度下的 CEP 半径 $= r$。

假设载机在（东经 108°58′，北纬 34°5′，高度 6 000 m），姿态水平，光电转塔方位北偏西 30°，俯仰水平向下 20°，像素偏差为 0，传感器视场及分辨率同前文，各误差源的大小同表 1，采用无源定位算法，设定 1 000 次样本实验，结果如图 7 所示。即红色圆圈代表目标真实位置，此时目标距离载机 17.606 km，绿色和蓝色十字代表 1 000 次无源定位计算得到的目标位置，其中绿色十字代表接近目标真实位置的占比 80% 的定位结果，其半径为 39.404 m，亦即 CEP 半径 = 39.404 m（基于 80% 置信度），最差定位结果与目标真实位置相距 80.463 m。

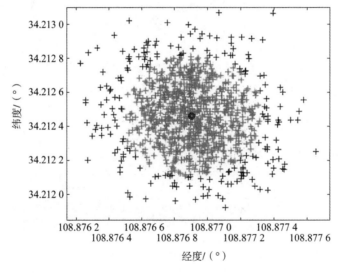

图 7 无源目标定位蒙特卡洛分析结果

3.3 统计直方图仿真

假设载机在（东经 108°58′，北纬 34°5′），载机高度范围 [1 000, 8 000]，航向范围（-180°，180°］，俯仰范围 [-45°，45°]，横滚范围 [-45°，45°]，转塔方位范围（-180°，180°]，俯仰范围 [-75°，-15°]，其他参数同前。限定目标至载机的距离在 20 km 内为合理取值，选取 1 000 个样本点，则有 810 个样本的载机 – 目标距离在合理范围，其分布如图 8（a）所示，目标推算位置与真实位置的距离落于 80% 范围内的半径最小为 8.59 m，最大为 117.82 m，其大多数情况位于 40 m 内，有 726 个样本位于 30 m 内，占有效样本数的 89.63%，其分布如图 8（b）所示，目标推算位置与真实位置的距离最大半径最小为 18.25 m，最大为 372.28 m，其大多数情况位于 100 m 内，其分布如图 8（c）所示。

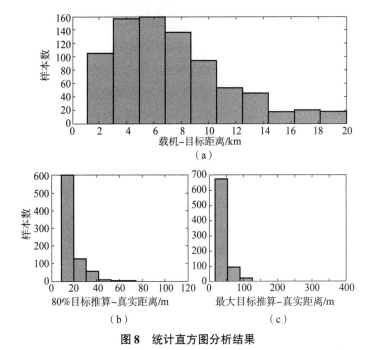

图 8　统计直方图分析结果

（a）载机-目标距离；（b）80%目标推算-真实距离；（c）最大目标推算-真实距离

4　结论

本文对于光电目标定位从仿真角度进行了研究：首先介绍了目标定位中用到的坐标系及其相互转换关系；然后给出光电转塔视轴反演、有源目标定位、无源目标定位的算法流程；接着通过仿真实验加以验证，其间考虑了定位过程中可能的随机误差来源，并分析了是否采用均值滤波对定位结果的影响；最后通过 Monte-Carlo 分析，计算了定位精度。通过题设条件的仿真实验，得到的结论为：①有源定位比无源定位的精度高；②均值滤波后，定位精度有较大提升；③约 18 km 距离典型无源定位精度在 80% 置信度条件下约为 39.4 m；④载机高度、姿态、转塔视轴等在一定范围内采样统计，限定目标载机距离在 20 km 内为合理取值，其 80% 置信度 CEP 半径从 8.59 m 到 117.82 m，最大误差从 18.25 m 到 372.28 m。

参 考 文 献

[1] 彭富伦，王静，吴颐雷，等. 车载光电侦查系统目标定位及误差分析 [J]. 应用光学，2014，35（4）：557-562.

[2] CHENG B T. 昼夜多光谱图像的地理定位与配准 [J]. 新光电，2011，5（5）：19-27.

[3] 史辉，郝晰辉，杨玉淳，等. 光电侦察系统目标定位精度评价指标研究 [J]. 应用光学，2012，33（3）：446-451.

[4] 王晶，高利民，姚俊峰. 机载测量平台中的坐标转换误差分析 [J]. 光学精密工程：2009，17（2）：388-393.

[5] 马忠孝，巩全成，陈颖，等. 影响光电侦察系统目标定位精度因素分析 [J]. 应用光学，2018，39（1）：1-6.

[6] 解静. 机载光电观瞄系统目标定位算法研究 [D]. 西安：西安工业大学，2013.

[7] 郝睿鑫. 基于激光测距的目标定位技术的研究 [D]. 西安：西安工业大学，2014.

[8] 王姝. 机载光电测量系统引导及定位技术研究 [D]. 长春：长春理工大学，2009.

[9] 常军. 机载雷达目标的大地坐标定位 [J]. 电讯技术，2003（2）：97-100.

[10] 王凤娟. 基于图像跟踪的无人机定位方法研究 [D]. 西安：西安电子科技大学，2009.

[11] 朱华统，杨元喜，吕志平. GPS 坐标系统的变换 [M]. 北京：测绘出版社，1994.

[12] 宋天锁,原树兴. 一种地心直角坐标到大地坐标转换的高精度算法 [J]. 火力与指挥控制, 2010, 35 (5): 90-92.

[13] 张华海,郑南山,王军,等. 由空间直角坐标计算大地坐标的简便公式 [J]. 全球定位系统, 2002, 4: 9-12.

[14] BOWRING B R. Transformation from spatial to geographical coordinates [J]. Survey review, 1976, 23: 181, 323-327.

[15] 康崇禄. 蒙特卡洛方法理论和应用 [M]. 北京: 科学出版社, 2015.

基于改进粒子群算法的火炮内弹道参数修正

贺 磊[1]，姚养无[1]，丰 婧[2]

(1. 中北大学 机电工程学院，山西 太原 030051；
2. 中北大学 信息与通信工程学院，山西 太原 030051)

摘 要：基于经典内弹道方程组，分析了内弹道参数计算原理，对基本粒子群算法进行了改进，使用了线性递减惯性权重，有效地避免了粒子群陷入局部最优而导致收敛精度低的缺陷。将改进的粒子群算法应用于火炮内弹道参数修正，算例结果证明该方法完全满足工程实际要求，具有收敛速度快、符合精度高的特性，是火炮内弹道参数修正的理想算法之一。

关键词：兵器科学与技术；内弹道；粒子群算法；线性递减惯性权重；多目标优化

中图分类号：TJ306 **文献标志码**：A

Interior ballistic parameters updating based on improved particle swarm optimization

HE Lei[1], YAO Yangwu[1], FENG Jing[2]

(1. School of Mechanical and Electrical Engineering, North University of China,
Taiyuan 030051, Shanxi, China;
2. School of Information and Telecommunication Engineering, North University of China,
Taiyuan 030051, Shanxi, China)

Abstract: Based on the classical interior ballistics equation set, the multi-parameter calculation theory of interior trajectory was analyzed. Simple particle swarm optimization was improved by using linear decreasing inertial weight, it effectively avoids the defect of low convergence accuracy caused by particle swarm falling into local optimum. The improved particle swarm optimization algorithm is applied to the interior ballistics parameters updating, the results of numerical examples show that the method fully meets the practical requirements of engineering, it has the characteristics of fast convergence speed and high accuracy, and is one of the ideal algorithms for interior ballistics parameters updating.

Keywords: ordnance science and technology; interior ballistics; particle swarm optimization; linear decreasing inertial weight; multi-objective optimization

0 引言

内弹道计算是火炮设计的基础，火炮其他部件，如火炮抽烟装置、炮身及反后坐装置的设计与反面校核都要用到内弹道计算结果。内弹道计算涉及许多参数，而这些参数一般都有一定取值范围，因而同样参数取值不同，内弹道计算结果相差很大[1]。为了得到准确可靠的内弹道计算结果，内弹道计算都要

作者简介：贺磊(1994—)，男，硕士研究生，E-mail: 1584295477@qq.com。
姚养无(1961—)，男，教授，博士生导师，E-mail: lixiaojie@nuc.edu.cn。
丰婧(1994—)，女，硕士研究生，E-mail: 1263429020@qq.com。

通过修正参数的方法，使其计算结果与内弹道测试结果相一致，即进行内弹道参数修正。

粒子群优化（Particle Swarm Optimization，PSO）算法是一种基于群智能的演化计算技术，它是由 Kennedy 和 Eberhart 受人工生命研究结果的启发，于 1995 年提出的。PSO 算法与遗传算法类似，也是一种基于群体的优化工具。粒子群优化算法具有收敛速度快、容易实现，而且具有深刻智能背景的优点。目前，它已被国际进化计算会议列为讨论的专题，并且广泛应用于函数优化、神经网络训练、模式分类、模糊系统控制等多个领域[2]。本文在内弹道基本方程组的基础上，采用粒子群算法进行了改进，并应用于内弹道参数修正，实践证明该方法是内弹道参数修正的理想方法[4]。

1 经典内弹道方程组及计算原理

经典内弹道方程组是对复杂的膛内射击过程的描述，整个模型由火药的几何燃烧定律，火药的燃烧速度定律，弹丸运动方程和能量平衡方程组成，其基本方程组如下[5]：

（1）形状函数

$$\psi = \begin{cases} \chi Z(1 + \lambda Z + \mu Z^2) & Z \leq 1 \\ \chi_s Z(1 + \lambda_s Z) & 1 \leq Z \leq Z_b \\ 1 & Z \geq Z_b \end{cases} \tag{1}$$

（2）正比燃速方程

$$\frac{dz}{dt} = \begin{cases} \dfrac{p^n}{I_k} & Z \leq Z_b \\ 0 & Z \geq Z_b \end{cases} \tag{2}$$

（3）弹丸运动方程

$$\frac{dv}{dt} = \frac{Sp}{\varphi m} \tag{3}$$

（4）速度公式

$$\frac{dl}{dt} = v \tag{4}$$

（5）内弹道基本方程

$$Sp(l + l_\varphi) = f\omega\varphi - \frac{\theta}{2}\varphi m v^{2\,[6]} \tag{5}$$

式中：ψ——火药燃烧百分比；

χ、λ、μ——火药形状特征量；

Z——已燃相对厚度；

$\theta = k - 1$，k——绝热系数；

B——装填参数；

p——膛内压力；

n——燃速指数；

S——炮膛横截面积；

φ——次要功计算；

m——弹丸质量；

l_φ——药室的容积缩径比，$l_\varphi = l_0\left[\dfrac{1-\Delta}{\rho_p(1-\varphi)} - \alpha\Delta\varphi\right]$；

f——火药力；

ω——装药量；

l——弹丸质量；

l_0——药室容积缩径比；

Δ——装填密度;

ρ_p——火药密度;

α——火药气体余容。

由上述经典内弹道方程组可知,计算时改变任一内弹道参数都会使计算结果发生明显变化,内弹道计算结果 P_m、V_g、P_g 与内弹道参数之间确立了明确的函数关系,是隐含的非线性函数关系。在参数取值范围内,内弹道计算结果对 P_m、V_g、P_g 这些参数连续可导,即存在着连续可导的函数关系。为此,可把它们考虑成在这些参数取值范围内的连续函数,即

$$y_j = f_j(x_1, x_2, \cdots, x_i, \cdots, x_s) \\ i = 1, 2, \cdots, s; j = 1, 2, \cdots, k \tag{6}$$

式中:y_j——计算结果 P_m、V_g、P_g 等;

x_i——可调整的内弹道参数 χ、θ、K、f 等;

s——要调整的参数个数;

k——计算结果个数。

2 粒子群算法及其改进

粒子群算法,也称粒子群优化算法或鸟群觅食算法,缩写为 PSO,是近年来由 J. Kennedy 和 R. C. Eberhart 等开发的一种新的进化算法(Evolutionary Algorithm, EA)。PSO 算法属于进化算法的一种,和模拟退火算法相似,它也是从随机解出发,通过迭代寻找最优解,它也是通过适应度来评价解的品质,但它比遗传算法规则更为简单,它没有遗传算法的"交叉"(crossover)和"变异"(mutation)操作,它通过追随当前搜索到的最优值来寻找全局最优。这种算法以其实现容易、精度高、收敛快等优点引起了学术界的重视,并且在解决实际问题中展示了其优越性。粒子群算法是一种并行算法。

2.1 算法原理

PSO 模拟鸟群的捕食行为。设想这样一个场景:一群鸟在随机搜索食物,在这个区域里只有一块食物。所有的鸟都不知道食物在哪里,但是它们知道当前的位置离食物还有多远,那么找到食物的最优策略是什么呢? 最简单有效的就是搜寻目前离食物最近的鸟的周围区域。PSO 从这种模型中得到启示并用于解决优化问题。PSO 中每个优化问题的解都是搜索空间中的一只鸟,我们称之为"粒子",所有的粒子都有一个由被优化函数决定的适应值,每个粒子还有一个速度决定它们飞翔的方向和距离,然后粒子们就追随当前的最优粒子在解空间中搜索。[3]

PSO 初始化为一群随机粒子 P(随机解),然后通过迭代找到最优解。在每一次迭代中,粒子 P 通过跟踪两个"极值"来更新自己。一个就是粒子本身所找到的最优解,这个解叫作个体极值点 pbest,另一个极值是整个种群目前找到的最优解,这个极值是全局极值点 gbest。在找到这两个最优解时,粒子根据如下的公式来更新自己的速度位置:[7]

$$v_{id} = \omega v + c_1 r_1 (p_{id} - x_{id}) + c_2 r_2 (p_{gd} - x_{id}) \tag{7}$$

$$x_{id} = x_{id} + v_{id} \tag{8}$$

式中:w——速度更新权重;

c_1、c_2——学习因子;

r_1、r_2——[0,1] 范围内的均匀随机数。

2.2 速度更新权重 w 的改进

惯性权重 w 体现的是粒子继承先前的速度的能力,Shi.Y 最先将惯性权重 w 引入 PSO 算法中,并分析指出一个较大的惯性权值有利于全局搜索,而一个较小的惯性权值有利于局部搜索。为了更好地平衡

算法的全局搜索与局部搜索能力，其提出了线性递减惯性权重 LDIW（Linear Decreasing Inertia Weight），如式（9）所示：

$$w(k) = w_{start} - (w_{start} - w_{end})(T_{max} - k)/T_{max} \quad (9)$$

式中：w_{start}——初始惯性权重；
　　　w_{end}——迭代至最大次数时的惯性权重；
　　　k——当前迭代次数；
　　　T——最大迭代次数。

一般来说，惯性权值取值为 $w_{start} = 0.9$、$w_{end} = 0.4$ 时的算法性能最好。这样，随着迭代的进行，惯性权重由 0.9 线性递减至 0.4，迭代初期较大的惯性权重使算法保持了较强的全局搜索能力，而迭代后期较小的惯性权重有利于算法进行更精确的局部搜索。线性惯性权重只是一种经验做法，常用的惯性权重的变化规律如图 1 所示。

本文选择 Rule - 4 作为后面算例的惯性权重，其表达式为

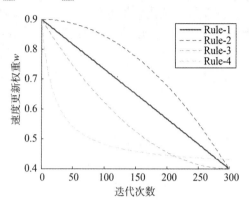

图 1　惯性权重的变化规律

$$w(k) = w_{end}(w_{start}/w_{end})^{(1/1+10*k/T_{max})} \quad (10)$$

2.3　适应度函数

对多目标优化问题，要想使每个目标函数都达到最优值，一般是很难办到的。通常是构造一个综合评价函数，构造成单目标优化问题，以求取一个对每个目标来说都相对最优的有效解。本文使用的适应度函数形式如下：

$$\min f(X) = \sum_{i=1}^{4} \left[\frac{f_i(X) - f_i^*}{f_i^u - f_i^*} \right]^2 \quad (11)$$

其中，f_i^* 是第 i 个分目标的最优值，这里取内弹道的试验值，f_i^u 可采用原始参数计算得到的原始弹道特性值，在实际计算中可根据计算结果做适当调整。

3　算例及分析

由于内弹道方程组只能通过数值方法求解，因此文中采用四阶龙格 - 库塔法（RK - 4）进行内弹道微分方程组的计算。在使用粒子群算法进行参数优化的过程中，计算个体适应度时要调用内弹道方程组的求解程序，算出相应的弹道特性值，然后代入优化模型计算出目标函数值，从而得到该个体的适应度。

根据现有的经验及初步的计算结果可确定各自变量参数的取值范围，见表 1。

表 1　修正参数的取值范围

参数名称	取值范围
药形系数 χ	0.7 ~ 0.8
绝热指数 θ	0.2 ~ 0.3
与火药性能有关的常数 K	1.0 ~ 1.1
火药力 f	1 000 000 ~ 1 100 000

选用的火炮参数以 59 式 57 毫米高射炮设计参数为基础，查阅相关资料可知，其确定的内弹道参数见表 2。参数修正后内弹道参数值与初始参数值的对比见表 3，参数修正后的弹道特征值与初始弹道特征值的对比见表 4。

表 2　确定的内弹道参数

参数名称	数值	参数名称	数值
装药量 w/kg	1.16	发射药密度 ρ/(kg·m^{-3})	1 600
弹丸质量 m/kg	2.8	发射药余容 α/(m^3·kg^{-1})	0.001
身管内膛断面积/m^2	0.002 66	药粒初始半厚度 δ_1/m	0.000 55
弹丸全行程长 l_g/m	3.624	药粒孔径 d/m	0.000 55
药室容积 V_0/m^3	0.001 51	弹丸的启动压力 p_0/Pa	30 000 000

表 3　内弹道参数修正结果

参数名称	初始值	计算值
药形系数 χ	0.750 0	0.740 0
绝热指数 θ	0.200 0	0.202 9
与火药性能有关的常数 K	1.000 0	1.000 0
火药力 f	1 000 000	999 176.78

表 4　内弹道特性值修正结果

内弹道参数	最大压力/MPa	炮口初始/(m·s^{-1})	炮口压力/(m·s^{-1})
试验值	313.00	1 000.00	78.5
初始值	318.03	977.28	76.34
初始误差	1.61%	2.27%	2.75%
符合值	314.66	965.01	77.10
符合误差	0.53%	3.50%	1.78%

从表 4 的计算结果来看，参数修正后的误差之和为 5.81%，而初始误差和为 6.63%，误差减小了 0.82%，说明建立的适应度函数的合理性。参数修正后的理论设计值与试验值吻合度更好，使理论的内弹道曲线具有更高的精度。

4　结论

本文对粒子群算法进行了改进并采用了恰当的速度更新权重，保证了全局搜索和高收敛速度。文中选择了 4 个内弹道参量进行参数修正，实际使用中可根据需要和参数对弹道特性的影响程度选取不同的参数个数。在火炮内弹道参数的修正过程中，实例证明了本文方法收敛速度快、符合精度高，可作为内弹道参数修正的理想方法之一。

参 考 文 献

[1] 张晓东,傅建平,张培林.基于改进遗传算法的内弹道多参数符合计算 [J].弹道学报,2006（4）：41-44.
[2] 时小虎,韩世迁,闵克学,等.基于遗传算法和粒子群优化的混合算法 [J].中国科技论文在线,2006（10）：27.
[3] 徐旭,姜飞.简述粒子群算法的原理及改进 [J].电脑知识与技术,2008（12）：563-578.

[4] 金志明. 枪炮内弹道学 [M]. 北京：北京理工大学出版社, 2004.
[5] 刘宁, 张相炎. 基于遗传算法的火炮内弹道参数修正 [J]. 弹箭与制导学报, 2006 (S4)：772-774.
[6] 徐虎, 冯金富. 基于遗传算法的零维内弹道模型最大膛压的计算 [J]. 航空计算技术, 2006 (3)：132-134.
[7] 李淑香. 基于模拟退火的粒子群算法在函数优化中的应用 [J/OL]. 沈阳工业大学学报, 2019, 41 (06)：664-668：1-6. [2019-06-12].

莱斯利棱镜装置最新研究进展及其应用

卢卫涛,邵新征,付小会,田民强

(西安应用光学研究所,陕西 西安 710065)

摘 要:莱斯利棱镜装置是成对的可围绕公共轴旋转的圆形楔形棱镜,其是一种光学机械光束扫描或指向系统,通过折射对光束进行重新定向,从而可以在更宽的角度范围内连续进行扫描或者成像,具有结构紧凑、转动惯量小、大视场等特点。本文对莱斯利棱镜装置的结构及原理进行了简单的介绍,对近年的最新研究进展进行了详细介绍,最后对莱斯利棱镜装置在导引头、红外眼、光束扫描仪等军事装备方面的应用进行了详细介绍,并对其存在的问题以及将来的进一步发展应用进行了展望。

关键词:莱斯利棱镜;装置;研究进展;军事应用

中图分类号:TH745 **文献标志码**:A

The latest research progress and application of risley prism device

LU Weitao, SHAO Xinzheng, FU Xiaohui, TIAN Minqiang

(Xi'an Institute of Applied Optics, Xi'an 710065, China)

Abstract: The Risley prism device is a pair of circular wedge prisms that can be rotated about a common axis. It is an optomechanical beam scanning or pointing system that redirects the beam by refraction, so that it can be continuous scanning or imaging over a wider range of angles. It is characterized by compact structure, small moment of inertia, large field of view, etc. In this paper, the structure and principle of Risley prism device are briefly introduced. The latest research progress in recent years is introduced in detail. Finally, the application of Risley prism device in military equipment such as seeker, infrared eye and beam scanner is introduced in detail, and its problems and future development applications are prospected.

Keywords: Risley prism; device; research progress; military application

0 引言

1960 年,Rosell 提出了可以应用莱斯利棱镜对产生各种光束扫描模式,从此大家对莱斯利棱镜系统和装置产生了广泛的兴趣[1]。莱斯利棱镜装置是成对的可围绕公共轴旋转的圆形楔形棱镜,其是一种光学机械光束扫描或指向系统,通过折射对光束进行重新定向,从而可以在更宽的角度范围内连续进行扫描或者成像,与其他波束控制技术相比,莱斯利棱镜光束转向系统具有结构紧凑、转动惯量小、指向分辨率高、动力性能好、超稳定运动、大视场(FOV)和高可靠性的特点。因此作为一种新颖的光束扫描或者成像的方法和装置,其越来越多地应用于自由空间光通信、导航设备、光学相干断层扫描、空间观察、生物医学、机械加工、机载搜索和救援、军事红外对抗等领域[2,3]。

1 莱斯利棱镜的结构及原理

莱斯利棱镜是成对的可围绕公共轴旋转的圆形楔形棱镜,其是一种光学机械光束扫描和指向系统,

作者简介:卢卫涛(1985—),男,硕士,高级工程师,E-mail:312226535@qq.com。

通过折射对光束进行重新定向，从而可以在更宽的角度范围内连续进行扫描或者成像。通过在相同的轴上独自旋转每个棱镜楔，原始射线可以转向立体角内的任何位置。其结构如图 1 所示。

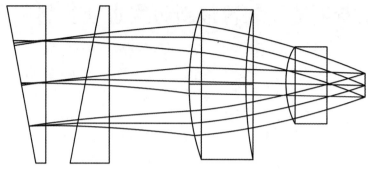

图 1　使用莱斯利棱镜的光学系统结构

光楔的光偏转角计算公式为

$$\beta = \sin^{-1}\{n \times \sin[2\alpha - \sin^{-1}(\sin \alpha/n)]\}$$

式中：β——所要求扫描的视场；
　　　n——光楔材料的折射率；
　　　α——计算出的光楔的楔角。

2　莱斯利棱镜的最新研究进展

2.1　国内进展

2017 年，中国科学院光电技术研究所的 Feng Chen 等发表了题名为"Performance analysis of multi-Gaussian beams steered by rotational Risley-prism-array"（使用莱斯利棱镜阵列旋转控制多高斯光束的性能分析）的文章，文章指出旋转莱斯利棱镜阵列系统是实现高功率和高光束质量偏转激光输出的有效方法。为了揭示偏转光束的质量性能，本文详细研究了在偏转方向上的光束压制以及基于旋转莱斯利棱镜阵列的六角分布的 7-高斯光束阵列的远场能量中心性能。通过使用非傍轴光线追迹法计算了基于棱镜的旋转角度的输出光束指向位置的解析公式。然后，基于扩展的惠更斯-菲涅耳原理推导出了强度传播的表达式。从辐照度分布和在焦平面上的 PIB 曲线能够看出，定量模拟表明光束压制会随着偏转角度的增加更加明显。随着传播距离的增加，能量中心性减小，填充因子减小，但是偏差角增大。数学模型和计算结果可以对光学工程应用提供一定的参考[4]。

2016 年，同济大学机械工程学院的 Anhu Li 等发表了题名为"An overview of inverse solution expressions for Risley-prism-based scanner"（基于莱斯利棱镜的扫描仪的逆解表达式综述）的文章，文章概述了基于莱斯利棱镜的扫描仪的各种逆解方法的优缺点。根据一些给定的目标轨迹，分别研究了通过 4 种不同的逆解方法得到的计算精度和计算消耗时间，反映了计算的复杂性和条件适用性。同时，相互比较了通过 4 种方法对相同目标轨迹的相应扫描精度。本文概述了不同逆解方法的局限性并评估了不同的方法在特定光束扫描中的应用[5]。

2016 年，北京航空航天大学精密光机电一体化技术教育部重点实验室的 Hao Zhang 等发表了题名为"General model for the pointing error analysis of Risley-prism system based on ray direction deviation in light refraction"（基于光折射中的光线方向偏差的莱斯利棱镜系统指向误差分析的一般模型）的文章，文章概述了基于莱斯利棱镜的光束转向设备提供卓越的指向精度，并用于成像激光雷达和成像显微镜。基于光折射中光线方向的偏差提出了一种用于莱斯利棱镜指向误差分析的通用模型。该模型捕获入射光束偏差、装配偏转和棱镜旋转误差。文章首先推导出了模型的传输矩阵。然后，文章通过模型分析了不同误差的累积效应。模型的准确性研究表明当误差幅度为 0.1°时，不同误差的指向误差预测偏差小于 4.1×10^{-5}°。误差的详细分析表明，不同的误差源会对不同角度的指向精度产生影响，并且主要的误差源为入射光束偏转。当棱镜沿着主轴倾斜时，将对指向精度产生相对大的影响。多个误差的累积效应分析表明可以通过在相同方向上调整轴承倾斜以减少指向误差。当旋转误差的累积效应相对较大时，这两个棱镜旋转角度的差值等于 0 或 π，而当差值等于 π/2 时它相对较小。这些结果的新颖性表明，文章的分析有助于揭示误差分布并有助于莱斯利棱镜系统的测量校准[6]。

2018 年，台湾中央大学光学与光子学系的 Shian Fu Lai 等发表了题名为"Double – wedge prism scanner for application in thermal imaging systems"（双楔形棱镜扫描仪在热成像系统中的应用）的文章，文章介绍了由两个楔形棱镜组成的莱斯利棱镜，并且给出了其四种组合形式。同时文章提到，在双楔形棱镜扫描仪中，两个楔形棱镜的中心与光轴对齐，因此，光学系统和机械结构比较简单。与传统的扫描仪相比，其装置紧凑、坚固，并且对振动和摆动不敏感。但是其偏离角度和旋转角度之间的关系不是线性的，扫描图案的轨迹是非直线的。因此，到目前为止，双光楔棱镜很少用于一维扫描仪的成像系统。这篇文章对双楔形棱镜的光学特性进行了介绍，并对上面提到的问题提出了解决方法，实验结果表明双楔形棱镜能够作为一维扫描仪在成像系统中使用[7]。

2.2 国外进展

2017 年，墨西哥瓜达拉哈拉大学电子系的 A. Beltran – Gonzalez 等发表了题名为"Forward and inverse solutions for Risley prism based on the Denavit – Hartenberg methodology"（基于 D – H 方法的莱斯利棱镜正反解）的文章，文章研究了用于指向和扫描光束系统的莱斯利棱镜对的正向和反向解决方案。提出了一种更有效和更快速的算法并且比较了具有两个自由度的机器人系统的莱斯利棱镜系统。该方程组将每个莱斯利棱镜单独控制为两个链接的平面机械臂。为了评估在指向系统中实现的算法，执行了流行的例程，如线性、螺旋和循环轨迹。对于双元件莱斯利棱镜使用正向和反向解决方案，也可以指向用户指定的坐标，只要他们位于工作区的指针区域内。实验结果对作者提出的提案进行了验证[8]。

2017 年，加拿大国防研究与发展部和 Neptec Technologies 公司的 Gilles Roy 等发表了题名为"Evaluation of a steerable 3D laser scanner using a double Risley prism pair"（使用双莱斯利棱镜对评估可控 3D 激光扫描仪）的文章，文章指出，基于莱斯利棱镜对的激光扫描仪具有多种优势，包括多种扫描模式生成、非重叠模式以及在中心周围产生高数据密度的锥形视场（FOV）。棱镜的几何形状和材料特性限定了传感器的锥形视场，其通常可设定在 15°到 120°之间。但是，一旦定义了棱镜，就不能改变视场。Neptec Technologies 公司与加拿大国防研究与发展部合作开发了一种使用两对莱斯利棱镜的独特扫描仪原型。第一对定义了一个小的 30°视场，然后通过使用第二队棱镜将其转向更大的 90°关注场。这提供了高分辨率扫描模式的优势，可以快速随机地转向更大的区域，无须机械转向设备。最近在尤马试验场对该双莱斯利棱镜对原型进行了评估，扫描仪位于塔顶，俯瞰各种类型的目标。在清晰和多尘的条件下呈现关注场内移动的高分辨率视场[9]。

3 莱斯利棱镜装置在军事装备方面的应用

3.1 导引头

2018 年，美国专利局公开了洛克希德马丁公司的专利 US10077971B1，专利名为"Risley prism line – of – sight control for strapdown missile"（用于捷联式导弹的莱斯利棱镜瞄线控制），专利内容提到，导弹导引头需要一个大的关注区域（FOR）来获取和跟踪不在导弹中心线上的目标。此外，导引头需要窄视场（NFOV）来获得自动目标识别/自动目标相关功能所需的目标像素。FOR 与 FOV 的高比率排除了大多数导弹导引头应用中的捷联解决方案。为了解决这一问题，此发明给出了一种导弹导引头及导弹搜索方法，使用一对莱斯利棱镜折射光，并使用瞄线控制单元来调整该棱镜对。棱镜和控制单元可以集成到导弹导引头/捷联导弹中。本发明使用莱斯利棱镜对解决 LOS 指向方面的问题以使 LOS 越过 FOR。电子稳定和莱斯利棱镜的结合可以显著降低成本，减少运动部件，减少导弹导引头的失效点。图 2 所示为本发明的视线控制中使用莱斯利棱镜对的示意图[10]。图 3 所示为美国专利局公开的雷声公司的专利 US6343767B1 中使用莱斯利棱镜的导弹导引头[11]。

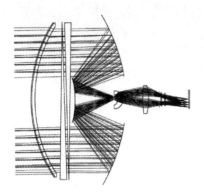

图 2　专利 US10077971B1 公开的视线控制中使用莱斯利棱镜对的示意图

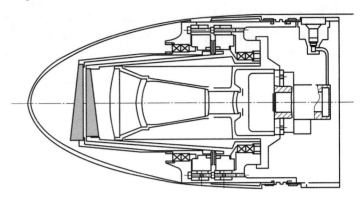

图 3　专利 US6343767B1 公开的使用莱斯利棱镜的导弹导引头

3.2　红外眼

红外眼的目的是提高夜间和恶劣天气下执行监视和搜救任务的能力,不仅仅是提供红外或热成像仪,而是提供更适合这类任务和用户要求的系统。为了有效执行这类任务,尤其在机载环境中,为使操作员一直保持环境感知,缩短搜索时间,任务系统需要大覆盖面。同时,操作员也需要高分辨率能力以便能辨认探测到的目标。这些要求与一个仅用传统光学系统的摄像机是相互矛盾的,因为宽视场通常意味着低分辨率,对辨认任务不利。而且,由于这类任务可能会持续数小时,操作员要高度集中注意力,因此必须优化用户界面以避免不必要的疲劳。红外眼方案的研制就是为了满足这些特殊要求。红外眼是在加拿大国家搜救书记处支持下研制的,旨在提高机载搜索、救援、监视行动的效率。红外眼方案以人眼为基础,同时使用两个视场以优化覆盖面和探测能力。为了实现这个目标,红外眼集成了两个摄像机:一个水平宽视场(WFOV)的摄像机用于搜索和跟踪;另一个水平窄视场摄像机提供更高分辨率和识别能力,图 4 给出了摄像机和偏移的莱斯利棱镜。由于棱镜对用在以大红外带宽工作的摄像机前面,每个棱镜必须含 1 个以上玻璃材料以便校正像差。借助眼睛跟踪系统使 NFOV 在 WFOV 内随操作员视线移动。两个摄像机的图像经过融合同时显示在高分辨率显示器单元上,显示单元与眼睛跟踪单元相连接以优化人机接口。NFOV 在 WFOV 内的移动是用一对相同的旋转棱镜(或楔镜,称作莱斯利棱镜、扫描棱镜或指向棱镜)实现的,图 5 所示为红外眼摄像机头[12,13]。

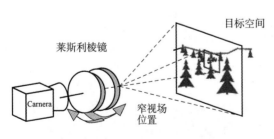

图 4　摄像机和偏移的莱斯利棱镜

图 5　带 WFOV 和 NFOV 摄像机和莱斯利棱镜的红外眼光学头

3.3　光束扫描仪

2015 年,美国专利局公开了 BAE 系统公司的专利 US9140901B2,专利名为"Ultra wide band achromatic Risley prism scanner"(超宽波段消色差莱斯利棱镜扫描仪),专利公开了一种对宽波段进行扫描的系统和方法，装置包括3个一组的棱镜对，如图6所示，每个3个一组的棱镜对都包括由不同的光学材料形成的楔形棱镜，对这些楔形棱镜的相对位置、光楔角度和光学材料进行优化从而使通过所有元件的光线进行汇聚[14]。

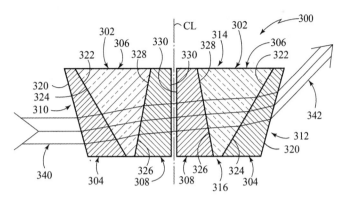

图6　专利US9140901B2用于提供宽波段消色差光束扫描的三元件棱镜对

4　存在的问题及展望

采用莱斯利棱镜进行扫描的系统的运动机构少于双反射镜等其他方案的系统，由于没有大范围的运动机构，其口径可以较大，方案的尺寸小且结构紧凑，容易实现，虽然能够在极窄的范围内完成大范围的扫描，但是其瞄线运动控制规律比较复杂。而且鉴于尺寸和重量限制，通常使用超大孔径莱斯利棱镜将光束导向高分辨率的单个远点是不切实际的。另外由于两个光楔的不对称性，对光线的偏转不可能完全一样，因而在光轴始终有一个偏差不能完全消除。目标靠近光轴中心时，为了跟踪目标，双光楔的旋转速度趋于无穷，因而不能精确跟踪接近光轴的目标。因此为了解决以上问题，可以增加第三个光楔或者采用旋转莱斯利棱镜阵列系统，以消除两个光楔的零位偏差，且可以跟踪在视场中任何位置的运动目标。

参 考 文 献

［1］ROSELL F A. Prism scanner［J］. J. Opt. Soc. Am.，1960，50：521－526.

［2］高飞，王苗. 双光楔光轴指向调整技术［J］. 光电工程，2018，45（11）：1－7.

［3］吕溥，韩国华. 双光楔在激光测距机光轴校正中的应用［J］. 激光技术，2012，36（2）：151－159.

［4］CHEN Feng，MA Haotong，DONG Li，et al. Performance analysis of multi－Gaussian beams steered by rotational Risley－prism－array［M］. 2017 Proc. SPIE 10462，Optical Sensing and Imaging Technology and Application，104621Q：1－8.

［5］LI Anhu，SUN Wansong，YI Wanli. An overview of inverse solution expressions for Risley－prism－based scanner ［M］. 2016 Proc. SPIE 9947，Current Developments in Lens Design and Optical Engineering XVII，99470Z：1－10.

［6］ZHANG Hao，YUAN Yan，SU Lijuan，et al. General model for the pointing error analysis of Risley－prism system based on ray direction deviation in light refraction［M］（2016）Proc. SPIE 9684，8th International Symposium on Advanced Optical Manufacturing and Testing Technologies：Optical Test，Measurement Technology，and Equipment，96842B：1－11.

［7］LAI Shian Fu，LEE ChengChung. Double－wedge prism scanner for application in thermal imaging systems［J］. Applied optics，2018，57（22）：6290－6299.

［8］BELTRAN－GONZALEZ A，GARCIA－TORALES G，STROJNIK M，et al. Forward and inverse solutions for Risley prism based on the Denavit－Hartenberg methodology［M］. 2017 Proc. SPIE 10403，Infrared Remote Sensing and Instrumentation XXV, 1040311: 1 – 10.

[9] CHURCH P, MATHESON J, CAO Xiaoying, et al. Evaluation of a steerable 3D laser scanner using a double Risley prism pair [M] (2017) Proc. SPIE10197, Degraded Environments: Sensing, Processing, and Display 2017, 101970O: 1 – 9.

[10] TENER G D, HAWKINS A H. Risley prism line – of – sight control for strapdown missile: US10077971B1 [P]. 2018 – 09 – 18.

[11] SPARROLD S W, MILLS J P, PAIVA R A, et al. Missile seeker having a beam steering optical arrangement using risley prisms: US6343767B1 [P]. 2002 – 02 – 05.

[12] LAVIGNE V, CHEVRETTE P C, RICARD B, et al. Step – stare technique for airborne high – resolution infrared imaging [M] (2004) Proc. SPIE 5409, Airborne Intelligence, Surveillance, Reconnaissance (ISR) Systems and Applications.

[13] RICARD B, CHEVRETTE P, PICHETTE M. Infrared Eye: prototype 2 [C]. 2002 TM 2002 – 171 DRDC Valcartier.

[14] STAVER P R. Ultra wide band achromatic Risley prism scanner: US9140901B2 [P]. 2015 – 09 – 22.

典型发烟剂烟气扩散数值仿真

杨尚贤,陈慧敏,高丽娟,马 超,齐 斌,邓甲昊

(北京理工大学 机电动态控制重点实验室,北京 100081)

摘 要:为得到发烟剂烟气扩散的浓度分布规律,基于离散相扩散模型,采用 Fluent 流体分析软件对一种发烟剂的烟气释放与扩散过程进行仿真模拟,分析了时间、风速等因素对烟气释放后不同阶段的外形形态、扩散速度、浓度分布等的影响规律。结果表明:烟气在喷涌阶段成伞状,停止喷涌时烟气成团状并存在一个明显的烟环。一定速度的风使烟羽倾斜,加快烟气扩散,提高遮蔽效果,仿真找到发烟剂的最佳使用风速为 $2 \sim 3 \text{ m} \cdot \text{s}^{-1}$。

关键词:离散相;Fluent;发烟剂;烟气浓度场

中图分类号:TJ53 **文献标志码**:A

Numerical simulation of smoke diffusion of typical smoke agent

YANG Shangxian, CHEN Huimin, GAO Lijuan, MA Chao, QI Bin, DENG Jiahao

(Science and Technology on Electromechanical Dynamic Control Laboratory, Beijing Institute of Technology, Beijing 100081, China)

Abstract: In order to get the concentration distribution law of smoke agent diffusion, based on discrete phase diffusion model, this paper adopts Fluent fluid analysis software to simulate the smoke release and diffusion process of a smoke agent. The influence of time, wind speed and other factors on the shape, diffusion velocity and concentration distribution of flue gas at different stages were analyzed. The results show that the smoke forms an umbrella at the spurting stage, and when the spurting stopped, the smoke formed a group, and there was an obvious ring inside the smoke group. The wind at a certain speed inclines the plume, speeds up the diffusion of smoke, and improves the shielding effect. Simulation results show that the optimal use wind speed of the smoke agent is $2 \sim 3 \text{m} \cdot \text{s}^{-1}$.

Keywords: discrete phase; Fluent; smoke agent; smoke concentration field

0 引言

烟幕能够在一定时间和空间范围内对可见光、激光、毫米波等形成有效干扰和衰减。同时,人工烟幕释放操作简单、成本低廉,在现代战争领域获得了迅猛发展与广泛应用,研究烟幕的释放扩散规律和浓度场分布状态具有重要意义[1,2]。

烟气的扩散研究方面,周进等[3]以湍流大涡算法对设置挡烟垂壁的防护工程烟气扩散情况进行了仿真研究。王江丽[4]对地下娱乐建筑发生火灾时烟气流动进行模拟,分析烟气流动状态并与机械排风进行

基金项目:国家自然基金项目(U1630131)。
作者简介:杨尚贤(1990—),男,博士研究生,E-mail:focus_ysx@163.com;
陈慧敏(1973—),男,副教授,博士,E-mail:laserchm@126.com。

比较。周进、王江丽[3,4]没有对烟气的扩散进行分阶段研究。马超等[5]用瞬时点源模拟爆炸烟雾,基于高斯烟团模式进行建模仿真,得到烟雾浓度分布规律,但该方法忽略了烟气扩散之前的烟团体积。何帆等[6]研究了风速和风向对爆炸式催泪弹烟雾扩散的影响,但对烟气扩散形状没有展开描述。本文基于计算流体力学,应用 Fluent 流体分析软件对一种发烟剂的烟气释放和扩散过程进行仿真模拟,分析时间、风速等因素对烟气形状、烟气浓度场分布状态的影响,为人工烟幕释放提供理论指导,并为进一步研究激光在烟气中的传输特性提供基础。

1 烟气扩散数值模型

烟气扩散过程属于典型的离散相扩散模型,要同时考虑气流流动和烟尘颗粒的扩散运动来建立数学模型。

1.1 气流数值模型

气流在上升过程中受到迎面空气的作用(包括空气介质的阻力、能量的交换)和上升流本身的扩散作用。设定流场速度在三个坐标轴方向的分量 u,v,w,温度场参数 T,流场的压力 P。烟气扩散过程遵循质量守恒定律、能量守恒定律和动量守恒定律。另外,烟气的流动状态属于湍流流动,工程中常用雷诺时间平均方程来描述湍流状态,基本思想是通过 $k-\varepsilon$ 双方程模型表示时间平均方程中流体的瞬时脉动量[7]。如下是相关的数学模型:

质量守恒方程为

$$\frac{\partial \rho}{\partial t} + \frac{\partial}{\partial x_i}(\rho v_i) = S_m \tag{1}$$

能量守恒方程为

$$\frac{\partial}{\partial t}(\rho c_p T) + \frac{\partial}{\partial x_i}(\rho v_i c_p T) = \frac{\partial}{\partial x_i}\left(\lambda \frac{\partial T}{\partial x_i}\right) + S_T \tag{2}$$

动量守恒方程为

$$\frac{\partial}{\partial t}(\rho u_i) + \frac{\partial}{\partial x_j}(\rho u_i u_j) = -\frac{\partial p}{\partial x_i} + \frac{\partial}{\partial x_j}\left[(\mu + \mu_t)\left(\frac{\partial u_j}{\partial x_i} + \frac{\partial u_i}{\partial x_j}\right)\right] \tag{3}$$

式中:$\mu_t = \rho C_\mu k^2 / \varepsilon$。

k 方程为

$$\frac{\partial(\rho k)}{\partial t} + \frac{\partial(\rho k u_i)}{\partial x_i} = \frac{\partial}{\partial x_j}\left[\left(\mu + \frac{\mu_t}{\sigma_k}\right)\frac{\partial k}{\partial x_j}\right] + G_k - \rho\varepsilon \tag{4}$$

ε 方程为

$$\frac{\partial(\rho\varepsilon)}{\partial t} + \frac{\partial(\rho\varepsilon u_i)}{\partial x_i} = \frac{\partial}{\partial x_j}\left[\left(\mu + \frac{\mu_t}{\sigma_\varepsilon}\right)\frac{\partial \varepsilon}{\partial x_j}\right] + \frac{C_{1\varepsilon}\varepsilon}{k}G_k - C_{2\varepsilon}\rho\frac{\varepsilon^2}{k} \tag{5}$$

式中:$G_k = \mu_t\left(\frac{\partial u_i}{\partial x_j} + \frac{\partial u_j}{\partial x_i}\right)\frac{\partial u_i}{\partial x_j}$。

以上方程中,ρ 是空气密度,$kg \cdot m^{-3}$;c_p 是空气的定压比热容,$J/(kg \cdot ℃)$;λ 是气体的导热系数,$W/(m \cdot ℃)$;k 是湍流动能,$m^2 \cdot s^{-2}$;ε 是耗散率,$m^2 \cdot s^{-3}$;μ 是层流黏度系数,$Pa \cdot s$;μ_t 是湍流黏度系数,$Pa \cdot s$;G_k 是由平均速度梯度导出的湍流动能,$kg \cdot (s^{-3} \cdot m^{-1})$;$x_i$、$x_j$ 为湍流模型的张量表示形式,i,$j = 1$、2、3,代表 x、y、z 的3个不同方向;$C_{1\varepsilon}$、$C_{2\varepsilon}$、C_μ、σ_ε、σ_k 的值分别为 1.44、1.9、0.09、1、1.3。另外,源项 S_m 是持续流入的气体质量,kg;源项 S_T 是持续流入的气体热量,J。

1.2 烟尘数值模型

应用 Fluent 流体分析软件中嵌套的离散相模型模拟烟尘颗粒的扩散运动。离散相模型是遵循欧拉 – 拉格朗日法的两相流数值模型,该模型将流体视为连续相,在拉格朗日坐标下对颗粒作用力微分方程进行积分来求解颗粒的运动轨道。在笛卡儿坐标系中,颗粒的作用力平衡方程和轨迹方程(x方向)描述如下:

$$\frac{\mathrm{d}u_p}{\mathrm{d}t} = F_D(u_l - u_p) + \frac{g_x(\rho_p - \rho)}{\rho_p} + F_x \quad (6)$$

$$\frac{\mathrm{d}x}{\mathrm{d}t} = u_p \quad (7)$$

式中:u_l、u_p——流体相速度、颗粒速度,$m \cdot s^{-1}$;

ρ_p——颗粒堆积密度,$kg \cdot m^{-3}$;

$F_D(u_l - u_p)$——颗粒的单位质量曳力函数;

$g_x(\rho_p - \rho)/\rho_p$——颗粒的单位质量重力与浮力之差;

F_x——单位质量的其他作用力。

对式(6)在离散的时间步长上逐步积分就得到颗粒轨道上每一个位置上的颗粒速度,对式(7)沿每个坐标方向积分求解即得到颗粒相的轨迹。

2 物理模型和基本参数设置

在数值求解前建立物理模型并进行数值模拟参数的设置,物理模型和参数设置的精度决定了数值模拟结果的准确性与可靠性。

2.1 物理模型与网格划分

烟气的生成过程是发烟材料燃烧的过程,而燃烧是复杂的化学反应。由于本文研究的重点是烟气的空间分布与扩散状态,故而对发烟材料的燃烧过程不做分析。仿真模型简化为带有一定初始速度的高温烟气从发烟罐底部涌出,并在空间中扩散。图1所示为发烟罐物理模型和计算域。

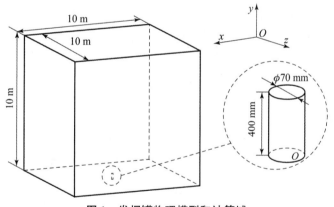

图1 发烟罐物理模型和计算域

发烟罐模型为直径70 mm、高400 mm的圆柱,上端开口,下端封闭并置于地面上。计算域为10 m×10 m×10 m的立方体。参考坐标系$O-xyz$如图1所示,发烟罐底部中心为坐标原点O。

利用ICEM软件对上述几何模型进行网格划分,发烟罐表面附近由于速度、温度梯度大,对其网格进行了加密,远离发烟罐的区域对计算精度要求不高,网格以一定的增长率逐渐变疏以减小计算量。另外,在Fluent流体分析软件中转化为多面体网格,并对网格进行光滑操作。图2所示为计算域网格划分结果,最终计算域网格数量为28 627个,其中网格质量优于0.71和0.64的网格分别占95%和99%。

2.2 基本参数设置

发烟材料燃烧释放的热量使得烟气的初始温度可达到500~600 ℃。同时,热气流的上升使得烟气在垂直方向具有一定的初始速度,为3~8 m/s。仿真条件设置如表1所示。

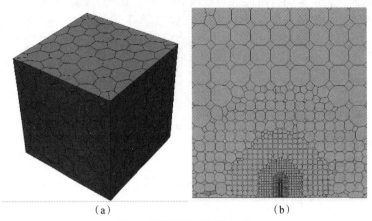

图 2 计算域网格划分结果
(a) 网格外观；(b) z=0 处网格截面

表 1 仿真条件设置

条件类别	参数类别	设定
气相条件	成分	空气
	初始速度/(m·s^{-1})	5
	初始温度/℃	600
离散相条件	堆积密度/(kg·m^{-1})	100
	比热/(J·kg^{-1}·K^{-1})	1 680
	粒径范围/μm	3~26
	粒径分布函数	Rosin - Rammler
	入射起始位置	发烟罐底面
	初始速度/(m·s^{-1})	5
	质量流率/(mg·s^{-1})	1
边界条件	发烟罐底面	velocity - inlet
	发烟罐壁面	wall
	地面	wall
	其余壁面	pressure - outlet

3 仿真结果和讨论

3.1 不同时刻的烟气扩散分析

分析烟气从开始释放到一定时间之后的扩散状态，选择瞬态计算模型进行仿真。发烟剂的烟气扩散过程分成两个阶段：0~10 s 烟气持续从发烟罐底部喷涌，10~100 s 停止喷涌，烟气在自由空间中扩散。沿 z=0 做截面观察烟气质量浓度分布，结果如图3、图4 所示。

由图3可以看出，随着烟气的持续喷涌，烟羽体积逐渐增大，外形呈伞状。这是因为没有受到障碍物和风力等干扰，烟羽中轴线周围压力保持平衡。同时，高温烟气在上升过程中遇到冷空气阻力并进行热量的传递。在发烟罐出口正上方，持续的烟气供给为烟羽轴线部位提供热量，因此轴线部位的烟羽温度下降不明显并能够以较快的速度向上喷涌。而扩散到轴线周围的烟气不能得到持续的烟气供给，因此降温较快，扩散速度也明显减慢。烟羽中轴线附近质量浓度明显比周围质量浓度要高。

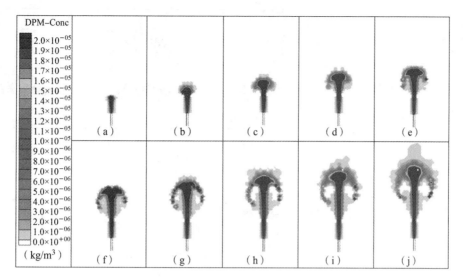

图 3　0~10 s 烟气质量浓度分布

(a) $t=1$ s；(b) $t=2$ s；(c) $t=3$ s；(d) $t=4$ s；(e) $t=5$ s；
(f) $t=6$ s；(g) $t=7$ s；(h) $t=8$ s；(i) $t=9$ s；(j) $t=10$ s

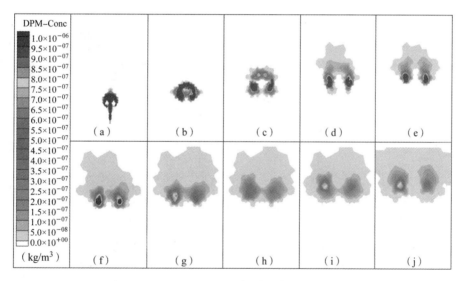

图 4　10~100 s 烟气质量浓度分布

(a) $t=10$ s；(b) $t=20$ s；(c) $t=30$ s；(d) $t=40$ s；(e) $t=50$ s；
(f) $t=60$ s；(g) $t=70$ s；(h) $t=80$ s；(i) $t=90$ s；(j) $t=100$ s

由图 4 可以看出，烟气停止喷涌后，烟羽持续扩散并呈团状。烟云中轴线扩散速度较快，导致中间烟气稀薄、周围烟气浓厚，并围绕中轴线形成一个相对浓厚的烟环。扩散阶段前 50 s 烟云上升速度较快，而后 50 s 的上升速度明显较慢。

3.2　不同风速下烟气扩散分析

发烟罐在户外开放空间使用，环境中的风极易对烟气的扩散状态造成影响，进而影响发烟罐的遮蔽效果。对不同风速下的烟气质量浓度分布进行仿真分析，分别设定风速为 0.5 m·s^{-1}、1 m·s^{-1}、1.5 m·s^{-1}、2 m·s^{-1}、3 m·s^{-1}、5 m·s^{-1}、10 m·s^{-1}、15 m·s^{-1}，风向沿 x 轴负方向。烟气喷涌时间为 10 s，仿真总时间为 10 s。取不同风速下第 5 s 和第 10 s 的烟气质量浓度分布状态进行对比，沿 $z=0$ 做截面观察，结果如图 5、图 6 所示。

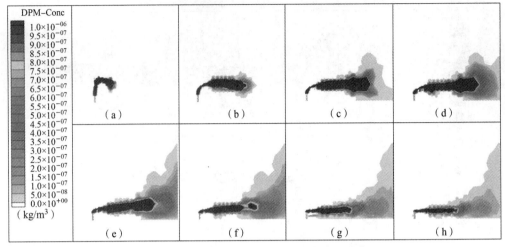

图 5　不同风速下 5 s 时的烟气质量浓度分布

(a) $v=0.5$ m·s^{-1}；(b) $v=1$ m·s^{-1}；(c) $v=1.5$ m·s^{-1}；(d) $v=2$ m·s^{-1}；
(e) $v=3$ m·s^{-1}；(f) $v=5$ m·s^{-1}；(g) $v=10$ m·s^{-1}；(h) $v=15$ m·s^{-1}

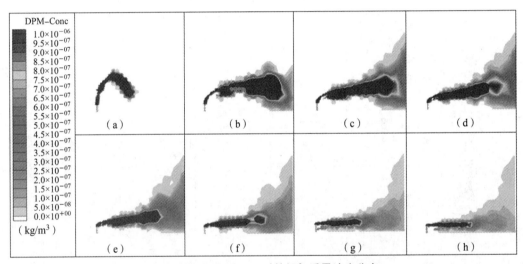

图 6　不同风速下 10 s 时的烟气质量浓度分布

(a) $v=0.5$ m·s^{-1}；(b) $v=1$ m·s^{-1}；(c) $v=1.5$ m·s^{-1}；(d) $v=2$ m·s^{-1}；
(e) $v=3$ m·s^{-1}；(f) $v=5$ m·s^{-1}；(g) $v=10$ m·s^{-1}；(h) $v=15$ m·s^{-1}

可以看到，风使得烟羽发生了倾斜，且随着风速的增加烟羽倾斜幅度增加。这有利于烟气较大范围弥漫于低空，有效提高遮蔽效果。当风速小于 3 m·s^{-1} 时，10 s 时刻的烟羽明显长于 5 s 时刻的烟羽，且扩散范围更大，而当风速超过 3 m·s^{-1} 后则差异不大，即 5 s 时刻就已经达到了稳定扩散状态。这是由于风能加快烟气的扩散，使烟气在较短时间内达到稳定扩散状态，快速增大遮蔽范围。但是当风速增加到一定程度又会造成烟气被急剧吹散，烟气质量浓度太低，遮蔽效果下降。对比风速为 5 m·s^{-1}、10 m·s^{-1}、15 m·s^{-1} 时的烟气质量浓度分布，可以发现遮蔽范围和空间浓度依次降低。另外，风速在 2 m·s^{-1} 和 3 m·s^{-1} 左右时，发烟剂释放的烟气能在较短的时间内达到稳定扩散状态，且在稳定扩散时具有较大的遮蔽范围和较高的空间浓度。因此，可以认为发烟剂的最佳使用风速为 2~3 m·s^{-1}。

4　结论

本文基于离散相扩散理论建立了一种发烟剂烟气扩散的仿真模型，应用 Fluent 流体分析软件分析了烟气扩散不同阶段、不同时刻的浓度分布状态。在喷涌阶段烟气成伞状，停止喷涌时烟气成团状并存在一个明显的烟环。对比了不同风速下 5 s 和 10 s 时刻的烟羽形状、烟气质量浓度分布状态，得到风速在

$2\sim3~m\cdot s^{-1}$时发烟剂具有最佳的遮蔽效果。

参 考 文 献

[1] 梁柳,徐迎,金丰年. 烟幕干扰技术综述 [J]. 现代防御技术,2007,35 (4):22-26.

[2] 李澄俊. 现代战场上主战坦克的烟幕干扰防护 [J]. 南京理工大学学报,1994,78 (6):81-84.

[3] 邓忠凯,茅靳丰,周进. 基于湍流大涡算法的防护工程火灾烟气扩散仿真研究 [J]. 微型机与应用,2017,36 (17):12-14.

[4] 王江丽. 地下娱乐建筑烟气扩散CFD模拟与烟气控制研究 [D]. 西安:西安建筑科技大学,2007.

[5] 马超,陈慧敏,王凤杰,等. 基于高斯烟团模式的爆炸烟雾浓度分布特性仿真 [J]. 制导与引信,2017,38 (3):4-9.

[6] 何帆,何凯凯,黄东,等. 风对某型爆炸式催泪弹烟雾扩散特性的影响分析 [J]. 军械工程学院学报,2016,28 (5):25-29.

[7] 张琼雅. 城镇天然气管道泄漏扩散的CFD模拟及后果分析 [D]. 重庆:重庆大学,2013.

光电稳定平台精准轻质配平技术研究

王章利，张　燕，左晓舟，管　伟，杨海成，王中强

(西安应用光学研究所，西安　710065)

摘　要：为了消除光电稳定平台不平衡力矩对其稳瞄精度的影响，提出了两轴四框架稳定平台内环组件精准轻质配平的方法。在静平衡分析的基础上，提出了配平工艺路线，利用质心测量仪测出组件的质心，通过静平衡计算和模拟分析，得到质心处于回转轴上时配重块的最佳重量和位置，指导配平操作。通过实际产品装配测试，表明了该方法的有效性。

关键词：光电稳定平台；配平；质心测量；静平衡

中图分类号：7H741　**文献标志码**：A

Research on precise lightweight balancing technology of photoelectric stabilized platform

WANG Zhangli, ZHANG Yan, ZUO Xiaozhou, GUAN Wei, YANG Haicheng, WANG Zhongqiang

(Xi'an Institute of Applied Optics, Xi'an 710065, China)

Abstract: In order to eliminate the influence of unbalanced torque on the stable sight accuracy of the photoelectric stabilized platform, a method of precise lightweight balancing for the inner ring components of the stabilized platform with two axes and four frames was proposed. On the basis of static balance analysis, the balancing process route is put forward, and the center of mass of the component is measured by the center of mass measuring instrument. The test results show the effectiveness of this method.

Keywords: photoelectric stabilized platform; balancing; center of mass measurement; static balance

0　引言

光电稳瞄系统集可见光、红外、激光等多种载荷于一体，要求在复杂运动或振动环境下实现快速响应、远距离感知、高精度跟踪及精确制导能力。在工作时，系统的视轴始终精确指向目标，两轴四框架光电稳定平台的内环组件是保证视轴稳定的重要组件。由于设计、制造上的误差以及零部件质量与位置的不确定性，产品装配的质心难以位于回转轴的交点上。由此产生的不平衡力矩加大在复杂运动或振动环境下的惯性力、扰动力矩及系统颤振，造成系统在跟踪过程中图像的抖动或漂移，降低系统的稳瞄精度，甚至引起目标的丢失。不平衡力矩随着系统加速度的增加而增加，会加剧运动副的磨损，导致受力不均、强迫振动，带来潜在危险，降低系统的可靠性和使用寿命。因此，必须对稳定平台进行精确配平。

关于配平问题，国内外学者进行了相关研究和分析，有静平衡法、动平衡法、不平衡力矩法等多种方法。本文在前人研究的基础上，提出了采用质心测量法和计算机模拟分析对光电稳定平台的内环组件进行配平，准确地量化配重块重量和位置，使回转轴系达到静平衡状态，通过实际产品装配测试验证了该配平方法的有效性。

作者简介：王章利 (1981—)，男，硕士，高级工程师，E-mail: ewzl@163.com。

1 静平衡分析

1.1 坐标系定义

光电稳瞄系统虽然形状各异、功能不同，但稳定平台多采用俯仰与方位两轴系正交的两轴四框架结构。这种结构如图 1 所示，由内俯仰框架、内方位框架（含光电载荷）构成内环组件，外俯仰框架和外方位框架构成外环组件。内环组件在俯仰和方位上一般有 ±5° 的回转运动，外环组件可在俯仰和方位上做大角度回转。内环组件的主要作用是精确稳定光电载荷（热像观瞄仪、电视观瞄仪、激光测距机等载荷安装于内方位框架）的视轴。回转过程中，不平衡力矩带来的扰动是影响稳瞄精度的重要因素。

为便于讨论，对内环组件建立图 2 所示的坐标系。以两回转轴线及视轴建立坐标系 $oxyz$，$ox_iy_iz_i$ 为内方位框架（含载荷）自身坐标系，$ox_oy_oz_o$ 为内俯仰框架自身坐标系。

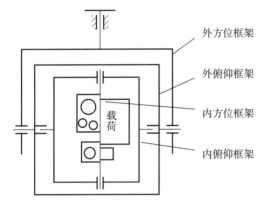

图 1 两轴四框架稳定平台结构示意图

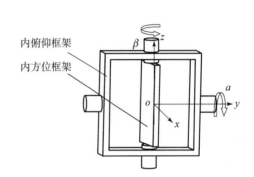

图 2 稳定平台内环组件坐标系

1.2 静平衡条件

配平操作就是要快速确定最佳配平位置和配平重量，使内环组件的质心处于回转轴上，减小质心偏带来的不平衡力矩。当内俯仰框架绕 y 轴旋转 α 时，坐标系 $ox_oy_oz_o$ 相对于 $oxyz$ 的旋转矩阵为

$$\boldsymbol{T}_o = \begin{bmatrix} \cos\alpha & 0 & \sin\alpha \\ 0 & 1 & 0 \\ -\sin\alpha & 0 & \cos\alpha \end{bmatrix}$$

内方位框架自身绕 z 轴旋转 β 时，其坐标系 $ox_oy_oz_o$ 相对于 $oxyz$ 的旋转矩阵为

$$\boldsymbol{T}_i = \begin{bmatrix} \cos\alpha\cos\beta & -\sin\beta & \cos\alpha\sin\beta \\ \cos\alpha\sin\beta & \cos\beta & \sin\alpha\sin\beta \\ -\sin\alpha & 0 & \cos\alpha \end{bmatrix}$$

设内方位框架、内俯仰框架各自坐标系下的质心位置向量分别为

$$\boldsymbol{c}_i = (x_i, y_i, z_i)^T, \boldsymbol{c}_o = (x_o, y_o, z_o)^T$$

根据转换矩阵，最后得到转动后在 $oxyz$ 坐标系下内环组件总质心位置向量：

$$\boldsymbol{c} = \frac{1}{m}(A, B, C)^T$$

其中：

$$A = m_i x_i \cos\alpha\cos\beta - m_i y_i \sin\beta\cos\alpha + m_i z_i \sin\alpha + m_o x_o \cos\alpha + m_o z_o \sin\alpha$$

$$B = m_i x_i \sin\beta - m_i y_i \cos\beta + m_o y_o$$

$$C = -m_i x_i \sin\alpha\cos\beta + m_i y_i \sin\beta\sin\alpha + m_i z_i \cos\alpha - m_o x_o \sin\beta + m_o z_o \cos\alpha$$

m_i、m_o、m 分别为内方位框架、内俯仰框架以及内环组件（内方位框架与内俯仰框架之和）质量。

机构平衡时，总质心坐标不应随转动角度而变化，即质心位置向量中有关角度变量的系数为零。因此得出机构静平衡条件为

$$\begin{cases} x_i = y_i = x_o = 0 \\ m_i z_i + m_o z_o = 0 \end{cases}$$

并且，当要求机构两侧支撑受力相等时，还应满足 $y_o = 0$。

2 精确配平工艺路线

由于系统内环组件的结构紧凑、空间狭小，转动角度小（±5°），两轴相互影响，受制于装调方法和测试手段，配平操作过程中往往难以快速确定最佳配平位置和配平重量。由机构静平衡条件可知，配平内环组件时，可以分别单独配平内方位框架和内俯仰框架。配平工艺路线如图3所示，配平时，先利用质心测量仪测出内方位框架的质心，通过静平衡计算分析，得到配重块的重量和位置，在内方位框架的外表面配重将质心调整至自身坐标系 z_i 轴上，$x_i = y_i = 0$，此时兼顾内俯仰框架在 z 轴上的方向。然后，将配重后的内方位框架装入内俯仰框架形成内环组件，测得质心，并通过静平衡计算分析，得到配重块的重量和位置，在内环组件的外表面配重使质心调整至 $x' = z' = 0$，最终使内环组件达到静平衡。

3 不平衡量的测试原理

质心测量是通过3个称重传感器共同完成的。称重传感器在质心测量装配平台上的垂直投影如图4所示。其中点1，2，3分别表示3个称重传感器和平台的接触点[1]。

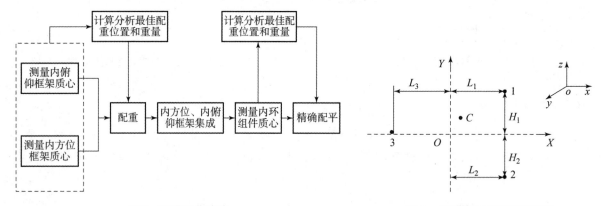

图3 配平工艺路线　　图4 传感器安装位置示意图

OX、OY 为装置的参考轴，原点 O 为装置的定位中心，H_1，H_2，L_1，L_2，L_3 分别为3个称重传感器和参考轴 OX、OY 的垂直距离。设 $oxyz$ 为产品坐标轴，装置 OZ 轴和产品轴 oz 重合，点 C 为产品在 OXY 平面的质心位置。各点的分质量测出后，根据力和力矩平衡原理在平面 OXY 内对 OX、OY 取矩可得产品在 oxy 平面内的径向质心 x_c、y_c 为

$$x_c = \frac{1}{w}(w_1 L_1 + w_2 L_2 - w_3 L_3)$$

$$y_c = \frac{1}{w}(w_1 H_1 - w_2 H_2)$$

式中：w——产品质量；

w_1，w_2，w_3——1，2，3三点处传感器的实测值。

将产品绕 x 轴转动90°，使产品 oz 轴和装置 OY 轴平行，同理可得产品在 oxz 平面内的径向质心 z_c 为

$$z_c = \frac{1}{w}(w_1' H_1 - w_2' H_2)$$

式中：w_1'，w_2' 分别为产品在90°状态时1，2两点处传感器的实测值。

4 数字化配平

4.1 配平计算与分析

确定了内方位框架及内俯仰框架各自的质心位置相对于坐标系原点的偏移量后，便可以通过建模的方式来模拟计算理想的配平位置及重量。为了克服传统配平方法反复、盲目的缺点，实现轻质配平，本文采用了相互兼顾、补偿的方法，对内方位框架在 Z 轴方向预留一定的不平衡量来补偿内方位框架装入内俯仰框架后的质心偏，从而实现准确、轻质配平[2]。

首先根据内方位框架的外形尺寸通过三维软件初步建立模型，再将计算出的内方位框架质心位置导入结构模型中，在不改变外形尺寸的情况下，使内方位框架模型质心位置与实际测量计算的质心位置一致。根据单点配平的原理，通过模拟计算确定配重的位置及重量。配重后的光具座组件，其质心在 x、y 两个方向的偏移趋于 0，在 z 方向留有一定的质心偏移量，以此质心偏来补偿内环框架在 z 方向的质心偏。

与内方位框架相似，根据内俯仰框架的外形尺寸建立模型。将内方位框架装入内俯仰框架形成内环组件，将内环组件的质心位置导入结构模型中使内环组件模型的质心位置与实际测量的质心位置一致。通过模拟计算确定配重的位置及重量。其 z 方向的质心偏移可以通过内方位框架来补偿一部分，因此对于俯仰轴即 y 轴两侧来说，此步配平只需将 x、z 方向的质心偏移调整至 0，并兼顾使 y 方向的质心偏尽可能小。如图 5 所示，在三维软件中可以得到整个内环组件的质心偏差情况，直至偏差在允许的范围内，此时稳定平台已经达到静平衡。

图 5　内环组件模拟配平计算

4.2 配平结果

根据模拟计算的重量和位置，对内方位框架和内环组件进行实际配平。经质心测量仪分别测量光具座组件和内环框架组件的质心偏差，均控制在允许的范围内，见表 1。在 z 向的偏差稍大是由测量仪器在 z 向的累积误差造成的。由于配重块形状及加工误差的影响，配重后的质心很难绝对处于 0 点，在质心测量仪上可根据测量结果用更小重量的配重块进行微调以达到更高精度的配平。不平衡力矩可由质心偏差计算。由于回轴轴系存在摩擦力矩，精确配平后的不平衡力矩已经小于摩擦力矩，因此轴系可以达到任意位置静态平衡。

表 1　质心偏差量　　　　　　　　　　　　　　　　mm

组件名称	x 向	y 向	z 向
光具座组件	0.022	0.035	0.053
内环框架组件	0.015	0.030	0.048

5 结语

不平衡力矩影响光电稳定平台的性能，传统的配平操作依靠操作者的手感及经验，重心位置通过观察估测，配平过程烦琐，随机性大，效率低。配平过程中由于内方位、内俯仰轴系相互影响，需要多次反复，才能最终达到两轴同时静平衡。不断附加的配平块容易导致产品总重增加甚至超重。

本文提出基于多个称重传感器的质心测量定量测试光电稳定平台的质心偏差，根据正交轴系的静平衡原理，利用计算机仿真分析精确确定配重块的位置和重量，指导配平操作。结果表明，该方法使系统达到了精确轻质平衡，减小了不平衡力矩带来的扰动，可以有效提高配平精度和效率。

参 考 文 献

[1] 于爽,付庄. 惯性平台不平衡力矩测试方法及补偿控制 [J]. 上海交通大学学报,2008,42 (10): 1692-1696.
[2] 朱华征,范大鹏,张文博. 质量不平衡力矩对导引头伺服机构性能影响分析 [J]. 红外与激光工程, 2009,38 (5): 767-772.

有限时间收敛末段机动突防滑模制导律

王 洋,牛智奇,苟秋雄,李 昊,郭永翔

(西安现代控制技术研究所,西安 710000)

摘 要:针对突防弹、拦截器以及机动目标的三方攻防对抗问题,为突防弹设计了一种基于有限时间收敛理论的末段机动突防滑模制导律。首先,基于超扭曲算法设计了目标机动观测器,保证了有限时间内快速估计出目标机动加速度。然后,设计了一种新型机动突防滑模面,同时将估计出的目标加速度在线补偿,设计了机动突防滑模制导律。所设计的制导律在保证对机动目标高精度打击的同时,提高了突防效果。最后,采用攻防对抗仿真,验证了所设计制导律的有效性和优越性。

关键词:有限时间收敛;机动目标;机动估计;机动突防;滑模制导律

中图分类号:V488.133 **文献标志码**:A

End-stage maneuvering penetration sliding mode guidance law with finite time convergence

WANG Yang, NIU Zhiqi, GOU Qiuxiong, LI Hao, GUO Yongxiang

(Xi'an Institute of Modern Control Technology, Xi'an 710000, China)

Abstract: Aiming at the offensive and defensive confrontation problem of the missile, interceptor and maneuvering target, a new type of maneuvering anti-slip molding guidance law based on finite time convergence theory is designed for the missile. Firstly, the target maneuvering observer is designed based on the super-twisting algorithm to ensure the target maneuver acceleration is estimated quickly in a limited time. Then, a new type of maneuvering anti-slip mold surface is designed. The estimated target acceleration is compensated online, and the maneuvering anti-slip molding guidance law is proposed. The designed guidance law improves the penetration accuracy while ensuring the impact accuracy of the maneuvering target. Finally, the effectiveness and superiority of the proposed guidance law are verified by the simulation of attack and defense confrontation.

Keywords: finite time convergence; maneuvering target; maneuver estimation; mobile penetration; sliding mode guidance law

0 引言

随着PAC-3反导系统[1]以及近防系统(close-in weapon system)[2]等末段防御系统的发展,导弹在弹道末段受到的威胁越来越大。另外,基于导引头等相关探测技术的发展,针对机动目标的打击策略愈发成为研究的热点。综合来看,这实际上就是突防弹、拦截器以及机动目标的攻防对抗问题。

传统比例制导律(Proportional Navigation Guidance Law, PNGL)基于平行接近原理设计,具有工程容易实现的特点。因此,目前PNGL及其衍生制导律是应用最为广泛的末段制导方式[3]。然而,一系列的工程实践表明,PNGL存在两方面问题。一方面,PNGL在面对机动目标时命中精度明显下降[4]。另一方面,一旦PNGL使得制导系统稳定收敛,则导弹与目标的相对视线角速度逐渐收敛,导弹弹道轨迹平缓,

---

作者简介:王洋(1989—),男,博士,高级工程师,E-mail: zjt219571@163.com。

易于受到拦截。

为了提高针对机动目标的制导精度，同时依托于近年来快速发展的先进控制方法，出现了许多针对机动目标的新型制导方法，如基于非线性 H∞鲁棒控制理论的制导律[5]、基于 L2 增益理论的制导律[6]、基于 Lyapunov 稳定性理论的非线性制导律[7]以及基于变结构理论的滑模制导律（Sliding Mode Guidance Law，SMGL）[8]等。其中，SMGL 采用切换项保证系统状态有限时间快速收敛到滑模面上。SMGL 不仅鲁棒性强而且收敛速度快，基于这两点优势，SMGL 已成为导弹制导系统研究的重要方向。然而，切换项将会带来两方面问题[9]，首先是非连续抖振问题，其次是切换项需要比目标机动上限高，而目标机动通常是动态变化的，采用上限设计过于保守。近年来，基于自抗扰理论的发展，出现了基于干扰观测器的制导律。ZHU Z 和张尧等[10,11]都设计了基于扩张状态干扰观测器（Extended State Observer，ESO）的滑模制导律，其设计中采用 ESO 估计的目标机动加速度代替了切换项。然而，由于 ESO 是渐进收敛的，因此基于 ESO 设计滑模制导律不具有传统 SMGL 滑模面快速有限时间收敛的优良特性。

与 PNGL 相似，前述制导律的目标都是如何将视线角速率或者相对法向速度控制到零。当目标机动加速度较大时，导弹会随着目标机动。但是当目标机动加速度不大时，导弹机动也较小，弹道平缓，易于受到拦截。目前，为了增强导弹的突防能力，已经有文献研究如何在导弹制导律中加入额外的机动，从而使导弹弹道变化更多，突防能力更强。谢愈和张刘等[12,13]针对导弹机动弹道开展了设计，但是他们都是针对中段弹道，未考虑到目标情况。近年来，基于 SMGL，宋贵宝、周荻等[14,15]专门针对末段弹道的机动突防制导律研究。其中宋贵宝[14]针对空舰导弹设计了螺旋机动的俯冲弹道制导律。然而，他并未考虑目标机动，只能针对目标匀速运动或者固定的情况。周荻等[15]考虑到了目标机动，同时也设计了视线角速率机动的策略，但是相关机动仅是策略设计，未能证明机动突防是否会影响命中精度。此外，这二者都是基于传统 SMGL 设计，依然存在前述切换项的问题。

基于以上分析，本文针对末段突防问题，基于 SMGL、有限时间收敛理论以及干扰观测器设计了一种新型机动突防滑模制导律。相比现有方法具有如下的创新点。

（1）基于有限时间收敛理论设计观测器对目标机动进行补偿，在保证滑模面有限时间快速收敛的同时，避免使用切换项。

（2）在设计机动突防滑模面时采用了机动衰减函数设计，避免了机动突防对打击精度的影响。

（3）基于 Lyapunov 稳定性理论严格证明了估计－制导复合系统的稳定性。

1 制导模型

如图 1 所示，M、T 及 I 分别为突防弹、目标及拦截器。突防弹的位置为 (x_M, y_M)，目标位置为 (x_T, y_T)，拦截器位置为 (x_I, y_I)。V_M 与 V_I 分别为突防弹与目标的速度，θ_M 与 θ_I 分别为突防弹与拦截器的弹道倾角，r_{MT} 与 r_{MI} 分别为突防弹和目标及突防弹和拦截器的相对距离。，可以建立突防弹、拦截器以及目标的位置方程

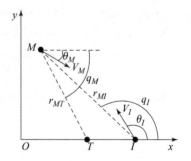

图 1 突防－拦截攻防对抗关系

$$\begin{cases} \dot{x}_M = V_M\cos(\theta_M) \\ \dot{y}_M = V_M\sin(\theta_M) \\ \dot{x}_I = V_I\cos(\theta_I) \\ \dot{y}_I = V_I\sin(\theta_I) \\ \dot{x}_T = V_T\cos(\theta_T) \\ \dot{y}_T = V_T\sin(\theta_T) \end{cases} \quad (1)$$

可以建立如下的突防弹-目标相对运动方程：

$$\begin{cases} \dot{r}_{MT} = -V_M\cos(q_M-\theta_M) + V_T\cos(q_M-\theta_T) \\ r_{MT}\dot{q}_M = V_M\sin(q_M-\theta_M) - V_T\sin(q_M-\theta_T) \\ \dot{\theta}_M = a_M/V_M \\ \dot{\theta}_T = a_T/V_T \end{cases} \quad (2)$$

此外，可建立如下的拦截器-突防弹相对运动方程：

$$\begin{cases} \dot{r}_{IM} = -V_I\cos(q_I-\theta_I) + V_M\cos(q_I-\theta_M) \\ r_{IM}\dot{q}_I = V_I\sin(q_I-\theta_I) - V_M\sin(q_I-\theta_M) \\ \dot{\theta}_M = a_M/V_M \\ \dot{\theta}_I = a_I/V_I \end{cases} \quad (3)$$

假设突防弹及目标速度不变，令 $V_{\lambda M} = r_{MT}\dot{q}_M$，$a_{T\lambda} = a_T\cos(q_M-\theta_T)$。对 V_λ 求取导可得

$$\dot{V}_{\lambda M} = -\dot{r}_{MT}\dot{q}_M + a_{T\lambda} - a_M\cos(q_M-\theta_M) \quad (4)$$

假设 1：目标机动加速度变化率是有界的，即存在正常数 $\dot{a}_{T\max}$ 使得 $|\dot{a}_T| \leq \dot{a}_{T\max}$。

2 有限时间目标机动加速度估计

2.1 有限时间收敛相关理论

后面需要用到的有限时间收敛相关理论，先由引理 1 及引理 2 给出相关理论（本文 sign( ) 皆表示符号函数）。

引理 1（超扭曲算法）[16]：考虑非线性方程

$$\dot{\sigma}(t) + m_1|\sigma(t)|^{\frac{1}{2}}\mathrm{sign}(\sigma(t)) + m_2\int\mathrm{sign}(\sigma(t))\mathrm{d}\tau = \varepsilon(t) \quad (5)$$

其中，$\varepsilon(t)$ 为未知的有界干扰，并且满足 $|\dot{\varepsilon}(t)| \leq C$，$C$ 表示干扰的导数的上界；$\sigma(t)$ 表示可导的状态量，m_1 与 m_2 均为常系数。若 $m_1 \geq 1.5\sqrt{C}$，并且 $m_2 \geq 1.1C$，则 $\sigma(t)$ 与 $\dot{\sigma}(t)$ 将在有限时间 t_σ 内收敛到 0。

引理 2[17]：假设连续、非负函数 $V(t)$ 满足不等式 $\dot{V}(t) \leq -\tau V^\eta(t)$，这里 $\tau > 0$，$\eta > 1$ 都是定常数，则 $V(t)$ 将在有限时间内收敛到 0。

2.2 有限时间目标机动加速度的估计

受超扭曲算法启发，可设计如下针对目标机动加速度观测器：

$$\begin{cases} \tilde{V}_{\lambda M} = \hat{V}_{\lambda M} - V_{\lambda M} \\ \tilde{a}_{T\lambda} = \hat{a}_{T\lambda} - a_{T\lambda} \\ \dot{\hat{V}}_{\lambda M} = -\lambda_1|\tilde{V}_{\lambda M}|^{1/2}\mathrm{sign}(\tilde{V}_{\lambda M}) + \hat{a}_{T\lambda} - \dot{r}_{MT}\dot{q}_M - a_M\cos(q_M-\theta_M) \\ \dot{\hat{a}}_{T\lambda} = -\lambda_2\mathrm{sign}(\tilde{V}_{\lambda M}) \end{cases} \quad (6)$$

其中，$\hat{a}_{T\lambda}$ 为目标机动加速度 $a_{T\lambda}$ 的估计值，$\hat{V}_{\lambda M}$ 为法向相对速度 $V_{\lambda M}$ 的估计值，λ_1 及 λ_2 为正常数。

定理 1：针对满足假设的不确定系统，采用干扰观测器，若正常数 $\lambda_1 \geq 1.5\sqrt{\dot{a}_{T\max}}$，并且 $\lambda_2 \geq 1.1\dot{a}_{T\max}$，则存在有限时间 t_λ 使得

$$\tilde{a}_{T\lambda} = 0, \quad t \geq t_\lambda \tag{7}$$

证明：对 $\tilde{V}_{\lambda M}$ 以及 $\tilde{a}_{T\lambda}$ 求导，可得

$$\dot{\tilde{V}}_{\lambda M} = \dot{\hat{V}}_{\lambda M} - \dot{V}_{\lambda M} \tag{8}$$

$$\dot{\tilde{a}}_{T\lambda} = \dot{\hat{a}}_{T\lambda} - \dot{a}_{T\lambda} \tag{9}$$

将式（4）、式（6）代入式（8），可得

$$\begin{aligned}\dot{\tilde{V}}_{\lambda M} &= \dot{\hat{V}}_{\lambda M} - \dot{V}_{\lambda M} \\ &= -\lambda_1 |\tilde{V}_{\lambda M}|^{1/2} \mathrm{sign}(\tilde{V}_{\lambda M}) + \hat{a}_{T\lambda} - \dot{r}_{MT}\dot{q}_M - a_M\cos(q_M - \theta_M) + \dot{r}_{MT}\dot{q}_M - a_{T\lambda} + a_M\cos(q_M - \theta_M) \\ &= -\lambda_1 |\tilde{V}_{\lambda M}|^{1/2}\mathrm{sign}(\tilde{V}_{\lambda M}) + \tilde{a}_{T\lambda}\end{aligned} \tag{10}$$

将式（6）代入式（9），可得

$$\dot{\tilde{a}}_{T\lambda} = -\lambda_2 \mathrm{sign}(\tilde{V}_{\lambda M}) - \dot{a}_{T\lambda} \tag{11}$$

综合式（10）以及式（11）可得

$$\begin{cases}\dot{\tilde{V}}_{\lambda M} = -\lambda_1 |\tilde{V}_{\lambda M}|^{1/2}\mathrm{sign}(\tilde{V}_{\lambda M}) + \tilde{a}_{T\lambda} \\ \dot{\tilde{a}}_{T\lambda} = -\lambda_2 \mathrm{sign}(\tilde{V}_{\lambda M}) - \dot{a}_{T\lambda}\end{cases} \tag{12}$$

式（12）又可写为

$$\dot{\tilde{V}}_{\lambda M} + \lambda_1 |\tilde{V}_{\lambda M}|^{1/2}\mathrm{sign}(\tilde{V}_{\lambda M}) + \lambda_2 \int \mathrm{sign}(\mathrm{sign}(\tilde{V}_{\lambda M})) \mathrm{d}\tau = -\dot{a}_{T\lambda} \tag{13}$$

则根据引理 1 可知，考虑到假设 1，若 $\lambda_1 \geq 1.5\sqrt{\dot{a}_{T\max}}$，并且 $\lambda_2 \geq 1.1\dot{a}_{T\max}$，则存在有限时间 t_λ 使得

$$\tilde{V}_{\lambda M} = 0, \quad t \geq t_\lambda \tag{14}$$

将式（14）代入 $\dot{\tilde{V}}_{\lambda M} = -\lambda_1|\tilde{V}_{\lambda M}|^{1/2}\mathrm{sign}(\tilde{V}_{\lambda M}) + \tilde{a}_{T\lambda}$（式（12）），可知

$$\tilde{a}_{T\lambda} = 0, \quad t \geq t_\lambda \tag{15}$$

证毕。

3 机动突防滑模制导律设计

3.1 制导律设计

为了保证突防效果，考虑为突防弹设计一种新型机动突防滑模面

$$S_2 = V_{\lambda_M} - l_1(\mathrm{atan}(t/l_2) - \pi/2)\sin(t/l_3) \tag{16}$$

其中 $l_i(i=1,2,3)$ 为正常数。$\mathrm{atan}(t/l_2) - \pi/2$ 表示机动衰减函数，当长时间机动后保证对目标打击精度不受影响。

基于滑模面 S_2 设计机动突防滑模制导律：

$$a_M = -\begin{pmatrix} -k|S_2|^\alpha \text{sign}(S_2) + \dot{r}_{MT}\dot{q}_M - \\ \hat{a}_{T\lambda} + \dfrac{l_1}{l_2}\dfrac{1}{1+(t/l_2)^2}\sin(t/l_3) + \\ \dfrac{l_1}{l_3}(\text{atan}(t/l_2) - \pi/2)\cos(t/l_3) \end{pmatrix} / \cos(q_M - \theta_M) \tag{17}$$

其中 $\hat{a}_{T\lambda}$ 由目标机动加速度观测器（6）给出，k 为正常数，α 为小于 1 的正常数。

3.2 制导律稳定性分析

对 S_2 求导可得

$$\dot{S}_2 = -\dot{r}_{MT}\dot{q}_M + a_{T\lambda} - a_M\cos(q_M - \theta_M) - \dfrac{l_1}{l_2}\dfrac{1}{1+(t/l_2)^2}\sin(t/l_3) - \dfrac{l_1}{l_3}(\text{atan}(t/l_2) - \pi/2)\cos(t/l_3) \tag{18}$$

构造李雅普诺夫函数

$$V_2 = \dfrac{1}{2}S_2^2 \tag{19}$$

对式（19）求导，同时考虑式（18），可得

$$\dot{V}_2 = S_2\dot{S}_2 = S_2\begin{pmatrix} -\dot{r}_{MT}\dot{q}_M + a_{T\lambda} - \cos(q_M - \theta_M)a_M - \\ \dfrac{l_1}{l_2}\dfrac{1}{1+(t/l_2)^2}\sin(t/l_3) - \dfrac{l_1}{l_3}(\text{atan}(t/l_2) - \pi/2)\cos(t/l_3) \end{pmatrix} \tag{20}$$

将机动突防滑模制导律（17）代入式（20），可得

$$\begin{aligned}\dot{V}_2 &= S_2\dot{S}_2 \\ &= S_2(-k_2|S_2|^\alpha \text{sign}(S_2) + (a_{T\lambda} - \hat{a}_{T\lambda})) \\ &= -k_2|S_2|^\alpha|S_2| + S_2(a_{T\lambda} - \hat{a}_{T\lambda})\end{aligned} \tag{21}$$

由于 λ_2 为正常数，$\dot{\hat{a}}_{T\lambda} = -\lambda_2\text{sign}(\tilde{a}_{T\lambda})$ 是有界的，因此 $\hat{a}_{T\lambda}$ 必然在有限时间 t_k 内是有界的，同时考虑假设 1 中 $\dot{a}_T$ 是有界的，$a_{T\lambda}$ 在有限时间 t_k 内也是有界的，因此必定存在有界正常数 p 使得

$$|a_{T\lambda} - \hat{a}_{T\lambda}| \leq p, \ t \leq t_k \tag{22}$$

可知有限时间 t_k 内

$$\begin{aligned}\dot{V}_2 &\leq -k_2|S_2|_2^\alpha|S_2| + |S_2||a_{T\lambda} - \hat{a}_{T\lambda}| \\ &\leq -k_2|S|_2^\alpha|S_2| + p|S_2| \\ &\leq -k_2|S_2|(|S_2|^\alpha - p/k_2), \ t \leq t_k\end{aligned} \tag{23}$$

一旦 $|S_2|^\alpha > p/k_2$，则 $\dot{V}_2 \leq 0$，因此可知在有限时间 t_k 内，V_2 是有界而非发散的，即 $V_2(t_k)$ 必定是有界的：

$$|V_2(t_k)| \leq \max\{V_2(t_k), (p/k_2)^{2/\alpha}/2\} \tag{24}$$

一旦 $t > t_k$，考虑到式（15）及式（21），可知

$$\begin{aligned}\dot{V}_2 &= -k_2|S_2|^{1+\alpha} \\ &\leq -k_2 2^{(1+\alpha)/2}(|S_2|^2/2)^{(1+\alpha)/2} \\ &\leq -k_2 2^{(1+\alpha)/2}(V_2)^{(1+\alpha)/2}, \ t > t_k\end{aligned} \tag{25}$$

综合考虑引理 2、式（25）以及 $V_2(t_k)$ 有界，则可知存在有限时间 $t_h > t_k$ 使得

$$V_2 = S_2 \to 0, \ t > t_h \tag{26}$$

则有限时间 t_h 之后，收敛到如下滑模面上：

$$V_{\lambda_M} = l_1(\atan(t/l_2) - \pi/2)\sin(t/l_3), \quad t > t_h \tag{27}$$

对上式分析可知：

（1）当 $t \to \infty$ 时，衰减函数 $\atan(t/l_2) - \pi/2 \to 0$，从而法向相对速度 $V_{\lambda_M} \to 0$，从而确保长时间机动后对目标打击精度不受影响。通过调整参数 l_2 可调整衰减速度。

（2）当 t 不大时，存在正常数 λ，使得衰减函数 $\atan(t/l_2) - \pi/2 \geq \lambda$，从而 $V_{\lambda_M} \geq l_1 \lambda \sin(t/l_3)$，即相对法向速度正弦变化，突防弹轨迹来回摆动机动。通过调整参数 l_1 可调整机动幅度，调整参数 l_3 可调整机动变化率。

（3）总之，通过衰减函数与摆动机动组合既可以保证机动突防，又能保证打击精度。

注：观察制导律（17）可知，所设计的制导律是连续的，不存在传统滑模制导律的抖振项。

4 仿真分析

4.1 仿真初值说明

仿真中突防弹的初始位置、速度及弹道倾角为 $x_M(0) = 0$，$y_M(0) = 6\,000$ m，$V_M = 600$ m/s，$\theta_M = -90°$，制导律及观测器参数取为 $l_1 = 120$，$l_2 = 5$，$l_3 = 1$，$k = 10$，$\alpha = 0.6$。拦截弹采用 PNGL 制导方法，比例系数取为 5。

当 $\dot{r}_{MT} \geq 0$ 时说明突防弹与目标之间脱靶，当 $\dot{r}_{IM} \geq 0$ 时说明拦截器与突防弹之间脱靶，为了更好标识出脱靶位置，当脱靶条件生效后，将对应的突防弹或者拦截器的速度置为 0，即

$$V_M = \begin{cases} V_M, & \dot{r}_{MT} < 0 \\ 0, & \dot{r}_{MT} \geq 0 \end{cases} \tag{28}$$

$$V_I = \begin{cases} V_I, & \dot{r}_{IM} < 0 \\ 0, & \dot{r}_{IM} \geq 0 \end{cases} \tag{29}$$

4.2 针对机动目标的打击性能分析（突防弹 – 目标两方对抗）

首先，考察所设计制导律在机动突防的情况下对机动目标的打击效果。目标机动加速度取 $a_T = 5\sin(t/3)$ m/s^2，目标初始位置及速度为 $x_M(0) = 100$ m，$y_M(0) = 0$ m，$V_M = 30$ m/s，$\theta_T = 80°$。突防弹机动加速度限制为 150 m/s^2。仿真结果见图 2 ~ 图 5，可知突防弹以脱靶量 0.5 m 命中了机动目标（图 2、图 3），同时有限时间内估计出了目标机动加速度（图 4），滑模面也在有限时间内收敛到 0（图 5），总之所提出的方法在机动突防的同时，依旧能够保证对机动目标的高精度打击。

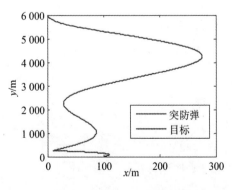

图 2 突防弹 – 目标位置

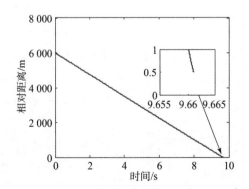

图 3 突防弹 – 目标相对距离

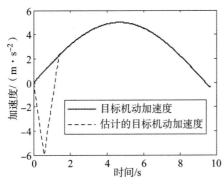

图 4 估计及实际目标机动加速度

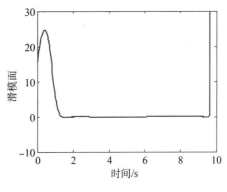

图 5 滑模面

4.3 针对拦截器的突防性能分析（突防弹－拦截器－目标三方对抗）

在 4.2 节的基础上，继续考察所设计制导律的突防效果。突防弹以及目标的初值与 4.2 节相同。考虑 3 种不同的拦截情况：

情况 1：突防弹不机动。
情况 2：突防弹机动，拦截器迎击。
情况 3：突防弹机动，拦截器侧击。

3 种情况中，突防弹及拦截器速度都设置为 $a_T = 600$ m/s^2，同时将拦截器与突防弹的机动加速度都限制为 150 m/s^2，从而保证对抗中突防弹与拦截器能力相当。仿真结果见图 6 ~ 图 14，同时具体的脱靶量见表 1。由图 6 ~ 图 8 及表 1 结果可知，突防弹不机动时（情况 1），拦截器与突防弹之间的脱靶量达到了 0.57 m，即拦截器有效拦截了突防弹。而由图 9 ~ 图 14 及表 1 可知，在加入所设计的机动突防之后，无论是迎击还是侧击（情况 2、3），拦截器与突防弹之间的脱靶量都达到 40 m 以上，同时突防弹与目标之间的脱靶量都仅为 0.49 m，也说明所设计的机动突防制导律不仅保证了有效突防，还保证了对机动目标的高精度打击。

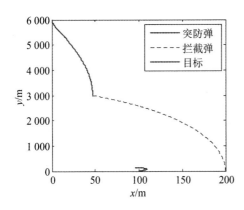

图 6 突防弹、拦截器及目标位置（情况 1）

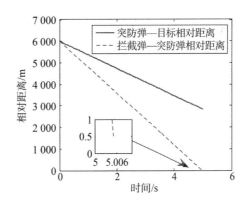

图 7 突防弹、拦截器及目标相对距离（情况 1）

5 结论

本文提出了一种基于有限时间收敛理论的末段突防滑模制导律，在保证对机动目标打击精度的同时，提高了突防弹的突防效果。通过有限时间目标机动估计后补偿，避免使用传统滑模制导律切换项。同时，通过设计机动衰减函数，避免了机动突防对打击精度的影响。此外，严格证明了估计－制导复合系统的稳定性。最后，通过突防弹、拦截器以及机动目标的三方攻防对抗仿真进行了验证。

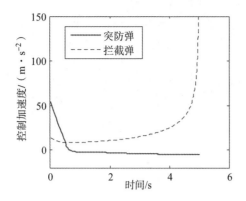

图 8　突防弹、拦截器控制加速度（情况 1）

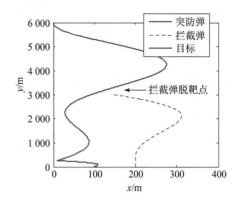

图 9　突防弹、拦截器及目标位置（情况 2）

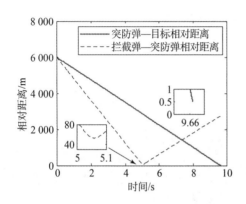

图 10　突防弹、拦截器及目标相对距离（情况 2）

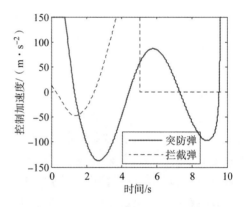

图 11　突防弹、拦截器控制加速度（情况 2）

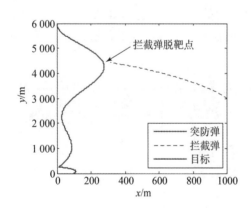

图 12　突防弹、拦截器及目标位置（情况 3）

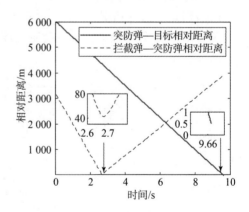

图 13　突防弹、拦截器及目标相对距离（情况 3）

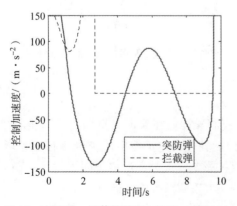

图 14　突防弹、拦截器控制加速度（情况 3）

表 1　攻防对抗结果　　　　　　m

场景	突防弹-目标脱靶量	拦截器-突防弹脱靶量
情况 1	3 000	0.57
情况 2	0.49	45
情况 3	0.49	40

参 考 文 献

[1] CHEN R H, SPEYER J L, LIANOS D. Terminal and boost phase intercept of ballistic missile defense. in Proceedings of the AIAA Guidance, Navigation and Control Conference and Exhibit, Honolulu, Hawaii, USA, August 2008.

[2] RYOO C-K, WHANG I, TAHK M-J. 3-D evasive maneuverpolicy for anti-ship missiles against close-in weapon systems [C]. in Proceedings of the AIAA Guidance, Navigation, and control conference and Exhibit, Austin, Tex, USA, 2003.

[3] YUAN P J, CHERN J S. Solutions of true proportional navigation for maneuvering and non-maneuvering targets [J]. Journal of guidance control and dynamics, 1992, 15 (1): 268-271.

[4] GHAWGHAWE S N, GHOSE D. Pure proportional navigation against time varying target maneuvers [J]. IEEE Trans. on aerospace and electronic systems, 1996, 32 (4): 1336-1347.

[5] YANG C D, CHEN H Y. Nonlinear H∞ robust guidance law for homing missiles [J]. Journal of guidance control and dynamics, 1998, 21 (6): 882-890.

[6] ZHOU D, MU C, SHEN T. Robust guidance law with L2 gain performance [J]. Transactions of the Japan Society for Aeronautical and Space Sciences, 2001, 44 (144): 82-88.

[7] LECHEVIN N, RABBATH C A. Lyapunov-based nonlinear missile guidance [J]. Journal of guidance control and dynamics, 2004, 27 (6): 1096-1102.

[8] BRIERLEY S D, LONGCHAMP R. Application of sliding-mode control to air-air interception problem [J]. IEEE Trans. on aerospace and electronic systems, 1990, 26 (2): 306-325.

[9] 王洋, 周军. 基于无尖峰干扰观测器的滑模制导律 [J] 系统工程与电子技术, 2017, 39 (12): 2750-2756.

[10] ZHU Z, XU D, LIU J, et al. Missile guidance law based on extended state observer [J]. IEEE Trans. On Industrial Electronics, 2013, 60 (12): 5882-5891.

[11] 张尧, 郭杰, 唐胜景, 等. 基于扩张状态观测器的导弹滑模制导律 [J]. 北京航空航天大学学报, 2015, 41 (2): 344-350.

[12] 谢愈, 汤国建, 徐明亮. 高超声速滑翔飞行器摆动式机动突防弹道设计 [J]. 航空学报, 2011, 32 (12): 2174-2181.

[13] 周啟航, 张刘, 霍明英, 等. 弹道导弹中段突防弹道设计与验证 [J]. 光学精密工程, 2015, 23 (9): 2645-2654.

[14] 宋贵宝, 朱平云, 李红亮. 空舰导弹俯冲弹道螺旋机动制导律研究 [J]. 兵工学报, 2014, 35 (2): 220-227.

[15] 周荻, 邹昕光, 孙德波. 导弹机动突防滑模制导律 [J]. 宇航学报, 2006, 27 (2): 213-216.

[16] HALL C E, SHTESSEL Y B. Sliding mode disturbance observer-based control for a reusable launch vehicle [J]. Journal of guidance, control and dynamics, 2006, 29 (6): 1315-1328.

[17] WANG X, WANG J. Partial integrated missile guidance and control with finite time convergence [J]. Journal of guidance, control, and dynamics, 2013, 36 (5): 1399-1409.

用于迫弹制导化改造的飞控组件研究

谢菁珠,蒲海峰,杨栓虎

(西安现代控制技术研究所,西安 710061)

摘 要:分析了低成本迫弹制导化改造的技术需求,对适用于迫弹制导化改造的飞控组件的作用、组成及工作原理进行介绍,阐述迫击炮弹制导化改造对飞控组件的技术需求,分析了飞控组件的未来发展趋势,对迫击炮弹制导化改造飞控组件的研究和发展具有一定意义。

关键词:迫弹制导化改造;飞控组件

中图分类号:TG156 **文献标志码**:A

Research on flight control component for the guided transformation of mortar

XIE Jingzhu, PU Haifeng, YANG Shuanhu

(Xi'an Institute of Modern Control Technology, Xi'an 710061, China)

Abstract: This paper analyzes the technical requirement of low-cost mortar guided transformation, introduces the function, composition and working principle of the flight control component suitable for the guided transformation of mortar, expounds the technical requirement of the flight control component for the guided transformation of mortar, and analyzes the future development trend of the flight control component, which has certain significance for the research and development of the flight control component of the guided transformation of mortar.

Keywords: mortar guided transformation; flight control component

0 引言

迫击炮具有射速高、威力大、质量轻、结构简单、操作方便、隐蔽性强、阵地转移迅速等优点,特别是它的弹道弯曲,入射角大,可以射击隐蔽物后面的目标,非常适合步兵的携行使用[1]。不过它的缺点就是射程近、炮弹飞行和落地速度小、穿透力弱、不能平射等,这些缺点限制了迫击炮远程火力支援能力。伴随着技术的进步,迫击炮的火力支援能力急待提高,既需要增强射程,也需要提高射击精度,尤其是后者显得越来越重要[1]。迫击炮弹是从炮管头部装填,然后击发,因此迫击炮弹的口径要小于炮管口径,这样就导致炮弹在炮管中状态不稳定,同时会造成火药气体的外泄,影响炮弹的出膛和飞行的稳定性,降低炮弹的精度,尤其在射击较远的目标或者机动目标的时候,这样就需要较多的弹药才能达到理想的命中概率,但是步兵分队的弹药携行较低,这样制导技术就应用到迫击炮中。

1 迫弹制导化的技术途径

1.1 国外制导迫弹发展现状

为满足迫击炮部队对精确打击能力的需求,美国陆军于2004年进行了XM395型120 mm精确制导迫

作者简介:谢菁珠(1973—),女,硕士,研究员级高级工程师,E-mail:18991100328@qq.com。

击炮弹（Precision Guided Mortar Munition，PGMM）系统的研究与论证，XM395 精确制导迫击炮弹基于德国迪尔·巴萨德 120 mm 迫击炮弹，在头部加装半主动激光导引头，激光导引头与炮弹侧面的火箭推进器相连，能够在弹道末段进行制导[1]；其制导方案由最初的红外成像与激光半主动复合方案，转变为采用 GPS/惯导与激光半主动复合方案。在实战使用中，能见度好时，可采用 GPS 中制导加激光半主动末制导方案，以取得最大命中精度；当能见度过低或实战情况下不允许前方使用照射器时，可采用 GPS 方案完成导航、制导与控制功能，尾部加装的火箭发动机用来增程[1]。

20 世纪 90 年代末，俄罗斯成功研制了一系列半主动激光制导的炮弹，包括 120 mm 的晶面迫击炮弹和 240 mm 的勇敢者迫击炮弹。晶面迫击炮弹可以用于任何 120 mm 滑膛迫击炮，采用半主动激光制导的技术。通常由位于前方瞄准目标的观察员利用激光指示器为其引导目标[2]。炮弹在飞行中，主翼和鸭翼会弹出，鸭翼提供弹道制导控制，激光传感器安装在头部。"勇敢者" 240 mm 半主动激光末制导迫击炮弹几乎是目前世界上威力最强的制导迫弹，其修正方式与美国研制的 XM395 精确制导迫弹不同，采用的是脉冲发动机修正弹道，由激光目标照射器对目标的照射，寻的器感知目标，当炮弹飞行偏离目标时，则由寻的器启动脉冲式校正发动机修正其航向，使炮弹转向目标。

瑞典研制的反坦克制导迫弹 Strix（林鸮），采用红外末制导技术，弹径 120 mm。Strix 炮弹的重心处装有 12 个小型的、可各自点火的微调火箭发动机，可以在炮弹飞行的俯冲阶段控制飞行方向、修正弹道，使炮弹到达指定目标[2]。

20 世纪 70 年代末，英国研制成功了 Merlin 81 mm 毫米波末制导迫击炮弹。其可由迫击炮直接发射，炮弹采用了 3 mm 波段的毫米波探测器。在末制导阶段，弹上的毫米波寻的器对地面进行扫描，发现目标后，导引头将炮弹导向目标正上方，并以近似垂直的角度攻击目标[2]。

Strix 120 mm 红外末制导反坦克迫弹是瑞典已装备部队并已开始接受国外订货的末制导迫弹。该炮弹的寻的系统主要以被动红外制导为主，在发射之前，目标数据事先被输入炮弹中，从而当炮弹对准正确的方向时，可激活炮弹的寻的器。12 个小型的、可单发发射的侧向助推器位于炮弹的中心，对弹道进行修正，这样的结构可以在炮弹飞行的俯冲阶段将其导航至指定目标，并在飞行中修正弹道[2]。

2004 年 7 月，以色列军事工业公司（Israel Military Industries，IMI）公开了一种新型 120 mm 激光制导半主动迫击炮弹（Laser Guided Mortar Bomb，LGMB）。该炮弹可以配合所有已知的牵引或自行 120 mm 迫击炮以及各种激光照射器使用，LGMB 配备一个弹头安装的被动式激光导引头，可以配合现有的地基和空基激光照射器使用[2]。

1.2 迫弹制导化技术分析

从国外制导迫弹发展状况可以看出，大多数型号都采用了为迫弹加装导引头、对弹体进行改造、加装火箭发动机等方案。采用半主动激光制导必须有目标照射器配合，增加原有迫击炮系统的复杂度、使用难度和成本，加装火箭发动机更是大幅度改变了原有迫击炮弹的外形，成为一种新型弹种。

为达到不增加原有迫击炮系统复杂度、使用难度，满足低成本的要求，迫击炮的制导技术应做到不需要对迫击炮的发射技术做修改，不额外增加导引系统，而是只对炮弹进行改进，加装制导与控制系统，对迫击炮弹进行制导化改造，设计适用于迫弹制导化改造的飞控组件，制导化改造后的迫击炮弹在飞行过程中通过飞控组件对弹道进行修正，引导炮弹命中目标，提高炮弹的射击精度[3]。使用普通炮弹需要 8～10 发才能解决的目标，使用制导化改造后的迫击炮弹，预计 2～3 发即可摧毁，效能明显提高。

用于迫弹制导化改造的飞控组件应是一种低成本的弹道修正组件，它的尺寸与常规迫击炮弹引信相当，可以直接替换迫击炮弹的引信，成为一种为炮弹配置的制导组件。它通常具备 GPS 和 INS（惯性制导）功能，且具有精确制导能力，可在炮弹有效射程使其 CEP 达到 30 m 内[4]。也就是说只要用飞控组件代替迫击炮弹引信，就可以将非制导的常规迫击炮弹变为精确弹药。

制导化改造后的迫弹的作战优势可归纳如下：①将现存的迫击炮弹变为较高精度的制导武器，能与当前库存迫击炮相兼容；②提升作战性能；③减小附带损伤；④减小后勤补给负担[4]。

2 飞控组件概述

2.1 功能

飞控组件是迫弹制导化改造的核心部件，飞控组件是将发射控制、飞行控制相结合的综合制导组件。受迫弹空间及成本的约束，用于迫弹制导化改造的飞控组件必须整合通常导弹弹上分散部件的功能，将任务调度、信息处理、算法解算、制导控制、执行机构伺服控制等功能集于一体[5]。它融合了导航和控制功能，主要负责系统导航计算、弹体姿态与位置解算、飞行控制系统解算、制导率运算、控制指令合成与分配，并控制执行机构执行指令。飞控组件的主要功能如下：①与地面装定器通信；②与 GPS 接收机通信，接收 GPS 接收机数据；③结合预装弹道信息、姿态信息、位置信息按制导率计算控制指令；④输出控制指令，控制舵翼偏转；⑤采集舵翼位置反馈信号[5]。

2.2 组成及工作原理

飞控组件组成主要包括信息处理单元、执行机构、姿态测量单元、卫星导航单元、供电单元，飞控组件组成框图如图 1 所示。

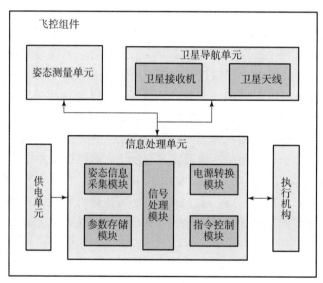

图 1 飞控组件组成框图

由于受体积和重量的限制，制导迫弹大多数采用单通道控制，由一个舵机和一对舵面同时控制弹丸的俯仰和偏航运动，指令在极坐标中形成，弹丸以一定的角速度绕自身轴旋转，通过自旋转，使舵面产生一定大小和方向的等效控制力改变弹体姿态，实现对弹丸的飞行控制。对于带旋转舵控制系统的弹丸，整个弹道飞行过程中主要处于两种状态，即无控飞行状态和有控飞行状态。当弹丸处于无控飞行状态时，弹丸飞行与无控迫弹相同。当弹丸处于受控飞行状态时，由卫星导航单元提供弹丸实时的速度及位置信息，通过信息处理单元解算弹丸落点，并与目标位置比较得到落点偏差量。对于已知的偏差量，生成对应的最优控制策略，从而控制舵片在某一时刻稳定于某一方向提供持续的控制力。

制导控制方案的主要步骤如下：

（1）在飞行初始段，制导迫弹采用无控飞行。

（2）制导迫弹在卫星导航单元启动后，根据 PDOP 值和收星数判断 GPS 数据是否可用，如果 GPS 数据可用，进入修正段，将速度、位置信息转换到发射坐标系。

（3）制导迫弹进入修正段后，根据预测落点算法计算预测落点纵向偏差 ΔL^*、横向偏差 ΔH^*，然后计算同初始装定的预测落点的偏差 $\Delta L\hat{}$、$\Delta H\hat{}$，根据 $\Delta L\hat{}$、$\Delta H\hat{}$ 计算预测落点偏差 A 和制导相位角 Φ_b，计算当前周期执行机构控制指令 $\omega\delta$。

飞控组件工作原理描述如下：

（1）制导迫弹发射前，由地面装定装置装载卫星星历、目标位置信息、理想弹道等。

（2）制导迫弹发射后，信息处理单元根据目标位置信息，综合姿态测量单元测量出的弹体姿态信号，以及卫星导航单元输出的制导迫弹位置、速度信息等，根据设定的制导控制律，解算出制导控制指令，在需要的控制矢量方向合成平均力，并送给执行机构，修正弹道偏差，控制迫弹飞向目标。

飞控组件工作原理见图2。

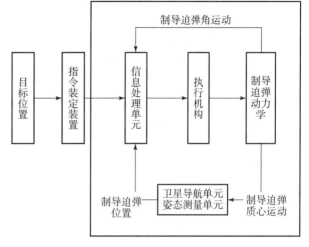

图2 飞控组件工作原理

3 迫弹制导化改造对飞控组件需求

3.1 通用化、低成本

为了满足对已有迫击炮弹进行改造，飞控组件的尺寸必须与制式迫击炮的引信相当，产品成本低，这样才能满足用制导化飞控组件代替弹丸头部引信就可以将非制导的常规迫击炮弹变为精确弹药的需求[4]。因此要求飞控组件与迫击炮弹本体的机械接口具有通用性，整个飞控组件成本必须大大低于通常导弹的制导控制组件。

3.2 小型化

由于换装飞控组件后应尽量保持迫击炮弹原有的气动特性，因此飞控组件的几何尺寸和外形有严格要求。飞控组件必须在与常规引信几何尺寸基本相当的空间安装姿态测量、卫星导航、信息处理、供电及执行机构各模块单元，这就要求所有模块小型化。

3.3 抗高过载

迫击炮弹在发射过程中会出现强冲击，为适应炮射环境，保证产品抗冲击性能，产品设计过程中应尽量降低产品重量。在结构上需设计减振加固措施，尽量采用高强度、轻重量金属材料，提升结构的强度；在印制板上采用加厚设计，减少变形；电子元器件选择方面应尽量选用小型化贴片器件，传感器选用MEMS芯片，提升抗冲击能力；产品装配时内部印制板之间及印制板与结构之间采用螺钉连接，装配完成后应采用特定的灌封材料进行灌封，以减少冲击应力对产品功能及性能的影响，从而进一步提高飞控组件抗过载能力[6]。

3.4 可靠性

炮弹是长期储存、一次使用的产品，在飞行中是无法维修的，因此飞控组件的可靠性要求很高。飞控组件的可靠性就是在规定的时间内与规定的条件下正常工作的概率。由于工作环境条件的恶劣，这给可靠性指标的实现带来了极大困难。为了满足飞控组件极高的可靠性要求，飞控组件在设计、生产时要满足以下几个条件：①防震动和冲击，这是结构设计中的一个重要问题；②工作温度要满足大范围变化的军用要求，因此要求电子元器件的温度范围宽；③耐潮湿，因此要求结构有很好的密封性能；④抗电磁干扰，因此要求组件结构尽量是屏蔽的。

4 飞控组件发展趋势

4.1 探测识别一体飞控组件发展

现代战场环境和作战任务复杂多变，要求武器装备具备一专多能、一物多用的性能，在飞控组件上加装探测识别单元，配合多功能引信及未来的新型多功能战斗部，使一枚炮弹能够应对不同的战场情况，提升炮弹作战灵活性、可靠性，使炮弹能够适应现代战争复杂多变的战场环境[3]。

4.2 微型化飞控组件发展

在不断提高的武器系统效能的驱使下，依托迅猛发展的系统集成技术和微电子技术，把所有弹上电子设备集成到一起，实现飞控系统一体化已经成为一种现实的要求。如此便引出飞控组件的小型化和微型化技术。所谓小型化，就是指在板级进行的电路集成；而微型化则是在芯片级进行的系统集成。这样可以消除电路板之间的互联，电路之间的互联在芯片内完成，避免了长线上的耦合干扰和时序延时及波形畸变。

随着世界经济的全球化，我们可以充分吸收和借鉴国际电子行业的开放性与包括微/纳米技术在内的先进技术，兼顾蓝牙技术（Bluetooth）、现场可编程片上系统技术（FPSOC）、高速数字信号处理器技术（DSP）、精简指令技术（RISC）等当今先进应用电子技术，大力发展嵌入式飞控组件智能化体系，为飞控组件的单片化和微型化提供技术与物质保障，为提高制导化迫弹的打击、生存和电子对抗能力构筑坚实基础。

4.3 智能飞控组件发展

常规制导化迫弹容易受到自然环境以及电磁干扰等因素的影响，为适应现代战争复杂多变的战场环境，要进一步提升制导化迫弹的可靠性，这就要求制导化迫弹必须向更加智能化的方向发展。从而对飞控组件的智能性需求也不断增加。智能性要求软件处理程序智能化，包括目标识别的智能化，能够识别目标的距离、方位甚至目标的种类；抗干扰智能化，要有较高的灵敏度和较强的抗干扰能力，具有全天候作战能力和很强的适应性。

5 结束语

为适应未来战争的需求，世界各国不断开展增程技术、制导技术、智能化技术等方面的研究。随着相关技术的进步与发展，制导化迫弹由于其反应速度快、杀伤力强、附带损伤小、效费比高等优势，必将在未来战争中占据重要的地位。因此，在武器装备飞速发展的条件下，为充分发挥制导化迫弹的战斗效能，应该投入足够的力量研究飞控组件的性能和技术问题，保证飞控组件与制导迫弹同步发展。

参 考 文 献

[1] 王强, 王刚, 赵莹. 国外末制导迫弹的发展综述 [J]. 四川兵工学报, 2014（5）: 20-23.

[2] 朱少雄, 施冬梅. 制导迫击炮弹发展现状及关键技术 [J]. 飞航导弹, 2016（4）: 67-70.

[3] 侯淼, 阎康, 王伟. 远程制导炮弹技术现状及发展趋势 [J]. 飞航导弹, 2017（10）: 86-90.

[4] 曹红锦. 美国精确制导组件技术发展现状分析 [J]. 四川兵工学报, 2015（9）: 22-25.

[5] 裴静静, 裴养卫, 李孟华, 等. 一体化弹载控制计算机设计与实现 [J]. 航空计算技术, 2018（1）: 109-112.

[6] 汪守利, 金小锋, 王磊, 等. 用于制导炮弹的一体化导航控制器设计 [J]. 遥测遥控, 2017（9）: 49-54.

一种组合稳定机载光电监视侦察系统设计

韩昆烨，胥青青，徐 珂，杨少康，杨晓强

（西安应用光学研究所，陕西 西安 710065）

（中国兵工学会光电子技术专委会推荐）

摘 要：机载光电监视侦察系统能够在远距离、大范围、高分辨率下对地对海各种目标进行监视侦察，提供实时战场态势情报，已成为情报侦察监视的重要手段和世界各国重点发展的航空装备。本文结合国外典型机载光电监视侦察系统的特点，对一种基于粗精组合二级稳定的机载光电监视侦察系统进行了关键技术设计论证，为机载光电监视侦察系统研制与应用提供参考。

关键词：情报监视侦察；组合稳定；目标地理定位；像移补偿；图像拼接

中图分类号：V355.1　**文献标志码**：A

A design of wide area airborne surveillance system based on combined stabling

HAN Kunye, XU Qingqing, XU Ke, YANG Shaokang, YANG Xiaoqiang

(Xi'an Institute of Applied Optics, Xi'an 710065, China)

Abstract: Wide area airborne surveillance (WAAS) systems have emerged a sprimary tools for intelligence, surveillance, and reconnaissance, and are currently the focus of development all over the world because of their qualities such as superior concealment, real time dynamics, high resolution, and large area coverage performance. The current development of WAAS systems is discussed in this paper, along with a description of the typical technology used for WAAS systems abroad, the key technology design, as well as the demonstration of a WAAS system based on stable platform sweeping stepped imaging. Our studies provide an excellent reference for the development and application of WAAS systems.

Keywords: intelligence surveillance and reconnaissance; combination stabling; geo-location; image motion compensation; image stitching

0 引言

现代高技术战争环境中，利用高空长航时无人机对目标进行侦察监视是一种高效侦察手段，作为高空长航时无人机主要载荷的机载光电监视侦察系统能够持久地对大范围区域执行实时动态监视，其已成为情报监视侦察的重要工具。机载光电侦察系统通常采用多频谱传感器同装载、多视场转换成像的工作模式，宽视场用于大范围概略监视和目标搜索，窄视场实现疑似目标详查、目标辨识和跟踪。由于受到侦察覆盖范围和分辨率矛盾的制约，系统侦察监视效能受到限制。兼顾高分辨率和宽覆盖的机载光电侦察监视系统应运而生，成为世界各国竞相发展的航空光电侦察监视装备。

为满足广域高分辨率持久侦察监视需求，美、英等国投巨资大力发展机载广域光电侦察监视系统，

基金项目：国家863计划项目（No.1234567）。

作者简介：韩昆烨（1983—），男，硕士，高级工程师，E-mail: 214105306@qq.com。

先后研制成功 Gorgon Stare、Argus – IS、RQ – 4 "全球鹰" 光电广域监视系统（ERU）、Goodrich 公司的 DB – 110 相机、ROI 公司的 CA – 295 航空相机等。

由于受限于光电探测器技术发展水平，WAAS 系统主要采用拼接方式实现高分辨率、宽覆盖侦察监视能力，同时考虑工程可实现性（工艺难度、系统体积与成本等）、载机平台的通用化、侦察监视系统的任务使命综合化[1]。目前，工程系统研制装备主要是基于光机扫描图像拼接的 WAAS 系统，系统不仅具有广域搜索侦察监视能力，同时具有目标定位跟踪、瞄准制导武器引导能力。下面对一种组合稳定机载双波段光电成像广域侦察监视系统进行详细设计。

1 组合稳定机载光电监视侦察系统设计

1.1 系统性能和工作模式

1.1.1 系统性能

系统采用卧式机载外挂吊舱形式，以光机扫描方式实现宽覆盖高分辨率成像。系统主要由陀螺稳定平台、可见光成像传感器、红外成像传感器、扫描与稳像控制组件、图像数据采集处理组件、目标检测跟踪组件、环境控制组件和系统电源组件等组成。系统内置高精度组合惯导与姿态测量组件，具有多种自动跟踪模式跟踪运动目标能力[2,3]。机载光电侦察监视系统组成及工作原理如图 1 所示。陀螺稳定平台上安装有可见光成像传感器、红外成像传感器、伺服控制传感器及执行组件（电机、陀螺和测角器）等。稳定平台在伺服控制组件的控制下，隔离载机姿态运动、振动、风阻等扰动，实现系统视轴指向控制与稳定、像移补偿和扫描成像等功能。系统采用两框架两轴稳定平台结构形式，分别完成侧滚方向的稳定成像及扫描成像，俯仰方向的稳定成像及前向像移补偿。实现系统宽覆盖高分辨率成像侦察监视。

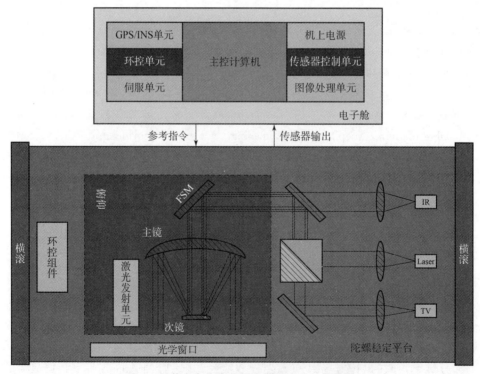

图 1 机载光电侦察监视系统组成及工作原理

可见光和红外成像传感器组件安装在两轴陀螺稳定平台上，在伺服控制组件的控制下，实现光电传感器视轴稳定和扫描成像，构成系统光机扫描与稳定成像单元，稳定平台侧滚轴在垂直航向方向摆动步进扫描实现成像的宽覆盖。环境控制组件根据吊舱内部温度的变化，实时进行反馈调节，保证控制舱体内部环境温度的相对稳定，保证光电侦察系统在高空低温低气压条件下稳定可靠地工作。

成像光学系统设计采用共光路折反射式光学结构，有效缩短光学系统的总长度。红外和可见光共同利用卡塞格林反射光路，通过分光棱镜进行红外和可见光光路分离，系统成像光路结构非常紧凑，有效地减小了系统体积和重量。

1.1.2 工作模式

机载光电监视侦察系统主要采用宽域搜索模式、聚束侦察模式、立体成像模式三种工作模式实现侦察监视功能。

宽域搜索模式能够长时间提供大面积区域的连续侦察图像。系统首先根据速度与斜距之比及收容宽度计算出滚转运动范围，确定预定的俯仰角并作为输入指令给伺服控制系统，驱动滚转框架转到指定位置，滚转框架从该位置开始向外扫描，完成预定的扫描条带宽度后进行反向扫描；滚转扫描过程中，俯仰以 V/H 速度补偿飞机的前向运动，滚转扫描换向的同时俯仰补偿机构回到初始位置。如此重复形成大面积的连续区域侦察图像，宽域搜索模式如图 2 所示[4,5]。

聚束侦察模式能够长时间提供对特定区域的连续侦察图像。系统首先根据速度与斜距之比及要求的覆盖范围计算出滚转运动范围，在滚转和俯仰方向完成对特定区域的反复扫描成像。聚束侦察模式可用于对侦察区域图像进行超分辨率重建处理[6]。

立体成像模式（图 3）类似于聚束侦察模式，主要利用俯仰运动从不同角度获取同一区域的图像信息，并通过三维重建图像处理算法对目标区域进行立体成像，获取目标的三维立体模型，从而获取更多的目标区域信息。

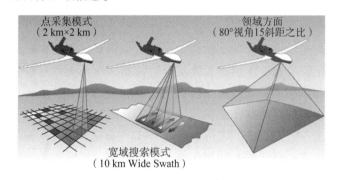

图 2 系统工作模式示意

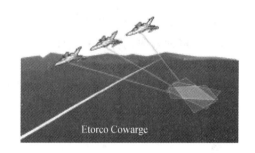

图 3 立体成像模式示意

无人机飞抵侦察区域上空，光电载荷通过广域搜索模式、局域搜索模式等对飞行航路的敏感区域进行目标搜索和跟踪监视，并具有帧定位和多目标地理定位、多目标检测等功能。光电转塔输出的复合视频、状态数据、载机信息、目标信息（包括目标大小、地理坐标、运动速度）通过数据链传输至地面。

1.2 主要关键技术设计论证

1.2.1 瞄准线稳定控制技术

随着光电系统作用距离、分辨率等性能的不断提升，对于稳定控制精度要求不断提升[7]。当光电系统瞄准线稳定性能要求小于 10 μrad，传统的稳定控制技术已无法满足要求，本系统采用平台稳定结合快速反射镜的二级复合稳定技术（国外又称 IMC – 图像运动补偿技术），其原理示意图如图 4 所示。

通过在光路中某个光束直径比较小的位置安装一个快速扫描反射镜（FSM）这样的二级瞄准机构来进一步降低传统质量稳定或反射镜稳定系统中的残余稳定误差。光路中快速扫描反射镜的安装位置十分重要，因为快速扫描反

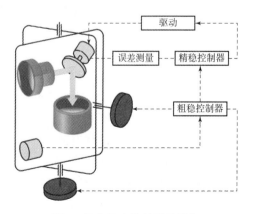

图 4 组合稳定控制原理示意

射镜要依靠小型机构在小角度范围内获得高带宽（大于 200 Hz）和高精度（小于 3 μrad）。把残余万向架误差信号用作快速扫描反射镜前馈回路的指令输入，进一步改善稳定性能，这种技术还用来获得高速步进凝视扫描曲线，用于配合大面阵凝视成像探测器，提升快速扫描过程中成像传感器的信噪比。

系统在控制策略上采用两轴两框架平台整体稳定结合快速反射镜（FSM）组件的组合稳定控制方式，获取高稳定精度；在扫描上采取平台整体匀速运动结合快调反射镜回扫补偿以达到探测器成像积分时间[8]。以低带宽、大力矩的惯性稳定平台作为粗稳平台，初步衰减载机平台的外界扰动，进行一级稳定，再以高带宽、高灵敏度的快调反射镜对残余的扰动进行衰减，进行二级稳定，使稳定精度达到 10 μrad 以内，可以使光学系统的瞬时视场达到亚像元级。二级组合稳定控制原理框图如图 5 所示。

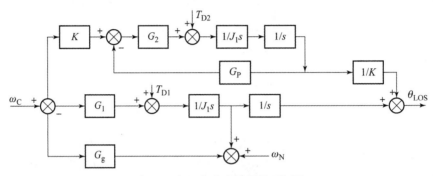

图 5 二级组合稳定控制原理框图

1.2.2 目标地理定位技术

利用从机载光电传感器接收的图像和导航数据判定地面目标的地理位置，光电成像系统安装在机载平台上，提供广域搜索和点目标采集的功能。利用接收的光电传感器图像及导航数据（传感器地理位置和传感器瞄线姿态）实时指示探测的目标。要求采用精确的目标地理位置判定法将精确的目标信息传输到全球定位系统制导武器系统上。目前，大部分目标定位算法基于距离测量，需要通过目标测距设备给出目标相对于机载光电设备的距离值。大角度倾斜成像航空相机，飞行高度为 18 000 m，可对 50 km 外的目标成像，一般激光测距装置无法满足距离要求，大型激光测距受限于体积无法应用，同时远距离的激光测距受到大气等各方面因素的影响，其测距精度会下降，从而影响目标定位。

目标无源定位，主要是通过数字图像处理技术从携带姿态信息的目标图像序列中解算出目标地理信息，即利用 GPS 接收机获取的坐标及高度信息，结合惯导信息、吊舱与载机的固联方式、吊舱的测角数据，利用空间坐标系转换求解出吊舱视轴瞄准线在地理坐标系下的射线方程，再利用载机运动产生的多条视轴瞄准线方程最小二乘求解出目标的地理坐标。当观测目标处于海洋区域时，可直接使用视轴方程与海平面的相交点求解海上目标的地理坐标。随着技术水平的不断提高，惯性测量器件的成本在不断降低，体积减小的同时，精度也得到大幅度的提升，惯性测量器件与传感器的结合也愈加常见。通过在传感器上固定较小的多轴惯性测量器件，结合惯导与组合导航技术，可有效降低由于难以估计和标定传感器安装精度而导致的定位误差，极大地降低了光电无源定位的应用条件限制，对提升无源定位的工程实用性起到了关键作用。

高精度地理定位和目标运动状态估算，目前国内大范围侦察监视系统对目标无定位能力，侦察信息仅用于目标识别，不能提供目标火控瞄准信息。光电监视/瞄准装置和光电瞄准吊舱主要用于制导激光武器，定位能力弱（目标距离 20 km，定位精度约 200 m）。本项目采用内置高精度 GPS/BD2/惯性组合导航，考虑了大气传输、地球模型等多项影响因素，通过多点地理定位结合卡尔曼滤波的方式，可以使定位精度达到 50 m（作用距离 40 km），同时在广域监视模式中，还可以实现帧地理定位，100 km 时，定位精度可以达到 200 m[9]。在定位基础上，还采用了四边形运动状态估算，使目标运动速度大小控制在 10% 以内，方向控制在 2°以内，能够为反舰导弹提供目标指示。国外 ERU 可以达到 28 km 作用距离，20 m 的定位精度。

1.2.3 像移补偿技术

载机的高速运动、姿态变换、载体振动、大气湍流扰动等原因，使得光电传感器在曝光时间内引起被摄物与成像介质的相对运动，造成像移，导致成像模糊，影响图像的判读，所以像移补偿技术决定着相机系统的成像品质、指向精度、定位精度等。一般认为像移量不超过1/2个像元不会造成图像模糊。光电传感器在曝光时间内产生的前向飞行像移量的计算公式为

$$\delta = \frac{V \times f \times \sin\theta_S}{H} \times t$$

式中：δ——像移量；

V——飞机速度；

f——焦距；

H——航高；

t——曝光时间；

θ_S——扫描角。

本系统载机飞行速度约为 600 km/h，航高为 10~20 km，系统焦距为 1 500 mm，曝光时间为 5 ms，扫描角为 30°，按其最小速高比算出最小像移量为 32 μm，远远超出了 1/2 个像元尺寸，与卫星成像相比，航空成像由于速高比相对较大使得像移量远远超出了允许值，像移与飞机振动导致跟踪精度、跟踪稳定性、成像品质等大为下降，因此必须进行像移补偿与高精度稳像控制。良好的像稳技术是远距斜视相机在高速运动中获得高品质、高分辨率图像的前提。国外先进的机载双波段斜视相机大都采用俯仰、滚动两轴伺服控制系统实现像移补偿功能。

1.2.4 图像拼接技术

光电监视侦察系统需要大视场、高分辨率的远距离成像，由于常规成像器件尺寸的限制，往往需要进行拼接组合以实现高分辨率大面积凝视。系统采用内视场拼接在成像焦平面上进行拼接，需要独特的焦平面阵列布局和大视场的光学设计，以尽可能实现一个完整的中心成像。内视场拼接可以突破 CCD/CMOS 成像器件尺寸的限制，而多器件拼接的接缝则可通过独特的多镜头光学设计或是曝光延迟的电子学控制等方式消除，从而实现真正意义的无缝大视场成像。它包括光学拼接、电子学拼接等多种形式。光学拼接是通过棱镜或反射镜分光实现成像焦平面的拼接，该方法可实现无缝单中心投影，但缺点是在接缝处会产生渐晕现象，特别是全视场的中心，渐晕现象尤为严重。电子学拼接是多个镜头分别成像在焦平面的不同区域[10]。多个镜头的视场角可以不同，如 Ultra Cam 全色波段采用了 4 个不同视场角的镜头顺序排列，采用延时曝光的方式实现大视场的准单中心投影，但由于飞机姿态变化和延时控制不准确，很容易产生漏拍。多镜头的视场角也可以相同，如 ARGUS – IS 采用了 4 个视场角相同的镜头，每个都投影在近百个小面阵成像器件上，各提供 1/4 有效成像，这些小面阵探测器棋盘式地交叉拼接，从而形成一个近似中心投影。

类似于 ARGUS – IS 这样的数百个小面阵拼接，不仅大幅降低了器件本身的成本，而且易调整、成像畸变小。其采用的像方空间近似远心光路设计，使得光线束近似垂直照射到焦平面上，减少了视场边缘的光照度衰减，而且景深较长，光学畸变较小。此外，利用小面阵器件的波前探测调整每个器件，以尽可能拟合理想焦面，从而减小像面变形，提高成像品质。

2 国外发展中遇到的困难和未来发展趋势

目前，国外机载光电监视侦察系统发展过程中遇到的主要困难是：①红外成像探测技术温度灵敏度还有待提高，尤其是目标源温度与环境伪装物体温度接近时，如何提取目标源的光谱信息至关重要，这对夜间及恶劣天气条件下成像伪装目标具有重要的发展意义；②高精度自动环控技术不足，造成相机在温差、气压差大的条件下，镜面、焦面发生较大偏移而对像质产生极大影响；③焦距长、相对孔径大使得相机格外笨重，相机质量和外形过大严重制约着其他技术模块植入远距斜视相机。

基于目前对超高分辨率、目标快速精准定位、通过机载相机获取更丰富的图像和光谱信息以及能够对图像信息快速实时处理的需求，能够进行昼夜连续成像的高中低空高精度战术成像的综合性系统将是未来航空相机的主要研究对象。

通过前文对国外典型相机关键技术、系统特点、性能指标等的分析，结合国际应用市场的需求，未来的航空相机主要有以下发展趋势。

（1）全色全景扫描 TDICCD 将成为主要的成像方式。全景扫描成像的优点在于通过相机扫描扩大了成像的总视场，而且全景扫描成像像元配准好、定标方便、数据稳定性好。

（2）多光谱、高光谱、超光谱成像技术的应用前景很好，光谱成像传感器依靠目标与背景的固有光谱差别成像，具有更好的反伪装、反隐身等反欺骗能力，多光谱航空成像相机将会是航空远距斜视成像相机的重点发展方向。

（3）传统长吊舱向球形转塔和长吊舱两种结构形式并存发展。球形转塔能够适应平流层飞行、高空长航时无人机等平台，实现广域360°搜索成像、跟踪和定位，以进行高精度成像。

3　结论

机载光电成像广域侦察监视系统因其具有宽覆盖、高分辨率及良好的动态实时性等特性，已成情报侦察监视的重要手段，成为世界各国重点发展的航空侦察装备，也是近几年国内发展的重点技术。通过对国外相关产品的技术分析，设计出了可见光与中波红外共口径的广域搜索光电侦察系统，并通过对覆盖范围、侦察距离、像移补偿能力和稳定精度的分析，能够保证可见光和红外图像清晰成像的要求，显示了设计的实用性和先进性，可以为国内相关设备的设计研发提供相应的参考。

参 考 文 献

[1] WAYNE D T, PHILLIPS R L, ANDREWS L C, et al. Observation and analysis of aero – optic effects on the ORCA laser communication system [J]. SPIE, 2011, 8038: 80380A.

[2] STOTTS L B, STADLER B. Free space optical communications: coming of age [J]. SPIE, 2008, 6951: 69510W.

[3] ANBARASI K, HEMANTH C, SANGEETHAR G. A review on channel models in free space optical communication systems [J]. Optics & laser technology, 2017, 97: 161 – 171.

[4] JACOB J. Airborne laser communication: the challenges of the propagation medium [J]. MIT Lincoln Laboratory, 2006.

[5] PHILLIPS R L, ANDREWS L C. FSO communications: atmospheric effects for an airborne backbone [J]. SPIE, 2008, 6951: 695102.

[6] BARRIOS R, DIOS F. Exponentiated Weibull model for the irradiance probability density function of a laser beam propagating through atmospheric turbulence [J]. Optics & laser technology, 2013, 45: 13 – 20.

[7] BARRIOS R, DIOS F, Exponentiated Weibull distribution family under aperture averaging for Gaussian beam waves [J]. Optics express, 2012, 20 (12): 13055 – 13064.

[8] BARRIOS R, DIOS F, Probability of fade and BER performance of FSO links over the exponentiated Weibull fading channel under aperture averaging [J]. SPIE, 2012, 8540: 85400D.

[9] BOCK K R, BAKER G J. Simulated impact of aero – optical effects on a 200 km air – to – air lasercomm link [J]. SPIE, 2008, 6951: 695106.

[10] PHILLIPS R L, ANDREWS L C. Analysis of fading in the propagation channel for the ORCA laser communication system [J]. SPIE, 2011, 8038: 80380D.

使用不完美未测量目标的亚像素精度标定方法

骆 媛，刘莹奇，张 冲，舒营恩，陶 忠

西安应用光学研究所，陕西 西安 710065

摘 要：本文提出一种使用不完美未测量标定目标并限制优化过程的亚像素精度相机标定方法。提出的方法将标定目标几何引入最优化过程中并作为限制。那么，对不完美标定目标无任何测量地在绝对尺度的相机标定是能够实现的。一般在应用中经常会发生标定目标没有高质量制造的现象，和饱受标定目标不完美制造的影响的传统方法比较，提出的标定方法能够得到更小的重映射误差。提出方法标定的立体视觉系统的精度优于传统方法。

关键词：机器视觉；标定；相机；测试和方法

中图分类号：TP391　**文献标志码**：A

Sub-pixel camera calibration using not-measured imperfect target

LUO Yuan, LIU Yingqi, ZHANG Chong, SHU Ying'en, TAO Zhong

(Xi'an Institute of Applied Optics, Shaanxi, Xi'an 710065, China)

Abstract: A constrained optimization process is proposed for sub-pixel precision camera calibration with an imperfect and not-measured calibration target. The proposed method uses the geometry of the calibration target in an optimization process with constraints based on the pattern design statistically. As a result, the camera can be calibrated in the absolute scale without taking any measurement of the imperfect calibration target. It is verified through simulation and experiment that the reprojection errors by using the proposed method are obviously smaller than those of the traditional calibration approach by trusting an imperfect target. The slightly higher measurement precision is also exemplified through an experimental calibration of a stereo vision system.

Keywords: machine vision; calibration; cameras; measurement and metrology

0 引言

数字相机广泛应用于摄像、显微和精密检测应用。对于真实世界坐标系的大量测量，系统标定是必需的[1,2]。相机标定是通过估算相机的内参和外参，来描述不同坐标系（如图像、相机和世界等）实际几何关系的一个过程[3~11]。标定技术在测量坐标值和真实世界值之间提供精确的几何位置，在应用中非常重要。

最初关于相机标定的研究是使用3D标定目标[12,13]。制造高精度的3D目标是不容易的，对于这类目标的精度测量也比较困难。为了替代使用3D目标，Tsai[3]提出了一种方法，使用一个二维标定目标，而实际上偏离2D平面有精度偏移。张正友提出了一种使用2D标定目标的方法[5]，允许2D标定目标任意放置在视场范围内。这种方法是相机标定研究的一个里程碑，在实际标定时使用简单，对于绝大部分应

基金项目："十三五"空军装备预先研究项目（30306030203），"十三五"海军装备预先研究项目（2016047/3008）。

作者简介：骆媛（1985—），女，博士后，高级工程师，E-mail: lilyluoy@163.com。

用可以提供足够的精度。目前的一些研究通过探索标定目标的精度几何信息是否是必需的[14~16]，进一步增强标定的弹性。实际上，在采用 2D 标定目标的研究之前，Lavest 等[14]已经注意到很难制作出高精度的 3D 标定目标，提出了一种方法同时最优化相机参数和 3D 标定目标的几何信息。Albarelli 等[15]提出了一种迭代最优化评估相机参数和目标几何信息，在每次迭代评估相机参数和目标几何时，需要进行解耦。Strobl 和 Hirzinger[16,17]提出了几种方法同时确定相机参数和目标几何。文献中的这些方法[16]同时评估相机参数和目标几何信息，预设 3 个非共线特征点的若干个几何值（单目为 6 个和体视为 7 个）作为限制。使用不同质量的标定板进行验证试验。最近，一些研究把使用主动目标和使用被动目标的方法相比较，研究优先性[18,19]。

对于相机内参和外参，当目标几何信息牵涉在最优化处理中，这个问题和摄像测量学中的 bundle adjustment 技术很相似[20,21]，尽管这里的目标是标定相机参数。Strobl 和 Hirzinger[16]分析最优化为过参数化问题，因为同时包含刚体变换和特征点的笛卡儿坐标，不能够非模糊地评估这些特征点。Albarelli 等[15]在每次迭代中，计算相机参数解耦几何估算来解决过参数化问题，但实际上如果能在迭代过程中添加目标几何信息约束，则不需要再分离这两类参数。Strobl 和 Hirzinger[16]通过固定 3 个非线性特征点的几何信息作为约束，解决了模糊问题。

在标定过程中，由于受限于测量仪器，一般来说不容易或者不可能测量标定目标——特别是一些新型目标，如 LCD 显示屏[18]。是否可能在一个绝对尺度下无须测量这个不完美的标定目标而精确标定相机呢？如果回答是肯定的，那么将会大大降低对于标定目标的精度要求。本文研究的目标是通过探索同时优化相机参数和目标几何的约束，来回答这些问题。在建立的理论基础上，初步完成标定原理系统的搭建。

1 协同畸变补偿和像素特征重建的成像理论模型

如图 1 所示，采用针孔相机模型描述成像过程。在图 1 中定义了世界坐标系 $X_W = (x_w, y_w, z_w)$，相机坐标系 $X_C = (x_c, y_c, z_c)$，传感器坐标系 (x_s, y_s)，图像坐标系 (u, v)，同样标示了成像距离 d_i（此距离不是焦距长度）。符号 $\theta \approx 90°$ 代表 x_s 和 y_s 轴或者 u 轴和 v 轴的夹角。

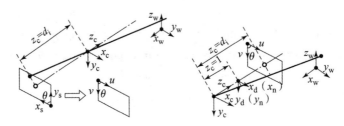

图 1 成像过程中作为相机标定基础的模型

为了简化物理针孔模型，图像坐标系移动到平面 $z_c = d_i$ 并归一化（$x_n = x_c/z_c$，$y_n = y_c/z_c$），畸变坐标系 (x_d, y_d) 定义在 $z_c = 1$ 的平面上。外参描述世界坐标系 X_W 和相机坐标系 X_C 的关系（旋转矩阵 R 和传递向量 t），如式（1）所示：

$$Xc: = \begin{bmatrix} x_c \\ y_c \\ z_c \end{bmatrix} = [R, t] \begin{bmatrix} x_w \\ y_w \\ z_w \\ 1 \end{bmatrix} = : [R, t] \begin{bmatrix} X_W \\ 1 \end{bmatrix} \tag{1}$$

通过公式（2）至式（4），归一化坐标系 (x_n, y_n) 和畸变坐标系 (x_d, y_d)，相机坐标系 X_C 转换到图像坐标系 (u, v)。镜头畸变由 Brown 模型[12]来描述，参数包括径向畸变参数 $k = (k_1, k_2 \cdots)$ 和偏轴畸变参数 $p = (p_1, p_2 \cdots)$，如式（3）所示，其中 $r_n^2 := x_n^2 + y_n^2$。对公式进行了进一步推导，考虑了 u 轴和 v 轴的夹角及传感器靶面像素的物理尺寸 Δx 和 Δy。

图像坐标 (u, v) 可以通过特征提取获得，一般可以采用圆和棋盘格等图案[22~24]，运用哪种图案在算法上不受限制。

$$\begin{bmatrix} x_n \\ y_n \end{bmatrix} := \begin{bmatrix} x_c/z_c \\ y_c/z_c \end{bmatrix} \tag{2}$$

$$\begin{bmatrix} x_d \\ y_d \end{bmatrix} := \begin{bmatrix} x_n \\ y_n \end{bmatrix} + (k_1 r_n^2 + k_2 r_n^4 + k_3 r_n^6) \begin{bmatrix} x_n \\ y_n \end{bmatrix} + \begin{bmatrix} 2 p_1 x_n y_n + p_2 (r_n^2 + 2 x_n^2) \\ p_1 (r_n^2 + 2 y_n^2) + 2 p_2 x_n y_n \end{bmatrix} \tag{3}$$

$$\begin{bmatrix} u \\ v \\ 1 \end{bmatrix} = \begin{bmatrix} \dfrac{d_i}{\Delta x} & -\dfrac{d_i \cot\theta}{\Delta y} & u_0 \\ 0 & \dfrac{d_i}{\Delta y \sin\theta} & v_0 \\ 0 & 0 & 1 \end{bmatrix} \begin{bmatrix} x_d \\ y_d \\ 1 \end{bmatrix} =: \begin{bmatrix} a_u & s & u_0 \\ 0 & a_v & v_0 \\ 0 & 0 & 1 \end{bmatrix} \begin{bmatrix} x_d \\ y_d \\ 1 \end{bmatrix} =: A \begin{bmatrix} x_d \\ y_d \\ 1 \end{bmatrix} \tag{4}$$

2 基于目标设计统计信息限制的计算方法

计算方法可以分为三步。

第一步：在传统方法中，线性模型初始闭环值可以作为 N（$N \geqslant 3$）幅图像的非线性优化的初始值，在第 n 幅图像检测到 M_n 个特征点，也许 M_n 对于每一幅图像不尽一致，但是，不会比标定目标的特征点总数 M 更大（$M_n \leqslant M$）。

第二步：对于内参和外参的非线性最优化，是从第一步得到的初始值开始的，在公式（5）显示，其中 $f()$ 代表目标点从世界坐标系映射到图像坐标系。目标模型 X_W 的几何信息，不管实际制造精度如何，对于优化参数，在这一步目标模型值几何信息都是被信任的。有时候这一步是备选的，但是出于对整个架构的鲁棒性考虑，对于下一步的非线性优化，这一步骤提供了比初始值更接近的相机参数：

$$[R_n^+, t_n^+, k^+, p^+, A^+] = \arg\min \sum_{n=1}^{N} \sum_{m_n}^{M_n} \| (u_{jn}, v_{jn}) - f(R_n, t_n, k, p, A, X_{wm_n}) \|^2 \tag{5}$$

第三步：允许对设计模型的目标进行 3D 偏微分，最后一步是非线性最优化中包含目标几何信息 X_W，如公式（6）所示。考虑对于优化目标几何 $X_W^* = (x_w^*, y_w^*, z_w^*)$ 的约束，由下面的公式描述：

$$[R_n^*, t_n^*, k^*, p^*, A^*, X_{wm_n}^*] = \arg\min \sum_{n=1}^{N} \sum_{m_n}^{M_n} \| (u_{jn}, v_{jn}) - f(R_n^+, t_n^+, k^+, p^+, A^+, X_{wm_n}) \|^2 \tag{6}$$

为了无模糊地优化公式（6）中涉及的所有参数，在非线性最优化的过程中引入若干个约束。如以上的介绍，在公式（6）中描述的最优化问题是过参数化的，因为一个刚体变换（6 自由度）和所有特征点的三坐标（3M 自由度）是耦合的。为了避免模糊性，在最优化过程中的约束是必需的。

这种方法的重点在于，特征几何是单独不可信的，只有所有特征集体贡献，如均值或者拟合平面的表面值是可信的，可以作为约束。因此，对于标定板没有必要进行任何测量，因为通过模式设计集体贡献粗略可知。比较 Strobl 等的工作[17]和本文的方法，这是主要的不同。从另一方面来说，和 Albarelli 等的工作[22]相比，提出的最优化方法运用设置约束的方式，而不是解耦相机参数和目标几何。可以设置 6 个约束来限定相机（转动 3 个量，传递 3 个量）的姿态。设置一个尺度约束，对于立体视觉标定或特别应用的单目目标定保持在绝对尺度的优化。

通过前三个约束限定传递矩阵（3 个自由度），从公式（7）到公式（9），设置最优化几何的中心在模型几何的中心位置。通常在实际操作时，选择图像中心点作为原点，因此在最优化的过程中这些约束实际上固定了原点。一般，这些约束保证传递矢量 t 避免了可能的模糊：

$$\sum_m^M x_{wm}^* = \sum_m^M x_{wm} \tag{7}$$

$$\sum_m^M y_{wm}^* = \sum_m^M y_{wm} \tag{8}$$

$$\sum_{m}^{M} z_{wm}^{*} = \sum_{m}^{M} z_{wm} \tag{9}$$

除了传递向量，仔细考虑转动（3 个自由度）的 3 个约束，如公式（10）~式（12）所示。首先结合目标几何 X_{w}^{*} 拟合平面法线，在最优化过程中固定作为 z 轴正向，也就是 $[n_{x}^{*}, n_{y}^{*}, n_{z}^{*}]^{T} =: \mathbf{n}^{*} = \mathbf{n} := [0, 0, 1]^{T}$。因此归一化矢量 $\mathbf{n}^{*}$ 只有 2 个自由度，在公式（10）和式（11）中很容易给出限定。其次，通过公式（12），对沿着 z 轴的转动进行了限定。

$$n_{x}^{*} = 0 \tag{10}$$

$$n_{y}^{*} = 0 \tag{11}$$

$$\sum_{m}^{M} x_{wm}^{*} y_{wm} - x_{wm} y_{wm}^{*} \to 0 \tag{12}$$

另外，为了保持在模型几何绝对尺度最优化，有必要满足公式（13）的尺度约束，这也暗示了绝对尺度是在统计层面。将尺度模糊从最优化过程中移除：

$$\sum_{m}^{M} \| X_{wm}^{*} - X_{wm} \|^{2} \to 0 \tag{13}$$

在与最速下降算法（Steepest Descent, SD）、Fletcher – Reeves 算法[25]和 Leapfrog 算法[26]的数学特点、收敛速度进行比较后，选择使用 Levenberg – Marquardt 最优化算法[27,28]，在式（7）~式（13）的 7 个约束下无模糊地执行最优化运算，通过设置更高的权重约束来标定相机系统。故而对使用的不完美的目标无须任何测量，也可以标定成像系统。这种方便的方法可以简单地运用在很多场合，如需要绝对尺度的单镜相位偏转测量系统，立体成像系统等也可以作为这种方法的扩展应用。

3 仿真

为了验证提出方法的可行性，对单目目标进行了仿真，通过计算机仿真可以更方便地得到一个精确的基准。特别是当对所谓的"算法误差"感兴趣的时候，通过开展一个完美特征探测的仿真来进行这样的研究更为合适，和采用传统方法得到的结果进行对比。两个仿真采用相同的设定、实际的目标几何和相机参数。特征探测误差分为不同等级。第一个仿真的目标是研究算法的误差，所以特征探测的误差置 0，在第二个仿真试验探测误差的标准偏差设置为 0.1 像素。传统方法和提出方法在最优化中使用的目标几何是从标定目标模式设计的知识中得到的模型几何。

第一个仿真设置完美的特征探测，使用传统方法和提出方法做对比来研究算法误差。

使用传统方法，在几步迭代之后重映射误差 σ[29]的标准偏差降低到一个确定值（在仿真示例中 σ = 0.753 46 像素），如图 2（a）所示。通过在最优化过程中引入对目标几何的限制，推进了已有估算值。图 2（b）所示的有限几次迭代实现了收敛，σ 降到 10^{-10} 像素。

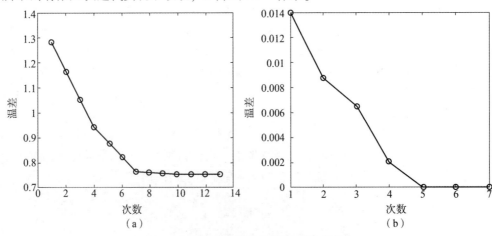

图 2 完美探测时收敛次数和重映射误差
（a）传统方法；（b）本文方法

第二个仿真为了研究在实际情况下两种方法的性能,设置特征探测误差的均方根误差为 0.1 像素(图 3)。

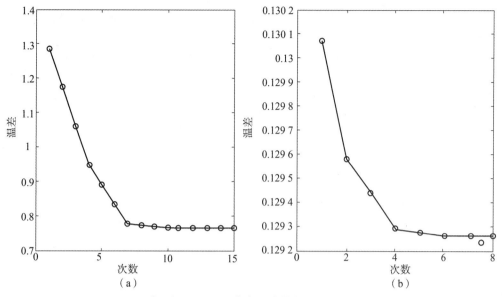

图 3　探测误差为 0.1 像素时收敛次数和重映射误差
(a) 传统方法；(b) 本文方法

考虑到主要的映射误差来自标定目标的不完美,当特征被完美探测时,传统方法显示了相似的性能。提出的方法依然能够将重映射误差从 $\sigma = 0.766\,84$ 像素（传统方法）降低到 $\sigma = 0.129\,27$ 像素。经过进一步优化,和传统方法相比,该方法下重映射误差被控制在一个更小范围内。

评估的内参如表 1 所示,显示了当特征探测是完美的或者有误差的（RMSE = 0.1 像素）,提出的方法和传统方法相比,能够提供更接近的预测。另外,从最后一列可以发现,使用提出方法可以实现更小的重映射误差。

表 1　传统方法和本文方法的内参对比

内参	真实值	完美探测（RMSE = 0）		误差探测（RMSE = 0.1 像素）	
		传统	本文	传统	本文
a_u/(像素)	1 808.7	1 809.4	1 808.7	1 809.4	1 808.6
a_v/(像素)	1 808.3	1 808.4	1 803.3	1 803.3	1 808.1
θ/(°)	89.952	89.957	89.952	89.957	89.943
u_0/(像素)	587.80	587.96	587.70	588.32	588.21
v_0/(像素)	476.45	475.24	476.45	475.24	476.46
$k1$	$-0.102\,59$	$-0.100\,18$	$-0.102\,59$	$-0.100\,38$	$-0.102\,02$
$k2$	5.2×10^{-2}	6.2×10^{-2}	5.2×10^{-2}	6.5×10^{-2}	3.6×10^{-2}
$p1$	6.8×10^{-4}	5.9×10^{-4}	6.8×10^{-4}	6.2×10^{-4}	7.4×10^{-4}
$p2$	-6.9×10^{-4}	-9.0×10^{-4}	-6.9×10^{-4}	-8.5×10^{-4}	-6.5×10^{-4}
σ/(像素)	—	0.753 46	3.4×10^{-10}	0.766 84	0.129 27

4　试验

进行了立体视觉标定的试验,研究标定方法的实际可行性,特别是显示了在立体视觉系统的扩展。

标定模式为棋盘格,由打印机打印在纸上。纸特意粘在不平整的平面上,如图 4 所示。在实际的标定中,一般来说特征点在不同的姿态覆盖两个相机的视场,有时其中一个相机在边界的一些特征会丢失。尽管如此，不会影响这种方法的应用，如果在一个相对较远的距离，至少在一个姿态所有特征点能够同时被两个相机采集。这是在实际标定中一个普遍的成像姿态，也是容易实现的。

为了更好地理解使用传统方法和本文方法的性能，对比结果。

更多的是，使用标定过的立体视觉系统进行一项测量，以此评估提出方法。距相机距离160 mm 到 340 mm，在 4 线分区测量 48 个姿态。测量的长度（取 10 次测量平均值）分别为 24.960 0 mm，15.008 0 mm，49.977 7 mm，和 29.107 4 mm，作为基准使用。采用传统方法和本文方法标定的立体相机测量精度见表 2。两种方法的精度在一个量级，但是提出方法的结果比传统方法的结果更精确。使用提出方法，在 4 个距离的标准偏差是传统方法的 93.43%，95.83%，83.57%，97.13%。

图 4 标定目标

表 2 传统方法和本文方法的相机测量精度对比

项目	线①	线②	线③	线④
传统方法精度	0.132 4	0.050 3	0.142 4	0.984 1
本文方法精度	0.123 7	0.048 2	0.119 0	0.955 9

5 讨论

和已有标定过程相比，本文方法具有如下优势。

（1）提出的方法可以使用不完美未经测量的标定目标进行精确的标定。没有必要测量标定目标的几何以应用 bundle adjustment[30~33]策略。

（2）和传统相机标定方法相比重映射误差明显更小。使用提出方法标定的立体视觉系统比传统方法精度更高些。

（3）这种方法可以应用到使用任何类型标定目标的相机标定，包括经典印刷或制造有圆圈和棋盘格的平面，以及一些新型数字显示，如 LCD 显示屏显示条纹图案等。有些可以通过工具测量，有些很难或者根本不能进行精确测量。

当然，这种方法也有不完美之处。本文方法的一个限制是，为了得到一个更好的尺度因子，假设在标定中目标几何的误差分布是偏离 0 值的分布。这种假设在大部分实际应用中是满足的。

6 结论

本文提出一种使用不完美未测量标定目标并限制优化过程的相机标定方法。提出的方法将标定目标几何引入最优化过程中并作为限制。那么，对不完美标定目标无任何测量地在绝对尺度的相机标定是能够实现的。一般在应用中经常会发生标定目标没有高质量制造的现象，和饱受标定目标不完美制造的影响的传统方法比较，提出的标定方法能够得到更小的重映射误差。提出方法标定的立体视觉系统的精度优于传统方法。

参 考 文 献

[1] CHEN F, BROWN G M, SONG M. Overview of three dimensional shape measurement using optical methods [J]. Opt. Eng., 2000, 39: 10 – 22.

[2] SANSONI G, CAROCCI M, RODELLA R. Calibration and performance evaluation of a 3 – D imaging sensor based on the projection of structured light [J]. IEEE Trans. Instrum. Meas., 2000, 49: 628 – 636.

[3] TSAI R Y. A versatile camera calibration technique for high – accuracy 3D machine vision metrology using off – the –

shelf TV cameras and lenses [J]. IEEE J. Robot. Autom., 1987, 3: 323 – 344.

[4] ZHANG H, LABOR M J, BURTON D R. Robust, accurate seven – sample phase – shift error and second – harmonic distortion: a comparative study [J]. Opt. Eng., 1999, 38: 1524 – 1533.

[5] ZHANG Z. Flexible camera calibration by viewing a plane from unknown orientations [C]. in Proceedings of the 1999 Conference on Computer Vision and Pattern Recognition, ser. CVPR'99, 1999, 1: 666 – 673.

[6] CANDOCIA F M. A scale – preserving less distortion model and its application to image registration [C]. in Proceedings of the 2006 Florida Conference in Recent Advances in Robotics, ser. FCRAR 2006, 2006, 1: 1 – 6.

[7] MALLON J, WHELAN P F. Precise radial un – distortion of images [C]. in Proceedings of the 17th International Conference on Pattern Recognition, ser. ICPR 2004, 2004, 1: 18 – 21.

[8] SILVEN O, HEIKKILA J. Calibration procedure for short focal length off – the – shelf ccd cameras [C]. in Proceedings of the 13th International Conference on Pattern Recognition, 1996, 1: 18 – 21.

[9] ZHENG W, SHISHIKUI Y, KANATSUGU Y, et al. A high – precision camera operation parameter measurement system and its application to image motion inferring [J]. IEEE Transactions on Broadcasting, 2001, 47 (1): 46 – 55.

[10] JEONG J I, MOON S Y, CHO S G, et al. A study on the flexible camera calibration method using a grid type frame with different line widths [C]. in Proceedings of the 41st SICE Annual Conference, 2002, 2: 1319 – 1324.

[11] YU W. An embedded camera lens distortion correction method for mobile computing applications [J]. IEEE Transactions on Consumer Electronics, 2003, 49 (4): 894 – 901.

[12] BROWN D C. Close – range camera calibration [J]. Photogramm. Eng., 1971, 37: 855 – 866.

[13] SOBEL I. Calibrating computer controlled cameras for perceiving 3 – D scenes [J]. Artif. Intell. 1974, 5: 185 – 198.

[14] LAVEST J, VIALA M, DHOME M. Do we really need an accurate calibration pattern to achieve a reliable camera calibration [C]. in Proceeding of ECCV' 98, 5th European Conference on Computer Vision, Springer, 1998: 158 – 174.

[15] ALBARELLI A, RODOLà E, TORSELLO A. Robust camera calibration using inaccurate targets [M]. in BMVC, F. d. r. Labrosse, R. Zwiggelaar, Y. Liu, and B. Tiddeman, eds. (British Machine Vision Association), 2010: 1 – 10.

[16] STROBL K H, HIRZINGER G. More accurate pinhole camera calibration with imperfect planar target [C]. in 2011 IEEE International Conference on Computer Vision Workshops (IEEE, 2011).

[17] STROBL K H, HIRZINGER G. More accurate camera and hand – eye calibration with unknown grid pattern dimensions [C]. in IEEE International Conference on Robotics and Automation (IEEE, 2008), pp. 1398 – 1405.

[18] SCHMALZ C, FORSTER F, ANGELOPOULOU E. Camera calibration: active versus passive targets [J]. Opt. Eng, 2011, 50: 113601.

[19] HUANG L, ZHANG Q, ASUNDI A. Camera calibration with active phase target: improvement on feature detection and optimization [J]. Opt. Lett., 2013, 38: 1446 – 1448.

[20] GRANSHAW S I. Bundle adjustment methods in engineering photogrammetry [J]. Photogramm. Rec., 1980, 10: 181 – 207.

[21] TRIGGS B, MCLAUCHLAN P, HARTLEY R, et al. Bundle adjustment – a modern synthesis [J]. In Vision Algorithms: Theory and Practice, TRIGGS B, ZISSERMAN A, SZELISKI R, Springer, 2000, pp. 298 – 372.

[22] ALBARELLI A, RODOLà E, TORSELLO A. Robust camera calibration using inaccurate targets [J]. Trans. Pattern Anal. Mach. Intell., 2009, 31: 376 – 383.

[23] LUCCHESE L, MIRA S. Using saddle points for subpixel feature detection in camera calibration targets [C]. in Proceedings of the Asia Pacific Conference on Circuits and systems, 2002, 2: 191 – 195.

[24] CHEN D, ZHANG G. A new sub – pixel detector for x – corners in camera calibration targets [C]. in WSCG (short papers), 2005: 97 – 100.

[25] FLETCHER R, REEVES C. Function minimization by conjugate gradients [J]. Computer Journal, 1964, 7: 140 – 154.

[26] SNYMAN J. An improved version of the original leap – frog dynamic method for unconstrained minimization: Lfop1 (b) [J]. Applied mathematics and modelling, 1983, 7: 216 – 218.

[27] LEVENBERG K. A method for the solution of certain non – linear problems in least squares [J]. Quarterly appled mathematics, 1944, 2: 164 – 168.

[28] MARQUARDT D. An algorithm for least – squares estimation of nonlinear parameters [J]. J. Soc. Indust. Appl. Math., 1963, 2: 431 – 441.

[29] DE VILLIERS J, LEUSCHNER F, GELDENHUYS R. Centi – pixel accurate real – time inverse distortion correction [C]. in Proceedings of the 2008 International Symposium on Optomechatronic Technologies, ser. ISOT2008, 2008, 7266: 1 – 8.

[30] BROWN D C. The bundle adjustment – progress and prospects [J]. Int. archives photogrammetry, 1976, 21 (3): 1 – 33.

[31] GRANSHAW S. Bundle adjustment methods in engineering photogrammetry [J]. Photogrammetric record, 1980, 10 (56): 181 – 207.

[32] COOPER M A R, CROSS P A. Statistical concept and their application in photogrammetry and surveying [J]. Photogrammetric record, 1988, 12 (71): 637 – 663.

[33] COOPER M A R, CROSS P A. Statistical concepts and their application in photogrammetry and surveying (continued) [J]. Photogrammetric record, 1991, 13 (77): 645 – 678.

柔性压电发电机在子弹药引信中的应用研究

王东亚,张美云,张 力,贺 磊,邱强强

(西北工业集团有限公司,设计二所 西安,710043)

摘 要:柔性压电发电机具有体积小、成本低、不占用引信内部空间等优点,可用于子母弹子弹药引信中。为满足压电发电机与子弹药的外形匹配设计要求,论文对三种安装位置下,压电振子的发电性能进行了实验研究,研究结果表明,安装于子弹药尾部的压电振子,其在均匀风场中的输出电压波形近似于正弦波,且具有较大的峰-峰值,是较为理想的安装位置。

关键词:子弹药引信;压电振子;输出电压

中图分类号:E932.4 **文献标志码**:B

Application of flexible piezoelectric generator in submunition fuze

WANG Dongya, ZHANG Meiyun, ZHANG Li, HE Lei, QIU Qiangqiang

(Northwest Industrial Group Co., Ltd. Design Institute Ⅱ,
Xi'an 710043, Shaanxi, China)

Abstract: Flexible piezoelectric generator has the advantages of small volume, low cost and no occupation of internal space of fuze, that can be used for child-shell of submarines. In order to meet the shape matching requirements of piezoelectric generator and submunition, the power generation performance of piezoelectric vibrator under three installation positions is studied in this paper, which turns out that, a piezoelectric vibrator mounted at the rear of the submunition whose output voltage waveform in a uniform wind field is approximate to a sine wave, it also has a large peak and peak value, show that the rear of the submunition could be an ideal installation position.

Keywords: submunition fuze; piezoelectric vibrator; output voltage

0 引言

集束弹药,又称子母弹,是一种以毁伤面目标为主的常规弹药[1]。但是由于其自身结构特点所限制,目前所装备的集束弹药存在的最大问题是:子弹引信作用可靠性低,导致子弹瞎火率偏高。未来集束弹药将利用自毁、自失能和自失效(简称"三自")技术对现有库存集束弹药引信进行改进,降低未爆弹率[2,3]。在"三自"技术中,从降低哑弹危害的角度,自毁是最好的措施。而从目前自毁技术发展趋势看,采用电子或机电自毁引信是未来子母弹引信技术发展的一个主要方向。而目前限制机电子弹药引信发展的最主要原因是引信体积有限,没有足够空间布置电源装置。由此可见,微小型电源技术的研究成为我国集束弹药技术发展的一个瓶颈技术。

针对子弹药引信的使用环境,论文提出了一种能够利用子弹下落过程的气动力进行发电的能量转换技术——安装于子弹药引信外部的风致振动式压电发电技术,压电发电机除具有不占用引信内部空间、

作者简介:王东亚(1978—),男,本科,研究员级高级工程师,从事引信总体技术研究。E-mail:awdya@163.com。

成本低等优点外，还具有不改变子弹药弹丸形状，不对其他器件产生电磁干扰的优点[4]，能够解决其他电源无法解决的问题，满足子弹引信的供能需求。

压电振子在子弹药的安装位置不同，其发电性能也有很大的不同。论文对三种安装位置下压电振子的发电性能进行了实验研究，从中选择最佳的安装位置，为柔性压电发电机在子弹药引信中的应用奠定基础。

1　压电振子的结构

一个完整的柔性压电发电机由悬臂梁形式的压电振子及电源管理电路构成，其中压电振子为能量转换元件，是发电机的核心部件。压电振子的构成及制作方法对发电机的输出特性和工作可靠性影响很大。

压电振子由压电材料、基底材料、粘结材料、电极及引线等几个部分组成。结构示意图如图1（a）所示。如图1（b）所示，箭头表示风向。

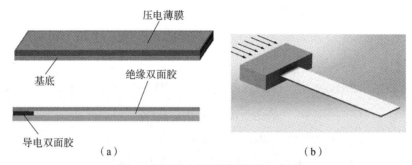

图1　单层压电材料振子结构示意图

其发电原理是：将压电振子固定在钝体上，钝体处于恒定流速风场中。压电振子是弹性体，弹性体在流场中受到流体的作用，发生一定形变，同时弹性结构的变形也会向流场输出能量。二者之间能量相互转移，形成了一个正反馈系统。系统本身的负阻尼和流体动力产生的负阻尼相互叠加，称为描述系统所处环境的净阻尼。当净阻尼大于零时，系统是趋于稳定的。当净阻尼等于零时，系统处于临界点。当流体速度继续增加，净阻尼减小到负值，这时系统由稳定状态进入不稳定状态，而这一流速称为临界速度。这种现象在线性系统中称为自激振动；在非线性系统中称为极限环振荡（LCO）。

进入非稳定状态后，系统产生较大的变形，能量不断地从周围的流体中输入系统中，维持系统的振动。另外，系统的变形也向外输出能量，使流场的振动发生改变。这种自激并且可以自我保持的系统可以用来从周围环境中获取能量。利用这一原理设计的压电悬臂梁振子就可以实现风能向机械能的转化和传递。

当风速持续增加并超过一定值时，压电振子开始大幅值振动，振型及输出电压如图2所示，压电振子的振动姿态属于二阶振动。振子起振时的风速即为颤振风速或临界风速。压电振子的输出信号是规律的近似正弦波的交流信号，且峰值较高，图2所示为20 V。

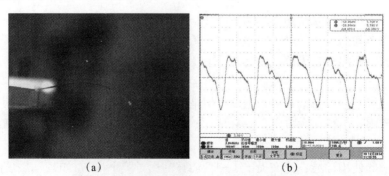

图2　达到临界风速后压电振子的振型及输出电压
（a）振子振型；（b）输出电压

2 柔性压电发电机工作原理

子弹从母弹被抛撒出时，其姿态非常复杂，不能保证发电机在此状态下能够可靠发电；子弹在匀速下落阶段的落速范围为 35 ~ 50 m/s，飞行姿态稳定从而保证压电发电机具有发电能力。因此可以充分利用子弹从母弹中抛撒后的匀速下落环境，使安装于子弹外部的悬臂梁式压电振子在风场中产生振动，利用压电材料的正压电效应，将振动能转换为电能，为子弹引信供电。

图 3 所示为压电振子的一种安装方式。

振子的一端固定在子弹弹壁上，另一端处于自由状态。当子弹下落时，弹体周围所产生的气流流动方向与压电振子的长度方向平行，当风速达到振子的起振风速时，压电振子在风场中产生谐振。振子受力使压电材料上、下表面产生交变的电势差，经电源管理电路整流后，将电能储存在电容中，供引信电路使用。

3 安装位置对压电振子发电性能的影响

实际使用的压电振子需要安装于子弹外部，与子弹药共形。子弹的截面为圆形，压电振子在风场中的振动情况也会因安装位置的不同而发生变化。压电振子在子弹上的安装位置主要有三个：弹壁、子弹尾部旋翼内和飘带，如图 4 所示。

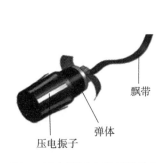

图 3　压电振子安装于弹壁上

图 4　压电振子在子弹上的三个安装位置

3.1 弹壁安装方式

将压电振子直接固定在子弹外壁是最简单的安装方式，根据安装方向可分为两种情况，其示意图如图 5 所示。在图 5（a）所示的安装方式中，悬臂梁固定在子弹尾部，自由端朝向子弹头部，风由子弹尾部吹拂，振子顺风振动；而图 5（b）所示的安装方式，悬臂梁固定在子弹中部，自由端迎风，当风速较大时，自由端翻折朝向子弹头部。

　　　　　　　　(a)　　　　　　　　　　　　　　　　(b)

图 5　弹壁安装方式示意图

(a) 顺风安装方式；(b) 迎风安装方式

将压电振子按照图 5 所示的位置固定在子弹弹壁上,记录两个振子在风场中的输出电压,如图 6 所示。从图 6(a)所示的输出波形中可以看出,图 6(a)所示安装方式的压电振子,其输出波形的负半波幅值较大,而正半波几乎为零,这说明由于弹壁的影响,振子的运动受到了限制;图 6(b)所示的输出波形与未受子弹弹形约束的压电振子输出情况类似,但是振子在风场中自由端翻折过来,在其根部产生了很大的应力集中,实验后能够看到该压电振子根部有明显折痕,可能造成振子在发电过程中失效。基于上述实验结果,子弹外形影响了压电振子的正常输出,振子不适合安装在子弹弹壁上。

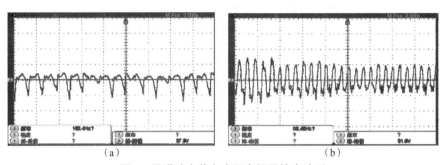

图 6　子弹壁安装方式压电振子输出波形

(a)顺风安装时的输出波形;(b)逆风安装时的输出波形

3.2　固定在子弹尾部

子弹尾部结构较复杂,功能性部件多,但是在储藏运输或母弹开舱之前,子弹串装在一起,尾部受到很好的保护,是理想的安装部位。压电振子在子弹尾部有两种固定方式,如图 7 所示。压电振子一端利用固定旋翼的螺钉固定在引信外壳上,另一端自由。

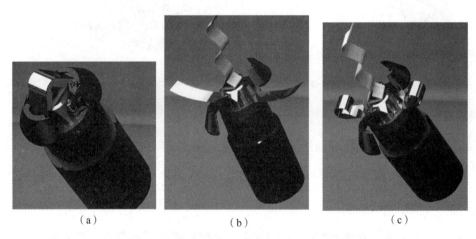

图 7　压电振子在子弹头部的两种安装方式示意图

(a)覆盖飘带安装;(b)振子被释放;(c)预卷振子

装配时,图 7(a)所示的压电振子覆盖住飘带后,自由端被另一端的旋翼约束;子弹抛撒后旋翼打开,压电振子的自由端脱离约束,在风场中振动发电,如图 7(b)所示。图 7(c)所示的压电振子在装配时需要预先卷起来隐藏于旋翼下;旋翼打开后振子卷弹开,在风力的带动下进行振动,振动时自由端仍然是卷曲的。

装于尾部时,压电振子在风场中振动时输出的电压曲线如图 2(b)所示,输出电压为类正弦形状,峰–峰值随风速的增大而增大。

3.3　与飘带固连

如图 8 所示,将压电振子制作在飘带内,不工作时随飘带一同处于折叠状态,工作时随飘带一同被释放。这种安装方式简便，并且飘带能够为压电材料提供可靠的保护。其缺点是压电振子随飘带一同旋转，引线不易连接；另外，压电材料需要与飘带一同折叠，会在表面留下明显折痕，影响压电发电机的输出性能。

为研究振子被折叠后对发电性能的影响，将制作好的压电振子折叠成 Z 字形并保持折叠状态 24 h 后进行吹风实验。折叠振子在风场中的振动姿态比较复杂，既有整个振子的整体振动，也有每段折弯的摆动。同时预折叠振子输出的一致性很差，其在风场中的电压输出波形如图 9 所示。每个压电振子在相同风速下的输出一致性很差，有图 9（a）所示的不规则输出的情况，也有图 9（b）所示的规则输出的情况。

图 8　振子制作在飘带内

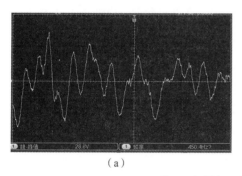 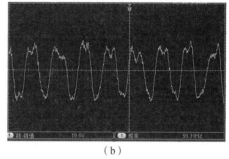

(a)　　　　　　　　　　　　　　(b)

图 9　折叠振子的电压输出波形

(a) 不规律振动；(b) 规律振动

改变风速，得到预折叠压电振子在不同风速下的输出电压峰–峰值曲线，如图 10 所示。从图中能够看出，折叠后的振子没有明显的临界风速，并且在高风速时输出电压的幅值依然很低。

分析产生上述现象的原因可能有以下几点：首先，压电材料的使用要求中明确指出，压电材料表面不能有明显折痕，但是如果将振子固定在飘带中，PVDF 材料在装配时需要随着飘带一同折叠，并会一直保持这种折叠形态很久，有可能会对压电材料本身结构造成损坏；其次，子弹药下落过程中飘带所起到的作用是稳定子弹飞行姿态，其本身的振动情况不可控，难以保证其能产生足够多的振动供压电材料进行能量转换。因此，压电振子不适合安装在飘带中。

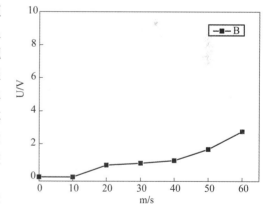

图 10　折叠振子风速–电压曲线

上述三种安装方式，都能实现与子弹药外形匹配的要求，但是在制作工艺以及输出特性方面各有利弊。表 1 从安装及制作难易程度上对这三种方式进行了对比。

表 1　安装方式优缺点对比

安装部位	弹壁	子弹尾部	飘带
优点	安装简便	安装简单、对尺寸要求小、振子表面光滑	安装简便、强度高
缺点	易损坏	无明显缺点	有明显折痕

本文的研究结果表明，弹壁和飘带这两个安装位置并不适合安装压电振子。

4 结论

本文对应用于子母弹子弹的柔性压电发电机的结构、工作原理进行了研究,为了满足振子与子弹药引信外形匹配的设计要求,对三种安装位置下,压电振子的发电性能进行了分析比较与试验验证,最终确定子弹药尾部为最佳的安装位置。

参 考 文 献

[1] 汪德武,曹延伟,董靖. 国际军控背景下集束弹药技术发展综述 [J]. 探测与控制学报,2010,32 (4):1-6.
[2] 赵玉清,王小波,张海娟. 集束弹药公约与子弹引信发展趋势 [J]. 探测与控制学报,2009,31:25-28.
[3] 朴相镐,褚金奎,吴红超,等. 微能源的研究现状及发展趋势 [J]. 中国机械工程,2008 (z1):1-4.
[4] 王颖澈,李要民,李任杰,等. 微电源发展及其在引信中的应用展望 [J]. 探测与控制学报,2012,34 (3):1-7.

侵彻多层硬目标信息获取技术的现状与发展

郭淑玲，张美云，肖春燕，贺 磊

（西北工业集团有限公司 设计二所，西安 710043）

摘 要：现代战争对军事目标的毁伤讲究高效性。为了准确摧毁具有多层防护的目标，引信要能够感知侵彻层数并在合适的时机起爆战斗部，才能够达到最佳的毁伤效果。所以，引信有了一个战斗部运动状态的信息获取的要求，穿层信号获取的正确与否，成为能否正确可靠计层的关键技术。

关键词：侵彻；穿层；信号获取；识别

中图分类号：E920.8 **文献标志码**：B

The present situation and development of information acquisition technology on penetrating multiple layers of hard targets

GUO Shuling, ZHANG Meiyun, XIAO Chunyan, HE Lei

(Northwest Industrial Group Co., Ltd. Design Institute II, Xi'an 710043, Shaanxi, China)

Abstract: Modern war is highly effective in the damage of military targets. To destroy targets with multiple layers of protection, the fuse need to be able to sense the number of penetrations and launch the warhead at the right time, the best damage effect can be achieved, therefore, the fuse has a need for motion status information acquisition of the warhead, the signal of whether the layering is acquired correctly or not, becoming a key technology of recording layers reliably.

Keywords: penetration; whether; semget; discrimination

0 引言

现代战争中，大量重要的军事目标都设有多层防护设施，对武器的毁伤效能提出了更高的要求。例如1984年建成并投入使用的日本中央指挥部，地下深度达到30 m，分为地上2层地下3层；法国三军参谋部作战指挥中心是地下深度为10 m 的3层钢筋混凝土建筑；各国已建成的核设施也往往由多层混凝土浇筑而成。为了准确摧毁具有多层防护的目标，引信要能够感知侵彻层数并在合适的时机起爆战斗部，才能够达到最佳的毁伤效果。打击航母等大型舰船，也要求战斗部进入机库、弹药库、动力舱等要害部位起爆，最大限度地对目标进行毁伤，这就要求引信能够穿过多层甲板，达到预定的深度起爆战斗部。

为适应满足上述要求，对具有多层防护的目标进行有效攻击，出现了硬目标侵彻弹药及相应的侵彻硬目标引信。根据攻击目标的不同，硬目标侵彻引信可分为定时、计行程、计层数/空穴、介质识别等引信。

对于硬目标侵彻弹药，无论攻击的是何种目标，引信都有一个战斗部运动状态的信息获取的要求，

作者简介：郭淑玲（1963—），女，工程硕士。

以满足计时起点、穿层识别、行程计算和介质识别的要求。这些信息获取的可靠性成为侵彻硬目标弹药关键技术之一,本文重点讨论侵彻多层硬目标引信信息获取的问题。

1 侵彻多层硬目标引信信息获取技术的现状

1.1 穿层信息的获取

侵彻多层硬目标弹药攻击的主要是多层钢筋混凝土和多层钢甲板目标,所配的引信要对穿过目标的信息进行获取,对战斗部穿过目标的层数进行判断,在事先预定的层数起爆战斗部。因此,穿层信号获取的正确与否,成为能否正确可靠计层的关键技术。

在侵彻过程中(包括碰靶和穿靶过程)由于靶板对弹丸的阻力,在短时间之内弹丸的运动状态会发生很大变化,最明显的是弹丸会产生很大的减加速度(过载),而在穿过靶板后,由于弹丸不再受到阻力(忽略空气阻力)作用,弹丸的加速度为零。弹丸这一明显的运动状态的变化,成为对弹丸穿层识别的重要依据。因此,目前国内外侵彻弹药侵彻目标(穿层)信息的获取基本上采用都是高 g 值压阻或压电加速度传感器。传感器获取弹体穿靶时的过载信息,信息处理装置对获取的信号进行相关的处理,进行穿层判断与计层。

1.2 穿层信号存在的问题

当弹引系统可以视为绝对刚体时,穿靶过程弹引系统各点的运动状态是一样的,其加速度信号将是一个很简单的冲击信号,很容易进行穿层识别。但实际上弹引系统并非一个绝对刚体,而是一个多自由的弹性体,其运动是一个刚体运动与弹性体运动的叠加。在侵彻过程中弹引系统会发生强烈的振动,而各部位的振动状态(加速度、速度和位移)不同。

图1给出了测试的侵彻8层均质混凝土靶板的加速度曲线[1]。第1层靶板尺寸为 3 m × 3 m × 0.16 m,第 2～8 层靶板尺寸均为 3 m × 3 m × 0.08 m,靶间距为 1.2 m,弹长 630 mm、质量为 23 kg、直径为 100 mm 的实验弹以约 700 m/s 的初速正侵彻靶板。从图1中可以看出,穿层信息比较明显,信号叠加信号不严重。

图2所示为用滑膛炮以 600 m/s 的初速侵彻3层混凝土靶板实测加速度曲线[2],靶板厚为 0.15 m,靶间距为 1.2 m。从图2中可以看出,所测的三个加速度脉冲振动不明显,基本没有信号叠加的现象。该实验加装了泡沫铝缓冲材料,对加速度波形有一定影响。

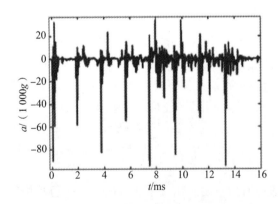

图1 8层混凝土靶板的加速度曲线

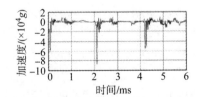

图2 3层混凝土靶侵彻过程的加速度曲线

图3所示为另一条侵彻3层混凝土靶的加速度测试曲线[3]。

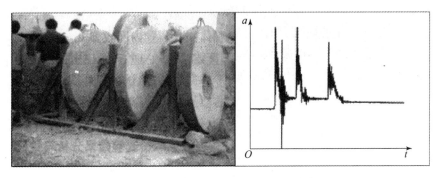

图 3　3 层间隔混凝土靶侵彻测试加速度曲线

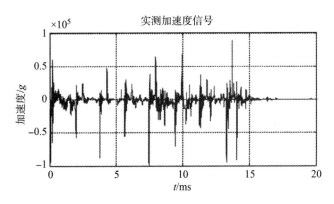

图 4　加速度测试曲线

图 4 所示为火炮侵彻 8 层混凝土靶板加速度测试曲线[4]，弹丸速度为 700 m/s，穿靶时间大约为 15 ms，从测试的加速度曲线可以看出，加速度信号有振动现象，但不是很严重。从董力科[4]给出的测试装置（图 5）可以看出，该弹的长度比较短。

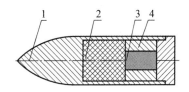

图 5　测试装置示意图
1—弹体；2—填充材料；3—高冲击
弹载测试仪；4—固定装置

而在有些试验中，传感器测试的加速度曲线出现了信号严重振动与叠加的现象，图 6 所示为侵彻 5 层混凝土靶的加速度测试曲线[5]。首靶厚为 0.3 m，其余四靶厚为 0.18 m，靶间距为 3.5 m，入靶初速为 717 m/s，5 层靶后的速度为 660 m/s。从图 6 中可以明显看出，加速度信号出现了剧烈的振动现象，过靶冲击信号与振动信号的幅值与持续时间差别不大，这就给穿靶的准确识别带来一定的困难。

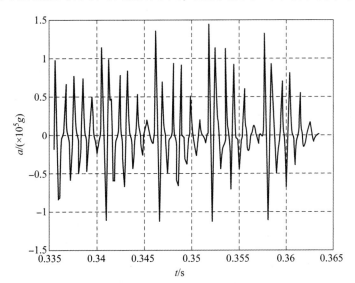

图 6　侵彻 5 层混凝土靶加速度测试曲线

图 7 所示为另一个侵彻 5 层钢筋混凝土靶板过程的加速度信号[6]，弹长为 2.1 m，弹径为 0.38 m，同样出现了严重的振动现象，有些振动信号的幅值已经大于过靶冲击信号。

从上面的试验测试曲线可以看出，弹体侵彻靶体时，其振动状态相当复杂，弹引系统上的各种振动信号非常丰富，加速度传感器检测的侵彻信号除去弹体刚体加速度（过载）信号外，不可避免地会叠加上其他信号，有些情况下，弹体结构振动信号甚至强于弹体过载加速度信号，这给引信的穿层识别带来一定的困难。

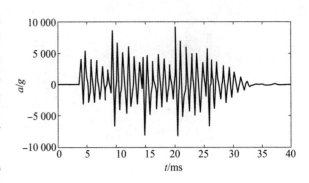

图7　长弹侵彻5层混凝土靶加速度测试曲线

穿层信号的振动与叠加，与弹丸的速度、弹丸的结构（主要指长度）、弹引连接方式、靶板的特性、靶板间隔、加速度传感器的特性等有关，不同的条件，获取信号振动情况有很大的不同。而如何解决信号振动粘连带来的处理识别难题是侵彻多层硬目标弹药引信必须要解决的问题。

2　侵彻多层硬目标引信信息获取技术的发展

解决侵彻信号振动粘连带来的处理与穿层识别的问题有两条技术途径：一是在弹引系统的连接方式上采取一定的措施，减少连接环节，增强连接刚度；二是采用新原理获取穿层信号的方法。本文重点讨论第二条技术途径的发展问题。

2.1　穿层信息获取的新思路

侵彻多层硬目标引信穿层信号的获取，主要是对穿层进行识别，传统的方法是采用加速度传感器。实际上，在弹丸侵彻靶板的过程中，除去弹丸的加速度会产生变化，弹丸的其他运动参数也会发生变化；同时，还会产生其他的物理效应。对于穿层识别，只要这些参数或物理场能够反映弹丸处于穿层过程，就同样可以利用。而且其中某些参数或物理场对弹丸的振动不敏感，这就消除或减少弹体振动带来的信号混叠问题。这种思路突破了只获取穿层加速度信息进行穿层识别的束缚，可以探索研究新的技术途径。

反映弹丸穿层过程的特征量很多，如弹丸在穿层过程中，许多物理场及弹丸运动参数会发生变化，如运动状态的变化（加速度、速度和位移发生变化），弹丸表面温度的变化，碰靶时产生巨大噪声，穿钢板靶时弹体周围磁场的变化，等等。从理论上讲，这些参数都可以用以进行穿层的识别，但在工程上由于种种限制，并非都能用以穿层识别，如弹体表面温度的变化，由于温度传感器响应比较慢，无法适应短时间内信号获取。

概括起来穿层信息分为两大类：力学量和非力学量。力学量信息包括加速度、速度、位移，以及由于惯性力产生的应力、应变等。非力学量信息包括：温度、磁场强度、噪声。力学量信息本质上都是以加速度为基本量的，速度、位移，以及由于惯性力产生的应力、应变都是由加速度引起的。

目前基于非加速度的侵彻信息获取技术得到国内相关领域研究人员的重视，开展了相关技术的研究。

2.2　基于非加速度的力学量侵彻信息获取

基于加速度原理的侵彻信息获取，传感器的固有频率要远高于加速度的频率，因此，传感器不仅感受侵彻过载加速度，同时也会敏感弹引系统的振动。在进行信号处理时，通常离不开滤波处理，由此研究人员想到，降低传感器的固有频率这一技术途径。北京理工大学研究了一种新型压电传感器[7]，如图8所示。

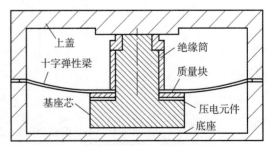

图8　新型压电传感器

该传感器的弹性元件为十字弹性梁，转换元件为压电材料。图 9 给出了不同刚度的十字梁传感器的输出曲线，当弹性梁的刚度趋于无穷大时，其输出与加速度成正比，就是一个压电加速度传感器。而当弹性梁的刚度较小时，其输出与加速度有关，但与加速度不成正比，它只感受了一次冲击，并且当冲击结束后，没有一般加速度传感器的振动信号。虽然这种传感器的输出与加速度不成正比，但它并不影响对冲击的敏感，也就是在侵彻过程中，虽然不能准确测试过载加速度，但这不影响对穿层的敏感，并且它的输出信息更容易识别。

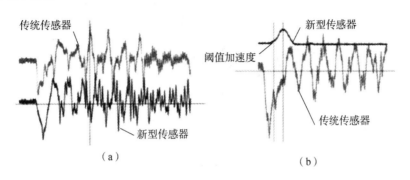

图 9 传感器输出波形对比图
（a）弹性梁刚度无限大；（b）弹性梁刚度比较小

图 10 是北京理工大学研究的另一种压电冲击传感器[8]，在这种传感器中，在加速度产生的惯性力作用下，质量块向下运动一段距离后与限位相碰。质量块在向下运动过程中，传感器的输出很小，只有当质量块与限位块相碰时，才能产生较大的输出信号。

图 11 给出了在实验室对新型传感器和传统压电加速度传感器进行的冲击对比测试，其中图 11（a）为单次冲击的测试曲线，图 11（b）为连续三次的测试曲线。从对比冲击测试曲线可以看出，新型传感器的输出曲线振动现象明显减小，虽然其响应时间滞后于加速度传感器的响应时间，但这并不影响对穿层信息的识别。

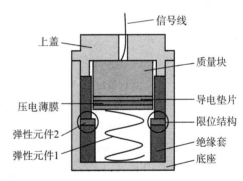

图 10 压电冲击传感器

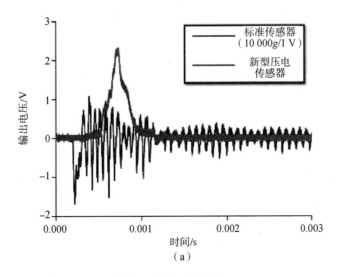

图 11 冲击对比试验
（a）单次冲击

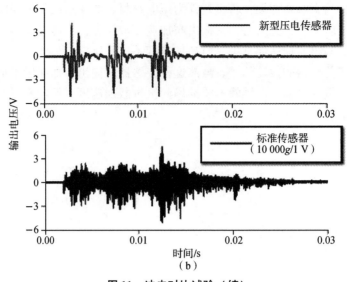

图 11　冲击对比试验（续）
(b) 连续三次冲击

上述两种传感器都是在惯性力的作用下产生输出信号，惯性力与弹丸的减加速度有关，新型传感器的输出虽与加速度有关，但并不与加速度成正比。这两种传感器的输出信号都滞后于加速度，但其输出信号的振动都明显小于高频响加速度传感器，这是由于传感器的固有频率低，对高频信号起到了一定的滤波作用。

从理论上讲，能够感受惯性力作用，将惯性力转换为可测的电信号的材料或器件都可以用于侵彻信号的测试。清华大学研究了一种基于双电层电容器的穿层信息获取的方法[9]。

图 12 所示为仿真得到的双电层电容器在加速度冲击瞬间的电压响应特性图。图 12（a）所示为未受到冲击时电容器的放电曲线，电容器在放电过程中受到短暂的高 g 加速度冲击时，器件的输出电压将急剧上升，出现一个尖锐的电压上升峰，如图 12（b）所示。利用这一特性可以确定弹丸穿层过程。

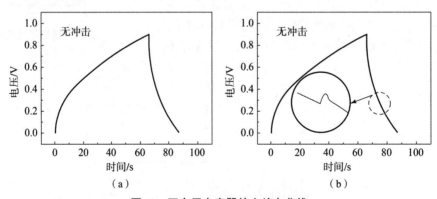

图 12　双电层电容器的充放电曲线
(a) 无加速度冲击；(b) 放电过程中受到加速度冲击

2.3　基于非力学量的侵彻信息获取

前面提到，在侵彻过程中，弹丸表面温度会发生剧烈变化，碰靶时会产生巨大噪声，穿钢板靶时弹体周围磁场的变化，等等，从理论上讲，这些非力学量物理场的变化都可以用以进行穿层的判断识别。

北京理工大学提出一种基于电涡流传感器的穿钢板靶识别方法，电涡流传感器安装在弹壁四周，当弹丸穿靶板时，传感器的敏感面会经过钢靶板，由于电涡流效应，传感器的电感、阻抗、品质因数等参数会发生变化，通过检测这些变化，对穿层进行识别。电涡流传感器由于弹体强度的要求，在工程上的使用受到限制，但其创新的思路值得借鉴。

为了不影响弹体强度，又充分利用穿钢板靶时弹体周围磁场会发生变化这一现象，国内已有单位开展了有关磁探测技术在穿钢靶板信息获取的研究，该技术的难点在于如何在磁屏蔽的情况下，探测穿靶过程磁场的变化，这就需要磁传感器具有极高的灵敏度。

磁探测的优点就是只对金属目标敏感，对弹体的运动不敏感，识别穿金属靶板比较可靠。

基于非力学量的侵彻信息获取技术的研究开展得还不够广泛，效果还不明显，还远远达不到工程化应用的要求，还有许多工作要做。

3 结论

本文对目前侵彻多层硬目标信息获取技术存在的问题进行了分析，系统分析了基于非加速度原理的穿层信息获取的思路，对基于非加速度原理的穿层信息获取的特点进行了分析，并对该技术的研究情况进行了介绍。基于非加速度原理的穿层信息获取是一个新的技术途径。

参 考 文 献

[1] 王燕，马铁华，等. 基于 Choi – Williams 分布的侵彻层数识别方法 [J]. 爆炸与冲击，2015，35（5）：758 – 762.

[2] 靳书云，靳鸿，等. 抗高冲击弹载记录仪 [J]. 火力与指挥控制，2014，39（10）.

[3] 吴三灵，李科杰，张振海，等. 强冲击试验与测试技术 [M]. 北京：国防工业出版社，2010.

[4] 董力科，范锦彪，王燕. 基于小波包分解的多层侵彻信号分析及处理方法研究 [J]. 电子测试，2012（12）：20 – 23.

[5] 游金川，李东杰，等. 侵彻引信炸点精确控制技术 [J]. 中国惯性技术学报，2016，24（1）：114 – 118.

[6] 刘波，杨黎明，等. 侵彻弹体结构纵向振动频率特性分析 [J]. 爆炸与冲击，2018，38（3）：677 – 682.

[7] 于润祥，隋丽，王亚军，等. 一种新型压电加速度传感器研究 [J]. 北京理工大学学报，2014，34（3）.

[8] 黄珏. 侵彻用新型压电加速度传感器研究 [D]. 北京：北京理工大学，2018.

[9] 戴可人. 电化学电容器的高过载冲击敏感特性研究 [D]. 北京：清华大学，2018.

基于中大口径榴弹近炸引信毫米波探测器信号处理算法研究

王东亚[1],何国清[1],方 勇[2],于 磊[2]

(1. 西北工业集团有限公司,陕西 西安,710043;
2. 成都天成电科科技有限公司,四川 成都,610000)

摘 要:毫米波由于定距精度高、抗干扰能力强等优势,在近炸引信的应用中越来越突出。本文分析了毫米波引信探测器的特点和工作原理,结合实际应用,对其信号处理算法进行了数据仿真和实验验证。

关键词:毫米波;引信;探测器;信号处理
中图分类号:TN95 **文献标志码**:A

Research on signal processing algorithms of millimeter wave detector based on medium and large caliber grenade proximity fuze

WANG Dongya [1], HE Guoqing [1], FANG Yong [2], YU Lei [2]

(1. Northwest Industries Group Co., Ltd., Xi'an 710043, Shaanxi, China;
2. Chengdu TCDK Technology Co., Ltd. Chengdu 610000, Sichuan, China)

Abstract: Millimeter wave is becoming more and more prominent in the application of proximity fuze due to its advantages of high ranging accuracy and strong anti-jamming ability. In this paper, the characteristics and working principle of millimeter wave fuze detector are analyzed, and its signal processing algorithm is simulated and verified by experiments.

Keywords: millimeter wave; fuze; detector; signal processing

0 引言

毫米波引信技术在频段上有其自身的一系列的特点。与微波相比,同口径的毫米波天线波束更窄、低角探测多路径效应更小,具有较强抑制地海杂波和抗干扰能力。毫米波在穿透战场烟雾尘埃方面,与红外、激光相比,有明显的优势,因此毫米波探测技术在各类精确制导弹药近炸引信中得到广泛应用,但在常规弹药领域,尤其是身管发射的高过载弹药平台上还未见有型号应用,究其原因,主要是受制于成本、功耗、过载、体积等方面约束,这就对毫米波探测技术应用于中大口径弹药平台提出了新的要求,即具有高的抗过载能力、小型化、低功耗的特点,本文针对中大口径榴弹应用平台,对毫米波探测器信号处理算法进行了研究。

作者简介:王东亚(1978—),男,本科,研究员级高级工程师,从事引信总体技术研究,E-mail:awdya@163.com。

1　工作原理和系统组成

1.1　工作原理

毫米波探测模块采用线性调频连续波体制，通过测量瞬时发射信号与回波信号之间的差频信号完成测距的功能。采用调频连续波体制（FMCW）更能满足近距离、较小测距盲区的要求，这也是本文中采用调频连续波的重要原因。

线性调频信号的频率－时间关系曲线如图1所示。图中，$f_T(t)$是发射信号，$f_R(t)$是发射信号，τ为回波信号相对发射信号的延时，f_0为载波频率，ΔF_M为调频带宽，T_M为调频周期。

探测器模块在扫频周期内发射频率线性变化的连续波，被目标反射后的回波与发射信号有一定的频率差，通过测量频率差可以获得目标与雷达之间的距离信息，硬件处理相对简单，适合数据采集并进行数字信号处理。FMCW收发同时工

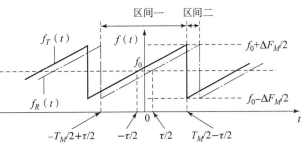

图1　线性调频连续波工作原理

作，理论上不存在测距盲区，并且发射信号的平均功率等于峰值功率，因此只需要小功率的器件，从而降低了被截获干扰的概率；其缺点是测距量程较短[1~5]，距离多普勒耦合以及收发隔离难等。FMCW雷达具有容易实现、结构相对简单、尺寸小、重量轻以及成本低等优点。

1.2　系统组成

毫米波探测器模块组成框图如图2所示。

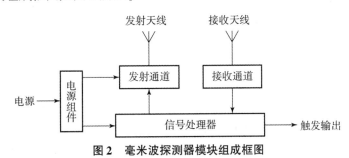

图2　毫米波探测器模块组成框图

探测器模块上电后，在信号处理器的控制下，发射通道按照波形要求输出发射信号，经发射天线耦合输出。同时，接收天线接收来自目标的回波信号，经过接收通道处理后进入信号处理器，信号处理器通过比较发射通道和接收通道的频率差，根据调频连续波工作原理，计算目标距离和速度信息。当目标速度和距离信息满足触发要求时，输出触发信号。

信号处理器采用全数字化处理方式，通过可编程器件实现信号处理和逻辑控制的功能。高速D/A用于产生的调制信号，对其线性度要求较高，D/A的采样率越高，分辨率越高，输出的信号线性度就越好，但采样率和分辨率的提高会带来技术难度与成本的提高。实际应用中，高速D/A的输出还需接平滑滤波器，提高调制信号的线性度，降低D/A时间离散和幅度离散对测高性能的影响。

2　信号处理软件设计

2.1　软件功能

探测器模块采用改进式调频连续波体制。该体制综合了脉冲体制和连续波体制的特点，每一次调频

连续波的发射、接收和数据采集受调制脉冲重复信号的控制。其调制信号形式如图3所示。

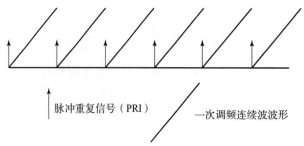

图3 准连续波信号示意图

在该技术体制下,信号处理器通过对回波信号的积累,可以在发射功率较小的条件下,获得远距离目标的信息。目标的距离信息可由回波信号与发射信号混频得到的差频信号获得。同时,采用动目标检测方式,在测得速度的同时,将速度引入的多普勒信息在频域信息进行速度修正,从而进一步得到准确的目标距离信息[6,7]。信号处理工作原理,如图4所示。

信号处理模块在调制脉冲重复信号控制下进行。回波信号经接收通道混频输出后,通过AD采样、数据存储,远距离首先采用低分辨率模式对目标探测,可以确保一个距离单元内的目标RCS不被分开到多个距离单元中,从而确保远距离条件下的信噪比,同时降低数据处理量,提高系统实时性。经过杂波对消抑制地面静止的杂波,然后通过脉冲多普勒处理,在"距离-多普勒"域,通过恒虚警处理检测目标,利用多普勒信息提取目标的径向速度,利用相参积累后的信号提取目标的距离信息。

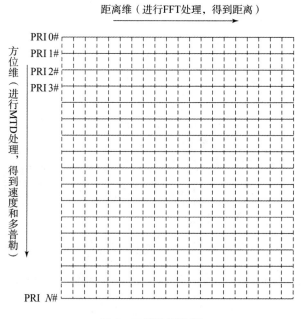

图4 二维数据处理

经过数字信号处理,完成目标检测,并提取距离和速度信息[8~11]。连续多次探测进入航迹起始稳定跟踪后,采用高分辨率模式对目标检测跟踪,通过低分辨率模式下的距离、速度信息引导,进行跟踪滤波,当达到测距要求时,给出触发信号。

2.2 软件流程框图

基于探测器模块工作原理,以及信号处理模块软件功能,设计了软件流程框图,如图5所示。

探测器模块上电工作后,信号处理器进行初始化配置和发射波形设置,然后在发射调制脉冲信号的控制下,利用ADC采集数字信号,对数字信号进行FIR数字滤波处理,以滤除混入回波信号中的调制频率泄漏等干扰信号。数字滤波完成后,对滤波信号进行时域加窗,防止在频域上的频谱泄露。加窗后,对信号做快速傅里叶变换(FFT)得到回波频率信息。在回波频域进行目标识别算法处理,获取目标的速度、距离、强度等特征信息,去除叠加在回波信号中的干扰频率信息,通过多周期相参积累,以提高目标检测的信噪比,从而对小目标和远距离目标进行识别,达到增强探测器探测能力的目的[12]。对积累后的信号做

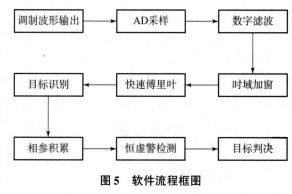

图5 软件流程框图

恒虚警概率检测，可以提高目标探测时的自适应性，对比恒虚警概率门限值，做出目标判决的结果，并输出判决触发状态信号[13]。

3 软件仿真

通过 MATLAB 软件，对探测器进行数学建模，并对回波信号进行信号处理软件算法仿真分析。模拟目标距离为 5 m、相对速度为 140 m/s 时，回波处理结果如图 6（a）所示。通过算法处理后得到的距离为 5.063 m，速度为 140.4 m/s。

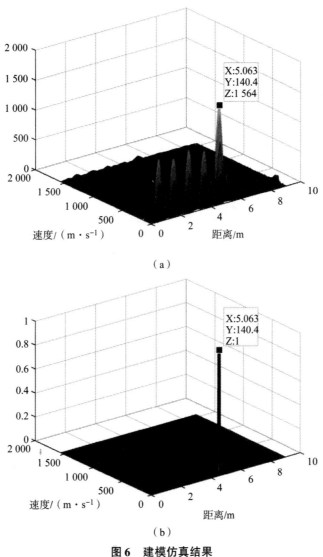

图 6　建模仿真结果
（a）模拟回波图；（b）Cfar 处理后回波图

4 结论

通过对探测器信号处理软件算法研究、分析仿真，提出了一种毫米波引信探测器信号处理方法。该信号处理方法可以有效地降低虚警概率，提高探测器的可靠性。研究中对软件算法各模块进行了充分的分析仿真。结果表明，该信号处理方法能可靠有效地实现目标距离检测。

参 考 文 献

[1] 夏彪. 锯齿波调频多普勒定距系统信号处理技术 [D]. 南京：南京理工大学，2010.

[2] 黄亮. 锯齿波调频探测系统信号处理研究与实现 [D]. 南京：南京理工大学，2016.

[3] 朱文涛，苏涛，杨涛，等. 线性调频连续波信号检测与参数估计算法 [J]. 电子与信息学报，2014 (3).

[4] 赵雪飞. 毫米波雷达抗干扰技术研究 [D]. 西安：西安电子科技大学，2006.

[5] 宋玮. FMCW 雷达测距精度及其信号处理技术的研究 [D] 南京：南京理工大学，2004.

[6] 朱晓华. 雷达信号分析与处理 [M]. 北京：国防工业出版社，2011.

[7] 仵大奎. 毫米波引信中若干关键技术与应用研究 [D] 成都：电子科技大学，2010.

[8] 凌太兵. LFMCW 雷达运动目标检测与距离速度去耦合 [D]. 成都：电子科技大学，2003.

[9] 刘闯. 对称三角 LFMCW 雷达目标检测方法的研究 [D]. 西安：西安电子科技大学，2005.

[10] 黄婷. 雷达信号处理系统的设计与 fpga 实现 [D]. 南京：南京理工大学，2007.

[11] LARRY Y, MERIT S, PHILIP M. Passive millimeter – waveimaging [J]. IEEE microwave, 2002（12）.

[12] CHAHARMIR M R, SHAKER J. Design of a multi – layer X/Ka – band frequency selective surface – backed reflectarray for satellite applications [J]. IEEE transactions on antennas & propagation, 2015, 63（4）.

[13] HUANG F, BATCHELOR J C, PARKER E A. Interwoven convoluted element frequency selective surfaces with wide bandwidths [J]. Electronics letters, 2006, 42（14）.

基于偏心误差信息的光学系统建模方法研究

左晓舟,王章利,惠刚阳,姜 峰,刘伟光,管 伟

(西安应用光学研究所,陕西 西安 710065)

摘 要:针对精密光机系统的计算机辅助制造需求,提出了一种基于装配偏心误差信息的光学系统逆向建模方法,首先建立了由透镜光学表面球心偏计算透镜位姿误差的数学模型,然后将位姿误差信息以 x、y 两个方向的平移偏心误差及倾斜偏心误差为输入,通过坐标断点的设计形式迭代入理想设计模型中,结合实测的其他光学特性参数,得到含有误差信息的光学系统仿真分析模型。以波像差为比对目标值,对某镜组建模与测试,结果显示模型系统的波像差 RMS 与镜组实测波像差偏差不大于8%,且波前形状基本吻合,验证了该方法的正确性。

关键词:计算机辅助;逆向建模;偏心误差;波像差;二次优化

中图分类号:TN206 **文献标志码**:A

Research on modeling method of optical system based on eccentric error

ZUO Xiaozhou, WANG Zhangli, HUI Gangyang, JIANG Feng,
LIU Weiguang, GUAN Wei

(Xi'an Institute of Applied Optics, Xi'an 710065, China)

Abstract: Aiming at the requirement of computer aided manufacturing for precision optical and mechanical systems, a reverse modeling method for optical systems based on assembly eccentricity error information is proposed. Firstly, a mathematical model for calculating the lens pose error from the spherical center deviation of the optical surface of the lens is established. Then, the translation eccentricity error and the tilt eccentricity error in the x and y directions are input. The ideal design model is iterated through the coordinate breakpoints, and the simulation analysis model of the optical system with the error information is obtained by combining the measured other optical characteristics parameters. The wavefront aberration is taken as the target value. The results show that the RMS of wavefront aberration of the model system and the measured wavefront aberration of the mirror group are not more than 8%, and the wavefront shape is basically consistent, which verifies the accuracy of the method.

Keywords: computer aided; reverse modeling; eccentric error; wave-front aberration; re-optimization

0 引言

随着先进制造技术的不断发展,计算机辅助制造技术在武器装备研制过程中发挥着愈加重要的作用。作为其中的一项分支,逆向建模技术(reverse modeling)可以为计算机辅助制造过程提供良好的分析与决策基础[1,2]。具有超高分辨力的光学成像镜头作为一种典型的高精密结构体,对装配制造环节带来的误差容限要求越来越苛刻[3,4],如某长焦摄远系统,用于对15 km以上的小型目标进行探测识别,

---

基金项目:国防基础科研计划项目(JCKY2018208B029)。

作者简介:左晓舟(1985—),男,硕士研究生,主要从事光电仪器装调技术研究,E-mail:27149993@qq.com。

要求空间分辨力优于2″，接近衍射极限分辨力。该镜头在装配过程中要求严格控制各镜片的偏心误差，其中平移误差不大于3 μm、倾斜误差不大于10″，这给传统的光学镜头装调模式带来了极大的挑战，精度与效率的问题随之而来。如果换一种思路，首先对初步装配完成的镜头进行偏心误差、透镜折射率、中心厚、曲率半径等光学特性参数的测量采集[5]，运用逆向技术，建立基于实测误差的光学系统模型，对误差模型进行面向像质的二次优化，则可以分析出进一步调整环节、调整维度与调整量[6]，此时再进行精调，将大幅降低精密镜头的装调难度，提高装调效率。

本文介绍了一种光学系统的逆向建模方法，重点针对其中的关键点——偏心误差的测量迭代过程进行了讨论，首先论述了偏心误差建模存在的问题，在建立数学模型的基础上，利用Zemax光学设计软件中的坐标断点（coord break）进行含有误差信息的光学系统仿真与优化，最后以波像差为评价标准对仿真模型的准确性进行了验证。

1　光学系统偏心误差定义

根据GB/T 7242-2010对光学中心偏差的定义，透镜的偏心误差用其光学表面定心顶点处的法线与基准轴的夹角 χ 来度量，此夹角称为面倾角[7]，其量值等于该光学表面曲率中心 c 偏离基准轴的距离量，即球心偏 a 与曲率半径 R 的比值，如图1所示。该值利用光学偏心仪可以精确测出，目前先进的偏心仪对球心偏的测量精度可达2 μm[8]。

对于光学系统来说（以两片透镜构成的系统为例），偏心误差用两片透镜的光轴与基准轴线的偏离量来表征[9]，如果以其中一片透镜的光轴为基准轴线，则该系统的偏心误差如图2所示。

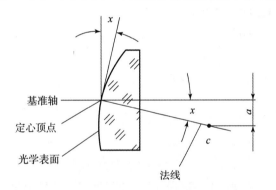
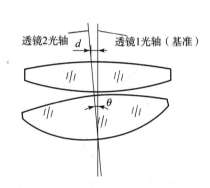

图1　透镜偏心误差的示意图　　　　　　　　　图2　透镜系统的偏心误差

光学系统逆向建模的思路，是将实测的透镜折射率、中心厚、曲率半径等光学特性参数与装配后各透镜在镜筒中的位姿状态代入理想设计模型中，其中各光学特性参数等测量结果在各类光学设计软件中均可直接输入并修改，因此逆向建模的关键是将由偏心仪测量得出的各透镜光学表面球心偏转换为透镜光轴的偏心误差，进一步转换为透镜的位姿误差信息并代入理想设计模型中，得到含有偏心误差信息的仿真模型。

2　透镜偏心误差的数学模型

根据上述定义与分析，为了准确得到光学系统中透镜元件的位姿误差信息，即平移偏差量 d 与倾斜偏差量 θ，建立数学模型如下：

如图3所示，空间直角坐标系 xyz 内的两点 $P_0(a_0,b_0,c_0)$ 与 $P_1(a_1,b_1,c_1)$ 分别为光学透镜两个表面的球心，两者的连线代表光轴，oz 轴为偏心测量基准轴线，则 P_0、P_1 两点的坐标值即为偏心仪得到的透镜两表面的球心偏。直线 P_0P_1 与 xoy 平面相交于点 $O_1(X,Y,0)$，原点 O 与 O_1 之间的距离即为平移偏差量 d；直线 P_0P_1 与 oz 轴为两条异面直线，两者之间的夹角即为倾斜偏差量 θ。此时透镜相对于基准轴线 oz 的偏心可以看作在 xoy 平面内平移 d，然后以 xoy 平面为旋转中心倾斜 θ。直线 P_0P_1 在 xoz 平面与 yoz 平面内的投影分别为 $P'_0P'_1$ 与，则 θ 可以分解为 $P'_0P'_1$ 与 oz 轴的夹角 θ_x 和 $P''_0P''_1$ 与 oz 轴的夹角 θ_y。

建立如下向量：

$$\overrightarrow{P_0O_1} = (X - a_0, Y - b_0, -c_0)$$
$$\overrightarrow{P_1O_1} = (X - a_1, Y - b_1, -c_1)$$
$$\overrightarrow{P'_1P'_0} = (a_0 - a_1, 0, c_0 - c_1)$$
$$\overrightarrow{P''_1P''_0} = (0, b_0 - b_1, c_0 - c_1)$$
$$\overrightarrow{oz} = (0, 0, z)$$

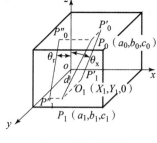

图 3 透镜系统的偏心误差数学模型

则由向量 $\overrightarrow{P_0O_1}$、$\overrightarrow{P_1O_1}$ 在三个坐标轴上的投影长度之比相等可得

$$\frac{X - a_0}{X - a_1} = \frac{Y - b_0}{Y - b_1} = \frac{c_0}{c_1} \Rightarrow$$

$$X = \frac{a_0c_1 - a_1c_0}{c_1 - c_0}$$

$$Y = \frac{b_0c_1 - b_1c_0}{c_1 - c_0}$$

根据两点之间的距离公式可得

$$d = \left| \frac{\sqrt{(a_0c_1 - a_1c_0)^2 + (b_0c_1 - b_1c_0)^2}}{c_1 - c_0} \right|$$

由异面直线的夹角公式可得

$$\cos\theta_x = \cos\langle \overrightarrow{P'_1P'_0} \cdot \overrightarrow{oz} \rangle = \frac{\overrightarrow{P'_1P'_0} \cdot \overrightarrow{oz}}{|\overrightarrow{P'_1P'_0}| \cdot |\overrightarrow{oz}|} = \frac{c_0 - c_1}{\sqrt{(a_0 - a_1)^2 + (c_0 - c_1)^2}} \cos\theta_y$$

$$= \cos\langle \overrightarrow{P''_1P''_0} \cdot \overrightarrow{oz} \rangle = \frac{\overrightarrow{P''_1P''_0} \cdot \overrightarrow{oz}}{|\overrightarrow{P''_1P''_0}| \cdot |\overrightarrow{oz}|} = \frac{c_0 - c_1}{\sqrt{(b_0 - b_1)^2 + (c_0 - c_1)^2}}$$

3 基于坐标断点的光学系统误差模型建立

通过偏心仪测得光学系统中各透镜两个光学表面的球心偏差量，利用上述数学计算模型得到各透镜在系统中相对于基准轴线（主光轴）的平移偏心量与倾斜偏心量，将位姿信息在 x、y 方向的分量代入理论设计模型中，即可建立含有偏心误差信息的光学系统仿真模型。光学系统的设计模型均为不考虑偏心误差的理想系统，各组成透镜的光轴都准确地位于系统主光线之上[10]。为了将实测位姿误差信息迭代于设计模型中，运用 Zemax 光学设计软件中的坐标断点功能，在各透镜两侧外表面之前、之后插入坐标断点，将平移偏心量 d 与倾斜偏心量 θ 在 x、y 方向的分量进一步转换为透镜的位姿变化，其中断点处输入的偏心误差将使断点之前所有光学表面发生平移或倾斜，因此，需要利用加入反向的偏心量进行补偿。

4 测试验证

本文以某项目光学系统的中继补偿镜组为例对建模方法进行验证，该镜组由 3 片透镜组成，焦距 $f' = -91$ mm，F 数为 3，其光学系统图如图 4 所示。

镜组装配完成后，在偏心仪上测量各组成透镜的球心偏差，以透镜 1 光轴为基准的测试结果如表 1 所示。

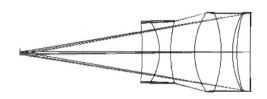

图 4 某中继成像镜组光学系统图

表 1　球心偏测试结果

序号	名称	光学表面曲率半径/mm	球心偏/μm
1	透镜 1	R－389	0
2		R－63.417	0
3		R－40.36	15.7
4	透镜 2	R55.08	48.3
5		R－36.06	63.2
6		R－59.29	35.6
7	透镜 3	R27.35	73.4
8		R157.1	59.2

在干涉仪上测量该镜组光学系统的波像差，测量结果如图 5 所示，系统 RMS 值为 0.153λ。

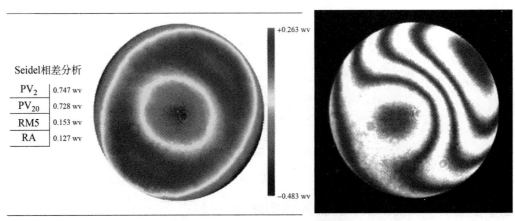

图 5　镜组光学系统波像差测试结果

利用数学计算模型将各光学表面球心偏转化为各透镜在 x、y 两个方向的平移偏心量 d 与倾斜偏心量 θ，如表 2 所示，同样是以透镜 1 为基准。

表 2　透镜偏心误差转化

序号	名称	x 向平移 d/μm	y 向平移 d/μm	x 向倾斜 θ/arcmin	y 向倾斜 θ /arcmin
1	透镜 1	0	0	0	0
2	透镜 2	52.3	－14.2	－0.825	2.081
3	透镜 3	－25.8	－43.1	1.366	－1.375

将位姿误差信息连同其他实测光学特性参数如折射率、中心厚、曲率半径问题等代入设计模型中，如图 6 所示。

Lens Data Editor

Edit Solves View Help

Surf:Type		Thickness	Glass	Semi-Diameter	Conic	Par 0(unused)	Decenter X	Decenter Y	Tilt About X	Tilt About Y
OBJ	Standard	Infinity		0.000	0.000					
1	Coordinat	0.000	-	0.000			0.000	0.000	3.600E-004	1.100E-003
2*	Standard	9.000	HZF2	17.250 U	0.000					
3*	Standard	6.000	HZBAF52	17.250 U	0.000					
4*	Standard	41.000		17.000 U	0.000					
5	Coordinat	-21.000	-	0.000			-0.011	0.017	4.780E-003	-6.440E-003
6*	Standard	14.000	HQK3L	19.750 U	0.000					
7*	Standard	6.000	HZBAF52	19.750 U	0.000					
8*	Standard	9.300		18.500 U	0.000					
9	Coordinat	-9.000	-	0.000			-4.200E-003	-1.200E-003	-2.580E-003	2.683E-003
10*	Standard	7.000	HZF6	19.750 U	0.000					
*	Standard	0.000		19.750 U	0.000					
12	Coordinat	0.000	-	0.000			0.000	0.000	0.000	0.000
13	Standard	-169.618 M		20.258	0.000					
14	Standard	0.171		12.477	0.000					
IMA	Standard	-		12.484	0.000					

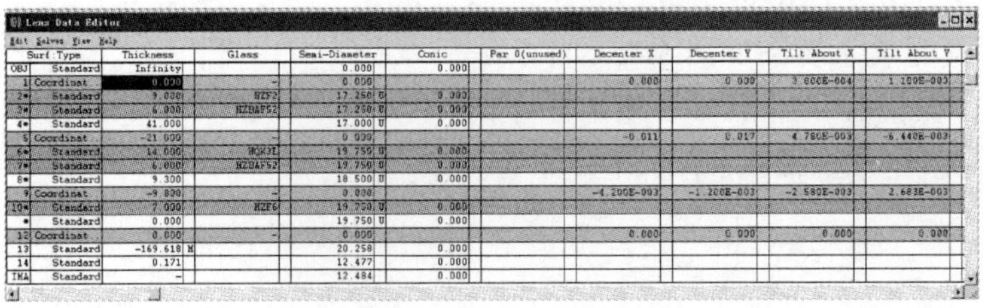

图 6　基于实测误差的光学系统设计模型

分析该系统的波前误差信息，如图 7 所示，可以看出模型系统的波像差 RMS 为 0.162λ，且波前形

状与干涉仪实测结果吻合。

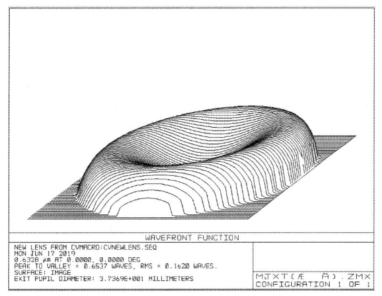

图7　光学系统模型波前信息

在此基础上，以部分光学间隔及透镜2、3的平移为调整自由度变量，进行二次优化，以优化结果估算出当前镜组的失调量并进行调整，最终使得镜组光学系统的波像差达到了较好的水平，如图8所示，这也为项目后续的补偿装调奠定了基础。

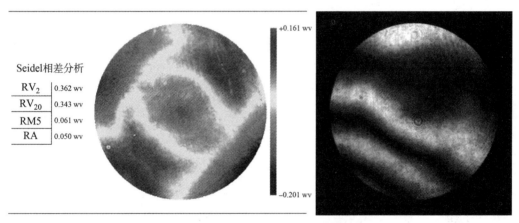

图8　二次优化调整后的系统波像差

5　小结

本文介绍了一种光学系统的逆向建模方法，重点针对组成光学系统的各透镜的偏心误差，得出了由光学表面球心偏计算透镜位姿误差的数学模型，并利用Zemax光学设计软件中的坐标断点实现了透镜偏心误差的反馈迭代，以某项目光学系统的中继补偿镜组为例开展了建模工作并基于系统波像差进行了测试验证，结果表明使用该方法，逆向模型与实际光学系统较好吻合，波像差偏差不大于8%。该方法可广泛应用于光学系统计算机辅助装调的二次优化过程，也可为自适应光学[11]与补偿成像光学提供理论研究基础。

参 考 文 献

[1] 张德海，崔国英，白代萍，等. 逆向工程中的三维光学检测点云采样技术研究 [J]. 计算机应用研究，

2014, 31 (3): 946-947.

[2] TIKHONRAVOV A V, TRUBETSKOV M K, KOKAREV M A. Reverse engineering of fabricated coatings using off–line and on–Line photometric data [C] //in Optical Interference Coatings, 2007 OSA Technical Digest Series, ppWA3–1–3.

[3] ZUO Xiaozhou. A study on analysis and control for eccentric error of common path optical system [J]. International Symposium on Advanced Optical Manufacturing and Testing Technologies 2019, (5): 27.

[4] ZUO Xiaozhou, JIANG Feng, ZHANG Yan. Study on centering alignment technology of high–precision standard lens [J]. Journal of applied optics, 2014, 35 (6): 1 035–1 039.

[5] 王芳. 光学遥感成像误差建模与图像质量提升方法 [D]. 长沙: 国防科学技术大学, 2014.

[6] 董时. 光定心加工及装配技术研究 [D]. 长春: 长春理工大学, 2012.

[7] 中华人民共和国国家质量监督检验检疫总局. 透镜中心偏差: GB/T 7242-2010 [S]. 中华人民共和国国家质量监督检验检疫总局, 2010.

[8] 曾付山. 透镜组中心偏自动化测量的研究 [D]. 武汉: 华中科技大学, 2007.

[9] 王芬, 王敏, 林峰, 等. 高分辨率星载光学系统装调过程的偏心误差分析 [J]. 光学仪器, 2015, 37 (5): 415-417.

[10] 左晓舟, 沈良吉, 杨海成, 等. 折反式长波线阵红外传感器装调技术 [J]. 光电工程, 2016, 43 (5): 82-84.

[11] 王玉坤, 胡立发, 王冲冲, 等. 液晶自适应光学系统中倾斜镜的建模与控制 [J]. 光学精密工程, 2016, 24 (4): 772-773.

非相干合成高功率激光系统经大气传输后性能分析

邓万涛[1,2]，赵 刚[2]，周桂勇[2]，杨艺帆[2]，
彭 杰[2]，寇 峻[2]

(1. 北京理工大学 光电学院，北京 100081；
2. 西南技术物理研究所，四川 成都 610041)

摘 要：在非相干合成的高功率激光系统中，发射激光与成像跟踪的波长是不一致的，所以当系统工作在大气中时，发射光路与接收光路的大气传输路径有差别。本文利用激光发射轴和成像跟踪轴的角偏差表征瞄准精度的受影响程度，研究了系统的瞄准精度受大气影响的情况。通过构建激光传输模型，并加入大气湍流相位屏进行调制实现模拟激光在大气中传输的过程，仿真分析了在不同的大气相干长度条件下，同一激光阵列数目的高功率激光系统的角偏差的变化情况；同时也分析了对于同样的大气湍流相位，不同激光阵列数目与角偏差的对应关系。研究结果表明，系统工作时的湍流强度越大，瞄准精度越低；系统的阵列激光数目越多，瞄准精度越高。研究成果可对提高高功率激光系统的性能指标评价准确度提供可靠的数据支撑。

关键词：高功率激光系统；非相干合成；大气湍流；瞄准精度
中图分类号：TH741　**文献标志码**：A

Analysis of high-power laser system of incoherent combination after propagating through atmosphere

DENG Wantao[1,2], ZHAO Gang[2], ZHOU Guiyong[2],
YANG Yifan[2], PENG Jie[2], KOU Jun[2]

(1. School of Optics and Photonics, Beijing Institute of Technology, Beijing 100081, China;
2. Southwest Institute of Technical Physics, Chengdu 610041, Sichuan, China)

Abstract: In the high-power laser system of incoherent combination, the wavelength of high-power laser is different from that of tracking, so when the system works in the atmosphere, the paths of atmospheric propagation for transmitting and receiving in optical paths are discord. In this paper, the influence to aiming accuracy is characterized by the angular deviation of the axis of laser and tracking, and the effect of atmosphere on the aiming accuracy of such system is studied. The process of laser propagation in atmosphere is simulated by constructing a model of propagation and adding a phase screen of atmospheric turbulence. The variation of angular deviation of a high-power laser system with the same number of laser arrays under different atmospheric coherence lengths is calculated. The relationship between the number of laser arrays and the angular deviation for the same atmospheric turbulence phase is also analyzed. The results show that the higher the turbulence intensity, the lower the aiming accuracy of high-power laser system; the more the number of laser arrays, the higher the aiming accuracy of high-power laser system. The research in this paper can provide reliable data for supporting and improving the performance evaluation accuracy of high-power laser system.

作者简介：邓万涛（1987—），男，博士研究生，E-mail: dengwantao@sohu.com。

Keywords: high-power laser system; incoherent combination; atmospheric turbulence; aiming accuracy

0 引言

激光在大气中传输时，空气折射率受到大气湍流的影响发生变化，从而导致激光在经过长距离传输到达目标时，激光能量分布产生随机的变化，并会出现强度闪烁、相位起伏和光束扩展等现象[1]。在空间激光通信、激光导星、激光雷达成像等领域，相关学者在大气湍流对激光传输影响方面已经做了大量的研究工作[2~4]。对于高功率激光系统而言，需要构建模块化的阵列激光且对其进行合成以形成高功率和高光束质量的单束聚焦光束，从而满足系统作为武器装备的使用需求。国内外有学者通过仿真和试验手段对合束激光在大气中传输时受湍流的影响进行了深入的分析研究[5~7]，比较全面地总结出了不同类型的合束激光在受到不同程度的大气湍流影响后传输至目标处的光束质量的变化情况，为高功率激光系统的工程应用提供了支撑。

本文以非相干合成体制的高功率激光系统为模型，重点研究了大气湍流对系统瞄准精度的影响。由于在通常情况下，高功率激光系统的成像跟踪光路与激光发射光路为共光轴设计，所以若两者的设计波长一致，则在经过大气传输后两光轴不会产生角偏差，即系统对目标的跟踪瞄准点为发射激光的聚焦点。然而在实际情况中，成像波长与激光波长不一致，所以两者的光轴经过大气湍流的影响后会产生角偏差，从而导致系统的瞄准精度下降，最终影响系统的作战效能。因此，研究大气湍流对高功率激光系统瞄准精度的影响规律并探索对应的补偿机制可对提升武器系统的使用性能起到积极的作用。

1 研究方法

1.1 概述

高功率激光系统在自由空间工作时，其对目标作用的模型如图1（a）所示。目标首先被粗跟踪装置捕获跟踪，同时进入精跟踪视场，当精跟踪装置对目标稳定跟踪后，即可控制发射高功率激光，光束会沿着精跟踪光路反向传输，在经过系统内光路和发射望远镜后传输聚焦至目标处，聚焦点即为精跟踪装置对目标稳定跟踪时的脱靶量零点。然而在实际情况中，高功率激光系统会在大气中工作，所以引言所述的角偏差的存在［图1（b）］，导致了系统的激光打击点与目标瞄准点不重合（暂假设系统的发射激光轴与光电探测跟踪轴的固有平行性误差为零）。

由图1可知，参照高功率激光系统瞄准精度的定义及计算方法[8]，研究大气湍流对高功率激光系统瞄准精度的影响，实际上就是研究大气湍流与角偏差之间的关系，因为角偏差反映了激光在聚焦处光斑的质心位置与同一平面处目标瞄准点质心位置的偏差。

1.2 激光传输模型确定

令各单束激光复振幅服从归一化的基模高斯分布，非相干合成的阵列激光束以径向形式分布，可得子激光束在经过无焦状态下的发射望远镜后的出口处的近场复振幅分布如式（1）所示：

$$U_j(x,y) = \exp\left\{\frac{\left[x - \left|\sin\left(j\frac{\pi}{2}\right)\right|r\cos(j\theta)\right]^2 + \left[y - \left|\sin\left(j\frac{\pi}{2}\right)\right|r\sin(j\theta)\right]^2}{\omega_0^2} + i\psi_j\right\} \quad (1)$$

式（1）中，j 为阵列激光束的数目，r 为中心子光斑与边缘子光斑之间的径向距离，$\theta = 2\pi/(N-1)$，为相邻边缘子光斑之间的夹角，ω_0 为单束激光束腰，Ψ_j 为子激光束的相位。则阵列激光的近场复振幅分布如式（2）所示：

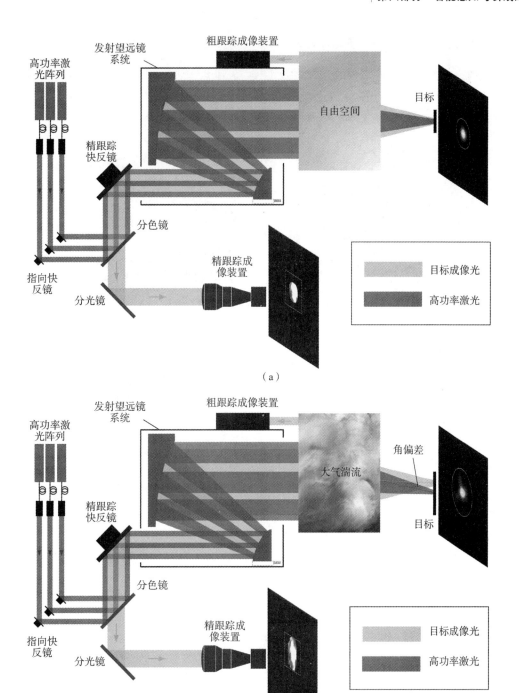

图 1　高功率激光系统工作示意图
(a) 无大气湍流影响；(b) 有大气湍流影响

$$U_0(x,y) = \sum_{j=0}^{N-1} U_j(x,y) \tag{2}$$

因此，当激光传输聚焦距离为 L 时，阵列激光的近场复振幅需先经过曲率半径为 $2L$ 的球面波进行相位调制，如式（3）所示：

$$U_1(x,y) = U_0(x,y) \cdot \exp\left(-i\frac{2\pi}{\lambda}\frac{x^2+y^2}{2L}\right) \tag{3}$$

所以可根据角谱衍射理论[9]得到激光在真空条件下传输距离为 L 时的复振幅 $U_2(x,y)$ 表达式为

$$U_2(x,y) = \text{FFT}^{-1}\left\{\text{FFT}[U_1(x,y)] \cdot \exp\left(-i\frac{2\pi}{\lambda}L\sqrt{1-(\lambda f_x)^2+(\lambda f_y)^2}\right)\right\} \quad (4)$$

式中，FFT 和 FFT^{-1} 分别为傅里叶变换和傅里叶反变换，f_x 和 f_y 分别为光束在 x 向和 y 向上的空间频率。

令阵列激光数目为 9 束，外包络直径为 $D = 400$ mm，单光束发散角为 $\theta = 30$ μrad，光强分布如图 2（a）所示，其在自由空间经过 $L = 3$ km 聚焦传输后的光强分布如图 2（b）所示。

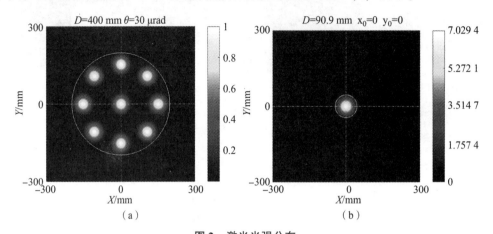

图 2　激光光强分布

（a）近场光强分布；（b）远场光强分布

1.3　大气湍流相位屏构造

大气湍流相位屏是对大气湍流进行研究分析的一种直观有效的数值模拟方法，它基于在很短的曝光时间内，大气湍流可以假定为"冻结"的[10]。湍流相位屏的构造方法可归纳为以下两类[11]：第一类为 McGlamery 提出的功率谱反演法，即通过大气湍流的功率谱密度函数得到扰动的大气湍流相位分布，该方法可以应用于多种大气湍流模型，如 Kolmogrov 谱、Vonkarman 谱、内尺度谱等模型。第二类方法就是采用正交的 Zernike 多项式法来模拟大气湍流，该方法对 Kolmogrov 谱的模拟效果比较好。目前针对湍流相位屏已经有大量的研究成果[12,13]，由于后续的研究涉及的光学孔径为圆形孔径，所以本文选用 Zernike 多项式法构造大气湍流相位屏。

将光束传输路径上经过的大气湍流简化为单层相位屏，则相位屏的波前 $W(r,\theta)$ 可分解为圆域内的 Zernike 正交多项式形式：

$$W(x,y) = \sum_{k=1}^{\infty} a_k Z_k(x,y) \quad (5)$$

式中 $Z_k(x,y)$ 为 Zernike 多项式的各阶表达式，其中 $k = 2, 3$，为倾斜项，是大气湍流相位屏的主要贡献部分[14]；a_k 为多项式系数。依据 Kolmogrov 谱理论，可通过 Noll 矩阵推导出的多项式系数的协方差表达式为

$$\begin{cases}\langle a_i, a_j\rangle = \left(\dfrac{D}{r_0}\right)^{5/3} \cdot \dfrac{2.246 \cdot (-1)^{\frac{n_i+n_j-2m_i}{2}}[(n_i+1)(n_j+1)]^{1/2}\Gamma\left(\frac{14}{3}\right)\Gamma\left(\frac{n_i+n_j-5/3}{2}\right)\delta_{m_im_j}}{\Gamma\left(\frac{n_i-n_j+17/3}{2}\right)\Gamma\left(\frac{n_j-n_i+17/3}{2}\right)\Gamma\left(\frac{n_j+n_i+23/3}{2}\right)}, (i-j = \text{even})\\ \langle a_i, a_j\rangle = 0, (i-j = \text{odd})\end{cases}$$

(6)

其中 m 和 n 分别是对应的多项式的角向级次和径向级次，D 为光束口径，r_0 为大气相干长度。又由式（6）可知多项式系数构成的协方差矩阵 M 为实对称正定矩阵，进行奇异值分解后得到

$$M = VSV^T \quad (7)$$

式中 S 和 V 分别为矩阵的特征值和特征向量，大气湍流相位屏的波前可以通过下式表示：

$$W(x,y) = \sum_{k=1}^{\infty}\sum_{i=1}^{\infty} V_{ki}b_i Z_k(x,y) \tag{8}$$

其中 b_i 为独立统计的高斯随机变量，其方差即为特征值 S 的对角线元素。

取大气相干长度 $r_0 = 10$ cm，将仿真得到的大气湍流相位屏代入激光传输模型中进行调制可得到激光在经过 $L = 3$ km 聚焦传输后的光强分布，大气湍流相位屏波前如图 3 所示。

由图 4 可知，激光在大气中传输时，由于受到大气湍流的影响，其远场光斑质心位置 (x_0, y_0) 和光斑直径 D 均发生了变化。

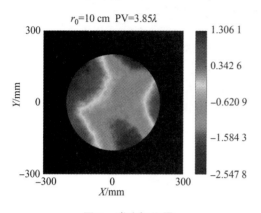 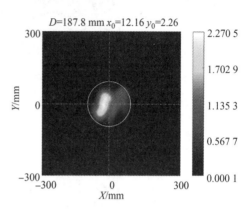

图 3　湍流相位屏　　　　　　　　　图 4　远场光强分布

1.4　角偏差计算

高功率激光系统的发射激光波长为 λ_l，成像跟踪波长为 λ_i。当 $\lambda_l = \lambda_i$ 时，则在经大气传输后，发射光路与接收光路的波前会被相同的湍流相位调制，所以发射光轴与成像光轴的角偏差不存在；而当 $\lambda_l \neq \lambda_i$ 时，湍流相位对发射光路与接收光路的波前调制不同，若要计算发射轴与接收轴之间的角偏差，可假设在同一大气湍流条件下，发射激光波长分别为 λ_l 和 λ_i，并计算各自经大气传输后到达目标处的光强分布和质心位置，并通过质心位置差即可计算得到角偏差，如式（9）所示。

$$\begin{aligned}\Delta x_c &= x_{ci} - x_{cl}\\ \Delta y_c &= y_{ci} - y_{cl}\\ \Delta\theta &= \frac{\sqrt{(\Delta x_c)^2 + (\Delta y_c)^2}}{L}\end{aligned} \tag{9}$$

其中 Δx_c 和 Δy_c 为 x 向和 y 向上的质心偏差，L 为激光传输聚焦距离，$\Delta\theta$ 为角偏差。

2　计算结果

假定传输距离为 $L = 3$ km，高功率激光系统的阵列发射激光分布如图 2（a）所示，其波长为 $\lambda_l = 1.08$ μm，成像跟踪波长为 $\lambda_i = 0.55$ μm。

2.1　不同相干长度对应的角偏差计算结果

取相干长度值为 $5\sim40$ cm 表示不同的湍流强度，在每一个相干长度下，分别随机生成了 100 个不同的大气湍流相位屏，通过对每一个相位屏计算得到的角偏差进行系综平均，计算结果如图 5 所示。

由图 5 可知，在激光阵列数目一定的条件下，高功率激光系统的发射轴与接收轴的角偏差随着大气相干长度的增加而减小。

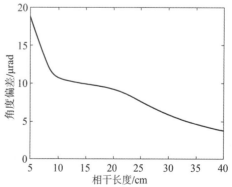

图 5　角偏差随相干长度变化曲线

2.2 不同阵列激光数目对应的角偏差计算结果

高功率激光系统的阵列激光数目分别设置为 $N=3\sim9$，在经相同的大气湍流相位屏调制后，不同阵列数的非相干合束激光传输聚焦至远场的光斑分布如图 6 所示。

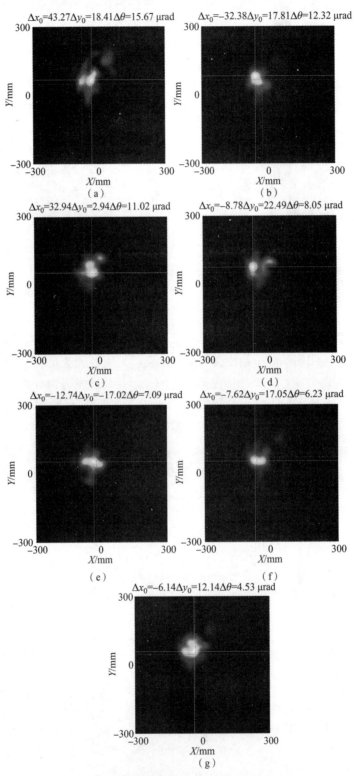

图 6　不同激光阵列数目对应的聚焦光斑分布

(a) $N=3$；(b) $N=4$；(c) $N=5$；(d) $N=6$；
(e) $N=7$；(f) $N=8$；(g) $N=9$

图 6 （a） ~ （g） 所示分别为波长 $\lambda_1 = 1.08~\mu m$ 的发射主激光光斑分布，其中白色实线十字叉中心为该主激光光斑质心，紫色虚线十字叉为当波长 $\lambda_i = 0.55~\mu m$ 时的发射激光光斑质心（用于等效目标的质心），通过计算质心偏差即可求出角偏差，不同激光阵列数目与角偏差之间的关系如图 7 所示。

从图 7 和图 6 的结果可知，在相同的湍流条件下，高功率激光系统的发射轴与接收轴的角偏差是随着合束激光数目的增大而减小的。

3 结论

本文通过构建大气湍流相位屏模拟发射激光传输过程的大气湍流，计算了非相干合束阵列激光在聚焦处的光强分布及光斑质心位置，得到了发射接收轴角偏差随大气湍流强度及阵列激光数目的变化情况。根据高功率激光系统瞄准精度的定义及计算方法，角偏差的大小可以用于表征瞄准精度的受影响程度，所以依据分析结果可知，系统工作时的湍流强度越大，瞄准精度越低；系统的阵列激光数目越多，瞄准精度越高。因此，本文的研究方法能够提供高功率激光系统的性能指标评价准确度，为试验鉴定机构改进和完善试验评估方法提供可靠的支撑数据。

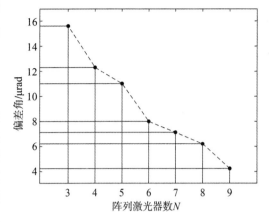

图 7 不同激光阵列数目对应的角偏差曲线

参 考 文 献

［1］ PHILLIPS R L. Laser beam propagation through random media ［M］. 2nd ed. SPIE PRESS, 2005.

［2］ 张雷, 李勃, 赵馨, 等. 大气湍流对空间激光通信跟踪系统的影响 ［J］. 西安：光子学报, 2017 （9）.

［3］ 许祖彦, 薄勇, 彭钦军, 等. 激光钠导星技术研究进展 ［J］. 红外与激光工程, 2016, 45 （1）：1 – 13.

［4］ 王国聪, 王建立, 张振铎, 等. 大气湍流对空间目标偏振成像探测的影响 ［J］. 光子学报, 2016, 45 （4）：131 – 137.

［5］ 周朴, 马阎星, 王小林, 等. 不同类型合成光束在湍流大气中的传输效率 ［J］. 中国激光, 2010, 37 （3）：733 – 738.

［6］ 吴武明, 杨轶, 司磊, 等. 光纤非相干合成光束在湍流大气中的传输实验研究（研究快报） ［J］. 强激光与粒子束, 2013, 25 （1）：3 – 4.

［7］ JI X, EYYUBOgLU H T, BAYKAL Y. Influence of turbulence on the effective radius of curvature of radial Gaussian array beams ［J］. Optics express, 2010, 18 （7）：6922 – 6928.

［8］ 刘晶儒, 杜太焦, 王立君. 高能激光系统试验与评估 ［M］. 北京：国防工业出版社, 2014.

［9］ VOELZ D G. Computational fourier optics：a MATLAB© tutorial ［M］. SPIE PRESS, 2011.

［10］ BERNY F, HAGE S G E. Contribution of the crystalline lens to the spherical aberration of the eye ［J］. J Opt Soc Am, 1973, 63 （2）：205 – 211.

［11］ RICKENSTORFF C, RODRIGE J A, ALIEVA T. Programmable simulator for beam propagation in turbulent atmosphere ［J］. Optics express, 2016, 24 （9）：10000.

［12］ 丰帆, 李常伟. 基于小波分析的大气湍流相位屏模拟 ［J］. 光学学报, 2017 （1）：27 – 35.

［13］ 王奇涛, 佟首峰, 徐友会. 采用 Zernike 多项式对大气湍流相位屏的仿真和验证 ［J］. 红外与激光工程, 2013, 42 （7）：1907 – 1911.

［14］ ZHENG Ye, YANG Yifeng, WANG Jianhua, et al. 108 kW spectral beam combination of eight all – fiber superfluorescent sources and their dispersion compensation ［J］. Optics express, 2016, 24 （11）：12063.

电容近炸引信在制导炮弹上的应用技术研究

王东亚[1]　何国清[1]　续岭岭[1]　宋承天[2]

(1. 西北工业集团有限公司，陕西 西安 710043；
2. 北京理工大学 机电学院，北京 100081)

摘　要：针对电容近炸引信在制导炮弹上的应用关键技术进行了分析，提出了解决措施，并进行了产品设计和仿真。仿真结果表明，电容近炸引信应用于制导炮弹上的关键技术基本得到解决，具有一定的工程意义。

关键词：电容近炸引信；制导炮弹；安全性；探测系统

中图分类号：TN95　**文献标志码**：A

Research on application technology of capacitance proximity fuse in guided projectile

WANG Dongya[1], HE Guoqing[1], XU Lingling[1], SONG Chengtian[2]

(1. Northwest Industries Group Co., Ltd., Xi'an 710043, Shaanxi, China;
2. College of Machinery and Electronics, Beijing Institute of Technology, Beijing 100081, China)

Abstract: The key technology of capacitive proximity fuze applied in guided projectile is analyzed, and the solving measures are put forward. The product design and simulation are carried out. The simulation results show that the key technology of capacitive proximity fuze applied in guided projectile is basically solved, which has certain engineering significance.

Keywords: capacitance fuze; guided cartridge; security; detection system

0　引言

电容近炸引信具有定距精度高、抗电磁干扰能力强、抗人工干扰好、成本较低的特点，同时具有较好的抗隐身功能，可以配用于炸高要求较低的任何弹种。特别是由于其抗干扰、抗隐身的优点而成为满足现代电子对抗的一种理想的探测系统。早在1962年，德国研制马可尼空间防御系统时就开始研究用于导弹、炮弹和航弹上的电容近炸引信。目前，国内电容近炸引信已配用于迫击炮弹、中大口径榴弹、地地火箭弹、空地火箭弹等常规弹药，处于世界领先水平，但在制导炮弹领域应用较少，本文针对电容近炸引信在制导炮弹上的应用技术进行了研究，提出了解决方案。

1　电容近炸工作原理

电容近炸引信是利用弹丸接近目标时，引信电极间电容量的变化来实现对目标的近炸作用。基本原理是在弹丸的周围建立一个准静电场，利用探测此电场因接近目标而产生的扰动来获得目标信息。其工作原理如图1所示，当由引信产生的电场范围内出现第三导体时（如目标），引信电极间的电容将发生

作者简介：王东亚（1978—），男，本科，研究员级高级工程师，从事引信总体技术研究，E-mail: awdya@163.com。

变化，把这种变化（变化量或变化率）检测出来作为目标信号加以利用便可识别目标和控制炸点[1,2]。

在图 1 中，目标可以是地面、坦克、装甲等任何金属或非金属目标。Ⅰ、Ⅱ为两个电极，电极Ⅰ和电极Ⅱ互相绝缘。C_{10}、C_{20} 分别为两个电极与目标间的互电容，C_{12} 为两个电极间的互电容。那么，两个电极间的总电容为

$$C = C_{12} + \frac{C_{10}C_{20}}{C_{10} + C_{20}}$$

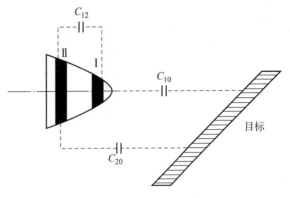

图 1　电容引信原理示意图

当弹丸远离目标时，可以认为 C_{10}、C_{20} 均为零，那么两电极间的总电容 $C = C_{12}$。随着弹丸与目标的不断接近，C_{10}、C_{20} 逐渐增加，上式中的第二项不断变大。如果把第二项用 ΔC 表示，那么上式变为

$$C = C_{12} + \Delta C$$

即随着弹目的接近，ΔC 变大。如果把增量 ΔC 或 ΔC 的增加速度检测出来作为弹目距离信息加以利用，则可实现对目标的定距作用。

2　电容近炸引信在制导炮弹上应用的关键技术

有别于常规弹药，制导炮弹是基于身管发射的具有制导、控制、驱动等系统，可实施精确打击控制的炮弹。两者相同之处是发射平台、发射环境基本相同。根据电容近炸引信工作原理，电容近炸引信在工作时通过振荡器在引信周边空间建立静电场，在弹目交会过程中，目标对电容探测器所建立的静电场会产生一定的扰动，当探测电路检测到这一电场的扰动变化后，信号处理电路适时给出起爆指令，引爆战斗部，实现对目标的近炸作用。根据其工作方式，在电容探测器上电工作时，引信振荡器将会产生一定的电磁辐射，有可能对弹上电源、卫星制导系统、控制系统、驱动系统等电路产生一定的影响，同时制导炮弹的驱动系统的舵机在工作时，由于与引信距离比较近，会造成电容探测器上振荡幅度的波动，致使探测器检波电压发生幅度变化，对引信造成假目标干扰。因此电容近炸引信应用于制导炮弹上，需要解决的关键技术有：

（1）降低或避免引信与炮弹上制导系统、控制系统、驱动系统之间相互干扰，提高引信的电磁兼容性。

（2）进行电容近炸引信系统设计，提高安全性和作用可靠性。

3　引信抗干扰和安全性设计

为了降低或避免引信与炮弹上卫星制导系统、控制系统、驱动系统相互干扰，引信采用了 DC - DC 电源转换模块，与弹上电气进行了有效隔离，实现了浮地设计，同时在引信电源输入端增加 EMI 滤波器和磁环设计，增加 EMI 滤波器作用是一方面抑制干扰通过电源进入引信电路，对近炸信号处理电路产生干扰，引起早炸；另一方面也抑制电源产生的干扰通过电源线进入弹上其他部件。增加磁环的作用是抑制引信与弹上控制舱的低频噪声干扰以及抑制引信内部信号线、电源线上高频噪声和尖峰干扰[3]。

由于制导炮弹上具有控制系统，因此引信可与弹上控制系统结合实现引信全弹道安全控制，对引信电容探测开始时机、起爆信号输出时机进行控制，引信采用微控制器实时检测弹上控制信号，当信号满足预定条件时，引信各功能模块相应开始工作。弹上控制信号给出时机可根据弹道飞行情况、安全距离等综合设定。通过采用该措施可大幅度提高引信的弹道安全性，有效避免了引信弹道早炸等现象。

4　电容探测系统设计

电容探测系统包含电容探测器和信号处理两部分。目前在电容近炸引信中采用的探测器的模式主要

有两种：一种是鉴频式，另一种是幅度式。幅度式电容探测器原理框图如图2所示。它是将探测电极间的电容作为振荡电路与检波电路间的耦合电容来使用。通过探测目标时该电容量改变导致对振荡电路信号耦合的分压比的改变而输出目标信号。由于这一耦合电容也是振荡器的一个负载，因此，在遇到目标时将引起振荡幅度的变化，从而导致检波电压发生变化[4]。

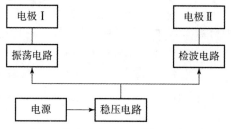

图2　幅度式电容探测器原理框图

信号处理电路主要具有两个功能：一是识别目标并抑制内外部干扰；二是近炸信号输出控制和炸点控制。电路原理框图如图3所示，主要由放大电路、特征识别、抗干扰电路等组成。

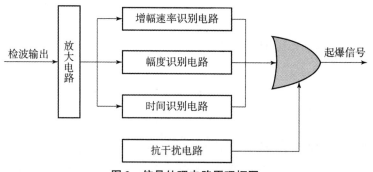

图3　信号处理电路原理框图

根据电容近炸引信在制导炮弹上的应用技术分析结果，进行了电容近炸引信设计，并进行了半实物仿真，仿真结果见图4。仿真结果表明引信探测距离为1.0 m，满足使用要求。

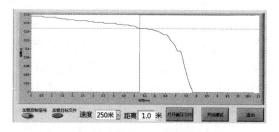

图4　电容引信仿真结果

5　结论

本文通过对电容近炸引信在制导炮弹上应用的关键技术分析，提出了解决措施，并经产品设计、仿真表明，电容近炸引信能够适合制导炮弹平台，且具有较高的安全性和作用可靠性。本文的研究对电容近炸引信工程应用具有一定的指导意义。

参 考 文 献

[1] 崔占忠. 近炸引信原理 [M]. 北京：北京理工大学出版社，2005.
[2] 邓甲昊. 电容近程目标探测技术理论研究 [D]. 北京：北京理工大学，1998.
[3] 白玉贤. 静电引信探测模型的建立与分析 [J]. 探测与控制学报，2002（2）：45－48，53.
[4] 邓甲昊，李银林，施聚生. 电容近炸引信探测方向性研究 [J]. 北京理工大学学报，2000（2）：160－164.

波像差对非相干空间合束高斯光束传输质量的影响

李明星,肖相国,王楠茜,何玉兰

(西安应用光学研究所,西安 710065)

摘 要:借助于 Zernike 多项式,将光学系统波像差引入 Collins 公式,仿真分析了激光发射光学系统波像差对非相干空间合束高斯光束传输质量的影响。仿真结果表明,不同形式像差对远场光斑聚焦影响不同,聚焦光斑尺寸总体随波像差 RMS 值的增大而增大。仿真结果对激光发射光学系统设计具有指导意义。

关键词:激光发射;波像差;非相干空间合束;远场光斑

中图分类号:O436.1 **文献标志码**:A

Effect of wavefront aberration on the propagation of gaussian beams with incoherent space beam combining

LI Mingxing, XIAO Xiangguo, WANG Nanxi, HE Yulan

(Xi'an Institute of Applied Optics, Xi'an 710065, China)

Abstract: By means of Zernike polynomials, the wavefront aberration of optical system was introduced into Collins formula, and the effects of wavefront aberration of laser emission optical system on the propagation of Gaussian beams with incoherent space beam combining was simulated and analyzed. The simulation result shows that, the effect of aberration with different forms on the focus of far-field spot is different. The focus spot size increase with the RMS wavefront aberrations. The simulation results have guiding significance for the design of laser emission optical system.

Keywords: laser emission; wavefront aberration; incoherent space beam combining; far-field spot

0 引言

激光武器是指利用激光作为能量,直接对敌方光电系统、坦克、飞机等目标进行毁伤或使之失效的定向能武器。自其出现以来,激光武器就以打击速度快、隐蔽性好、抗干扰能力强、附带损伤小、无限弹药库、作战效费比高等独特优势,成为军事强国的研究重点[1]。

激光发射光学系统的主要作用是提高发射激光的远场能量集中度,提高目标位置处的激光功率密度,增加系统的有效作用距离,将激光系统输出的能量最大限度地集中到目标上。激光发射光学系统波像差直接影响远场聚焦光斑能量集中度,进而影响激光武器毁伤效能。因此,在激光发射光学系统设计过程中,开展波像差对激光光束传输质量影响的研究十分重要。

非相干空间合束激光传输具有结构简单、工作稳定性强、便于控制改组等优点,成为当前大幅提升激光输出功率和辐射亮度的重要手段之一[2]。本文借助于 Zernike 多项式,将光学系统波像差引入 Collins[3] 衍射积分公式,仿真分析了波像差对非相干空间合束高斯光束传输质量的影响,为激光发射光学系统设计提供依据。

作者简介:李明星(1988—),男,博士,E-mail: 840589905@qq.com。

1 理论分析

1.1 Collins 公式

由 Collins 积分公式可知,出射复振幅与入射复振幅之间的关系可以表示为

$$U(x,y) = \frac{\exp(ikL)}{i\lambda B} \int\int_{-\infty}^{\infty} dx_0 dy_0 U_0(x_0,y_0) \times \exp\left\{\frac{ik}{2B}\left[A(x_0^2+y_0^2)+D(x^2+y^2)-2(xx_0+yy_0)\right]\right\} \tag{1}$$

式中:$U_0(x_0,y_0)$——输入参考面处的光波复振幅;

$k=2\pi n/\lambda$——光波的波数;

n——介质折射率;

L——系统的轴向光程;

A、B、D——光学系统 $ABCD$ 矩阵的元素;

$U(x,y)$——远场光斑位置处的光波复振幅。

由复振幅分布可以得到光强分布:

$$I(x,y) = U(x,y) * U^*(x,y) \tag{2}$$

1.2 非相干空间合束

根据离轴高斯光束传输特性可知[4-5],离轴高斯光束经过光学系统后出射光束为偏心高斯光束,非相干空间合束后的远场光斑能量分布可以表示为

$$I_c(x,y) = \sum_{i=1}^{N} I_i(x-x_{0i},y-y_{0i}) \tag{3}$$

式中:$I_i(x,y)$——第 i 束激光光斑的功率密度分布;

x_{0i}、y_{0i}——分别为第 i 束激光光斑中心 x 和 y 坐标,可以通过几何光线追迹获得;

N——合束激光数目。

1.3 Zernike 多项式

激光发射系统波像差函数 $W(r,\theta)$ 可展开为 Zernike 多项式形式:

$$W(r,\theta) = \sum_{j=1}^{\infty} a_j Z_j(r,\theta) \tag{4}$$

式中:$Z_j(r,\theta)$——圆形标准 Zernike 多项式;

r 和 θ——归一化极坐标;

a_j——多项式系数。

Zernike 多项式的排列方式有很多种,这里采用 Fringe 排序法。Zernike 多项式可以分解为径向函数和角向函数:

$$Z_j(r,\theta) = N_n^m \cdot R_n^m(r) \cdot \Theta^m(\theta) \tag{5}$$

其中,n 和 m 分别为径向级次和角向级次。径向函数 $R_n^m(r)$ 定义为

$$R_n^m(r) = \sum_{s=0}^{\frac{n-|m|}{2}} \frac{(-1)^s(n-s)!}{s!\left(\frac{n-|m|}{2}-s\right)!\left(\frac{n-|m|}{2}+s\right)!} r^{n-2s} \tag{6}$$

角向函数 $\Theta^m(\theta)$ 和归一化因子 $N_n^m(\theta)$ 分别定义为

$$\Theta^m(\theta) = \begin{cases} \cos(m\theta) & m \geq 0 \\ \sin(m\theta) & m < 0 \end{cases} \tag{7}$$

$$N_n^m = \begin{cases} \sqrt{2(n+1)} & m \neq 0 \\ \sqrt{n+1} & m = 0 \end{cases} \tag{8}$$

2 波像差对激光发射聚焦光斑影响的数值计算

数值计算基于图 1 所示的两反光学系统。激光中心波长为 1.08 mm，聚焦距离 1 km，根据光学系统各个光学曲面的曲率半径和相对距离，可以求出该激光发射系统的 ABCD 矩阵：

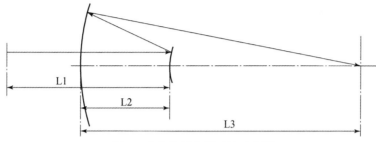

图 1　激光发射光学系统示意图

$$\boldsymbol{M}_T = \begin{bmatrix} A & B \\ C & D \end{bmatrix} = \begin{bmatrix} 0.006\ 9 & 153.292\ 2 \\ -0.006\ 5 & 0.145\ 9 \end{bmatrix} \tag{9}$$

非相干空间合束激光光束在主镜上的位置分布示意图如图 2 所示。5 束激光光束分布呈正五边形排列。

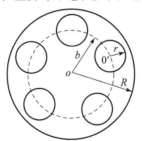

图 2　非相干空间合束激光光束在主镜上的位置分布示意图 ($R = 210$ mm; $r = 55$ mm; $b = 150$ mm)

将激光发射系统 ABCD 矩阵和 Zernike 像差系数代入 Collins 衍射积分公式中，可以得到聚焦平面上的光强分布。当系统波像差只包含单项 Zernike 时，其对远场光斑二阶矩半径的影响如图 3 所示。单项 Zernike 系数都为 0.2λ（$\lambda = 0.632\ 8$ mm，下同），表示波像差 RMS 值为 0.2λ。可以看出，不同像差分布形式对聚焦光斑影响不同。当多种像差综合作用时，系统波像差可以表示为 Zernike 多项式的线性组合，本文中采用第 3~20 项 Zernike 多项式组合，如图 4 所示，波像差 RMS 值为 0.2λ。表 1 给出了该波像差情况下各个子孔径的波像差 RMS 值。

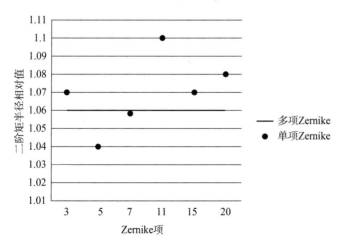

图 3　不同波像差对远场光斑尺寸的影响

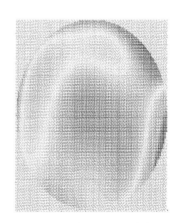

图 4　整个发射孔径内波像差

表1 子孔径波像差

子孔径编号	1	2	3	4	5
子孔径波像差 RMS 值（l）	0.279	0.041	0.048	0.173	0.105

以图4所示的波像差形式对远场聚焦光斑二阶矩半径随波像差RMS值的变化进行了仿真，计算结果如图5所示，聚焦光斑随着波像差RMS增大而增大。为了进行对比分析，计算了波像差对单束激光传输质量影响，单束激光传输时光学系统口径变图2中的单个子孔径，波像差分布在单个子孔径中。

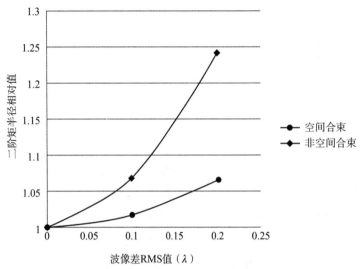

图5 远场光斑尺寸随波像差的变化

3 结论

本文以Collins衍射积分公式为基础，借助Zernike多项式描述激光发射光学系统波像差，采用数值计算方法，分别分析了单项Zernike像差和多项Zernike组合像差对非相干空间合束高斯光束传输质量的影响。仿真结果表明，不同像差形式对远场聚焦光斑影响不同，聚焦光斑尺寸总体上随波像差RMS值增大而增大。计算结果对激光发射光学系统设计具有指导意义。

参考文献

[1] 李宝宁. 国外激光对抗技术的发展[J]. 战术导弹技术, 2010 (6): 113-116.
[2] SPRANGLE P, TING A. Incoherent combining and atmospheric propagation of high-power fiber lasers for directed-energy applications [J]. IEEE J. Quant. Electron, 2009, 45 (2): 138-148.
[3] COLLINS S. Lens-system diffraction integral written in terms of matrix optics [J]. J. Opt. Soc. Am, 1970, 60 (9): 1168-1177.
[4] 葛华, 杨坤涛. 离轴高斯光束经光学系统变换后特性研究[J]. 激光与红外, 2003, 33 (4): 1001-5078.
[5] 李武军, 朱起浙. 偏心高斯光束的强度分布[J]. 西安工业学院学报, 2005, 25 (1): 1000-5714.

基于像素空间的高动态最佳曝光图像序列选择策略

陈 果，金伟其，李 力，贺 理

(北京理工大学光电学院 光电成像技术与系统教育部重点实验室，
北京 100081)

摘 要：多曝光图像融合是目前解决高动态问题的最有效方案，但无论是传统的基于相机响应函数还是目前众多像素级别的图像融合算法，前期都缺乏对最佳曝光图像序列的选择。许多图像采集平台都拥有较宽的曝光时间或者曝光等级，特别是分时多曝光图像采集系统。但是，对于大多数多曝光图像采集平台，考虑到算法的实时性，往往只能够在大量的曝光序列或等级中选取有限的几张不同曝光时间图像进行融合。为了利用这有限的图像数量融合得到最佳质量的高动态融合图像，或使用最小数量的多曝光图像去尽可能地覆盖目标场景的动态范围，本文提出两种不同的最佳曝光图像序列选择策略。不同于传统最佳曝光图像序列选择方法，本文方法单纯地基于图像的像素信息，利用图像像素的对比度、曝光良好程度和颜色饱和度信息进行图像评价。从而使得该方法计算简单迅速、可行性高。同时能够交互地选取感兴趣区域，可以更加灵活地应用于不同场景中。此外，最佳的图像曝光序列能够在特定的曝光等级或者使用最少的曝光等级得到最丰富的待融合图形信息，可作为多曝光图像融合算法的预处理步骤，用于提高后续的高动态融合效果和运算效率，特别是针对需要实时化的高动态融合平台，提供快速有效的图像序列选择策略。

关键词：高动态；最佳曝光；图像序列；图像融合
中图分类号：TG156 文献标志码：A

High Dynamic Image Optimal Exposure Sequence Selection Strategy based on Pixel Space

CHEN Guo, JIN Weiqi, LI Li, HE Li

(MOE Key Laboratory of Optoelectronic Imaging Technology and System,
Beijing Institute of Technology, Beijing, 100081, China)

Abstract: Multi-exposure image fusion is currently the most effective solution to solve high dynamic imaging problems, however, whether it is the traditional camera response function or the current pixel-level image fusion algorithm, the selection of the optimal exposure image sequence is lacking in the pre-process stage. Many image acquisition platforms have a wide exposure time or exposure level, especially for time-separate multi-exposure image acquisition systems. However, for most multi-exposure image acquisition platforms, considering the real-time imaging, it is only possible to select limited number images in a large number of exposure sequences for fusion. In order to use the limited number of images to obtain the best quality high dynamic fused image, or to use the minimum number of multi-exposure images to cover the dynamic range of the target scene as much as possible, this paper proposes two different optimal exposure image sequence selection strategies. Different from the traditional optimal exposure image sequence selection method, the method based on pixel information uses image contrast, exposure and saturation information for image evaluation. Therefore, the method is simple and

---

基金项目：13-5 计划 中国陆军部学习基金。
作者简介：陈果 (1991—)，男，博士研究生，E-mail: chenguobit@163.com。

rapid, and the feasibility is high. At the same time, the regions of interest can be selected interactively, and can be more flexibly applied to different scenarios. In addition, the optimal image exposure sequence can obtain the most abundant image information to be fused at a specific exposure level or with the least exposure level, and can be used as a pre – processing step of the multi – exposure image fusion algorithm for improving the subsequent high dynamic fusion effect, especially provides a fast and effective image sequence selection strategy for the real – time highly dynamic fusion platform.

Keywords: high dynamic range; optimal exposure; image sequence; image fusion

0 引言

以 CCD 或 CMOS 探测器为代表的可见光成像系统已深入人们的生活，但探测器动态范围有限，往往难以覆盖实际场景的动态范围，导致采集的图像出现过曝或者曝光不足的现象，造成图像信息的丢失。为此，高动态范围（high dynamic range，HDR）成像技术应运而生，其中多曝光图像融合是目前最为有效的方法之一。多曝光图像融合采用多张不同曝光时长的图像，尽量保证场景中的每个像素在至少一个曝光等级中得到良好的曝光，然后采用不同的融合方法进行融合得到 HDR 图像。然而，由于图像采集普遍拥有较宽的图像曝光等级，若考虑到后续图像融合算法的实时处理，往往只能够在众多的曝光等级中选择有限的几张不同曝光图像序列进行融合，才能在融合算法效率和融合图像质量之间做出较好的均衡。即如何选择最佳曝光图像序列成为一个亟待解决的问题。

目前大部分高动态图像融合算法对于最佳曝光序列选择策略的问题，为了得到较好质量的融合图像，往往选择将已有的多帧低动态图像都包含在融合算法中[1,2]，尽管这种方式可以避免最佳曝光图像序列的选择问题，但是会造成后续图像融合的工作量加大，降低图像融合的效率。许多融合算法还会采用经验方法，如用以 2 为底数的指数形式的曝光时间序列进行多曝光图像序列的排列方法[3,4]，显然，这种方法并不能够保证选择的图像序列产生的融合图像质量最好，选择的多曝光图像也无法达到最优，造成后续计算成本增加。

首先正式将最佳曝光图像序列选择问题引入讨论的是 Barakat 等[5]，提出了最小包围曝光的概念。作者通过计算每个曝光等级的实际动态范围对应的照度等级，通过不同的基准曝光等级，以不同曝光等级的对应动态范围重合部分最小来达到使用最少的曝光等级数去覆盖场景的目的。另一种方案是基于图像信噪比理论。Hasinoff[6] 和 Seshadrinathan[7]等先后利用图像的信噪比和积分时间以及传感器的感光度 ISO 的关系，提出了最佳曝光图像序列的选择应该满足后一帧的最低图像信噪比高于前一帧的阈值信噪比，从而保证不同曝光等级的间隔最大，这样便能够利用最少的曝光等级和多曝光图像覆盖目标场景。以上这些方法都能够符合多曝光融合的理论基础，但是实际操作既涉及场景的动态范围和单帧图像动态范围的测试或者需要实际采集图像相机参数设置和相机噪声测试等，执行较为烦琐且效率较低。因此更加符合实际操作的方法应该在像素空间进行图像评价，利用像素信息的进行最佳曝光序列选择。

为此，本文将研究基于像素空间的高动态最佳曝光图像序列的选择策略。对于不同曝光等级的图像，该方法无须积分时间和 ISO 等图像信息，也无须转换到照度空间或计算图像信噪比等较为烦琐的过程，而是在像素空间利用传统的图像对比度、良好曝光程度和颜色饱和度的信息进行质量评价，然后利用集合操作选取最佳的曝光序列。同时考虑到在实际场景中，人眼对于不同目标的感兴趣程度不同，加入了交互式的人眼目标区域选择，保证融合图像既能够保证全局信息最丰富，又能够优先保留目标区域的场景信息。

1 基于图像像素空间的评价指标

为在图像空间进行图像质量评价，为后续最佳高动态图像融合序列选择提供评价参考，本文借鉴了 T. Mertens[8] 提出的 HDR 融合算法图像像素评价指标。为了统一计量，图像像素需进行归一化。图像评价的指标和计量方法主要有：

1.1 图像对比度 C

影响人眼对于目标观察的重要因素之一是图像对比度，使用拉普拉斯滤波器进行衡量

$$C = \text{Normal}[f(I,h)] \tag{1}$$

式中：I——输入灰度图像；

h——拉普拉斯滤波器；

C——输出图像经过滤波和归一化操作后的对比度评价指标。

通过计算能够得到各帧图像的对比度信息。

1.2 图像良好曝光度 E

根据传感器的响应特性，在输入较低或者接近饱和时，传感器输出会偏离线性响应区，图像噪声较大。因此衡量像素的良好曝光程度，多曝光图像融合常用高斯函数来评价这一特性，图像的良好曝光程度 E 为

$$E = \exp\left(-\frac{(i-0.5)^2}{2\sigma^2}\right) \tag{2}$$

式中：i——灰度图像的像素值；

σ——常数。

通过计算能够得到每个像素的良好曝光程度。

1.3 颜色饱和度 S

对于彩色图像，颜色饱和度是反映像素良好曝光的重要指标之一，较低的饱和度往往是由曝光不足或者过曝带来的。颜色饱和度在 RGB 颜色空间进行衡量

$$\begin{cases} \bar{S} = (R+G+B)/3 \\ S = \text{Normal}\left[\sqrt{(R-\bar{S})^2+(G-\bar{S})^2+(B-\bar{S})^2}\right] \end{cases} \tag{3}$$

式中：R、G、B——原图三个通道的像素值矩阵；

$\bar{S}$——三个通道像素值均值；

S——得到的归一化颜色饱和度。

最终得到对每帧图像的综合评价指标：

$$W = \text{BW}(C \cdot E \cdot S, T) \tag{4}$$

式中：BW——对图像的 C、E、S 三个评价指标乘积结果进行二值化；

T——二值化阈值。

二值化的目的在于综合各个评价指标，将像素分为良好和不良曝光像素。

2 最佳曝光序列选择方法

通过计算每帧的综合评价指标，得到二值化评价指标矩阵序列，通过计算得到的评价序列，最佳曝光序列的选择主要包含以下步骤。

2.1 最佳曝光帧选择

最佳曝光序列的选择首要任务是确定最佳曝光帧。本文定义最佳曝光帧为包含有效图像信息最多或者在感兴趣区域包含最多图像信息的图像帧。假设当前有 n 帧不同曝光的图像，通过评价指标得到一系列的二值化评价矩阵 $W_i(i=1\sim n)$，则最佳曝光帧 F_b 的评判标准为

$$F_b = \text{Max}\left(\sum_{j\in\Omega} W_i(j)\right) \quad (i=1\sim n) \tag{5}$$

其中，目标区域 Ω 可人为选择，如果不进行人为选择则默认为整个图像区域。

2.2 特定数量最佳曝光图像序列选择

对于某些高动态融合应用，综合考虑采集时间和融合效率，只能完成特定几帧不同曝光图像的采集。如何选取特定数量的几帧图像是需要考虑的问题。应用集合的方法，在得到最佳曝光帧和二值化评价指标矩阵后，本文提出对下一帧待选取图像的准则：待选取帧和最佳曝光帧的交集最大且并集最小。即当前帧如果包含了除了最佳曝光帧之外的越多图像信息，就越优先采纳到最佳曝光序列中。由此原则选择下一帧图像，然后两幅图像评价矩阵取并集得到新的最佳曝光帧评价矩阵；重复上述步骤，直到得到特定量的图像序列作为最佳曝光图像序列。

2.3 贪婪算法

在不考虑时间代价时，许多图像采集平台的曝光等级往往是离散的，为了在大量离散的曝光等级中选取最小数量的曝光序列，依旧在得到最佳曝光帧和二值化评价指标矩阵后，本文提出了贪婪算法准则：待选取帧和其余曝光等级评价指标矩阵并集的交集不为空集且和最佳曝光帧并集最大。即当前帧如果包含其他图像没有包含的有效像素内容。为了保证完全的覆盖场景，贪婪算法会选择将当前帧纳入最佳曝光序列之中。最佳曝光帧为起点，也是最佳曝光图像序列选择顺序的基准。通过这个原则选择下一帧图像，然后两幅图像评价矩阵取并集得到新的最佳曝光帧评价矩阵，重复上述步骤，直到条件不再满足，得到贪婪算法的最佳曝光序列。

3 实验结果和分析

为了验证本文算法，采用基于长光辰芯光电技术有限公司背照式 CMOS 探测器 GSENSE400 [像元数 2 048 ×2 048，像素尺寸 11 μm，ADC 12 bit，最大帧频 48 fps，最大信噪比 >49，读出噪声 1.47e -，动态范围 > 68 dB（标准模式）或 >96 dB（HDR 模式）] 我们研制的低照度双通道 CMOS 相机，相机每个积分时间下分为八个曝光等级，采集了两组不同场景的曝光序列图像，如图 1 所示，图 1 (a) 为暗室灯光直射靶标的图像，图 1 (b) 为户外建筑场景。

为比较最佳曝光序列选择策略的实际效果，将全部曝光图像融合得到的真实场景图像作为融合图像参照真值。图像融合方法采用文献 [8] 中基于拉普拉斯金字塔的图像融合方法。验证特定数量的图像融合策略中，选定三个曝光等级进行比较。图 2 为各组曝光序列不同曝光等级的二值化图像评价矩阵。各种融合策略和参考融合图像如图 3 所示。

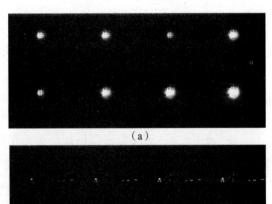

图 1 两组不同曝光序列图像
(a) 暗室灯光直射靶标的图像；(b) 户外建筑场景

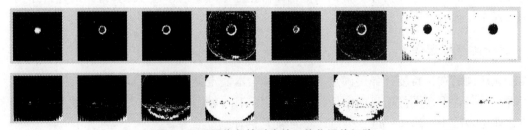

图 2 两组图像每帧对应的二值化评价矩阵

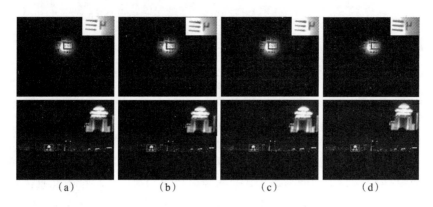

图3 四种策略的融合图像效果比较

(a) 全部曝光序列图像；(b) 特定选择三个曝光等级；
(c) 贪婪算法选择；(d) 人为选择红色框图像

从图2可以看出，随着积分时间的增加，曝光良好区域逐渐从亮处转变到了暗处，这是因为随着积分时间增加，图像最佳曝光区域偏向于场景中较暗处。另外由于传感器设置，实际对应的八个等级曝光序列并不是严格和积分时间成正比的。在实际的应用中，图像采集平台改变曝光量的手段很多，因此很多时候无法保证图像序列的获取完全按照曝光量进行排序。因为本文方法基于图像的像素空间，不依赖于图像的采集信息，所以对于图像序列的排序方式没有要求。

对每组图像进行计算，计算结果如下：第一组图像的最佳曝光帧为第8帧，特定曝光等级算法选择了第1、3和8帧进行图像融合，贪婪算法为第1、2、7和8帧，人为选择红色框中感兴趣区域后，最佳曝光序列选择为第1、6和7帧；第二组图像的最佳曝光帧为第7帧，特定曝光等级算法选择了第1、4和7帧进行图像融合，贪婪算法的结果为第1、2、3、7和8帧，人为选择红色框中感兴趣区域后，最佳曝光序列选择为第1、6和8帧。主观上，三个融合序列的融合效果和融合图像的真值相差不大，说明了本文最佳曝光选择序列的两种策略都能够在不明显损失融合图像质量的情况下，采用较少帧数的融合图像，有利于提高图像融合的效率，减少融合图像的工作量。加入人为感兴趣区域选择后，能够在满足全局细节最丰富的条件下，突出显示目标区域的特性，增加最佳曝光序列选择策略的灵活性。

为了进行客观评价，本文选取了以下图像质量客观评价指标。

像信息熵 En (entropy)：反映图像中平均信息量，即图像灰度分布的聚集特征，信息熵为

$$En = -\sum_{i=0}^{N} pi * \log pi \tag{6}$$

式中：p_i——各个灰度等级出现概率。

平均梯度 AG (average gradient)[9]：平均梯度可敏感地反映图像对微小细节反差表达的能力，可用来评价图像的模糊程度。在图像中，某一方向的灰度级变化率大，它的梯度也就大。因此，可以用平均梯度值来衡量图像的清晰度，还同时反映出图像中微小细节反差和纹理变换特征。

图像对比度的评价指标 EME[10] (evaluating image enhancement measure by entropy) 定义为

$$EME = \frac{1}{k_1 k_2} \sum_{l=1}^{k_2} \sum_{k=1}^{k_2} 20\ln \frac{I_{max;k,l}^W}{I_{min;k,l}^W + c} \tag{7}$$

式中：k_1 和 k_2——图像子块数量；

I_{max} 和 I_{min}——子块中最大和最小像素值；

c 通常取 0.0001，用于避免出现除0错误。峰值信噪比 PSNR (peak signal – noise ratio) 是目前常用的图像质量评价方法，峰值信噪比越大，结果越接近于参考图像，效果越好。

峰值信噪比 PSNR (peak signal – noise ratio) 是目前常用的图像质量评价方法，峰值信噪比越大，结果越接近于参考图像，效果越好。

$$\begin{cases} \text{PSNR} = 10 \cdot \lg\left(\dfrac{\max(F(i,j) - \min(F(i,j)))}{\text{RMSE}}\right) \\ \text{RMSE} = \sqrt{\dfrac{1}{M \cdot N}\sum_{i=0}^{M-1}\sum_{j=0}^{N-1}(R(i,j) - F(i,j))^2} \end{cases} \quad (8)$$

式中：F——结果图像；

R——参考图像。

针对图 3 中的各组图像，选取采用全部曝光序列的融合图像作为真值，计算各组图像的客观评价指标，如表 1 所示，表中最优值用黑体表示。从各组图像的客观评价指标可以看出，按照本文提出的各种最佳曝光选择序列选择策略融合得到的多曝光高动态图像，在客观评价指标上和真值相差不大，在所有指标中基本能在相同数量级范围内。采用本文方法后的融合图像峰值信噪比较大，说明相对于各个图像非常接近参考图像。客观指标的结果充分说明了本文提出的最佳曝光选择序列策略的可行性和有效性。

表 1　各组融合图像客观评价指标

项目		全部图像序列	三个曝光等级	贪婪算法	目标区域选择
第一组图像	En	5.173 2	5.281 0	5.286 3	4.805 7
	AG	0.002 1	0.002 1	0.002 1	0.001 9
	EME	20.290 2	21.689 8	20.636 7	19.199 7
	PSNR		40.714 2	40.304 9	34.223 4
第二组图像	En	5.087 3	4.784 2	5.169 1	5.2431
	AG	0.003 2	0.003 1	0.003 3	0.003 3
	EME	12.964 0	13.491 0	12.888 7	12.954 2
	PSNR		33.342 5	44.193 3	38.501 9

4　结论

利用有限的图像数量融合得到最佳质量的高动态融合图像，或使用最小数量的多曝光图像去尽可能地覆盖目标场景的动态范围，是本文提出最佳曝光图像序列选择策略的目的。本文基于图像像素空间，利用像素空间的图像对比度、良好曝光程度和颜色饱和度对图像像素是否得到良好曝光进行评价，然后利用集合操作提出了两种最佳曝光序列的选择策略。从本文的融合图像的实验结果和客观评价指标可知，本文方法能够在众多的曝光等级中，简单迅速地选择最有代表性的曝光序列作为后期融合的素材，能够在有限的资源消耗下保证融合图像的质量，大大提高了图像融合的效率。

参 考 文 献

[1] REINHARD E, HEIDRICH W, DEBEVEC P, et al. High dynamic range imaging: acquisition, display, and image-based lighting [M]. Morgan Kaufmann, 2010.

[2] FAIRCHILD M D. The HDR photographic survey [C] // Color and imaging conference. Society for Imaging Science and Technology, 2007 (1): 233-238.

[3] WANG W, CHANG F. A multi-focus image fusion method based on laplacian pyramid [J]. JCP, 2011, 6 (12): 2559-2566.

[4] GAN W, WU X, WU W, et al. Infrared and visible image fusion with the use of multi-scale edge-preserving decomposition and guided image filter [J]. Infrared physics & technology, 2015, 72: 37-51.

[5] BARAKAT N, HONE A N, DARCIE T E. Minimal-bracketing sets for high-dynamic-range image capture [J]. IEEE transactions on image processing, 2008, 17 (10): 1864-1875.

[6] HASINOFF S W, DURAND F, Freeman W T. Noise–optimal capture for high dynamic range photography [C] // 2010 IEEE Computer Society Conference on Computer Vision and Pattern Recognition. IEEE, 2010: 553–560.

[7] SESHADRINATHAN K, PARK S H, NESTARES O. Noise and dynamic range optimal computational imaging [C] //2012 19th IEEE International Conference on Image Processing. IEEE, 2012: 2785–2788.

[8] MERTENS T, KAUTZ J, VAN REETH F. Exposure fusion: A simple and practical alternative to high dynamic range photography [C] // Computer graphics forum. Oxford, UK: Blackwell Publishing Ltd, 2009, 28 (1): 161–171.

[9] YUAN Y, ZHANG J, CHANG B, et al. Objective quality evaluation of visible and infrared color fusion image [J]. Optical Engineering, 2011, 50 (3): 033202.

[10] AGAIAN S S, SILVER B, PANETTA K A. Transform coefficient histogram–based image enhancement algorithms using contrast entropy [J]. IEEE transactions on image processing, 2007, 16 (3): 741–758.

硬目标侵彻引信与侵爆战斗部的融合设计

李振华，史云晖

（湖北三江航天红林探控有限公司，湖北 孝感 432000）

摘 要：本文提出了一种硬目标侵彻引信与侵爆战斗部融合设计的技术途径。实现了目标信息识别和起爆控制与战斗部壳体结构损坏应急起爆控制。建立了以硬目标侵彻引信为核心的侵爆战斗部终点弹道环境信息处理体系，实现了多种物理场的测量，更好地发挥战斗部系统的威力。

关键词：引信；战斗部；融合设计

中图分类号：TG156　**文献标志码**：A

Fusion design of hard target penetration fuze and penetration warhead

LI Zhenhua, SHI Yunhui

(1. Hubei Space Sanjiang Honglin Detection and Control Co., Ltd., Xiaogan 432000, Hubei, China)

Abstract: This paper presents a technology approach for fusion design of hard target penetration fuze and penetration warhead. Target information recognition and detonation control are realized. The shell structure of the warhead is damaged by emergency detonation. An environmental treatment system of the warhead terminal guideway with hard target penetration fuze as the core was established. The measurement of various physical fields is realized. Improved the effectiveness of the warhead system.

Keywords: fuze; warhead; confluent design

0 引言

现代战争中，为了对防护能力较强的高价值目标进行有效打击，出现了硬目标侵彻武器。在硬目标侵彻武器的发展中，硬目标侵彻引信技术的地位至关重要，将其配备于航空炸弹、钻地导弹、反航母战斗部等，可实现对目标的最大毁伤效果[1]。

硬目标侵彻引信一般通过高g值加速度传感器来敏感战斗部的侵彻环境信息，对获取的信号进行处理，识别目标类型和实时状态，最后利用控制器实时判断是否起爆战斗部。由于传感器是内置于引信内部的，不与战斗部直接连接，传感器测量的过载信号不是战斗部的真实信号，不利于目标的识别。相继出现了各种基于信号处理的实时计层算法优化，也出现了基于加速度传感器和惯性阈值开关的联合计层算法。而始终无法解决信号源不是基于战斗部壳体采集的问题。

侵爆战斗部与目标的交汇条件复杂，终点弹道环境恶劣。侵爆战斗部与目标的交汇条件和侵彻环境也具有一定的随机性。战斗部侵彻过程中也极易发生侵彻攻角变大，导致战斗部壳体结构破坏，战斗部功能失效的现象。

本文从硬目标侵彻引信与侵爆战斗部融合设计着手，提出了一种技术途径，从战斗部中提出更多的

作者简介：李振华（1983—），男，本科，E-mail: mico226@163.com。

环境信息,从而实现目标信息识别及起爆控制和战斗部壳体结构损坏应急起爆。

1 战斗部系统的结构组成

常规导弹侵爆战斗部系统由侵爆战斗部和硬目标侵彻引信组成。侵爆战斗部由壳体、装填物和传爆序列等组成。硬目标侵彻引信用于感知环境和目标,或响应飞行时间、压力、指令等预定条件,并适时引爆战斗部装药。如图1所示。

随着引信技术的发展,引信感知外界环境和目标的方式由机械式系统发展为传感器+微控制的机电式系统。

目前已实现了利用引信内置的加速度传感器感知战斗部终点弹道的过载信号,并利用微控制器对过载信号进行实时分析,识别目标类型的工程化应用。这表明引信的硬件电路能够在恶劣的终点弹道环境下正常工作,识别终点弹道的目标特性。

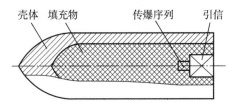

图1 战斗部系统的组成

传感器+微控制的机电式系统可实现通过拓展传感器的类型和数量,实现对更多外界环境因素和目标特征的感知;同时通过提高微控制器的处理能力,实现外界环境和目标的感知精度与速度。从而实现从多个外界环境因素和目标特征分析与识别更全面的环境信息,同时也可实现对战斗部系统自身信息的识别,在异常情况时做出及时的反应[2]。

2 硬目标侵彻引信与侵爆战斗部的融合设计

2.1 目标信息识别及起爆控制

以某侵爆侵彻战斗部侵彻5层靶标为例(弹轴方向是 X 向)。根据仿真分析,在战斗部侵彻目标时,战斗部壳体的内腔顶部处于材料的弹性范围内(图2),该处的应变随侵彻过程存在5个明显的变化(图3)。

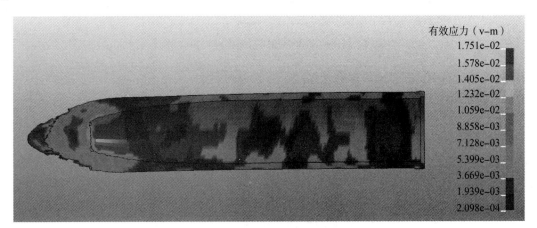

图2 战斗部壳体的应力

战斗部壳体的内腔上某点沿弹轴的应力为 σ_x,该点横向的应变为 ε_y(或 ε_z)。

根据胡克定律,在材料的弹性范围内,受单向应力的一点,其正应力与线应变成正比,即

$$\sigma_x = E\varepsilon_x \tag{1}$$

在比例极限内,横向应变 ε_y(或 ε_z)与纵向应变 ε_x 之比为常量 ν(泊松比),即

$$V = \frac{\varepsilon_y}{\varepsilon_x} \tag{2}$$

将式(2)代入式(1)得

$$\sigma_x = -\frac{E}{V}\varepsilon_y$$

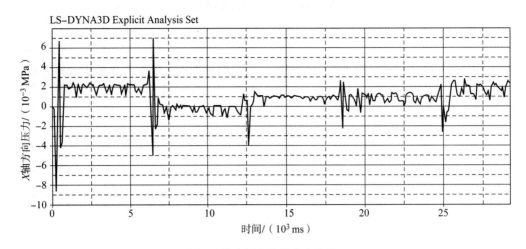

图3 战斗部壳体的应力变化

$$\sigma_x = -\frac{E}{V}\varepsilon_z$$

其中，E 为材料的弹性模量，ν 为材料的泊松比，均通过实验测试得到。

根据材料力学，可以通过应变传感器测量壳体的应变（ε_y 和 ε_z），将战斗部壳体的应变信号提供给引信的环境信息处理单元，再通过一定的应力识别算法，实现对侵彻环境的实时识别和适时起爆。利用应变传感器实现侵彻环境实时识别的系统组成框图见图4。

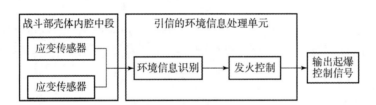

图4 利用应变传感器实现侵彻环境实时识别

在侵爆战斗部结构设计时考虑战斗部壳体应变传感器的安装，应注意：应变传感器需布置在壳体上始终处于弹性范围的区域，一般为壳体内腔的顶部，该处结构强度较高，且处于内腔，不易损坏。

2.2 战斗部壳体结构损坏应急起爆控制

侵爆战斗部的侵彻过程是一个复杂的动力学过程。战斗部壳体易出现结构破坏的现象。一旦出现战斗部壳体破坏，战斗部内部的装填物和引信就均失去了保护，导致战斗部功能失效。因此，如何及时发现战斗部壳体破坏，并及时起爆战斗部，最大限度地发挥战斗部威力是急需解决的技术问题。

以某侵彻战斗部为例，战斗部壳体的中段壁厚较薄，且在侵彻过程中需承受战斗部自身弯矩的作用。根据仿真分析，在战斗部以小着角侵彻目标时，战斗部壳体的中段应力较大的区域（图5和图6）。

金属材料的拉伸应力-应变曲线见图7。以35CrMnSi为例，在断裂破坏前要经历大量塑性变形，但没有明显的屈服阶段。其材料特性存在弹性阶段和强化阶段。工程上取完全卸载后具备残余应变量 $\varepsilon_p = 0.2\%$ 时的应力为名义屈服极限（图8），即 $\sigma_{0.2}$。屈服极限 $\sigma_{0.2}$ 和对应的应变可通过实验得到。

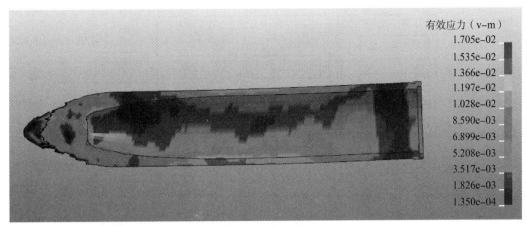

图5 战斗部壳体中段的应力

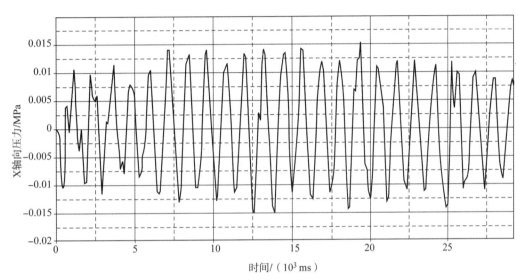

图6 战斗部壳体中段的应力变化

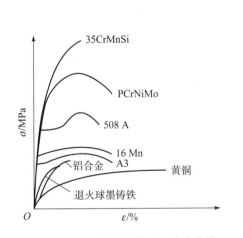
图7 金属材料的拉伸应力－应变曲线

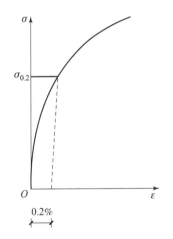
图8 金属材料的拉伸应力－应变曲线

将应变传感器布置在战斗部壳体内腔中段，引信的环境信息处理单元对壳体内腔的应变进行实时测量，当应变大于破坏阈值时，引信立即输出起爆信号，起爆战斗部装药。

利用应变传感器实现战斗部壳体破坏实时识别的系统组成框图见图9。

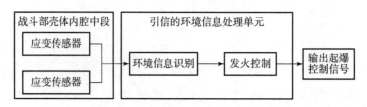

图 9　利用应变传感器实现战斗部壳体破坏实时识别

利用应变传感器实现战斗部壳体破坏实时识别，在战斗部结构设计时考虑战斗部壳体应变传感器的安装，应注意：应变传感器需布置在壳体易出现破坏的区域，一般为壳体内腔中段。

3　硬目标侵彻引信为核心的侵爆战斗部终点弹道环境信息处理体系

在侵爆战斗部系统中，硬目标侵彻引信具有强大的数据处理能力，可实现信号处理和控制判断，可作为侵爆战斗部系统信息处理的核心[3]。在战斗部壳体结构上布置传感器，能够识别更多的侵彻环境信息，如应变传感器（测量弹体的应力－应变变化）、磁传感器（感应磁场的变化）、温度传感器（飞行或终点弹道温度变化）等。其体系如图10所示。

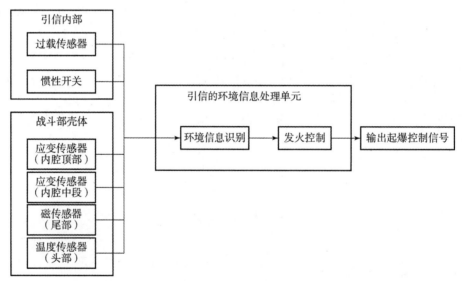

图 10　以硬目标侵彻引信为核心侵爆战斗部终点弹道环境信息处理体系

4　结论

本文建立了一种以硬目标侵彻引信为核心，以应力传感器为敏感传感器，将传感器布置在战斗部壳体的关键特征位置，从而识别侵彻环境的技术途径。经分析，该技术途径能够识别目标信息和战斗部壳体的强度变化信息，并配合实时算法，实现目标信息识别和起爆控制与战斗部壳体结构损坏应急起爆。

随着硬目标侵彻引信的技术发展，引信的数据处理能力越来越强大，后续可建立硬目标侵彻引信为核心的侵爆战斗部终点弹道环境信息处理体系，实现多种物理场的测量，更好地发挥战斗部系统的威力。

参 考 文 献

[1] 李向东，钱建平，曹兵，等. 弹药概论 [M]. 第2版，北京：国防工业出版社，2004.

[2] 韩晓明，高峰，等. 导弹战斗部原理及应用 [M]. 西安：西北工业大学出版社，2012.

[3] 于润祥，石庚辰. 硬目标侵彻引信计层技术现状与展望 [J]. 探测与控制学报，2013，35（5）：1－6.

基于超级像素的适应性双通道先验图像去雾

姜雨彤,纪 超,赵 博,朱梦琪,杨忠琳,马志扬

(中国北方车辆研究所,北京 100072)

摘 要:图像是现代化战争的重要信息来源,雾天环境下图像质量下降,严重妨碍战场无人机侦察识别能力。为提高雾气环境下无人机图像有效利用性,开展了基于超级像素的适应性双通道先验无人机图像去雾方法研究。以暗通道先验理论与亮通道理论为基础,采用超级像素作为双通道先验方法的局部区域求解去雾图像,提出一种雾天图像的颜色分割方法,对无法展现去雾效果的灰白像素点及暗色像素点进行自适应去雾处理,从而使去雾后的无人机图像恢复了真实颜色,视觉效果自然、清晰,准确高效地实现无人机斜拍图像的去雾处理。实验表明,该方法的去雾结果已优于现有方法。

关键词:图像去雾;无人机;双通道先验;超级像素

中图分类号:TP391.4 **文献标志码**:A

Research on image defogging method using adaptive bi-channel priors on super-pixels

JIANG Yutong, JI Chao, ZHAO Bo, ZHU Mengqi, YANG Zhonglin, MA Zhiyang

(China North Vehicle Research Institute, Beijing 100072, China)

Abstract: Image is the important source of information for modern war. And making effective use of the information from the image would take full advantage of the reconnaissance capability of armed force. When UAV images captured under fog, they are vulnerable to suspended particles in the atmosphere of the light scattering, absorption and other effects, and UAV images suffer from quality degradation problems which lead to many difficulties for battlefield reconnaissance and recognition. Combining the dark and bright channel priors (bi-channel priors), the super-pixels are used as local regions, thus local transmission and atmospheric light values are estimated more reliably and efficiently. Furthermore, adaptive bi-channel priors are developed to rectify any incorrect estimation on transmission and atmospheric light values for both white and black pixels those fail to satisfy the assumptions of the bi-channel priors. Experimental results demonstrate that the white and black pixels on the restored UAV image are with excellent fidelity and the proposed method performs better for restoring images in terms of both quantitation and quality, and leads to great improvements in real-time defogging.

Keywords: image defogging; UAV; bi-channel priors; super-pixel

0 引言

通过无人机遥感技术与图像处理技术相结合,可以充分发挥无人机的侦察与监测能力。但无人机所获取的图像信息是否可有效利用的问题得到了研究者的普遍关注。由于利用无人机进行目标识别与观测任务很大程度上依赖于获取的高质量图像,并且依据有限获取的图像尽可能多地提取有用的目标信息是

基金项目:国家自然科学基金项目(61801439)。
作者简介:姜雨彤(1987—),女,工程师,博士,计算机视觉、图像处理,E-mail:jiangyutong201@163.com。

无人机应用的基本要求。但是当无人机在进行情报侦察时，很容易受到不良天气条件的影响，尤其是在雾天环境下，由于空气中的悬浮颗粒对光线的散射、吸收等作用影响，大气透过光强度衰减，使得侦察设备接收到的光强发生改变，导致成像质量下降，造成侦察图像对比度降低、颜色偏移、清晰度不够。这种环境下许多目标特征被覆盖，图像细节缺失，信息的可辨识度大大降低，造成目标观测不明显、识别不清楚等问题。为后续处理工作带来了诸多困难，很大程度地限制了数据的有效性和可用性。

现阶段急需要寻求有效的图像去雾处理方法，对无人机图像进行处理，使得去雾后图像的质量能够达到或者等效于正常图像的质量，从而增强在恶劣天气条件下无人机侦察能力，为现代武器信息对抗技术提供更好的信息来源。

暗通道先验理论[1]（Dark Channel Prior，DCP）是图像视觉领域的重大发现，基于暗通道先验的去雾方法是以大气散射模型为基础，很好地避免了以往模型方法中求取参数的冗繁过程，使得去雾过程变得简便且易于实现。然而现有的 DCP 去雾方法还无法满足无人机图像去雾的要求，主要有以下几点原因：①无人机斜拍图像的场景深度覆盖范围大，易受到多光源共同作用，各场景点受到的光照不同，采用 DCP 方法估算出的全局大气光值并不适用于图像的所有像素点，会使得去雾后图像颜色偏暗。②对于无人机斜拍图像，常存在较大比例的灰白色属性区域如天空、白色建筑物屋顶或立面、路面等。这些区域不满足暗通道先验理论，采用 DCP 方法去雾后会发生颜色畸变。③DCP 方法是基于以目标像素点为中心的局部区域计算暗通道值的，去雾后图像上景深不连续处出现严重的光晕现象，导致图像在视觉上显得不自然。DCP 方法采用软抠图方法细滑透射率图来消除光晕现象。但实际上是采用高精度插值求解大型稀疏矩阵，计算复杂度较高，耗费大量时间并且占用很大的空间，无法满足无人机图像实时性处理的应用要求。

为了扩展以暗通道先验为基础的 DCP 去雾方法应用于无人机图像去雾处理，展开以下研究：①采用亮通道先验（Bright-Channel Prior，BCP）方法[2]估计局部大气光，解决 DCP 方法对大气光全局化的估计问题。这样将 DCP 方法与 BCP 方法相结合，称其为双通道先验（Bi-Channel Priors，BiCP）方法进行图像去雾处理，目的是解决去雾后图像整体色调偏暗的问题。②由于无人机图像中天空及灰白色区域不符合暗通道先验理论，黑色及暗色区域不符合亮通道先验理论，因此需要探索研究一种适应性 BiCP 去雾方法。要求该去雾方法去除雾天图像中彩色区域的雾气影响同时，可恢复出图像上灰白色区域和暗色区域的真实颜色，使去雾后的无人机图像看起来更加自然。③为解决 DCP 方法在图像景深突变处产生光晕现象及采用软抠图方法计算复杂度大的问题，采用超级像素作为暗通道与亮通道求解的局部区域，此区域是按像素点的颜色相似性和位置相近性划分出的不规则区域，且一个区域内不会包含景深突变的像素点。目的是消除 DCP 方法的光晕现象，且降低计算复杂度。

本文提出的一种基于超级像素的适应性双通道先验（Adaptive BiCP，ABiCP）图像去雾方法，如图 1 所示。首先将有雾图像从 RGB 空间转换到 HSV 颜色空间，使用饱和度和亮度分量的阈值来检测有雾图像

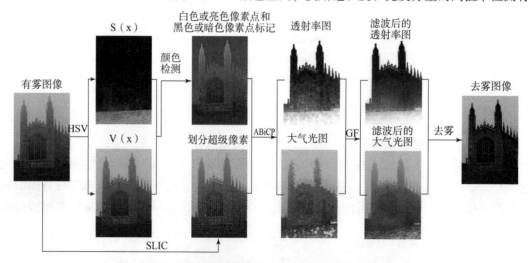

图1 基于超级像素的适应性双通道先验图像去雾方法流程

中分别不满足暗通道先验与亮通道先验的白色或亮色像素点和黑色或暗色像素点。然后，选用超级像素作为暗通道和亮通道计算的局部区域，估计局部透射率和大气光值。由于 BiCP 方法对白色和黑色像素点的透射率与大气光值进行错误估计，采用 ABiCP 方法进行矫正。通过导引滤波器（Guided Filter, GF）[3]对透射率图和大气光图进行滤波，代入大气散射模型中，求得清晰的去雾图像。

1 暗通道及亮通道先验的理论分析

1.1 暗通道先验理论

通常图像上所有像素点的大气光值是根据场景点位置的不同而发生变化的。随着像素点位置 x 的变化，可以将大气散射模型中的全局量 A 变为局部变量 $A(x)$，则有雾天 RGB 图像的成像模型如下：

$$I(x) = J(x)t(x) + A(x)(1 - t(x)) \tag{1}$$

$$J^c(x) = A^c(x)\rho^c(x), (c \in \{R,G,B\}) \tag{2}$$

式中：x——二维图像上像素点的位置坐标；

$I(x)$——场景点反射的光线经过衰减后到达成像设备的光线强度，即观察到场景的有雾图像，是含有 R，G，B 三个颜色分量的图像矢量；

$t(x)$——介质透射率函数，表示没有被散射的并最终到达设备的光线部分，值在 [0, 1] 区间上；

$J(x)$——场景目标直接反射光强，即要恢复的清晰无雾场景真实的 RGB 图像，$J(x)t(x)$ 描述的是场景中反射光未被散射的部分；

$A(x)$——像素坐标为 x 点的大气光值，$A(x)(1-t(x))$ 指参与成像的部分大气光，是造成对比度下降的主要因素；

其中 $c \in \{R,G,B\}$ 是颜色分量索引，J^c，A^c，和 ρ^c 分别是矢量 J，A，和 ρ 的颜色分量。

He 等在暗通道点的求取过程中，采用 Marcel Van Herk 的快速算法对有雾图像上的像素点进行局部区域的最小滤波，即灰度腐蚀操作。求取暗通道点的数学表达式可最小化式（1）两端，再结合式（2），表达如下：

$$\min_{x \in \Omega(x)}(\min_{c \in (R,G,B)} I^c(x)) = (\min_{x \in \Omega(x)}(\min_{c \in (R,G,B)} J^c(x)))\tilde{t}(x) + \tilde{A}(x)(1 - \tilde{t}(x)) \tag{3}$$

其中，$\Omega(x)$ 是以 x 为中心像素点的局部区域。在白天自然光照射下，大气光在 RGB 三个通道的值 $A^c(x)$ 可以认为是相同的，均用 $A(x)$ 表示，这会使大多数情况下计算过程更加简单有效。假定大气光值和透射率是在局部区域 $\Omega(x)$ 内为恒定值，分别用 $\tilde{A}(x)$ 和 $\tilde{t}(x)$ 表示。则像素点 x 在雾天图像 I 和其对应的去雾图像 J 上的暗通道值分别用 $I^{dark}(x)$ 和 $J^{dark}(x)$ 表示为

$$\begin{aligned} I^{dark}(x) &= \min_{x \in \Omega(x)}(\min_{c \in (R,G,B)} I^c(x)) \\ J^{dark}(x) &= \min_{x \in \Omega(x)}(\min_{c \in (R,G,B)} J^c(x)) \end{aligned} \tag{4}$$

基于 DCP 方法，根据式（2），暗通道先验理论用数学表达式可表示为

$$\begin{aligned} J^{dark}(x) &= \min_{x \in \Omega(x)}(\min_{c \in (R,G,B)} J^c(x)) = 0 \\ &= \min_{x \in \Omega(x)}(\min_{c \in (R,G,B)} \tilde{A}(x)\rho^c(x)) = 0 \\ &= \lim_{\rho(x) \to 0} \tilde{A}(x)\rho(x) = 0 \end{aligned} \tag{5}$$

暗通道先验规律主要存在于物体的局部阴影、自然景观的投影、黑色物体或表面以及具有鲜艳颜色的物体及其表面。这是由于红、蓝、绿为光学三原色，如嫩绿的树木，以绿色分量值为主的同时也会存在亮度很低的红色和蓝色分量值，人们所熟悉的自然或生活场景中阴影和彩色随处可见，在对这些景物所获取的图像中，暗通道先验规律是普遍存在的。

为了验证暗通道先验规律的正确性和有效性，He 等[1]做了大量的统计实验。先是收集了一个户外无雾图像的数据库，然后随机选择了 5 000 张图像，并将其剪裁成 500×500 大小，以 15×15 为局部区域计算暗通道值，图 2 给出了部分无雾图像及其相应的暗通道图像。据统计，超过 5 000 幅无雾图像的暗通道值中有 75% 的像素点强度值为 0，约有 86% 的像素点强度值低于 16，以上统计结果在一定程度上证明了暗通道先验理论的合理性。因此得出结论：绝大多数户外无雾图像中像素点的暗通道值接近于 0，这就意味着在无雾图像中绝大多数像素点都符合暗通道先验规律。

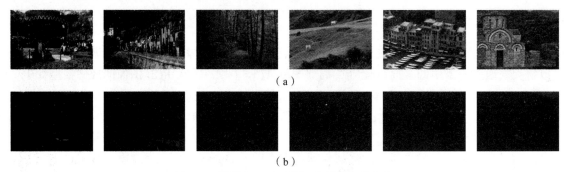

图 2　无雾图像示例及其相应的暗通道图像

(a) 无雾图像数据库中的图像示例；(b) (a) 对应的暗通道图像

所以，将式（4）和式（5）代入式（3）中，可得到

$$I^{\text{dark}}(x) = \tilde{A}(x)(1 - \tilde{t}(x)) \tag{6}$$

根据式（1），可推导出去雾后图像，表达式为

$$J(x) = \frac{I(x) - A(x)(1 - t(x))}{t(x)} \tag{7}$$

DCP 去雾方法，通过暗通道先验规律先根据式（6）求出大气光成像部分的估计值 $\tilde{A}(x)(1 - \tilde{t}(x))$，再采用大气光值的估计方法得到 $\tilde{A}(x)$，之后通过式（6）估计出透射率 $\tilde{t}(x)$，去雾后图像上所有像素点的强度值即可根据式（7）求得，实现雾天图像的去雾处理。

1.2　亮通道先验理论

与暗通道先验规律类似，另一个通过无雾图像统计发现的先验规律，被称为亮通道先验理论[2]。在亮通道的求取过程中，对雾天图像上的像素点进行局部区域中取最大值操作，即对式（1）两端进行最大化计算，再结合式（2），所得表达式如下：

$$\max_{x \in \Omega(x)} \left(\max_{c \in (R,G,B)} I^c(x) \right) = \left(\max_{x \in \Omega(x)} \left(\max_{c \in (R,G,B)} J^c(x) \right) \right) \tilde{t}(x) + \tilde{A}(x)(1 - \tilde{t}(x)) \tag{8}$$

则像素点 x 在雾天图像 I 和其对应的无雾图像 J 上的亮通道值分别用 $I^{\text{bright}}(x)$ 和 $J^{\text{bright}}(x)$ 表示：

$$\begin{aligned} I^{\text{bright}}(x) &= \max_{x \in \Omega(x)} \left(\max_{c \in (R,G,B)} I^c(x) \right) \\ J^{\text{bright}}(x) &= \max_{x \in \Omega(x)} \left(\max_{c \in (R,G,B)} J^c(x) \right) \end{aligned} \tag{9}$$

基于文献中提出的亮通道先验理论，可通过对户外无雾图像的统计发现，以各像素为中心点的局部小区域包含一些（至少一个）像素点的一个颜色通道的强度值很大，接近大气光值，甚至可达到 255。根据式（2），亮通道先验理论用数学表达式可表示为

$$\begin{aligned} J^{\text{bright}}(x) &= \max_{x \in \Omega(x)} \left(\max_{c \in (R,G,B)} J^c(x) \right) \\ &= \max_{x \in \Omega(x)} \left(\max_{c \in (R,G,B)} \tilde{A}(x) \rho^c(x) \right) \\ &= \lim_{\rho(x) \to 1} \tilde{A}(x) \rho(x) = \tilde{A}(x) \end{aligned} \tag{10}$$

亮通道中存在较大的强度值主要原因如下：①彩色景物，如绿叶、红花，其 RGB 通道中至少有一个通道的值很大；②天空，天空区域中 RGB 三个通道的强度值均较大；③反光物体，如镜子、水面均可以反射光照，这些场景点的亮通道值很大且趋近于大气光。

为了验证亮通道先验规律的正确性和有效性，选取了 1 000 幅户外无雾自然清晰图像进行亮通道统计，通过 15×15 的局部区域进行最大值滤波，图 3 给出了部分无雾图像及其相应的亮通道图像。图 3（c）给出了 2 000 个亮通道值的直方图分布，我们可以看到大约 70% 的亮通道值接近于 240。这就可以从数学统计角度证明，亮通道先验规律在大多数情况下的客观存在性。

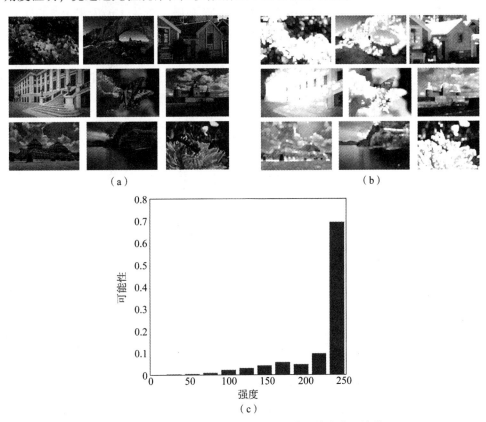

图 3　无雾图像的亮通道图像及亮通道值的直方图统计
(a) 无雾图像；(b) (a) 对应的亮通道图像；(c) 亮通道值的直方图分布

所以，将式（9）和式（10）代入式（8）中，可得到

$$I^{bright}(x) = \tilde{A}(x) \tag{11}$$

因此，通过亮通道先验理论可以求出大气光的估计值 $\tilde{A}(x)$。如果我们获得 $A(x)(1-t(x))$ 和 $A(x)$ 的值，则透射率 $t(x)$ 可通过这两个分量表示为

$$t(x) = 1 - \frac{A(x)(1-t(x))}{t(x)} \tag{12}$$

根据式（6）和式（11），透射率的估计值 $\tilde{t}(x)$ 可通过式（13）计算：

$$\tilde{t}(x) = 1 - \frac{I^{dark}(x)}{I^{bright}(x)} \tag{13}$$

将式（11）和式（13）代入式（7），则去雾后图像 $J(x)$ 每个 RGB 分量的估计值 $\tilde{J}^c(x)$ 可以通过式（14）计算得出，从而求解出去雾后的清晰图像。

$$\tilde{J}^c(x) = \frac{I^c(x) - I^{dark}(x)}{1 - \frac{I^{dark}(x)}{I^{bright}(x)}} \tag{14}$$

以上就是采用暗通道先验理论与亮通道先验理论相结合的双通道先验去雾方法,先获得大气光和透射率的估计值,再代入大气散射模型中获得去雾图像的过程。对于不满足于亮通道先验或暗通道先验规律的像素点来说,采用式(14)很可能导致错误估计去雾图像的像素点强度值。

1.3 双通道先验图像去雾方法的不足

BiCP 图像去雾方法主要存在着两点不足:第一,图像中亮度较大的区域如天空和灰白色物体表面像素点,是不服从暗通道先验规律的,采用 DCP 方法会错误估计透射率值,导致去雾图像上的灰白色像素点所恢复的颜色偏移。第二,图像中亮度较小的区域如暗色和黑色物体表面像素点,是不服从亮通道先验规律的,采用 BCP 方法会错误估计大气光值和透射率值,导致去雾图像上的暗像素点所恢复的颜色失真。具体分析如下:

针对无法采用 DCP 方法进行去雾处理的像素点,是以白色像素点为主,所以对于这些白色像素点,式(5)和式(6)实际上需要重新表示为

$$J^{dark}(x) > 0$$
$$I^{dark}(x) > \tilde{A}(x)(1 - \tilde{t}(x)) \tag{15}$$

根据式(12)和式(13),通过 $I^{dark}(x)$ 的值过高估计 $\tilde{A}(x)(1-\tilde{t}(x))$,及通过 $I^{bright}(x)$ 对 $\tilde{A}(x)$ 的可靠估计,导致白色像素点的透射率估计值 $\tilde{t}(x)$ 比实际透射率值 $t(x)$ 过低,表达为

$$\tilde{t}(x) < t(x) \tag{16}$$

对于白色像素点,透射率的低估会导致通过式(14)估计的 $\tilde{J}^c(x)$ 值,小于通过的大气散射模型(式(7))所推导出的去雾图像颜色通道实际值 $J^c(x)$,表达为

$$\tilde{J}^c(x) < J^c(x) \tag{17}$$

针对无法采用 BCP 方法进行去雾处理的像素点,是以黑色像素点为主,所以对于这些黑色像素点,式(10)和式(11)实际上需要重新表示为

$$J^{bright}(x) < \tilde{A}(x)$$
$$I^{bright}(x) < \tilde{A}(x) \tag{18}$$

根据式(12)和式(13),通过 $I^{bright}(x)$ 的值过低估计 $\tilde{A}(x)$,及通过 $I^{dark}(x)$ 对 $\tilde{A}(x)(1-\tilde{t}(x))$ 的可靠估计,导致黑色像素点的透射率估计值过低,如式(16)所示。对于黑色像素点,大气光与透射率的低估会导致通过式(14)估计的 $\tilde{J}^c(x)$ 值,大于通过大气散射模型(式(7))所推导出的去雾图像颜色通道实际值 $J^c(x)$,表达为

$$\tilde{J}^c(x) > J^c(x) \tag{19}$$

由于采用 DCP 方法与 BCP 方法联合使用的 BiCP 去雾方法,会出现低估白色或亮色像素点强度值(式(17))的现象和高估黑色或暗色像素点强度值(式(19))的现象,本文提出适应性双通道先验图像去雾方法来解决以上问题。

2 基于超级像素的适应性双通道先验图像去雾方法

2.1 基于 HSV 空间的颜色识别

由于雾天图像上的白色和黑色像素点不能同时满足双通道先验规律,因此要建立一种颜色检测方法,将有雾图像上的白色和黑色像素点提取出来,进行单独去雾处理。

首先,根据式(8)~(10),将有雾图像从 RGB 空间转换为到 HSV 空间[4]。结合式(1),可以发现

雾气的存在对场景图像的色调（hue，H）分量没有影响，但雾气会使图像的饱和度（saturation，S）降低及亮度（value，V）升高。

为了使白色和黑色像素点的检测过程更加简单且有效，无雾图像 $J(x)$ 的检测阈值 $V_{J(x)}^{\text{white}}$，$S_{J(x)}^{\text{white}}$ 和 $V_{J(x)}^{\text{black}}$ 可以被线性转换为有雾图像上白色和黑色像素点的检测阈值，分别为 $V_{I(x)}^{\text{white}}$，$S_{I(x)}^{\text{white}}$ 和 $V_{I(x)}^{\text{black}}$。当有雾图像 $I(x)$ 转换到 HSV 空间，$S_{I(x)}$ 和 $V_{I(x)}$ 被定义为 $I(x)$ 的饱和度和亮度分量。由于无雾自然图像的 S 和 V 的范围都是 [0，1]，而有雾气存在于图像 $I(x)$ 时，S 和 V 的范围分别转变为

$$[\min_{x \in I(x)} S_{I(x)}, \max_{x \in I(x)} S_{I(x)}] = [S_{I(x)}^{\min}, S_{I(x)}^{\max}]$$

$$[\min_{x \in I(x)} V_{I(x)}, \max_{x \in I(x)} V_{I(x)}] = [V_{I(x)}^{\min}, V_{I(x)}^{\max}]$$

因此，在有雾图像 $I(x)$ 上，用于检测白色和黑色像素点的阈值 $V_{I(x)}^{\text{white}}$，$S_{I(x)}^{\text{white}}$ 和 $V_{I(x)}^{\text{black}}$ 可以通过下式给出的线性变换来获得：

$$\begin{aligned}
V_{I(x)}^{\text{white}} &= (V_{I(x)}^{\max} - V_{I(x)}^{\min}) \cdot V_{J(x)}^{\text{white}} + V_{I(x)}^{\min} \\
&= (V_{I(x)}^{\max} - V_{I(x)}^{\min}) \cdot 0.75 + V_{I(x)}^{\min} \\
S_{I(x)}^{\text{white}} &= (S_{I(x)}^{\max} - S_{I(x)}^{\min}) \cdot S_{J(x)}^{\text{white}} + S_{I(x)}^{\min} \\
&= (S_{I(x)}^{\max} - S_{I(x)}^{\min}) \cdot 0.2 + S_{I(x)}^{\min} \\
V_{I(x)}^{\text{black}} &= (V_{I(x)}^{\max} - V_{I(x)}^{\min}) \cdot V_{J(x)}^{\text{black}} + V_{I(x)}^{\min} \\
&= (V_{I(x)}^{\max} - V_{I(x)}^{\min}) \cdot 0.25 + V_{I(x)}^{\min}
\end{aligned} \quad (20)$$

对于有雾图像，同时满足于 $V_{I(x)} > V_{I(x)}^{\text{white}}$ 和 $S_{I(x)} < S_{I(x)}^{\text{white}}$ 条件的像素点被作为白色或亮色像素点提取出来，另外满足于 $V_{I(x)} < V_{I(x)}^{\text{black}}$ 条件的像素点则被作为黑色或暗色像素点提取出来。对于无雾图像，满足于 $V_{J(x)} > 0.75$ 和 $S_{J(x)} < 0.2$ 条件的像素点被作为白色或亮色像素点提取出来；满足于 $V_{J(x)} < 0.25$ 条件的像素点则被作为黑色或暗色像素点提取出来。图 4 给出了 4 组有雾图像与去雾图像对，提取出图像上的白色或亮色像素点，用"红色"标出，并提取出图像上的黑色或暗色像素点，用"蓝色"标出。将同一组有雾图像与去雾图像上标出来的"红色"和"黑色"像素点进行比较。

图 4　有雾与无雾图像中提取白色或亮色和黑色或暗色像素点
（a）有雾图像；（b）（a）中的白色或亮色像素点和黑色或暗色像素点；
（c）无雾图像；（d）（c）中的白色或亮色像素点和黑色或暗色像素点

为了证明线性变换后的饱和度、亮度值作为有雾图像上的白色和黑色像素点检测阈值的可靠性，需要通过检测误差来验证。在有雾图像 $I(x)$ 上分别通过 $V_{I(x)} > V_{I(x)}^{\text{white}}$，$S_{I(x)} < S_{I(x)}^{\text{white}}$ 和 $V_{I(x)} < V_{I(x)}^{\text{black}}$ 提取出来的白色与黑色像素点，分别记为 $I^{\text{white}}(x)$ 和 $I^{\text{black}}(x)$。其所对应的无雾图像 $J(x)$ 上分别通过 $V_{J(x)} > 0.75$，$S_{J(x)} < 0.2$ 和 $V_{J(x)} < 0.25$ 提取出来的白色与黑色像素点，分别记为 $J^{\text{white}}(x)$ 和 $J^{\text{black}}(x)$。则 $I^{\text{white}}(x)$ 和 $J^{\text{white}}(x)$ 之间差异的比率，与 $I^{\text{black}}(x)$ 和 $J^{\text{black}}(x)$ 之间差异的比率，分别被定义为白色像素点检测误差 E_w 和黑色像素点检测误差 E_b，表示为

$$E_w = \frac{\cup I^{\text{white}}(x) - \cup J^{\text{white}}(x)}{\cup J^{\text{white}}(x)}$$

$$E_b = \frac{\cup I^{\text{black}}(x) - \cup J^{\text{black}}(x)}{\cup J^{\text{black}}(x)} \quad (21)$$

且总误差 E 表达式为

$$E = \frac{E_w \cdot \cup J^{white}(x)}{\cup J^{white}(x) + \cup J^{black}(x)} + \frac{E_b \cdot \cup J^{black}(x)}{\cup J^{white}(x) + \cup J^{black}(x)} \tag{22}$$

根据式（22），较小的误差 E 才能证明，通过检测阈值提取的有雾图像上白色和黑色像素点是可靠的。为了计算误差值，需要选用一系列有雾图像，通过饱和度和亮度分量的线性变换阈值来提取它们的白色和黑色像素点，然后在这些有雾图像所对应的无雾图像中提取白色和黑色像素点，并将这些图像对中的提取结果进行比较。但是，在现实世界中难以获得同一场景的无雾图像和有雾图像。为了解决这个问题，采用模拟方法来合成同一场景的无雾和有雾图像对。在 Middlebury 的立体图像库中收集了已知深度图的立体图像作为无雾图像，根据式（1），设 $A = [200,200,200]$，合成了这些无雾立体图像所对应的有雾图像。例如，无雾图像如图 5（a）所示，其所对应的合成有雾图像如图 5（c）所示。图 5（a）中的白色或亮色像素点和黑色或暗色像素点是通过 $V_{J(x)} > 0.75, S_{J(x)} < 0.2$ 和 $V_{J(x)} < 0.25$ 提取的，分别用"红色"点和"蓝色"点标记，如图 5（b）所示。图 5（c）中的白色或亮色像素点和黑色或暗色像素点通过线性变换后饱和度、亮度值的阈值条件 $V_{I(x)} > V_{I(x)}^{white}, S_{I(x)} < S_{I(x)}^{white}$ 和 $V_{I(x)} < V_{I(x)}^{black}$ 提取的，分别用"红色"点和"蓝色"点标记，如图 5（d）所示。通过图 5（b）和图 5（d）的提取点比较，通过式（21）和式（22）计算得到两组图像对的检测误差 E 分别等于 0.18 和 0.16。

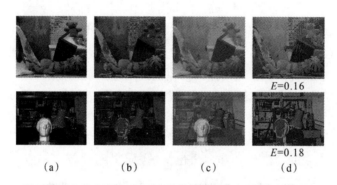

图 5 无雾图像与合成有雾图像中白色或亮色和黑色或暗色像素点提取结果
（a）无雾图像；（b）图（a）中白色或亮色像素点与黑色或暗色像素点的提取；
（c）合成有雾图像；（d）图（c）中白色或亮色像素点与黑色或暗色像素点的提取

采用 50 组无雾图像和合成有雾图像对来计算检测误差，并进行误差值统计，接近 95% 的图像对的总误差 E 低于 0.3。统计结果证明，通过饱和度、亮度值分量的线性变换阈值从有雾图像中提取白色和黑色像素点的方法是可靠的。提取有雾图像中白色像素点和黑色像素点，是 ABiCP 图像去雾方法中必不可少的步骤。

2.2 基于超级像素的双通道先验方法

图像去雾方法通常采用以目标像素点为中心的固定尺寸矩形区域作为局部区域，并假设像素点的透射率值和大气光值在局部区域内是恒定的，然而这种假设常常是强制性的且不符合实际情况，因为具有固定尺寸的矩形局部区域很可能包含具有不同景深的像素点，特别是在物体边缘附近的区域，边缘两侧易出现景深突变，而错误估计具有不同景深的像素点具有相同透射率值或大气光值，会导致去雾图像中景深不连续处出现光晕现象。

图 6 给出了软抠图滤波对于固定尺寸矩形作为局部区域所产生去雾图像上的光晕现象起到的消除作用。图 6（b）给出了图 6（a）采用 DCP 去雾方法求出的透射率图，但并未使用软抠图方法进行滤波。图 6（c）可给出了去雾结果图像，可见物体边缘区域存在光晕现象（岩石边缘）。如图 6（d）所示，DCP 去雾方法采用软抠图进行透射率图滤波，去雾图像（图 6（e））中不再出现光晕现象，但这个过程需要耗费大量的计算时间。

图6 软抠图滤波对基于固定尺寸矩形区域估计透射率图所得去雾结果影响
(a) 有雾图像；(b) 未经过软抠图滤波透射率图；(c) 通过 (b) 所得的去雾结果；
(d) 经过软抠图滤波透射率图；(e) 通过图 (d) 所得的去雾结果

Yeh 等[5]提出了一种基于像素的 DCP 方法，其直接使用像素点本身代替固定尺寸的矩形局部区域来估计透射率值。然而，基于像素点的 DCP 方法并不遵循暗通道先验规律，这是因为无雾图像上的每一个像素点包含暗通道值趋于 0 的可能性很小，所以基于像素点的 DCP 是不成立的[6]。采用基于像素点的 DCP 去雾方法得到的结果如图 7 (c) 所示，可以看出去雾图像的颜色出现过饱和的问题。

图7 DCP、基于像素 DCP 与基于超级像素 BiCP 方法所得去雾结果
(a) 有雾图像；(b) DCP 方法去雾结果；
(c) 基于像素 DCP 方法去雾结果；(d) 基于超级像素的 BiCP 去雾结果

在提出的基于超级像素的 BiCP 去雾方法中，采用包含目标像素点的超像素作为局部区域，替代目标像素本身或以目标像素为中心的固定尺寸矩形区域，来对局部区域的透射率或大气光进行估计。将图像上具有相似颜色并位置相近的像素点划分为各个超级像素，每个超级像素结构紧凑且具有不规则形状，可确保在每个超级像素内不包含景深突变的像素点。将超级像素引入 BiCP 方法中，代替使用固定尺寸的矩形区域来估计局部透射率和大气光，可实现更自然的去雾效果，具有更好的恢复场景细节的能力,如图 7(d)所示。同时,可避免 DCP 方法采用基于固定尺寸的矩形作为局部区域所获得的去雾图像(图 7(b))中存在的光晕现象(图 7(b)中树叶周围白色边缘)。

在基于超级像素的 BiCP 去雾方法中,使用超级像素 $SP(k)$ 代替式(4)和式(9)中的 $\Omega(x)$ 作为用于计算暗通道和亮通道的局部区域。作为示例,在有雾图像上设置 $K=1\,000$,划分出的超级像素如图 8(b)所示。

然后采用基于超级像素的 BiCP 去雾方法来计算透射率图和大气光图。图 8(c)给出了通过式(11)计算每个超级像素的亮通道值所获得的大气光图。通过联合式(6)和式(11)计算每个超级像素的暗通道值和亮通道值,通过式(13)获得透射率图,如图 8(d)所示。由于假设一个超级像素中的所有像素具有相同的透射率和大气光值,所以对于每个超级像素仅计算一个共有的透射率和大气光值,大大降低了计算成本。

图 8 基于超级像素 BiCP 去雾方法所得透射率图与大气光图
(a)有雾图像;(b)超级像素划分;(c)透射率图;(d)大气光图

2.3 适应性双通道先验去雾方法

提出的适应性 ABiCP 去雾方法是对 BiCP 去雾方法的改进。采用 BiCP 去雾方法存在的问题在 1.3 节中已经进行了详细描述,使用 DCP 方法将导致对白色或亮色像素点的透射率值的过低估计,使用 BCP 方法将导致对黑色或暗色像素点的大气光值与透射率值的过低估计。这两者使白色或亮色像素点和黑色或暗色像素点去雾后的颜色失真。因此,提出的 ABiCP 去雾方法主要关注以下两个方面:一方面是校正白色或亮色像素点被错误估计的透射率值;另一方面是校正黑色或暗色像素点被错误估计的大气光和透射率值。以下是 ABiCP 去雾方法的具体描述。

首先,使用基于超级像素的 BiCP 方法,根据式(13)估计整幅有雾图像包含白色或亮色像素点在内的透射率图,所得到的去雾结果如图 9(f)所示。这使得具有白色或亮色像素点的明亮区域去雾后颜色发生畸变,而且比它们本应该的真实颜色亮度更暗,正如式(17)所描述的。为了改进对有雾图像上的白色或亮色像素点的去雾处理,应该适应性地增大白色像素点和亮色像素点的透射率值。由于图像受雾气影响时,图像对比度下降,因此在图像去雾中需要适应性地增强对比度。ABiCP 方法采用韦伯对比度 C_{Weber},它是背景强度 $J_{background}$ 和目标强度 J_{object} 之间的归一化差异,表达式为

图 9　基于超级像素 BiCP 与 ABiCP 方法所得大气光、透射率、去雾结果

(a) 有雾图像；(b) BiCP 方法估计的大气光图；(c) 对 (b) 的 GF 滤波；
(d) BiCP 方法估计的透射率图；(e) 对 (d) 的 GF 滤波；(f) BiCP 方法去雾结果；
(g) 对图 (a) 中白色和黑色像素点的标记；(h) ABiCP 方法校正的大气光图；(i) 对 (h) 的 GF 滤波；
(j) ABiCP 方法校正的透射率图；(k) 对 (j) 的 GF 滤波；(l) ABiCP 方法去雾结果

$$C_{\text{Weber}} = \frac{J_{\text{object}} - J_{\text{background}}}{J_{\text{background}}} = \frac{J_{\text{object}}}{J_{\text{background}}} - 1 \tag{23}$$

根据实际情况，将要校正的去雾图像上白色或亮色像素点的强度视为目标对象，周围的彩色像素点强度视为背景。根据式（23），可知韦伯对比度 C_{Weber} 的取值范围从 -1 到 $+\infty$，当 $J_{\text{background}}$ 固定不变时，对比度的值会随着 J_{object} 的增加而增大。通过对式（1）变换，可得出有雾图像 $I(x)$ 和恢复图像 $J(x)$ 之间的关系为

$$t(x) = \frac{\|A(x) - I(x)\|}{\|A(x) - J(x)\|} \tag{24}$$

由于透射率的取值范围为 $0 \leq t(x) \leq 1$，我们可以推断 $J(x) \leq I(x)$，这表明场景点在有雾图像中的强度值必然高于其在去雾图像中的强度值。根据式（24），如果透射率 $t(x)$ 取最大值1，则 $J(x)$ 取得最大值为 $J(x) = I(x)$。此时，去雾图像中的白色或亮色像素点的韦伯对比度 C_{Weber} 值最高，去雾效果最好。因此，找到最有效的方法来适应性地校正白色或亮色像素的透射率值，表达式如下：

$$t^{\text{white}}(x) = 1 \tag{25}$$

其中，$t^{\text{white}}(x)$ 表示白色或亮色像素点（x）处的透射率值，白色或亮色像素点是通过2.1节中给出的检测方法提取出来的。例如，我们检测出了图9（a）中所有白色或亮色像素点，并在图9（g）中以"红色"点标出。图9（d）给出了初步估计的透射率图，被错误估计透射率值的白色像素点被图中的红色圆圈圈出。而对应的这些白色像素点的透射率通过我们的适应性双通道先验方法被有效校正后，如图9（j）所示。

其次，使用基于超级像素的 BiCP 去雾方法，根据式（11）和式（13）估计整幅有雾图像包含黑色或暗色像素点在内的透射率和大气光图，所得到的去雾结果如图9（f）所示。这使得具有黑色或暗色像素点的暗区域去雾不彻底，而且比它们本应该的真实颜色亮度更大，正如式（19）所描述的。为了改进对有雾图像上的黑色或暗色像素点的去雾处理，应该适应性地增大黑色像素点或暗色像素点的大气光和透射率值。所以，提出的 ABiCP 去雾方法可适应性地改进黑色或暗色像素点的大气光值，表达式为

$$A^{\text{black}}(x) = \min_{x \in I^{\text{black}}(x)} \left(\max_{x \in I(x)} \tilde{A}(x), \tilde{A}(x) \cdot \exp\left(\frac{V_{I(x)}^{\text{black}} - V_{I(x)}}{\gamma}\right) \right) \tag{26}$$

其中 $A^{\text{black}}(x)$ 是黑色或暗色像素点 $I^{\text{black}}(x)$ 的大气光值，黑色或暗色像素点是通过2.1节中给出的检测方法提取出来的。$V_{I(x)}$ 是黑色像素点的亮度值，$V_{I(x)}^{\text{black}}$ 是通过式（23）获得的用于检测有雾图像上黑色或暗色像素点的阈值。其中，γ 是用户定义的控制参数，根据经验设置为 $\gamma = 0.1$。可知，通过暗通道 $I^{\text{dark}}(x)$ 对 $A(x)(1 - t(x))$ 进行的可靠估计和校正后的大气光 $A^{\text{black}}(x)$，可校正黑色或暗色像素点的透射率 $t^{\text{black}}(x)$，表达式为

$$t^{\text{black}}(x) = 1 - \frac{A(x)(1 - t(x))}{A(x)} \approx 1 - \frac{I^{\text{dark}}(x)}{A^{\text{black}}(x)} \tag{27}$$

图9（a）中所有黑色或暗色像素点被检测出来，并在图9（g）中以"蓝色"点标出。图9（b）和图9（d）分别给出了初步估计的大气光图和透射率图，被错误估计大气光值和透射率值的黑色像素点被图中的蓝色圆圈圈出。而对应的这些黑色像素点的大气光和透射率通过 ABiCP 方法被有效校正后，分别如图9（h）和图9（j）所示。

综上所述，通过提出的 ABiCP 方法，适应性地校正白色和黑色像素点的大气光与透射值后，更新的大气光图和透射率图如图9（h）和图9（j）所示，并使用最有效的导引滤波器[3]对大气光图和透射率图进行滤波如图9（i）和图9（k）所示。通过式（7）获得改进后的去雾图像（图9（l）），与方法改进前的去雾图像（图9（f））相比较，天空中红色圆圈内的像素点强度更大、颜色看起来更自然，雕塑上的蓝色圆圈内的像素点强度更小、颜色更接近真实情况，说明去雾更彻底。因此，证明了所提出的 ABiCP 方法可以弥补 BiCP 方法的不足，改进了图像去雾结果。

3 图像去雾实验结果及分析

3.1 图像去雾实验

首先，采用提出的 ABiCP 去雾方法与 Fattal[6]方法、Tarel - Hautiere[7]方法和 DCP 方法[1]分别进行去雾处理实验，将所得到的去雾图像在视觉效果方面进行比较。图10给出了一些室外有雾图像的去雾实验

结果。由于场景图像上各像素点的雾浓度是随着场景深度变化的,所以整幅图像上各区域的雾浓度是不均匀的。而 Fattal 方法的去雾结果如图 10(b)所示,在雾气稀薄区域产生了过度去雾,在雾气浓度大的区域去雾处理不彻底,仍有雾气残留。Tarel – Hautiere 方法的去雾结果如图 10(c)所示,物体表面纹理过度增强,而且物体边缘出现光晕,视觉上出现人为处理的效果,有失真实性。DCP 方法的去雾结果如图 10(d)所示,可以看出去雾图像的整体亮度偏暗,天空区域颜色偏移。如图 10(e)所示,提出的 ABiCP 方法可成功地去除雾气对场景图像的影响,并且恢复出更自然的无雾图像,具有生动的色彩、清晰的细节和真实的天空颜色,物体边缘没有光晕现象。

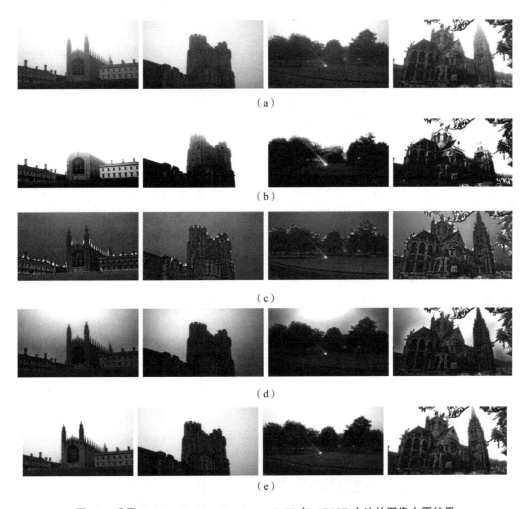

图 10　采用 Fattal、Tarel – Hautiere、DCP 与 ABiCP 方法的图像去雾结果

(a) 雾天图像;(b) Fattal 方法去雾结果;(c) Tarel – Hautiere 方法去雾结果;
(d) DCP 方法去雾结果;(e) ABiCP 方法去雾结果

其次,ABiCP 去雾方法是在 DCP 去雾方法基础上进行发展与改进的,所以将 ABiCP 与 DCP 及基于像素 DCP[1]、BiCP[8] 方法进行去雾实验,比较去雾结果,如图 11 所示。如图 11(b)所示,DCP 方法得到的去雾图像整体颜色偏暗。如图 11(c)所示,基于像素的 DCP 方法得到的去雾图像颜色过饱和,因为采用像素点计算 DCP 来估计透射率是不够准确的。如图 11(d)所示,BiCP 方法得到的去雾图像颜色发生畸变,尤其是天空区域,这是对明亮区域像素点和暗区域像素点的透射率与大气光值的不正确估计导致的。如图 11(e)所示,ABiCP 方法得到的去雾图像,不仅提高了图像清晰度,还具有鲜亮自然的色彩,同时恢复了白色像素点和黑色像素点应有的真实颜色与亮度,这清楚地表明其优于 DCP 方法和 BiCP 方法。

图 11 DCP、基于像素 DCP、BiCP 与 ABiCP 方法图像去雾结果

(a) 雾天图像; (b) DCP 方法去雾结果; (c) 基于像素 DCP 方法去雾结果; (d) BiCP 方法去雾结果; (e) ABiCP 方法去雾结果

3.2 无人机图像去雾结果及分析

以上去雾实验结果表明基于超级像素的 ABiCP 图像去雾方法在图像清晰度恢复方面比当前最先进的去雾方法更有优势,并且 ABiCP 方法可很好地恢复图像上的白色或亮色像素点和黑色或暗色像素点的真实颜色,这就解决了 DCP 方法无法对明亮区域白色或亮色像素点进行去雾处理的难题。

对于无人机图像,常存在较大比例的灰色属性区域如白色建筑物屋顶或立面、路面、裸露土地和荒山等。而且无人机图像覆盖深度范围大,易受到多光源作用,大气光是随着场景点深度而变化的局部变量。所以适合采用 ABiCP 方法对无人机航拍图像进行去雾处理,如图 12 所示。可见去雾后的图像整体效果清晰,暗区域上的黑色或暗色像素点去雾完全,不存在残留雾气,灰白色建筑物表面的颜色恢复真实自然,未发生颜色畸变。

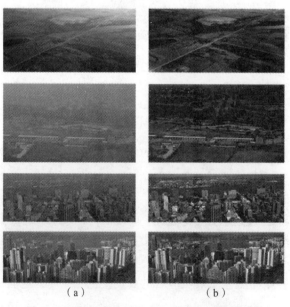

图 12 ABiCP 方法对无人机图像进行去雾处理

(a) 无人机雾天图像; (b) 通过 ABiCP 方法获得的去雾图像

可见，本文所提出的 ABiCP 方法可以很好地对无人机图像进行去雾处理，尤其是那些带有暗色物体表面或灰白色物体表面的无人机图像，选用 ABiCP 方法比其他方法更具有优势。

4　结论

本文提出了基于超级像素的 ABiCP 图像去雾方法，该方法主要包含三方面的内容：①引入超级像素作为局部区域来估计透射率和大气光值，提高了估计值的可靠性，消除了去雾图像上的光晕效应，同时降低计算复杂度。②提出了通过线性变换后的饱和度和亮度值作为阈值，有效检测出有雾图像中的白色或亮色像素点和黑色或暗色像素点。③ABiCP 方法可以适应性地校正对于亮区域像素点和暗区域像素点错误估计的透射率与大气光值，恢复真实颜色，弥补了 DCP 方法的不足。

本文将基于超级像素的 ABiCP 图像去雾方法应用于无人机雾天图像的去雾处理，结果表明，该方法可以更好地恢复无人机图像中灰白色区域与暗色物体表面的真实颜色，提高无人机图像视觉上清晰效果，而且，该方法针对一些无人机图像尤其是无人机斜拍图像由于覆盖场景深度范围大以及受到多光源影响而导致的大气光随着场景点深度而发生变化的特点，将大气光作为局部变量进行求解，更接近真实情况，有效解决去雾后的图像亮度不均的问题，提升去雾质量，使去雾后的图像更加清晰、自然。

参 考 文 献

［1］ HE K, SUN J, TANG X. Single image haze removal using dark channel prior［J］. IEEE Transactions on pattern analysis and machine intelligence, 2011, 33（12）: 2341 – 2353.

［2］ PANAGOPOULOS A, WANG C, SAMARAS D, et al. Estimating shadows with the bright channel cue［C］. European Conference on Computer Vision: Trends and Topics in Computer Vision, 2012.

［3］ HE K, SUN J, TANG X. Guided image filtering［J］. IEEE transactions on pattern analysis and machine intelligence, 2013, 35（6）: 1397 – 1409.

［4］ SMITH A R. Color gamut transform pairs［C］. Annual Conference on Computer Graphics and Interactive Techniques, 1978: 12 – 19.

［5］ YEH C H, KANG L W, LEE M S, et al. Haze effect removal from image via haze density estimation in optical model［J］. Optics express, 2013, 21（22）: 27127 – 27141.

［6］ FATTAL R. Single image dehazing［J］. ACM transactions on graphics（TOG）, 2008, 27（3）: 72.

［7］ TAREL J P, HAUTIERE N. Fast visibility restoration from a single color or gray level image［C］. IEEE International Conference on Computer Vision, 2009.

［8］ FU X, LIN Q, GUO W, et al. Single image de – haze under non – uniform illumination using bright channel prior［J］. Journal of theoretical and applied information technology, 2013, 48（3）: 1843 – 1848.

基于转像理论的望远系统研究

田继文,朴 燕

(中国北方车辆研究所,北京,100072)

摘 要:基于转像理论分析望远系统,得到的光学结构,能够使光束走向偏转并且形成潜望高度,而且能够得到正像,满足人眼观察的习惯。在转像理论的基础上,建立了光学矩阵模型,试验结果与计算结果十分吻合。

关键词:转像;望远系统;棱镜;透镜
中图分类号:TG156 **文献标志码**:A

Research on rotation theory used to telescope system

TIAN Jiwen, PIAO Yan

(China North Vehicle Research Institute, Beijing, 100072, China)

Abstract: The theory and the algorithm of the rotation are applied in the research of the technique of the telescope system. The rotation system can bend the beam, and get the normal image. Based on the rotation theory, the matrix model is built. The calculation results are in good agreement with the experimental results.

Keywords: rotation theory; telescope system; prisms; lens

0 引言

望远镜是观察远处目标的目视光学仪器,可以给观察者一种把物体"拉近了"的感觉。望远镜主要分为伽利略望远镜和开普勒望远镜。开普勒望远镜最大的特点是在物镜和目镜之间有一个实像面,可放置分划板,成倒立的实像。为得到正立像,须在物镜后设置转像系统。其功能主要有:把光束走向偏转一定的角度,满足结构布局的需要;形成一定的潜望高度,便于军事目标的隐蔽;获得正像,以符合人眼的观察习惯。

1 转像系统理论

常用的转像系统有两种:棱镜或反射镜组成的转像系统和透镜组成的转像系统。

1.1 棱镜或反射镜组成的转像系统

反射镜和棱镜起到折转光路的作用,同时也会对像产生偏转。入射光向量为 A,出射光向量为 A',反射镜或棱镜对物像关系所起的共轭关系,以 R 表示,称为作用矩阵,它们的关系为

$$A' = RA$$

棱镜在折转光路的同时,还会改变系统的光程。为了方便,在设计过程中将平板玻璃厚度换算成等效空气层厚度,换算原理如图1所示。棱镜展开后可视为平行平板玻璃,对物镜成的像既不放大,也不缩小,像的位置有后移,其值为

作者简介:田继文(1983—),女,硕士,副研究员,E-mail:tianjiwen_22@163.com。

$$\Delta l = \left(1 - \frac{1}{n}\right)d$$

d 是棱镜展开的长度，n 是棱镜的材料折射率。等效空气板厚度：

$$\bar{d} = d - GH = d - \Delta l = d - \left(1 - \frac{1}{n}\right)d = \frac{d}{n}$$

1.2 透镜组成的转像系统

透镜转像系统设在物镜像平面的后面，起正像的作用，如图 2 所示。包括转像系统在内，望远系统的视觉放大率为

$$T = \frac{\tan\omega'}{\tan\omega} = -\frac{y'/f_2'}{y/f_1'} = -\frac{y'}{y} \cdot \frac{f_1'}{f_2'} = -\beta\frac{f_1'}{f_2'} \tag{1}$$

式中：β——转像系统的放大率，其值等于转像系统的物像比 y'/y；

$-f_1'/f_2'$——为加转像系统时望远镜的放大率。

式（1）表明，设置转像系统的望远镜既起正立像的作用，又起放大的作用。

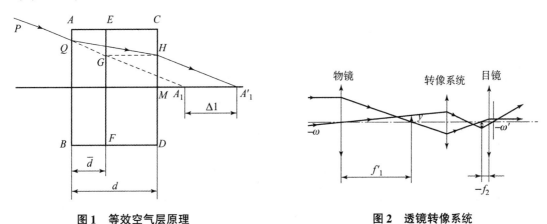

图 1　等效空气层原理　　　　图 2　透镜转像系统

设转像系统的焦距为 $f_{转}'$，则放大率为 β 时的共轭距为

$$L = f_{转}'\left(2 - \beta - \frac{1}{\beta}\right) \tag{2}$$

式（2）表明，$\beta = -1$ 时，L 有极小值，其值为 $L_{min} = 4f_{转}'$，结构最紧凑。转像系统可用的倍率 $\beta = 0.5 \sim 3$，常用 $\beta = -1$。图 2 是常用的转像系统结构。当孔径和视场较小，如 $D/f' \leq 1:4$，$2\omega = 8° \sim 12°$ 时，宜选用双胶和两组双胶的结构。

2 转像系统实例

以某转像望远系统为例，结构布局如图 3 所示，需要五次折转，光路几何长度为 800 mm，$T = 10^\times$，$2\omega = 6°$，$D = 48$，成正立的像。

2.1 棱镜设计

2.1.1 棱镜选型

无穷远处目标，坐标为 $A(x,y,z)$ 入射位置①处，采用反光镜，第一次折转，作用矩阵为 $\boldsymbol{R}_1$，经过位置②、③、④、⑤分别发生一次折转，且折转角度为 90°，采用直角棱镜，作用矩阵分别为 $\boldsymbol{R}_2$、$\boldsymbol{R}_3$、$\boldsymbol{R}_4$、$\boldsymbol{R}_5$。位置⑥处产生 α 的像旋，需加一块具有消像旋功能的棱镜，以消除此位置产生的像旋，设其作用矩阵为 $\boldsymbol{R}_6$。到达观察者处的像坐标为 $A'(x',y',z')$。则有

$$A'(x',y',z') = \boldsymbol{R}_1\boldsymbol{R}_2\boldsymbol{R}_3\boldsymbol{R}_4\boldsymbol{R}_6\boldsymbol{R}_5 A(x,y,z)$$

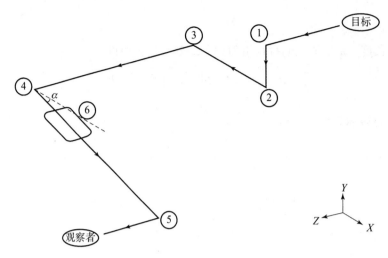

图 3 光学系统布局

为使到观察者处成正立一致像，则 $A'(x',y',z') = A(x,y,z)$。

$$A' = R_1R_2R_3R_4R_6R_5A$$

$$R_6 = \begin{bmatrix} -1 & 0 & 0 \\ 0 & -1 & 0 \\ 0 & 0 & 1 \end{bmatrix}$$

别汉棱镜满足消像旋及作用矩阵条件。

2.1.2 棱镜外形设计

望远系统入瞳为 48 mm，位置②处棱镜口径为 40 mm，位置③、④、⑤处口径均为 30 mm。

2.2 透镜转像系统设计

透镜转像系统为双胶结构时，当物像关系完全对称，即 $\beta = -1$ 时，可以把两个透镜组做成对称结构，光阑设在中间，这种对称的转像系统不产生垂轴像差，轴向像差加倍。像散由透镜组间隔的变化来校正，间隔加大时，主光线的入射角减小，像散减小，但系统的轴向和横向尺寸都要加大，会带来渐晕现象。球差和位置色差用每组透镜的形状变化与玻璃材料的选择校正。

在有转像系统的光学系统中，物镜和转像系统之间有一个中间像。中间像在转像系统上的投射高度很高，如图 4 虚线所示。为了减小转像系统的通光口径，减小轴外光线产生的像差，可在像平面上加一块场镜。轴外光线通过场镜时，孔径角减小，在转像系统上的投射高度相应地变低，如图 4 实线所示。场镜的光焦度与转像系统的入瞳成物像关系，以保证转像系统的口径最小[1-2]。

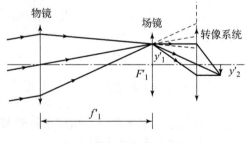

图 4 带场镜的转像系统

3 光学系统外形设计

按实例画出图 5，物镜 L_1，设场镜位于物镜的焦面上，轴上点的光线在转像系统中沿平行光轴的方向。可把整个系统分解成两个望远系统，一个望远系统由物镜 L_1、场镜 L_2 和转像系统前组 L_3 组成，另一个望远系统由转像系统后组 L_4 和目镜 L_5 组成。

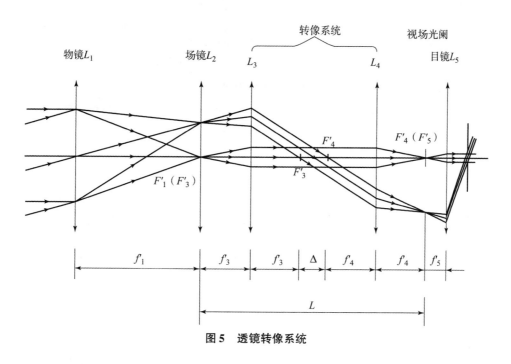

图 5 透镜转像系统

3.1 确定物镜的焦距

目镜选择用标准目镜 $f_5 = 25$，系统放大倍率为

$$\Gamma = \frac{f_1'}{f_5'}$$

$$f_1' = 250$$

3.2 确定转像镜组的焦距

为使结构紧凑，转像镜组垂轴放大倍率取 $\beta = -1$，焦距设为 $f_{转}'$，

转像镜组共轭距 $L = 4f_{转}'^2$，

由于物镜焦距 $f_1' = 250$，目镜焦距 $f_5 = 25$，

转像镜组共轭距 $L = 525$，

$$f_{转}'^2 = 131.25$$

转像镜组由 L_3，L_4 组成，焦距分别为 f_3'，f_4'，二者光学间隔为 Δ，

$$f_{转}' = \frac{f_3' f_4'}{\Delta}$$

焦距 f_3' 的解析方程为 $131.25 = \frac{f_3'^2}{525 - 4f_3'^2}$。

取 $f_3' > 0$，且 $f_3' < L$ 的解

$$f_3' = 108$$

综上所述，物镜、目镜、转像镜组的焦距均已确定，分别为 $f_1' = 250$，$f_5 = 25$，$f_3' = 108$，可以作为设计的初始结构进行优化。

4 结论

以上以一个同时具有棱镜转像和透镜转像的望远系统模型为例，阐述了系统研究的方法。能够满足目视系统的空间布局要求，并且实现较大的潜望高度，并给出了各组件的孔径和焦距，以便对各组件进行结构和像差校正。

参考文献

[1] 张以谟. 应用光学 [M]. 北京：电子工业出版社，2008：425-432.
[2] 李士贤，李林. 光学设计手册 [M]. 2版. 北京：北京理工大学出版社，1996：209-226.

成像掩模被动式无热化红外光学系统设计

郭小虎，赵辰霄，周　平，朱巍巍，田继文，周　婧

(中国北方车辆研究所　信息与控制技术部，北京　100081)

摘　要：目前红外光学系统无热化手段大多采用消色差和消热差、以及机械补偿的方法。前者依赖设计者的经验，后者依据机构特点和设计工艺，对系统产生的热膨胀造成的像面平移进行反向抵制。另外还有稳像方法的机电补偿方式，实时将温差带来的像面移动进行补偿。但是额外配置的反馈调焦机构等系统增加了整个光机电系统的复杂程度。因此在实际应用领域实用性不强。针对上述方法的缺点，提出一种基于成像掩模的无热化成像技术，既对温度不敏感，又无反馈调焦。设计与实验仿真均表明，利用成像掩模的方法可以很好地抑制温差像质退化的现象，同时能够保证系统光学传递函数的一致性，这样利用后期的图像处理手段，可以将原始图像复原出来，得到清晰的图像。

关键词：红外光学；无热化；成像掩模；光学传递函数

中图分类号：O439　　**文献标志码**：A

Design of passive non – thermal infrared optical system for imaging mask

GUO Xiaohu, ZHAO Chenxiao, ZHOU Ping, ZHU Weiwei, TIAN Jiwen, ZHOU Jing

(China North Vehicle Research Institute, Beijing 100081, China)

Abstract: At present, the non – thermal means of infrared optical systems mostly use achromatic, thermal and mechanical compensation methods. The former relies on the designer's experience, while the latter resists the image plane translation caused by thermal expansion of the system in reverse according to the mechanism characteristics and design process. In addition, there is an electromechanical compensation method of image stabilization, which can compensate the image surface movement caused by temperature difference in real time. However, the additional configuration of feedback focusing mechanism and other systems increases the complexity of the entire optoelectronic system, so it is not practical in the practical application field. To overcome the shortcomings of the above methods, a non – thermal imaging technology based on imaging mask is proposed, which is insensitive to temperature and has no feedback focusing. The design and simulation results show that the image quality degradation of temperature difference can be maintained by using the imaging mask method, and the consistency of the optical transfer function can be ensured. Thus, the original image can be restored and the clear image can be obtained by using the later image processing method.

Keywords: infrared optics; non – thermal; image mask; modulated transfer function

0　引言

红外热成像技术已经被广泛用于侦查探测、观瞄感知等军事作战领域，其成像质量的优劣甚至决定了对战场控制权的主导。对于军事领域使用的红外光学成像系统，由于经常暴露在野外等高温高湿、严

作者简介：郭小虎（1986—），男，博士，副研究员，E – mail: 403707466@qq.com。

寒等环境下，因此对于战场环境而言，期望红外光学系统能在一个很宽的温度环境内具有稳定的成像性能[1-2]，以满足军事使用的需要。温度变化对红外光学系统的影响主要有：第一，温度变化引起光学透镜介质的折射率的变化；第二，温度变化引起光学系统中光学透镜的厚度、透镜之间的空气间隔以及透镜各个折射面的面型的变化。

目前针对对于红外系统有几种无热化技术：机械式、光学式和机电式无热技术[3-5]。机械式通过采用对温度敏感的机械结构材料，使透镜产生轴向位移来补偿温度变化引起的像面位移；光学式利用光学材料热特性之间的差异，通过不同特性材料的合理组合来消除温度的影响，在较宽温度范围内保持焦距、像面和像质稳定，常见的手段是折、衍混合消色差和消热差的方法[6-9]；机电式利用热传感器自动探测温度，将探测到的温度信息传给处理器，由处理器实时计算出温度变化引起的像面位移，用马达带动透镜产生轴向位移，补偿像面的温漂。

针对上述各方法的优势与不足，本文提出一种基于成像掩模的被动式红外无热化成像技术，既对温差不敏感，又无须主动反馈调焦，即在红外光学系统中也增加相位掩模，不必考虑机械和机电补偿机构，也不必刻意地对系统作消热差优化、弱化温度对像质退化的影响，使得系统对相位板的偏差不敏感，也就达到了对温度不敏感的目的，同样具有无热化成像效果。成像掩模的无热化技术具有如下技术优势：成像掩模取代了传统的像面反馈机电补偿装置等复杂的仪器设备，既简化了系统整体结构，又可降低整套光学系统设计研制成本；由于采用光电成像设备对图像进行采集，通过后期对图像解码可以得到较为清晰的红外图像；系统结构简单，操作方便，应用和适应性广泛。

1 温差作用原理

温度会影响红外光学系统两个因素的变化，一个是折射率，另一个是光学透镜的厚度。即使是一幅清晰的图像，在这种温度大幅度变化的环境下也会出现严重离焦，不过这个离焦的程度是可以计算出来的。

透镜的光焦度可由下式表示：

$$\frac{d\varphi}{dT} = \varphi\left[\frac{1}{n-1}\frac{dn}{dT} - \alpha\right] \tag{1}$$

其中，φ 为光学透镜的光焦度，它等于焦距的倒数，T 为温度，n 为折射率，α 为热膨胀系数，从公式可以看出，焦距的位置变化与温度有关，而这些又与离焦量 W_{20} 有关。

对于一个单透镜来说，当温度从 t_1 均匀变化到 t_s 时，其结构和光学参数也会发生相应的变化。

透镜厚度：

$$\Delta d = d(t_s - t_1)X_g \tag{2}$$

曲率半径：

$$\Delta r = \frac{1}{2}d(t_s - t_1)X_g \tag{3}$$

材料折射率：

$$\Delta n = (t_s - t_1)B_g \tag{4}$$

这里，X_g 是光学透镜的热膨胀系数；B_g 是透镜的折射率温度系数。另外，两个透镜间的空气间隔也会发生变化：

$$\Delta d_{air} = d_{air}(t_s - t_1)X_m - \frac{1}{2}d_1(t_s - t_1)X_{g1} - \frac{1}{2}d_2(t_s - t_1)X_{g2} \tag{5}$$

X_m 是装配材料的热膨胀系数。图 1 为温度对红外透镜的影响。

红外系统中镜片形状和折射率不仅仅是温度函数的全部自变量因素，同时还包括镜头外壳等机械结构因素。以硅材料透镜在铝制的机械结构中举例说明[10]，透镜焦距 10 mm，F/# 为 2，红外 FPA 像素尺寸 20 μm，波长取 10 μm。通过计算，与温度相关的噪声增益曲线如图 2 所示，同时该系统的 MTF 截止频率对应的值为 0.5。

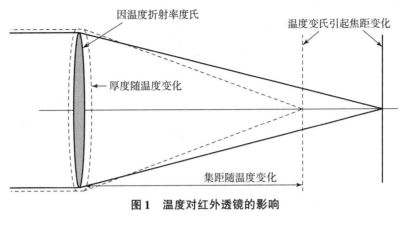

图1 温度对红外透镜的影响

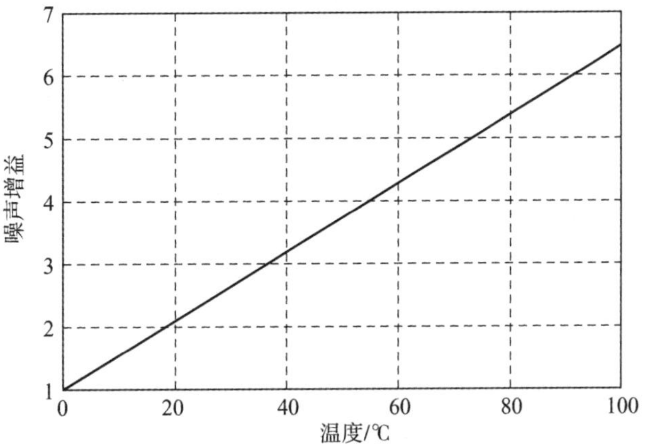

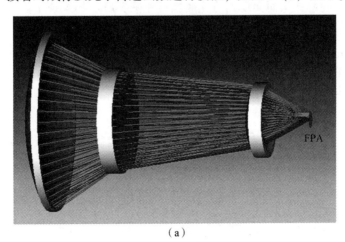

图2 温度噪声增益曲线

2 温差成像模拟

图3是利用ZEMAX光学设计软件初步建立的一个红外光学系统,选用三片式成像结构,其系统参数如表1所示。其中焦距为40 mm,F/#为1。作为仿真系统模拟,入射光线为中波红外(3~5 μm)光源,视场角为±2.5°,除了相位板以外的其他三片红外玻璃分别采用SILICON、GERMANIUM、SILICON材料,且均为球面透镜,红外探测器(FPA)像素尺寸为25 μm×25 μm。这里考察的温度范围设定为:-40~+40 ℃,接着对成像及光学传递函数进行模拟,如图3(b)所示。

图3 红外成像模拟
(a) 光学系统

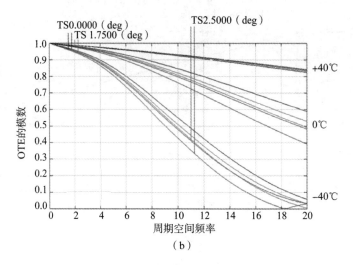

图3 红外成像模拟（续）
(b) 温差光学传递函数曲线

表1 红外光学系统参数

参数	参数值
焦距 f/mm	40
F/#	1
工作波长（wavelength）/μm	3～5 μm
视场角（view of field）/(°)	±2.5

从图3（b）可以明显看出随着温度从40 ℃降低时，传递函数曲线也下降，那么所对应的成像质量逐渐变差；同时，随着温度降低，不同视场角的光学传递函数曲线也分散，这说明温度对视场角成像质量也具有影响。当温度降至-40 ℃时，传递函数曲线降至零，已经完全不能成像，这说明了温差对红外系统成像质量的影响至关重要。

3 红外系统无热化设计仿真

为了使系统对温度不明感，从而实现无热化成像，在图3所示的系统中加入成像掩模。具体的办法是，在原始系统的光阑位置放置一块相位掩模板。该元件从光线折射原理来说，就是将经过该面的所有光线统一的加入相位差，从而在FPA上形成一定几何形态的模糊聚焦点，当温度变化时，这些成像聚焦点的形态和能量分布均不发生改变，从而实现了抑制温差的作用。从面型上看，相位板位于光阑位置的面型为非球面，具体为奇次型，面型方程如式（6）所示：

$$z = \varepsilon\,(x^3 + y^3) \tag{6}$$

其中 $\varepsilon = \alpha\dfrac{\lambda}{2\pi n}\dfrac{1}{R_p^3}$，$\alpha$，$\lambda$，$n$，$R_p$ 分别表示相位因子、波长、相位板材料折射率和归一化半径，根据式（6）可以计算出实际面型的矢高表达式（单位：mm），即

$$z = 8.16 \times 10^{-6}(x^3 + y^3) \tag{7}$$

式（7）的面型矢高分布如图4（b）所示。

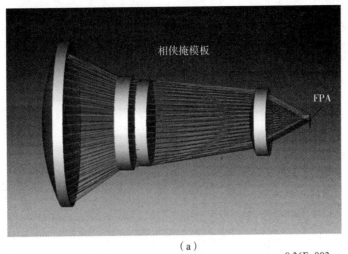

(a)

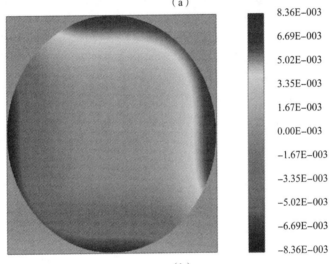

(b)

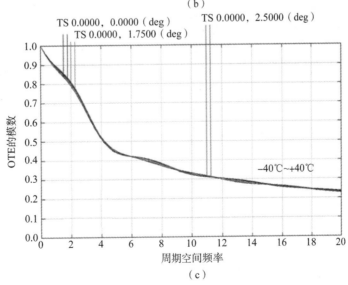

(c)

图 4　成像掩模处理的红外光学系统温差成像

(a) 成像掩模作用位置；(b) 相位板面型矢高分布；
(c) 温差情况下的系统光学传递函数曲线

4 成像掩模无热化解释

对于系统采用成像掩模措施前后的光学传递函数曲线的差异性,这里可以解释为,引入相位板的掩模作用后,使得温差对光学元件的面型、折射率、间距的改变引起的离焦,被相位板掩模作用的等模糊成像掩盖了。进一步的解释可以这样分析,对于一个光学系统来说,其允许的成像像差容限反映在其各光学透镜参数上,即是折射率、曲率半径、厚度等参数。也就是说,对于成像掩模的红外光学系统,在无热化成像的前提下,将其他元件的参数变化全部反映在相位板的参数变化下。相位板的参数变化又可以反映在相位板位置偏差的定量分析上,所以对于成像掩模调制的红外系统来说,其相位掩模板的偏差容限就应该可以反映温差的范围。

这里分别从相位板的平移和角度倾斜两方面偏差考虑,结合理论公式推导计算带有偏差参数的相位板光瞳函数表达式。

$$u(x,y) = (\alpha,\beta)f(x,y) + W_{020}(x^2 + y^2) \tag{8}$$

可以看出,光瞳函数表达式 $u(x,y)$ 分为两部分,第一部分是三次立方相位板函数方程,对应式(7)的数据。第二部分是二次项,一般来说二次项在优化设计的时候可以舍去不考虑,但是在涉及温差离焦的情况下,需要将其考虑在内。其中 W_{020} 是二次项的系数,代表的是相位板的离焦特性。

这里分析的是当红外光学系统置于具有显著温差的环境条件下时,对目标进行无热化成像,镜头将目标的编码图像呈现在红外探测器件上,再经过计算机图像处理,形成具有可分辨力的清晰图像。等效温差带来的相位板偏差如图 5 虚线框内所示:相位板具有沿坐标轴平移以及绕坐标轴旋转的偏差,计算并推导带有平移偏差和旋转角度偏差的相位板光瞳函数表达式。

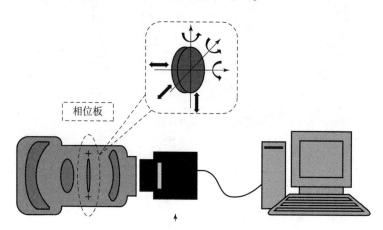

图 5 温差等效相位板偏差

对相位板的偏差容限进行探究。反映在相位板光瞳函数上,就是对相位板光瞳函数的系数进行分析,此时式(8)变为

$$u'(x,y) = [\alpha(\Delta,\theta),\beta(\Delta,\theta)]f(x,y) + [\alpha(\Delta,\theta),\beta(\Delta,\theta),W_{020}(\Delta,\theta)](x^2 + y^2) \tag{9}$$

其中 α,β,W_{020} 都带有平移(Δ)和旋转(θ)量。经过变换后的光瞳函数(也就是带有偏差的相位板)若能满足最低成像要求,那么此时的二次项因子

$$[\alpha(\Delta,\theta),\beta(\Delta,\theta),W_{020}(\Delta,\theta)]$$

反映的就是离焦像差容限,当出现一定偏差时,在此范围内依然正常成像以及解码复原,那么这偏差就正好对应温差的范围,所以就可以解释成像掩模对温差具有抑制作用,从而实现无热化成像。

基于式(7)的三次型相位板,进一步定量计算可以得到带有各种偏差参数的相位板光瞳函数表达式,如式(10)所示:

$$z \approx \frac{1}{\cos\theta_x \cos\theta_y}\{Ax^3 + By^3 + Cx^2 + Dy^2 + Ex + Fy\} \tag{10}$$

其中 α 为相位因子，W_{020} 为离焦量。相位板在坐标系中的偏差有两类：一类是倾斜，另一类是偏心。其中倾斜量为 θ_x，θ_y，θ_z，偏心量为 Δx，Δy，Δz，字母符号 A – F 均为与 Δx，Δy，Δz，θ_x，θ_y，θ_z 相关的参数。

这里针对平移偏差做了快速仿真工作，为后续平移和旋转偏差的综合研究奠定了基础。如图 6 所示，为相位板在 y 轴方向具有偏移时，点扩散函数在偏移前后的变化。

根据相关理论，三次项系数表示相位因子的变化效应，仅与系统的景深或焦深延展性有关；二次项系数则体现离焦量的相关性质，在成像面上直接表现系统弥散斑的大小和点扩散函数的能量分布；一次项则表示主光线在像面上的交点的位置。图 6（a）表示相位板无偏差时，点扩散函数（PSF）的包络形状是等腰直角三角形，其能量沿着两条直角边以及之间的三角形区域分布；图 6（b）表示当随着 y 向偏心的增大，PSF 的尺寸和形状都发生改变：子午方向的直角边各次极大能量降低，能

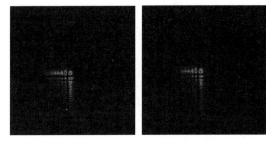

图 6　相位板子午方向偏移点扩散函数的变化

量向中心主极大集中，弧矢方向能量分布暂无影响；就能量的整体分布而言，则是从中心向边缘分散，最终使 PSF 包络扩大，但是这种几乎不影响点扩散函数分布的偏差对成像解码效果影响甚微，也就说明了成像掩模对温差具有一定的抑制作用。

5　结论

提出一种成像掩模的红外光学系统无热化成像系统方案。该方法借用相位板的光线掩模调制作用，解决了目前主动式无热化成像技术所额外增加的设备体积和研制成本，与其他被动式消热差以及机械式补偿的方式相比，设计和研制更为简便。推导与仿真表明，相位掩模板偏差与像质退化的像差具有一定关系，像质退化又直接反映在温差上，所以该偏差是反映温差的一项重要指标。因此，我们可以通过获取相位掩模板的偏差量来间接描述系统的无热化成像情况。

因此，该方法是一种极具潜力的红外成像技术，项目的开展为红外无热化成像的应用提供了可行方案验证，并且相对于其他主动式的无热化技术而言，该技术低成本和操作方便的特点使其更适合在恶劣条件下的环境中普及和推广，成为一种实用的侦查识别手段。

参 考 文 献

[1] KARGBAUM W G, LEE S J, OKAMOTO A Y. Microbolometer earth sensor assembly：6026337 [P]. 1997 – 9 – 12.

[2] GREY D S. Athermalization of optical system [J]. Journal of the Optical Society of America，1948，38（6）：542 – 546.

[3] ROBERTS M . Athermalization of infrared optics [C]. SPIE，1989，1049：72 – 81.

[4] ROGERS P J . Athermalization of IR optical systems [C]. SPIE，1990，38：69 – 93.

[5] TAMAGAWA Y, TAJIME T. Expansion of an athermal chart into a multilens system with thick lenses spaced apart [J]. Optical engineering，1996，35（10）：3001 – 3006.

[6] KRYSZCZYNSKI T, LESNIEWSKI M. Material problem in athermalization of optical systems [J]. Optical engineering，1997，254（36）：139 – 147.

[7] HO – SOON Y, HAGYONG K, KWEON M I, et al. Three – shell – based lens barrel for the effective athermalization of an IR optical system [J]. Applied optics，2011，50（33）：6206 – 6213.

[8] WANG Ju, XUE Changxi. Athermalization and thermal characteristics of multilayer diffractive optical elements [J]. Applied optics, 2015, 54 (33): 9665 – 9670.

[9] FENG Bin, SHI Zelin, XU Baoshu, et al. ZnSe – material phase mask applied to athermalization of infrared imaging systems [J]. Applied optics, 2016, 55 (21): 5715 – 5720.

[10] 蔡怀宇, 吁乐锋, 王金玉, 等. 基于MTF一致性的波前编码相位板参数研究 [J]. 光学与光电技术, 2009, 7 (2): 15 – 17.